Nr. 30
S. 10717–11072

1962
25. Juli

Chemisches Zentralblatt

Vollständiges Repertorium für alle Zweige der reinen und angewandten Chemie

1830 gegründet. 1897—1945 von der Deutschen Chemischen Gesellschaft fortgeführt. Im Auftrage der Deutschen Akademie der Wissenschaften zu Berlin, der Chemischen Gesellschaft in der DDR, der Akademie der Wissenschaften zu Göttingen und der Gesellschaft Deutscher Chemiker (in der BRD)

herausgegeben von Prof. Dr. Heinrich Bertsch und Prof. Dr. Dr. h. c. Wilhelm Klemm

133. Jahrgang
1962

Chefredakteure: Dr. Eugen Klever und Dr. Willi Barz

Akademie-Verlag GmbH., Berlin — Verlag Chemie, GmbH., Weinheim/Bergstr.

Inhalt

Sprachenbezeichnung in den Referaten des Chemischen Zentralblatt

(Abkürzungen laut DIN-Normblatt 1502 Beiblatt 1)

Albanisch	= Alb.
Bulgarisch	= Bulg.
Chinesisch	= Chin.
Dänisch	= Dän.
Deutsch	= Dt.
Englisch	= Engl.
Estnisch	= Estn.
Finnisch	= Finn.
Flämisch	= Flam.
Französisch	= Franz.
Griechisch	= Griech.
Holländisch	= Holl.
Irisch	= Ir.
Italienisch	= Ital.
Japanisch	= Jap.
Lateinisch	= Lat.
Litauisch	= Litau.
Norwegisch	= Norw.
Persisch	= Pers.
Polnisch	= Pol.
Portugiesisch	= Port.
Rumänisch	= Rum.
Russisch	= Russ.
Schwedisch	= Schwed.
Serbokroatisch	= Serbokroat.
Slowakisch	= Slowak.
Slowenisch	= Slowen.
Spanisch	= Span.
Tschechisch	= Tschech.
Türkisch	= Türk.
Ukrainisch	= Ukrain.
Ungarisch	= Ung.

Chemisches Zentralblatt

1962 **Bibliographien** **Nr. 30**

Neue Bücher

A. Allgemeine, physikalische und anorganische Chemie

Klaus Brunne, Gesetzessammlung für den Chemiker. Eine Ausw. der wichtigsten gesetzlichen Bestimmungen einschl. Standards und verbindl. DIN-Normen sowie von Verzeichnissen ausländ. und internationaler Standards. Berlin: Deutscher Zentralverl. 1961. (XX + 261 S.) 8⁰. DM 40,—.

R. Cornubert, Dictionnaire chimique allemand-français. 2ᵉ édit. Paris: Dunod. 1961. (284 S.) 36 NF.

Otto Dorrer, Dizionario tascabile delle lingue tedesca e italiana per l'industria chimica. Milano: C. Tamburini. 1960. (VIII + 344 S.)

Richard Ernst and **Ingeborg Ernst von Morgenstern,** Dictionary of chemistry. Vol. 1: German-English. London: Pitman. 1961. (3 + 725 S.) 52 s. 6 d.

Emyr Alun Moelwyn-Hughes, States of matter. Edinburgh, London: Oliver & Boyd. 1961. (100 S. m. Tab. u. Diagr.) 15 s.

Heinrich Remy, Grundriß der anorganischen Chemie. 11., unveränd. Aufl. Leipzig: Akademische Verl. Ges. 1961. (XVII + 328 S. mit 31 Abb. u. 2 Taf.) 8⁰. DM 8,65.

—, Kurze chemische Enzyklopädie in 4 Bd. Bd. 1. A—E. Moskau: Verl. der Sowj. Enzyklopädie. 1961. (1262 Kolonnen m. Abb.) 3 Rbl. 30 Kop. [Russ.]

A_1. Kernphysik und Kernchemie

L. C. Bate, The radiochemistry of cobalt. Washington. 1961. (90 S.) $ 1.—.

W. M. Gibson, The radiochemistry of lead. Washington. 1961. (157 S. m. Abb.) $ 1.75.

A. K. Lawruchina und **J. A. Solotow,** Die Transurane. Leipzig: Deutscher Verl. für Grundstoffindustrie. 1961. (132 S. m. 30 Abb.) 8⁰. DM 6,50.

—, Inelastic Scattering of neutrons in solids and liquids. Proceedings of the symposium of inelastic scattering of neutrons in solids and liquids, sponsored by the Internat. Atomic Energy and held in Vienna, 11—14, oct. 1960. Vienna: Internat. Atomic Energy Agency. 1961. (651 S. m. Abb.) 8⁰. DM 42,—.

—, Chemical Effects of nuclear transformations. Proceedings of the symposium on chemical effects of nuclear transformations sponsored by the Internat. Atomic Energy Agency and held in Prague, 24—27, oct. 1960. Vol. 1. 2. Vienna: Internat. Atomic Energy Agency. 1961. 1: (569 S.) DM 35,—; 2: (390 S.) DM 24,50.

A_2. Optisches Verhalten der Materie

J. Brandmüller und **H. Moser,** Einführung in die Ramanspektroskopie. Darmstadt: Dietrich Steinkopff. 1962. (XVI + 515 S. m. 193 Abb. u. 72 Tab.) DM 94,—.

William Thomas Elwell and **J. A. F. Gidley,** Atomic absorption spectrophotometry. Oxford, London: Pergamon. 1961. (VIII + 102 S. m. Taf., Tab. u. Diagr.) 30 s.

A_3. Elektrizität. Magnetismus. Elektrochemie

P. J. Holmes, ed., The electrochemistry of semiconductors. London, New York: Academic P. 1962. (XI + 396 S. m. Abb., Tab. u. Diagr.) 89 s.

—, Angewandte Elektrochemie. Lehrbuch für chemisch-technologische Fachrichtungen der Hochschulen. Leningrad: Gosschimisdat. 1962. (639 S. m. Abb.) 1 Rbl. 49 Kop. [Russ.]

Ja. G. Dorfman, Diamagnetismus und chemische Bindung. Moskau: Fismatgis. 1961. (231 S. m. Zeichnung.) 74 Kop. [Russ.]

—, pH scale. 1st revision. London: British Standards Institution. 1961. (15 S. m. Tab.) 4 s. 6 d.

A_4. Thermodynamik. Thermochemie

Landoldt-Börnstein, Zahlenwerte und Funktionen aus Physik, Chemie, Astronomie, Geophysik und Technik. Sechste Aufl. II. Bd.: Eigenschaften der Materie in ihren Aggregatzuständen. 4. Teil: Kalorische Zustandsgrößen. Herausgeg. von Klaus Schäfer und Ellen Lax. Berlin, Göttingen, Heidelberg: Springer. 1961. (XII + 863 S. m. 210 Abb.) 4⁰. DM 438,—.

A_5. Kolloidchemie. Grenzschichtforschung

Irving Fatt, Alkali metal dispersions. Princeton, (New Jersey). Van Nostrand. 1961. (228 S. m. Abb.) $ 7,50.

A_6. Strukturforschung

U. A. Arifow, Wechselwirkung von Atomteilchen mit der Metalloberfläche. Taschkent: Verl. der Akad. der Wiss. der UsbekSSR. 1961. (323 S. m. Abb.) 1 Rbl. 60 Kop. [Russ.]

Alexander Frank Wells, Structural inorganic chemistry. 3rd edit. Oxford: Clarendon P. 1962. (XXVI + 1055 S. m. Abb., 5 Taf., Tab. u. Diagr.) 84 s.

A_7. Gleichgewichte. Kinetik

Harry Hall Sisler, Chemistry in non-acqueous solvents. New York: Reinhold. 1961 (119 S.) $ 1.95.

A_8. Präparative anorganische Chemie. Komplexverbindungen Metallorganische Verbindungen

Arthur Shotter Coffinberry and **W. N. Miner,** eds., The metal plutonium. Chicago, London: Chicago U.P. 1961. (XI+446 S. m. Abb., Tab. u. Diagr.) 76 s.

A_9. Mineralogische und geologische Chemie

M. G. Waljaschko, Die geochemischen Gesetzmäßigkeiten der Entstehung der Kalisalzlagerstätten. Moskau: Verl. der Lomonossow-Univ. 1962. (400 S.) 1 Rbl. 84 Kop. [Russ.]

F. Pharmazeutische Chemie. Desinfektion

Klaus Gerecke, Arzneimittel-Verzeichnis. Im Auftrage des Ministeriums für Gesundheitswesen der DDR. 5. Ausg. Berlin: Verl. Volk und Gesundheit. 1961. (368 S.) 8^0. DM 5,40.

Ju. D. Goldowt, I. F. Urwanzew und **O. I. Tschikin,** Die Heilmittel. Moskau: Akad. der Wiss. der UdSSR. 1961. (444 S.) [Russ.]

F. I. Ibragimow und **W. Ss. Ibragimowa,** Die wichtigsten Arzneimittel der chinesischen Medizin. Moskau: Medgis. 1960. (412 S.) 1 Rbl. 62 Kop. [Russ.]

Eric W. Martin and **E. Fullerton Cook,** eds., Remington's Practice of Pharmacy. 12th edit. London: Interscience Publrs. 1961. (1878 S. m. Abb. u. Tab.) 155 s.

Ralph Milton Waters, ed., Chloroform. London: Holborn Publishing Co. 1961. (XV + 138 S. m. Abb., Tab. u. Diagr.) 18 s.

N. M. Turkewitsch, Chemie der neuen hypotensiven Mittel. Kiew: Gossmedisdat der UkrainSSR. 1961. (207 S.; 1 Bl. Abb.) 83 Kop. [Russ.]

—, Kleine Spezialitäten-Taxe. 28. Ausg. Stand: 1. Februar 1961. Bearb. vom Arzneibüro der ABDA. Frankfurt/Main: Govi-Verl. 1961. (355 S.) 4^0. DM 11,50.

—, Pharmakopöe der UdSSR. 9. Aufl. Moskau: Medgis. 1961. (911 S.) 4 Rbl. 4 Kop. [Russ.]

—, NFN-navne. København: Nyt Nordisk Forlag. 1961. (92 S.) dkr 8,75.

—, Tetracloroiodito sodico. Roma: A. Tambone. 1960. (61 S. m. Abb.)

H. XXIV. Photographie

Wolfgang Grau, Wörterbuch der Photo-, Film- und Kinotechnik mit Randgebieten. I. Bd.: Englisch-Deutsch-Französisch. Berlin: Helios-Verl. 1962. (663 S.) DM 39,50

Ausgewertete Bibliographie-Fachzeitschriften

Belgien	**Bibliographie de Belgique — Belgische Bibliographie**	**England**	**British Books (Incorporating the Publishers Circular & Booksellers Record)**
ČSSR	**Bulletin — Die Neuesten Forschungsergebnisse der Tschechoslowakischen Wissenschaft**		**British National Bibliography**
	Nové Knihy (Neue Bücher)	**Frankreich**	**Bibliographie de la France**
	Novinky (Neuheiten)	**Holland**	**Nieuwsblad voor de Boekhandel**
Dänemark	**Danske Bogmarked**	**Italien**	**Bibliografia Nazionale Italiana**
Deutschland	**Börsenblatt für den Deutschen Buchhandel — Frankfurter Ausgabe**	**Japan**	**Nōhon Shūhō (Current Publications)**
	Börsenblatt für den Deutschen Buchhandel — Leipziger Ausgabe	**Österreich**	**Österreichische Bibliographie**
		Schweiz	**Schweizer Buch. Serie A und Serie B**
	Deutsche Bibliographie. Wöchentliches Verzeichnis. Ausgabe II. [Frankfurt/Main]	**UdSSR**	**Bücherverzeichnis des Jahres (Книжная летопись)**
	Deutsche Nationalbibliographie. Reihe A: Neuerscheinungen des Buchhandels [Leipzig]		**Neue Bücher (Новые книги)**
		USA	**Publishers' Weekly**

Namenregister

Patentregister

Chemisches Zentralblatt

1962 Nr. 30 25. Juli

A. Allgemeine, physikalische und anorganische Chemie

Methoden der vergleichenden Berechnung physikalisch-chemischer Eigenschaften. M. Ch. Karapetjanz. (Химическая Промышленность [Chem. Ind.] **1961**. 33–42. Jan.) (Russ.) — Vgl. C. **1960**. 12919; C. **1961**. 1512. 1822. 16418.

Die verschiedenen Meth. des Vgl. der Eigg. von Stoffen werden zusammenfassend behandelt: Vgl. der Eigg. in einer oder 2 Reihen ähnlicher Stoffe; Vgl. bei gleichen oder verschiedenen Parametern der Bedingungen oder bei 2 Werten eines Parameters in Abhängigkeit von den Werten eines anderen Parameters. — 126 Literaturhinweise. R. K. MÜLLER. 10□

Das spezifische Gewicht als Funktion der Nukleonenzahl. J. Benkö. (Acta chim. Acad. Sci. hung. **29**. 149–56. 1961. Budapest.) (Dt.; Auszug: Engl.)

Die Quotienten des Atom-Vol. u. der Quadratwurzel der Ordnungszahl stehen in gewisser Beziehung zu der charakterist. Zahl der Valenzelektronen der in den einzelnen Gruppen des Period. Syst. angeordneten Elemente. Auf dieser Grundlage leitet Vf. einige Beziehungen ab, die für die annähernde Berechnung der spezif. Gew. von Elementen, die verschiedenen Gruppen angehören, geeignet sind. Jeder der drei Hauptfaktoren, die das spezif. Gew. bestimmen u. in den abgeleiteten Gleichungen vorkommen, läßt sich auf die Zahl der den Atomkern bildenden Protonen u. Neutronen zurückführen, denn ihre Summe — die Nucleonenzahl — ergibt das Atom-Gew., während die Protonenzahl selbst die Verteilung, die Zahl der Elektronen in den einzelnen Schalen, sowie auch die der Valenzelektronen bestimmt. G. BAUER. 10□

Klaus Brunne, Gesetzessammlung für den Chemiker. Eine Ausw. der wichtigsten gesetzlichen Bestimmungen einschl. Standards und verbindl. DIN-Normen sowie von Verzeichnissen ausländ. und internationaler Standards. Berlin: Deutscher Zentralverl. 1961. (XX + 261 S.) 8°. DM 40,—.

R. Cornubert, Dictionnaire chimique allemand-français. 2e édit. Paris: Dunod. 1961. (284 S.) 36 NF.

Otto Dorrer, Dizionario tascabile delle lingue tedesca e italiana per l'industria chimica. Milano: C. Tamburini. 1960. (VIII + 344 S.)

Richard Ernst and **Ingeborg Ernst von Morgenstern**, Dictionary of chemistry. Vol. 1: German-English. London: Pitman. 1961 (3 + 725 S.) 52 s. 6 d.

Emyr Alun Moelwyn-Hughes, States of matter. Edinburgh, London: Oliver & Boyd. 1961. (100 S. m. Tab. u. Diagr.) 15 s.

Heinrich Remy, Grundriß der anorganischen Chemie. 11., unveränd. Aufl. Leipzig: Akademische Verl. Ges. 1961. (XVII + 328 S. m. 31 Abb. u. 2 Taf.) 8°. DM 8,65.

—, Kurze chemische Enzyklopädie in 4 Bd. Bd. 1. A—E. Moskau: Verl. der Sowj. Enzyklopädie. 1961. (1262 Kolonnen m. Abb.) 3 Rbl. 30 Kop. [Russ.]

A₁. Kernphysik und Kernchemie

Über die Kernwechselwirkung von Myonen. Hiroyuki Shibata. (J. physic. Soc. Japan **16**. 372–77. März 1961. Osaka, Osaka City Univ., Inst. of Polytechn.) (Engl.)

Mittels einer durch Koinzidenzen gesteuerten, Pb-Platten enthaltenden Nebelkammer wurden unter 50 u. 250 m Wasser-Äquivalent unter der Erde sowohl die durch Myonen als auch die durch deren Sekundärteilchen bei Kern-Rkk. ausgelösten Schauer registriert. Für die ersteren war der Wrkg.-Querschnitt auf 50 m $2{,}4\cdot 10^{-31}$ cm^2/Nucleon, auf 250 m $1{,}7\cdot 10^{-30}$ cm^2/Nucleon. Die Daten können mit dem photonuclearen Querschnitt von $1{,}4\cdot 10^{-28}$ cm^2/Nucleon gedeutet werden. Die Winkelverteilung war nahezu isotrop im Schwerpunkts-Syst. des Targetnucleons u. des mit dem Myon assoziierten virtuellen Photons. M. WIEDEMANN. 90□

Streuung von μ-Mesonen an Blei im 1–5-GeV/c-Impulsbereich. Ss. A. Asimow, G. G. Aruschanow, Ch. Sainutdinow, R. Karimow, W. Ss. Massagutow und M. Bh. Essterliss. (Известия Академии Наук УзССР, Серия Физико-Математических Наук [Nachr. Akad. Wiss. UsbekSSR, Ser. physik.-math. Wiss.] **1961**. Nr. 3. 61–67. Physik.-techn. Inst. der Akad. der Wiss. der UsbekSSR.) (Russ.; Auszug: Usbek.)

Durch eine Anordnung von Zählern, Magnetfeld u. Absorbern wurden Myonen mit 1—5 GeV/c ausgewählt u. 1134 Fälle von Streuung an den 2 cm dicken Pb-Platten der WILSON-Kammer beobachtet. Die Kurve stimmt mit der theoret. überein, die unter der Annahme von Vielfachstreuung u. Berücksichtigung der Ausdehnung des Kerns erhalten wurde. M. WIEDEMANN. 90□

Polarisation des Rückstoßnucleons aus der Photoerzeugung des Pions. Masaaki Kawaguchi. (Progr. theoret. Physics [Kyoto] **23.** 984—88. Juni 1960. Kyoto, Univ., Res. Inst. for Fundament. Phys.) (Engl.)

Die transversale Polarisation des Rückstoßprotons aus der Rk. $\gamma + p \rightarrow \pi^0 + p$ wird für γ-Energien von 260, 300, 320, 325 u. 400 MeV phänomenolog. ermittelt. Dabei werden die experimentell bestimmten Winkelverteilungen obiger Rk. u. der Rk. $\gamma + p \rightarrow \pi^+ + n$ u. die Phasenverschiebungen der Pion–Nucleon-Streuung zugrundegelegt. Für unpolarisierte einfallende Teilchen wird eine Polarisation von 10—20% über einen weiten Winkelbereich im Schwerpunkts-Syst. erhalten. M. WIEDEMANN. 90□

Pion–Nucleon-Wechselwirkung, anomales magnetisches Moment des Nucleons und zusammengesetztes Modell des Pions. Chiaki Ihara. (Progr. theoret. Physics [Kyoto] **23.** 1035—54. Juni 1960. Kyoto, Kyoto Univ., Dep. of Phys.) (Engl.)

Für das Pion wird ein zusammengesetztes Modell angenommen, bei dem die Grundwechsel-Wrkg. durch eine lineare Kombination skalarer, tensorieller u. pseudoskalarer oder vektorieller u. pseudovektorieller Kopplungen vom FERMI-Typ wiedergegeben wird. Die Pion–Nucleon-Wrkg. u. das anomale magnet. Moment des Nucleons werden in qual. Übereinstimmung mit dem Experiment erhalten. M. WIEDEMANN. 90□

Elektromagnetische Struktur des Nucleons und das zusammengesetzte Modell des Pions. Chiaki Ihara. (Progr. theoret. Physics [Kyoto] **25.** 229—34. Febr. 1961.) (Engl.) — Vgl. vorst. Referat.

Vom Standpunkt des zusammengesetzten Modells des Pions wird die elektromagnet. Struktur des Nucleons untersucht. Der mittlere quadrat. Radius der Ladungsverteilung sowie die Pion–Nucleon-Wechselwrkg. u. das anomale magnet. Moment des Nucleons werden mit den gleichen Kopplungs-Konst. berechnet u. in Übereinstimmung mit dem Experiment erhalten. M. WIEDEMANN. 90□

Unelastische Stöße schneller π-Mesonen mit Nucleonen und periphere ($\pi\pi$)-Wechselwirkungen. V. S. Barashenkov. (Nuclear Physics [Amsterdam] **15.** 486—94. März (1) 1960. Dubna, Joint Inst. of Nucl. Res., Labor. of Theor. Phys.) (Engl.) — Vgl. C. **1961.** 5675.

Ein Modell von zentralen u. peripheren Pion–Nucleon-Stößen wird auf der Basis von (π^-–p)-Stößen bei E = 5 GeV diskutiert. Eine Schätzung $\sigma_{\pi\pi} = \sigma_{\pi N}$ wird für die Wrkg.-Querschnitte von ($\pi\pi$)-Wechselwrkg. bei E $\gtrsim$ 1 GeV erhalten. Die Winkelasymmetrie der bei (π^-–p)-Stößen erzeugten seltsamen Teilchen wird diskutiert. J.-M. SPAETH. 90□

Elastische Streuung negativer Pionen an Protonen bei 128 und 162 MeV. Yu. A. Budagov, S. Wiktor, V. P. Dzhelepov, P. F. Yermolov und V. I. Moskalev. (Nuclear Physics [Amsterdam] **22.** 226—44. Jan. 1961. Dubna, Joint Inst. for Nucl. Res., Labor. of Nucl. Problems.) (Engl.)

Mit einer H_2-gefüllten Diffusionsnebelkammer in einem Magnetfeld untersuchen Vff. die Verteilung negativer Pionen bei elast. Streuung an Protonen. Die totalen Querschnitte für elast. Streuung σ (128 MeV) = $(12,8 \pm 1,0) \cdot 10^{-27}$ cm² u. σ (162 MeV) = $(21,4 \pm 1,2) \cdot 10^{-27}$ cm² werden durch Berechnung der totalen Länge der negativen Pionenbahnen in der Kammer bestimmt. Die Winkelverteilungen bei elast. π^-–p-Streuung werden in der Form der S- u. P-Wellenanalyse erhalten. Die differentiellen Querschnitte für Vorwärtsstreuung sind $(2,20 \pm 0,32) \cdot 10^{-27}$ cm²/sterad bzw. $(3,73 \pm 0,32) \cdot 10^{-27}$ cm²/sterad. Die reellen Teile der Vorwärtsstreuamplitude (Schwerpunkts-Syst.) werden in $\hbar/m_\pi$ c-Einheiten zu $0,261 \pm 0,031$ bzw. $0,216 + 0,038$ berechnet. Diese Größen stimmen mit den aus Dispersionsrelationen bei der Kopplungs-Konst. $f^2 = 0,08$ berechneten überein. GERHARD SCHMIDT. 90□

Suche nach einem neutralen Meson mit Null-I-Spin. N. E. Booth, O. Chamberlain und E. H. Rogers. (Nuovo Cimento [10] **19.** 853—63. 1/3. 1961. Berkeley, Calif., Univ. of California, Dep. of Phys., Lawrence Radiat. Labor.) (Engl.)

Ein Target aus fl. D_2 wurde mit 460-MeV-Deuteronen des 184-in.-Cyclotrons bestrahlt u. unter 0° nach α-Teilchen gesucht, die nach $d + d \rightarrow {}^4He + \pi_0^0$, wo π_0^0 ein neutrales Meson mit dem Isospin Null u. einer Masse bis 1,8 mal der $\pi^\pm$-Masse ist, entstehen sollten. Die α-Teilchen wurden magnet. ausgewählt u. mittels eines Teleskops aus Scintillatoren nach Flugzeit, differentiellem Energieverlust u. differentieller Reichweite gemessen. Es ergab sich für Masse $\pi_0^0 \simeq \pi^\pm$ eine obere Grenze des Wrkg.-Querschnitts von $7 \cdot 10^{-32}$ cm². M. WIEDEMANN. 90□

Pion-Lambda-Resonanz (Y_1^*). J. P. Berge, P. Bastien, O. Dahl, M. Ferro-Luzzi, J. Kirz, D. H. Miller, J. J. Murray, A. H. Rosenfeld, R. D. Tripp und M. B. Watson. (Phys. Rev. Letters **6.** 557—62. 15/5. 1961. Berkeley, Calif., Univ. of California, Lawrence Radiat. Labor. and Dep. of Phys.) (Engl.)

Die K^--p-Wechselwrkg. im Bereich 450—850 MeV/c wurden untersucht u. 500 $\Lambda\pi^+\pi^-$-Fälle gefunden, $K^- + p \rightarrow Y_1^{*\pm} + \pi^\mp$, gefolgt vom starken Zerfall $Y_1^{*\pm} \rightarrow \Lambda + \pi^\pm$ + 130 MeV. Für die Masse des Y_1^* ergab sich 1385 MeV u. für die Halbbreite $\Gamma/2 \lesssim 20$ MeV. M. Wiedemann. 90☐

Bose-Statistik und Y*-Erzeugung und Zerfall bei K^--p-Stößen. R. H. Dalitz und Donald H. Miller. (Physic. Rev. Letters **6.** 562—67. 15/5. 1961.) (Engl.) — Vgl. vorst. Referat.

Der $I = 1$, Λ-π-Resonanzzustand Y* wird diskutiert. Der Beweis, daß der Y*-Zerfall nicht als der Zerfall eines freien Teilchens betrachtet werden kann, wird durch die Interferenzeffekte nach der Bose-Statistik für die Endpionen verständlich. Ferner wird diskutiert, inwieweit die Y*-Parameter aus den Daten im Impulsbereich 1150 MeV/c für K^- bestimmt werden können. M. Wiedemann. 90☐

Theorie der K^+-Nucleon-Streuung. I. R. Gatland. (Nuclear Physics [Amsterdam] **15.** 480—85. 1. März-H. 1960. London, Imp. Coll. of Sci. and Technol.) (Engl.)

Dispersionsrelationen für die K–N-Wechselwrkg. zeigen, daß der Born-Term bei der K^+–p-Streuung überwiegt. Der Wrkg.-Querschnitt u. die Winkelverteilung für K^+–p-Streuung werden mit Hilfe der Störungstheorie berechnet. Die Theorie liefert keine guten Ergebnisse für K^+–n-Streuung. J.-M. Spaeth. 90☐

K^--Wechselwirkungen mit freien Protonen in Kernemulsionen. R. G. Glasser, N. Seeman und G. A. Snow. (Nuovo Cimento [10] **9.** 1085—90. 16/9. 1958. Washington, D. C., US Naval Res. Labor., Nucleon. Div.) (Engl.)

Ein Emulsionsstapel wurde mit K^--Mesonen von 81,6 MeV bestrahlt, insgesamt wurden 4969 K^- mit einer Gesamtweglänge von 161 m verfolgt. Es wurden 19 elast. Streuungen nach $K^- + p \rightarrow K^- + p$ u. 14 Rkk. $K^- + p \rightarrow \Sigma^\pm + \pi^\mp$ beobachtet. Die Daten der einzelnen Fälle sind tabelliert. Im Mittel über den Energiebereich 0—82 MeV ergab sich für die Streuung ein Wrkg.-Querschnitt von 37 (+9, —9) mbarn u. für die obige Rk. von 27 (+8, —6) mbarn. Das Verhältnis Σ^+/Σ^- bei der Erzeugung wird zu 1,2 (+1,0, —0,6) geschätzt. M. Wiedemann. 90☐

Suche nach dem Zerfall $\Sigma^+ \rightarrow p + \gamma$. R. G. Glasser, N. Seeman, Y. Prakash, G. A. Snow und P. Steinberg. (Nuovo Cimento [10] **19.** 1058. 1/3. 1961. Washington, D. C., US Naval Res. Labor.; College Park, Md., Univ. of Maryland.) (Engl.)

In 2 Emulsionsstapeln, die dem 300-MeV/c-K^--Bündel ausgesetzt waren, wurde nach dem Σ^+-Zerfall gesucht. Es wurden einmal alle grauen u. schwarzen Zacken von 3037 K^--Sternen verfolgt u. das andere Mal alle Sekundärbahnen von 13290 K^--Sternen. Bei $\Sigma^+ \rightarrow p + \gamma$ müßte p eine Reichweite von 3000 μm haben. Gefunden wurde kein derartiger Fall, dagegen 144 $\Sigma^+ \rightarrow p + \pi^0$. M. Wiedemann. 90☐

Eine mögliche Symmetrie in Sakatas Modell für das Boson–Baryon-System. 3. Mitt. Mineo Ikeda, Yoshihiko Miyachi, Shuzo Ogawa, Shoji Sawada und Minoru Yonezawa. (Progr. theoret. Physics [Kyoto] **25.** 1—16. Jan. 1961. Takehara, Hiroshima Univ., Res. Inst. for Theor. Phys.; Hiroshima, Dep. of Phys.) (Engl.) — 2. vgl. C. **1962.** 2616.

In der vollsymm. Theorie kann ein physikal. Syst. durch 6 Quantenzahlen charakterisiert werden, die hier im Zusammenhang mit dem zusammengesetzten Sakata-Modell durch solche ersetzt werden, die besser verständlich sind. Hieraus ergibt sich ein neues Bild des Elementarteilchens, nämlich die Substanz, die sämtliche Zustände darstellt, die durch vollsymm. Wechselwrkg. verbunden sind, also etwa die Grundsubstanz in Baryon- u. Meson-Systemen. M. Wiedemann. 90☐

Zweiparametrische Tabelle von Elementarteilchen. B. I. Russak. (Известия Академии Наук УзССР, Серия Физико-Математических Наук [Nachr. Akad. Wiss. UsbekSSR, Ser. physik.-math. Wiss.] **1961.** Nr. 3. 85—86.) (Russ.)

Die Elementarteilchen sind in einem zweidimensionalen Schema mit der Strangeness S als Ordinate u. $b = Q + 3\,T_3$–T als Abszisse angeordnet. M. Wiedemann. 90☐

Über die Ausstrahlung von Gravitationswellen von „Elementarteilchen". K. P. Stanjukowitsch. (Вестник Московского Университета, Серия III [Nachr.. Moskauer Univ., Ser. III] **16.** Nr. 5. 71—82. Sept./Okt. 1961. Lehrstuhl für statist. Phys. u. Mechanik) (Russ.)

Es wird angenommen, daß die Drehung oder das Pulsieren der Mesonenwolke um das Core des Nucleons Gravitationswellen hervorruft, die eine Quadrupolstrahlung darstellen u. das Gravitationsfeld der Teilchen bedingen. Die fortgeführte Energie wird berechnet. M. Wiedemann. 90☐

Statistische Theorie der Vielfacherzeugung von Teilchen. S. Z. Belen'kij, V. M. Maksimenko, A. I. Nikišov und I. L. Rozental. (Fortschr. Physik **6.** 524—64. 1958. — C. **1958.** 3209.) (Dt.) E. Klever. 90□

Einige Bemerkungen über die Phasenverschiebungsanalyse mit D-Wellen für Spur-Kammer-Histogramme. I. Derado und R. van de Walle. (Nuovo Cimento [10] **19.** 777—86. 16/2. 1961. Genf, CERN.) (Engl.)

Der Bereich von 250—400 MeV eignet sich für eine D-Wellenanalyse am besten, die Winkelverteilung wird in Form eines Histogramms erhalten .Die Meth., hieraus die Phasenverschiebungen zu erhalten, wird behandelt. Die Korrektur der Winkelverteilung für Coulomb-Streuung wird erörtert. Als Beispiel wird die π^+-p-Winkelverteilung analysiert. M. Wiedemann. 90□

Über die Streuung transversal polarisierter Teilchen mit Spin 1. Ju. A. Popow. (Вестник Московского Университета, Серия III [Nachr. Moskauer Univ., Ser. III] **16.** Nr. 5. 90—96. Sept./Okt. 1961. Lehrstuhl für Elektrodynam. u. Quantentheorie.) (Russ.)

Die elast. Streuung transversal polarisierter Teilchen mit dem Spin 1 wird für folgende Arten der Wechselwrkg. betrachtet: vektoriell, skalar, axial, pseudoskalar u. tensoriell. Berechnet werden der differentielle Wrkg.-Querschnitt u. der Polarisationsvektor. M. Wiedemann. 90□

Streuquerschnitte der γ-Strahlung. V. Lakshminarayna und S. Jnanananda. (Proc. physic. Soc. **77.** 593—98. 1/3. 1961. Waltair, Andhra Univ., Labor. for Nucl. Res.) (Engl.)

Die Gesamt-Wrkg.-Querschnitte der γ-Strahlung aus ^{60}Co, ^{46}Sc, ^{137}Cs, ^{51}Cr u. ^{141}Ce mit 0,145—1,332 MeV an Graphit, Al u. Cu wurden mittels Scintillatoren u. mit der Geometrie eines engen Bündels untersucht. Durch Subtraktion der theoret. Werte für den photoelektr. u. den Paar-Bldg.-Querschnitt werden die Gesamtstreuquerschnitte erhalten. Diese stehen bei hohen Energien in Übereinstimmung mit den theoret. Werten, bei 145 keV treten dagegen starke Abweichungen auf. M. Wiedemann. 90□

Spektrale und Winkelverteilung der in Eisen gestreuten γ-Strahlen aus einer flachen monogerichteten ^{60}Co-Quelle. A. W. Laritschew. (Атомная Энергия [Atomenergie] **11.** 443—45. Nov. 1961.) (Russ.)

Mittels eines Absorptionsspektrometers mit NaJ(Tl)-Kristall wurde unter Winkeln von 20, 50 u. 70° das Spektrum der in Fe gestreuten ^{60}Co-Strahlung aufgenommen. Die Abhängigkeit des Anhäufungsfaktors der Streustrahlung von der Dicke entspricht der Theorie. M. Wiedemann. 90□

Polarisationskorrelation bei der Bildung von Elektron–Positron-Paaren durch ein γ-Quant. B. K. Kerimow und I. M. Nadshafow. (Вестник Московского Университета, Серия III [Nachr. Moskauer Univ., Ser. III] **16.** Nr. 2. 41—53. März/April 1961. Lehrstuhl für statist. Phys. u. Mechanik.) (Russ.) — Vgl. C. **1962.** **9593.**

Behandelt wird die Erzeugung längspolarisierter Elektron–Positron-Paare durch zirkular polarisierte γ-Quanten im Coulomb-Feld von Kernen in der Bornschen Näherung. Die Energie- u. Winkelverteilung der Paare, der differentielle u. integrale Wrkg.-Querschnitt in Abhängigkeit vom Polarisationszustand der Quanten u. der Paare sowie die Abhängigkeit des Polarisationsgrads der letzteren von Energie u. Winkel werden ermittelt. Ferner wird der Wrkg.-Querschnitt für die Bldg. von Bremsstrahlung durch ein relativist. Elektron unter Beachtung der Polarisationskorrelation ermittelt. M. Wiedemann. 90□

Der Einfluß eines statischen elektrischen Feldes auf die Positroniumbildung in Polymeren. A. Bisi, F. Bisi, A. Fasana und L. Zappa. (Physic. Rev. [2] **122.** 1709—10. 15/6. 1961. Milano, Ist. di Fis. del Politecn.) (Engl.)

Bei Unterss. des Zeitverzögerungsspektrums der Vernichtungs-γ-Strahlen wurde der Einfl. eines elektrostat. Feldes auf Positronium-Bldg. in einigen polymeren Stoffen nachgewiesen. Typ. unpolare Polymere zeigen bei 50 kV/cm eine starke Abnahme der Positronium-Bldg. mit steigender elektr. Feldstärke: *Polyäthylen* 33%, *Teflon* 13%. Bei typ. polaren Polymeren wie *Lucit, Nylon* u. *Polyvinylchlorid* konnte kein elektr. Effekt festgestellt werden. W. Sobieski. 90□

Vernichtung polarisierter Positronen in magnetisierten Stoffen. István Lovas. (Magyar fizik. Folyóirat [Ung. physik. Z.] **8.** 187—97. 1960. Budapest, Zentralforsch.-Inst. für Phys.) (Ung.)

Es wurde die Winkelkorrelation der aus der Vernichtung der Positronen stammenden γ-Strahlen gemessen, dann die Zahl der γ-γ-Koinzidenzen in der Weise, daß der Annihilator zur Laufrichtung der Positronen parallel bzw. umgekehrt magnetisiert wurde.

Es wurde festgestellt, daß die aus β-Zerfall stammenden Positronen longitudinal polarisiert sind, die Richtung der Polarisation weist in die Richtung des Impulses. Die 3d-Elektronen nehmen an der Ausstrahlung zu ca. 5% teil. J. PLANK. 90□

Streuung von Elektronen an Kernen nach dem α-Teilchenmodell. Je. W. Inopin und B. I. Tischtschenko. (Журнал Экспериментальной и Теоретической Физики [J. exp. theoret. Physik] **38.** 1160—66. April 1960. Physik.-Techn. Inst. der Akad. der Wiss. der UkrainSSR.) (Russ.; Auszug: Engl.)

Auf der Grundlage der Vorstellungen über das α-Teilchenmodell des Atomkerns werden Ausdrücke zur Berechnung der elast. u. unelast. Streuung von Elektronen abgeleitet. Die Berechnungen für ^{9}Be werden unter Annahme durchgeführt, daß der Kern aus 2α-Teilchen u. einem äußeren Neutron besteht. Es zeigt sich bei der elast. Streuung von 190-MeV-Elektronen am ^{9}Be-Kern ebenso gut wie bei der unelast. Streuung dieser Elektronen an ^{9}Be-Kernen mit den Anregungszuständen 2,43 u. 6,8 MeV eine gute Übereinstimmung mit dem Experiment im Bereich 60—90°. Die gleiche Übereinstimmung wurde für die elast. Streuung von 187-MeV-Elektronen u. 420-MeV-Elektronen an ^{12}C-Kernen, von 420-MeV-Elektronen am ^{16}O-Kern sowie für die unelast. Streuung von 187-MeV-Elektronen am ^{12}C-Kern mit dem Anregungszustand 4,43 MeV erzielt. Dabei gehen Vff. von der Annahme aus, daß im ^{12}C-Kern 3α-Teilchen ein gleichseitiges Dreieck u. im ^{16}O-Kern 4α-Teilchen ein Tetraeder bilden. Die unelast. Streuung am ^{12}C-Kern mit dem Anregungszustand 9,61 MeV kann nach dem α-Teilchenmodell erklärt werden, wenn man diesem Niveau den Spin u. die Parität 3^- gibt. Vff. berechnen die Dichteverteilung der Ladung auf der Grundlage des Schalenmodells u. des α-Teilchenmodells. Beide Kurven sind identisch. G. EWALD. 90□

Streuung energiereicher Nucleonen an Kernen. Tatuya Sasakawa. (Progr. theoret. Physics [Kyoto] **22.** 738—40. Nov. 1959. Kyoto, Kyoto Univ., Dep. of Phys.) (Engl.)

Es wird gezeigt, daß die Impulsapproximation die elast. Streuung energiereicher Nucleonen an Kernen gut wiedergibt. Als Beispiele werden die Streuung von 340-MeV-Protonen an Kernen von *C* bis *Bi* sowie die Streuung von 84-MeV-Neutronen an *Cu* u. *Pb* herangezogen. Ferner wurde der Bereich ermittelt, innerhalb dessen gleichförmige Dichte der Nucleonen im Kern angenommen werden kann. M. WIEDEMANN. 90□

Gesamtwirkungsquerschnitte der Kernstreuung von 765-MeV-Nucleonen. G. Z. Shah und B. M. Thaker. (Current Sci. **29.** 385. Okt. 1960. Andheri, Bombay Bhavan's Coll.) (Engl.)

Vff. berechneten die Gesamt-Wrkg.-Querschnitte der Kernstreuung von 765-MeV-Nucleonen an leichten Kernen nach der von GATHA u. SHAH (C. **1956.** 8251) angegebenen Formeln u. vergleichen diese mit den experimentellen Werten: (Element, berechneter Wert, experimenteller Wert) *Li*, 212,8, 221,2 $\pm$ 4,7; *C*, 346,7, 342,1 $\pm$ 3,7; *O*, 444,6, 460,7 $\pm$ 6,0; *Al*, 689,6, 660,2 $\pm$ 7,3 mbarn. H. SCHROEDER. 90□

Querschnitt der unelastischen Wechselwirkung von Neutronen des Spaltspektrums. G. N. Lowtschikowa und O. A. Ssalnikow. (Атомная Энергия [Atomenergie] **11.** 442—43. Nov. 1961.) (Russ.)

Als Neutronenquelle diente ein Konverter, der sich im Bündel der aus dem Reaktor austretenden therm. Neutronen befand, u. von Al umhülltes mit 75% ^{235}U angereichertes U_3O_8 darstellte. Zur Registrierung diente eine Ionisationsspaltkammer mit ^{238}U u. mehreren Elektroden, als Streuer die natürliche Isotopen-Zus. der betreffenden Elemente. Gemessen wurde die Durchlässigkeit u. hieraus der Wrkg.-Querschnitt, bedingt vor allem durch unelast. Streuung, bestimmt: *Na* 0,47; *K* 0,47; *Sr* 0,93; *Ba* 1,36; *Mo* 1,54; *Nb* 1,44 u. *Fe* 0,73 barn. M. WIEDEMANN. 90□

Streuung und Polarisationseffekte von 3,27-MeV-Neutronen an Deuteronen. M. Brüllmann, H.-J. Gerber, D. Meier und P. Scherrer. (Helv. physica Acta **32.** 511—48. 31/12. 1959. Zürich, ETH, Physik. Inst.) (Dt.) —Vgl. C. **1961.** 14168.

Vff. berichten über Messungen des differentiellen Wrkg.-Querschnittes u. die azimutale Asymmetrie der Streuung von 3,27-MeV-Neutronen an Deuteronen für Winkel zwischen 53 u. 161° im Schwerpunktssystem. Die Übereinstimmung mit bekannten Daten ist gegeben. Für die theoret. Berechnung zeigt sich, daß die symm. Austauschkraft den differentiellen u. den totalen Wrkg.-Querschnitt grob wiedergibt u. eine Nucleon–Nucleon-Wechselwrkg. ohne starke Beimischungen von Austauschpotentialen zum WIGNER-Potential nicht in der Lage ist, die Experimente richtig zu beschreiben. G. M. NEUMANN. 90□

Der totale Querschnitt von ^{143}Nd für langsame Neutronen. H. J. Hay. (J. nuclear Energy **7.** 199—203. Sept. 1958. Harwell, Berks., AERE.) (Engl.)

Mit Kristallspektrometern für einen Energiebereich von 0,01—10 eV wird die Durchlässigkeit von Nd_2O_3-Proben, die in ^{143}Nd angereichert sind, gemessen. Insgesamt stehen 2 Proben mit verschiedenem Anreicherungsgrad zur Verfügung. Die Analyse der Energieabhängigkeit des totalen Querschnittes von ^{143}Nd liefert die Querschnitte bei 2200 m/s zu 335 ± 20 barn für Absorption u. 75 ± 7 barn für Streuung, die Parameter einer negativen Energieresonanz sind $E_0 = -6 \pm 1$ eV, $\Gamma_\gamma = 86 \pm 15$ mV u. $\Gamma_n^0 = 68 \pm 15$ mV. Gerhard Schmidt. 90□

Über die Möglichkeit der Messung der Polarisation bei der Streuung eines Neutrons am Neutron. O. G. Ssitenko und W. F. Chartschenko. (Українськоӣ Фізичниӣ Журнал [Ukrain. physik. J.] **6.** 20—24. Jan./Febr. 1961. Charkow, Univ.) (Ukrain.; Auszug: Engl.)

Die Möglichkeit, die Polarisation u. den Korrelationstensor der Polarisation bei der Wechselwrkg. eines Neutrons mit einem Neutron aus einer Analyse der Aufspaltungs-Rk. eines Deuterons durch ein Neutron zu bestimmen, wird mittels der Meth. von Chew u. Low erörtert. Die zur Ermittlung der Streumatrix notwendigen Experimente werden skizziert. M. Wiedemann. 90□

Elektrische Polarisation der Deuteronen bei der Streuung im Coulomb-Feld. T. L. Abelischwili und O. G. Ssitenko. (Український Фізичний Журнал [Ukrain. physik. J.] **6.** 3—11. Jan./Febr. 1961.) (Ukrain.; Auszug: Engl.) — Vgl. vorst. Referat.

Der Einfl. der elektr. Polarisation des Deuterons auf die Streuung von Deuteronen im Coulomb-Feld des Kerns bei Energien unterhalb der Coulomb-Schwelle wird behandelt. In adiabat. Näherung wird die Wellenfunktion des Deuteron-Grundzustands bestimmt u. die Multipolarisation des Deuterons ermittelt. Die Berechnung führt zu einer Abweichung vom Rutherford-Gesetz. Die Korrekturen am elast. Streuquerschnitt werden ermittelt. Ferner wird die Polarisation des Deuterons bei der (d, p)-Stripping-Rk. ermittelt. M. Wiedemann. 90□

Über die Polarisierung und die Quadrupolarisierung von Deuteronen bei der elastischen Streuung an Kernen. O. G. Ssitenko und W. K. Tartakowski. (Український Фізичний Журнал [Ukrain. physik. J.] **5.** 581—90. Sept./Okt. 1960.) (Ukrain.; Auszug: Engl.) — Vgl. vorst. Referate.

Die elast. Streuung von Deuteronen an Kernen wird in der Beugungsapproximation behandelt. Die Amplitude wird durch die Streuamplituden des freien Neutrons u. Protons am Kern ausgedrückt. Die Gleichzeitigkeit der Streuung wird berücksichtigt. Die Gültigkeit der Impulsapproximation wird geprüft. Für den Fall von Spin-Bahn-Wechselwrkg. der Nucleonen mit dem Kern sowie für den der Ggw. von D-Wellen im Grundzustand des Deuterons werden Vektor- u. Tensor-Polarisationen bestimmt. M. Wiedemann. 90□

Über die Beugungswechselwirkung von Deuteronen mit halbdurchlässigen Kernen mit diffusem Rand. O. G. Ssitenko und W. K. Tartakowski. (Український Фізичний Журнал [Ukrain. physik. J.] **6.** 12—19. Jan./Febr. 1961.) (Ukrain.; Auszug: Engl.) — Vgl. C. **1961.** **10818**; vgl. vorst. Referate.

Für die Prozesse der Beugungswechselwrkg. von Deuteronen mit halbdurchlässigen Kernen mit diffusem Rand werden die integralen Wrkg.-Querschnitte ermittelt. Der Gesamtquerschnitt, die Querschnitte der elast. Streuung, der Beugungsspaltung u. der Absorption nehmen monoton mit zunehmender Durchlässigkeit ab, die Querschnitte für Neutron- oder Proton-Stripping-Prozesse verhalten sich umgekehrt. Der diffuse Rand beeinflußt nur die Beugungsspaltung merklich, diese nimmt mit Vergrößerung des diffusen Randes stark ab. M. Wiedemann. 90□

Energieverlust und Streuung von Protonen und Deuteronen. Lis Perch Nielsen. (Kong. danske Vidensk. Selsk., mat.-fysiske Medd. **33.** 1—20. 1961. Copenhagen.) (Engl.)

Es wurden Energieverlust u. Streuung von Protonen u. Deuteronen im Energiebereich 1,5—4,5 MeV gemessen. Es wurden die Elemente *Be*, *Al*, *Ni*, *Cu*, *Ag* u. *Au* untersucht. Die Ergebnisse sind in solchen Einheiten aufgetragen, daß erwartet werden darf, daß alle Punkte auf einer Kurve liegen. Der Verlauf der Kurve stimmt mit theoret. Erwartungen überein. H. Laue. 90□

Elastische Streuung von 13,6-MeV-Deuteronen durch Kerne. 1. Mitt. Ju. W. Gofman und O. F. Nemetz. (Журнал Экспериментальной и Теоретической Физики [J. exp. theoret. Physik] **39.** 1489—91. Dez. 1960.) (Russ.; Auszug: Engl.)

13,6-MeV-Deuteronen werden auf dünne Targets von *Fe*, *Ni*, *Cu*, *Ag*, *Sn*, *Pb*, *Au* u. *Pt* geschossen u. ihre elast. Streuung unter Winkeln zwischen 10—140° mit einer Auflösung von 2,5—5° gemessen. Die erhaltenen Winkelverteilungen werden analysiert. K.-E. Seyb. 90□

Die Bindungsenergien von Atomkernen. 1. Mitt. **Einführung und allgemeine Methode.** R. J. Eden und V. J. Emery. (Proc. Roy. Soc. [London], Ser. A **248.**

266—81. 11/11. 1958. Cambridge, Univ., Cavendish Labor.) (Engl.) — 2. u. 3. vgl. C. **1961.** 1797.

Vff. entwickeln u. verwenden eine prakt. Meth. zur Best. der Bindungsenergien der Kerne aus den vorliegenden Kenntnissen über die Kernkräfte. Eine Anzahl typ. Berechnungen unter Verw. starker internuclearer Potentiale wird durchgeführt, um die Meth. u. einige ihrer Approximationen zu testen. GERHARD SCHMIDT. 95□

Über die Differenz zwischen den Abtrennenergien eines Neutrons von gerade-ungerade-Kernen und gerade-gerade-Kernen. Christian Ythier und Ruurd van Lieshout. (C. R. hebd. Séances Acad. Sci. **252.** 1308—10. 27/2. 1961.) (Franz.)

Die Abtrennenergien $S_n(Z, N)$ u. $S_n(Z, N-1)$ können direkt aus der Energiebilanz von Kern-Rkk. u. aus Massendifferenzmessungen abgeleitet werden. Vff. untersuchen die Änderung von E_{nn} als Funktion von N im Bereich $22 < N < 58$ (graph. Darstellung). GERHARD SCHMIDT. 95□

Spin-Bahn-Aufspaltung und Tensorkraft. 2. Mitt. Akito Arima und Tokuo Terasawa. (Progr. theoret. Physics [Kyoto] **23.** 115—36. Jan. 1960. Tokyo, Tokyo Univ., Inst. for Nucl. Study; Kyoto, Kyoto Univ., Res. Inst. for Fundamental Phys.) (Engl.) — 1. vgl. Progr. theoret. Physics [Kyoto] **23.** [1960.] 87.

Allg. Formeln der Störungsenergien zweiter Ordnung, die von der Tensorkraft herrühren, werden im Fall der Kerne vom Typ „geschlossene Schale + ein Nucleon" wiedergegeben; ferner werden Formeln für die Berechnung der Zweikörper-Matrixelemente abgeleitet. Mit diesen Formeln wird die D-Zustands-Dublettaufspaltung in ^{17}O abgeschätzt. Es ergibt sich, daß ca. die Hälfte des beobachteten Wertes durch den Effekt zweiter Ordnung der Tensorkraft erklärt wird, ebenso wie im Fall von ^{5}He u. ^{15}N. HERBERT WEBER. 95□

Die Isobarentripletts in der 2p-Kernschale und die Ladungsunabhängigkeit der Kernkräfte. W. M. Fairbairn. (Proc. physic. Soc. **77.** 599—609. 1/3. 1961. Manchester, Coll. Sci. and Technol.) (Engl.)

Bei Einschluß der Symmetrieeffekte werden die Differenzen zwischen theoret. u. experimentellen Werten für die Lage der ersten $T = 1$-Niveaus von Kernen mit $T_3 = 0$ in der 2p-Kernschale geringer, außerdem können sie positiv wie negativ sein. Der Einfl. der Pionenmassendifferenz wird berechnet. Die Energiedifferenzen zwischen den Niveaus eines Isobarenmultipletts scheinen im wesentlichen durch die COULOMB-Kräfte bedingt zu sein. M. WIEDEMANN. 95□

Kernkompressibilität und Symmetrieenergie. David S. Falk und Lawrence Wilets. (Physic. Rev. [2] **124.** 1887—96. 15/12. 1961. Seattle, Wash., Univ. of Washington; Geneva, Univ., Ist. di Fis.) (Engl.)

Vff. verwenden eine Modifizierung u. Verallgemeinerung des PUFF-MARTIN-Modells (Bull. Amer. physic. Soc. **5.** [1960.] 30) für Vielfermionen-Syst. zur Berechnung der Kernkompresssibilität u. der Symmetrieenergie, um einen prakt. Test des Modells zu liefern u. um eine Information für die in Frage kommenden Größen zu erhalten. Die PUFF-MARTIN-Bedingung für den Grundzustand besteht darin, daß die Energie des unabhängigen Teilchens für das letzte Teilchen gleich der mittleren Bindungsenergie ist. GERHARD SCHMIDT. 95□

Über die Gleichgewichtsform von Atomkernen. G. F. Filippow. (Журнал Экспериментальной и Теоретической Физики [J. exp. theoret. Physik] **38.** 1316—19. April 1960. Moskau, Univ.) (Russ.; Auszug: Engl.)

Es wird eine Gleichgewichtsform der Atomkerne für den Fall ermittelt, daß die Deformation klein ist u. die äußeren Nucleonen nicht in Wechselwrkg. stehen. Der Operator der Wechselwrkg. zwischen einem äußeren Nucleon u. dem Restkern wird im Unterschied zum BOHR-MOTTELSON-Modell unter der Annahme abgeleitet, daß keine axiale Symmetrieachse der Gleichgewichtsform vorhanden ist. G. EWALD. 95□

Über die experimentellen Möglichkeiten zur Prüfung des Modells nichtaxialer Kerne mit dem Rotationsspektrum. D. P. Gretschuchin. (Журнал Экспериментальной и Теоретической Физики [J. exp. theoret. Physik] **38.** 1891—93. Juni 1960.) (Russ.; Auszug: Engl.)

Das Energiespektrum einzelner gg-Kerne im Intervall $60 \leq A \leq 160$ sowie $180 \leq A \leq 240$ kann als Rotationsspektrum eines nichtaxialen, deformierten Kerns interpretiert werden. Vf. zeigt, daß sich bei diesem Deformationsmodell aus der Wellenfunktion des normalen Rotationszustandes für einen E0-Übergang des Typs $I^+ \to I^+$ ($I \neq 0$; I = Spin des Kerns) ein Matrixelement streng gleich Null ergibt. Das Auffinden eines E0-Überganges ist ein krit. Element für die Anwendbarkeit des Deformationsmodells. Vf. leitet Formeln für die Berechnung der Isotopenverschiebung der Elektronenniveaus nach dem Deformationsmodell ab u. zeigt an ^{152}Gd, ^{154}Gd, ^{156}Gd; ^{150}Sm, ^{152}Sm, ^{154}Sm sowie an ^{160}*Dy*, ^{162}Dy, ^{164}Dy, daß das mittlere Quadrat des Radius der Protonenverschiebung im Grundzustand des Kerns $<r^2>_{Df}$ ein Prüfelement für die Anwendbarkeit des Modells ist. G. EWALD. 95□

Isotopenverschiebung in axial asymmetrischen Kernen. M. L. Rustgi. (Physic. Rev. [2] **123.** 2110—11. 15/9. 1961. Ottawa, Canada, Nat. Res. Counc., Div. of Pure Phys.; Cambridge, Mass., Canada and Harvard Univ.) (Engl.)

Vf. weist auf die Notwendigkeit exakter Unterss. der Isotopenverschiebung hin, um einen zusätzlichen Beweis für oder gegen das DAVYDOV-FILIPPOV-Modell für nichtaxiale Kerne zu haben. GERHARD SCHMIDT. 95□

Coreeffekte in leichten Kernen. G. Barton. (Nuclear Physics [Amsterdam] **6.** 100—01. 2. März-H. 1958. Oxford, Clarendon Labor.) (Engl.)

Unter Verw. der gleichen Meth. u. Parameter wie AMADO (1957, nicht veröffentlicht), berechnet Vf. das red. Matrixelement für den 2 $s_{1/2}$—1 $d_{5/2}$-Übergang im Spiegelkern ^{17}*F*. GERHARD SCHMIDT. 95

Das Verhältnis der kernmagnetischen Momente und die Linienbreiten von ^{14}N und ^{15}N. H. R. Brooker, P. J. Haigh und T. A. Scott. (Physic. Rev. [2] **123.** 2143—45. 15/9. 1961. Gainesville, Fla., Univ. of Florida, Dep. of Phys.) (Engl.)

Unter Verw. der kernmagnet. Resonanz-Meth. bestimmen Vff. das Verhältnis des kernmagnet. Momentes von ^{14}N zu dem von ^{15}N in fl. N_2 (^{15}N-Geh. 46,8%) zu μ (^{14}N)/μ (^{15}N) = 1,4257641 ± 0,0000010. Die wahren Linienbreiten (zwischen Punkten maximalen Abfalls) werden zu 24 ± 4 cps für ^{14}N u. zu <4 cps für ^{15}N bestimmt. Der Einfl. der Modulationsfrequenz (in cps) auf die Linienbreite wird graph. wiedergegeben. GERHARD SCHMIDT. 95□

Kernmagnetisches Moment des 158-keV-5/2⁻-Zustandes von ^{199}Hg. L. Grodzins, R. W. Bauer und H. H. Wilson. (Physic. Rev. [2] **124.** 1897—98. 15/12. 1961. Cambridge, Mass., MIT, Labor. for Nucl. Sci., Phys. Dep.) (Engl.)

Vff. bestimmen das nucleare magnet. Moment des 158-keV-$5/2^-$-Zustandes durch Verfolgung der $3/2^-$ (334 keV) $5/2^-$ (158 keV) $1/2^-$-γ-γ-Winkelkorrelationen in einem äußeren Magnetfeld von 26000 Gauß. Der erhaltene Wert von $\mu_{5/2} = +1{,}03 \pm 0{,}08$ Kernmagnetonen schließt eine 5%ig. Korrektur für Quadrupolschwächung ein. Der Wert wird mit neueren Vorhersagen verglichen, wobei angenommen wird, daß der $5/2^-$-Zustand von der Kopplung des $1/2^-$-Grundzustandes ($\mu_p = +0{,}504$ Kernmagnetonen) mit der 2^+-Anregung des Cores herrührt. Das magnet. Moment der Coreanregung wird aus der mittleren Lebensdauer des 50-keV-Überganges (Ml-γ) zwischen dem $3/2^-$ (208 keV)- u. dem $5/2^-$ (158 keV)-Coreteilchendublett erhalten. Die mittlere zu $(4{,}46 \pm 1{,}0) \cdot 10^{-9}$s bestimmte Halbwertszeit führt zu vorhergesagten magnet. Momenten von μ(Core) = +0,33 (−0,25, +0,17) Kernmagnetonen u. $\mu_{3/2}$ = +0,84 (−0,25, +0,17) Kernmagnetonen. GERHARD SCHMIDT. 95□

Das gyromagnetische Verhältnis des 80-keV-Rotationszustandes von Erbium-166. E. Bodenstedt, H. J. Körner, C. Günther und J. Radeloff. (Nuclear Physics [Amsterdam] **22.** 145—56. Jan. 1961. Hamburg, Univ., Inst. für Experimentalphys.) (Engl.)

Vff. messen die Winkelkorrelationen der 1380—80-keV-γ-γ-Kaskade beim Zerfall des 27-h-^{166}*Ho* in einem äußeren Magnetfeld von 13550 Gauß. Die beobachtete Rotation liefert den nuclearen g-Faktor des 2^+-Rotationszustandes bei 80 keV zu $g_R = +0{,}260 \pm 0{,}034$. Ein paramagnet. Korrekturfaktor von $\beta = 8{,}36$ wird zur Berechnung dieses Wertes angewandt. Es liegt eine starke Schwächung der 1380—80-keV-Winkelkorrelation durch innere Felder vor. Die Schwächungsfaktoren für eine fl-Quelle von $HoCl_3$ in wss. Lsg. werden zu $G_2 = 0{,}80 \pm 0{,}08$ u. $G_4 = 0{,}56 \pm 0{,}04$ bestimmt. Die Spinrelaxationszeit für die 4f-Elektronenschale wird zu $(3{,}4 \pm 0{,}9) \cdot 10^{-13}$ s berechnet. GERHARD SCHMIDT. 95□

Massen der Isotope H, D, ^{4}He und ^{12}C. R. A. Demirkhanov, T. I. Gutkin, V. V. Dorokhov und A. D. Rudenko. (J. nuclear Energy **3.** 251—57. Okt. 1956.) (Engl.)

Verwendet wurde ein Massenspektrograph mit einem Auflösungsvermögen zwischen 70000 u. 100000, bei dem die Ionen in einer Plasmaquelle erzeugt werden. Unter Verw. der Dubletts H_2-D, D_2-^{4}He, D_3-1/2^{12}C u. $^{12}CH_4$–^{16}O wurden die folgenden Massen erhalten: H 1,008142 ± 1, D 2,014736 ± 2, ^{4}He 4,003872 ± 4 u. ^{12}C 12,003820 ± 5. Die Werte stimmen mit den aus Energiebilanzen bei Kern-Rkk. abgeleiteten überein. M. WIEDEMANN. 95□

Prozesse der Fragmentbildung und der Spaltung bei der Wechselwirkung hochenergetischer Teilchen mit Kernen. N. Perfiłow, O. Łożkin und W. Szamow. (Postępy Fizyki **12.** 115—53. 1961.) (Pol.) — C. **1960.** 15985. E. KLEVER. 103□

Untersuchungen von Stripping- und Pickup-Reaktionen auf der Basis des Paarungs-plus-Quadrupol–Quadrupol-Wechselwirkungsmodells. Shiro Yoshida. (Physic. Rev. [2] **123.** 2122—30. 15/9. 1961. Pittsburgh, Pa., Univ. of Pittsburgh, Radiat. Labor.) (Engl.)

Vf. berechnet die Querschnitte für (d,p)- u. (d,t)-Rkk. in Einheiten der Einzelteilchenquerschnitte (spektroskop. Faktoren) für sphär. Kerne. Das Problem der Paarungs-Wechselwrkg. wird durch Einführung von Quasiteilchen gelöst. Die Quadrupol–Quadrupol-Wechselwrkg. wird unter Berücksichtigung von 2 Quasiteilchenzuständen für den ersten angeregten Zustand von gerade–gerade-Kernen diagonalisiert.

Gerhard Schmidt. 103□

Stripping-Analyse der Reaktion $^9Be(^6Li, \alpha)^{11}B$. J. J. Leigh. (Physic. Rev. [2] **123.** 2145—48. 15/9. 1961. Minneapolis, Minn., Univ. of Minnesota, School of Phys.) (Engl.) — Vgl. C. **1961.** 10056.

Unter Verw. eines einfachen „Haufen"-Strippingmodells analysiert Vf. die Winkelverteilungen der α-Teilchen aus der Rk. $^9Be(^6Li,\alpha)^{11}B$. Nach dem Modell lassen sich der ^6Li- u. der ^9Be-Kern durch Zweiclusterkonfigurationen „α-Teilchen plus Deuteron" bzw. „α-Teilchen plus ^5He" darstellen. Die für erste angeregte Zustand-Rk. berechnete Winkelverteilung liefert befriedigende Übereinstimmung mit veröffentlichten experimentellen Ergebnissen bei einer Beschußenergie (Labor.-Syst.) von 3,25 MeV.

Gerhard Schmidt. 103□

Querschnitte der $^{12}C(\gamma, 3\,\alpha)$-Reaktion bei 14,8 und 17,6 MeV. M. Garnier, H. Gauvin und W. Sebaoun. (J. Physique Radium **21.** 893—95. Dez. 1960. Orsay, Inst. du Radium, Labor. Joliot-Curie de Phys. Nucl.) (Franz.)

Vff. verwenden einen elektrostat. 600-keV-Beschleuniger, um ein 500-keV-Protonenbündel mittlerer Intensität von 300 μA zu erhalten. Die Rk. $^{12}C(\gamma,3\alpha)$ wird mit einer Ilford-El-Emulsion (100 μ) beobachtet. Untersucht werden zwei über mehrere Monate bestrahlte Platten, für jede werden 3 Aktivierungsmessungen eines Cu-Targets durchgeführt. Aus den Beobachtungen lassen sich die Querschnitte der Rk. $^{12}C(\gamma,3\alpha)$ bei 14,8 u. 17,6 MeV zu $\sigma = (0{,}44 \pm 0{,}11)\cdot 10^{-28}\ cm^2$ bzw. $(1{,}90 \pm 0{,}21)\cdot 10^{-28}\ cm^2$ berechnen.

Gerhard Schmidt. 103□

γ–γ-Richtungskorrelation in ^{24}Mg. D. W. Glasgow und Larry Schecter. (Physic. Rev. [2] **123.** 2149—50. 15/9. 1961. Corvallis, Oreg., Oregon State Univ.) (Engl.)

Vff. bestimmen die Richtungskorrelation zwischen dem 1,368-MeV-γ- u. dem 2,75-MeV-γ-Strahl von ^{24}Mg, um die Spin- u. Paritätszuordnung des 4,12-MeV-Zustandes zu stützen. Das für die Verss. verwendete γ-Spektrometer besteht aus einem Paar von NaJ-Kristallen, die mit Photomultiplierröhren gekoppelt sind. Die Daten liefern eine Winkelkorrelationsfunktion $W(\Theta) = 1 + (0{,}102 \pm 0{,}003)\ P_2 (\cos \Theta) + (0{,}009 \pm 0{,}005)\ P_4 (\cos \Theta)$. Diese Funktion ist mit der Zuordnung 4^+ für den 4,12-MeV-Zustand im Einklang, die Analyse zeigt an, daß höchstens 0,003% M3-Strahlung mit reiner E2-Strahlung gemischt im 2,75-MeV-γ-Übergang vorhanden sein kann.

Gerhard Schmidt. 103□

Niveaus in ^{59}Co. B. N. Subba Rao. (Proc. Indian Acad. Sci., Sect. A **52.** 130—34. Sept. 1960. Bombay, Colabo, Tata Inst. of Fundament. Res.) (Engl.)

Mittels eines β-Spektrometers wurde eine $^{59}Fe_2O_3$-Quelle untersucht. Es wurden 4 β-Gruppen mit den Maximalenergien u. relativen Intensitäten 1580 1%, 470 52%, 280 42% u. 150 keV 5% gefunden, ferner die Konversionselektronen der 70-keV-γ-Strahlung. Mittels Scintillator wurden außerdem γ-Linien bei 135, 190, 330, 1100 u. 1290 keV beobachtet. Die relativen Intensitäten wurden bestimmt. Das Termschema von ^{59}Co wird diskutiert.

M. Wiedemann. 103□

Bei der Spaltung auftretende kurzlebige Isotope von Nb und Zr. C. J. Orth und R. K. Smith. (J. inorg. nuclear Chem. **15.** 4—17. Sept. 1960. Los Alamos, N. Mex., Univ. of California, Los Alamos Sci. Labor.) (Engl.)

Durch schnelle Abtrennung der bei der ^{235}U-Spaltung auftretenden Nb- u. Zr-Fraktionen wurden die bekannten Nuclide ^{98}Nb, ^{99}Nb u. ^{99}Zr sowie die kurzlebigen β-Strahler, versuchsweise zu ^{100}Nb, ^{101}Nb u. ^{98}Zr identifiziert, beobachtet. Folgende Eigg. wurden festgestellt: ^{98}Nb 51,5 ± 1,0 min, Eγ (MeV) = 0,330 ± 0,005, 0,720 ± 0,010, 0,780 ± 0,010, 1,16, 1,44, 1,52, 1,68, 1,88, 1,93, 2,24 u. 2,7, $E_{\beta max} = 3{,}1 \pm 0{,}2$ MeV, $Q_\beta = 4{,}6 \pm 0{,}2$ MeV; ^{99}Nb 2,4 ± 0,3 min, Eγ (MeV) = 0,100 ± 0,002, 0,260 ± 0,005; ^{99}Zr 35 ± 5 s; ^{100}Nb 3,0 ± 0,3 min; Eγ (MeV) = 0,140 ± 0,005, 0,360 ± 0,010, 0,450 ± 0,010, 0,530 ± 0,010, 0,65, 2,2, 2,3, 2,65 u. 2,8; ^{101}Nb 1,0 ± 0,2 min u. ^{98}Zr ~ 1 min. Ein längerlebiger isomerer Zustand (> 5 s) von ^{96}Nb mit niederem Spin konnte trotz intensiver Suche (Bestrahlung von Zr-Proben mit Protonen der Energien von 3,0—5,5 MeV) nicht beobachtet werden. Die experimentellen Bedingungen, die Meßgeräteausrüstung u. die chem. Trenn-Verff.: Nb/Spalt-Prodd. (Hicks u. Gilbert, C. **1950/54.** 4176 S), Zr/Spalt-Prodd. (Moore, C. **1956.** 10195), Abmelken der Tochteraktivitäten des Nb u. des Zr (Intervalltrennungen) wurden beschrieben. H. Schroeder. 103□

Zerfall von ^{102}Rh → ^{102}Ru. F. K. McGowan und P. H. Stelson. (Physic. Rev. [2] **123.** 2131–39. 15/9. 1961. Oak Ridge, Tenn., Oak Ridge Nat. Labor.) (Engl.)

Mit NaJ-Scintillationsspektrometern untersuchen Vff. die einzelnen u. koinzidenten Spektren von γ-Strahlen aus dem Zerfall von ^{102}Rh, das durch die (p,n)-Rk. auf *Ru*, das zu 97,2% ^{102}Ru enthält, erzeugt worden ist. Die Energien der γ-Strahlen betragen 415 ± 4, 475 ± 5, 630 ± 6, 695 ± 7, 745 ± 8, 765 ± 8, 1050 ± 10, 1105 ± 8, 1110 ± 11, 1365 ± 10, 1565 ± 13, 1795 ± 15, 2040 ± 14 u. 511 keV (Vernichtungs-γ-Strahlen). Die Spins der Niveaus in ^{102}Ru, die im Einklang mit den Richtungswinkelkorrelationen der γ-Kaskaden sind, betragen 475 (2^+), 1105 (2^+ u. 4^+, Dublett), 1525 (3), 1840 (0^+), 1870 (3, 4, 5 oder 6), 2040 (2^+), 2220 (3) u. 2270 keV (?). Ein Wert von E2/Ml ≥ 225 für den 630-keV-Übergang ($2^+ \to 2^+$) wird aus der zusammengesetzten Korrelation der 630–475-keV-Kaskaden abgeleitet. Das Verzweigungsverhältnis der Kaskade zu cross-over-Übergängen aus dem Zerfall des zweiten 2^+-Zustandes ist 1,5 ± 0,3. Die Intensität der Vernichtungs-γ-Strahlen nimmt mit einer Halbwertszeit von 205 ± 10 Tagen ab. Die γ-Spektren werden als eine Funktion der Zeit über 920 Tage gemessen, eine Änderung in der relativen Besetzung der Zustände wird beobachtet. Aus diesem Befund schließen Vff. auf die Existenz eines langlebigen isomeren Zustandes in ^{102}Rh.

Gerhard Schmidt. 103□

Die Lebensdauer des 364-keV-Niveaus in ^{131}Xe. W. D. Hamilton. (Proc. physic. Soc. **77.** 610–16. 1/3. 1961. Birmingham, Univ., Dep. of Phys.) (Engl.)

Mittels der Technik der Kernresonanzstreuung wird die Lebensdauer des 364-keV-Niveaus in ^{131}Xe bestimmt. Die Doppler-Verbreiterung des Emissionsniveaus wird durch die vorausgehende 608-keV-β-Strahlung von ^{131}J geliefert. Als Quelle dient Methyljodid, als Streuer festes Xenon. Die Lebensdauer ergab sich zu $(1{,}4 \pm 0{,}4)\cdot 10^{-11}$ s, der Übergang ist vom El-Typ mit 0,34% Ml-Beimischung. M. Wiedemann. 103□

Dem Zerfall von ^{147}Nd und ^{153}Sm folgende γ-Strahlen. T. J. Walters, J. H. Webber, N. C. Rasmussen und Hans Mark. (Nuclear Physics [Amsterdam] **15.** 653–56. März (2) 1960. Cambridge, Mass., MIT, Dep. of Nucl. Engng. and Dep. of Phys.) (Engl.)

Vff. messen die γ-Strahlen, die dem Zerfall von ^{147}Nd u. ^{153}Sm folgen, mittels eines Quarzkristallspektrographen (4 m ∅). γ-Quanten der Energie 91,05 ± 0,04 keV wurden anschließend an den Zerfall von ^{147}Nd beobachtet u. entsprechen dem Übergang zwischen dem ersten angeregten Niveau u. dem Grundzustand von ^{147}Pm. γ-Quanten der Energien 103,17 ± 0,04, 69,66 ± 0,02 u. 97,42 ± 0,04 keV wurden im Anschluß an den Zerfall von ^{153}Sm nachgewiesen. Das Intensitätsverhältnis des 103,17-keV-Überganges zum 97,42-keV-Zustand ist größer als 20:1. H. Schroeder. 103□

Coloumb-Anregung der β- und γ-Schwingungszustände von ^{152}Sm. R. K. Sheline, H. L. Nielsen und A. Sperduto. (Nuclear Physics [Amsterdam] **16.** 518–28. Mai (2) 1960. Tallahassee, Fla., Florida State Univ., Chem. Dep.; Cambridge, Mass., MIT, Labor. of Nucl. Sci.) (Engl.)

Angereichertes ^{152}Sm wurde mit Deuteronen von 7,5–8,5 MeV u. mit 8,6-MeV-Protonen bestrahlt, die elast. u. unelast. gestreuten Teilchen werden unter einem Winkel von 90 bzw. 130° gemessen. Die in jedem Fall beobachteten gestreuten unelast. Gruppen entsprechen einer Coulomb-Anregung des Niveaus bei 122 keV. Bei Bestrahlung mit 8,5-MeV-Deuteronen wurde außerdem Coulomb-Anregung der Niveaus bei 807 u. 1079 keV beobachtet. Die red. Übergangswahrscheinlichkeiten zu diesen Zuständen wurden zu 4,1 ± 0,1, 0,07 ± 0,02 bzw. 0,12 ± 0,02 in Einheiten von $e^2 \cdot 10^{-48}$ cm^4 bestimmt. Die partielle Halbwertszeit u. der Kernkräfteparameter für den E0-Übergang zwischen den Niveaus bei 807 u. 122 keV wurden aus den experimentellen Werten errechnet. Die Übereinstimmung mit den theoret. Werten ist nicht befriedigend.

H. Schroeder. 103□

Untersuchung der relativen Intensitäten einiger Konversionslinien im Spektrum der Lu-Isotope mit Neutronendefizit. M. G. Iodko, W. W. Tutschkewitsch, W. A. Romanow und O. M. Kressin. (Журнал Экспериментальной и Теоретической Физики [J. exp. theoret. Physik] **38.** 1027–30. April 1960. Leningrad, Physik.-Techn. Inst. der Akad. der Wiss. der UdSSR.) (Russ.; Auszug: Engl.)

Für die Unters. der intensivsten Linien im Konversionsspektrum der Lu-Isotope mit Neutronendefizit wurde ein Prismenspektrometer benutzt. Es wurden die relativen Intensitäten der Linien, ihre Energien u. aus dem Verhältnis der Intensitäten der L-Unterschalen der Multipolcharakter der γ-Übergänge bestimmt. Verwendet wurde die Lu-Fraktion eines Ta-Targets, das mit 600-MeV-Protonen bestrahlt wurde. Gemessen wurden die

Energie u. die Intensität der Linien 66,74 (I) u. 75,89 (II) keV im ^{171}Lu-Spektrum u. 78,74 (III) u. 90,66 (IV) keV im ^{172}Lu-Spektrum mit einer dünnen Quelle sowie die relativen Intensitäten der $L\gamma$-Linien 84,19 keV (V) im ^{170}Lu-Spektrum, der $L\gamma$-Linien 87,30 keV (VI) im ^{169}Lu-Spektrum u. der $L\gamma$-Linien 181,4 keV (VII) im ^{172}Lu-Spektrum mit einer dickeren Quelle. Die Übergänge haben folgenden Multipolcharakter: **I** 68% M1 + 32% E2; **II** E2; **III** u. **VII** E2; **IV** 30% M1 + 70% E2; **V** E2; **VI** M1 + <10% E2. G. EWALD. 103□

γ-Spektren der Isotope der Tantalfraktion. Je. P. Grigorjew, O. W. Larionow, M. K. Nikitin, Ss. L. Ssacharow und W. O. Ssergejew. (Известия Академии Наук СССР, Серия Физическая [Nachr. Akad. Wiss. UdSSR, physik. Ser.] **24.** 845—46. Juli 1960. Leningrad, Shdanow-Univ., Physik. Inst.) (Russ.)

Ta-Targets wurden mit 600-MeV-Protonen bestrahlt, abgetrennt u. anschließend mit einem γ-Spektrometer vermessen. Nach der Halbwertszeit der γ-Linien der Spektren kann man 2 Gruppen unterscheiden: 1. Die Intensität der 115-keV-Linie fällt zunächst mit $T_{1/2} = 8$ h, später mit $T_{1/2} = 58 \pm 10$ h ab. Diese Linie wird ^{177}Ta zugeordnet. 2. Die Intensität der harten γ-Linien verringert sich mit $T_{1/2} = 8-11$ h ($E_\gamma = 55-1700$ keV, insgesamt 8 Linien). Diese Aktivität wird ^{176}Ta u. ^{175}Ta zugeschrieben. Im Gebiet >1500 keV verringert sich die Intensität mit $T_{1/2} = 8 \pm 1$ h (4 Linien). Diese Linien zeigen den Zerfall von ^{176}Ta. G. EWALD. 103□

Die Linien der inneren Konversion der γA-, γE- und γDh-Strahlungen des aktiven Niederschlages von Thoron. Sant'ana Dionisio. (J. Rech. Centre nat. Rech. sci. **1958.** 61—77. März. Comm. à l'Energie Atomique, Labor. de l'Aimant-Permanent.) (Franz.)

Die Spektren der Konversionselektronen von Th (B + C + C′ + C″) u. von Th (C + C′ + C″) werden mit einem Magnetspektrographen mit halbkreisförmiger Fokussierung u. photograph. Nachw. analysiert. Der Vgl. der Spektren der Strahlen von Th (B + C) u. von ThC ermöglicht die Bestätigung der Zuordnung der A_1-Linie zur K-Konversion der γE-Strahlung ($h\nu = 115$ keV), die mit der Umwandlung ThB → ThC assoziiert ist. Vf. weist gleichzeitig die Existenz von 3 neuen Linien schwacher Intensität des Elektronenspektrums von Th (B + C) nach, die der inneren Konversion der Strahlungen γA ($h\nu = 39{,}5$ keV) in den Unterniveaus M_{III} u. $M_{IV,V}$ von *Tl* bzw. der γDh-Strahlung ($h\nu = 113$ keV) im K-Niveau von *Bi* zuzuschreiben sind. Die Energiewerte der Linien innerer Konversion der γA-, γE- u. γDh-Strahlungen stimmen mit den Werten anderer Autoren überein. GERHARD SCHMIDT. 103□

Über den Mechanismus der Emission der prompten Spaltneutronen. W. N. Nefedow. (Журнал Экспериментальной и Теоретической Физики [J. exp. theoret. Physik] **38.** 1657—62. Juni 1960.) (Russ.; Auszug: Engl.)

Die Spektren der Spaltneutronen werden beobachtet, die unter den Winkeln 0 u. 180°; 40 u. 120° sowie 90° zur Flugrichtung der Spalt-Prodd. emittiert werden. Die Spektren der jeweils von dem leichten u. schweren Spalt-Prod. emittierten Spaltneutronen werden verglichen u. daraus die kinet. Energie u. die Temp. der leichten u. der schweren Gruppen der ^{235}U-Spalt-Prodd. im Zeitpunkt der Emission des Neutrons bestimmt. Die Anzahl der Neutronen u. ihre Energieverteilung hängen vom Winkel zwischen der Flugrichtung der Neutronen u. der Spalt-Prodd. ab. Die Geschw. der schweren u. leichten Kerne beträgt im Labor.-Syst. $V_S = 0{,}88 \pm 0{,}08 \cdot 10^9$ cm/s u. $V_L = 1{,}1 \pm 0{,}12 \cdot 10^9$ cm/s. Für beide Gruppen der Spalt-Prodd. zeigt sich eine MAXWELL-Verteilung. Die Temp. beträgt für leichte u. schwere Kerne $T_L \approx 1{,}14$ u. $T_S \approx 1$ MeV. Leichte Kerne emittieren 30% mehr Neutronen als schwere. G. EWALD. 103□

Das Spektrum prompter Spaltneutronen von ^{241}Pu. A. B. Smith, R. K. Sjoblom und J. H. Roberts. (Physic. Rev. [2] **123.** 2140—42. 15/9. 1961. Argonne, Ill., Argonne Nat. Labor.; Evanston, Ill., Northwest. Univ.) (Engl.)

Vff. bestimmen die Energieverteilung prompter Neutronen, die sich aus der durch therm. Neutronen induzierten Spaltung von ^{241}Pu ergibt. Im Neutronenenergiebereich von 0,3—6,0 MeV wird die Flugzeittechnik verwendet. Zur Messung der Neutronenenergien von 1,6—7,0 MeV dienen Protonenrückstöße in Kernemulsionen. Das experimentell bestimmte Spaltneutronenspektrum von ^{241}Pu wird durch die MAXWELLsche Verteilung befriedigend wiedergegeben. In der Formel für die MAXWELLsche Verteilung wird T zu $1{,}335 \pm 0{,}034$ MeV angenommen. Die gemessene mittlere Spaltneutronenenergie von ^{241}Pu ist $2{,}002 \pm 0{,}051$ MeV. GERHARD SCHMIDT. 103□

Anlagen zur Isotopentrennung durch Gasdiffusion. 2. Mitt. **Kontinuierliche Kaskade.** E. Brutto, G. Perona und R. Sesini. (Energia nucleare, Suppl. **4.** 128—30. 15/4. 1957. Milano, Labor. CISE.) (Ital.) — 1. vgl. Energia nucleare, Suppl. **4.** [1957.] 19.

Vorschlag (Schema) einer „kontinuierlichen Kaskade" für Isotopentrennung durch Gasdiffusion, der einen gegenüber dem Konzept der idealen Kaskade (nach COHEN) verbesserten Wrkg.-Gad ergeben soll. HERBERT WEBER. 104□

Handhabung von Brennelementen in Plutoniumreaktoren. G. Drome und A. Ertaud. (Nuclear Power **5.** Nr. 48. 127—29. April 1960. Soc. Alsac. de Constr. Mécan.) (Engl.)

Es wird die Be- u. Entladung der franz. Reaktoren G 2 u. G 3 in Marcoule mit Brennelementen beschrieben, mögliche Verbesserungen werden diskutiert. W. KARCHER. 110□

Entwicklung von neuen Brennelementen. J. L. Bernard, M. Englander, M. Gauthron und J. A. Stohr. (Nuclear Power **5.** Nr. 48. 133—35. April 1960. Saclay, C.E.A., Metallurg. Dep.) (Engl.)

Verschiedene U-Legg. wurden im Hinblick auf ihre Verw. als Brennstoffe in Reaktoren verschiedenen Typs untersucht. Mit U-Mo-Legg. mit 0,5—2 bzw. 1,5—10% Mo wurde ein Abbrand von 1500—7000 bzw. $>$7000 MWd/t erreicht, ohne daß merkliche Deformationen beobachtet wurden. Für die Verw. in Druckwasser- u. gasgekühlten Reaktoren wurden keram. Brennstoffe mit Hülsen aus rostfreiem Stahl u. auf einem Stahlgerüst dispergierte UO_2-Brennstoffe untersucht; für Na-gekühlte Reaktoren wird ein metall. Brennelement (U/10% Mo) mit Niob- bzw. Stahlhülsen beschrieben. W. KARCHER. 110□

Kontrolle von Leistungsreaktoren. 2. Mitt. R. H. Campbell. (Nuclear Power **5.** Nr. 52. 74—77. Aug. 1960. Risley, UKAEA, Reactor Engng. Branch.) (Engl.) — 1. vgl. Nuclear Power **5.** Nr. 51. [1960.] 68.

Übersicht über das erforderliche Ansprechen des Kontroll-Syst., die Kontrollparameter sowie über die Auslegung der automat. Kontrollkomponenten. GERHARD SCHMIDT. 110□

Ein 150-keV-Ionenbeschleuniger. M. Mangialajo, P. Principi und F. Tonolini. (Energia nucleare **8.** 237—42. April 1961. Segrate, Labor. CISE.) (Ital.)

Vff. beschreiben Plan u. Konstruktion eines 150-kV-Beschleunigers zur Herst. u. Beschleunigung von Atom- u. Mol.-Ionen. Der Beschleuniger bietet die Möglichkeit, Ströme in der Größenordnung eines mA zu erhalten. Die Radiofrequenz-Ionenquelle mit axialem Magnetfeld gestattet die Extraktion eines Stromes von 2 mA. Der Beschleuniger kann auch als Ioneninjektor für Unterss. auf dem Gebiete der Plasmaphysik u. für Stoß-Verss. verwendet werden. GERHARD SCHMIDT. 112□

Über die Verringerung der Dauer der Ionenverdichtung und der Repetitionsfrequenz im Cyclotron. N. I. Wenikow. (Атомная Энергия [Atomenergie] **11.** 421—25. Nov. **1961.**) (Russ.)

Die Änderung der Dauer der Ionenverdichtung u. damit der Impulse am Target des Cyclotrons sowie die Änderung der Frequenz dieser Impulse mittels Ablenkung durch ein hochfrequentes an eine Elektrode innerhalb der Dees auf der ersten Umlaufhälfte angelegtes Feld werden theoret. behandelt. Experimente wurden bei der Beschleunigung von Deuteronen bis auf 10 MeV u. auch mit *He* durchgeführt. M. WIEDEMANN. 112□

Theorie des Synchrotrons mit alternierendem Gradienten. E. D. Courant und H. S. Snyder. (Ann. Physics **3.** 1—48. Jan. 1958. Upton N.Y., Brookhaven Nat. Labor.) (Engl.) — Vgl. C. **1953.** 7020.

Gegenüber l. c. untersuchten Vff. detailliert die Charakteristika von Synchrotrons nach dem Schema der starken Fokussierung oder des alternierenden Gradienten. GERHARD SCHMIDT. 112□

Absolutmessung einer Reihe von Energieeichstandards. E. H. Beckner, R. L. Bramblett, G. C. Phillips und T. A. Eastwood. (Physic. Rev. [2] **123.** 2100—09. 15/9. **1961.** Houston, Texas, Rice Univ.; Chalk River, Ontario, Canada, AE of Canada Ltd.) (Engl.)

Vff. verwenden ein 180°-Magnetspektrometer zur Messung der Energie mehrerer Neutronen-Schwellenwerte u. γ-Resonanzen sowie der Energie der von ^{210}Po emittierten α-Teilchen. Durch diese Verss. soll eine Reihe von Energiestandards mit in sich übereinstimmenden experimentellen Verff. für sämtliche Messungen erhalten werden. Untersucht werden die Neutronenschwellenwerte an den Rkk. $^{7}Li(p, n)^{7}Be$, $^{11}B(p, n)^{11}C$, $^{13}C(p, n)^{13}N$ u. $^{19}F(p, n)^{19}Ne$. Die γ-Resonanzen bei 872 keV in $^{19}F(p, \alpha\gamma)^{16}O$ u. bei 992 keV in $^{27}Al(p, \gamma)^{28}Si$ werden beobachtet. Die gleiche experimentelle Anordnung wird für die Energie-Best. der α-Teilchen aus ^{210}Po benutzt. GERHARD SCHMIDT. 112□

Impulsratenstatistik für die Flüssigkeitsscintillations-Messung. R. J. Herberg. (Analytic. Chem. **33.** 1308—11. Sept. 1961. Indianapolis, Ind., Lilly Res. Labor.) (Engl.)

Vf. berücksichtigt bei der Berechnung einer reinen Auflösungsrate die Abhängigkeit der Fehler von der mit Fl.-Scintillationsmessungen ermittelten, individuellen Impulsrate einer Substanz. Die Standardabweichungen werden aus den Ergebnissen verschieden zusammengesetzter Proben berechnet u. mit denen verglichen, die sich nach einer verallgemeinerten Form der Fehlergleichung ergeben. Die experimentellen u. die theoret. Standardabweichungen stimmen bei der 5%-Vertrauensgrenze überein. W. Hein. 112□

γ-Wirkungsgrad organischer Phosphore. K. I. Roulston und S. I. H. Naqvi. (Nucleonics **15.** Nr. 10. 86. Okt. 1957. Winnipeg, Canada, Univ. of Manitoba, Dep. of Phys.) (Engl.)

Es wird eine Meth. zur schnellen Ermittlung der Zählausbeute von organ. Phosphoren beschrieben. Zunächst wird aus einer Kurve, in der für verschiedene Diskriminatorschwellen die Photonenenergie gegen den Nachw.-Querschnitt σ aufgetragen ist, σ ermittelt u. danach mit Hilfe von 3 Nomogrammskalen über den entsprechenden Absorptions-Koeff. μ u. unter Verw. der Dicke x die Zählausbeute $= (1-e^{-\mu x})$ bestimmt. Bei einer Diskriminatorschwelle von 25 keV stimmen die auf diese Weise erhaltenen Werte mit den beobachteten $>$200 keV überein. W. Karcher. 112□

Großer Scintillator zur Beobachtung von Höhenstrahlen. John R. Green. (Rev. sci. Instruments **29.** 10—14. Jan. 1958. Albuquerque, N.Mex., Univ. of New Mexico.) (Engl.)

Es wurde ein Fl.-Scintillator mit Toluol u. p-Terphenyl von 5 m² Fläche zur Unters. ausgedehnter Luftschauer konstruiert. Er wird mit einem Photomultiplier u. einem Impulshöhendiskriminator oder einem solchen mit vielen Kanälen betrieben. Das Schaltdiagramm ist wiedergegeben. M. Wiedemann. 112□

Experimentelle Bestimmungsmethode der Querschnitte der Einfachstreuung als Funktion der Kernladungszahl Z in den Kernemulsionen. Madeleine Avan, Jean Faîn, Lionel Hugon und Pierre-Yves Bertin. (C. R. hebd. Séances Acad. Sci. **252.** 1138—40. 20/2. 1961.) (Franz.)

Entw. einer Anordnung zur Fixierung der Anwendungsbedingungen in Kernemulsionen eingelassener Targets. Die den Winkelmessungen anhaftenden Grenzbedingungen werden angegeben. Die Messungen der Einfachstreuung sind unabhängig vom Metall für Winkel $> 10'$ siginifikant. Gerhard Schmidt. 112□

Über einen Index für die Identifizierung von Spuren von 100 Mikron in Kernemulsionen. F. Senent, E. Villar, R. Font, L. Miralles, A. García und J. Catalá. (An. Real Soc. españ. Física Quím., Ser. A **55.** 251—62. Sept./Okt. 1959. Valencia, Inst. de Opt. Daza de Valdés, Centro de Fís. fotocorpuscul.) (Span.) — Vgl. C. **1960.** 2087.

Nach der Meth. einer Mikrostreuung wird als ein neuer, von der Herst. der Kernemulsionen unabhängiger Index der Identifizierung der mittlere Kurvenradius der Spur entwickelt, wie er nach Änderung der wirklichen Bahn berechnet wird. Unter Verw. von Zellen verschiedener Größe kann man Protonen, Deuteronen u. α-Teilchen von 100 μ Reichweite unterscheiden. R. K. Müller. 112□

Wiederherstellung der Dicke von Kernemulsionen durch Behandlung mit Kolophonium. J. Catalá und J. Casanova. (An. Real Soc. españ. Física Quím., Ser. A **55.** 263—66. Sept./Okt. 1959.) (Span.) — Vgl. C. **1957.** 12361.

Bei der Behandlung von Kernemulsionen, die eine Quellung erlitten haben, mit alkohol. Lsgg. von Chlf. von der Konz. p% u. spezif. Gew. ϱ ergibt sich für die Beziehung zwischen dem Brechungsindex n, p u. ϱ die Gleichung $n = (\varrho/100)(45{,}89 + 0{,}0192\,p) + 1M$. Bei den verschiedenen angewandten Chlf.-Konzz. (p = 26, 28, 29,2, 34) wird der Endwert der Emulsionsdicke übereinstimmend nach 5—10 Std. erreicht.
R. K. Müller. 112□

Eine photographische Methode für Dosismessungen im Megaröntgenbereich. H. F. Nitka und D. P. Jones. (Nucleonics **15.** Nr. 10. 128—33. Okt. 1957. Binghamton, N.Y., Ansco.) (Engl.) — Vgl. C. **1960.** 13264.

Es wird eine Meth. für Dosismessungen mit Hilfe einer photograph. Schicht im Mr-Bereich beschrieben. Die photograph. Emulsion wird in Verb. mit einem NaJ(Tl)-Kristall auf Papier aufgedruckt, die Auswertung erfolgt visuell mit einer Genauigkeit von $\pm$ 30%, eine größere Genauigkeit wird mit Hilfe von opt. Geräten erreicht. Für ^{60}Co-Sttahlung ist die Ansprechbarkeit nahezu unabhängig von der Dosis im Bereich 10^4 bis ca. 10^7 r, sie ist etwas abhängig von der Dosisrate im Bereich $10-10^4$ r/min.
W. Karcher. 112□

Kernemulsionen für die Neutronendosimetrie. Jaroslav Beneš, Zbyněk Hrkal, Josef Kubal und Lenka Tomášková. (Jaderná Energie **5.** 409—12. Dez. 1959. Praha, ČSAV, Úst. jad. výzk.) (Tschech.)

Vff. verwenden eine mit einer Lsg. von 4,9 g Borax + 6,9 g H_3BO_3 in 100 ml W. hergestellte Kernemulsion für die Dosimetrie von therm. Neutronen. Bei einer Schichtdicke von 75 μ beträgt der Geh. an elementarem B 0,326 mg/cm². Die photochem. Eigg. der Emulsion u. ihre Eichung werden beschrieben. R. K. Müller. 112□

Zur Praxis des Strahlenschutzes. Georg Mösl. (Atomkernenergie **2.** 141–43. April 1957. Semarang, Indonesien.) (Dt.)

Zusammenfassende Übersicht über Toleranzen für radioakt. Verunreinigungen. Gerhard Schmidt. 112□

Zulässige Grenzkonzentrationen radioaktiver Isotope der Edelgase aus Spaltungen. Ju. W. Ssiwinzew. (Атомная Энергия [Atomenergie] **10.** 631–32. Juni 1961.) (Russ.)

Für die zulässige Grenzkonz. der radioakt. Isotope der Edelgase wird eine Formel angeführt; für die Nuclide ^{83m}Kr, ^{85m}Kr, ^{85}Kr, ^{87}Kr, ^{88}Kr, ^{89}Kr, ^{131m}Xe, ^{133m}Xe, ^{133}Xe, ^{135m}Xe, ^{135}Xe, ^{137}Xe, ^{138}Xe sind neben Halbwertszeit, maximaler β-Energie, γ-Energie auch diese Dosen in c/Liter tabelliert, die Werte liegen zwischen $2{,}0 \cdot 10^{-9}$ für ^{83m}Kr u. $2{,}5 \cdot 10^{-11}$ für ^{87}Kr. M. Wiedemann. 112□

Praktische Gesichtspunkte des Strahlenschutzes in mit Radioelementen arbeitenden Laboratorien. J. Pradel. (Énergie nucléaire **1.** 77–84. Mai/Juni 1959. C.E.A., Serv. de Contrôle des Radiat. et de Génie radioact.) (Franz.)

Es werden Probleme des Strahlenschutzes gegen β- u. γ-Strahlung, der Kontaminierung durch Inkorporation u. der Kontrolle der Radioaktivität der Luft in Labor., in denen mit Radioelementen gearbeitet wird, behandelt. W. Karcher. 112□

L. C. Bate, The radiochemistry of cobalt. Washington. 1961. (90 S.) $ 1,—.

W. M. Gibson, The radiochemistry of lead. Washington. 1961. (157 S. m. Abb.) $ 1,75.

A. K. Lawruchina und **J. A. Solotow,** Die Transurane. Leipzig: Deutscher Verl. für Grundstoffindustrie. 1961. (132 S. m. 30 Abb.) 8^0. DM 6,50.

—, Inelastic Scattering of neutrons in solids and liquids. Proceedings of the symposium of inelastic scattering of neutrons in solids and liquids, sponsored by the Internat. Atomic Energy Agency and held in Vienna, 11—14 oct. 1960. Vienna: Internat. Atomic Energy Agency. 1961. (651 S. m. Abb.) 8^0. DM 42,—.

—, Chemical Effects of nuclear transformations. Proceedings of the symposium on chemical effects of nuclear transformations sponsored by the Internat. Atomic Energy Agency and held in Prague, 24—27 october 1960. Vol. 1. 2. Vienna: Internat. Atomic Energy Agency. 1961. 1: (569 S.) DM 35,—; 2: (390 S.) DM 24,50.

A$_2$. Optisches Verhalten der Materie

Neuere Untersuchungen über chemische Reaktionen in der Atmosphäre. P. Harteck und R. R. Reeves. (Angew. Chem. **74.** 1–9. 7/1. 1962. Troy, N.Y., Rensselaer Polytechn. Inst., Chem. Dep.) (Dt.)

Zusammenfassender Überblick über die wichtigsten durch Raketen-Verss. oder simulierte Labor.-Verss. erforschten Rkk. der Chemosphäre (Dissoziation u. Ionisierung durch UV-Strahlen, Folge-Rkk., wie Radikalkombinationen, Ladungsübertragungen, Ionenneutralteilchen-Rkk.). Ch. Weiske. 113□

Geladene Teilchen in der oberen Atmosphäre. A. Dalgarno. (Ann. Géophysique **17.** 16–49. Jan./März 1961. Belfast, Queen's Univ., Dep. of Appl. Mathem.) (Engl.)

An Hand der vorliegenden Literatur gibt Vf. einen allg. Überblick über die Stoßprozesse, die zu geladenen Teilchen in der oberen Atmosphäre führen können. — 225 Literaturzitate. C. Gottfried. 113

Aeronome Parameter aus massenspektrometrischen Messungen. Charles Y. Johnson. (Ann. Géophysique **17.** 100–08. Jan./März 1961. Washington, D.C., U.S. Naval Res. Labor.) (Engl.)

Vf. berichtet über Unterss. der aeronomen Parameter der Thermo- u. Ionosphäre mit Hilfe von in Raketen eingebauten Massenspektrometern. Die Messungen ergaben, daß in nördlichen Breiten die Trennung der Gase durch Diffusion im Schwerefeld bei 100–120 km beginnt. Anzeichen für die Dissoziation von mol. N_2 ergeben sich nicht. Verss., einen quant. Wert für die Dissoziation von mol. O_2 zu erhalten, waren nicht erfolgreich. An positiven Ionen wurden NO^+, O_2^+ u. O^+ nachgewiesen. Außerdem muß angenommen werden, daß der Prozeß $O^+ + N_2 \rightarrow NO^+ + N$ in der Ionosphäre eine Rolle spielt. C. Gottfried. 113

Höhen der Strahlungen des Nachtleuchtens. Donald M. Packer. (Ann. Géophysique **17.** 67–75. Jan./März 1961. Washington, D.C., U.S. Naval Res. Labor.) (Engl.)

An Hand der Literatur beschreibt Vf. zunächst kurz die Meth. zur Best. der Höhe der emittierenden Schichten des Nachtleuchtens sowie die Ergebnisse, die durch Bodenmessungen u. Raketen erhalten worden sind. Speziell besprochen werden die Emissionslinien des atomaren O bis 5577 u. 6300 Å, die UV-Emissionen bis 2400–2800 Å die atmosphär. (0–0)-Bande bei 7619 Å des mol. O_2, die D-Linien des Na bei 5890 u. 5896 Å, die OH-Emission zwischen 7200 u. 10000 Å sowie das Kontinuum im Grün. Kurz eingegangen wird noch auf das erste negative Syst. von N_2^+ (5199 Å), auf die Ca II- sowie die H- u. K-Linien des *Li*. C. GOTTFRIED. 113

Hartree-Fock-Wellenfunktionen für die 4 p-Atome. R. E. Watson und A. J. Freeman. (Physic. Rev. [2] **124.** 1117—23. 15/11. 1961. Wilmington, Mass., RAD, Avco; Watertown, Mass., Ordn. Materials Res. Office, Materials Res. Labor.) (Engl.)

Konventionelle HARTREE-FOCK-Wellenfunktionen werden für Ga^+, Ge^{2+}, Br^-, Rb^+ sowie für die neutralen Atome Zn, Ga, Ge, As, Se, Br u. Kr berechnet. Um die Lösungen in analyt. Form (Prod. aus einer Potenzsumme des Bahnradius r u. einer Exponentialfunktion) zu erhalten, werden analyt. HARTREE-FOCK-Meth. unter Verw. einer Darst. der Symmetrie- u. Äquivalenzeinschränkungen von NESBET benutzt. Die Ergebnisse werden in Form der Wellenfunktionen, der Ein-Elektronen- u. Gesamtenergien mitgeteilt u. mit Literaturangaben für Zn u. Kr, für die bereits HARTREE-FOCK-Lösungen existieren, verglichen. GERHARD SCHULZE. 114□

Strahlungsintensität von Röntgenröhren und Röntgenfluorescenzerregung. Nathan Spielberg. (Philips Res. Rep. **14.** 215—35. Juni 1959. Irvington-on-Hudson, N.Y., Philips Labor.) (Engl.)

Eine theoret. Behandlung der Röntgenfluorescenzausbeute ergibt, daß für Einelementproben u. für die Hauptbestandteile von Mehrelementproben in üblicher Form der Wrkg.-Grad der Umwandlung von Primär- zu Sekundärstrahlung sich langsam mit der Wellenlänge der Anregungsstrahlung ändert, wenn diese nahe der Absorptionskante liegt. Die Fluorescenzintensität wird dann vorwiegend vom Strahlungsfluß der erregenden Röntgenstrahlung ohne großen Einfl. deren spektraler Verteilung bestimmt. Für weiter von der Absorptionskante gelegene Erregerstrahlung sowie für die Nebenbestandteile der Proben geht der Wrkg.-Grad mit der dritten Potenz der Erregerwellenlänge. Bzgl. der Abhängigkeit der spektralen Intensitätsverteilung vom Targetmaterial zeigt sich, daß für leichte Elemente (leichter als S) die L-Serienstrahlung einer Mo- oder Ag-Anode die Fluorescenzintensität beträchtlich erhöht. J. RUDOLPH. 116□

Bestimmung der Geschwindigkeitsverteilung von Elektronen aus der beobachteten spektralen Verteilung der Bremsstrahlung. Mahendra Singh Sodha, Charles E. Stewart und Robert F. Tooper. (Progr. theoret. Physics [Kyoto] **22.** 461—63. Sept. 1959. Chicago, Ill., Armour Res. Foundat., Phys. Div.) (Engl.)

Theoret. Untersuchung. Der Zusammenhang zwischen der spektralen Verteilung F (y) der Röntgenbremsstrahlung u. der Energieverteilung N (x) des Elektronenstrahls, welcher sie erzeugt, kann durch eine Integralbeziehung ausgedrückt werden. Die Auflösung nach der im Integranden stehenden Funktion N (x) bei gegebenem F (y) kann auf die Lösung einer ABELschen Integralgleichung red. werden, für welche Lösungs-Verf. bekannt sind. F. LENZ. 116□

Abweichungen von dem Holtsmark-Profil der Balmer-Linien im Plasma. Günter Ecker. (Z. Physik **149.** 254—66. 2/10. 1957. Bonn, Univ., Inst. für Theor. Phys.) (Dt.)

Es wird gezeigt, daß die Berücksichtigung des GIBBSschen Wahrscheinlichkeits-Koeff. in der HOLTSMARKschen Theorie des Mikrofeldes zu einer entscheidenden Einschnürung des H-Linienprofils führt. Der Effekt gewinnt mit wachsender Trägheit an Bedeutung. Im Gegensatz hierzu zeigt eine Abschätzung der überlagerten Elektronenstoßverbreiterung, daß dieser Einfl. bereits bei mäßigen Dichten eine Ausweitung des Linienprofils bedingt, die ebenfalls mit wachsender Dichte zunimmt. Die beiden Abweichungen können sich teilweise kompensieren. W. BETCKE. 118□

Fluorescenzlebensdauern von Terbium- und Europiumsalzen. H. Bonrath, H. Heber, K. H. Hellwege, S. Hüfner und H. Lämmermann. (Naturwissenschaften **48.** 713. 1. Dez.-H. 1961. Darmstadt, TH, Inst. für Techn. Phys.) (Dt.)

Die Lebensdauern der Fluorescenz von folgenden Salzen bei 293° K wurden bestimmt: $Tb_2(SO_4)_3 \cdot 8\ H_2O$ 713 $\pm$ 4 (μs), $TbCl_3 \cdot 6\ H_2O$ 483 $\pm$ 3, $EuCl_3 \cdot 6\ H_2O$ τ_1 126 $\pm$ 2, τ_2 11 $\pm$ 1. Das Verhältnis der Abklingzeiten von Tb-Sulfat zu Tb-Chlorid sowie das von Eu-Sulfat (Verw. eines bekannten Wertes) u. Eu-Chlorid (τ_1) ist in beiden Fällen 1,48. Nach den Verss. wird ein Einfl. des Kristallgitters auf die Abklingzeit der Fluorescenz angenommen. (Vorl. Mitt.) CH. WEISKE. 118□

Dipolwechselwirkung und Lichtstreuung. W. Ss. Furssow. (Вестник Московского Университета, Серия III [Nachr. Moskauer Univ., Ser. III] **16.** Nr. 2. 60—72. März/April 1961. Lehrstuhl für allg. Phys.) (Russ.)

Es wird eine auf der Dipol-Wechselwrkg. zwischen Gas-Moll. beruhende Korrektur an der RAYLEIGH-Formel für den Extinktions-Koeff. auf der Grundlage der statist. Theorie für isotrope Moll. berechnet. Sie nimmt mit steigender Gasdichte zu.
M. WIEDEMANN. 119□

Totalreflexion an elektrochemischen Grenzschichten. H. Nassenstein. (Z. Naturforsch. **17a.** 8—17. Jan. 1962. Leverkusen, Farbenfabriken Bayer AG, Abt. für Angew. Phys.) (Dt.)

Vf. untersucht die Beziehungen zwischen elektrochem. Vorgängen an Grenzschichten u. die durch ausreichend große Änderungen des Brechungsindex n hervorgerufenen Wrkg. auf die Totalreflexion (TR) des Lichtes an der Grenzschicht, erörtert den Konz.-Verlauf u. die opt. Verhältnisse in der Diffusionsschicht u. beschreibt eine Vers.-App. zur photogrammetr. Best. des Grenzwinkels der TR als Funktion der Zeit. Die Meßzelle enthält eine horizontal angeordnete Membran. Unter dem Einfl. eines angelegten Stromes bildet sich an dieser die Verarmungsschicht aus. Durch die zeitliche Abnahme von n werden in zunehmendem Maße Strahlen mit größerem Einfallswinkel totalreflektiert. Die wandernde, relativ scharfe Hell–Dunkel-Kante wird registriert. Vf. untersucht ein Solubilisat (I) u. ein wss. Kieselsol (II), als Membran dient eine Cellulosehydratfolie; Stromdichte 1,2 mA/cm^2. Trägt man n als Funktion von $\sqrt{t}$ auf, so erhält man für **II** eine Gerade. Der flachere Verlauf bei geringer Konz. wird auf den Einfl. von Fremdionen zurückgeführt. Die Kurve für **I** zeigt nur im mittleren Teil ziemlich geradlinigen Verlauf, es wird ein wesentlich größerer Bereich von n überstrichen. Die Abweichung von der Theorie erklärt Vf. durch Änderungen der Ladung, evtl. auch der Größe u. Gestalt der Teilchen, bei Konz.-Änderung. Weiterhin untersucht Vf. das Verh. eines anderen Solubilisats bei verschiedenen Stromdichten (0,46, 2,04, 1,0 u. 4,07 mA/cm^2) an einer Nitrocellulosefolie. Man erhält steile Kurven, die sich gut durch Geraden darstellen lassen. Die Steigung der Kurven ist, wie theoret. gefordert, proportional der Stromdichte. P. Frenzel. 119□

Eigenschaften von Elektrolyse-Farbzentren in Quarzkristallen. F. Laves, P. Schindler und H. E. Weaver. (Naturwissenschaften **48.** 714. 1. Dez.-H. 1961. Zürich, ETH, Inst. für Kristallographie u. Petrographie; Varian AG, Forsch.-Labor.) (Dt.)

Die nach Lietz u. Hänisch (C. **1959.** 14314) elektrolysierten Quarzkristalle haben Farbzentren mit einem Absorptionsmaximum bei 250—180 mμ. Außerdem beobachtet man ein charakterist. Elektronenresonanzspektrum, das ausgeprägte Anisotropie zeigt. Der g-Faktor ist in erster Näherung isotrop u. beträgt 2,02. Bei Raum-Temp. läßt sich ein Teil des Spektrums sättigen, was darauf deutet, daß die Signale von mindestens zwei verschiedenen Zentren stammen. Ch. Weiske. 119□

Infrarotspektren einiger Tektosilicate. Robert G. Milkey. (Amer. Mineralogist **45.** 990—1007. Sept./Okt. 1960. Washington, D.C., US. Geol. Survey.) (Engl.)

Im Spektralgebiet von 8—15 μ untersuchte Vf. die IR-Absportionsspektren der folgenden Silicate: *Quarz, Cristobalit, Opal, Orthoklas, Adular*, grünen u. weißen *Mikroklin, Anorthoklas, Aebit*, 2 *Oligoklase* mit $Ab_{90}An_{10}$ u. $Ab_{75}An_{25}$, 2 *Andesine* mit $Ab_{66}An_{35}$ u. $Ab_{50}An_{43}$, *Labradorit*, $Ab_{40}An_{50}$, 2 *Bytownite* mit $Ab_{30}An_{70}$ u. $Ab_{18}An_{82}$, synthet. *Anorthit, Natrolith, Skolezit, Mesolith, Thomsonit, Edingtonit, Gonnardit, Heulandit, Brewsterit, Epistilbit, Chabasit, Levynit* (Levyn?), *Phillipsit, Wellsit, Harmotom, Stilbit* (*Stellerit*), *Erionit, Gismondin, Faujasit, Analcim, Laumontit, Ferrierit, Laubanit, D'Achiardit, Sodalith, Noselith, Hauyanit, Lapis Lazuli, Helvin, Danalith, Nephelin, Eukryptit, Pollucit, Cancrinit, Davyn, Milarit, Marialith, Wernerit* u. *Mejonit*. Die Hauptabsorptionsmaxima, die den prim. Valenzschwingungen der O—Si—O-Bindungen zuzuschreiben sind, liegen zwischen 9,1 u. 10,2 μ. Es wurde gefunden, daß die Wellenlängen der Hauptabsorptionsmaxima eine unregelmäßige, aber definierte Verschiebung nach längeren Wellenlängen zeigten, wenn das Verhältnis Al : Si größer wird; die Einführung von Al in das Gitter erhöht einige der Bindungslängen u. erniedrigt die Bindungskraft-Konst., was niedrigere Schwingungsfrequenzen der Hauptabsorptionsmaxima zur Folge hat. Ganz allg. konnten die IR-Spektren hinsichtlich der Ähnlichkeiten in den tetraedr. Gittern zu Gruppen zusammengefaßt werden. Einige Tektosilicate mit ident. Struktur aber verschiedenen Kationen zeigten nicht ähnliche Spektren, woraus geschlossen werden kann, daß vergleichweise schwache Bindungen zwischen Kation u. Gitter Änderungen in der Absorption bedingen. C. Gottfried. 120

Verbotene Übergänge in den Infrarotspektren einiger tetraedrischer Anionen. 1. Mitt. Perchlorate. S. D. Ross. (Spectrochim. Acta [London] **18.** 225—28. Febr. 1962. London, Chelsea Coll. of Sci. and Technol., Chem. Dep.) (Engl.)

Die IR-Spektren folgender Perchlorate im festen Zustand u. in 0,2 m wss. Lsg. (außer $KClO_3$) wurden aufgenommen: $NaClO_4 \cdot 2\,H_2O$, $KClO_4$, NH_4ClO_4, $Mg(ClO_4)_2 \cdot 6\,H_2O$, $Ca(ClO_4)_2 \cdot 4\,H_2O$, $Ba(ClO_4)_2 \cdot 3\,H_2O$, $Fe(ClO_4)_2 \cdot 6\,H_2O$, $Co(ClO_4)_2 \cdot 6\,H_2O$, $Ni(ClO_4)_2 \cdot 6\,H_2O$, $Cu(ClO_4)_2 \cdot 6\,H_2O$ u. $Zn(ClO_4)_2 \cdot 6\,H_2O$. Das Auftreten von Schwingungsbanden im Spektrum der festen Substanzen, die im Spektrum der freien Ionen in Lsg. fehlen, wird im

Hinblick auf die niedrigere Symmetrie interpretiert, die sich durch die Fixierung des Ions im Kristallgitter ergibt. GERHARD SCHULZE. 120□

Eine Analyse des Infrarotabsorptionsspektrums von Am^{3+} ($5f^6$) in $LaCl_3$. John B. Gruber. (J. chem. Physics **35.** 2186—92. Dez. 1961. Berkeley, Calif., Univ. of California, Lawrence Radiat. Labor. and Dep. of Chem.) (Engl.)

Vf. untersuchte das polarisierte IR-Spektrum von Einkristallen von $AmCl_3$–$LaCl_3$ (mit 0,1—10 Gew.-% Am^{3+}) von 0,79—16,0 μ. Fast immer ist das Spektrum scharf u. vollständig polarisiert u. läßt definierte Gruppierungen erkennen. Es wurden Übergänge vom Grundniveau $^7F_0$ zu den angeregten Niveaus des Grundterms $^7F_1$, $^7F_2$, $^7F_3$, $^7F_4$, $^7F_5$ u. $^7F_6$ beobachtet. Für die Punktsymmetrie C_{3h}, die mit den Verss. übereinstimmt, zeigten sich magnet. Dipolübergänge vom $^7F_0$-Niveau zum $^7F_1$-Niveau u. erzwungene elektr. Dipolübergänge auf die Niveaus J = 2, 3, 4, 5 u. 6. Vf. liefert eine theoret. Analyse für die Kristallfeldaufspaltung der ^7F_J-Niveaus. Bei Verw. der 4 Parameter $A_2^0 \langle r^2 \rangle = 206$ cm^{-1}, $A_4^0 \langle r^4 \rangle = -94,1$ cm^{-1}, $A_6^0 \langle r_6 \rangle = -93,8$ cm^{-1} u. $A_6^6 \langle r^6 \rangle = 1100$ cm^{-1} ergibt sich eine ausgezeichnete Übereinstimmung zwischen Theorie u. Experiment.
GERHARD SCHULZE. 120□

Raman-Spektren von Metallcarbonylverbindungen. 2. Mitt. **Raman-Spektren, Struktur und Kraftkonstanten von Kobalt- und Eisentetracarbonylatanionen.** H. Stammreich, K. Kawai, Yara Tavares, P. Krumholz, J. Behmoiras und S. Bril. (J. chem. Physics **32.** 1482—87. Mai 1960. São Paulo, Brazil, Univ. of São Paulo, Dep. of Phys.; Res. Labor. of Orquima.) (Engl.) — 1. vgl. C. **1960.** 376.

Die Salze *$NaCo(CO)_4$*, *$Na_2Fe(CO)_4$* u. *$NaHFe(CO)_4$* wurden ramanspektroskop. untersucht. Die wss. Lsgg. der genannten Verbb. konnten nach KRUMHOLZ u. STETTINER (J. Amer. chem. Soc. **71.** [1949.] 3035) unter völlig O_2-freier N_2-Atmosphäre dargestellt werden. Im Falle des $Co(CO_4{}^-$ u. des $Fe(CO)_4{}^{2-}$-Ions entsprechen die gemessenen Spektren in ihrer Struktur genau denen, die von einer tetraedr. gebauten Molekel erwartet werden. Für das $HFe(CO)_4{}^{2-}$-Anion ist die Störung der Tetraederstruktur so stark, daß die Aufspaltung der entarteten Linien nahezu vollständig ist. Ihm wird daher die Struktur C_{3v} zugeschrieben. Die Kraft-Konst. der $Co(CO)_4{}^-$- u. $Fe(CO)_4{}^{2-}$-Anionen wurden auf der Grundlage der WILSONschen FG-Matrix-Meth. nach einer vereinfachten quadrat. Valenz–Kraft-Potentialfunktion für die Bindungen C—O, M—C—O, C—M—C, (CO)—(CO) u. (M—C—O)—(M—C—O) berechnet. M. WALTHER. 120□

Raman-Spektren von Metallcarbonylverbindungen. 3. Mitt. **Raman-Spektrum, Schwingungsanalyse und Bindungsstruktur von Nickeltetracarbonyl.** H. Stammreich, K. Kawai, Osw. Sala und P. Krumholz. (J. chem. Physics **35.** 2168—74. Dez. 1961.) (Engl.) — 2. vgl. vorst. Referat.

Vff. untersuchen erneut das RAMAN-Spektrum von $Ni(CO)_4$ (angeregt durch die He-Linien 5875,6 u. 6678,1 Å) u. schlagen eine neue Frequenzzuordnung vor, die auf Messungen der Intensitäten u. des Polarisationszustandes der beobachteten RAMAN-Verschiebungen beruht u. die neueren Ergebnisse über die RAMAN-Spektren von $Fe(CO)_5$, $Fe(CO)_4{}^{2-}$ u. $Co(CO)_4{}^-$ berücksichtigt. Unter Annahme einer vereinfachten quadrat. Valenzkraftfunktion mit 7 Potential-Konst. wird eine Normalkoordinatenanalyse vorgenommen. Die mit Hilfe dieser Modellvorstellungen berechneten Kraft-Konst. geben die beobachteten Frequenzen zufriedenstellend wieder. Die numer. Werte dieser Konst. liefern beim Vgl. mit denen der isoelektron. Anionen $Co(CO)_4{}^-$ u. $Fe(CO)_4{}^{2-}$ den direkten Beweis für die teilweise multiple M—C-Bindung u. die Konjugation zwischen M—C- u. C—O—Bindungen in Metallcarbonyl-Verbb. u. führen zur angenäherten Best. der Bindungszahlen. GERHARD SCHULZE. 120□

Raman-Spektren von Metallcarbonylverbindungen. 4. Mitt. **Raman-Spektren und Struktur von Cadmium- und Quecksilberkobaltcarbonyl.** H. Stammreich, K. Kawai, Osw. Sala und P. Krumholz. (J. chem. Physics **35.** 2175—79. Dez. 1961.) (Engl.) — 3. vgl. vorst. Referat.

Vff. teilen das vollständige RAMAN-Spektrum von $Cd[Co(CO)_4]_2$ u. ein teilweises von $Hg[Co(CO)_4]_2$ mit. Die Anregung erfolgte mit He-Strahlung im roten u. nahen IR-Spektralbereich. Das Hauptmerkmal der untersuchten Spektren ist das Auftreten einer intensiven, stark polarisierten Verschiebung bei 152 (Cd-Verb.) bzw. 161 cm^{-1} (Hg-Verb.), die in den Spektren der einkernigen Metallcarbonyle nicht beobachtet wurde. Sie muß auf die symm. Cd—Co- bzw. Hg—Co-Streckschwingung zurückzuführen sein. Die Ergebnisse schließen das Vorhandensein einer oder mehrerer Brücken —CO-Gruppen in den Verbb. aus u. deuten stark auf die Existenz einer 3fachen Hauptachse im Mol. mit den Atomen O—C—Co—Cd(Hg)—Co—C—O u. auf eine versetzte D_{3d}-Konfiguration des gesamten Mol. hin. GERHARD SCHULZE. 120□

Mikrowellenspektrum von Germylfluorid. James E. Griffiths und Kenneth B. McAfee jun. (Proc. chem. Soc. [London] **1961.** 456. Dez. Murray Hill, N.J., Bell Telephone Labor.) (Engl.)

Das Mikrowellenspektrum des GeH_3F wird gemessen. Der Hohlleiter, der die Probe bei einem Druck von 0,001 mm Hg enthält, wurde auf -78^0 gekühlt, um Zers. zu vermeiden u. die Absorptionslinien zu verstärken. 4 Linien, entstanden aus $J_{1\leftarrow 0}$ Übergängen von $^{70}GeH_3F$, $^{72}GeH_3F$, $^{74}GeH_3F$ u. $^{76}GeH_3F$, wurden im Bereich 19,938 bis 20,205 MHz beobachtet. Hieraus lassen sich folgende Strukturparameter berechnen: d (Ge — F) = 1,73 u. d (Ge — H) = 1,52 Å sowie < HGeH = $109^0\ 54'$ u. B_0 ($^{70}GeH_3F$) = 10,1027 MHz. Aus der Kernquadrupolspaltung des ^{73}Ge-Kernes in drei Linien wird die Kernquadrupolkopplungs-Konst. (e q Q) zu -92 ± 3 MHz berechnet. Die relative Bindungskontraktion in H_3GeX ist kleiner als bei den entsprechenden Si-Verbb., aber sowohl beim Si als auch Ge für X = F am stärksten u. für Cl u. Br geringer.

D. PAPENFUSZ. 121□

Über die Zerstrahlung von Leuchtstoffen in der Quecksilber-Niederdruckentladung. G. Kressin. (Techn.-wiss. Abh. Osram-Ges. **7.** 235—40. 1958.) (Dt.)

Die zeitliche Abnahme der Luminescenzlichtausbeute unter der Einw. der UV-Strahlung einer Hg-Niederdrucklampe wurde bei den Leuchtstoffen $CdO \cdot SiO_2$; 1,33 $ZnO \cdot SiO_2$; 0,9 $ZnO \cdot$ 0,08 $BeO \cdot SiO_2$; 2 CdO B_2O_3 (alle mit 2 Mol-% Mn aktiviert); 2 $MgO \cdot WO_3$; 3 $Ca_3(PO_4)_2 \cdot CaF_2$ (aktiviert mit Mn + Sb) u. 0,9 $CaO \cdot$ 0,04 $SrO \cdot$ 1,1 SiO_2 (aktiviert mit Mn + Pb) untersucht. Durch Anwendung einer bes. App. wurde die Möglichkeit der direkten Einw. von Hg-Dampf ausgeschlossen. Als Anregungsstrahlung wurden die Wellenlängen 2537 Å u. (2537 + 1850) Å benutzt. Bei Anwendung der letzteren war die zeitliche Abnahme der relativen Luminescenzintensität stets größer. Sie war ferner bei Cd-Silicat größer als bei Zn-Silicat u. bei dem Fluorophosphat u. dem Ca–Sr-Silicat verhältnismäßig klein. In H_2-Atmosphäre war die Intensitätsabnahme wesentlich größer als in Luft oder O_2. — Die Verss. zeigen, daß die Ursache für die Abnahme der Lichtausbeute bei Leuchtstoffen nicht bei im Entladungsraum befindlichen Fremdstoffen (Hg), sondern in durch die Photo-Rk. bewirkten substantiellen Umwandlungen in den Leuchtstoffen zu suchen ist. Bei den Mn-aktivierten Leuchtstoffen ist als Hauptursache die photochem. Red. des Mn^{2+} zu metall. Mn anzusehen, die in der H_2-Atmosphäre begünstigt wird. Das Mn bildet also bei den Silicatleuchtstoffen den Angriffspunkt der Photoreaktion.

W. BETCKE. 125□

J. Brandmüller und **H. Moser**, Einführung in die Ramanspektroskopie. Darmstadt: Dietrich Steinkopff 1962. (XVI + 515 S. m. 193 Abb. u. 72 Tab.) DM 94,—.

William Thomas Elwell and **J. A. F. Gidley**, Atomicabsorption spectrophotometry. Oxford, London: Pergamon. 1961. (VIII + 102 S. m. Taf., Tab. u. Diagr.) 30 s.

A$_3$. Elektrizität. Magnetismus. Elektrochemie

Elektrochemische Nomenklatur und Definitionen. Pierre van Rysselberghe. (Bol. Dep. Quím. **1957.** Nr. 6. 3—25. März. Stanford, Calif., Univ.) (Port.)

Vorschläge für eine Festlegung der Nomenklatur u. der Größen in der Elektrochemie.

R. K. MÜLLER. 130□

Berechnung der Radialbewegung des Plasmas bei Induktivpinch. A. A. Pljutto und K. N. Kerwalidse. (Журнал Технической Физики [J. techn. Physik] **31.** 400—06. April 1961. Suchumi, Physiko-techn. Inst. der Akad. der Wiss. der GrusinSSR.) (Russ.)

Die radiale Bewegung des Plasmas wird berechnet unter den Annahmen unendlicher Leitfähigkeit der stromführenden Schicht u. vollkommener Erwärmung des Plasmas. Die Stoßwellen werden vernachlässigt. Die berechneten Geschw. sind etwas höher als die experimentellen. Erreicht werden können rund $1-2 \cdot 10^8$/cm u. 10^7-10^8 ^{0}K.

M. WIEDEMANN. 131□

Zurückhaltung des Plasmas in Fallen mit einem zur Peripherie anwachsenden Feld. Ss. Ju. Lukjanow, I. M. Podgorny und W. N. Ssumarokow. (Журнал Экспериментальной и Теоретической Физики [J. exp. theoret. Physik] **40.** 448—51. Febr. 1961.) (Russ.; Auszug: Engl.)

In einer Vakuumkammer von 100 cm Höhe u. 21 cm ∅ mit 10^{-6} mm Hg Druck in einem Magnetfeld bis zu 1500 Oe als Falle wurde ein Plasma der Konz. $10^{13}-10^{14}$/cm^3 eingeschlossen. Das Magnetfeld nahm zur Peripherie hin zu. Die Parameter des Plasmas wurden mittels Mo-Sonden bestimmt. Die Zeit, in der der Strom auf der Sonde auf $^1/_2$ abfiel (Einfangszeit), betrug ca. 40 μs. Durch Ultraschnellphotographie wurde gezeigt, daß Plasmainstabilitäten diese Zeit herabsetzen, sie treten häufig auf.

M. WIEDEMANN. 131□

Spaltung eines heißen Plasmas. Norman Rostoker und Alan C. Kolb. (Physic. Rev. [2] **124.** 965—69. 15/11. 1961. San Diego, Calif., Gen. Atom., J. J. Hopkins Labors. for Pure and Appl. Sci.; Washington, D.C., U.S. Naval Res. Labor.) (Engl.)

Es wurde beobachtet, daß das Plasma, das sich bei einer schnellen B_z-Kompression bildet, nach einer Ruheperiode von 4—5 μsec instabil wird. Als Folge dieser Instabilität spaltet sich das Plasma in zwei wohldefinierte Ströme, die mit einer Winkel-Geschw. von 10^7 s^{-1} rotieren. Diese Konfiguration ließ sich viele Umläufe hindurch beobachten. Das Plasma scheint räumlich beschränkt zu bleiben, obwohl Verunreinigungsstrahlung darauf schließen läßt, daß etwas Plasma während des Spaltungsprozesses die Wände erreicht. Der Spaltprozeß in Deuteriumplasma wird von einer starken Abnahme der Neutronenerzeugung begleitet. Es werden Gründe für die Rotation u. für die Entw. der Instabilität diskutiert. H. LAUE. 131□

Fließen hinter Stoßwellen in leitenden Gasen. R. P. Kanwal. (Proc. Roy. Soc. [London], Ser. A **257.** 263—68. 6/9. 1960. University Park, Pa., Pennsylvania State Univ., Dep. of Math.) (Engl.)

Vf. zeigt theoret., daß Stoßwellen in leitenden Gasen nicht nur Wirbel, sondern auch einen elektr. Strom erzeugen u. daß ferner der Ausdruck für die Wirbel-Bldg. in leitenden Gasen, im Gegensatz zu nichtleitenden Gasen, von dem thermodynam. Verh. der Fl. abhängt. Es wird auf eine neu beobachtete Beziehung zwischen den normalen Komponenten des Wirbels u. der Stromdichte hingewiesen. C. GOTTFRIED. 131

Anfangs- und kritische Intensität eines Feldes auf der Oberfläche von Leitern mit Corona-Entladung. G. N. Alexandrow und N. P. Alexandrowa. (Журнал Технической Физики [J. techn. Physik] **31.** 450—58. April 1961. Leningrad, Polytechn. Kalinin-Inst.) (Russ.)

Zur Strommessung über den Corona-Zwischenraum bei der Spannungsänderung diente ein Brücken-Syst., zur Spannungsmessung Kapazitätsvergleiche. Die Messungen des Anfangs- u. des krit. Feldes an der Oberfläche bei Corona-Entladungen wurden an Drähten mit folgenden Durchmessern ausgeführt: 0,196; 0,596; 0,89; 1,197; 1,792; 2,01 u. 2,98 cm in einem Zylinder von 2 m ∅, der aus 5 isolierenden Sektoren bestand. Anfangs- u. krit. Feldstärke (kV/cm) ergaben sich zu 18,8 (bzw. 18,3) $(1+1{,}07/r^{0{,}3})$. M. WIEDEMANN. 131□

Hochfrequenzschwingungen bei der Niederdruckentladung. I. A. Ssawtschenko und A. A. Saitzew. (Вестник Московского Университета, Серия III [Nachr. Moskauer Univ., Ser. III] **16.** Nr. 2. 19—25. März/April 1961. Lehrstuhl für Elektronik.) (Russ.)

Mittels einer zylindr. Sonde von 0,08 mm ∅ u. 3 mm Länge, die über eine Kapazität mit dem Nachw.-Syst. gekoppelt war, wurden die Hochfrequenzschwingungen in einem Plasma untersucht, das durch ein Elektronenbündel erzeugt wurde. Die Entladung fand in einer zylindr. Röhre von 65 mm ∅ mit einer Oxyd-Glühkathode von 3 mm ∅ statt. Die Füllung war *Ar* von 4—10 μ Druck. Der Einfl. der Form der Entladung wie der Reflexion auf die Schwingung wurde untersucht, ferner die räumliche Verteilung der Schwingungsintensität. An den Plasmagrenzen ändert sich der Schwingungscharakter stark. M. WIEDEMANN. 131□

Untersuchung des Entladungsaufbaus und Aufstellung der Plasmaparameter in Niederdruckröhren. T. A. Ssanina, A. A. Saitzew und A. A. Ssanin. (Вестник Московского Университета, Серия III [Nachr. Moskauer Univ., Ser. III] **16.** Nr. 2. 54—59. März/April 1961.) (Russ.)

Die Entladung wurde mittels rechteckiger Impulse von 0,5—60 μsec Dauer u. Spannungen bis 700 V durchgeführt. Die Röhre mit Oxydkathode u. 2 u. 4 cm ∅ sowie 30—70 cm Länge war mit *Ne* von 0,8 mm Hg Druck oder einer Mischung von Ne mit *Hg* von 1 mm gefüllt. Bei den Übergangsprozessen, die mit einer hohen mittleren Elektronenenergie verbunden sind, stieg die Intensität der Strahlung an. Diese wurde opt. beobachtet. Das Maximum war gegenüber der Stromstärke verzögert. Nach dem Erreichen eines konst. Stroms bildeten sich FARADAY-Dunkelraum u. Anodenbereich aus.
M. WIEDEMANN. 131□

Ionisation von Stickstoff und Sauerstoff bei der Impulsentladung. Ju. D. Pigarow und P. M. Morosow. (Журнал Технической Физики [J. techn. Physik] **31.** 467 bis 475. April 1961.) (Russ.)

In einer Impulsentladung in N_2 u. O_2 wurden die gebildeten Ionen massenspektrometr. untersucht. Die Anordnung (Hochspannungsteile, Gasentladungskammer, Ionenextraktion, Massenspektrometer, Anode aus Stahl, Kathoden aus W) ist genau beschrieben. Die Intensität der Ionenströme N^+—N^{5+} u. ebenso O^+—O^{5+} wurde in Abhängigkeit von der Zeit seit Beginn des Impulses (bis 30 μs), von dem Ionenstrom (bis zu 40 A), von der Spannung (bis zu 800 V) u. vom Gasdruck (1—5 mm Hg) bestimmt.

M. WIEDEMANN. 131 □

Ionisation von Neon, Argon, Helium und Wasserstoff bei der Impulsentladung. Ju. D. Pigarow und P. M. Morosow. (Журнал Технической Физики [J. techn. Physik] **31.** 476—85. April 1961.) (Russ.) — Vgl. vorst. Referat.

Es wurden die Ionenströme an Ne^+—Ne^{5+}, Ar^+—Ar^{4+}, He^+ u. He^{2+}, H^+ u. H_2^+ bestimmt. Die Anzeichen sprechen dafür, daß die Ionisation im wesentlichen stufenweise verläuft.

M. WIEDEMANN. 131 □

Assoziation von Kohlenstoffatomen aus Graphit im Hochfrequenzfunken. William L. Baun und David W. Fischer. (J. chem. Physics **35.** 1518—19. Okt. 1961. Ohio, Wright-Patterson Air Force Base, Directorate of Materials and Processes, Aeronautical Syst. Div.) (Engl.)

Vff. beobachteten massenspektroskop. beim Übergang eines Hochfrequenzfunkens zwischen zwei Graphitelektroden das Auftreten von assoziierten C-Atomen im ionisierten Zustande. Die höchste beobachtete Assoziation betrug 28 C-Atome. Die Intensität der massenspektroskop. beobachteten Assoziationen nimmt annähernd alternierend mit steigender Assoziation ab.

WOLFGANG KRÜGER. 131 □

Die Größe des anharmonischen Beitrages zur statischen Dielektrizitätskonstanten. B. Szigeti. (Proc. Roy. Soc. [London], Ser. A **261.** 274—80. 25/4. 1961. Liverpool, Univ., Dep. of Theoret. Phys.) (Engl.)

In einer theoret. Unters. wurde gezeigt, daß der anharmon. Beitrag zur stat. DK für Ionenkristalle oberhalb der DEBYE-Temp. berechnet werden kann, wenn die Differentialquotienten der DK nach Temp. u. Druck bekannt sind. Für *NaCl*, *KCl* u. *LiF*, bei denen diese Größen bekannt sind, wurde gefunden, daß der anharmon. Beitrag nur wenige % des gesamten Gitterbeitrages ausmacht. Damit bleiben frühere Rechnungen (vgl. C. **1950.** I. 841) mit rein harmon. Näherung im wesentlichen gültig.

G. WINKHAUS. 132 □

Zur Theorie der Äquipotentiallinienverschiebung in polaren Dielektrika im inhomogenen elektrischen Feld. Günther H. Krawinkel. (Z. angew. Physik **13.** 202—11. April 1961. Frankfurt/M.-Eschersheim.) (Dt.)

Die Vorstellung der Grenzschicht-Raumladung, die zwischen Elektroden u. polarem Dielektrikum durch Kontaktvorgang entsteht, wird in den MAXWELLschen allg. Potentialsatz der Elektrostatik eingeführt. Es ergibt sich im Dielektrikum, im inhomogenen Zylinderfeld, ein elektrostat. Feld mit verteilter wahrer Ladung. Die Wrkg. dieses Feldes auf die Äquipotentiallinien-Verschiebung, sowie auf die DK werden untersucht. Die Deutung der Nichtlinearität der Äquipotentiallinien-Verteilung wird mit Hilfe der Diskussion der LORENTZ-Gleichung behandelt.

H. SCHIBILLA. 132 □

Über die Analyse der Verzerrungen des Feldes eines flachen piezoelektrischen Strahlers. I. N. Kanewski. (Доклады Академии Наук СССР [Ber. Akad. Wiss. UdSSR] **129.** 766—68. 1 Tafel. 1/12. 1959. Akust. Inst. der Akad. der Wiss. der UdSSR.) (Russ.)

Das Bild der Oberflächenschwingungen von quadrat. piezoelektr. Strahlern aus $BaTiO_3$-Keramik mit den Resonanzfrequenzen 450 u. 830 kHz wird in *Luft* u. in Fll. (*W.*, *Transformatorenöl*) untersucht; es tritt eine Phasenverschiebung $\Delta\varphi$ von ca. 0^0 ein. Das Spektrogramm der Verteilung der Schwingungsamplituden in W. zeigt, daß der n-ten Komponente des Spektrums 2 Wellen entsprechen, die sich in der Fl. entlang einer Geraden im Winkel α zur Oberfläche des Strahlers fortpflanzen, wobei $\alpha = +$ arc sin $(n\lambda_{Fl}/a)$ ist (λ_{Fl} = Wellenlänge in der Fl., a = Abstand zwischen den Endflächen des Strahlers). Für die „schiefe" Welle, die sich unter dem Winkel α_1 ausbreitet, wird die Richtung der Bisooktrix durch den Winkel $\beta = {}^1/_2$ arc sin $(2c_{Fl}/c_{Str})$ oder $\beta = c_{Fl}/c_{Str}$ bestimmt (c = Geschw. in der Fl. u. im Strahler); β ist für *Xylol* 14^0, *Vaselinöl* 95,7 u. CCl_4 $9{,}8^0$.

R. K. MÜLLER. 133 □

Theoretische Untersuchung der Elektronenenergiebänderstruktur von Festkörpern. Frank Herman. (Rev. mod. Physics **30.** 102—21. Jan. 1958. Princeton, N.J., RCA Labor.) (Engl.)

Überblick: Grundlagen der Theorie; Anwendung der Gruppen- u. Störungstheorie; numer. Meth. zur Lösung der Wellengleichung von Kristallen; Beispiele. — 195 Literaturangaben.

A. BLASCHETTE. 135 □

Experimentelle Untersuchungen der Elektronenbänderstruktur von Festkörpern. Benjamin Lax. (Rev. mod. Physics **30.** 122—54. Jan. 1958. Lexington, Mass., MIT, Lincoln Labor.) (Engl.) — Vgl. vorst. Referat.

Überblick: Cyclotronresonanz (Mikrowellencyclotronresonanz in Halbleitern u. Metallen, IR-Cyclotronresonanz); de Haas-van Alphen-Effekt (Grundlagen, Meth. u. Ergebnisse an *Bi, As, Ga, Zn*); galvanomagnet. Effekte (*Ge, Si, Bi*, Metalle); IR-Absorption (*Ge, Si, In, Sb*); magnet. Schwingungsabsorption (*Ge, InSb, InAs*). — 172 Literaturgaben. A. Blaschette. 135□

Theorie der thermoelektrischen und thermomagnetischen Effekte in nichtpolaren isotropen Halbleitern. J. Appel. (Physics Chem. Solids **8.** 353—58. Jan. 1959. Augsburg, OSRAM Studienges.) (Engl.) — Vgl. C. **1962.** 6672.

Theoret. Unters. der thermoelektr. u. thermomagnet. Eigg. von Halbleitern, bes. p-*Ge*. Die Gitterkomponente der Thermo-EMK läßt sich als Funktion des Verhältnisses der mittleren freien Weglängen von Elektronen zu Phononen nahezu linear darstellen. Ferner werden die Änderung der Phononenhemmung u. ihre Komponente, der Ettingshausen-Nernst-Koeff., als Funktion der magnet. Feldstärke wiedergegeben. Die bei 80 °K gemessenen Thermo-EMK von p-Ge-Einkristallen werden den berechneten Werten gegenübergestellt. Schließlich wird die Anisotropie der Thermo-EMK (p-Ge bei 80 °K für die Richtungen [1 0 0], [1 1 1] u. [1 1 0]) graph. dargestellt. G. Ruban. 135□

Ein neuer galvanomagnetischer Effekt in Halbleitern. Anonym. (Nature [London] **193.** 32. 6/1. 1962.) (Engl.)

Es wird das elektr. Verh. einer inhomogenen, rechteckigen Halbleiterplatte, an deren Schmalseiten 2 Elektroden angebracht sind, untersucht. Wird eine Fläche gleichmäßig beleuchtet u. wirkt senkrecht zu dieser Fläche ein magnet. Feld, so wird theoret. u. experimentell nachgewiesen, daß zwischen den beiden Elektroden eine Spannungsdifferenz entsteht. Dieser Effekt wird mit „bulk photo-electromagnetic effect" bezeichnet. Für die Größe der entstehenden Spannung wird eine Formel angegeben. M. Guerlin. 135□

Eine einfache graphische Methode zur Berechnung der Dichte der Ladungsträger in einem Halbleiter durch den Hall-Koeffizienten. T. S. Robinson, M. Smollett und R. G. Pratt. (Brit. J. appl. Physics **8.** 130—31. März 1957. Salfords, Surrey, Mullard Res. Labors.) (Engl.)

Die zur Berechnung der positiven u. negativen Ladungsträger-Dichten n u. p benutzten zwei Beziehungen führen auf Gleichungen vierten Grades. Nach Umformen erhält man für die eine Beziehung im doppelt-logarithm. Maßstab für n u. p eine Kurvenschar mit dem Beweglichkeitsverhältnis als Parameter. Die andere Beziehung ergibt eine Gerade, die jede Kurve zweimal schneidet. Jeder Schnittpunkt liefert ein Wertepaar für n u. p. Die graph. Meth. ist bes. nützlich bei Unterss. einer größeren Zahl von Proben gleichen Materials. P. Brumm. 135□

Wert der Hall-Konstanten in Halbleitern bei starken magnetischen Feldern. Ju. A. Firssow. (Журнал Технической Физики [J. techn. Physik] **28.** 1129—39. Juni 1958. Leningrad, Halbleiterinst. der Akad. der Wiss. der UdSSR.) (Russ.)

Der Tensor der elektr. Leitfähigkeit u. der Hall-Konst. in sehr starken Magnetfeldern (wenn $uH/v \gg \mu H/KT \gg 1$) wird berechnet u. das Problem unter Berücksichtigung der Quantelung der Elektronenbewegung im Magnetfeld ohne Voraussetzungen über die Elektronenwechselwrkg. mit Gitterschwingungen gelöst. Einige Extrema im Energiespektrum werden betrachtet u. ein allg. Ausdruck für die Hall-Konst. bei Vorhandensein einer Bänder-Stoßstelle gefunden. Unterss. der Winkelabhängigkeiten der Hall-Konst. von der Magnetfeldrichtung sind für die Beurteilung der Bänderstruktur wertvoll. Für einige Ellipsoide im k-Raum lassen sich alle Tensorkomponenten der effektiven Masse bestimmen. R. Amberger. 135□

Die magnetische Susceptibilität von Halbleitern. R. Bowers. (Physics Chem. Solids **8.** 206—11. Jan. 1959. Pittsburgh, Pa., Westinghouse Res. Labor.) (Engl.)

Überblick über neuere Arbeiten (nach 1956), die sich auf die magnet. Susceptibilität von Ladungsträgern in Halbleitern beziehen. Neben eigenen Arbeiten über n-*Ge* u. n-*InSb* diskutiert Vf. bes. Verss. an n-*Si* u. *InAs*. G. Ruban. 135□

Erweiterte Kurven, die die Raumladung, das elektrische Feld und die freie Trägerkonzentration an der Oberfläche eines Halbleiters und das elektrostatische Potential innerhalb eines Halbleiters behandeln. Charles E. Young. (J. appl. Physics **32.** 329—32. März 1961. Murray Hill, N.J., Bell Telephone Labor., Inc.) (Engl.)

Diese Arbeit stellt eine Erweiterung der von Kingston u. Neustadter (C. **1956.** 6868) durchgeführten Berechnungen der Raumladung, des elektr. Feldes u. der Veränderung der freien Träger-Konz. auf der Halbleiteroberfläche dar. Die l. c. angegebenen Kurven sind umfassend nur auf Ge oder auf Halbleiter mit gleichen Energielücken anwendbar. Die vom Vf. mitgeteilten Kurven ermöglichen Berechnungen an Substanzen mit vergleichsweise höheren Energielücken, wie z. B. Si oder Ga-Arsenid, über einen weiten Widerstandsbereich. Daneben werden zur Vervollständigung der Unterss. von DOUSMANIS u. DUNCAN (C. **1959.** 14007) Kurven berechnet, die das elektrostat. Potential im Innern eines Halbleiters behandeln. U. SKURNIA. 135□

Halbleiter-Oberflächeneigenschaften, abgeleitet aus der Absorption freier Ladungsträger und der Reflexion von Infrarotstrahlung. N. J. Harrick. (Physics Chem. Solids **14.** 60—71. Juli 1960. Irvington-on-Hudson, N.Y., Philips Labor.) (Engl.)

Mit der Unters. der spektralen Eigg. der Ladungsträger im Raumladungsgebiet oder bei der Beobachtung der Reflexion als Funktion der Ladungsträgerdichte wird die Verw. der IR-Strahlung zum Nachw. der Dichte der hinzugefügten Ladungsträger in den Kristallkörper oder in das Gebiet das Raumladung behandelt. Die dabei erhaltenen Ergebnisse über die Eigg. von Halbleiteroberflächen werden diskutiert. Es wird hervorgehoben, daß die Unterss. der Kontakte zwischen Metall u. Halbleiter genauer ausgeführt werden können, wenn das Strom-Verh. gegenüber den Dichte-Eigg. der hinzugefügten Ladungsträger betrachtet wird. Die Rekombinations-Geschw. u. die Schwellenhöhe beim Kontakt können gemessen werden. Damit ist eine neue Möglichkeit zur Unters. der Halbleiteroberflächen-Eigg. gegeben. H. SCHIBILLA. 135□

Elektrische Eigenschaften der Halbleiter bei tiefen Temperaturen. G. Lautz. (Halbleiterprobleme **6.** 21—117. 1961. Braunschweig, TH, Inst. für Techn. Phys.) (Dt.)

Übersicht. — Anomale elektr. Eigg. von Halbleitern bei tiefen Temp.: Störbandleitung (SL) u. reversibler Tieftemp.-Durchschlag; Temp.-Abhängigkeit des elektr. Widerstands ϱ, des HALL-Effekts, der effektiven Beweglichkeit μ, der relativen magnet. Widerstandsänderung; Aufhebung der SL durch ein Magnetfeld in n-InSb; Theorien der SL; Abhängigkeit von ϱ, des HALL-Effekts u. von μ von der elektr. Feldstärke; Beziehung zwischen Durchschlag (DS) u. inneren Werkstoffparametern; Zusammenhang zwischen Durchschlagfeldstärke u. Beweglichkeit sowie Störzellen-Konz.; Einfl. der Temp., Wärmezustrahlung u. eines Magnetfeldes auf DS; Tieftemp.-DS als Stoßionisationsvorgang: Trägerbilanz, An- u. Abklingzeiten, Wrkg.-Querschnitte, Verlauf der Strom-Spannungs-Kennlinien; Transporttheorie schneller Elektronen in kovalenten Halbleitern; prakt. Anwendung des Tieftemp.-DS für Schaltzwecke (Cryosar) u. Impulsverstärkung. — 240 Literaturangaben. P. FRENZEL. 135□

Über Strom-Spannungs-Kennlinien „Ohmscher" Kontakte bei Halbleitern und Isolatoren. Raumladungsströme in Kristallen mit großem Bandabstand. F. Stöckmann. (Halbleiterprobleme **6.** 279—320. 1961. Karlsruhe, TH, Inst. für angew Phys.) (Dt.)

Zusammenfassender Bericht über Kontakte mit Anreicherungsrandschichten u. die Injektion von Majoritätsträgern; qual. Diskussion u. allg. Berechnung der Strom-Spannungs-Kennlinien; der Null-Widerstand nachliefernder Kontakte; Raumladungsströme in Halbleitern mit Haftstellen; Kennlinien eines Isolators ohne bzw. mit flacher Haftstelle; Sättigungsströme der Kontakte u. elektr. Durchschlag bei sehr hohen Spannungen; experimentelle Unterss. der Trägerinjektion; Zusammenhang zwischen Trägerinjektion u. Photoleitung. — 50 Literaturangaben. P. FRENZEL. 135□

Neuere Entwicklungen auf dem Gebiet der Kristalldioden und Transistoren. F. W. Dehmelt. (Halbleiterprobleme **6.** 321—41. 1961. Ulm, Telefunken.) (Dt.)

Vf. erläutert die Wrkg.-Weise der parametr. Diode als rauscharmer Geradeaus- u. Mischverstärker, der Tunneldiode als Schalter, Oscillator, Verstärker u. Vervielfacher (Strom-Spannungs-Charakteristik u. Bändermodell), der Vierschichtdiode (pnpn-Übergang in einkristallinem n-Si bzw. 2 miteinander kurzgeschlossene Transistoren vom pnp- u. npn-Typ; Stromverteilung eines Ge- u. Si-Transistors als Funktion des Emitterstroms), des gesteuerten Gleichrichters u. des Tunneltransistors als rückwirkungsfreies Schaltelement. Weiterhin werden Angaben über die Technologie der beschriebenen Syst. gemacht. — 14 Literaturangaben. P. FRENZEL. 135□

Fortschritte in der Entwicklung der Halbleiterthermoelemente. Ulrich Birkholz. (Halbleiterprobleme **6.** 206—37. 1961. Nürnberg, Siemens-Schuckertwerke AG., Zentralwerksverwaltung, Labor.) (Dt.)

Übersicht über die Entw. von Halbleiter-Thermoelementen in den letzten vier Jahren; Erörterung der Best. der thermoelektr. Kenngrößen in Ausdrücken der Beweglichkeit, effektiven Masse u. Gitterwärmeleitfähigkeit; Abschätzung des maximalen, zu erwartenden Wrkg.-Grades bei der thermoelektr. Stromerzeugung; Technologie der thermoelektr. Werkstoffe; Probleme der Meßtechnik; Eigg. von Bi_2Te_3 u. isomorphen Verbb; Syst. *PbTe-PbSe*, *ZnSb-CdSb*, *InAs* u. *InSb*; prakt. Probleme u. Anwendungen für elektrotherm. Kühlaggregate u. thermoelektr. Generatoren. — 67 Literaturangaben. P. FRENZEL. 135□

Gekühlte Infrarot-Photoleitungs-Detektoren. Werner Beyen, Peter Bratt, Howard Davis, Leo Johnson, Henry Levinstein und Alfred MacRae. (J. opt. Soc. America **49.** 686—92. Juli 1959. Syracuse, N.Y., Syracuse Univ.) (Engl.)

Vff. berichten über die Herst. von IR-Detektoren aus *PbSe*, *Ge(Au)* bzw. *Ge(Au, Sb)* sowie ihre Charakteristiken. Die Detektoren müssen bis zu ca. 90 °K abgekühlt werden, um brauchbar zu werden u. unterscheiden sich durch die spektrale Aufnahme, die Zeit-Konst., den Rauschpegel u. das Signal voneinander. Der Ge(Au)-Detektor besitzt eine Schwellenenergie von 9,5 μ, während die anderen Detektoren bis zu 6 μ ansprechen. Bei den Ge-Detektoren geht die Anregbarkeit auf Ladungsträger aus den Au-Verunreinigungszuständen zurück, beim PbTe ist eine innere Anregung der Ladungsträger vom Valenz- zum Leitfähigkeitsband dafür verantwortlich. Die Zeit-Konst. sind unterhalb von 1,5 μ für Ge(Au) $<$ 1 μs, bei Ge(Au, Sb) liegen sie zwischen 10 μs u. 1 ms u. bei PbTe bei 15 μs. Der Rauschpegel liegt bei allen Detektoren in der Größenordnung von 10^{-10} W bezogen auf einen schwarzen Körper von 500 °K. G. M. Neumann. 135□

Der Deplistor, ein Halbleiter-Schaltelement. O. W. Memelink. (Philips Res. Rep. **13.** 485—88. Okt. 1958.) (Engl.)

Das beschriebene Dreikontakt-Halbleiterelement, das aus nahezu eigenleitendem *Ge* mit einem n- u. einem p-Typ-Leg.-Kontakt besteht, benutzt die Eigg. der Raumladung, die an dem in Sperrichtung liegenden Kontakt auftritt. Bei geeigneter, näher beschriebener Schaltung ist der Deplistor als Schaltelement mit negativem Differentialwiderstand bei Schaltzeiten von 5—20 μs benutzbar. J. Rudolph. 135□

Zur Theorie der Halbleiter-Energieumformer. B. Ja. Jurkow. (Журнал Технической Физики [J. techn. Physik] **28.** 1365—70. Juli 1958. Moskau, Physik. Lebedew-Inst. der Akad. der Wiss. der UdSSR.) (Russ.)

Auf der Grundlage der Spencerschen Theorie der Energieverluste des Elektrons entwickelt Vf. die Theorie eines Halbleiter-Umformers für die Umwandlung der Energie monoenerget. Elektronen in elektrische. Für den Kurzschlußstrom des Umformers erhält Vf. eine für prakt. Rechnungen brauchbare Formel. R. Amberger. 135□

Eine Erklärung des höheren Strahlungswiderstandes von Sonnenbatterien mit p-leitendem Si als Basismaterial. Richard V. Babcock. (J. electrochem. Soc. **108.** 1119—22. Dez. 1961. East Pittsburgh, Pa., Westinghouse Electr. Corp., Central Labor., Materials Labor., Radiat. and Nucl. Labor.) (Engl.)

Sonnenbatterien mit p-leitendem Si als Basismaterial zeigten sich bzgl. Strahlungsschäden bei Bestrahlung mit 750 keV-Elektronen Zellen mit n-Si überlegen. Unter der Annahme, daß die Strahlungsschäden durch die Herabsetzung der Lebensdauer der Minoritätsträger in der Basisschicht als allein wesentlicher Mechanismus bedingt sind, berechnet Vf. den Einfl. des Elektronenstromes auf die Energieausbeute, die Strom–Spannungs-Charakteristik u. die spektrale Empfindlichkeit der Zellen. Die Berechnungen stimmen bis auf einen schnellen anfänglichen Leistungsabfall von ca. 1% bei Zellen mit n-leitendem Si gut mit früheren Werten über die Einfll. von Strahlungsschäden überein. Bestimmt man den Wrkg.-Grad η von Sonnenbatterien durch Vgl. des Ansprechens bei Anregung mit W-Licht (2800 °K) mit dem einer geeichten Sonnenbatterie, so erhält man für den Einfl. der Strahlungsschäden auf den wirklichen Wert von η bei Bestrahlung mit Sonnenlicht (bestimmt als der zur Herabsetzung von η um 25% benötigte Elektronenstrom) einen um einen Faktor 3 zu hohen Wert. P. Frenzel. 135□

Die Analyse der Verteilungskurve des spezifischen elektrischen Widerstandes eines Siliciumeinkristalles. Masahisa Sammonji. (Nippon Kinzoku Gakkai-Si [J. Japan Inst. Metals] **24.** 593—97. 1960.) (Jap.; Auszug: Engl.)

Durch Messung der Verteilungskurve des spezif. elektr. Widerstandes u. des n,p-Typs eines n,p-S-Einkristalles, der nach der Meth. von Czochralski gezogen wurde, wurde von Vf. die Anfangs-Konz. der Verunreinigungen gemäß der folgenden bekannten Gleichung berechnet: $C = KC_0(1-g)^{k-1}$, C = Konz. der festen Phase an der Grenzfläche fl.–fest, g = Gewichtsanteil des Erstarrten, K = Segregations-Konst., C_0 = Anfangs-Konz. der Verunreinigungen in der Schmelze. Die berechneten Werte stimmen mit den gemessenen Werten gut überein. Es wird die mathemat. Analyse einiger Widerstandsverteilungskurven u. deren Anwendung zur Best. der Verunreinigungen in Quarzschmelztiegeln beschrieben. U. Skurnia. 135□

Oberflächenmessungen an frisch gespaltenen Silicium-p–n-Übergängen. G. W. Gobelin und F. G. Allen. (Physics Chem. Solids **14.** 23—26. Juli 1960. Murray Hill, N.J., Bell Telephone Labor.) (Engl.)

Durch Spaltung im Hochvakuum entstehen Si-(1 1 1)-Flächen (1,5·6 mm), die keine merkbaren Fehler enthalten u. einen p–n-Übergang darstellen. Die Spaltungsmerkmale u. die Spaltungstechnik werden behandelt. Bei frischen Si-Spaltflächen werden Unterschiede in der Austrittsarbeit von n- u. p-leitenden Proben in der erwarteten Richtung gemessen (ca. 1,5 eV). Dabei besitzen die n-leitenden Proben keine entarteten p-leitenden Oberflächen. Die Potentialdifferenz des Kontaktes (Kelvin-Meth.) in der p–n-Schicht deutet auf eine „Verbiegung" der Energiebänder an der Oberfläche hin. Diese Bänder beruhen auf Oberflächenzuständen bei einigen Zehntel Volt. H. SCHIBILLA. 135□

Physikalische Methoden zur Störstellenanalyse beim Silicium. Arnulf Hoffmann. (Halbleiterprobleme **6.** 152—85. 1961. Pretzfeld/Ofr., Siemens-Schuckert-Werke AG., Labor. Pretzfeld.) (Dt.)

Übersicht: Analyse des Zonenziehens; PFANNsche Theorie des Zonenreinigens u. Erweiterung auf abdampfende Störstellen nach ZIEGLER; Zieh-Verss. mit P- u. B-dotiertem Si; Leitfähigkeitsanalyse; Analyse von HALL-Effekt-Messungen; Unterss. an p-Si mit Au-Zusatz (Störstellenanalyse; mathemat. Behandlung). — 38 Literaturangaben. P. FRENZEL. 135□

Sichtbarmachen von Übergängen in Silicium. Harry Robbins. (J. electrochem. Soc. **109.** 63—64. Jan. 1962. Newport Beach, Calif., Hughes Semiconductors.) (Engl.)

Vf. erörtert die Zuverlässigkeit der Verf., mit deren Hilfe die p–n-Übergänge in Si sichtbar gemacht werden können u. stellt fest, daß auch ohne starke Belichtung in starker HF reprodizierbare Ergebnisse zu erhalten sind. In einer Lsg. von 30 Vol.-% HF mit mehr als 2 mg Au-Chlorid (**I**)/ml erfolgt Abscheidung im p- u. n-leitenden Bereich, bei niedrigeren **I**-Konzz. jedoch unverändert selektive Abscheidung eines festhaftenden Nd. im p-Bereich. Ähnliche Ergebnisse erhält man mit Chloroplatinsäure, Pd-Chlorid (Grenzkonz. jeweils 2 mg/ml 30 Vol.-%ig. HF), Cu-Chlorid u. Ag-Acetat (Grenz-Konz. jeweils 0,25 mg/ml konz. HF). Die Grenz-Konz. für selektive Abscheidung ändert sich mit der HF-Konzentration. In konz. HF mit Konz. $<$ 1 mg **I**/ml wird oft nichtselektive Abscheidung beobachtet. Vf. erörtert die möglichen Rk.-Mechanismen (elektrolyt. bzw. Verdrängungsmechanismus) u. stellt fest, daß letzterer durch Zusatz von Spuren $NaNO_2$, das die Oxydation des Si im p-Bereich katalysiert, begünstigt wird. Gibt man 1—2 Tropfen rote rauchende HNO_3 zu 10 ml konz. HF, so wird die Zuverlässigkeit der Meth. beträchtlich erhöht. P. FRENZEL. 135□

Der Einfluß des Druckes auf die Eigenschaften von Germanium und Silicium. William Paul. (Physics Chem. Solids **8.** 196—204. Jan. 1959. Cambridge, Mass., Harvard Univ.) (Engl.)

Vf. behandelt für Ge u. Si gemessene Druckabhängigkeiten des inneren Widerstandes, der Absorptionskante der Grundschwingung, der Trägerbeweglichkeit, der magnet. Widerstands-Koeff. u. der DK. Die beobachteten Eigg. werden durch eine Verschiebung der Bandkanten erklärt. Experimentelle Hinweise für ein ähnliches Verh. der entsprechenden Bandextrema in Ge, Si u. den intermetall. Verbb. werden aufgeführt. Im einzelnen werden die Fälle der (1 1 1)- u. (1 0 0)-Minima in Ge, Si u. den Ge–Si-Legg. diskutiert. Ferner werden Meßergebnisse über die Änderung der Ionisationsenergie von flach u. tief liegenden Verunreinigungsniveaus in Ge u. Si behandelt. G. RUBAN. 135□

Diagramme der Energieniveaus für Germanium- und Siliciumoberflächen. P. Handler. (Physics Chem. Solids **14.** 1—8. Juli 1960. Urbana, Ill., Univ. of Illinois.) (Engl.)

Mit der Vorstellung der lokalisierten Atom-Orbitals wird gezeigt, wie die Struktur u. die Bindungsart der Oberflächenatome an den Kristall das Diagramm der Energieniveaus des Oberflächengebietes beeinflussen können. Der s- oder p-Charakter der nicht an der Bindung beteiligten Orbitals der Oberflächenatome bestimmen die Energie der Oberflächenzustandsbänder u. die Art des Raumladungsgebietes bei gereinigten Ge- u. Si-Oberflächen. Nach der Best. von einigen Oberflächenparametern aus den Leitfähigkeits-Unterss. wird auf die Temp.-Abhängigkeit der thermion. Austrittsarbeit des Si geschlossen. H. SCHIBILLA. 135□

Die Rekombinationsstrahlung von Silicium unter den Bedingungen eines starken Feldes. L. W. Davies und A. R. Storm jun. (Physic. Rev. [2] **121.** 381—87. 15/1. 1961. Murray Hill, N.J., Bell Telephone Labor.) (Engl.)

Zur Best. der Verteilung der Energie auf heiße Elektronen u. Löcher in Si, das sich in einem starken, gleichförmigen elektr. Feld befindet, wurden Messungen der spektralen Verteilung der Rekombinationsstrahlung bei 77 u. 20 °K u. Feldstärken bis zu 3700 $V \cdot cm^{-1}$ durchgeführt. Es wurde keine Veränderung des Spektrums mit der Feldstärke beobachtet. außer der bei einem Temp.-Anstieg von 6 auf 77 °K auf die JOULEsche Erwärmung zurückführbaren. Daraus muß geschlossen werden, daß die Zunahme der Rekombinationsstrahlung bei diesen Temp. hauptsächlich auf die Verminderung der Bldg. von Excitonen aus den heißen Ladungsträgern beruht u. daß die Excitonen eine therm. Energieverteilung bei der Gitter-Temp. aufweisen. Das Spektrum der von den Lawinendurchschlagsregionen eines in Sperrichtung gepolten p–n-Übergangs in Si ausgehenden Strahlung wurde bei 300 u. 77 °K gemessen. Es zeigten sich im Energiebereich 1,0—1,4 eV keine Differenzen, die darauf schließen ließen, daß der Excitonenabfall nicht der bei 77 °K beobachteten Strahlung zugeschrieben werden darf. W. BETCKE. 135□

Rekombinationsstrahlung von einer n-leitenden Germaniumkathode in Schwerem Wasser. P. F. Schmidt und C. H. Church. (J. electrochem. Soc. **108.** 296. März 1961. Pittsburgh, Pa., Westinghouse Electr. Corp., Res. Labor.) (Engl.)

Vff. untersuchen qual. die Emission einer Rekombinationsstrahlung von n-leitenden Ge-Kathoden, die durch eine infolge Lochinjektion an der Ge-Oberfläche begünstigte Entfernung von Elektronen aus dem Valenzband des Ge hervorgerufen wird. Als Elektrolyt wird eine 0,1 m Lsg. von Na_2SO_4 in D_2O, als Anode Pt verwendet. Bei Stromdichten von $\geq 10 mA/cm^2$ ist mit Hilfe einer PbS-Photozelle ein starkes Signal festzustellen. Bei Verw. von H_2O an Stelle von D_2O wird keine Strahlung beobachtet. Durch die Lochinjektion wird bei niedrigen Stromdichten nur ein geringer Beitrag ($<10\%$) geliefert, bei höheren Stromdichten ist jedoch starke Lochinjektion zu verzeichnen, was in Übereinstimmung mit Beobachtungen über das kathod. Ätzen von Ge, das ebenfalls nur bei hohen Stromdichten möglich ist, steht. P. FRENZEL. 135□

Die Driftbeweglichkeit von Elektronen und Löchern im Germanium bei niedrigen Temperaturen. E. G. S. Paige. (Physics Chem. Solids **16.** 207—19. Nov. 1960. Malvern, England, Roy., Radar Establ.) (Engl.)

Die Driftbeweglichkeit von Elektronen u. Löchern wurde an Ge-Proben mit Verunreinigungs-Konzz. von $7 \cdot 10^{12}—4 \cdot 10^{15} cm^{-3}$ im Temp.-Bereich von 20—300°K gemessen u. die Leitfähigkeit bestimmt. Unterhalb 100°K machten sich die Einfl. der Elektronen-Lochstreuung stärker bemerkbar als sich aus der Rechnung für Streuung durch Phononen, ionisierte u. neutrale Verunreinigungen ergab. Die Diskrepanz wird auf den starken hemmenden Einfl. der Überschußladungsträger auf die Minoritätsladungsträger zurückgeführt. Ferner wurden qual. Beobachtungen der Elektronenbeweglichkeit zwischen 4—20°K durchgeführt, die zeigen, daß auch in diesem Temp.-Gebiet Transistoren ungestört arbeiten, vorausgesetzt, daß genügend freie Ladungsträger durch Stoßionisation erzeugt werden. G. M. NEUMANN. 135□

Heiße Elektronen in Germanium. K. Seeger. (Abh. dtsch. Akad. Wiss. Berlin, Kl. Math. allg. Naturwiss. **1960.** Nr. 1. 32—33. Heidelberg, Univ., 2. Physikal. Inst.) (Dt.)

Messung der Ladungsträger-Konz. u. Beweglichkeit in Ge bei hohen Feldstärken in Mikrowellenfeldern bei Ladungsträgerdichten von einigen $10^{13}—10^{16} cm^{-3}$. Die von KOENIG u. GÜNTHER-MOHR (C. **1961.** 8926) sowie von SCLAR u. BURSTEIN (C. **1961.** 3567) beobachtete Ladungsträgervermehrung mit zunehmender Gleichfeldstärke wurde auch in Mikrowellenfeldern gefunden, ebenso die von BROWN u. BRAY (Bull. Amer. physic. Soc. **4.** [1959.] 185) beobachtete Stoßionisation tiefer Niveaus (z. B. Zn in Ge mit 0,1 eV). F. LENZ. 135□

Anisotropie von heißen Elektronen in Germanium. W. Sasaki, M. Shibuya, K. Mizuguchi und G. M. Hatoyama. (Physics Chem. Solids **8.** 250—56. Jan. 1959. Tokyo, Nagatacho, Phys. Sect., Electrotechn. Labor.) (Engl.)

Vff. beobachten eine elektromotor. Kraft senkrecht zur Stromrichtung in n- u. p-Ge. Der Winkel der Abweichung des elektr. Feldvektors vom Stromvektor ist eine Funktion der Feldstärke, der Temp. u. der Stromrichtung, er überschreitet in einigen Fällen 20°. Diese Anisotropie der Feldleitung kann einer Anisotropie der Energieoberflächen der Leitungs- u. Valenzbänder von Ge zugeschrieben werden. G. RUBAN. 135□

Untersuchungen der Auger-Elektronen, die aus Germanium durch langsame positive Ionen herausgeschlagen werden. H. D. Hagstrum. (Physics Chem. Solids **14.** 33—36. Juli 1960. Murray Hill, N.J., Bell Telephone Labor.) (Engl.)

Die gesamte Ausbeute u. die Verteilung der kinet. Energie der aus einer Ge-Oberfläche durch einfach geladene Edelgasionen herausgeschlagenen AUGER-Elektronen werden gemessen. Mit diesen Messungen können die Oberflächenänderungen während der Oberflächenreinigung nachgewiesen werden. Die Beschießung mit Ionen führt zu einer reproduzierbaren Oberfläche, die die AUGER-Eigg., die für eine saubere Oberfläche vorhanden sein müssen, aufweist. Aus der kinet. Energieverteilung der AUGER-Elektronen werden verschiedene wesentliche Eigg. der Zustandsdichtefunktion im Valenzband des Ge bestimmt. H. SCHIBILLA. 135□

Die Verunreinigung von Halbleiteroberflächen. 1. Mitt. **Metallionen aus saurer Lösung auf den intermetallischen Verbindungen GaAs und InSb.** Graydon B. Larrabee. (J. electrochem. Soc. **108.** 1130—34. Dez. 1961. Dallas, Tex., Texas Instr., Inc., Central Res. Labor.) (Engl.)

Vf. beschreibt Mechanismen der Abscheidung von Metallionen (Na^+, Zn^{2+}, Ag^+, Hg^{2+}, Cu^{2+}, Au^{3+}) aus 1 n HNO_3-Lsgg. auf die Oberfläche der III–V-Verbb. GaAs (**I**) u. InSb (**II**). Gemahlene u. gesiebte Proben von **I** u. **II** werden mit dem markierten Metallion in 1 n HNO_3 10 Min. lang in Gleichgewicht gebracht, die Lsg. wird dann dekantiert, die Probe mit 1n HNO_3 gewaschen u. mit Hilfe eines Einkanal–NaJ-Kristallspektrometers ausgezählt. Als Tracer dienen die γ-Strahler ^{22}Na, $^{110m-110}Ag$, $^{197-197m}Hg$, ^{64}Cu u. ^{198}Au. Die Dauer der Gleichgewichtseinstellung (1 Min.—20 Std.) hat keinen Einfl. auf die Adsorption. Ist das elektrochem. Potential E zwischen verunreinigendem Metall u. Metallion niedriger als das der Halbleiteroberfläche (E_H), wie im Falle von Na^+ u. Zn^{2+}, so erfolgt reversible physikal. Adsorption unter Einstellung eines Gleichgewichts zwischen adsorbierter u. gelöster Menge der Verunreinigung. Diese Adsorption folgt der FREUNDLICHschen Gleichung. Es sind ziemlich hohe Konzz. in der Lsg. erforderlich, um merkliche Einfl. auf die Halbleiter-Eigg. herbeizuführen. Bei $E > E_H$ ist irreversible elektrochem. Abscheidung festzustellen (Ag^+, Hg^{2+}, Cu^{2+} u. Au^{3+}). Merkliche Effekte sind bereits bei Konzz. von Bruchteilen von ppm in der Lsg. zu beobachten. Vf. erörtert den Einfl. der adsorbierten bzw. abgeschiedenen Verunreinigungen auf die Eigg. von I u. II (Bldg. von Inversionsschichten bei Adsorption; Diffusion des abgeschiedenen Cu bei Wärmebehandlung; Kurzschließen von pn-Übergängen durch abgeschiedene Schichten, wenn diese etwa einer Monoschicht entsprechen). P. FRENZEL. 135☐

Halbleitereigenschaften der Übergangsmetalloxide. G. H. Jonker und S. van Houten. (Halbleiterprobleme **6.** 118—51. 1961. Eindhoven, Netherlands, N.V. Philips' Gloeilampenfabrieken, Philips Res. Labor.) (Engl.)

Übersicht über die halbleitenden Eigg. der Oxide von Übergangsmetallen, bes. der stöchiometr. Oxide der Fe-Gruppe; statist. Betrachtungen der Ladungsträgerverteilung in den Energieniveaus; Berechnung der Energieniveaus der Elektronen; spezif. Leitfähigkeit; SEEBECK-Effekt. — Vff. entwickeln eine allg. Theorie der Leitfähigkeit u. führen beobachtete Anomalien auf Änderung der Kristallstruktur oder der magnet. Anordnung zurück. Treten keine Anomalien auf, so läßt sich der Leitungsvorgang unter der Annahme eines einfachen Modells fixierter Energieniveaus der Elektronen beschreiben. — 68 Literaturangaben. P. FRENZEL. 135☐

Elektrische Eigenschaften von aufgedampften Aluminiumoxidfilmen. E. M. DaSilva und P. White. (J. electrochem. Soc. **109.** 12—15. Jan. 1962. Yorktown Heights, N.Y., Internat. Business Mach. Co., Thomas J. Watson Res. Center.) (Engl.)

Vff. beschreiben die Herst. u. elektr. Eigg. von Al-Oxid-Schichten, die durch Aufdampfen von Al in O_2-Atmosphäre (Partialdruck 10^{-3} Torr) erhalten wurden. Die Aufdampf-Geschw. betrug 1—5 Å/s. Gemessen werden der spezif. elektr. Widerstand, die DK u. der Verlustfaktor der Filme im Vakuum, in N_2, Luft u. O_2 bei Raum-Temp.; die Ergebnisse werden mit Werten von Al–Oxid-Schichten, die durch anod. Oxydation kompakter Al-Proben hergestellt wurden, verglichen. In Luft u. O_2 steigen DK u. Verlustfaktor auf Werte, die denen für anod. oxydiertes Al ähnlich sind. Vff. nehmen an, daß der anfänglich gebildete isolierende Film aus einem Suboxid ähnlich dem bei der therm. Verdampfung von Al–Oxid beobachteten AlO besteht. Das Suboxid ist normalerweise bei Raum-Temp. in Luft oder O_2 instabil u. setzt sich mit überschüssigem O_2 zu Al_2O_3 um. P. FRENZEL. 135☐

Über die photoleitenden Eigenschaften von Bleimonoxid. Masanobu Wada, Tadashi Takahashi und Torao Seki. (Sci. Rep. Res. Inst. Tôhoku Univ., Ser. B (Technol.) Rep. Res. Inst. electr. Commun. **11.** 55—61. 1959.) (Engl.)

Vff. stellten gleichförmige PbO-Filme (wie sie als Phototargets in Vidicons an Stelle der üblichen Sb_2S_3-Schichten verwendbar sind) durch Vakuumaufdampfung von Pb auf SiO_2-Glasunterlagen u. anschließende Oxydation in Luft im elektr. Ofen her. Der Film hat bei Raum-Temp. einen Dunkelwiderstand von ca. 10^{12} $\Omega\cdot$cm oder mehr u. eine gute Photoempfindlichkeit im sichtbaren Bereich. Folgende Messungen werden diskutiert: 1. Therm. Aktivierungsenergien (ca. 1,4 eV im höheren u. ca. 0,85 eV im tieferen Temp.-Bereich; Breite zwischen Leitungs- u. gefülltem Band in PbO ca. 2,8 eV). 2. Absorptions-Eigg. (Absorptionskante liegt bei 350 mμ, die maximale Empfindlichkeit auf der kurzwelligen Kantenseite im Sichtbaren). 3. Spektrale Empfindlichkeit der Photoleitung (Maximum bei ca. 425 mμ, kleineres Maximum bei 525 mμ). 4. Photostrom als Funktion der Lichtintensität (γ-Charakteristik: bei kleinen bzw. mittleren bzw. großen Intensitäten ist $\gamma \approx 1$ bzw. 0,75 bzw. 0,5; das deutet auf die Ggw. von Rekombinationszentren im verbotenen Band). 5. Photostrom als Funktion der angelegten Spannung zeigt in Übereinstimmung mit der Theorie einen linearen Anstieg). 6. Mit steigender Temp. geht der Photostrom durch ein Maximum, der Dunkelstrom steigt monoton an. D. JÖRCHEL. 135☐

Stromfluktuationen in PbS-Zellen. F. M. Klaassen und J. Blok. (Physica [Utrecht] **24.** 975—84. Dez. 1958. Amsterdam, Vrije Univ., Natuurkund. Labor.) (Engl.)

Die Analyse des Rauschspektrums, gemessen im Bereich 1 Hz bis 20 kHz, sowie des Ansprechvermögens für sinusförmig moduliertes Licht (7 Hz—5 kHz) ergibt für

PbS-Zellen, daß das Rauschen teils ein Kontaktrauschen, teils ein Erzeugungs-Rekombinationsrauschen ist. Die Abhängigkeit des Rauschspektrums von der Temp. bzw. einer Zusatzbelichtung wird gemessen. Die Ergebnisse lassen sich gut durch ein Photoleitungsmodell im Sinne des Majoritätsträgermodells von PETRITZ (C. **1957.** 5765) beschreiben.
J. RUDOLPH. 135□

Topologie der Fermi-Oberfläche bei Metallen mit geradzahliger Valenz durch die Anisotropie ihrer magnetischen Widerstandsänderung. E. Fawcett. (Physic. Rev. Letters **6.** 534—37. 15/5. 1961. Malvern, England, Roy. Radar Establ., Phys. Dep.) (Engl.)

Die Annahme offener Elektronenbahnen bei einer mehrfach zusammenhängenden FERMI-Oberfläche, die durch die Unters. der Anisotropie der magnet. Widerstandsänderung vom *Au* u. *Cu* experimentell gestützt wird, findet Schwierigkeiten bei der Deutung der gleichen Anisotropien bei Metallen mit geradzahliger Valenz, wie z. B. bei *Mg, Zn, Cd* u. *Pb*, da sich der Widerstand quadrat. mit dem Magnetfeld ändert. Vf. zeigt, wie auch diese Schwierigkeiten zu beheben sind u. daß auch diese Unterss. zur Topologie der FERMI-Oberflächen herangezogen werden können. H. FAHLENBRACH. 136□

Über den elektrischen Widerstand von sehr dünnen Aluminiumschichten. S. Tunakan. (Istanbul Univ. Fen Fak. Mecmuasi [Rev. Fac. Sci. Univ. Istanbul], Ser. C **22.** 139—59. April 1957. Istanbul, Univ., Inst. für Allg. Phys.) (Dt.)

Bei 0° u. ca. 10^{-6} Torr wurden von einem Al-überzogenen W-Draht auf Deckgläser während höchstens 20 Sek. Al-Schichten von 3—10 mμ Dicke aufgedampft u. die Abhängigkeit ihres elektr. Widerstandes R (Ag-, teils auch Al-Kontakte) von der Zeit nach der Kondens., von der Temp., der Ggw. von O_2 oder H_2 u. der angelegten Spannung untersucht. An dickeren Schichten als 5 mμ nimmt R während 1—3 Min. nach der Kondens. rasch ab. Nach ca. 20—30 Min. wächst R sehr langsam. Der Temp.-Koeff. einer 8 mμ starken Schicht ist ähnlich dem des massiven Metalls u. beträgt ca. $1 \cdot 10^{-3}$ Grad^{-1}. O_2 in kleinen Mengen wird unter Zunahme von R augenblicklich unter Bldg. einer monomol. Oberflächenoxidschicht sorbiert. In größeren Mengen erfolgt Zunahme von R mit geringerer Geschwindigkeit. Δ R/R beträgt 10—35% je nach O_2-Menge, Zeit u. Schichtdicke. An atmosphär. Luft ist die Leitfähigkeit längere Zeit noch gut meßbar. H_2 bewirkt plötzliche Zunahme von R um ca. 2‰, prakt. unabhängig von der H_2-Menge. Die Schichten von >5 mμ Dicke werden als zusammenhängend betrachtet. An dünneren Schichten, die wahrscheinlich poröse Struktur haben, nimmt dagegen R in den ersten 10—20 Min. stark zu, u. zwar mit sinkender Dicke stärker. Die Stromstärke Spannungs-Kurven sind im Bereich E = 100—1000 V/cm empir. durch $I = \text{const} \cdot E^{1,5}$ (I = Stromstärke) darstellbar. R. JUNGE. 136□

Ordnungs- und Körnungsvorgänge in dünnen Silber- und Bleischichten. R. Grigorovici, N. Croitoru und A. Dévényi. (Z. Physik **160.** 277—90. 1960. Bukarest, Akad. der Rumän. Volksrepublik, Phys. Inst.) (Dt.)

Der früher an Pb nachgewiesene Effekt (vgl. C. **1960.** 7416) wird auch an Ag-Schichten gefunden. Bei Ag ist jedoch der Temp.-Koeff. des Widerstandes unmittelbar nach dem Aufdampfen unmeßbar klein. — Weitere Unterss. an Pb-Schichten ergeben, daß die Zerteilung der Schicht in isolierte Teilchen durch Oberflächenwanderung der Atome zustande kommt. G. KIRSCHSTEIN. 136□

Über die magnetische Bezirksstruktur dünner Eisen-„Einkristall"-Schichten. D. Unangst. (Ann. Physik [7] **7.** 280—301. 1961. Jena, Friedrich-Schiller-Univ., Phys. Inst. — C. **1961.** 6048.) (Dt.) H. FAHLENBRACH. 137□

Hyperfeinfeld und Atommoment des Eisens in ferromagnetischen Legierungen. C. E. Johnson, M. S. Ridout, T. E. Cranshaw und P. E. Madsen. (Physic. Rev. Letters **6.** 450—51. 1/5. 1961. Harwell, A.E.R.E.) (Engl.)

Zur Best. des Hyperfeinfeldes H_N von Fe in Legg. wird der MÖSSBAUER-Effekt bei Raum-Temp. unter Verw. der 14,4-keV-γ-Strahlung des ^{57}Fe-Isotopes an den bin. Fe-Co- u. Fe-Ni-Legg. bei Fe-Geh. zwischen 0 u. 100% gemessen. Aus der ZEEMAN-Aufspaltung wurde das Hyperfeinfeld berechnet. Dabei zeigt ein Vgl. des Spektrums von reinem Fe mit dem des Fe in Fe-Ni- u. Fe-Co-Legg. keine Linienverbreiterungen oder -verschiebungen, so daß durch lokale Inhomogenitäten keine nennenswerte Änderung der s-Elektronendichte am Fe-Kern durch die Leg.-Partner eingetreten ist. Zwischen dem Atommoment u. H_N ergab sich bei den Legg. ein linearer Zusammenhang. Diese Linearität wird aber durch Atomordnungen bei den Legg. gestört.
H. FAHLENBRACH. 137□

Dichte ungepaarter Spins in geordnetem Fe_3Al. S. J. Pickart und R. Nathans. (Physic. Rev. [3] **123.** 1163—71. 15/8. 1961. Upton, N.Y., Brookhaven Nat. Labor.) (Engl.)

Durch Beugung polarisierter Neutronen an Einkristallen wurde eine genaue Best. des magnet. Formfaktors der geordneten Leg. Fe_3Al durchgeführt. 43 Reflexe im Winkelbereich $\sin \Theta/\lambda \leqq 0,9$ Å^{-1} zeigen charakterist. Abweichungen von einer glatten Einzelwertfunktion. Diese weisen darauf hin, daß die Dichte ungepaarter Elektronen der Einheitszelle nicht raumsymm. ist. Die Meßwerte wurden durch Vgl. mit nach HARTREE-FOCK-Wellenfunktionen einschließlich Kristallfeldspalteffekt für freie Atome berechneten Werten u. durch zweidimensionale FOURIER-Projektion der Dichte ungepaarter Spins analysiert. Danach ist, während die zwei Typen von Fe-Atomen im Gitter ähnliche radiale Spindichten haben, ihre Raumsymmetrie verschieden. Es werden verschiedene Vgl. mit Elektronenstrukturtheorien der Übergangsmetalle angeführt.
H. NEWESELY. 137□

Winkelabhängigkeit der magnetischen Eigenschaften von teilweise ausgerichteten γ-Fe_2O_3-Teilchen. G. Bate. (J. appl. Physics, Suppl. zu **32**. Nr. 3. 239 S—240 S. März 1961. Poughkeepsie, N.Y., IBM Corp., Prod. Dev. Labor., Data Syst. Div.) (Engl.) — Vgl. C. **1956**. 7450.

Mit einem Torsionswaagen-Magnetometer werden die magnet. Eigg. von ausgerichteten γ-Fe_2O_3-Teilchen mit Packungsdichten zwischen 5 u. 60% untersucht. Mkr. Betrachtungen zeigen, daß die Pulver als lange Ketten im Magnetfeld ausgerichtet worden waren. Messungen wurden auch bei verschiedenen Winkeln des äußeren Feldes zum Ausrichtungsfeld durchgeführt. Die Koerzitivkraft H_c zeigt in Abhängigkeit von diesem Winkel ein Maximum bei 50°, während die Remanenzkoerzitivkraft H_c bei 90° am höchsten ist (Winkel gegen die Kettenrichtung gerechnet). Bei 90° ist H_c am kleinsten. Aus dem Drehsinn wird die Rotationshysterese berechnet, die das maximale Anisotropiefeld jeder Probe von 2500 Oe ergab. H. FAHLENBRACH. 137□

Die magnetischen Eigenschaften der Ferrite. A. C. Lynch. (Sci. Progr. **45**. 210—26. April 1957. Post Office Engng. Res. Stat.) (Engl.)

Überblick über Herst. (Sinter-Verf.), Struktur (Spinell, Magnetoplumbit, Granat) u. magnet. Eigg. der Ferrite. — 6 Literaturangaben. K. REICHEL. 137□

Die Winkelabhängigkeit der magnetfeldinduzierten Anisotropie im Eisen–Nickel-Ferrit-Einkristall. Rolf Wagner. (Ann. Physik [7] **7**. 302—11. 1961. Jena, Inst. für Magnet. Werkstoffe der Dtsch. Akad. der Wiss. zu Berlin.) (Dt.)

An einem Einkristall der Zus. $Fe_{0,25}Ni_{0,75}Fe_2O_4$ wurden Drehmomentmessungen im Magnetfeld in den (100)-, (110)- u. (111)-Ebenen des Kristalls durchgeführt. Ferner wurden die gleichen Unterss. durchgeführt, nachdem bei 300° ein Magnetfeld über ½ Std. in Winkeln zu den kristallograph. Hauptachsen eingewirkt hatte. Dabei ergaben sich dann Aussagen über die magnetfeldinduzierte einachsige Anisotropie, die mit den Orientierungsüberstrukturtheorien von NÉEL u. von TANIGUCHI, YAMAMOTO u. IWATA gedeutet wurden. Unter der Annahme der Realität dieser Theorien muß aus den Vers.-Ergebnissen geschlossen werden, daß die Atompaar-Bldg. sich mit ihren magnet. wirksamen Achsen in Richtung der Würfelkanten des kub. Spinellgitters ausrichten.
H. FAHLENBRACH. 137□

Über die Rechteckigkeit der Hystereseschleife von festen Lösungen des Systems: $Mn_{1+x}Fe_{2-x}O_4$. A. Bragiński. (Czechoslov. J. Physics **11**. 66—69. 1961. Warsaw, Poland, Binro Badawze „Polfer".) (Engl.)

In einer früheren Veröffentlichung (C. **1961**. 17479) ist ein Zusammenhang der Rechteckigkeit der Hystereseschleifen mit der Konst. K_1 der Kristallenergie bei den obenangegebenen Ferriten bewiesen worden. Mit Hilfe eines der GOODENOUGHschen Theorie (C. **1955**. 7380) zugrunde liegenden Modells über die Ausbildung von Ummagnetisierungskeimen werden die gemessenen Hystereseschleifen theoret. erklärt, wobei die Keim-Bldg.-Feldstärke bei den Mn-Ferriten gleich Null für $x = 0$ sein muß. Bei diesen Ferriten konnte die Form der Hystereseschleifen demnach durch Kristall- u. Spannungsenergie erklärt werden, die aber an die Geometrie der Kristalle u. der Elementarbereiche gebunden sind. H. FAHLENBRACH. 137□

Die Domänenstruktur von Magnetoplumbit. L. F. Bates, D. J. Craik, P. M. Griffith und E. D. Isaac. (Proc. Roy. Soc. [London], Ser. A **253**. 1—5. 17/11. 1959. Nottingham, Univ.) (Engl.)

Von der Basisebene hexagonaler Einkristalle von *Magnetoplumbit* ($PbFe_{12}O_{19}$) u. polierten axialen Ebenen werden mit Hilfe getrockneter Kollodiumfilme (CRAIK u. GRIFFITH, C. **1959**. 8049) Aufnahmen der magnet. Domänenstruktur in steigenden Magnetfeldern hergestellt. Im entmagnetisierten Zustand werden in der Domänenstruktur gut ausgebildete 180°-Wände in den axialen Ebenen u. komplexe Domänen in den Basisebenen beobachtet. Bei allmählicher Magnetisierung wandern benachbarte Streifen des Wändemusters parallel aufeinander zu, um sich bei Sättigungsmagnetisierung auf 1,4 μ zu nähern, wie aus elektronenmkr. Aufnahmen folgt. Bei Verringerung der Magnetfeldstärke tritt die Domänenstruktur erst bei dem geringen remanenten Feld des verwendeten Elektromagneten in den mkr. Auflöungsbereich; es liegt demnach starke Remanenz eines Materials mit quadrat. Hystereseschleife vor. Aus kinematograph. Aufnahmen der Domänenstruktur in Abhängigkeit von Richtung u. Stärke des Magnetfeldes folgt, daß Paare von 180°-Wänden beim Umpolen des Magnetfeldes plötzlich erscheinen; die Keim-Bldg. erscheint demnach stark verzögert. In einigen Fällen werden Wechselwrkg. einer Domäne mit Einschlüssen beobachtet; der Effekt wird diskutiert. HERBERT MÜLLER. 137☐

Nichtlineares Ansprechen bei YIG. Robert M. Hill und Robert S. Bergman. (J. appl. Physics, Suppl. zu **32.** Nr. 3. 227 S—228 S. März 1961. Palo Alto, Calif., Gen. Telephone & Electr. Labor.; Palo Alto Labor.) (Engl.)

Die Unters. kleiner Signale zweiter Harmon., die von einem kleinen Einkristall aus *Yttrium-Eisen-Granat* (YIG) ausgestoßen werden, zeigt, daß die Anisotropie-Energie K_1 der Grund für das nichtlineare Glied ist. Allg. gilt diese Aussage für jeden ferrimagnet. Stoff, bei dem $|K_1/(M_s \Delta H)| > 1$ ist (M_s = Sättigungsmagnetisierung, ΔH = Linienbreite der Resonanzabsorption). Bei Signalhöhen oberhalb der Sättigung tritt eine period. Amplitudenmodulation der zweiten Harmon. auf, die Austauscherscheinungen zugeschrieben wird. H. FAHLENBRACH. 137☐

Magnetische Umwandlungen bei niedrigen Temperaturen. J. W. Stout. (Pure appl. Chem. **2.** 287—96. 1961. Chicago, Univ., Inst. for Study of Metals and Dep. of Chem.) (Engl.)

Es wurden die magnet. Umwandlungs-Temp. u. der Entropiewechsel dieser Umwandlungen in wasserfreien Salzen der Ionen Mn^{2+}, Fe^{2+}, Co^{2+} u. Ni^{2+} gemessen. Die Entropieänderung ergibt sich für Ionenkristalle, die Elemente mit nur teilweise gefüllter d- oder f-Elektronenschale besitzen, zu R ln n, wobei n die Zahl der Elektronenzustände pro Mol.-Einheit ist. Diese wiederum sind bei einer Elektronenkonfiguration von d^5 u. d^8 der freien Ionen abhängig von einer Spinentartung u. werden für diese Fälle zu 2 S + 1 erhalten, wobei S die maximale Spinquantenzahl ist. MnF_2 : 66,5 (°K), R ln 6, 2 S + 1 = 6. FeF_2 : 78,35, R ln 5, 2 S + 1 = 5. CoF_2 : 37,70, R ln 2, 2 S + 1 = 4. NiF_2 : 73,22, R ln 3, 2 S + 1 = 3. $MnCl_2$: 1,81 u. 1,96, R ln 6, 2 S + 1 = 6. $FeCl_2$: 23,6, R ln 2, 2 S + 1 = 5. $CoCl_2$: 24,7, R ln 2, 2 S + 1 = 4. $NiCl_2$: 52,35, R ln 3, 2 S + 1 = 3. Für $MnBr_2$ liegt die Umwandlungs-Temp. zwischen 2 u. 3, u. für die Molwärme wurden Werte von 30 cal Mol^{-1} $Grad^{-1}$ ermittelt. Es wird vermutet, daß es sich bei diesen extrem hohen Werten um eine latente Wärme handelt. Das Charakteristikum der Kurven $C_p = f(T)$ der untersuchten Stoffe ist ein Anstieg zu einer scharfen Spitze, die höher liegt als in einer SCHOTTKY-Kurve zu erwarten wäre u. einem abrupten Abfall bei Temp. oberhalb der Spitze. Die Zuordnung der beschriebenen kooperativen Umwandlung zu einer Umwandlung erster, zweiter usw. Art nach EHRENBERG ist nicht eindeutig. Vf. hält die Zuordnung zu den sog. λ-Umwandlungen, wie z. B. im fl. He, für gerechtfertigt. WOLFGANG KRÜGER. 137☐

Ein Modell für die Superaustauschwechselwirkung in magnetischen Verbindungen mit Zinkblendestruktur. Krityunjai P. Sinha und Shoichiro Koide. (Sci. Pap. Coll. gen. Educat., Univ. Tokyo **10.** 195—205. Dez. 1960. Poona, India, Nat. Chem. Labor. and Univ. of Tokyo, Coll. of Gen. Educat., Inst. of Phys.) (Engl.)

Vff. wenden ein früher entwickeltes Modell für den Mechanismus der Superaustausch-Wechselwrkg. von Elektronen (C. **1961.** 18219) auf magnet. Verbb. vom Zinkblendetyp an. Als Elementareinheit wird M_4X gewählt, bestehend aus 4 Kationen an den Ecken eines regulären Tetraeders u. einem Anion im Zentrum. Es wird festgestellt, daß der antiferromagnet. (Singulett-) Zustand stabiler als vergleichsweise die ferromagnet. Zustände sind. Quant. Berechnungen werden für die Mn_4S-Einheit durchgeführt. U. SKURNIA. 137☐

Thermomagnetische Untersuchung einer sehr reinen Probe von Thuliumsesquioxid. Nicolas Perakis und Alice Serres. (C. R. hebd. Séances Acad. Sci. **240.** 2215—17. 6/6. 1955.) (Franz.)

An einer im Vakuum in ein Quarzröhrchen eingeschmolzenen sehr reinen (mehr als 7000fache fraktionierte Dest., spektralanalyt. bestimmte Verunreinigungen: Yb, Lu Ca, Mg u. Si) Probe von 0,3032 g Tm_2O_3 (feines, weißes Pulver) wurde die Temp.-Abhängigkeit der magnet. Susceptibilität gemessen. Die Meßergebnisse können durch nachst. Koeff. der WEISSschen Geraden wiedergegeben werden: $\chi_A(T + 25) = 7{,}08 \pm 0{,}06$, entsprechend 7,56 μ_B für das Tm^{3+}-Ion in Übereinstimmung mit dem theoret. Wert von 7,57 μ_B. Bei genügender Reinheit liegt also ein normales diamagnet. Verh. vor, u. die früher gefundene Anomalie des diamagnet. Verh. (C. R. hebd. Séances Acad. Sci. **188.** [1929.] 1640) verschwindet beim reinen Stoff. K. REICHEL. 137☐

Paramagnetische Relaxation in Metall-Ammoniak-Lösungen. D. E. O'Reilly. (J. chem. Physics **35.** 1856—62. Nov. 1961. Argonne, Ill., Argonne Nat. Labor.) (Engl.)

Vf. berechnet Relaxationsvorgänge für Elektronen in Alkalimetall-NH_3-Lsgg., die in verd. Lsgg. (<0,15 m) durch Hyperfein-Wechselwrkg. mit ^{14}N-Kernen u. in konz. Lsgg. durch Spin-Bahn-Wechselwrkg. bedingt sind. Dipol- u. Austausch-Wechselwrkg. liefern nur einen geringen Beitrag zu den beobachteten Relaxationszeiten. Der Vgl. der mittleren Linienbreite, die auf die über die Relaxationszeiten erhaltene Hyperfein-Wechselwrkg. zurückzuführen ist, mit der beobachteten KNIGHTschen ^{14}N-Verschiebung erlaubt die Ableitung einer effektiven Wellenfunktion für das Eletron in verd. Lösungen. In konzentrierteren Lsgg. ist die Relaxation durch die Schwankungen des elektr. Potentials an einem ungepaarten Elektron mit Korrelationszeiten der Größenordnung von 10^{-14}s bedingt. Die Einfl., die durch D an Stelle H u. Na an Stelle K gegeben sind, werden erörtert. P. FRENZEL. 137☐

Chemische Verschiebung der NMR-Absorption von Hydroxyl- und Hydroniumionen. J. I. Musher. (J. chem. Physics **35.** 1989—90. Dez. 1961. Cambridge, Mass., Harvard Univ., Lyman Labor.) (Engl.)

Die kernmagnet. Resonanzabsorption der Protonen in OH^-- u. H_2O^+-Ionen ist gegenüber der Protonenresonanzabsorption in H_2O um ca. 10 ppm nach niedrigeren Feldstärken verschoben. Zur näherungsweisen Erklärung dieser sehr großen Verschiebung schlägt Vf. ein Modell vor, bei dem die gesamte Ionenladung beider Ionen im O-Atom lokalisiert ist. GERHARD SCHULZE. 137☐

Über Kernresonanzspektren von Koordinationsverbindungen des Aluminiumwasserstoffs. Rolf Dautel und Werner Zeil. (Arch. des Sci. **11.** 220—22. 12/7. 1958. Karlsruhe, TH, Inst. für Phys. Chem. u. Elektrochem.) (Dt.) — Vgl. C. **1961. 3906.**

G. WINKHAUS. 137☐

Der Einfluß des Wertes der Überführungszahl eines einwertigen Ions auf die Äquivalentleitfähigkeit von 2:1-Elektrolyten. Neal Goldenberg und Edward S. Amis. (J. electrochem. Soc. **108.** 1167—68. Dez. 1961. Fayetteville, Ark., Univ. of Arkansas, Chem. Dep.) (Engl.)

Vff. berechnen mit Hilfe eines Rechengerätes die Überführungszahl $t^0_{Cl^-}$ des Cl^--Ions bei unendlicher Verdünnung u. untersuchen die Abhängigkeit der Äquivalentleitfähigkeit Λ_0 bei unendlicher Verdünnung sowie der Dissoziations-Konst. K von $t^0_{Cl^-}$. Werte für Λ_0 von $SrCl_2$, $BaCl_2$, $MgCl_2$ u. $CaCl_2$ in W. sowie für Λ_0 u. K von UO_2Cl_2 in A. in Abhängigkeit von $t^0_{Cl^-}$ (0,1—1,0) werden tabellar. mitgeteilt. Λ_0 ändert sich nur geringfügig mit geringen Änderungen von $t^0_{Cl^-}$ u. nimmt langsam mit abnehmenden $t^0_{Cl^-}$-Werten zu. K nimmt etwas stärker mit abnhemendem $t^0_{Cl^-}$ ab. P. FRENZEL. 138☐

Verhalten von Elektrolyten in Lösungsmittelgemischen. 4. Mitt. **Leitfähigkeit von $MgSO_4$ in Gemischen von Dioxan und Wasser bei 35°.** P. B. Das, P. K. Das und D. Patnaik. (J. Indian chem. Soc. **36.** 410—12. Juni 1959. Cuttack, Ravenshaw Coll., Dep. of Chem.) (Engl.) — **3.** vgl. J. Indian chem. Soc. **36.** [1959.] 613.

Die Leitfähigkeit (±2°/₀₀) von $MgSO_4$ in Gemischen von W. mit 10, 20 u. 30% Dioxan (I) wurden bei 35° (±0,001°) gemessen u. die entsprechenden Werte bei der Konz. Null sowie die Dissoziations-Konst. nach FUOSS u. KRAUS [1933] u. SHEDLOVSKY [1938] berechnet (Tabellen); die Werte stimmen jeweils gut überein. Die daraus nach BJERRUM [1926] u. STOKES berechneten Summen der Ionenradien werden bis zu 20% I prakt. nicht beeinflußt. W. SCHULENBURG. 138☐

Überkritisches Wasser als elektrolytisches Lösungsmittel. E. U. Franck. (Angew. Chem. **73.** 309—22. 21/5. 1961. Göttingen, Univ., Phys.-Chem. Inst.) (Dt.)

Ausführliche Übersicht (physikal. Eigg. von überkrit. W.; Löslichkeit; elektrolyt. Leitfähigkeit; Dissoziations-Konst.; Eigendissoziation; Hydrolysengleichgewichte). — 81 Literaturangaben. A. BLASCHETTE. 138☐

Bestimmung der Ionisationskonstanten einiger Phenylquecksilberverbindungen. S. S. Parikh und Thomas R. Sweet. (J. physic. Chem. **65.** 1909—11. Okt. 1961. Columbus Ohio, Ohio State Univ., Dep. of Chem.) (Engl.)

Mit Hilfe der Meßkette Glaselektrode/gesätt. $NaNO_3$-Lsg./gesätt. Kalomelelektrode bestimmten Vff. aus potentiometr. Titrationen carbonatfreier, wss. Lsgg. von Phenylquecksilberhydroxid mit eingestellten Lsgg. von Essigsäure bzw. Propionsäure die Ionisations-Konst. von Phenylquecksilberacetat ($1{,}5 \cdot 10^{-5}$) u. Phenylquecksilberpropionat ($3{,}1 \cdot 10^{-5}$) bei 25°. Ebenso wurde die für die Berechnungen erforderliche Ionisations-Konst. von Phenylquecksilberhydroxid erneut ermittelt ($1{,}3 \cdot 10^{-10}$).

R. GÜNTHER. 139☐

Potential der Platinelektrode in einer bestrahlten Schwefelsäurelösung. G. S. Gotschalijew, Z. I. Salkind und W. I. Wesselowski. (Доклады Академии Наук СССР [Ber. Akad. Wiss. UdSSR] **132.** 872—75. 1/6. 1960. Phys.-chem. Karpow-Inst.) (Russ.)

Vff. untersuchen das Potential einer Pt-Elektrode in einer 0,8n H_2SO_4-Lsg. bei Bestrahlung mit einer Dosisleistung von $6{,}1 \cdot 10^{16}$ eV/cm³·s in Abhängigkeit von der Zeit. Für O_2-freie, mit der Gasphase in Berührung stehende Lsgg. fällt das Potential zunächst bis auf 10—20 mV ab, bleibt bis zu einer Bestrahlungsdosis von $2 \cdot 10^{20}$ eV/cm³ konst. u. steigt dann wieder auf einen Wert von 0,85 V an. Für Lsgg., die nicht mit der Gasphase n Berührung stehen, wird lediglich der Abfall des Potentials auf 20 mV erhalten, bei einer Bestrahlung bis zu $3 \cdot 10^{21}$ eV/cm³ tritt keine Potentialerhöhung auf. Für Lsgg. mit einem Pt-Elektrodenpotential von 0,4 V wird der Polarisationsstrom in Abhängigkeit von der Bestrahlungsdauer untersucht. Auch hier ergibt sich ein unterschiedliches Verh. für Lsgg., die mit der Gasphase in Berührung stehen oder von ihr abgeschlossen sind. Vff. deuten die Ergebnisse auf Grund der Red.- u. Oxydationsgleichgewichte in der Lsg. bei der Radiolyse u. der Selektivität der Pt-Elektrode für H_2. D. HOENE. 140□

Die Potentiale der Quecksilber(I)-sulfat/Quecksilber-Elektrode. W. H. Beck, J. V. Dobson und W. F. K. Wynne-Jones. (Trans. Faraday Soc. **56.** 1172—78. Aug. 1960. Newcastle-upon-Tyne, King's Coll., Dep. of Chem.) (Engl.)

Vff. bestimmen die EMK der Kette (Pt)H_2/H_2SO_4(m)/Hg_2SO_4, Hg(Pt) im Temp.-Bereich von 5—55° u. mit H_2SO_4-Konzz. von 0,1—8m. Die EMK der Kette ändert sich mit der Säure-Konz. nach $E = E^0 - (3\,RT/2\,F)\ln(4^{1/3}\,m\gamma_\pm)$ ($\gamma_\pm$ stöchiometr. mittlerer Aktivitäts-Koeff. von H_2SO_4 der Molalität m). Die Rk.-Wärmen werden nach der Gleichung $\Delta H\,[\mathrm{cal}] = 46{,}124 \cdot 8\,[-E + T\,(dE/dT)_p]$ (E in abs. V) berechnet. Die Standard-Rk.-Wärme der Zelle beträgt $\Delta H^0 = -40{,}45$ kcal. Die erhaltenen Werte stimmen befriedigend mit den Aktivitätswerten von H_2SO_4 aus Dampfdruckmessungen u. mit calorimetr. Werten des partiellen molalen Wärmeinhalts der Säure überein. Vff. sehen die davon abweichenden Werte von HAMER (vgl. J. Amer. chem. Soc. **57.** [1935.] 33 u. früher) als fehlerhaft an. P. FRENZEL. 140□

Galvanisches Verhalten in geschmolzenen Elektrolyten. 2. Mitt. **Entladung des Systems Mg/LiCl–KCl–K_2CrO_4/Ni.** Sidney M. Selis und Laurence P. McGinnis. (J. electrochem. Soc. **106.** 900—03. Okt. 1959. Washington, D.C., Diamond Ordn. Fuze Labor.) (Engl.) — 1. vgl. C. **1960.** 9801.

Vff. messen das Potential des Syst. Mg/LiCl–KCl–K_2CrO_4/Ni im Gleichgewicht u. bei OHMscher Belastung, beschreiben eine geeignete Meßzelle u. bestimmen die relativen COULOMBschen Kapazitäten. Der Elektrolyt besteht aus 55,2 (Mol-%) LiCl, 40,0 KCl u. 4,83 K_2CrO_4. Bei Entladung mit Stromdichten von einigen μA/cm² ergibt sich eine Potential–Zeit-Kurve mit diskreten Potentialplateaus bei 1,80—1,81, 1,76, 1,70 u. 1,67 V. Zwei der Plateaus sind durch Ni-Oxide bedingt, die durch Oxydation des Ni durch CrO_4^{2-} entstehen. NiO entsteht unmittelbar an der Elektrodenoberfläche, darüber bilden sich wahrscheinlich höhere Ni-Oxide. Ein weiteres Plateau entspricht der kathod. Red. der OH^--Ionen, die durch das verwendete LiCl in den Elektrolyten gelangen. Zusatz von SiO_2 (1 g) bewirkt Stabilisierung der anfänglichen Gleichgewichtspotentiale. SiO_2 oder andere feste saure Oxide (B_2O_3, Al_2O_3) verursachen außerdem eine Verringerung der abgegebenen Ladungsmenge. Vff. führen diese Effekte auf eine Pufferung der Oxidionenaktivität u. die Entfernung der OH^--Ionen aus dem Elektrolyten zurück u. nehmen nachst. Rkk. an: $2\,OH^- + 2\,e^- \rightarrow H_2 + 2\,O^{2-}$; $2\,x\,CrO_4^{2-}$ (fl.) + 3 Ni (fest) → $2\,x\,O^{2-}$ (fl.) + $x\,Cr_2O_3$ (fest) + 3 NiO_x (fest); NiO_x (fest) + $2\,(x - y)\,e^- \rightarrow NiO_y$ (fest) + $(x - y)\,O^{2-}$ (fl.); SiO_2 (fest) + 2 Li^+ (fl.) + O^{2-} (fl.) → Li_2SiO_3 (fest); 2 OH^- (fl.) → O^{2-} (fl.) + H_2O (gasförmig). P. FRENZEL. 140□

Struktur der Doppelschicht und Elektrodenprozesse. 2. Mitt. **Einfluß der Natur der Elektrode und Anwendung der Thalliumamalgam-Elektrode.** Paul Delahay und Marcos Kleinerman. (J. Amer. chem. Soc. **82.** 4509—14. 5/9. 1960. Baton Rouge, La., Louisiana State Univ., Coates Chem. Labor.) (Engl.) — 1. vgl. FRUMKIN. J. electrochem. Soc. **107.** [1960.] 461.

Der Einfl. der Struktur der Doppelschicht an der Elektrodenoberfläche auf die Kinetik elektrochem. Rkk. wurde untersucht. Dabei wurde die tropfende Tl-Amalgam-Elektrode mit 3,45, 10,0 u. 31% Tl verwendet, bei der der Nulladungspunkt kontinuierlich verändert werden kann. Es werden nachst. Rkk. untersucht: Red. von BrO_3^- u. JO_3^- in alkal. Lsg. (langsamer Elektrodenprozeß ohne chem. Komplikationen), Red. von $[Cr(CN)_6]^{3-}$ in CN^--Lsg. (schnelle Rk.), Red. von CrO_4^{2-} in alkal. Lsg. (Beispiel für ein Minimum der Strom/Spannungs-Kurve) u. Red. von $[Cd(CN)_4]^{2-}$ (**I**) in CN^--haltiger Lsg.; im Fall von **I** geht dem Elektrodenprozeß eine chem. Rk., die Umwandlung in

$[Cd(CN)_3]^-$ voraus, die Strom/Spannungs-Kurven weisen Maxima auf. Die Ergebnisse werden quant. ausgewertet. W. BETCKE. 142□

Über die Struktur der elektrischen Doppelschicht an Platin. T. P. Birinzewa und B. N. Kabanow. (Доклады Академии Наук СССР [Ber. Akad. Wiss. UdSSR] **132.** 868—71. 1/6. 1960. Akad. der Wiss. der UdSSR, Elektrochem. Inst.) (Russ.)

Vff. untersuchen den Zusammenhang von Kapazität u. Potential bei verschiedenen Frequenzen für Pt in 0,01 n H_2SO_4-Lsg. (0,2, 1, 5, 10 kHz) u. in 1 n Na_2SO_4–0,01 n H_2SO_4-Lsg. (1, 20, 100, 200 kHz), sowie für 1 n H_2SO_4, 0,01 n H_2SO_4, 0,0001 n H_2SO_4 + 0,01 n Na_2SO_4, 0,00002 n H_2SO_4 + 0,01 n Na_2SO_4 bei 1 kHz u. für 0,01 n N_2SO_4-Lsg. bei 10 kHz u. pH 2,3 u. 5. Zunächst wird eine Pseudokapazität bei niedrigen Frequenzen ermittelt, die auf Adsorption u. Desorption von H- u. O-Ionen zurückgeführt wird. Die wahre Kapazität beträgt in sauren Na_2SO_4-Lsgg. 16 $\mu F/cm^2$ bei 20 kHz (11 bei 200 kHz). Vff. diskutieren diesen geringen Wert auf Grund von Elektronendichteveränderungen an der Pt-Oberfläche u. Chemiesorptionserscheinungen u. stellen ihn Ergebnissen gegenüber, die an Pb u. Hg erhalten wurden. D. HOENE. 142□

Das anodische Verhalten von Platin im System H_2O–H_2O_2–O_2. G. Bianchi, G. Caprioglio, G. Davolio, F. Mazza und T. Mussini. (Chim. e Ind. [Milano] **43.** 146—53. Febr. 1961. Milano, Univ., Labor. di Chim. ind. inorg., Metallurgia ed Elettrochim.) (Ital.)

Die anod. Entw. von O_2 aus sauren Lsgg. von H_2O_2 beginnt an Pt bei einem niedrigeren Anodenpotential (+ 800 mV) als an anderen Metallen, vermutlich wegen des Auftretens von Pt-Oxiden. Mit größeren Stromstärken verläuft der Prozeß unter denselben Bedingungen wie an anderen Metallen, z. B. Au, u. führt wahrscheinlich zur Bldg. von adsorbiertem atomaren O. Die O_2-Entw. kann von der Rk. von adsorbiertem O_2 u. H_2O_2 herrühren. Die Adsorption von atomarem O u. die Bldg. von Pt-Oxiden erklärt die während der anod. Polarisation von Pt beobachteten Hysteresiserscheinungen. In alkal. Lsgg. verläuft die anod. Oxydation von H_2O_2 an Pt nach einem analogen Mechanismus wie an anderen Metallen. Bei Verw. von größerer Stromstärken kann die Entladung von OH^- u. die Bldg. von an der Oberfläche adsorbierten OH-Radikalen dazwischenkommen. Die Entw. von O_2 kann aus der Rk. von OH-Radikalen mit H_2O_2 stammen. G. PLATZER. 142□

Mechanismus der Elektroreduktion des Anions $[Fe(CN)_6]^{3-}$ an der Quecksilbertropfelektrode. A. N. Frumkin, O. A. Petri und N. W. Nikolajewa-Fedorowitsch. (Доклады Академии Наук СССР [Ber. Akad. Wiss. UdSSR] **128.** 1006—09. 11/10. 1959. Moskau, Lomonossow-Univ.) (Russ.) — Vgl. C. **1960.** 17354.

Die Berechnung der Red.-Geschw. (RG) von $[Fe(CN)_6]^{3-}$ an der Hg-Tropfelektrode unter Berücksichtigung der Konz.-Polarisation zeigt, daß die RG nach Erreichen eines Minimums bei weiterer Zunahme der Polarisation um 30—40% zunimmt. Experimentell wird dieser Anstieg der RG bei stark negativen Potentialen nicht beobachtet, weil der langsame Anstieg durch eine Abnahme der Tropf-Geschw. u. der Tropfenoberfläche kompensiert wird. Messungen in 10^{-3}n $Me_3[Fe(CN)_6]$-Lsgg. (Me = K, Cs, Li) mit Zusatz von MeCl ergeben, daß die RG proportional $C^{3,0}$ bis $C^{3,2}$ ist (C = Me^+-Konz.). Bei Me = Cs ist die RG 4mal so groß wie bei Me = K. Zwischen 0 u. 30° nimmt die RG bei Me = Cs (K, Li) um 10 (20, 100)% zu. Bei negativen Ladungen der Oberfläche führt die Zunahme der Ladung der Anionen des Zusatzes in der Reihe $Cl^- < SO_4^{2-} < [Fe(CN)_6]^{3-}$ zu einer Abnahme der RG von $[Fe(CN)_6]^{3-}$ u. $S_2O_8^{2-}$, während die spezif. adsorbierten Halogenionen ($Cl^- < Br^- < J^-$) bei denselben Potentialen die RG von $S_2O_8^{2-}$ erhöhen, die RG von $Fe(CN)_6^{3-}$ aber nicht beeinflussen. Organ. Kationen R_4N^+ (R = CH_3, C_2H_5, C_4H_9, C_5H_{11}, C_6H_{13}) erhöhen die RG von $[Fe(CN)_6]^{3-}$ bei allen Adsorptionspotentialen, zunehmend mit der Länge von R, bei R = C_6H_{13} bes. stark im Gebiet stark negativer Potentiale (infolge Deformation von R_4N^+). Der Mechanismus der Red. von $[Fe(CN)_6]^{3-}$ ist im Prinzip derselbe wie bei $S_2O_8^{2-}$. Die RG wird durch die verlangsamte Anlagerung eines Elektrons an $[Fe(CN)_6]^{3-}$ in der Nähe der Elektrodenoberfläche bestimmt. Die Berechnung der Red.-Kurven von $[Fe(CN)_6]^{3-}$ bestätigt die Abhängigkeit der RG von $C^{3+\alpha}$ (α = 0,16) u. vom Elektrodenpotential. Jedoch ist die ungleichmäßige Verteilung des Potentials in der Doppelschicht bzw. die Wechselwkrg. des Anions mit den nächstgelegenen Kationen zu berücksichtigen. Die Rk. von $[Fe(CN)_6]^{3-}$ mit Me^+ in der Doppelschicht ist jedenfalls entscheidend u. nicht die Rk. im Volumen. R. K. MÜLLER. 142□

Elektrochemische Gesichtspunkte der Spannungskorrosion. D. K. Priest. (J. electrochem. Soc. **106.** 358—60. April 1959. Rochester, N.Y., Pfaudler Co., Res. Div.) (Engl.)

Vf. erörtert den Mechanismen der Spannungsrißkorrosion u. nimmt unter Berücksichtigung der Riß-Bldg.-Geschw., des Einfl. eines kathod. Schutzes u. der Größe der gemessenen Korrosions-Geschw. an, daß rein mechan. Riß-Bldg. nur beim Vorliegen einer deutlich versprödeten Phase eine bes. Rolle spielt. Für duktile Materialien folgert Vf., daß die transkristalline Spannungskorrosion unter der treibenden Kraft eines kontinuierlichen elektrochem. Vorganges vor sich geht, der eine stark lokalisierte, korrosive Entfernung des Metalls bewirkt. Ausgangspunkt u. Richtung der gebildeten Risse werden durch die mechan. Spannung bestimmt, die lokale Potentialdifferenzen auf Grund einer Störung des Mechanismus der Film-Bldg. oder einer intensiven lokalen plast. Deformation hervorruft. P. FRENZEL. 143□

P. J. Holmes, ed., The electrochemistry of semiconductors. London, New York: Academic P. 1962. (XI + 396 S. m. Abb., Tab. u. Diagr.) 89 s.

—, Angewandte Elektrochemie. Lehrbuch für chemisch-technologische Fachrichtungen der Hochschulen. Leningrad: Gosschimisdat. 1962. (639 S. m. Abb.) 1 Rbl. 49 Kop. [Russ.]

Ja. G. Dorfman, Diamagnetismus und chemische Bindung. Moskau: Fismatgis. 1961. (231 S. m. Zeichnungen.) 74 Kop. [Russ.]

—, pH scale. ist revision. London: British Standards Institution. 1961. (15 S. m. Tab.) 4 s. 6 d.

A_4. Thermodynamik. Thermochemie

Das Problem der Irreversibilität im Rahmen eines verallgemeinerten Entropiebegriffs. Folker Engelmann, Marc Feix, Ettore Minardi und Joachim Oxenius. (Z. Naturforsch. **16a.** 1223—32. Nov. 1961. Fontenay-aux-Roses, Seine, EURATOM-CEA, Groupe de Rech.) (Dt.)

Ausgehend von der Tatsache, daß jede physikal. Messung eine Information über den Zustand des untersuchten Syst. liefert, wird ein verallgemeinerter, informationstheoret. Entropiebegriff als Unkenntnis eines Beobachters eingeführt u. mit seiner Hilfe die Konsistenz von mkr. Reversibilität u. makroskop. Irreversibilität untersucht. Die Ergebnisse werden auf ein Syst. freier Teilchen u. auf das BOLTZMANN-Gas angewandt. A. BLASCHETTE. 146□

Kompressibilität verdünnter Schwefelsäurelösungen. P. L. Khare. (Trans. Faraday Soc. **58.** 363—67. Febr. 1962. Bangalore, India, Indian Inst. of Sci., Dep. of Phys.) (Engl.)

Die Kompressibilität von H_2SO_4-Lsgg. im Konz.-Bereich von 0,3—28,3 Gew.-% wurde mittels einer Ultraschall-Meth. bei 30° untersucht. Mit steigender Konz. sinkt die Ultraschall-Geschw. von 1509 (m/s) auf ein Minimum von 1504,5 bei einer Konz. von 0,45m u. steigt dann wieder an. Die adiabat. Kompressibilität hingegen fällt allmählich über den gesamten untersuchten Bereich mit steigender Konz. ab. Die Kurve der wahrscheinlichen mol. Kompressibilität in Abhängigkeit von der Quadratwurzel der Molarität zeigt bei $\sqrt{c} \approx 0,3$ ein Maximum von $\Phi(\overline{K}_2) = -1 \cdot 10^{-10}$ (cgs-Einheiten) u. bei $\sqrt{c} \approx 1,5$ ein Minimum von $\Phi(\overline{K}_2) = -10,3 \cdot 10^{-10}$. Diese Anomalien werden zu ähnlichen Anomalien bei anderen kolligativen Eigg. der H_2SO_4 in Beziehung gebracht. Vf. erklärt das Verh. der H_2SO_4 durch das Vorliegen einer Mischung von 1- u. 2fach dissoziierter u. undissoziierter H_2SO_4, deren Eigg. sich mit der Konz. ändern. WOLFGANG KRÜGER. 148□

Partielle molale Standardkompressibilitäten aus Ultraschallmessungen. 2. Mitt. Natrium- und Kaliumchlorid sowie Natrium- und Kaliumbromid bei 0—30°. Benton B. Owen und Paul L. Kronick. (J. physic. Chem. **65.** 84—87. Jan. 1961. New Haven, Conn., Yale Univ., Sterling Chem. Labor.) (Engl.) — 1. vgl. C. **1957.** 13889.

Vff. bestimmen die Schall-Geschw. in reinem W. u. in verd. wss. Lsgg. von NaCl, KCl, NaBr u. KBr (bis 0,07n) in 5°-Intervallen von 0—30° u. bei einer Frequenz von 5 MHz nach der l. c. beschriebenen Methode. Die isothermen partiellen molalen Kompressibilitäten der Salze bei unendlicher Verdünnung, $\overline{K}_\theta^0$, werden berechnet. Die negativen Werte von $\overline{K}_\theta^0$ steigen mit zunehmender Temp. in Richtung positiver Werte. P. FRENZEL. 148□

Zweiter Virialkoeffizient von Krypton bei tiefen Temperaturen. G. Thomaes und R. van Steenwinkel. (Nature [London] **193.** 160. 13/1. 1962. Brussels, Free Univ., Fac. of Sci.) (Engl.)

Der zweite Virial-Koeff. (cm^3/Mol) von Kr wurde nach einer von Vff. (C. **1961.** 3278) beschriebenen Meth. ermittelt: —358,4 (109,95° K); —255,2 bzw. —256,1 (134,1); —151,3 bzw. —151,7 (174,4); —88,5 bzw. —88,2 (235,4); —67,2 bzw. —65,3 (270,3). Der Tripelpunkt des Kr wurde zu 116,0 ± 0,4° K u. 547,48 ± 0,04 Torr, die intermol. Potentialparameter zu $\varepsilon^x/k = 168,6°$ K u. $\sigma = 3,67$ Å gefunden. A. BLASCHETTE. 149□

Über die Form des Spektrums der elementaren Anregung des flüssigen Heliums II. L. P. Pitajewski. (Журнал Экспериментальной и Теоретической Физики

[J. exp. theoret. Physik] **39.** 216—17. Juli 1960. Inst. für Erdmagnetismus, Ionosphäre u. Ausbreitung von Radiowellen der Akad. der Wiss. der UdSSR.) (Russ.)

Krit. Bemerkungen zu einer Arbeit von HENSHAW u. Mitarbeitern (Bull. Amer. physic. Soc. **5.** [1960.] 12), die übersehen hatten, daß die Anregungen keine größere Energie als 2Δ ($\triangleq$17,3° K) haben können. G. KIRSCHSTEIN. 149□

Magnetische Bestimmung des Partialdampfdrucks von zweiatomigem Schwefel im gesättigten Dampf. J. A. Poulis, C. H. Massen und P. v. d. Leeden. (Trans. Faraday Soc. **58.** 52—54. Jan. 1962. Eindhoven, Technol. Univ., Phys. Dep.) (Engl.)

S_2-Moll. im Schwefeldampf (SD) sind paramagnetisch. Aus Messungen der magnet. Susceptibilität von SD in Abhängigkeit von der Temp. läßt sich für den Partialdruck von S_2 in SD zwischen 400 u. 600° die Beziehung ableiten: $\ln p = -12{,}5\cdot 10^3/T + 18{,}37$. Abweichung ca. ± 1 Torr. P. SARTORI. 150□

Zersetzungsdrücke von UCd_{11}. Ewald Veleckis, Harold M. Feder und Irving Johnson. (J. physic. Chem. **66.** 362—63. Febr. 1962. Argonne, Ill., Argonne Nat. Labor., Chem. Engng. Div.) (Engl.)

Dampfdrücke (p) von Cd über UCd_{11} (I) wurden nach der Effusions-Meth. (Ta-Zelle) zwischen 305 u. 378° bestimmt; sie lassen sich durch folgende Gleichung wiedergeben (in mm Hg): $\log p = 9{,}060 - 6105\cdot T^{-1}$. Für ΔF_f^0 von I aus fl. Cd u. α-U folgt (in cal/g-Atom): $\Delta F_f^0 = -2861 + 3{,}753\cdot T$. Die Bldg.-Wärme u. -Entropie von I wurden bei 400° zu $-2{,}48 \pm 0{,}21$ kcal/g-Atom u. $-3{,}38 \pm 0{,}37$ cal/Grad·g-Atom berechnet. G. GATTOW. 150□

Der Dampfdruck des Cadmiumselenids. W. J. Wösten. (J. physic. Chem. **65.** 1949—51. Nov. 1961. Hague, Netherlands, Phys. Labor. of Nat. Defence Res. Organiz. T.N.O.) (Engl.)

Im Temp.-Bereich von 1016—1170° K wurde nach der indirekten Meth. von REGNAULT der Dampfdruck des CdSe gemessen. Nach der Meth. der kleinsten Quadrate wurde für die Temp.-Abhängigkeit der Dissoziations-Konst. der Wurtzitstruktur des CdSe $\log K_p = \log p_{Cd}^2 p_{Se_2} = -34{,}440/T + 20{,}88$ u. für $\log p_{Cd} = -11{,}480/T + 7{,}06$ erhalten. Die Standardsublimationswärme wurde zu (39,1 ± 1,5) (kcal/Mol), die Standarddissoziationswärme zu 41,94 u. die Standard-Bldg.-Wärme des hexagonalen CdSe zu (37,5 ± 1,5) berechnet. Die Standardentropie ergab $S_{CdSe}^0 = (18{,}6 \pm 1{,}5)$ cal/Mol·Grad. Die Bldg. von Se_6 konnte bei den durchgeführten Unterss. vernachlässigt werden. WOLFGANG KRÜGER. 150□

Untersuchung des Siedegleichgewichts im System Germaniumchlorid–Salzsäure. 2. Mitt. Das System $GeCl_4$-HCl-H_2O. Ferenc Barcánfalvi. (Nehézvegyipari Kutató Intézet Közleményei [Mitt. Forsch.-Inst. chem. Schwerind.] **2.** Nr. 1. 143—48. Febr. 1961. Veszprém, Forsch.-Inst. chem. Schwerind.) (Ung.) — 1. vgl. Nehézvegyipari Kutató Intézet Közleményei [Mitt. Forsch.-Inst. chem. Schwerind.] **1.** [1959.] 297.

$GeCl_4$ kann aus wss. HCl-Lsg. mit einer Rektifizierkolonne mit wenigen theoret. Böden abgetrennt werden. Erhöhung der HCl-Konz. u. der Temp. beschleunigen die Trennung. J. PLANK. 150

Anwendung der Theorie der regulären Lösungen auf binäre Phasengleichgewichte. 2. Mitt. Abhängigkeit der Austauschenergie von der Temperatur. Kiyoharu Ishida. (Bull. chem. Soc. Japan **33.** 1002—07. Juli 1960.) (Engl.) — 1. vgl. Bull. chem. Soc. Japan **33.** [1960.] 998.

Die nach der l. c. beschriebene Meth. ermittelte Abhängigkeit der Austauschenergien w läßt sich mit guter Näherung durch Gleichungen der Form $w/kT - (w/kT)_c = K(|T_c/T - 1|)^n$ (K, n Konst.) darstellen. Die Gültigkeit derartiger Beziehungen wird an Hand der Daten verschiedener Syst. gezeigt. Als Beispiel der Anwendung der Theorie der regulären Lsgg. wird eine Meth. zur Vorausberechnung von krit. Lsg.-Temp. beschrieben. WOLFGANG WAGNER. 150□

Kryometrie im Eis-Kaliumnitrat-Eutektikum. 2. Mitt. Paolo Franzosini, Cesare Sinistri und Giuseppe Ajroldi. (Ricerca sci. **30.** 1707—18. Nov. 1960. Pavia, Univ., Ist. di Chim. fis.) (Ital.) — 1. vgl. Ricerca sci. **30.** [1960.] 1584.

Die Ergebnisse der kryoskop. Messungen im Lsgm.-Syst. Eis-KNO_3 werden für *HCl, HBr, HNO_3, NaHO, KOH, NH_4OH, H_2SO_4, $NaHSO_4$, $KHSO_4$, Malein-, p-Toluolsulfon-, Essig-, Mono-, Di-* u. *Trichloressig-, Monobromessigsäure, $H_4P_2O_7$, H_3PO_4, NaH_2PO_4, KH_2PO_4, K_2HPO_4* u. *K_3PO_4* wiedergegeben. Auf Grund dieser Messungen wird eine zufriedenstellende Berechnung der Dissoziations-Konst. (K) sowie der Dimerisierungs-Konst. (K_d 2) der untersuchten mittelstarken Säuren ermöglicht (Diagramme). — 15 Literaturhinweise. G. PLATZER. 150□

Seltenerdmetalle. 1. Mitt. Verdampfung von La_2O_3 und Nd_2O_3: Dissoziationsenergien von gasförmigem LaO und NdO. Harold W. Goldstein, Patrick N. Walsh und David White. (J. physic. Chem. **65.** 1400—04. Aug. 1961. Columbus, Ohio, Ohio State Univ., Dep. of Chem., Cryogenic Labor.) (Engl.)

Die Verdampfung der Seltenen Erden La_2O_3 u. Nd_2O_3 bei hohen Temp. wurde durch Kombination der KNUDSENschen Effusions-Meth. mit massenspektroskop. Verf. untersucht. Beide Stoffe dissoziieren beim Verdampfen fast stöchiometr. in das Monoxid u. Sauerstoff. Die Bldg.-Wärme des LaO wurde zu $\Delta H_0^0 = -29{,}8 \pm 4$ (kcal/Mol), die des NdO zu $\Delta H_0^0 = -30{,}0 \pm 6$ ermittelt. Die Dissoziationsenergien betragen für LaO: $D_0^0 = 8{,}08 \pm 0{,}2$ (e V), für NdO: $D_0^0 = 7{,}18 \pm 0{,}3$.

WOLFGANG KRÜGER. 155□

Seltenerdmetalle. 2. Mitt. **Eine massenspektroskopische Bestimmung der Sublimationswärmen (oder Verdampfungswärmen) von Neodym, Praseodym, Gadolinium, Terbium, Dysprosium, Holmium, Erbium und Lutetium.** David White, Patrick N. Walsh, Harold W. Goldstein und David F. Dever. (J. physic. Chem. **65.** 1404—09. Aug. 1961. Columbus, Ohio, Ohio State Univ., Dep. of Chem., Cryogenic Labor.) (Engl.) — 1. vgl. vorst. Referat.

Die Sublimations- (oder Verdampfungswärmen) von Nd, Pr, Gd, Tb, Dy, Ho, Er u. Lu wurden im Temp.-Bereich von 1253—2044° K durch massenspektrometr. Unters. der Intensität des aus einer KNUDSEN-Zelle austretenden Atomstrahls ermittelt. Aus diesen Werten wurden die Standardsublimationswärmen für 298° K berechnet. Pr: $\Delta H_S = 77{,}9$ (kcal/Mol). Nd: $\Delta H_S = 76{,}3$. Gd: $\Delta H_S = 83{,}6$. Tb: $\Delta H_S = 87{,}2$. Dy: $\Delta H_S = 61{,}6$. Ho: $\Delta H_S = 69{,}5$. Er: $\Delta H_S = 66{,}4$. Lu: $\Delta H_S = 94{,}7$. Die Abweichungen betragen durchschnittlich ca. 1,0. Da die Schmelzwärmen in der gleichen Größenordnung liegen, war es nicht möglich, diese zu bestimmen. Lediglich die Verdampfungswärme von Tb konnte zu $\Delta H_v = 86{,}9$ bestimmt werden. Die benutzte App. wird ausführlich beschrieben.

WOLFGANG KRÜGER. 155

Seltenerdmetalle. 3. Mitt. **Eine massenspektroskopische Untersuchung der isomolekularen Sauerstoffaustausch-Reaktionen des Lanthans, Cers, Praseodyms und Neodyms mit ihren Monoxiden.** Patrick N. Walsh, David F. Dever und David White. (J. physic. Chem. **65.** 1410—13. Aug. 1961. Columbus, Ohio, Ohio State Univ., Dep. of Chem., Cryogenic Labor.) (Engl.) — 2. vgl. vorst. Referat.

Die Gleichgewichts-Konst. der Rkk. Ce(gas) + LaO(gas) ⇌ La(gas) + CeO(gas) (**I**); Pr(gas) + LaO(gas) ⇌ La(gas) + PrO(gas) (**II**) u. Nd(gas) + PrO(gas) ⇌ Pr(gas) + NdO(gas) wurden massenspektrometr. bestimmt. Für die Temp.-Abhängigkeit der Gleichgewichts-Konst. wurden folgende Beziehungen erhalten: **I**, $\log K = -229{,}6/T + 0{,}0721$; **II**, $\log K = 3{,}453/T + 0{,}789$; **III**, $\log K = -1504/T - 0{,}317$. Die Rk.-Wärmen u. -Entropien der drei Rkk. betragen: ΔH_I (1870° K) $= 1{,}05 \pm 0{,}20$ (kcal/Mol); ΔH_{II} (1913° K) $= 15{,}8 \pm 0{,}4$, ΔH_{III} (1910° K) $= 6{,}9 \pm 0{,}6$; ΔS_I (1870° K) $= 0{,}33 \pm 0{,}12$ (cal/Grad·Mol), ΔS_{II} (1913° K) $= 3{,}6 \pm 0{,}2$, ΔS_{III} (1910° K) $= 1{,}5 \pm 0{,}3$. Durch Kombination der Rkk. **II** u. **III** wurde für die Rk. Nd(gas) + LaO(gas) ⇌ NdO(gas) + La(gas) ΔH (1910° K) $= 22{,}7 \pm 0{,}7$ u. ΔS (1910° K) $= 2{,}1 \pm 0{,}4$ erhalten. Diese Rk.-Wärmen geben direkt die Differenz in den Dissoziationsenergien der beiden gasförmigen Monoxide in jeder der Rkk. bei den angegebenen Temp. an. Aus diesen Werten u. den zugehörigen thermodynam. Funktionen wurden die Dissoziationsenergien am abs. Nullpunkt für CeO: $D_0^0 = 8{,}03 \pm 0{,}2$ (eV); PrO: $D_0^0 = 7{,}40 \pm 0{,}3$; NdO: $D_0^0 = 7{,}06 \pm 0{,}2$ berechnet. Die Bldg.-Wärmen ergaben sich aus den Dissoziationsenergien für CeO zu $\Delta H_0^0 = -28 \pm 5$ (kcal/Mol), PrO zu $\Delta H_0^0 = -38 \pm 9$ u. NdO zu $\Delta H_0^0 = -27 \pm 5$. Unter Benutzung eines anderen Wertes für die Sublimationswärme von Pr ergibt sich für PrO die Bldg.-Wärme zu $\Delta H_0^0 = -27 \pm 9$. Die Beiträge der Elektronen zur Entropie der gasförmigen Monoxide bei hohen Temp. werden unter den Bedingungen der gemessenen Entropieänderungen der obigen Rkk. diskutiert.

WOLFGANG KRÜGER. 156□

Beobachtungen an den Seltenen Erden. 73. Mitt. **Die Bildungswärme und -entropie der 1:1-Chelate von N-Hydroxyäthyläthylendiamintriessigsäure mit dreifach positiven Kationen.** T. Moeller und R. Ferrús. (J. inorg. nuclear Chem. **20.** 261—73. Dez. 1961. Urbana, Ill., Univ. of Illinois, Noyes Chem. Labor.) (Engl.) — 72. vgl. J. inorg. Nuclear Chem. **15.** [1960.] 259; vgl. auch C. **1960.** 9833.

Vff. bestimmten mit Hilfe der Temp.-Koeff.-Meth. die Enthalpieänderungen ΔH bei der Bldg. von Chelaten der N-Hydroxyäthyläthylendiamintriessigsäure (H_3HEDTA) mit den 3wertigen Ionen der Seltenerdmetalle sowie mit Ca u. Cu in wss. Lsgg. bei einer Ionenstärke μ 0,1 (KNO_3) u. berechneten daraus u. aus den Stabilitäts-Konst. bei 25° die entsprechenden Entropieänderungen S. Für die thermodynam. Funktionen der Chelate MHEDTA wurden folgende Werte ermittelt (Freie Energie ΔF; ΔH; ΔS bei 25°, μ 0,10—0,11): M = *Y* —20,00 (kcal/Mol); $-0{,}29 \pm 0{,}30$ (kcal/Mol); $66{,}1 \pm 1{,}0$ (Entropieeinheiten). — M = *La* —18,38; $-2{,}20 \pm 0{,}29$; $54{,}2 \pm 1{,}0$. — M = *Ce* —19,27;

$-3,06 \pm 0,30$; $54,4 \pm 1,0$. — M = *Pr* $-19,95$; $-4,45 \pm 0,36$; $52,0 \pm 1,2$. — M = *Nd* $-20,29$; $-4,25 \pm 0,35$; $53,8 \pm 1,2$. — M = *Sm* $-20,87$; $-4,65 \pm 0,53$; $54,4 \pm 1,8$. — M = *Eu* $-20,96$; $-4,81 \pm 0,51$; $54,1 \pm 1,7$. — M = *Gd* $-20,78$; $-4,66 \pm 0,49$; $54,1 \pm 1,7$. — M = *Tb* $-20,92$; $-3,39 \pm 0,52$; $58,8 \pm 1,7$. — M = *Dy* $-20,89$; $-2,12 \pm 0,27$; $62,8 \pm 1,0$. — M = *Ho* $-20,92$; $-1,14 \pm 0,25$; $66,3 \pm 0,8$. — M = *Er* $-21,06$; $-0,32 \pm 0,26$; $69,4 \pm 0,9$. — M = *Tm* $-21,29$; $0,92 \pm 0,51$; $74,5 \pm 1,7$. — M = *Yb* $-21,68$; $0,36 \pm 0,45$; $74,0 \pm 1,5$. — M = *Lu* $-21,68$; $0,22 \pm 0,55$; $73,4 \pm 1,8$. — *Ca·HEDTA*$^-$ $-11,51$; $-5,4 \pm 0,32$; $20,0 \pm 1,1$. — *CuHEDTA*$^-$ $-23,76$; $-6,8 \pm 1,5$; 57 ± 5. — *Cu tren*$^{2+}$ (tren = $\beta.\beta'.\beta''$-Triaminotriäthylamin) $-25,73$; $-21,0 \pm 1,2$; 16 ± 4. — Die Erwartung, daß Y-Chelate wegen des Kristallradius des Y^{3+}-Ions mit den 3wertigen Ionen in der Nähe des Ho vergleichbar sein müssen, wird durch die Entropien u. Enthalpien der HEDTA- u. EDTA-Chelate unterstützt. Bei der Deutung der Ergebnisse ist die Beachtung der „translational" u. bes. der „configurational" Entropieänderungen bei diesen Chelaten notwendig. Die relative Wichtigkeit von ster. Effekten bei den Funktionen ΔH u. ΔS hängt von der Natur des chelatbildenden Agens ab. P. SCHARNER. 156□

Untersuchungen geschmolzener Salze. 3. Mitt. **Mischungswärmen in Silbernitrat-Alkalinitrat-Mischungen.** O. J. Kleppa, R. B. Clarke und L. S. Hersh. (J. chem. Physics **35.** 175—80. Juli 1961. Chicago, Ill., Univ. of Chicago, Dep. of Chem.; Inst. for Study of Metals.) (Engl.) — Vgl. C. **1961.** 11991 u. 12362.

Vff. messen die Mischungsenthalpien in fl. bin. Mischungen von $AgNO_3$ mit $LiNO_3$, $NaNO_3$, KNO_3 u. $RbNO_3$ u. stellen fest, daß sich die molare Mischungsenthalpie ΔH^M in regelmäßiger Weise von positiven Werten für $LiNO_3$ u. $NaNO_3$ zu negativen Werten für KNO_3 u. $RbNO_3$ ändert. Unter Vernachlässigung von Einfl. zweiter Ordnung (energet. Asymmetrie, Nahordnung) kann ΔH^M durch nachst. halbempir. Gleichung angenähert dargestellt werden: $\Delta H^M \cong -X(1-X)\cdot[140\,\delta^2 - 24(\delta - 0{,}01)]$ kcal/Mol[$\delta = (d_1 - d_2)/(d_1 + d_2)$; d_1, d_2 Ionenabstände der reinen Komponenten; X, 1 — X ihre Molenbrüche]. Der δ^2-Term wurde aus dem entsprechenden Ausdruck für bin. Alkalinitrate entnommen, die vermutlich im wesentlichen in Ionenform vorliegen. Der numer. Faktor (140 kcal/Mol) liegt in der Größenordnung der Gitterenergie dieser Salze. Der in δ lineare Term berücksichtigt Abweichungen im Ionencharakter für $AgNO_3$. Er ist größenordnungsmäßig vergleichbar mit dem nichtion. Beitrag zur Gitterenergie dieser Verbindung. Durch Vgl. mit bekannten EMK-Werten der Syst. $AgNO_3$-Alkalihalogenid zeigen Vff., daß mit Hilfe des abgeleiteten Ausdrucks Voraussagen über die Mischungswärmen noch nicht untersuchter Syst. gemacht werden können. P. FRENZEL. 156□

Komplexe Ionen in geschmolzenen Salzen. Silberhalogenide. F. R. Duke und H. M. Garfinkel. (J. physic. Chem. **65.** 461—63. März 1961. Ames, Iowa, Iowa State Univ., Inst. for Atomic Res. and Dep. of Chem.) (Engl.) — Vgl. C. **1961. 13441.**

Die Syst. *$AgNO_3$-KCl* u. *$AgNO_3$-KBr* wurden in einer eutekt. KNO_3-$NaNO_3$-Schmelze als Lsgm. durch Messen der EMK der entsprechenden Konz.-Ketten als Funktion der Cl^-- bzw. Br^--Konz. bei verschiedenen Temp. (333—374 bzw. 375—414°) u. Ag^+-Anfangs-Konzz. untersucht. Da die $AgNO_3$-Elektrode NERNSTsches Verh. zeigt, werden Abweichungen von diesem Verh. der Bldg. komplexer Ionen zugeschrieben, für die Standardbildungsenthalpien berechnet werden ($-\Delta$H in kcal/Mol): $Ag^+ + Cl^- \rightleftharpoons$ *AgCl*, 4,40; $AgCl + Cl^- \rightleftharpoons$ *$AgCl_2^-$*, 7,73; $Ag^+ + Br^- \rightleftharpoons$ *AgBr*, 5,94; $AgBr + Br^- \rightleftharpoons$ *$AgBr_2^-$*, 13,9. A. BLASCHETTE. 156□

Theorie der ketten-thermischen Flammenausbreitung. 2. Mitt. **Zwei aktive Zentren mit verschiedenen Diffusionskoeffizienten.** L. A. Lowatschew. (Известия Академии Наук СССР, Отделение Химических Наук [Nachr. Akad. Wiss. UdSSR, Abt. chem. Wiss.] **1960.** 1191—99. Juli. Inst. für chem. Physik der Akad. der Wiss. der UdSSR.) (Russ.) — 1. vgl. Известия Академии Наук СССР, Отделение Химических Наук [Nachr. Akad. Wiss. UdSSR, Abt. chem. Wiss.] **1960.** 1022; vgl. auch C. **1961.** 14191.

Für ein nichtverzweigtes Rk.-Schema mit 2 Arten von akt. Zentren mit verschiedenen Diffusions-Koeff. werden Gleichungen abgeleitet, nach denen man die Ausbreitungs-Geschw. einer Flamme u. die Verteilung der akt. Zentren in Abhängigkeit von der Temp. berechnen kann. Eine wichtige Rolle spielt dabei die Geschw. von Kettenentstehung u. -abbruch. Ein Vgl. der berechneten Werte mit den experimentellen Ergebnissen von BARTHOLOMÉ [1950] bei H_2-Cl_2-Gemischen zeigt befriedigende Übereinstimmung. Man kann aus der experimentellen Abhängigkeit der Geschw. die wahren Geschw.-Konst. u. die Aktivierungsprozesse bestimmen. R. K. MÜLLER. 157□

Thermische und isotherme Explosionen bei der Unterdrückung der Wasserstoff-Sauerstoff-Reaktion durch Kohlenwasserstoffe. R. R. Baldwin, D. Booth und

R. W. Walker. (Trans. Faraday Soc. **58.** 60—65. Jan. 1962. Hull, Univ., Chem. Dep.) (Engl.)

Unterss. der Inhibitorwirksamkeit von C_2H_6 bei der Rk. von H_2–O_2-Inertgas-Mischungen zeigen, daß die Wirksamkeit von dem verwendeten Inertgas unabhängig ist. Die Explosionsgrenze ist in diesem Fall isotherm. Bei CH_4 als Inhibitor steigt die Wirksamkeit in der Reihenfolge der Inertgase Ar, N_2, He, CO_2, d. h. die Explosionsgrenze zeigt therm. Charakter. Eine Unterstützung finden diese Unterss. in Verss. an Mischungen, die nicht explodieren, aber deutliche Druckimpulse zeigen.

G. M. NEUMANN. 157□

Die Schallgeschwindigkeit in Metallen bei hohen Temperaturen. J. F. W. Bell. (Philos. Mag. [8] **2.** 1113—20. Sept. 1957. Greenwich, Roy. Navy Coll.) (Engl.)

Die Schall-Geschw. in einigen Metallen bei hohen Temp., bes. in solchen, die bei Temp.-Erhöhung anomale Änderungen ihrer physikal. Eigg. erleiden, wurde mit Hilfe einer Impuls-Echo-Meth. gemessen. Bei getempertem Ni weist die Schall-Geschw./Temp.-Kurve ein Minimum bei 180° u. am CURIE-Punkt (358°) ein Maximum in Form eines scharfen Knickes auf, dem eine Anomalie der spezif. Wärme entspricht. In Pb u. Al wurde die Schall-Geschw. bis über den F. hinaus bestimmt. Bei getemperten Proben zeigten sich Unregelmäßigkeiten. Bei Al hatte die Kristall-Bldg. eine Veränderung zur Folge. Für die Temp.-Abhängigkeit der Schall-Geschw. von getempertem Pb, Al u. 70-30-Messing wird ein Ausdruck angegeben. Bei einem Pb–Sn-Lot zwischen zwei Messingstäben war die eutekt. Temp. durch ein Abbrechen des Schallechos zu erkennen. Bei 70-30-Messing, das einige Std. bei 650° getempert wurde, verläuft die Temp.-Kurve im Bereich 640—700° linear, die Werte sind reproduzierbar. Die Kurve für Tl weist eine Unstetigkeit bei 235° auf, die einer Umwandlung hexagonal-dichteste Packung → kub.-innenzentrierte Zelle entspricht. W. BETCKE. 159□

Ultraschallgeschwindigkeit und adiabatische Kompressibilität in Schwefelsäure-Wasser-Mischungen. Yoshio Ishida. (J. physic. Soc. Japan **13.** 536—37. Mai 1958. Matsue, Shimane Univ., Fac. of Educat.) (Engl.)

Die Ultraschall-Geschw. in H_2SO_4/W.-Mischungen bis zu 99,3 Gew.-% H_2SO_4 wurde bei 15 u. 30° u. bei 5 MHz gemessen. Die Schall-Geschw. geht bei 45,0% H_2SO_4 durch ein Maximum (1577 m/s), während die adiabat. Kompressibilität an derselben Stelle ein Minimum erreicht. Dieses Verh. entspricht dem von anderen Fll., die beim Verdünnen mit W. eine Vol.-Kontraktion erleiden (A., CH_3COOH, HNO_3 u. a.). Zum Vgl. sind Messungen der Ultraschall-Geschw. in verd. H_2SO_4 bei 29° von POROSOROW angeführt. W. BETCKE. 159□

Landoldt-Börnstein, Zahlenwerte und Funktionen aus Physik, Chemie, Astronomie, Geophysik und Technik. Sechste Aufl. II. Bd.: Eigenschaften der Materie in ihren Aggregatzuständen. 4. Teil: Kalorische Zustandsgrößen. Herausgeg. von Klaus Schäfer und Ellen Lax. Berlin, Göttingen, Heidelberg: Springer. 1961. (XII + 863 S. m. 210 Abb.) 4°. DM 438,—.

A_5. Kolloidchemie. Grenzschichtforschung

Der Einfluß von Metallionen auf chemische Oberflächenerscheinungen. 4. Mitt. **Messung der Oberflächenspannung an wässerigen Lösungen von Metalldodecylsulfaten.** Shigeru Miyamoto. (Bull. chem. Soc. Japan **33.** 375—79. März 1960. Fukuoka, Hakozaki, Kyushu Univ., Fac. of Sci., Dep. of Chem.) (Engl.) — 3. vgl. Bull. chem. Soc. Japan **33.** [1960.] 371.

Vf. berichtet über Messungen der Oberflächenspannung an wss. Lsgg. von *Mg-*, *Ca-*, *Sr-*, *Pb-*, *Mn-*, *Co-* u. *Cu*-Dodecylsulfat verschiedener Konzz. bei Temp. zwischen 25 u. 67°. Trägt man die Konz. graph. gegen die gemessene Oberflächenspannung auf, dann zeigt sich, daß jede Kurve einen Knickpunkt u. kein Minimum nahe diesem Knickpunkt besitzt. Den Wert der krit. Mizellen-Konz. erhält man aus der Konz. an dem Knickpunkt der entsprechenden Kurven. Die Werte der krit. Mizellen-Konz. der untersuchten Salze erwiesen sich prakt. als unabhängig von der Temp. u. der Art des Kations. Zur weiteren Best. der krit. Mizellen-Konz. werden die Sulfate mit Pinacyanolchlorid u. Rhodamin 6 G titriert. Die erhaltenen Werte stimmen mit den obigen Werten überein.

C. GOTTFRIED. 166

Die Kinetik der Haftung von Mineralteilchen an Blasen bei der Flotation. 3. Mitt. **Sekundäre elektrische Doppelschicht in der Nähe der beweglichen Blasenoberfläche.** Ss. Ss. Duchin. (Журнал Физической Химии [J. physik. Chem.] **34.** 1053—59. Mai 1960. Kaukas. Inst. für mineral. Rohstoffe.) (Russ.; Auszug: Engl.) — 2. vgl. Журнал Физической Химии [J. physik. Chem.] **34.** [1960.] 524.

Während der Bewegung einer Blasengrenzfläche durch eine Fl. wird neben der Gleichgewichts-Diffusionsschicht durch die Unterschiede der Ionendiffusions-Koeff. eine sek. elektr. Doppelschicht gebildet. Im Gegensatz zur diffusen Gleichgewichtsschicht (GS), die sich an der unbewegten Oberfläche infolge der Unterschiede in den Adsorptions-Eigg. der Ionen bildet, wird diese sek. Schicht Diffusionsschicht (DS) genannt. Die Ladung der inneren Oberfläche dieser DS rührt von überschüssigen negativen oder positiven Ionen in der GS her, was durch die Abweichung von der Elektroneutralität bei der Bewegung bedingt ist. Die äußere Oberfläche der DS besteht aus gleichen Ladungen entgegengesetzten Vorzeichens, die Schichtdicke übersteigt die der GS um ein Vielfaches. Die Energie der sek. Schicht ändert sich entlang der Blasenoberfläche nicht nur im abs. Wert, sondern auch im Vorzeichen. Obgleich die Ladungsdichte u. das elektr. Feld im Bereich der DS in der Regel geringer als die der GS sind, sind sie doch zu beachten, da sie die Haftung von Mineralteilchen während der Flotation bewirken. D. Hoene. 167□

Gleichungen zur Berechnung der Diffusionskoeffizienten von Flüssigkeiten aus Messungen in Diaphragmazellen. F. A. L. Dullien und L. W. Shemilt. (Trans. Faraday Soc. **58.** 244—52. Febr. 1962. Stillwater, Okla., Oklahoma State Univ., School of Chem. Engng.; Fredericton, Canada, Univ. of New Brunswick, Dep. of Chem. Engng.) (Engl.) — Vgl. C. **1961.** 7132.

Aus der allg. Diffusionsgleichung bin. fl. Syst. werden neue Formeln abgeleitet, die ohne Berücksichtigung der Vol.-Änderung beim Mischen auf Diffusionsvorgänge in Diaphragmazellen anwendbar sind. Die Berechnungen der differentiellen Diffusions-Konst. aus integralen Daten gründet sich auf Messungen aus Experimenten, bei denen die Unterschiede der Anfangs-Konzz. sehr groß waren. In den Fällen, in denen die Dichte der Lsg. linear von der Vol.-Konz. abhängt, läßt sich die allg. Diffusionsgleichung auf das 1. Ficksche Gesetz zurückführen. Wolfgang Krüger. 171□

Druckverteilung für strömende Gase in porösen Medien. G. J. Field und H. Watts. (Nature [London] **192.** 1277—78. 30/12. 1961. Adelaide, Univ., Dep. of Metallurg. and Chem. Engng.; South Australian Inst. of Technol.) (Engl.)

Vff. untersuchten die Druckverteilung von gleichmäßig strömendem N_2, CO_2 u. CF_2Cl_2 (Freon 12) in Acheson „A"- u. Morgan „EY 9"-Graphit. Bei Druckunterschieden von 35—160 (cm Hg) u. Durchschnittsdrücken von 20—120 läßt sich die Druckverteilung angenähert durch eine Parabelgleichung wiedergeben. Die Abweichungen von der exakten Parabelgleichung können durch Inhomogenitäten des Graphits, durch nichtlineare Abhängigkeit des Druckes vom Durchlässigkeits-Koeff. u. durch mögliche Oberflächenströmung adsorbierten Gases bedingt sein. Wolfgang Krüger. 173□

Messungen von Korngrößenverteilung unterhalb fünf Mikron. R. R. Irani und E. F. Kaelble. (Analytic. Chem. **33.** 1168—70. Aug. 1961. St. Louis, Mo., Monsanto Chem. Co., Res. Dep., Inorg. Chem. Div.) (Engl.)

Vff. untersuchen die Korngrößenverteilung von $Ca_3(PO_4)_2$- u. SiO_2-Teilchen unterhalb 5 μ u. vergleichen ein Best.-Verf., das auf der Beobachtung von Sedimentationsvorgängen in abs. A. beruht, mit einer elektronenmkr. Meth., die mit elektron. Zählung u. Messung der Teilchen gekoppelt ist. Die Best. der Größenverteilung (in Gew.-%) nach den beiden Meth. ergaben für annähernd kugelförmige Teilchen auch bei Unterss. von Ton, Mehl u. Glas gut übereinstimmende Werte. Für Messungen oberhalb 0,5 μ ist allg. die billigere Sedimentationstechnik vorzuziehen, während in Fällen, in denen 100% der Teilchen <1 μ sind, das 2. Verf. geeigneter ist. J. Kraetsch. 175□

Adsorption aus Salzsäure-, Schwefelsäure- und Kaliumchloridlösungen durch Gold. D. P. Benton, G. A. H. Elton und J. T. Harrison. (J. chem. Soc. [London] **1960.** 4019—23. Okt. London, Battersea Coll. of Technol.) (Engl.)

Vff. untersuchten konduktometr. die Kationenadsorption an Au-Pulver aus verd. HCl-, H_2SO_4 u. KCl-Lösungen. Die Adsorption aus HCl ist mehrfach stärker u. in wesentlich geringerem Maße reversibel als die aus KCl- oder H_2SO_4-Lösungen. Diese Irreversibilität führen Vff. auf die Bldg. einer $AuCl_3$-Schicht durch Chemisorption u. auf die weitere Adsorption unter Bldg. einer Oberflächenschicht aus $HAuCl_4$ zurück. In KCl- u. H_2SO_4-Lsgg. ist keine Chemisorption anzunehmen. Nach Ansicht der Vff. werden wahrscheinlich in neutralen Lsgg. die in HCl-Lsgg. akt. Stellen der Oberfläche durch OH^- oder HCO_3^- blockiert. Im Zusammenhang mit Resultaten elektrophoret. Messungen zeigen die Vers.-Ergebnisse, daß die Adsorption auf der der Lsg. zugekehrten Seite der elektrokinet. Gleitschicht nur ca. 1% der Adsorption auf der der festen Oberfläche zugekehrten Seite beträgt. Adsorptionsprozesse an solchen Grenzflächen können daher nicht nur unter Betrachtung elektrokinet. Daten erklärt werden. J. Kraetsch. 176□

Die Chemisorption des Wasserstoffs an Zinkoxid. 3. Mitt. **Der Einfluß von Fremdionenzusätzen zum Zinkoxid.** Yutaka Kubokawa. (Bull. chem. Soc. Japan **33.** 936—40. Juli 1960. Osaka, Univ., Coll. of Engng., Dep. of Appl. Chem.) (Engl.) — 2. vgl. Bull. chem. Soc. Japan **33.** [1960.] 550.

Die Unters. der Chemisorption wurde an ZnO-Proben vorgenommen, die mit jeweils 1 Mol-% Al_2O_3 bzw. Ga_2O_3 u. 0,5 Mol-% Li_2O dotiert wurden. Die Messung der Chemisorption erfolgte durch Best. der Adsorptions- u. Desorptions-Geschw. sowie des Adsorptionsgleichgewichts. Die Oberfläche der Adsorbentien wurde nach der BET-Meth. ermittelt. Die Fremdionenzugabe zeigt keinen oder nur einen geringen Einfl. auf die Maximalwerte der Aktivierungsenergie für die Desorption sowie auf die Adsorptionswärme. Vf. zieht aus den Ergebnissen den Schluß, daß die durch Zugabe von Fremdionen hervorgerufene Eigg. der H_2-Chemisorption weniger dem elektron. Zustand des ZnO als vielmehr der Änderung der Heterogenität der Oberfläche zugeschrieben werden kann. Die Adsorptionswärme von CO bei Zimmer-Temp. wird durch solche Zusätze ebenfalls nicht beeinflußt. G. HERZOG. 176□

Die Bestimmung des Gleichgewichts-Wassergehaltes von Ionenaustauscherharzen. George Scatchard und N. J. Anderson. (J. physic. Chem. **65.** 1536—39. Sept. 1961. Cambridge, Mass., MIT, Dep. of Chem. and Labor. for Nucl. Sci.) (Engl.)

Nach gleichzeitigem Zentrifugieren im Bereich von 425—3000 g sind die Gew. der Ionenaustauscher Dowex 1X8 u. Dowex 50WX8 lineare Funktionen der Gew. von Glaskugeln. Die Kurvenneigungen für HCl- u. NaCl-Lsgg. stimmen mit der für W. überein. Die Gew. der Ionenaustauscherkugeln ohne anhaftendes äußeres W. werden durch Extrapolation auf das Gew. der trockenen Glaskugeln ermittelt. Die bei einer beliebigen Zentrifugalkraft pro Vol.-Einheit der Kugeln zurückgehaltenen Wasser-Vol. betragen für Glas 1, für die Cl^--Form von Dowex 1 0,88, für die Na^+-Form von Dowex 50 W 0,84 u. für dessen H^+-Form 0,74. Diese Unterschiede müssen anscheinend der verschieden großen Anzahl an Berührungspunkten pro Kugel zugeschrieben werden. W. HEIN. 177□

Kationenaustauschgleichgewichte mit zweiwertigen Ionen. H. F. Walton, D. E. Jordan, S. R. Samedy und W. N. McKay. (J. physic. Chem. **65.** 1477—84. Sept. 1961. Boulder, Colo., Univ. of Colorado.) (Engl.)

Vff. untersuchen Gleichgewichtsverteilungen für den Austausch von H^+- gegen Ba^{2+}-, Cd^{2+}-, Pb^{2+}- u. UO_2^{2+}-Ionen (als Perchlorate) in sulfonierten Polystyrolharzen (Dowex 50-WX 4, 50-WX 8 u. 50-X 16; 50—100 mesh) bei 0, 20, 25 u. 50°, die ΔF^0- u. ΔH-Werte werden berechnet. Für die Ionenpaare Cd^{2+}–H^+ u. Pb^{2+}–H^+ werden in ClO_4^--Lsgg. durch EMK-Messungen die Verhältnisse der Aktivitäts-Koeff. ermittelt. Weiterhin wird die Wasser- u. Salzaufnahme der Harze bestimmt. Die Bindungsfestigkeit der Metallionen am Harz nimmt mit dem Vernetzungsgrad, der Konz. der Lsg., der Temp. u. der Beladung des Harzes mit Metallionen zu. Es wird der Beweis für eine Ionenpaar-Bldg. an Hand der Werte für die Salzaufnahme geführt. W. HEIN. 177□

Viscosität von Staub enthaltenden Gasen. Wayne T. Sproull. (Nature [London] **190.** 976—78. 10/6. 1961. Los Angeles, Calif., Joy Mfg. Co., Western Precipitation Div.) (Engl.)

Unter Bezugnahme auf 2 frühere Unterss. (vgl. Bull. Amer. physic. Soc. **3.** [1958.] 411 u. **5.** [1960.] 497) u. mit einem etwas abgeänderten Viscosimeter bestimmt Vf. die Viscosität von Luft, die 240 g Kalkstein- oder Talkstaub pro m^3 bzw. 60 g Talkstaub pro cm^3 enthielt. Wie bereits früher festgestellt, wurde auch hier eine Verminderung der Viscosität der Staub enthaltenden Luft um ca. 40% gemessen. Es wird eine physikal. Deutung dieser Viscositätsabnahme vorgeschlagen. C. GOTTFRIED. 180

Irving Fatt, Alkali metal dispersions. Princeton (New Jersey): Van Nostrand. 1961. (228 S. m. Abb.) $ 7,50.

A₆. Strukturforschung

Gekrümmte Röntgenstrahlen im schwach verformten Kristallgitter. 2. Mitt. **Bragg-Fall der Interferenz.** G. Hildebrandt. (Z. Kristallogr., Kristallgeometr., Kristallphysik, Kristallchem. **112.** 340—61. 9/10. 1959.) (Dt.) — 1. vgl. Z. Kristallogr., Kristallgeometr., Kristallphysik, Kristallchem. **112.** [1959.] 312.

Vf. berichtet über Beobachtungen der im symm. BRAGG-Fall in eine Seitenfläche einer *Kalkspat*-Platte eindringenden u. aus einer Grundfläche der Platte austretenden Strahlung. Alle Voraussetzungen über Strahlenkrümmung, die sich auf Grund der Ergebnisse im LAUE-Fall machen lassen (vgl. l. c.), konnten experimentell bestätigt werden. C. GOTTFRIED. 181

Nützliche Tabellen für die Berechnung von Molekülintegralen. 7. Mitt. Eiichi Ishiguro, Sayoko Yuasa, Michiko Sakamoto, Chiyoko Kodaira und Sigeko Higuchi. (Natur. Sci. Rep. Ochanomizu Univ. **5.** 197—212. März 1955. Tokyo, Ochanomizu Univ., Fac. of Sci., Dep. of Phys.) (Engl.) — 6. vgl. Natur. Sci. Rep. Ochanomizu Univ. **4.** [1953.] 64. A. BLASCHETTE. 181 □

Nützliche Tabellen für die Berechnung von Molekülintegralen. 10. Mitt. Eiichi Ishiguro, Kunifusa Kayama, Yukio Mizuno, Tadashi Arai und Michiko Sakamoto. (Natur. Sci. Rep. Ochanomizu Univ. **7.** 63—94. 1956. Tokyo, Ochanomizu Univ., Fac. of Sci., Dep. of Phys.; Tokyo, Tokyo Univ., Fac. of Sci., Dep. of Phys.; Kyoto, Kyoto Univ., Fac. of Sci., Dep. of Phys.) (Engl.) — 9. vgl. Natur. Sci. Rep. Ochanomizu Univ. **6.** [1956.] 204; vgl. auch vorst. Referat.

Es werden orthonormalisierte Mol.-Orbitale berechnet u. numer. Werte der Matrixelemente für O_2 u. Li_2 mitgeteilt. A. BLASCHETTE. 181 □

Nützliche Tabellen für die Berechnung von Molekülintegralen. 11. Mitt. Eiichi Ishiguro, Kunifusa Kayama und Yukio Mizuno. (Natur. Sci. Rep. Ochanomizu Univ. **8.** 7—44. Juni 1957.) (Engl.) — 10. vgl. vorst. Referat. A. BLASCHETTE. 181 □

Untersuchungen über Molekularstruktur. 4. Mitt. **Potentialkurve für die Wechselwirkung von zwei Heliumatomen in der LCAO–MO–SCF-Einzelkonfigurationsapproximation.** Bernard J. Ransil. (J. chem. Physics **34.** 2109—18. Juni 1961. Chicago, Ill., Univ., Dep. of Phys., Labor. of Mol. Structure and Spectra.) (Engl.) — 2. vgl. Rev. mod. Physics **32.** [1960.] 245.

Vf. berechnete die LCAO–MO–SCF-Einzelkonfigurations-Wellenfunktionen u. die entsprechenden Gesamtenergien für 2 *He*-Atome im Grundzustand, die über einen Bereich von 0,4—12,0 Å in Wchselwrkg. treten. Ein Vgl. mit zur Verfügung stehenden experimentellen Daten ergab eine bemerkenswert gute Übereinstimmung für Entfernungen $>$1,5 Å. C. GOTTFRIED. 182

Die Bindungsenergie der σ-Bindung. 2. Mitt. **Anwendung auf den Diamantkristall.** Kiyoshi O-Ohata. (J. physic. Soc. Japan **15.** 1258—63. Juli 1960. Tokyo, Inst. of Technol., Phys. Dep.) (Engl.) — 1. vgl. J. physic. Soc. Japan **15.** [1960.] 1048.

Mit Hilfe des l. c. hergeleiteten allg. Schemas zur Berechnung der Bindungsenergie der σ-Bindung berechnete Vf. die Bindungs- bzw. Kohäsionsenergie der C—C-Bindung im Diamantkristall. Es wurde ein Wert von ca. 3,26 eV pro Bindung, der in ziemlich guter Übereinstimmung mit dem experimentellen Wert steht, berechnet.
C. GOTTFRIED. 182

Die Bindungsenergie der σ-Bindung. 3. Mitt. **Diskussion über die Ionenstrukturen.** Kiyosi O-Ohata. (J. physic. Soc. Japan **15.** 1449—55. Aug. 1960.) (Engl.) — 2. vgl. vorst. Referat.

Vf. betrachtete explicit unter Verw. der halblokalisierten Bahnen die Ionenglieder der σ-Bindung u. diskutiert ihren Beitrag zu der Bindungsenergie der σ-Bindung. Unter einigen Annahmen gibt Vf. eine theoret. Basis für die Beziehung zwischen der PAULINGschen Skala der Elektronegativität u. der von MULLIKEN (vgl. J. Chim. physique **46.** [1946.] 675). Der Wert der Bindungsenergie der C—C-Bindung im Diamantkristall wurde unter Einbeziehung der Ionenstruktur der Bindung zu 3,64 eV pro Bindung abgeschätzt. Es wird gezeigt, daß der Wert der Bindungsenergie des Diamantkristalls in der HEITLER-LONDONschen Approximation fast gleich dem mit der Molekularbahn-Meth. berechneten ist u. ca. 0,4 eV pro Bindung kleiner ist als der obige Wert. Der resultierende Zustand läßt sich jedoch ziemlich gut durch die obige Approximation ausdrücken.
C. GOTTFRIED. 182

Die Bindungsenergie der σ-Bindung. 4. Mitt. **Diskussion über die Glieder höherer Ordnung.** Kiyoshi O-Ohata. (J. physic. Soc. Japan **15.** 1632—37. Sept. 1960.) (Engl.) — 3. vgl. vorst. Referat.

In Fortsetzung seiner früheren (vgl. l. c.) theoret. Unterss. zeigt Vf., daß der Beitrag der Glieder dritter Ordnung der Überlappungsintegrale zu der Bindungsenergie der σ-Bindung durchaus nicht vernachlässigbar ist, obwohl er kleiner ist als der der Glieder zweiter Ordnung. — Im Fall der Berücksichtigung dieser Glieder dritter Ordnung diskutiert Vf. die Gültigkeit der Additivitätsregel der Bindungsenergien der gesätt. KW-Stoffe. C. GOTTFRIED. 182

Die Bindung des Wasserstoffatoms in Co(CO)$_4$H. Walter F. Edgell und Gordon Gallup. (J. Amer. chem. Soc. **77.** 5762—63. 5/11. 1955. Lafayette, Ind., Purdue Univ., Chem. Dep.) (Engl.)

Vff. prüfen die Struktur von $Co(CO)_4H$ mittels der Mol.-Orbital-Theorie u. finden, daß in Übereinstimmung mit den experimentell ermittelten Eigg. das Co-Atom möglicherweise tetraedr. von den CO-Gruppen umgeben ist u. das H-Atom in einer Tetraederebene brückenförmig 3 CO-Gruppen verbindet. G. KRIEN. 182 □

Streuung von neutralen Teilchen hoher Geschwindigkeit. 12. Mitt. **He—CH$_4$; He—CF$_4$·CH$_4$—CH$_4$- und CF$_4$—CF$_4$-Wechselwirkungen.** I. Amdur, M. S. Longmire und E. A. Mason. (J. chem. Physics **35.** 895—98. Sept. 1961. Cambridge, Mass.,

MIT, Dep. of Chem.; College Park, Md., Univ. of Maryland, Inst. for Mol. Phys.) (Engl.) — 11. vgl. J. chem. Physics **34.** [1961.] 1525; 10. vgl. C. **1958.** 5299; 6. vgl. C. **1959.** 3020.)

Stoßquerschnitte wurden für He-Atome mit Energien zwischen 500 u. 2100 eV bei der Streuung an CH_4 u. CF_4 von Zimmer-Temp. gemessen. Die Analyse der Ergebnisse lieferte ein mittleres Potential zwischen einem He-Atom u. einem CH_4-Mol. von $\overline{V}(r) = 602/r^{9,43}$ eV für r zwischen 1,92 u. 2,37 Å. Analog wurde für He u. CF_4 $\overline{V}(r) = 6,18 \cdot 10^6/r^{17,51}$ eV für r zwischen 2,43 u. 2,74 Å gefunden. Das He—CH_4-Potential ist mit demjenigen vereinbar, das für größere Abstände gilt u. aus der Hoch-Temp.-Viscosität u. zweiten Virial-Koeff. von He sowie aus Hochtemp.-Viscositäts-Koeff. von Methan abgeleitet wurde. Ein Verf., bei dem angenommen wird, daß das Kraftzentrum in den H- oder F-Atomen liegt, wurde benutzt, um diese mittleren Atom-Mol.-Wechselwrkg. in Termen der effektiven zwischenatomaren He—H- u. He—F-Potentiale zu analysieren. Diese zwischenatomaren Potentiale wurden mit dem früher bestimmten He—He-Potential (vgl. AMDUR u. HARKNESS, C. **1956.** 4902) kombiniert, um effektive H—H- u. F—F-Potentiale für Atome in verschiedenen CH_4- u. CF_4-Moll. zu erhalten. Eine Summierung u. Mitt. dieser effektiven zwischenatomaren Potentiale über alle Mol.-Orientierungen ergaben als mittleres Potential zwischen zwei CH_4-Moll. $\overline{V}(r) = 5,64 \cdot 10^6/r^{15,47}$ eV für r zwischen 2,47 u. 3,06 Å; entsprechend für zwei CF_4-Mol. $\overline{V}(r) = 17 \cdot 10^{22}/r^{39,27}$ eV für r zwischen 3,43 u. 3,77 Å. Das CH_4—CH_4-Potential ist mit demjenigen in Einklang, das für größere Entfernungen gültig ist u. aus Messungen der Gasviscosität bei hohen Temp. abgeleitet wurde. HERBERT WEBER. 182□

Nachweis der Koordinationsänderung bei der Borsäureanomalie. G. Becherer, O. Brümmer und G. Herms. (Z. Naturforsch. **16a.** 1253—55. Nov. 1961. Halle-Wittenberg, Martin-Luther-Univ., Inst. für exp. Phys.; Rostock, Univ., Phys. Inst.) (Dt.)

Es wurden geschliffene, polierte Plättchen von 3 Natriumboratgläsern (normal abgekühlt) mit 4; 16 u. 26 Mol-% Na_2O untersucht. Aus den 3 mit Cu-Strahlung u. 6 mit Mo-Strahlung aufgenommenen DEBYE-SCHERRER-Diagrammen wurden die Intensitätswerte gemittelt. B—O-Abstände in Abhängigkeit vom Na_2O-Geh.: reines B_2O_3 1,38 bzw. 1,39 (Å); 4 (Mol-%) Na_2O: 1,40; 16 Na_2O: 1,43; 26 Na_2O: 1,43. Koordinationszahlen in Abhängigkeit vom Na_2O-Geh. (ermittelt bei der Integrationslänge $s = 8,2$): 4 (Mol-%) Na_2O: 3,1; 16 Na_2O: 3,8; 26 Na_2O: 3,9. Die erhaltenen Werte zeigen den Übergang der Dreier- zur Viererkoordination bei Zugabe von Na_2O an. Bei einer Verdoppelung der Integrationslänge auf $s \approx 16$ sind Änderungen der Koordinationszahlen bis 10% zu beobachten. Die Ergebnisse stimmen mit den Unterss. von BISCOE u. WARREN (J. Amer. ceram. Soc. **21.** [1938.] 287) überein. ERNST SCHULTE. 186□

Interkristalline Energien der Alkalihalogenide. Donald P. Spitzer. (J. physic. Chem. **66.** 31—38. Jan. 1962. Chicago, Ill., Univ. of Chicago, Inst. for the Study of Metals.) (Engl.)

Vf. berichtet über Messungen der interkristallinen Grenzflächenenergien bei den Alkalihalogeniden (Li–Cs, F–J) durch Best. der Korngrenzenwinkel nach der Gleichgewichtseinstellung. Es zeigt sich, daß die Grenzflächenenergien zwischen zwei Kristallen derselben Phase zwischen 0,2 u. 1,3 relativ zur Grenzflächenenergie beim NaF schwanken, während sie bei Grenzflächen zwischen ungleichen Kristallen zwischen 0,7 u. 1,0 liegen. Aus der Best. des Gleichgewichtswinkels u. der Grenzflächenenergie zwischen den beiden fl. Phasen im Syst. NaF(fest)-Te(fl.)-CsCl(fl.) ergibt sich für die abs. Korngrenzenenergie beim NaF der Wert 306 ± 15 erg/cm². Eine Beziehung zwischen den interkristallinen Energien u. anderen Kristallparametern wurde nicht gefunden. G. M. NEUMANN. 190□

Darstellung von Graphit-Einkristallen aus Schmelzen. Pei Ching Li. (Nature [London] **192.** 864—65. 2/12. 1961.) (Engl.)

Erhitzt man in einem Graphittiegel Titanboridpulver 2 Std. im Vakuum auf 2500°, so bildet sich ein dünner, hochreflektierender, flexibler Film auf der Oberfläche der Schmelze. Röntgenograph. Unters. ergab höchsten Orientierungsgrad mit den in der Literatur angegebenen Gitterkonstanten. Elektronenbeugungs- u. elektronenmkr. Aufnahmen zeigten, daß das Material aus Einkristallen besteht. Graphit-Einkristallfilme können auch durch Erhitzen im Graphittiegel von W, Ni, Cr, Rh, Mo u. Zirkoniumcarbid auf die entsprechenden Temp. erhalten werden. Der Mechanismus des Graphit-Einkristallwachstums ist verschieden von dem beim Zerfall von Aluminiumcarbid auftretenden. ERNST SCHULTE. 190□

Die Struktur realer Kristalle. 4. Mitt. Untersuchung der Versetzungen mit Hilfe von Röntgenstrahlen und Elektronenmikroskopie. Istvánné Farkas und Magda Mészáros. (Fizikai Szemle [Physik. Rdsch.] **10.** 365—75. 1960. Müszaki Fizikai Kutató Intézet.) (Ung.)

Vff. untersuchten die Eignung der Röntgen- u. elektronenmkr. Meth. zur Best. der Versetzungen u. stellten fest, daß sich zur Prüfung des Orientierungsunterschiedes von Mosaikkörnchen die erste Meth., zur Sichtbarmachung der im Kristallinneren befindlichen individuellen Versetzungslinien hingegen die zweite Meth. eignet.

G. HALMI. 190□

Einfluß von Li auf Zwischengitterplätzen auf die Dichte von Si. J. S. Prener und F. E. Williams. (J. chem. Physics **35.** 1803–08. Nov. 1961. Schenectady, N.Y., Gen. Electr. Res. Labor.) (Engl.)

Es wurden die Dichten von reinem Si u. von Si, das Li auf Zwischengitterplätzen enthielt, bestimmt. Die Vol.-Expansion von $4,7 \cdot 10^{-24}$ cm³ pro Li^+ in Si wird auf abstoßende COULOMBsche Kräfte zwischen Li^+ u. teilweise abgeschirmten Si^{4+}-Kernen zurückgeführt. Betrachtungen an einem einfachen Modell für die Ladungsverteilung in Si sind mit dieser Interpretation im Einklang. Die Dichteänderung, die die Entionisation u. Aggregation des Li bei Raum-Temp. begleitet, wurde gemessen. Während der Anfangsstufe dieses Prozesses nimmt das Vol. linear mit $6,0 \cdot 10^{-24}$ cm³ pro Li beim Übergang vom ionisierten in den entionisierten Zustand zu. Die Expansion wird durch Überlappung der abstoßenden Kräfte zwischen Si u. Aggregaten des neutralen Li auf Zwischengitterplätzen erklärt. Diese Interpretation wird gestützt durch Betrachtung der Größe des Li^+ in diesen Aggregaten u. der Änderung der freien Energie für den Entionisations- u. Aggregationsprozeß. Die dann folgende nichtlineare Expansion bei der Li^+-Entionisation zeigt die Bldg. einer separaten Phase von Li-Metall an.

ERNST SCHULTE. 190□

Substitution durch Fe^{3+}-Ionen in Sc_2O_3 und In_2O_3. S. Geller, H. J. Williams und R. C. Sherwood. (J. chem. Physics **35.** 1908–09. Nov. 1961. Murray Hill, N.J., Bell Telephone Labor.) (Engl.)

Bei Unterss. an durch Sc substituiertem Gd–Fe-Granat tritt in einigen Fällen eine besondere Phase mit Sc_2O_3-Struktur auf, bei der Sc^{3+} durch verschiedene Mengen Fe^{3+} ersetzt ist. $(ScFe)O_3$ mit Sc_2O_3-Struktur (Mn_2O_3-Strukturtyp D 5_3) weist einen magnet. Übergang bei 7 ± 1^0 K u. möglicherweise einen zweiten bei ca. 35° K auf. $(Sc_{2-x}Fe_x)O_3$- u. $(In_{2-x}Fe_x)O_3$-Proben wurden durch Pulvern im Achatmörser, durch Tablettenpressen u. Sintern bei 1400–1450° an der Luft hergestellt. Die Gitter-Konst. fallen linear von a = 9,845 (Å) für x = 0,0 bis a = 9,573 für x = 1,25. Im Syst. $(In_{2-x}Fe_x)O_3$ wurde eine Probe auf 1400 u. 1465° erhitzt; in beiden Fällen lagen dann keine einheitlichen Phasen vor. Gitter-Konst.: $a = 9,874 \pm 0,0005$ u. $a = 9,838 \pm 0,0005$ Å, wahrscheinlich für x = 0,69 u. x = 0,87. Es wurde eine gewisse Löslichkeit von Sc_2O_3 u. In_2O_3 in α-Fe_2O_3 beobachtet.

ERNST SCHULTE. 190□

Kristallstruktur von festem Deuterium. R. F. Bulatowa, W. Ss. Kogan und B. G. Lasarew. (Журнал Экспериментальной и Теоретической Физики [J. exp. theoret. Physik] **39.** 1853. Dez. 1960.) (Russ.) — Vgl. C. **1959.** 12460.

Im Anschluß an die zitierte Arbeit teilen Vff. die Ergebnisse der röntgenograph. Kristall-Unterss. an D_2 mit, das ebenfalls ein tetragonales-raumzentriertes Gitter mit den Konst. a = 3,39 (Å), c = 5,86, c/a = 1,73 u. eine Dichte von 0,146 gcm⁻³ bei 4,2° K aufweist

HEINZ FISCHER. 195□

Neutronenbeugungs-Untersuchungen von festem Deuteroammoniak. John W. Reed und P. M. Harris. (J. chem. Physics **35.** 1730–37. Nov. 1961. Columbus, Ohio, Univ., Dep. of Chem.) (Engl.)

Die Kristallstruktur der stabilen, kub. Modifikation von festem Deuteroammoniak wurde bei −196° durch Neutronenbeugung bestimmt. Nach „trial and error" u. der Meth. kleinsten Quadrate wurde gefunden: Raumgruppe $P\,2_13 - T^4$. Atomlagen: 4 N in (a) mit $u = 0,2127 \pm 0,0021$ u. 12 D in (b) mit $x = 0,3740 \pm 0,0019$; $y = 0,2632 \pm 0,0037$; $z = 0,1094 \pm 0,0016$. Jedes N-Atom ist mit den nächsten 6 Nachbar-N-Atomen durch H-Bindungen verknüpft. Die N–D-Bindungslänge beträgt $1,005 \pm 0,023$ Å, der Winkel D–N–D ist $110,4 \pm 2,0^0$.

ERNST SCHULTE. 195□

Phosphornitrilderivate. 7. Mitt. **Die Kristallstruktur des tetrameren Phosphornitrilfluorids.** H. McD. McGeachin und F. R. Tromans. (J. chem. Soc. [London] **1961.** 4777–83. Nov. Oldbury, Birmingham, Albright & Wilson Ltd., Res. Dep.) (Engl.) — 6. vgl. C. **1962.** 6328.

WEISSENBERG-Aufnahmen von im geschlossenen Gefäß gezüchteten Einkristallen von $(PNF_2)_4$, F. 30,4°, ergeben monokline Symmetrie mit a = 7,40, b = 13,83, c = 5,16 Å, $\beta = 109,5^0$, Z = 2, D. (röntgenograph.) 2,20, D. (gemessen) 2,22, F (000) = 320, Raumgruppe $C_{2h}^5 - P\,2_1/a$. Wahrscheinlich infolge gegenseitiger Beeinflussung der Moll. im Kristall weicht die Symmetrie des planaren Achtrings geringfügig von D_{4h}–4/m m m ab. Wegen der großen therm. Schwingungen wurden keine Interferenzen höherer Ordnung erhalten. Die Kristalle sind zweiachsig negativ mit n_α 1,379 ± 0,002, n_β 1,428 ± 0,005, n_γ 1,463 ± 0,002. Die Mittelwerte der jeweils nur unwesentlich untereinander abweichenden Bindungslängen u. -winkel sind: P—N 1,507 ± 0,017; P—F 1,514 ± 0,015 Å; NPN 122,7 ± 1,0°; PNP 147,2 ± 1,4°; FPF 99,9 ± 0,9; NPF 108,0 ± 1,0°. Bei tiefer Temp. existiert eine zweite Modifikation mit der gleichen Raumgurppe, die sich von der ersten lediglich durch Verdoppelung von c unterscheidet. A. BLASCHETTE. 195□

Elementarzelle und Raumgruppe von Quecksilber(II)-tellurat, Hg_3TeO_6. Olav H. J. Christie. (Acta crystallogr. [Copenhagen] **15.** 94—95. 10/1. 1962. Oslo, Mineral.-Geol. Museum.) (Engl.)

Hg_3TeO_6 (I) ist kub.-raumzentriert mit a_0 = 13,3921 ± 0,0013 Å; wahrscheinliche Raumgruppe P 4_1 3 2 oder P 4_3 3 2; die Punktgruppen 23, m 3, $\bar{4}$ 3 m u. m 3 m sind ebenfalls möglich. I kann nach HUTCHINS [1905] durch Umsetzung konz. wss., schwach saurer Lsgg. von K_2TeO_4 u. $Hg(NO_3)_2$ u. mehrere Wochen langes Aufbewahren des Nd. bei 80° bis zur vollständigen Kristallisation hergestellt werden. Auf Grund seiner kub. Symmetrie u. der großen Elementarzelle ist I als innerer Standard für Röntgenpulveranalysen hoher Genauigkeit geeignet. P. FRENZEL. 195□

Röntgen-Daten für das Chrom-Uran-System Cr_2O_3-2 UO_3. Deane K. Smith, Carl F. Cline und Donald E. Sands. (Nature [London] **192.** 861—62. 2/12. 1961. Livermore, Calif., Univ. of California, Lawrence Radiat. Labor.) (Engl.)

Cr_2O_3·2 UO_3, wie es BORCHARDT (vgl. Журнал Неорганической Химии [J. anorg. Chem.] **12.** [1959.] 113) eingehend beschrieben hat, wurde bei 1250° in Form goldbrauner, tafeliger Einkristalle u. Zwillingskristalle erhalten. Präzessionsaufnahmen von Einkristallen ergeben die Raumgruppe Pbcn mit der Pseudosymmetrie Cmcm: a = 4,857 ± 0,010 (Å); b = 11,692 ± 0,010; c = 5,074 ± 0,010; Z = 2; $D_{ber.}$ 8,36 g/cm³. Tabelle der d-Werte. ERNST SCHULTE. 195□

Die Kristallstruktur der Hexacyanochromate(III) zweiwertiger Metalle. Adolfo Ferrari, Maria Elenora Tani und Emanuele Morisi. (Acta crystallogr. [Copenhagen] **15.** 90. 10/1. 1962. Parma, Univ. of Parma, Inst. of Chem.) (Engl.)

Vff. stellten die Hexacyanochromate(III) zweiwertiger Metalle der allg. Formel $Me_3[Cr(CN)_6]_2$·6 H_2O her u. untersuchten ihre Strukturen mit Hilfe von Röntgenpulveraufnahmen. Die Verbb. haben die gleiche Struktur wie die Hexacyanoferrate(III), -cobaltate(III), -rhodate(III) u. -isidate(III) zweiwertiger Metalle; Raumgruppe O_h^5—F m 3 m oder T_d^2—F $\bar{4}$ 3 m; Z = 2. Die Gitterparameter betragen: (Me =) *Mn*: (a =) 10,836 ± 0,036 (Å); ($D_{berechnet}$) 1,798; *Fe*: 10,426 ± 0,031; 2,026; *Co*: 10,362 ± 0,012; 2,092; *Ni*: 10,352 ± 0,014; 2,096; *Cu*: 10,325 ± 0,020; 2,156; *Zn*: 10,601 ± 0,047; 2,007; *Cd*: 10,953 ± 0,030; 2,176. Die Gitterparameter nehmen vom Mn zum Cu ab, danach zu. Die unterschiedliche Anzahl H_2O-Moll. in den verschiedenen Unters.-Reihen werden auf den zeolith. Charakter der Verbb. zurückgeführt; aus allen Verbb. kann W. ohne Strukturänderung entfernt werden. Vff. nehmen an, daß $[Mn(CN)_6]^{3-}$ größenmäßig zwischen $[Cr(CN)_6]^{3-}$ u. $[Fe(CN)_6]^{3-}$ liegt. Die Größe dieser Ionen nimmt mit steigendem Atom-Gew. des Metallatoms ab. P. FRENZEL. 195□

Untersuchung der Kristallstruktur der Kristallhydrate von Salzen der Nebengruppenmetalle. 2. Mitt. **Struktur der $NiCl_2$·4 H_2O-Kristalle.** Je. W. Stroganow, I. I. Koshina, Ss. N. Andrejew und A. B. Koljadin. (Вестник Ленинградского Университета, Серия Физики и Химии [Nachr. Leningrader Univ.] **15.** Nr. **4.** [Ser. Physik Chem.] Nr. 1. 130—37. 1960.) (Russ.) — 1. vgl. Вестник Ленинградского Университета, Серия Физики и Химии [Nachr. Leningrader Univ.] **15.** Nr. **16.** [Ser. Physik Chem.] Nr. **3.** [1960.] 109.

Mit Hilfe der Projektion der PATTERSON-Funktion werden die Maxima der Koordinaten der Gitterpunkte von $NiCl_2$·4 H_2O in der tetragonalen Modifikation untersucht. Es handelt sich um eine Ionen-Verb. mit den Kationen $[Ni(H_2O)_6]^{2+}$ u. Ni^{2+} (ohne umgebende Wasser-Moll.) im Verhältnis 2 : 1, deren Formel $[Ni(H_2O)_6]_2NiCl_6$ zu schreiben ist. Der Abstand zwischen den Zentren der Ni-Ionen u. der Wasser-Moll. beträgt 2,13 Å. R. K. MÜLLER. 195□

Die Kristallstruktur von Kupfer(II)-acetat-Pyridin. G. A. Barclay und C. H. L. Kennard. (J. chem. Soc. [London] **1961.** 5244—51. Dez. Sydney, N. S. W., Australia, Univ., Dep. of Inorg. and Gen. Chem.) (Engl.)

$Cu(CH_3CO_2)_2$·C_5H_5N ist monoklin; a = 12,542 ± 0,010; b = 17,314 ± 0,010; c = 9,955 ± 0,005 Å; β = 96° 43′ ± 10′; Z = 8; D. (nach der Schwebe-Meth.) 1,62 ± 0,01 (g/cm³); $D_{ber.}$ 1,615; Raumgruppe C_{2h}^6—A 2/a. Die Kristallstruktur wurde durch dreidimensianale PATTERSON- u. FOURIER-Synth. ermittelt. Die Cu-Atome werden zu Paaren durch 4 Acetatgruppen zusammengehalten. Sie bilden eine Doppel-Moll. Cu_2·$(CH_3CO_2)_4$·2 C_5H_5N, ähnlich wie beim Kupfer(II)-acetatmonohydrat. Die Cu-Atome liegen um 0,22 Å außerhalb der Ebene von 4 O-Atomen u. haben kovalente Bindungen von 1,98 Å Länge. Das N-Atom eines Pyridin-Mol. ist mit dem Cu-Atom durch eine etwas gedehnte kovalente Bindung von 2,13 Å gebunden u. gibt dem Cu-Atom eine gestörte tetragonal-pyramidale Koordination. Der 6. „oktaedr." Platz wird von dem zweiten Cu eingenommen mit einer δ-Bindung (Cu–Cu-Abstand 2,63 Å). Das Doppel-Mol. als ganzes besitzt eine zweizählige Achse, die durch die Cu-Atome u. die Pyridin-Mol. führt. Die berechneten u. beobachteten Strukturamplituden sowie die Bindungsabstände u. -winkel sind tabelliert. Atomparameter: Cu (1); (x =) 0,2500; (y =) 0,0529; (z =) 0,0000.Cu (2); 0,2500; 0,2049; 0,0000. O (1); 0,3621; 0,1906; 0,1558. O (2); 0,1404; 0,1923; 0,1272. O (3); 0,1500; 0,0657; 0,1391. O (4); 0,3719; 0,0645; 0,1431. C (1); 0,4012; 0,1274; 0,1962. C (2); 0,1157; 0,1291; 0,1694. C (3); 0,2234; 0,3691; 0,1096. C (4); 0,2244; 0,4488; 0,1126. C (5); 0,0395; 0,1278; 0,2801. C (6); 0,4857; 0,1278; 0,3116. C (7); 0,3484; −0,1921; −0,0203. C (8); 0,3420; −0,1108; −0,0161. C (9); 0,2500; −0,2302; 0,0000. C (10); 0,2500; 0,4916; 0,0000. N (1); 0,2500; −0,0696; 0,0000. N (2); 0,2500; 0,3279; 0,0000. Die Anordnung der Moll. in der Elementarzelle sowie Bindungslängen u. -winkel sind in Abb. dargestellt. E. SCHULTE. 195☐

Kristallstruktur von Cu-N.N-Di-n-propyldithiocarbamat. 3. Mitt. **Bestimmung der Zeichen durch die Methode von Sayre und die Projektion von Fourier (hk0).** Giorgio Peyronel und Anna Pignedoli. (Ricerca sci. **29.** 1505—09. Juli 1959. Modena, Univ., Ist. di Chim. gen.) (Ital.) — 2. vgl. C. **1962.** 2284.

Mit der Meth. von SAYRE (C. **1954.** 6898) u. üblichen FOURIER-Synth. bis zu stationären Bedingungen wurden die Zeichen von 215 (h k 0)-Interferenzen für das Cu-N.N-Di-n-propyldithiocarbamat (A) bestimmt u. alle Atome des Mol. lokalisiert. A zeigt eine nicht genau planarquadrat. Koordination der 4 S-Atome um das Cu-Atom (Abb.) G. PLATZER. 195☐

Über die Struktur von Nickelschichten aus der Kathodenzerstäubung. H. Gärtner. (Z. Naturforsch. **16a.** 840. Aug. 1961. Darmstadt, TH, Phys. Inst.) (Dt.)

Vf. zeigt, daß die früher beobachtete scheinbar hexagonale Ni-Modifikation bei der Kathodenzerstäubung in N_2 (vgl. REIMER, C. **1960.** 382) ein Ni-Nitrid ist. Ni wird in spektralreinem N_2 sowie in techn. u. spektralreinem Ar zerstäubt u. die Struktur der abgeschiedenen Schichten mit Elektroneninterferenzen in Durchstrahlung untersucht. Die unter N_2 hergestellten Schichten liefern ein Diagramm, das sich eindeutig dem von TERAO u. BERGHEZAN (C. **1960.** 15324) festgestellten Ni-Nitrid zuordnen läßt. In techn. Ar, dessen Hauptverunreinigung N_2 ist, erhält man ebenfalls dieses Diagramm, allerdings mit sehr schwachen Überstrukturlinien, da nicht alle Zwischengitterplätze mit N-Atomen besetzt sind. In spektralreinem Ar erhält man das normale kub.-flächenzentrierte Ni-Gitter mit der Gitter-Konst. a = 3,52 Å. P. FRENZEL. 196☐

Die Schnellbestimmung der Orientierung von Aluminium-Einkristallen. 2. Mitt. **Das Lauesche Übertragungsverfahren.** Shiro Kohara. (Light Metals [Tokyo] **10.** Nr. 6 (45). 10—17. Nov. 1960. Tokyo, Univ., Aero. Res. Inst.) (Jap.; Auszug: Engl.) — 1. vgl. Light Metals [Tokyo] **10.** [1960.] Nr. 44. 24.

Man arbeitet mit niedrigerer Spannung als üblich, um nur einige der wichtigsten Reflexe, wie z. B. (1 0 0), (1 1 0), (1 1 1), (1 1 2), (1 1 3) u. (1 3 3) auf dem Röntgenfilm mit hinreichender Intensität zu erhalten. Dann kann die Best. der Orientierung des Kristalls erfolgen. Vf. erhielt Eichwerte für die (1 0 0)-, (1 1 0)- u. (1 1 1)-LAUE-Reflexe an Hand eines Al-Einkristalls. Daraus wurden Karten zur Identifizierung der Reflexe von LAUE-Photographien hergestellt. Diese Meth. ist auch anwendbar für die Best. der Orientierung anderer flächenzentrierter kub. Metalle. W. WESLY. 197☐

Untersuchung einer bei Atmosphärendruck instabilen festen Phase des Galliums. André Defrain. (Metaux **36.** 245—55. Juni 1960.) (Franz.) — Vgl. Metaux **36.** [1960.] 175.

Durch LAUE- u. Drehkristallaufnahmen konnte die Existenz der 1. c. festgestellten u. bei Atmosphärendruck instabilen festen Phase des Ga bestätigt werden. Die Phase besitzt eine Struktur, die von der des gewöhnlichen festen Ga verschieden ist. Ihre Symmetrie scheint niedrig zu sein. Gemessen wurde außerdem der elektr. Widerstand von fl. Ga u. der instabilen festen Phase. Es wurde gefunden, daß der Widerstand des fl. Ga bei -20^0 24,86 $\mu\Omega\cdot$cm beträgt, der der instabilen festen Phase bei der gleichen Temp. 9,63 $\mu\Omega\cdot$cm. Der Widerstand der stabilen Phase bei derselben Temp. ist 6,9 $\mu\Omega\cdot$cm. Schließlich wurde die Vol.-Änderung beim Übergang der fl. Phase in die feste instabile Phase bestimmt; es wurde eine Kontraktion von 0,0024 cm^3/g gemessen.

C. GOTTFRIED. 197

Einfluß der kristallographischen Orientierung auf die Korrosion metallischer Einkristalle. 2. Mitt. **Wismut.** A. La Vecchia und B. Rivolta. (Metallurgia ital.

52. 727—32. Nov. 1960. Milano, Politecn., Ist. di Chim. Fis. Elettrochim. e Metallurg.) (Ital.)

Vff. untersuchten das Korrosions-Verh. der nach (1 1 1), ($\bar{1}$ 1 0) u. (1 0 0) orientierten Bi-Einkristalle gegenüber folgenden Ätzmitteln: HNO_3; konz. HCl; 1%ig. methanol. Jod-Lsg.; Superoxol [1 (Teil) 30%ig. H_2O_2, 1 49%ig. HF + 4 W.]; Reagens nach DASH (1 HF, 3 HNO_3, 12 Essigsäure). Hierbei lieferten die (1 1 1)-Flächen dreieckige, parallel verlaufende Ätzbilder, die übrigen Flächen gerillte oder körnige Oberflächen (Abb.) A. SANDER. 197□

Gitterabstände in Thorium-Yttrium-Legierungen. D. S. Evans und G. V. Raynor. (J. nuclear Mater. [Amsterdam] 2. 209—15. Sept. 1960. Birmingham, Univ. of Birmingham, Dep. of Phys. Metallurgy.) (Engl.) — Vgl. C. **1961.** 10092.

Durch Lichtbogenschmelzen in reinem Ar werden aus Th nach VAN ARKEL u. spektroskop. reinem Y Th-Y-Legg. mit 0—100 Atom-% Y hergestellt, 14 Tage bei 1000° homogenisiert u. bei 750° angelassen. Die Gitterabstände werden aus Pulveraufnahmen bei 25° mit CuK_α-Strahlung ermittelt. Th ist kub. flächenzentriert mit $a = 5{,}0744 \pm 0{,}0002$ kX, das verwendete α-Y hexagonal dicht gepackt mit $a = 3{,}6441 \pm 0{,}0002$ (kX), $c = 5{,}7358 \pm 0{,}0004$. Zusätze von Th zu Y verringern a u. vergrößern die c-Werte, während Y-Zusätze den Gitterabstand von Th nur geringfügig beeinflussen. Aus den Gitterabständen folgt ein Zeiphasenbereich zwischen 49 u. 69 Atom-% Y, der auch metallograph. nachgewiesen wird. Da Abweichungen gegenüber den Werten von EASH u. CARLSON (Trans. Amer. Soc. Metals **52.** [1959.] 142) bestehen, ist anzunehmen, daß die dort angegebenen C- u. N-Verunreinigungen zu Veränderungen der Gitterparameter führten. HERBERT MÜLLER. 197□

Untersuchung über die geordneten Legierungen des Systems Gold-Mangan durch Elektronenbeugung. 2. Mitt. **Au_4Mn.** Denjiro Watanabe. (J. physic. Soc. Japan **15.** 1251—57. Juli 1960. Sendai, Tohoku Univ., Res. Inst. for Iron, Steel and Other Metals.) (Engl.) — 1. vgl. J. physic. Soc. Japan **15.** [1960.] 1030.

Durch Elektronenbeugung wird die geordnete Leg. Au_4Mn in Form orientierter Aufdampffilme untersucht. Unterhalb ca. 400° hat diese Leg. eine raumzentrierte tetragonale Elementarzelle, deren Vol. das 2,5fache der Ursprungszelle beträgt. Die Struktur ist nicht eine sog. Antiphasendomänenstruktur, sie ist mit Ni_4Mo isomorph; Raumgruppe I 4/m — C_{4h}^5. Der strukturelle Übergang zwischen geordneten Au_4Mn u. Au_3Mn sowie der Ursprung des Ferromagnetismus von Au_4Mn werden auf der Grundlage des vorgeschlagenen Strukturmodells diskutiert. G. RUBAN. 197□

Elastizitätskonstanten von Eisen von 4,2 bis 300° K. J. A. Rayne und B. S. Chandrasekhar. (Physic. Rev. [2] **122.** 1714—16. 15/6. 1961. Pittsburgh, Pa., Westinghouse Res. Labor.) (Engl.)

Nach der Ultraschall-Meth. (10 MHz) wurden die Nullfeld-Elastizitäts-Konst. von Fe bei Temp. von 4,2—300°K bestimmt. Extrapolation auf den abs. Nullpunkt ergab die Werte $C_{11} = 2{,}431 \pm 0{,}008$ ($\cdot 10^{12}$ dyn/cm²), $C_{12} = 1{,}381 \pm 0{,}004$, $C_{44} = 1{,}219 \pm 0{,}004$; aus der Gitter-Konst. $a = 2{,}86645$ Å bei 293°K wurde die Dichte des Fe zu 7,9240 g/cm³ bei 0°K errechnet. Der entsprechende Grenzwert der DEBYE-Temp. beträgt $\Theta_0 = 477 \pm 2$°K, die Wärmekapazität folgt der Beziehung $C = \gamma T + \beta T^3 + \alpha T^{3/2}$, worin der letzte Term den Spin-Wellen-Beitrag ausdrückt u. β durch Θ_0 aus den elast. Daten bekannt ist. Eine Näherung nach der Meth. der kleinsten Quadrate von $(C - \beta T^3)/T$ gegen $T^{1/2}$ ergibt $\gamma = (11{,}7 \pm 0{,}1) \cdot 10^{-4}$ cal/Mol Grad² u. $\alpha = (2 \pm 1) \cdot 10^{-5}$ cal/Mol Grad$^{3/2}$, wobei der so erhaltene Wert von α gut mit dem aus dem magnet. Beitrag zur spezif. Wärme (Spin-Wellen-Theorie) bei tiefen Temp. von $\alpha = 0{,}8 \cdot 10^{-5}$ cal/Mol Grad$^{5/2}$ übereinstimmt. Aus den Elastizitäts-Konst. bei Zimmer-Temp. wurde die Kompressibilität von Fe als $K = (5{,}95 \pm 0{,}02) \cdot 10^{-13}$ cm²/dyn ermittelt, was sehr gut mit den stat. Werten übereinstimmt. W. SOBIESKI. 200□

Anwendung der Theorie von Stroh auf den interkristallinen Kriechbruch. C. W. Weaver. (Acta metallurg. [New York] **8.** 343—44. Mai 1960. Maribyrnong, Australia, Australian Defence Sci., Defence Standards Labor.) (Engl.)

Es wird an Hand von Mikrographien von Nimonic-Legg. der 80 A-Type, in denen sich Mikrobrüche gebildet hatten, gezeigt, daß die von STROH (Proc. Roy. Soc. [London], Ser. A **223.** [1954.] 404) für Sprödbruch angegebene Formel auch bei interkristallinem Kriechbruch angewandt werden kann. F. VIER. 200□

U. A. Arifow, Wechselwirkung von Atomteilchen mit der Metalloberfläche. Taschkent: Verl. der Akad. der Wiss. der UsbekSSR. 1961. (323 S. m. Abb.) 1 Rbl. 60 Kop. [Russ.]

Alexander Frank Wells, Structural inorganic chemistry. 3rd edit. Oxford: Clarendon P. 1962. (XXVI + 1055 S. m. Abb., 5 Taf., Tab. u. Diagr.) 84 s.

A_7. Gleichgewichte. Kinetik

Potentiometrische Untersuchungen über Histamin und seine Metallchelate. 4. Mitt. Das Zink–Histaminchelat in wässeriger Lösung. P. Kivalo und R. von Schalien. (Suomen Kemistilehti B **35**. 7—10. 1962. Helsinki, Inst. of Technol., Labor. of Phys. Chem.) (Engl.) — 3. vgl. Suomen Kemistilehti B **33**. [1960.] 5.

Die logarithm. thermodynam. Stabilitäts-Konst. (log K) u. die pK-Werte der Zn-Histaminchelatkomplexe (1 : 1) bei 25, 37 u. 50° wurden in HNO_3-Lsg. bestimmt zu: 5,23 (log K), 4,528 (pK); 5,11, 4,280; 4,86, 4,188. ΔH^0 der Bldg. des 1 : 1-Komplexes beträgt —5,5 kcal (25°) u. ΔS^0 5 Entropieeinheiten (25°). CH. WEISKE. 223□

Untersuchungen über Koordinationsverbindungen. 19. Mitt. Bildungskonstanten einiger Metallderivate von ß-Triketonen. Hidehiko Kido und W. Conard Fernelius. (J. physic. Chem. **64**. 1927. Dez. 1960. University Park, Pa., Pennsylvania State Univ., Dep. of Chem.) (Engl.) — 18. vgl. Analytica chim. Acta [Amsterdam] **23**. [1960.] 116; 17. vgl. C. **1959**. **16961**.

Kurze Mitt. über Messungen der Dissoziations-Konst. von *1-Phenylhexantrion-(1.3.5)* (I) u. *1.5-Diphenylpentantrion-(1.3.5)* (II) in 75 Vol.-%ig. Dioxan bei 30° sowie der Bldg.-Konst. von I- u. II-Komplexen mit UO_2^{2+}, Cu^{2+}, Ni^{2+}, Co^{2+}, Zn^{2+} u. Cd^{2+} (Tabelle). Für I wird pK = 11,62 ± 0,03, für II pK = 11,90 ± 0,03 angegeben. I u. II sind einbasige Säuren und fungieren als zweizähnige Liganden. Die Stabilität der Metallkomplexe nimmt in der genannten Reihenfolge ab, wobei die schwächere Säure die stabileren Komplexe bildet. H. HOFMANN. 223□

Bestimmung der Stabilitätskonstanten des Wismut–DCTA-Komplexes. A. R. Selmer-Olsen. (Acta chem. scand. **15**. 2052. 1961. Blindern, Norway, Univ. of Oslo, Chem. Inst. A.) (Engl.)

Vf. bestimmte polarograph. die Zus. des Wismut(III)-1.2-Diaminocyclohexan-N.N'-tetraessigsäure (DCTA)-Komplexes zu 1 : 1 u. die Stabilitäts-Konst. zu $1,3 \cdot 10^{24}$ auf Grund einer Austausch-Meth. mit Cu^{2+}-Ionen. G. HELLER. 223□

Über die optische Bestimmung der Sättigungskonzentration wasserlöslicher, kristallisierter Substanzen. Rudolf Mosebach. (Z. Naturforsch. **16b**. 614—18. Sept. 1961. Gießen, Justus-Liebig-Univ., Inst. für Mineral. u. Petrol.) (Dt.)

Totalreflektometer u. Refraktometer sind bei Einhaltung bestimmter Bedingungen zur Messung des Brechungsquotienten der capillaren Fl.-Schicht zwischen aufgelöstem Kristall u. Glas-Vgl.-Körper geeignet. Wählt man als Auflage einen in W. lösl. Kristall u. als opt. Kontakt-Fl. W., so vermittelt die beobachtete Lichtbrechungsvariabilität der capillaren Fl.-Schicht in Abhängigkeit von der Zeit die quant. Kenntnis des Verlaufs der Lsg.-Rk. bis zur Sättigungskonzentration. Bei sinngemäßer Abwandlung der Vers.-Bedingungen können verschiedene Fragen des Gleichgewichts zwischen Kristallen u. capillaren Lsg.-Schichten untersucht werden. J. KRAETSCH. 224□

Eine theoretische Behandlung der Löslichkeit mehrwertiger Ampholyte, die andere Moleküle binden. Fred M. Snell und Esther B. Nielsen. (J. physic. Chem. **65**. 2015—18. Nov. 1961. Buffalo, N.Y., Univ. of Buffalo, Dep. of Biophys.) (Engl.)

Die die Löslichkeit mehrwertiger Ampholyte als Funktion des pH (Protonenassoziation) beschreibende Theorie von LINDERSTRÖM-LANG (Arch. Biochemistry **11**. [1946.] 191) wird auf Vorgänge ausgedehnt, die die Assoziation mit einem oder mehreren mol. Teilchen einschließen. P. SCHARNER. 224□

Löslichkeit und Komplexionenbildung von Silberchlorid in geschmolzenen Nitraten. R. A. Osteryoung, C. Kaplan und D. L. Hill. (J. physic. Chem. **65**. 1951—54. Nov. 1961. Troy, N.Y., Rensselaer Polytechn. Inst., Dep. of Chem.) (Engl.)

Es wurde die Löslichkeit von AgCl in geschmolzenen, äquimolaren KNO_3-$NaNO_3$-Gemischen als Lsgm. in Ggw. von überschüssigem KCl bei 280° untersucht. Die Ergebnisse werden unter der Annahme der Bldg. von undissoziiertem AgCl u. $AgCl^-_2$ in der Lsg. interpretiert. Für die Bldg.-Konst. $K_1 = [AgCl]/K_L$ u. $K_2 = [AgCl_2^-]/[AgCl][Cl^-]$ wurden die Werte 88 u. 7,3 ermittelt. Die Differenzen zwischen den konst. Werten des Ionen-Prod. von FLENGAS u. RIDEAL (Proc. Roy. Soc. [London] Ser. A **233**. [1956.] 443) u. den variablen Werten dieser Unters. werden dadurch erklärt, daß jene aus EMK-Messungen die Konz. der freien Ag^+-Ionen bestimmten, während hier die Löslichkeit aller Ag-Teilchen in Lsg. bestimmt wurde. P. SCHARNER. 224□

Hydrolyse eineinwertiger Salze in wäßrigen Lösungen. 1. Mitt. Hydrolyse von aus schwachen Säuren und schwachen Basen gebildeten, stark dissoziierten Elektrolytsalzen. Jack J. Bulloff. (Ohio J. Sci. **61**. 60—64. Jan. 1961. Columbus, Ohio, Battelle Mem. Inst.) (Engl.)

Für stark dissoziierte Salze, die aus schwachen Säuren u. schwachen Basen gebildet werden, konnte gezeigt werden, daß die nach der einfachen ARRHENIUS-Theorie abgeleiteten Hydrolysen-Konst. den gelösten Stoff in verd. Lsg. widersprechend u. unzureichend beschreiben. Die Regel von der Elektroneutralität der Lsg. kann vom Gesetz der Erhaltung der Materie abgeleitet u. damit eine einfache arithmet. Korrektur mit ausreichender Genauigkeit angebracht werden. G. TALSKY. 224□

Solventextraktion mit quartären Ammoniumhalogeniden. Arthur M. Wilson, Lillian Churchill, Kenneth Kiluk und Paul Hovsepian. (Analytic. Chem. **34.** 203—07. Febr. 1962. Detroit, Mich., Wayne State Univ., Chem. Dep.) (Engl.)

Vff. beschreiben die Extraktion von Metallionen durch in 1.2-Dichloräthan gelöste quart. Ammoniumhalogenide. Die Extraktion beruht auf Ionenassoziation der quart. Ammoniumionen mit den in konz. HCl- oder LiCl-Lsg. entstehenden labilen Chloroanionkomplexen des Fe^{3+}, Co^{2+}, Zn^{2+} u. Tl^{3+} bzw. mit den Anionen des Hf(IV), Ta(V) u. Mo(VI). Am Beispiel des Co untersuchen Vff. den Einfl. der Metallionen-Konz., der Kontaktzeit u. der Art des Ammoniumhalogenids mit folgenden Substanzen: Arquad 2 HT-75 (Gemisch aus 24% Dihexadecyl-, 75% Dioctadecyl- u. 1% Dioctadecenyldimethylammoniumchlorid, gelöst zu 75 Gew.-% in Isopropanol), Tetraheptylammoniumjodid, Hyamine 1622, Tetradecyldimethylbenzylammoniumchlorid, Hexadecyltrimethylammoniumbromid, Tetrabutylammoniumbromid, Trimethylphenylammoniumjodid u. Tetramethylammoniumchlorid. Der Verteilungs-Koeff. des Co-Ions hängt stark von der Art, Größe u. Form der organ. Gruppen ab. Bei gleicher Anzahl der C-Atome wirken kurze, sperrige aliphat. Gruppen u. bes. Benzylreste stärker als lange, geradkettige KW-Stoffe. Doch können Extraktionen von $>50\%$ Co nur durchgeführt werden, wenn der Verteilungs-Koeff. der quart. Ammoniumhalogenide selbst sehr groß ist. Bei einer C-Zahl von $n \geqq 24$ liegt der Verteilungs-Koeff. D_q bei 10^4, bei $n \leqq 19$ bei 10^{-4}. Die Ammoniumhalogenide können als fl. Anionenaustauscher aufgefaßt werden, da sie analog den Anionenharzaustauschern wirken. J. PETERS. 224□

Untersuchungen über Lösungsmittelextraktion unter Verwendung von radioaktiven Isotopen. 7. Mitt. **Lösungsmittelextraktion im System Antimon–Salzsäure.** Nobuo Suzuki. (J. chem. Soc. Japan, pure Chem. Sect. [Nippon Kagaku Zasshi] **81.** 437—40. März 1960. Sendai, Tôhoku-Daigaku, Rigakubu.) (Jap.; Auszug: Engl. S. A 30). — 6. vgl. Sci. Rep. Res. Inst. Tôhoku Univ., Ser. A **43.** [1959.] 152; 5. vgl. C. **1961.** 3931.

Die Extraktion von Sb mit organ. Lsgm. wird mit ^{124}Sb als Indicator untersucht. Sb(V) wird aus salzsauren Lsgg., deren Acidität >8n ist, mit Isoamylacetat (I) quant. extrahiert. Der Extraktionsgrad von Sb(V) in 6n HCl mit Essigester beträgt ca. 70%. Die Ggw. organ. Säuren, wie Oxal-, Citronen- oder Weinsäure, beeinflußt in allen HCl-Konz.-Bereichen den Extraktionsgrad nicht. Der Extraktionsgrad von Sb(III) in 2,5n HCl mit I beträgt ca. 40%; Sb(III) wird aus salzsauren Lsgg., deren Acidität höher als 8n ist, prakt. nicht extrahiert. Da Sn aus salzsauren Lsgg. mit I nur spurenweise extrahiert wird, kann Sb aus Gemischen mit Sn leicht durch Ausschütteln mit I abgetrennt werden. E. MAEKAWA. 224□

Synergetische Effekte bei der Solventextraktion der Actiniden. 2. Mitt. **Plutonium(VI) und Neptunium(V).** H. Irving und D. N. Edgington. (J. inorg. nuclear Chem. **20.** 314—20. Dez. 1961. Oxford, Inorg. Chem. Labor.) (Engl.) — 1. vgl. J. inorg. nuclear Chem. **15.** [1960.] 158.

Vff. untersuchen unter Verw. von ^{239}Pu u. ^{237}Np die Solventextraktion von Pu(VI) u. Np(V) aus salpetersaurer Lsg. in Mischungen von 1.1.1-Trifluor-3-[thenoyl-(2)]-aceton (TTA) u. Tri-n-butylphosphat (TBP) in Cyclohexan. Es wird festgestellt, daß der Extraktions-Koeff. für die Mischungen größer ist als für die einzelnen Komponenten allein. Die aus den $PuO_2(NO_3)_2$-Lsgg. extrahierten Verbb. sind $PuO_2X_2 \cdot TBP$ (HX = TTA), aus den NpO_2NO_3-Lsgg. wahrscheinlich $HNpO_2X_2 \cdot TBP$. Die Gleichgewichts-Konst. der einzelnen Rk. werden berechnet u. angegeben. U. SKURNIA. 224□

Synergetische Effekte bei der Solventextraktion der Actiniden. 3. Mitt. **Vierwertige Actiniden.** H. Irving und D. N. Edgington. (J. inorg. Nuclear Chem. **20.** 321—34. Dez. 1961.) (Engl.) — 2. vgl. vorst. Referat.

In Fortsetzung der l. c. mitgeteilten Arbeit untersuchen Vff. unter Verw. von ^{230}Th, ^{237}Np u. ^{239}Pu die Solventextraktion der 4wertigen Actiniden aus salpetersaurer Lsg. in Mischungen von 1.1.1-Trifluor-3-[thenoyl-(2)]-aceton (TTA) u. Tri-n-butylphosphat (TBP) oder Tri-n-butylphosphinoxid (TBPO) in Cyclohexan. Die Extraktions-Koeff. sind wie bei l. c. für bestimmte Mischungen größer als für die einzelnen Komponenten allein. Im Falle des Th bewirkt in Ggw. von TTA die Zugabe von TBP die Verdrängung von komplex gebundenen Liganden-Moll. u. es wird eine Mischung von ThX_4, $ThX_3(NO_3) \cdot TBP$ u. $ThX_2(NO_3)_2 \cdot 2\,TBP$ (HX = TTA) extrahiert. Bei Verw. der Mischungen von TTA u. TBPO ist die Verdrängung des im Chelat gebundenen TTA noch größer; die extrahierbare Verb. ist $ThX(NO_3)_3 \cdot TBPO$. Für die Extraktion von Pu(IV) u. Np(IV) mit Mischungen von TTA u. TBP scheinen nur die Verbb. MX_4 u. $MX_2(NO_3)_2 \cdot TBP$ (M = Np oder Pu) maßgebend zu sein, wogegen es mit Mischungen von TTA u. TBPO die Verbb. $MX_2(NO_3)_2 \cdot 2\,TBPO$, $MX_3(NO_3) \cdot TBPO$ u. MX_4 sind. Die einzelnen Gleichgewichts-Konst. werden berechnet u. ihre Bedeutung diskutiert. Die synerget. Effekte bei den 4wertigen Actiniden scheinen von ihrer Fähigkeit, die Koordinationszahl 8 zu erreichen, abzuhängen. U. SKURNIA. 224□

Mechanismus der Oxydationsreaktionen von Brom. 2. Mitt. **Kinetik der Reaktion zwischen Brom und Ammoniak.** K. C. Grover und R. C. Mehrotra. (Z. physik. Chem. [Frankfurt/M.] [N. F.] **14.** 357—60. März 1958. Lucknow, Lucknow Univ., Chem. Labor.) (Engl.) — 1. vgl. C. **1962.** 8933; 3. vgl. C. **1959.** 12184.

Es wurde die Kinetik der Rk. zwischen Br_2 u. NH_3 untersucht. Die Rk. verläuft im pH-Bereich 2—6 nach einem Geschw.-Gesetz 2. Ordnung. Mit steigendem pH-Wert nimmt die bimol. Geschw.-Konst. zu, erreicht aber kein Maximum, sondern steigt stetig bis zu einem pH-Wert von 13,4 an. Bei der Rk. von Br_2 mit NH_3 ist also das BrO^--Ion u. nicht die undissoziierte Säure das eigentliche Oxydationsmittel.

G. M. NEUMANN. 225□

Die Auflösung von Stahl im System NH_4NO_3—NH_3—H_2O. J. D. Goodrich und Norman Hackerman. (J. electrochem. Soc. **108.** 1092—97. Dez. 1961. Austin, Tex., Univ. of Texas, Dep. of Chem.) (Engl.)

Vff. untersuchen die Auflösung von verschiedenen Stahlsorten u. zonengeschmolzenem Fe im Syst. NH_4NO_3–NH_3–H_2O (66,4, 14,3 bzw. 19,3 Gew.-%) bei 30° u. erhalten Auflösungs-Geschw. (AG) von fast Null bis angenähert 30000 mdd. Die verschiedenen AG hängen nicht von der Korngröße oder dem Rauhigkeitsfaktor ab, sondern wahrscheinlich von der Menge oder Verteilung der Nebenbestandteile im Stahl. Die AG wird durch mechan. Beanspruchung u. Abschrecken mit W. von 1000° erhöht. Die Abhängigkeit der AG von der Temp., der NH_3-, NH_4^+-, NO_3^--Konz., vom pH-Wert u. der Mikrostruktur wird erörtert. Die Red. führt z. T., wenn nicht ganz, vom Nitrat zum Nitrit. Das entstehende, häufig nicht festhaftende Korrosions-Prod. stellt keine Schutzschicht dar. Es scheint sich um ein hydratisiertes oder NH_3-haltiges Fe-Hydroxid zu handeln. Vff. nehmen an, daß sich auf der Oberfläche zunächst ein stabiler Fe–NH_3-Übergangskomplex bildet, der weitere NH_3-Moll. koordinativ bindet u. schließlich von der Oberfläche wegdiffundiert. Die Oxydation scheint bzgl. NH_3 u. NH_4^+ 1. Ordnung zu sein, die scheinbaren Aktivierungsenergien A* deuten auf einen durch die Aktivierung bestimmten Vorgang. Niedrigere Werte von A* für bestimmte Stahlsorten sowie ähnliche Werte in verd. NO_3^--Lsgg. weisen auf die Diffusion als geschwindigkeitsbestimmenden Vorgang hin. Die Aktivierung überwiegt oberhalb eines bestimmten Grenzwertes der Konz. aller vorhandenen Teilchenarten, unterhalb dieses Wertes ist die Diffusion bestimmend.

P. FRENZEL. 225□

Die Kinetik der Zersetzung von Stannan an einer Zinnoberfläche. S. F. A. Kettle. (J. chem. Soc. [London] **1961.** 2569—72. Juni. Cambridge, Univ., Chem. Labor.) (Engl.)

Vf. untersucht in einem stat. Syst. die Kinetik der Zers. von SnH_4 zwischen +50 u. —50° an einer Sn-Oberfläche. Die Zers.-Rk. ist bzgl. SnH_4 bei Temp. $> -10°$ von 1. Ordnung, während bei niedrigeren Temp. abweichende, von den besonderen Vers.-Bedingungen abhängige Resultate erhalten werden. Diese Anomalien können auf das Auftreten der grauen Modifikation des Sn auf der katalyt. wirksamen Oberfläche zurückgeführt werden. O_2 zeigt bei einem Partialdruck von ca. $5 \cdot 10^{-4}$ mm eine maximale katalyt. Wrkg. (3—4fache Erhöhung der Zers.-Geschw.), während bei ca. 1 mm Druck die Zers. von SnH_4 durch O_2 vollständig unterdrückt wird. J. KRAETSCH. 225□

Die Kinetik der Entwässerung von Kristallhydraten. 2. Mitt. I. G. Murgulescu und E. I. Segal. (Studii Cercetări Chim. [Bucureşti] **7.** 21—33. 1959. Bucureşti, Univ. C. I. Parhon, Labor. de chim.-fiz.) (Rum.)

Mit einer MCBAINschen Waage werden die Gew.-Verluste von $ZnSO_4 \cdot 7\,H_2O$ (**I**), $CoCl_2 \cdot 6\,H_2O$ (**II**) u. $MnCl_2 \cdot 4\,H_2O$ (**III**) bei 308, 316 u. 329° K im Vakuum ($2{,}5 \cdot 10^{-1}$ mm Hg) kinet. verfolgt. Die Entwässerung von I erfolgt in 2 Stufen, zuerst zum Tetra-, dann zum Monohydrat. In der Gleichung $\log k = a - (b/4{,}573\,T)$ sind die Werte für die 1. Stufe a = 1,18, b = 5820, für die 2. Stufe a = 4657, b = 8290. **II** u. **III** werden zu den Dihydraten entwässert. Bei **II** ist a = 1,75, b = 6420, bei **III** a = 1,776, b = 6830. Die Geschw.-Konst. der Rkk. sind proportional der 2/3-Potenz der Kristallmasse, also ihrer Oberfläche. Die Aktivierungsenergien (nach ARRHENIUS berechnet) sind klein.

R. K. MÜLLER. 225□

Thermogravimetrische Untersuchungen. 2. Mitt. **Thermische Stabilität und Kinetik der Dehydratisierung von einigen 8-Chinolincarboxylaten zweiwertiger Metalle.**

Paavo Lumme. (Suomen Kemistilehti B **32.** 237–40. 1959. Helsinki, Univ., Dep. of Preliminary Chem.) (Engl.) — 1. vgl. Suomen Kemistilehti B **32.** [1959.] 198.

Die Pyrolysekurven der 8-Chinolincarboxylate von *Cu(II)*, *Zn(II)*, *Cd(II)*, *Pb(II)*, *Co(II)* u. *Ni(II)* werden beschrieben u. diskutiert. Die Zers.-Temp. der wasserfreien Chelate zeigen keine klare Korrelation mit den Atom-Eigg. der Metalle. Die Dehydrierung der hydrierten Chelate wird kinet. untersucht; die Resultate werden diskutiert.

Versuche: *Kupfer-8-chinolincarboxylattrihydrat* (**I**), durch Zugabe von verd. NaOH zur Lsg. von äquivalenten Mengen $CuCl_2$ u. Chinolincarbonsäure-(8), 3 Wochen an der Luft u. 2 Tage über Silicagel trocknen; hellblaues Pulver. — *Kobalt-8-chinolincarboxylatdihydrat*, rotes oder orangefarbenes Pulver, analog **I**. — *Nickel-8-chinolincarboxylatdihydrat*, hellgrünes Pulver, analog **I**. — $(C_{10}H_6NO_2)_2Zn(C_{10}H_7NO_2)_2$, durch Verdampfen einer Lsg. von $ZnCl_2$ u. 8-Chinolincarbonsäure (1 : 2) u. NaOH (80% der zur Neutralisation erforderlichen Menge), Kühlen, Filtrieren u. Trocknen an der Luft; farblose Kristalle. W. HAMPEL. 225□

Thermogravimetrische Untersuchungen. 3. Mitt. **Thermische Stabilität und Kinetik der Dehydratisierung einiger 2-Pyridincarboxylate von zweiwertigen Metallen.** Paavo Lumme. (Suomen Kemistilehti B **32.** 241–44. 1959.) (Engl.) — 2. vgl. vorst. Referat.

Es werden die Pyrolyse-Rkk. von *Cu*-2-Pyridincarboxylatmonohydrat u. *Co*-, *Ni*- u. *Zn*-2-Pyridincarboxylattetrahydrat untersucht. Die Dehydratisierungs-Rk. verläuft zwischen 73 u. 263°, während die Zers. zwischen 300 u. 650° erfolgen. Die Thermostabilitätsreihenfolge wird mit Co > Ni > Zn > Cu angegeben. Die Rk.-Ordnungen u. die Aktivierungsenergie der Dehydratisierungs-Rkk. werden berechnet u. dikutiert. Die Darst. der 2-Pyridincarboxylate erfolgt nach der Vorschrift von LUMME (C. **1961.** 7144). W. HAMPEL. 225□

Die Ordnung als Funktion von kinetischen Anfangsgrößen heterogener Systeme. Beispiel der thermischen Zersetzung von Kupfer(II)-bromid. Pierre Barret und René Perret. (C. R. hebd. Séances Acad. Sci. **245.** 903–05. 26/8. 1957. (Franz.) — C. **1958.** 11746.) G. KRIEN. 225□

Untersuchungen über die thermische Zersetzung von festen Körpern. 3. Mitt. **Geschwindigkeit der thermischen Zersetzung von Magnesit.** Hidehisa Hashimoto, Eiji Ozawa und Fumio Miyagi. (J. chem. Soc. Japan, ind. Chem. Sect. [Kōgyō Kagaku Zasshi] **63.** 780–85. Mai 1960. Matudo, Tiba-Daigaku-Kôgakubu.) (Jap.; Auszug: Engl. S. A41.) — 2. vgl. C. **1962.** 8903.

Magnesit aus Indien zersetzt sich beim Erhitzen im Vakuum schneller als in Ggw. von Gasen u. die Zers.-Geschw. kann gemäß $d\alpha/dt = k(1 - \alpha)^m$ angegeben werden, wo bes. m ca. 2/3 ist. In Ggw. von Luft, CO u. CO_2 wird die Zers. in dieser Reihenfolge zunehmend stark unterdrückt, während die Zers. unter Zusatz von Wasserdampf oder H_2 stark beschleunigt wird. Die beschleunigende Wrkg. wird auch in den Gemischen mit CO_2 beobachtet u. nimmt mit steigendem partiellem Druck von Wasserdampf oder H_2 zu. Die scheinbare Aktivierungsenergie der Zers. wird jedoch durch Zusatz von Wasserdampf oder H_2 nicht beeinflußt. Vff. nehmen an, daß der zugesetzte Wasserdampf oder das durch Einw. von H_2 gebildete W. die Kristallisation von MgO an der Magnesitoberfläche beschleunigt u. daß das Abgasen des durch therm. Zers. entwickelten CO_2 infolgedessen leichter wird. E. MAEKAWA. 225□

Harry Hall Sisler, Chemistry in non-aqueous solvents. New York: Reinhold. 1961 (119 S.) $ 1,95.

A₈. Präparative anorganische Chemie. Komplexverbindungen. Metallorganische Verbindungen

Verwendung von Paraffinöl bei der Herstellung von schwerem Ammoniak aus Magnesiumnitrid. Inge Melczynski. (Angew. Chem. **74.** 32. 7/1. 1962. Berlin-Dahlem, MPG, Fritz-Haber-Inst.) (Dt.)

Bei der Darst. größerer Mengen ND_3 hat es sich als vorteilhaft erwiesen, D_2O auf eine Suspension von Mg_3N_2 in Paraffinöl (I) einwirken zu lassen.

Versuche: Zu 125–150 g Mg_3N_2 in 500–600 ml **I** wird unter Rühren D_2O zugetropft. Das Schäumen der sich erwärmenden Suspension wird durch Bedecken mit hohlen Glaskugeln (∅ 2–3 cm) eingeschränkt. D_2O-Dampf wird durch einen Rückflußkühler u. Kühlfallen (–25°) aufgefangen, PH_3 mit einem red. NH_3-Katalysator entfernt, ND_3 durch fl. Luft auskondensiert. A. BLASCHETTE. 243□

Über die Darstellung reiner Flußsäure. A. Ostaszyński und Z. Plasek. (Bull. Acad. polon. Sci., Cl. III **5.** 523–26. 1957. Warsaw, TU, Dep. of Org. Technol.; Polish Acad. of Sci., Inst. of Org. Synth.) (Engl.)

Zur Reinigung von HF wird entsprechend dem Geh. an H_2SO_4 u. H_2SiF_6 techn. $BaCO_3$ zugesetzt, in Cu-Gefäßen ½ Std. gerührt u. bei 111–112° mit 92% Ausbeute 45–47% ig. reines HF abdestilliert. Der Geh. an Si ist $<2\gamma$ u. an Cl^- $<100\gamma$; H_2SO_4, SO_2, S, B werden nicht gefunden. G. KRIEN. 246□

Eine geeignete Methode zur Darstellung von Chlor-(^{36}Cl) aus Chlorwasserstoffsäure-(^{36}Cl): Zersetzung von Palladium(II)-chlorid-(^{36}Cl). I. C. McNeill. (J. chem. Soc. [London] **1961.** 639–41. Febr. Durham, Univ. of Durham, Londonderry Labor. for Radiochem.) (Engl.)

Bei der therm. Zers. von $PdCl_2$ bei ca. 600° wird quant. Cl_2 gebildet. Durch Auflösen von $PdCl_2$ in wss. $H^{36}Cl$, vorsichtiges Eindampfen zur Trockne u. Zers. des $PdCl_2$-Rückstandes im Vakuum kann $^{36}Cl_2$ in 97–99% ig. Ausbeute in gewünschter Menge erhalten werden; seine spezif. Aktivität entspricht dem auf Grund der eingesetzten Mengen an $PdCl_2$ u. $H^{36}Cl$ zu erwartenden Wert. A. BLASCHETTE. 247□

Ein Beitrag zur Kenntnis des Schwefeldioxid-Hydrates. A. Simon und A. Pischtschan. (Z. anorg. allg. Chem. **313.** 281–89. Dez. 1961. Dresden, Sächs. Akad. der Wiss. zu Leipzig, Forsch.-Stelle Dresden; TH, Inst. für anorg. u. anorg.-techn. Chem.) (Dt.)

Es wird der Beweis erbracht, daß das aus fl. SO_2 auskristallisierende, bisher als $SO_2 \cdot H_2O$ angesehene (WICKERT, Z. anorg. allg. Chem. **239.** [1938.] 90) Hydrat (**Ia**) mit dem bekannten, aus wss. SO_2-Lsg. zu gewinnenden $SO_2 \cdot 6\,H_2O$ (**Ib**) ident. ist. Für **Ia** wird eine verbesserte Darst.-Meth. beschrieben. Die analyt. Best. der beiden Komponenten ergab für **Ia** u. **Ib** übereinstimmend die Zus. $SO_2 \cdot 6\,H_2O$. Eintragen von **Ia** oder **Ib** in äther. Diazomethan-Lsg. führt in lebhafter Rk. zu N_2-Entw. u. Abscheidung von amorphem S; abs. wasserfreies SO_2 reagiert analog, während mit sehr verd. wss. SO_2-Lsg. Dimethylsulfit gebildet wird. Hieraus wird gefolgert, daß weder in **Ia** noch in **Ib** eine Verb. mit aciden H-Atomen vorliegt, daß es sich vielmehr um ein echtes Gashydrat handelt. Die Identität von **Ia** u. **Ib** ergibt sich aus dem tensimetr. Abbau; die Dampfdruckkurven decken sich über den weiten vermessenen Temp.-Bereich (–34 bis +3°). A. BLASCHETTE. 253□

Asymmetrisch substituierte Borazole und einige ihrer bicyclischen Derivate. M. F. Lappert und M. K. Majumdar. (Proc. chem. Soc. [London] **1961.** 425. Nov. Manchester, Univ., Fac. of Technol., Chem. Dep.) (Engl.)

Äquimolare Mengen von Tris-[diäthylamino]-triäthylborazol [**Ia**, X = X′ = X″ = $N(C_2H_5)_2$, R = C_2H_5] u. $C_2H_5NH_2$ reagieren fast quant. zu **Ib** [X = NHC_2H_5, X′ = X″ = $N(C_2H_5)_2$, R = C_2H_5] u. $(C_2H_5)_2NH$ (**II**). **Ib** ist ein reines, asymm. Borazol, wie

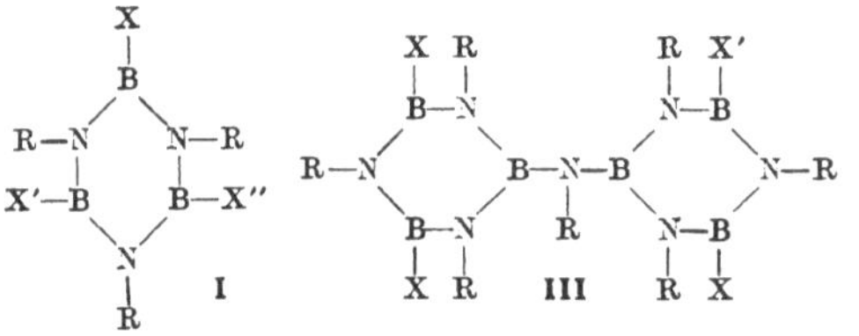

I III

aus den physikal. Eigg., dem IR-Spektrum u. seiner Umwandlung in **III** [X = $N(C_2H_5)_2$, X′ = NHC_2H_5, R = C_2H_5] durch 9½ std. Thermolyse bei 900° folgt. Weitere asymm. Borazole wurden durch partielle Aminolyse oder Alkoholyse geeigneter symm. Verbb. erhalten, so **Ic** [X = NHC_2H_5, X′ = X″ = $N(C_2H_5)_2$, R = H], **Id** [X = $N(C_2H_5)_2$, X′ = X″ = tert.-C_4H_9O, R = H], **Ie** (X = n-C_4H_9O, X′ = X″ = NHC_2H_5, R = C_2H_5). Bei der Dest. von **Ic** entsteht unter Abspaltung von **II** ein festes weißes Polymerisat. **Id** wurde in guter, **Ie** nur in geringer Ausbeute erhalten, da die Alkoholyse der Verb. mit X = X′ = X″ = NHC_2H_5 u. R = C_2H_5 in einer Neben-Rk. zu (n-C_4H_9O)$B(NHC_2H_5)_2$ führt. **Id** reagiert mit tert.-Butanol zu Tris-[tert.-butoxy]-borazol (X = X′ = X″ = tert.-C_4H_9O, R = H), **II** u. wenig (tert.-C_4H_9)$_3$B. A. BLASCHETTE. 258□

Darstellung von Trisilylphosphin. E. Amberger und H. Boeters. (Angew. Chem. **74.** 32–33. 7/1. 1962. München, Univ., Inst. für Anorg. Chem.) (Dt.)

Bei langsamem Erhitzen eines äquimolaren Gemisches von SiH_3Br u. KPH_2 in zunächst eingefrorenem $(CH_3)_2O$ von –120 auf –40° wird in 55% ig. Ausbeute $P(SiH_3)_3$ (**I**) erhalten. Äther, PH_3 u. SiH_3Br werden durch Hochvakuum-Dest. abgetrennt. **I** ist bei 20° eine farblose, bei Luftzutritt sich spontan entzündende Fl., deren Dampfdruck zwischen –30 u. +11° durch $\log p[\text{Torr}] = -(1901{,}8/T) + 7{,}792$ gegeben ist; die molare Verdampfungsenthalpie beträgt 8697 cal/Mol, der extrapolierte Kp. 114°. Die IR-Absorptionsfrequenzen sind angegeben. A. BLASCHETTE. 264□

Einfaches Darstellungsverfahren für Dialkylphosphorhalogenide R_2PCl_3 und R_2PBr_5. W. Kuchen und K. Strolenberg. (Angew. Chem. **74.** 27–28. 7/1. 1962. Aachen, TH, Inst. für Anorg. Chem. u. Elektrochem.) (Dt.)

Durch Rk. von $R_2P(S)-P(S)R_2$ (I) mit Cl_2 in CCl_4 nach I + Cl_2 → 2 $R_2P(S)Cl$ (II), 2 II + 4 Cl_2 → 2 R_2PCl_3 + 2 SCl_2 wurden *Dialkylphosphortrichloride* (III) in Ausbeuten von ca. 80% erhalten. Die prim. entstehenden Verbb. II (*Dialkylphosphorthiochloride*) konnten unter geeigneten Bedingungen abgefangen werden. III sind farblose, kristalline, an der Luft zerfließende, unter Feuchtigkeitsausschluß bei 20° beständige Stoffe. Bei 55° ($R = C_3H_7$) bzw. >65° ($R = C_2H_5$) erfolgt Zers., vermutlich nach III → $RPCl_2$ + RCl. Mit W. tritt augenblicklich Hydrolyse zu $R_2P(O)OH$ u. HCl ein. Verss., analog R_2PBr_3 herzustellen, führten auch bei Variierung des molaren Verhältnisses I : Br_2 zu R_2PBr_5 (IV; Ausbeute ca. 80%); $(C_2H_5)_2PBr_5$, F. 103,5°, u. $(C_3H_7)_2PBr_5$, F. 87,5°, bilden orangerote, unzersetzt schm. Nadeln, die durch W. rasch nach IV + 2 H_2O → $R_2P(O)OH$ + 3 HBr + Br_2 hydrolysiert werden. Die gute Löslichkeit von III u. IV in polaren Lsgm. sowie die Ergebnisse von Leitfähigkeitsmessungen in DMF lassen auf eine ion. Struktur gemäß $[R_2PCl_2]^+ \cdot [R_2PCl_4]^-$ bzw. $[R_2PBr_2]^+Br_3^-$ schließen.
A. BLASCHETTE. 264□

Einige Verbindungen des Tetramethylphosphoniumions, $(CH_3)_4P^+$. Eustache Gryszkiewicz-Trochimowski, Charles Monard, Jean Quinchon und Maryvonne Le Sech. (Bull. Soc. chim. France **1961.** 2408—10. Dez. Vert-le-Petit, Seine-et-Oise, Centre d'Etudes du Bouchet.) (Franz.)

Ausgehend von *Tetramethylphosphoniumchlorid* (I) wird die Darst. des entsprechenden *Chloromercurats, Perchlorats, Reineckats, Pikrats* (II), *Chloroplumbats, -platinats-, -aurats* u. *Bromoaurats* beschrieben. Die IR-Spektren dieser Salze werden diskutiert.

Versuche: $(CH_3)_4PCl$ (I), F. 396—397°, Reinigung durch Bldg. von II, Umkristallisieren aus W., Rk. mit heißem konz. HCl, Abzentrifugieren der Pikrinsäure, Extrahieren der Lsg. mit Ae., Reinigen mit Aktivkohle u. Eindampfen im Vakuum; weißes, hygroskop. Pulver, Löslichkeit in W. >50%, in A. >25%, unlösl. in Chlf., Bzl., Ae., Aceton. — $(CH_3)_4PCl \cdot 2\,HgCl_2$, F. 249—252° (Zers.), aus heißen wss. Lsgg. von I u. $HgCl_2$; lange Nadeln. — $(CH_3)_4PClO_4$, F. ca. 370°, aus konz. wss. Lsgg. von I u. $HClO_4$; dicke Nadeln; explodiert wenig oberhalb des F.; unempfindlich gegen Schlag. — $(CH_3)_4P[Cr(NH_3)_2(SCN)_4]$, aus 1,7 g $NH_4[Cr(NH_3)_2(SCN)_4]$ u. 0,7 g I in warmem W.; rotviolettes, unschmelzbares Pulver; 1,8 g. — $(CH_3)_4POC_6H_2(NO_2)_3$ (II), F. 328—330° (Zers.), aus wss. Lsgg. von I u. Pikrinsäure; dünne, orangegelbe Nadeln. — $[(CH_3)_4P]_2 \cdot PbCl_6$, Zers. bei ca. 250°, aus H_2PbCl_6 in wss. HCl u. einer konz. Lsg. von I; grünlichgelbes Pulver; mit W. Zers. zu PbO_2. — $(CH_3)_4PAuCl_4$, aus I u. $AuCl_3$ in wss. Lsg.; mkr. gelbe Nadeln; zersetzt sich ohne zu schmelzen. — $(CH_3)_4PAuBr_4$, analog vorst. Verb.; dunkle, rotbraune Kriställchen. — $[(CH_3)_4P]_2PtCl_6$, aus wss. Lsgg. von I u. $PtCl_4$; orangefarbene Kriställchen.
A. BLASCHETTE. 264□

Über metallorganische Derivate des Acetylens. 5. Mitt. **Acetylenverbindungen mit aliphatisch substituiertem Antimon.** Hellmut Hartmann und Günter Kühl. (Z. anorg. allg. Chem. **312.** 186—94. Nov. 1961. Braunschweig, TH, Anorg.-chem. Inst.) (Dt.) — 4. vgl. Z. anorg. allg. Chem. **299.** [1959.] 174; 3. vgl. C. **1958.** 1510.

Es wird über Darst. u. Eigg. aliphat. substituierter Sb-Derivv. des Acetylens (I) der allg. Formeln $R_2SbC{\equiv}CSbR_2$ u. $R_2Sb{\equiv}CH$, sowie der Ausgangsstoffe der allg. Formel R_2SbX (X = Halogen) berichtet. Die Darst. von R_2SbX gelingt 1. durch die Rk. von Sb mit RX nur bei Verw. von CH_3J; 2. durch therm. Spaltung von R_3SbX_2 unter vermindertem Druck; 3. durch partielle Alkylierung von $SbCl_3$, wenn sich 3 R-Gruppen an Sb durch ster. Hinderung ausschließen. Die Verb. R_3SbBr_2 sind gegen W. beständig, wenn R = CH_3, C_2H_5 u. iso-C_3H_7 ist; von Tricyclohexylantimondichlorid (II) wird von W. ein Cl^- abgespalten u. es entsteht $(C_6H_{11})_3Sb(OH)Cl$, F. 203°; durch Erhitzen in Bzl. mit konz. HCl entsteht wieder II. Durch Bromieren von $(C_2H_5)_3Sb$ entsteht eine Verb. (aus CH_3OH gelbe Nadeln, F. 143,5°), für die die Formel $[C_2H_5 \cdot SbBr]^+[(C_2H_5)_3SbBr_3]^-$ angenommen wird. Die Darst. monosubstituierter I-Verb. eines metallorgan. Restes gelingt auf direktem Wege, wenn die Rk. von R_2SbX u. $NaHC_2$ nicht in NH_3, sondern in Tetrahydrofuran (THF) durchgeführt wird. Je nach den Rk.-Bedingungen entstehen mono- u. disubstituierte I-Verb. in wechselndem Verhältnis. Es handelt sich dabei um mehr oder weniger viscose, farblose, in Bzl., PAe., Chlf., CCl_4, Ae., Aceton u. CH_3OH lösl., in W. unlösl. Öle; nur $[(tert.\text{-}C_4H_9)_2Sb]_2C_2$ (III) ist krist., $[(CH_3)_2Sb]_2C_2$ ist in A. weniger gut, in CH_3OH schwer löslich. Die monosubstituierten Verbb. weisen IR-Absorptionsbanden bei 3300 cm^{-1} (≡C—H) u. 2000 cm^{-1} (—C≡CH) auf. In der Kälte spaltet wss. KOH, beim Erhitzen W. oder wss. HCl langsam I ab; mit Ag^+ u. Cu^+ werden sofort die Acetylide gefällt. Bei Einw. von H_2O-haltigem Aceton auf III wird eine I-haltige Sb-Verb. erhalten, bei der offenbar je 1 tert.-Butylgruppe an Sb durch —OH ersetzt ist: $R(OH)Sb-C{\equiv}C-Sb(OH)R$. Alle dargestellten Sb-I-Verbb. sind O-empfindlich; bei Oxydation mit H_2O_2 in Aceton entstehen unter I-Abspaltung krist. Verbb. der Brutto-Zus. R_2SbOOH; sie scheinen trimer zu sein;

es sind keine Säuren. In Ae. steht $R_2Sb-C\equiv C-SbR_2$ u. S mit der nicht O-empfindlichen Verb. $R_2Sb(S)-C\equiv C-Sb(S)R_2$ vermutlich im Gleichgewicht; beim Vers. einer Isolierung spaltet es S ab. $(CH_3)_2Sb-C\equiv C-Sb(CH_3)_2$ bildet mit CH_3J die bei H_2O-Ausschluß haltbare, salzartige Verb. $[(CH_3)_2Sb(CH_3)-C\equiv C-Sb(CH_3)_2]J^+$ (Zers. bei 110°); die entsprechenden Äthyl- u. Isopropyl-Verbb. nehmen 2 CH_3-Gruppen auf u. bilden die an feuchter Luft beständigen Verbb. $[(CH_3)(C_2H_5)_2Sb-C\equiv C-Sb(C_2H_5)_2\cdot(CH_3)]J_2$ (F. 114°) u. $[(CH_3)(iso\text{-}C_3H_7)_2Sb-C\equiv C-Sb(iso\text{-}C_3H_7)_2(CH_3)]J_2$ (F. 108°). Die Verbb. $R_2Sb-C\equiv CH$ bilden ebenfalls CH_3-Deriv., wenn R kein größerer Rest ist; sie sind sehr unbeständig u. gehen unter I-Abgabe in $[R_3(CH_3)Sb]J$ über.

Versuche: $(CH_3)_3SbBr_2$ (**IV**); F.: Zers.; farblose Kristalle; $SbCl_3$ wird grignardiert, das Rk.-Gemisch mit konz. NH_4Cl-Lsg. behandelt u. Ae. u. $Sb(CH_3)_3$ abdest.; anschließend wird bei 0° mit Br_2 bromiert; 69,5% (Ausbeute). — $(CH_3)_2SbBr$, Kp.$_{90}$ 107°; durch Erhitzen von **IV** bei 90 Torr auf 180°; gelbe Fl.; 60,5%. — $(C_2H_5)_3SbBr_2$, Kp.$_{23}$ 167 bis 169°, farbloses Öl; analog **IV**; nach der Bromierung wird mit konz. NH_4Cl-Lsg. behandelt, die Phasen werden getrennt u. destilliert. — $(C_2H_5)_2SbBr$ (**V**), Kp.$_{15}$ 78—80°; gelbe Fl., aus vorst. Verb. bei 240—220°, 400 Torr in 1 Std.; 78,8%. — $(iso\text{-}C_3H_7)_3SbBr_2$, F. 80°, farblose Kristalle, analog **IV**; nach der Bromierung wird mit konz. NH_4Cl-Lsg. behandelt, die Phasen werden getrennt, nach dem Trocknen der Ae. abdest. u. der ausgeschiedene Kristallbrei aus CH_3OH umkrist.; 68,6%. — $(iso\text{-}C_3H_7)_2SbBr$ (**VI**), Kp.$_{12}$ 93 bis 95°, aus vorst. Verb. bei 160°, 90 Torr in 2 Std.; 75,9%. — $(tert.\text{-}C_4H_9)_2SbCl$; Kp.$_{24}$ 104°, hurch Grignardierung der äquivalenten Menge $SbCl_3$ unter Eis–Kochsalz-Kühlung, Bedandlung des Rk.-Gemisches mit konz. NH_4Cl-Lsg., Abheberung u. Trocknung der Ae.-Phase u. Dest.; 58,6%. — *Tricyclohexylantimondichlorid*, $(C_6H_{11})_3SbCl_2$ (**II**), F. 201—203° (Zers.); durch Grignardierung von $SbCl_3$ unter Eis–Kochsalz-Kühlung, Behandlung mit verd. HCl bei 0°, Filtration u. Auskochen des Rückstandes mit Bzl.; 32,5%. — *Dicyclohexylantimonchlorid*, $(C_6H_{11})_2SbCl$, Kp.$_1$ 158—159°; gelbes Öl, aus **II** bei 350 Torr u. 220° in ½ Std.; während der Zers. dest. $C_6H_{11}Cl$ ab, danach bei 3 Torr u. 181° die Hauptmenge des Prod., die fraktioniert dest. wird; 35,8%. — $(C_2H_5)_2Sb-C\equiv C-Sb(C_2H_5)_2$ (**VII**); Kp.$_1$ 118°; aus **V** in Chlf. u. der äquivalenten Menge $BrMg-C\equiv C-MgBr$ in Chlf.; die braune Lsg. wird bei 0° mit konz. NH_4Cl-Lsg. versetzt, die Chlf.-Phase abgetrennt, mit $CaCl_2$ getrocknet, ein dabei entstandenes braunes Polymerisat abfiltriert, Chlf. abdest. u. der ölige Rückstand im Vakuum dest.; 50,3%. — $(CH_3)_2Sb-C\equiv C-Sb(CH_3)_2$, Kp.$_{19}$ 120°; beim Eintropfen einer unterkühlten Schmelze von $(CH_3)_2SbBr$ in die 3fache stöchiometr. Menge $NaHC_2$ in fl. NH_3; NH_3 abdest., Rückstand mit Ae. extrahieren, Ae. abdest. u. zurückbleibendes Öl im Vakuum dest.; 40%. — $(C_2H_5)_2Sb-C\equiv CH$, Kp.$_{79}$ 87°, u. **VII**, Kp.$_{1,5}$ 122°; 25 g **V** in 150 ml THF unter kräftigem Rühren in eine Aufschlämmung von 14,4 g $NaHC_2$ in 50 ml THF eintropfen, nach 2 Std. filtrieren, THF abdest. u. zurückbleibendes Öl unter vermindertem Druck dest.; 35,5 bzw. 48,8% (**VII**). — $(iso\text{-}C_3H_7)_2Sb-C\equiv CH$, Kp.$_{13}$ 68°, u. $(iso\text{-}C_3H_7)_2Sb-C\equiv C-Sb\cdot(iso\text{-}C_3H_7)_2$, Kp.$_1$ 121°; aus 100 g **VI** in 300 ml THF u. 42 g $NaHC_2$ analog vorst. Verb.; 42,6 bzw. 27,5%. — $(tert.\text{-}C_4H_9)_2Sb-C\equiv CH$ u. $(tert.\text{-}C_4H_9)_2Sb-C\equiv C-Sb(tert.\text{-}C_4H_9)_2$ (**III**); aus 66 g $(tert.\text{-}C_4H_9)_2SbCl$ in 250 ml THF u. 30 g $NaHC_2$ in 80 ml THF analog vorst. Verb.; nach Abdestillieren von THF Rückstand in wenig Aceton lösen, Temp. durch Vakuumverdampfung eines kleinen Teils Aceton senken; es fällt **III** aus; **III** abfiltrieren; diese Operation wiederholen, bis alles **III** ausgefällt ist; nach Umkristallisieren F. 85,5°; 26,9%. Filtrat von Aceton befreien u. dest; bei 53°, 2 Torr, dest. farblose Fl. ab, die bei 10 Torr erneut dest. wird; Kp.$_{10}$ 72°; 18,7%. F. HUBER. 266□

Untersuchung des Chemismus der bei den Sintertemperaturen verlaufenden Prozesse im System $Na_2O-Al_2O_3-SiO_2$. 2. Mitt. **Umsetzungen zwischen Natriumsilicat und Aluminiumoxid und zwischen Natriumaluminat und Kieselsäure.** L. K. Jakowlew und I. Ss. Lilejew. (Известия Сибирского Отделения Академии Наук СССР [Nachr. sibir. Abt. Akad. Wiss. UdSSR] **1959.** Nr. 8. 62—75. Chem.-Metallurg. Inst. der Sibir. Abt. der Akad. der Wiss. der UdSSR.) (Russ.) — 1. vgl. Известия Сибирского Отделения Академии Наук СССР [Nachr. sibir. Abt. Akad. Wiss. UdSSR] **1959.** Nr. 5. 64.

Es wird nachgewiesen, daß sich bei der Umsetzung von Natriumsilicat u. Al_2O_3, je nach der Zus. der Ausgangsstoffe, schon bei 800° als tern. Verbb. entweder $NaAlSiO_4$ (Mol-Verhältnis 1:1), oder $Na_2O\cdot Al_2O_3\cdot 2\,SiO_2$ bilden. Es wird ferner festgestellt, daß sich die Umsetzung von Na-Aluminat u. Si (sogar kristallines) bei Temp. von 800—900° vollzieht, jedoch einen komplizierteren Charakter trägt als im Falle der Umsetzung von Na-Silicat u. Al_2O_3. H. TREUMANN. 294□

Synthese „quartärer" natriumaluminium- und natriumbororganischer Komplexverbindungen. K. Ziegler und H. Hoberg. (Angew. Chem. **73.** 577—78. 21/8. 1961. Mülheim/Ruhr, MPI für Kohlenforsch.) (Dt.)

Die von HONEYCUTT JUN. u. RIDDLE (vgl. C. **1962.** 2662) beschriebene Darst. von *Natriumtetraalkylboraten* (I) nach $BR_3 + 2\,Na + RCl \rightarrow NaBR_4 + NaCl$ wird als Spezialfall einer allg. gültigen Rk. von Al-Alkoholaten, Dialkoxy-Al-Alkylen, Alkoxy-Al-Dialkylen u. sämtlichen B-Verbb. der Art $BR_n(OR')_{3-n}$ (n = 0—3) erkannt. Mit Al-Trialkylen gelingt die Rk. wegen Al-Abscheidung nur unvollkommen. Die komplexen Verbb. sind gut lösl., sind dadurch leicht von NaCl zu trennen u. reagieren in mancher Hinsicht wie „gelöste Na-Alkyle". Die Verbb. I lassen sich gut aus vorher synthetisiertem $NaBR_4$ oder $Na[AlR_3OR']$ u. Al-Trialkyl darstellen. Mögliche WURTZ-Rkk. verlaufen unterhalb 70° bei Al u. 90° bei B zu langsam, als daß sie stören. Unter anderem wurden dargestellt: $Na[Al(C_2H_5)_3(OC_4H_9)]$, $Na[Al(C_2H_5)_2(CH_3)(OC_4H_9)]$, $Na[Al(C_2H_5)_2\cdot(C_4H_9)(OC_4H_9)]$, $Na[Al(C_2H_5)_2(C_{10}H_{21})(OC_4H_9)]$, $Na[Al(CH_3)(sek.\text{-}OC_4H_9)_3]$, $Na[Al\cdot(C_2H_5)_2(C_6H_5)(OC_4H_9)]$, $Na[Al(CH_3)_4]$, $Na[B(CH_3)_4]$, $Na[B(C_2H_5)_4]$, $Na[B(C_2H_5)(OC_2H_5)_3]$.
HEINZ NESTLER. 294☐

Die Bildung von $[(C_2H_5)_2P-AlCl_2]_3$ aus $LiP(C_2H_5)_2$ und $AlCl_3$. G. Fritz und G. Trenczek. (Z. anorg. allg. Chem. **313.** 236—40. Nov. 1961. Münster, Univ., Anorg.-Chem. Inst.) (Dt.)

$LiP(C_2H_5)_2$ (8 g) u. $AlCl_3$ (11 g) reagieren in Ae. unter Abscheidung von LiCl. Nach Einengen der Lsg. fällt $[(C_2H_5)_2P\text{-}AlCl_2]_3$, F. > 80° (Zers.) in groben farblosen Kristallen aus; 70% (Ausbeute); unlösl. in polaren Lösungsmitteln. Das Molgew. wird kryoskop. in $POCl_3$ (I) bestimmt. I spaltet im Verlaufe von Std. die trimere Verb.; nach Abdestillieren von überschüssigem I bei 40—50°/20 Torr bleibt $(C_2H_5)_2P-AlCl_2\cdot POCl_3$ als rote Fl. zurück.
H. KUCKERTZ. 294☐

Darstellung von Titancarbid. 4. Mitt. **Reaktionen im System TiC—TiO_2.** Teruichiro Kubo, Kiichi Shinriki und Takashi Hanasawa. (J. chem. Soc. Japan, ind. Chem. Sect. [Kōgyō Kagaku Zassi] **63.** 575—78. April 1960. Tôkyô-Meguro, Kôgyô-Univ.) (Jap.; Auszug: Engl. S. A 30.) — 3. vgl. J. chem. Soc. Japan, ind. Chem. Sect. [Kōgyō Kagaku Zassi] **63.** [1960.] 64; vgl. auch C. **1960.** 6079.

1 Mol techn. Titancarbid (**I**; Ti 78,85%, gesamtes C 18,45%, gebundenes C 17,83%, freies C 0,62%, N 0,75%) wird mit 2 Mol TiO_2 auf 1700° erhitzt, wobei sich gelblichbraunes *TiO* bildet; das Prod. enthält freies C zu 1—2%. Wenn ein Gemisch aus I u. TiO_2, worin TiC:TiO_2 1:4 beträgt, auf 1500° erhitzt wird, so bildet sich dunkelviolettes Ti_2O_3; das Prod. enthält maximal 1% freies C. Beim Erhitzen wird TiO_2 durch TiC zur *β-Phase* ($TiO_{1,8}$—$TiO_{1,7}$) red., welche weiter über Ti_2O_3 in die *δ-Phase* (Ti_xO_y) übergeht. Während der Bldg. von Ti_2O_3 wird nur die Oberfläche von TiC oxydiert; TiC wird jedoch bei der Bldg. der δ-Phase unter Abnahme des gebundenen C sowie unter Abnahme der Gitter-Konst. schnell verbraucht. Die δ-Phase bildet bei hoher Temp. TiO durch Rk. mit Ti_2O_3.
E. MAEKAWA. 321☐

Die Struktur von Zwischenprodukten bei der Hydrolyse von Dialkylzinn(IV)-Verbindungen. D. L. Alleston, Alwyn G. Davies und B. N. Figgis. (Proc. chem. Soc. [London] **1961.** 457—58. Dez. London, Univ. Coll., William Ramsay and Ralph Forster Labor.) (Engl.)

Bei der Hydrolyse unter milden Bedingungen von R_2SnX_2 (**I**; R = Alkyl, X = Halogen oder Carboxylat) lassen sich zwei nacheinander entstehende Zwischenprodd. isolieren: $I \xrightarrow{OH^-} R_4Sn_2X_2O \xrightarrow{OH^-} R_4Sn_2X(OH)O \xrightarrow{OH^-} R_2SnO$. Auf diesem Wege wurden folgende Verbb. isoliert: $(C_4H_9)_4Sn_2F_2O$, F. 115—117°, $(C_4H_9)_4Sn_2(SCN)_2O$, F. 84°, $(C_4H_9)_4Sn_2(OAc)_2O$, F. 54—57°, $(C_4H_9)_4Sn_2(OH)(OAc)O$, F. 129°. Diese Prodd. sind alle

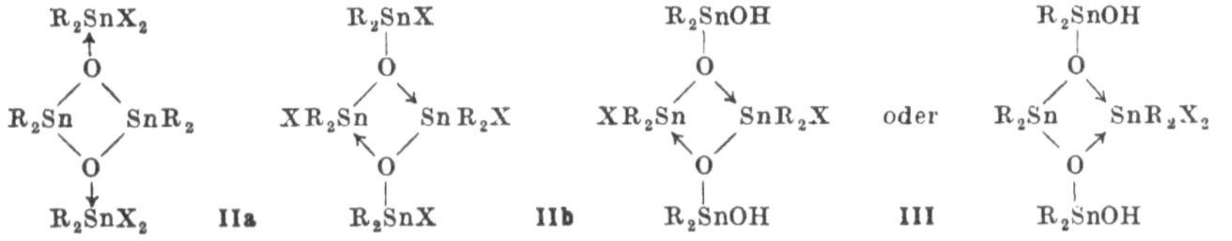

gut krist., sehr gut in organ. Lsgm. lösl. u. scheinen nicht hochpolymer vorzuliegen Das magnet. ^{119}Sn-Resonanzspektrum der Verbb. $(C_4H_9)_4Sn_2Cl_2O$ u. $(C_4H_9)_4Sn_2Br_2O$ in C_6H_6 oder CCl_4 zeigt zwei sich überlappende Peaks von annähernd gleicher Fläche u. chem. Verschiebungen ähnlich denen der entsprechenden $(C_4H_9)_2SnX_2$. Die Moll. müssen deshalb zwei nicht gleichwertige Sn-Atome enthalten, so daß eine Distannoxan-Struktur ausgeschlossen ist. Molgew.-Best. ergeben übereinstimmende Resultate für eine dimere Verb. $(R_4Sn_2X_2O)_2$ (**IIa, IIb**). In Ae. entsteht mit 15%ig. Ausbeute *Dichlorodibutyl-2.2'-dipyridylzinn* aus 2.2'-Dipyridyl u. $(C_4H_9)_4Sn_2Cl_2O$. Dieses Verh. ist vereinbar mit den zwei angegebenen Strukturen, läßt aber keine Entscheidung zu. Die Hydrolyse-Prodd. vom Typ **III** gehen beim Umkristallisieren aus A. in Alkoxyde über u. hydrolysieren an der Luft wieder zu **III**, was durch Unters. im IR bestätigt wurde. Mit Bipyridyl in Ae. zeigen **III** keine Reaktion. Molgew.-Best. machen wieder zwei Strukturen für **III** wahrscheinlich. D. PAPENFUSS. 327 □

Chemie des Vanadinhexacarbonyls. 1. Mitt. **π-Cycloheptatrienyltricarbonylvanadin(-I).** Robert P. M. Werner und Switlana A. Manastyrskyj. (J. Amer. chem. Soc. **83.** 2023–24. 20/4. 1961. Detroit, Mich., Ethyl Corp., Res. Labors.) (Engl.)

π-Cycloheptatrienyl- oder *Tropyliumtricarbonylvanadin(-I)* (**I**), $C_7H_7V(CO)_3$, wurde aus $V(CO)_6$ u. Cycloheptatrien (**II**) dargestellt u. durch seinen Diamagnetismus, sein IR- u. sein KMR-Spektrum in $CDCl_3$ [Dublett bei **305/318** Hz bzgl. $Si(CH_3)_4$] charakterisiert. Bei der Rk. von [Na·2 Diglyme][$V(CO)_6$] mit Tropyliumbromid in W. oder Isooctan entsteht nicht **I**, sondern $V(CO)_6$ u. Ditropyl.

Versuche: *$C_{10}H_7O_3V$* (**I**), F. **134–137°** (Zers.), durch 1std. Rückflußkochen (ca. 65°) von 8,7 g $V(CO)_6$ u. 18,4 g **II** in 300 ml n-Hexan unter N_2, Filtrieren unter Luftausschluß, Eindampfen im Vakuum auf 30 ml u. Kühlen auf –80°; glänzende, dunkle Kristalle; 1,9 g Ausbeute; sublimierbar bei 60°/0,1 Torr; mehrere Std. lang an der Luft beständig; unlösl. in W.; bildet mit organ. Lsgm. grüne, luftempfindliche Lösungen. A. BLASCHETTE. 330 □

Über die Auflösung von Pa(IV) in konzentrierten wässerigen NH_4F-Lösungen. Moïse Haïssinsky, Roland Muxart und Hélène Arapaki. (Bull. Soc. chim. France **1961.** 2248. Dez. Paris, Labor. Curie.) (Franz.)

Durch 6std. Red. von 4,4 mg Pa(V) in schwefelsaurem Medium mit festem Zn-Amalgam u. Versetzen mit 2%ig. HF (unter H_2) wird *PaF_4* erhalten, das mit 15m NH_4F-Lsg. eine klare u. farblose, $0,24 \cdot 10^{-2}$m Lsg. liefert. Die frische Lsg. zeigt Absorptionsmaxima bei **352,5** (ε = **654**) u. 250 mμ (ε = **337**) u. eine Schulter bei ca. 220 mμ. Das Pa(IV) oxydiert sich bei Luftzutritt rasch zu Pa(V). A. BLASCHETTE. 333 □

Bildung von Komplexverbindungen zwischen Uranylnitrat und Erdalkalinitraten. 5. Mitt. **Das System $Ba(NO_3)_2$–$UO_2(NO_3)_2$–H_2O (Leitfähigkeit, pH und Spektrophotometrie).** C. S. Pande und S. S. Gupta. (J. prakt. Chem. [4] **13(285).** 121–26. Juli 1961. Lucknow, Univ. Lucknow, Dep. of Chem.) (Engl.) – Vgl. NAYAR u. PANDE, Proc. Ind. Acad. Sci. **27 A.** [1948.] 286.

Unter Konstanthaltung der $UO_2(NO_3)_2$-Konz. (0,1m) variieren Vff. innerhalb einer Reihe von 27 Lsgg. die $Ba(NO_3)_2$-Konz. von Null bis 0,52 Mol/Liter. Die Auswertung der Ergebnisse von Leitfähigkeits-, pH- u. Absorptionsmessungen führt zu dem Schluß, daß eine Komplex-Verb. der stöchiometr. Zus. *$Ba(NO_3)_2 \cdot UO_2(NO_3)_2$* existiert. F.-M. FRIEDRICH-ANDERSECK. 339 □

Bildung von Komplexverbindungen zwischen Uranylnitrat und Erdalkalinitraten. 6. Mitt. **Das System $Sr(NO_3)_2$–$UO_2(NO_3)_2$–H_2O (Leitfähigkeit, pH und Spektrophotometrie).** C. S. Pande und S. S. Gupta. (J. prakt. Chem. [4] **13(285).** 127–33. Juli 1961.) (Engl.) – 5. vgl. vorst. Referat.

Unter Konstanthaltung der $UO_2(NO_3)_2$-Konz. (0,005 m) variieren Vff. innerhalb einer Reihe von 27 Lsgg. die $Sr(NO_3)_2$-Konz. von Null bis 0,26 Mol/Liter. Die Auswertung der Ergebnisse von Leitfähigkeits-, pH- u. Absorptionsmessungen führt zu dem Schluß, daß eine Komplex-Verb. der stöchiometr. Zus. *$Sr(NO_3)_2 \cdot UO_2(NO_3)_2$* existiert. Es soll versucht werden, diese Verb. durch Kristallisation zu gewinnen. F.-M. FRIEDRICH-ANDERSECK. 339 □

Die Chemie der solvatisierten Metallchelate. 4. Mitt. **8-Hydroxychinolinchelate von Scandium(III), Thorium(IV) und Uran(VI).** James H. van Tassel, Wesley W. Wendlandt und Edward Sturm. (J. Amer. chem. Soc. **83.** 810–12. 20/2. 1961. Lubbock, Tex., Texas Technol. Coll., Dep. of Chem.) (Engl.) 3. vgl. C. **1962.** 3363.

Sc, Th u. U bilden mit 8-Hydroxychinolin (OxH) Chelate, die auch in solvatisierter Form (mit 1 Mol. OxH) vorliegen können. Sie wurden röntgenograph. u. durch potentiometr. Titration im nichtwss. Medium untersucht. Die Titration der Solvate in Acetonitril gegen CH_3OK zeigte bei $UO_2(Ox)_2OxH$ durch einen ausgeprägten Knick einen (im Vgl. zu OxH u. Benzoesäure stärker) sauren Charakter an, während sich $UO_2(Ox)_2$ nur als sehr schwach sauer erwies. Letzteres disproportioniert in $UO_2(Ox)_2OxH$ u. UO_2^{2+}, wobei ein Farbwechsel von Grün nach Rotorange stattfindet. Die Titrationskurven der Th- u. Sc-Solvatkomplexe zeigen keinen ausgeprägten Knick. – Auf Grund der Pulverdiagramme ergab sich für die Solvate eine trikline, für die unsolvatierten Chelate eine monokline Symmetrie. Gemischte Solvate (mit unterschiedlichen Komplex- u. Solvat-Moll.) konnten nicht erhalten werden. – Die Unterss. ergaben, daß die Solvate der Th- u. Sc-Ox-Chelate einerseits u. des UO_2-Ox-Chelats andererseits keine analogen Verbb.

sein können. Die Chelate von Sc u. Th mit 2-Methyl-8-hydroxychinolin lassen sich sowohl in solvatisierter als auch in nichtsolvatisierter Form erhalten, von U gibt es dagegen nur das solvatisierte Chelat. W. BETCKE. 339□

Komplexe Bor-, Aluminium-, Eisen-, Titan- und Zinnhalogenosalze des Tropyliumions. D. Bryce-Smith und N. A. Perkins. (J. chem. Soc. [London] **1961.** 2320—25. Juni. Reading, Berks., Univ., Chem. Dep.) (Engl.)

Vff. untersuchen Halogenid-Hydrid-Austausch-Rkk. zwischen *Cycloheptatrien* (I) u. *tert.-Butylchlorid* (II) in Ggw. von $SnCl_4$, $SnBr_4$, $AlCl_3$, BCl_3, $FeCl_3$, $TiCl_4$, $SiCl_4$ u. PCl_3. In Ggw. der Halogenide (Hal.), die als LEWIS-Säuren fungieren können, bilden sich leicht Salze des Tropyliumions $C_7H_7^+$ (Tr). In Abwesenheit von Katalysatoren (LEWIS-Säuren) erfolgt keine Rk. zwischen I u. II. Folgender Mechanismus wird angenommen: I + BCl_3 ⇌ (Tr)$BHCl_3^-$; (Tr)$BHCl_3^-$ + II → (Tr)BCl_4 + tert.-Butan. Es wurden isoliert: *(Tr)*$_2$*SnCl*$_6$ (III), *(Tr)*$_2$*SnBr*$_6$ (aus tert.-Butylbromid), *(Tr)AlCl*$_4$, *(Tr)BCl*$_4$ u. *(Tr)FeCl*$_4$. Aus $TiCl_4$, I u. II entsteht ein Prod. der wahrscheinlichen Zus. *(Tr)TiCl*$_5$. Bei der Einw. von $SiCl_4$ auf I u. II bildete sich in Hexan sehr langsam eine geringe Menge (Tr)-Ionen, doch konnte kein definierter Komplex gewonnen werden. Bei der analogen Rk. des PCl_3 konnte keine (Tr)-Ionen-Bldg. festgestellt werden. Die komplexen Hal. entstehen auch bei Zugabe von (Tr)-Hal. zum betreffenden anorgan. Hal.: 2 (Tr)Cl + $SnCl_4$ → **III**. **III** entsteht auch bei der Rk. von (Tr)Br u. $(NH_4)_2SnCl_6$. Bei der Hydrolyse von **III** mit kalter NaOH- oder besser $NaHCO_3$-Lsg. bildet sich *Dicycloheptatrienyläther.*

Versuche (vgl. Chem. and Ind. **1959.** 1022): *Tropyliumhexachlorostannat(IV)* (III), $(C_7H_7)_2SnCl_6$; a) aus I, II u. $SnCl_4$; λ_{min} 258—259 mμ (log ε_{min} 3,34); λ_{max} 276 bis 277 mμ (log ε_{max} 3,61); F. 252° (Zers.); 33% (Ausbeute); b) aus I, Allylchlorid u. $SnCl_4$, F. 248° (Zers.); 5%; c) 19,5 g $SnCl_4$ unter Rühren in 20 Min. einem unter Rückfluß kochendem Gemisch von 13,8 g I u. 75 ml Hexan zufügen, 4½ Std. lang weiterkochen, filtrieren, mit Ae. waschen; F. 251° (Zers.); 2,5%; d) aus 3 g (Tr)Br in 35 ml A. u. einer heißen Lsg. von 3,22 g $(NH_4)_2SnCl_6$ in 300 ml A.; Reinigung wie unter c); F. 253° (Zers.); e) aus (Tr)Cl in 45 ml A. u. $SnCl_4$ in 45 ml A.; weißer Nd., mit A., dann mit Ae. waschen; F. 254° (Zers.); 74%. — *Tropyliumhexabromostannat(IV)* (**IV**), $(C_7H_7)_2SnBr_6$; a) aus I, tert.-Butylbromid u. $SnCl_4$ analog **III** a); gelb, F. 249° (Zers.); 12%; b) aus 1,1 g $SnBr_4$ in 30 ml A. u. 0,86 g (Tr)Br in 30 ml A. analog **III** e); F. 253 (Zers.); 86%. — *Tropyliumtetrachlorodibromostannat(IV)*, $(C_7H_7)_2SnBr_2Cl_4$, aus entsprechenden Mengen der Hal. analog **IV** b) in A.; F. 242° (Zers.). — *Tropyliumdichlorotetrabromostannat(IV)*, $(C_7H_7)_2SnBr_4Cl_2$, aus entsprechenden Mengen der Hal. analog **IV** b) in A.; F. 246° (Zers.). — *Tropyliumtetrachloroborat*, $(C_7H_7)BCl_4$, a) aus 18,4 g I, 18,6 g II, 23,5 g BCl_3 u. 50 ml Hexan in 6 Std. bei Raum-Temp. (Kühlfinger —70°); weißen Nd. mit Ae. extrahieren u. im Vakuum trocknen; F. 180—190°; 6%; b) aus 0,75 g (Tr)Cl u. 0,8 g BCl_3 in 4 Tagen im Einschlußrohr unter N_2; nach Ae.-Extraktion F. ca. 180°; 82%. — *Tropyliumtetrachloroaluminat*, $(C_7H_7)AlCl_4$, a) 9,2 g I, 9,3 g II u 13,4 g $AlCl_3$ 1 Std. lang unter Ar unter Rückfluß erhitzen, nach Abkühlen 50 ml Pentan zufügen, Prod. abfiltrieren, mit Pentan waschen, rasch in SOXHLET überführen, 14 Std. lang mit Ae. extrahieren u. im Vakuum trocknen; F. 208° (Zers.); sehr zerfließlich; 22%; b) 1,3 g $AlCl_3$ in 30 ml A. mit 1,26 g (Tr)Cl in 20 ml A. vermischen, 2 Std. lang im Exsiccator stehenlassen, 200 ml Ae. zufügen u. weiterarbeiten wie unter a); 70%. — *Tropyliumtetrachloroferrat(III)*, $(C_7H_7)FeCl_4$, a) 16,2 g $FeCl_3$ mit 18,4 g I u. 19,0 g II vermischen, während Wärme- u. HCl-Entw. kühlen (Temp. nicht höher als 50°), dann 5 Std. lang bei 65° rühren, abkühlen, 50 ml Pentan zufügen, 3mal von unverändertem $FeCl_3$ abdekantieren, filtrieren, mit 3mal 30 ml A. u. mit Pentan waschen; gelb, an feuchter Luft stabil, F. 227°; 5%; b) 1,62 g $FeCl_3$ in 20 ml A. mit 1,26 g (Tr)Cl in 50 ml A. vermischen, nach 1 Std. filtrieren, mit 3mal 10 ml A. u. Pentan waschen; F. 228°; 84%. — *Tropyliumpentachlorotitanat*, $(C_7H_7)TiCl_5$, a), 56,8 g $TiCl_4$ während 40 Min. zu einer unter Rückfluß kochenden Lsg. von 55,2 g I, 55,6 g II in 400 ml Hexan unter Rühren zufügen u. weitere 5 Std. kochen, Nd. abfiltrieren, mit 500 ml PAe. waschen u. im Vakuum bei 60° trocknen; gelbes Pulver, F. ca. 130° (Zers.); 22,35 g (Ausbeute); b) aus 1,35 g (Tr)Cl u. 7,3 g $TiCl_4$; nach 2 Tagen 200 ml PAe. zufügen u. Prod. wie unter a) isolieren; 0,72 g [mit (Tr)Cl verunreinigt]. — *Dicycloheptatrienyläther*, $Kp._{0,7}$ 105—108°; 25,67 g **III** unter Rühren in 3 Std. einer Mischung von 42 g $NaHCO_3$, 200 ml W. u. 100 ml Pentan zufügen u. weitere 3 Std. rühren, die abgetrennte u. mit $MgSO_4$ getrocknete Pentan-Lsg. in einer vorher mit Alkali gewaschenen App. fraktioniert dest. (in einer vorher mit Säuren behandelten Glas-App. wird unter diesen Bedingungen Cycloheptatrienon u. Cycloheptatrien gebildet); 66%. F. HUBER. 354□

Cyclopropenyl-Komplexe von Eisen und Kobalt. C. Eugene Coffey. (J. Amer. chem. Soc. **84.** 118. 5/1. 1962. Wilmington, Del., E. I. Du Pont de Nemours & Co., Explosives Dep., Exp. Stat. Labor.) (Engl.)

Bei Verss. zur Darst. von π-Komplexen mit einem Cyclopropenylrest als Liganden erhielt Vf. durch Rk. von Triphenylcyclopropenylbromid (I) mit $Co(CO)_4^-$ bzw. $Fe(CO)_3 \cdot NO^{3-}$ einen gelben, an der Luft stabilen, in organ. Lsgm. lösl. Co-Komplex bzw. einen rotbraunen etwas weniger stabilen Fe-Komplex. An Hand der IR-Spektren, die die Banden der C_6H_5-, der $Co(CO)_3$- bzw. $Fe(CO)_2$- u. der keton. CO- bzw. der CO- u. NO-Gruppe, nicht aber die Bande des Triphenylcyclopropenylkations zeigen, werden Strukturmöglichkeiten für die Verbb. erörtert. Da die Oxydation des Fe-Komplexes mit 1.3-Diphenylallylchlorid in heißem Toluol gelbe Kristalle von *Triphenylcyclopropenylium-tetrachloroferrat(III)*, F. 253—254°, liefert, folgert Vf., daß in dem Komplex ein Cyclopropenring vorhanden ist.

Versuche: *Co-Komplex*, $C_{25}H_{15}CoO_4$, F. 134—135,5°, aus I u. $Co(CO)_4^-$ in Acetonitril bei Raum-Temp.; 58% (Ausbeute). — *Fe-Komplex*, $C_{24}H_{15}FeNO_4$, F. 119—121°, aus I u. $Fe(CO)_3NO^{3-}$ in Methanol; 14%. P. KURZMANN. 355□

Synthese und Struktur von Komplexen vom Typ $[Co_3(CO)_9(CY)]$. W. T. Dent, L. A. Duncanson, R. G. Guy, H. W. B. Reed und B. L. Shaw. (Proc. chem. Soc. [London] **1961.** 169. Mai. Billingham, Imp. Chem. Ind. Ltd., Heavy Org. Chem. Div., Res. Dep.) (Engl.)

$Co_2(CO)_8$ oder $Co_4(CO)_{12}$ reagiert mit CX_3Y (X = Halogen) in A. zu dunkelpurpurfarbenen Verbb. vom Typ $[Co_3(CY)(CO)_9]$ [$Y = CH_3, F, Cl, C_6H_5, CO_2C_2H_5, CO_2H, CH(OCOCH_3)_2, CF_3$], die sich in organ. Lsgm. mit gleicher Farbe lösen. Auf Grund charakterist. IR-Spektren (lediglich terminale CO-Gruppen, zwei Arten von Co–C-Frequenzen) wird eine trigonal-pyramidale Struktur aus drei $Co(CO)_3$- u. einer CY-Gruppe angenommen. Die aus $Co_2(CO)_8$ u. Cl_3CCH_3 gebildete Substanz ($Y = CH_3$) ist ident. mit der von MARKBY u. Mitarbeitern (C. **1959.** 16260) aus $[Co_2(CO)_6(CH\equiv CH)]$ u. Säure erhaltenen Verbindung. A. BLASCHETTE. 355□

Ein Komplex des dreiwertigen Kobalts mit p-(Mercaptoacetamido)-benzoesäure. R. N. Misra und S. Pani. (Current Sci. **24.** 371—72. Nov. 1955. Cuttack, India, Ravenshaw Coll., Dep. of Chem.) (Engl.)

Co bildet mit Thioglykolaniliden Komplexe, die bei carboxylsubstituiertem Phenylring wasserlösl. sind. So bildet sich beim Zusatz von $CoSO_4$ zu einer alkal. Lsg. von p-(Mercaptoacetamido)-benzoesäure (I) die rosafarbene Lsg. eines paramagnet. Co(II)-Komplexes, in dem Co die Koordinationszahl 6 hat u. I als zweizähniger Ligand fungiert. Durch magnet. Messungen konnte nachgewiesen werden, daß sich dieser Komplex in Ggw. von überschüssigem Alkali im Verlaufe von ca. 3 Std. infolge von Luftoxydation des Co(II) in einen diamagnet. Co(III)-Komplex, $[(SCH_2-CO-N-C_6H_4COO)_3Co]^{3-}$, umwandelt, wobei der pH-Wert der Lsg. ansteigt. W. BETCKE. 355□

Molekulare Assoziation und elektronische Struktur von Nickel(II)-Chelatverbindungen. 1. Mitt. Komplexe von Pentandion-(2.4) und einiger 1.5-disubstituierter Derivate. F. A. Cotton und J. P. Fackler jun. (J. Amer. chem. Soc. **83.** 2818—25. 5/7. 1961. Cambridge, Mass., MIT, Dep. of Chem.) (Engl.)

Unter bestimmten Umständen kann mol. Assoziation von Moll., die in Lsgm. geringer Koordinationsfähigkeit gelöst sind, für anomales magnet. u. spektrales Verh. planarer Ni(II)-Komplexe verantwortlich gemacht werden. Es wird gezeigt, daß das magnet. Moment u. das Spektrum von in Toluol gelöstem *Bis-[2.6-dimethylheptandion-(3.5)-ato]-nickel(II)* (I) sowohl von der Temp. als auch von der Konz. abhängig ist. I-Kristalle sind grün, in verd. Lsg. rot, in konz. Lsg. grün; rote Lsgg. werden beim Erwärmen hellgrün. Spektrale u. magnet. Daten (Temp.-Bereich 0—53°, Konz.-Bereich 0,24 bis 0,010 m) u. die daraus abgeleiteten Assoziations-Konst. u. thermodynam. Parameter des Assoziationsprozesses werden mitgeteilt. Es wird ferner gezeigt, daß das ster. stärker behinderte *Bis-[2.2.6.6-tetramethylheptandion-(3.5)-ato]-nickel(II)* unter allen Bedingungen diamagnet. bleibt u. nicht assoziiert. Nach vorläufigen Ergebnissen ist *Bis-[pentandion-(2.4)-ato]-nickel(II)* (II) in nichtkoordinierenden Lsgm. bei gewöhnlicher Temp. assoziiert; größere Konzz. eines roten Monomeren treten erst bei Temp. um 200° u. darüber auf. Das anomale UV-Spektrum in Chlf. wird diskutiert. Die Ergebnisse der Arbeit lassen mit hoher Wahrscheinlichkeit Gleichgewicht in Lsg. zwischen Monomeren u. Trimeren erwarten, wobei für das trimere I gleiche Struktur angenommen wird, wie sie von II bekannt ist; weitere Vgl. werden angestellt.

Versuche: *Bis-[2.6-dimethylheptandion-(3.5)-ato]-nickel(II)*, $C_{18}H_{30}NiO_4$ (I), F. 155° (Einschlußrohr); aus 1,5 g Ni(II)-Acetattetrahydrat in 10 ml abs. CH_3OH u. einem geringen Überschuß von frisch dest. 2.6-Dimethylheptandion-(3.5) in 5 ml CH_3OH; mit 5 ml W. wird Fällung des hellblauen Nd. vervollständigt. Beim Trocknen im Vakuum bei 100° über P_2O_5 wird der Nd. (wahrscheinlich Dihydrat) grün. Umkristallisation aus $C_2H_4Cl_2$ (warme Lsg. ist rot), lange grüne Nadeln. Sublimation im Vakuum; 3,41 B.M. bei

24°. — *Bis-[2.2.6.6-tetramethylheptandion-(3.5)-ato]-nickel(II)*, $C_{22}H_{38}NiO_4$; F. 217 bis 221°; analog I; hellblauer Nd. wird beim Trocknen rosafarben; nach Umkristallisation große rote Kristalle. F. HUBER. 356□

Untersuchungen an Schwermetallseifen. 1. Mitt. **Molekulargewichte einiger Kupfer-n-alkanoate.** A. K. Rai und R. C. Mehrotra. (J. inorg. nuclear Chem. **21.** 311—14. Dez. 1961. Gorakhpur, India, Univ. of Gorakhpur, Chem. Labors.) (Engl.)

Vff. führen genaue Molgew.-Best. an *Kupferbutyrat, -laurat, -palmitat* u. *-stearat* in $CHCl_3$ u. Bzl. durch. Krit. Lsg.-Phenomene wurden für beide Lsgm. beobachtet. Die geschätzten krit. Lsg.-Temp. für *Kupferstearat* liegen ungefähr bei 45° in $CHCl_3$ u. 65° in Benzol. Die Unterss. zeigen eine bimol. Struktur der Seifen in den untersuchten Lösungsmitteln. Da die bimol. Struktur der Seifen sehr feuchtigkeitsempfindlich ist, wurden bei der Durchführung der ebulioskop. Molgew.-Best. besondere Vorsichtsmaßnahmen zum Ausschluß von Feuchtigkeit getroffen. K.-H. BIRR. 358□

Hydroxy- und Alkoxyalkylbiguanidmetallkomplexe. 1. Mitt. **Kupferkomplexe.** Nihar Ranjan Sengupta und Priyadaranjan Râу. (J. Indian chem. Soc. **36.** 373—87. Juni 1959. Calcutta, Indian Assoc. for the Cult. of Sci., Dep. of Inorg. Chem.) (Engl.)

Hydroxyalkyl- u. *Alkoxyalkylbiguanide* lassen sich leicht durch Rk. von Hydroxyalkyl- oder Alkoxyaminen mit Dicyandiamid (I) in sd., wss. Lsg. in Ggw. von $CuSO_4$ darstellen, wobei der entsprechende *Cu-Biguanidkomplex* als Sulfat ausfällt. Das Cu kann dann als Cu-Sulfid entfernt werden. *Bis-[äthanolbiguanid]-kupfer(II)-* (II) u. *Bis-[isopropanolbiguanid]-kupfer(II)-Salze* erleiden in sd., wss. Lsg. oder Suspension Hydrolyse. Es entstehen tiefblaue, zweikernige *Di-μ-hydroxo-bis [äthanolbiguanid]-* bzw. *Di-μ-hydroxo-bis-[isopropanolbiguanid]-dikupfer-Salze*, die auch direkt durch längeres Kochen einer wss. Lsg. von I mit Äthanol- (III) oder Isopropanolamin (IV) in Ggw. von $CuSO_4$ gewonnen werden können. Durch Behandlung mit Alkali-Lsgg. oder NH_3 u gesätt. $(NH_4)_2 \cdot SO_4$-Lsg. werden sie wieder zu den rosavioletten *Bis-[hydroxyalkylbiguanid]-kupfer(II)*-Komplexen unter Abscheidung von $Cu(OH)_2$ zersetzt. Durch allmähliche Zugabe von Säure zu II (pH 4,0—4,5) kann das *Äthanolbiguanidkupfer(II)-sulfat* (V) als hellblaues, schwer lösl. Salz erhalten werden. Das entsprechende *Chlorid* ist in W. leicht lösl. u. erleidet beim Erwärmen Disproportionierung unter Einstellung eines Gleichgewichtes mit II u. $CuCl_2$. Bei Neutralisation der Lsg. von V (pH 6,5—7,5) findet eine hydrolyt. Neben-Rk. statt; es scheiden sich tiefblaue Kristalle eines zweikernigen Diolkomplexes aus. Dieser Komplex nimmt eine vom pH abhängige Übergangsstellung zwischen V (pH 4—5) u. II (pH $>$7,5) ein. Ähnlich verhalten sich nur die *Isopropanolbiguanid-Cu*-Komplexe. Die Bldg. derartiger Diolkomplexe hängt offenbar vom spezif. Charakter der substituierenden Hydroxyalkylgruppe ab; zu ihrer Bldg. ist offenbar notwendig, daß die OH-Gruppe am zum N der substituierten NH_2-Gruppe des Biguanids β-ständigen C-Atom sitzt. Mit Propanolbiguanid wird ziegelrotes, krist. *μ-Oxo-bis-[propanolbiguanidato]-dikupfer(II)* erhalten, das gegen Alkali stabil ist. $(NH_4)_2SO_4$ oder die erforderliche Menge Säure führt es in *Bis-[propanolbiguanid]-kupfer(II)-sulfat* über. *Methoxypropylbiguanid* bildet eine derartige Verb. nicht. Die Werte der magnet. Momente (μ_B = 1,65—1,86) deuten darauf hin, daß die Verbb. zum Typ der innermetall., ebenen, quadrat. Durchdringungskomplexe mit dsp^2-Hybridbindungen gehören.

Versuche: *Äthanolbiguanidiniumsulfat* (VI), $(HOC_2H_4 \cdot C_2H_7N_5)_2SO_4$, F. 148°, durch 1std. Kochen von 20 g III u. 16,8 g I in 70 ml W., portionsweise Zugabe von 20 g $CuSO_4 \cdot 5\,H_2O$ in 50 ml W. gelöst, Abfiltrieren der rosavioletten Kristalle des Cu-Komplexes, Suspendieren in W. u. Einleiten von H_2S; 5 g (Ausbeute). — *Bis-[äthanolbiguanid]-kupfer(II)-sulfat* (II), $[Cu(HOC_2H_4 \cdot C_2H_6N_5)_2]SO_4 \cdot 5\,H_2O$, durch Lösen der vorst. erhaltenen rosavioletten Kristalle in 50 ml H_2SO_4 (1:4 Vol.) in der Kälte, Filtration u. Behandeln mit konz. NH_3 bis zur alkal. Reaktion. — *Bis-[äthanolbiguanid]-kupfer(II)-hydroxid*, $[Cu(HOC_2H_4 \cdot C_2H_6N_5)_2](OH)_2 \cdot 2{,}5\,H_2O$, durch 10 Min. langes Zerreiben von 5,39 g vorst. Verb. mit 3,15 g $Ba(OH)_2 \cdot 8\,H_2O$, Aufnahme in 60 ml CO_2-freiem W. u. Filtration; rosafarben bei Erwärmen Abgabe von W. u. Bldg. der Anhydrobase $[Cu(HOC_2H_4 \cdot C_2H_5N_5)_2]$. — *Bis-[äthanolbiguanid]-kupfer(II)-chlorid*, $[Cu(HOC_2H_4C_2H_6N_5)_2]Cl_2 \cdot 2\,H_2O$, durch Behandlung von 5,39 g vorvorst. Verb. mit einer kalten Lsg. von 2,44 g $BaCl_2 \cdot 2\,H_2O$ in 20 ml W., nach Einengen des Filtrats Fällung mit abs. Äthanol. — Die folgenden *Bis-[äthanolbiguanid]-kupfer(II)-Salze* werden durch Zugabe der wss. Lsg. des entsprechenden Alkalisalzes zu vorst. Verb. dargestellt (X = $HOC_2H_4 \cdot C_2H_6N_5$): *Bromid* $[CuX_2]Br_2 \cdot 0{,}5\,H_2O$. — *Jodid* $[CuX_2]J_2 \cdot 2{,}5\,H_2O$. — *Nitrat* $[CuX_2](NO_3)_2 \cdot 2\,H_2O$. — *Carbonat* $[CuX_2] \cdot CO_3 \cdot 2\,H_2O$. — *Thiosulfat* $[CuX_2]S_2O_3 \cdot H_2O$. — *Dithionat* $[CuX_2]S_2O_6 \cdot H_2O$. — *Nitrit* $[CuX_2](NO_2)_2 \cdot 3{,}5\,H_2O$. — *Phosphat* $[CuX_2] \cdot HPO_4 \cdot 2{,}5\,H_2O$. — *Arsenat* $[CuX_2]HAsO_4 \cdot 4\,H_2O$. — *Chromat* $[CuX_2)]CrO_4 \cdot 3\,H_2O$. — *Acetat* $[CuX_2](CH_3COOH)_2 \cdot 4{,}5\,H_2O$. — *Diaquoäthanolbiguanidkupfer(II)-sulfat*, $[Cu(HO \cdot C_2H_4 \cdot C_2H_6N_5)(H_2O)_2]SO_4$, durch Lösen von 10 g

Sulfat von **II** in 100 ml, kalter 2n H_2SO_4 u. Einstellung des Filtrats auf pH 4—4,5 durch tropfenweise Zugabe von verd. NH_3 unter Rühren. Hellblaue Kristalle. — *Äthanolbiguanidkupfer(II)-chlorid*, durch Umsetzung des Sulfats mit der berechneten Menge $BaCl_2$ in wss. Lösung. Blaue Kristalle. — *Di-μ-hydroxo-bis-[äthanolbiguanid]-dikupfer(II)-sulfat*, $[Cu_2X_2(OH)_2]SO_4$, a) durch ½ std. Kochen von 16,8 g **I**, 20 g **III** u. 20 g $CuSO_4 \cdot 5\,H_2O$ in 200 ml W. u. nochmaliges 4—5std. Kochen des Filtrats; b) durch 5—6std. Erwärmen der wss. Suspension von **II**-Sulfat auf dem Wasserbad. Tiefblaue Kristalle. — Die entsprechenden Salze vorst. Verb. wurden durch mehrstd. Erwärmen der wss. Suspensionen der entsprechenden **II**-Salze erhalten: *Chlorid, Bromid, Jodid, Nitrat, Nitrit, Dithionat, Phosphat, Arsenat.* — *Isopropanolbiguanidiniumsulfat*, wie **VI** über den Cu-Komplex. Letzterer aus **I**, **IV** u. $CuSO_4$ durch Kochen. Nur in Lsg. beständig. — *Bis-[isopropanolbiguanid]-kupfer(II)-sulfat* (**VII**), $[Cu(HO \cdot C_3H_6 \cdot C_2H_6N_5)_2]SO_4 \cdot 3H_2O$, durch 3std. Kochen von 17 g **I**, 19 g **IV** u. 17 g $CuSO_4 \cdot 5\,H_2O$ in 100 ml W., Filtration, Eliminierung des Cu aus dem in W. suspendierten Filterrückstand durch Einleiten von H_2S, Behandlung des Filtrats mit ammoniakal. $CuSO_4$-Lsg. (2,5 g in 25 ml W.). Rosaviolette Kristalle. — *Hydroxid*, $Cu(HOC_3H_6 \cdot C_2H_6N_5)_2(OH)_2 \cdot 4\,H_2O$, durch Verreiben vorst. Verb. mit $Ba(OH)_2$ in CO_2-freiem Wasser. Rosaviolette Kristalle. — *Chlorid* (**VIII**), wie vorst. aus vorvorst. Verb. u. $BaCl_2$. — Alle anderen Salze wurden durch Zugabe einer wss. Lsg. des entsprechenden Alkalisalzes zu **VIII** dargestellt: *Bromid* $[CuR_2]Br_2 \cdot 1,5\,H_2O$ ($R = HOC_3H_6 \cdot C_2H_6N_5$). — *Jodid* $[CuR_2]J_2 \cdot 2\,H_2O$. — *Nitrat* $[CuR_2](NO_3)_2 \cdot 4\,H_2O$. — *Carbonat* $[CuR_2]CO_3 \cdot 4\,H_2O$. — *Thiosulfat* $[CuR_2]S_2O_3 \cdot 3\,H_2O$. — *Dithionat* $[CuR_2]S_2O_6 \cdot H_2O$. — *Nitrit* $[CuR_2](NO_2)_2 \cdot 5\,H_2O$. — *Phosphat* $[CuR_2]HPO_4 \cdot 3\,H_2O$. — *Chromat* $[CuR_2] \cdot CrO_4 \cdot 3\,H_2O$. — Folgende *Di-μ-hydroxo-bis-[isopropanolbiguanid]-dikupfer(II)*-Salze wurden dargestellt: *Sulfat*, a) durch ½ std. Kochen von 17 g **I** u. 19 g **IV** u. portionsweise Zugabe von 20 g $CuSO_4 \cdot 5\,H_2O$ in 50 ml Wasser; 10 g; b) durch 8—10std. Kochen der wss. Suspension von **VII**. — *Chlorid*, durch 4—5std. Erwärmen der wss. Lsg. von **VIII**. — Alle anderen Salze wurden aus den entsprechenden Bis-[biguanid]-salzen durch 6—8std. Erwärmen der wss. Suspensionen dargestellt: *Bromid* $[Cu_2R_2(OH)_2]Br_2$. — *Jodid* $[Cu_2R_2(OH)_2]J_2$. — *Nitrat* $[Cu_2R_2(OH)_2](NO_3)_2 \cdot H_2O$. — *Nitrit* $[Cu_2R_2(OH)_2](NO_2)_2 \cdot H_2O$. — *Bis-[propanolbiguanid]-kupfer-(II)-sulfat*, durch 45 Min. langes Kochen von 8 g **I**, 8 g Propanolamin u. 6 g $CuSO_4 \cdot 5\,H_2O$ in 100 ml W. u. Behandeln der entstandenen violetten Lsg. mit starker $(NH_4)_2SO_4$-Lösung. Rosaviolette Kristalle. — *Propanolbiguanidiniumsulfat* (**IX**), F. 170°, aus vorst. Verb. nach Entfernung des Cu mit H_2S; 5 g. — *μ-Oxo-bis-[propanolbiguanidato]-dikupfer(II)* (Anhydrobase), $[Cu_2(HOC_3H_6C_2H_5 \cdot N_5)_2O]$, aus der bei der Darst. vorvorst. Verb. entstandenen violettroten Lsg. nach nochmaligem ½ std. Kochen. Ziegelrote Kristalle; 1 g. — Folgende *Bis-[propanolbiguanid]-kupfer(II)-Komplexe* wurden dargestellt: *Sulfat* $[Cu(HO \cdot C_3H_6 \cdot C_2H_6N_5)_2]SO_4 \cdot 4\,H_2O$, durch Mischen einer Lsg. von 6 g **IX** in 29 ml W. u. 10—15 ml verd. NH_3 mit 2,5 g $CuSO_4 \cdot 5\,H_2O$ in 10—15 ml W. in der Kälte. — *Hydroxid*, 1 g vorst. Sulfats wurde mit einer 10%ig. kaust. Alkali-Lsg. behandelt, filtriert u. 10—15 Min. auf dem Wasserbad erwärmt. Rosarote Kristalle. — *Chlorid*, aus dem Sulfat u. $BaCl_2$. — Die anderen Salze wurden wie vorst. aus den entsprechenden Alkalisalz-Lsgg. u. vorst. Chlorid dargestellt: *Nitrat* $[CuR_2](NO_3)_2 \cdot 2\,H_2O$. — *Thiosulfat* $[CuR_2]S_2O_3 \cdot 3\,H_2O$. — *Dithionat* $[CuR_2]S_2O_6 \cdot H_2O$. — *Chromat* $[CuR_2]CrO_4 \cdot 4\,H_2O$. — *Phosphat* $[CuR_2]HPO_4 \cdot 2,5\,H_2O$. — *Methoxyäthylbiguanidiniumsulfat*, $(CH_3O \cdot C_2H_4 \cdot C_2H_8N_5)SO_4$, F. 180°, durch ½ std. Kochen von 17 g **I**, 20 g Methoxyäthylamin u. 20 g $CuSO_4 \cdot 5\,H_2O$ in 100—150 ml W. zum rosaroten *Bis-[methoxyäthylbiguanid]-kupfer(II)-sulfat*, Lösen desselben in 6n H_2SO_4 u. Sättigen der Lsg. mit H_2S; 12 g. — *Bis-[methoxyäthylbiguanid]-kupfer(II)-sulfat*, $[Cu(CH_3O \cdot C_2H_4 \cdot C_2H_6N_5)_2]SO_4 \cdot H_2O$, durch Mischen von 2,5 g $CuSO_4 \cdot 5\,H_2O$ mit 10 g vorst. Verb. in 20 ml W. u. alkal. machen mit verd. NH_3. Rosarote Kristalle. — *Hydroxid*, aus vorst. Sulfat u. $Ba(OH)_2$; rosa. — *Chlorid*, aus dem Sulfat u. $BaCl_2$; rosarot. — *Nitrat*, aus vorst. *Chlorid* u. KNO_3; rosarote Kristalle. — *Methoxypropylbiguanidiniumsulfat*, F. 179°, wie **VI** aus 17 g **I**, 25 g Methoxypropylamin u. 20 g $CuSO_4 \cdot 5\,H_2O$ in 50 ml Wasser. Rosarote Kristalle; 10 g. — Folgende *Bis-[methoxypropylbiguanid]-kupfer(II)-Salze* wurden dargestellt: *Sulfat*, durch Mischen von 2,5 g $CuSO_4$ in 10 ml W. mit 10 g vorst. Verb. in 20 ml W. u. Zugabe von verd. NH_3. Rosa Kristalle. — *Hydroxid*, durch Behandeln vorvorst. Verb. mit 10%ig. kaust. Alkali-Lsg. auf dem Wasserbad. Rosa. — *Chlorid*, aus dem Sulfat u. wss. $BaCl_2$. Rosa. — *Nitrat*, aus vorst. Chlorid u. KNO_3. Rosa Kristalle.

P. SCHARNER. 358□

Spektralphotometrische und konduktometrische Untersuchungen der Metallkomplexe von p-[3-Hydroxy-3-phenyltriazeno]-phenylsulfonat. 3. Mitt. **Kupferkomplex.** Umesh Chendra Durgapal und N. C. Sogani. (J. Indian chem. Soc. **36.** 263—66. April 1959. Ajmer, Gov. Coll., Chem. Dep.) (Engl.) — 2. vgl. J. Indian chem. Soc. **35.** [1958.] 842.

p-[3-Hydroxy-3-phenyltriazeno]-phenylsulfonat (**I** bzw. HA) bildet einen blaßgelben, wasserlösl. Cu-Komplex (**II**), der im pH-Bereich von 4,4—6,2 bei 405 mμ ein konst. Absorptionsmaximum besitzt. Nach spektralphotometr. u. konduktometr. Unterss. hat **II** die Zus. $Cu(A^-)_2$. Die Dissoziations-Konst. ist bei 25° $18{,}28 \cdot 10^{-10}$; die Freie Energie für die Bldg. von **II** aus $CuSO_4$ u. **I** beträgt bei 25° ΔF —11,92 kcal/Mol.
P. SCHARNER. 358☐

Hydroxyfluoroberyllate. 4. Mitt. **Komplexe Hydroxyfluoroberyllate und Hydroxyfluoroberyllate des Silbers, Thalliums und Hydrazins.** Grihapati Mitra. (J. Indian chem. Soc. **34.** 728—30. Okt. 1957. Calcutta, Univ. Coll. of Sci. and Technol., Chem. Labor.) (Engl.) — 3. vgl. C. **1959.** 12794.

Vf. beschreibt die Darst. u. Eigg. von Tl_2BeF_3OH (**I**), Ag_2BeF_3OH (**II**) u. $N_2H_4BeF_3 \cdot OH$ (**III**) sowie der *Tetramminkomplexe der Cu-, Zn-* u. *Cd-Hydroxofluoroberrylate* u. des entsprechenden *Hexamminkomplexes* des *Ni*. Die Amminkomplexe sind nur unter NH_3 beständig u. werden durch feuchte Luft sehr schnell zersetzt. Die Löslichkeit von **I**, **II** u. **III**, die alle sehr gut in W. lösl. sind, ist größer als die der entsprechenden Sulfate oder Fluoroberyllate. **II** u. **III** sind auch in 60%ig. A. löslich. **II** wird durch längeres Kochen unter Bldg. von Ag_2O zersetzt.

Versuche: *Thallium(I)-hydroxofluoroberyllat* (**I**), Tl_2BeF_3OH, aus Tl_2SO_4 u. $Ba(OH)_2$-Lsg. durch Versetzen des konz. Filtrats nach Abfiltrieren des $BaSO_4$-Nd. mit einem geringen Überschuß von frisch gefälltem $Be(OH)_2$, Digerieren u. Zusatz von 20%ig. HF bis zum Eintreten einer bleibenden Trübung, Filtrieren u. Waschen der nach einigen Tagen im Exsiccator sich bildenden Kristalle mit 60%ig. Alkohol. — *Silberhydroxofluoroberyllat* (**II**), Ag_2BeF_3OH, durch Zusatz äquivalenter Mengen (je $^1/_4$ der AgF-Menge) von BeF_2 u. $Be(OH)_2$ zu einer AgF-Lsg. (dargestellt durch Lösen von frisch gefälltem AgOH in HF) bei niedriger Temp., Abkühlen der Lsg. auf 0° nach 10 Min. langem Digerieren, Zusatz von A. bis zum Auftreten eines Nd. u. Waschen der nach einigen Tagen in der Kälte entstehenden Kristalle mit 90%ig. Alkohol. — *Hydrazinhydroxofluoroberyllat* (**III**), $N_2H_4BF_3OH$, durch Behandlung von **I** mit $N_2H_4 \cdot 2\,HCl$, Abfiltrieren des Nd. u. Konzentrieren des Filtrates im Vakuum über H_2SO_4. — *Tetramminkupferhydroxofluoroberyllat-1-Wasser* (**IV**), $[Cu(NH_3)_4][BeF_3OH] \cdot H_2O$, durch tropfenweise Zugabe von fl. NH_3 zu einer konz. Lsg. von Cu-Hydroxofluoroberyllat bei Temp. $< 13°$ unter Rühren, ca. ½ std. Durchleiten von NH_3 durch die gekühlte Lsg. bis zur beginnenden Trübung u. Waschen der nach einigen Tagen der unter NH_3 befindlichen Lsg. sich ausscheidenden blauen Kristalle mit NH_3 u. Trocknen unter NH_3. — *Tetramminzinkhydroxofluoroberyllat*, $[Zn(NH_3)_4][BeF_3OH]$, durch Erhitzen von frisch gefälltem $Zn(OH)_2$ mit einer äquimolaren Menge von $(NH_4)_2BeF_3OH$ u. überschüssigem NH_3, Filtrieren der im Exsiccator konz. Lsg. nach einigen Tagen, Durchleiten von NH_3 durch die mit Eis/NaCl abgekühlte Lsg. bis zum Auftreten nadelförmiger Kristalle u. Waschen mit an NH_3 gesätt. A. u. Ae. sowie Trocknen unter NH_3. — *Tetrammincadmiumhydroxofluoroberyllat*, $[Cd(NH_3)_4] \cdot [BeF_3OH]$, analog vorst. Verbindung. — *Hexamminnickelhydroxofluoroberyllat*, $[Ni \cdot (NH_3)_6][BeF_3OH]$ analog **IV**. — *Hexamminnickelhydroxofluoroberyllat-2-Kaliumjodid* $[Ni(NH_3)_6][BeF_3OH] \cdot 2\,KJ$, durch Zusatz einer gesätt. KJ-Lsg. in wss. NH_3 zu einer konz. Lsg. vorst. Verb.; schwerlösl., mikrokristallines, violettes Pulver. J. KRAETSCH. 359☐

Einige Komplexe mit fünffach koordiniertem Platin(II). J. A. Brewster, C. A. Savage und L. M. Venanzi. (J. chem. Soc. [London] **1961.** 3699—3705. Sept. Oxford, Univ., Inorg. Chem. Labor.) (Engl.)

Vff. stellen mit Tris-[o-diphenylarsinophenyl]-arsin (QAS) u. Pt(II) Komplexe folgender Zus. her: *[PtX(QAS)]Y* [X = *Cl*, *Br*, *J* u. *SCN* u. Y = *Cl*, *Br*, *J*, *SCN*, ClO_4 u. $B(C_6H_5)_4$]. Es werden konduktometr. Messungen an 10^{-3}m Lsgg. der Komplexe in Nitrobenzol durchgeführt u. die molare Leitfähigkeit aller im Vers.-Teil aufgeführten Verbb. bestimmt. Ferner werden die Absorptionsspektren dieser Komplexe in CH_3OH-Lsgg. bei Zimmer-Temp. in einem Bereich von $1-5 \cdot 10^4$ cm^{-1} aufgenommen u. die maximalen Absorptionsfrequenzen u. maximalen Extinktions-Koeff. angegeben. Auf Grund dieser Meßergebnisse u. mit Hilfe von Reflexions- u. IR-Spektren der festen Substanzen wird ermittelt, daß das Pt-Atom dieser Komplexe 5fach koordiniert ist. Die aus Mol.-Modellbetrachtungen hergeleitete Annahme der Vff., daß die Komplexe trigonal-bipyramidal angeordnet sind, wird durch eine röntgenograph. Unters. von MAIR u. Mitarbeitern (C. **1962.** 10378) an $[PtJ(QAS)][B(C_6H_5)_4]$ bestätigt. Weiterhin werden mit Bis-[o-diphenylylarsinophenyl]-phenylarsin (TAS) u. Pt(II) Komplexe folgender Zus. hergestellt: *[Pt(TAS)]X*, worin X = *J* u. ClO_4; diese Komplexe zeigen sowohl in Lsg. als auch im festen Zustand 4fache Koordination. Da die Zugabe von TAS zu in Nitrobenzol gelöstem [PtJ(TAS)]J keine Zunahme der Leitfähigkeit zur Folge hat, folgern Vff., daß die Tendenz des Pt(II), mit den hier untersuchten dreizähnigen As-Liganden 6fach koordinierte Komplexe zu bilden, sehr gering ist.

Versuche: *[PtCl(QAS)]Cl* (I), $C_{54}H_{42}As_4Cl_2Pt$, F. 338—339°, durch Zugabe von 0,23 g in 25 ml gelöstem $Na_2[PtCl_4]\cdot 4\,H_2O$ (II) zu einer sd. Suspension von 0,55 g Arsin in 50 ml A., Sieden am Rückfluß für 2 Std., Filtration der gelben Lsg., Abziehen des Lsgm., Umkristallisation aus Chlorbenzol, gelborangefarben; 0,23 g (Ausbeute). — *[PtBr(QAS)]Br*, $C_{54}H_{42}As_4Br_2Pt$, F. 356—357°, durch Zugabe von 0,46 g II u. 0,52 g NaBr (in 80 ml A. gelöst) zu einer 1,1 g Arsin enthaltenden Suspension, Weiterbehandlung wie bei I, aus Nitromethan, orangefarben; 0,5 g. — *[PtJ(QAS)]J*, $C_{54}H_{42}As_4J_2Pt$, F. 364—365°, durch Zugabe von 0,23 g $Na_2[PtJ_4]\cdot 4\,H_2O$ u. 0,37 g NaJ (in 35 ml A. gelöst) zu einer Suspension von 0,55 g Arsin in 30 cm³ A., Kochen am Rückfluß für 4 Std., aus Nitromethan, rotbraun; 70%. — *[Pt(SCN)(QAS)](SCN)*, $C_{56}H_{42}As_4N_2PtS_2$, F. 332—333°, durch Zugabe von 0,46 g II u. 0,46 g KSCN zu 1,1 g Arsin, Eindampfen der Lsg., aus Butanol, orangegelb. — *[PtCl(QAS)](ClO₄)* (III), $C_{54}H_{42}As_4Cl_2O_4Pt$, F. 363—364°, durch Zugabe von 0,5 g in 20 ml A. gelöstem $NaClO_4$ zu einer Lsg. von I (aus 0,69 g II) in 180 ml A. u. 70 cm³ $CHCl_3$, Abfiltrieren, aus Nitromethan, orangefarben; 1,15 g. — *[PtJ(QAS)](ClO₄)* (IV), $C_{54}H_{42}As_4ClJO_4Pt$, F. 372—374°, analog III aus 0,69 g II, Eindampfen der Lsg., aus Nitromethan, orangefarben; 0,5 g. — *[PtCl(QAS)][B(C₆H₅)₄]* (V), $C_{78}H_{62}As_4BClPt$, F. 274 bis 276°, durch Zugabe einer stöchiometr. Menge in A. gelöstem $Na[B(C_6H_5)_4]$ zu einer Lsg. von I, Abfiltrieren, aus Anisol, orangefarben; 45%. — *[PtBr(QAS)][B(C₆H₅)₄]*, $C_{78}H_{62}As_4$·BBrPt, F. 294—295°, analog V, aus Nitromethan, orangerot. — *[PtJ(QAS)][B(C₆H₅)₄]*, $C_{78}H_{62}As_4BJPt$, F. 278—279°, durch analoge Darst. u. Reinigung wie IV, rot. — *[Pt(SCN)(QAS)][B(C₆H₅)₄]*, $C_{79}H_{62}As_4BNPtS$, F. 257—258°, durch analoge Darst. u. Reinigung wie V, orangefarben. — *[PtJ(TAS)]J*, $C_{42}H_{33}As_3J_2Pt$, F. 352—353°, durch analoge Darst. u. Reinigung wie [PtJ(*QAS*)]J, gelb; 30%. — *[PtJ(TAS)](ClO₄)*, $C_{42}H_{33}$·As_3ClJO_4Pt, F. 357—358°, analoge Darst. u. Reinigung wie IV, gelb; 30%.

A. NEBELUNG. 368□

Arthur Shotter Coffinberry and **W. N. Miner**, eds., The metal plutonium. Chicago, London: Chicago U.P. 1961. (XI + 446 S. m. Abb., Tab. u. Diagr.) 76 s.

A₉. Mineralogische und geologische Chemie

Kristallographische Terminologie. 2. Mitt. Josef Sekanina. (Časopis Mineralog. Geol. **4.** 46—65. 1959.) (Tschech.) — 1. vgl. Časopis Mineralog. Geol. **3.** [1958.] 345.

Erläuterungen u. Definitionen zur Terminologie der morpholog. Kristallographi e

R. K. MÜLLER. 372□

Kalium-Argon-Alter der Dartmoor- und Shap-Granite unter Verwendung der Gesamtvolumen- und Isotopenverdünnungsmethoden der Argonmessung. M. H. Dodson, J. A. Miller und D. York. (Nature [London] **190.** 800—02. 27/5. 1961. Cambridge, Univ., Dep. of Geodesy and Geophys.; Oxford, Univ., Dep. of Geol. and Miner.) (Engl.)

Unter Bezugnahme auf analoge Unterss. von KULP u. Mitarbeitern (vgl. Nature [London] **185.** [1960.] 495) u. von MAYNE u. Mitarbeitern (vgl. C. **1959.** 11837) berichten Vff. über erneute Altersbestimmungen der Dartmoor- u. Shap-Granite mit Hilfe der beiden obigen Methoden. Für Dartmoor-Granit ergab sich ein Alter von 265 $\pm$ 5 (Millionen Jahren) u. für den Shap-Granit 397 $\pm$ 8. Die erhaltenen Ergebnisse werden mit den l. c. gefundenen Werten verglichen.

C. GOTTFRIED. 378

Alter des Basalt-Ergusses bei Olduvai, Ost-Afrika. G. H. R. von Koenigswald, W. Gentner und H. J. Lippolt. (Nature [London] **192.** 720—21. 25/11. 1961. Utrecht, Univ., Geol. Inst.; Heidelberg, MPI für Kernphys.) (Engl.)

Von 3 verschiedenen Proben des Basalts von Olduvai wurde das K–Ar-Alter zwischen 1,3 u. 2,25·10⁶ Jahren bestimmt. Die aus paläontolog. Funden ermittelten Zeiten stimmen mit diesen Werten nicht überein.

ERNST SCHULTE. 378□

Mikroskopische und Elektronenbeugungsuntersuchung der Zersetzung von Kaolinitkristallen durch eine saure Lösung. Agnès Oberlin und Cyril Tchoubar. (C. R. hebd. Séances Acad. Sci. **250.** 728—29. 25/1. 1960.) (Franz.) — Vgl. C. **1960.** 4459.

Vff. berichten über die Einw. einer H_2SO_4-Lsg. auf Kaolinit bei pH 2. Die elektronenmkr. Unters. zeigte, daß sich im Laufe der Behandlung eine große Anzahl lattenförmiger Kaolinitmikrokristalle bilden, die parallel einer der Seiten des Pseudosechsecks gestreckt sind. Das Endprod. nach einer Einw.-Dauer von 4 Monaten bildete mehr oder weniger längliche, sehr dünne Teilchen, die nicht mehr den pseudohexagonalen Habitus des Ausgangsminerals besaßen. Die Elektronenbeugungsdiagramme ergeben, daß es sich bei dem Zers.-Prod. um feuerfesten Ton handelt. Der Umwandlungsmechanismus des Kaolinits in saurer Lsg. ist dem Mechanismus der Einw. von reinem W. (vgl. l. c.) sehr ähnlich. Wie im Falle des W. muß man annehmen, daß in der ersten Stufe der Zers. die Tendenz zur Auflösung der Bindungen zwischen den Schichten besteht, wodurch Gleitung eintreten kann. Die 2 Gleittypen sind: 1. Regelloses Gleiten entlang den a- u. b-Achsen unter Bldg. von Metahalloysit u. 2. Gleiten entlang der b-Achse unter Bldg. von feuerfestem Ton. Der Hauptunterschied in der Behandlung mit W. u. Säure besteht darin, daß im letzteren Fall eine größere Anzahl von H^+ vorhanden sind. Es wird als möglich angesehen, daß sich Säureschichten zwischen die Schichtpakete einlagern, die die Gleitmöglichkeiten beschränken. Im Laufe des Trocknens werden diese Schichten desorbiert u. die Schichtpakete binden sich wieder fester aneinander. C. GOTTFRIED. 380

Edelsteine aus Texas. Elbert A. King jun. (Univ. Texas, Bureau econom. Geol., Rep. Invest. Nr. **42.** 5–34. 6 Bildtafeln. Febr. 1961.) (Engl.)

Beschreibung folgender in Texas vorkommenden Edelsteine: *Bernstein, Augit, Beryll, Coelestin, Diamant, Epidot, Flußspat,* fossiles Holz, *Gadolinit, Granat, Jet, Labradorit, Mikroklin, Obsidian, Opal,* Perlen, *Amethyst, Citrin, Bergkristall, Rosenquarz, Rauchquarz, Chalcedon, Achat, Carneol, Jaspis, Sanidin, Spinell,* Tektit (!), *Topas, Turmalin* u. *Türkis.* Einleitung der Abhandlung durch Erläuterung der Edelstein-Eigg. u. ihrer Bearbeitung. H. MOENKE. 380□

Die Mineralogie der Bauxitlagerstätten bei Weipa, Queensland. F. C. Loughnan und P. Bayliss. (Amer. Mineralogist **46.** 209–17. Jan./Febr. 1961. Kensington, N.S.W., Australia, Univ.) (Engl.)

An der Westküste der Halbinsel Kap York erstreckte sich über 150 miles Länge u. 30 miles Tiefe eine Bauxitlagerstätte, die nach chem. u. mineralog. Unterss. eine Anreicherung der ursprünglichen Latexböden mit Tonerde aus den umgebenden Sandsteinen darstellt. Den Beginn der Bauxitisierung kann man in das untere Mitteltertiär verlegen. Sie dauert infolge des herrschenden trop. Monsumklimas noch heute an. R. G. KAISER. 380□

Seifen-Cassiterit des „Manley-Zinngürtels", Alaska. Kirk W. Stanley. (Econ. Geol. **56.** 213–14. Jan./Febr. 1961. Anchorace, Alaska.) (Engl.)

Erörterungen über die Herkunft des im Bergbaugebiet von Toffa u. in der Eureka-Bucht gefundenen Cassiterits des „Manley-Zinngürtels". R. G. KAISER. 380□

Petrologie einiger Erzkörper des rhodesischen Kupfergürtels und der Begleitgesteine. A. G. Darnley. (Bull. Instn. Mining Metallurgy Nr. **638.** Trans. **69.** 137 bis 173. Jan. Nr. **641.** Trans. **69.** 371–98. April; Nr. **643.** Trans. **69.** 540–68. Juni; Nr. **646.** Trans. **69.** 699–719. Sept. 1960. Geol. Surv. of Great Britain, Atomic Energy Div.) (Engl.)

Eingehende mineralog., petrograph. u. chem.-analyt. Unters. der Erzkörper des rhodes. Cu-Gürtels u. der Begleitgesteine. W. DOSCH. 380□

Über einen granatführenden Quarzporphyr aus dem Thüringer Wald. Klaus Keil und B. Jacobi. (Chem. d. Erde **21.** 131–32. 1961. Jena u. Friedrichsroda.) (Dt.)

Über das Vork. eines granatführenden Quarzporphyrs aus dem Thüringer Wald. — Vorl. Mitteilung. TH. MEIER. 380□

Calcioaegirin — ein Vertreter der isomorphen Reihe monokliner Pyroxene. D. P. Sserdjutschenko, A. W. Glebow und W. A. Pawlow. (Известия Академии Наук СССР, Серия Геологическая [Nachr. Akad. Wiss. UdSSR, geol. Ser.] **26.** Nr. 2. 87–89. Febr. 1961. Moskau, Akad. der Wiss. der UdSSR, Rat für Unters. der industriellen Kräfte.) (Russ.)

In den Plagioklasschiefern der archaischen Iensker Serie Südjakutiens wurden dunkelgrüne, fast schwarze monokline Pyroxene beobachtet. Sie bilden kurzprismat. Kristalle; klarer Pleochroismus: n_z hellgelbgrün, n_y smaragdgrün oder dunkelblau-grün, n_x tiefapfelgrün; $n_y > n_x > n_z$; $c \Lambda n_z$ 56–64°; $+2V = 60-74°$. Die chem. Analyse ergab folgende Zus. (Gew.-%): SiO_2 45,29; TiO_2 —; Al_2O_3 14,25; Fe_2O_3 10,26; FeO 5,27; MnO 0,33; MgO 3,40; CaO 20,46; Na_2O 0,42; H_2O^+ 0,05; H_2O^- 0,29 (für die analysierten Proben war charakterist.: $2V = +72°$; $c \Lambda n_z$ 60°; $n_z = 1,737$; $n_y = 1,712$; $n_x = 1,721$). Die Berechnung der Analyse auf die Pyroxen-Moll. ergab, daß außer Diopsid, Hedenbergit u. Natronaegirin Calcioaegirin ($Ca_{0,5} Fe^{3+}Si_2O_6$), in denen Ca^{2+} 2 Na^+ vertritt, enthalten sein muß. M. HÄHNERT. 380

Tephroite in californischen Mangan-Lagerstätten. D. F. Hewett, C. W. Chesterman und B. W. Troxel. (Econ. Geol. **56.** 39–58. Jan./Febr. 1961. Menlo Park, Calif., U.S. Geol. Surv.) (Engl.)

Vork. u. Genese von Tephroit (Mn_2SiO_4) in den Mn-Erzlagerstätten des Sierra Nevada-Gürtels u. der Klamath-Gebirgskette. R. G. KAISER. 380□

Über Granit und Spilitisierung. Vladi Marmo. (Geol. Fören. Stockholm Förh. **82.** 299–304. März/April 1960. Otaniemi, Finland, Geol. Tutkimuslaitos.) (Engl.)

Als Erwiderung auf eine Arbeit von OFTEDAHL (Geol. Fören. Stockholm Förh. **81.** [1959.] 139) werden die Charakteristika eines „prim." Granits u. die Verhältnisse bei der Albitisierung eingehend behandelt. F. ENSSLIN. 385□

Untersuchungen an Steinmeteoriten mit extrem hohem Edelgasgehalt. 1. Mitt. **Der Chondrit Pantar.** H. König, K. Keil, H. Hintenberger, F. Wlotzka und F. Begemann. (Z. Naturforsch. **16a.** 1124—30. Nov. 1961. Mainz, MPI für Chem.) (Dt.)

In 16 bei Pantar, Philippinen, 1938 niedergegangenen Meteoriten wurden größere Mengen von überschüssigem He u. Ne gefunden. Die abs. Mengen u. die Isotopen-Zus. ist ähnlich wie bei den Achondriten Staroye Pesyanoe. Der Chondrit Pantar enthält lichte Bezirke, die von dunkleren Bereichen umgeben sind. Die dunklen Bereiche sind fein geadert u. bestehen hauptsächlich aus neugebildetem Troilit. Die überschüssigen Edelgase wurden in diesen Bereichen gefunden, sie haben eine Metamorphose durchgemacht. Der NH_3-Geh. ist derselbe wie in anderen Chondriten. ERNST SCHULTE. 388□

Aufzeichnungen in den Meteoriten. 3. Mitt. **Über die Entwicklung von Meteoriten in asteroiden Körpern.** Robert A. Fish, Gordon G. Goles und Edward Anders. (Astrophysic. J. **132.** 243—58. Juli 1960. Chicago, Ill., Univ., Enrico Fermi Inst. for Nucl. Studies and Dep. of Chem.) (Engl.) — 1. vgl. Geochim. cosmochim. Acta [London] **19.** [1960.] 177.

Vff. untersuchten die Wärme-Entw. von im Inneren erhitzten Planetoiden mit dem Zweck, spontane Prozesse zu finden, die zur Entw. von Meteoriten geführt haben. Nach dem Beginn des Schmelzens besteht die Gleichgewichtskonfiguration des Planetoiden aus einem inneren Metallkern u. einem äußeren Silicatkern, einem Mantel von chondrit. Zus. u. einer nicht konsolidierten Oberflächenschicht. Bei weiterer Wärmesteigerung in dem Planetoiden treten quasivulkan. Eruptionen infolge Entw. von Gasen u. Dämpfen aus dem Inneren heraus auf. Die in Steinmeteoriten beobachteten capillaren Adern wurden durch momentane Einw. von heißen, S-enthaltenden Gasen erzeugt. Durch einen cycl. Prozeß verliert der chondrit. Mantel einige chalkophyle Elemente wie In, Tl, Pb u. Bi, wodurch sich die Diskrepanzen zwischen den beobachteten u. vorhergesagten Häufigkeiten dieser Elemente in den Chondriten erklären ließen. Bei der krit. Unters. der möglichen Energiequellen kommen Vff. zu dem Ergebnis, daß nur erloschene Radioaktivität in Frage kommen kann. C. GOTTFRIED. 388

M. G. Waljaschko, Die geochemischen Gesetzmäßigkeiten der Entstehung der Kalisalzlagerstätten. Moskau: Verl. der Lomonossow-Univ. 1962. (400 S.) 1 Rbl. 84 Kop. [Russ.]

B. Allgemeine und theoretische organische Chemie

Die Reproduzierbarkeit von Elektronenspektren-Daten in der Literatur. J. P. Phillips. (Analytic. Chem. **34.** 171. Jan. 1962. Louisville, Ky., Univ., Dep. of Chem.) (Engl.)

Ein Vgl. der in der Literatur mitgeteilten Daten über 257 Absorptionsmaxima von 140 organ. Verbb. zeigt eine im Wesentlichen gute Übereinstimmung in den Werten für die Wellenlängen, während die Angaben über die Extinktion z. T. merklich voneinander differieren. W. BETCKE. B 118□

Elektronenspektren und Wasserstoffbindung. 1. Mitt. **Phenol und Naphthole.** Hiroaki Baba und Satoshi Suzuki. (J. chem. Physics **35.** 1118—27. Sept. 1961. Sapporo, Hokkaido Univ., Res. Inst. of Appl. Electricity.) (Engl.)

Der Einfl. der H-Bindung von *Phenol* (**I,** F. 40,5—41,0°, $Kp._{17}$ 81°), α-(**II,** F. 93,0 bis **93,5°,** Ligroin) u. *β-Naphthol* (**III,** F. 119,0—119,5°, W. u. Ligroin) mit Dioxan (Dx.) in Lsgg. von Isooctan mit verschiedenem Dx-Geh. auf die Elektronenabsorptionsspektren u. -übergänge der Phenole wird untersucht. Die Frequenzverschiebungen $\delta\nu$ zwischen freien u. über H-Brücken gebundenen Moll. ist für die Schwingungskomponenten eines Übergangs konst., für verschiedene Übergänge jedoch stark verschieden. Die Intensitäten einiger Übergänge sinken, die anderer Übergänge steigen bei Ausbildung von H-Brücken. Wesentliche Änderungen in der Kurvengestalt eines Übergangs treten nicht ein, abgesehen von einer Verbreiterung oder Glättung der Schwingungskomponenten. Die thermodynam. Daten der H-Brücken-Bldg. betragen für **I** Gleichgew.-Konst. K (20°) 16,4 $\pm$ 0,4; ΔF (20°) $-1{,}63 \pm 0{,}015$ (kcal/Mol); ΔH $-5{,}5 \pm 0{,}1$ (kcal/Mol); **II** 20,9 $\pm$ 0,7; $-1{,}77 \pm 0{,}02$; $-5{,}4 \pm 0{,}2$; **III** 18,3 $\pm$ 0,8; $-1{,}69 \pm 0{,}03$; $-5{,}9 \pm 0{,}3$. Sowohl zwischen den Frequenzverschiebungen als auch zwischen den Intensitäten bei der Ausbildung von H-Brücken u. beim Übergang vom Stamm- zum substituierten Mol. (z. B. Bzl. → **I**) besteht Parallelität. 2 Faktoren scheinen den Mechanismus der H-Brücken-Bldg. zu bestimmen: 1. Die Änderung der Elektronendichte am O-Atom der

OH-Gruppe; 2. eine Abnahme der Elektronegativität dieses O-Atoms, die eine Folge der H-Brücken-Bldg. ist. G. PÖTZSCHER. B 118□

Zwitterion-Bildung von 2-Aminonaphthol-(3) in seinem angeregten Zustand. D. W. Ellis und L. B. Rogers. (Spectrochim. Acta [London] **18.** 265—67. Febr. 1962. Cambridge, Mass., MIT, Dep. of Chem. and Labor. for Nuclear Sci.) (Engl.)

Unterss. des UV-Absorptions- u. Fluorescenz-Spektrums von *2-Aminonaphthol-(3)* im pH-Gebiet — 1 bis 14 ergeben, daß 3 absorbierende u. 4 fluorescierende Mol.-Arten vorliegen, u. zwar in der Absorption das Ammoniumion bei pH — 1 bis 4,0 (in der Fluorescenz pH — 1 bis 0,6), das neutrale Mol. bei pH 4,0—9,1 (pH 0,6—3,9) u. das Phenolation bei pH 9,1—14 (pH 9,4—14). Die 4. fluorescierende Art bei pH 3,9—9,4 wird durch Vgl. mit den bekannten Spektren anderer Naphthole u. Naphthylamine dem Zwitterion zugeschrieben. *1-Aminonaphthol-(5)* verhält sich ähnlich. G. PÖTZSCHER. B 118□

Die Bandenzuordnung im Ultraviolettspektrum von Benzo-[a]-anthracen. J. L. Patenaude, P. Sauvageau und C. Sandorfy. (Spectrochim. Acta [London] **18.** 241—57. Febr. 1962. Montréal, Canada, Univ., Dép. de Chim.) (Engl.)

Die UV-Spektren im Gebiet von 25000—46000 (cm^{-1}) von *Benzo-[a]-anthracen*; seinen 12 *Methyl-Derivv.* u. seinem *1.12-Dimethylderiv.* (I) im Glaszustand in Cyclohexan bei 83° K u. die Fluorescenz-Spektren der Verbb. bei Zimmer-Temp. wurden untersucht. Im Gebiet von 26000—33000 treten 2 sich überlappende Banden-Syst. auf, die den $^1L_b \rightarrow {}^1A$- (26000—31000) u. $^1L_a \leftarrow {}^1A$-Übergängen zugeschrieben werden. 2 weitere sich überlappende Banden-Syst. ($^1B_b \leftarrow {}^1A$- u. $^1B_a \rightarrow {}^1A$-Übergänge) sind im Gebiet von 33000—38000 zu beobachten, u. wahrscheinlich liegen im Gebiet von 38000—46000 noch 3 weitere Banden-Syst. vor. Der Verlust an Koplanarität der Ringe in I infolge ster. Hinderung durch die Methylgruppen führt im Gebiet von 26000 bis 33000 zu einer Verbreiterung der Banden. G. PÖTZSCHER. B 118□

Polarimetrische Bestimmung der Absorptionsspektren dünner Filme auf Metallen. 1. Mitt. **Interpretation der optischen Daten.** L. S. Bartell und D. Churchill. (J. physic. Chem. **65.** 2242—47. Dez. 1961. Ames, Iowa, Iowa State Univ., Inst. for Atomic Res. and Dep. of Chem.) (Engl.)

Vff. beschreiben eine polarimetr. Meth. zur Best. der Elektronenabsorptionsspektren von Filmen mol. Dicke auf polierten Metalloberflächen. Verff. zur Best. der Dicke, des Brechungsindex u. des Absorptions-Koeff. der adsorbierten Schichten werden diskutiert. Schließlich wird die prakt. Anwendbarkeit dieser Meth. am Absorptionsspektrum einer 1 m Dispersion von *α.β.γ.δ-Tetraphenylporphin* in einem **31** Å dicken Kollodiumfilm auf Cr demonstriert. Das Spektrum dieser Dispersion in einem Kollodiumfilm ist dem einer Lsg. in Bzl. sehr ähnlich. Ferner wird gezeigt, daß eine direkte photometr. Best. der Reflexion von den Oberflächenschichten ebenfalls nützliche Informationen über diese Filme liefert. G. M. NEUMANN. B 118□

Luminescenzspektren von Naphtholen und Naphthalindiolen: Tieftemperaturerscheinungen. David M. Hercules und L. B. Rogers. (J. physic. Chem. **64.** 397—400. April 1960. Cambridge, Mass., MIT, Dep. of Chem. and Labor. for Nuclear Sci.) (Engl.) — Vgl. C. **1961.** 13124.

Die Fluorescenzspektren von α- u. *β-Naphthol* sowie von *1.3-*, *1.4-*, *1.5-* (I), *1.6-*, *2.3-* (II), *2.6-* u. *2.7-* (III)-*Dihydroxynaphthalin* wurden in EPA (Ae.–Isopentan–A., 8:3:5) u. EAA (Ae.–A.–NH_3, 10:9:1) bei 77° K aufgenommen u. mit den bei Zimmer-Temp. erhaltenen Fluorescenzspektren verglichen. Sämtliche Spektren zeigen beim Übergang zu tiefer Temp. eine „Blauverschiebung", die in EAA größer ist als in EPA. Zu ihrer Erklärung wird außer dem üblichen Temp.-Effekt das Vorherrschen von FRANCK-CONDON-Zuständen nach der Anregung herangezogen (vgl. BAYLISS u. MCRAE, C. **1955.** 3583). **I, II** u. **III** zeigen bei 77° eine ausgeprägte Feinstruktur in ihren Spektren. Bei **I** u. **III** wurde schwache Phosphorescenz beobachtet. A. MASCHKE. B 118□

Charakterisierung cyclischer Verbindungen durch Molekularrefraktionen. M. Vahrman. (J. chem. Soc. [London] **1960.** 4135—36. Okt. London, Northampton Coll. of Advanc. Technol., Dep. of Pure and Appl. Chem.) (Engl.)

Es wird vorgeschlagen, bei der Berechnung der Molrefraktion von cycl. KW-Stoffen lediglich die Inkremente von C, H u. CH_2 der Aliphaten zu benutzen u. die sich ergebende Differenz zwischen berechneter u. gemessener Mol.-Refr. als neue charakterist. Konst. für die verschiedenen Gruppen von Ring-KW-Stoffen einzuführen.

A. MASCHKE. B 119□

Untersuchungen über Organoalkalimetall-Komplexe. 4. Mitt. **Die Absorptionsspektren im sichtbaren Bereich.** H. V. Carter, B. J. McCelland und E. Warhurst. (Trans. Faraday Soc. **56.** 455—58. April 1960.) (Engl.) — 2. u. 3. vgl. C. **1962.** 10794.

Die Absorptionsspektren der *Alkalimetall-Komplexe* von *Benzophenon* (**I**), *Fluorenon*, *4.4'-Dimethoxybenzophenon*, *Michlers Keton*, *Benzil*, *Dibiphenylylketon*, *Phenylbiphenylylketon*, *Tetraphenyläthylen* u. *Anthracen* in Dioxan- bzw. Tetrahydrofuran-Lsg. wurden im Bereich 400—1000 mμ aufgenommen. Bei den Metallketylen ist das Beersche Gesetz in einem weiten Konz.-Bereich erfüllt, woraus Vff. schließen, daß die Komplexe im Konz.-Bereich 10^{-3}—$5 \cdot 10^{-5}$ m als monomere Ionenpaare vorliegen. Die Absorptionsmaxima der Komplexe in cm^{-1} (ν) sind tabellar. aufgeführt. Es zeigte sich, daß bei gleichbleibendem Anion mit zunehmendem Ionenradius (r) des Alkalimetalls eine Verschiebung der Absorptionsmaxima nach Rot bei unverändertem Gesamtbild des Spektrums stattfindet. Es besteht eine lineare Abhängigkeit zwischen ν_{max} u. $1/(r + x)$. Dabei wurde x so gewählt, daß die unterschiedlichen ν_{max}-Werte, die für **I** in den beiden Lsgm. gefunden wurden, gegen $1/(r + x)$ aufgetragen bei beiden Lsgm. eine Gerade ergaben ($x = 2$). Auf diese Weise konnten die Werte von der Natur des Lsgm. unabhängig gemacht werden. W. Betcke. B 119□

Absorptionsspektrum von festem Methan am λ-Punkt im nahen Infrarot. Jay Arthur Glasel. (J. chem. Physics **34.** 1649—52. Mai 1961. La Jolla, Calif., Univ. of California, School of Sci. and Engng.) (Engl.) — Vgl. C. **1962.** 5927.

Von festem CH_4 u. CH_4–Ar-Mischungen (CH_4/Ar = 1/20) werden zwischen 6 u. 34° K die IR-Absorptionsspektren im Bereich 2450—2250 cm^{-1} aufgenommen. Während die Halbwertsbreite (HHW) im Banden-Syst. $\nu_1 + \nu_4$ ($\lambda_{max} = 2350\ cm^{-1}$) nur wenig von der Temp. abhängt, steigt HHW für das Syst. $\nu_3 + \nu_4$ oberhalb 15° K an. Unterhalb 15° K sind die Absorptionsbanden auf das Vorliegen der para-Modifikation von CH_4 (bezogen auf die Spinausrichtung von H) in Kristallen der Symmetrie T_d zurückzuführen. Oberhalb 15° K springt eine immer größere Anzahl Moll. in ein Kristallgitter mit trigonaler Symmetrie (C_3); die erlaubten Energieübergänge umfassen jetzt zusätzlich die meta-Modifikation. Die Intensität der Banden $\nu_1 + \nu_4$ fällt außerdem mit steigender Temperatur. In keinem der Spektren konnte das Auftreten von Moll.-Rotationen beobachtet werden. Im Spektrum von festen CH_4–Ar-Lsgg. steigt $\nu_3 + \nu_4$ mit der Temp. schwach an, behält jedoch seine Asymmetrie, da offenbar Gitter-Mol.-Kopplungen vorliegen. Herbert Müller. B 120□

Wasserstoffbindungsenergien von Essig- und n-Buttersäure in der Gasphase, ermittelt durch Infrarot-Spektroskopie. A. W. Pross und R. van Zeggeren. (Spectrochim. Acta [London] **16.** 563—69. Juni 1960. McMasterville, Quebec, Canad. Ind. Ltd., Central Res. Labor.) (Engl.)

IR-Intensitäten bei verschiedenen Temp. wurden in Beziehung zum Gasphasengleichgewichtszustand zwischen monomerer u. dimerer *Essig-* bzw. *n-Buttersäure* gebracht. Die van't Hoffsche Gleichung wurde zur Berechnung der Dimerisationswärmen benutzt, welche die Wasserstoffbindungsenergien lieferten. Die Intensitäten der Banden der Monomeren u. Dimeren im CO- u. OH-Bereich lieferten 2 unabhängige Best. für jede Verbindung. Als Durchschnittswert der H-Bindungsenergie wurde $8{,}5 \pm 0{,}4$ bzw. $8{,}6 \pm 0{,}4$ kcal/Mol gefunden. M. Schüle. B 120□

Die Infrarotabsorptionsspektren von einigen α-Phenylhydrazonoketonen und -alkoholen. E. M. Tanner. (Spectrochim. Acta [London] **15.** 20—26. 1959. März. Hounslow, Middlesex, Parke, Davis & Co. Ltd., Res. Dep.) (Engl.)

Die IR-Spektren von folgenden Phenyl- (**A**) u. N-Methylphenylhydrazonen in Nujol u. Chlf. werden aufgenommen: *Methylglyoxal-1-*, *Pentan-2.3.4-trion-2-*, *Pentan-2-ol-3.4-dion-3-*, *Brenztraubensäure-*, *2.3-Dioxobuttersäureäthylester-2-*, *3-Hydroxy-2-oxobuttersäureäthylester-2-*, *2.3-Dioxobernsteinsäurediäthylester-2-*, *2.3.4-Trioxovaleriansäureäthylester-3-*, *3-Carbäthoxy-2.3-dioxopropionitril-2-*, *Phenylglyoxal-1-*(α- u. *β-Form*), *3-Phenyl-2.3-dioxopropionitril-2-*, *2-Hydroxypropionaldehyd-*, *2-Oxopropanol-2-*, *2-Phenyl-2-hydroxyacetaldehyd-*, *Benzoinphenylhydrazon* (*α-Form*), von *Methylglyoxal-1-*, *Brenztraubensäure-*, *2-Hydroxypropionaldehyd-N-methylphenylhydrazon* sowie von *1-β-Phenylhydrazinopropanol-(2)* u. *α-Phenylazozimtsäurenitril*. Aus dem Auftreten der NH-Valenzbanden in den **A** (selbst in Ggw. einer benachbarten OH-Gruppe bei den Alkoholen) u. in den meisten Fällen auch der C=N-Bande sowie aus der Erniedrigung der C=O-Bande infolge Konjugation mit der benachbarten C=N-Bindung bei den Ketonen wird geschlossen, daß die Verbb., die bei Rk. von Benzoldiazoniumsalzen mit Ketonen mit aktivierten Methylengruppen entstehen, als **A** u. nicht als Azoverbb. vorliegen. In einigen Verbb. treten intramol. H-Bindungen auf.
G. Pötzscher. B 120□

Möglichkeit des Auftretens einer Wasserstoffbindung in den Hydrochloriden und Hydrobromiden von Aminen und Aminoxiden. G. Tsoucaris. (Acta crystallogr. [Copenhagen] **13.** 1141. 10/12. 1960. Bellevue, C. N. R. S., Labor. de Cristallogr.) (Franz.)

Röntgenograph. u. mit Hilfe der IR-Absorptionsspektren untersuchte Vf. die N—H—Cl- u. O—H—Cl-Bindungen in den Salzen prim., sek., u. tert. Amine sowie in Salzen von Aminoxiden. Die Koordination des Cl-Ions ist gleich der Anzahl beweglicher Wasserstoffe. Der N-Cl-Abstand nimmt gleichmäßig mit der Koordination ab; er beträgt 3,35 Å für NH_4Cl (Koordinationszahl 8) u. 3,12 Å für ein sek. Amin (Koordinationszahl 2). Die IR-Spektren der Salze zeigten Absorptionsbanden zwischen 2000 u. 3400 cm^{-1}, die in den Spektren der Amine nicht vorhanden sind u. deren Frequenzen sich mit der Koordination erniedrigen. H-Bindungen sind aus folgenden Gründen anzunehmen. Die N—Cl- u. O—Cl-Richtungsvektoren fallen prakt. mit denen zusammen, die man für die N—H- u. O—H-Richtungen voraussehen kann; die Gruppen N—H—Cl u. O—H—Cl sind in allen Strukturen prakt. linear. Ferner sind die N—Cl- u. O—Cl-Abstände viel kleiner als die Summe der VAN DER WAALSschen Radien. Die IR-Absorptionsbanden bei 2000—2400 können einer H-Bindung zugeordnet werden, denn die Form gewisser Banden ist sehr verbreitert; ferner ändern sich die Frequenzen nur wenig, wenn man das Cl durch ein anderes Halogen ersetzt. Es besteht weiter eine Beziehung zwischen dem N—Cl- u. O—Cl-Abstand u. der entsprechenden Frequenz. Für die Chloride von *Trimethylaminoxid* u. *Pyridinoxid* sind die O—Cl-Abstände 2,94 bzw. 2,84 Å, u. die entsprechenden Frequenzen liegen bei 2650 u. 2000 cm^{-1}. C. GOTTFRIED. B 120□

Inter- und intramolekulare Wasserstoffbindung in Anilinen. V. C. Farmer und R. H. Thomson. (Spectrochim. Acta [London] **16**. 559—62. Juni 1960. Aberdeen, Univ., Chem. Dep.) (Engl.)

Das Gleichgewicht zwischen Formen mit intramol. H-Bindungen u. denen mit Bindungen an das Lsgm. wurde bei einigen substituierten Anilinen in Pyridin (Py.) IR-Spektroskop. (3000—3700 cm^{-1}) untersucht. Beide Bindungsformen wurden bei *o-Nitro-N-methylanilin* gefunden, bei *o-Äthoxycarbonyl-N-methylanilin* jedoch nur die Form mit intramol. Bindung. *N-Methylanilin* ist in Py. vollständig an das Lsgm. gebunden. In *Anilin* u. *o-Nitroanilin* ist nur ein Amino-H an Py. gebunden; diese N—H-Bindung gibt 2 starke Banden bei 3200 cm^{-1}, die als FERMI-Resonanz zwischen der Valenzschwingung u. der Oberschwingung der Deformationsschwingung aufgefaßt werden. M. SCHÜLE. B 120□

Die Valenzschwingung der Azogruppe. R. J. W. Le Fèvre und R. L. Werner (Austral. J. Chem. **10**. 26—33. Febr. 1957. Sydney, Univ., School of Chem.; N.S.W. Univ. of Technol., School of Appl. Chem.) (Engl.) — Vgl. C. **1959**. 1064.

Von nachst. Verbb. wurde das IR-Absorptions-Spektrum im Bereich von 600 bis 1600 cm^{-1} gemessen: *4-Methyl-*, *4-Fluor*, *4-Chlor-*, *4-Brom-*, *4-Jod-*, *4-Nitro-*, *4-Carboxy-*, *4-Hydroxy-*, *4-Methoxy-*, *4-Thiocyan-*, *4-Hydroxy-2.3'-dimethyl-*, *4-Methylamino-*, *4 Dimethylamino-4'-nitro-*, *4-Methyläthylamino-*, *4-Methylbenzylamino-*, *4-[Methyl-2-hydroxyäthylamino]-*, *4-Diäthylamino-*, *3-Fluor-*, *3-Chlor-*, *3-Brom-*, *3-Nitro-*, *3-Carboxyazobenzol*, *Phenylazo-α-naphthalin*, *-β-naphthalin* u. *α.β'-Azonaphthalin*. Es wurden Zuordnungen für die einzelnen Banden getroffen. Dabei ergab sich, daß die charakterist. -N=N-Valenzschwingung im Frequenzbereich von 1400—1450 cm^{-1} liegt. M. SCHÜLE. B 120□

Infrarotuntersuchung von heterocyclischen Verbindungen mit einem konjugierten Substituenten. 1. Mitt. **Isopropenylpyrazole.** J. Charette und P. Teyssié. (Spectrochim. Acta [London] **1959**. 70—75. März 1959. Leopoldsville, Belg. Congo, Lovanium Univ., Dep. of Phys. and Chem.) (Engl.)

Die IR-Spektren von *3-Isopropenyl-5-methyl-* (aus Methacryloylaceton mit N_2H_4) u. *3-Isopropenyl-5-methyl-2-phenylpyrazol* (analog mit Phenylhydrazin) werden aufgenommen u. mit denen von *3.5-Dimethyl-* u. *3.5-Dimethyl-2-phenylpyrazol* verglichen. Die für die beiden ersten Verbb. angenommene Struktur wird bestätigt. Die konjugierte Isopropenylgruppe verschiebt die ebene C—H-Deformationsfrequenz der Dimethyl-Verbb. (1307 cm^{-1}) nach niedrigeren Frequenzen auf 1238, beeinflußt die C=N-Valenzfrequenz dagegen prakt. nicht. Der ebenen NH-Deformationsfrequenz wird die Bande bei 1150 zugeordnet. Aus der geringen Intensität der NH-Frequenz bei 3470, die der nicht assoziierten NH-Gruppe zugeschrieben wird, u. aus der Änderung der NH-Frequenzen mit der Verdünnung mit CCl_4 geht hervor, daß die Moll. über starke H-Brücken wahrscheinlich zu Dimeren assoziiert sind. G. PÖTZSCHER. B 120□

Über den Mechanismus der Kernrelaxation in gasförmigem und flüssigem CHF_3. C. S. Johnson jun., J. S. Waugh und J. N. Pinkerton. (J. chem. Physics **35**. 1128—29. Sept. 1961. Cambridge, Mass., Harvard Univ., Lyman Labor. of Phys., MIT, Dep. of Chem., Res. Labor. of Electronics; Labor. of Chem. and Solid State Phys.) (Engl.)

Vff. untersuchten die Temp.-Abhängigkeit der Kernrelaxation von H u. ^{19}F in CHF_3 im gasförmigen u. fl. Zustand. GUTOWSKI u. Mitarbeiter (vgl. Physic. Rev. Letters

6. [1961.] 349) fanden, daß das Verhältnis der Relaxation von Proton u. ^{19}F im fl. Zustand bei hohen Temp. gegen 2 geht. Vff. bestätigen diesen Wert u. zeigen, daß dieses Verhältnis im gasförmigen Zustand den Wert 100 übersteigt. Ferner zeigen Vff., daß für die Relaxation beim ^{19}F-Kern Spin–Rotations-Wechselwrkg. eine bedeutende Rolle spielen.

G. M. NEUMANN. B 121□

Mikrowellenspektrum, Barriere der inneren Rotation und Quadrupolkopplung von Acetylbromid. Lawrence C. Krisher. (J. chem. Physics 33. 1237—41. Okt. 1960. Cambridge, Mass., Harvard Univ., Mallinckrodt Chem. Labor.) (Engl.)

Das Mikrowellenspektrum der beiden Acetylbromide $CH_3CO^{79}Br$ u. $CH_3CO^{81}Br$ wurden im Bereich von 12000—33000 MHz untersucht. Die aus den Kernquadrupolhyperfeinaufspaltungen des Broms abgeleiteten Quadrupolkopplungs-Konst. deuten auf eine erhebliche Abweichung des elektr. Feldgradienten um die C–Br-Bindung von der zylindr. Symmetrie hin. Einige der Rotationsübergänge waren in Dubletts aufgespalten, was einer behinderten inneren Rotation der Methylgruppe entspricht. Die Energiebarriere wurde zu 1305 ± 30 cal/Mol ermittelt. A. MASCHKE. B 121□

Analyse des Mikrowellenspektrums von 2-Fluornaphthalin mit einer Diskussion der Möglichkeiten der Strukturbestimmung. Børge Bak, Daniel Christensen, Lise Hansen-Nygaard und John Rastrup-Andersen. (Spectrochim. Acta [London] **18.** 229—33. Febr. 1962. Copenhagen, Denmark, Univ. of Copenhagen, Chem. Labor.) (Engl.)

Von gasförmigem *2-Fluornaphthalin* (Kp. 212°) wurde das Mikrowellenspektrum im Gebiet von 12800—20800 MHz untersucht u. analysiert; Zuordnungen für alle 21 beobachteten Linien wurden getroffen. Die Rotations-Konst. sind $A = 2846 \pm 1$, $B = 808{,}18 \pm 0{,}01$, $C = 629{,}49 \pm 0{,}01$ MHz. Eine Berechnung der Genauigkeit, mit der die Strukturparameter der H- u. C-Atome mit Hilfe der Isotopensubstitutions-Meth. gefunden werden können, wird durchgeführt. Eine Analyse des Spektrums von *1-Fluornaphthalin* scheiterte an dessen Kompliziertheit. G. PÖTZSCHER. B 121□

Bildung von positiven und negativen Ionen in CCl_3F. R. K. Curran. (J. chem. Physics **34.** 2007—10. Juni 1961. Pittsburgh, Pa., Westinghouse Res. Labor.) (Engl.)

Mit nahezu monoenerget. Elektronen werden die Appearance-Potentiale positiver u. negativer Ionen aus CCl_3F massenspektrometr. untersucht. Aus den Ionenausbeutekurven folgen die Appearance-Potentiale für CCl_3^+ $12{,}77 \pm 0{,}15$ (eV), CCl_2F^+ $11{,}97 \pm 0{,}07$ u. $CClF^+$ $17{,}41 \pm 0{,}15$. Aus den Meßwerten werden die Dissoziationsenergien $D(CCl_3-F) \leq 5{,}42 \pm 0{,}15$ (eV) u. $D(CCl_2F-Cl) \leq 3{,}28 \pm 0{,}10$, die Elektronenaffinität $EA(CCl_3) \geq 2{,}10 \pm 0{,}35$ u. die Ionisationspotentiale $I(CCl_3)] \geq 7{,}92 \pm 0{,}35$, $I(CCl_2F) \leq 8{,}69 \pm 0{,}15$ u. $I(CClF) \leq 13{,}33 \pm 0{,}25$ bzw. $10{,}85 \pm 0{,}25$ abgeleitet. HERBERT MÜLLER. B 131□

Die Massenspektren von Aminosäuren bei Benutzung einer Radiofrequenz-Funkenquelle. William L. Baun und David W. Fischer. (Analytic. Chem. **34.** 294—95. Febr. 1962. Wright-Patterson Air Force Base, Ohio, Aeronaut. Syst. Div., Directorate of Materials and Processes.) (Engl.)

Bei der Aufnahme von Massenspektren nichtflüchtiger organ. Verbb., bes. von Aminosäuren, wurde zur Anregung eine Radiofrequenz-Funkenquelle (Elektrodenspannung > 100 kV) benutzt. Es ist anzunehmen, daß unter so extremen Ionisierungsbedingungen ein vollständiger Abbau in Atome stattfindet. Das Spektrum von *L-Lysin · HCl*, das alle Massen bis auf 19—23 u. 31—35 zeigt, ist wiedergegeben. *Glycin*, *Valin* u. *Phenylalanin* zeigen Massen, die höher sind als die der Stammkörper. Die „Masse + Eins“-Linien, die auch von anderen Autoren beobachtet wurden, wurden bei allen schwereren Aminosäuren, nicht aber bei ihren Salzen gefunden u. sind offenbar auf Addition eines H-Atoms an die Aminosäuregruppe zurückzuführen.

W. BETCKE. B 131□

Beziehung zwischen Massenspektren und Struktur in aromatischen sauerstoffhaltigen Verbindungen. Ester vom Benzoat-Typ. Thomas Aczel und H. E. Lumpkin. (Analytic. Chem. **34.** 33—37. Jan. 1962. Baytown, Tex., Humble Oil and Refin. Co., Res. and Dev.) (Engl.) — Vgl. C. **1961.** 14590.

Die Massenspektren einer Reihe von Benzyl- u. Methylestern der Benzoesäure wurden untersucht u. ihre Beziehungen zu den strukturellen Eigenheiten der Verbb. diskutiert. Charakterist. Massenpeakhöhen, ausgedrückt in Prozenten der Gesamtionisation, sind für *2-Methylbenzoesäure-2-methyl-*, *4-Methylbenzoesäure-4-methyl-*, *2.5-* u. *2.4-Dimethylbenzoesäure-2.5-dimethylbenzylester*, *Benzoe-*, *o-* u. *m-Toluyl-*, *2.5-*, *2.4-*, *3.5-Dimethyl-* u. *2.4.5-Trimethylbenzoesäuremethylester* aufgeführt. Eine Übersicht über die für einfache, doppelte u. 3fache Methylsubstitution charakterist. relativen Peakhöhen ist für Phenole, Benzaldehyde, Benzoesäuren, Benzylalkohole, u. die genannten Benzoate unter Verw. bekannter Analysendaten gegeben. Die Wahrscheinlichkeit für das Auftreten der verschiedenen Ionisierungsstufen dieser Verb.-Klassen läßt sich an Hand der charakterist. Peakhöhen angeben. Die Stabilität der Mol.-Ionen nimmt in der Reihenfolge Phenole, Aldehyde, Säuren, Alkohole ab. Die Beeinflussung der Peaks durch die Stellung der Methylgruppe ist bei den meisten Verb.-Klassen von gleicher Größe. Die spezif. Beeinflussung der Intensitäten nimmt mit wachsender C-Anzahl ab. Die Beziehungen zwischen den Intensitäten im Massenspektrogramm, der Art der funktionellen Gruppen u. der Stellung der Methylsubstituenten lassen sich analyt. auswerten. Ein Identifizierungsschema ist skizziert. W. BETCKE. B 131□

Massenspektren verschiedener Chinone und polycyclischer Ketone. J. H. Beynon und A. E. Williams. (Appl. Spectroscopy **14.** 156—60. 1960. Manchester, England, Imp. Chem. Ind. Ltd., Dyestuffs Div., Res. Dep.) (Engl.)

Die folgenden Verbb. wurden massenspektrometr. untersucht: *Anthrachinon, 1-, 2-Hydroxy-, 1.2-, 1.4-, 1.5-, 1.7-, 1.8-, 2.6-Dihydroxy-, 1.4.5.8-Tetrahydroxy-, 1-, 2-Amino-, 1.4-, 1.5-, 1.8-, 2.6-Diamino-, 1-, 2-Methoxy-, 2-Methylamino-, 1-Amino-2-methyl-, 1-Chlor-2-methyl-, 1.4.5-Trichloranthrachinon, Phenanthrenchinon, Benzochinon-(1.4), Naphthochinon-(1.4), Fluorenon* u. *Benzanthron.* Die Vers.-Ergebnisse sind tabellar. angegeben u. werden ausführlich besprochen. C. GOTTFRIED. B 131

Zur Kenntnis der Dipolmomente homologer α-Olefine. Gerhard Geiseler und Eberhard Pilz. (Chem. Ber. **95.** 96—101. 25/1. 1962. Leipzig, Univ., Phys.-Chem. Inst.; Leuna-Werke, Org. Abt.) (Dt.)

Nach der Meth. von DEBYE-CLAUSIUS-MOSOTTI wurden die Dipolmomente μ (D) folgender α-Olefine (**A**, aus dem entsprechenden Alkyl-MgBr durch Rk. mit Allylbromid oder -jodid in Ae. u. 1std. Kochen) bei 20° in Bzl. ermittelt: *Hexen-(1)* (Kp.$_{760}$ 63,5 bis 64,0°; D.$_4^{20}$ 0,6764; n_D^{20} 1,3879; $\mu = 0{,}46 \pm 0{,}03$), *Hepten-(1)* (Kp.$_{760}$ 93,8—94,0°; D.$_4^{20}$ 0,6993; n_D^{20} 1,3998; 0,63 ± 0,02), *Octen-(1)* (Kp.$_{100}$ 61,5—62,7°; D.$_4^{20}$ 0,7147; n_D^{20} 1,4088; 0,42 ± 0,02), *Nonen-(1)* (Kp.$_{100}$ 84,2—84,3°; D.$_4^{20}$ 0,7297; n_D^{20} 1,4157; 0,59 ± 0,01), *Decen-(1)* (Kp.$_{20}$ 67,7—67,8°; D.$_4^{20}$ 0,7401; n_D^{20} 1,4214; 0,42 ± 0,02), *Undecen-(1)* (Kp.$_{10}$ 72,1—72,2°; D.$_4^{20}$ 0,7497; n_D^{20} 1,4260; 0,53 ± 0,02), *Dodecen-(1)* (Kp.$_{10}$ 88,8 bis 88,9°; D.$_4^{20}$ 0,7588; n_D^{20} 4298; 0,52 ± 0,01) u. *Hexadecen-(1)* (Kp.$_{16}$ 155°; D.$_4^{20}$ 0,7811; n_D^{20} 1,4411; 0,51 ± 0,02). Die μ-Werte zeigen in Abhängigkeit der C-Atomzahl der **A** einen alternierenden Effekt, der mit zunehmender Kettenlänge kleiner wird u. ab C_{12} einem Grenzwert zustrebt. Die ungeradzahligen **A** besitzen dabei einen größeren μ-Wert als die geradzahligen. Es wird angenommen, daß die Zickzack-Struktur der **A** nicht eben, sondern schraubenförmig ist, wodurch bestimmte bevorzugte Stellungen möglich sind. G. PÖTZSCHER. B 132□

Eine dielektrische Untersuchung des Carbonsäuredimeren. Graham Loveluck. (J. physic. Chem. **64.** 385—87. April 1960. Aberystwyth, Univ. Coll. of Wales, Edward Davies Chem. Labor.) (Engl.)

Die DK u. Verlustwinkel von reiner *n-Capronsäure* (I) u. einer Lsg. von I in Xylol sowie von *Cyclohexancarbonsäure* (F. 31°) in Tetrachloräthylen wurden im Frequenzbereich von 10^5—10^8 Hz gemessen. Die erhaltenen Werte deuten eher auf eine geringfügige Beteiligung von höher als zum Dimeren assoziierten Moll. im Gleichgewicht mit überwiegendem Dimeren als auf die von HARRIS u. ALDER (vgl. C. 195[illegible]. 6201) vorgeschlagene Selbst-Ionisation des Dimeren hin. A. MASCHKE. B 132□

Die Dipolmomente einiger Heptafulvenderivate. Masumi Yamakawa, Haruyuki Watanabe, Toshio Mukai, Tetsuo Nozoe und Masaji Kubo. (J. Amer. chem. Soc. **82.** 5665—67. 5/11. 1960. Chikusa, Nagoya, Japan, Univ., Chem. Dep.) (Engl.)

Folgende Dipolmomente μ (in D) wurden durch Messungen in Benzol-Lsg.bei 25° bestimmt: *Heptafulven-8.8-dinitril* (F. 200°), 7,49 (Messung in Dioxan); *8-Äthoxycarbonylheptafulven-8-nitril* (F. 63,5°), 4,40; *Tropylmalodinitril* (F. 63°), 4,12; *Tropylcyanessigsäureäthylester* (Kp.$_5$ 138—141,5°), 3,56; *Tropylmalonsäurediäthylester* (Kp.$_4$ 128—132°), 2,44; *Ditropylmalodinitril* (F. 107°), 4,35 u. *Ditropylcyanessigsäureäthylester* (F. 125°), 3,35. Aus diesen Daten wurde μ von *Heptafulven* zu 3,07 (negatives Ende an der Methylengruppe) u. μ von *7-Methylcycloheptatrien* zu 0,13 (negatives Ende im Ring) berechnet. A. MASCHKE. B 132□

Organische Halbleiter: Positive aromatische Kohlenwasserstoffionen in Festkörpern. G. E. Blomgren und J. Kommandeur. (J. chem. Physics **35.** 1636—39. Nov. 1961. Parma, Ohio, Union Carbide Corp., Parma Res. Labor.) (Engl.)

Mischungen von aromat. KW-Stoffen [*Anthracen, Pyren, Perylen* (I)] mit $SbCl_5$ in CCl_4 wurden mittels Elektronen-Spin-Resonanz u. Spektrographie im sichtbaren Bereich untersucht. Aus der Beobachtung des TYNDALL-Effektes u. aus spektroskop. Eigg. ließ sich schließen, daß die Mischungen koll. Suspensionen sind. Die sichtbaren Spektren sind für aromat. Ionen charakteristisch. Ein Vgl. zwischen der Ionen-Konz., durch Spektroskopie gemessen, mit der Spin-Konz., durch Spinresonanz gemessen, zeigt, daß die aromat. Ionen im Festkörper die einzigen anwesenden paramagnet. Ionen sind. Man fand, daß in den Festkörpern hohe elektron. Leitfähigkeit vorliegt. Die Temp.-Abhängigkeit der Leitfähigkeit des I-Komplexes gehorcht der Gleichung $\sigma = \sigma_0 \exp(-E/kT)$; es werden 2 Geraden erhalten, die Aktivierungsenergien von 0,067 u. 0,098 eV entsprechen. H. LAUE. B 135□

Eine Elektronenspinresonanzuntersuchung eines mit γ-Strahlen bestrahlten Einkristalls der Glykolsäure. N. M. Atherton und D. H. Whiffen. (Molecular Physics **3.** 1—15. Jan. 1960. Birmingham, Univ., Chem. Dep.) (Engl.) — Vgl. nachst. Referat.

Große Einkristalle von *Glykolsäure* (I; F. 75—78°), die aus Aceton erhalten worden waren, wurden im Vakuum bei Zimmer-Temp. wenigstens 24 Std. lang mit γ-Strahlen einer 200-c^{60}Co-Quelle bestrahlt. Hierauf wurden die Spektren bei Zimmer-Temp. auf dem von ABRAHAM u. Mitarbeitern (vgl. C. **1959.** 9596) beschriebenen 9200 MHz-Reflexionsspektrometer bei Drehung des Kristalls um die 3 Hauptachsen untersucht. Die Diskussion der erhaltenen Spektren brachte eine Bestätigung der von GRANT u. Mitarbeitern (vgl. C. **1959.** 6415) an polykristalliner I erhaltenen Ergebnisse, daß es sich bei den eingefangenen Radikalen um Carboxyhydroxymethylradikale HOĊHCOOH, handelt. Aus den Spektren ergab sich ferner, daß das Radikal eben ist, u. daß die [1 0 0]-Ebene senkrecht zur Ebene des Radikals liegt. Die g-Werte wurden gemessen durch Vgl. der Lage des Zentrums des Radikalspektrums mit dem der α.α-Diphenyl-β-pikryl-hydrazyllinie. Hierbei ergab sich, daß die Achse des g-Tensors mit dem kleinsten Wert 20° gegen die Normale der Radikalebene geneigt ist; der Wert ist mit —2,0017 numer. niedriger als der eines freien Elektrons. Die anderen Hauptrichtungen liegen angenähert in der Ebene u. die Werte sind numer. größer als der Wert des freien Spins.
C. GOTTFRIED. B 137

Elektronenresonanzuntersuchung des Carboxylathydroxymethylradikalions. N. M. Atherton und D. H. Whiffen. (Molecular Physics **3.** 103—04. Jan. 1960.) (Engl.) Vgl. vorst. Referat.

Vff. untersuchten das Elektronenspinresonanzspektrum eines mit γ-Strahlen einer ^{60}Co-Quelle bestrahlten Einkristalls von *Kaliumglykolat* mit Hilfe der l. c. beschriebenen Methode. In diesem Fall ist das eingefangene Radikal das Carboxylat-hydroxymethylion, HOĊHCOO⁻. Die erhaltenen Kopplungstensoren u. der g-Tensor sind tabellar. angegeben: Alle Radikale liegen parallel zueinander u. senkrecht zur x-Richtung des Kristalls. C. GOTTFRIED. B 137

Elektronenspinresonanzspektrum und Struktur von $CH_3\dot{C}H(CO_2H)$. J. R. Morton und A. Horsfield. (J. chem. Physics **35.** 1142—43. Sept. 1961. Teddington, Middlesex, Nat. Phys. Labor., Basic Phys. Div.) (Engl.)

Von γ-bestrahlten orthorhomb. Einkristallen von *l-Alanin* wurden die ESR-Spektren bei verschiedener Lage der Kristalle zur Richtung des magnet. Feldes aufgenommen u. die Kopplungstensoren in Richtung der a-, b- u. c-Achse bestimmt. Die Kopplung für jedes der 3 äquivalenten CH_3-Protonen ist etwas anisotrop. Auf Grund der Spektren wird auf eine ebene Struktur des gebildeten $CH_3\dot{C}HCO_2H$-Radikals mit sp^2-Hybridisierung des Ċ-Atoms geschlossen; der Winkel zwischen den Ċ—CH_3- u. Ċ—H-Bindungen beträgt 121,2± 3°. G. PÖTZSCHER. B 137□

Kernmagnetische Resonanzuntersuchung der Ringinversion von Cyclohexan und verwandten Verbindungen. R. K. Harris und N. Sheppard. (Proc. chem. Soc. [London] **1961.** 418—19. Nov. Cambridge, Univ., Chem. Labor.) (Engl.)

Aus der Linienverbreiterung zwischen —20 u. —70° im Kernresonanzspektrum von *Cyclohexan* werden die Aktivierungsgrößen der gegenseitigen Umwandlung der beiden Sesselformen zu $\Delta H^{\neq}$ 9,0± 0,2 (kcal/Mol), $\Delta S^{\neq}$ —7,9 ± 1,0 (cal/Grad·Mol) u. $\Delta F^{\neq}$ 10,6 (kcal/Mol) bei —66,5° bestimmt; ΔF ist in guter Übereinstimmung mit dem Wert von JENSEN u. Mitarbeitern (vgl. C. **1961.** 429). Analoge Unterss. an *Cyclooctan* (1-Linienspektrum) bei —85 bis —113° ergeben $\Delta H^{\neq}$ 2,6±0,9 u. $\Delta S^{\neq} \approx -30$. In den Spektren von *cis-Dekalin* (vgl. auch MONIZ u. DIXON, J. Amer. chem. Soc. **83.** [1961.] 1671), von *1.1-, cis-* u. *trans-1.2-Dimethylcyclohexan* treten prakt. keine Änderungen bis zu —120° auf. Das wird entweder auf eine selbst bei dieser Temp. schnelle Inversion oder, da $\Delta S^{\neq}$ positiv sein kann, auf das Auftreten der flexibleren Bootform im Übergangszustand zurückgeführt. G. PÖTZSCHER. B 137□

Elektronenspinresonanzabsorption von Tris-[p-nitrophenyl]-methyl. M. Thomas Jones. (J. chem. Physics **35.** 1146. Sept. 1961. St. Louis, Mo., Washington Univ., Dep. of Chem.) (Engl.)

Das ESR-Spektrum von $5 \cdot 10^{-2}$ mol. Lsgg. des *Tris-[p-nitrophenyl]-methyl*-Radikals in 1.2-Dimethoxyäthan bei 22° wurde aufgenommen. Folgende Kopplungs-Konst. wurden bestimmt: ^{15}N (NO_2-Gruppe) 0,94 ± 0,02 (Gauß), ^{14}N (NO_2-Gruppe) 0,66 ± 0,01, H (m-Stellung) 1,14 ± 0,02, H (o-Stellung) 2,50 ± 0,02. Da die o- u. m-Protonenkopplungs-Konst. mit denen des Triphenylmethylradikals prakt. übereinstimmen (vgl. Chesnut u. Sloan, C. **1961.** 3277), wird geschlossen, daß auch die Spindichte am p-C-Atom bei der Substitution von H durch NO_2 nicht geändert wird.

G. Pötzscher. B 137□

Strukturen und Konformationen von einigen natürlich vorkommenden Derivaten von Prolin. R. J. Abraham, K. A. McLauchlan, Shirley Dalby, G. W. Kenner, R. C. Sheppard und L. F. Burroughs. (Nature [London] **192.** 1150—53. 23/12. 1961. Nat. Phys. Labor., Basic Phys. Div.; Liverpool, Univ., Dep. of Org. Chem.; Bristol, Long Ashton, Agricult. Res. Stat.) (Engl.)

Vff. nehmen die protonenmagnet. Resonanzspektren von *cis-* (*cis*-**I**, *allo-Verb.*) u. *trans-4-Hydroxy-* (*trans*-**I**), *cis-* u. *trans-4-Methyl-* u. *4-Hydroxymethyl* (oder *4-Hydroxy-4-methyl*)*-prolin* (**II**; Hulme u. Steward, C. **1957.** 4155 u. C. **1956.** 13461) in D_2O als Zwitterionen auf. Die Spektren sind komplex u. werden nur unvollständig analysiert. Aus dem Vgl. der Kopplungs-Konst. mit den nach der Beziehung von Karplus (vgl. J. chem. Physics **30.** [1959.] 11) berechneten ergibt sich für trans-I eine „Briefumschlag"-Konformation mit pseudoaxialer OH- u. pseudoäquatorialer CO_2^--Gruppe. Für cis-I ergibt sich keine Übereinstimmung; entweder existiert cis-I in mehreren Konformationen oder einer stark verbogenen Konformation. Nach dem Spektrum ist **II** als 4-Hydroxymethyl-Verb. anzusehen u. aus dem Vgl. mit den anderen Verbb. ist die cis-Konfiguration wahrscheinlich. G. Pötzscher. B 137□

Die Verwendung einer Proton-Proton-Spinentkopplungs-Methode zur Bestimmung von kernmagnetischen, chemischen Resonanzverschiebungen. Stanley L. Manatt und Daniel D. Elleman. (J. Amer. chem. Soc. **83.** 4095—96. 5/10. 1961. Pasadena, Calif., California Inst. of Technol., Phys. Sci. Div., Jet Propulsion Labor.) (Engl.)

Es wird über eine neue Anwendung der Spinentkopplungstechnik von Kaiser (vgl. Rev. sci. Instruments **31.** [1960.] 963) u. Freeman (vgl. Molecular Physics **3.** [1960.] 435) zur Best. von bestimmten chem. Protonenverschiebungen berichtet. Die Genauigkeit dieser Meth. wurde an *Acetaldehyd* getestet u. anschließend die Protonenverschiebung beim *α-Bromcampher* (**I**) u. *Cyclohexen* (**II**) untersucht. Bei **I** wurde für die chem. Verschiebung zwischen dem 3- u. dem 4-Proton 137,0 ± 0,5 Hz gefunden. Bei **II** läßt sich dagegen die Verschiebung nur sehr schwer angeben, durch Anwendung der Doppelresonanztechnik erhält man für die Verschiebung zwischen dem α-Methylenproton u. den Vinylprotonen 225 ± 1 Hz. G. M. Neumann. B 137□

Ein Elektrolysegefäß für die Methoxylierung von Furanen. G. Ssokolow. (Известия Академии Наук Латвийской ССР [Nachr. Akad. Wiss. LettSSR] **1961.** Nr. 1. 67—69. Inst. für org. Chem. der Akad. der Wiss. der LettSSR.) (Russ.; Auszug: Engl.)

Vf. schlägt eine Verbesserung der von Clauson-Kaas u. Mitarbeitern (C. **1954.** 5037) entwickelten Meth. zur elektrolyt. Darst. von methoxylierten Furanen vor, indem die von Clauson-Kaas verwendete Pt-Anode u. Ni-Kathode durch Kohleelektroden ersetzt werden. Diese werden paarweise konzentr. um einen Rührer angeordnet, wodurch die Wärmeableitung verbessert wird u. die Stromstärke erhöht werden kann. — *2.5-Dimethoxy-2.5-dihydrofurfurylacetat* (I), $Kp._{12}$ 117—120°, man elektrolysiert 280 g Furfurylacetat (II), 1300 ml Methanol u. 24 g NH_4Br bei —15° bei 2,5 A/dm² u. 12—18 V, gibt nach 110 Ampere-Std. 5,6 g Na in 10 ml Methanol zu, dampft ein, fällt NaBr mit 200 ml Ae. aus u. dest.; n_D^{25} 1,4450; 87% (Materialausbeute), 85% (Stromausbeute); bei 4 A/dm² 78 bzw. 75%. Daneben durch Hydrolyse von I bzw. **II** *2.5-Dimethoxy-2.5-dihydrofurfurylalkohol*, $Kp._{12}$ 106—112°; n_D^{25} 1,4550.

Helmut Schäfer. B 141□

Polarographische Reduktion von 2-Nitrofuran- und 2-Nitroselenophenderivaten. Ja. Stradin, Ss. Giller und Ju. Jurjew. (Доклады Академии Наук СССР [Ber. Akad. Wiss. UdSSR] **129.** 816—19. 1/12. 1959. Inst. für org. Synth. der Akad. der Wiss. der LettSSR u. Moskau, Univ.) (Russ.)

Es wird die polarograph. Red. nachst. *2-Nitrofurane* u. *2-Nitroselenophene* untersucht u. die Abhängigkeit der Halbstufenpotentiale vom pH-Wert (2—11) u. den Substituenten festgestellt: 2-Nitrofurane: *5-Brom-*, *5-Acetyl-*, *5-[Dicarbomethoxymethyl]-*, *5-[Hydroxyacetyl]-*, *5-Carboxy-*, *5-Carbäthoxy-*, *5-[β-Formylvinyl]-*, *5-[β-Acetylvinyl]-*, *5-[β-Nitrovinyl]-*, *5-[2.5-Diketoimidazolidinyl-(3)-iminomethyl]-*, *5-{β-[2.5-Di-*

ketoimidazolidinyl-(3)-iminomethyl]-vinyl}-, *5-[2-Ketooxazolidinyl-(3)-iminomethyl]-* sowie *2-Nitrofuran*, *5-Nitrofurfurol*, dessen *Semicarbazon* u. *β-[5-Nitrofuryl-(2)]-acroleinsemicarbazon*. — 2-Nitroselenophene: *5-Acetyl-*, *5-Carboxy-*, *5-[β-Carboxyvinyl]-*, *5-[2.4-Diketoimidazolidinyl-(3)-iminomethyl]-*, *2-Nitroselenophen-5-aldehyd*, dessen *Semicarbazon*, *β-[5-Nitroselenienyl-(2)]-acrolein*, dessen *Semicarbazon*, *2-Nitroselenophen* u. *3.5-Dinitroselenophen*. Die Verbb. werden bei einer Konz. von 10^{-4} m bei 20° in 0,1 n KCl-Lsg. untersucht. Es werden im allg. mehrere Stufen festgestellt: Die 1. zeigt die Red. der NO_2-Gruppe zur NHOH-Gruppe an, die übrigen sind durch die Red. zum Amin bzw. durch die Red. weitere funktioneller Gruppen (C=O, C=N) bedingt. Es wird der Einfl. der Substituenten diskutiert u. mit den entsprechenden Verbb. des Nitrobenzols u. 2-Nitrothiophens verglichen. HELMUT SCHÄFER. B 142□

Einfluß starker elektrischer Felder auf die Siedepunkte von einigen Alkoholen. Richard K. Lyon. (Nature [London] **192.** 1285—86. 30/12. 1961. Linden, N.J., Esso Res. and Engng. Co.) (Engl.) — Vgl. nachst. Referat.

Unter Anwendung der Gesetze der Thermodynamik wird für die von KATTI u. CHAUDHRI (vgl. C. **1961.** 13860) beobachtete Änderung ΔT der Kpp. von *Methanol*, *A.* u. *Isopropanol* unter dem Einfl. starker elektr. Felder theoret. eine Gleichung abgeleitet. Die danach berechneten ΔT-Werte zeigen jedoch keinerlei Übereinstimmung mit den beobachteten. G. PÖTZSCHER. B 150□

Einfluß starker elektrischer Felder auf die Siedepunkte von einigen Alkoholen. P. K. Katti und M. M. Chaudhri. (Nature [London] **192.** 1286. 30/12. 1961. New Delhi, Coll. of Engng. and Technol., Dep. of Phys.; Ames, Iowa, Iowa State Univ., Chem. Dep.) (Engl.) — Vgl. vorst. Referat.

Nach früheren Unterss. (unveröffentlicht) bestätigen Vff. die von LYON (l. c.) gefundene Nichtübereinstimmung der beobachteten u. auf Grund der Thermodynamik vorausgesagten ΔT-Werte. G. PÖTZSCHER. B 150□

Die Bortrifluorid-Additionsverbindungen von Dimethyläther und Diäthyläther. Donald E. McLaughlin und Milton Tamres. (J. Amer. chem. Soc. **82.** 5618—21. 5/11. 1960. Ann Arbor, Mich., Univ. of Michigan, Chem. Labor.) (Engl.) — Vgl. BROWN u. ADAMS, J. Amer. chem. Soc. **64.** [1942.] 2557; vgl. auch nachst. Referat.

Für die Dampfdruckkurven der 1:1-Addukte (aus den Komponenten durch Kondens. in dem Meßgefäß) von *BF_3·Dimethyläther* (**I**), F. —12 bis —11,8° bzw. *BF_3·Ae.* (**II**), F. —54 bis —52°, wurden die Beziehungen gefunden: $\log P_I$ —2775/T + 9,806 bzw. $\log P_{II} = -2879/T + 10{,}082$. Für die Dissoziations-Konst. K ergibt sich daraus $\log K_I = -2983/T + 7{,}228$ bzw. $\log K_{II} = -2607/T + 6{,}597$. Thermodynam. Daten: **I**: $\Delta H^0 = 13{,}65$ (kcal/Mol); $\Delta F^0_{100} = 1308$ (cal/Mol); $\Delta S^0 = 33{,}1$ (cal/Grad·Mol). **II**: $\Delta H^0 = 11{,}93$; ΔF^0_{100} 665; ΔS^0 30,2. Die Best. wurden zur Erprobung eines neuartigen Thermostaten durchgeführt, in welchem das Rk.-Gefäß vom Dampf einer reinen, sd. Fl. umspült wird, dessen Temp. durch Variierung des Drucks sehr schnell eingestellt werden kann. A. MASCHKE. B 150□

Die Additionsverbindungen cyclischer Äther mit Bortrifluorid. Donald E. McLaughlin, Milton Tamres und Scott Searles jun. (J. Amer. chem. Soc. **82.** 5621—25. 5/11. 1960. Ann Arbor, Mich., Univ. of Michigan, Chem. Labor.; Manhattan, Kans., Kansas State Univ., Chem. Labor.) (Engl.) — Vgl. auch vorst. Referat.

Die Dampfdruckkurven der Addukte einiger cycl. Äther mit BF_3 wurden gemessen. *Äthylenoxid* u. *Trimethylenoxid* polymerisierten in Ggw. von BF_3. Für *Tetrahydrofuran·BF_3* (F. 11,7—12,3°) ist $\log P = -3126/T + 9{,}734$ u. die Dissoziations-Konst. $\log K = -3677/T + 8{,}009$; ΔH^0 (kcal/Mol) = 16,80, ΔF^0_{100} (cal/Mol) = 3145 u. ΔS^0 (cal/Grad·Mol) = 36,6. Für *Tetrahydropyran·BF_3* (F. 9,5—10,2°) wurde gefunden $\log P = -3183/T + 10{,}090$ u. $\log K = -3369/T + 7{,}558$, $\Delta H^0 = 15{,}42$, $\Delta F^0_{100} = 2510$ u. $\Delta S^0 = 34{,}6$. Die NMR-Spektren der Addukte zeigen, daß das BF_3 eine Verringerung der Abschirmung der Ringprotonen der cycl. Äther bewirkt. A. MASCHKE. B 150□

Dampfdrucke und Aktivitäten in dem System Dimethylsulfoxid–Benzol. Jouko Kenttämaa, J. Johan Lindberg und Aulis Nissema. (Suomen Kemistilehti **33B.** 189—92. 1960. Helsinki, Finland, Univ. of Helsinki, Inst. of Chem.) (Engl.)

Mit Hilfe eines Tensimeters wurden Dampfdruck-Best. an *Dimethylsulfoxid–Bzl.*-Mischungen durchgeführt. Angegeben werden die Partial- u. Gesamtdrucke sowie die Aktivitäten bei 25, 40, 55 u. 70°. Für die gleichen Temp. wurden die überschüssigen freien Energien u. Entropien sowie die Mischungswärmen überschlägig berechnet. S. v. SCHIESZL. B 150□

Thermodynamische Eigenschaften von n-Propylalkohol. J. L. Cosner, J. E. Gagliardo und T. S. Storvick. (J. chem. Engng. Data **6.** 360—63. Juli 1961. Columbia, Mo., Univ. of Missouri.) (Engl.)

Mit Hilfe bekannter Werte werden für *n-Propanol* für Temp. von 77—540° F u. Drucke bis zu 700 p.sq.in.a. die Verdampfungswärmen, die Enthalpien u. Entropien des gesätt. u. überhitzten Dampfes u. der Fl. sowie die Konst. der Gleichung für den Dampfdruck $P \log P_v = (B/T - 43) + C + D(T - 43) + E(T - 43)^2$ für den Temp.-Bereich 273—373 u. 373—537° K berechnet. G. PÖTZSCHER. B 155□

Untersuchungen über die Thermochemie von Sulfoxiden. 1. Mitt. Die Gasphasen-Bildungswärmen von Diäthyl-, Di-n-Propyl-, tert.-Butyläthyl-, Allyläthyl- und Diphenylsulfoxid. H. Mackle und P. A. G. O'Hare. (Trans. Faraday Soc. **57.** 2119—24. Dez. 1961. Belfast, Queen's Univ., Dep. of Chem.) (Engl.)

Die Bldg.-Wärmen ΔH_f wurden bestimmt mit Hilfe der Verbrennungs-ΔU, Fusions- u. Verdampfungswärmen. Die Atomisierungswärmen Q_A wurden berechnet. Auf Grund der Ergebnisse ist es möglich, dem Gruppenenergieterm E(C—SO—C) einen Wert zu geben u. ein additives Schema für die Berechnung der Atomisierungs- u. damit der Bldg.-Wärmen im Gaszustand von Sulfoxiden allg. aufzustellen. Die Ergebnisse für *Diphenylsulfoxid* (I) deuten an, daß Konjugation mit Hilfe der Schwefel-d-Bahnen keine wesentliche Stabilisierung des Mol. verursacht. S—O- u. C—S-Dissoziationsenergien werden mitgeteilt. Ergebnisse bei den Sulfoxiden: *Diäthyl-* ($Kp._{13}$ 89°; $Kp._{760}$ 211°) $-\Delta U$ bei 298° K (alle außer I fl.) 795,01 ± 0,09 [kcal/Mol], $-\Delta H_f^0$ 63,9 ± 0,2, $-\Delta H_f(g)$ 49,0 ± 0,4, Q_A 1379,8; *Di-n-propyl-* (F. 24,7°, $Kp._{760}$ 202°) 1105,04 ± 0,09, 78,7 ± 0,2, 60,9 ± 0,4, 1941,8 ± 2; *tert.-Butyläthyl-* ($Kp._1$ 71°; $Kp._{760}$ 252°) 1100,43 ± 0,08, 83,3 ± 0,2, 65,5 ± 0,4, 1946,4 ± 2; *Allyläthyl-* ($Kp._{0,02}$ 40°; $n_D^{17,5}$ 1,4972) 911,81 ± 0,10, 41,8 ± 0,2, 24,7 ± 0,5, 1526,3 ± 2; I (F. 70,2°) 1614,32 ± 0,10, —2,4 ± 0,25, —25,6 ± 0,7, 2672,1 ± 2. Die Fusionswärme für I beträgt $L_{fu.}^{25°}$ = 3,6 ± 0,5 kcal/Mol; die Verdampfungswärmen $L_V^{25°}$ [kcal/Mol] wurden nach WATSON-KISTIAKOWSKY u. auch nach SEIDLER berechnet, der Mittelwert aus beiden Meth. beträgt für die Verbb. in obiger Reihenfolge: 14,6, 18,1, 17,8, 16,9 u. 19,8. H. LAUE. B 156□

Die Assoziation in wässerigen Lösungen von α.ω-Alkandioaten. Ingvar Danielsson. (Finska Kemistsamfundets Medd. **69.** 89—97. 1960. Åbo, Finnland, Åbo Akad., Inst. für Phys. Chem.) (Dt.; Auszug: Schwed.)

Vf. untersucht die Assoziation der Di-K-Salze (K_2-Salze) nachst. α.ω-Dicarbonsäuren in wss. Lsg.: *Oxalsäure* (**I**), *Butan-* (**II**), *Hexan-* (**III**), *Octan-* (**IV**), *Nonan-*(**V**), *Decan-* (**VI**), *Tridecan-* (**VII**), *Hexadecan-* (**VIII**) u. *Octadecandisäure* (**IX**). Angegeben werden die osmot. Koeff. in Abhängigkeit von der Konz. für die K_2-Salze von **I—VII** (bei **I** auch des sauren Salzes) bei 25°, die Äquivalentleitfähigkeiten der K_2-Salze von **VII—IX** bei 60° sowie die Löslichkeiten von n-Decanol (**X**) in Lsgg. der K_2-Salze von **VII** u. **VIII** bei 40° u. von **IX** bei 60°. **X** wird in erheblichen Mengen solubilisiert, während KW-Stoffe beinahe unlösl. bleiben. Aus den Ergebnissen folgt, daß die K_2-Salze von **VIII** u. **IX** typ. Assoziations-Koll. sind. Das K_2-Salz von **VII** bildet Micellen mit **X**, ist aber auch in additivfreien Lsgg. assoziiert. Die K_2-Salze von **IV**, **V** u. **VI** assoziieren nur oberhalb einer bestimmten Konz., während die K_2-Salze von **II** u. **III** im untersuchten Konz.-Bereich überhaupt nicht assoziieren. S. v. SCHIESZL. B 162□

π-Elektronenverteilung in einigen Ketonen. B. J. McClelland. (Trans. Faraday Soc. **57.** 2073—80. Dez. 1961. Salford, Royal Coll. of Adv. Technol., Dep. of Chem. and Appl. Chem.) (Engl.)

Die MO-Näherung von POPLE wird auf eine Anzahl von großen, aromat. Ketonen [*Benzophenon* (**I**), *Fluorenon* (**II**), *Phenyl-p-biphenylylketon*, *Benzil*, *1.2;7.8-Dibenzofluorenon* u. *Benzaldehyd*] angewandt. Die SCF-Bindungsordnungen u. Ladungsdichten der π-Elektronen werden berechnet mit Hilfe zweier verschiedener Annahmen über die Längen der Bindungen in den Moll. (Diagramme). So wird gezeigt, daß die π-Elektronenverteilung in diesen Moll. viel gleichmäßiger ist als früher angenommen. Die berechneten Dipolmomente stimmen hinreichend mit dem Experiment überein. Die Energieviveaus von **I** u. **II** wurden benutzt, um die niedrigeren Frequenzen in den Spektren der Anionen dieser Moll. zu berechnen. Es wurde eine vernünftige Übereinstimmung mit den experimentellen Werten gefunden. H. LAUE. B 182□

Untersuchungen über die Molekülbahn-Theorie der chemischen Reaktivität. 1. Mitt. Die Bedeutung der Induktivität-Hilfsparameter in der Hückelschen MO-Theorie. R. D. Brown, B. A. W. Coller und M. L. Heffernan. (Tetrahedron [London] **18.** 343 bis 348. März 1962. Melbourne, Australia, Monash Univ., Chem. Dep.; Oxford, Phys. Chem. Labor.) (Engl.)

Vff. zeigen, daß die Verw. von Induktivitätshilfsparametern, die auf der Annahme einer Polarisation der σ-Bindungen in der Nähe von Heteroatomen beruhen, nicht gerechtfertigt ist, da die Gesamtelektronendichte (π + σ) noch weniger mit den chem.

Eigg. von Heteroverbb., wie *Pyrrol*, in Einklang zu bringen ist als die ohne Verw. solcher Parameter ermittelte π-Elektronendichte allein. Vff. schlagen eine neue SCF–MO-Behandlung unter Verw. von COULOMB-Hilfsparametern vor, die auf der anomalen Kernanziehung der allernächsten Nachbarn des Heteroatoms unter der Annahme einer einheitlichen σ-Elektronendichte u. des Fehlens der σ-Polarisation beruhen. Die Ergebnisse dieser Meth. lassen sich mit denen des Experimentes in Einklang bringen.
G. PÖTZSCHER. B 182□

Wärmebewegung in Molekülkristallen. M. L. Canut und J. L. Amorós. (Acta crystallogr. [Copenhagen] **13.** 1106. 10/12. 1960. Madrid, C.S.I.C., Dep. de Cristalografia.) (Engl.)

Nach kurzen theoret. Überlegungen berichten Vff. über röntgenograph. Unterss. an verschiedenen Kristallen mit verschiedener Mol.-Form u. verschiedenem Strukturtyp. Untersucht werden *Dicarbonsäuren, Hexamin, Pentaerythrit, Naphthalin* u. *Acridin.* Es wurde gefunden, daß die Form u. die Lage der ausgedehnten diffusen Bereiche in Zusammenhang stehen mit der Form u. der Orientierung der einzelnen Moleküle. Die Übereinstimmung, die man beim Vgl. der theoret. Isodiffusionskonturen mit den beobachteten Werten erhält, zeigt, daß diese diffusen Bereiche von unabhängiger Mol.-Bewegung mit Schwingungsfrequenzen des opt. Typs herrühren. C. GOTTFRIED. B 190

Wachstum von Trioxankristallen. John H. Robertson. (Acta crystallogr. [Copenhagen] **13.** 1078. 10/12. 1960. Leeds, Univ., School of Chem.) (Engl.)

Bastähnliche Einkristallfäden von *symm.-Trioxan* wachsen sehr leicht, wenn die Substanz bei Zimmer-Temp. in einem geschlossenen Raum sublimiert. Es wird auf eine Diskussion der physikal. Eigg. der Kristalle an Hand früher (MOERMAN, 1937) gefundener Kristallstruktur hingewiesen. Beachtenswert ist die Festigkeit entlang der Nadelachse u. die sich beim Wachstum oder der Verdampfung bildende elektrische Ladung, die für die gegenseitige Anziehung, das Biegen u. die Krümmung während des Wachstums verantwortlich zu machen ist. C. GOTTFRIED. B 190

Die Stereochemie von Molekülen, die die C=C=N-Gruppe enthalten. Die Kristall- und Molekularstruktur von N-Äthyl-2.2-bis-[methylsulfonyl]-vinylidenamin. J. J. Daly. (Acta crystallogr. [Copenhagen] **13.** 1050. 10/12. 1960. Zürich, Monsanto Res. Soc. An.) (Engl.)

In Fortsetzung früherer Unterss. von Verbb., die die Gruppe C=C=N—R enthalten, untersuchte Vf. mittels dreidimensionaler Meth. die Struktur von *N-Äthyl-2.2-bis-[methylsulfonyl]-vinylidenamin.* Die Verb. krist. rhomb. in der Raumgruppe $P2_12_12_1$ u. den Zellendimensionen a = 12,02 (Å); b = 5,85; c = 14,47. Der Valenzwinkel am N-Atom beträgt **144°**, im Gegensatz zu einem Wert von 180°, der in 2 anderen Vinylidenaminen gefunden worden war, in denen R = CH_3 war. Die C=N-Bindung hat die Länge einer normalen C≡N-Bindung. Es wird angenommen, daß die Linearität der —N=-Bindung in N-Methylvinylidenaminen hauptsächlich auf Hyperkonjugation zurückzuführen ist. C. GOTTFRIED. B 195

Polyedrische Clathrat-„Eis"-Strukturen in einigen hohen Hydraten. G. A. Jeffrey, D. Feil und R. K. McMullan. (Acta crystallogr. [Copenhagen] **13.** 1029—30. 10/12. 1960. Pittsburgh, Pa., Univ. of Pittsburgh, Crystallogr. Labor.) (Engl.)

Vff. untersuchten röntgenograph. die Strukturen von *Tri-n-butylsulfoniumfluoridhydrat* (**I**) u. *Tetraisoamylammoniumfluoridhydrat* (**II**). **I** mit F. 5° hat 20 H_2O u. **II** mit F. 31° 38 H_2O. Die Struktur von **I** ist kub. mit a = 12,34 Å, Raumgruppe P m 3 n u. Z = 2. Die Struktur ist nahe verwandt mit der von PAULING u. MARSH (C. **1955.** 8099) beschriebenen Struktur von 6 $Cl_2 \cdot 46\ H_2O$, in der pentagonale Dodekaeder über Ecken zu einer pseudokörperzentrierten Anordnung verknüpft sind. Die Alkylgruppen besetzen die Lücken in der „Eis"-Struktur in statist. regelloser Anordnung. **II** ist rhomb. u. hat a = 12,08 (Å); b = 21,60; c = 12,82; Raumgruppe ist P b m m; Z = 2. In dieser Struktur haben die pentagonalen Dodekaeder gemeinsame Flächen u. bilden so unendliche Säulen in der a-Richtung. Diese Säulen sind durch H-gebundene Wasser-Moll. verknüpft; sie bilden andere Dodekaeder mit größeren Lücken, in denen die Alkylgruppen liegen. C. GOTTFRIED. B 195

Untersuchungen einiger Benzochinonmonoxime (Nitrosophenole) und ihrer Derivate. C. Romers, E. Fischmann, A. J. H. Umans und E. Havinga. (Acta crystallogr. [Copenhagen] **13.** 1037. 10/12. 1960. Leiden, Netherlands, Univ., Org. Chem. Dep.) (Engl.) — Vgl. nachst. Referat.

Röntgenograph. untersucht wurden *2-Chlor-5-methyl-p-benzochinon-4-oxim* (**I**), *2-Chlor-p-benzochinon-4-oximacetat* (**II**) u. *5-[2-Chloräthoxy]-o-benzochinon-2-oxim* (**III**). **I** tritt in 2 stabilen Formen auf, gelben Kristallen (α) u. weißen Fasern (β). In der α-Form liegt die NOH-Gruppe in der syn-Form in bezug auf das Cl-Atom vor, während H-Bindungen (2,70 Å)

die CO-Gruppe eines Mol. mit der NOH-Gruppe des nächsten Mol. verbinden u. so unendliche Ketten entstehen. Die β-Form besteht aus schraubenförmigen Ketten von H-gebundenen Moll. mit den NOH-Gruppen in anti-Stellung in bezug auf die Cl-Atome. Nur die β-Form gibt mit J_2 ein blau gefärbtes Prod.; der Kanal in der Schraube scheint genügend groß zu sein, um J-Moll. aufzunehmen. **II** tritt ebenfalls in 2 Formen auf. In der stabilen α-Form ist die $NOCOCH_3$-Gruppe in syn-Stellung in bezug auf das Cl-Atom, in der instabilen β-Form dagegen in anti-Konfiguration. Auch **III** besitzt 2 verschiedene Formen. Die α-Form hat eine Oximstruktur mit intermol. H-Bindungen zwischen CO u. NOH-Gruppen, die in anti-Konfiguration sind. Die $Cl-C_2H_4-O$-Gruppe hat gauche-Konfiguration. Die β-Form u. die entsprechende *n-Propoxy-Verb.* hat keine intermol. H-Bindungen in ihren Kristallen, aber wahrscheinlich eine intramol. Bindung zwischen der CO(H)- u. NO(H)-Gruppe des gleichen Moleküls. Diese CO(H)- u. NO(H)-Gruppen sind in syn-Konfiguration, die $R-C_2H_4-O$-Gruppe hat wieder gauche-Konfiguration.
C. GOTTFRIED. B 195

Isomerie von Benzochinonmonoximen (Nitrosophenole). 9. Mitt. **Die faserförmigen Strukturen von β-2-Chlor- und β-2-Brom-5-methyl-p-benzochinon-4-oxim.** E. Fischmann, C. Romers und A. J. H. Umans. (Acta crystallogr. [Copenhagen] **13.** 885—89. 10/11. 1960. (Engl.) — 8. vgl. C. **1962.** 2312; vgl. auch vorst. Referat.

β-2-Chlor- (**I**) u. *β-2-Brom-5-methyl-p-benzochinon-4-oxim* (**II**) werden neben den entsprechenden α-Formen aus *2-Chlor-* bzw. *2-Brom-5-methyl-p-benzochinon* u. NH_2OH als dünne weiße Fasern (aus CCl_4 oder Bzn.) erhalten, die sich bei 185° zersetzen. Die β-Formen konnten nicht in die α-Formen umgewandelt werden. Aus IR-Spektren u. Modell-Unterss. wird auf eine Helix-Struktur mit H-Brückenbindnungen zwischen den einzelnen Moll. geschlossen. Die β-Formen haben anti-Konfiguration u. bilden in den Kanälen der Helix (ca. 6 Å ∅) Einschluß-Verbb. mit z. B. CCl_4, CH_3OH, Bzn. u. Dioxan; mit J_2 geben sie einen blauen Komplex, α-Formen dagegen nicht. Für **I** wurde gefunden: $a = 19{,}3$ (Å); $b = 38{,}6$; $c = 3{,}80$; $\gamma = 120°$; $v = 2453$ Å^3; $d_{beob.} = 1{,}40$; $d_{ber.} = 1{,}39$; $Z = 12$; Raumgruppe A 2. Für **II**: $a = 19{,}1$; $b = 37{,}3$; $c = 3{,}89$ Å; $\gamma = 114{,}6°$; $v = 2519$ Å^3; $d_{beob.} = 1{,}69$; $d_{ber.} = 1{,}76$; $Z = 12$; Raumgruppe P 2/b (oder P b). Die indizierten $\sin^2 \Theta$-Werte werden für beide Verbb. angegeben. ERNST SCHULTE. B 195□

Strukturen der drei kristallinen Formen des Naphthazarins. Claudine Pascard-Billy. (Acta crystallogr. [Copenhagen] **13.** 1047. 10/12. 1960. Labor. de l'I. R.C.H.A.) (Franz.)

Vf. untersuchte röntgenograph. die 3 kristallinen Formen A, B u. C des *Naphthazarins* [*5.8-Dihydroxynaphthochinon-(1.4)*]. Die Formen sind monoklin u. krist. in der Raumgruppe P 2_1/c. Unter der Annahme dieser Raumgruppe werden die Strukturen von A u. B genau festgelegt. Danach besteht kein Zweifel, daß das Mol. zentrosymm. ist. Die C=O- u. C—OH-Abstände sind 1,30 Å. Es wurde ferner ein deutlicher Unterschied der Elektronendichte zwischen den O-Atomen der Carbonyl- u. OH-Gruppen beobachtet. Auf Grund dieser Beobachtungen nimmt Vf. an, daß der Verb. im Kristall die Formel 4.8-Dihydroxynaphthochinon-(1.5) gegeben werden muß. C. GOTTFRIED. B 195

Struktur einer roten Verbindung unbekannter Formel: wahrscheinlich ein Dehydropyrrolidon. Odette Lefebvre-Soubeyran und Cécile Stora. (Acta crystallogr. [Copenhagen] **13.** 1046. 10/12. 1960. Paris, Labor. de Chim. Cristallographique.) (Franz.)

Zur Struktur-Best. des von CHAUVELIER gefundenen roten Isomeren von 1-Phenylimino-3-hydroxy-1.5-diphenylpenten-(2)-in-(4), eines Additions-Prod. aus Anilin u. Bisphenäthinylketon der Zus. $C_{23}H_{17}NO$, untersuchen Vff. das analoge Additions-Prod. aus p-Bromanilin. Die Verb. krist. rhomboedr. in der Raumgruppe R 3c mit Z = 6. Es gelang eine Projektion xoy parallel zur Mol.-Ebene aufzulösen, nach der angenommen werden muß, daß es sich um die Verb. *5-Phenyl-1-p-bromphenyl-2-benzyliden-Δ^4-pyrrolinon-(3)* handelt. C. GOTTFRIED. B 195

Struktur von indigoiden Farbstoffen. Hélène von Eller-Pandraud. (Acta crystallogr. [Copenhagen] **13.** 1045—46. 10/12. **1960.** Paris, Labor. de Chim. Cristallographique.) (Franz.) — Vgl. C. **1962.** 7469.

Vf. berichtet kurz über an *Indirubin* u. *Isoindigo* durchgeführte Strukturuntersuchungen. Parameterwerte sind nicht angegeben. C. GOTTFRIED. B 195

Die Kristallstruktur des dl-1.4.7-Trithia-2.5.8-endazacyclononans (dl-$C_6H_9NS_3$). A. Preisinger und F. Hofer. (Acta crystallogr. [Copenhagen] **13.** 1048. 10/12. 1960. Wien, Univ., Mineralog. Inst.) (Dt.)

dl-1.4.7-Trithia-2.5.8-endoazacyclononan (F. 144°, Stäbchen aus Pyridin) krist. in der Raumgruppe R 3c mit den Zellendimensionen $a = 12{,}250 \pm 0{,}005$ (A), $c = 9{,}265 \pm 0{,}005$ u. Z = 6. Die Struktur wurde mit Hilfe von PATTERSON- u. FOURIER-Projektionen bestimmt. Im Gitter liegen in der z-Richtung abwechselnd Links- u. Rechts-Moll. übereinander. Die Links- bzw. Rechts-Moll. sind durch schwache H-Brücken zwischen S u. C räumlich miteinander verbunden. Die intramol. Abstände sind N—CH = 1,486 Å; CH—CH_2 = 1,551 Å; CH—S = 1,812 Å u. CH_2—S = 1,811 Å. C. GOTTFRIED. B 195

Die Kristallstruktur von Barbitursäuredihydrat und einigen verwandten Verbindungen. Subrata Ghose, G. A. Jeffrey, B. M. Craven und J. O. Warwicker. (Acta crystallogr. [Copenhagen] **13.** 1034—35. 10/12. 1960. Pittsburgh, Pa., Univ. of Pittsburgh, Crystallogr. Labor.; Leeds, Univ., Chem. Dep.) (Engl.)

Barbitursäuredihydrat, $C_4H_4N_2O_3 \cdot 2\,H_2O$, krist. rhomb. mit den Zellendimensionen a = 12,74 (Å); b)= 6,24; c = 8,89; Raumgruppe ist P n m a; Z = 4. Die gefundene Struktur ist eine kompakte Schichtstruktur, in der die Barbitursäure- u. die H_2O-Moll. in den Spiegelebenen liegen. Die Säure liegt in der Triketoform vor. Die H-Bindungskoordination der H_2O-Moll. ist insofern ungewöhnlich, als sie angenähert trigonal-planar ist. Eine ähnliche Struktur hat *Violursäuremonohydrat*, $C_4H_3N_3O_3 \cdot H_2O$. Die rhomb. Zelle hat a = 7,57 (Å); b = 14,41; c = 6,23; Raumgruppe ist A 2_1; Z = 4. *Ammoniumbarbiturat* krist. monoklin mit den Zellendimensionen a = 10,74 (Å); b = 3,85; c = 14,39; β = 96,4°; Raumgruppe ist P 2_1/n; Z = 4. Ebenfalls monoklin krist. *Na-Violuratmonohydrat* mit a = 3,97 (Å); b = 18,89; c = 9,75; β = 94,4; Raumgruppe P 2_1/c; Z = 4. *5.5-Dimethylbarbitursäure* krist. triklin in P 1 oder P $\bar{1}$ mit den Zellendimensionen a = 11,84 (Å); b = 6,52; c = 5,71; α = 118°; β = 95,5°; γ = 118°; Z = 2. *5.5-Diäthylbarbitursäure* tritt in 2 Formen auf, einer trigonalen Form u. einer rhomb. Form. Die trigonale Form hat a = 27,12 (Å); c = 6,83; Raumgruppe R $\bar{3}$ u. Z = 18, die rhomb. Form a = 12,80 (Å); b = 22,20; c = 6,89; mögliche Raumgruppen sind P m m a, P 2_1 m a oder P m 2 a. Rhomb. schließlich krist. *5-Äthyl-5-phenylbarbitursäure-monohydrat*. Hier ist a = 10,89 (Å); b = 30,93; c = 7,19; Raumgruppe P c a b; Z = 8. C. GOTTFRIED. B 195

Röntgen-Pulverdaten von einigen 2.4.6-substituierten-1.3.5-Triazinverbindungen. William L. Baun. (Appl. Spectroscopy **14.** 153—55. 1960. Ohio, Wright-Patterson Air Force Base, Wright Air Dev. Div.) (Engl.)

Von den folgenden Verbb. wurden bei 25° unter Verw. eines Scintillationszählers Pulveraufnahmen hergestellt: *2-Phenyl-4-amino-6-chlor-*, *2-Methyl-4.6-bis-[diphenyl-amino]-*, *2-Chlor-4.6-diphenoxy-*, *2-Chlor-4.6-dimethoxy-*, *2-Phenyl-N.N'-bis-[4-carbäthoxy-phenyl]-4.6-diamino-*, *2-Phenyl-4-amino-6-phenoxy-*, *2.4-Dimethoxy-6-[N.N-bis-(cyan-methyl)-amino]-*, *2.4-Diphenyl-6-chlor-*, *2-Phenyl-4.6-dichlor-*, *2-Dicarbäthoxymethyl-4.6-dihydroxy-*, *2-[N.N-Bis-(β-hydroxyäthyl)-amino]-4.6-dimethoxy-*, *2-Phenyl-4.6-dihydr-azino-*, *2-Phenyl-6-chlor-4-phenylamino-* u. *2-Brommethyl-4.6-bis-[diphenylamino]-symm.-triazin.* Die gemessenen Netzebenenabstände u. die Intensitäten sind tabellar. angegeben. C. GOTTFRIED. B 195

Über die Struktur von „Samandarin", einem ein Oxazolidin enthaltenden Alkaloid. G. Weitz und E. Wölfel. (Acta crystallogr. [Copenhagen] **13.** 1039—40. 10/12. 1960. Darmstadt, Deutschland, TH Darmstadt, Eduard-Zintl-Inst.) (Engl.)

Samandarin, $C_{19}H_{31}NO_2$, ist das Hauptalkaloid in dem Gift des Salamanders. Röntgenograph. untersucht wurden die *HCl-*, *HBr-* u. *HJ*-Salze, die aus CH_3OH mit 1 Mol Alkohol kristallisieren. Raumgruppe ist P 2_1 mit Z = 2. Es gibt verschiedene Modifikationen u. es erwies sich als schwierig, die metastabile monokline Form zu erhalten. Die monokline Form wandelt sich in kurzer Zeit in eine trikline Form um. Mit Hilfe von PATTERSON- u. FOURIER-Projektionen wurden die Strukturen der HBr- u. HJ-Salze bestimmt. Genauere Angaben werden nicht gemacht. C. GOTTFRIED. B 195

Die Löslichkeit des Jods in Benzol und den Halogenbenzolen sowie die Ermittlung thermodynamischer Daten aus Löslichkeitsuntersuchungen. G. Junghähnel. (Z. Chem. **1.** 124—26. 1961. Karl-Marx-Stadt, Phys. Inst. der Hochschule für Maschinenbau.) (Dt.) — Vgl. nachst. Ref. u. C. **1962**, 1181.

Vf. gibt die Löslichkeiten von J_2 in *Bzl.*, *Fluor-*, *Chlor-*, *Brombenzol*, CS_2, CCl_4 u. *Heptan* in Abhängigkeit von der Temp. an. Aus den Ergebnissen werden die Gleichgewichts-Konst., die Bldg.-Enthalpien ΔH u. -Entropien ΔS sowie die Freien Bldg.-Enthalpien ΔG der Komplex-Bldg. von J_2 mit den Lsgm. berechnet. ΔG steigt in der Reihenfolge $C_6H_5F \rightarrow C_6H_5Cl \rightarrow C_6H_6 \rightarrow C_6H_5Br$ an, in der sich auch die Abweichungen vom „regulären" Verh. (nach HILDEBRAND u. SCOTT) der Lsgg. verstärken. Damit werden diese Abweichungen auf die Bldg. von Verbb. zurückgeführt. S. v. SCHIESZL. B 224 □

Zur Oberflächenspannung von Lösungen. G. Junghähnel. (Z. Chem. **1.** 126—27. 1961.) (Dt.) — Vgl. vorst. Referat.

Mit einer modifizierten Steighöhen-Meth. wurden die Oberflächenspannungen von J_2-Lsgg. in *Fluor-*, *Chlor-*, *Brom-* u. *Jodbenzol*, von J_2-, Br_2-, *JCl-* u. *JBr-Bzl.*-Lsgg. sowie von J_2 in *Cyclohexan*, *Propylalkohol*, *Propionsäure*, CCl_4 u. *Heptan* bestimmt. Das Vermögen, die Oberflächenspannung zu erniedrigen, vermindert sich in der Reihenfolge $J_2 \rightarrow Br_2 \rightarrow$ JCl → JBr. Ein systemat. Zusammenhang zwischen Lsgm. u. Oberflächenspannungs-Verh. der J_2-Lsg. konnte bisher nicht gefunden werden. S. v. SCHIESZL. B 224□

Löslichkeit und Beweglichkeit aromatischer Kohlenwasserstoffe in Pyridin. J. M. H. Fortuin, H. N. M. Dormans und D. W. van Krevelen. (Recueil Trav. chim. Pays-Bas **79.** 587—94. Juni 1960. Geleen, Netherlands, Staatsmijnen in Limburg, Central Labor.) (Engl.)

Angegeben werden die Löslichkeiten von *Naphthalin, Anthracen, Tetracen, Chrysen, Triphenylen, Pyren, Perylen, Coronen, 1.2;5.6-Dibenzanthracen, Phenanthren, 1.2-Benzanthracen* in Pyridin zwischen 20 u. 75°. Der Zusammenhang zwischen dem log. der molaren Löslichkeiten u. dem Schmelzpunkt der Verbb. ist in Analogie zur TROUTONschen Regel nahezu linear. Vff. berechnen aus ihren Messungen die Schmelzentropie u. erhalten Werte, die mit denen übereinstimmen, die unter der Annahme, daß flache Ring-Mol. beim Schmelzen 1 Rotations- u. 3 Translationsfreiheitsgrade besitzen, ermittelt wurden. S. v. SCHIESZL. B 224□

Die ortho-Claisen-Umlagerung. 5. Mitt. **Die Produkte der Umlagerung von Allyl-m-X-phenyläthern.** William N. White und Carl D. Slater. (J. org. Chemistry **26.** 3631 bis 3638. Okt. 1961.) (Engl.) — 4. vgl. J. Amer. chem. Soc. **83.** [1961.] 3846; 3. vgl. C. **1962.** 8931.

Die Umlagerung von Allyl-[m-X-phenyl]-äthern (**A**) in Carbitol durch Erhitzen auf 160—200° (Rk.-Zeit = 4fache der Halbwertszeit) gibt ein Gemisch von 2-Allyl-5-X- (**B**) u. -3-X-phenolen (**C**). Die Zus. des **B**—**C**-Gemisches wurde mittels der Isotopenverdünnungs-Meth. durch Red. zu einem Gemisch von 2-n-Propyl-5-X- u. -3-X-phenolen, Überführung mit ^{14}C-p-Brombenzolsulfochlorid (^{14}C-**I**) in die p-Brombenzolsulfonate u. Zusatz einer bekannten Menge des inakt. 5-X-Isomeren bestimmt. Folgende Zus. des **B**—**C**-Gemisches wurde gefunden: für **A** mit X = OCH_3 → 66—69% **B**; Verhältnis **B**:**C** = 1,94—2,22; CH_3 → 38—43%; 0,61—0,75; *Br* → 29—36%; 0,41—0,56; *Cl* → 33 bis 35%; 0,49—0,54; COC_6H_5 → 21—23%; 0,26—0,30; *CN* → 30—31%; 0,43—0,45. Die **B**—**C**-Isomerenverteilung wird danach von ster. Effekten kaum beeinflußt, während Elektronendonatorgruppen die Bldg. von **B**, Elektronenacceptoren die von **C** begünstigen.

Versuche: m-X-phenylallyläther, durch 8std. Kochen von 0,1 Mol des entsprechenden Phenols mit 0,1 Mol Allylbromid u. 0,2 Mol K_2CO_3 in abs. Aceton: *m-Methoxy-*, $Kp._1$ 73,0—73,5°; 87% (Ausbeute). — *m-Methyl-*, $Kp._4$ 64,5—65,0°; 81%. — *m-Brom-*, $Kp._{5,5}$ 105—106°; 92%. — *m-Chlor-*, $Kp._{2,5}$ 79—80°; 87%. — *m-Benzoyl-*, $Kp._1$ 163—164°; 64%. — *m-Cyan-*, $Kp._5$ 128,5°; 90%. — *n-Propylbenzol*, Kp. 155—160°, durch 5std. Rk. von Propiophenon mit Zn-Amalgam u. konz. HCl; 78%. — *2.4-Dinitro-n-propylbenzol*, $Kp._{2,5}$ 154—160°, durch Zutropfen von vorst. Verb. zu konz. H_2SO_4–konz. NHO_3 bei 40°, 30 Min. lang bei 40° u. 45 Min. lang auf dem Dampfbad; 80%. — *3-Nitro-4-n-propylanilin* (**II**), F. 57,6—59,0°, durch Zutropfen von NH_4HS-Lsg. zu vorst. Verb. in A. unter Sieden, 40 Min. lang bei Siede-Temp. u. 3std. Stehen; orangefarben aus PAe.; 44%. — *2-n-Propyl-5-chlornitrobenzol*, $C_9H_{10}ClNO_2$, $Kp._2$ 104—106°, $Kp._7$ 131—132°, durch Diazotieren vorst. Verb. in konz. HCl mit $NaNO_2$ bei 0°, Zugabe von CuCl-Lsg. bei 27°, 4tägiges Stehen u. 45 Min. lang auf dem Dampfbad; 79%. — *2-n-Propyl-5-chloranilin*, $C_9H_{12}ClN$, $Kp._{1,5}$ 104—105°, aus vorst. Verb. mit $SnCl_2$-Lsg. in A.–konz. HCl u. 15 Min. lang auf dem Dampfbad; 92%. — *2-n-Propyl-5-chlorphenol*, $C_9H_{11}ClO$, $Kp._3$ 103—104°, aus vorst. Verb. in H_2SO_4 durch Zugabe von $NaNO_2$-Lsg. bei 5°, 15 Min. langes Stehen u. portionsweise Zugabe dieser Lsg. zu H_2SO_4 bei 135 bis 140°; 72%. *p-Brombenzolsulfonat* (*p-BrS*), F. 57,3—58,6° (PAe.), mit inakt. **I** in Pyridin 3 Std. lang auf dem Dampfbad; 64%. — *2-n-Propyl-5-bromnitrobenzol*, $C_9H_{10}BrNO_2$, $Kp._{0,5}$ 99—101°, $Kp._1$ 105°, durch Zusatz von $NaNO_2$-Lsg. zu **II** in H_2SO_4 bei 5°, Zugabe dieser Lsg. zu CuBr–HBr-Lsg. bei 25—30° u. 24std. Stehen; 77%. — *2-n-Propyl-5-bromanilin*, $C_9 \cdot H_{12}BrN$, $Kp._6$ 134—136°, aus vorst. Verb. mit $SnCl_2$–HCl; 92%. — *2-n-Propyl-5-bromphenol*, $C_9H_{11}BrO$, $Kp._2$ 108—110°, analog drittvorst. Verb.; 76%. — *2-[2-n-Propyl-5-bromphenoxy]-tetrahydropyran*, $C_{14}H_{19}BrO_2$, $Kp._{0,5}$ 130—135°, durch Zugabe von vorst. Verb. zu Dihydropyran + 4 Tropfen HCl u. 12std. Stehen; 81%. — *2-n-Propyl-5-cyanphenol*, $C_{10}H_{11}NO$, F. 56,4—57,8° (PAe.), durch 1$^3/_4$std. Kochen von vorst. Verb. mit CuCN im N-Methylpyrrolidon, Eingießen in $FeCl_3$–konz. HCl-Lsg. u. 10 Min. lang auf dem Dampfbad; 25%. *p-BrS*, F. 94,8—96,2° (PAe.); 84%. — *3-Hydroxy-4-n-propylbenzophenon*, $C_{16}H_{16}O_2$, F. 106,8—107,6° (PAe.), durch ½std. Kochen eines Gemisches von vorvorst. Verb. mit Mg-Spänen, wenig J_2 u. 1 Tropfen Brombenzol in Tetrahydrofuran, Zugabe von Benzonitril in Tetrahydrofuran u. 100 Min. langes Kochen, Abdest. des Lsgm. u. Zusatz von verd. HCl; 55%. *p-BrS*, F. 69,1—70,5° (PAe.); 75%. — *2-n-Propyl-5-methylphenol*, $C_{10}H_{14}O$, $Kp._5$ 97°, analog vorst. Verb. mit $(CH_3O)_2SO_2$; 42%. *p-BrS*, F. 57—68° (PAe.); 59%. — Gemisch aus *2-Allyl-5-* u. *-3-methoxyphenol*, $Kp._{15}$ 142—145°, durch 225 Min. langes Kochen von Allyl-3-methoxyphenyläther in N.N-Dimethylanilin; 65%. —

Gemisch aus *2-n-Propyl-5-* u. *-3-methoxyphenol*, $C_{10}H_{14}O_2$, $Kp._{15}$ 140°, durch Hydrierung von vorst. Gemisch an ADAMS-Katalysator bei 32 p./sq. in. in A.; 80%. *p-BrS der 3-Methoxy-Verb.*, $C_{16}H_{17}BrO_4S$, F. 107—108,2° (Methanol), mit inakt. I; 31%. Daneben *p-BrS der 5-Methoxy-Verb.* (?), $Kp._2$ 220°, aus den Methanolmutterlaugen; 24%. — *2-n-Propylresorcin*, F. 99,0—101,5° (Sublimation), durch 50std. Kochen von vorst. 3-Methoxy-p-BrS mit 25%ig. NaOH, Ansäuern mit HCl, Extraktion mit Ae., Abdest. des Ae., 4std. Kochen des Rückstands mit 48%ig. HBr–Eisessig; 45%. *Bis-p-nitrobenzoat*, F. 160,1—161,8°, mit p-Nitrobenzoylchlorid in Pyridin; fahlgelbe Nadeln aus PAe.; 76%. — *^{14}C-p-Brombenzolsulfochlorid* (^{14}C-I), F. 74,5—75,4° (PAe.), aus ^{14}C-Brombenzol mit 7%ig. rauchender H_2SO_4 bei 60—75°, 10 Min. lang bei 85°, Zusatz von NaCl, 5 Min. lang bei 90°, Abfiltrieren des Na-p-BrS u. dessen Schmelzen mit PCl_5; 45%.
G. PÖTZSCHER. B 225 □

Kinetik der Dehydrierung von Äthylbenzol zu Styrol. A. A. Balandin, O. K. Bogdanowa und I. P. Belomesstnych. (Доклады Академии Наук СССР [Ber. Akad. Wiss. UdSSR] **138.** 595—97. 21/5. 1961. Zelinsky-Inst. für org. Chem. der Akad. der Wiss. der UdSSR.) (Russ.)

Es wurde die Dehydrierung von Äthylbenzol (I) zu *Styrol* (II) bei 520—560° untersucht. I wurde mit 3 Teilen Wasserdampf mit einer Geschw. von 0,8—1,0 $Std.^{-1}$ über einen gemischten Oxidkatalysator geleitet. Mit Temp.-Erhöhung von 520 auf 560° nimmt der Dehydrierungsgrad von I von 5,1 auf 25,1% zu; entsprechend steigen die II-Menge im Katalysat von 6,0 auf 23,5% u. die abgespaltene H_2-Menge an. Das Rk.-Gas enthält Spuren KW-Stoffe sowie CO_2. Geschw.-Konst., freie Energie, Wärmeinhalt u. Entropie werden für die verschiedenen Temp. berechnet. Im Vgl. mit Isopropylbenzol wird I schwerer dehydriert. HELMUT SCHÄFER. B 225 □

Geschwindigkeiten, Relativgeschwindigkeiten und Produktverteilungen für die unkatalysierte Chlorierung von Benzol, Toluol und tert.-Butylbenzol in einigen nichtwässerigen, hydroxylgruppenfreien Lösungsmitteln. Der Einfluß des Lösungsmittels auf die Reaktion und den Baker-Nathan-Effekt. Leon M. Stock und Albert Himoe. (J. Amer. chem. Soc. **83.** 4605—09. 20/11. 1961. Chicago, Ill., Univ. of Chicago, George Herbert Jones Labor.) (Engl.) — Vgl. C. **1962.** 5245. Vorläufige Mitt. vgl. Tetrahedron Letters [London] **13.** [1960.] 9.

Wie früher (vgl. BROWN u. STOCK, C. **1959.** 14675) verfolgten Vff. die Kinetik der Chlorierung von *Bzl.*, *Toluol* (I), *tert.-Butylbenzol* (II) u. *p-Xylol* (III) auf jodometr. u. UV-spektroskop. Wege bei 25° in folgenden Medien: in Nitromethan (Nm.) I $10^4 \cdot k_2 = 130$ bis 132 (Liter/Mol·s), II 30,5—30,9, III 682—765; in Nitrobenzol (Nbz.) I 44 (bzw. 46 in Ggw. von HCl), II 9,55—9,61 (Ggw. von HCl); in Acetonitril (An.) I 15, II 5,8, III 110 (nach LEAVER u. BUDIN); in Acetanhydrid (Aa.) I 2,44; in Chlorbenzol (Cbz.) I 0,013, II 0,0036. Die kinet. Daten sind in guter Übereinstimmung mit denen von ANDREWS u. KEEFER (C. **1961.** 6102). Verss., die Relativ-Geschw. durch die Konkurrenz-Meth. zu ermitteln, scheiterten in Nbz. u. Cbz. an Analyseschwierigkeiten; für die Rkk. in Aa. gilt aber k_I/k_{II} 4,55—4,70 bzw. 4,28. In Nm. trat prakt. keine störende Rk. von Cl_2 mit Nm. auf. Auch wurde keine Autokatalyse beobachtet mit Ausnahme der Rk. von Bzl., die durch gebildetes HCl katalysiert wird. Die Anfangs-Geschw. der Rk. von Bzl. beträgt bei 25° in Nm. $0,054 \cdot 10^{-4}$. Andererseits wurde festgestellt, daß die Rkk. in Nitroäthan (Nä.) u. 2-Nitropropan autokatalyt. ablaufen u. diese Lsgm. Cl_2 verbrauchen. Ferner bildete sich in Nä. in Ggw. von HCl $NH_2OH \cdot HCl$. In Nbz. verläuft die Rk. von I ebenfalls autokatalyt., bei Zusatz von HCl jedoch nach der 2. Ordnung. Die Geschw. der durch HCl katalysierten Rk. ist ca. um das 100fache höher als die unkatalysierte, deren Anfangs-Geschw. $0,55 \cdot 10^{-4}$ beträgt. Die Rkk. in An. weisen eine schwache HCl-Katalyse auf. Aa. verbraucht erheblich Cl_2. Die Rkk. in Cbz. verlaufen nicht autokatalyt., sie konnten aber nicht auf jodometr. Wege verfolgt werden. Die folgenden Prod.-Verteilungen wurden in Ggw. von 5—10fachem Überschuß an Aromaten (I bzw. II) nach höchstens 5%ig. Cl_2-Umsatz ermittelt: in Nm. 33,6% o- (u. 66,4% p-Chlortoluol), 13,0% o- (u. 87,0 p-Chlor-tert.-butylbenzol); in Nbz. 61,6, 16,2; in An. 37,6, 18,0; in Aa. 49,0, 10,6; in Cbz. 53,6, 6,8. Folgende partielle Geschw.-Faktoren, S_f- u. ϱ-Werte wurden ermittelt: für die Rk. von Cl_2 mit I in Nm: [o_f] 2420, [m_f] 8,3, [p_f] 9500, [S_f] 3,06, [$-\varrho$] —13,8 bzw. in An. 1830, 9,1, 6250, 284, —13,6. Es ergibt sich also, daß die Selektivität von Cl_2 durch das Lsgm. erheblich geändert wird. Die relativen Geschw. der p-Chlorierung (I/II) werden dagegen vom Lsgm. nur wenig beeinflußt. Die Ergebnisse stützen die Ansicht, daß der BAKER-NATHAN-Effekt auf polaren Einfl. beruht. B. GNAUCK. B 225 □

Zur Orientierung bei der Substitution in der aromatischen Reihe. 6. Mitt. **Orientierung der Sulfogruppe bei der Sulfonierung von Toluol.** A. A. Sprysskow. (Журнал Общей Химии [J. allg. Chem.] **30 (92).** 2449—53. Aug. 1960. Iwanowa, Chem.-Technol Inst.) (Russ.) — 5. vgl. C. **1962.** 77.

In ca. 31 % ig. HCl ist *o-Toluolsulfonsäure* (**I**) bei 100° nach 25 Std. zu 0,6 % hydrolysiert, während *p-* (**II**) u. *m-Toluolsulfonsäure* (**III**) nicht verändert werden. Bei 137° beträgt der Hydrolysengrad in der Reihe **I**, **II**, **III** 10,6, 4,7 bzw. 0,2 %, bei 155° 93,9, 49,4 bzw. 3,2 %. Die Sulfonierung von *Toluol* in 94 % ig. H_2SO_4 bei 100—200° liefert bei genügend langer Rk.-Zeit ein Gleichgewichts-Gemisch, das zu 5 % aus **I**, 41 % **II** u. 54 % **III** besteht. Dieses Gleichgewichts-Gemisch wird bei 200° in 3 Std., bei 181° in ca. 11 Std., bei 130° erst nach ca. 1000 Std. erreicht. Bei kurzer Sulfonierungszeit u. niedriger Temp. (z. B. 4 Std., 100°) wird ein Gemisch aus z. B. 16,6 % **I**, 80,0 % **II** u. 3,4 % **III** erhalten. Beim Erhitzen von reinem **II** u. **III** in 81 % ig. H_2SO_4 wird ebenfalls ein Isomerengemisch nahe der Gleichgewichts-Zus. erhalten. — Unter Bedingungen, bei denen die Sulfonierung von Toluol reversibel ist u. Zeit u. Temp. für die Einstellung eines Gleichgewichts-Zustandes ausreichen, herrscht somit entgegen den klass. Orientierungsregeln das m-Isomere vor, da es die kleinste Hydrolysen-Geschw. hat. HELMUT SCHÄFER. B 225□

Kinetik und Mechanismus der säurekatalysierten Hydrolyse von Orthoestern. Harold Kwart und Martin B. Price. (J. Amer. chem. Soc. **82**. 5123—29. 5/10. 1960. Newark, Del., Univ. of Delaware, Dep. of Chem.) (Engl.)

Die saure Hydrolyse von *Benzoesäureorthotrimethylester* ($Kp._{25}$ 114—115°) sowie dessen *p-Nitro-* (**I**; F. 88—90°), *p-Methoxy-* ($Kp._5$ 114—115°), *p-Methyl-* ($Kp._{10}$ 102—104°) u. *p-Chlor-Deriv.* ($Kp._2$ 83—85°) in 70 % ig. wss. CH_3OH wurde spektrophotometr. verfolgt u. dabei wie schon von anderen Autoren allg. Säurekatalyse gefunden. Zwischen log k_A (k_A = Katalyse-Konst.) der katalysierenden Säuren (*Essigsäure, Mono-, Di-* u. *Trichloressigsäure, β-Chlorpropionsäure* u. *Ameisensäure*) u. ihren log K_w (K_w = Dissoziations-Konst. in W.) besteht eine lineare Beziehung. Die durch H_3O^+ katalysierte Rk. zeigt eine lineare HAMMETT-Beziehung zwischen log $k_{A(H^+)}$ u. den σ-Werten des Substituenten ($\varrho = -2{,}02$). Dagegen wird für die durch undissoziierte Säure katalysierte Rk. beim Auftragen von log $K_{A(Säure)}$ über σ, eine hyperbelähnliche Kurve erhalten, was auf die Beteiligung zweier verschiedener Mechanismen bei dieser Rk. hindeutet. Die Abhängigkeit der Rk.-Geschw. von der Zus. des Lsgm. im Falle der durch Lyoniumionen katalysierten Hydrolyse von **I** wurde mit Hilfe einer Aciditätsfunktion erklärt. Der Mechanismus der Hydrolyse vorst. Orthoester wird erörtert. — Die Orthoester wurden aus den entsprechenden Nitrilen durch Einw. von CH_3OH/HCl bzw. aus den Benzotrichloriden dargestellt. A. MASCHKE. B 225□

Eine polar-sterische Hammett-Taft-Gleichung für die Verseifungsgeschwindigkeiten von m- und p-substituierten Alkylbenzoaten. C. Kinney Hancock und C. Paul Falls. (J. Amer. chem. Soc. **83**. 4214—16. 20/10. 1961. Coll. Stat., Tex., A. and M. Coll. of Texas, Dep. of Chem.; Texas Engng. Exp. Stat.) (Engl.)

Geschw.-Konst. der Verseifung von 35 m- u. p-substituierten Alkylbenzoaten wurden in 60 % W.–Dioxan-Mischung bei 35° mit einer Leitfähigkeits-Meth. bestimmt. Untersucht wurden: die Benzoesäuremethylester (**A**) *p-NH₂*, *p-CH₃O*, *p-CH₃*, *m-CH₃*, *p-Br*, *m-J*, *m-Cl*, *m-Br*, *m-NO₂*, *p-NO₂* u. die *unsubstituierte Verb.*; die Benzoesäurealkylester (**B**), Alkyl = CH_3, C_2H_5, *n*-C_3H_7, *iso*-C_3H_7, *n*-C_4H_9, *iso*-C_4H_9, *sek.*-C_4H_9, *iso*-C_5H_{11}, $C_6H_5CH_2$, $C_6H_5(CH_2)_2$, $(C_2H_5)_2CH$; die m- bzw. p-substituierten Alkylbenzoate (**C**): Benzoesäureäthylester mit den Substituenten *p*-CH_3O, *p-F*, *m*-NO_2, *p*-NO_2, *3.5-Dinitro*, *p*-NH_2; *p-Methoxy-* u. *p-Nitrobenzoesäureisopropylester*, *p-Toluylsäurebenzylester*, *p-Aminobenzoesäureisopropylester*, *-n-butylester*, *p-Chlorbenzoesäurepropylester*, *-isoamylester* u. *m-Toluylsäure-sek.-butylester*. Für alle 35 Ester, eingeschlossen die 14 Ester, die in der Alkyl- u. m- bzw. p-Stellung substituiert waren (Gruppe **C**), gilt die Gleichung (1) $\lg k = 0{,}174 + 2{,}22 \cdot \sigma + 1{,}53 \cdot \sigma^* + 0{,}668 \cdot E_S^c$ mit $r = 0{,}996$ u. $s = 0{,}108$. Für die Gruppe **A** gilt $\lg k = 0{,}204 + 2{,}19 \cdot \sigma$ mit $r = 0{,}996$ u. $s = 0{,}094$, für die Gruppe **B** $\lg k = 0{,}113 + 1{,}52 \cdot \sigma^* + 0{,}620 \cdot E_S^c$ mit $r = 0{,}981$ u. $s = 0{,}128$ (E_S^c die ster. Konst. des Substituenten, korrigiert für Hyperkonjugationseffekte). Es wird gezeigt, daß der Einfl. der m- oder p-Substitution in Methylbenzoaten völlig unabhängig ist von der gleichzeitigen Substitution in der Alkylstellung. — *Pentyl-(3)-benzoat*, $C_{12}H_{16}O_2$, $Kp._{2,5-3}$ 196°, n_D^{25} 1,4909, durch Zugabe von Benzoylchlorid zu Pentanol-(3) in Pyridin. — *m-Toluylsäure-sek.-butylester*, $C_{12}H_{16}O_2$, $Kp._{2,5-3}$ 99—102°, $n_D^{20,5}$ 1,4965, analog vorst. Verbindung. — *Isoamyl-p-chlorbenzoat*, $C_{12}H_{15}ClO_2$, $Kp._3$ 122—124°, n_D^{25} 1,5056, durch direkte Veresterung der Säure in Ggw. von H_2SO_4.
U. WOLLNIK. B 225□

Kinetik der Hydrolyse von Triphenylmethylfluorid in wässerigem Aceton. A. K. Coverdale und G. Kohnstam. (J. chem. Soc. [London] **1960**. 3806—11. Okt. Durham, Univ., Sci. Labor.; Middlesborough, Constantine Coll.) (Engl.)

Die Hydrolyse von *Triphenylmethylfluorid* (F. 103—104°, aus Tritylchlorid u. HF bei —15°) in 70 % ig. wss. Aceton wird durch HF autokatalysiert. NaCl u. NaF sind ohne Einfl. auf die Geschw. der Hydrolyse. H_3O^+-Katalyse wird erst merklich bei

Zusatz starker Säuren. Es wird angenommen, daß sowohl HF wie H_3O^+ bzw. H^+ auf Grund ihrer Fähigkeit, mit dem Fluor starke Bindungen auszubilden, beschleunigend auf die Heterolyse der C—F-Bindung wirken. A. MASCHKE. B 225□

Untersuchungen über Organoalkalimetall-Komplexe. 2. Mitt. **Die Geschwindigkeiten der Reaktionen mit organischen Halogeniden in Lösung.** H. V. Carter, B. J. McClelland und E. Warhurst. (Trans. Faraday Soc. **56**. 343—47. März 1960. Manchester, Univ., Dep. of Chem.) (Engl.) — Vgl. MORANTZ u. WARHURST, C. **1956**. 3812.

Eine Reihe von organ. Verbb. mit konjugierten Doppelbindungen bilden mit Alkalimetallen farbige Komplexe, die sich mit organ. Halogen-Verbb. unter Bldg. von Alkalihalogenid umsetzen. Bei Halogenid-Überschuß verläuft die Rk. nach pseudo-1. Ordnung. Die Umsetzungen wurden colorimetr. verfolgt u. der Einfl. der Konzz. an konjugiertem organ. Mol. u. an Alkalimetall auf die Rk.-Geschw. wird untersucht u. diskutiert. — Die Rkk. folgender Verbb. mit Methyl-, n-Propyl-, Phenyl-, n-Butyl- u. tert.-Butylhalogeniden in Dioxan wurden verfolgt: *Na-Fluorenon, Na-Benzil, Na-Dibiphenylylketon, Na-Phenylbiphenylylketon, Na-Benzophenon, Li-Benzophenon, Cs-Benzophenon, Na-*MICHLERS *Keton, Na-Naphthalin, Na-Phenanthren, Na-Anthracen,* Na_2*-Tetraphenyläthylen, Na-Fluoranthen, symm.-Na-Di-α-naphthyldiphenylallen.* Die Geschw.-Konst., die relativen Reaktivitäten u. die nach HÜCKEL berechneten Orbital-Energien sind tabellar. aufgeführt. Die energet. Zusammenhänge werden diskutiert. W. BETCKE. B 225□

Untersuchungen über Organoalkalimetall-Komplexe. 3. Mitt. **Die Arrhenius-Parameter der Reaktionen mit organischen Halogeniden.** A. Mathias und E. Warhurst. (Trans. Faraday Soc. **56**. 348—50. März 1960.) (Engl.) — 2. vgl. vorst. Ref.; 4. vgl. C. **1962**. 10779.

Die bimol. Rkk. von *Na-Fluorenon* mit *Methyljodid* (I) u. von *Na-Tetraphenyläthylen* mit *n-Propylchlorid* (II) in Dioxan-Lsg. wurden zwischen 12 u. 40° colorimetr. verfolgt. Aus den ARRHENIUS-Geraden ergaben sich die Aktivierungsenergien zu 15,3 für **I** bzw. 11,2 kcal/Mol für **II**. Die Häufigkeitsfaktoren liegen mit $10^{10,1}$ für **I** u. $10^{7,9}$ cm³/Mol·s für **II** beträchtlich unter den für bimol. Rkk. charakterist. Stoßzahlen. Das weist auf eine negative Aktivierungsentropie bei beiden Rkk. hin, die einer Verlagerung des negativen Ladungsschwerpunkts, verbunden mit einem Solvatationseffekt, während der einzelnen Rk.-Schritte zugeschrieben wird. W. BETCKE. B 225□

Untersuchung des Mechanismus des Diazoaustausches in Azofarbstoffen der Naphthalinreihe mit Hilfe von schwerem Stickstoff. B. A. Geller. (Журнал Общей Химии [J. allg. Chem.] **28** (**90**). 1944—50. Juli 1958. Inst. für physik. Chem. der Akad. der Wiss. der UkrainSSR.) (Russ.)

Zur Unters. der doppelten Umsetzung zwischen Azoverbb. (Diazoaustausch) wird die Rk. von 1-[p-Sulfobenzolazo]-naphthol-(2) (I) mit p-Nitrobenzoldiazoniumhydroxid (II) untersucht, wobei **I** u. **II** wechselweise in der Azo(Diazo)gruppe ^{15}N-markiert werden. Es wird festgestellt, daß die Rk. nach folgendem Schema abläuft: $R—N{=}N—R' + [^{15}N{\equiv}N—R'']^+ \rightarrow R—^{15}N{=}N—R'' + [N{\equiv}N—R']^+$ (R = Naphthylrest, R' = p-Sulfophenyl, R'' = p-Nitrophenyl). Bei der Rk. wird also die Bindung zwischen dem Naphthylrest u. der Azogruppe geöffnet, u. der Austausch erfolgt nach dem Mechanismus einer elektrophilen Substitutions-Rk., wobei der weniger akt. p-Sulfobenzoldiazoniumrest durch den akt. p-Nitrophenyldiazoniumrest verdrängt wird. — *$^{15}N_{(1)}$-1-[p-Sulfobenzolazo]-naphthol-(2)* ($^{15}N_{(1)}$-I) wurde durch Diazotierung von Sulfanilsäure mit $Na^{15}NO_2$ u. anschließende Kupplung mit α-Naphthol dargestellt. W. KURTZMANN. B 225

Faktoren, die den Verlauf und Mechanismus von Grignard-Reaktionen beeinflussen. 23. Mitt. **Die Reaktionen von Propylenoxid und verwandten Verbindungen mit Grignard-Reagentien.** M. S. Kharasch, L. Biritz, W. Nudenberg, Anima Bhattacharya und N. C. Yang. (J. Amer. chem. Soc. **83**. 3229—32. 5/8. 1961. Chicago, Ill., Univ. of Chicago, Inst. of Organ. Chem.) (Engl.) — 22. vgl. C. **1957**. 6410.

Bei Zugabe von C_6H_5MgBr zu Propylenoxid (**I**; Kp. 35°) in abs. Ae. entstehen 40% *1-Phenylpropanol-(2)* (**II**; $Kp._{20}$ 120—121°; n_D^{20} 1,5205—1,5208. *α-Naphthylurethan*, F. 88,5—90°. *Phenylurethan*, F. 91—92°) u. 40% *1-Brompropanol-(2)* (**III**), bei Zugabe von **I** zu C_6H_5MgBr betrugen die Ausbeuten 37% **II** u. 44% **III**. Bei Durchführung der Rk. in Ggw. von $FeCl_3$ bilden sich dagegen 30% **II**, 41% C_3H_6 u. 16% *Isopropylalkohol* (**IV**; *α-Naphthylurethan*, F. 105°), jedoch kein **III**. Vff. nehmen an, daß in diesem Falle **III** durch das mit Fe modifizierte GRIGNARD-Reagens red. wird. Entsprechend ergab **III** unter den Rk.-Bedingungen 13% **II**, 78% C_3H_6 u. 4,5% **IV**. Bei der Einw. von n-Propyl-MgBr auf **I** in Ggw. von $FeCl_3$ wurden 17% *Hexanol-(2)* ($Kp._{20}$ 60—65°; n_D^{25} 1,4120. *α-Naphthylurethan*, F. 60—61°) u. 72% C_3H_6 gebildet. 1-Chlorpropanol-(2) (**V**) liefert mit C_6H_5MgBr in Ggw. von $FeCl_3$ 12% **II**, 82% C_3H_6 u. 4,5% **IV**, analog 2-Chlorpropanol-(1) (**VI**) 27% *2-Phenylpropanol-(1)* (**VII**; $Kp._{26}$ 121°; n_D^{26} 1,5220. *p-Nitrobenzoat*, F. 64°. *α-Naphthylurethan*, F. 103,4—104°), 62% C_3H_6 u.

7% *Propylalkohol* (*Phenylurethan*, F. 78–79,5°). Durch die Bldg. von **II** aus **V** u. die von **VII** aus **VI** ergibt sich, daß eine direkte Substitution des Halogenids durch das GRIGNARD-Reagens erfolgt. C_6H_5Li ergab mit **I** in Ae. in Ggw. von $FeCl_3$ oder ohne $FeCl_3$ nur mäßige Ausbeuten an **II**. Dementsprechend wird die Bldg. von C_3H_6 aus **I**, C_6H_5MgBr u. $FeCl_3$ auf eine intermediäre Bldg. von **III** zurückgeführt. Bei der Einw. von C_6H_5MgBr auf 1-Brom-2-n-butoxypropan ($Kp._{17}$ 74–75°; n_D^{20} 1,4450) in Ggw. von $FeCl_3$, $CrCl_3$ oder $TiCl_4$ entstehen 84–95% C_3H_6, in Ggw. von $MnCl_2$ wurde dagegen keine Gas-Bldg. beobachtet, was auf die Bldg. einer relativ stabilen Phenyl-Mn-Verb. zurückgeführt werden könnte. Zwei Rk.-Mechanismen werden diskutiert: 1. Angriff einer reaktiven Fe-Verb. auf $CH_3CH(OMgX)CH_2\cdot$ unter direkter Bldg. von C_3H_6; 2. analog, jedoch Bldg. eines Carbanions, aus dem unter Eliminierung von OMgX C_3H_6 gebildet wird. Die Bldg. von Propanolen dürfte durch Angriff des Lsgm. auf das vorst. Radikal erfolgen.

Versuche: *1-Brompropanol-(2)* (**III**), $Kp._{18}$ 52°, durch Einw. von abs. HBr auf **I** in abs. Ae. bei 0–5°; n_D^{20} 1,4799. — Analog: *1-Chlorpropanol-(2)* (**V**), $Kp._{75}$ 65–67°; n_D^{21} 1,4380. — *2-Chlorpropanol-(1)* (**VI**), $Kp._{76}$ 70–71°, durch Red. von α-Chlorpropionylchlorid mit $LiAlH_4$; n_D^{20} 1,4385. — *1-Phenylpropanol-(2)* (**II**), $Kp._{15}$ 98–100°, durch Zutropfen von **I** in Ae. zu C_6H_5Li in Ae. in Ggw. von $FeCl_3$, 1 std. Kochen, Kühlen auf 0–5° u. Zers. mit wss. NH_4Cl, Reinigung durch Chromatographie an Al_2O_3; n_D^{20} 1,5210; 61%. *α-Naphthylurethan*, F. 92°. B. GNAUCK. B 225□

Faktoren, die den Verlauf und Mechanismus von Grignard-Reaktionen beeinflussen. 24. Mitt. **Reaktionen von 1.3-disubstituierten Verbindungen. 1.2-Wasserstoffatom-Verschiebung.** M. S. Kharasch, M. Weiner, W. Nudenberg, Anima Bhattacharya, Ting-I Wang und N. C. Yang. (J. Amer. chem. Soc. **83.** 3232–34. 5/8. 1961.) (Engl.) — 23. vgl. vorst. Referat.

Vff. untersuchten die Rkk. von 3-substituierten Alkyl-(1)-halogeniden mit $C_6H_5\cdot MgBr$ (1 std. Kochen in abs. Ae.) in Ggw. von $FeCl_3$. Hierbei entstehen aus *1.3-Dibrompropan* (**II**) 84% Cyclopropan (**I**) sowie 3,4% C_3H_6 u. Spuren von C_2H_6 u. C_2H_4, aus *1-Brom-3-chlorpropan* 81% **I** u. 4,6% C_3H_6, aus *1-Methoxy-3-chlorpropan* (Kp. 110 bis 111°; n_D^{20} 1,4130–1,4138) 60–78% C_3H_6, aus *1-Äthoxy-3-chlorpropan* (Kp. 128 bis 129°; n_D^{20} 1,4160) 66% C_3H_6. *3-Phenoxy-1-brompropan* (aus **II** u. Na-Phenolat) liefert dagegen 33% **I** u. 25% C_3H_6, *3-Brompropanol-(1)* (**V**) 38% C_3H_6, 5% n-Propylalkohol (**III**) u. 15% 3-Phenylpropanol-(1) (**IV**) bzw. *Trimethylenoxid* 7% C_3H_6, eine Spur **III** u. 5% **IV**. Bei Ersatz des $FeCl_3$ durch $CoBr_2$, $TiCl_4$ oder $CrCl_3$ sind durchweg geringere Ausbeuten zu verzeichnen. Zum Ablauf der Rkk. nehmen Vff. an, daß sich zuerst ein 3-substituiertes Alkyl-(1)-Radikal $YCH_2CH_2CH_2\cdot$ bildet, das dann entweder unter Angriff von C_6H_5MgX u. $FeCl_3$ **I** ergibt oder unter einer 1.2-Verschiebung von H das Radikal $YCH_2\dot{C}HCH_3$ liefert, das mit dem modifizierten GRIGNARD-Reagens C_3H_6 bildet. Das Rk.-Vermögen des 3-ständigen Substituenten gegenüber den reduzierenden Fe-Salzen bestimmt das Verhältnis der relativen Geschw. der beiden Konkurrenz-Rkk. u. damit das Bldg.-Verhältnis von **I** u. C_3H_6. Die mäßige C_3H_6-Ausbeute aus **V** wird auf die geringe Löslichkeit des Mg-Salzes von **V** in Ae. zurückgeführt, die hohe Wirksamkeit von $FeCl_3$ im Vgl. zu den anderen Metallsalzen auf dessen hohe Löslichkeit im Medium. B. GNAUCK. B 225□

Die Rolle der Lösungsmittel bei chemischen Reaktionen. 4. Mitt. **Reaktion zwischen Brom und α,β-ungesättigten Säuren.** I. M. Mathai. (Proc. Indian Acad. Sci., Sect. A **53.** 73–79. Febr. 1961. Tambaram, Madras Christ. Coll., Dep. of Chem.) (Engl.) — 2. vgl. C. **1959.** 15628; 3. vgl. C. **1957.** 13940.

Vf. untersucht die Dipol–Dipol-Rk. an Syst. Br_2–α,β-Olefinsäuren in Essigsäure–CCl_4-Gemischen. Die Einleitung der Rk. sowie ihre Autokatalyse hängt von der Art der Olefine, ihrer Konz. sowie der Zus. des Lsgm. u. der Temp. ab. Die Rk. nimmt an Geschw. zu, wenn sie in einem stärker polaren Medium verläuft u. im Übergangszustand eine Ladung entsteht. Untersucht wurde *Tiglinsäure*, *β.β-Dimethylacrylsäure* u. *trans-Crotonsäure*. Zum Vgl. werden Daten aus der Rk. zwischen Br_2 u. *Allylchlorid*, *-propionat*, *2-Methylallylchlorid* u. *trans-Stilben* herangezogen. S. v. SCHIESZL. B 225□

Über die Hydrolysenprodukte des Abietinsäure–Maleinsäureanhydrid-Adduktes. Masahiro Abo. (Bull. chem. Soc. Japan **33.** 798–801. Juni 1960. Hitachi, Hitachi Ltd., Hitachi Insulating Material Works.) (Engl.)

Hydrolyse des *Abietinsäure* (**I**)*–Maleinsäureanhydrid* (**II**)*-Adduktes* (**III**; $C_{24}H_{32}O_5$, F. 226–228°, aus 60 g **I** u. 20 g **II** durch Zusammenschmelzen bei 170–180° unter Durchleiten von CO_2; $[\alpha]_D^{15}$ −31,0° [10%ig. Chlf.-Lsg.]; 32 g Ausbeute) in wss. Aceton bzw. 10%ig. wss. NaOH ergab nach dem Ansäuern Prodd. (**IV**), die der Zus. der hypothet. Tricarbonsäure $C_{24}H_{34}O_6$ entsprachen u. bei 100–120° unter Verlust von 1 Mol W.

pro Mol **IV** in **III** übergingen. Ein entsprechender Wasser-Geh. von 4,2% ergab sich bei KARL-FISCHER-Titration. Die für **IV** durch Titration in A. ermittelte SZ. entsprach jedoch nur der von **III**. Aus dem IR-Spektrum, bes. aus dem Vgl. mit dem des **I**-*Fumarsäure* (**V**)-*Adduktes* (aus 50 g **I** u. 20 g **V** analog **III**) schließt Vf., daß es sich bei **IV** um ein Addukt in 6.8a-Stellung mit 1 Mol. Hydratwasser pro Mol **IV** handelt, u. daß der Anhydrid-Fünfring von **III** auch in **IV** vorhanden ist. CH. SCHLAGE. B 225□

Der Einfluß von Alkanolen auf Malonsäure. Louis Watts Clark. (J. physic. Chem. **64**. 508—10. April 1960. Dodge City, Kans., Saint Mary of Plains Coll., Dep. of Chem.) (Engl.)

Die Decarboxylierung von *Malonsäure* wurde in nachst. Alkoholen untersucht u. folgende Aktivierungsgrößen ΔH^* (kcal), ΔS^* (cal/Grad) u. $\Delta F^*_{100^0}$ (kcal) gefunden: in *n-Butanol* 27,2; —4,4; 28,8; *Isoamylalkohol* 27,1; —4,5; 28,8; *n-Amylalkohol* 26,0; —7,6; 28,84; *n-Hexanol* 26,0; —7,6; 28,84; *2-Äthylhexanol-(1)* 24,8; —10,4; 28,7; *Diisobutylcarbinol* 24,8; —10,7; 28,8. A. MASCHKE. B 225□

Reaktionen zwischen Chlormethanen und Stickstoffdioxid in der Gasphase. D. V. E. George und J. H. Thomas. (Trans. Faraday Soc. **58**. 262—74. Febr. 1962. Cathays Park, Cardiff, Univ. Coll., Chem. Dep.) (Engl.) — Vgl. THOMAS u. THOMAS, C. **1961**. 14980.

Vff. berichten über Rkk. in der Gasphase zwischen NO_2 u. $CHCl_3$, CCl_4 u. CH_2Cl_2 bei Temp. über 270°. Die Rkk. zwischen NO_2 u. CCl_4 finden erst bei ca. 150° höheren Temp. statt, bei denen teilweise schon Pyrolyse des CCl_4 eintritt. Als Rk.-Prodd. der hier betrachteten Rkk. werden durch Gaschromatographie bzw. IR-Spektroskopie CO, CO_2, NO, $COCl_2$, NOCl, HCl, CCl_4, $CHCl_3$, CH_2Cl_2 u. H_2O analysiert. Die Rk.-Ordnungen (aus den als Drucksteigerung im Rk.-Gefäß gemessenen Rk.-Geschw.) betragen für die Rk. von $CHCl_3$ mit NO_2 0,81 (in NO_2) u. 0,83 (in $CHCl_3$) bei 290°, für die Rk. von CH_2Cl_2 mit NO_2 1,32 (in NO_2) u. 0,75 (in CH_2Cl_2) bei 365°. Aus der Temp.-Abhängigkeit werden die Aktivierungsenergien E_a zu 28,3 (kcal/Mol) für die Rk. mit $CHCl_3$ bzw. 23,8 für die Rk. mit CH_2Cl_2 bestimmt. Bei Vergrößerung des Verhältnisses Oberfläche: Vol. des Rk.-Gefäßes wird bei der $CHCl_3$-Rk. eine Erniedrigung von E_a auf 25,2 hervorgerufen, Rk.-Ordnung 0,44 (in NO_2) u. 1,06 (in $CHCl_3$). Durch Erhöhung der Rk.-Geschw. bei Zusatz von einzelnen Rk.-Prod. wie Cl_2, HCl u. NOCl zu den Ausgangskomponenten wird der Mechanismus einer autokatalyt. Rk. bestätigt. Im einleitenden Schritt findet ein Ablösen von H-Atomen aus den Chlormethanen durch NO_2 statt; dabei entstehen als Folge-Prodd. u. a. NOCl u. HCl, durch deren Zers. Cl-Atome gebildet werden, die den Kettenstart übernehmen können u. somit die Rkk. katalysieren.

H.-D. FREYER. B 225□

Thermische Zersetzung von n-Hexylsilicat. Frank D. Verderame und William McNeill. (J. org. Chemistry **27**. 122—24. Jan. 1962. Philadelphia, Pa., Frankford, U.S. Army Ordnance Arsenal, Res. and Dev. Group.) (Engl.)

Die therm. Zers. von *n-Hexylsilicat* (**I**- $Kp._{1,5}$ 185,5—186,3°, n_D^{25} 1,4266, aus n-Hexanol mit $SiCl_4$) bei 370—450° ergab CH_4, C_2H_6, C_2H_4, C_3H_8, C_3H_6, n-C_4H_{10}, Buten-(1), Isobuten, cis- u. trans-Buten-(2), Penten-(1), Hexen-(1) (**II**), Silicate mit kürzeren Alkylketten u. nichtidentifizierte Polymere. Die Zers. ist auf Grund des Verschwindens von Hexoxygruppen eine homogene Rk. von ungefähr 1. Ordnung, die Geschw. folgt der Beziehung $k = 8{,}3\cdot10^{10}\exp 49100/RT$ (s^{-1}). Die Prodd. sind die gleichen wie die der Zers. von **II**. Jedoch scheint im Gegensatz zur Pyrolyse von Carbonsäureestern kein intramol. cycl. Übergangskomplex bei der Rk. von **I** beteiligt zu sein, da die dann erforderlichen Mengen an während der Rk. gebildetem **II** größer sein müßten als die tatsächlich beobachteten. Als wahrscheinlicherer Mechanismus wird im ersten Rk.-Schritt die homolyt. Spaltung in der Alkylkette angenommen.

G. PÖTZSCHER. B 225□

Pyrolyse organischer Verbindungen. 1. Mitt. **Kinetische Untersuchung der Pyrolyse von Toluol.** Makoto Takahasi. (Bull. chem. Soc. Japan **33**. 801—08. Juni 1960. Meguro-ku, Tokyo, Univ. of Tokyo, Coll. of General Educat., Dep. of Chem.) (Engl.)

Mit Hilfe der Strömungs-Meth. wurde die Kinetik der Pyrolyse von *Toluol* (Kp. 110°, aus Toluidin über die Diazonium-Verb.) zwischen 740 u. 950° bestimmt. log k ergibt gegen 1/T aufgetragen eine leicht nach unten durchgebogene, fast lineare Kurve. Vf. führt das auf die Konkurrenz von geschwindigkeitsbestimmenden Rkk. wie $C_6H_5CH_3 \rightarrow C_6H_5CH_2\cdot + H\cdot$ u. $C_6H_5CH_3 \rightarrow \cdot C_6H_4CH_3 + H\cdot$ zurück. Entsprechend wird ein Anstieg des Wertes von log A (12,4—18,1) u. der Aktivierungsenergie E (73,7—104,9 kcal/Mol) mit steigender Temp. beobachtet. Als Rk.-Prodd. wurden H_2 u. CH_4 (Molverhältnis ca. 2 : 1) sowie Dibenzyl u. Dimethylbiphenyl nachgewiesen. CH. SCHLAGE. B 225□

Pyrolyse organischer Verbindungen. 2. Mitt. Pyrolyse von $D_{(3)}$-Toluol und $D_{(4)}$-Toluol. Makoto Takahasi. (Bull. chem. Soc. Japan **33.** 808—13. Juni 1960.) (Engl.) — 1. vgl. vorst. Referat.

Bei der Pyrolyse von $D_{(3)}$- bzw. $D_{(4)}$-*Toluol* (**I**, Kp. 111—112°, nach GOLD u. SATCHELL (J. chem. Soc. [London] **1951.** 2743) aus sog. Bromtoluol u. Zers. der mit 7 g Mg erhaltenen GRIGNARD-Verb. mit 6 ml D_2O; 15 g Ausbeute, 78%ig) zwischen 830 u. 955° entstehen die massenspektrograph. identifizierten flüchtigen Prodd. H_2 u. DH neben Spuren von D_2, CH_4 u. CH_3D. Damit wird bewiesen, daß bei dieser Rk. H bzw. D sowohl vom Kern als auch vom aliphat. $-CH_3$ abgespalten wird. Die Mol-Verhältnisse $HD:H_2$ u. $CH_3D:CH_4$ sind unabhängig von der Stellung des D, demnach sind die Reaktivitäten des m- u. p-H bzw. -D in **I** von gleicher Größenordnung. Ein Rk.-Mechanismus wird diskutiert. CH. SCHLAGE. B 225□

Kinetische Untersuchung der Pyrolyse von 1.2-Diaryläthylacetaten. 4. Mitt. Grant Gill Smith, Frank D. Bagley und Roger Taylor. (J. Amer. chem. Soc. **83.** 3647—53. 5/9. 1961. Pullman, Wash., Washington State Univ., Dep. of Chem.) (Engl.) — 3. vgl. C. **1961.** 2579.

Die therm. Zers. einer Reihe substituierter 1.2-Diphenyläthylacetate (**A**, Darst. nach bekannten Verf.) als Fl. oder Feststoff im stat. Syst. bei ca. 290—365° u. Drucken von 15—150 mm wurde kinet. untersucht. Die Zers. ist für alle **A** eine Rk. 1. Ordnung. Folgende Aktivierungsenergien E_a (kcal/Mol), log A-Werte u. relativen Geschw.-Konst. k_r bei 600° K wurden bestimmt: *1-[4-Methoxyphenyl]-2-[4-chlorphenyl]-* (F. 75,5—76,0°, A.-Äthylacetat; 73%) E_a 40,6; log A 12,56; k_r 3,20; *1-[4-Methoxyphenyl]-2-phenyl-* (F. 82,4—83,0°; 68,7%) 40,6; 12,54; 3,02; *1-[4-Tolyl]-2-phenyl-* (F. 44—45°, PAe. u. A.; 73,2%) 41,7; 12,67; 1,57; *1-Phenyl-2-[3-chlorphenyl]-* (Kp.$_1$ 143—145°; n_D^{25} 1,5554; 56,9%) 43,3; 13,07; 1,06; *1-Phenyl-2-[4-chlorphenyl]-* (F. 80,5—81,5°, Cyclohexan; 75,3%) 43,3; 13,06; 1,02; *1.2-Diphenyl-* (Kp.$_{10}$ 153,5—154°; n_D^{25} 1,5480; 83%) 43,3; 13,05; 1,00; *1-Phenyl-2-[4-tolyl]-* (Kp.$_{2,5}$ 155—157,5°; n_D^{25} 1,5433; 75,1%) 43,0; 12,94; 0,955; *1-Phenyl-2-[4-methoxyphenyl]-* (F. 57,8—58,2°; 60,8%) 42,1; 12,58; 0,881; *1-[4-Chlorphenyl]-2-phenyl-* (F. 89,2—89,8°, Bzl.-PAe.; 87,2%) 42,1; 12,56; 0,851; *1-[4-Chlorphenyl]-2-[4-methoxyphenyl]-* (F. 76—77°, Bzl.-PAe. u. A.) 43,2; 12,87; 0,724; *1-[3-Chlorphenyl]-2-phenyläthylacetat* (Kp.$_1$ 141—143°; n_D^{25} 1,5537; 84,6%) 43,8; 12,96; 0,582. Bei den **A**, die stark elektronenabgebende Gruppen (4-OCH_3) im 1-Phenylring enthalten, treten Zers.-Rkk. an den Gefäßwänden auf; reproduzierbare Werte werden nur in Ggw. eines Inhibitors (Cyclohexen) erhalten. Als Prodd. entstehen in allen Fällen das entsprechende Stilben u. Essigsäure. Im 2-Phenylring substituierte **A** weisen nur einen kleinen Substituenten-Einfl. auf (HAMMETTsche Rk.-Konst. $\varrho = 0,08$). Aus dem Vgl. der Geschw. von **A**, die bei verschiedener Substituentenanordnung in den beiden Ringen das gleiche Olefin als Prod. liefern, folgt, daß die Stabilität des Olefins nicht die Geschw. der Zers. bestimmt. Da nach den δ-Werten der NMR-Spektren die Elektronendichte am β-H-Atom aller **A** nahezu konst. ist, wird als geschwindigkeitsbestimmender Schritt die C+O-Spaltung der **A** angenommen, die von den Substituenten im 1-Phenylring stark beeinflußt wird (HAMMETTscher ϱ-Wert $-0,71$ bei Vernachlässigung der 4-OCH_3-Gruppe).

Versuche: *p-Chlor-α-[p-methoxyphenyl]-acetophenon,* F. 108,5—109,0° (A.), aus p-Methoxyphenylacetonitril mit p-Chlorphenyl-MgBr; 17,2% (Ausbeute). *2.4-Dinitrophenylhydrazon,* F. 207,5—209,5°. — *1-[4-Chlorphenyl]-2-[4-methoxyphenyl]-äthanol,* F. 83,5—85,0° (Bzl.-PAe.), aus vorst. Verb. mit $NaBH_4$ in A.; 95,4%. — *2-[4-Chlorphenyl]-1-[4-methoxyphenyl]-äthanol,* F. 84,0—85,5° (A.), aus p-Anisaldehyd mit p-Chlorbenzyl-MgCl; 80%. G. PÖTZSCHER. B 225□

Der Draper-Benson-Effekt bei Photochlorierungsreaktionen. P. Goldfinger, G. Huybrechts, A. M. Mahieu-Van der Auwera und D. Van der Auwera. (J. physic. Chem. **64.** 468—70. April 1960. Brussels, Univ. libre des Bruxelles, Serv. de Chim. Phys. I.) (Engl.)

Bei photochem. Rkk. in der Gasphase bewirkt das eingestrahlte Licht eine zusätzliche Erwärmung der Gase u. somit einen Temp.-Gradienten zwischen der Rk.-Phase u. dem Thermostaten. Es wird ein Verf. zu rechner. Eliminierung dieser Fehlerquelle angegeben. Als Beispiel wird die Photochlorierung von *Trichloräthylen* herangezogen (vgl. VAN DER AUWERA, Thesis, Brussels, 1959). A. MASCHKE. B 226□

Die Quecksilber-sensibilisierte Radiolyse und Photolyse des Methans. Gilbert J. Mains und Amos S. Newton. (J. physic. Chem. **64.** 511—12. April 1960. Berkeley, Calif., Univ., Lawrence Radiat. Labor.) (Engl.)

Bei der Hg-sensibilisierten (fast 6facher Hg-Überschuß) Radiolyse (4,5-MeV-Elektronen) von CH_4 bei 260° werden im Vgl. zur einfachen Radiolyse zwar etwas höhere Ausbeuten an H_2 u. C_2H_6 erhalten, die Prod.-Verteilung (H_2, C_2H_6, C_3H_8, daneben n-Butan, Isobutan, Neo-, Isopentan, Neohexan, Heptan, C_2H_4, Isobuten, Isopenten) ist aber im wesentlichen die gleiche. Sie ist außerdem sehr ähnlich der bei der Photolyse von CH_4 erhaltenen, so daß kein Grund zur Annahme von Ionen-Mol-Rkk. der Form $CH_4^+ + Hg \rightarrow CH_4 + Hg^+$ besteht, vielmehr ein radikal. Mechanismus, wie $CH_4 + Hg(^3P_1) \rightarrow CH_3\cdot + H\cdot + Hg$, wahrscheinlicher ist. A. MASCHKE. B 226□

Kernquadrupol-Resonanzuntersuchung des Strahlungsschadens in kristallinem p-Dichlorbenzol. A. I. Kitaigorodskii und E. I. Fedin. (Acta crystallogr. [Copenhagen] **13.** 1146—47. 10/12. 1960. Moscow, Inst. of Element.-Org. Compounds.) (Engl.)

Vff. berichten über die Verw. der Kernquadrupolresonanz als Indicator für Strahlungsschäden von polykristallinen Proben von *p-Dichlorbenzol*, die mit verschiedenen Elektronenstrahlendosen mit einer Energie von 750 kV bestrahlt worden waren. Die Ergebnisse werden diskutiert. C. GOTTFRIED. B 226

Katalytische Synthese von Nitrilen. 3. Mitt. **Darstellung aromatischer Nitrile.** M. A. Popow und N. I. Schuikin. (Известия Академии Наук СССР, Отделение Химических Наук [Nachr. Akad. Wiss. UdSSR, Abt. chem. Wiss.] **1960.** 1451—56. Aug. Zelinsky-Inst. für org. Chem. der Akad. der Wiss. der UdSSR.) (Russ.) — 2. vgl. C. **1961.** 12045.

Es wurde die Rk. von Benzylalkohol, ß-Phenyläthanol u. γ-Phenylpropanol mit NH_3 bei 270—390° an 3, 7,5- u. 15%ig. Ni/Al_2O_3 untersucht. Die Alkohole wurden mit der 2fachen mol. Menge NH_3 im Gegenstrom mit einer Vol.-Geschw. von 0,2 h^{-1} über die Katalysatoren geleitet. Die erzielten Ausbeuten sind tabellar. angegeben. *Benzonitril* wird in maximal 51,7%ig. Ausbeute bei 390° an 3%ig. Ni/Al_2O_3 erhalten. Die besten Ausbeuten an *Phenylacetonitril* (44,8%) werden bei 300°, an *β-Phenylpropionitril* (50,8%) bei 330° an 7,5%ig. Ni/Al_2O_3 erzielt. Neben den Nitrilen bilden sich in geringer Menge *Amine* u. *KW-Stoffe.* HELMUT SCHÄFER. B 227□

Katalytische Isomerisierung von Cyclopropan in Gemischen mit Olefinen. N. I. Jerschow, W. R. Jerochina und Ja. T. Eiduss. (Известия Академии Наук СССР, Отделение Химических Наук [Nachr. Akad. Wiss. UdSSR, Abt. chem. Wiss.] **1960.** 1495—99. Aug. Zelinsky-Inst. für org. Chem. der Akad. der Wiss. der UdSSR.) (Russ.)

In Ggw. eines Co-Tonerde-Katalysators, der für die Hydropolymerisation von höheren Olefinen unter der Einw. von CO dient u. die Polymerisation von niederen Olefinen nicht katalysiert, wird Cyclopropan (I) im Gemisch mit Äthylen (II) v. Propylen (III) bei 200—300° zu 5—20% zu **III** isomerisiert. Gleichzeitig bildet sich ein fl. *Polymerisat* (<40% der umgesetzten **I**-Menge). Unter gleichen Bedingungen wird **I** im Gemisch mit **II** u. **III** in Ggw. von H_2 zu ca. 50% zu *Propan* hydriert. An Katalysatoren auf Alumosilicatbasis, die bei der Polymerisierung von **III** akt. sind, wird **I** im Gemisch mit **II** u. **III** zu 65—100% isomerisiert. Beim Überleiten von **I**–**III**-Gemischen über Silicagel werden **I** u. **III** nicht verändert. HELMUT SCHÄFER. B 227□

C. Präparative organische Chemie. Naturstoffe

Nucleophile Carben-Chemie. H. W. Wanzlick. (Angew. Chem. **74.** 129—34. 21/2. 1962. Berlin, TU, Organ.-Chem. Inst.) (Dt.) — Vgl. C. **1962.** 1602.

Übersicht über Auftreten u. Rk.-Weise nucleophiler Carbene, z. B. bei der Dissoziations des Bis-[1.3-diphenylimidazolidinylidens-(2)], Biochemie des Thiamins, bei der BUTLEROW-Rk. u. der Bldg. von Benzoat aus $C_6H_5SO_3K$ u. HCOONa. — 30 Literaturangaben. J. ROTHE. 460□

Reduktionen mit Dialkylaluminiumhydriden. Alfred E. G. Miller, Joan W. Biss und Louis H. Schwartzman. (J. org. Chemistry **24.** 627—30. Mai 1959. Pittsburgh, Pa., Koppers Co., Res. Dep.) (Engl.)

Mit Hilfe von Dialkylaluminiumhydriden, wie Diisobutylaluminiumhydrid (**I**) u. Diäthylaluminiumhydrid (**II**), die in ihrer Wrkg. dem $LiAlH_4$ vergleichbar sind, wird eine Anzahl organ. Verbb. reduziert. Cyclohexanon liefert *Cyclohexanol*, Benzoesäure u. ihr Methylester *Benzylalkohol*, Benzonitril (**III**) *Benzaldehyd*, Capronsäure-n-butylester *n-Butanol* u. *n-Hexanol*, Fumarsäurediäthylester (**IV**) *trans-Buten-(2)-diol-(1.4)*, das auch aus Butin-(2)-diol-(1.4) entsteht, 1-Äthinylcyclohexanol (**V**) *1-Vinylcyclohexanol.* Für die meisten Umsetzungen müssen bestimmte Mol-Verhältnisse zwischen der zu reduzierenden Verb. u. **I** bzw. **II** eingehalten werden. Die in **I** u. **II** gebundenen Alkylreste sind am Vorgang der Red. nicht beteiligt, denn es wird in keinem Falle das Auftreten von Isobutylen oder Äthylen beobachtet.

Versuche: *Cyclohexanol*, Kp.$_{40}$ 82,5—83,0°, durch Eintropfen von Cyclohexanon in Bzl. zu äquimol. Mengen I in Bzl. unter N_2 innerhalb von 1½ Std. bei 45°, 8std. Rühren, Zugabe von CH_3OH, Bzl. u. W., Filtrieren u. Dest.; n_D^{23} 1,4655; 83% (Ausbeute). *3.5-Dinitrobenzoat*, F. 111° (wss. A.). *Phenylurethan*, F. 82° (PAe.). — *Benzylalkohol*, Kp.$_{18,5}$ 100°, a) wie vorst. aus 3 Mol I u. 1 Mol Benzoesäure in Bzl.; n_D^{23} 1,5390; 72%; b) aus 2 Mol I u. 1 Mol Benzoesäuremethylester; 90%. *Phenylurethan*, F. 77,5° (PAe.). — *Benzaldehyd*, Kp.$_5$ 50—60°, a) aus 4 Mol I u. 1 Mol III in Bzl. wie vorst., Einengen der filtrierten Lsg. nach Zers., Aufnehmen in Ae., Ausschütteln mit 5%ig. HCl u. Dest. der Ae.-Phase; 37% [*2.4-Dinitrophenylhydrazon*, F. 237° (A.)]; daneben *Benzylidenbenzylamin*, Kp.$_5$ 168—170°, durch Alkalisieren der salzsauren Lsg., Ae.-Extraktion u. Dest.; n_D^{24} 1,5962 [*Dibenzylamin*, durch Hydrierung an Pd; *Dibenzylbenzamid*, F. 112,5 bis 113,5°; *N.N-Dibenzylbenzolsulfonamid*, F. 66—67°]; b) aus 17 g III u. 2 Mol I in Bzl.; 12,2 g; daneben 4 g *Benzylamin*; c) aus 1 Mol I u. 1 Mol III; 90%. — *n-Butanol*, Kp. 116°, aus 3 Mol I u. 1 Mol Capronsäure-n-butylester; n_D^{22} 1,3970; 58%. — *n-Hexanol*, Kp. 155°, a) neben vorst. Verb.; n_D^{22} 1,4174; 73%; b) wie vorst. in PAe.; 77%; c) aus 4 Mol I u. 1 Mol Capronsäure-n-butylester; 82%. *α-Naphthylurethan*, F. 58,5—59,0° (PAe.). — *trans-Buten-(2)-diol-(1.4)*, $C_4H_8O_2$, Kp.$_{0,5}$ 86—88°, a) aus 4 Mol I u. 1 Mol IV; n_D^{25} 1,4758; 70%; b) aus 4 Mol II u. 1 Mol IV; 66%; c) aus Butin-(2)-diol-(1.4) u. $LiAlH_4$ in Tetrahydrofuran; 7,5%. — *2.3-Dibrombutandiol-(1.4)*, F. 130,0—130,6° (Chlf.), aus 6,6 g vorst. Verb. mit Br_2 in Chlf.; 14,2 g. — *1-Vinylcyclohexanol*, aus 2 Mol I u. 1 Mol V unter N_2 in Bzl.; 48%; daneben nicht umgesetztes V; 52%. E. OKRUCH. 460□

Kondensation von Acetylen mit Aldehyden. Harry A. Stansbury jun. und William R. Proops. (J. org. Chemistry **27.** 279. Jan. 1962. South Charleston, W.Va., Union Carbide Chem. Co., Res. Dep.) (Engl.)

Acetylen u. aliphat. Aldehyde wurden bei Normaldruck in einer 91,5%ig. Suspension von KOH in 1.2-Dimethoxyäthan + wenig A. in guten Ausbeuten umgesetzt. Methacrolein, Phenylacetaldehyd, Zimtaldehyd u. Hexadien-(2.4)-al ergaben Harze. Nachst. Aldehyde gaben folgende Ausbeuten an *Acetylencarbinolen*: Propionaldehyd: 81%. Butyraldehyd: 82%. Isobutyraldehyd: 87%. Cyclohexen-3-aldehyd: 92%. 3.4-Dihydro-2.5-dimethyl-2-formyl-2 H-pyran: 56%. 2-Methyl-Δ^5-bicyclo-[2.2.1]-hepten-2-aldehyd: 53%. 2-Äthylhexen-(2)-al: 37%. Crotonaldehyd: 22%. Acetaldehyd: 61% *Butin-(3)-ol-(2)*. GISELA SCHREIBER. 460□

Organische N-Sulfinyl-Verbindungen. G. Kresze, A. Maschke, R. Albrecht, K. Bederke, P. Patzschke, H. Smalla und A. Trede. (Angew. Chem. **74.** 135—44. 21/2. 1962. Berlin, TU; München, TH, Organ.-Chem. Inst.) (Dt.)

Übersicht über die Chemie der N-Sulfinyl-Verbb. (-amine, -hydrazine, -sulfonamide). Darst.-Vorschriften für: *N-Sulfinylanilin* [I; Kp.$_{12}$ 80°, aus Anilin u. $SOCl_2$ in Bzl.; 95% (Ausbeute)], *N-Sulfinylcyclohexylamin* (Kp.$_{15}$ 78°; 65,4%), *p-Nitroanilidothiolsulfinsäurephenylester* [F. 93° (PAe./Ae.), aus N-Sulfinyl-p-nitranilin u. Thiophenol (II) in Ae.; 90%], *Äthylphenyltrisulfid* (Kp.$_{0,01}$ 67—69°, aus I u. II in Ae., dann Spaltung mit C_2H_5SH in sd. Aceton; 24%), *Azothiobenzol* (Kp.$_{0,01}$ 137,5°, aus I u. Na in sd. Xylol; ca. 40%), *2-Phenyl-4.5-dimethyl-3.6-dihydro-1.2-thiazin-1-oxid* [F. 79,5 bis 80,5° (Cyclohexan), aus I u. Dimethylbutadien; 72%], *N-Sulfinyl-p-chlorbenzolsulfonamid* (F. 52—53°, Kp.$_{10^{-4}}$ 122—125°, aus p-Chlorbenzolsulfonamid u. $SOCl_2$; 88%), *3.6-Dihydro-N-benzolsulfonyl-1.2-thiazin-S-oxid* [III; F. 108—109° (A.), aus N-Sulfinylbenzolsulfonamid u. Butadien in Bzl. unter Kühlung; 94%], *N-Buten-(3)-yl-p-toluolsulfonamid* (Kp.$_{10^{-3}}$ 128—130°, aus 3.6-Dihydro-N-p-toluolsulfonyl-1.2-thiazin-S-oxid u. konz. HCl; n_D^{20} 1,5395; 94%), *3.6-Dihydro-N-benzolsulfonyl-1.2-thiazin-1.1-dioxid* [F. 150—152° (Eisessig), aus III u. 30%ig. H_2O_2 in HCOOH/Acetanhydrid; 51%], *N-Sulfinyl-p-dimethylaminoanilin* (F. 72°, Kp.$_2$ 115°, aus p-Dimethylaminoanilin u. N-Sulfinylsulfonamiden), *N-Sulfinyl-o-nitrobenzolsulfenamid* [F. 127—128°, gelbe Kristalle (Aceton), aus p-Nitrobenzolsulfenamid u. N-Sulfinyl-p-toluolsulfonamid (IV) in sd. Bzl.; 90%] u. *3.5-Dimethyl-1.2.4-thiadiazol* (Kp. 146—148°, aus IV u. Thioacetamid in Chlf.; 44%). — IR-, RAMAN- u. UV-Spektren sowie Dipolmomente vgl. Original. — 54 Literaturangaben. J. ROTHE. 460□

Homolytische Isomerisierung von 2-Brom-3.3-dichlorbuten-(1). M. Ja. Chorlina und W. N. Kosst. (Доклады Академии Наук СССР [Ber. Akad. Wiss. UdSSR] **137.** 1133—36. 11/4. 1961. Inst. für Metallorg. Verbb. der Akad. der Wiss. der UdSSR.) (Russ.)

Durch Bromierung von 3.3-Dichlorbuten-(1) (I) wird *1.2-Dibrom-3.3-dichlorbutan* (II) erhalten, das durch Dehydrobromierung in *2-Brom-3.3-dichlorbuten-(1)* (III) übergeführt wird. Beim Stehen u. bei der Einw. von UV-Licht oder HBr u. Dibenzoylperoxid wird III zu *1-Brom-2.3-dichlorbuten-(2)* (IV) isomerisiert. Die Isomerisierung wird durch Hydrochinon verhindert. Es wird ein Radikalmechanismus angegeben. Mit $SbCl_5$ erfährt **III** eine anionotrope Allylumlagerung unter Bldg. von *1.3-Dichlor-2-brombuten-(2)* (**V**). Bei den dargestellten Verbb. des Typs $CH_3C(Cl){=}CX{-}CH_2Y$ ($X = Cl$ oder Br, $Y = Br$) wird cis-trans-Isomerie beobachtet, jedoch nicht weiter untersucht. Mit Dimethylamin (**VII**) liefern **II**, **III** u. 1.3-Dichlor-2.3-dibrombutan (**VI**) *1-Dimethylamino-2-brom-3-chlorbuten-(2)* (**VIII**). **IV** u. **VII** reagieren zu *1-Dimethylamino-2.3-dichlorbuten-(2)* (**IX**). Eine Umlagerung analog der von **III** in **IV** erfolgt auch bei 2-Brom-3.3.3-trichlorpropen-(1), sie ist offenbar typ. für Verbb. der Struktur $XCCl_2{-}CBr{=}CH_2$ bei Einw. von Radikalbildnern.

Versuche: *3.3-Dichlorbuten-(1)* (**I**), $C_4H_6Cl_2$, Kp.$_{105}$ 45°, durch Rühren von 135 g 1-Brom-3.3-dichlorbutan mit 45,9 g KOH bei 0° in Äthylcellosolve; D.$_4^{20}$ 1,1043; n_D^{20} 1,4460; 43% (Ausbeute). — *S-[3-Chlorbuten-(2)-yl-(1)]-isothiuroniumpikrat*, $C_{11}H_{12}$·ClN_5O_7S, F. 168,5—170° (A.), a) durch einige Min. langes Erhitzen von **I** mit Thioharnstoff (**X**) in A. u. Zugabe von Pikrinsäure; b) analog aus 1.3-Dichlorbuten-(2) u. **X**. — *1.2-Dibrom-3.3-dichlorbutan* (**II**), $C_4H_6Br_2Cl_2$, Kp.$_4$ 79—80°, durch tropfenweise Zugabe von 34,2 ml Br_2 zu 90 g **I** in 100 ml Eisessig; D.$_4^{20}$ 1,9810; n_D^{20} 1,5435; 77%. — *2-Brom-3.3-dichlorbuten-(1)* (**III**), $C_4H_5BrCl_2$, Kp.$_{25}$ 61—62°, analog **I** aus 127 g **II** mit 34,2 g KOH in Äthylcellosolve; D.$_4^{20}$ 1,6363; n_D^{20} 1,5120; 59%; haltbar in Ggw. von Hydrochinon. — *1.3-Dichlor-2-brombuten-(2)* (**V**), Kp.$_{24}$ 75—80°, aus **III** durch Einw. von $SbCl_5$; $n_D^{20}{}_4$ 1,5380. — *S-[2-Brom-3-chlorbuten-(2)-yl-(1)]-isothiuroniumpikrat*, $C_{11}H_{11}BrClN_5O_7S$, F. 185° (Zers.; A.), aus **V** u. **X** u. Pikrinsäure. — *1-Brom-2.3-dichlorbuten-(1)* (**IV**; Isomerengemisch), $C_4H_5BrCl_2$, Kp.$_{15}$ 64—70°, a) durch Sättigen von 36,5 g **III** u. 0,5 g Dibenzoylperoxid in 112 g CCl_4 mit HBr; D.$_4^{20}$ 1,6519—1,6775; n_D^{20} 1,5310—1,5323; 90%; b) durch Bestrahlen von **III** mit UV-Licht. — *S-[2.3-Dichlorbuten-(2)-yl-(1)]-isothiuroniumpikrat*, $C_{11}H_{11}Cl_2N_5O_7S$, F. 197° (A.), aus **IV** u. **X** u. Pikrinsäure. — *1.3-Dichlor-2.3-dibrombutan* (**VI**), $C_4H_6Br_2Cl_2$, Kp.$_8$ 88°, durch Bromierung von 1.3-Dichlorbuten-(2); D.$_4^{20}$ 1,9910; n_D^{20} 1,5502. — *1-Dimethylamino-2.3-dichlorbuten-(2)* (**IX**), Kp.$_{20}$ 65—68° (n_D^{20} 1,4720) u. Kp.$_{20}$ 75—77° (n_D^{20} 1,4750) (2 Stereoisomere), aus **IV** u. **VII** in Äthanol. *Pikrat*, $C_{12}H_{14}Cl_2N_4O_7$, F. 144—145° (A.) u. F. 160—161° (A.). — *1-Dimethylamino-2-brom-3-chlorbuten-(2)* (**VIII**; *Stereoisomerengemisch*), a) Kp.$_{20}$ 82—87°, aus **II** u. **VII**; n_D^{20} 1,4996—1,5006 (*Pikrate*, $C_{12}H_{14}BrClN_4O_7$, F. 153—154 u. 160—161° (A.); b) Kp.$_{20}$ 81 bis 83°, durch mehrstd. Erhitzen von 7,9 g **III**, 20 ml A. u. überschüssigem **VII** auf 100°; D.$_4^{20}$ 1,3507; n_D^{20} 1,4994; *Pikrat*, F. 153—154° (A.); c) Kp.$_4$ 58—60°, aus **VI** u. **VII**, n_D^{20} 1,5030; *Pikrat*, F. 166—167° (A.). HELMUT SCHÄFER. 520□

Fluorolefine. 7. Mitt. **Die Synthese von 2-Trifluormethylbutadien-(1.3).** Paul Tarrant und Robert Edward Taylor. (J. org. Chemistry **24.** 1888—90. Dez. 1959. Gainesville, Fla., Univ. of Florida, Dep. of Chem.) (Engl.) — 6. vgl. C. **1960.** 1812.

Die Synth. von *2-Trifluormethylbutadien-(1.3)* nach 2 neuen Verff. wird beschrieben. Es wird am besten durch Rk. von α.α.α-Trifluoraceton (**I**) mit Malonsäure (**II**), Red. der als Zwischenprod. entstehenden *β-Trifluormethylcrotonsäure* u. Abspalten des W. aus dabei erhaltenem *β-Trifluormethylcrotylalkohol* dargestellt.

Versuche: 2-Trifluormethyl-2-hydroxybutane: *3-Oxo-*, $C_5H_7F_3O_2$, Kp. 118,0°, durch mehrstd. Rk. von **I**-Cyanhydrid (**III**) mit äther. CH_3MgBr (**IV**)-Lsg. unter N_2 u. Hydrolyse mit 10%ig. H_2SO_4; D.$_4^{25}$ 1,2701; n_D^{25} 1,3581; 70,5% (Ausbeute). — *3-Hydroxy-* (**V**), $C_5H_9F_3O_2$, Kp.$_{5,5}$ 58°, Kp.$_2$ 41—43°, durch Red. vorst. Verb. mit a) Al-Isopropylat in Propanol-(2) u. Hydrolyse mit 6n H_2SO_4; D.$_4^{25}$ 1,3282; n_D^{25} 1,3866; 24%; b) $LiAlH_4$ in Ae.; 66%; c) $NaBH_4$ in W.; 16%; d) $NaBH_4$ bei Ausschluß von W.; 55%. — *β-Hydroxy-β-trifluormethylbuttersäure*, Kp.$_8$ 100—115°, durch Dest. von **I** in eine Lsg. von **II** in Pyridin, 14std. Erhitzen auf 90° u. Erhitzen auf 130° bis zur beendigten CO_2-Entw.; 62%. — *β-Trifluormethylcrotonsäure*, Kp. 160—166°, durch 14std. Kochen vorst. Säure mit 50%ig. H_2SO_4 bei gleichzeitigem Abtrennen in einem Wasserabscheider; 71%. *Chlorid*, $C_5H_4ClF_3O$, Kp. 99,5—100,5°, durch Kochen der Säure mit $SOCl_2$ bis zur beendeten HCl-Entw.; D.$_4^{23}$ 1,3037; n_D^{23} 1,3916; 69,8%. — *β-Trifluormethylcrotylalkohol*, $C_5H_7F_3O$, Kp. 144—146°, durch 1std. Red. mit $LiAlH_4$ bei 5—10° von a) vorst. Säure; D.$_4^{22}$ 1,202; n_D^{22} 1,3762; 38,4%; b) vorst. Säurechlorid; 70,0%. — *2-Trifluormethylbutadien-(1.3)*, $C_5H_5F_3$, Kp. 36°, durch Dehydratisieren mit P_4O_{10} von a) **V** bei 200—250°; D.$_4^{22}$ 1,037; n_D^{22} 1,3434; 36,9%; b) vorst. Verb.; 60,3%. — *α-Trifluormethylacrylonitril*, $C_4H_2F_3N$, Kp. 78—79°, durch Erhitzen von **III**-Acetat unter N_2 auf 500 ± 5°; D.$_4^{26,4}$ 1,1753; $n_D^{26,4}$ 1,3261; 46,6%. — *Verb. vom Kp. 127—127,5°*, durch 4std. Kochen von **IV** u. 1,75 Mol vorst. Verb. in abs. Ae. u. Zugabe von 10%ig. H_2SO_4; D.$_4^{27}$ 0,9350; n_D^{27} 1,4108; 15 g. G. REISNER. 520□

Metallkomplexe von Formazylverbindungen. 4. Mitt. **Abspaltung C-ständiger Substituenten bei der Oxydation gewisser Formazane mit Bleitetraacetat.** Bodo

Hirsch. (Liebigs Ann. Chem. **648.** 151—63. 11/12. 1961. Dresden, TH, Inst. für Farbenchem.) (Dt.) — 3. vgl. C. **1961.** 6798.

Formazane (**A**), die an ihrem mittelständigen C-Atom eine Acetyl- oder Äthoxyformylgruppe tragen u. deren N-ständige Arylreste keine zur Teilnahme an einer Komplex-Bldg. befähigten Substituenten besitzen, werden durch Pb-Tetraacetat (**VII**) unter Abspaltung der C-ständigen Gruppen zu *2.3-Diaryltetrazoliumsalzen* (**B**) oxydiert. Aus den **B** werden durch Red. mit Ascorbinsäure (**II**) die entsprechenden *N.N'-Diarylformazylwasserstoffe* (**C**) dargestellt. Die Spektren im UV u. Sichtbaren werden besprochen Die bathochrome Verschiebung von **A** → **C** wird dadurch erklärt, daß bei **A** die Bindung des Metalls über die CO-Gruppierung, bei C nur über die Azogruppierung möglich ist.

Versuche: *2.3-Diphenyltetrazoliumperchlorat*, $C_{13}H_{11}ClN_4O_4$, F. 230—231°, a) durch Zugabe von 30 g **VII** in Chlf. zu 10 g Formazylmethylketon in Chlf. unter Rühren, $^1/_2$std. Stehen, Eindampfen im Vakuum, Extrahieren mit sd. W. u. Fällen mit $HClO_4$; aus Methanol Würfel; 11,5 g (Rohausbeute); b) aus 10 g Formazylameisensäureäthylester analog a); 12 g. — *N.N'-Diphenylformazylwasserstoff* (**I**), $C_{13}H_{12}N_4$, F. 124°, durch Zutropfen von 2 n NaOH zu 2 g vorst. Verb. u. 2 g **II** in wss. Pyridin bis der Farbton nach violett umschlägt, 20 Min. langes Stehen u. Gießen in W.; aus 75% ig. A. ziegelrote Nadeln. *Ni-Komplexe*, $(C_{13}H_{11}N_4)_2Ni$, F. > 300°, durch Zugabe von überschüssiger alkohol. NH_3 zu **I** u. $Ni(NO_3)_2 \cdot 6\,H_2O$ in wenig A., 10 Min. langes Kochen u. Filtrieren; aus Eisessig dunkelgrüne Blättchen mit blauem Oberflächenglanz. — *2.3-Bis-[4-chlorphenyl]-tetrazoliumperchlorat*, $C_{13}H_9Cl_3N_4O_4$, F. 278—279°, a) aus N.N'-Bis-[4-chlorphenyl]-C-acetylformazan; aus Methanol Blättchen; 75%; b) aus N.N'-Bis-[4-chlorphenyl]-formazylameisensäureäthylester; 60%. — *N.N'-Bis-[4-chlorphenyl]-formazylwasserstoff* (**III**), $C_{13}H_{10}Cl_2N_4$, F. 131°, aus vorst. Verb. durch Red. mit **II**; aus 80% ig. A. hellrote Würfel. *Ni-Komplexe*, $(C_{13}H_9Cl_2N_4)_2Ni$, F. 187°; dunkelolivgrüne Stäbchen mit metall. Oberflächenglanz. *Co-Komplex*, $(C_{13}H_9Cl_2N_4)_2Co$, F. 240°, durch 10 Min. langes Kochen von **III** u. $Co(NO_3)_2 \cdot 2\,H_2O$ in A. mit Na-Acetat u. heiß Filtrieren; olivbraune Blättchen mit metall. Oberflächenglanz. — *N.N'-Bis-[2-chlorphenyl]-C-acetylformazan* (**IV**), $C_{15}H_{12}Cl_2N_4O$, F. 141°, durch 24std. Stehen von 11 g Acetessigsäureäthylester (**V**) mit 5 g KOH in 190 cm³ W., Versetzen bei 0° mit kalter Diazoniumsalz-Lsg. [aus 21 g 2-Chloranilin (**VI**)] unter Rühren, Gießen in kalte Na_2CO_3-Lsg. u. 12std. Stehen; aus A. lange dunkelrote Nadeln; 9 g. *Ni-Komplex*, $(C_{15}H_{11}Cl_2N_4O)_2Ni$, F. 236°; grüne lange Nadeln mit metall. Oberflächenglanz. — *2.3-Bis-[2-chlorphenyl]-tetrazoliumperchlorat* (**VIII**), $C_{13}H_9Cl_3N_4O_4$, F. 182° (A.), a) durch Rk. von 7 g **IV** mit **VII** in Chlf. u. Fällen mit $HClO_4$; 3 g; b) analog aus 2,5 g nachst. Verb.; 0,7 g. — *N.N'.Bis-[2-chlorphenyl]-formazylameisensäureäthylester*, $C_{16}H_{14}Cl_2N_4O_2$, F. 146°, durch Zugabe der Diazoniumsalz-Lsg. aus 33,5 g **VI** zu 135 g KOH in 130 cm³ W. bei 0°, Zugabe von 26,5 g **V** bei 0°, 12std. Stehen bei 0°; aus A. lange orangerote Stäbchen; 14 g. *Ni-Komplexe*, $(C_{16}H_{13}Cl_2 \cdot N_4O_2)_2 \cdot Ni$, F. 238°; dunkelolivgrüne Stäbchen; der Komplex wird durch heißen Eisessig gespalten. — *N.N'-Bis-[2-chlorphenyl]-formazylwasserstoff*, $C_{13}H_{10}Cl_2N_4$, F. 148°, a) durch Red. von **VIII** mit **II**; aus 80% ig. A. rote Nadeln; b) durch Einw. von Diazoniumsalz-Lsg. aus 15,5 g **VI** auf 13 g Malonsäure (**XI**) in Ggw. von Na-Acetat u. 12std. Stehen bei 0°; 5 g; gibt durch Oxydation mit **VII** in Chlf. u. Fällen mit $HClO_4$ 60% **VIII**. *Ni-Komplex*, $(C_{13}H_9Cl_2N_4)_2Ni$, F. 234°; dunkelolivgrüne Würfel mit metall. Oberflächenglanz. — *2.3-Bis-[3-chlorphenyl]-tetrazoliumperchlorat*, $C_{13}H_9Cl_3N_4O_4$, F. 189°, a) durch Oxydation von N.N'-Bis-[3-chlorphenyl]-C-acetylformazan mit **VII** in Chlf. u. Fällen mit $HClO_4$; Blättchen; 75%; b) analog aus N.N'-Bis-[3-chlorphenyl]-formazylameisensäureäthylester. — *N.N'-Bis-[3-chlorphenyl]-formazylwasserstoff*, $C_{13}H_{10}Cl_2N_4$, F. 125°, durch Red. vorst. Verb. mit **II**; aus 75% ig. A. hellrote Nadeln. *Ni-Komplexe*, $(C_{13}H_9Cl_2N_4)_2Ni$, F. 275°; dunkelgrüne Stäbchen mit metall. Oberflächenglanz. — *2.3-Bis-[p-tolyl]-tetrazoliumperchlorat*, $C_{15}H_{15}ClN_4O_4$, F. 221—222° (Methanol), a) durch Oxydation von N.N'-Bis-[p-tolyl]-C-acetylformazan mit **VII** u. Fällen mit $HClO_4$; 70%; b) analog aus N.N'-Bis-[p-tolyl]-formazylameisensäureäthylester. — *N.N'-Bis-[p-tolyl]-formazylwasserstoff*, $C_{15}H_{16}N_4$, F. 125—128°, durch Red. vorst. Verb. mit **II**; aus 75% ig. A. ziegelrote Stäbchen. *Ni-Komplexe*, $(C_{15}H_{15}N_4)_2Ni$, F. > 300°; dunkelgrüne Kristalle mit blauem Oberflächenglanz. — *2.3-Bis-[o-tolyl]-tetrazoliumperchlorat* $C_{15}H_{15}ClN_4O_4$, F. 209—211°, a) durch Oxydation von N.N'-Bis-[o-tolyl]-C-acetylformazan mit **VII**; aus Methanol quadrat. Blättchen; b) analog aus N.N'-Bis-[o-tolyl]-formazylameisensäureäthylester. — *N.N'-Bis-[o-tolyl]-formazylwasserstoff*, $C_{15}H_{16}N_4$, F. 113—116°, durch Red. vorst. Verb. mit **II**; aus 75% ig. A. orangerote verfilzte Nädelchen. — *2.3-Bis-[m-tolyl]-tetrazoliumperchlorat*, $C_{15}H_{15}ClN_4O_4$, F. 210°, a) durch Oxydation von N.N'-Bis-[m-tolyl]-C-acetylformazan mit **VII** u. Fällen mit $HClO_4$; aus Methanol lange Blättchen; 55%; b) analog aus N.N'-Bis-[m-tolyl]-formazylameisensäureäthylester; 50%. — *N.N'-Bis-[m-tolyl]-formazylwasserstoff*, $C_{15}H_{16}N_4$, F. 100° (70% ig. A.), durch

Red. vorst. Verb. mit **II**. *Ni-Komplexe*, $(C_{15}H_{15}N_4)_2Ni$, F. 251—253°; lange dunkelgrüne Stäbchen mit metall. Oberflächenglanz. — *2.3-Bis-[4-methoxyphenyl]-tetrazoliumperchlorat*, $C_{15}H_{15}ClN_4O_6$, F. 190°, a) durch Oxydation von N.N'-Bis-[4-methoxyphenyl]-C-acetylformazan mit **VII** u. Fällen mit $HClO_4$; aus Methanol durch Fällen mit Ae. Nädelchen; 53%; b) analog aus N.N'-Bis-[4-methoxyphenyl]-formazylameisensäureäthylester. *N.N'-Bis-[4-methoxyphenyl]-formazylwasserstoff*, $C_{15}H_{16}N_4O_2$, F. 62°, durch Red. vorst. Verb. mit **II**; aus 85% ig. A. orangerote Prismen. *Ni-Komplexe*, $(C_{15}H_{15}N_4O_2)_2Ni$, F. 247°; olivgrüne Oktaeder mit metall. Oberflächenglanz. — *N.N'-Bis-[4-äthoxyphenyl]-C-acetylformazan*, $C_{19}H_{22}N_4O_3$, F. 148°, durch 24std. Stehen von 11 g **V** mit 5 g KOH in 190 cm³ W., Zugabe der Diazoniumsalz-Lsg. aus 11,5 g p-Phenetidin (**IX**), Zugabe von 70 g Na_2CO_3 in 350 cm³ W. bei 0° u. 2std. Stehen; aus A. dunkelrote verfilzte Nadeln; 6,5 g. *Ni-Komplex*, $(C_{19}H_{21}N_4O_3)_2Ni$, F. 237°; aus A. dunkelgrüne Würfel. *Co-Komplex*, $(C_{19}H_{21}N_4O_3)_2Co$, F. 187°, aus dem Formazan in A. u. $Co(NO_3)_2$-Na-Acetat durch 1std. Kochen; aus A. dunkle, metall. glänzende Würfel. — *2.3-Bis-[4-äthoxyphenyl]-tetrazoliumperchlorat* (**X**), $C_{17}H_{19}ClN_4O_6$, F. 162°, a) durch Oxydation vorst. Verb. in A. in Ggw. von Na-Acetat mit $Cu(NO_3)_2$; aus Methanol Nadeln; wenig; b) analog aus nachst. Verb.; wenig; c) durch Einw. des Diazoniumsalzes aus **IX** auf **XI** in Ggw. von Na-Acetat, Oxydation des rohen Formazylwasserstoffs mit **VII** u. Fällen mit $HClO_4$. — *N.N'-Bis-[4-äthoxyphenyl]-formazylameisensäureäthylester*, $C_{20}H_{24}N_4O_4$, F. 134°, durch Zugabe von Diazoniumsalz-Lsg. aus 10 g **IX** zu 15 g **V** u. 400 g 24% ig. NaOH bei 0°; aus A. rote Stäbchen; 10 g. *Ni-Komplex*, $(C_{20}H_{23}N_4O_4)_2Ni$, F. 197°; aus A. dunkelgrüne Blättchen mit metall. Oberflächenglanz. *Co-Komplex*, $(C_{20}H_{23}N_4O_4)_2Co$, F. 183°; aus wenig A. rotbraune Blättchen mit metall. Oberflächenglanz. — *N.N'-Bis-[4-äthoxyphenyl]-formazylwasserstoff*, $C_{17}H_{20}N\ O_2$, F. 96—97°, durch Red. von **X** mit **II**; aus 75% ig. A. dunkelorangerote Kristalle. — *2-Phenyl-3-[p-tolyl]-tetrazoliumperchlorat*, $C_{14}H_{13}ClN_4O_4$, F. 203°, a) durch Oxydation von N-Phenyl-N'-[p-tolyl]-C-acetylformazan mit **VII** u. Fällen mit $HClO_4$; aus Methanol Stäbchen; b) analog aus N-Phenyl-N'-[p-tolyl]-formazylameisensäureäthylester. — *N-Phenyl-N'-[p-tolyl]-formazylwasserstoff*, $C_{14}H_{14}N_4$, F. 117°, durch Red. vorst. Verb. mit **II**; aus 75% ig. A. orangerote Nadeln. *Ni-Komplex*, $(C_{14}H_{13}N_4)_2Ni$, F. 258°; dunkelgrüne Kristalle mit metall. Oberflächenglanz. — *2-Phenyl-3-[4-chlorphenyl]-tetrazoliumperchlorat*, $C_{13}H_{10}Cl_2N_4O_4$, F. 247—250°, a) durch Oxydation von N-Phenyl-N'-[4-chlorphenyl]-C-acetylformazan in Chlf. mit **VII** u. Fällen mit $HClO_4$; durch Fällen aus A. mit Ae. Stäbchen; b) analog aus N-Phenyl-N'-[4-chlorphenyl]-formazylameisensäureäthylester. — *N-Phenyl-N'-[4-chlorphenyl]-formazylwasserstoff*, $C_{13}H_{11}ClN_4$, F. 127—128°, durch Red. vorst. Verb. mit **II**; aus 85% ig. A. orangerote Nadeln. *Ni-Komplex*, $(C_{13}H_{10}ClN_4)_2Ni$, F. 287°; dunkelgrüne Kristalle mit metall. Oberflächenglanz. W. LIEBSCHER. 800□

Darstellung einiger neuer Säurehydrazide und Hydrazone. Brijraj Singh Rathore and P. I. Ittyerah. (J. Indian chem. Soc. **37.** 591—93. Sept. 1960. Agra, St. John's Coll., Chem. Dep.) (Engl.)

Die Darst. von Hydraziden von Malonanilidsäure, Malon-o-, -m- u. -p-toluididsäure, u. Malon-o-, -m- u. -p-chloranilidsäure wird beschrieben. Aus Malon-o-chloranilidhydrazid werden mit verschiedenen Aldehyden u. Ketonen die entsprechenden Hydrazone dargestellt.

Versuche: *Malonsäuremonoäthylester, o-Chloranilid*, $C_{11}H_{12}ClNO_3$, F. 60° (PAe.), durch ½std. Kochen von o-Chloranilin u. Malonsäurediäthylester u. Abdest. des entstehenden A., Kühlen, Zugabe von A., Abfiltrieren des *Malonsäuredi-o-chloranilids* u. Gießen des Filtrats in W.; 36,8% (Ausbeute). *Anilid*, F. 39°, analog vorst. Verb.; 40%. *o-Toluidid*, F. 73°; 13,2%. *p-Toluidid*, F. 85°; 44,7%. *m-Chloranilid*, $C_{11}H_{12}ClNO_3$, F. 74°; 31,6%. *p-Chloranilid*, F. 92—94°; 44,7%. *m-Toluidid*, viscose Flüssigkeit. — Malonsäuremonohydrazide: *-o-chloranilid*, $C_9H_{10}ClN_3O_2$, F. 128° (A.), durch Zugabe von 85% ig. $N_2H_4 \cdot H_2O$ zu dem entsprechenden Malonesteranilid in A. u. ½std. Stehen; 81,2%. — *-anilid*, $C_9H_{11}N_3O_2$, F. 186°, analog vorst. Verb.; 67%. — *-o-toluidid*, $C_{10}H_{13}N_3O_2$, F. 136°; 66,19%. — *-m-toluidid*, $C_{10}H_{13}N_3O_2$, F. 168°; 35,02%. — *-p-toluidid*, $C_{10}H_{13}N_3O_2$, F. 182°; 64,6%. — *-m-chloranilid*, $C_9H_{10}ClN_3O_2$, F. 179°; 87,2%. — *-p-chloranilid*, $C_9H_{10}ClN_3O_2$, F. 188°; 66,34%. — o-Chloranilinocarbonylacetylhydrazone, durch ½std. Stehen des Hydrazids mit dem Aldehyd bzw. Keton in A., Filtrieren u. Umkristallisieren aus A.: *Furfurol-*, $C_{14}H_{12}ClN_3O_3$, F. 196°; 88,4%. — *Thiophen-2-aldehyd-*, $C_{14}H_{12}ClN_3O_2S$, F. 168°; 49,1%. — *Chloral-*, $C_{11}H_9Cl_4N_3O_2$, F. 178°; 27,6%. — *Benzaldehyd-*, $C_{16}H_{14}ClN_3O_2$, F. 193°; 86,5%. — *o-Chlorbenzaldehyd*, $C_{16}H_{13}Cl_2N_3O_2$, F. 208°; 93,6%. — *5-Chlorsalicylaldehyd-*, $C_{16}H_{13}Cl_2N_3O_3$, F. 213°; 87%. — *5-Bromsalicylaldehyd-*, $C_{16}H_{13}BrClN_3O_3$, F. 218°; 99,7%. — *3.5-Dibromsalicylaldehyd-*, $C_{16}H_{12}Br_2ClN_3O_3$, F. 214°; 82,7%. — *3.5-Dijodsalicylaldehyd-*, $C_{16}H_{12}ClJ_2N_3O_3$, F. 221°; 81,1%. — *3-Nitro-*

salicylaldehyd-, $C_{16}H_{13}ClN_4O_5$, F. 206°; 92,4%. — *5-Nitrosalicylaldehyd-*, $C_{16}H_{13}ClN_4O_5$, F. 222°; 83,4%. — *3.5-Dinitrosalicylaldehyd-*, $C_{16}H_{12}ClN_5O_7$, F. 208°; 85,7%. — *3-Nitro-5-chlorsalicylaldehyd-*, $C_{16}H_{12}Cl_2N_4O_5$, F. 210°; 94,4%. — *3-Nitro-5-bromsalicylaldehyd-*, $C_{16}H_{12}BrClN_4O_5$, F. 204°; 88,8%. — *Salicylaldehyd-*, $C_{16}H_{14}ClN_3O_3$, F. 199°; 89,8%. — *Methyläthylketon-*, $C_{13}H_{16}ClN_3O_2$, F. 150°; 44,5%. — *Acetophenon-*, $C_{17}H_{16}ClN_3O_2$, F. 191°; 61,5%. P. GOLINSKE. 820□

Die Konfiguration von optisch aktiver β.β'-Dithiodiisobuttersäure und β.β'-Thiodiisobuttersäure. Gunnel Ställberg. (Ark. Kemi **12.** Nr. 13. 131—35. 14/2. 1958. Uppsala, Univ., Chem.-Inst., Labor. of Organ. Chem.) (Engl.)

(+)-β-Bromisobuttersäure (**I**) wird über (+)-*β-O-Methylxanthogen-* (**II**) u. (+)-*β-Mercaptoisobuttersäure* in (+)-*β.β'-Dithiodiisobuttersäure* (**III**) übergeführt. Aus der Konfiguration von **I** [(+)-2L-Methyl-3-brompropionsäure] folgt für **III** die Konfiguration der *2L.7D-Dimethyl-4.5-dithiaoctandisäure.* Analog gilt für die aus **II** u. **I** in Ggw. von KOH erhaltene (+)-*β.β'-Thiodiisobuttersäure* (**IV**) die Konfiguration *2L.6D-Dimethyl-4-thiaheptandisäure.* Die F.-Diagramme von **IV** mit (+)- bzw. (—)-2.6-Dimethyl-3.5-dithiaheptandisäure [(—)-S.S'-Methylen-bis-thiomilchsäure] sind vom einfachen eutekt. Typ (keine Quasiracemate).

Versuche: (+)-*β-O-Methylxanthogenisobuttersäure* (**II**), durch 3tägige Rk. von 2,2 g **I** mit 4,5 g K-Methylxanthogenat in W. bei Raum-Temp., Ansäuern mit verd. HCl, Extraktion mit Ae., Eindampfen, Lösen in PAe., Filtration u. Eindampfen; aus W. gelbliche Kristalle; 1,3 g (roh). — (+)-*β.β'-Dithiodiisobuttersäure* (**III**), F. 122,5—123,7°, durch Lösen von 0,2 g **II** in A., Zugabe von konz. NH_4OH, 24std. Stehen bei Raum-Temp., Zugabe von W., Extraktion von *Xanthogenamid* (**V**) mit Ae., Kochen der wss. Lsg. des (+)-NH_4-β-Mercaptoisobutyrats an der Luft bis zum Verschwinden der alkal. Rk. u. Ansäuern mit konz. HCl; $[\alpha]_D^{25}$ + 43° (c = 1,141; A.); aus W. glänzende Platten; 0,16 g. — (+)-*β.β'-Thiodiisobuttersäure* (**IV**), $C_8H_{14}O_4S$, F. 83,3—84,2°, durch 24std. Rk. von 0,005 Mol **II** in A. mit konz. NH_4OH unter N_2, Extraktion von **V** mit Ae., Zugabe von 0,01 Mol wss. KOH u. 0,006 Mol **I**, 3tägige Rk. bei Raum-Temp., Ansäuern mit verd. HCl, Extraktion mit Ae., Einengen, Zugabe von PAe., Lösen der rohen Säure (0,9 g) in 50%ig. A., Chromatographie an Norit + Celite (1:1), Eluieren mit wss. A. steigender A.-Konz. (von 50—100%) u. Kristallisieren der Fraktionen 26—36 (0,46 g) aus Bzl. u. PAe.; daneben aus den Fraktionen 64—72 durch Kristallisation aus W. **III**. L. LAMZA. 850□

Über N¹-Alkylsulfonyl-N²-butylharnstoffe. M. Pantlitschko und F. Salvenmoser. (Mh. Chem. **89.** 285—87. 31/5. 1958. Wien, Univ., Med.-Chem. Inst.) (Dt.)

Die Darst. verschiedener N¹-Alkylsulfonyl-N²-butylharnstoffe wird beschrieben. Sie besitzen keine bakteriostat. Wrkg., sind aber wie die N¹-Arylsulfonyl-N²-butylharnstoffe blutzuckersenkend.

Versuche: Sulfonsäuren: *n-Butan-* (**I**), $Kp._{0,05}$ 151°, durch Eindampfen des alkohol. Extraktes ihres NH_4-Salzes zur Trockne u. Versetzen mit einem geringen Überschuß an $H_2SO_4 \cdot H_2O$ u. Vakuum-Dest.; ca. 50% (Ausbeute). *Chlorid* (**II**), $Kp._{13}$ 98°, durch a) 4—5std. Kochen von Butylbromid mit 35%ig. $(NH_4)_2SO_3$-Lsg., Einengen im Vakuum zur Trockne u. 3std. Rk. mit PCl_5 bei 40—50°; 81%; b) Rk. von **I** mit PCl_5; fast 100%; c) Rk. von **I** mit $SOCl_2$ oder $POCl_3$; < 70%. *Amid* (**III**), F. 48°, durch Sättigen von **II** in abs. Ae. mit NH_3; 90%. — *Methan-*, $Kp._{12}$ 168°, analog **I**. *Chlorid*, $Kp._{12}$ 57°, analog **II** aus $(CH_3O)_2SO_2$. *Amid*, F. 92°, analog **III**. — *Äthan-*, *Chlorid*, $Kp._{12}$ 62°, analog **II** aus $(C_2H_5O)_2SO_2$. *Amid*, F. 62°, analog **III**. — *Propan-*, $Kp._{0,05}$ 147°, analog **I**. *Chlorid*, $Kp._{12}$ 92°, analog **II**. *Amid*, F. 56—58°, analog **III**. — *Isopentan-*, $Kp._{0,05}$ 134°, analog **I**. *Chlorid*, $Kp._{12}$ 97°, analog **II**. *Amid*, F. ca. 10°, analog **III**. — N²-n-Butylharnstoffe: *N¹-Butansulfonyl-* (**IV**), F. 103° (wss. CH_3OH oder A.), durch Zutropfen von 0,11 Mol n-Butylisocyanat zu 0,1 Mol **III** u. 0,1 Mol NaOH in 20%ig. wss. Aceton-Lsg. bei < 10°, Verdünnen mit W., Abfiltrieren von *symm.-Dibutylharnstoff* u. Einstellen mit CH_3COOH auf pH 3,5—4,5; 75—80%. — *N¹-Methansulfonyl-*, F. 109—110°, analog **IV**. — *N¹-Äthansulfonyl-*, F. 108°, analog **IV**. — *N¹-Propansulfonyl-*, F. 109°, analog **IV**. — *N¹-Isopentansulfonyl-*, F. 89°. G. REISNER. 880□

Darstellung von Guanidin aus Ammoniumthiocyanat, Schwefeldioxid und Ammoniak unter Druck. Jean L. Boivin und Meude Tremblay. (Canad. J. Chem. **35.** 1260—66. Nov. 1957. Valcartier, Quebec, Canadian Armament Res. and Dev. Establishm.) (Engl.) — Vgl. C. **1960.** 10545 u. **1961.** 5044.

Durch 1std. Erhitzen eines Gemisches von Ammoniumthiocyanat, SO_2 u. NH_3 im Molverhältnis 1:3:7 auf 250° bei 14 atm. entstehen annähernd 1 Mol *Guanidinsulfamat* (**I**, F. 125—126°), ½ Mol $(NH_4)_2SO_4$ u. ca. 2 Mol S. Angaben über die Variation der Konzz. u. Rk.-Bedingungen werden gemacht. **I** wird durch 1std. Kochen mit 70%ig.

HNO_3 in *Guanidinnitrat* [F. 204—206°; 82% (Ausbeute)], dieses durch Nitrieren in konz. H_2SO_4 in *Nitroguanidin* übergeführt. H. HENZE. 880□

Synthesen mit Di-α-halogenäthern. H. Baganz und L. Domaschke. (Angew. Chem. **74.** 144—50. 21/2. 1962. Berlin, TU, Organ.-Chem. Inst.) (Dt.)

Übersicht über die Darst. von α.α'-Dihalogenäthern u. deren Dehalogenierung, Rkk. mit akt. Methylengruppen, Acetylen-Verbb., Säureamiden u. Diaminen. — Darstellungsvorschriften für *1.1.2.2-Tetrakis-[carbäthoxyamino]-äthan* [F. 267° (Kupferblock; aus Methylglykol), aus 1.2-Dichlor-1.2-diäthoxyäthan u. Urethan; 86,2% (Ausbeute)] u. *1.1.2.2-Tetrakis-[benzamido]-äthan* [F. 308° (Zers.; aus Dimethylformamid); 75,5%]. — 53 Literaturangaben. J. ROTHE. 910□

Wirksame Lokalanästhetica. 1. Mitt. **Synthese von basischen N-Benzylacetamiden.** S. L. Dalal und J. J. Trivedi. (J. Indian chem. Soc. **37.** 437—39. Juli 1960. Ahmedabad, M. G. Sci. Inst., Dep. of Chem.) (Engl.)

N-Benzylchloracetamide werden mit sek. Aminen zu *Dialkylamino-*, *Morpholino-* u. *Piperidino-N-benzylacetamiden* kondensiert.

Versuche: N-Benzylchloracetamide, durch gleichzeitiges Zutropfen von 10%ig. NaOH u. Chloracetylchlorid zu dem entsprechenden Benzylamin in W. bei 0° u. Stehen; aus verd. A. Nadeln: *N-[o-Methylbenzyl]-*, $C_{10}H_{12}ClNO$, F. 95°. — *N-[m-Methylbenzyl]-*, $C_{10}H_{12}ClNO$, F. 48°. — *N-[p-Methylbenzyl]-*, $C_{10}H_{12}ClND$, F. 85°. — *N-[o-Chlorbenzyl]-*, $C_9H_9Cl_2NO$, F. 125°. — *N-[m-Chlorbenzyl]-*, $C_9H_9Cl_2NO$, F. 64—65°. — *N-[p-Chlorbenzyl]-*, $C_9H_9Cl_2NO$, F. 75°. — *N-[3.4-Dimethylbenzyl]-*, $C_{11}H_{14}ClNO$, F. 88°. — *N-[2.4-Dimethylbenzyl]-*, $C_{11}H_{14}ClNO$, F. 96°. — *N-[2.5-Dimethylbenzyl]-*, $C_{11}H_{14}ClNO$, F. 106°. — N-Benzyldiäthylaminoacetamidhydrochloride: *N-[o-Methylbenzyl]-*, $C_{14}H_{22}N_2O \cdot HCl$, F. 200°, durch 4std. Kochen des N-Benzylchloracetamids mit dem sek. Amin in abs. A., Eindampfen, Versetzen mit gesätt. $NaHCO_3$, Lösen der öligen Masse in verd. HCl, Filtrieren, Alkalisieren mit NH_4OH, Extrahieren mit Ae., Einleiten von HCl u. Umkristallisieren aus Aceton; Nadeln. — *N-[m-Methylbenzyl]-*, $C_{14}H_{22}N_2O \cdot HCl$, F. 220°, analog vorst. Verbindung. — *N-[p-Methylbenzyl]-*, $C_{14}H_{22}N_2O \cdot HCl$, F. 185°. — *N-[o-Chlorbenzyl]-*, $C_{13}H_{19}ClN_2O \cdot HCl$, F. 170°. — *N-[m-Chlorbenzyl]-*, $C_{13}H_{19} \cdot ClN_2O \cdot HCl$, F. 195°. — *N-[p-Chlorbenzyl]-*, $C_{13}H_{19}ClN_2O \cdot HCl$, F. 210°. — *N-[3.4-Dimethylbenzyl]-*, $C_{15}H_{24}N_2O \cdot HCl$, F. 205°. — *N-[2.4-Dimethylbenzyl]-*, $C_{15}H_{24}N_2O \cdot HCl$, F. 195°. — *N-[2.5-Dimethylbenzyl]-*, $C_{15}H_{24}N_2O \cdot HCl$, F. 130°. — N-Benzylmorpholinoacetamidhydrochloride: *N-[o-Methylbenzyl]-*, $C_{14}H_{20}N_2O_2 \cdot HCl$, F. 210°. — *N-[m-Methylbenzyl]-*, $C_{14}H_{20}N_2O_2 \cdot HCl$, F. 160°. — *N-[p-Methylbenzyl]-*, $C_{14}H_{20}N_2O_2 \cdot HCl$, F. 280°. — *N-[o-Chlorbenzyl]-*, $C_{13}H_{17}ClN_2O_2 \cdot HCl$, F. 180°. — *N-[p-Chlorbenzyl]-*, $C_{13}H_{17}ClN_2O_2 \cdot HCl$, F. 240°. — *N-[p-Methylbenzyl]-piperidinoessigsäureamid, Hydrochlorid*, $C_{15}H_{22}N_2O \cdot HCl$, F. 202°. — *N-[o-Chlorbenzyl]-piperidinoessigsäureamid, Hydrochlorid*, $C_{14}H_{19}ClN_2O \cdot HCl$, F. 110°. P. GOLINSKE. 950□

Über einige Umwandlungsprodukte der diastereoisomeren γ-Äthyl-β-N-carbäthoxyaminocaprylsäuren. W. K. Sworykina und O. Ja. Neiland. (Известия Академии Наук СССР, Отделение Химических Наук [Nachr. Akad. Wiss. UdSSR, Abt. chem. Wiss.] **1958.** 1099—1103. Sept. Zelinsky-Inst. für organ. Chem. der Akad. der Wiss. der UdSSR.) (Russ.) — Vgl. auch C. **1957.** 2972.

Zur Unters. der chem. Eigg. u. der biol. Wirksamkeit werden einige *Derivv.* der beiden stereoisomeren *γ-Äthyl-β-aminocaprylsäuren* dargestellt.

Versuche: *γ-Äthyl-β-[carbäthoxyamino]-caprylsäure, Äthylester* (*Isomeres A*), $Kp._{12}$ 179—182°, man kocht 6,3 g γ-Äthyl-β-[carbäthoxyamino]-caprylsäure (Isomeres A) mit 60 ml A. in Ggw. von 5 ml konz. H_2SO_4 8 Std. lang, dest. A. ab, verd. mit W. u. äthert aus; 63% (Ausbeute); *Isomeres B*, $Kp._{12}$ 176—178°, analog dem Isomeren A; 57%. *Hydrazid*, $C_{13}H_{27}N_3O_3$, aus 4,4 g vorst. Esters (A oder B) u. 2,5 g Hydrazinhydrat in 15 ml A. (18 Std. kochen). *Isomeres A*, F. 115°; (50%ig. A.); Nadeln; 3,25 g; *Isomeres B*, F. 94—95° (50%ig. A.); Nadeln; 3,7 g. *Anilid*, aus dem Säurechlorid (6,1 g Säure erwärmt man in 4 ml $SOCl_2$ 3 Std. lang auf 40—45°) in 150 ml Ae. durch Zutropfen von 5 ml Anilin in der Kälte, Abdestillieren des Ae., Zugabe von 6%ig. HCl u. Filtrieren: *Isomeres A*, $C_{18}H_{30}N_2O_3$, F. 133° (A.); kleine Nadeln; 70,8%. *Isomeres B*, $C_{18}H_{30}N_2O_3$, F. 114° (50%ig. A.); 63%. — *γ-Äthyl-β-semicarbazidocaprylsäure*, man erhitzt 1,7 g vorst. Hydrazids (A oder B) in 13 ml 10%ig. NaOH 5 Min. lang zum Sieden, kühlt ab, macht essigsauer u. filtriert: *Isomeres A*, $C_{11}H_{23}N_3O_3$, F. 123° (A.); Nadeln; 92%. *Isomeres B*, $C_{11}H_{23}N_3O_3$, F. 119°; Nadeln; 53%. — *γ-Äthyl-β-[ω-phenylureido]-caprylsäure*, aus 1 g vorst. Anilids; a) durch 4std. Kochen der Lsg. in 5 ml 20%ig. NaOH u. 5 ml A., Verdünnen mit 50 ml W., Aufkochen, Filtrieren u. Ansäuern (kongosauer): 52 bzw. 51% (Isomeres A bzw. B); b) durch 2std. Kochen in 5 ml 10%ig. Na-Alkoholat: 79 bzw. 80%; c) man gibt zu 1,9 g der Säure (Isomeres A oder B) in 20 ml 2,5%ig. NaOH tropfenweise 1,3 g Phenylisocyanat, rührt 1 Std., fügt 50 ml W. hinzu u. erhitzt zum Sieden; 43 bzw. 64%; d) aus 0,05 g nachst. Verb. durch 2std. Kochen in 2 ml 10%ig. NaOH u. 2 ml A.: *Isomeres A*, $C_{17}H_{26}N_2O_3$, F. 175° (A.); Nadeln; 0,03 g. *Isomeres B*, $C_{17}H_{26}N_2O_3$, F. 145° (25%ig. A.); kleine Nadeln. — *1-Phenyl-4-[1-äthylpentyl]-2.6-oxohexahydropyrimidin*, man kocht 0,8 g vorst. Ureids 2 Std. lang in 15 ml 17%ig. HCl u. 5 ml Eisessig, fügt 15 ml W. hinzu, filtriert nach 1 Std., behandelt bei 60—65° mit 10%ig. $NaHCO_3$ u. filtriert: *Isomeres A*, $C_{17}H_{24}N_2O_2$, F. 140° (A.), Prismen; 47%. *Isomeres B*, $C_{17}H_{24}N_2O_2$, F. 133° (A.); kleine Nadeln. H. KÜHNE. 950

Telomerisation und Polymerisation von Äthylen mit Siliciumhydriden in Gegenwart von Titantetrachlorid. R. Ch. Freidlina, Je. Z. Tschukowskaja, Zao-i und A. N. Nessmejanow. (Доклады Академии Наук СССР [Ber. Akad. Wiss. UdSSR] **137.** 885—88. 1/4. 1961.) (Russ.)

Die Telomerisation von Äthylen (I) mit Trichlorsilan (II) in Ggw. von $TiCl_4$ liefert *Telomere* der Zus. $Cl_3SiC_2H_{2n+1}$, wobei die Verbb. mit n = 2, 4, 6, u. 8 isoliert u. nach GRIGNARD in die entsprechenden *Trimethylsilylalkane* übergeführt werden. Die normale Struktur wurde IR-analyt. bewiesen. Die Rk. von **I** mit Methyldichlorsilan (**III**) liefert ebenfalls die *Telomerhomologen* $CH_3Cl_2SiC_nH_{2n+1}$ mit n = 2, 4, 6 u. 8. Daneben entstehen fl. *Äthylenpolymere*. Bei der Polymerisation von **I** in Ggw. von Triäthylsilan (**IV**) u. $TiCl_4$ bilden sich keine Telomere, sondern nur *Polyäthylen*. Der Vgl. der Röntgenogramme zeigt, daß dieses Polyäthylen mit dem durch Niederdruckpolymerisation von **I** erhaltenen Polyäthylen sowie mit dem durch Zerfall von Diazomethan erhaltenen Polymethylen ident. ist. Die Bldg. von Polyäthylen in Ggw. von **IV** beruht wahrscheinlich auf der gegenüber **II** u. **III** größeren reduzierenden Wrkg. von **IV**.

Versuche: Telomerisation von **I** mit **II**: Man erhitzt 80 g **II**, 1 ml $TiCl_4$ u. **I** (55 at I-Druck) 3 Std. lang auf 200° (zunächst Druck-Anstieg auf 280 at, Enddruck 160 at) u. dest.: Trichlorsilane: *Äthyl-*, Kp. 97°; $D._4^{20}$ 1,2264; n_D^{20} 1,4248. — *n-Butyl-*, Kp. 146°; $D._4^{20}$ 1,1585; n_D^{20} 1,4358. — *n-Hexyl-*, $Kp._{30}$ 87°; $D._4^{20}$ 1,1092; n_D^{20} 1,4435. — *n-Octyl-*, $Kp._{10}$ 97°; $D._4^{20}$ 1,0746; n_D^{20} 1,4490. — Durch Rk. vorst. Verbb. mit Methyl-MgJ nachst. Trimethylsilane: *Äthyl-*, Kp. 62°; $D._4^{20}$ 0,6838; n_D^{20} 1,3820. — *n-Butyl-*, Kp. 113°; $D._4^{20}$ 0,7167; n_D^{20} 1,4035. — *n-Hexyl-*, Kp. 161—163°; $D._4^{20}$ 0,7418; n_D^{20} 1,4162. — *n-Octyl-*, $Kp._{10}$ 82°; $D._4^{20}$ 0,7571; n_D^{20} 1,4235. — Telomerisation von **I** mit **III**: Analog vorst. Verbb. erhält man aus 60 g **III**, 1 ml $TiCl_4$ u. **I** bei 190—200° (280—150 at) ca. 90 g Polymerisat u. daraus durch Dest. nachst. Methyldichlorsilane: *Äthyl-*, Kp. 100,5°; $D._4^{20}$ 1,0644; n_D^{20} 1,4190; 18% (Ausbeute). — *n-Butyl-*, Kp. 149°; $D._4^{20}$ 1,0212; n_D^{20} 1,4320; 18%. — *n-Hexyl-*, $Kp._{31}$ 90°; $D._4^{20}$ 0,9892; n_D^{20} 1,4390; 25%. — *n-Octyl-*, $Kp._6$ 90°; $D._4^{20}$ 0,9684; n_D^{20} 1,4450; 13%. — *Polyäthylen*, F. 135°, mittleres Molgew. 26670, man erhitzt 40 g **IV**, 2,5 ml $TiCl_4$ u. **I** 2 Std. lang auf 130° (Anfangsdruck 50 at, Enddruck 1 at) u. reinigt durch Krist. aus Toluol. HELMUT SCHÄFER. 980□

Über Methoxybromsilane. G. Schott und K. Uhle. (Z. Chem. **1.** 123—24. 1961.) (Dt.) — Vgl. nachst. Referat.

Durch Rk. von $SiBr_4$ u. CH_3OH in Bzl., evtl. unter Pyridinzusatz, bei 0—20° u. Dest. der Rk.-Prodd. entstehen folgende Verbb.: *Methoxytribromsilan*, F. ~ —40°, Kp. 145°, aus $SiBr_4$ u. CH_3OH im Verhältnis 1:< 2; $D._4^{26}$ 2,32. — *Dimethoxydibromsilan*, F. ~ —90°, Kp. 136°, neben vorst. Verb.; $D._4^{23}$ 1,83. — Beim Verhältnis der Rk.-Partner von 1:> 2 entstehen *Hexamethoxydisilan* u. höhermol. Stoffe. Es konnte kein Trimethoxybromsilan gewonnen werden. Beide Substanzen werden unter heftiger Rk. mit Feuchtigkeitsspuren hydrolysiert. P. GOLINSKE. 980□

Über Dimethylaminobromsilane. G. Schott und G. Gastmeier. (Z. Chem. **1.** 123. 1961. Rostock, Univ., Inst. für Anorgan. Chem.) (Dt.)

Durch Rk. von $SiBr_4$ mit Dimethylamin (**I**) in PAe. bei —20° unter Feuchtigkeitsausschluß konnten folgende Verbb. dargestellt werden: *Dimethylaminotribromsilan* (**II**), F. —15°, $Kp._{65}$ 89—90°, aus $SiBr_4$ u. 2 Mol **I**; $D._4^{18}$ 2,09—2,10. — *Bis-[dimethylamino]-dibromsilan* (**III**), F. —10°, $Kp._{65}$ 110°, aus $SiBr_4$ u. 4 Mol **I**; $D._4^{18}$ 1,61—1,63. — *Tris-[dimethylamino]-bromsilan* (**IV**), F. + 26°, $Kp._{65}$ 113—113,5°, aus $SiBr_4$ u. 6 Mol **I**; $D._4^{18}$ 1,23—1,24°. — **II** u. **III** sind leicht hydrolysierbar, **IV** wird durch W. nur langsam, durch verd. Säuren schneller zersetzt. Bei der Dest. unter Normaldruck treten Dismutationen auf. P. GOLINSKE. 980□

Decarboxylierung von Dimethyltrifluoracetoxyarsin. W. R. Cullen und L. G. Walker. (Canad. J. Chem. **38.** 472—75. März 1960. Vancouver, B. C., Univ. of British Columbia, Chem. Dep.) (Engl.)

Durch Rk. von Dimethylchlorarsin (**I**) mit Ag-Trifluoracetat (**II**) wird *Dimethyltrifluoracetoxyarsin* (**III**) dargestellt. **III** wird bei 205° unter Bldg. von *Dimethyltrifluormethylarsin* u. a. Produkten decarboxyliert. Dimethyljodarsin (**IV**) reagiert in geringer

Ausbeute mit AgF zu *Dimethylfluorarsin*, mit AgCl, AgBr u. AgCN in guten Ausbeuten zu **I**, *Dimethylbrom-* u. *Dimethylcyanarsin*. Mit Dimethylamin (**V**) reagiert **I** unter Bldg. von *Dimethylaminodimethylarsin*.

Versuche: *Dimethyltrifluoracetoxyarsin* (**III**), $C_4H_6AsF_3O_2$, Kp.$_{760}$ 136—137°, durch 15std. Erhitzen von **I** mit **II** auf 60°; 32% (Ausbeute). — *Dimethyltrifluormethylarsin*, durch 17std. Erhitzen von **III** auf 205° u. Kondens. bei —98°; 23%; daneben CO_2, SiF_4 u. Fluoroform. — *Dimethylfluorarsin*, C_2H_6AsF, Kp.$_{760}$ 75°, durch 48std. Stehen eines Gemisches aus **IV** u. AgF bei 20° u. Dest. unter N_2; 15%. — *Dimethylchlorarsin* (**I**), Kp. 107°, durch 14std. Erhitzen von **IV** mit AgCl auf 60° u. Dest. unter N_2; 90%. — *Dimethylbromarsin*, Kp. 129°, analog **I** aus **IV** u. AgBr; 81%. — *Dimethylcyanarsin*, Kp.$_{770}$ 162°, durch 48std. Stehen eines Gemisches aus **IV** u. AgCN bei 20° u. Sublimation; 76%. — *Dimethylaminodimethylarsin*, $C_4H_{12}AsN$, Kp.$_{760}$ 112°, durch 7tägiges Stehen eines Gemisches aus 4,8 g **I** u. 5,6 g wasserfreiem **V** bei 20°; 2,1 g. G. Kowollik. 980□

Über die Herstellung von Vinyläthern, Vinylthioäthern und Vinylhalogeniden auf der Phosphylen-Basis. 4. Mitt. **über Phosphinalkylene als olefinbildende Reagentien.** Georg Wittig und Manfred Schlosser. (Chem. Ber. **94. 1373—83.** 18/5. 1961. Heidelberg, Univ., Inst. für organ. Chem.) (Dt.) — **3.** vgl. C. **1961. 14630.**

Das aus Chlordimethyläther (**I**) u. Triphenylphosphin (**II**) erhältliche *Triphenyl-[methoxymethyl]-phosphoniumchlorid* (**III**) bildet mit äther. Phenyl-Li *Triphenylphosphinmethoxymethylen* (**IV**). **IV** reagiert mit Benzophenon (**V**) zu *Methyl-[β.β-diphenylvinyl]-äther* (**VI**) u. *Triphenylphosphinoxid* (**VII**). **VI** läßt sich nur schwierig zu *Diphenylacetaldehyd* hydrolysieren. Mit Benzaldehyd (**VIII**) reagiert **IV** zu *β-Methoxystyrol* (**IX**), das auch aus **III** u. **VIII** in Ggw. von Na-Äthylat in A. entsteht. **IX** läßt sich mit H_2SO_4 zu *Phenylacetaldehyd* verseifen. Zimtaldehyd (**X**) reagiert mit **III** u. Na-Äthylat in A. zu *1-Methoxy-4-phenylbutadien* (**XI**), das beim Verschmelzen mit Maleinsäureanhydrid (**XII**) *6-Methoxy-3-phenyl-Δ^4-tetrahydrophthalsäureanhydrid* bildet. Fluorenon (**XIII**) liefert beim Erwärmen mit **III** u. Na-Methylat in Methanol *9-Methoxymethylenfluoren* (**XIV**), mit **III** u. Na-Äthylat in A. *9-Äthoxymethylenfluoren* (**XV**). **XIV** läßt sich durch Erhitzen mit Na-Äthylat in A. in **XV** überführen. **III** reagiert mit Phthaldialdehyd (**XVI**) u. Na-Äthylat in A. zu destillierbarem *o-Bis-[β-methoxyvinyl]-benzol*. Mit Hilfe von Methoxymethylenierungen lassen sich Ausgangscarbonyl-Verbb. durch saure Hydrolyse der gebildeten Vinyläther in ihre um ein C-Atom reicheren Aldehyde überführen. Aus **II** u. Methylchlormethylsulfid (**XVII**) wird *Triphenyl-[methylmercaptomethyl]-phosphoniumchlorid* (**XVIII**) u. daraus mit äther. Phenyl-Li *Triphenylphosphinmethylmercaptomethylen* (**XIX**) dargestellt. **XIX** liefert mit **V** *Methyl-[β.β-diphenylvinyl]-sulfid* u. **VII**, mit **VIII** *β-Methylmercaptostyrol* (**XX**) (*cis–trans*-Gemisch, 4:5) u. **VII**. **XX** geht durch Oxydation mit Perhydrol in das *cis–trans*-Gemisch von *Styrylmethylsulfon* über; die krist. *cis-Verb.* wurde isoliert. Vinylthioäther sind gegenüber hydrolyt. Einfl. stabiler als ihre Sauerstoffanaloga. Alkylierung von cis-**XX** mit CH_3J oder Dimethylsulfat liefert ein *Trimethylsulfoniumsalz*, mit Trimethyloxoniumtetrafluoroborat (**XXI**) *Dimethylstyrylsulfoniumtetrafluoroborat* (**XXII**). Die Behandlung von **XXII** mit äther. Phenyl-Li führt in nur 11%ig. Ausbeute zu *Phenylacetylen, Dimethylsulfid, cis-* u. *trans-***XX** sowie *trans-Stilben.* Das aus **II** u. CH_2O in Ggw. von HCl darstellbare *Hydroxymethyltriphenylphosphoniumchlorid* geht durch Einw. von $SOCl_2$ in *Chlormethyltriphenylphosphoniumchlorid* (**XXIII**) über, das mit äther. Phenyl-Li *Triphenylphosphinchlormethylen* (**XXIV**) liefert. **XXIV** entsteht unmittelbar durch Anlagerung von Chlorcarben an **II**. **XXIV** reagiert mit **VIII** zu einem *cis–trans*-Isomerengemisch von *β-Chlorstyrol*, mit **V** zu *β.β-Diphenylvinylchlorid.*

Versuche: *Triphenyl-[methoxymethyl]-phosphoniumchlorid* (**III**), $C_{20}H_{20}ClOP$, F. 201 bis 202° (Zers.; Chlf./Essigester), aus **I** u. **II** in Bzl. durch 60std. Erhitzen auf 50°; 86% (Ausbeute). *Tetraphenylborat*, $C_{44}H_{40}BOP$, F. 198—199° (Aceton/A.), mit Kalignost in Alkohol. — *Methyl-[β.β-diphenylvinyl]-äther* (**VI**), $C_{15}H_{14}O$, Kp.$_{\text{Hochvakuum}}$ 102—105°, F. 38—39° (Methanol), durch Zugabe von äther. Phenyl-Li zu einer Suspension von **III** in Ae. (Bldg. von **IV**), Zutropfen von **V** in Ae. u. 2std. Stehen; 82% (Ausbeute); daneben **VII** (F. 153—154°; 63%) u. **II** (F. 78—79°; 1,4%). — *Diphenylacetaldehyd*, durch 20std. Kochen von **VI** mit 10%ig. H_2SO_4 in Eisessig, Neutralisation, Aufnehmen in Ae. u. Abtrennung mit $NaHSO_3$; 31%. *2.4-Dinitrophenylhydrazon*, F. 149—150° (A.). — *β-Methoxystyrol* (**IX**), $C_9H_{10}O$, Kp.$_{15}$ 91—96°, a) durch Zugabe von äther. Phenyl-Li zu **III** in abs. Tetrahydrofuran (THF), dann von **VIII** in THF u. Zers. mit gesätt. wss. NH_4Cl; 61% (bezogen auf **VIII**); daneben **VII** (F. 75—77°); b) durch Zugabe von Butyl-Li in Ae. zu **III** in Ae. bei —50°, nach 2 Std. Zugabe von **VIII** u. Erwärmen auf Raum-Temp. unter 2std. Rühren; 23% (*cis–trans-Gemisch*) daneben 11% *1-Phenylpenten-(1)* ($C_{11}H_{14}$), 0,5% **VIII** u. eine Spur *Benzylalkohol*; c) durch Eintragen von **III** in Na-Äthylat/abs. A., Zugabe von **VIII** u. 5std. Erhitzen auf 65°; 71%; daneben **VII** u. **II** (identifiziert als *Methyltriphenylphosphoniumjodid* durch Zugabe von äther. CH_3J zum Dest.-Rückstand). — *Phenylacetaldehyd*, aus **IX** u. 5%ig. H_2SO_4. *2.4-Dinitrophenylhydrazon*, F. 120—121°. — *1-Methoxy-4-phenylbutadien* (**XI**), Kp.$_{0,1}$ 74—75°, n_D^{20} 1,6313, durch 24std. Erhitzen von **III** mit **X** u. Na-Äthylat/A. auf 50°; 50% (bezogen auf **X**). — *6-Methoxy-3-phenyl-Δ⁴-tetrahydrophthalsäureanhydrid*, $C_{15}H_{14}O_4$, F. 166—167° (Bzl.), durch Lösen von **XII** in **XI** unter gelindem Erwärmen. — *9-Methoxymethylenfluoren* (**XIV**), F. 108—108,5°, durch 53std. Erhitzen von **III** mit **XIII** u. Na-Methylat in Methanol auf 50°; 47% (bezogen auf **XIII**). *Trinitrobenzolat*, $C_{15}H_{12}O \cdot C_6H_3N_3O_6$, F. 198—199° (A.), durch Zugabe von 1.3.5-Trinitrobenzol in warmem A. zu **XIV** in Äther. — *9-Äthoxymethylenfluoren* (**XV**), durch 70std. Erwärmen von **III** mit **XIII** u. Na-Äthylat in Äthanol. *Trinitrobenzolat*, $C_{16}H_{14}O \cdot C_6H_3N_3O_6$, F. 166—167° (A.), a) analog **XIV**; b) durch 15std. Erhitzen von 10mm **XIV** mit 20mm Na-Äthylat in A. auf 55° u. Zugabe von überschüssigem 1.3.5-Trinitrobenzol. — *o-Bis-[β-methoxyvinyl]-benzol*, $C_{12}H_{14}O_2$, Kp.$_{0,1}$ 102—103°, durch 60std. Erhitzen von **III** mit **XVI** u. Na-Äthylat in A. auf 50°; 55% (bezogen auf **XVI**); daneben **VII** (F. 149—152°; ca. 80%) u. eine geringe Menge *[Methoxymethyl]-diphenylphosphinoxid*, $C_{14}H_{15}O_2P$ [F. 113,5—114° (Cyclohexan u. Essigester)]. — *[Methylmercaptomethyl]-triphenylphosphoniumchlorid* (**XVIII**), $C_{20}H_{20}ClPS$, F. 220—222° (Chlf./Essigester), durch 30std. Erhitzen von **II** mit **XVII** in Bzl. auf 80°; 77% (bezogen auf **II**). *Tetraphenylborat*, $C_{44}H_{40}BPS$, F. 210,5—211° (Aceton/A.). — *Methyl-[β.β-diphenylvinyl]-sulfid*, $C_{15}H_{14}S$, F. 74—74,5° (A.), durch allmähliche Zugabe von äther. Phenyl-Li zu einer turbinierten Suspension von **XVIII** in abs. Ae., Zugabe von **V** u. 40std. Schütteln; 84% neben **VII**. — *Diphenylacetaldehyd-2.4-dinitrophenylhydrazon*, F. 148,5—149,5° (A.), durch 20std. Kochen vorst. Verb. mit Eisessig u. 10%ig. H_2SO_4 (1:1) u. Zugabe von 2.4-Dinitrophenylhydrazin; 5%. — *β-Methylmercaptostyrol* (**XX**), Kp.$_{12}$ 126—127°, n_D^{20} 1,6334, durch Zugabe von äther. Phenyl-Li zu **XVIII** in abs. THF, dann von **VIII** nach 15 Min. u. 60std. Erhitzen auf 55°; 70% (bezogen auf **VIII**) neben **VII**. — *Methylstyrylsulfon* (*cis–trans*-Gemisch), $C_9H_{10}O_2S$, F. ca. 50° (PAe.), durch 2std. Erhitzen von **XX** mit Perhydrol in Eisessig; 78%. *cis-Verb.*, F. 64,5—65,5°, aus dem cis–trans-Gemisch durch fraktionierte Kristallisation aus Chloroform. — *Trimethylsulfoniumtetraphenylborat*, F. 328—330° (Zers.; Aceton/A.), durch 60std. Stehen vorst. cis-Verb. mit dest. Dimethylsulfat, Lösen in A. u. Zugabe von warmem äthanol. Na-Tetraphenylborat; 61%. — *Dimethylstyrylsulfoniumtetrafluoroborat* (**XXII**), $C_{10}H_{13}BF_4S$, F. 103—104° (A.), durch Zugabe von cis-**XX** in trockenem CH_2Cl_2 zu **XXI** in CH_2Cl_2 bei —70°; 73%. — *Hydroxymethyltriphenylphosphoniumtetrafluoroborat*, $C_{19}H_{18}BF_4OP$, F. 128—130° ($CH_2 \cdot Cl_2$/Essigester), durch 10std. Rühren von **II** u. CH_2O in Ae. mit 33%ig. HBF_4; 64%. — *Hydroxymethyltriphenylphosphoniumchlorid*, $C_{19}H_{18}ClOP$, F. 194—198° (Zers.; Umfällen aus CH_2Cl_2 mit Ae.), durch 3std. Einleiten von HCl in eine Lsg. von **II** u. CH_2O in Äther. — *Chlormethyltriphenylphosphoniumchlorid* (**XXIII**), $C_{19}H_{17}Cl_2P$, F. 260—261° (Zers.; Umfällen aus CH_2Cl_2/Essigester), aus vorst. Verb. in CH_2Cl_2 durch ½std. Kochen mit $SOCl_2$; 63%. *Tetraphenylborat*, $C_{43}H_{37}BClP$, F. 222—223,8° (Aceton). — *β-Chlorstyrol* (*cis–trans*-Gemisch), Kp.$_{13}$ 81,5—82,5°, n_D^{20} 1,5734, a) durch Erhitzen von **XXIII** mit Na-Methylat in Methanol unter N_2, Versetzen mit **VIII** in Methanol u. ¼std. Kochen; 41%; b) durch Zutropfen von Butyl-Li in THF zu einer Suspension von **XXIII** in THF bei —70°, Zugabe von **VIII** bei —70°, Erwärmen auf 20° u. 15std. Rühren bei 20°; 35%; c) durch Zutropfen von äther. Butyl-Li zu einer Suspension von **XXIII** in Äthylenglykoldimethyläther bei —70° u. Zugabe von **VIII** im gleichen Lsgm.; 67%; daneben *Styrol* (ca. 1%) u. *trans-Stilben* (6%). — *β.β-Diphenylvinylchlorid*, F. 42—43° (Methanol), a) durch Zugabe von äther. Butyl-Li zu **XXIII** in Ae. bei —30° u. Zugabe von **V** bei 0°; 67%; b) durch Zutropfen von äther. Butyl-Li zu **II** in CH_2Cl_2 bei —60°, Zugabe von **V** bei —50° u. 3tägiges Stehen; 20%; daneben unverändertes **II** (60%), *Diphenyl-[α-hydroxybenzhydrylphenyl]-phosphinoxid* (?), $C_{31}H_{25}O_2P$, F. 179—181° (A.), **VII** (20%) u. unverändertes **V** (49%). G. KOWOLLIK. 990□

Alkylierung von 4-Bromanisol mit Propylen, Pseudobutylen und Cyclohexen in Gegenwart von $BF_3 \cdot H_3PO_4$. W. G. Krjutschkowa und Ss. W. Sawgorodni. (Журнал Общей Химии [J. allg. Chem.] **30** (**92**). 1929—32. Juni 1960. Woronesh, Univ.) (Russ.)

Es wird die Alkylierung von 4-Bromanisol (**I**) mit Propylen (**II**), Pseudobutylen (**III**) u. Cyclohexen (**IV**) in Ggw. von $BF_3 \cdot H_3PO_4$ bei 30—70° bei verschiedenen Verhältnissen der Ausgangs-Verbb. untersucht. Es werden *2-Isopropyl-*(**V**), *2-sek.-Butyl-* (**VI**) u. *2-Cyclohexyl-4-bromanisol* (**VII**) u. neben **VII** noch *2.6-Dicyclohexyl-4-bromanisol* erhalten. **V**, **VI** u. **VII** werden über die GRIGNARD-Verbb. mit CO_2 in die entsprechenden *Carbonsäuren* übergeführt.

Versuche: *2-Isopropyl-4-bromanisol* (**V**), $C_{10}H_{13}BrO$, Kp.$_2$ 86—87°, man leitet in 3 (Mol) **I** u. 0,3 $BF_3 \cdot H_3PO_4$ bei 70° 1 **II** ein, rührt 2 Std. lang bei 20° u. läßt 12—16 Std.

lang stehen; $D._4^{20}$ 1,2462; n_D^{20} 1,5360; 64,5% (Ausbeute). — *3-Isopropyl-4-methoxybenzoesäure,* F. 163,5—164° (W.-Methanol), man gibt zu 2,44 g Mg unter 40 ml Ae. 5,45 g Äthylbromid u. 11,45 g **V** in 20 ml Ae., kocht ½ Std. lang, kühlt mit Eis u. gibt festes CO_2 zu; glänzende Plättchen; 84%. — *2-sek.-Butyl-4-bromanisol* (**VI**), $C_{11}H_{15}BrO$, $Kp._5$ 110—111°, aus 3 **I**, 1 **III** u. 0,3 $BF_3 \cdot H_3PO_4$ bei 30°; $D._4^{20}$ 1,2450; n_D^{20} 1 5364; 57,9%. — *3-sek.-Butyl-4-methoxybenzoesäure,* F. 165° (W.-Methanol), aus **VI** u. CO_2 in Ggw. von Mg; glänzende Plättchen; 81,4%. — *2-Cyclohexyl-4-bromanisol* (**VII**), $C_{13}H_{17}$·BrO, F. 44,5—45° (abs. A.), $Kp._2$ 132—133°, aus 4 **I**, 1 **IV** u. 0,3 $BF_3 \cdot H_3PO_4$ bei 30°; $D._4^{20}$ 1,2749; n_D^{20} 1,5602; sehr langsam kristallisierendes Öl; 67%. Daneben *2.6-Dicyclohexyl-4-bromanisol,* $C_{19}H_{27}BrO$, F. 160—161° (Ae.); 18,1%. — *3-Cyclohexyl-4-methoxybenzoesäure,* F. 192,5—193° (Methanol), aus **VII**; glänzende Plättchen.

HELMUT SCHÄFER. 1060□

Organische Pesticide. 1. Mitt. **Darstellung einiger Fluoraryloxyfettsäuren und ihrer Quecksilberderivate.** K. C. Joshi und S. C. Bahel. (J. Indian chem. Soc. **37.** 365—66. Juni 1960. Gorakhpur, Univ., Chem. Labor.) (Engl.)

Mehrere *Fluoraryloxyfettsäuren* u. ihre Hg-Derivv. werden dargestellt, um ihre pesticide Wrkg. zu prüfen.

Versuche: *o-Fluoranisol,* $Kp._{30-35}$ 70—75°, nach ENGLISH u. Mitarbeitern (J. Amer. chem. Soc. **62.** [1940]. 350) aus o-Anisidin; 53,4% (Ausbeute). — *o-Fluorphenol,* $Kp._{30}$ 70—80°, durch Demethylierung von 45 g vorst. Verb.; 15 g. — *p-Fluorphenetol,* $Kp._{80-85}$ 75—80°, analog vorvorst. Verb. aus 60 ml p-Phenetidin; 36 g. — *p-Fluoranisol,* Kp. 155 bis 157°, aus p-Anisidin; 44%. — *p-Fluorphenol,* Kp. 185—186°, durch Desalkylierung vorvorst. u. vorst. Verb.; 28,5 bzw. 22%. — *o-Fluorphenoxyessigsäure,* F. 138—139°, durch 3—6std. Rk. des entsprechenden Phenols mit der α-Halogenfettsäure in Ggw. kaust. Soda bei 100°; 77%. *Hg(I)-Salz,* F. 230°. — *α-[o-Fluorphenoxy]-propionsäure,* F. 82—83°, analog vorst. Verb.; 84,2%. *Hg(I)-Salz,* F. 120—123° (Zers.). — *α-[o-Fluorphenoxy]-buttersäure,* $Kp._{70-80}$ 120—123°; 60%. *Hg (I)-Salz,* F. 123° (Zers.), durch 1—6std. Erhitzen von äquimol. Mengen von Hg-Acetat in W. u. Fluoraryloxyfettsäure in verd. Essigsäure oder von HgO in 50%ig. Essigsäure mit der Fluoraryloxyfettsäure auf 100° u. 2std. Kochen. — *p-Fluorphenoxyessigsäure,* F. 105°; 54,9%. *Hg (I)-Salz,* F. > 250°. — *α-[p-Fluorphenoxy]-propionsäure,* F. 93—94°, $Kp._{55-60}$ 170—175°; 71%. *Hg(I)-Salz,* F. 125° (Zers.). — *α-[p-Fluorphenoxy]-buttersäure,* $Kp._{55-60}$ 170—175°; 56,6%. *Hg(I)-Salz,* F. 164° (Zers.).

P. GOLINSKE. 1060□

Organische Pesticide. 3. Mitt. **Synthese von Amidderivaten der Fluorphenoxycarbonsäuren.** K. C. Joshi und S. C. Bahel. (J. Indian chem. Soc. **37.** 685—86. Nov. 1960.) (Engl.) — 2. vgl. C. **1962.** 10811: 1. vgl. vorst. Referat.

Eine Anzahl von Amid-Derivv. von Fluorphenoxycarbonsäuren werden als mögliche biolog. akt. Verbb. u. Pflanzenwachstumsregulatoren dargestellt.

Versuche: *o-Fluorphenoxyacetylchlorid,* $C_8H_6ClFO_2$, $Kp._{70-75}$ 150—155°, durch 3std. Kochen der Säure mit $SOCl_2$; 83,4% (Ausbeute). — *p-Fluorphenoxyacetylchlorid,* $C_8H_6ClFO_2$, $Kp._{70-80}$ 140—145°, analog vorst. Verb.: 83,2%. — *α-[p-Fluorphenoxy]-propionylchlorid,* $C_9H_8ClFO_2$, $Kp._{150}$ 170°; 84,1%. — p-Fluorphenoxyacetamide; *Unsubstituiert,* $C_8H_8FNO_2$, F. 108°, durch Zugabe des Amins in abs. Bzl. zu dem Säurechlorid in abs. Bzl., 1—2std. Kochen, mehrstd. Stehen, Filtrieren u. Umkristallisieren aus wss. A.; 40%. — *N-Äthyl-,* $C_{10}H_{12}FNO_2$, F. 73°, analog vorst. Verb.; 84%. — *N-n-Butyl-,* $C_{12}H_{16}FNO_2$, F. 39°; 42%. — *N-Benzyl-,* $C_{15}H_{14}FNO_2$, F. 98°; 70%. — *N-Phenyl-,* $C_{14}H_{12}FNO_2$, F. 96°; 56%. — *N-[o-Chlorphenyl]-,* $C_{14}H_{11}ClFNO_2$, F. 103°; 65%. — *N-[p-Chlorphenyl]-,* $C_{14}H_{11}ClFNO_2$, F. 144°; 67%. — *N-[o-Phenetyl]-,* $C_{16}H_{16}FNO_3$, F. 64°; 50%. — *N-Cyclohexyl-,* $C_{14}H_{18}FNO_2$, $Kp._{80-90}$ 205—210°: 48%. — *N-Äthyl-N-phenyl-,* $C_{16}H_{16}FNO_2$, $Kp._{100-120}$ 205—210°; 50%. — o-Fluorphenoxyacetamide: *Unsubstituiert,* $C_8H_8FNO_2$, F. 120°; 45%. — *N-Äthyl-,* $C_{10}H_{12}FNO_2$, F. 59°; 85%. — *N-Benzyl-,* $C_{15}H_{14}FNO_2$, F. 69°; 90%. — *N-Phenyl-,* $C_{14}H_{12}FNO_2$, F. 105°; 83%. — *N-[o-Bromphenyl]-* $C_{14}H_{11}BrFNO_2$, F. 99°; 65%. — *N-[m-Bromphenyl]-,* $C_{14}H_{11}BrFNO_2$, F. 97°; 70%. — *N-[o-Methoxyphenyl]-,* $C_{15}H_{14}FNO_3$, F. 65°; 60%. — *N-[o-Tolyl]-,* $C_{15}H_{14}FNO_2$, F. 107°; 88%. — *N-[m-Tolyl]-,* $C_{15}H_{14}FNO_2$, F. 84°; 86%. — α-[p-Fluorphenoxy]-propionamide: *Unsubstituiert,* $C_9H_{10}FNO_2$, F. 83°; 50%. — *N-Äthyl-,* $C_{11}H_{14}FNO_2$, F. 48°; 92%. — *N-Benzyl-,* $C_{16}H_{16}FNO_2$, F. 62°; 88%. — *N-Phenyl-,* $C_{15}H_{14}FNO_2$, F. 106°; 75%. — *N.N-Diäthyl-,* $C_{13}H_{18}FNO_2$, F. 26°; 45%. — *N-[p-Fluorphenoxyacetyl]-p-aminosalicylsäure,* $C_{15}H_{12}FNO_5$, F. 130°, durch Rk. von p-Aminosalicylsäure mit p-Fluorphenoxyacetylchlorid; 35%. — *N-[α-(p-Fluorphenoxy)-propionyl]-p-aminobenzoesäure,* $C_{16}H_{14}FNO_4$, F. 78—79°, analog vorst. Verb. aus p-Aminobenzoesäure u. α-[p-Fluorphenoxy]-propionylchlorid; 53%.

P. GOLINSKE. 1060□

Organische Pesticide. 4. Mitt. **Synthese bestimmter Fluorhydroxyketone und ihrer Allyläther.** K. C. Joshi und S. C. Bahel. (J. Indian chem. Soc. **37.** 687–89. Nov. 1960.) (Engl.) – 3. vgl. vorst. Referat.

Durch FRIESsche Umlagerung von Carbonsäure-p-fluorphenylestern werden *Fluorhydroxyphenylalkylketone* (**A**) dargestellt, um ihre pesticide Aktivität zu untersuchen. Einige **A** werden in ihre *Allyläther* übergeführt.

Versuche: Carbonsäure-p-fluorphenylester, durch 2std. Erhitzen von p-Fluorphenol mit dem entsprechenden Säurechlorid in abs. Bzl. in Ggw. von Mg-Band, Eindampfen, Aufnehmen in Ae. u. Dest.: *Monochloressigsäure-*, $C_8H_6ClFO_2$, Kp.$_{10}$ 177°; 57,8% (Ausbeute). – *α-Chlorpropionsäure-*, $C_9H_8ClFO_2$, Kp.$_{15}$ 185°: 62,8%. – *α-Crotonsäure-*, $C_{10}H_9FO_2$, Kp.$_5$ 155–160°; 70%. – *n-Capronsäure-*, $C_{12}H_{15}FO_2$, Kp.$_2$ 140°; 67,3%. – *o-Chlorbenzoesäure-*, $C_{13}H_8ClFO_2$, Kp.$_{30}$ 182°; 88%. – *p-Fluorbenzoesäure-*, $C_{13}H_8F_2O_2$, F. 77°; 88,4%. – *m-Methylbenzoesäure-*, $C_{14}H_{11}FO_2$, Kp.$_{17}$ 185–190°; 97,3%. – *p-Methoxybenzoesäure-*, $C_{14}H_{11}FO_3$, F. 57°; 79,4%. – *n-Caprylsäure-*, $C_{14}H_{19}\cdot FO_2$, Kp.$_{17}$ 165°; 85,9%. – *Zimtsäure-*, $C_{15}H_{11}FO_2$, F. 67°; 98,7%. – *n-Caprinsäure-*, $C_{16}H_{23}FO_2$, Kp.$_{12}$ 167°; 78,2%. – *Laurinsäure-*, $C_{18}H_{27}FO_2$, Kp.$_{20}$ 205°; 86,7%. – Alkyl(aryl)-2-hydroxy-5-fluorphenylketone, durch 2std. Erhitzen der vorst. Ester mit $AlCl_3$ auf 130°: *Chlormethyl-*, Kp.$_{10}$ 177°; 50%. *2.4-Dinitrophenylhydrazon*, $C_{14}H_{10}ClFN_4O_5$, F. 160°. – *α-Chloräthyl-*, Kp.$_5$ 185°; 50%. *2.4-Dinitrophenylhydrazon*, $C_{15}H_{12}ClFN_4O_5$, F. 170°. – *Propen-(1)-yl-*, F. 71°; 20%. *2.4-Dinitrophenylhydrazon*, $C_{16}H_{13}FN_4O_5$, F. 150°. – *n-Amyl-*, F. 31°; 87,5°. *2.4-Dinitrophenylhydrazon*, $C_{18}H_{19}\cdot FN_4O_5$, F. 176°. – *o-Chlorphenyl-*, F. 65°; 95,8%. *2.4-Dinitrophenylhydrazon*, $C_{19}H_{12}\cdot ClFN_4O_5$, F. 178°. – *p-Fluorphenyl-*, Kp.$_{30}$ 205°: 83,3%. *2.4-Dinitrophenylhydrazon*, $C_{19}H_{12}F_2N_4O_5$, F. 210°. – *m-Tolyl-*, Kp.$_{15}$ 185°; 92,8%. *2.4-Dinitrophenylhydrazon*, $C_{20}H_{15}FN_4O_5$, F. 233°. – *p-Methoxyphenyl-*, Kp.$_{30}$ 260°: 60%. *2.4-Dinitrophenylhydrazon*, $C_{20}H_{15}FN_4O_6$, F. 211°. – *n-Heptyl-*, F. 47°; 95%. *2.4-Dinitrophenylhydrazon*, $C_{20}H_{23}FN_4O_5$, F. 141°. – *Styryl-*, Kp.$_{20-25}$ 185–190°; 52,4%. *2.4-Dinitrophenylhydrazon*, $C_{21}H_{15}FN_4O_5$, F. 175°. – *n-Nonyl-*, Kp.$_5$ 270°; 55,5%. *2.4-Dinitrophenylhydrazon*, $C_{22}H_{27}\cdot FN_4O_5$, F. 98°. – *n-Undecyl-*, Kp.$_{10}$ 320°; 50%. *2.4-Dinitrophenylhydrazon*, $C_{24}H_{31}FN_4O_5$, F. 105°. – Alkyl(aryl)-2-allyloxy-5-fluorphenylketone, durch 8–10std. Kochen von Allylbromid mit geschmolzenem K_2CO_3 u. dem entsprechenden Keton in abs. Aceton: *Propenyl-*, $C_{13}H_{13}FO_2$, Kp.$_{10}$ 190°; 98,1%. – *n-Amyl-*, $C_{15}H_{19}FO_2$, Kp.$_{25}$ 185°; 84%. – *o-Chlorphenyl-*, $C_{16}H_{12}ClFO_2$, Kp.$_{25}$ 215°; 86,2%. – *p-Fluorphenyl-*, $C_{16}H_{12}F_2O_2$, Kp.$_{40}$ 170°; 99,1%. – *n-Heptyl-*, $C_{17}H_{23}FO_2$, Kp.$_{15}$ 190°; 68,6%. – *Styryl-*, $C_{18}H_{15}FO_2$, Kp.$_{12}$ 220°; 68,5%. P. GOLINSKE. 1060□

Die Synthese von Disulfiden durch Verdrängungsreaktionen. Brian Milligan und J. M. Swan. (J. chem. Soc. [London] **1962.** 683–84. Febr. Melbourne, Victoria, C.S.I.R.O., Div. of Protein Chem.; Div. of Organ. Chem.) (Engl.)

Vff. beschreiben die Umsetzung von Thiolen mit $Na_2S_4O_6$ zu *Disulfiden* in N.N-Dimethylformamid (DMF) in Ggw. von Pyridin (**I**) oder Cyclohexylamin (**II**), in A. mit Aniliniumtetrathionat (**III**), in 80% ig. **I** oder in wss. A. mit 1.1'-Dithiodiformamidindihydrochlorid (**IV**) sowie die Rk. von S-substituierten Thioharnstoffsalzen mit $Na_2S_4O_6$ zu *Disulfiden*.

Versuche: Disulfide, a) durch Zugabe des Thiols zu einer Lsg. von $Na_2S_4O_6$ in DMF in Ggw. von **I**; b) analog a) in Ggw. von **II**; c) durch Zugabe einer Lsg. von **III** in heißem 90% ig. A. zur Lsg. des Thiols u. **II** in A.; d) durch Zugabe von **IV** [F. 174–175° (Zers.)] zur sd. Lsg. des Thiols in 66% ig. A.; e) analog d) in 80% ig. **I** bei 50°; f) aus Alkylhalogenid u. Thioharnstoff in A., 1 Std. unter Rückfluß, nach Entfernung des Lsgm. Zugabe von $Na_2S_4O_6$ in W. u. von 4nNaOH bis zum pH 12: *Diphenyl-*, F. 59–60°; nach a) 46% (Ausbeute), nach b) 75%, nach c) 74%, nach d) 97%, nach e) 94%. – *Bis-[p-bromphenyl]-*; nach a) 85%, nach c) 90%. – *Dibenzyl-* (**V**), F. 69°; nach a) 80%, nach b) 90%, nach d) 85%, nach e) 93%, analog d) in Eisessig 15 Min. bei 100° 77%, nach f) 95%. – *Dinaphthalyl-(2)-*, F. 138–140°; nach a) 98%, nach b) 100%, nach c) 91%, nach d) 86%, nach e) 94%. – *Diäthyl-*, Kp. 154–156°; nach f) 42%. – *Diallyl-*, Kp.$_{13}$ 78–83°; nach f) 60%. – *Bis-[p-nitrobenzyl]-*, F. 123°; nach f) 71%. – *Dimethyl-*, Kp. 108–111°; nach f) 55%. – *Cystin*; nach a) 54%, nach e) 99%. – *Aniliniumtetrathionat* (**III**), $C_{12}H_{16}N_2O_6S_4$, F. 220° (Zers.; A.), aus einer konz. wss. Lsg. von Anilinhydrochlorid u. $Na_2S_4O_6$; 78%. – *S-Benzylthiuroniumtetrathionat*, $C_{16}H_{22}N_4O_6S_6$, F. 170° (A.), aus wss. Lsgg. von S-Benzylthiuroniumchlorid u. $K_2S_4O_6$; bei pH 10 Zers. zu **V**.
A. TREDE. 1090

Zur Struktur von Organoschwefelverbindungen. 6. Mitt. **Reaktion von Sulfinsäuren mit Alkylnitriten. Neue Darstellungsverfahren für unsymmetrische Thiolsulfonate und N-Arylsulfonyl-3.6-dihydro-1.2-oxazine.** Günter Kresze und Walter

Kort. (Chem. Ber. **94**. 2624—28. 1961. Berlin, TU, Organ. chem. Inst.) (Dt.) — 5. vgl. C. **1962**. 4129.

Durch Rk. von aromat. Sulfinsäuren mit Alkylnitriten werden *Bis-arylsulfonyl-hydroxylamine* bzw. als deren Folge-Prodd. *Tris-[arylsulfonyl]-aminoxide* erhalten, während bei gleichzeitiger Rk. mit Thiophenolen in einfacher Weise die entsprechenden *Thiolsulfonate* dargestellt werden. Der Nachw. der intermediär entstehenden Sulfonylnitrite gelang durch Abfangen mit Dienen, es entstehen stabile *N-Arylsulfonyl-3.6-dihydro-1.2-oxazine.*

Versuche: Hydroxylamine: *N.N-Bis-[benzolsulfonyl]-*, F. 125° (Ae.), durch Lösen von 0,01 Mol Benzolsulfinsäure (**I**) in abs. Ae. bei 0° u. Zugabe von 0,005 Mol Alkylnitrit; 86% (Ausbeute). — *N.N-Bis-[p-chlorbenzolsulfonyl]-*, $C_{12}H_9Cl_2NO_5S_2$, F. 128°. — *N.N-Bis-[p-toluolsulfonyl]-*, F. 126° (Ae.); 67%; daneben nachst. Verbindung. — *Tris-[p-toluolsulfonyl]-aminoxid*, F. 184°, durch 4—5std. Kochen von p-Toluolsulfinsäure (**II**) u. n-Butylnitrit in Benzol. — Benzolthiolsulfonsäurephenylester: *Unsubstituiert*, F. 45° (A.), durch Lösen von 0,01 Mol Thiophenol u. 0,01 Mol **I** in abs. Ae. bei 0°, Zugabe von Alkylnitrit u. 1std. Rk.; 48%. — *p'-Methyl-*, F. 54°; 64%. — *p'-Chlor-*, F. 72—73°. — *p'-Methoxy-*, F. 58° (PAe.); 73%. — *p'-Nitro-*, F. 104—105° (A.); 55%. — *p-Methyl-*, F. 78° (PAe.); 91%. — *p-Methyl-p'-chlor-*, $C_{13}H_{11}ClO_2S_2$, F. 90° (Methanol); 75%. — *p-Methyl-p'-methoxy-*, F. 58° (A.); 52%. — *p-Methyl-p'-nitro-*, F. 130° (A.); 63%. — *p-Chlor-*, F. 81°; 58%. — *p-Chlor-p'-methyl-*, $C_{13}H_{11}ClO_2S_2$, F. 130°; 74%. — *p-Chlor-p'-methoxy-*, F. 112° (Methanol), $C_{13}H_{11}ClO_3S_2$; 52%. — *p-Chlor-p'-nitro-*, $C_{12}H_8 \cdot ClNO_4S_2$, F. 149° (Toluol); 64%. — *p-Methoxy-*, $C_{13}H_{12}O_3S_2$, F. 54—55° (PAe.); 71%. — *p-Methoxy-p'-methyl-*, $C_{14}H_{14}O_3S_2$, F. 65°; 77%. — *p-Methoxy-p'-chlor-*, $C_{13}H_{11}ClO_3S_2$, F. 105°; 58%. — *p-Methoxy-p'-nitro-*, $C_{13}H_{11}NO_5S_2$, F. 133° (A.); 51%. — *p-Nitro-*, F. 152—154°, Durchführung der Rk. in Dioxan; 77%. — *p-Nitro-p'-methyl-*, $C_{13}H_{11}NO_4S_2$, F. 154° (Methanol), Durchführung der Rk. in Dioxan; 80%. — *p-Nitro-p'-methoxy-*, $C_{13}H_{11}NO_5S_2$, F. 149° (A.), Durchführung der Rk. in Dioxan; 70%. — N-Arylsulfonyl-3.6-dihydro-1.2-oxazine: *p-Toluol-*, $C_{11}H_{13}NO_3S$, F. 125° (Zers.; Aceton oder Dimethylformamid (DMF)/A.], durch Zugabe von 0,1 Mol **II** in Dioxan zu einem Gemisch aus 0,11 Mol Äthylnitrit (**III**) u. 0,13—0,2 Mol Butadien (**IV**); 42%. — *p-Chlorbenzol-*, $C_{10}H_{10}ClNO_3S$, F. 128° (Zers.; Aceton oder DMF/A.), aus p-Chlorbenzolsulfinsäure (**V**) u. **IV**; 40%. — *p-Nitrobenzol-*, $C_{10}H_{10}N_2O_5S$, F. 173° (Zers;. Aceton oder DMF/A.) aus p-Nitrobenzolsulfinsäure (**VI**) u. **IV**; 55%. — N-Aryl-sulfonyl-4.5-dimethyl-3.6-dihydro-1.2-oxazine: *p-Toluol-*, $C_{13}H_{17}NO_3S$, F. 131° (Zers.; Aceton oder DMF/A.), aus **II** u. 2.3-Dimethylbutadien (**VII**); 65%. — *p-Chlorbenzol-*, $C_{12}H_{14}ClNO_3S$, F. 145° (Zers.; Aceton oder DMF/A.), aus **V** u. **VII**; 74%. — *p-Nitrobenzol-*, $C_{12}H_{14}N_2O_5S$, F. 141° (Zers.; Aceton oder DMF/A.), aus **VI** u. **VII**; 66%. — N-Arylsulfonyl-4(5)-chlor-3.6-dihydro-1.2-oxazine; *p-Toluol-*, $C_{11}H_{12}ClNO_3S$, F. 123° (Zers.; Aceton oder DMF/A.), aus **II** u. Chloropren (**VIII**); 48%. — *p-Nitrobenzol-*, $C_{10}H_9ClN_2O_5S$, F. 124° (Zers.; Aceton oder DMF/A.), aus **VI** u. **VIII**; 53%. W. Liebscher. 1090□

Substituierte 4-Benzylthiosemicarbazone. P. R. Pathan und J. J. Trivedi. (J. Indian chem. Soc. **37**. 432—34. Juli 1960. Ahmedabad, M. G. Sci. Inst., Chem. Dep.) (Engl.)

Substituierte *4-Benzylthiosemicarbazone* werden durch Einw. von substituierten 4-Benzylthiosemicarbaziden auf Arylaldehyde dargestellt.

Versuche: 4-Benzylthiosemicarbazide, durch Einw. von Benzylisothiocyanaten auf $N_2H_4 \cdot H_2O$ in der Kälte u. Umkristallisieren aus verd. A.: *4-[o-Chlorbenzyl]-*, $C_8H_{10}ClN_3S$, F. 141°. — *4-[p-Chlorbenzyl]-*, $C_8H_{10}ClN_3S$, F. 156°. — *4-[p-Brombenzyl]-*, $C_8H_{10}BrN_3S$, F. 135°. — *4-[o-Methylbenzyl]-*, $C_9H_{13}N_3S$, F. 152°. — *4-[m-Methylbenzyl]-*, $C_9H_{13}N_3S$, F. 106°. — *4-[p-Methylbenzyl]-*, $C_9H_{13}N_3S$, F. 156°. — *4-[2.4-Dimethylbenzyl]-*, $C_{10}H_{15}N_3S$, F. 129°. — *4-[3.4-Dimethylbenzyl]-*, $C_{10}H_{15}N_3S$, F. 176°. — *4-[2.5-Dimethylbenzyl]-*, $C_{10}H_{15}N_3S$, F. 181°. — 4-[o-Chlorbenzyl]-thiosemicarbazone, durch Einw. von substituierten 4-Benzylthiosemicarbaziden auf aromat. Aldehyde in äthanol. Lsg. u. Umkristallisieren aus verd. A.: *Benzaldehyd-*, $C_{15}H_{14}ClN_3S$, F. 178°. — *Salicylaldehyd-*, $C_{15}H_{14}ClN_3OS$, F. 199°. — *Anisaldehyd-*, $C_{16}H_{16}ClN_3OS$, F. 168°. — *o-Chlorbenzaldehyd-*, $C_{15}H_{13}Cl_2N_3S$, F. 195°. — *p-Chlorbenzaldehyd-*, $C_{15}H_{13}Cl_2N_3S$, F. 184°. — *2.4-Dichlorbenzaldehyd-*, $C_{15}H_{12}Cl_3N_3S$, F. 209°. — *p-Hydroxybenzaldehyd-*, $C_{15}H_{14}ClN_3OS$, F. 220°. — *p-Dimethylaminobenzaldehyd-*, $C_{17}H_{19}ClN_4S$, F. 166°. — 4-[p-Chlorbenzyl]-thiosemicarbazone: *Benzaldehyd-*, $C_{15}H_{14}ClN_3S$, F. 151°. — *Salicylaldehyd-*, $C_{15}H_{14}ClN_3OS$, F. 192°. — *Anisaldehyd-*, $C_{16}H_{16}ClN_3OS$, F. 170°. — *o-Chlorbenzaldehyd-*, $C_{15}H_{13}Cl_2N_3S$, F. 145°. — *p-Chlorbenzaldehyd-*, $C_{15}H_{13}Cl_2N_3S$, F. 165°. — *2.4-Dichlorbenzaldehyd-*, $C_{15}H_{12}Cl_3N_3S$, F. 175°. — *p-Hydroxybenzaldehyd-*, $C_{15}H_{14}ClN_3OS$, F. 220°. — *p-Dimethylaminobenzaldehyd-*, $C_{17}H_{19}ClN_4S$, F. 174°. — 4-[p-Brombenzyl]-thiosemicarbazone: *Benzaldehyd-*, $C_{15}H_{14}BrN_3S$, F. 138°. — *Salicylaldehyd-*, $C_{15}H_{14}BrN_3OS$, F. 185°. — *Anisaldehyd-*, $C_{16}H_{16} \cdot$

BrN_3OS, F. 129°. — *o-Chlorbenzaldehyd-*, $C_{15}H_{13}BrClN_3S$, F. 147°. — *p-Chlorbenzaldehyd-*, $C_{15}H_{13}BrClN_3S$, F. 151°. — *2.4-Dichlorbenzaldehyd-*, $C_{15}H_{12}BrCl_2N_3S$, F. 181 . — *p-Hydroxybenzaldehyd-*, $C_{15}H_{14}BrN_3OS$, F. 209 . — *p-Dimethylaminobenzaldehyd-*, $C_{17}H_{19}\cdot BrN_4S$, F. 162 . — 4-[o-Methylbenzyl]-thiosemicarbazone: *Benzaldehyd-*, $C_{16}H_{17}\cdot N_3S$, F. 132°. — *Salicylaldehyd-*, $C_{16}H_{17}N_3OS$, F. 181°. — *Anisaldehyd-*, $C_{17}H_{19}N_3OS$, F. 150°. — *o-Chlorbenzaldehyd-*, $C_{16}H_{16}ClN_3S$, F. 178°. — *p-Chlorbenzaldehyd-*, $C_{16}H_{16}\cdot ClN_3S$, F. 175°. — *2.4-Dichlorbenzaldehyd-*, $C_{16}H_{15}Cl_2N_3S$, F. 209°. — *p-Hydroxybenzaldehyd-*, $C_{16}H_{17}N_3OS$, F. 196°. — *p-Dimethylaminobenzaldehyd-*, $C_{18}H_{22}N_4S$, F. 149°. — 4-[m-Methylbenzyl]-thiosemicarbazone: *Benzaldehyd-*, $C_{16}H_{17}N_3S$, F. 113°. — *Salicylaldehyd-*, $C_{16}H_{17}N_3OS$, F. 152°. — *Anisaldehyd-*, $C_{17}H_{19}N_3OS$, F. 166°. — *o-Chlorbenzaldehyd-*, $C_{16}H_{16}ClN_3S$, F. 155°. — *p-Chlorbenzaldehyd-*, $C_{16}H_{16}ClN_3S$, F. 158°. — *2.4-Dichlorbenzaldehyd-*, $C_{16}H_{15}Cl_2N_3S$, F. 166°. — *p-Hydroxybenzaldehyd-*, $C_{16}H_{17}N_3OS$, F. 162°. — *p-Dimethylaminobenzaldehyd-*, $C_{18}H_{22}N_4S$, F. 105°. — 4-[p-Methylbenzyl]-thiosemicarbazone: *Benzaldehyd-*, $C_{16}H_{17}N_3S$, F. 132°. — *Salicylaldehyd-*, $C_{16}H_{17}\cdot N_3OS$, F. 201°. — *Anisaldehyd-*, $C_{17}H_{19}N_3OS$, F. 168°. — *o-Chlorbenzaldehyd-*, $C_{16}H_{16}\cdot ClN_3S$, F. 172°. — *p-Chlorbenzaldehyd-*, $C_{16}H_{16}ClN_3S$, F. 173°. — *2.4-Dichlorbenzaldehyd-*, $C_{16}H_{15}Cl_2N_3S$, F. 177°. — *p-Hydroxybenzaldehyd-*, $C_{16}H_{17}N_3OS$, F. 215°. — *p-Dimethylaminobenzaldehyd-*, $C_{18}H_{22}N_4S$, F. 150°. — 4-[3.4-Dimethylbenzyl]-thiosemicarbazone: *Benzaldehyd-*, $C_{17}H_{19}N_3S$, F. 121°. — *Salicylaldehyd-*, $C_{17}H_{19}N_3OS$, F. 171°. — *Anisaldehyd-*, $C_{18}H_{21}N_3OS$, F. 142°. — *o-Chlorbenzaldehyd-*, $C_{17}H_{18}ClN_3S$, F. 184°. — *p-Chlorbenzaldehyd-*, $C_{17}H_{18}ClN_3S$, F. 143°. — *2.4-Dichlorbenzaldehyd-*, $C_{17}H_{17}Cl_2N_3S$, F. 185°. — *p-Hydroxybenzaldehyd-*, $C_{17}H_{19}N_3OS$, F. 164°. — *p-Dimethylaminobenzaldehyd-*, $C_{19}H_{24}N_4S$, F. 175°. — 4-[2.4-Dimethylbenzyl]-thiosemicarbazone: *Benzaldehyd-*, $C_{17}H_{19}N_3S$, F. 182°. — *Salicylaldehyd-*, $C_{17}H_{19}N_3OS$, F. 207°. — *Anisaldehyd-*, $C_{18}H_{21}N_3OS$, F. 161°. — *o-Chlorbenzaldehyd-*, $C_{17}H_{18}ClN_3S$, F. 150°. — *p-Chlorbenzaldehyd-*, $C_{17}H_{18}ClN_3S$, F. 188°. — *2.4-Dichlorbenzaldehyd-*, $C_{17}H_{17}Cl_2N_3S$, F. 208°. — *p-Hydroxybenzaldehyd-*, $C_{17}H_{19}N_3OS$, F. 205°. — *p-Dimethylaminobenzaldehyd-*, F. 175°. — 4-[2.5-Dimethylbenzyl]-thiosemicarbazone: *Benzaldehyd-*, $C_{17}H_{19}N_3S$, F. 125°. — *Salicylaldehyd-*, $C_{17}H_{19}N_3OS$, F. 201°. — *Anisaldehyd-*, $C_{18}H_{21}N_3OS$, F. 141°. — *o-Chlorbenzaldehyd-*, $C_{17}H_{18}ClN_3S$, F. 184°. — *p-Chlorbenzaldehyd-*, $C_{17}H_{18}ClN_3S$, F. 175°. — *2.4-Dichlorbenzaldehyd-*, $C_{17}H_{17}Cl_2N_3S$, F. 200°. — *p-Hydroxybenzaldehyd-*, $C_{17}H_{19}N_3OS$, F. 206°. — *p-Dimethylaminobenzaldehyd-*, $C_{19}H_{24}N_4S$, F. 146°. P. GOLINSKE. 1110□

Organische Pesticide. 2. Mitt. **Darstellung von N-substituierten Fluorbenzamiden.** K. C. Joshi und S. Giri. (J. Indian chem. Soc. **37.** 423—24. Juli 1960. Gorakhpur, Univ., Dep. of Chem.) (Engl.) — 1. bzw. 4. vgl. C. **1962.** 10808 bzw. 10809.

Mehre N-substituierte Fluorbenzamide werden dargestellt, um sie hinsichtlich ihrer pesticiden Aktivität zu untersuchen.

Versuche: *p-Fluorbenzoesäureäthylester*, $Kp._{35-40}$ 112—113°, durch Diazotieren von p-Aminobenzoesäureäthylester in HCl mit $NaNO_2$, Zugabe von $NaBF_4$ bei 0°, 1 std. Stehen, Erhitzen auf 90—93°, Extrahieren mit Ae. u. Dest.; rötlichgelbe Fl.; 55% (Ausbeute). — *p-Fluorbenzoesäure*, F. 184—185°, durch Kochen vorst. Verb. mit 28%ig. KOH u. Neutralisieren mit konz. HCl; gelbliche Kristalle; 53%. — *o-Fluorbenzoesäureäthylester*, $Kp._{55-60}$ 119—121°, analog der p-Verb.; gelbliche Fl.; 51%. — *o-Fluorbenzoesäure*, F. 121—122°, aus vorst. Verb.; 49%. — *p-Fluorbenzoylchlorid*, $Kp._5$ 42—44°, durch 3 std. Erhitzen der Säure mit $SOCl_2$ auf 100°; gelbliche Fl.; 83,8%. — *o-Fluorbenzoylchlorid*, $Kp._{50-60}$ 48—50°; 74,2%. — p-Fluorbenzamide, durch Zugabe des Fluorbenzoylchlorids zu dem Amin in abs. Bzl., 1 std. Kochen, mehrstd. Stehen u. Umkristallisieren aus wss. A.: *Unsubstituiert*, C_7H_6FNO, F. 152—153°; 51%. — *N-Äthyl-*, $C_9H_{10}FNO$, F. 70°; 59%. — *N-n-Butyl-*, $C_{11}H_{14}FNO$, F. 56°; 68%. — *N-Phenyl-*, $C_{13}H_{10}FNO$, F. 180°; 64%. — *N-Benzyl-*, $C_{14}H_{12}FNO$, F. 129—130°; 66%. — *N-[m-Bromphenyl]-*, $C_{13}H_9Br\cdot FNO$, F. 128°; 54%. — *N-[p-Bromphenyl]-*, $C_{13}H_9BrFNO$, F. 166—167°; 60%. — *N-[o-Bromphenyl]-*, $C_{13}H_9BrFNO$, F. 110—111°; 72%. — *N-[o-Chlorphenyl]-*, $C_{13}H_9ClFNO$, F. 109—110°; 71%. — *N-[o-Tolyl]-*, $C_{14}H_{12}FNO$, F. 112°; 50%. — *N-[Phenylamino]-*, $C_{13}H_{11}FN_2O$, F. 96—97°; 40%. — o-Fluorbenzamide: *N-Phenyl-*, $C_{13}H_{10}FNO$, F. 84—85°; 67%. — *N-Benzyl-*, $C_{14}H_{12}FNO$, F. 39—40°; 63%. — *N-[o-Chlorphenyl]-*, $C_{13}H_9ClFNO$, F. 76°; 61%. — *N-[p-Chlorphenyl-*, $C_{13}H_9ClFNO$, F. 126—127°; 52%. — *N-[o-Methoxyphenyl]-*, $C_{14}H_{12}FNO_2$, F. 110°; 34%. P. GOLINSKE. 1210□

Decyanäthylierung von N.N-Bis-[2-cyanäthyl]-amiden. L. A. Pursglove. (J. org. Chemistry **24.** 576—77. April 1959. Midland, Mich., Dow Chem. Co., Edgar C. Britton Res. Labor.) (Engl.)

Beim Behandeln von N.N-Bis-[2-cyanäthyl]-amiden mit Basen, z. B. C_2H_5ONa u. KOH, in alkohol. Lsg. entstehen bei $< 100°$ in glatter Rk. N-[2-Cyanäthyl]-amide.

Versuche: Benzamide: *N.N-Bis-[2-cyanäthyl]-* (I), F. 109,5—112°, aus *β.β'*-Iminodipropionitril. — *N-[2-Cyanäthyl]-* (II), F. 94—95° (Chlf.), durch 2—5std. Kochen von I in abs. A. oder wenig A. enthaltendem Bzl. mit Na oder KOH in abs. A.; 60% (Ausbeute). — *o-Chlor-N.N-bis-[2-cyanäthyl]-*, F. 85—87,5°, analog I. — *o-Chlor-N-[2-cyanäthyl]-*, F. 82—82,5° (Chlf.), aus vorst. Verb. analog II; 70%. — *p-Chlor-N.N-bis-[2-cyanäthyl]-*, F. 116—117,5°, analog I. — *p-Chlor-N-[2-cyanäthyl]-*, F. 154—156° (Chlf.), aus vorst. Verb. analog II; 62%. — *p-Nitro-N.N-bis-[2-cyanäthyl]-* (III), F. 150,5—152,5°, analog I. — *p-Nitro-N-[2-cyanäthyl]-*, F. 154—155° (A.), aus III analog II; 87%. — *N-[2-Carbamoyläthyl]-*, $C_{10}H_{12}N_2O_2$, F. 167—169° (W.), durch a) 3std. Erhitzen von 0,2 Mol I u. Na in Butylalkohol auf 80—90°; 10 g; b) neben II aus I u. KOH in 95% ig. A. analog a). — *p-Amino-N-[2-cyanäthyl]-*, $C_{10}H_{11}N_3O$, F. 111—115° (95% ig. A.), durch Kochen von 0,1 Mol III u. 0,007 Mol $FeSO_4$ in W. u. Alkalisieren mit wss. NH_4OH; 7,5 g. — Acetamide: *N.N-Bis-[2-cyanäthyl]-*, F. 45—48°, analog I. — *N-[2-Cyanäthyl]-*, F. 64—65° [Chlf./CCl_4(1:2)], aus vorst. Verb. analog II; 61%. — p-Chlorbenzolsulfonamide: *N.N-Bis-[2-cyanäthyl]-*, F. 132,5—133,5°, analog I. — *N-[2-Cyanäthyl]-*, F. 91 bis 92,5° (CH_3CCl_3), aus vorst. Verb. analog II in Ggw. von überschüssigem C_2H_5ONa; 65%. G. REISNER. 1210□

Über Pyromellitsäure- und Cumidinsäurederivate. 3. Mitt. H. Hopff, A. Maggi und B. K. Manukian. (Helv. chim. Acta **44.** 367—79. 15/3. 1961. Zürich, ETH, Techn.-Chem. Labor.) (Dt.) — 2. vgl. C. **1962.** 1585.

Durch Einw. von Nitriersäure auf 1.4-Dimethyl-2.5-bis-[chlormethyl]-benzol in der Kälte entsteht *1.4-Dimethyl-2.5-bis-[chlormethyl]-3-nitrobenzol* (I) u. daraus durch Weiternitrierung bei Raum-Temp. *1.4-Dimethyl-2.5-bis-[chlormethyl]-3.6-dinitrobenzol* (II). Aus 1.5-Dimethyl-2.4-bis-[chlormethyl]-benzol werden analog *1.5-Dimethyl-2.4-bis-[chlormethyl]-6-nitrobenzol* (III) u. *1.5-Dimethyl-2.4-bis-[chlormethyl]-3.6-dinitrobenzol* (IV) erhalten. Die Umsetzung von I, II, III u. IV mit Na-Methylat ergibt die entsprechenden *Bis-[methoxymethyl]-derivate.* Aus II, III u. IV lassen sich mit K-Acetat in sd. Eisessig die *O-Acetyl-Verbb.* gewinnen, die man mit Alkali zu den entsprechenden *Dihydroxymethyl-Verbb.* verseifen kann. Durch Oxydation von III mit konz. HNO_3 wird *3-Nitro-α-cumidinsäure,* aus I *3-Nitro-β-cumidinsäure* erhalten. Unter milderen Bedingungen liefert I eine bicarbonatlösl. *Verb.* $C_{10}H_{10}ClNO_4$, die mit CH_2N_2 einen *Methylester* bildet u. bei der es sich vermutlich um die *2.5-Dimethyl-3-nitro-4-chlormethylbenzoesäure* handelt. II liefert unter sehr energ. Nitrierungsbedingungen *Dinitro-β-cumidinsäure.* Die Zweistufenoxydation von IV gibt unter entsprechenden Bedingungen eine krist. Substanz, die mit CH_2N_2 einen *Methylester* $C_{12}H_{11}N_3O_{10}$ ergibt, dessen IR-Spektrum auf das Vorliegen von *α.3.6-Trinitro-α-cumidinsäuredimethylester* hinweist. Bei kürzerer Oxydationszeit wird ferner *1.5-Dimethyl-2.4-bis-[hydroxymethyl]-3.6-dinitrobenzol* (VI) isoliert. Oxydation von IV mit 65% ig. HNO_3 in Ggw. von Na-Vanadat führt mit 87% ig. Ausbeute zu *Dinitro-α-cumidinsäure* u. 9% VI. Bei der Oxydation von II mit konz. HNO_3 im Einschmelzrohr bei 170° u. anschließender Umsetzung mit CH_2N_2 entsteht eine *Verb.* $C_{14}H_{12}ClNO_{10}$, bei der es sich vermutlich um den *1-Nitro-4-chlorpyromellitsäuretetramethylester* handelt. 3-Nitro-α- bzw. 3-Nitro-β-cumidinsäuredimethylester (IX bzw. VIII) liefern an RANEY-Ni mit H_2 unter Druck bei Raum-Temp. die entsprechenden *Amino-Verbb.*; *Dinitro-β-cumidinsäuredimethylester* (V) bildet mit Zn u. Eisessig in 50% ig. Ausbeute die entsprechende gelbe *Diamino-Verbb.*, die sich mit äthanol. NaOH zu *Diamino-β-cumidinsäure* verseifen läßt u. im Hochvakuum unter Sublimation zu *2.5-Diamino-p-xylol* decarboxyliert wird. Die scheinbaren pK-Werte der *Nitrocarbonsäuren* werden aufgeführt u. mit denen der 2-Nitroterephthalsäure u. 5-Nitroisophthalsäure verglichen. Die UV-Spektren von I, II, III, IV, V, VII u. von *Diamino-β-cumidinsäuredimethylester* sind graph. aufgeführt. Für einige Verbb. sind die Werte der IR-Spektren angegeben.

Versuche: *1.5-Dimethyl-2.4-bis-[chlormethyl]-6-nitrobenzol* (III), $C_{10}H_{11}Cl_2NO_2$, F. 140—141° (CH_3OH), durch Einrühren von HNO_3 (D. 1,4) innerhalb von 20 Min. bei 0° in 1.5-Dimethyl-2.4-bis-[chlormethyl]-benzol in Chlf. u. konz. H_2SO_4, schnelle Trennung beider Phasen, Extraktion der Schwefelsäureschicht mit Chlf., Waschen der vereinigten Chlf.-Phasen mit W., 2n Soda-Lsg. u. W. u. Eindampfen; 70,5% (Ausbeute). — *1.5-Dimethyl-2.4-bis-[chlormethyl]-3.6-dinitrobenzol* (IV), $C_{10}H_{10}Cl_2N_2O_4$ F. 149 bis 150° (Chlf./CH_3OH), analog III u. anschließendes 6std. Rühren bei 40—45°; 69%. — *1.4-Dimethyl-2.5-bis-[chlormethyl]-3-nitrobenzol* (I), $C_{10}H_{11}Cl_2NO_2$, F. 110—111° (CH_3OH), analog III aus 1.4-Dimethyl-2.5-bis-[chlormethyl]-benzol; 80,5%. — *1.4-Dimethyl-2.5-bis-[chlormethyl]-3.6-dinitrobenzol* (II), $C_{10}H_{10}Cl_2N_2O_4$, F. 162—164° (Chlf.), aus 30 g 1.4-Dimethyl-2.5-bis-[chlormethyl]-benzol in 300 ml Chlf. u. 300 ml konz. H_2SO_4 durch Einrühren von 90 g HNO_3 (D. 1,4) bei 0° innerhalb von 30 Min. u. 5std. Rühren bei Raum-Temp.; 38,7 g. — *1.5-Dimethyl-2.4-bis-[methoxymethyl]-6-nitrobenzol,* $C_{12}H_{17}NO_4$, F. 60—61° (Essigester), durch 24std. Kochen von III mit Na-Methylat in CH_3OH,

Eindampfen, Extraktion des Rückstandes mit Bzl./Ae. u. Eindampfen; 47%. — *1.4-Dimethyl-2.5-bis-[methoxymethyl]-3-nitrobenzol*, $C_{12}H_{17}NO_4$, F. 61—62° (A.; Methanol), wie vorst. aus **I** u. chromatograph. Reinigung an Al_2O_3; 56%. — *1.5-Dimethyl-2.4-bis-[methoxymethyl]-3.6-dinitrobenzol*, $C_{12}H_{16}N_2O_6$, F. 109—110°, analog aus **IV**; 46%. — *1.4-Dimethyl-2.5-bis-[methoxymethyl]-3.6-dinitrobenzol*, $C_{12}H_{16}N_2O_6$, F. 151—152° (CH_3·OH), wie vorst. aus **II**; 55%. — *1.5-Dimethyl-2.4-bis-[hydroxymethyl]-6-nitrobenzol*, $C_{10}H_{13}NO_4$, F. 150—152° (Aceton/Bzl.), durch 20std. Kochen von **III** mit wasserfreiem K-Acetat in Eisessig, Eindampfen im Vakuum, Extraktion des Rückstandes mit Bzl./Ae., Eindampfen, Verseifen der erhaltenen *Bis-[acetoxymethyl]-Verb.* [$C_{14}H_{17}NO_6$, F. 103—104° (Aceton); 94%] durch 7std. Kochen mit wss.-äthanol. KOH, Extraktion mit Bzl./Ae. u. Eindampfen; 70%. — *1.5-Dimethyl-2.4-bis-[hydroxymethyl]-3.6-dinitrobenzol*, $C_{10}H_{12}N_2O_6$, F. 217—218° (**VI**; Aceton/Bzl.), wie vorst. aus **IV**; 46%. — *1.4-Dimethyl-2.5-bis-[hydroxymethyl]-3.6-dinitrobenzol*, $C_{10}H_{12}N_2O_6$, F. 257—258° (Bzl./Aceton), wie vorst. aus **II** über die entsprechende *Bis-[acetoxymethyl]-Verb.* [$C_{14}H_{16}N_2O_8$, F. 168—169° (Methanol/Aceton); 69%] u. Verseifung; 48%. — *3-Nitro-α-cumidinsäure*, $C_{10}H_9NO_6$, F. 290—293° (Aceton; Hochvakuumsublimation/200—220°), durch 4std. Kochen von **III** mit 60%ig. HNO_3; 83%. *Dimethylester* (**IX**), $C_{12}H_{13}NO_6$, F. 142—143° (CH_3OH), aus vorst. Verb. mit CH_2N_2 in Ae.-CH_3OH. — *3-Nitro-β-cumidinsäure*, $C_{10}H_9NO_6$, F. 270—275° (Zers.), analog dem α-Isomeren aus **I**; 60%. *Dimethylester* (**VIII**), $C_{12}H_{13}NO_6$, F. 75—76° (CH_3OH). — *2.5-Dimethyl-3-nitro-4-chlormethylbenzoesäure*, $C_{10}H_{10}ClNO_4$, F. 194—196° (Hochvakuumsublimation/190—200°), durch 2std. Kochen von **I** mit 60%ig. HNO_3 unter Einleiten von Luft; 60%. *Methylester*, $C_{11}H_{12}ClNO_4$, F. 89—90° (CH_3OH) aus der Säure u. CH_2N_2. — *Dinitro-β-cumidinsäure*, $C_{10}H_8N_2O_8$, F. 290° (Zers.; Ae.), durch 20std. Kochen von **II** mit 60%ig. HNO_3 unter Einleiten von Luft, Eindampfen u. erneutes 24std. Kochen des noch feuchten Rückstandes mit 60%ig. HNO_3; 86%. *Dimethylester* (**V**), $C_{12}H_{12}N_2O_8$, F. 159—160° (Aceton), aus der Säure u. CH_2N_2. — *α.3.6-Trinitro-α-cumidinsäuredimethylester* (?), $C_{12}H_{11}N_3O_{10}$, F. 161—162° (Aceton/CH_3OH), aus 6 g **IV** durch 24std. Kochen mit 100 ml 60%ig. HNO_3 unter Einleiten von Luft, Eindampfen, erneute Oxydation unter gleichen Bedingungen, Behandeln des Rk.-Prod. mit 2n$KHCO_3$-Lsg. in der Wärme, Ausfällen der *Säure* (4,1 g) mit HCl u. Veresterung mit CH_2N_2. — *1.5-Dimethyl-2.4-bis-[hydroxymethyl]-3.6-dinitrobenzol* (**VI**), $C_{10}H_{12}N_2O_6$, F. 216—218° (Aceton/Bzl.), wie vorst. als in $KHCO_3$ unlösl. Anteil; 44%. — *Dinitro-α-cumidinsäure*, $C_{10}H_8$·N_2O_8, F. 285° (Zers.), a) aus **IV** durch 12std. Kochen mit 65%ig. HNO_3 u. Na-Vanadat unter Einleiten von Luft als in Hydrogencarbonat lösl. Anteil; 87%; daneben wenig **VI** als in Hydrogencarbonat unlösl. Anteil; b) durch Verseifung des Dimethylesters; 46%. *Dimethylester* (**VII**), $C_{12}H_{12}N_2O_8$, F. 149—150° (CH_3OH), aus der Säure u. CH_2N_2. — *1-Nitro-4-chlorpyromellitsäuretetramethylester* (?), $C_{14}H_{12}ClNO_{10}$, F. 128° (CH_3OH) durch 8std. Erhitzen von **II** mit 65%ig. HNO_3 im Einschmelzrohr auf 170°, Eindampfen der grünen Lsg. zur Trockne, Lösen des Rückstandes in wenig heißer 2n$KHCO_3$-Lsg., Filtration, Ansäuern mit konz. HCl, Eindampfen zur Trockne, Ae.-Extraktion, Veresterung der rohen Säure (44%) mit CH_2N_2 u. Reinignng an Al_2O_3. — *Diamino-β-cumidinsäure dimethylester*, $C_{12}H_{16}N_2O_4$, F. 146—147° (Chlf.), durch Kochen von **V** in Eisessig u. wenig W., portionsweise Zugabe von 2 g Zn-Staub, Filtration der heißen orangefarbenen Lsg. nach 10 Min., Neutralisation des Filtrats mit 2n Soda-Lsg. von 0°, Extraktion mit Ae./Bzl.; 50%. — *Diamino-β-cumidinsäure*, $C_{10}H_{12}N_2O_4$·½ H_2O, F. 226—229° (Zers.; W.), durch 4std. Kochen vorst. Esters mit äthanol. wss. NaOH; 45%. — *2.5-Diamino-p-xylol*, $C_8H_{12}N_2$, F. 144—145°, durch Decarboxylierung vorst. Säure im Hochvakuum bei 180—200°. — *3-Amino-β-cumidinsäuredimethylester*, $C_{12}H_{15}NO_4$, F. 72—73° (CH_3·OH/A.), aus **VIII** u. H_2 (134 at) an RANEY-Ni im Drehautoklaven bei Raum-Temp.; Filtration u. Eindampfen; 67%. — *3-Amino-α-cumidinsäuredimethylester*, $C_{12}H_{15}NO_4$, F. 96—97° (Aceton/Bzl.), wie vorst. aus **IX**; 68%. MARION WOLFF. 1240□

Über Pyromellitsäure- und Cumidinsäurederivate. 4. Mitt. H. Hopff und B. K. Manukian. (Helv. chim. Acta **44**. 700—06. 2/5. 1961.) (Dt.) — 3. vgl. vorst. Ref.; 5. vgl. C. **1962**. 8224.

Dichlorpyromellitsäure (**I**), Dichlorpyromellitsäuretetramethylester (**II**) oder Dichlorpyromellitsäuredianhydrid (**III**) geben mit CH_3NH_2 eine blaue Verb. vom F. 282 bis 283°, die sich an Al_2O_3 chromatographieren u. im Hochvakuum sublimieren läßt. UV-, IR-Messungen u. die Werte der Elementaranalyse weisen auf das Vorliegen von *1.4-Bis-[methylamino]-pyromellitsäuredimethylimid* (**IV**) hin. Der Strukturbeweis wird durch aufeinanderfolgende bas. u. saure Hydrolyse erbracht. Man erhält *1.4-Bis-[methylamino]-pyromellitsäure*(**VII**), die mit CH_2N_2 den *Tetramethylester* u. durch Abspaltung von 2 Mol. W. *1.4-Bis-[methylamino]-pyromellitsäuredianhydrid* (**V**) liefert, welches mit wss. CH_3NH_2 wieder zu **IV** führt. Umsetzung von **III** mit sd. wss. CH_3NH_2 ergibt orangegelbes *Dichlorpyromellitsäuredimethylimid* (**VI**). Die beiden Chloratome in 1- u. 4-Stellung werden unter milden Bedingungen von CH_3NH_2 offenbar nicht angegriffen. Bei 180° u. Anwendung von Druck entsteht dagegen **IV**. Aus **VI** u. **V** bilden sich durch Kondens. mit Anilin zwei blaue Verbb., *1.4-Dianilinopyromellitsäuredimethylimid* u. *1.4-Bis-[methylamino]-pyromellitsäurediphenylimid.* Werte der UV- u. IR-Spektren sind für die aufgeführten Verbb. angegeben.

Versuche: *1.4-Bis-[methylamino]-pyromellitsäuredimethylimid* (**IV**), $C_{14}H_{14}N_4O_4$, F. 282—283° (CH_2Cl_2), a) durch 6std. Erhitzen von **II** u. CH_3NH_2 im Einschmelzrohr auf 178°, Herausspülen des abgekühlten Rk.-Prod. mit CH_3OH u. Absaugen; blaue Kristalle; 77,2% (Ausbeute); b) durch 7std. Erhitzen von **III** u. CH_3NH_2 im Autoklaven auf 175—180°; 65,3%; c) durch 10std. Erhitzen von 2,5 g **I** mit 10 g CH_3NH_2 im Einschmelzrohr auf 175—180°, Extraktion des Rk.-Prod. nach dem Abkühlen mit Bzl./CH_2Cl_2/Ae. (2:1:1) u. Chromatographie an Al_2O_3; 335 mg; daneben gelbe u. rote, noch nicht identifizierte Verbb.; d) durch 7std. Erhitzen von **VI** mit CH_3NH_2 im Einschmelzrohr auf 170—180°; 79%; e) durch 4std. Kochen von **V** mit 50%ig. wss. CH_3NH_2-Lsg., Eindampfen zur Trockne, 1std. Erhitzen auf 130—140° u. Herauslösen von **IV** mit CH_2Cl_2, Chromatographie an Al_2O_3 mit Bzl. als Lsgm. u. Eluieren mit CH_2Cl_2; 92,6%. — *Dichlorpyromellitsäuredimethylimid* (**VI**), $C_{12}H_6Cl_2N_2O_4$, F. >300° (Hochvakuumsublimation/230—240°), durch 1½std. Kochen von **III** mit 30%ig. wss. CH_3NH_2-Lsg., Eindampfen der orangefarbenen Lsg. zur Trockne, 2std. Erhitzen des Rückstandes auf 120°, ½std. auf 140° u. Hochvakuumsublimation; orangefarbene Kristalle; 71%. — *1.4-Bis-[methylamino]-pyromellitsäure* (**VII**), $C_{12}H_{12}N_2O_8 \cdot 2\,H_2O$, F. 75—80° (2n HCl), durch 2½std. Kochen von **IV** mit 3n KOH, ¼std. Erwärmen mit konz. HCl, ½std. Kochen der wieder alkal. gemachten Lsg., Abkühlen, Abfiltrieren von nichtumgesetztem **IV**, Einstellen des Filtrats mit konz. HCl auf pH 2 u. 48std. Aufbewahren in der Kälte; gelbe Kristalle; 23,8%. *Tetramethylester*, $C_{16}H_{20}N_2O_8$, F. 152—153° (CH_3OH), aus **VII** u. CH_2N_2 in CH_3OH–Ae. u. chromatograph. Reinigung. *Dianhydrid* (**V**), $C_{12}H_8N_2O_6$, F. 295—298° (Aceton u. Hochvakuumsublimation/202—209°), durch 3std. Erhitzen von **VII** auf 130°. — *1.4-Bis-[methylamino]-pyromellitsäurediphenylimid*, $C_{24}H_{18}N_4O_4$, F. 294—295° (CH_2Cl_2), durch 1std. Kochen von **V** mit Anilin u. Absaugen des in der Kälte ausgeschiedenen Prod.; 90,5%. — *1.4-Dianilinopyromellitsäuredimethylimid*, $C_{24}H_{18}N_4O_4$, F. >300° (CH_2Cl_2 u. Hochvakuumsublimation/265—278°), durch 4std. Kochen von **VI** mit Anilin, Stehenlassen über Nacht, Abfiltrieren, Waschen mit CH_3OH, CH_2Cl_2 u. Ae. u. ½std. Trocknen bei 125°; 70,4%. MARION WOLFF. 1240□

Synthese von α- oder β-Aryl- und γ-Aryl-γ-benzyl-γ-butyrolactonen. D. K. Genge und J. J. Trivedi. (J. Indian chem. Soc. **37**. 429—31. Juli 1960. Ahmedabad, M. G. Sci. Inst., Chem. Dep.) (Engl.)

Mehrere *γ-Butyrolactone*, die methoxy- oder chlorsubstituierte Arylreste in α- oder β-Stellung tragen bzw. Aryl- u. Benzylreste in γ-Stellung haben, werden synthetisiert.

Versuche: *β-[3.4-Dichlorphenyl]-γ-aminobuttersäure*, $C_{10}H_{11}Cl_2NO_2$, F. 204°; aus heißem W. Körnchen. — *β-[2.5-Dichlorphenyl]-γ-aminobuttersäure*, $C_{10}H_{11}Cl_2NO_2$, F. 234°; aus A. Nadeln. — *2-Methoxy-5-chlorbenzylalkohol*, $C_8H_9ClO_2$, F. 58°; aus A. Nadeln. — *2.5-Dichlorbenzylcyanid*, $C_8H_5Cl_2N$, F. 83—84°; aus A. Nadeln. — *β-[4-Methoxy-3-methylbenzoyl]-propionsäureäthylester*, $C_{14}H_{18}O_4$, F. 63°; aus A. Nadeln. — *β-[4-Chlorbenzoyl]-propionsäureäthylester*, $C_{12}H_{13}ClO_3$, F. 56°; aus A. Nadeln. — *β-[3-Chlor-4-methoxyphenyl]-glutarsäuremonamid*, $C_{12}H_{14}ClNO_4$, F. 147°; aus W. Körnchen. — *β-[2-Methoxy-5-chlorphenyl]-glutarsäuremonamid*, $C_{12}H_{14}ClNO_4$, F. 168°; aus W. Nadeln. — *β-[3.4-Dichlorphenyl]-glutarsäuremonamid*, $C_{11}H_{11}Cl_2NO_3$, F. 199°; aus W. Nadeln. — *β-[2.5-Dichlorphenyl]-glutarsäuremonamid*, $C_{11}H_{11}Cl_2NO_3$, F. 180°; aus W. Körnchen. — *β-[3-Chlor-4-methoxyphenyl]-γ-aminobuttersäure*, $C_{11}H_{14}ClNO_3$, F. 132°; aus W. Nadeln. — *β-[2-Methoxy-5-chlorphenyl]-γ-aminobuttersäure*, $C_{11}H_{14}ClNO_3$, F. 175°; aus W. Nadeln. — γ-Butyrolactone: *α-[3-Chlor-4-methoxyphenyl]-*, $C_{11}H_{11}ClO_3$, Kp.$_{0,6}$ 130—135°, durch 2std. Kochen von Äthylenchlorhydrin mit dem substituierten Benzylcyanid in Ggw. von $NaNH_2$, Zers. mit Eis/HCl, 4std. Kochen mit 40%ig. NaOH, Ansäuern mit 25%ig. H_2SO_4, 2std. Erhitzen auf 100° u. 24std. Stehen mit gesätt. $NaHCO_3$; gelbe Fl.; ca. 40% (Ausbeute). — *α-[2-Methoxy-5-chlorphenyl]-*, $C_{11}H_{11}ClO_3$, F. 128—129°, analog vorst. Verbindung. — *α-[2.4-Dichlorphenyl]-*, $C_{10}H_8Cl_2O_2$, F. 80°. — *α-[3.4-Dichlorphenyl]-*, $C_{10}H_8Cl_2O_2$, Kp.$_1$ 185—189°; gelbe Flüssigkeit. — *α-[2.5-Dichlorphenyl]-*, $C_{10}H_8Cl_2O_2$, Kp.$_1$ 163—168°; gelbe Flüssigkeit. — *β-[3-Chlor-4-methoxyphenyl]-*, $C_{11}H_{11}ClO_3$, Kp.$_{0,5}$ 208 bis 213°, durch Zugabe von 0,5n NaOCl zu dem entsprechenden β-Arylglutarsäureamid, 3std. Rühren, Filtrieren, Neutralisieren mit verd. HCl, Zugabe von $NaNO_2$ zu der entstandenen *β-Aryl-γ-aminobuttersäure* in 20%ig. H_2SO_4, Zugabe von weiterer H_2SO_4 u. 1std. Erhitzen auf 100°; gelbe Fl.; ca. 50%. — *β-[2-Methoxy-5-chlorphenyl]-*, $C_{11}H_{11}ClO_3$, Kp.$_{0,4}$ 158—163°, analog vorst. Verb.; gelbe Flüssigkeit. — *β-[2.4-Dichlorphenyl]-*, $C_{10}H_8Cl_2O_2$, F. 70°. — *β-[3.4-Dichlorphenyl]-*, $C_{10}H_8Cl_2O_2$, Kp.$_{0,8}$ 185—190°; gelbe Flüssigkeit. — *β-[2.5-Dichlorphenyl]-*, $C_{10}H_8Cl_2O_2$, Kp.$_{0,8}$ 170—175°; gelbe Flüssigkeit. — *γ-Methoxyphenyl-γ-benzyl-*, $C_{18}H_{18}O_3$, F. 87°, durch Einw. von Benzyl-MgBr auf β-Aroylpropionsäuren nach TRIVEDI u. NARGUND (J. Univ. Bombay **10.** [1941.] Part 3, 102); aus verd. A. Nadeln. — *γ-[4-Methoxy-3-methylphenyl]-γ-benzyl-*, $C_{19}H_{20}O_3$, F. 140°, analog vorst. Verb.; aus verd. A. Nadeln. — *γ-[2.4-Dimethoxyphenyl]-γ-benzyl-*, $C_{19}H_{20}O_4$, F. 137°; aus verd. A. Nadeln. — *γ-[3.4-Dimethoxyphenyl]-γ-benzyl-*, $C_{19}H_{20}O_4$, Kp.$_1$ 198—203°; gelbe Flüssigkeit. — *γ-[2.5-Dimethoxyphenyl]-γ-benzyl-*, $C_{19}H_{20}O_4$, F. 94°; aus verd. A. Nadeln. — *γ-[p-Chlorphenyl]-γ-benzyl-*, $C_{17}H_{15}ClO_2$, F. 90°; aus verd. A. Nadeln. — *γ-[p-Methoxyphenyl]-γ-[p-methoxybenzyl]-*, $C_{19}H_{20}O_4$, Kp.$_{0,3}$ 140—145°; gelbe Fl.; n_D^{36} 1,54. — *γ-[4-Methoxy-3-methylphenyl]-γ-[p-methoxybenzyl]-*, $C_{20}H_{22}O_4$, Kp.$_1$ 189—193°; gelbe Fl.; n_D^{36} 1,540. — *γ-[2.4-Dimethoxyphenyl]-γ-[p-methoxybenzyl]-*, $C_{20}H_{22}O_5$, Kp.$_{0,9}$ 181—185°; gelbe Fl.; n_D^{36} 1,543. — *γ-[3.4-Dimethoxyphenyl]-γ-[p-methoxybenzyl]-*, $C_{20}H_{22}O_5$, Kp.$_{0,8}$ 130—135°; gelbe Fl.; n_D^{36} 1,529. — *γ-[2.5-Dimethoxyphenyl]-γ-[p-methoxybenzyl]-*, $C_{20}H_{22}O_5$, Kp.$_{0,7}$ 183—187°; gelbe Fl.; n_D^{36} 1,535.

P. GOLINSKE. 1250□

Reduktion aromatischer Nitroverbindungen durch Natriumborhydrid, katalysiert durch Palladiumkohle. Thomas Neilson, H. C. S. Wood und A. G. Wylie. (J. chem. Soc. [London] **1962.** 371—72. Jan. Glasgow, Royal Coll. of Sci. and Technol.) (Engl.)

Aromat. Nitro- u. Nitroso-Verbb. können durch $NaBH_4$ in Ggw. von 10%ig. Pd-Kohle (**I**) in W. oder wss. CH_3OH unter N_2 innerhalb <10 Min. zu den entsprechenden *Amino-Verbb.* red. werden. Zwischenprodd. konnten nicht isoliert werden; Red. von Azobenzol (**II**) führte zu *Hydrazobenzol* [isoliert als *Dibenzoylbenzidin*; 61% (Ausbeute)]. Die Geschw. der Red. ist etwa der angewendeten Menge an **I** proportional. Die Red. von aromat. Nitro-Verbb. durch $LiAlH_4$ wird durch Zusatz von **I** nicht beeinflußt; so entsteht aus Nitrobenzol (**III**) mit $LiAlH_4$ ohne oder mit Zusatz von **I** immer **II**.

Versuche: *Anilin*, aus **III**; 85%. *Benzoyl-Deriv.* (*Bz*), F. 163—164°. — *o-Aminophenol*, F. 167—169°, aus o-Nitrophenol; 79%. — *m-Aminophenol*, aus m-Nitrophenol; 61%. *Bz*, F. 173—174°. — *p-Aminophenol*, aus p-Nitrophenol; 69%. *Bz*, F. 234°. — *Anthranilsäure*, F. 144—145°, aus o-Nitrobenzoesäure; 65%. — *m-Aminobenzoesäure*, F. 173°, aus m-Nitrobenzoesäure; 52%. — *p-Aminobenzoesäure*, F. 184°, aus p-Nitrobenzoesäure; 34%. — *o-Phenylendiamin*, aus o-Nitranilin; 51%. *Bz*, F. 301°. — *m-Phenylendiamin*, aus m-Nitranilin (83%) oder m-Dinitrobenzol (81%). *Bz*, F. 241°. — *p-Phenylendiamin*, aus p-Nitranilin; 71%. *Bz*, F. >300°. — *p-Toluidin*, aus p-Nitrotoluol; 76%. *Bz*, F. 158°. — *α-Naphthylamin*, aus α-Nitronaphthalin; 93%. *Bz*, F. 161—162°. — *p-Aminobenzoesäureäthylester*, aus p-Nitrobenzoesäureäthylester; 67%. *Bz*, F. 147 bis 148°. — *1.2.4-Triaminobenzol*, aus 2.4-Dinitranilin; 79%. *Bz*, F. 260°. — *2.4-Diaminophenol*, aus 2.4-Dinitrophenol; 60%. *Bz*, F. 253°. — *p-Aminodimethylanilin*, aus p-Nitrosodimethylanilin; 93%. *Bz*, F. 226°.

J. ROTHE. 1300□

Synthese von Aminoalkoholen aus Oxazolin- und Oxazolidinderivaten. 7. Mitt. A. Je. Kretow und I. Ss. Matwejew. (Журнал Общей Химии [J. allg. Chem.] **30** (**92**). 3024—28. Sept. 1960. Dnepropetrowsk, Chem.-technolog. Inst.) (Russ.)

Durch Verseifen entsprechend substituierter Oxazoline u. Oxazolidine werden *Aminoalkohole* der aliphat. u. aliphat.-aromat. Reihe dargestellt.

Versuche: *Diäthanolamin* (**I**), $C_4H_{11}NO_2$, Kp.$_{10}$ 155°, a) man erhitzt 0,05 Mol 2-Imino-3-[β-hydroxyäthyl]-oxazolidin u. 35 ml 12%ig. methanol. KOH 45—60 Min. lang auf dem sd. Wasserbad u. dest. im Vakuum; n_D^{26} 1,2590; 75—78% (Ausbeute); b) analog aus 2-[β-Hydroxyäthylimino]-3-[β-hydroxyäthyl]-oxazolidin; 52—55%. Daneben *Äthanolamin* (**II**), C_2H_7NO, Kp.$_{10}$ 74°; 20—22%. — *β-[β-Hydroxyäthoxy]-äthyl-β-hydroxyäthylamin*, $C_6H_{15}NO_3$, Kp.$_3$ 164°, aus 2-[β-Hydroxyäthylimino]-3-[β-(β-hydroxyäthoxy)-äthyl]-oxazolidin; n_D^{20} 1,4741; 63—65%. Daneben 15—18% **II**. — *β-Hydroxypropylamin* (**III**), C_3H_9NO, Kp.$_{3-5}$ 72—74°, aus 2-[2-Hydroxypropyl-(1)-amino]-5-methyl-Δ^2-oxazolin; n_D^{20} 1,4720; 90—92%. — *Bis-[β-hydroxypropyl]-amin* (**IV**), $C_6H_{15}NO_2$, Kp.$_{3-5}$ 125—128°; n_D^{18} 1,4664; n_D^{21} 1,4600, a) aus 2-Imino-3-[β-hydroxypropyl]-5-methyloxazolidin; 79—81%; b) aus 2-[β-Hydroxypropylimino]-3-[β-hydroxypropyl]-5-methyloxazolidin; 58%; daneben 28—30% **III**; c) aus 2-[Bis-(β-hydroxypropyl)-amino]-5-methyl-Δ^2-oxazolin; 58%; daneben 28—30% **III**. — *Aliphat.-aromat. Aminoalkohole*: Man erhitzt 0,025 Mol Oxazolin- bzw. Oxazolidin-Deriv. u. 40 m 50%ig. wss. KOH 5—6 Std. auf dem Sandbad. *α-Phenyl-β-hydroxyäthylamin* (**V**), $C_8H_{11}NO$, aus 2-[α-Phenyl-β-hydroxyäthylamino]-4-phenyl-Δ^2-oxazolin, das 17% 2-Imino-3-[α-phenyl-β-hydroxyäthyl]-4-phenyloxazolidin (**VI**) enthält; zur Abtrennung von mitentstandenem *Bis-[α-phenyl-β-hydroxyäthyl]-amin* (**VII**) chromatographiert man aus Chlf. an Silicagel u. eluiert mit Chlf. **VII**, mit Aceton **V**; 80%. — *Bis-[α-phenyl-*

β-hydroxyäthyl]-amin (VII), $C_{16}H_{19}NO_2$, aus VI; 15–17%. — Bei der Hydrolyse von 2-[Bis-(α-phenyl-β-hydroxyäthyl)-amino]-4-phenyl-Δ^2-oxazolin werden 32% V u. 62% VII erhalten. — *1.8-Dihydroxy-2.5.7-triphenyl-3-oxa-6-azaoctan*, $C_{24}H_{27}NO_3$, aus 2-[N-(1-Phenyl-2-hydroxyäthyl)-N-(1.4-diphenyl-3-oxa-5-hydroxypentyl)-amino]-4-phenyl-Δ^2-oxazolin; 70%. Daneben 25% V. Trennung durch Chromatographie an Silicagel.
HELMUT SCHÄFER. 1320□

Darstellung von o-Phenylendi-tertiär-phosphinen und eines Tri-tertiär-phosphins. F. A. Hart. (J. chem. Soc. [London] **1960**. 3324–28. Aug. Frythe, Welwyn, Herts., Imp. Chem. Ind. Ltd., Akers Res. Labor.) (Engl.)

Die Mono-GRIGNARD-Verb. von o-Bromchlorbenzol (I) reagiert mit Diäthylchlorphosphin (II) zu *o-Chlorphenyldiäthylphosphin* (III). Metallierung von III mit Li u. nachfolgende Rk. mit II führt zur Bldg. von *o-Phenylen-bis-[diäthylphosphin]* (IV). Analog wird *o-Chlorphenylphenylmethylphosphin* u. daraus in geringer Ausbeute *o-Phenylen-bis-[phenylmethylphosphin]* dargestellt. Behandlung von o-Dibrombenzol (V) mit n-Butyllithium (VI) bei −130° u. nachfolgende Rk. mit II gibt neben *n-Butyldiäthylphosphin o-Bromphenyldiäthylphosphin* (VII), das weiter mit VI bei Raum-Temp. u. II ebenfalls IV ergibt. Bei der analogen Rk. von V, VI u. Diphenylchlorphosphin (VIII) wird statt des erwarteten *o-Bromphenyldiphenylphosphins* (entsteht nur in Spuren) *n-Butyldiphenylphosphin* erhalten. Mit Diäthyl-o-lithiumphenylphosphin reagiert VIII bei Raum-Temp. zu *[o-Diäthylphosphinophenyl]-diphenylphosphin.* VII reagiert mit VI u. dann mit Phenyldichlorphosphin (IX) zu *Bis-[o-diäthylphosphinophenyl]-phenylphosphin.*

Versuche: *o-Chlorphenyldiäthylphosphin* (III), $C_{10}H_{14}ClP$, Kp.$_{0,4}$ 83–85°, durch allmähliche Zugabe von II in Ae. zu dem aus I in üblicher Weise dargestellten *o-Chlorphenyl-MgBr* in Ae. bei 0°, 1/4 std. Erhitzen u. Hydrolyse mit konz. wss. NH_4Cl bei 0°; 50% (Ausbeute). *Äthojodid*, $C_{12}H_{19}ClJP$, F. 178–179° (Äthylmethylketon), mit heißem alkohol. Äthyljodid. — *o-Chlorphenyldimethylphosphin*, $C_8H_{10}ClP$, Kp.$_{0,25}$ 43°, analog III mit Dimethylchlorphosphin; 37%. *Methojodid*, $C_9H_{13}ClJP$, F. 303–305° (wss. Methanol). — *o-Chlorphenyldiphenylphosphin* (X), $C_{18}H_{14}ClP$, F. 107–108° (A.), analog III mit VIII; 52%. — *o-Bromphenyldiäthylphosphin* (VII), $C_{10}H_{14}BrP$, Kp.$_{0,15}$ 90–91°, durch Zugabe einer VI-Lsg. in Ae. u. Leichtbenzin zu V in den gleichen Lsgm. bei −130° unter Rühren, 20 Min. langes Rühren, Zugabe von II in den gleichen Lsgm. bei −130°, 2 std. Rühren u. allmähliches Erwärmen auf Raum-Temp.; 26%; daneben 32% *n-Butyldiäthylphosphin* [*Äthopikrat*, $C_{16}H_{26}N_3O_7P$, F. 82–83° (wss. A.)] u. 66% V (Kp.$_{0,15}$ 48°). *Methojodid*, $C_{11}H_{17}BrJP$, F. 123–124° (A./Äthylacetat), mit warmen alkohol. CH_3J. *Methopikrat*, $C_{17}H_{19}BrN_3O_7P$, F. 116–117,5° (wss. Methanol), aus dem Methojodid. — *o-Bromphenyldiphenylphosphin*, $C_{18}H_{14}BrP$, F. 115° (A.), analog VII aus je 1 Mol V, VI u. VIII bei −130°; 0,4 g; daneben 84% V (Kp.$_{0,3}$ 34–36°) u. 77% *n-Butyldiphenylphosphin* [Kp.$_{0,3}$ 117–120°. *Butylojodid*, $C_{20}H_{28}JP$, F. 154–155° (Äthylmethylketon/Äthylacetat)]. — *o-Phenylen-bis-[diäthylphosphin]* (IV), $C_{14}H_{24}P_2$, Kp.$_{0,2}$ 100–103°, a) durch Zugabe von Li-Spänen zu III in Tetrahydrofuran (THF) bei −45°, 2 std. Rühren, allmähliche Zugabe von II in THF unter Rühren bei −35°, Erwärmen auf Raum-Temp. u. 20 Min. langes Erhitzen auf 45°; 27%. — *P.P'-[o-Phenylen]-P.P'-äthylen-bis-[diäthylphosphoniumpikrat]*, $C_{28}H_{32}N_6O_{14}P_2$, F. 230–232° (A./Dimethylformamid), aus IV, heißem alkohol. Äthylendibromid u. wss. Na-Pikrat, daneben 37% *Diäthylphenylphosphin* (Kp.$_{0,2}$ 44–48°. *Äthojodid*, F. 137–138,5°); b) durch Zugabe von VI in Leichtbenzin zu einer Lsg. von VII in Leichtbenzin u. Ae. bei 10°, nach 15 Min. allmähliche Zugabe von II in Leichtbenzin, 100 Min. langes Rühren u. Dest. (Kp.$_{0,04}$ 97–106°); 56%. — *[o-Diäthylphosphinophenyl]-diphenylphosphin*, $C_{22}H_{24}P_2$, F. 103,5–105,5° (A.), durch Zugabe von VI in Leichtbenzin zu einer Lsg. von VII in Ae. bei 10°, tropfenweise Zugabe von VIII in Bzl. unter Eiskühlung, ½ Std. Belassen u. ½ std. Erhitzen zum Sieden; 58%. — *[o-Diphenylphosphinophenyl]-triäthylphosphoniumjodid*, $C_{24}H_{28}JP_2$, F. 214° (wss. A.), durch 1½ std. Erhitzen vorst. Verb. mit überschüssigem alkohol. Äthyljodid. — *o-Phenylen-bis-[dimethylphosphin]*, $C_{10}H_{16}P_2$, Kp.$_{0,3}$ 98–101°, durch Zugabe von Li-Spänen zu X in THF bei −45°, 2 std. Rühren bei −45° u. 20 Min. bei 0°, Kühlen auf −45°, tropfenweise Zugabe von Dimethylchlorphosphin in Bzl. u. 1 std. Belassen bei Raum-Temp.; 11% neben einer nicht identifizierten Fraktion vom Kp.$_{0,3}$ 30–33°. — *o-Phenylen-bis-[diphenylphosphin]*, $C_{30}H_{24}P_2$, F. 186,5–187,5° (Dimethylformamid), durch Zugabe von 2 Val Li-Spänen zu 1 Mol X in THF bei −45°, 3 std. Rühren, allmähliche Zugabe von 1 Mol VIII in THF u. Erwärmen auf Raum-Temp.; 1,9 g. — *Bis-[o-diäthylphosphinophenyl]-phenylphosphin*, $C_{26}H_{33}P_3$, F. 106 bis 107,5° (A.), durch Zugabe von 1 Mol VI in PAe. zu 1 Mol VII in Ae. unter Rühren u. Eiskühlung, nach 30 Min. tropfenweise Zugabe von 0,5 Mol IX in Ae., ½ std. Rühren bei 0° u. ½ std. Erhitzen zum Sieden; 1,15 g. G. KOWOLLIK. 1380□

Reaktionen von Triphenylophosphinalkylenen mit aktivierten Doppelbindungen. H. J. Bestmann und F. Seng. (Angew. Chem. **74.** 154—55. 21/2. 1962. München, TH, Organ.-chem. Inst.) (Dt.)

Triphenylphosphinalkylene reagieren mit Verbb., die aktivierte Doppelbindungen besitzen. Das polare Anlagerungs-Prod. $(C_6H_5)_3P^+-CHR-CHR'-C^-HR''$ kann sich stabilisieren a) durch Bldg. eines *Cyclopropan-Deriv.* unter Abspaltung von *Triphenylphosphin* (I), b) durch Protonenwanderung. Weg a) scheint bevorzugt zu sein bei Phosphinalkylenen mit R = Alkyl bzw. Gruppen mit +J-Effekt, Weg b) bei resonanzstabilisierenden Gruppen mit —J-Effekt. — *1.2-Dimethylcyclopropancarbonsäure-(3)-äthylester,* Kp. 167°, aus Crotonsäureäthylester u. Triphenylphosphinäthylen; 91% (Ausbeute); daneben I. — *Triphenylphosphin-[(1-carbomethoxy-2-benzoyl)-äthyl]-carbomethoxymethylen,* F. 187°, aus Benzoylacrylsäuremethylester u. Triphenylphosphincarbomethoxymethylen; 92%. J. ROTHE. 1380□

Wechselwirkung von Atoxyl mit den Halogenderivaten von Acetessigsäurearylamiden und Cyanessigsäurearylamiden. 1. u. 2. Mitt. C. M. Mehta und J. M. Trivedi. (Current Sci. **29.** 431. Nov. 1960. Baroda, M.S. Univ., Fac. of Sci., Chem. Dep.) (Engl.)

Atoxyl wird mit den α-Chlor-, -Brom- oder -Jod-Derivv. von Acetessigsäurearyl-(-phenyl, -tolyl, -xylyl oder -naphthyl)-amiden u. mit den α-Brom- u. α-Jod-Derivv. von Cyanessigsäurearylamiden zu den entsprechenden *α-[p-Arsonoanilino]-acetessigsäurearylamiden* u. *p-Arsonoanilinocyanessigsäureamiden* umgesetzt. Die Rk.-Partner werden in W. bzw. A. gelöst u. 3 Std. gekocht. P. GOLINSKE. 1380□

1-Alkoxycyclohexene. M. G. Woronkow und Ss. M. Rabkina. (Известия Академии Наук СССР, Отделение Химических Наук [Nachr. Akad. Wiss. UdSSR, Abt. chem. Wiss.] **1960.** 2240—42. Dez. Inst. für Silicatchem. der Akad. der Wiss. der UdSSR.) (Russ.)

Durch Rk. von Cyclohexanon (I) mit Tetraalkoxysilanen in Ggw. von 85%ig. H_3PO_4 (II) werden *1-Methoxy-, 1-Äthoxy-, 1-Propoxy-, 1-n-Butoxy-* u. *1-Isoamyloxy-cyclohexen-(1)* dargestellt.

Versuche: Cyclohexene-(1): *1-Methoxy-*, $C_7H_{12}O$, Kp.$_{32}$ 52°, Kp.$_{760}$ 145°, durch 12std. Kochen von 58,7 g I, 76,1 g Tetramethoxysilan u. 1 g II; $D._4^{20}$ 0,9224; n_D^{20} 1,4613; 71% (Ausbeute). — *1-Äthoxy-*, $C_8H_{14}O$, Kp.$_{24}$ 63,5°, aus 68,7 g I, 104,2 g Tetraäthoxysilan (III) u. 1 g II; $D._4^{20}$ 0,9150; n_D^{20} 1,4589; 63.2%. — *1-n-Butoxy-* $C_{10}H_{18}O$, Kp.$_{10}$ 83°, Kp.$_{760}$ 202—204°, durch 12std. Kochen von 68,7 g I, 104,2 g III, 1 g II u. 222,3 g n-Butanol; $D._4^{20}$ 0,8912; n_D^{20} 1,4602; 60,2%. — *1-Propoxy-*, $C_9H_{16}O$, Kp.$_9$ 67°, analog vorst. Verb.; $D._4^{20}$ 0,8901; n_D^{20} 1,4580; 60%. — *1-Isoamyloxy-*, $C_{11}H_{20}O$, Kp.$_9$ 90°, Kp.$_{10}$ 95—98°, durch 14std. Kochen von 59,0 g I, 150,6 g Tetraisoamyloxysilan u. 1 g II; $D._4^{20}$ 0,885; n_D^{20} 1,4599; 55%. HELMUT SCHÄFER. 1860□

Chromsäureoxydation von Organoboranen. Eine bequeme Methode zur Überführung von Olefinen in Ketone durch Hydroborierung. Herbert C. Brown und Chandra P. Garg. (J. Amer. chem. Soc. **83.** 2951—52. 5/7. 1961. Lafayette, Ind., Purdue Univ., Richard B. Wetherhill Labor.) (Engl.)

Es wird die Umwandlung von Olefinen in *Ketone* durch Hydroborierung mit BF_3-Ätherat u. $LiBH_4$ (oder $NaBH_4$ in Ggw. von katalyt. Mengen $ZnCl_2$) u. nachfolgende Oxydation mit Chromsäure beschrieben.

Versuche: *2-Methylcyclohexanon,* Kp.$_{24}$ 63—64°, durch Zugabe von BF_3-Ätherat in Ae. zu der Lsg. von 1-Methylcyclohexen u. $LiBH_4$ in Ae. innerhalb von 15 Min. bei 25—30°, Zugabe von wenig W. nach 2 Std., Einrühren einer aus $Na_2Cr_2O_7$ u. H_2SO_4 bereiteten Chromsäure-Lsg., 2std. Kochen u. Aufarbeitung der Ae.-Phase; n_D^{20} 1,4487; 87% (Ausbeute). — Analog: *2-Methylcyclopentanon,* aus 1-Methylcyclopenten; 83%. — *2-Phenylcyclohexanon,* aus 1-Phenylcyclohexen; 63%. — *Isopinocamphon,* aus α-Pinen; 72%. G. MEINHARDT. 1960□

Eine einfache Methode für die Chromsäureoxydation von Alkoholen zu Ketonen großer Reinheit. Herbert C. Brown und Chandra P. Garg. (J. Amer. chem. Soc. **83.** 2952—53. 5/7. 1961. Lafayette, Ind., Purdue Univ., Richard B. Wetherhill Labor.) (Engl.)

Ketone (**A**) lassen sich mit sehr guten Ausbeuten u. hoher Reinheit aus sek. Alkoholen gewinnen, wenn man diese in Ae. mit der berechneten Menge Chromsäure behandelt u. nach 2 Std. die **A** aus der Ae.-Phase isoliert.

Versuche: *l-Menthon* (I), Kp.$_4$ 66—67°, a) durch Einrühren der berechneten Menge aus $Na_2Cr_2O_7$ u. H_2SO_4 dargestellten Chromsäure zu *l*-Menthol (II) in Ae. innerhalb von 15 Min. bei 25°, Abtrennen der Ae.-Schicht nach 2 Std. u. Dest.; n_D^{20} 1,4500; $[\alpha]_D$ —29,9°; 97%; b) aus II u. CrO_3 in Aceton bei 5—10°; 86%; daneben *Isomenthon* (III);

4%, u. **II**; 2%; c) aus **II** u. CrO_3 in 90%ig. Essigsäure bei 25°; 71%; daneben **III**; 3%; d) aus **II** u. wss. CrO_3 bei 50—55°; 90%; daneben **III**; 3%. — *Isopinocamphon*, Kp.$_3$ 62 bis 63°, a) aus Isopinocampheol (**IV**) analog **I** nach a); n_D^{20} 1,4745; $[\alpha]_D$ + 10,04°; 94%; b) aus **IV** analog **I** nach b); 84%; daneben *Pinocamphon* (**V**); 4%, u. **IV**; 1%; c) aus **IV** analog **I** nach c); 78%; daneben **V**; 3%; d) aus **IV** analog **I** nach d); 86%; daneben **V**; 4%, u. **IV**; 1%. — *3-Methylbutanon-(2)*, aus 3-Methylbutanol-(2) analog **I** nach a); 85%. — *Cyclopentanon*, aus Cyclopentanol analog **I** nach a); 87%. — *Cyclohexanon*, aus Cyclohexanol analog **I** nach a); 92%. — *Cyclooctanon*, aus Cyclooctanol analog **I** nach a); 93%. — *2-Methylcyclohexanon*, Kp.$_{23}$ 64—65°, aus 2-Methylcyclohexanol analog **I** nach a); n_D^{20} 1,4490; 97%. G. MEINHARDT. 1960□

Oxydation von p-Nitrotoluol zu 4.4'-Dinitrodibenzyl und 4.4'-Dinitrostilben. Harry A. Stansbury jun. und William R. Proops. (J. org. Chemistry **26**. 4162—64. Okt. 1961. South Charleston, W.Va., Union Carbide Chem. Co., Res. Dep.) (Engl.)

Amine [Pyridin, Äthylendiamin (**I**)] u. Äther (Dioxan, Ae., Diäthylenglykol) beschleunigen die oxydative Kupplung von p-Nitrotoluol (**II**) in methanol. Alkali zu *4.4'-Dinitrodibenzyl* (**III**) u. *4.4'-Dinitrostilben* (**IV**), 2-Methyl-5-äthylpyridin, Triäthylamin, Diäthylenglykolmonoäthyläther, Äthylenglykol oder Methanol zeigen nur geringe oder keine Wirkung. Cu(II)-Salze wirken nicht katalyt., in Ggw. von Cu(I)-Salz wird **II** in **I** mit O_2 zu einem Gemisch aus **III** u. **IV** oxydiert. Die Rk. erfolgt wahrscheinlich über ein **II**-Cu(I)-Salz.

Versuche: *4.4'-Dinitrodibenzyl* (**III**), F. 179—181°, a) durch 1std. Zugabe von **II** in 85%ig. **I** zu 20%ig. methanol. NaOH, ca. 1std. Einleiten von O_2 bei 7—10°, Zugabe von W. u. Auskochen des Nd. mit Bzl.; 75% (Ausbeute); daneben 5% **IV**; b) durch Einleiten von N_2 in ein Gemisch aus 85%ig. **I** u. 20%ig. methanol. NaOH, Zugabe von **II**, 2std. Rühren bei 10°, Zugabe von Eiswasser u. Kristallisation des Nd. aus Methanol; 50%; c) durch Einleiten von N_2 in eine Lsg. von **II** in 99,5%ig. **I** u. Methanol bei Raum-Temp., Kühlen auf 9—11°, Zugabe von Cu_2Cl_2, 10 Min. langes Rühren unter N_2, 1std. Einleiten von O_2 bei 9—11°, 1std. Einleiten von O_2 bei 30—35°, Zugabe von W. u. Auskochen des erhaltenen Nd. mit Bzl.; 57%; daneben 16% **IV**. — *4.4'-Dinitrostilben*, F. 293 bis 295°, durch 3,2std. Einleiten von O_2 in eine Lsg. von **III** in 85%ig. **I** u. 20%ig. methanol. NaOH bei 10° unter Rühren, Verdünnen mit Eiswasser u. Auskochen mit Bzl.; 44%. W. LIEBSCHER. 2210□

Synthese und Eigenschaften von Di- und Triphenylalkanen und ihren Hydrierungsprodukten der Zusammensetzung C_{23}—C_{27}. 3. Mitt. **Selektive Hydrierung einiger Triphenylalkylmethane.** M. A. Tschelzowa und A. D. Petrow. (Известия Академии Наук СССР, Отделение Химических Наук [Nachr. Akad. Wiss. UdSSR, Abt. chem. Wiss.] **1960**. 1445—50. Aug. Zelinsky-Inst. für organ. Chem. der Akad. der Wiss. der UdSSR.) (Russ.) — 2. vgl. C. **1958**. 5059.

Durch GRIGNARD-Synth. werden *4-n-Hexyl-* u. *4-Cyclohexyl-1.7-diphenylheptan* dargestellt. Durch partielle Hydrierung der entsprechenden Triphenylalkylmethane an Ni werden *Dicyclohexylphenyl-n-butyl-*, *-isobutyl-*, *-n-hexyl-*, *-n-heptyl-* u. *-[α-methylheptyl]-methan* erhalten. Daneben werden die *Tricyclohexylalkylmethane* gebildet. Von den Verbb. werden die Epp. u. z. T. die Viscosität bei 20—150° bestimmt.

Versuche: *1.7-Diphenyl-4-n-hexylheptanol-(4)*, $C_{25}H_{36}O$, Kp.$_5$ 241°, durch Rk. von 145 g 1-Brom-3-phenylpropan mit 57 g Önanthsäureäthylester in Ggw. von 18 g Mg; $D._4^{20}$ 1,9599; n_D^{20} 1,5260; daneben dessen Dehydratisierungs-Prodd.; Kp.$_5$ 225—235°; 63 g (Gesamtausbeute). — *1.7-Diphenyl-4-n-hexylheptan*, $C_{25}H_{36}$, Kp.$_{0,5}$ 143—145°, durch Dehydratisierung von 42,5 g vorst. Verb. u. Hydrierung des erhaltenen Olefingemisches (Kp.$_1$ 205 bis 206°; 17 g) an RANEY-Ni bei 40°; $D._4^{20}$ 0,9148; n_D^{20} 1,5120; 11 g. — *1.7-Diphenyl-4-cyclohexylheptan*, $C_{25}H_{34}$, Kp.$_1$ 182—185°, aus 120 g 1-Brom-3-phenylpropan u. 51 g Cyclohexancarbonsäureäthylester in Ggw. von 14,5 g Mg, Dehydratisierung des erhaltenen Gemisches aus *1.7-Diphenyl-4-cyclohexylheptanol-(4)* u. dessen Dehydratisierungs-Prodd. u. Hydrierung des Rk.-Prod. (Kp.$_1$ 193—194°; 25 g) an Ni; $D._4^{20}$ 0,9705; n_D^{20} 0,5419; 14 g. — *Dicyclohexylphenyl-[α-methylheptyl]-methan*, $C_{27}H_{44}$, Kp.$_2$ 175°, F. 34°, durch Hydrierung von 14 g Triphenyl-[α-methylheptyl]-methan bei 140° an 4 g RANEY-Ni unter Druck u. Chromatographieren an Silicagel aus n-Hexan u. Eluieren mit n-Hexan, dann Bzl. u. A.; $D._4^{20}$ 0,9630; n_{D40} 1,5320; 6,16 g. Daneben 0,7 g *Tricyclohexyl-[α-methylheptyl]-methan*; n_D^{40} 1,5080. — *Dicyclohexylphenyl-n-heptylmethan*, $C_{26}H_{42}$, Kp.$_4$ 180—181°, aus 9 g Triphenyl-n-heptylmethan an 2 g Ni bei 140—150° u. Chromatographieren; $D._4^{40}$ 0,9547; n_D^{40} 1,5230; 2,0 g. — *Dicyclohexylphenyl-n-hexylmethan*, $C_{25}H_{40}$, Kp.$_3$ 203°, aus 18 g Triphenyl-n-hexylmethan an 5 g BAG-Katalysator bei 180° unter Druck u. chromatograph. Reinigung; $D._4^{40}$ 0,9513; n_D^{40} 1,5230; 1,85 g. Daneben 1,19 g *Tricyclohexyl-n-hexylmethan*. — *Dicyclohexylphenylisobutylmethan*,

$C_{23}H_{36}$, Kp.$_5$ 168°, aus 167 g Triphenylisobutylmethan an 25 g Ni bei 100° unter Druck u. chromatograph. Reinigung; D.$_4^{40}$ 0,9601; n_D^{40} 1,5320; 1,7 g. Daneben 30 mg *Tricyclohexylisobutylmethan.* — *Dicyclohexylphenyl-n-butylmethan,* $C_{23}H_{36}$, Kp.$_2$ 183—191°, analog aus 20 g Triphenyl-n-butylmethan an 6 g BAG-Katalysator bei 200° unter Druck; D.$_4^{40}$ 0,9631; n_D^{20} 1,5380; 1,63 g. Daneben 0,14 g *Tricyclohexyl-n-butylmethan.*

HELMUT SCHÄFER. 2210□

Reaktionen der Carbene mit Diazoalkanen. H. Reimlinger. (Angew. Chem. **74.** 153—54. 21/2. 1962. Brüssel, Union Carbide European Res. Assoc.) (Dt.)

Rk. von Halocarbenen [dargestellt aus Haloformen, Benzalhalogeniden oder (CCl_2) aus Trichloressigsäuremethylester (**III**)] mit Diphenyldiazomethan (**I**) bzw. Diazofluoren (**II**) in Pentan in Ggw. von K-tert.-Butylat bei 10—20° gab folgende Äthylene: *β.β-Dichlor-α.α-diphenyl-*, F. 80°, aus Chlf. [50% (Ausbeute)] oder **III** u. **I** (85%). — *β.β-Dichlor-α.α-diphenylen-*, F. 132°, aus Chlf. u. **II**; 80%. — *β-Fluor-β-chlor-α.α-diphenyl-*, F. 38°, Kp.$_{18}$ 132°, aus $CHFCl_2$ u. **I**; 50%. — *β.β-Dibrom-α.α-diphenyl-*, F. 85°, aus $CHBr_3$ u. **I**; 20%. — *β-Chlor-β-brom-α.α-diphenylen-*, F. 132—134°, aus $CHClBr_2$ u. **II**; 66%. — *β-Fluor-β-brom-α.α-diphenylen-*, F. 92—94°, aus $CHFBr_2$ u. **II**; 50%. — *β-Chlor-β-phenyl-α.α-diphenylen-*, F. 120—122°, aus Benzalchlorid u. **II**; 40%. — *β-Brom-β-phenyl-α.α-diphenylen-*, F. 130°, aus Benzalbromid u. **II**; 25%.

J. ROTHE. 2210□

Chromatographische Trennung der Nitrierungsprodukte von esterblockiertem 2-Hydroxybiphenyl. J. C. Colbert und D. Paul Denny. (J. org. Chemistry **24.** 348—52. März 1959. Norman, Okla., Univ., Dep. of Chem.) (Engl.)

Durch Nitrierung von *2-Hydroxybiphenyl* (**I**), welches zuvor mit Benzolsulfonsäure verestert wird, entstehen die *2'-* u. *4'-Mononitroverbindungen.* Weiternitrierung dieser Stoffe nach vorangegangener Abspaltung der Benzolsulfonsäure führt zu Prodd., in denen 1 oder 2 Nitrogruppen in den Phenolring eingetreten sind. Eine Trennung der verschiedenen *Nitrohydroxybiphenyle* gelingt auf chromatograph. Wege an Magnesol.

Versuche: *2-Hydroxybiphenylbenzolsulfonat* (**II**), F. 66—67°, aus **I** u. Benzolsulfochlorid in Pyridin bei 10° u. Gießen auf Eis; Nadeln aus wss. A.; 88,9% (Ausbeute). — *4'-Nitro-2-hydroxybiphenyl* (**III**), $C_{12}H_9NO_3$, F. 122—123°, durch Nitrierung von **II** mit rauchender HNO_3 in Eisessig bei Raum-Temp., Hydrolyse der Nitrierungs-Prodd. durch Kochen mit KOH in A., Extraktion der angesäuerten Lsg. mit Bzl. u. chromatograph. Trennung an Magnesol mit Bzl. als Elutionsmittel als dritte gelbe Zone; gelbe Prismen aus Bzl./n-Heptan; 30%; daneben wenig *5-Nitro-2-hydroxybiphenyl,* F. 125—126°. — *p-Nitrobenzoesäure,* F. 236°, a) durch 1½std. Kochen von **III** mit CrO_3 in Essigsäure u. Zusatz von Formalin; b) analog aus **IV, V** oder **VII.** — *2'-Nitro-2-hydroxybiphenyl* (**VI**), $C_{12}H_9NO_3$, F. 142—144°, neben **III** als vierte Zone; gelbe Prismen aus sd. W.; 20,9%. — *o-Nitrobenzoesäure,* F. 147—148°, a) durch Oxydation von **VI**; b) analog aus **VIII.** — *3.5.4'-Trinitro-2-hydroxybiphenyl* (**VII**), $C_{12}H_7N_3O_7$, F. 162—163°, a) aus **III** u. HNO_3 in Eisessig bei 25°; braungelbe Nadeln aus Bzl./n-Heptan; 71,9%; b) durch Nitrierung von **IV**; c) durch Nitrierung von **V.** — *3.4'-Dinitro-2-hydroxybiphenyl* (**V**), $C_{12}H_8N_2O_5$, F. 194 bis 195°, durch Nitrierung von **III** in Eisessig, wiederholtes Aufnehmen des auf Eis gegossenen Nitrierungs-Prod. mit Bzl./n-Heptan, Adsorption an Magnesol u. Aufarbeitung der ersten Zone; gelbgrüne Nadeln aus Bzl./n-Heptan; 31,59%. — *5.4'-Dinitro-2-hydroxybiphenyl* (**IV**), $C_{12}H_8N_2O_5$, F. 226—228°, neben **V** als zweite Zone; hellgelbe Plättchen aus Chlf./n-Heptan; 12%. — *3.2'* (oder *5.2'*)*-Dinitro-2-hydroxybiphenyl,* F. 228 bis 229°, durch Nitrierung von **VI** in Nitromethan bei Raum-Temp., Gießen nach 2 Std. auf Eis, Adsorption an Magnesol u. Aufarbeitung der zweiten Zone; hellgelbe Blättchen aus Bzl./n-Heptan; 40,95%. — *3.5.2'-Trinitro-2-hydroxybiphenyl* (?; **VIII**), $C_{12}H_7N_3O_7$, F. 152—153°, wie vorst. aus **VI** in Eisessig; gelbe Nadeln aus Bzl./n-Heptan; 48,02%.

E. MOISAR. 2260□

Thermische Decarboxylierung von Diarylfumaraten zu Stilbenen. Sydney M. Spatz. (J. org. Chemistry **26.** 4158—61. Okt. 1961. Buffalo, N.Y., Nat. Aniline Div., Allied Chem. Co.) (Engl.)

Aus Fumarsäurediarylestern werden durch trockne Dest. (Meth. **A**) oder Kochen in Dowtherm (Meth. **B**) die entsprechenden *trans-Stilbene* dargestellt. Die Anwendung ist auf symm. substituierte Stilbene begrenzt. Während nach **A** teilweise nur harzige Prodd. erhalten werden, liefert Meth. **B** gute Ausbeuten. Die Darst. von 4.4'-Dinitrostilben aus dem entsprechenden Ester gelingt nicht, wahrscheinlich weil dieser keinen F., sondern nur einen Zers.-Punkt aufweist.

Versuche: Fumarsäurediarylester: *-bis-[4-methoxyphenyl]-*, F. 175—177° (Bzl.), durch Lösen von p-Methoxyphenol in abs. Naphtha unter Erwärmen, Zugabe von Fumarylchlorid u. 5std. Kochen; 88—96% (Ausbeute). — *-diphenyl-*, F. 160—162°;

82—84%. — *-bis-[2-chlorphenyl]-* (I), F. 127,5—129,5°; 50%. — *-bis-[4-chlorphenyl]-*, F. 175—178°; 80—82%. — *-bis-[2.4-dichlorphenyl]-*, F. 182—183°; 70—80%. — *-bis-[2.4.6-trichlorphenyl]-*, F. 172—174°; 57—60%. — *-bis-[2.4.6-tribromphenyl]-*, F. 227 bis 229°; 70—80%. — *-bis-[4-äthoxyphenyl]-*, F. 135—138,5°; 70%. — *-di-β-naphthyl-*, F. 215 bis 217°; 27—31%. — *-bis-[4-nitrophenyl]-*, F. 225—226° (Zers.); 31—45%. — trans-Stilbene: *2.2'-Dichlor-*, F. 96—97,2° (abs. A.), a) durch langsames Erhitzen von I auf 285°, $5^3/_4$std. Erhitzen auf 285—290° u. Dest. bei 340—350° (Meth. **A**); 32,5%; b) durch 36—50std. Kochen von I in Dowtherm (Meth. **B**); 10,8—19,1%. — *Unsubstituiert*, F. 122,5—123,8°, a) nach **A**; 29,9%; b) nach **B**; 19,1%. — *4.4'-Dichlor-*, F. 174—175° a) nach **A**; 16,8—21,0%; b) nach **B**; 32,6—35,1%. — *2.4.2'.4'-Tetrachlor-*, F. 157—159°, nach **B**; 29,6—30,8%. — *2.4.6.2'.4'.6'-Hexachlor-*, F. 216—217°, nach **B** durch 103std. Kochen; 30,4—63,9%. — *2.4.6.2'.4'.6'-Hexabrom-*, F. 243,5—245,5°, a) nach **B**; 11,4 bis 12,2%; b) nach **A**; 0%. — *4.4'-Dimethoxy-*, F. 211—212°, nach **B** durch 36std. Kochen; hellbraune perlmuttartige Kristalle; 56,4—65,6%. — *4.4'-Diäthoxy-*, 203—205°, a) nach **B** durch 48std. Kochen; 38,0%; b) nach **A**; 0%. — *3.4;3'.4'-Dibenzo-*, F. 250—251,2°, a) nach **B** durch 50std. Kochen; 29,5%; b) nach **A**; 0%. W. LIEBSCHER. 2260□

Untersuchung der Umwandlungen von Pinakonen mit substituierten Acetylenresten. 18. Mitt. **Synthese und Umwandlungen von asymm.-Methyldiphenylvinylacetylenäthylenglykol [2-Methyl-1.1-diphenylhexen-(5)-in-(3)-diol-(1.2)].** A. A. Antonowa und E. D. Venus-Danilowa. (Журнал Общей Химии [J. allg. Chem.] **30** (**92**). 2872—77. Sept. 1960. Leningrad, Technol. Lensowjet-Inst.) (Russ.) — **17.** vgl. Труды Ленинградского Технологического Института [Abt. Leningrader technol. Inst.] **60.** [1960.] 85; 16. vgl. C. **1959. 9882.**

Die Rk. von Vinylacetylen (**I**) mit Diphenylacetylcarbinol (**II**) nach GRIGNARD liefert *2-Methyl-1.1-diphenylhexen-(5)-in-(3)-diol-(1.2)* (**III**), während aus **I** u. **II** in Ggw. von $NaNH_2$ *1.1-Diphenyl-2-methylenhexen-(3)-in-(5)-ol-(1)* (**IV**) erhalten wird. **III** liefert bei der Spaltung mit Pb-Tetraacetat *Methyl-[vinylacetylenyl]-keton* u. *Benzophenon* (**V**), bei Einw. von $NaNH_2$ **V**. In 40%ig. H_2SO_4 geht **III** in *2-Methyl-1.2-diphenylhexen-(5)-in-(3)-on-(1)* (**VI**) über, aus dem kein 2.4-Dinitrophenylhydrazon oder Semicarbazon erhalten werden kann. Bei der $KMnO_4$-Oxydation von **VI** entstehen *Acetophenon, Benzoesäure, Oxalsäure* u. *Ameisensäure.* Die Struktur von **III, IV** u. **VI** wird IR-analyt. bestätigt.

Versuche: *2-Methyl-1.1-diphenylhexen-(5)-in-(3)-diol-(1.2)* (**III**), $C_{19}H_{18}O_2$, F. 67 bis 68° (PAe.), man leitet in Äthyl-MgBr in Ae. überschüssiges **I** ein, gibt nach 24 Std. **II** in Ae. zu u. rührt 2 Tage unter schwachem Erwärmen; 51,8% (Ausbeute). — *Methyl-[vinylacetylenyl]-keton*, man gibt zu 5,5 g **III** in 55 ml Eisessig portionsweise 10 g Pb-Tetraacetat u. rührt 3 Std. bei 70—75°; 0,42 g; *2.4-Dinitrophenylhydrazon*, $C_{12}H_{10}N_4O_4$, F. 161 bis 162° (Methanol); neben 0,57 g *Benzophenon* (**V**; *2.4-Dinitrophenylhydrazon*, $C_{19}H_{14}$·N_4O_4, F. 238° aus Eisessig). **V** entsteht auch bei Zugabe von 8 g **III** zu 9 g Na in 800 ml fl. NH_3 u. Dest.; 52%. — *2-Methyl-1.2-diphenylhexen-(5)-in-(3)-on-(1)* (**VI**), $C_{19}H_{16}O$, Kp.$_{1,5}$ 153—154°, F. 49°, man kocht 16,5 g **III** 2 Std. in 40%ig. H_2SO_4 u. extrahiert mit Ae.; 57,8%. — *1.1-Diphenyl-2-methylenhexen-(3)-in-(5)-ol-(1)* (**IV**), $C_{19}H_{16}O$, Kp.$_1$ 158 bis 161°, F. 53° (PAe.), man gibt zu 800 ml fl. NH_3 etwas $Fe(NO_3)_2$, dann 9 g Na, leitet 50 ml **I** ein, rührt $^1/_2$ Std. lang, gibt tropfenweise 18 g **II** in Ae. zu u. läßt über Nacht stehen; 62,5%. HELMUT SCHÄFER. 2270□

Synthesen von Benzophenon- und Benzaldehydmethyläthyl- und -dimethylacetal nach einer elektrolytischen Methode. B. Wladislaw und A. M. J. Ayres. (J. org. Chemistry **27.** 281—82. Jan. 1962. São Paulo, Univ., Fac. de Filosofia, Ciências e Letras, Dep. de Quím.) (Engl.)

Durch Elektrolyse von α-Methoxyphenylessigsäure (**I**) u. α-Methoxydiphenylessigsäure (**II**) in abs. CH_3OH entstanden *Benzaldehyd-* bzw. *Benzophenondimethylacetal*, die entsprechenden α-Äthoxysäuren (**III** bzw. **IV**) ergaben das gemischte *Benzaldehyd-* bzw. *Benzophenonäthylmethylacetal.*

Versuche: *α-Methoxyphenylessigsäure* (**I**), F. 67—70°, aus Mandelsäure u. Dimethylsulfat. — *α-Methoxydiphenylessigsäuremethylester*, Kp.$_1$ 166—167°, aus Benzilsäure (**V**) mit PBr_5, dann mit abs. CH_3OH. *Freie Säure* (**II**), F. 107—110°, durch 25std. Rühren des Esters mit überschüssiger 40%ig. KOH. — *α-Äthoxyphenylessigsäure* (**III**), Kp.$_{17}$ 172°, aus **V** mit C_2H_2J in Ggw. von Ag_2O. — *α-Äthoxydiphenylessigsäureäthylester*, $C_{18}H_{20}O_3$, Kp.$_1$ 150°, durch 3std. Rühren von rohem α-Bromdiphenylessigsäureäthylester mit abs. A.; 91% (Ausbeute). *Freie Säure* (**IV**), F. 113—116° (CS_2-PAe.), durch 5std. Kochen des Esters mit KOH in A.; 95%. — *Benzaldehyddimethylacetal*, $C_9H_{12}O_2$, Kp. 196°, durch Elektrolyse von **I** in CH_3OH unter Zusatz von 0,03 Val Na in einer 3,5×2,5-cm-Zelle mit 1—2 mm Abstand der Pt-Elektroden mit 1,2 A im Eisbad; 61,6%;

gibt mit 2%ig. sd. HCl *Benzaldehyd* (*2.4-Dinitrophenylhydrazon*, F. 237°). — *Benzophenondimethylacetal*, F. 105—107° (CH_3OH), durch Elektrolyse von **II** wie vorst.: 74%; gibt mit konz. H_2SO_4 *Benzophenon* (F. 47—49°). — *Benzaldehydmethyläthylacetal*, $C_{10}H_{14}O_2$, Kp. 205°, durch Elektrolyse von **III** in CH_3OH; $n_D^{19,0}$ 1,4878; 71,4%. — *Benzophenonmethyläthylacetal*, $C_{16}H_{18}O_2$, Kp. 133—135°, durch Elektrolyse von **IV** in CH_3OH; $n_D^{22,5}$ 1,9432; 74%. Gisela Schreiber. 2360□

Synthese von chlorsubstituierten Chalkonen. P. S. Satpanthi und J. P. Trivedi. (Current Sci. **29.** 429. Nov. 1960. Ahmedabad, St. Xaviers Coll., Chem. Dep.) (Engl.)

Durch Zugabe von 40%ig. KOH zu gleichen Teilen des entsprechenden Ketons u. des Aldehyds, mehrstd. Stehen bei Raum-Temp., Gießen in W., Ansäuern mit konz. HCl u. Umkristallisieren aus A. entstehen in 60—70%ig. Ausbeute folgende Chalkone: *2.4-Dichlor-*, $C_{15}H_{10}Cl_2O$, F. 97°. — *2'-Hydroxy-2.4-dichlor-*, $C_{15}H_{10}Cl_2O_2$, F. 149°. — *2'.4'-Dihydroxy-2.4-dichlor-*, $C_{15}H_{10}Cl_2O_3$, F. 203—204°. — *2'.5'-Dihydroxy-2.4-dichlor-*, $C_{15}H_{10}Cl_2O_3$, F. 66°. — *2'-Hydroxy-5'.2.4-trichlor-*, $C_{15}H_9Cl_3O_2$, F. 170°. — *2.2'-Dihydroxy-3.5-dichlor-*, $C_{15}H_{10}Cl_2O_3$, F. 205°. — *2.4'.2'-Trihydroxy-3.5-dichlor-*, $C_{15}H_{10}Cl_2O_4$, F. 78°. — *2.5'.2'-Trihydroxy-3.5-dichlor-*, $C_{15}H_{10}Cl_2O_4$, F. 86°. — *2.2'-Dihydroxy-5.3.5'-trichlor-*, $C_{15}H_9Cl_3O_3$, F. 235°. — *2'-Hydroxy-3'.4'-benzo-2.4-dichlor-*, $C_{19}H_{12}Cl_2O_2$, F. 160°. — *2'.2-Dihydroxy-3.5-dichlor-3'.4'-benzo-*, $C_{19}H_{12}Cl_2O_3$, F. 59°. P. Golinske. 2360□

Kondensations- und Additions-Reaktionen von 3-Phenylinden. Boris Weinstein. (J. org. Chemistry **26.** 4161—62. Okt. 1961. Columbus, Ohio, Ohio State Univ., Dep. of Chem.) (Engl.)

Durch Rk. von 3-Phenylinden (**I**) mit Oxalsäure (**II**) in Ggw. von Na-Äthylat wird *3-Phenylindenyl-(1)-glyoxylsäureäthylester* (**III**) erhalten, der auf Grund des IR-Spektrums in festem Zustand in der Enolform vorliegt. **III** gibt durch Hydrolyse die *freie Säure*, die bei der Rk. mit heißem Alkali/H_2O_2 an Stelle der erwarteten 3-Phenylinden-carbonsäure-(1) **I** liefert. Bei der Behandlung von **I** mit H_2O_2 u. Trifluoressigsäureanhydrid (**IV**) wird an Stelle von 3-Phenylinden-2.3-epoxid *3-Phenyl-3-hydroxyindanon-(2)* (**V**) erhalten. Für die Umwandlung von **I** in **V** wird ein Mechanismus angegeben. Die Hypobromierung von **I** liefert *1-Phenyl-2-bromindanol-(1)*, das Br tritt wahrscheinlich in trans-Stellung zum OH ein.

Versuche: *3-Phenylinden* (**I**), $C_{15}H_{12}$, Kp.$_{29}$ 200—201°, durch $^1/_2$std. Zugabe von Indanon-(1) in Ae. zu Phenyl-MgBr in Ae., $^1/_2$std. Kochen, Gießen in NH_4Cl-haltiges Eiswasser u. Ausäthern; n_D^{20} 1,6320; gelbes Öl; 89,6% (Ausbeute). — *3-Phenylindenyl-(1)-glyoxylsäureäthylester* (**III**), $C_{19}H_{16}O_3$, F. 104,0—104,5°, durch Zugabe von **I** u. **II** in abs. Ae. zu Na-Äthylat in abs. A. unter N_2 unter Rühren, 3std. Rühren, Gießen in ein kaltes Gemisch aus Ae./7%ig. H_2SO_4 u. Ausäthern; aus Bzl./PAe. orangefarbene Nadeln; 88,3%. *Freie Säure*, $C_{17}H_{12}O_3$, F. 188—189° (Zers.), durch 12std. Rühren des Esters in Ae. mit 2%ig. NaOH, Ansäuern der alkal. Lsg. mit 5%ig. HCl u. Ausäthern; aus Bzl. orangerote Nadeln; 98,4%; gibt bei 5std. Erhitzen mit 0,5n NaOH u. 30%ig. H_2O_2 auf 100° u. Neutralisieren mit verd. $NaHCO_3$ **I**. — *3-Phenyl-3-hydroxyindanon-(2)* (**V**), $C_{15}H_{12}O_2$, F. 127,5—128,5° (Methylenchlorid/PAe.), durch 10 Min. lange Zugabe von **IV** zu einer kalten Suspension von 90%ig. H_2O_2 in Methylenchlorid, $^1/_4$std. Kühlen, $^1/_2$std. Zugabe zu einem Gemisch aus Na_2CO_3, **I** u. Methylenchlorid, 1std. Kochen, Filtrieren u. Eindampfen; 80,1%. — *1-Phenyl-2-bromindanol-(1)*, $C_{15}H_{13}BrO$, F. 131,0—132,0°, durch Emulgieren von **I** u. Tide in W. bei 80°, $^1/_2$std. Zutropfen einer gesätt. Lsg. von Br_2 in wss. NaBr, 4std. Rühren, Dekantieren, Rühren des erhaltenen Gummis mit kaltem W., Dekantieren, Trocknen u. Anreiben mit PAe.; Nadeln; 50%. W. Liebscher. 2650□

Synthese von 2.5-Dimethyldekalindion-(1.6). Bidyut Kamal Bhattacharyya und Amalendu Banerjee. (Sci. and Cult. [Calcutta] **23.** 107. Aug. 1957. Calcutta, Jadavpur Univ., Prafulla Chandra Ray Building, Div. of Organ. Chem.) (Engl.)

Durch Methylierung von β-[2-Keto-3-methyl-6-(äthoxycarbonylcyanmethyl)-cyclohexyl]-propionsäuremethylester (Kp.$_1$ 180—185°) wird *β-[2-Keto-3-methyl-6-(α-äthoxycarbonyl-α-cyanäthyl)-cyclohexyl]-propionsäuremethylester* (Kp.$_1$ 185—190°) dargestellt, der durch Hydrolyse *β-[2-Keto-3-methyl-6-(α-carboxyäthyl)-cyclohexyl]-propionsäure* [**I**; *Dimethylester* (**II**), Kp.$_1$ 160—165°] gibt. Durch Pyrolyse des Pb-Salzes von **I** entsteht *2.5-Dimethyldekalindion-(1.6)* [**III**; Kp.$_{0,4}$ 80—84°. *Monosemicarbazon*, F. 226—227° (Zers.). *Mono-2.4-dinitrophenylhydrazon*, F. 210—212° (Zers.); gelb. *Bis-2.4-dinitrophenylhydrazon*, F. 224—225° (Zers.); orangefarben], das in besserer Ausbeute auch aus **II** durch Dieckmann-Cyclisierung u. anschließende Hydrolyse erhalten wird. **III** gibt durch Red. mit $LiAlH_4$ *2.5-Dimethyldekalindiol-(1.6)* (F. 144—145°), aus dem durch Dehydratisierung u. Dehydrierung *1.6-Dimethylnaphthalin* (*Pikrat*, F. 113°) erhalten wird. W. Liebscher. 2700

Versuche zur Synthese von Diterpenoid-Alkaloid-Modellen. 2. Mitt. **Anomale Reduktion von [2-Methoxy-5-hydroxynaphthyl-(1)-essigsäure].** Takeshi Matsumoto und Akira Suzuki. (Bull. chem. Soc. Japan **32.** 1283–88. Dez. 1959. Sapporo, Hokkaido Univ., Fac. of Sci., Dep. of Chem.) (Engl.) – 1. vgl. C. **1962.** 10074.

Während 2-Methoxynaphthaline durch Red. mit Alkali-Metallen in Alkohol (vgl. CORNFORTH u. ROBINSON, C. **1949.** E. 5481) oder in Alkohol/fl. NH_3 (vgl. BIRCH u. SMITH, C. **1959.** 5758) meist in die entsprechenden 2-Oxotetraline übergehen, nimmt die Red. von [2-Methoxy-5-hydroxynaphthyl-(1)]-essigsäure (**I**) einen anomalen Verlauf, was wahrscheinlich mit der Anwesenheit der Carboxylgruppe im Mol. zusammenhängt. Durch Einw. eines großen Na-Überschusses (ca. 0,03 g-Atom auf 0,001 Mol **I**) in Butanol erhält man *[1.2.3.4-Tetrahydro-5-hydroxynaphthyl-(1)]-essigsäure* (**II**) in guter Ausbeute. Durch Acetylierung entsteht aus **II** das *Acetyl-Derivat.* Red. man den **I**-Methylester unter denselben Bedingungen wie **I** u. verseift anschließend, so wird wiederum **II** als Hauptprod. erhalten. Bei der Einw. von Na in sd. A. bzw. von Na in A./fl. NH_3 (Meth. von BIRCH) auf **I** wurde die Hauptmenge des Ausgangsmaterials zurückerhalten, was im ersten Falle auf die zu niedrige Rk.-Temp. u. im zweiten Falle auf die sehr geringe Löslichkeit von **I** in fl. NH_3 zurückgeführt wird. Bei der Red. von **I** mit Li in A./fl. NH_3/Dimethoxyäthan (Meth. von WILD) wird **II** in guter Ausbeute erhalten, selbst wenn nur 4,7 g-Atom Li/Mol. **I** eingesetzt werden. Falls man eine geringere Menge Na (8 g-Atom/Mol **I**) in Butanol auf **I** einwirken läßt, erhält man ein Rk.-Gemisch, in dem *[1.2.3.4-Tetrahydro-2-oxo-4.5-dihydroxynaphthyl-(1)]-essigsäure* (**III**) in beträchtlicher Menge neben **II** u. unverändertem **I** enthalten ist. Wenn **I** in einer Lsg. von Na-Butylat in Butanol zum Sieden erhitzt wird, so erfolgt keine Bldg. von **III**. Durch Einw. von methanol. HCl auf **III** entsteht nicht der **III**-Methylester, sondern der **I**-Methylester u. *[2.5-Dihydroxynaphthyl-(1)]-essigsäuremethylester.* Die Anwesenheit von zwei OH-Gruppen in **III** wurde durch Rk. mit Acetanhydrid in abs. Pyridin nachgewiesen, wobei wahrscheinlich *[2-Hydroxy-4.5-diacetoxy-3.4-dihydronaphthyl-(1)]-essigsäurelacton* entsteht. Zur Strukturermittlung von **III** war ferner wichtig, daß Triphenyltetrazoliumchlorid nicht red. wird (Abwesenheit einer α-Ketolgruppierung) u. daß der pK_a-Wert (6,20) sehr dicht bei dem von **II** (6,12) liegt.

Versuche: *[1.2.3.4-Tetrahydro-5-hydroxynaphthyl-(1)]-essigsäure* (**II**), $C_{12}H_{14}O_3$, F. 144–145°, a) durch Erhitzen von **I** (0,001 Mol) in Butanol unter Rückfluß u. Rühren, Zugeben von Na (0,032 g-Atom) innerhalb 15 Min., Zusetzen von weiterem Butanol u. Gießen des Rk.-Gemisches in W.; 63% (Ausbeute); b) durch Kühlen einer Lsg. von **I** (0,004 Mol) in abs. Dimethoxyäthan auf –40 bis –50°, Zugeben von fl. NH_3 u. danach von Li (0,072 g-Atom) innerhalb von 2 Min., 10 Min. langes Rühren u. Zutropfen von A. innerhalb 1/4 Std.; aus W. Nadeln; 61%; c) durch Einw. von 0,0188 g-Atom Li auf 0,004 Mol **I** wie vorst.; 310 mg (daneben 560 mg **I**). *Acetyl-Deriv.*, $C_{14}H_{16}O_4$, F. 125 bis 126,5°, aus **II** u. Acetanhydrid/abs. Pyridin; aus Ligroin Nadeln; 83,5%. – *[1.2.3.4-Tetrahydro-2-oxo-4.5-dihydroxynaphthyl-(1)]-essigsäure* (**III**), *Monohydrat*, $C_{12}H_{12}O_5 \cdot H_2O$, F. 121,5–123°, durch Lösen nachst. Salzes in W., Ansäuern der Lsg. mit 6n HCl u. Extrahieren mit Essigester; aus W. Prismen; 15% (daneben **II** u. **I**). *Triäthylammoniumsalz*, F. 152° (Zers.), durch Red. von **I** (0,008 Mol) mit Na (0,064 g-Atom) in Butanol analog **II** nach a), Versetzen der Rk.-Mischung mit W., Trennen der Phasen, Zugeben von konz. HCl zur wss. Phase unter Eiskühlung, 1/2std. Erwärmen auf 70–80°, Aufnehmen des Öls in Essigester, Zugeben von überschüssigem Triäthylamin u. 5tägiges Stehen bei Raumtemperatur. *Acetylierungs-Prod. von* **III**, $C_{16}H_{14}O_6$, F. 176–176,5° (Bzl.), durch Stehen von 47 mg **III** mit Acetanhydrid/Pyridin über Nacht; 24 mg. – *[2.5-Dihydroxynaphthyl-(1)]-essigsäuremethylester*, $C_{13}H_{12}O_4$, F. 183–184° (Zers.; Bzl.), neben nachst. Verb. durch 2std. Erhitzen von 210 mg **III** mit 10 cm³ 5%ig. methanol. HCl unter Rückfluß, Eindampfen im Vakuum, Versetzen des viscosen Rückstandes mit W. u. Essigester, Eindampfen u. fraktioniertes Kristallisieren des Rückstandes (192 mg) aus Bzl.; 50 mg. – *[2-Methoxy-5-hydroxynaphthyl-(1)]-essigsäuremethylester*, $C_{14}H_{14}O_4$, F. 155,5–156,5° (Bzl. oder wss. Methanol), aus vorst. Bzl.-Mutterlauge durch Eindampfen; 100 mg. D. HOLZNER. 2700 □.

Synthese polynuclearer Kohlenwasserstoffe mit einem Cyclopentanring. 6. Mitt. S. C. Sen Gupta, A. Bhattacharyya, Sachchidanada Datta und Asutosh Mitra. (J. Indian chem. Soc. **37.** 597–602. Okt. 1960. Calcutta, Presidency Coll., Chem. Labor.) (Engl.) – Vgl. C. **1958.** 7107.

Die Meth. der Diensynth. wird ausgedehnt auf die Synth. von Hydrinden-Derivv., darunter *4.7-Diphenylhydrinden*, zwei *Dialkyl-9.10-cyclopentenophenanthrene* u. einige *Benzo-* u. *Dibenzo-Derivv.* von Cyclopentenophenanthren. Weiter werden *1.2;3.4-Bis-[cyclopenteno]-phenanthren* u. *3.6-Dimethylphenanthren* dargestellt.

Versuche: *4.7-Diphenyl-4.7.8.9-tetrahydrohydrinden-8.9-dicarbonsäureanhydrid*, $C_{23}H_{20}O_3$, F. 212° (erweicht bei 205°), durch 5std. Kochen von 1.4-Diphenylbutadien u.

Δ^1-Cyclopenten-1.2-dicarbonsäureanhydrid (I) in abs. Xylol bei 150—155° u. mehrstd. Stehen bei Raum-Temp.; aus Bzl. Nadeln. — *4.7-Diphenyl-8.9-dihydrohydrinden-8.9-dicarbonsäureanhydrid*, $C_{23}H_{18}O_3$, F. 217—218°, durch 3std. Kochen von 6 g 1.4-Diphenylbutadien u. 4 g I in Nitrobenzol u. mehrst. Stehen bei Raum-Temp.; aus Bzl. Nadeln; 5,6 g (Ausbeute). — *4.7-Diphenylhydrinden*, $C_{21}H_{18}$, F. 108° (A.), durch Erhitzen von 6 g vorvorst. Verb. mit Natronkalk im Vakuum; 2 g. — *4-Phenyl-7-[p-tolyl]-4.7.8.9-tetrahydrinden-8.9-dicarbonsäureanhydrid*, $C_{24}H_{22}O_3$, F. 188—190° (Bzl.), aus 10 g 1-Phenyl-4-[p-tolyl]-butadien u. 8 g I in sd. Xylol; 8 g. — *4-[4'-Phenylbutadienyl]-7-phenyl-4.7.8.9-tetrahydrohydrinden-8.9-dicarbonsäureanhydrid*, $C_{27}H_{24}O_3$, F. 206° (Xylol), aus 7 g 1.8-Diphenyloctatetraen u. 7 g I durch 10std. Kochen in Xylol; 3,5 g. — *4.5-[4'.5'-Methylendioxybenzo]-7-methyl-6.7.8.9-tetrahydrohydrinden-8.9-dicarbonsäureanhydrid*, $C_{17}\cdot H_{16}O_5$, F. 172° (Acetanhydrid u. Bzl.), durch Erhitzen von 10 g Isosafrol u. 8 g I in Xylol; 4 g. — *4.7-Diphenyl-4.7-endoxy-5.6-[4'.5'-dimethylbenzo]-4.7.8.9-tetrahydrohydrinden-8.9-dicarbonsäureanhydrid*, $C_{29}H_{24}O_4$, F. 286°, durch 3std. Kochen von 1.3-Diphenyl-5.6-dimethylisobenzofuran u. I in Xylol; aus Bzl. Würfel. — *2.7-Dimethyl-9.10-cyclopentano-$\Delta^{4a,4b}$-dodekahydrophenanthren-9.10-dicarbonsäureanhydrid*, $C_{21}H_{28}O_3$, F. 115°, durch 9std. Kochen von 15 g Bis-[4-methylcyclohexen-(1)-yl] u. 10 g I in Xylol; aus A. Nadeln; 8 g. — *2.7-Dimethyl-9.10-cyclopentenophenanthren*, $C_{19}H_{18}$, F. 163°, durch Erhitzen von 6 g vorst. Verb. mit Natronkalk im Vakuum, Dest., 24std. Erhitzen des Destillats (2,5 g) mit Se auf 300—320°, Ausäthern, Dest. u. Reinigen über das Pikrat; aus A. Nadeln; 1 g. *Pikrat*, $C_{25}H_{21}N_3O_7$, F. 152°; aus A. orangefarbene Nadeln. *Trinitrobenzolkomplex*, $C_{25}H_{21}N_3O_6$, F. 172°. — *Bis-[5-methylcyclohexen-(1)-yl]*, $C_{14}H_{22}$, $Kp._{12}$ 129—130°, durch Red. von 3-Methylcyclohexanon mit Al-Amalgam in abs. Bzl. u. Dehydratisieren des Diols mit wasserfreiem $KHSO_4$ bei 160—180°. — *3.6-Dimethylphenanthren*, $C_{16}H_{14}$, F. 140°, durch 5std. Erhitzen vorst. Verb. mit Maleinsäureanhydrid in abs. Xylol auf 140—150°, Überführen des Addukts in das K-Salz, Erhitzen mit Natronkalk im Vakuum u. 12std. Erhitzen des Destillats mit 10%ig. Pd/Kohle auf 300—320°. *Pikrat*, F. 172°; aus A. orangefarbene Nadeln. — *3.6-Dimethyl-9.10-cyclopentenophenanthren*, $C_{19}H_{18}$, F. 175°, durch 8std. Erhitzen von 8 g vorvorst. Verb. u. 5 g I in abs. Xylol, Erhitzen des Adduktes mit Natronkalk im Vakuum u. 12std. Erhitzen des Destillats mit 10%ig. Pd/Kohle auf 300—320°, aus A. Nadeln; 1,2 g. *Pikrat*, $C_{25}H_{21}N_3O_7$, F. 185°; aus A. tiefrote Nadeln. *Trinitrobenzolkomplex*, $C_{25}H_{21}N_3O_6$, F. 220°; aus A. orangefarbene Nadeln. — *1.2-Cyclopentano-3.4-cyclopenteno-1.2-dihydrophenanthren-1.2-dicarbonsäureanhydrid*, $C_{22}H_{18}O_3$, F. 164—165° (Eisessig), durch 2std. Kochen von 5 g 1-[α-Naphthyl]-cyclopenten-(1) u. 4 g I in Nitrobenzol; 2 g. — *1.2;3.4-Bis-[cyclopenteno]-phenanthren*, $C_{20}H_{18}$, F. 137—138°, durch Erhitzen von 2 g vorst. Verb. mit Natronkalk auf 250—300°/10 Torr; aus A. Schuppen; 1,2 g. — *9.10-Cyclopentano-3.4;5.6-dibenzo-1.2.7.8.8a.9.10.10a-oktahydrophenanthren-9.10-dicarbonsäureanhydrid*, $C_{27}\cdot H_{24}O_3$, F. 262° (Acetanhydrid), durch 18std. Kochen von 10 g 3.4.3'.4'-Tetrahydrodinaphthyl-(1.1') u. 8 g I in Xylol; 5 g. — *7.7'-Dimethyl-3.4.3'.4'-tetrahydrodinaphthyl-(1.1')*, $C_{22}H_{22}$, F. 110° (Essigsäure), durch Red. von 7-Methyltetralon-(1) mit Al-Amalgam in abs. Bzl./A. u. Dehydratisieren des Diols mit heißem Eisessig. — *9.10-Cyclopentano-3.4-[4'-methylbenzo]-5.6-[5'-methylbenzo]-1.2.7.8.8a.9.10.10a-oktahydrophenanthren-9.10-dicarbonsäureanhydrid*, $C_{29}H_{28}O_3$, F. 245° (Toluol), durch 18std. Kochen von 5 g vorst. Verb. mit I in Xylol; 2,2 g. — *2.3-Cyclopentano-9.10-benzo-1.4-diphenyl-1.4-endocarbonyl-1.2.3.4-tetrahydrophenanthren-2.3-dicarbonsäureanhydrid*, $C_{36}H_{24}O_4$, F. 285° (Zers.), durch 3std. Erhitzen von 8 g Phencyclon u. 6 g I in Xylol auf 150°; aus Acetanhydrid Nadeln; 8 g. — *2.3-Cyclopentano-9.10-benzo-1.4-diphenyl-2.3-dihydrophenanthren-2.3-dicarbonsäure*, $C_{35}H_{26}O_4$, F. 303° (Zers., Essigsäure), durch 3std. Erhitzen vorst. Verb. in heißem Tetralin auf 200° bis zur Beendigung der CO-Entwicklung. P. Golinske. 2950 □

Untersuchung der Kondensation von Glyoxalmonoacetal mit Diaminen. Nicole Vinot. (C. R. hebd. Séances Acad. Sci. **253.** 2986—88. 18/12. 1961. Paris, Sorbonne, Labor. de chim. organ. II.) (Franz.) — Vgl. C. **1961.** 13534.

Glyoxalmono-[diäthylacetal] (I) kondensiert sich mit o-Phenylendiamin (o-**II**) zu *2-Diäthoxymethylbenzimidazol* [F. 174—175° (Bzl.), durch 3 Min. langes Erhitzen der Komponenten in Nitrobenzol; 40% (Ausbeute)], mit p-**II** in A. zu *N.N'-Bis-[β.β-diäthoxyäthyliden]-p-phenylendiamin* ($C_{18}H_{28}N_2O_4$, $Kp._{0,6}$ 169—172°; 82%). **I** u. m-**II** sowie **I** u. Benzidin liefern Harze. Mit 5.6-Diaminoacenaphthen in A. gibt **I** eine rote Verb., die mit Acetanhydrid in Ae. in der Kälte zum *Diacetyl-Deriv. des 2-Diäthoxymethyl-2.3-dihydroaceperimidins* [$C_{22}H_{26}N_2O_4$, F. 168—170° (verd. A.); 45%] umgesetzt wurde. 2.2'-Diaminobiphenyl u. **I** kondensieren sich zu *6-Diäthoxymethyl-5.6-dihydrodibenzo-[α;f]-1.3-diazepin* ($C_{18}H_{22}N_2O_2$, $Kp._{10^{-3}}$ 135—140°; 50%), **I** u. Äthylendiamin zu *N.N'-Bis-[β.β-diäthoxyäthyliden]-äthylendiamin* ($C_{14}H_{28}N_2O_4$, $Kp._{0,5}$ 113—115°, n_D^{20} 1,461; 42%). 1.2-Dianilinoäthan u. **I** ergeben *1.3-Diphenyl-2-diäthoxymethylimi-*

dazolidin [$C_{20}H_{26}N_2O_2$, F. 48—50° (A.); 57%], das mit Säuren wieder gespalten wird u. mit Phenylhydrazinhydrochlorid *1.3-Diphenyl-2-formylimidazolidinphenylhydrazon* [$C_{22}H_{22}N_4$, F. 156—158° (verd. A.)] liefert. GISELA SCHREIBER. 3000□

Vierring-Sulfone aus Enaminen und aliphatischen Sulfonylhalogeniden. Gilbert Stork und Irving J. Borowitz. (J. Amer. chem. Soc. **84.** 313. 20/1. 1962. New York, N.Y., Columbia Univ., Chandler Labor.) (Engl.)

Bei der Einw. von Methansulfonylchlorid (I) auf mehrere Morpholinenamine in Ggw. eines Protonenacceptors entstehen *Vierringsulfone*, deren Konstit. durch IR- u. kernmagnet. Resonanzspektren sowie durch $LiAlH_4$-Red. zum entsprechenden Thietan bewiesen wird.

Versuche: *2.3-Tetramethylen-3-morpholinothiacyclobutan-1.1-dioxid* (II), $C_{11}H_{19}$·NO_3S, F. 139—140°, aus 1-Morpholinocyclohexen u. I in Dioxan in Ggw. von Triäthylamin bei Raumtemperatur. — *2.3-Tetramethylen-3-morpholinothiacyclobutan*, aus **II** u. $LiAlH_4$ bei saurer Aufarbeitung. *Pikrat*, F. 165—167°. — *2.3-Trimethylen-3-morpholinothiacyclobutan-1.1-dioxid*, F. 122—123°, analog **II**; 77% (Ausbeute). — *2-Methyl-3-morpholinothiacyclobutan-1.1-dioxid*, F. 107—108°, analog **II**. A. TREDE. 3040

Derivate des Thiacyclobutens (Thiet) und des Thiacyclobutans (Thietan). 1. Mitt. **Reaktionen von Thiet-1.1-dioxid.** Donald C. Dittmer und Marcia E. Christy. (J. Amer. chem. Soc. **84.** 399—402. 5/2. 1962. Philadelphia, Pa., Univ., Dep. of Chem.) (Engl.)

Die Red. von *Thiacyclobuten-1.1-dioxid* (I) liefert statt des erwarteten Thiacyclobutens mit $LiAlH_4$ *n-Propylmercaptan*, mit $NaBH_4$ *Thiacyclobutan-1.1-dioxid* (II). Mit A., NH_3, Dimethylamin u. Thiophenol (IV) ergibt I die in 3-Stellung substituierten Derivv. von **II**, mit wss. Alkali entsteht über das *3-Hydroxy-Deriv.* von **II** *Dimethylsulfon*. Das 3-N.N-Dimethylamino-Deriv. von **II** (V) wird mit $LiAlH_4$ zu *3-N.N-Dimethylaminothiacyclobutan* red., aus dem mit Dimethylsulfat *3-N.N.N-Trimethylammoniothiacyclobutanmethylsulfat* entsteht. Mit Anthracen (III) bildet I ein DIELS-ALDER-Addukt, das mit $LiAlH_4$ zum Thiacyclobutenaddukt red. werden kann. Die therm. Zers. des letzteren liefert nur **III** zurück.

Versuche: *n-Propylmercaptan*, durch Zugabe von I zu $LiAlH_4$ in Ae.–n-Butyläther bei Raum-Temp. u. 45 Min. bei 40°. *2.4-Dinitrophenylthioäther*, F. 84—86°. — *Thiacyclobutan-1.1-dioxid* (II), F. 73—75°, durch Zugabe von $NaBH_4$ in verd. NaOH zu I in Methanol bei 20—25°; 61% (Ausbeute). — *3-Äthoxythiacyclobutan-1.1-dioxid*, $C_5H_{10}O_3S$, F. 50—52° (Ae.-PAe.), aus I u. Na-Äthylat in A., 35 Min. unter Rückfluß; 68%. — *3-Aminothiacyclobutan-1.1-dioxid*, $C_3H_7NO_2S$, F. 93—96° (Essigester), aus I u. alkohol. NH_3, 5 Tage bei Raum-Temp.; 48%. — *3-N.N-Dimethylaminothiacyclobutan-1.1-dioxid* (V), aus I u. Dimethylamin in Bzl. bei 0° u. 6 Tage bei Raum-Temp.; 99%. *Pikrat*, $C_{11}H_{14}N_4O_9S$, F. 177—178° (Zers.; A.). *Methojodid*, $C_6H_{14}JNO_2S$, F. 188—190° (Zers.; 95%ig. A.). — *3-Phenylmercaptothiacyclobutan-1.1-dioxid*, $C_9H_{10}O_2S_2$, F. 72—74° (Isopropanol), aus **I** u. **IV** in A. in Ggw. von Triäthylamin, 1 Std. unter Rückfluß; 92,5%. — *Thiophenol* (IV), aus vorst. Verb. u. $LiAlH_4$; 55%. *2.4-Dinitrophenylthioäther*, F. 120—121°. — *Bis-[3-thiacyclobutyl]-sulfid-1.1.1'.1'-tetroxid*, $C_6H_{10}O_4S_3$, F. 226—227° (Eisessig), aus I u. H_2S in $Ba(OH)_2$-Lsg., 30 Min. bei 50°; 64%. — *Dimethylsulfon*, F. 109—111° (A.), aus I u. $Ba(OH)_2$-Lsg., 30 Min. unter Rückfluß; 54%. — *3-N.N-Dimethylaminothiacyclobutan*, aus **V** u. $LiAlH_4$ in Ae. bei Raum-Temp. u. 30 Min. unter Rückfluß; 30%. *Hydrochlorid*, $C_5H_{12}ClNS$, F. 180,5—182,5° (A.-Ae.). *Pikrat*, $C_{11}H_{14}N_4$·O_7S, F. 210—212° (Zers.; A.). — *3-N.N.N-Trimethylammoniothiacyclobutanmethylsulfat*, $C_7H_{17}NO_4S_2$, F. 166—170° (Aceton), aus vorst. Verb. u. Dimethylsulfat in Bzl. bei Raum-Temp.; 85%. — *9.10-Dihydro-9.10-[1'-thiacyclobutylen-(2'.3')]-anthracen-1'.1'-dioxid*, $C_{17}H_{14}O_2S$, F. 266—267,5° (Eisessig), aus I u. III in Toluol, 5 Tage bei 147°; 55%.— *9.10-Dihydro-9.10-[1'-thiacyclobutylen-(2'.3')]-anthracen*, $C_{17}H_{14}S$, F. 175—175,5° (Isopropanol), durch Zugabe von vorst. Verb. in Bzl. zu $LiAlH_4$ in Ae. bei Raum-Temp. u. 40 Min. unter Rückfluß; 69%. Pyrolyse bei 300° ergibt **III** (F. 212—214°; 30%), Ozonisierung ergibt wieder das Sulfon. *Methojodid*, $C_{18}H_{17}JS$, F. 125,5—127,5° (Aceton–W.), mit CH_3J in Bzl., 8 Std. unter Rückfluß; 75%. A. TREDE. 3040

Tanshinone. 1. Mitt. **Die Synthese eines Isomeren des Tanshinons I.** T. J. King und G. Read. (J. chem. Soc. [London] **1961.** 5090—94. Dez. Nottingham, Univ., Dep. of Chem.) (Engl.)

Das aus getrockneten Wurzeln von *Salvia miltorrhiza* isolierte *Tanshinon I* konnte synth. nicht erhalten werden, wohl aber das isomere *4.5-Dihydro-3.8-dimethyl-4.5-dioxophenanthro-[4.3;b]-furan* (I). 1.4-Dihydroxynaphthalin wird mit α-Chloracetessigsäureäthylester zu *3-Chlor-6-hydroxy-4-methylnaphtho-[1.2:b]-pyron-(2)* umgesetzt, das mit Alkali unter Ringverengung *5-Hydroxy-3-methylnaphtho-[1.2:b]-furan-2-carbonsäure* gibt, die mit SeO_2 oder K-Nitrosodisulfonat zu *4.5-Dihydro-3-methyl-4.5-dioxonaphtho-[1.2:b]-furan-2-carbonsäure* oxydiert wird. Analog wird 5-Hydroxy-3-methylnaphtho-[1.2:b]-furan zu *4.5-Dihydro-3-methyl-4.5-dioxonaphtho-[1.2:b]-furan* oxydiert, das reduktiv zu *4.5-Dimethoxy-3-methylnaphtho-[1.2:b]-furan* methyliert wird. Das durch Diels-Alder-Rk. in Methanol aus Benzochinon u. 3-Methyl-2-vinylcyclohexen erhaltene Prod. wird als *1.2.3.4.6.7b.8.9.10.11.13.14b-Dodekahydro-7.14-dihydroxy-4.11-dimethyldibenz-[a;h]-anthracen* identifiziert. In Bzl. entsteht *1.4.5.6.7.8.10.13-Oktahydro-1.4-dioxo-8-methylphenanthren,* das über sein Chinol (durch saure Umlagerung) zu *5.6.7.8.10.13-Hexahydro-1.4-dimethoxy-8-methylphenanthren* methyliert u. mit S zu *1.4-Dimethoxy-8-methylphenanthren* dehydriert wird. Nach der Ätherspaltung mit Pyridinhydrochlorid entsteht mit α-Chloracetessigsäureäthylester *3-Chlor-6-hydroxy-4.9-dimethylphenanthro-[4.3:b]-pyron-(2),* das mit alkohol. KOH *5-Hydroxy-3.8-dimethylphenanthro-[4.3:b]-furan-2-carbonsäure* unter Ringverengung gibt, welche zu *5-Hydroxy-3.8-dimethylphenanthro-[4.3:b]-furan* (**II**) decarboxyliert wird. Zur Struktur-Unters. wird dieses an Raney-Ni hydriert, mit $KHSO_4$ dehydratisiert, mit Se dehydriert u. als *6-Isopropyl-1-methylphenanthren* charakterisiert. Oxydation von **II** mit K-Nitrosodisulfonat gibt **I**.

Versuche: *3-Chlor-6-hydroxy-4-methylnaphtho-[1.2:b]-pyron-(2),* $C_{14}H_9ClO_3$, F. 310 bis 311° (Eisessig), durch langsames Zutropfen von 84%ig. H_2SO_4 zu 10 g 1.4-Dihydroxynaphthalin u. 15 ml α-Chloracetessigsäureäthylester bei 10°, 18std. Rühren u. Gießen in W.; gelbe Prismen; 12,6 g (Ausbeute). — *5-Hydroxy-3-methylnaphtho-[1.2:b]-furan-2-carbonsäure,* F. 254—255° (Zers.; Eisessig), aus vorst. Verb. durch 6std. Kochen mit 10%ig. alkohol. KOH unter N_2, Verdünnen mit W. u. Ansäuern; Blättchen; 69%. *O-Methyläthermethylester,* $C_{16}H_{14}O_4$, F. 234—235° (Eisessig), mit Diazomethan; Prismen. — *4.5-Dihydro-3-methyl-4.5-dioxonaphtho-[1.2:b]-furan-2-carbonsäure,* $C_{14}H_8O_5$, F. 292 bis 293° (Zers.; Essigsäureäthylester), a) durch Zugabe einer wss. Lsg. von K-Nitrosodisulfonat u. KH_2PO_4 zu vorst. Säure in Aceton u. 12std. Stehen bei Zimmer-Temp.; orangefarbene Prismen; b) durch 4std. Kochen einer wss. Dioxan-Lsg. von 0,2 g der vorst. Säure mit SeO_2 u. Gießen in W.; 30 mg; *Chinoxalin-Deriv.,* $C_{20}H_{12}N_2O_3$, F. 310—312° (Dioxan), in Eisessig mit o-Phenylendiamin; gelbe Nadeln. — *5-Hydroxy-3-methylnaphtho-[1.2:b]-furan,* $C_{13}H_{10}O_2$, F. 145—146°, durch Sublimation vorst. Verb. mit Cu-Bronze bei 250—265°/12 mm; Nadeln; 53%. — *4.5-Dihydro-3-methyl-4.5-dioxonaphtho-[1.2:b]-furan,* $C_{13}H_8O_3$, F. 168° (wss. Aceton), durch K-Nitrosodisulfonat-Oxydation von 1,05 g vorst. Verb.; rote Blättchen; 0,95 g. *Chinoxalin-Deriv.,* $C_{19}H_{12}\cdot N_2O$, F. 175° (A.), in Eisessig mit o-Phenylendiamin; gelbe Nadeln. — *4.5-Dimethoxy-3-methylnaphtho-[1.2:b]-furan,* $C_{15}H_{14}O_3$, F. 51—52°, durch Hydrierung des vorst. Chinons mit H_2/Pd bei Zimmer-Temp., Zugabe von Dimethylsulfat u. 20%ig. NaOH, Wasserzugabe nach $2^1/_2$ Std., Vakuum-Dest. u. Filtration in PAe. über Al_2O_3. — *1.2.3.4.6.7b.8.9.10.11.13.14b-Dodekahydro-7.14-dihydroxy-4.11-dimethyldibenz-[a;h]-anthracen,* $C_{24}H_{30}O_2$, F. 197—198° (PAe.), durch Dehydratisierung von 2-Methyl-1-vinylcyclohexanol u. Rk. mit Benzochinon in Methanol; Nadeln. *Diacetat,* $C_{28}H_{34}O_4$, F. 223—225° (A.), mit Acetanhydrid u. Pyridin; Prismen. — *5.6.7.8.10.13-Hexahydro-1.4-dimethoxy-8-methylphenanthren,* $C_{17}H_{22}O_2$, F. 66—67° (Aceton), durch 30std. Kochen des entsprechenden Diphenols mit Dimethylsulfat u. K_2CO_3 in Aceton; lange Prismen; 92%. — *1.4-Dimethoxy-8-methylphenanthren,* $C_{17}H_{16}O_2$, F. 124° (A.), durch 3std. Erhitzen von 1,6 g vorst. Verb. mit S auf 200—220° u. Chromatographie an Al_2O_3 mit PAe.-Bzl. (95:1); Nadeln; 1,0 g. *Pikrat,* $C_{17}H_{16}O_2\cdot C_6H_3N_3O_7$, F. 168—170° (A.), braune Nadeln. — *3-Chlor-6-hydroxy-4.9-dimethylphenanthro-[4.3:b]-pyron-(2),* $C_{19}H_{13}ClO_3$, F. 280—300° (unter Verkohlung), durch 4std. Erhitzen vorst. Verb. mit Pyridinhydrochlorid auf 170—190°, Fällen mit W., Trocknen, Zugabe von 88%ig. H_2SO_4 zu dem Diol u. α-Chloracetessigsäureäthylester bei 0° u. Verdünnen mit W. nach 24 Std.; sublimiert bei 210°/5·10^{-5} mm; gelbe Nadeln; 100%. — *5-Hydroxy-3.8-dimethylphenanthro-[4.3:b]-furan-2-carbonsäure,* durch 5std. Erhitzen von 1,5 g vorst. Verb. mit 10%ig. alkohol. KOH unter N_2 auf 280—300°, Verdünnen mit W. u. Ansäuern; Flocken; 1,05 g. *O-Methyläthermethylester,* $C_{21}H_{18}O_4$, F. 306—307° (Zers.; Eisessig), mit Diazomethan; gelbe Prismen. — *5-Hydroxy-3.8-dimethylphenanthro-[4.3:b]-furan* (**II**), $C_{18}H_{14}O_2$, F. 223°, durch Sublimieren von 1,0 g vorst. Verb. mit Cu Bronze bei 220°/14 mm u. Steigern der Temp. auf 280° während 30 Min.; Nadeln; 0,49 g. — *6-Isopropyl-1-methylphenanthren,* durch 3std. Hydrieren vorst. Verb. an Raney-Ni in Methylcyclohexan bei 200°/200 at., Dehydratisieren des Öls bei 180° mit $KHSO_4$ (30 Min.) u. 12std. Erhitzen mit Se auf 340—350°; aus wss. A. Platten. — *4.5-Dihydro-3.8-dimethyl-4.5-dioxophenanthro-[4.3:b]-furan* (**I**), $C_{18}H_{12}O_3$, F. 233—234° (Toluol), durch Oxydation von 100 mg **II** mit K-Nitrosodisulfonat; dunkelrote Prismen; 98 mg. *Chinoxalin-Deriv.,* $C_{24}H_{16}N_2O$, F. 252—253° (Ae.), in Eisessig mit o-Phenylendiamin; gelbe Nadeln. E. Kossmehl. 3061 □

In 3-Stellung substituierte Thiophene, Thienyl-(3)-ketone. Salo Gronowitz. (Ark. Kemi **12.** Nr. 45. 533—45. 1958. Uppsala, Royal Agric. Coll., Inst. of organ. Chem.) (Engl.)

Bei dem Vers. der Darst. von [*Thienyl-(3)*]-*ketonen* (**A**) erhält man aus [Thienyl-(3)]-Li (**I**) u. Benzonitril (**III**) *3-Benzothienon* (**VIII**) in 75%ig. Ausbeute. Dagegen reagiert **I** mit Acetonitril nur in geringem Maße unter Bldg. von *3-Acetothienon* (**II**). Setzt man **I** in Ggw. von $ZnCl_2$ mit Acetylchlorid (**V**) um, so entsteht unter teilweiser Isomerisierung ein Gemisch aus 65% *2-Acetothienon* (**IV**) u. 31% **II**. Neben Zers.-Prodd. wird ein ähnliches Gemisch aus **II** u. **IV** auch dann erhalten, wenn man **I** u. **V** in Ggw. von $CdCl_2$ zur Rk. bringt. **II** läßt sich dagegen mit guter Ausbeute gewinnen, wenn **I** zunächst mit $MgBr_2$ in die Grignard-Verb. umgewandelt u. dann bei —70° mit Acetanhydrid (**IX**) umgesetzt wird. Die **A** können mit guter Ausbeute auch durch CrO_3-Oxydation von [*Thienyl-(3)*]-*carbinolen* (**B**) dargestellt werden, die man ihrerseits leicht aus **I** u. Aldehyden bei —70° erhält. Die IR-Spektren der synthetisierten **A** u. **B** sind graph. wiedergegeben.

Versuche (alle Rkk. mit metallorgan. Verbb. unter N_2): *3-Benzothienon* (**VIII**), $C_{11}H_8OS$, F. 63—64° (CH_3OH), $Kp._1$ 125—127°, a) durch Zugabe von **III** in Ae. zu dem aus 3-Bromthiophen u. n-Butyl-Li bei —70° dargestellten **I** in Ae. bei —70°, Zers. mit Eis-HCl, Abtrennen der Ae.-Schicht, wiederholtes 20 Min. langes Kochen der salzsauren Lsg. u. Ae.-Extraktion u. fraktionierte Dest. des Rückstandes der vereinigten Ae.-Lsgg.; 75% (Ausbeute); b) aus **VI** analog **II** nach a); 75%. *2.4-Dinitrophenylhydrazon*, F. 212—213° (CH_3OH). — *Acetophenon*, $Kp._{14}$ 85—88°, a) durch Zugabe äquimol. Mengen $CdCl_2$ zu C_6H_5Li in Ae., Kochen, Kühlen in Eiswasser, Zugabe von 1 Mol **V** in Ae., $^1/_2$std. Kochen u. Zers. mit Eis/verd. H_2SO_4; n_D^{25} 1,5312; 64%; b) analog aus C_6H_5Li, $ZnCl_2$ u. **V**; 81%. — *2-Acetothienon* (**IV**), $Kp._{13}$ 93—95°, a) wie vorst. nach a) aus [Thienyl-(2)]-Li, $CdCl_2$ u. **V**; n_D^{25} 1,5588; 51%; b) durch Umsetzung der aus 2-Bromthiophen u. Mg in Ae. bereiteten Grignard-Lsg. mit $CdCl_2$ u. Zusatz von **V**. 53%; c) durch Zugabe von **I** in Ae. zu $ZnCl_2$ in Ae., Einengen u. Zugabe von **V** in Bzl.; 55% (Gemisch aus 65% **IV** u. 31% **II**); d) aus **I** u. $CdCl_2$ bei Zugabe von **V** nach einigem Kochen; 18% (Gemisch aus **IV** u. **II**). — *1-*[*Thienyl-(3)*]-*äthanol* (**VII**), $Kp._{1,5}$ 70—72°, durch Zugabe von Acetaldehyd zu der aus 3-Bromthiophen u. n-Butyl-Li bei —70° dargestellten Lsg. von **I** in Ae., Hydrolyse nach 1 Std. u. Aufarbeitung der Ae.-Schicht; n_D^{25} 1,5418; 74%. *Phenylurethan*, $C_{13}H_{13}NO_2S$, F. 82—83°. — *3-Acetothienon* (**II**), F. 58—59° (PAe.), $Kp._{25}$ 106—107°, a) durch Oxydation von **VII** mit CrO_3 in Essigsäure bei 25—30°, 1std. Rühren, Einengen in W., Ae.-Extraktion, Auswaschen der Ae.-Lsg. mit Na_2CO_3-Lsg. u. Ae.-Extraktion der alkal. Phase; n_D^{22} 1,4822; 71%; b) analog **VIII** aus 6,15 g Acetonitril u. äquimol. Mengen **I**; 0,85 g; c) durch Eintropfen von auf —70° abgekühltem **I** in Ae. zu **IX** in Ae. bei —70°, 2std. Rühren u. Zers.; 21% [daneben *1.1-Bis-*[*thienyl-(3)*]-*äthylen* ?), $Kp._{11}$ 146—150°]; d) durch Zugabe von **I** zu $MgBr_2$ in Ae., Abkühlen der erhaltenen Lsg. von Thienyl-(3)-MgBr auf —70°, Zugabe von auf —70° abgekühltem **IX** in Ae., 2std. Rühren u. Hydrolyse mit NH_4Cl-Lsg. bei —10°; 68%. — *1-*[*Thienyl-(3)*]-*propanol*, $C_7H_{10}OS$, $Kp._{1,5}$ 78—80°, aus **I** u. Propionaldehyd; n_D^{25} 1,5250; 75%. *Phenylurethan*, F. 89—90°. — *3-Propiothienon*, $Kp._{81}$ 95—97°, analog **II** nach a); n_D^{25} 1,5412; 67%. *Semicarbazon*, F. 186—187°. — [*Thienyl-(3)*]-*phenylcarbinol* (**VI**), $C_{11}H_{10}OS$, F. 90—90,5° (PAe.), aus **I** u. Benzaldehyd; 79%. — [*Thienyl-(3)*]-[*thienyl-(2)*]-*carbinol*, $C_9H_8OS_2$, F. 67,5—68,5° (PAe.), aus **I** u. Thiophenaldehyd-(2); 77%. — *2-*[*Thenoyl-(3)*]-*thiophen*, $C_9H_6OS_2$, F. 62—63° (CH_3OH; Nadeln, aus vorst. Verb. analog **II** nach a); 72%. — *Thiophencarbonsäure-(3)*, F. 85—135°, durch 10std. Kochen von 6,0 g Mg, 3 g C_2H_5Br u. 40 g 3-Bromthiophen in Tetrahydrofuran u. Carboxylieren mit Trockeneis; 1,9 g. W. Hampel. 3071 □

Über die Zusammensetzung der in Gegenwart eines Überschusses an Aluminiumchlorid erhaltenen Chlormethylierungsprodukte von 2-Acetothienon und Synthese von 4- und 5-Formyl- und 4- und 5-Hydroxymethyl-2-acetothienon. Ja. L. Goldfarb und Ju. B. Wolkenstein. (Известия Академии Наук СССР, Отделение Химических Наук [Nachr. Akad. Wiss. UdSSR, Abt. chem. Wiss.] **1960.** 2238—40. Dez. Inst. für org. Chem. der Akad. der Wiss. der UdSSR.) (Russ.)

4-Brom-2-acetylthiophendiäthylketal (**I**) wurde in *4-Formyl-2-acetylthiophen* (**II**)-*diäthylketal* übergeführt, das bei der Hydrolyse **II**, bei der Red. *4-Hydroxymethyl-2-acetylthiophen* (**III**)-*diäthylketal* lieferte, aus dem durch Hydrolyse **III** erhalten wurde. Aus 2-Acetylthiophendiäthylketal (**IV**) wurde *5-Formyl-2-acetylthiophen* (**V**)-*diäthylketal* dargestellt, das zu **V** hydrolysiert u. zu *5-Hydroxymethyl-2-acetylthiophen* (**VI**)-*diäthylketal* red. wurde. Die Struktur von **V** wurde durch Oxydation zu *2-Acetylthiophen-5-carbonsäure* bewiesen. — Die polarograph. Analyse des durch Chlormethylierung von

2-Acetylthiophen (**VII**) in Ggw. von überschüssigem $AlCl_3$ erhaltenen *4-* u. *5-Chlormethyl-2-acetylthiophen*-Gemisches nach dessen Überführung nach SOMMELET in ein **II**–**V**-Gemisch zeigte, daß 4- u. 5-Chlormethyl-2-acetylthiophen bei der Chlormethylierung von **VII** im Verhältnis 4,3 : 1 gebildet werden. Aus dem **II**–**V**-Gemisch konnte weiter **II** isoliert werden, dessen Identität mit dem synthetisierten **II** UV-analyt. festgestellt wurde.

Versuche: *4-Brom-2-acetylthiophendiäthylketal* (**I**), $Kp._8$ 118—128°, man gibt zu 20,5 g 4-Brom-2-acetylthiophen in 15 ml abs. A. 22 g Orthoameisensäuretriäthylester u. 2 Tropfen konz. HCl, läßt 20 Std. lang stehen u. neutralisiert mit Na-Äthylat; 88,8% (Ausbeute). — *4-Formyl-2-acetylthiophen* (II), $C_7H_6O_2S$, F. 86—86,5° (W.–A.), man erhitzt 1 g **II**-Diäthylketal, 3 ml Methanol u. 1 ml konz. HCl zum Sieden u. gießt in W.; 98%. *Diäthylketal*, $Kp._5$ 128—134°, man gibt zu 2,9 g n-Butyl-Li in 40 ml Ac. bei —70° unter N_2 9,7 g **I** in 20 ml Ae., nach 5 Min. 4,4 g Dimethylformamid in 5 ml Ae. u. rührt 2 Std. lang; 66%. — *4-Hydroxymethyl-2-acetylthiophen* (**III**), *Benzoat*, $C_{14}H_{12}O_3S$, F. 76—76,5° (A.), man gibt zu 5 g **II**-Diäthylketal in 40 ml Methanol bei 8—15° in 8 Min. tropfenweise 0,42 g $NaBH_4$ in 8 ml W., das 1 Tropfen 40%ig. NaOH enthält, stellt mit Essigsäure auf pH 6 u. nach 5 Min. mit H_2SO_4 auf pH 3 ein, extrahiert **III**-Diäthylketal mit Ae., verseift das erhaltene Prod. zu **III** (1,5 g Öl) u. überführt in das Benzoat. — *2-Acetylthiophendiäthylketal* (**IV**), $Kp._{9-11}$ 85—89°, aus **VII**; 54,1%. — *5-Formyl-2-acetylthiophen* (**V**), $C_7H_6O_2S$, F. 104—105° (Hexan–Bzl.), durch Verseifen von **V**-Diäthylketal; 74,1%. *Diäthylketal*, $Kp._5$ 129—137°, man gibt zu 2,75 g n-Butyl-Li in 38 ml Ae. unter Eiskühlung in 20 Min. 8,6 g **IV** in 40 ml Ae. u. dann nach 30 Min. 4,7 g Dimethylformamid in 30 ml Ae.; 47,6%. — *5-Hydroxymethyl-2-acetylthiophen* (**VI**), *Benzoat*, $C_{14}H_{12}O_3S$, F. 92—92,5° (A.), aus 3,5 g **V**-Diäthylketal u. 0,3 g $NaBH_4$ über **VI**-Diäthylketal u. Überführung in das Benzoat. — *2-Acetylthiophen-5-carbonsäure*, F. 205,5—206° (W.), man gibt zu Ag_2O (aus 1,6 g $AgNO_3$ u. 0,76 g NaOH) in 7 ml W. in 10 Min. 0,7 g **V** u. schüttelt $^1/_2$ Std. lang. HELMUT SCHÄFER. 3071 □

Untersuchungen über Nematocide. 3. Mitt. Polythienyle und verwandte Verbindungen. J. H. Uhlenbroek und J. D. Bijloo (unter Mitarbeit von H. H. Haeck und M. Slagt). (Recueil Trav. chim. Pays-Bas **79.** 1181—96. Nov. 1960. Weesp, N.V. Philips-Puphar, Central Res. Labor.; 's-Graveland, Agrobiol. Labor. „Boekesteyn".) (Engl.) — 2. vgl. Recueil Trav. chim. Pays-Bas **78.** [1959.] 382; 1. vgl. C. **1962.** 6495.

Untersucht wird in vitro die nematocide Aktivität von *2.2'-Bithienyl* (**V**), *2.3'-Bithienyl*, *2.2';5'.2''-Terthienyl*, *2.2';4'.2''-Terthienyl*, *2.3';4'.2''-Terthienyl*, *2-Phenylthiophen*, *Biphenyl*, *5-Phenyl-2.2'-bithienyl*, *1.4-Bis-[thienyl-(2)]-benzol*, *Terphenyl*, *1.3-Diphenylbenzol*, *5.5'-Diphenyl-2.2'-bithienyl*, *2.2';5'.2'';5''.2'''-Quaterthienyl*, *3.4.3'.4'-Tetramethyl-2.2'-bithienyl* (**III**), *3.3'-Dimethyl-2.2'-bithienyl*, *5.5'-Dimethyl-2.2'-bithienyl*, *5-Methyl-2.2'-bithienyl*, *3.4.3'.4'.3''.4''-Hexamethyl-2.2';5'.2''-terthienyl*, *3'.4'-Dimethyl-2.2';5'.2''-terthienyl*, *3.4.3''.4''-Tetramethyl-2.2';5'.2''-terthienyl*, *3.3'.3''-Trimethyl-2.2';5'.2''-terthienyl*, *5.5''-Dimethyl-2.2';5'.2''-terthienyl*, *5.5'-Dichlor-2.2'-bithienyl*, *5.5'-Dibrom-2.2'-bithienyl*, *5.5''-Dibrom-2.2';5'.2''-terthienyl*, *5-Nitro-2.2'-bithienyl*, *5-Propionyl-2.2'-bithienyl* u. *5.5'-Dipropionyl-2.2'-bithienyl*. Die UV-Maxima der untersuchten Verbb. werden angegeben. Alle Derivv. von **V** besitzen eine starke nematicide Wirksamkeit. Die biolog. Eigg. hängen in hohem Maße von der Art, Anzahl u. Stellung der Substituenten ab.

Versuche: *2-Jod-3.4-dimethylthiophen* (**I**), C_6H_7JS, $Kp._1$ 80—82°, durch Zugabe von 26 g HgO u. 38,5 g J_2 zu 16,8 g 3.4-Dimethylthiophen in Bzl. < 30°, mehrstd. Stehen bei Raum-Temp., Filtrieren u. Dest. im Vakuum; 45% (Ausbeute); daneben 9,4 g *2.5-Dijod-3.4-dimethylthiophen* (**II**). — *3.4.3'.4'-Tetramethyl-2.2'-bithienyl* (**III**), $C_{12}H_{14}S_2$, F. 88° (Methanol), durch Erhitzen von 16,7 g vorst. Verb. u. 14 g Cu auf 200°, $^1/_2$std. Erhitzen auf 205—210° nach Abklingen der Rk., Extrahieren mit sd. Chlf., Eindampfen, Wasserdampf-Dest. u. Extrahieren des Destillats mit Chlf. (Meth. **A**); 176 g; daneben 360 mg *3.4.3'.4'.3''.4''-Hexamethyl-2.2';5'.2''-terthienyl* ($C_{18}H_{20}S_3$, durch Lösen des Rückstandes in Ligroin, Chromatographie an Al_2O_3, Eluieren mit 3% Aceton enthaltendem PAe. u. erneute Chromatographie). — *3'.4'-Dimethyl-2.2';5'.2''-terthienyl*, $C_{14}H_{12}S_3$, F. 128° (Isooctan), aus 11 g 2-Jodthiophen (**IV**), 9,4 g **II** u. 16 g Cu nach **A** durch Extrahieren des Dest.-Rückstandes mit Chlf., Eindampfen, Chromatographie in Isooctan an Al_2O_3 u. Eluieren mit Isooctan/Ae. (5—30%); 420 mg. — *3.4.3''.4''-Tetramethyl-2.2';5'.2''-terthienyl*, $C_{16}H_{16}S_3$, F. 80° (Isooctan), aus 6,7 g 2.5-Dijodthiophen, 9,5 g **I** u. 15 g Cu nach **A** durch Lösen des Dest.-Rückstandes in warmem Isooctan, Chromatographie an Al_2O_3 u. Eluieren mit Isooctan/Ae. (5—100%); 150 mg; daneben 1,1 g **III** (durch Wasserdampf-Dest. des Rk.-Prod.) — *2-Jod-3-methylthiophen*, $Kp._{15}$ 90°, durch Zugabe von HgO u. J_2 zu 3-Methylthiophen in Bzl. unter Schütteln bei 0°, $^1/_2$std. Stehen bei Raum-Temp., Filtrieren u. Dest. im Vakuum; 67%. — *3.3'-Dimethyl-2.2'-*

bithienyl, $C_{10}H_{10}S_2$, $Kp._{25}$ 160—162°, aus 16,8 g vorst. Verb. u. 15 g Cu nach **A**; 1,9 g; daneben 790 mg *3.3'.3''-Trimethyl-2.2';5'.2''-terthienyl* ($C_{15}H_{14}S_3$, durch Lösen des Dest.-Rückstandes in Isooctan, Chromatographie an Al_2O_3 u. Eluieren mit 5% Ae. enthaltendem Isooctan; Öl). — *5.5'-Diphenyl-2.2'-bithienyl*, F. 237° (Chlf.), aus 14,3 g 2-Jod-5-phenyl-thiophen, 10,5 g **IV** u. 20 g Cu nach **A**, Extrahieren mit 8 mal 100 cm³ sd. Chlf., Einengen auf 400 cm³ u. Kühlen; 3,0 g; daneben 3,66 g *5-Phenyl-2.2'-bithienyl* [F. 122—123° (Isooctan), durch Eindampfen der Chlf.-Lsg., Abtreiben von wenig **V** mit Wasserdampf, Extrahieren des Rückstandes mit Chlf., Eindampfen, Chromatographie in Isooctan an Al_2O_3 u. Eluieren mit Ae.]. — *5-Propionyl-2.2'-bithienyl*, $C_{11}H_{10}OS_2$, F. 90° (A./W.), durch $^1/_4$std. Zugabe von 42 g $TiCl_4$ in abs. Bzl. zu 16,6 g **V** u. 25 g Propionylchlorid in abs. Bzl., 2std. Kochen, Zugabe von W., 22std. Wasserdampf-Dest. u. Extrahieren des Destillats mit Chlf.; 3,0 g. — *5.5'-Dipropionyl-2.2'-bithienyl*, $C_{14}H_{14}O_2S_2$, F. 180°, durch $2^1/_2$std. Erhitzen von 3,32 g **V** mit 9,1 g Propionsäureanhydrid u. 1 g H_3PO_4 auf 120 bis 125° (Bad), Zugabe von W., Extrahieren mit warmem Bzl., Einengen, Lösen des Kristallisats in Chlf., Filtrieren über Superfiltrol u. Eluieren mit Chlf.; aus Bzl. blaßgelbe Kristalle; 1,6 g. — *3.4-Bis-[thienyl-(2)]-thiophen-2.5-dicarbonsäure*, $C_{14}H_8O_4S_3$, F. 340° (Zers.), durch Zugabe von Na-Methylat in abs. Methanol zu 2.2'-Thenil u. Bis-[äthoxycarbonylmethyl]-sulfid in abs. Methanol, 5tägiges Stehen bei Raum-Temp., Gießen in W., Abdampfen des Methanols u. Ansäuern mit HCl; 73%. — *2.3';4'.2''-Terthienyl*, $C_{12}H_8S_3$, F. 64°, $Kp._{17}$ 217°, durch $^1/_4$std. Erhitzen vorst. Verb. auf 340°, Abkühlen auf 200° u. Dest. im Vakuum; 76%. — *2.2'-Bithienyl-5-aldehyd*, F. 56° (Methanol), durch Zugabe von **V** zu $POCl_3$/N-Methylformanilid < 70°, 20 Min. langes Erhitzen nach Beendigung der Rk. auf 100°, Zers. mit wss. Na-Acetat-Lsg., 1 std. Stehen bei Raum-Temp. u. Ausäthern; 98%. — *5-Methyl-2.2'-bithienyl*, $Kp._{14}$ 139—140°, durch Erwärmen vorst. Verb. in Äthylenglykol auf 60°, Zugabe von 100%ig. Hydrazinhydrat, Dest. bis zu einer Innen-Temp. von 160°, Zugabe von KOH bei 60°, $^1/_4$std. Kochen nach Beendigung der N_2-Entw., Verdünnen mit W. u. Extrahieren mit PAe.; 75%. — *1.4-Bis-[thienyl-(2)]-benzol*, $C_{14}H_{10}S_2$, F. 208° (Ligroin), durch 8std. Rühren von N.N'-Dinitroso-N.N'-diacetyl-p-phenylendiamin u. Thiophen (**VI**) bei 35°, mehrstd. Stehen bei Raum-Temp., Abdampfen von **VI**, Lösen in PAe., Chromatographie an Al_2O_3 u. Eluieren mit PAe./Ae. (5—20%); 14%. — *5.5'-Dichlor-2.2'-bithienyl*, F. 109°, durch Zugabe von $SOCl_2$ zu **V** u. $AlCl_3$ in Essigsäure unter Rühren < 40°, 1std. Rühren u. Gießen in W., aus A. Schuppen; 69%. R. Mattes. 3071 □

Untersuchung der Kondensation von Thionaphthen mit Formaldehyd. Gerrit van Zyl, Gene E. Heasley, Robert N. Schut, John W. van Dyke und Ralph G. Korteling. (J. org. Chemistry **26**. 2916—19. Aug. 1961. Holland, Mich., Hope Coll., Dep. of Chem.) (Engl.)

Die Kondens. von Thianaphthen (**I**) mit Formaldehyd wird durch HCl, $AlCl_3$ oder BF_3 katalysiert. Als Rk.-Prodd. werden *Bis-[thianaphthenyl-(3)]-methan* (**II**) u. *2.3-Bis-{[thianaphthenyl-(3)]-methyl}-thianaphthen* (**III**) neben in ihrer Struktur noch nicht aufgeklärten höhermol. Prodd. erhalten. Bei Verw. von $AlCl_3$ als Katalysator entstehen ferner geringe Mengen *Benzo-[1.2:b;5.4:b']-bis-[thianaphthen]*. **II** kann auch aus 3-Chlormethylthianaphthen u. Thianaphthenyl-(3)-MgBr erhalten werden. Zum Vgl. mit **II** wird das isomere *3-{[Thianaphthenyl-(2)]-methyl}-thianaphthen* aus *[Thianaphthenyl-(2)]-[thianaphthenyl-(3)]-carbinol* über *[Thianaphtenyl-(2)]-[thianaphthenyl-(3)]-chlormethan* u. dessen Rk. mit $LiAlH_4$ dargestellt. **III**, das vermutlich aus **I**, **II** u. HCHO gebildet wird, liefert bei der Desulfurierung an Raney-Ni *2.4.7-Triphenyloctan*. **III** kann man auch aus **II** u. 3-Hydroxymethylthianaphthen gewinnen.

Versuche: *Bis-[thianaphthenyl-(3)]-methan* (**II**), $C_{17}H_{12}S_2$, $Kp._{0,3}$ 190—200°, a) durch Rühren von **I**, Trioxan u. BF_3-Ätherat in Ae. bei Raum-Temp., Lösen von viskosen Prodd. in Bzl., Zers. mit W. bei 0° u. fraktionierte Dest. der Ae.-Lsg.; b) durch 24std. Kochen von aus 30 g 3-Bromthianaphthen u. Mg dargestellter Grignard-Verb. mit 20 g 3-Chlormethylthianaphthen in Ae., Zugabe von W. u. Dest. der Ae.-Lsg.; 11,7 g (Ausbeute); c) durch Einrühren von 42 g $AlCl_3$ zu dem Gemisch von 134 g **I** u. 18 g Trioxan in 100 ml Chlf. u. 100 ml CS_2 bei 0—10° innerhalb von 10 Std., 4tägiges Rühren bei 10°, Zugabe von W., Filtration u. Aufarbeitung der organ. Phase; 71 g [daneben **I**; 3 g; u. wenig *Benzo-[1.2:b;5.4:b']-bis-[thianaphthen]*, $C_{18}H_{10}S_2$, F. 300—302° (Dioxan; Plättchen)]. *Dibrom-Deriv.*, $C_{17}H_{10}Br_2S_2$, F. 197—198° (Chlf.; Nadeln). — *2.3-Bis-{[thianaphthenyl-(3)]-methyl}-thianaphthen* (**III**), $C_{26}H_{18}S_3$, $Kp._{0,3}$ 280—300°, a) neben **II** als 2. Fraktion; b) durch Zugabe von 12,2 g **II** u. 7,0 g BF_3-Ätherat zu 7,2 g 3-Hydroxymethylthianaphthen in Ae., 2tägiges Rühren bei Raum-Temp., Zugabe von Bzl., Zugabe von W. u. Dest. der organ. Phase; 6,6 g. — *2.4.7-Triphenyloctan*, $C_{26}H_{30}$, $Kp._{0,3}$ 190—200°, durch 1std. Kochen von 10 g **III** mit Raney-Ni in Tetrahydrofuran, Filtrieren, Einengen u. Vakuum-Dest.; 5 g. — *[Thianaphthenyl-(2)]-[thianaphthenyl-(3)]-*

carbinol, F. 90—110° (A.), Kp.$_{0,4}$ 230—240°, durch 2std. Kochen von aus 13,4 g **I** dargestelltem Li-Deriv. mit 16,2 g Thianaphthenaldehyd-(3) in Ae., Zusatz von W. u. Dest. der Ae.-Lsg.; 11,3 g. — *[Thianaphthenyl-(2)]-[thianaphthenyl-(3)]-chlormethan*, aus vorst. Verb. durch 1std. Erhitzen mit $SOCl_2$ auf dem Wasserbad. — *3-{[Thianaphthenyl-(2)]-methyl}-thianaphthen*, $C_{17}H_{12}S_2$, F. 78,5—79° (PAe.; hellgelbe Nadeln), Kp.$_{0,3}$ 200—215°, durch 4std. Kochen vorst. Verb. mit $LiAlH_4$ in Ae., 8std. Aufbewahren, Zers. mit W. u. Aufarbeitung der Ae.-Phase. *Dibrom-Deriv.*, $C_{17}H_{10}Br_2S_2$, F. 130,5—131°.

G. PLÖTNER. 3071 □

Prephensäure als mögliche biologische Vorstufe von Indolderivaten. H. Plieninger. (Experientia [Basel] **14.** 57—58. 15/2. 1958. Heidelberg, Univ., Chem. Inst.) (Dt.)

Es wird ein Formelschema für die mögliche Biosynth. des *Indols*, des *6-Hydroxyindols*, der *Lysergsäure* u. weiterer *Indol-Derivv.*, ausgehend von der Prephensäure, diskutiert.

J. RUHNKE. 3081 □

2-Amino-Δ^2-imidazoline und 2-Amino-Δ^2-oxazoline. B. Adcock, Alexander Lawson und D. H. Miles. (J. chem. Soc. [London] **1961.** 5120—27. Dez. London, Royal Free Hospital, School of Med.) (Engl.)

2-Amino-Δ^2-imidazolin (**I**) wird erhalten durch Cyclisierung von 2-Guanidinoäthylamin, das in geringer Ausbeute durch Einw. von S-Methylisothiuroniumsulfat auf Äthylendiamin (**II**) hergestellt wird. Beim Erhitzen von **II**–p-Toluolsulfonat u. Cyanamid (**III**) entstehen unter NH_3-Abspaltung in 20%ig. Ausbeute **I** u. *Äthylendiguanidin* als *p-Toluolsulfonate*. Bei Verw. von Dimethylcyanamid (**IV**) entsteht unter Dimethylamin-Abspaltung **I** in 50%ig. Ausbeute. Trimethylendiamin (**V**) (als p-Toluolsulfonat) gibt mit **III** oder **IV** *2-Amino-1.4.5.6-tetrahydropyrimidin*. *Benzimidazol-Derivv.* werden aus o-Phenylendiamin u. **III**-Derivv. gebildet: mit **IV** entsteht *2-Dimethylaminobenzimidazol*. Bei der Rk. von Phenylcyanamid (**VI**) mit **II**–p-Toluolsulfonat wird *2-Anilino-Δ^2-imidazolin* neben *Äthylen-bis-[N^3-phenylguanidin]* gebildet; mit **V**–p-Touolsulfonat entsteht *2-Anilino-1.4.5.6-tetrahydropyrimidin*. Analog wird aus Propylendiamin-p-toluolsulfonat mit 1 Mol **III** oder 2 Mol **IV** *4-Methyl-2-anilino-Δ^2-imidazolin* erhalten. Im Gegensatz zu den Angaben von PIERRON [1919] wird durch Erhitzen von **I** mit überschüssigem **II** nicht 2.3.5.6-Tetrahydro-1H-imidazo-[1.2:a]-imidazol erhalten. Nach der Umsetzung des Rk.-Prod. mit Pikrinsäure werden die Pikrate des *N.N'-Bis-[Δ^2-imidazolinyl-(2)]-* u. des *N-[Δ^2-Imidazolinyl-(2)]-äthylendiamins* isoliert. Ähnlich werden einige *2-Aryl-* bzw. *2-Alkylamino-Δ^2-oxazoline* aus Aminoalkoholen durch Umsetzung mit Carbodiimiden hergestellt. Diphenylcarbodiimid u. Äthanolamin geben in exothermer Rk. *N.N'-Diphenylguanidinoäthanol*, aus dem durch Kochen in Xylol in guter Ausbeute *2-Anilino-Δ^2-oxazolin* erhalten wird. *2-Phenyl-* bzw. *2-Methylamino-Δ^2-oxazolidin-Derivv.* werden ebenfalls in guter Ausbeute mit CH_3J/Na-Äthylat in sd. A. aus den entsprechenden N-[2-Hydroxyäthyl]-N'-phenyl- bzw. methylthioharnstoff-Derivv. hergestellt. Bei der Darst. von *2-Anilino-Δ^2-oxazolin* nach dieser Meth. wird *1-Phenylimidazolidon-(2)* als Nebenprod. gebildet. Beim Vers., letzteres aus Phenylharnstoff u. **II** nach A. P. 2 517 750 (C. **1951.** I. 2360) herzustellen, werden *Imidazolidon-(2)*, *Anilin* u. *NH_3* erhalten.

Versuche: *2-Amino-Δ^2-imidazolin* (**I**), a) durch 2std. Kochen der auf pH 7 eingestellten Lsg. von **II**-Hydrochlorid u. S-Methylthiuroniumsulfat mit $NaHCO_3$, Abziehen des Lsgm. im Vakuum u. Versetzen des hygroskop. *2-Aminoäthylguanidiniumsulfats* [$C_3H_{10}N_4 \cdot H_2SO_4 \cdot 2\,H_2O$, F. 298° (Zers.)] mit Pikrinsäure [*Dipikrat*, $C_{15}H_{16}N_{10}O_{14}$, F. 246°; 2,9% (Ausbeute)], Durchschicken der wss. Lsg. durch eine Säule mit Amberlite IRA-400 in der OH-Form u. Einengen; **I**-*Pikrat*, $C_9H_{10}N_6O_7$, F. 223° (A.), gelbe Nadeln; b) durch 3std. Erhitzen von **II**-Mono-p-toluolsulfonat mit **III** auf 100°, Eindampfen, Aufnehmen in A., Abtrennen des *Äthylendiguanidiniumdi-p-toluolsulfonats* [$C_{18}H_{28}N_6O_6S_2$, F. 292° (A.); 5,7%; *freie Base*, $C_4H_{12}N_6 \cdot 0{,}5\,H_2O$, F. 165° (A.–Ae.); hygroskop. Prismen; *Hydrochlorid*, $C_4H_{12}N_6 \cdot HCl$, F. 228° (A.–Ae.), prismat. Nadeln], Einengen [→ **I**-*p-Toluolsulfonat*, $C_{10}H_{15}N_3O_3S$, F. 195° (A.), prismat. Nadeln; 20%] u. Überführen mit Amberlite IRA-400 in das *Hydrochlorid* [$C_3H_7N_3 \cdot HCl$, F. 140° (A.–Essigsäureäthylester); hygroskop. Nadeln]; c) durch Erhitzen von **II**-Mono-p-toluolsulfonat u. **IV** über freier Flamme zur Einleitung der exothermen Rk. u. 3std. Erwärmen auf 100°; semikrist. **I**-p-Toluolsulfonat, F. 195°; 46%. — *2-Amino-1.4.5.6-tetrahydropyrimidin*, a) durch kurzes Erhitzen von 1 Mol **V**-Di-p-toluolsulfonat, 1 Mol **II** u. 2 Mol **IV** zur Einleitung der exothermen Rk. u. 10 Min. langes Erwärmen auf 100°; *Mono-p-toluolsulfonat*, $C_{11}H_{17}N_3O_3S$, F. 175° (A.); 52%; *Pikrat*, $C_{10}H_{12}N_6O_7$, F. 184° (A.); b) durch 45 Min. langes Erwärmen von **V**-Di-p-toluolsulfonat, **II** u. **III** auf 100°; *Mono-p-toluolsulfonat*; 59%. — *Trimethylendiguanidin*, *Dipikrat*, $C_{17}H_{20}N_{12}O_{14}$, F. 242°, aus den Mutterlaugen; 1,1%. — *2-Amino-4-methyl-Δ^2-imidazolin*, a) durch kurzes Erhitzen von **V**-*Mono-p-toluolsulfonat* u. **IV** u. 2½std. Erhitzen auf 100°; *Mono-p-toluolsulfonat*, $C_{11}H_{17}N_3O_3S$, F. 135° (A.–Ae., Nadeln); 46%;

Nitrat, $C_4H_{10}N_4O_3$, F. 87° (A.-Ae., Blättchen); *Pikrat*, $C_{10}H_{12}N_6O_7$, F. 195° (wss. A., Nadeln); b) durch 3std. Rk. von **V**-Mono-p-toluolsulfonat u. **III** bei 100°; *Mono-p-toluolsulfonat*; geringe Ausbeute. — *2-Anilino-4-methyl-Δ^2-imidazolin*, $C_{10}H_{13}N_3$, F. 81° (Bzl., Nadeln), durch 3std. Erwärmen von **V**-Mono-p-toluolsulfonat u. **VI** auf 100°, Vernetzen des öligen Rückstandes mit Pikrinsäure [*Pikrat*, $C_{16}H_{16}N_6O_7$, F. 148°], Schicken durch eine Säule mit Amberlite IRA-400 in der OH-Form u. Einengen. — *2-Anilino-1.4.5.6-tetrahydropyrimidin*, durch kurzes Erhitzen von 1 Mol **V**-Di-p-toluolsulfonat, 1 Mol **II** u. 2 Mol **VI** über der Flamme u. 2std. Erhitzen auf 100°; *Mono-p-toluolsulfonat*, $C_{17}H_{21}N_3O_3S$, F. 167° (A., prismat. Nadeln); 29%. *Pikrat*, $C_{16}H_{16}N_6O_7$, F. 200° (wss. A.).— *2-Amino-3a.4.5.6.7.7a-hexahydrobenzimidazol*, $C_7H_{13}N_3$, F. 174° (A., Nadeln), durch kurzes Erhitzen von 7,2 g 1.2-Diaminocyclohexan-mono-p-toluolsulfonat u. 3,5 g **IV** über der Flamme u. 3std. Erhitzen auf 100°; Isolieren als *p-Toluolsulfonat*, $C_{14}H_{21}N_3O_3S$, F. 233° (A.-Ae.); 1,2 g. *Pikrat*, $C_{13}H_{16}N_6O_7$, F. 188° (wss. A., Nadeln). *Nitrat*, $C_7H_{13}N_3 \cdot HNO_3$, F. 201° (A., Prismen). — *2-Aminobenzimidazol*, F. 222° (Bzl.-PAe., Platten), durch 8std. Erhitzen von o-Phenylendiamin-mono-p-toluolsulfonat u. **III** auf 180°; Prismen des *p-Toluolsulfonats* [$C_{14}H_{15}N_3O_3S$, F. 190,5—191,5° (A.): 46%]. — *2-Dimethylaminobenzimidazol*, $C_9H_{11}N_3$, F. 312—313° (A., Nadeln), a) durch 24std. Erhitzen von o-Phenylendiamin-mono-p-toluolsulfonat u. **IV** auf 160°; Nadeln des *Mono-p-toluolsulfonats* [$C_{16}H_{19}N_3O_3S$, F. 256—257° (Zers., A.); 12%]; mit NaOH entsteht die *freie Base*; b) durch 6std. Erhitzen von 2-Chlorbenzimidazol, Dimethylaminhydrochlorid, Na·OH u. W. auf 155—160°; 87%. — *2-Anilino-Δ^2-imidazolin*, $C_9H_{11}N_3$, F. 135° (A., Platten). a) durch 3std. Erwärmen von **II**-Mono-p-toluolsulfonat u. **VI** auf 100°, Aufnehmen in A. u. Versetzen mit Pikrinsäure als *Pikrat* [$C_{15}H_{14}N_6O_7$, F. 193° (A., Nadeln)]; die *freie Base* entsteht beim Durchschicken durch eine Säule mit Amberlite IRA-400; *Hydrochlorid*, $C_9H_{11}N_3 \cdot HCl$, F. 212° (A., Platten); daneben aus der Mutterlauge des Rk.-Prod. *Äthylen-bis-[N^3-phenylguanidin]* [$C_{16}H_{20}N_6$, F. 183° (A., prismat. Nadeln); *Dihydrochlorid*, $C_{16}H_{20}N_6 \cdot 2\,HCl$, F. 230° (wss. A., Nadeln)]; b) durch 3std. Erhitzen von 2-Methylmercapto-Δ^2-imidazolinhydrojodid u. Anilin auf 130°, Aufnehmen in A., Filtrieren u. Vernetzen mit Pikrinsäure als *Pikrat*, F. 193°; c) durch 4std. Kochen von **II**-Mono-p-toluolsulfonat u. Diphenylcarbodiimid in A., Abziehen im Vakuum; Nadeln des *Mono-p-toluolsulfonats*; 86%. — *N-[Δ^2-Imidazolinyl-(2)]-äthylendiamin*, durch 48std. Kochen von 1 Mol 2-Amino-Δ^2-imidazolinhydrobromid u. 1 Mol **II** in W., wobei innerhalb 40 Std. noch 2 Mol **II** zugegeben werden, 2std. Erhitzen auf 130—150° u. Versetzen mit Pikrinsäure als *Dipikrat*, $C_{17}H_{18}N_{10}O_{14}$, F. 204° (A.); geringe Ausbeute. Daneben *N.N'-Bis-[Δ^2-imidazolinyl-(2)]-äthylendiamindipikrat*, F. 253—255°. — *N-[2-Hydroxyäthyl]-N'-phenylthioharnstoff*, F. 139° (A., Nadeln), durch langsame Zugabe von Phenylisothiocyanat zu Äthanolamin in Bzl. u. 2std. Stehen bei Zimmer-Temp.; 96,5%. — *N-[2-Hydroxy-1-phenyläthyl]-N'-phenylthioharnstoff*, $C_{15}H_{16}N_2OS$, F. 164° (A., Nadeln), analog vorst. Verb.; 91%. — *N-[2-Hydroxyäthyl]-N'-methylthioharnstoff*, $C_4H_{10}N_2OS$, F. 73° (Chlf.-PAe., Prismen); 70%. — *N-[2-Hydroxy-1.1-dimethyläthyl]-N'-phenylthioharnstoff*, $C_{11}H_{16}N_2OS$, F. 131°. — *Imidazolidon-(2)*, F. 132° (Chlf., Prismen), durch 4std. Erwärmen von Phenylharnstoff u. **II**-Hydrat auf 100° u. 2std. Erhitzen auf 140°; 63%. — *N-[2-Hydroxyäthyl]-N'.N''-diphenylguanidin*, $C_{15}H_{17}N_3O$, F. 109—110° (Chlf., PAe., Nadeln), durch Zugabe von Diphenylcarbodiimid zu Äthanolamin in Bzl. u. 1std. Stehen nach der exothermen Rk.; 93%. — *N-[2-Hydroxypropyl]-N'.N''-diphenylguanidin*, $C_{16}H_{19}N_3O$, F. 157° (Chlf., PAe., Nadeln), analog vorst. Verb.; 60%. — *N'-[2-Hydroxyäthyl]-N-methyl-N''-diphenylguanidin*, $C_{16}H_{19}N_3O$, F. 129—130° (Bzl.-PAe., Nadeln), analog; 69%. — *2-Anilino-Δ^2-oxazolin*, $C_9H_{10}N_2O$, F. 119—120° (Chlf., PAe., Nadeln), a) durch ½std. Kochen von N-[2-Hydroxyäthyl]-N'.N''-diphenylguanidin in Xylol (Meth. **A**); b) durch 1std. Kochen von N-[2-Hydroxyäthyl]-N'-phenylthioharnstoff in A. mit CH_3J, Zugabe von Na-Äthanolat, 3std. Kochen, Abziehen des Lsgm. u. Zugabe von W. (Meth. **B**); 67%. *Pikrat*, $C_{15}H_{13}N_5O_8$, F. 187° (Zers.). — *1-Phenylimidazolidon-(2)*, F. 162—163° (Chlf., PAe., Nadeln), aus den Mutterlaugen vorst. Verb. nach **B**; 1,7%. — *2-Methylamino-Δ^2-oxazolin*, $C_4H_8N_2O$, F. 106—108°, nach **B**; 40%. *Pikrat*, $C_{10}H_{11}N_5O_8$, F. 165—166° (A.-Ae.). — *2-Anilino-4-äthyl-Δ^2-oxazolin*, $C_{11}H_{14}N_2O$, F. 100—101° (Bzl.-PAe.), a) nach **A**; 61%; b) nach **B**; 50%. *Pikrat*, $C_{17}H_{17}\cdot N_5O_8$, F. 135° (A.). — *2-Anilino-4-phenyl-Δ^2-oxazolin*, $C_{15}H_{14}N_2O$, F. 156—157° (Bzl.-PAe.), a) nach **A**; 69%; b) nach **B**; 80%. *Pikrat*, $C_{21}H_{17}N_5O_8$, F. 196° (wss. A.). — *2-Anilino-5-methyl-Δ^2-oxazolin*, $C_{10}H_{12}N_2O$, F. 134° (Chlf.-PAe.), a) nach **A**; 55%; b) nach **B**; 82%. *Pikrat*, $C_{16}H_{15}N_5O_8$, F. 169°. — *2-Anilino-4.4-dimethyl-Δ^2-oxazolin*, $C_{11}H_{14}N_2O$, F. 114—116°, a) nach **A**; 70%; b) nach **B**; 85%. *Pikrat*, $C_{17}H_{17}N_5O_8$, F. 205° (wss. A.). — *2-Anilino-3-methyl-Δ^2-oxazolin*, $C_{10}H_{12}N_2O$, F. 82° (Bzl.-PAe.), nach **A**; 65%. *Hydrochlorid*, $C_{10}H_{13}ClN_2O$, F. 111° (A.-Ae.). — *2-Anilino-4-methyl-5-phenyl-Δ^2-oxazolin*, $C_{16}H_{16}N_2O$, F. 140° (Chlf.-PAe.), nach **A**; 71%. *Hydrochlorid*, $C_{16}H_{17}ClN_2O$, F. 156°

(A.-Ae.). — *2-Anilino-3.4-dimethyl-5-phenyl-Δ²-oxazolin*, nach **A**. *Hydrochlorid*, $C_{17}H_{19}$·ClN_2O, F. 187° (A.-Ae.); 84%. E. KOSSMEHL. 3100□

Zur Bildung der Benzimidazolderivate aus o-Phenylendiamin und Hydroxydicarbonsäuren. Jaroslav Staněk und Vojtěch Wollrab. (Mh. Chem. **91**. 1064—69. 30/12. 1960. Prag, Karls-Univ., Inst. für Organ. Chem.) (Dt.)

Die Kondens.-Rk. von o-Phenylendiamin (**IV**) mit Bernsteinsäure (**V**), Weinsäure (**VI**) u. Schleimsäure (**VII**) wurde untersucht. Die Umsetzung der Komponenten (**IV**-Überschuß) wurde in 5n HCl 3 Std. bei 135 ± 5° vorgenommen (geringere HCl-Konz. erniedrigt die Ausbeute); nach Alkalisieren (NH_4OH geeigneter als NaOH) erhält man als 2:1-Kondens.-Prod. jeweils ein *Bis-benzimidazolylderivat*. Aus dem Filtrat läßt sich nach Neutralisation mit CH_3COOH in allen Fällen ein 1:1-Kondens.-Prod. gewinnen: aus **IV** u. **VI** entsteht *β-[Benzimidazolyl-(2)]-α.β-dihydroxypropionsäure* (**I**), aus **IV** u. **VII** *δ-[Benzimidazolyl-(2)]-α.β.γ.δ-tetrahydroxy-DL-gala-valeriansäure*. Mit Acetanhydrid (**VIII**) bildet das aus **IV** u. **V** erhältliche *1.2-Bis-[benzimidazolyl-(2)]-äthan* (**III**) das *N.N'-Diacetyl-Deriv.*, *1.2-Bis-[benzimidazolyl-(2)]-1.2-dihydroxyäthan* (**II**; aus **IV** u. **VI**) ein *Tetraacetylderivat*. **II** ergibt mit Benzoylchlorid das erwartete *Tetrabenzoyl-Deriv.*, daneben geringe Mengen eines *Dibenzoyl-Deriv.* unbekannter Struktur. *β-[Benzimidazolyl-(2)]-propionsäure* (aus **IV** u. **V**) u. **I** erleiden mit **VIII** Cyclisierung zu *Benzimidazolo-[1'.2':1.2]-pyrrolidon-(5)* bzw. *-3.4-diacetoxypyrrolidon-(5)*.

Versuche: *1.2-Bis-[benzimidazolyl-(2)]-äthan* (**III**), $C_{16}H_{14}N_4$, F. 336° (Zers.; Dioxan), a) durch 3std. Erhitzen von **IV** u. **V** in 4n HCl auf 135° u. Reinigung durch Lösen in HCl u. Fällen mit NH_4OH; 24,2% (Ausbeute); b) analog mit 5n HCl; 33%. *Dihydrochlorid*, F. 345° (Zers.). *N.N'-Diacetyl-Deriv.*, $C_{20}H_{18}N_4O_2$, Zers. bei 300° (A.). *β-[Benzimidazolyl-(2)]-propionsäure*, $C_{10}H_{10}N_2O_2$, F. 227° (Zers.), aus dem Filtrat von **III** durch Einengen u. Neutralisation mit CH_3COOH; 26,2%. *Hydrochlorid*, F. 242° (Zers.). — *Benzimidazolo-[1'.2':1.2]-pyrrolidon-(5)*, $C_{10}H_8N_2O$, F. 172° (Zers.; W.), durch ½std. Erhitzen vorst. Verb. in **VIII** im Ölbad auf 130° u. Dest. im Vakuum. — *1.2-Bis-[benzimidazolyl-(2)]-1.2-dihydroxyäthan* (**II**), $C_{16}H_{14}N_4O_2$, F. 245° (Zers.), durch 3std. Erhitzen von 80 g L(+)-Weinsäure u. 80 g **IV** in 200 ml 5n HCl auf 135° u. Fällen mit NH_4OH; $[\alpha]_D$ +24,5 ± 1° (c = 1; CH_3OH), +206 ± 2° (c = 1; n-HCl); 62,8 g (40,2%). *Tetraacetyl-Deriv.*, $C_{24}H_{22}N_4O_6$, F. 225—226° (Zers.; A.), aus 2 g **II** in **VIII** (3 Min. bei 90°), Abtreiben des Lsgm. im Vakuum u. Anreiben mit Aceton; 1,2 g. *Tetrabenzoyl-Deriv.*, $C_{44}H_{30}N_4O_6$, F. 186° (Zers.; Aceton), durch 12std. Stehen von **II** in 10%ig. NaOH u. Benzoylchlorid, $[\alpha]_D$ +39,8 ± 1° (c = 0,88; CH_3OH); daneben aus der Mutterlauge *Dibenzoyl-Deriv.*, $C_{30}H_{22}N_4O_4$, F. 212° (Zers.), gelbe Kristalle. — *β-[Benzimidazolyl-(2)]-α.β-dihydroxypropionsäure* (**I**), $C_{10}H_{10}N_2O_4$, F. 98° (Zers.), aus der Mutterlauge von **II** durch Neutralisation mit CH_3COOH; $[\alpha]_D$ +91,6 ± 2° (c = 0,5; W.); 33,9%. *Hydrochlorid*, F. 108° (Zers.). — *Benzimidazolo-[1'.2':1.2]-3.4-dihydroxypyrrolidon-(5)*, $C_{14}H_{12}$·N_2O_5, F. 121—122° (Zers.), durch ½std. Erhitzen von **I** mit **VIII** auf 95—100°, Eindampfen im Vakuum u. Aufnehmen in Ae.; $[\alpha]_D$ +49,0 ± 1° (c = 0,5; CH_3OH). — *1.4-Bis-[benzimidazolyl-(2)]-erythrit*, $C_{18}H_{18}N_4O_4$, F. 285° (Zers.), durch 3std. Erhitzen von **IV** u. **VII** in 5n HCl auf 135°, Alkalisieren mit NH_4OH, Lösen in konz. HCl, erneutes Fällen mit NH_4OH u. Auskochen mit Äthylenglykol; 47,4%. — *δ-[Benzimidazolyl-(2)]-α.β.γ.δ-tetrahydroxy-DL-gala-valeriansäure*, $C_{12}H_{14}N_2O_6$, F. 186° (Zers.), aus den ammoniakal. Mutterlaugen vorst. Verb. durch Neutralisation mit CH_3COOH; 14,2%.
G. G. FRICKE. 3122□

Abweichungen der aus Benzothiazol und substituierten Rhodaninen dargestellten Merocyanine. B. K. Sabata, B. K. Patnaik und M. K. Rout. (J. Indian chem. Soc. **37**. 613—16. Okt. 1960. Orisca, Cuttack, Ravenshaw Coll., Mayurbhanj Chem. Labor.) (Engl.)

Dargestellt werden *vinyloge Merocyanine* aus substituierten Rhodaninen u. Benzothiazolen. Die Absorptionsmaxima werden in Pyridin gemessen u. mit den aus den Werten für die entsprechenden symm. Cyanine u. Oxonole ermittelten Daten verglichen. Bei den *Merocarbocyaninen* liegen die gemessenen Werte **33,5** mμ, bei den Merodicarbocyaninen 40 mμ u. bei den Merotricarbocyaninen 102 mμ unter den erwarteten. Die Abweichungen werden also mit wachsender Kettenlänge größer.

Versuche: *2-Methylmercaptobenzothiazol, Metho-p-toluolsulfonat*, F. 162°, durch 16std. Erhitzen von 2-Methylmercaptobenzothiazol u. p-Toluolsulfonsäuremethylester auf 110°, Pulverieren u. Waschen mit Aceton. — 5-[3-Methylbenzothiazolinyliden-(2)]-rhodanine: *3-Phenyl-*, $C_{17}H_{12}N_2OS_3$, F. 280°, durch 7 Min. langes Kochen vorst. Verb. mit 3 Phenylrhodanin (I) in abs. A. in Ggw. von Triäthylamin; aus A. strohgelbe Platten; 70% (Ausbeute). — *3-[o-Tolyl]-*, F. 265°; 40%. — *3-[m-Tolyl]-*,

F. 280°; 68%. — *3-[p-Tolyl]-*, F. 280°; 75%. — *3-[p-Chlorphenyl]-*, F. 280°; 65%. — *5-Äthoxymethylen-3-phenylrhodanin*, $C_{12}H_{11}NO_2S_2$, F. 175° (A.), durch 5 Min. langes Kochen von I u. Orthoameisensäuretriäthylester in Pyridin, Eindampfen im Vakuum u. Zugabe von W.; 50%. — 5-{2-[3-Methylbenzothiazolinyliden-(2)]-äthyliden}-rhodanine: *3-Phenyl-*, $C_{19}H_{14}N_2OS_3$, F. 168—169° (A.), durch 7 Min. langes Kochen vorst. Verb. u. 2-Methylbenzothiazolmethojodid (**II**) in abs. A. u. Triäthylamin; 50%. — *3-[o-Tolyl]-*, F. 164°; 35%. — *2-[4-Acetanilidobutadien-(1.3)-yl]-benzothiazolmethojodid*, $C_{20}H_{19}JN_2OS$, F. 160—162° (Essigsäure), durch 70 Min. langes Kochen von **II** u. β-Anilinoacroleinanilhydrochlorid in Acetanhydrid, Kühlen, Behandeln mit Ae. u. Anreiben mit Methanol; 40%. — 5-{4-[3-Methylbenzothiazolinyliden-(2)]-buten-(2)-yliden}-rhodanine: *3-Phenyl-*, $C_{21}H_{16}N_2OS_3$, F. 177°, durch 3 Min. langes Kochen vorst. Verb. u. I in abs. A. u. Triäthylamin; aus Methanol grüne Nadeln; 60%. — *3-[o-Tolyl]-*, F. 194°; 30%. — *3-[m-Tolyl]-*, F. 168—169°; 50%. — *3-[p-Tolyl]-*, F. 188°; 42%. — *2-[6-Acetanilidohexatrien-(1.3.5)-yl]-benzothiazolmethojodid*, $C_{22}H_{21}\cdot JN_2OS$, F. 163° (Zers.; Essigsäure), durch 6 Min. langes Kochen von **II** u. Glutacondialdehyddianilhydrochlorid in Acetanhydrid u. Behandeln mit Ae.; 35%. — 5-{6-[3-Methylbenzothiazolinyliden-(2)]-hexadien-(2.4)-yliden-(1)}-rhodanine: *3-Phenyl-*, $C_{23}H_{18}N_2OS_3$, F. 180°, durch 2 Min. langes Kochen vorst. Verb. u. I in abs. A. u. Triäthylamin; aus Methanol grüne Nadeln; 60%. — *3-[o-Tolyl]-*, F. 224°; 30%. — *3-[m-Tolyl]-*, F. 188—189°; 35%. — *3-[p-Tolyl]-*, F. 170°; 40%.

W. LIEBSCHER. 3142 □

p-Dialkylaminostyrylfarbstoffe von 5-Arylaminothiadiazolen. P. B. Tripathy und M. K. Rout. (J. Indian chem. Soc. **37.** 415—19. Juli 1960. Cuttack, Ravenshaw Coll., Mayurbhanj Chem. Labor.) (Engl.)

Durch Kondens. von 5-Phenylamino-2-methyl-1.3.4-thiadiazol (**I**) mit p-Dimethylaminobenzaldehyd (**II**), von **I** mit p-Dimethylaminobenzaldehydmethojodid u. von 5-Phenylamino-2.3-dimethyl-1.3.4-thiadiazoliumjodid mit **II** entstehen eine farblose, eine gelbe u. eine rote Verb., deren Farben mit Hilfe der Resonanztheorie erklärt werden. Weitere ***5-Arylamino-2.3-dimethyl-1.3.4-thiadiazoliumjodide*** werden analog dargestellt u. mit **II** u. p-Diäthylaminobenzaldehyd zu den entsprechenden p-Dialkylaminostyrylfarbstoffen kondensiert. Ihre Absorptionsspektren werden gemessen u. mit denen der p-Dialkylaminostyrylfarbstoffe von Chinolin, Benzthiazol u. Thiazolen verglichen. Aus diesen Spektren geht hervor, daß Thiadiazol stärker bas. ist als Benzthiazol oder Chinolin.

Versuche: *5-[p-Tolylamino]-2-methyl-1.3.4-thiadiazol*, F. 194° (A.), durch Rk. von Acetylchlorid u. p-Tolylthiosemicarbazid unter Eiskühlung; 78% (Ausbeute). — *5-[p-Tolylamino]-2.3-dimethyl-1.3.4-thiadiazoliumjodid*, $C_{11}H_{14}JN_3S$, F. 182° (A.), durch 48std. Erhitzen vorst. Verb. mit CH_3J im verschlossenen Rohr auf 100°; 90%. — 2-Methyl-1.3.4-thiadiazole: *5-[o-Tolylamino]-*, F. 203°, analog vorvorst. Verbindung. — *5-Phenylamino-*, F. 191°. — *5-[p-Äthoxyphenylamino]-*, F. 178°. — *5-[p-Methoxyphenylamino]-*, F. 167°.— *5-[p-Bromphenylamino]-*, F. 234°. — 2.3-Dimethyl-1.3.4-thiadiazoliumjodide: *5-[o-Tolylamino]-*, F. 198°; 73%. — *5-Phenylamino-*, F. 163°; 80%. — *5-[p-Äthoxyphenylamino]-*, F. 203°; 72%. — *5-[p-Methoxyphenylamino]-*, F. 186°; 82%. — *5-[p-Bromphenylamino]-*, F. 162°; 80%. — 5-Arylamino-2-[p-dialkylaminostyryl]-3-methyl-1.3.4-thiadiazoliumjodide: *5-[p-Tolylamino]-2-[p-dimethylaminostyryl]-*, $C_{20}H_{23}JN_4S$, F. 182° (A.), durch 4std. Kochen von 5-[p-Tolylamino]-2.3-dimethyl-1.3.4-thiadiazoliumjodid u. **II** in abs. A. in Ggw. von Piperidin; Nadeln; 58%. — *5-[p-Tolylamino]-2-[p-diäthylaminostyryl]-*, F. 228°, analog vorst. Verb.; 47%. — *5-[o-Tolylamino]-2-[p-dimethylaminostyryl]-*, F. 118°; 38%. — *5-[o-Tolylamino]-2-[p-diäthylaminostyryl]-*, F. 130°; 33%. — *5-Phenylamino-2-[p-dimethylaminostyryl]-* (**III**), F. 222°; 47%. — *5-Phenylamino-2-[p-diäthylaminostyryl]-*, F. 207°; 35%. — *5-[p-Äthoxyphenylamino]-2-[p-dimethylaminostyryl]-*, F. 240°; 30%. — *5-[p-Äthoxyphenylamino]-2-[p-diäthylaminostyryl]-*, F. 216°; 38%. — *5-[p-Methoxyphenylamino]-2-[p-dimethylaminostyryl]-*, F. 240°; 36%. — *5-[p-Methoxyphenylamino]-2-[p-diäthylaminostyryl]-*, F. 216°; 43%. — *5-[p-Bromphenylamino]-2-[p-dimethylaminostyryl]-*, F. 262°; 42%. — *5-[p-Bromphenylamino]-2-[p-diäthylaminostyryl]-*, F. 218; 40%. — *6-Methyl-2-[p-dimethylaminostyryl]-1-äthylchinoliniumjodid*, F. 254°, durch 2std. Kochen von 2.6-Dimethylchinolinäthojodid u. **II** in A. in Ggw. von etwas Piperidin; aus A. tiefrote Nadeln; 62%. — *2-[p-Dimethylaminostyryl]-5-phenylamino-1.3.4-thiadiazol*, $C_{18}H_{18}N_4S$, F. 172°, durch 6std. Kochen von I u. **II** in A. in Ggw. von etwas Piperidin; aus A. Würfel; 70%; gibt beim 24std. Erhitzen mit CH_3J im verschlossenen Rohr **III** u. *Verb.* $C_{19}H_{21}JN_4S$, F. 191°. — *5-Phenylamino-3-methyl-2-{β-[thenyl-(2)]-vinyl}-1.3.4-thiadiazoliumjodid*, F. 244°, aus 5-Phenylamino-2.3-dimethyl-1.3.4-thiadiazoliumjodid u. Thiophen-2-aldehyd durch 2std. Kochen in abs. A. in Ggw. von

Piperidin; aus A. gelbe Platten; 40%. — *5-Phenylamino-3-methyl-2-{β-[furyl-(2)]-vinyl}-1.3.4-thiadiazoliumjodid,* F. 238° (Zers.), analog vorst. Verb. aus 5-Phenylamino-2.3-dimethyl-1.3.4-thiadiazoliumjodid u. Furfurol; braune Kristalle; 52%. P. GOLINSKE. 3173□

Mechanismus der Bildung von 4-Chlorcumarin aus Chromon-2-carbonsäurechlorid. W. A. Sagorewski und D. A. Sykow. (Журнал Общей Химии [J. allg. Chem.] **30** (**92**). **3100**—03. Sept. 1960. Inst. für Pharmakol. u. Chemotherap. der Akad. der Med. Wiss. der UdSSR.) (Russ.)

Bei der Synth. von *4-Chlorcumarin* (**I**) aus Chromon-2-carbonsäure (**II**) oder dessen Chlorid tritt *4.4-Dichlorchromen-2-carbonsäurechlorid* (**III**) als Zwischenprod. auf. **III** wird dargestellt. Es reagiert mit nucleophilen Reagentien in 2 Richtungen: Mit W. hauptsächlich unter Abspaltung von CO u. HCl zu **I**, mit Alkoholen unter hydrolyt. Abspaltung der Cl-Atome zu **II** bzw. **II**-Estern. Für **III** wird auch die isomere Form des *2.4-Dichlorchromen-2-carbonsäurechlorids* in Betracht gezogen.

Versuche: *4.4-Dichlorchromen-2-carbonsäurechlorid* (**III**), $C_{10}H_5Cl_3O_2$, F. 53—60° (PAe.), a) durch 18std. Kochen von 19 g **II** u. 100 ml $SOCl_2$; hellgelb; 76,7% (Ausbeute); b) durch 16std. Erhitzen von 1,9 g **II**, 4,4 g PCl_5 u. 5 ml $POCl_3$ auf 100°; 94%. — *4-Chlorcumarin* (**I**), aus **III** mit W. oder 2n NaOH; 91,5%. — *Chromon-2-carbonsäure* (**II**), *Äthylester,* F. 72,5—73,5° (PAe.), aus 2,1 g **III** u. 30 ml A. (24 Std. stehen); 67,8%. Daneben 14% **I** u. 12,5% **II**. *n-Butylester,* F. 44—44,5°, aus 9,4 g **III** u. 50 ml n-Butanol bei —10° u. 25 Min. langes Rühren bei —5 bis +15°; 35,5%. Daneben 7,8% **I** u. 39,7% **II**. HELMUT SCHÄFER. 3211□

Polymerisation von Flavanen. 4. Mitt. **Die Kondensation von Flavanolen-(4) mit Phenolen.** B. R. Brown, W. Cummings und J. Newbould. (J. chem. Soc. [London] **1961. 3677**—82. Sept. Oxford, Univ., Dyson Perrins Labor.) (Engl.) — 3. vgl. C. **1962. 7514.**

Flavan-4β-ol (**I**) gibt mit Phenol u. HCl-Gas in A. u. durch Methylieren *4-[p-Methoxyphenyl]-flavan* (**II**), dessen Konstit. durch Synth. bewiesen wird. Analog reagiert **I** mit Resorcin unter Bldg. von *4-[2.4-Dihydroxyphenyl]-flavan* (**III**) u. mit 7-Hydroxyflavan unter Bldg. von *7''-Hydroxybiflavanyl-(4.6'').* Mit Flavandiol-(3.4) (**IV**) reagiert Resorcin unter Bldg. von *4-[2.4-Dihydroxyphenyl]-flavanol-(3),* ein analoges Prod. wird aus **IV** u. Phloroglucin erhalten. Die Kondens. von 4'-Methoxyflavan-4β-ol (**V**) mit Phenol liefert *1-[o-Methoxyphenyl]-1.3.3-tris-[p-methoxyphenyl]-propan,* dessen Konstit. durch Vgl. mit synthet. Präpp. festgestellt wird. —UV- u. IR-Spektren vgl. Original.

Versuche: *4-[o-Methoxyphenyl]-flavanol-(4)* (**VI**), $C_{22}H_{20}O_3$, F. 207—209°, durch Zugeben von 1,20 g Flavanon zu o-Methoxyphenyl-MgBr in Ae., 3std. Kochen u. Zers. mit verd. Essigsäure; aus Ae./Chlf. (2:1) Nadeln; 1,45 g (Ausbeute). — *4-[o-Methoxyphenyl]-flavan* (**VII**), $C_{22}H_{20}O_2$, F. 108—109°, durch 4std. Kochen von 0,45 g **VI** u. p-Toluolsulfonsäure in Eisessig, Hydrieren an ADAMS-Pt bei 20° u. 750 Torr (4 Std.) u. Chromatographie in Bzn./Bzl. (1 : 1) an Al_2O_3; aus A. Nadeln; 0,13 g. — *4-[p-Methoxyphenyl]-flavanol-(4),* $C_{22}H_{20}O_3$, F. 116—117°, wie **VI** aus 1,14 g Flavanon u. p-Methoxyphenyl-MgBr; aus A. Nadeln; 1,10 g. — *4-[p-Methoxyphenyl]-flavan* (**II**), $C_{22}H_{20}O_2$, F. 134—136°, a) wie **VII** aus 1,00 g vorst. Verb.; 0,48 g; b) aus 0,81 g **I**, 1,25 g Phenol u. HCl-Gas in A. bei 0°, 20tägiges Stehen bei Raum-Temp., Gießen in W., Methylieren des Nd. (1,09 g) mit Dimethylsulfat/verd. NaOH u. Trennung von einem **VI**-*Isomeren* ($C_{22}H_{20}O_2$, F. 195—197°, aus A. Prismen; 0,20 g) durch Chromatographie in Bzn./Bzl. (1 : 1) an Al_2O_3; aus A. Nadeln; 0,86 g. — *4-[2.4-Dihydroxyphenyl]-flavan, Sesquihydrat* (**III**), $C_{21}H_{18}O_3$, F. 95—98°, aus dem Diacetyl-Deriv. u. alkohol. KOH auf dem Wasserbad (2 Min.); aus verd. A. Platten. *Diacetyl-Deriv.,* $C_{25}H_{22}O_5$, F. 171—172°, aus 0,80 g **I** u. 1,33 g Resorcin wie **II** nach b) (12 Tage) u. Acetylieren von 0,40 g des rohen **III** (1,22 g) mit sd. Na-Acetat/Acetanhydrid (2 Std.); nach Chromatographie an Al_2O_3 aus A. Nadeln; 0,25 g. *Dimethyläther,* $C_{23}H_{22}O_3$, F. 159—160°, aus 0,82 g rohem **III** u. Dimethylsulfat in verd. KOH; nach Chromatographie an Al_2O_3 aus A. Prismen; 0,33 g. — *7''-Acetoxybiflavanyl-(4.6''),* $C_{32}H_{28}O_4$, F. 128—130°, aus 0,50 g **I** u. 0,50 g 7-Hydroxyflavan wie **II** nach b) (11 Tage) u. Acetylieren mit Na-Acetat/Acetanhydrid; nach Chromatographie an Al_2O_3 aus A. Prismen; 0,62 g. — *4-[2.4-Dimethoxyphenyl]-flavanol-(3),* $C_{23}H_{22}O_4$, F. 61—62,5°, aus 1,90 g **IV**, 1,90 g Resorcin u. HCl-Gas in A. bei Raum-Temp., 7tägiges Stehen u. Methylieren mit Dimethylsulfat/K_2CO_3 in sd. Aceton; nach Chromatographie an Al_2O_3 u. Sublimation bei 150°/0,01 Torr amorph; 0,40 g. *Acetyl-Deriv.,* $C_{25}H_{24}O_5$, F. 70—71°, mit Acetanhydrid/Pyridin; aus Aceton Platten. — *4-[2.4.6-Trimethoxyphenyl]-flavanol-(3),* $C_{24}H_{24}O_5$, F. 164—165°, durch Einleiten von HCl-Gas in je 1 g **IV** u. Phloroglucin in 25 ml A. bei 30° bis zu 10%ig. Gew.-Zunahme, 21tägiges Stehen bei Raum-Temp. u. Methylieren; nach Chromatographie an Al_2O_3 aus Ae. Nadeln; 0,44 g. *Acetyl-Deriv.,* $C_{26}H_{26}O_6$, F. 168—169°, aus Ae. Prismen. —*2'.4-Dimethoxychalkon,* $C_{17}H_{16}O_3$, F. 68—69°, a) aus 6,00 g 2'-Hydroxy-4-methoxychalkon, Dimethylsulfat u. K_2CO_3 in sd. Aceton; 4,90 g; b) aus 3,10 g o-Methoxyacetophenon, Anisaldehyd u. 50%ig. NaOH in A. (4 Std.); aus A. hellgelbe Nadeln; 5,50 g. *2.4-Dinitrophenylhydrazon*, $C_{23}H_{20}N_4O_6$, F. 224—225°; aus CH_3OH/Chlf. (1 : 2) rote Nadeln. — *o-Methoxyphenyl-2.2-bis-[p-methoxyphenyl]-äthylketon*, $C_{24}H_{24}O_4$, F. 108—108,5°, durch Zugeben von 1,92 g vorst. Chalkons zu p-Methoxyphenyl-MgBr in Ae. bei —10°, 4std. Stehen bei Raum-Temp., Zers. mit verd. Essigsäure u. Chromatographie in Bzl. an Al_2O_3; aus Äthylacetat/Hexan Nadeln; 1,60 g. — *1-[o-Methoxyphenyl]-1.3.3-tris-[p-methoxyphenyl]-propen-(1)* (**VIII**), $C_{31}H_{30}O_4$, F. 45—47°, durch Zugeben von p-Methoxyphenyl-MgBr zu 7,00 g vorst. Verb. in Tetrahydrofuran bei 0°, 12std. Stehen bei Raum-Temp., 1std. Kochen, Zers. bei 0° mit verd. Essigsäure u. Chromatographie in Bzn./Bzl. (1 : 4) an Al_2O_3; 8,2 g. — *p-Methoxyphenyl-2-[p-methoxyphenyl]-2-[o-methoxyphenyl]-äthylketon*, $C_{24}H_{24}O_4$, F. 67—68°, wie vorvorst. Verb. aus 2.4'-Dimethoxychalkon; aus A. Nadeln; 2,33 g. — *1.1.3-Tris-[p-methoxyphenyl]-3-[o-methoxyphenyl]-propen-(1)*, $C_{31}H_{30}O_4$, F. 47 bis 48°, wie **VIII** aus 1,00 g vorst. Verb. (1 Std. bei Raum-Temp.); 1,20 g. — *1-[o-Methoxyphenyl]-1.3.3-tris-[p-methoxyphenyl]-propan*, $C_{31}H_{32}O_4$, F. 108—110°, a) aus 0,80 g **VIII** u. H_2 an RANEY-Ni in A. bei 60° u. 25 atü (4 Std.); 0,69 g; b) ebenso aus 0,60 g vorst. Verb.; 0,43 g; c) durch Rk. von 1,00 g **V**, Phenol u. HCl-Gas in A. bei 0°, 14tägiges Stehen bei Raum-Temp., Methylieren u. Chromatographie in Bzn./Bzl. (1 : 9) an Al_2O_3; 1,40 g. — *Verb. vom F. 141,5—142,5°, Methanolsolvat*, $C_{49}H_{48}O_6 \cdot CH_3OH$, aus 5,00 g 7-Acetoxyflavan u. 1,50 g **V** wie **II** nach b) (17 Tage bei Raum-Temp.; aus CH_3OH amorph; 1,60 g. F. HELLER. 3211 □

Über neue pharmakologisch wirksame Ester und Amide der Nicotinsäure. Alfred Pongratz und Konrad L. Zirm. (Mh. Chem. **91.** 396—99. 1960. Lannach, Österreich, Lannacher Heilmittel GmbH.) (Dt.) — Vgl. C. **1961.** 10169.

Die Synth. pharmakolog. wirksamer Ester der *Nicotinsäure* mit *N-Allylnormorphin* u. *Kodein* sowie des *4-Nicotinoylaminobenzoesäure-β-diäthylaminoäthylesters* wird beschrieben.

Versuche: *N-Allylnormorphindinicotinat*, aus 1 g N-Allylnormorphin durch 1std. Schmelzen mit 5 g Nicotinsäureanhydrid (**I**) bei 130°, Lösen in W., Entfärben mit A-Kohle u. Alkalisieren mit $NaHCO_3$ u. Na_2CO_3 (pH 9); 1,2 g (Ausbeute). *Hydrochlorid*, $C_{31}H_{27}N_3O_5 \cdot HCl$, F. 238—239° (Zers.). — *Kodeinnicotinathydrochlorid*, $C_{24}H_{24}N_2O_4 \cdot HCl$, F. 263—263,5°, aus **I** u. 2,4 g Kodeinhydrochlorid in 25 Min. wie vorst. Verb.; 2,2 g. — *4-Nicotinoylaminobenzoesäure-β-diäthylaminoäthylester*, $C_{19}H_{23}N_3O_3$, F. 68—70°, aus 9,1 g **I** u. 7,19 g Procain in 1 Std. wie vorst. Verb.; 8,2 g. *Hydrochlorid*, F. 190,5—191,5° (90%ig. A.). B. FÖHLISCH. 3231 □

Eine neue Synthese von Derivaten des Piperidons-(4). H. G. O. Becker und H. Haufe. (Z. Chem. **1.** 157. 1961. Dresden, TH, Inst. für organ. Chem.) (Dt.)

Durch DIECKMANN-Cyclisierung entstehen aus β-[β-Carbalkoxyäthylamino]-β-alkyl-(arylalkyl)-acrylsäureestern *2-Alkyl-3-carbalkoxy-5.6-dihydropyridone-(4)*, die bei der Hydrierung am ADAMS-Kontakt in Acetanhydrid unter Normalbedingungen glatt die entsprechenden *1-Acetyl-2-alkyl(arylalkyl)-3-carbalkoxypiperidone-(4)* (**A**) in hohen Ausbeuten liefern. Die 2-Arylalkyl-Verbb. kristallisieren ausschließlich in der Enolform. Die 2-Alkyl-Verbb. liegen nur z. T. in der Enolform vor. Die **A** geben eine rotviolette $FeCl_3$-Rk., lassen sich in Phenylpyrazolone, die Enaminester, die 2.4-Dinitrophenylhydrazone u. die Cu-Salze überführen. Mit Methylvinylketon entstehen Derivv. des 3-Azabicyclo-[3.3.1]-nonanons bzw. des Dekahydroisochinolins. Dargestellt wurden folgende 1-Acetylpiperidone-(4): *3-Carbäthoxy-*, F. 45—47°, $Kp._{0,01}$ 119—121°; 78% (Ausbeute). — *2-Methyl-3-carbäthoxy-*, $Kp._{0,05}$ 117—118°; 83%. — *2-Äthyl-3-carbäthoxy-*, $Kp._{0,25}$ 121 bis 122°; 78%. — *2-Isopropyl-3-carbäthoxy-*, $Kp._{0,1}$ 127—129°; 82%. — *2-Benzyl-3-carbomethoxy-*, F. 122—124°; 83%. *Zweite Modifikation*, F. 112—113°. — *2-Benzyl-3-tert.-butoxycarbonyl-*, F. 102—105°; 87%. — *2-[p-Methoxybenzyl]-3-carbomethoxy-*, F. 87—90°; 86%. — *2-[3.4-Dimethoxybenzyl]-3-carbomethoxy-*, F. 88—91°; 69%. P. GOLINSKE. 3231 □

Mit den Iboga-Alkaloiden verwandte Substanzen. Synthese und Reaktionen des 3-[Indolyl-(2)]-piperidins. John W. Huffman. (J. org. Chemistry **27.** 503—06. Febr. 1962. Clemson, S.C., Clemson Coll., Dep. of Chem. and Geol.; Georgia Inst. of Technol., School of Chem.) (Engl.)

Die Cyclisierung von 3-Acetylpyridinphenylhydrazon liefert *3-[Indolyl-(2)]-pyridin* (**I**), welches mit Bromessigsäureäthylester das *quart. Salz* gibt, das zu *3-[Indolyl-(2)]-piperidinoessigsäureäthylester* hydriert wird. Weder dieser Ester noch die entsprechende freie Säure können mit Polyphosphorsäure cyclisiert werden. Die Umsetzung von **I** mit Benzylbromid gibt das *quart. Salz*, das bei der Red. mit $NaBH_4$ *1-Benzyl-3-[indolyl-(2)]-1.2.5.6-tetrahydropyridin* (**II**) liefert. Bei der Hydrierung gibt **II** unter Hydrogenolyse der Benzylgruppe *3-[Indolyl-(2)]-piperidin* (III), das nicht direkt aus I erhalten werden konnte. Mit p-Toluolsulfochlorid erhält man aus III *1-[p-Toluolsulfonyl]-3-[indolyl-(2)]-piperidin* u. daraus mit CH_2O u. $(CH_3)_2NH$ *1-[p-Toluolsulfonyl]-3-[3-dimethylaminomethylindolyl-(2)]-piperidin.* Dieses gibt bei der Umsetzung mit wss. KCN eine Mischung aus *Amid* u. *Nitril.* Hydrolyse des Gemisches mit KOH liefert *1-[p-Toluolsulfonyl]-3-[3-carboxymethylindolyl-(2)]-piperidin.* Die Abspaltung des p-Toluolsulfonsäurerestes, der auch durch den C_6H_5CO-Rest ersetzt wurde, schlug fehl.

Versuche: *3-[Indolyl-(2)]-pyridin* (I), F. 170—175°, durch 1std. Erhitzen von 3-Acetylpyridinphenylhydrazon (F. 140—143°) u. Polyphosphorsäure unter Rühren auf dem Dampfbad, Erwärmen auf 135° (10 Min.), Gießen in W., Kühlen, Alkalisieren mit 50%ig. KOH, Aufnehmen des Nd. in A., Filtrieren, Erhitzen u. Verdünnen mit W. bis zur beginnenden Trübung; 68% (Ausbeute). — *1-Carbäthoxymethyl-3-[indolyl-(2)]-pyridiniumbromid,* $C_{17}H_{17}BrN_2O_2$, F. 130—132° (A./$CH_3COOC_2H_5$), aus I u. $BrCH_2 \cdot COOC_2H_5$ durch Stehen über Nacht in $CH_3COOC_2H_5$; 50%. — *1-Benzyl-3-[indolyl-(2)]-pyridiniumbromid,* $C_{20}H_{17}BrN_2$, F. 233—235° (A.), durch 3tägiges Stehen von I u. Benzylbromid in $CH_3COOC_2H_5$; 99%. — *3-[Indolyl-(2)]-piperidinoessigsäureäthylester,* $C_{17}H_{22}N_2O_2$, F. 107—108° (Hexan), durch Hydrieren vorvorst. Verb. in A. an PtO_2 bei 50 lbs./sq.in. u. Raum-Temp., Filtrieren, Eindampfen, Lösen in W., Alkalisieren mit 5%ig. $NaHCO_3$ u. Extraktion mit Chlf.; 30%. *Freie Säure,* $C_{15}H_{18}N_2O_2 \cdot CH_3OH$, Zers. bei 220—222° (wss. CH_3OH), durch 3std. Kochen des Esters mit 10%ig. KOH, Kühlen, Ausschütteln mit Ae. u. Ansäuern der wss. Phase auf pH 4 mit CH_3COOH/HCl; 99%. — *1-Benzyl-3-[indolyl-(2)]-1.2.5.6-tetrahydropyridin* (II), $C_{20}H_{20}N_2$, F. 166—167° (Cyclohexan/$CH_3COOC_2H_5$), durch 2std. Kochen vorvorst. Verb. in A. mit $NaBH_4$ unter Rühren, Kühlen, Ansäuern mit 5%ig. HCl, Alkalisieren mit 5%ig. NaOH u. Verdünnen mit W.; 60%. — *3-[Indolyl-(2)]-piperidin* (III), $C_{13}H_{16}N_2$, F. 178—179° (Cyclohexan/$CH_3COOC_2H_5$), durch 12std. Hydrieren von II in A. bei 35 lbs./sq.in. an 10%ig. Pd/Kohle; sublimiert bei 135°/0,1 mm; 40%. — *1-[p-Toluolsulfonyl]-3-[indolyl-(2)]-piperidin,* $C_{20}H_{22}N_2O_2S$, F. 192—193° (A.), durch 1std. Stehen von III in Pyridin mit p-Toluolsulfonsäurechlorid, 1std. Erhitzen auf dem Dampfbad u. Gießen in W.; 82%. — *1-[p-Toluolsulfonyl]-3-[3-dimethylaminomethylindolyl-(2)]-piperidin, Pikrat,* $C_{29}H_{32}N_6O_9S$, F. 183—184° (Zers.; wss. Aceton), durch 48std. Stehen vorst. Verb. in CH_3COOH mit 25%ig. wss. $(CH_3)_2NH$ u. Formalin, Gießen in 30%ig. wss. CH_3COOH, Filtrieren, Alkalisieren mit konz. NH_4OH u. Überführung in das Pikrat; 99%. — *Gemisch aus 1-[p-Toluolsulfonyl]-3-[3-carbamoylmethylindolyl-(2)]-piperidin u. 1-[p-Toluolsulfonyl]-3-[3-cyanmethylindolyl-(2)]-piperidin* (1 : 1), F. 215—217° (wss. A.), durch 48std. Erhitzen vorst. Base in A. u. W. mit KCN, Kühlen u. Verdünnen mit W.; 60%. — *1-[p-Toluolsulfonyl]-3-[3-carboxymethylindolyl-(2)]-piperidin,* $C_{22}H_{24}N_2O_4S$, F. 180 bis 183° (Zers.; wss. A.), durch 22std. Kochen vorst. Gemisches in A. u. 20%ig. KOH, Kühlen, Verdünnen mit W. u. Ansäuern; 70%. — *1-Benzoyl-3-[indolyl-(2)]-piperidin,* $C_{20}H_{20}N_2O$, F. 207—208° (A.), durch Schütteln von III in Aceton mit 5%ig. NaOH u. Benzoylchlorid; 87%. — *1-Benzoyl-3-[3-dimethylaminomethylindolyl-(2)]-piperidin, Pikrat,* $C_{29}H_{30}N_6O_8$, F. 178—180° (Zers.; wss. Aceton), durch 48std. Stehen vorst. Verb. in CH_3COOH mit 25%ig. wss. $(CH_3)_2NH$ u. Formalin, Gießen in 30%ig. wss. CH_3COOH, Filtrieren u. Alkalisieren mit konz. NH_4OH; 85%. — *1-Benzoyl-3-[3-cyanmethylindolyl-(2)]-piperidin,* $C_{22}H_{21}N_3O$, F. 180—181° (Cyclohexan/$CH_3COOC_2H_5$), aus vorst. Base (roh) in Aceton durch Zugabe von CH_3J, 2std. Stehen, Lösen in A., Zugabe von KCN in W., 3std. Kochen, Kühlen u. Gießen in W.; 34%. R. Mayer-Mader. 3231 □

Kondensation von Pyridyl-(2)- und -(4)-essigsäureäthylester mit aromatischen Carbonyl-Verbindungen. D. R. Bragg und D. G. Wibberley. (J. chem. Soc. [London] **1961.** 5074—77. Dez. Sunderland, Co. Durham, Techn. Coll., Pharm. Dep.) (Engl.)

Pyridyl-(2)- (I) u. -(4)-essigsäureäthylester (II) kondensieren sich in alkohol. Lsg. mit aromat. Aldehyden in Ggw. von Piperidin zu *α-[Pyridyl-(2)]- u. -(4)]-zimtsäureäthylestern.* Mit o-Aminobenzaldehyd entstehen *3-[Pyridyl-(2)]- u. -(4)]-chinolinol-(2)*; mit Salicylaldehyd *3-[Pyridyl-(2)]- u. -(4)]-cumarin.* Die Ausbeuten nehmen in der Reihenfolge der Substituenten 2-OH 4-$N(CH_3)_2$, -H, 2-NH_2, 4-NO_2 u. 2-NO_2 ab u. sind bei **II** immer besser als bei **I**. Quaternierung von **II** mit CH_3J vor der Rk. mit o-Aminoacetophenon gibt *4-Methyl-3-[pyridyl-(4)]-chinolinol-(2)-methojodid.* **II** selbst u. **I** reagieren nicht. **I** u. **II** sowie ihre Methojodide geben keine Rk. mit Acetophenon u. o-Hydroxyacetophenon. Das *Methojodid* von *trans-α-[Pyridyl-(2)]-zimtsäureäthylester* (*trans*-**III**) wird aus CH_3J u. trans-**III** erhalten, während *cis*-**III**-*Methojodid* aus I-Methojodid u. Benzaldehyd entsteht. Mit **II** werden keine opt. Isomeren gebildet.

Versuche: *trans-α-[Pyridyl-(2)]-zimtsäureäthylester* (trans-**III**), $C_{16}H_{15}NO_2$, $Kp._{1,0}$ 160 bis 161°, durch 17—18std. Kochen von I u. Benzaldehyd mit Piperidin in A. (Meth. **A**);

46% (Ausbeute). *Methojodid*, $C_{17}H_{18}JNO_2$, F. 200—201° (Zers.; A.), durch 2std. Kochen mit CH_3J; gelbe Nadeln. — *α-[Pyridyl-(4)]-zimtsäureäthylester* (**IV**), Kp.$_{2,3}$ 175—176°, nach **A** mit **II**; 75%. — *cis*-**III**, *Methojodid*, F. 227—228° (Zers.; A.), durch Kochen von **I**-Methojodid (aus **I** u. CH_3J durch 2std. Kochen; 100%) u. Benzaldehyd; gelbe Nadeln; 35%. — **IV**-*Methojodid*, F. 197—198° (Zers.; A.), a) durch 2std. Kochen von **IV** u. CH_3J; hellgelbe Prismen; 100%; b) aus **II**-Methojodid (F. 103—104°; 100%) u. Benzaldehyd; 42%. — *p-Dimethylamino-α-[pyridyl-(2)]-zimtsäureäthylester*, $C_{18}H_{20}N_2O_2$, F. 127—128° (wss. Aceton), aus **I** u. p-Dimethylaminobenzaldehyd; gelbe Nadeln; 76%. — *p-Dimethylamino-α-[pyridyl-(4)]-zimtsäureäthylester*, F. 101—102° (wss. A.), aus **II** u. p-Dimethylaminobenzaldehyd; gelbe Nadeln; 89%. — *2-Nitro-α-[pyridyl-(4)]-zimtsäureäthylester, Hydrochlorid*, $C_{16}H_{15}ClN_2O_4$, F. 183—184° (Zers.; Aceton–A.), aus **II** u. o-Nitrobenzaldehyd nach **A**, Lösen des erhaltenen Öls in Chlf. u. Versetzen mit wss. HCl; Nadeln; 4,2%. — *4-Nitro-α-[pyridyl-(4)]-zimtsäureäthylester, Hydrochlorid*, F. 147—149° (Zers.; Aceton), ähnlich vorst. Verb. aus **II** u. p-Nitrobenzaldehyd; Nadeln; 13%. — *3-[Pyridyl-(2)]-chinolinol-(2)*, $C_{14}H_{10}N_2O$, F. 236—237° (A.), aus **I** u. o-Aminobenzaldehyd nach **A**; Nadeln; 30%. — *3-[Pyridyl-(4)]-chinolinol-(2)*, F. 234—235° (wss. A.), analog aus **II** u. o-Aminobenzaldehyd; Nadeln; 44%. — *4-Methyl-3-[pyridyl-(4)]-chinolinol-(2)-methojodid*, $C_{16}H_{16}JN_2O$, F. 315—316° (Zers.; wss. A.), aus **II**-Methojodid u. o-Aminoacetophenon nach **A**; hellgelbe Nadeln; 17%. — *3-[Pyridyl-(2)]-cumarin*, $C_{14}H_9NO_2$, F. 141—142° (A.), durch 7std. Kochen von **I** u. Salicylaldehyd; Nadeln; 75%. — *3-[Pyridyl-(4)]-cumarin*, F. 228—229° (A.), durch 2std. Kochen von **II** u. Salicylaldehyd; Nadeln; 94%. E. Kossmehl. 3231 □

Synthese von substituierten Chinolinderivaten und Trennung der Isomeren. A. G. Munshi. (J. Indian chem. Soc. **37**. 611—12. Okt. 1960. Bhuj [Kutch], R. R. Lalan Coll.) (Engl.)

Ein Gemisch von *5-* u. *7-Brom-6-methoxy-4-hydroxychinolin* wird dargestellt u. in die Isomeren getrennt.

Versuche: *2-Carbäthoxy-4-hydroxy-6-methoxy-7-bromchinolin*, $C_{13}H_{12}BrNO_4$, F. 278°, durch 4std. Erhitzen von Oxalessigsäureäthylester u. 3-Brom-4-methoxyanilin in Eisessig auf 50—60°, mehrstd. Stehen, Gießen auf Eiswasser, Neutralisieren mit 35%ig. NaOH, Extrahieren mit Ae., Eindampfen, Zugabe zu fl. Paraffin bei 250° u. fraktionierte Kristallisation aus Eisessig; gelbe Nadeln; daneben *2-Carbäthoxy-4-hydroxy-5-brom-6-methoxychinolin*, $C_{13}H_{12}BrNO_4$, F. 222° (A.). — *2-Carboxy-4-hydroxy-6-methoxy-7-bromchinolin*, $C_{11}H_8BrNO_4$, F. 283° (Zers.), durch Hydrolyse vorst. Verb.; aus Essigsäure gelbe Nadeln. — *4-Hydroxy-6-methoxy-7-bromchinolin*, $C_{10}H_8BrNO_2$, F. 260°, durch Erhitzen vorst. Verb. in fl. Paraffin; aus sd. A. Körner. — *2-Carboxy-4-hydroxy-5-brom-6-methoxychinolin*, F. 216°, aus dem entsprechenden Ester; aus Essigsäure Nadeln. — *4-Chlor-6-methoxy-7-bromchinolin*, F. 200° (A.), durch 2std. Erhitzen von 4-Hydroxy-6-methoxy-7-bromchinolin mit $POCl_3$. P. Golinske. 3231 □

Synthesen von β-Carbolinderivaten. 3. Mitt. **Eine Synthese von Dimethoxybenzindolochinolizin.** Shigehiko Sugasawa und Yoshio Deguchi. (Chem. pharmac. Bull. [Tokyo] **8**. 879—84. Okt. 1960. Tokyo, Univ. of Tokyo, Fac. of Pharmac. Sci.) (Engl.) — 2. vgl. C. **1961**. 14650.

Durch Kondens. von Indol-2-carbonsäureäthylester (**I**) mit 3.4-Dimethoxyphenäthylamin (**II**) wird *N-3.4-Dimethoxyphenäthylindol-2-carbonamid* dargestellt, das zu *1-Indolyl-(2)-6.7-dimethoxy-3.4-dihydroisochinolin* (**III**) cyclisiert wird. **III** wird nach Dehydrierung mit Formaldehyd (**IV**)/Diäthylamin (**V**)/Essigsäure (**VI**) zu *1-[3-Diäthylaminomethylindolyl-(2)]-6.7-dimethoxyisochinolin* kondensiert, dessen *Methojodid* über das *Nitril* in *2-[6.7-Dimethoxyisochinolyl-(1)]-3-carboäthoxymethylindol* (**VII**) übergeführt wird. **VII** wird mit $LiAlH_4$ zu *2-[6.7-Dimethoxyisochinolyl-(1)]-3-[2-hydroxyäthyl]-indol* (**VIII**) reduziert. **VIII** gibt im Gegensatz zu den Angaben von Sugasawa u. Mitarbeitern (vgl. C. **1957**. 7932) mit PBr_3 in Chlf. das entsprechende *Bromid* (**IX**), das jedoch bei Kristallisation aus A./Ae. *2.3-Dimethoxy-8.9-dihydro-14H-benzo-[a]-indolo-[3.2:h] chinoliziniumbromid* (**X**) gibt. Sowohl **IX** wie **X** gibt mit $NaHCO_3$-Lsg. *2.3-Dimethoxy-8.9-dihydro-14H-benzo-[a]-indolo-[3.2:h]-chinoliziniumhydroxid*, das katalyt. u. durch $NaBH_4$ zu *2.3-Dimethoxy-5.6.8.9.14.14b-hexahydrobenzo-[a]-indolo-[3.2:h]-chinolizin* red. wird. UV-Spektren s. Original.

Versuche: *N-3.4-Dimethoxyphenäthylindol-2-carbonamid*, $C_{19}H_{20}N_2O_3$, F. 154—155°, durch 6std. Erhitzen von 1,8 g **I** u. 1,8 g **II** auf 175—185° (Bad); aus Essigester Säulen; 2,3g (Ausbeute). — *1-[Indolyl-(2)]-6.7-dimethoxy-3.4-dihydroisochinolin* (**III**), $C_{19}H_{18}N_2O_2$, F. 149°, durch 3std. Kochen vorst. Verb. in Bzl. mit $POCl_3$ u. Alkalisieren des erhaltenen *Hydrochlorids* [F. 146° (Zers.); aus W. tiefgelbe Nadeln; 89%]; aus Methanol gelbe Säulen. *Methojodid*, F. 216° (Zers.). — *1-[Indolyl-(2)]-6.7-dimethoxy-1.2.3.4-tetrahydro-*

isochinolin, F. 132—134°, durch Hydrieren vorst. Hydrochlorids in Methanol über Adams-Pt; Nadeln; *N-Methyl-Deriv.*, $C_{20}H_{22}N_2O_2$, F. 187—188°, durch Hydrieren vorst. Methojodids; aus Essigester Flitter. — *1-[Indolyl-(2)]-6.7-dimethoxyisochinolin*, $C_{19}H_{16}N_2O_2$, F. 222°, durch 6std. Kochen von 0,2 g **III** mit Zimtsäureäthylester u. Pd-Kohle in p-Cymol; aus A. faserige, gelbe Nadeln; 0,2 g. *Methojodid*, $C_{20}H_{19}JN_2O_2$, F. 239° (Zers.); aus Methanol gelbe Säulen. — *1-[3-Diäthylaminomethylindolyl-(2)]-6.7-dimethoxyisochinolin*, durch Suspendieren von 0,5 g vorst. Verb. in **IV/V/VI**, Erwärmen auf 50° u. Zugabe von verd. NaOH; 0,5 g. *Monopikrat*, $C_{30}H_{30}N_6O_9$, F. 218° (Zers.); aus A./Aceton gelbe Nadeln. *Dipikrat*, $C_{36}H_{33}N_9O_{16}$, F. 181° (Zers.); aus A./Aceton gelbe Nadeln. *Methojodid*, $C_{25}H_{30}JN_3O_2$, F. 250° (Zers.), durch 4—8tägige Rk. von 1 g vorst. Verb. in abs. Bzl. mit **VI** u. Methyljodid bei Raum-Temp.; aus Methanol gelbe Platten; 0,85 g. — *2-[6.7-Dimethoxyisochinolyl-(1)]-3-carboxymethylindol*, $C_{21}H_{18}\cdot N_2O_4$, F. 262° (Zers.), durch 2std. Kochen von 1,7 g vorst. Methojodids mit KCN in A./W., Eindampfen im Vakuum, Extrahieren des erhaltenen *Nitrils* mit Bzl., 10std. Kochen mit 20%ig. KOH/A., Abdampfen des A., Ansäuern der alkal. Lsg. mit Essigsäure; aus wenig A. gelbe Nadeln; 0,7 g. *Äthylester* (**VII**), F. 94—96°, durch Sättigen der Säure in abs. A. mit HCl in der Kälte, Kochen unter Einleiten von HCl, Eindampfen, Lösen in W., Alkalisieren mit K_2CO_3 u. Ausäthern; als Bzl./PAe. Nadeln (*Methojodid*, $C_{24}H_{25}JN_2O_4$, F. 202°; gelbe Nadeln). — *2-[6.7-Dimethoxyisochinolyl-(1)]-tryptophol* (**VIII**), $C_{21}H_{20}N_2O_3$, F. 212—214°, durch Zugabe von $LiAlH_4$ in Ae. zu 1,0 g **VII** in Tetrahydrofuran unter Kühlen, 1std. Rühren bei Raum-Temp., 1½std. Kochen, Zers. mit W. u. Extrahieren mit Ae. u. warmem Chlf.; aus A. gelbe Säulen; 0,25 g. *Hydrochlorid*, F. 228° (Zers.); aus A. gelbe Nadeln. *Pikrat*, $C_{27}H_{23}N_5O_{10}$, F. 230° (Zers.); aus A. gelbe Nadeln. — *1-[3-(2-Bromäthyl)-indolyl-(2)]-6.7-dimethoxyisochinolin, Hydrobromid* (**IX**), $C_{21}H_{20}Br_2\cdot N_2O_2$, F. 190° (Zers.), durch 5std. Kochen von 250 mg **VIII** in Chlf. mit PBr_3 in Chlf., Eindampfen im Vakuum u. Anreiben mit Ae.; aus 0,5%ig. HBr gelbe Nadeln; 250 mg. — *2.3-Dimethoxy-8.9-dihydro-14H-benz-[a]-indolo-[3.2:h]-chinoliziniumbromid* (**X**), $C_{21}H_{19}\cdot BrN_2O_2$, F. 254° (Zers.), durch Kristallisation von **IX** aus Methanol/Ae.; gelbe Nadeln. — *2.3-Dimethoxy-8.9-dihydro-14H-benzo-[a]-indolo-[3.2:h]-chinoliziniumhydroxid, Monohydrat*, $C_{21}H_{20}N_2O_3\cdot H_2O$, F. 199° (Zers.), durch Rk. von 194 mg **VIII** mit PBr_3 in Chlf., Schütteln mit 5%ig. $NaHCO_3$; aus A. purpurrote Kristalle; 150 mg. — *2.3-Dimethoxy-5.6.8.9.14.14b-hexahydrobenzo-[a]-indolo-[3.2:h]-chinolizin, Hydrochlorid*, $C_{21}H_{23}ClN_2O_2$, F. 248° (Zers.), a) durch Hydrieren von 80 mg vorst. Verb. in A. über Adams-Pt, Ansäuern mit wenig verd. HCl u. Hydrieren; aus A. lange Nadeln; 50 mg; b) durch Red. von 50 mg vorst. Verb. mit $NaBH_4$ in wss. Methanol, Lösen in verd. HCl u. Eindampfen; 20 mg. *Freie Base*, $C_{21}H_{22}N_2O_2$, F. 216—217°; aus A. Nadeln. W. Liebscher. 3231 □

Reaktionen des Benzilsäure-2-bromäthylesters und Mandelsäure-2-bromäthylesters mit sekundären Aminen. G. P. Ellis, J. King und T. B. Lee. (J. chem. Soc. [London] **1962**. 685—86. Febr.) (Engl.)

Der Vers. der Kondens. von sek. Aminen mit Benzilsäure-2-bromäthylester (**I**) gibt *2.2-Diphenyl-3-oxo-1.4-dioxan*, dagegen liefert die Umsetzung von sek. Aminen mit Mandelsäure-2-bromäthylester (**II**) die erwarteten substituierten *Mandelsäureaminoäthylester*.

Versuche: *Benzilsäure-2-bromäthylester* (**I**), $C_{16}H_{15}BrO_3$, F. 148—149° (Bzl.-PAe.), durch 4—5std. Kochen von Benzilsäure u. 2-Bromäthanol in CCl_4 mit H_2SO_4 am Wasserabscheider u. Stehen über Nacht; 56% (Ausbeute). — *2.2-Diphenyl-3-oxo-1.4-dioxan*, $C_{16}H_{14}O_3$, F. 100—101° (PAe.), durch Kochen von **I** mit Piperidin in Bzl. über Nacht, Kühlen, Zugabe von Ae., Abfiltrieren des *Piperidinhydrobromids* (F. 240—242°), Behandeln des Filtrats mit äther. HCl, Abfiltrieren von *Piperidinhydrochlorid* (F. 244 bis 246°) u. Eindampfen; 67%. — *Mandelsäure-2-bromäthylester* (**II**), $C_{10}H_{11}BrO_3$, $Kp._{0,5}$ 142 bis 144°, F. 50—52°, durch Kochen von Mandelsäure u. 2-Bromäthanol in Bzl. + 20%ig. H_2SO_4 in einer Dean-Sterk-App.; 64%. — *Mandelsäure-2-piperidinoäthylesterhydrochlorid*, $C_{15}H_{21}NO_3\cdot HCl$, F. 156—157° (A./Ae.), durch 15std. Kochen von **II** mit Piperidin in Bzl., Kühlen, Zugabe von Ae., Abfiltrieren von Piperidinhydrobromid, Einengen u. Behandlung mit äther. HCl; 52%. — *Mandelsäure-2-morpholinoäthylesterhydrochlorid*, $C_{14}H_{19}NO_4\cdot HCl$, F. 152—156° (A./Ae.), analog vorst. Verb.; 30%.
R. Mayer-Mader. 3252 □

Disubstituierte Dithian-Ringe. B. Hirsch und H. Fink. (Angew. Chem. **74**. 28. 7/1. 1962. Dresden, TU, Inst. für Farbenchemie.) (Dt.)

Durch Umsetzung von Crotonsäureäthylester, Δ^{α}-Hexensäureäthylester, Crotonaldehyddiäthylacetal, Crotonsäurenitril u. Crotonaldehyd mit N-Bromsuccinimid nach Wohl-Ziegler u. anschließende Behandlung mit methanol. K-Thioacetat-Lsg. in Bzl. bei Raum-Temp. werden in 90—95%ig. Ausbeute folgende γ-Acetylmercapto-Verbb.

erhalten: *-crotonsäureäthylester* (I), *-Δ^α-hexensäureäthylester*, *-crotonaldehyddiäthylacetal*, *-crotonsäurenitril* (II) u. *-crotonaldehyd.* I u. II ergeben, in methanol. Lsg. bei Raum-Temp. mit 10%ig. methanol. NaOH versetzt, nach Stehen über Nacht *1.4-Dithiandiessigsäure-(2.5)*, F. 180° (Sublimation); 22,7% (Ausbeute); bzw. *1.4-Dithiandiacetonitril-(2.5)*, F. 184°; 22,0%; während die übrigen Verbb. keine kristallinen Prodd. ergeben.

A. TREDE. 3262

Barbiturate. 1. Mitt. **5.5-Diäthyl-N¹-(substituiertes benzyl)- und N¹-(substituiertes phenyl)-barbiturate und Thiobarbiturate.** J. P. Trivedi und J. J. Trivedi. (J. Indian chem. Soc. **35.** 661—64. Sept. 1958. Ahmedabad, M. G. Sci. Inst., Chem. Dep.) (Engl.)

Durch Kochen von Diäthylmalonsäurediäthylester (I) mit Arylmethylharnstoffen u. -thioharnstoffen sowie mit Arylthioharnstoffen in Ggw. von Na-Äthylat werden die entsprechenden *N¹-Arylmethyl-5.5-diäthylbarbitursäuren* u. *-2-thiobarbitursäuren* bzw. *N¹-Aryl-5.5-diäthyl-2-thiobarbitursäuren* dargestellt.

Versuche: Benzylharnstoffe: *o-Chlor-* (II), $C_8H_9ClN_2O$, F. 143°, aus o-Chlorbenzylamin u. KOCN in Ggw. von Säure. — *p-Chlor-*, $C_8H_9ClN_2O$, F. 122°. — *o-Brom-*, $C_8H_9BrN_2O$, F. 162°. — *p-Brom-*, $C_8H_9BrN_2O$, F. 172°. — *3.4-Dimethyl-*, $C_{10}H_{14}N_2O$, F. 164°. — *2.5-Dimethyl-*, $C_{10}H_{14}N_2O$, F. 196°. — *m-Methoxy-*, $C_9H_{12}N_2O_2$, F. 148°. — *α-Äthyl-*, $C_{10}H_{14}N_2O$, F. 104°. — *α-n-Propyl-*, $C_{11}H_{16}N_2O$, F. 116°. — 5.5-Diäthylbarbitursäuren: *N¹-[o-Chlorbenzyl]-*, $C_{15}H_{17}ClN_2O_3$, F. 248° (A. oder Bzl.), durch Zugabe von II zu I in abs. alkohol. Na-Äthylat, 8—10 std. Kochen, Eindampfen, Gießen in W. u. Ansäuern: 25—30% Ausbeute. — *N¹-[p-Chlorbenzyl]-*, $C_{15}H_{17}ClN_2O_3$, F. 134°. — *N¹-[o-Brombenzyl]-*, $C_{15}H_{17}BrN_2O_3$, F. 120—121°. — *N¹-[m-Brombenzyl]-*, $C_{15}H_{17}BrN_2O_3$, F. 120°. — *N¹-[p-Brombenzyl]-*, $C_{15}H_{17}BrN_2O_3$, F. 124°. — *N¹-[o-Methylbenzyl]-*, $C_{16}H_{20}N_2O_3$, F. 120°. — *N¹-[m-Methylbenzyl]-*, $C_{16}H_{20}N_2O_3$, F. 106°. — *N¹-[p-Methylbenzyl]-*, $C_{16}H_{20}N_2O_3$, F. 117°. — *N¹-[3.4-Dimethylbenzyl]-*, $C_{17}H_{22}N_2O_3$, F. 178°. — *N¹-[2.4-Dimethylbenzyl]-*, $C_{17}H_{22}N_2O_3$, F. 136°. — *N¹-[2.5-Dimethylbenzyl]-*, $C_{17}H_{22}N_2O_3$, F. 267°. — *N¹-[o-Methoxybenzyl]-*, $C_{16}H_{20}N_2O_4$, F. 132—133°. — *N¹-[m-Methoxybenzyl]-*, wachsähnlich. — *N¹-[p-Methoxybenzyl]-*, $C_{16}H_{20}N_2O_4$, F. 224—225°. — *N¹-[α-Methylbenzyl]-*, $C_{16}H_{20}N_2O_3$, F. 90°. — *N¹-[α-Äthylbenzyl]-*, $C_{17}H_{22}N_2O_3$, F. 109°. — *N¹-[α-n-Propylbenzyl]-*, $C_{18}H_{24}N_2O_3$, F. 88°. — 5.5-Diäthyl-2-thiobarbitursäuren: *N¹-[o-Chlorbenzyl]-*, $C_{15}H_{17}ClN_2O_2S$, F. 114°. — *N¹-[m-Chlorbenzyl]-*, $C_{15}H_{17}ClN_2O_2S$, F. 118°. — *N¹-[p-Chlorbenzyl]-*, $C_{15}H_{17}ClN_2O_2S$, F. 120°. — *N¹-[o-Brombenzyl]-*, $C_{15}H_{17}BrN_2O_2S$, F. 116°. — *N¹-[m-Brombenzyl]-*, $C_{15}H_{17}BrN_2O_2S$, F. 122°. — *N¹-[p-Brombenzyl]-*, $C_{15}H_{17}BrN_2O_2S$, F. 142°. — *N¹-[o-Methylbenzyl]-*, $C_{16}H_{20}N_2O_2S$, F. 112—114°. — *N¹-[m-Methylbenzyl]-*, $C_{16}H_{20}N_2O_2S$, F. 92°. — *N¹-[p-Methylbenzyl]-*, $C_{16}H_{20}N_2O_2S$, F. 163°. — *N¹-[3.4-Dimethylbenzyl]-*, $C_{17}H_{22}N_2O_2S$, F. 179—180°. — *N¹-[2.4-Dimethylbenzyl]-*, $C_{17}H_{22}N_2O_2S$, F. 118°. — *N¹-[2.5-Dimethylbenzyl]-*, $C_{17}H_{22}N_2O_2S$, F. 116°. — *N¹-[o-Methoxybenzyl]-*, $C_{16}H_{20}N_2O_3S$, F. 112°. — *N¹-[m-Methoxybenzyl]-*, $C_{16}H_{20}N_2O_3S$, F. 117 bis 118°. — *N¹-[p-Methoxybenzyl]-*, $C_{16}H_{20}N_2O_3S$, F. 127—128°. — *N¹-[α-Methylbenzyl]-*, $C_{16}H_{20}N_2O_2S$, F. 120°. — *N¹-[α-Äthylbenzyl]-*, $C_{17}H_{22}N_2O_2S$, F. 110°. — *N¹-[α-n-Propylbenzyl]-*, $C_{18}H_{24}N_2O_2S$, F. 112°. — *N¹-[p-Methoxyphenyl]-*, $C_{15}H_{18}N_2O_3S$, F. 216°. — *N¹-[p-Äthoxyphenyl]-*, $C_{16}H_{20}N_2O_3S$, F. 200°. — *N¹-[p-n-Propoxyphenyl]-*, $C_{17}H_{22}N_2O_3S$, F. 120°. — *N¹-[p-n-Butoxyphenyl]-*, $C_{18}H_{24}N_2O_3S$, F. 115°. — *N¹-[p-n-Amyloxyphenyl]-*, $C_{19}H_{26}N_2O_3S$, F. 116°. — *N¹-[p-n-Hexyloxyphenyl]-*, $C_{20}H_{28}N_2O_3S$, F. 130°. — *N¹-[o-Chlorphenyl]-*, $C_{14}H_{15}ClN_2O_2S$, F. 121°. — *N¹-[m-Chlorphenyl]-*, $C_{14}H_{15}ClN_2O_2S$, F. 183°. — *N¹-[p-Chlorphenyl]-*, $C_{14}H_{15}ClN_2O_2S$, F. 212°. — *N¹-[m-Bromphenyl]-*, $C_{14}H_{15}BrN_2O_2S$, F. 115°. — *N¹-[p-Bromphenyl]-*, $C_{14}H_{15}BrN_2O_2S$, F. 246°. — *p-n-Butoxyphenylthioharnstoff*, $C_{11}H_{16}N_2OS$, F. 158°. — *p-n-Hexyloxyphenylthioharnstoff*, $C_{13}H_{20}N_2OS$, F. 112°.

W. LIEBSCHER. 3272

Barbiturate. 2. Mitt. **5-Methyl-5-(substituierte benzyl)-barbiturate und -thiobarbiturate.** J. P. Trivedi und J. J. Trivedi. (J. Indian chem. Soc. **35.** 687—89. Sept. 1958.) (Engl.) — 1. vgl. vorst. Referat.

Die Darst. von *5-Methyl-5-arylmethylbarbitursäuren* u. *-2-thiobarbitursäuren* sowie die als Ausgangs-Verbb. benötigten substituierten *Arylmethylmalonsäurediäthylester* wird beschrieben.

Versuche: Benzylmalonsäurediäthylester: *o-Chlor-*, $C_{14}H_{17}ClO_4$, Kp.$_{12}$ 140 bis 148°; n_D^{27} 1,4880. — *p-Chlor-*, $C_{14}H_{17}ClO_4$, Kp.$_{16}$ 188—190°; n_D^{27} 1,4975. — *o-Brom-*, $C_{14}H_{17}BrO_4$, Kp.$_{12}$ 180°; n_D^{27} 1,4940. — *m-Brom-*, $C_{14}H_{17}BrO_4$, Kp.$_7$ 173—180°; $n_D^{38,5}$ 1,5289. — *p-Brom-*, $C_{14}H_{17}BrO_4$, Kp.$_{10}$ 185—186°; n_D^{27} 1,5090. — *o-Methyl-*, $C_{15}H_{20}O_4$, Kp.$_1$ 168—170°; n_D^{27} 1,4920. — *m-Methyl-*, $C_{15}H_{20}O_4$, Kp.$_{30}$ 180°; n_D^{27} 1,5052. — *p-Methyl-*, $C_{15}H_{20}O_4$, Kp.$_{20}$ 208°; n_D^{27} 1,5049. — *3.4-Dimethyl-*, $C_{16}H_{22}O_4$, Kp.$_{60}$ 200°; $n_D^{38,5}$ 1,4809. — *2.4-Dimethyl-*, $C_{16}H_{22}O_4$, Kp.$_{20}$ 180—185°; n_D^{27} 1,4932. — *2.5-Dimethyl-*

$C_{16}H_{22}O_4$, Kp.$_{12}$ 174—176°; n_D^{27} 1,4890. — *o-Methoxy-*, $C_{15}H_{20}O_5$, Kp.$_{13}$ 194°; $n_D^{38,5}$ 1,4950. — *p-Methoxy-*, $C_{15}H_{20}O_5$, Kp.$_{25}$ 202°; n_D^{27}, 4946. — Methylmalonsäurediäthylester: *α-[o-Chlorbenzyl]-*, $C_{15}H_{19}ClO_4$, Kp.$_9$ 140°; n_D^{27} 1,4960. — *α-[p-Chlorbenzyl]-*, $C_{15}H_{19}ClO_4$, Kp.$_{16}$ 195°; n_D^{27} 1,4918. — *α-[o-Brombenzyl]-*, $C_{15}H_{19}BrO_4$, Kp.$_{15}$ 196°; n_D^{27} 1,5120. — *α-[m-Brombenzyl]-*, $C_{15}H_{19}BrO_4$, Kp.$_7$ 198—200°; $n_D^{38,5}$ 1,5327. — *α-[p-Brombenzyl]-*, $C_{15}H_{19}BrO_4$, Kp.$_{11}$ 196°; n_D^{27} 1,5062. — *α-[o-Methylbenzyl]-*, $C_{16}H_{22}O_4$, Kp.$_9$ 182°; n_D^{27} 1,4812. — *α-[m-Methylbenzyl]-*, $C_{16}H_{22}O_4$, Kp.$_{10}$ 180°; $n_D^{38,5}$ 1,5420. — *α-[p-Methylbenzyl]-*, $C_{16}H_{22}O_4$, Kp.$_{20}$ 220°; $n_D^{38,5}$ 1,5328. — *α-[3.4-Dimethylbenzyl]-* $C_{17}H_{24}O_4$, Kp.$_{50}$ 222°; n_D^{27} 1,4932. — *α-[2.4-Dimethylbenzyl]-*, $C_{17}H_{24}O_4$, Kp.$_{32}$ 206—208°; $n_D^{38,5}$ 1,5108. — *α-[2.5-Dimethylbenzyl]-*, $C_{17}H_{24}O_4$, Kp.$_{10}$ 182°; n_D^{27} 1,4880. — *α-[o-Methoxybenzyl]-*, $C_{16}H_{22}O_5$, Kp.$_{15}$ 196°; $n_D^{38,5}$ 1,4918. — *α-[p-Methoxybenzyl]-*, $C_{16}H_{22}O_5$, Kp.$_{25}$ 220°; $n_D^{38,5}$ 1,5132. — 5-Methylbarbitursäuren: *5-[o-Chlorbenzyl]-*, $C_{12}H_{11}Cl \cdot N_2O_3$ F. 170°. — *5-[p-Chlorbenzyl]-*, $C_{12}H_{11}ClN_2O_3$, F. 197°. — *5-[o-Brombenzyl]-*, $C_{12}H_{11} \cdot BrN_2O_3$, F. 151—152°. — *5-[m-Brombenzyl]-*, $C_{12}H_{11}BrN_2O_3$, F. 159—160°. — *5-[p-Brombenzyl]-*, $C_{12}H_{11}BrN_2O_3$, F. 204°(?). — *5-[o-Methylbenzyl]-*, $C_{13}H_{14}N_2O_3$, F. 134°. — *5-[m-Methylbenzyl]-*, $C_{13}H_{14}N_2O_3$, F. 127—128°. — *5-[p-Methylbenzyl]-*, wachsähnlich. — *5-[3.4-Dimethylbenzyl]-*, $C_{14}H_{16}N_2O_3$, F. 175°. — *5-[2.4-Dimethylbenzyl]-*, $C_{14}H_{16}N_2O_3$, F. 118°. — *5-[2.5-Dimethylbenzyl]-*, $C_{14}H_{16}N_2O_3$, F. 78. — 5-*[o-Methoxybenzyl]-*, $C_{13}H_{14} \cdot N_2O_4$, F. 168°. — *5-[p-Methoxybenzyl]-*, $C_{13}H_{14}N_2O_4$, F. 252°. — 5-Methyl-2-thiobarbitursäuren: *5-[o-Chlorbenzyl]-*, $C_{12}H_{11}ClN_2O_2S$, F. 112°. — *5-[p-Chlorbenzyl]-*, $C_{12}H_{11}C.N_2O_2S$, F. 220°. — *5-[o-Brombenzyl]-*, $C_{12}H_{11}BrN_2O_2S$, F. 109—110°. — *5-[m-Brombenzyl]-*, $C_{12}H_{11}BrN_2O_2S$, F. 115°. — *5-[p-Brombenzyl]-*, $C_{12}H_{11}BrN_2O_2S$, F. 131—132°. — *5-[o-Methylbenzyl]-*, $C_{13}H_{14}N_2O_2S$, F. 116°. — *5-[m-Methylbenzyl]-*, $C_{13}H_{14}N_2O_2S$, F. 115°. — *5-[p-Methylbenzyl]-*, $C_{13}H_{14}N_2O_2S$, F. 114°. — *5-[3.4-Dimethylbenzyl]-*, $C_{14}H_{16}N_2O_2S$, F. 100°. — *5-[2.4-Dimethylbenzyl]-*, $C_{14}H_{16}N_2O_2S$, F. 120°. — *5-[2.5-Dimethylbenzyl]-*, $C_{14}H_{16}N_2O_2S$, F. 116°. — *5-[o-Methoxybenzyl]-*, $C_{13}H_{14}N_2O_3S$, F. 115°. — *5-[p-Methoxybenzyl]-*, $C_{13}H_{14}N_2O_3S$, F. 116°. W. Liebscher. 3272

Cyclisierung von 1.5-Diphenylpentantrion-(1.3.5) mit Diäthyloxalat. 3.5-Dibenzoylcyclopentantrion-(1.2.4) und sein Chinoxalinderivat. Robley J. Light und Charles R. Hauser. (J. org. Chemistry **26.** 1296—99. April 1961. Durham, N.C., Duke Univ., Dep. of Chem.) (Engl.)

Durch Kondens. von 1.5-Diphenylpentantrion-(1.3.5) (**I**; vgl. C. **1961.** 838) u. Diäthyloxalat mit C_2H_5ONa in abs. A. wird *3.5-Dibenzoylcyclopentantrion-(1.2.4)* (**II**) erhalten. Die Konstit. von **II** wird durch Kondens. mit o-Phenylendiamin u. Oxydation des *Chinoxalin-Deriv.* mit $KMnO_4$ zu 2 Mol *Benzoesäure* u. 1 Mol *Pyrazintetracarbonsäure* sowie mittels der UV- u. IR-Spektren (vgl. Original) festgestellt.

Versuche: *3.5-Dibenzoylcyclopentantrion-(1.2.4)* (**II**), $C_{19}H_{12}O_5$, F. 154—156° (Aceton), durch Zugeben von **I** u. Diäthyloxalat zu C_2H_5ONa in abs. A., 5std. Kochen, Abdestillieren des A., Gießen auf Eis/HCl u. Extrahieren mit Ae.; 34% (Ausbeute). — *1.3-Dibenzoyl-2-oxocyclopenteno-[4.5:b]-chinoxalin*, $C_{25}H_{16}N_2O_3$, F. 271—274° (Bzl.), durch Erhitzen von **II** u. o-Phenylendiamin in A. auf dem Wasserbad u. mehrstd. Stehen im Kühlschrank; 32%. — *Pyrazintetracarbonsäure*, F. 199—202° (Zers.; 20%ig. HCl), a) durch Zugeben von $KMnO_4$ zu vorst. Verb. in 5%ig. KOH u. 2std. Erhitzen auf dem Wasserbad neben 90% *Benzoesäure*; 20%; b) analog aus Phenazin; 27%.

F. Heller. 3272□

4.5-Substituierte Pyridazine. 8. Mitt. **Hydrolyse von 2-Phenyl-6-chloroxazolo-[5.4:c]-pyridazin.** Tsukasa Kuraishi. (Chem. pharmac. Bull. [Tokyo] **8.** 553—54. Juni 1960. Nagasaki, Univ. of Nagasaki, Pharmac. Fac.) (Engl.) — 7. vgl. C. **1962.** 131.

Durch Kochen von 4-Amino-6-chlorpyridazinol-(3) (**I**) mit Benzoylchlorid (**II**) in Pyridin oder Nitrobenzol wird *4-Benzamido-6-chlorpyridazinol-(3)* (**III**) dargestellt, das durch Kochen mit $POCl_3$ zu *2-Phenyl-6-chloroxazolo-[5.4:c]-pyridazin* (**IV**) cyclisiert wird. Durch HCl oder NaOH-Lsg. wird **IV** zu **III** bzw. **I** hydrolysiert.

Versuche: *4-Benzamido-6-chlorpyridazinol-(3)* (**III**), $C_{11}H_8ClN_3O_2$, F. 235° (A.), a) durch 1std. Kochen von 0,5 g **I** u. 0,5 g **II** in Nitrobenzol (oder Pyridin) u. Eindampfen; 0,5—0,6 g (Ausbeute); b) durch $^1/_2$std. Kochen von 0,5 g **IV** mit 15%ig. HCl; 0,32 g. — *2-Phenyl-6-chloroxazolo-[5.4:c]-pyridazin* (**IV**), F. 209° (A.), durch 1std. Kochen von 2 g **III** mit $POCl_3$ u. Gießen in 2n NaOH unter Kühlung; 0,7 g. — *4-Amino-6-chlorpyridazinol-(3)* (**I**), F. 286° (A.), durch $^1/_2$std. Kochen von 0,5 g **IV** mit 15%ig. NaOH, Kühlen u. Ansäuern mit Essigsäure; 0,27 g. W. Liebscher. 3272□

Chemie der Pteridine. 5. Mitt. **Methylierung von 2-Amino-4-hydroxy-6.7-dimethylpteridin.** Robert B. Angier und William V. Curran. (J. org. Chemistry **26.** 2129—32. 13/6. 1961. Pearl River, N.Y., Amer. Cyanamid Co., Lederle Labor. Div., Organ. Chem. Res. Sect.) (Engl.) — 4. vgl. C. **1961.** 4003.

Methylierung von 2-Amino-4-hydroxy-6.7-dimethylpteridin (**I**) mit 4 Mol $(CH_3)_2 \cdot SO_4$/NaOH liefert in 70%ig. Ausbeute ein Gemisch von 2 Teilen *2-Amino-1.6.7-trimethyl-1H-pteridinon-(4)* (**II**) u. 3 Teilen *2-Amino-3.6.7-trimethyl-3H-pteridinon-(4)* (**III**), die auf Grund ihrer unterschiedlichen Basizität durch Kristallisation aus verd. Säure getrennt werden können. Aus dem UV-Spektrum folgt, daß **I** bis zu pH 7 als *2-Amino-6.7-dimethyl-3H-pteridinon-(4)* vorliegt u. daß **II** bei pH $>$ 9,2 das Anion des tautomeren *2-Imino-4-hydroxy-1.6.7-trimethyl-1.2-dihydropteridins* bildet. Im Gegensatz zu **II**, das sich gegen Säure als resistent erweist, erfährt sein Acetylderiv. Hydrolyse zu *1.6.7-Trimethyl-1H.3H-pteridindion-(2.4)*; unter entsprechenden Umständen bildet sich aus dem Acetylderiv. von **III** neben **III** *3.6.7-Trimethyl-1H.3H-pteridindion-(2.4)*. Das Acetylderiv. von **I** sowie das 2-[N-Methylacetamido]-4-hydroxy-6.7-dimethylpteridin liefern mit Säure neben **I** bzw. *2-N-Methylamino-4-hydroxy-6.7-dimethylpteridin* (**IV**) wenig *2.4-Dihydroxy-6.7-dimethylpteridin*. Opt. Daten sind angegeben.

Versuche: *2-Amino-3.6.7-trimethyl-3H-pteridinon-(4)* (**III**), durch gleichzeitiges Eintropfen von je 4 Mol $(CH_3)_2SO_4$ u. 1n NaOH zu 1 Mol **I** in W. innerhalb von $2^1/_4$Std., 1std. Rühren, Einstellen der Lsg. mit konz. HCl auf pH 2, Filtrieren, 24std. Aufbewahren in der Kälte u. Absaugen; 22% (Ausbeute). — *2-Amino-1.6.7-trimethyl-1H-pteridinon-(4)* (**II**), durch Einstellen des Filtrats von **III** mit Na-Acetat auf pH 5,5 bis 5,0, Auflösen des in der Kälte abgeschiedenen Nd. in verd. HCl, Abkühlen, Absaugen des ausgeschiedenen Nd. (**A**), Einstellen des Filtrats nach Erhitzen auf 80° auf pH 5,6 bis 6,0 u. Absaugen; eine 2. Fraktion wird durch Auflösen von **A** in verd. HCl, Absaugen von wenig **III** u. Einstellen des Filtrats auf pH 4,5—5,0 erhalten; 16%. *Acetylderiv.*, $C_{11}H_{13}N_5O_2$, F. 171—172° (A.), durch 4std. Kochen von **II** mit Acetanhydrid; 75%. — *1.6.7-Trimethyl-1H.3H-pteridindion-(2.4)*, $C_9H_{10}N_4O_2$, durch 20 Min. langes Erhitzen vorst. Acetylderiv. mit 0,1n HCl auf dem Wasserbad; 36%. — *2-Acetamido-4-hydroxy-6.7-dimethylpteridin*, $C_{10}H_{11}N_5O_2 \cdot 6\,H_2O$, F. 298—299° (Zers.; W.; gelbe Nadeln), durch $4^1/_2$std. Kochen von **I** mit Acetanhydrid; 75%. — *2-[N-Methylacetamido]-4-hydroxy-6.7-dimethylpteridin*, $C_{11}H_{13}N_5O_2$, F. 222—225° (A.), durch 3std. Kochen von **IV** mit Acetanhydrid; 36%. A. SCHMIDPETER. 3272□

Synthese des Erythropterins aus Xanthopterin. C. Schöpf und K. H. Gänshirt. (Angew. Chem. **74.** 153. 21/2. 1962. Darmstadt, TH, Inst. für organ. Chemie.) (Dt.)

Vff. erhielten *Erythropterin* aus Xanthopterin (**I**) u. Oxalessigsäure bei pH 4,2 u. 80° in 35%ig. Ausbeute. Die bisher bekannten Rkk. lassen es als möglich erscheinen, daß **I** Primärprod. bei der Biosynth. der Pteridinpigmente ist. J. ROTHE. 3272□

6-Azacytidin und seine Derivate. F. Šorm, W. P. Tschernetzki, Ss. Chladek, I. Wessely und I. Smrt. (Доклады Академии Наук СССР [Ber. Akad. Wiss. UdSSR] **137.** 1393—95. 21/4. 1961. Prag, Inst. für org. Chem. u. Biochem. der Akad. der Wiss. der ČSSR.) (Russ.)

6-Azauridin (**I**) wird durch Benzoylierung bzw. Acetylierung in *Tribenzoyl-* bzw. *Triacetyl-6-azauridin* übergeführt, die sich mit P_2S_5 in *Tribenzoyl-6-aza-4-thiouridin* (**II**) bzw. *Triacetyl-6-aza-4-thiouridin* (**III**) umwandeln lassen. Die Ammonolyse von **II** u. **III** mit NH_3 liefert *6-Azacytidin* (**IV**), die Ammonolyse mit n-Butylamin, Hydrazin u. Hydroxylamin entsprechend das $N_{(4)}$*-Butyl-*, $N_{(4)}$*-Amino-* bzw. $N_{(4)}$*-Hydroxy-Deriv.* von **IV**. — Die pharmakolog. Unters. von **IV** ergab, daß es in Kombination mit Thyminalkylamin (**V**) merklich das Wachstum des EHRLICHschen Carcinoms hemmt. Die synerg. Wrkg. ist bedeutend größer als die der Kombination aus **I** u. **V**. Analog **I** ist **IV** nur wenig toxisch.

Versuche: *6-Azacytidin* (**IV**), $C_8H_{12}N_4O_5$, F. 217—219° (Zers.), a) durch Erhitzen von **II** oder **III** mit NH_3; b) man hydrolysiert **II** mit Ba-Methylat u. setzt das gebildete *6-Aza-4-thiouridin* mit NH_3 um. — $N_{(4)}$*-Butyl-6-azacytidin*, $C_{12}H_{20}N_4O_5$, krist. nicht, aus **II** durch Erwärmen mit n-Butylamin. — $N_{(4)}$*-Amino-6-azacytidin*, $C_8H_{13}N_5O_5$, krist. nicht, aus **II** u. Hydrazin. — $N_{(4)}$*-Amino-6-azacytosin*, $C_3H_5N_5O$, Zers. $>$ 240°, neben vorst. Verb. unter bestimmten Rk.-Bedingungen; gelbe Nadeln. — $N_{(4)}$*-Hydroxy-6-azacytidin*, $C_8H_{12}N_4O_6$, F. 234—235,5°, aus **III** u. Hydroxylamin; Nadeln. — **IV** u. seine $N_{(4)}$-Derivv. liefern beim Kochen in saurer Lsg. **I**. HELMUT SCHÄFER. 3313□

Neuer Verbindungstyp der Isocyanursäurereihe. H. A. Staab und W. Benz. (Angew. Chem. **73.** 657. 7/10. 1961. Heidelberg, Univ., Org.-chem. Inst.) (Dt.)

Bei dem Vers., N-Benzyloxyisocyanat durch Rk. von äquimol. Mengen N.N′-Carbonyldiimidazol u. O-Benzylhydroxylamin (vgl. C. **1962.** 468) zu *1-[N-Benzyloxycarbamoyl]-imidazol* (**I**) u. anschließende therm. Spaltung darzustellen, wurde bei ca. 90° ihr Trimeres *1.3.5-Tribenzyloxy-2.4.6-trioxohexahydro-1.3.5-triazin*, F. 241,5 bis 242°, erhalten, das von Na in A. zu *Cyanursäure* red. wird u. das mit Cyclohexylamin (**II**) zu dem auch aus I u. II (90% Ausbeute) erhältlichen *1-Cyclohexyl-3-benzyloxyharnstoff* reagiert. Die Struktur von I ist durch Analyse u. IR-Spektrum gesichert.

H. PAGEL. 3313□

Über Sulfinsäureamidine. 1. Mitt. **Darstellung von Sulfinsäureamidinen aus Amidinderivaten und ihre Cyclisierung zu 1.2.4.6-Thiatriazinen.** Joachim Goerdeler und Benno Wedekind. (Chem. Ber. **95.** 147—53. 25/1. 1962. Bonn, Univ., Chem. Inst.) (Dt.)

Bei Einw. von N-Sulfenylamidinen auf N-Bromamidine werden die *Hydrobromide* von *Sulfinsäureamidinen* erhalten, die sowohl als Immonium- als auch als Sulfonium-Salze formuliert werden können. Durch elektrophile Substituenten am S-Atom werden die Rk.-Geschw. u. die Ausbeute herabgesetzt, ebenfalls wirken N-Alkylgruppen, wahrscheinlich auf Grund ster. Hinderung, verzögernd auf die Rk. ein. Die erhaltenen Verbb. können leicht in Ggw. von verd. Alkali zu *1H-1.2.4.6-Thiatriazinen* (*Sulfintriazinen*) cyclisiert werden. Teilweise entstehen beim Einsetzen unsymm. Sulfinsäureamidine symm. Sulfintriazine, so daß eine leichte Austauschbarkeit der Reste bei der offenkettigen Verb. angenommen werden muß.

Versuche: N.N'-Bis-[acylimidoyl]-sulfinsäureamidinhydrobromide, durch Zusammengeben der Ae.-Lsg. des N-Sulfenylamidins u. des N-Bromamidins, FF. 120—160° (Zers.): *N.N'-Bis-[benzimidoyl]-methan-* (**I**), $C_{15}H_{16}N_4S \cdot HBr$; 96% (Ausbeute). *Pikrat*, $C_{15}H_{16}N_4S \cdot C_6H_3N_3O_7$; 76%. — *N-Benzimidoyl-N'-p-chlorbenzimidoyl-methan-*, $C_{15}H_{15}ClN_4S \cdot HBr$; 92%. — *N.N'-Bis-[benzimidoyl]-benzol-* (**IV**), $C_{20}H_{18}N_4S \cdot HBr$; 95%. — *N-p-Chlorbenzimidoyl-N'-benzimidoylbenzol-*, $C_{20}H_{17}ClN_4S \cdot HBr$; 97%. — *N-Propionimidoyl-N'-benzimidoylbenzol-*(**III**), $C_{16}H_{18}N_4S \cdot HBr$; 96%. — *N.N'-Bis-[p-chlorbenzimidoyl]-benzol-*, $C_{20}H_{16}Cl_2N_4S \cdot HBr$; 91%. — *N.N'-Bis-[benzimidoyl]-m-nitrobenzol-*, $C_{20}H_{17}N_5O_2S \cdot HBr$; 93%. — *N.N'-Bis-[benzimidoyl]-p-nitrobenzol-*; 81%. — *N-Methylbenzimidoyl-N'-benzimidoylbenzol-*, $C_{21}H_{20}N_4S \cdot HBr$; 49%. — *N-Benzimidoyl-N'-[α-dimethylaminobenzyliden]-benzol-*, $C_{22}H_{22}N_4S \cdot HBr$; 95%. — *N-Benzimidoyl-N'-methyl-N'-[α-methyliminobenzyl]-benzol-*, $C_{22}H_{22}N_4S \cdot HBr$; 89%. — *N.N'-Bis-[benzimidoyl]-methansulfinsäureamidin*, $C_{15}H_{16}N_4S$, F. 180° (Bzl.–PAe.), a) aus **I** mit Ag_2O in W.–Methanol u. Extraktion mit Ae.; 10%; b) aus **I** mit Na-Methylat in Methanol bei 20°; 15%. — 1H-1.2.4.6-Thiatriazine, a) aus den Hydrobromiden mit 10fachem Überschuß an methanol. KOH, nach 2 Min. Verdünnen mit W. u. 2 Std. bei Raum-Temp.; b) aus den Hydrobromiden mit der berechneten Menge an methanol. KOH, nach 3—4 Std. Zusatz von W.: *1-Methyl-3.5-diphenyl-*, $C_{15}H_{13}N_3S$, F. 166—166,5° (gelbe Tetraeder aus Methanol), nach b); 56%. — *1-Methyl-3-phenyl-5-p-chlorphenyl-*, $C_{15}H_{12} \cdot ClN_3S$, F. 122,5—123,5° (gelbe Nadeln aus CH_3OH), nach b); 62%. — *1-Methyl-3.5-bis-[p-chlorphenyl]-*, $C_{15}H_{11}Cl_2N_3S$, F. 175—175,5° (gelbe Nadeln aus CH_3OH), nach b); 66%. — *1.3.5-Triphenyl-*, $C_{20}H_{15}N_3S$, F. 88,5—89° (gelbe Nadeln aus CH_3OH), nach b) aus **III** oder **IV**; 69%. — *1.3-Diphenyl-5-p-chlorphenyl-*, $C_{20}H_{14}ClN_3S$, F. 95—97° (gelbe Nadeln aus CH_3OH), nach a); 42%. — *1-Phenyl-3.5-bis-p-chlorphenyl-*, $C_{20}H_{13}Cl_2N_3S$, F. 139—139,5° (gelbe Nadeln aus CH_3OH), nach b); 72%. — *1-m-Nitrophenyl-3.5-diphenyl-*, $C_{20}H_{14}N_4O_2S$, F. 113—117° (dunkelgelbe Platten aus CH_3OH, A. oder PAe.), nach b); 68%. — *1-p-Nitrophenyl-3.5-diphenyl-*, $C_{20}H_{14}N_4O_2S$, F. 195—195,5° (gelbe Blätter aus Tetrachlormethan); 47%.

A. TREDE. 3354□

Über Sulfinsäureamidine. 2. Mitt. **Darstellung eines 1H-1.2.4.6-Thiatriazins mit tertiärer Aminogruppe.** Joachim Goerdeler und Klaus Doerk. (Chem. Ber. **95.** 154—57. 25/1. 1962.) (Dt.) — 1. vgl. vorst. Referat.

Sowohl aus N-Brombenzamidin (**I**) u. N-Benzolsulfenyl-N'.N'-diphenylguanidin (**II**), als auch aus N-Benzolsulfenylbenzamidin (**III**) u. N-Brom-N'.N'-diphenylguanidin (**IV**) wird das gleiche *Sulfinsäureamidinhydrobromid* erhalten, das sich infolge konkurrierender Spaltungs-Rkk. [→ Benzamidin, Diphenylguanidin] nur zu 25% zu einem *1H-1.2.4.6-Thiatriazin* cyclisieren läßt. Die Cyclisierung des aus dem entsprechenden N'.N'-Dibenzyl-N-benzolsulfenylguanidin (**VI**) gewonnenen Hydrobromids mißlang.

Versuche: *N-Benzolsulfenyl-N'.N'-diphenylguanidin* (**II**), $C_{19}H_{17}N_3S$, F. 108° (Zers.), durch 3std. Rühren von N.N-Diphenylguanidinnitrat (**VII**) u. Na-Methylat in Methanol u. Versetzen bei —70° mit Benzolsulfenylchlorid (**V**) in Ae.; 64% (Ausbeute). — *N-Benzolsulfenyl-N'.N'-dibenzylguanidin* (**VI**), $C_{21}H_{21}N_3S$, F. 85° (Zers.), durch Versetzen von Na-Methylat in Methanol–Ae. bei —70° mit **V** u. anschließend mit N.N-Dibenzylguanidinhydrochlorid (**VIII**); 78%. — *N-Brom-N'.N'-diphenylguanidin* (**IV**), $C_{13}H_{12}BrN_3$, F. 126° (Zers.), durch Zugabe von NaOBr-Lsg. zu **VII** in W. unter Eiskühlung; 51%. — *N-Brom-N'.N'-dibenzylguanidin*, $C_{15}H_{16}BrN_3$, F. 110° (Zers.), aus **VIII** analog **IV**; 63%. — *N-Benzimidoyl-N'-[N.N-diphenylguanyl]-benzolsulfinsäureamidin-hydrobromid*, $C_{26}H_{23}N_5S \cdot HBr$, a) aus **II** u. **I** in Methylenchlorid bei Raum-Temp.; 98%;

b) aus **IV** u. **III** analog a); 54%. — *1.3-Diphenyl-5-diphenylamino-1H-1.2.4.6-thiatriazin*, $C_{26}H_{20}N_4S$, F. 174,5° (hellgelbe Rhomben aus Methanol), aus vorst. Verb. u. Na-Methylat in Methanol, 1 Std. lang unter Rückfluß; 25%. — *N-Benzimidoyl-N'-[N.N-dibenzylguanyl]-benzolsulfinsäureamidinhydrobromid*, $C_{28}H_{27}N_5S \cdot HBr$, durch Zugabe von **I** zu **VI** in Ae.; 98%. A. TREDE. 3354□

Struktur einer Aldotriuronsäure aus Jutefaser-Hemicellulose. H. C. Srivastava, C. T. Bishop und G. A. Adams. (J. org. Chemistry **26**. 3958—60. Okt. 1961. Ottawa, Canada, Nat. Res. Council of Canada, Div. of Appl. Biol.) (Engl.)

Die Struktur von *O-α-4-O-Methyl-D-glucuronosyl-⟨1 → 2⟩-O-β-D-xylopyranosyl-⟨1 → 4⟩-D-xylose*, einer Aldotriuronsäure, die aus Jutefaser-Hemicellulose isoliert wurde, konnte durch Red., Methylierung, Red. u. erneute Methylierung zum methylierten Trisaccharidalkohol u. dessen Hydrolyse zu *2.3.4.6-Tetra-O-methyl-D-glucose* (**I**), *3.4-Di-O-methyl-D-xylose* u. *1.2.3.5-Tetra-O-methyl-D-xylit* (**II**) bewiesen werden. **II** wird aus Xylotriose synthetisiert.

Versuche: *O-α-4-O-Methyl-D-glucuronosyl-⟨1 → 2⟩-O-β-D-xylopyranosyl-⟨1 → 4⟩-D-xylit*, durch Neutralisieren der *Aldotriuronsäure* [F. 180—183°; $[\alpha]_D^{25}$ +58° (W.)] mit 0,1n NaOH u. Red. mit festem KBH_4; Glas; $[\alpha]_D^{26}$ +62,5° (W.). — *O-α-2.3.4.6-Tetra-O-methyl-D-glucosyl-⟨1 → 2⟩-O-β-3.4-di-O-methyl-D-xylosyl-⟨1 → 4⟩-1.2.3.5-tetra-O-methyl-D-xylit*, $C_{26}H_{50}O_{14}$, durch Methylierung von 414 mg vorst. Verb., Verestern mit CH_2N_2, Red. mit $LiAlH_4$ in Tetrahydrofuran u. Methylierung mit PURDIES-Reagens; Sirup; $[\alpha]_D^{25}$ +35,6° (c = 3,3; A.); 380 mg (Ausbeute). — *1.2.3.5-Tetra-O-methyl-D-xylit* (**II**), $C_9H_{20}O_5$, a) durch 7std. Kochen von 325 mg vorst. Verb. in 40%ig. methanol. HCl, Dest., 8std. Erhitzen des Rückstandes in 0,8n HCl bei 100°, Abtrennen des **I**/**II**-Gemisches an Cellulose mit einem azeotropen Gemisch aus Butanol–W., 48std. Oxydation dieses Gemisches mit Bromwasser, Chromatographie an Amberlite IR-45 (OH) u. Einengen des Eluats; $Kp._{0,02}$ 38—45°; hellgelber Sirup; 107 mg; b) durch Hydrolyse von 10 g Buchenholz–Xylan mit Pektinase, Dialyse nach PAINTER (Canad. J. Chem. **37**. [1959.] 497), Trennung der Mono- u. Oligosaccharide (4,75 g) an Kohle/Celite mit 5%ig. wss. A. in Fraktion **A** [*Xylose*, *Xylobiose* u. *Xylotriose* (341 mg)] u. Fraktion **B** [*Xylotriose*, F. 204—205°; $[\alpha]_D^{25}$ −44° (W.); 197 mg], Red. von **B** mit $NaBH_4$, Methylierung nach HAWORTH [1915], PURDIE [1903] u. KUHN (C. **1957**. 2745), 12std. Hydrolyse mit n-HCl bei 97°, 48std. Oxydation mit Br_2 u. Reinigung an Amberlite IR-45 (OH); Sirup. *4-O-p-Nitrobenzoyl-Deriv.*, $C_{16}H_{23}NO_8$, F. 187—189° (Cyclopentan); $[\alpha]_D^{25}$ ± 0° (c = 0,8; Methanol). — *3.4-Di-O-methyl-D-xylose*, neben dem **I**/**II**-Gemisch aus späteren Fraktionen; $[\alpha]_D^{27}$ +28,8° (c = 1,2; Methanol); 38 mg. — *3.4-Di-O-methyl-D-xylono-δ-lacton*, F. 67°; $[\alpha]_D^{24}$ −47° → −25° (Endwert; W.). E. SCHRAVEN. 3400□

Alkali-Abbau von Aricin. Asima Chatterjee und Sunil Kumar Talapatra. (Sci. and Cult. **23**. 206—07. Okt. 1957. Calcutta, Univ., Coll. of Sci., Dep. of Chem.) (Engl.)

Bei der Alkalischmelze von Aricin entsteht *5-Methoxyindol* (F. 55°). W. LIEBSCHER. 3500

Die Synthese von Colchicin. E. E. van Tamelen, T. A. Spencer jun., D. S. Allen jun. und R. L. Orvis. (Tetrahedron [London] **14**. 8—34. Sept. 1961. Madison, Wis., Univ. of Wisconsin, Dep. of Chem.) (Engl.)

Die Synth. von *dl-Trimethylcolchicinsäure* (**I**), die schon früher in *Colchicin* (**II**) übergeführt werden konnte, wird auf folgendem Wege verwirklicht: 2.3.4-Trimethoxybenzocycloheptanon-(6) (**III**) wird durch Rk. mit Acrylonitril in Ggw. von K-tert.-Butylat zu *5-[β-Cyanäthyl]-2.3.4-trimethoxybenzocycloheptanon-(6)* (**IV**) umgesetzt. Die Struktur von **IV** wird durch Verseifen u. Lactonisieren zu *2.3.4-Trimethoxybenzocyclohepten-(5)-ol-(6)-propionsäure-(5)-δ-lacton* bestätigt. Durch REFORMATSKI-Rk. von **IV** mit Bromessigsäuremethylester u. Zn werden *cis-* (**Va**) u. *trans-2.3.4-Trimethoxy-5-[β-cyanäthyl]-6-carbomethoxymethylbenzocycloheptanol-(6)* (**Vb**) erhalten, die chromatograph. getrennt u. zu *cis-* (**VIa**) bzw. *trans-β-[2.3.4-Trimethoxy-6-carboxymethyl-6-hydroxybenzocycloheptyl-(5)]-propionsäure* (**VIb**) verseift werden können. **VIa** u. **VIb** liefern mit CH_2N_2 die entsprechenden *6-Hydroxydimethylester*, die weiter zu den *6-Acetoxydimethylestern* acetyliert werden. Aus **VIa** u. **VIb** werden durch Rk. mit N.N'-Dicyclohexylcarbodiimid u. CH_2N_2 *cis-* (**VIIa**) bzw. *trans-β-[2.3.4-Trimethoxy-6-carbomethoxymethyl-6-hydroxybenzocycloheptyl-(5)]-propionsäure-δ-lacton* (**VIIb**) dargestellt. Beim Kochen von **VIIa** mit Na/Xylol-Suspension entsteht *2.3.4-Trimethoxy-4b.5.6.7.9.10-hexahydro-7-keto-Δ⁸-B-homophenanthren*, das jedoch für die weitere Synth. unbrauchbar ist. Dagegen liefert **VIIb** bei der Rk. mit Na in fl. NH_3 *4'.5'.6'-Trimethoxy-7.9-dihydroxy-10-oxo-2.3-benzobicyclo-[5.5.0]-dodecen-(2)-hemiketal* (**VIII**), das durch Kochen mit Cu(II)-Acetat zu *7a-Hydroxy-10-ketodesmethoxydesacetamidohexahydrocolchicinhemiketal* (**IX**) oxydiert wird. **IX** läßt sich durch Kochen mit p-Toluolsulfonsäure u. dann mit N-Bromsuccinimid zu *Desacetamidocolchicein* (**X**) dehydrieren, das andererseits aus natürlichem **II** bereitet werden kann. **X** gibt beim

Behandeln mit CH_2N_2 die beiden isomeren Methyläther *Desacetamidocolchicin* u. *Desacetamidoisocolchicin* (**XI**). Durch Bestrahlen einer Lsg. von **XI** u. N-Bromsuccinimid mit UV-Licht wird *7-Bromdesacetamidoisocolchicin* gebildet, das mit NaN_3 *7-Azidodesacetamidoisocolchicin* (**XII**) liefert. Durch Hydrieren von **XII** an 10% ig. Pd-Kohle u. Hydrolyse des Methyläthers entsteht letztlich **I**, das mit CH_3J zu *N.N-Dimethyldesacetylcolchiceinhydrojodid* (**XIII**) umgesetzt wird. Die freie Base von **XIII** läßt sich weiter zu *N.N-Dimethyltrimethylcolchicinsäuremethojodid* (**XIV**) methylieren. Als Modell-Vers. wird außerdem β-Tetralon mit β-Acetylacrylsäureäthylester zu *2-Hydroxy-2-methyl-4-carbäthoxy-9-keto-6.7-benzobicyclo-[3.3.1]-nonen-(6)* (**XV**) kondensiert u. mit Orthoameisensäuretriäthylester in *2-Methylen-4-carbäthoxy-9.9-diäthoxy-6.7-benzobicyclo-[3.3.1]-nonen-(6)* bzw. *2-Methyl-4-carbäthoxy-9.9-diäthoxy-6.7-benzobicyclo-[3.3.1]-nonadien-(2.6)* übergeführt. **XV** liefert mit Essigsäureisopropenylester *2-Acetoxy-2-methyl-4-carbäthoxy-9-keto-6.7-benzobicyclo-[3.3.1]-nonen-(6)*. UV-, IR- u. NMR-Spektren s. Original.

Versuche: *5-[β-Cyanäthyl]-2.3.4-trimethoxybenzocycloheptanon-(6)* (**IV**), $C_{17}H_{21}NO_4$, F. 110,5—111,2°, durch Zugabe von **III** zu K-tert.-Butylat in abs. tert.-Butanol, Zugabe von Acrylonitril, 9 std. Stehen bei Raum-Temp., Neutralisieren mit Essigsäure, Verdünnen mit W. u. Extrahieren mit Chlf.; aus CH_3OH Prismen; 72,5% (Ausbeute). — *2.3.4-Trimethoxybenzocyclohepten-(5)-ol-(6)-propionsäure-(5)-δ-lacton*, $C_{17}H_{20}O_5$, F. 104—105,2° (PAe.), durch 24 std. Kochen von **IV** mit wss.-methanol. KOH, Abtrennen der Neutral-Prodd., Ansäuern mit HCl, Extrahieren mit Ae., Eindampfen, 9 std. Erhitzen mit Acetanhydrid in Ggw. von Na-Acetat auf 100°, Eindampfen im Vakuum, Lösen in PAe./Aceton (95:5) u. Filtrieren über „Florisil"; 55,8%. — *trans-2.3.4-Trimethoxy-5-[β-cyanäthyl]-6-carbomethoxymethylbenzocycloheptanol-(6)* (**Vb**), $C_{20}H_{27}NO_6$, F. 145—145,8°, durch 3 std. Kochen von **IV** mit Bromessigsäuremethylester u. Zn in abs. Ae., Zugabe von Essigsäure, Dekantieren, Abtrennen der organ. Phase, azeotrope Dest. mit Xylol, Al_2O_3-Chromatographie u. Eluieren mit PAe./Aceton-Gemischen; aus Aceton/PAe. Nadeln; 18,8%; daneben die *cis-Form* (**Va**), $C_{20}H_{27}NO_6$, F. 118,9—119,4°, aus Aceton/PAe. Prismen; 37,6% u. 2,7% **VIIa**. — *cis-β-[2.3.4-Trimethoxy-6-carboxymethyl-6-hydroxybenzocycloheptyl-(5)]-propionsäure* (**VIa**), $C_{19}H_{26}O_8$, durch 24 std. Kochen von **Va** mit wss.-methanol. KOH; aus Aceton/PAe. Nadeln; 94,7%. *Dimethylester*, $C_{21}H_{30}O_8$, F. 100,6—101,4°, aus der Säure mit CH_2N_2 in Ae.; aus PAe. Nadeln. *Dimethylester-6-acetat*, $C_{23}H_{32}O_9$, F. 100,3 bis 101,1°, durch 8 std. Erhitzen von 51,5 mg Ester mit Acetanhydrid in Ggw. von p-Toluolsulfonsäure auf 90° u. Al_2O_3-Chromatographie mit PAe./Aceton; aus PAe. Prismen; 20 mg. *trans-Form* (**VIb**), $C_{19}H_{26}O_8$, F. 206—208° (Zers.; CH_3OH), aus **Vb** analog **VIa**; 91,8%. *Dimethylester*, $C_{21}H_{30}O_8$, F. 84,2—85,4°, aus PAe. Nadeln. *Dimethylester-6-acetat*, $C_{23}H_{32}O_9$, F. 99—99,8°, aus PAe. quadrat. Platten; 32,2%. — *cis-β-[2.3.4-Trimethoxy-6-carbomethoxymethyl-6-hydroxybenzocycloheptyl-(5)]-propionsäure-δ-lacton* (**VIIa**), $C_{20}H_{26}O_7$, F. 148,2—148,7°, durch 2tägiges Stehen von **VIa** mit N.N'-Dicyclohexylcarbodiimid in Pyridin bei Raum-Temp., Abtrennen des Nd., Eindunsten, Zugabe von methanol. CH_2N_2-Lsg., Eindampfen u. Al_2O_3-Chromatographie mit PAe./Aceton; aus CH_3OH große Prismen; 39%. — *2.3.4-Trimethoxy-4b.5.6.7.9.10-hexahydro-7-keto-Δ^8-B-homophenanthren*, F. 140,1—140,6°, durch langsames Eintropfen von **VIIa** in eine sd. Na/Xylol-Suspension, 2 std. Kochen, Zers. mit Eisessig u. W., Abtrennen der Xylolphase, Eindampfen, Al_2O_3-Chromatographie u. Eluieren mit PAe./Aceton (95:5); aus Diisopropyläther Stäbchen; 17% (roh). — *trans-β-[2.3.4-Trimethoxy-6-carbomethoxymethyl-6-hydroxybenzocycloheptyl-(5)]-propionsäure-δ-lacton* (**VIIb**), $C_{20}H_{26}O_7$, F. 147,5 bis 150°, aus **VIb** analog **VIIa**; aus CH_3OH Stäbchen; 40,7%. — *4'.5'.6'-Trimethoxy-7.9-dihydroxy-10-oxo-2.3-benzobicyclo-[5.5.0]-dodecen-(2)-hemiketal* (**VIII**), F. 149—154°, durch langsames Eintropfen einer äther. Lsg. von **VIIb** in Na/fl. NH_3, Abdampfen des NH_3, Verdünnen mit Ae. u. wenig CH_3OH, Ansäuern mit 5% ig. wss. HCl, Abtrennen der Ae.-Phase, Waschen mit 5% ig. wss. $NaHCO_3$, Eindampfen, Al_2O_3-Chromatographie u. Eluieren mit PAe./Aceton (1:1); aus Aceton/PAe. Nadeln; 9,2%. — *7a-Hydroxy-10-ketodesmethoxydesacetamidohexahydrocolchicinhemiketal* (**IX**), $C_{19}H_{24}O_6$, F. 203—204,5°, durch 3 std. Kochen von 62,7 mg **VIII** mit Cu(II)-Acetat in CH_3OH, Verdünnen mit n-HCl u. Extrahieren mit Chlf.; aus Aceton/PAe. Stäbchen; 65 mg. — *Desacetamidocolchicein* (**X**), $C_{19}H_{20}O_5$, F. 169,3—170,5°, a) durch ca. 5½ std. Kochen von 50,3 mg **IX** mit p-Toluolsulfonsäure in Bzl., ¼ std. Kochen des Roh-Prod. (50 mg) mit N-Bromsuccinimid in Chlf., Chromatographie an SiO_2 u. Eluieren mit Chlf./CCl_4 (1:1); 3 mg; b) durch Hydrieren von **XIV** an 10% ig. Pd-Kohle in verd. wss. NaOH, Filtrieren, Ansäuern mit Essigsäure u. Extrahieren mit Chlf.; 76,7%; aus abs. A. goldgelbe Prismen. — *Desacetamidocolchicin*, $C_{20}H_{22}O_5$, F. 183,6—184,1°, aus **X** mit CH_2N_2 in CH_3OH; aus Aceton/PAe. grünlichgelbe Platten; 40,3%; daneben *Desacetamidoisocolchicin* (**XI**), $C_{20}H_{22}O_5$, F. 148 bis 148,7° (Ae./Aceton); 24,3%. — *7-Bromdesacetamidoisocolchicin*, $C_{20}H_{21}BrO_5$, F. 161 bis 163,5°, durch ca. 25 Min. langes Kochen von **XI** mit N-Bromsuccinimid in CCl_4 unter

UV-Bestrahlung u. 1std. Stehen bei Raum-Temp.; aus Aceton/PAe. Stäbchen; 12,2%. — *7-Azidodesacetamidoisocolchicin* (**XII**), $C_{20}H_{21}N_3O_5$, F. 167—169,5° (Zers.; Aceton/PAe.), durch 27std. Erhitzen vorst. Verb. mit NaN_3 in CH_3OH im Bombenrohr auf 90—95°; 65%. — *dl-Trimethylcolchicinsäure* (**I**), F. 240—244° (Zers.; abs. A.), durch Hydrieren von 21 mg **XII** an 10%ig. Pd-Kohle in CH_3OH (→ 20 mg), 2std. Kochen von 44 mg des rohen Hydrierungs-Prod. mit n-HCl, Neutralisieren mit verd. $NaHCO_3$, Extrahieren mit Chlf., Chromatographie an SiO_2 u. Eluieren mit Chlf./CH_3OH (98:2); 16 mg. — *N.N-Dimethyldesacetylcolchiceinhydrojodid* (**XIII**), $C_{21}H_{26}JNO_5$, F. 254—256°, durch 24std. Kochen von **I** mit CH_3J in Dioxan; aus abs. A. goldgelbe Platten; 31,6%. — *N.N-Dimethyltrimethylcolchicinsäuremethojodid* (**XIV**), $C_{22}H_{28}JNO_5$, F. 231,8—235,4° (Zers.), durch Schütteln von **XIII** mit wss. NaOH u. Chlf., Eindampfen der Chlf.-Phase, Lösen in Dioxan u. 42std. Kochen mit CH_3J; aus abs. A. hellolivfarbene Prismen; 87,4%. — *2-Hydroxy-2-methyl-4-carbäthoxy-9-keto-6.7-benzobicyclo-[3.3.1]-nonen-(6)* (**XV**), $C_{17}H_{20}O_4$, F. 200—202,5° (Zers.), a) durch Zugabe von β-Tetralon u. β-Acetylacrylsäureäthylester zu $NaOCH_3$ in CH_3OH, 40 Min. langes Rühren bei Raum-Temp., Zugabe von W. u. Abfiltrieren; 48,5%; b) durch 3std. Erhitzen von β-Tetralon u. Pyrrolidin in Bzl. am Wasserabscheider (→ *Enamin*, F. 81—82°), 14std. Rühren des Enamins mit β-Acetylacrylsäureäthylester in Bzl. bei Raum-Temp., Eindampfen, Zugabe einer Lsg. aus 5ml Eisessig, 5ml W. u. 1g Na-Acetat in 50ml CH_3OH, Kochen u. Eindampfen; aus CH_3OH Würfel. — *2-Methylen-4-carbäthoxy-9.9-diäthoxy-6.7-benzobicyclo-[3.3.1]-nonen-(6)*, $C_{21}H_{28}O_4$, F. 87,6—88,7°, durch 10 Min. langes Erwärmen von **XV** mit Orthoameisensäuretriäthylester in abs. A. in Ggw. von konz. H_2SO_4 auf 80°, Neutralisieren mit Na_2CO_3, Filtrieren u. Eindampfen; aus CH_3OH Platten; 10—20%; liefert beim Ozonisieren *Formaldehyd* (*Dimedon-Deriv.*, F. 187,5—189,5°, aus verd. A. Nadeln; 44,7%). — *2-Methyl-4-carbäthoxy-9.9-diäthoxy-6.7-benzobicyclo-[3.3.1]-nonadien-(2.6)*, $C_{21}H_{28}O_4$, F. 111, 6—112,8°, analog vorst. Verb., jedoch durch 6std. Erhitzen auf 60°; aus CH_3OH/W. Stäbchen; 10—25%. — *2-Acetoxy-2-methyl-4-carbäthoxy-9-keto-6.7-benzobicyclo-[3.3.1]-nonen-(6)*, $C_{19}H_{22}O_5$, FF. 126,5° u. 129—130°, durch Kochen von **XV** in Essigsäureisopropenylester in Ggw. von konz. H_2SO_4; aus CH_3OH, Nadeln; 26%. G. TEEGE. 3500□

I

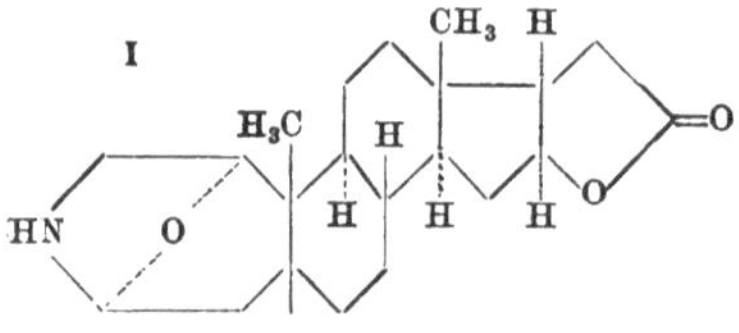

Konstitution und Konfiguration des Samandaridins. G. Habermehl. (Angew. Chem. **74.** 154. 21/2. 1962. Darmstadt, TH, Inst. für organ. Chem.) (Dt.)

Aus der röntgenograph. Unters. des *Samandaridinhydrobromids* (**I**·HBr) ergab sich für **I** die angegebene Struktur. J. ROTHE. 3500□

Über die Darstellung von Lactonmonocarbonsäuren. Maria Lipp, Franz Dallacker und Horst Pauling. (Liebigs Ann. Chem. **644.** 37—43. 13/7. 1961. Aachen, TH, Inst. für Organ. Chem.) (Dt.)

Durch 24std. Belichtung wird bei 82° unter Verw. von Benzophenon (**I**) als Sensibilisator Isopropylalkohol (**II**) an Fumarsäure (**III**) addiert. Über *Diaterebinsäure* erhält man *Terebinsäure* (**IV**) in guter Ausbeute. **IV** wird beim Kochen mit $SOCl_2$ in benzol. Lsg. nicht aufgespalten, sondern ausschließlich in *Terebinsäurechlorid* (**IV a**) übergeführt, das mit Diazomethan das *Diazoketon* (**IV b**), mit fl. NH_3 *Terebinsäureamid* (**IV c**) ergibt. Einw. von 100%ig. Hydrazinhydrat (**V**) auf **IV a** in Ggw. von Pyridin führt unter Ringaufspaltung zu *α-[1-Methyl-1-hydroxyäthyl]-bernsteinsäuredihydrazid.* Zur Darst. von *Terpenylsäure* (**VI**) wird eine Verbesserung des oxydativen Abbaus von Handelsterpineol [α-, β- u. γ-Terpineol sowie Terpinenol-(1)] versucht. DL-α-Terpineol wird durch $KMnO_4$ in *Menthantriol-(1.2.8)* u. dieses durch Chromschwefelsäure in *3-[1-Methyl-1-hydroxyäthyl]-heptanon-(6)-säurelacton-(1 → 3¹)* übergeführt, das mit $KMnO_4$ **VI** liefert. **VI** ließ sich auch nach ARNDT-EISTERT durch WOLFFsche Umlagerung von **IV b** an kolloidalem Ag in Methanol u. Hydrolyse des entstandenen **VI**-*Methylesters* (**VI c**) darstellen. Über ihr *Chlorid* (**VI a**) wird *Terpenyloyldiazomethan* (**VI b**) dargestellt, das durch WOLFFsche Umlagerung u. Hydrolyse des *Methylesters* (**VII a**) *Homoterpenylsäure* (**VII**) liefert. Der Lactonring von **VII** ist stabil. Rk. mit $SOCl_2$ ergibt das **VII**-*Chlorid*, das in das *Amid* u. das *p-Chloranilid* übergeführt wird. Rk. von **VII a** mit **V** ergab keine Ringaufspaltung, sondern das *Hydrazid.* Die IR-Spektren der Säure-Derivv. u. Diazoketone sind angegeben.

Versuche: *Terebinsäure* (**IV**), F. 175° (Ae.), durch 24std. Kochen von **III** u. **I** in **II** unter Bestrahlung mit der Labortauchlampe S 81, Einengen, mehrmaliges Extrahieren des Rückstandes mit heißem W., erschöpfendes Ausäthern der vereinigten Extrakte, Trocknen, Abdestillieren des Ae., Lösen des aus *Diaterebinsäure* u. unumgesetzter **III** bestehenden Rückstandes unter Erwärmen in W., Ansäuern mit verd. H_2SO_4, Zugabe von $KMnO_4$-Lsg. unter Kühlung u. Rühren, Abfiltrieren des MnO_2, Zusatz von H_2O_2 u. Ausäthern; 35% (Ausbeute). *Chlorid* (**IVa**), Kp.$_9$ 132°, durch 4std. Kochen von **IV** u. $SOCl_2$ in Bzl.; 86%. *Amid* (**IVc**), $C_7H_{11}NO_3$, F. 208,5° (W.), aus **IVa** u. fl. NH_3; 75%. — *Terebinoyldiazomethan* (**IVb**), $C_8H_{10}N_2O_3$, F. 94°, durch 24std. Stehen von **IVa** in äther. Diazomethan-Lsg. bei 0—5°; 82%. — *α-[1-Methyl-1-hydroxyäthyl]-bernsteinsäuredihydrazid*, $C_7H_{16}N_4O_3$, F. 139° (A.), durch 24std. Stehen von **IVa** mit **V** u. Pyridin in Dioxan bei Zimmer-Temp.; 56%. — *p-Menthantriol-(1.2.8)*, F. 120,5° (A./Ae.), durch Zutropfen von Terpineol zu wss. $KMnO_4$-Lsg., 2std. Rühren unter Kühlung, Abfiltrieren des MnO_2, Einengen, Extrahieren des Sirups mit warmem A., Abfiltrieren u. Dest. des dunklen, erstarrenden Rückstandes bei Kp.$_{11-12}$ 170—180°. — *3-[1-Methyl-1-hydroxyäthyl]-heptanon-(6)-säurelacton-(1 → 3*[1]), F. 62—63° (W.), durch ¼std. Kochen vorst. Verb. mit CrO_3 in verd. H_2SO_4; 48%. — *Terpenylsäure* (**VI**), F. 90°, a) durch ½std. Zutropfen von wss. $KMnO_4$-Lsg. zur wss. alkal. Lsg. vorst. Verb. unter Kühlung, ½std. Rühren, Filtrieren, Einengen, Extrahieren des Rückstandes mit abs. A., Abdestillieren des A., Ansäuern der Salz-Lsg. u. Extrahieren mit Essigester; 23%; b) durch 3std. Kochen von **VIc** in 2n H_2SO_4; 64%. *Monohydrat*, F. 57° (W.). *Chlorid* (**VIa**), Kp.$_{2-3}$ 147°, analog **IVa**; Öl; 89%. *Methylester* (**VIc**), $C_9H_{14}O_4$, F. 59° (abs. Ae.), durch 6std. Zugabe von frischem Ag_2O zu **IVb** in Methanol bei 60—65° u. Dest.; 73%. *3-Trifluormethyl-6-chloranilid* (**VId**), $C_{15}H_{15}ClF_3NO_3$, F. 122° (Cyclohexan), durch 4std. Rühren von 3-Triflourmethyl-6-chloranilin, N-Methylmorpholin u. **VIa** in Dioxan; 65%. *4-Chlor-6-trifluormethylanilid*, $C_{15}H_{15}ClF_3NO_3$, F. 125,5° (Cyclohexan), analog **VId**; 73%. *3-Chloranilid*, $C_{14}H_{16}ClNO_3$, F. 127° (W.), analog **VId**; 67%. — *Terpenyloyldiazomethan* (**VIb**), $C_9H_{12}N_2O_3$, F. 68°, analog **IVb**; gelbe Blättchen; 90%. — *Homoterpenylsäure* (**VII**), $C_9H_{14}O_4$, F. 100° (W.), durch 4std. Kochen von **VIIa** mit 5n H_2SO_4; 57%. *Methylester* (**VIIa**), $C_{10}H_{16}O_4$, Kp.$_{2-3}$ 148°, F. 38° (A./W.), durch 5std. Erwärmen von **VIb** in Methanol in Ggw. von Ag_2O auf 60—65°; 84%. *Chlorid*, Kp.$_{2-3}$ 162—163°, analog **IVa**; 85%. *Amid*, $C_9H_{15}NO_3$, F. 117° (Essigester), analog **IVc**; 86%. *p-Chloranilid*, $C_{15}H_{18}ClNO_3$, F. 160,5° (Essigester), analog **VId** mit p-Chloranilin; 89%. *Hydrazid*, $C_9H_{16}N_2O_3$, F. 134° (Methanol), durch 6std. Kochen von **VIIa**, **II** u. **V**; 30%. M. WOLFF. 3600□

Synthese einiger den Myrtenylrest enthaltender Phosphon-, Monothio- und Dithiophosphorsäureester. A. R. Wiltschinskaja und W. A. Frinowskaja. (Журнал Общей Химии [J. allg. Chem.] **30 (92)**. 2581—85. Aug. 1960. Kasan, Univ. u. med. Inst.) (Russ.)

Die Kondens. von Myrtenylchlorid (**I**) mit Trialkylphosphiten oder Na-Dialkylphosphiten liefert unter ARBUSOW-Umlagerung *Myrtenylphosphonsäuredialkylester*. Die Rk. von **I** mit Na-Diäthylthiophosphat (**II**) u. Na-Diäthyldithiophosphat (**III**) gibt *S-Myrtenyldiäthylthio-* bzw. *-dithiophosphat*.

Versuche: *Myrtenylphosphonsäure, Dimethylester*, $C_{12}H_{21}O_3P$, Kp.$_2$ 117°, Kp.$_{4,5}$ 128—130°; E.$_4^{20}$ 1,0962—1,0971; n_D^{20} 1,4833—1,4828; a) man erhitzt 10 g **I** u. 7,4 g Trimethylphosphit 9 Std. lang auf 130—140° im Rohr; 34,9% (Ausbeute); b) aus Na-Dimethylphosphit (6,6 g Dimethylphosphit, 1,4 g Na) in 100 ml Bzl. durch langsame Zugabe von 10 g **I** u. 8std. Erhitzen auf dem Wasserbad; 7,6%. *Diäthylester*, $C_{14}H_{25}O_3P$, Kp.$_1$ 117—118°, Kp.$_4$ 138°; D.$_4^{20}$ 1,0487—1,0492; n_D^{20} 1,4755—1,4750; a) aus 9,5 g **I** u. 10 g Triäthylphosphit (10 Std. bei 130—135° im Rohr); 65,5%; b) aus 8 g Diäthylphosphit, 1 g Na u. 10 g **I** (5std. Erhitzen); 61,4%. *Di-n-propylester*, $C_{16}H_{29}O_3P$, Kp.$_1$ 138 bis 139°, Kp.$_2$ 141°; D.$_4^{20}$ 1,0149—1,0152; n_D^{20} 1,4723—1,4722; a) aus 10 g **I** u. 13,5 g Tri-n-propylphosphit (32 Std. bei 135—160° im Rohr); 72,7%; b) aus 9,3 g Di-n-propylphosphit, 1,35 g Na u. 10,1 g **I** in 135 ml Bzn. (9std. Kochen); 32,1%. *Di-n-butylester*, $C_{18}H_{33}O_3P$, Kp.$_{2,5}$ 165°, Kp.$_3$ 166—167°; D.$_4^{20}$ 1,0042—1,0045; n_D^{20} 1,4720; a) aus 10,2 g **I** u. 15 g Tri-n-butylphosphit (24 Std. bei 130—180° im Rohr); 68,6%; b) aus 11,4 g Di-n-butylphosphit, 1,4 g Na u. 10 g **I** in 100 ml Bzn. (10std. Kochen); 68,1%. — *Diäthyl-S-myrtenylthiophosphat*, $C_{14}H_{25}O_3PS$, Kp.$_{2,5}$ 165—166,5°, man gibt zu **II** (8,2 g Diäthylphosphit, 1,5 g Na, 1,9 g S) in 150 ml Bzl. langsam 10 g **I** u. kocht 12 Std.; D.$_4^{20}$ 1,0922; n_D^{20} 1,5042; 27,4%. — *O.S-Diäthyl-S-myrtenyldithiophosphat*, $C_{14}H_{25}O_2PS_2$, Kp.$_{2,5}$ 159°, durch 5std. Erhitzen von 11,6 g **III** u. 10 g **I** in 50 ml Aceton auf dem Wasserbad; D.$_4^{20}$ 1,1009; n_D^{20} 1,5325; 64,7%. — *Myrtenylchlorid* (**I**), Kp.$_{3,5}$ 59°; D.$_4^{20}$ 1,0146; n_D^{20} 1,4952. HELMUT SCHÄFER. 3600□

Untersuchungen über flüchtige Pflanzenstoffe. 162. Mitt. Über einige Reaktionen von Carchejol [$\Delta^{1,7,5,8}$-o-Menthatrienol-(3)]. Yves-René Naves und Anghel-Vladimir Grampoloff. (Bull. Soc. chim. France **1961.** 1921—22. Okt. Vernier-Genève, L. Givaudan Cie, S. A., Labor. de Rech.) (Franz.) — 161. vgl. C. **1960.** 8526.

Bei der Rk. von Carchejol (**I**) mit Na u. Umsetzung mit Chloressigsäure (**II**) wird *2-Isopropenyl-3-methylphenoxyessigsäure* erhalten, die durch direkten Vgl. mit einem authent. Präp. identifiziert wird. Die Umlagerung von I zu *Isocarchejol* [$\Delta^{1.5.8}$-*o-Menthatrienol-(3)*] u. dessen Aromatisierung zu *2-Isopropenyl-3-methylphenol* (III) erfolgt auch mit K u. Li, jedoch ist die Ausbeute geringer, der Anteil an Harzen größer als mit Na. Beim Dehydratisieren von I mit Anilinhydrobromid wird *o-Isopropenyltoluol* gebildet. UV- u. IR-Spektren vgl. Original.

Versuche: *2-Isopropenyl-3-methylphenol* (III), a) durch Zugeben von I zu in sd. Toluol unter Rühren unter N_2, 5std. Kochen, Zers. mit W. u. Trennung des III vom unveränderten I mit wss.-methanol. KOH; 29,6% (Ausbeute); b) ebenso mit K; 13,1%; c) mit Li unter Ar; 6,7%. — *2-Isopropenyl-3-methylphenoxyessigsäure*, $C_{12}H_{14}O_3$, F. 119,5 bis 120,5° (PAe.), a) durch Lösen von 14 g III in 33%ig. NaOH, Zugeben von 21 g I u. Ansäuern; 7,1 g; b) aus 96 g I nach FRANKLAND u. SULLIVAN [1911]; 48,2 g. *Methylester*, $C_{13}H_{16}O_3$, Kp.$_2$ 112—113°, aus der Säure u. CH_2N_2; D.$_4^{20}$ 1,0723; n_C^{20} 1,51528; n_D^{20} 1,51970; n_F^{20} 1,55043. — *2-Isopropyl-3-methylphenoxyessigsäure*, $C_{12}H_{16}O_3$, F. 147—148° (W.), aus 2 g 2-Isopropyl-3-methylphenol wie vorst. nach a); 1,2 g. *Methylester*, $C_{13}H_{18}O_3$, Kp.$_2$ 110—111°, aus 1 g Säure u. CH_2H_2; D.$_4^{20}$ 1,0550; n_C^{20} 1,50822; n_F^{20} 1,51815; 0,8 g. — *o-Isopropenyltoluol*, $C_{10}H_{12}$, Kp.$_{13}$ 59—60°, durch Dest. von 25 g I u. 0,5 g Anilinhydrobrimid bei 100 Torr; D.$_4^{20}$ 0,8890; n_C^{20} 1,51065; n_F^{20} 1,5155; n_d^{20} 1,52743; 16,4 g. — *o-Cymol*, $C_{10}H_{14}$, Kp.$_{21}$ 68—69°, aus vorst. Verb. u. H_2 an RANEY-Ni in CH_3OH bei 20° u. normalem Druck; D.$_4^{20}$ 0,8765; n_C^{20} 1,49618; n_D^{20} 1,50030; n_F^{20} 1,51032.

F. HELLER. 3600□

Untersuchungen über flüchtige Pflanzenstoffe. 178. Mitt. Das Vorkommen von (—)-Borneol sowie von cis- und trans-$\Delta^{1.8}$-p-Menthadienol-(5) im ätherischen Lemongrasöl. Yves-René Naves. (Bull. Soc. chim. France **1961.** 1881—84. Okt.) (Franz.) — 177. vgl. C. **1962.** 4504.

Aus der zwischen Linalool u. Geraniol übergehenden Fraktion des verseiften u. vom Citral befreiten äther. Öles von *Xymbopogon flexuosus* (D. C.) STAPF wird über die Borsäureester eine Alkoholfraktion abgetrennt, aus der durch Dest. der Acetyl-Derivv. u. Verseifung (—)-*Borneol* (I) sowie ein Gemisch von *cis-* u. *trans-$\Delta^{1.8}$-p-Menthadienol-(5)* (II) isoliert wird. Die Konstit. von II wird durch die Bldg. von 1 Mol CH_2O bei der Ozonolyse, die Oxydation zu *$\Delta^{1.8}$-p-Menthadienon-(5)* (III) u. dessen Isomerisierung zu *Piperitenon*, Hydrierung von II zu *cis-* u. *trans-Δ^1-p-Menthenol-(5)*, deren Oxydation zu *Δ^1-p-Menthenon-(5)* (IV) u. dessen Isomerisierung zu *Piperiton* festgestellt. Wahrscheinlich entstehen die Isomeren von II durch Ringschluß von Isocitral. UV- u. IR-Spektren vgl. Original.

Versuche: (—)-*Borneol* (I), F. 207—208° (zugeschmolzene Capillare), durch Verseifen von 30 g Acetyl-Deriv. mit alkohol. KOH; $[\alpha]_D^{20}$ —36,90° (c = 10; A.), —36,70° (c = 20; Bzl.), —35,80° (c = 20; Chlf.), —32,65° (c = 20; Eisessig); 22 g (Ausbeute). *Acetyl-Deriv.*, $C_{12}H_{20}O_2$, F. 27,5°, Kp.$_3$ 73—73,5°, durch Fraktionieren von 512 g der zwischen Linalool u. Geraniol sd. Fraktion des äther. Öls, Umsetzen der von α-Terpineol befreiten Anteile mit Tri-n-butylborat, Hydrolyse des Boratgemisches, Verestern der Alkohole (Kp.$_{1,5}$ 59—63°; D.$_4^{20}$ 0,950—0,9535; n_D^{20} 1,4898—1,4902; $[\alpha]_D$ —9,36 bis —10,76°; 285 g) u. Fraktionieren des Acetatgemisches; D.$_4^{20}$ 0,9780; n_C^{20} 1,46238; n_D^{20} 1,46492; n_F^{20} 1,47108; 119 g; Reinheit (gaschromatograph.) 98,5%. — *Gemisch aus cis- u. trans-$\Delta^{1.8}$-p-Menthadienol-(5)* (II), $C_{10}H_{16}O$, Kp.$_{2,5}$ 64—65°, durch 3std. Kochen von 120 g Acetyl-Deriv. mit wss.-methanol. KOH; D.$_4^{20}$ 0,9465; n_C^{20} 1,48912; n_D^{20} 1,49230; n_F^{20} 1,50002; α_D —1,70°; 92,5 g; enthält die beiden Komponenten im Verhältnis 92 : 8; Hydrierung an ADAMS-Pt in Äthylacetat gibt ein Gemisch von 17,2% *Neomenthol*, 54,8% *Menthol* u. 26,5% *Isomenthol*. *Acetyl-Deriv.*, $C_{12}H_{18}O_2$, Kp.$_{2,8}$ 74 bis 74,5°, neben dem I-Acetat; D.$_4^{20}$ 0,9687; n_C^{20} 1,47004; n_D^{20} 1,47302; n_F^{20} 1,48028; α_D —1,96°; 140 g. *3.5-Dinitrobenzoyl-Deriv.*, $C_{17}H_{18}N_2O_6$, F. 111—112° (A.). — *$^{1.8}\Delta$-p-Methadienon-(5)* (III), $C_{10}H_{14}O$, Kp.$_{2,1}$ 59—60°, durch Zutropfen von $Na_2Cr_2O_7$ in verd. H_2SO_4 zu 23,5 g I in W. unter Rühren bei 35—55° u. 1/4std. Rühren bei 55—60°; D.$_4^{20}$ 0,9541; n_C^{20} 1,48405; n_D^{20} 1,48732; n_F^{20} 1,49525; 17 g; ist gaschromatograph. einheitlich. — *Isopiperitenon, Semicarbazon*, $C_{11}H_{17}N_3O$, F. 203—204° (A.), aus III u. Semicarbazidacetat. *2.4-Dinitrophenylhydrazon*, $C_{16}H_{18}N_4O_4$, F. 155—156°, aus dem Semicarbazon, 2.4-Dinitrophenylhydrazin u. HCl in CH_3OH; aus CH_3OH orangefarben. — *Piperitenon*, durch Zutropfen von 1,5 g III zu 96%ig. H_2SO_4 bei —5° u. nach 10 Min. Gießen auf Eis; n_D^{20} 1,5273; 1,35 g. *2.4-Dinitrophenylhydrazon*, F. 183—184° (CH_3OH/Äthylacetat; 1 : 2). — *Δ^1-p-Menthenol-(5), trans-Form*, $C_{10}H_{18}O$, Kp.$_{2,5}$ 68—69°, aus 31,5 g II u. H_2 an RANEY-Ni in A. bei 20° u. 728 Torr u. Fraktionieren des Gemisches; D.$_4^{20}$ 0,9297; n_F^{20} 1,47543; n_D^{20} 1,47820; n_F^{20} 1,48493; α_D —3,40°; 13,2 g; enthält 22% cis-Form. *cis-Form*, $C_{10}H_{18}O$, Kp.$_{2,5}$ 70—71°; D.$_4^{20}$ 0,9328; n_C^{20} 1,47803; n_D^{20} 1,48078; n_F^{20} 1,48746; α_D — 1,0°; 6,7 g; enthält 5% trans-Form. — *Δ^1-p-Menthenon-(5)* (IV), $C_{10}H_{16}O$, Kp.$_{2,5}$ 57,5—58,5°, aus vorst. cis–trans-Gemisch u. Chromsäuremischung; D.$_4^{20}$ 0,9273; n_D^{20} 1,46262; n_D^{20} 1,46832;

n_D^{20} 1,47207. — (±)-*Piperiton*, a) aus dem äther. Öl von *Eucalyptus dives*; b) durch Zutropfen von 3 g IV zu 96%ig. H_2SO_4 bei —5° u. Gießen auf Eis; n_D^{20} 1,4848; 1,75g. *α-Semicarbazon*, $C_{11}H_{19}N_3O$, F. 226—228°, aus dem Keton nach a) u. Semicarbazidacetat u. fraktionierte Kristallisation aus A. v. Bzl.; daneben das *β-Semicarbazon*, $C_{11}H_{19}N_3O$, F. 175—176°. *4-Phenylsemicarbazon*, $C_{17}H_{23}N_3O$, F. 193—194° (A.), aus dem Keton nach a) oder b). *2.4-Dinitrophenylhydrazon*, $C_{16}H_{20}N_4O_4$, F. 117—118° (CH_3OH), aus dem β-Semicarbazon u. 2.4-Dinitrophenylhydrazin u. A./HCl. F. HELLER. 3600□

Die Dehydratisierung von Diosgenin während der Säurehydrolyse von Dioscorea-Saponinen. W. J. Peal. (Chem. and Ind. **1957**. 1451—52. 2/11. Kampala, Uganda, Makerere Coll., Dep. of Chem.) (Engl.)

Bei der Isolierung von *Diosgenin* (I, *25D-Δ⁵-Spirosten-3β-ol*) durch saure Hydrolyse der Dioscoreasaponine wird eine zweite Substanz *25D-Δ$^{3.5}$-Spirostadien* (II, F. 159 bis 162°; $[\alpha]_D^{25}$ —188° (c = 0,6)] erhalten. II bildet sich erst während der Hydrolyse durch Dehydratisierung von I. Die Menge des entstehenden II ist abhängig von der H^+-Ionen-Konz. im Hydrolysemedium u. wächst mit steigender H^+-Ionen-Konz. bei gleichbleibender Rk.-Dauer. II u. I lassen sich chromatograph. an Al_2O_3 trennen u. mit PAe./Bzl. (7 : 3) bzw. Chlf. eluieren. G. TEEGE. 3650□

16α-Fluorierte Steroide aus der Reaktion von Perchlorylfluorid mit einem Enamid. Susumu Nakanishi und Elwood V. Jensen. (J. org. Chemistry **27**. 702—03. Febr. 1962. Chicago, Ill., Univ., Ben May Labor.) (Engl.)

Die α-Fluorierung von Ketonen über deren Enamine oder Enoläther mittels Perchlorylfluorids (I) versagte bei 17-Ketosteroiden (**K**), da diese keine entsprechenden Derivv. bilden. Als einzige Ausnahme erhielten Vff. *4.16ξ-Difluor-Δ⁴-androsten-3.11-17-trion* [F. 224—225°, α_D^{25} + 174° (c = 1; Chlf.)] aus Δ⁴-Androsten-3.11.17-trion über dessen 3.17-Bis-pyrrolidino-Enamin mit I. Vff. fanden, daß die Δ¹⁶-17-Acetamido-Derivv., die man aus den **K** leicht durch BECKMANN-Umlagerung erhalten kann, glatt u. stereospezif. mit I reagieren. Nach Hydrolyse entstehen in hoher Ausbeute *16α-Fluor-17-ketosteroide*. Die Rk. von I mit den Enolacetaten der **K** verläuft dagegen sehr langsam u. ist von Neben-Rkk. begleitet.

Versuche: *16α-Fluor-3β-acetoxy-Δ⁵-androsten-17-on*, F. 205—206° (n-Hexan/Aceton), a) aus 3β-Acetoxy-17-acetamido-Δ$^{5.16}$-androstadien u. I in Pyridin (3 Min. bei Raum-Temp.) u. anschließendes 6std. Stehen bei pH 2; 70% (Ausbeute); b) aus 3β.17-Diacetoxy-Δ$^{5.16}$-androstadien u. I in Pyridin/Aceton (20 Std.; 45% roh); α_D^{25} + 14° (c = 1; Chlf.). — *16α-Fluor-3β-hydroxy-Δ⁵-androsten-17-on*, F. 182—183°, durch saure Methanolyse vorst. Verb.; α_D^{25} + 18°; 91%. — *16α-Fluor-Δ⁴-androsten-3.17-dion*, F. 171 bis 172°, a) durch OPPENAUER-Oxydation vorst. Verb.; 71%; b) durch CrO_3-Oxydation dorst. Verb. in Aceton; c) durch saure Methanolyse u. nachfolgende OPPENAUER-Oxyvation vorvorst. Nohprod.; 33%; α_D^{25} + 202° (c = 1; Chlf.). J. ROTHE. 3700□

Die Reaktion von Dimethylsulfid mit 3.5-Cyclosteroiden. N. F. Blau und C. G. Stuckwisch. (J. org. Chemistry **27**. 370—72. Febr. 1962. Wichita, Kans., Univ.; Veterans Administration Center, Res. Labor.) (Engl.)

Rk. von Dimethylsulfid (I) mit 3.5-Cyclocholestan-6-on (II) gab in Ggw. von p-Toluolsulfonsäure (TsOH) *3β-Dimethylsulfoniocholestan-6-on-p-toluolsulfonat*; mit Alkali wurde daraus II zurückerhalten. Mit 3.5-Cyclo-6β-hydroxy- (III) bzw. -6β-methoxycholestan (IV) entstand *3β-Dimethylsulfonio-Δ⁵-cholestan-p-toluolsulfonat*. 3β-Methylmercaptocholestan-6-on (V) gab nach Umsetzung mit CH_3MgJ u. anschließender Dehydrierung *3β-Methylmercapto-6-methyl-Δ⁵-cholesten*.

Versuche: *3β-Chlor-6-nitro-Δ⁵-cholesten*, F. 153° (Ae./CH_3OH), aus 3β-Chlor-Δ⁵-cholesten u. rauchender HNO_3 in Eisessig, Rühren, exotherm bis 40°, nach 1 Std. Zugabe von KNO_2; 72% (Ausbeute). — *3.5-Cyclocholesten-6-on* (II), F. 97° (CH_3OH), durch Red. vorst. Verb. mit Zn/CH_3COOH zu *3β-Chlorcholestan-6-on*, Lösen in A., Zugabe von wss. K_2CO_3 u. 2std. Kochen unter Rühren; 89%. — *3β-Dimethylsulfoniocholestan-6-onchlorid*, $C_{29}H_{51}ClOS$, F. 173° (CH_3OH/Ae.), aus I u. 1,92 g II in Acetonitril in Ggw. von HCl (Schütteln, dann 3 Tage Stehen); 1,15 g; daneben 0,75 g *3β-Chlorcholestan-6-on*, F. 131°, Nadeln aus CH_3OH. — *3β-Dimethylsulfoniocholestan-6-on-p-toluolsulfonat*, $C_{36}H_{58}O_4S_2$, F. 184° (A./Ae.), aus II, I u. TsOH in Acetonitril (2std. Stehen; 63,4%) oder aus 1 g V u. CH_3J in Ae. u. anschließende Rk. mit TsOAg (300 mg); $[\alpha]_D^{27}$ —5° (Chlf.). 1std. Kochen mit 5%ig. alkohol. KOH gab II, F. 96° (CH_3OH). — *3β-Dimethylsulfonio-Δ⁵-cholesten-p-toluolsulfonat*, F. 200—202° (CH_3OH/Ae.), aus 2 g IV, I u. TsOH in Acetonitril (3 Std. bei Raum-Temp.; 1,81 g) oder analog aus IV neben wenig *Cholesteryl-p-toluolsulfonat*, F. 133°. — *3β-Methylmercaptocholestan-6-on* (V), $C_{28}H_{48}OS$,

F. 115° (A. oder CH_3OH), aus **II** u. CH_3SH in Nitromethan in Ggw. von TsOH (Stehen über Nacht in der Druckflasche, dann 1 Std. bei 100°); $[\alpha]_D^{25}$ −13°; 60%. — *3β-Methylmercapto-6-methyl-Δ⁵-cholesten*, $C_{29}H_{50}S$, F. 97° (Aceton), aus **V** u. CH_3MgJ in Ae. oder aus 6-Methylcholesteryl-p-toluolsulfonat (**VI**) u. CH_3SH in Eisessig (48 Std. bei 35° unter Druck; 50%); $[\alpha]_D^{25}$ −32°. — *3β-Methylmercapto-Δ^5-cholesten*, F. 125° (Aceton), aus **V** u. $NaBH_4$ in Dioxan (3std. Stehen), dann 1 Std. Kochen in Eisessig in Ggw. von TsOH. — *3β-Dimethylsulfonio-6-methyl-Δ^5-cholesten-p-toluolsulfonat*, $C_{37}H_{60}O_3S_2$, F. 168° (CH_3OH/Ae.), aus **VI** u. **I** in Acetonitril (24 Std. bei 30°); 70%. — *6-Phenylcholesteryl-p-toluolsulfonat*, nach SNEEN (C. **1959**. 2073), aber mit direkter Dehydratisierung des Zwischenprod. 6β-Phenylcholestan-3β.6α-diol mit $SOCl_2$. — *3β-Dimethylsulfonio-6-phenyl-Δ^5-cholesten-p-toluolsulfonat*, $C_{42}H_{62}O_3S_2$, F. 203—204° (CH_3OH/Ae.), aus 1,854 g vorst. Verb. u. **I** in Nitromethan (7 Tage bei 40°); 2,0 g. J. ROTHE. 3700□

$\Delta^{1,10}$-19-Norsteroide. Jack Fishman und Maria Tomasz. (J. org. Chemistry **27.** 365—68. Febr. 1962. New York, N.Y., Sloan-Kettering Inst. for Cancer Res., Div. of Steroid Metabolism and Biochem.) (Engl.)

Ausgehend von 2-Methoxyöstra-3.17β-diol-17β-acetat (**I**) synthetisierten Vff. nach bekannten Meth. *17β-Hydroxy-$\Delta^{1,10}$-östren-2-on* (**II**), *$\Delta^{1,3,5,10}$-Östratrien-2.17β-diol* u. *$\Delta^{1,3,5,10}$-Östratrien-2-ol-17-on* sowie dessen *Methyläther* (**III**). **II** zeigte nur geringe androgene u. anabole, **II** u. **III** nur geringe östrogene Wrkg.; dies zeigt erneut die Notwendigkeit einer Sauerstoffunktion an $C_{(3)}$ in Steroidhormonen. Die Stereochemie an $C_{(5)}$ in den gesätt. Prodd. wurden durch Red.-Verss. u. Messungen der Rotationsdispersion bestimmt.

Versuche((FF. korr.): *$\Delta^{1,3,5,10}$-Östratrien-2.3.17β-triol-2-methyläther-3-diäthylphosphat-17β-acetat*, $C_{25}H_{37}O_7P$, F. 106—108° (PAe.), aus 5 g **I** u. Diäthylphosphit in CCl_4/Tetrahydrofuran (THF) in Ggw. von $(C_2H_5)_3N$ (3 Tage Stehen); $[\alpha]_D^{25}$ +41°; 5,3 g (Ausbeute). — *$\Delta^{1,3,5,10}$-Östratrien-2.17β-diol-2-methyläther* (**IV**), $C_{19}H_{26}O_2$, F. 131 bis 133° (PAe.), aus 5 g vorst. Verb. in Na in fl. NH_3/THF (5 Min. langes Rühren, dann Zugabe von A.); $[\alpha]_D^{25}$ +90°; 2,6 g. — *$\Delta^{1,3,5,10}$-Östratrien-2.17β-diol*, $C_{18}H_{24}O_2$, F. 222 bis 224° (Platten aus Bzl.), aus 250 mg **IV** u. Pyridin·HCl (15 Min. bei 180—200°); $[\alpha]_D^{27}$ +101° (A.); 150 mg. — *2-Methoxy-$\Delta^{1,3,5,10}$-östratrien-17-on* (**III**), $C_{19}H_{24}O_2$, F. 113 bis 116° (Nadeln aus CH_3OH), aus **IV** u. CrO_3 in Aceton (Raum-Temp.); $[\alpha]_D$ +157°. — *2-Hydroxy-$\Delta^{1,3,5,10}$-östratrien-17-on*, $C_{18}H_{22}O_2$, F. 202—204° (Prismen aus Ae.), aus **III** u. Pyridin·HCl wie oben. — *$\Delta^{2,5,10}$-Östradien-2.17β-diol-2-methyläther*, $C_{19}H_{28}O_2$, F. 148 bis 152° (Prismen aus PAe.), aus 2 g **IV** u. Pyridin·NH_3/THF; $[\alpha]_D^{24}$ +117°; 760 mg. — *17β-Hydroxy-$\Delta^{1,10}$-östren-2-on* (**II**), $C_{18}H_{26}O_2$, F. 148—151° (Ae.), aus 1 g vorst. Verb. u. wss.-methanol. HCl (1 Std. bei 70°); $[\alpha]_D^{26}$ −58°; 720 mg. Isomere entstanden dabei offenbar nicht. *Acetat*, $C_{20}H_{28}O_3$, F. 159—163° (Aceton/PAe.). — *17β-Hydroxyöstran-2-on* (**V**), $C_{18}H_{28}O_2$, F. 151—153° (Nadeln aus PAe.), aus 100 mg **II** u. Li in fl. NH_3/THF/Ae.; $[\alpha]_D$ + 59°; 61 mg roh, daneben 15 mg *Östran-2α.17β-diol*, $C_{18}H_{30}O_2$, F. 209—211° (Prismen aus Bzl./PAe.), $[\alpha]_D$ + 37° (auch erhalten aus **V** u. $NaBH_4$ in wss. A. in 2 Std.). — *Östran-17β-ol*, $C_{18}H_{30}O$, F. 130—133° (Nadeln aus verd. A.), aus 17β-Hydroxyöstran-3-on (50 → 28 mg) oder aus **V** nach HUANG-MINLON; $[\alpha]_D$ −8°. J. ROTHE. 3750□

16α-Methylierte Nebennierenhormone. 17α-Hydroxylierung durch den Glyoxylatprozeß. M. Sletzinger und S. Karady. (J. org. Chemistry **27.** 368—69. Febr. 1962. Rahway, N.J., Merck & Co., Merck Sharp & Dohme Res. Labor.) (Engl.)

Vff. übertrugen das „Glyoxylat-Verf." [Einführung einer 17α-OH-Gruppe in 20-Ketopregnane durch Einführung des Glyoxylsäurerestes in 21-Stellung, Bldg. des Enollactonacetats, Oxydation der 17.20-Doppelbindung mit Benzopersäure (**I**) u. alkal. Hydrolyse; vgl. E. P. 743 160; C. **1956.** 11252] auf die 16-Alkyl-20-ketopregnanreihe. *3α.17α-Dihydroxy-16α-methylpregnan-11.20-dion*, ein wichtiges Zwischenprod. bei der Synth. von Decadron (16α-Methyl-9α-fluorprednisolon), wurde so glatt erhalten.

Versuche: *3α-Hydroxy-16α-methyl-11.20-dioxopregnan-21-glyoxylsäure*, $C_{24}H_{34}O_6$, F. 243° (wss. A.), durch Zugabe von Oxalsäurediäthylester, dann von 3α-Hydroxy-16α-methylpregnan-11.20-dion zu CH_3ONa in Ae. (2std. Kochen) u. Hydrolyse des entstandenen *Natriumenolats* des entsprechenden *Äthylesters* mit wss.-methanol. NaOH (6std. Rühren bei 20—25°); $[\alpha]_D^{25}$ + 74,4° (c = 1; Dioxan); 94,6% (Ausbeute) roh. — *3α.23-Diacetoxy-16α-methyl-20-hydroxy-21-nor-11-oxo-$\Delta^{17,20,22}$-choladien-24-säure-24 → 20-lacton*, $C_{28}H_{36}O_7$, F. 165—175° (abs. A.), aus vorst. Säure u. Acetanhydrid in Ggw. von 2.4-Dinitrobenzolsulfonsäure (2std. Rühren bei 25°); $[\alpha]_D^{24}$ + 42° (c = 1; Chlf.); 85%. — *3α.23-Diacetoxy-16α-methyl-20-hydroxy-21-nor-17.20-oxido-11-oxo-Δ^{22}-cholen-24-säure-24 → 20-lacton*, $C_{28}H_{36}O_8$, F. 225—227° (Bzl./PAe.), aus vorst. Verb. u. **I** in Bzl. (140 Std. bei 25°); $[\alpha]_D^{24}$ + 75,2° (c = 1; Chlf.); 98%. — *3α.17α-Dihydroxy-16α-methylpregnan-11.20-dion*, $C_{22}H_{34}O_4$, F. 191—193°, durch Zutropfen von 1n NaOH zu einer alkohol. Lsg. vorst. Verb. bei 10—20° innerhalb 30 Min. u. 18std. Rühren bei 22—25°; $[\alpha]_D^{24}$ + 30,3° (c = 1; Chlf.). J. ROTHE. 3750□

Steroide. 117. Mitt. **6α-Fluor-16α-hydroxycorticohormone.** J. S. Mills, A. Bowers, C. Casas Campillo, Carl Djerassi und H. J. Ringold. (J. Amer. chem. Soc. **81.** 1264—65. 5/3. 1959. Mexico, D.F., Syntex, S. A., Res. Labor.) (Engl.) — 116. vgl. C. **1959.** 10590.

Bei der Behandlung von $\Delta^{5.16}$-Pregnadien-3β.21-diol-20-on-21-acetat mit $KMnO_4$ u. dann mit Aceton/$HClO_4$ entsteht *Δ^5-Pregnen-3β.16α.17α.21-tetrol-20-on-16.17-acetonid-21-acetat* [$C_{26}H_{38}O_6$, F. 215—216,5°, $[\alpha]_D$ + 8° (Chlf.)]; daraus erhält man mit Monoperphthalsäure das *5α.6α-Oxid* [$C_{26}H_{38}O_7$, F. 195—196°, $[\alpha]_D$ ± 0° (Chlf.)]. Dessen Spaltung mit BF_3 in Ae./Bzl. führt zur *5α-Hydroxy-6β-fluor-Verb.* [$C_{26}H_{39}FO_7$, F. 224—226°, $[\alpha]_D$ + 30° (Chlf.)], welche durch CrO_3-Oxydation u. anschließende Rk. mit HCl in Aceton in *6α-Fluor-16α-hydroxy-„S"-16.17-acetonid-21-acetat* [$C_{26}H_{35}FO_6$, F. 295—296°, $[\alpha]_D$ + 104° (Chlf.)] übergeführt wurde. Spaltung mit 60%ig. HCOOH u. Verseifung geben *6α-Fluor-16α-hydroxy-„S"* [$C_{21}H_{29}FO_5$, F. 228—230°, $[\alpha]_D$ + 64° (Dioxan)], bei denen Inkubation mit Rindernebennieren *6α-Fluor-16α-hydroxyhydrocortison* (**I**; $C_{21}H_{29}$·FO_6, F. 233—235°) entsteht. **I** erhält man auch durch Fermentation von 6α-Fluorhydrocortison mit *Streptomyces roseochromogenus.* **I**-*16.17-Acetonid-21-acetat* [**II**; $C_{26}H_{35}FO_7$, F. 261—263°, $[\alpha]_D$ + 135° (Chlf.)] gibt bei der Oxydation mit SeO_2 *6α-Fluor-16α-hydroxy-prednisolon-16.17-acetonid-21-acetat* [**III**; $C_{26}H_{33}FO_7$, F. 267—269°, $[\alpha]_D$ + 97° (Chlf.)]. Bei der mikrobiolog. Oxydation von 6α.9α-Difluorhydrocortison mit *S. roseochromogenus* entsteht das *16α-Hydroxy-Deriv.* [**IV**; $C_{21}H_{28}F_2O_6$, F. 247—251°, $[\alpha]_D$ + 58° (Dioxan)]. — **I, II, III** u. **IV** erwiesen sich im thymolyt. u. antiinflammator. Test als wirksamer als Hydrocortison. WALTER SIMON. 3750

Steroide. 118. Mitt. **6-Methylderivate von 17α-Hydroxyprogesteron und von Reichsteins Substanz „S".** H. J. Ringold, J. Perez Ruelas, E. Batres und Carl Djerassi. (J. Amer. chem. Soc. **81.** 3712—16. 20/7. 1959.) (Engl.) — 117. vgl. vorst. Referat.

Δ^5-Pregnen-3β.17α-diol-20-on-3β-acetat wurde in sein *5α.6α-Oxido-20-äthylenketal* übergeführt u. dieses mit CH_3MgBr zu *6β-Methyl-20.20-cycloäthylendioxyallopregnan-3β.5α.17α-triol* gespalten. Dieses wurde über drei Zwischenstufen in *6α-Methyl-17α-acetoxyprogesteron* (**II**) übergeführt. Die *Δ^1-Dehydro-*, *Δ^6-Dehydro-* u. *$\Delta^{1.6}$-Didehydro-Derivv.* von **II** sowie das 6α-Methyl-Deriv. von REICHSTEINs Substanz „S" wurden hergestellt. Einige dieser neuen Verbb. zeigten bei oraler Anwendung hohe progestative Wirkung.

Versuche (opt. Drehungen in Chlf.; UV-Spektren in A. u. IR-Spektren sind angegeben). *20.20-Cycloäthylendioxy-Δ^5-pregnen-3β.17α-diol-3-acetat,* $C_{25}H_{38}O_5$, F. 194 bis 195° (Aceton), aus 17α-Hydroxypregnenolon-3-acetat u. Äthylenglykol in Bzl. in Ggw. von p-Toluolsulfonsäure, 16 Std. unter Rückfluß u. Wasserabscheidung, u. Al_2O_3-Chromatographie; $[\alpha]_D$ —66°; 61% (Ausbeute). — *5α.6α-Oxido-20.20-cycloäthylendioxyallopregnan-3β.17α-diol-3-acetat,* $C_{25}H_{38}O_6$·C_3H_6O, F. 221—223° (Aceton), aus vorst. Verb. u. Perbenzoesäure in Chlf., 48 Std. bei Zimmer-Temp., u. Al_2O_3-Chromatographie; $[\alpha]_D$ —67°; 39%. — *6β-Methyl-20.20-cycloäthylendioxyallopregnan-3β.5α.17α-triol,* $C_{24}H_{40}O_5$·C_3H_6O, F. 171° (Aceton), aus vorst. Verb. u. CH_3MgBr in Ae. u. Bzl., 3 Std. unter Rückfluß, Zers. mit NH_4Cl-Lsg. u. Al_2O_3-Chromatographie; $[\alpha]_D$ —31°. — *6β-Methylallopregnan-3β.5α.17α-triol-20-on,* $C_{22}H_{36}O_4$, F. 251—252° (Aceton), aus vorst. Verb. u. verd. H_2SO_4 in CH_3OH, 40 Min. unter Rückfluß; $[\alpha]_D$ —45°; 75%. — *6β-Methylallopregnan-5α.17-diol-3.20-dion,* $C_{22}H_{34}O_4$·½ C_3H_6O, F. 263—264° (Aceton), aus vorst. Verb. u. CrO_3 in Pyridin, 16 Std. bei 25°; $[\alpha]_D$ + 12° (Dioxan); 47%. — *6α-Methyl-17α-hydroxyprogesteron* (**I**), $C_{22}H_{32}O_3$, F. 218—221,5° (Aceton/Ae.), aus vorst. Verb. u. konz. HCl in Eisessig in 18 Std.; $[\alpha]_D$ + 75°. — *6α-Methyl-17α-acetoxyprogesteron* (**II**), $C_{24}H_{34}O_4$, F. 207—209° (Aceton/Ae.), aus **I** u. Essigsäureanhydrid in Eisessig in Ggw. von p-Toluolsulfonsäuremonohydrat, 1 Std. bei Zimmer-Temp.; $[\alpha]_D$ + 66°. — *6-Methyl-$\Delta^{3.5}$-pregnadien-3.17α-diol-20-ondiacetat,* $C_{26}H_{36}O_5$, F. 160—162° (Aceton/CH_3OH), aus **I** durch Acetylierung wie zur Herst. von **II**, jedoch in 3 Std.; $[\alpha]_D$ —146°. — *6α-Methyl-$\Delta^{1.4}$-pregnadien-17α-ol-3.20-dionacetat,* $C_{24}H_{32}O_4$, F. 235—237° (Aceton/Hexan), aus **II** u. SeO_2 in Pyridin u. tert.-Butanol, 30 Min. unter Rückfluß u. N_2, u. Al_2O_3-Chromatographie; $[\alpha]_D$ + 16°, Nadeln. — *6-Methyl-$\Delta^{4.6}$-pregnadien-17α-ol-3.20-dionacetat,* $C_{24}H_{32}O_4$, F. 218—220° (Aceton/Ae.), aus **II** u. Chloranil in Eisessig/Essigester, 10 Std. unter Rückfluß u. N_2; $[\alpha]_D$ + 11°. — *6-Methyl-$\Delta^{1.4.6}$-pregnatrien-17α-ol-3.20-dionacetat,* $C_{24}H_{30}O_4$, F. 225—227° (Aceton/Ae.), aus vorst. Verb. u. SeO_2 in Pyridin u. tert.-Butanol, 30 Min. unter Rückfluß u. N_2, u. Al_2O_3-Chromatographie; $[\alpha]_D$ —38°. — *6α-Methyl-Δ^4-pregnen-17α.21-diol-3.20-dion-21-acetat,* $C_{24}H_{34}O_5$, F. 195—196,5° (Aceton), aus **I**, J_2 u. CaO in gealtertem Tetrahydrofuran u. CH_3OH in 3 Std., Rk. der 21-Jod-Verb. mit

K-Acetat in Aceton, 20 Std. unter Rückfluß, u. Al_2O_3-Chromatographie; $[\alpha]_D$ +135°. — *6α-Methyl-Δ^4-pregnen-17α.21-diol-3.20-diondiacetat*, $C_{26}H_{36}O_6$, F. 216—218° (Aceton/Hexan), aus vorst. Verb. u. Essigsäureanhydrid in Eisessig in Ggw. von p-Toluolsulfonsäure in 1 Std. bei 25°; $[\alpha]_D$ +51°. WALTER SIMON. 3750

Steroide. 119. Mitt. **Die Darstellung einiger vicinaler Glykole in der Reihe der Corticohormone.** John A. Zderic, Humberto Carpio und Carl Djerassi. (J. org. Chemistry **24.** 909—11. Juli 1959.) (Engl.) — 118. vgl. vorst. Referat.

Bei der Rk. von Δ^6-Dehydrocortisonacetat u. Δ^6-Dehydro-9α-fluorhydrocortisonacetat in Dioxan mit OsO_4 entstehen die entsprechenden *6α.7α-Dihydroxyanaloga* von Cortisonacetat u. 9α-Fluorhydrocortisonacetat. Behandelt man Δ^6-Dehydroprednisonacetat in der gleichen Weise, so erhält man eine Mischung aus *6α.7α-Dihydroxyprednisonacetat* u. *1α.2α-Dihydroxy-Δ^6-dehydrocortisonacetat.*

Versuche (UV-Spektren in A. sind angegeben): *6α.7α-Dihydroxycortisonacetat*, $C_{23}H_{30}O_8$, F. 273—276° (CH_3OH/Essigester), aus Δ^6-Dehydrocortisonacetat u. OsO_4 in Dioxan u. Pyridin, 5½ Tage bei Zimmer-Temp., u. Florosilchromatographie; $[\alpha]_D$ +210° (Pyridin). — *6α.7α-Dihydroxycortisonacetat-6.7-acetonid*, $C_{26}H_{34}O_8$, F. 279—282° (CH_3OH), aus vorst. Verb. u. Aceton in Ggw. von 78%ig. $HClO_4$, 1 Std. bei Zimmer-Temp.; $[\alpha]_D$ +242° (Chlf.). — *6α.7α-Dihydroxy-9α-fluorhydrocortisonacetat*, $C_{23}H_{31}FO_8$, F. 251—253° (Aceton/Ae.), aus Δ^6-Dehydro-9α-fluorhydrocortisonacetat analog vorvorst. Verb.; $[\alpha]_D$ +68° (Pyridin). — *6α.7α-Dihydroxyprednisonacetat*, $C_{23}H_{28}O_8$, F. 290 bis 292° (Zers.; CH_3OH), aus Δ^6-Dehydroprednisonacetat u. OsO_4 in Dioxan, 4 Tage bei Zimmer-Temp.; $[\alpha]_D$ +109° (Pyridin). Daneben *1α.2α-Dihydroxy-Δ^6-dehydrocortisonacetat*, $C_{23}H_{28}O_8$, F. 235—238° (Aceton), $[\alpha]_D$ +230° (Pyridin).

WALTER SIMON. 3750

Steroide. 122. Mitt. **6α-Fluor-16α-methylcorticoide; Synthese und biologische Aktivität.** J. A. Edwards, H. J. Ringold und Carl Djerassi. (J. Amer. chem. Soc. **81.** 3156—57. 20/6. 1959.) (Engl.) — 121. vgl. C. **1961.** 2288; 119. vgl. vorst. Referat.

Die Dehydratisierung von 6α-Fluor-16α-methylhydrocortisonacetat (**I**) mit Mesylchlorid in Pyridin/Dimethylformamid liefert *6α-Fluor-16α-methyl-$\Delta^{4.9,11}$-pregnadien-3.20-dion-17α.21-diol-21-acetat* [$C_{24}H_{31}FO_5$, F. 188—190°, $[\alpha]_D$ +74° (Chlf.)]. Dessen Behandlung mit N-Bromacetamid in wss. Dioxan in Ggw. von $HClO_4$ u. anschließende Cyclisierung mit K-Acetat in Aceton führen zu *6α-Fluor-16α-methyl-9β.11β-oxido-Δ^4-pregnen-3.20-dion-17.21-diol-21-acetat* (F. 188—191°). Daraus erhält man durch Öffnung des Epoxidringes mit HF in CH_2Cl_2/Tetrahydrofuran *6α.9α-Difluor-16α-methylhydrocortisonacetat* [**II**; $C_{24}H_{32}F_2O_6$, F. 255—260°, $[\alpha]_D$ +113° (Chlf.)]. Oxydation von **II** mit SeO_2 führt zu *6α.9α-Difluor-16α-methylprednisolonacetat* [$C_{24}H_{30}F_2O_6 \cdot C_3H_6O$, F. 260 bis 264°, $[\alpha]_D$ +91° (Chlf.)]. Die antiinflammator. Wrkg. von **I, II, III**, 6α.9α-Difluorhydrocortisonacetat u. 6α.9α-Difluorprednisolonacetat sind angegeben.

WALTER SIMON. 3750

Steroide. 123. Mitt. **19-Nor-6-methylandrostanderivate.** R. Villotti, Carl Djerassi und H. J. Ringold. (J. Amer. chem. Soc. **81.** 4566—70. 5/9. 1959.) (Engl.) — 122. vgl. vorst. Referat.

Ausgehend von 19-Nor-Δ^5-androsten-3.17-diol wurden *6α-* u. *6β-Methyl-19-nortestosteron* sowie *6α-* u. *6β-Methyl-19-nor-Δ^4-androsten-3.17-dion* synthetisiert. Die Rotationsdispersionskurven von 6-Methylsteroiden mit u. ohne 10-Methylgruppen werden im Hinblick auf ster. Wechselwrkg. zwischen $C_{(6)}$- u. $C_{(10)}$-Substituenten diskutiert.

Versuche (opt. Drehungen in Chlf.; UV-Spektren in 95%ig. A. u. IR-Spektren sind angegeben): *19-Nor-$\Delta^{3.5}$-androstadien-3.17β-dioldiacetat*, F. 169—172° (A.), aus 19-Nortestosteron u. Acetylchlorid in Essigsäureanhydrid, 1 Std. unter N_2 u. Rückfluß; Platten, $[\alpha]_D$ −149°. — *19-Nor-Δ^5-androsten-3β.17β-diol*, F. 162—164° (Aceton), aus vorst. Verb. u. $NaBH_4$ in Tetrahydrofuran u. A., 2 Std. bei 0—5°; $[\alpha]_D$ +9°. *Diacetat*, F. 135—137° (CH_3OH), $[\alpha]_D$ −16°. — *19-Nor-5α.6α-oxidoandrostan-3β.17β-dioldiacetat*, $C_{22}H_{32}O_5$, F. 146—148° (CH_3OH), aus vorst. Diacetat u. Monoperphthalsäure in Ae., 24 Std. bei −5°; $[\alpha]_D$ −28°. — *19-Nor-6β-methylandrostan-3β.5α.17β-triol*, $C_{19}H_{32}O_3 \cdot$ ½ CH_4O, F. 191—193° (CH_3OH), aus vorst. Verb. u. 4n CH_3MgBr in Ae. u. Tetrahydrofuran, 30 Min. unter Rückfluß, Abdampfen des Ae., erneutes 4std. Kochen u. Zers. mit NH_4Cl-Lsg.; $[\alpha]_D$ −40° (Pyridin). — *19-Nor-6β-methylandrostan-5α-ol-3.17-dion*, $C_{19}H_{28}O_3$, F. 209—211° (Aceton/Acetonitril), aus vorst. Verb. u. 8n CrO_3 in H_2SO_4 in Aceton bei Zimmer-Temp.; prismat. Nadeln, $[\alpha]_D$ +100°. — *19-Nor-6β-methyl-Δ^4-androsten-3.17-dion*, $C_{19}H_{26}O_2$, F. 173—175° (Aceton), aus vorst. Verb. u. $SOCl_2$ in Pyridin, 4 Min. bei −10°; $[\alpha]_D$ +76°. — *19-Nor-6β-methyl-Δ^4-androsten-3β.17β-diol*, $C_{19}H_{30}O_2$,

F. 187—189° (Aceton/Hexan), aus vorst. Verb. u. $LiAlH_4$ in Tetrahydrofuran, 2 Std. unter Rückfluß; $[\alpha]_D$ +54°. — *19-Nor-6β-methyltestosteron*, $C_{19}H_{28}O_2$, F. 136—138° (Aceton/Hexan), aus vorst. Verb. u. MnO_2 in Chlf., 18 Std. bei Zimmer-Temp.; Prismen, $[\alpha]_D$ +130°. *Acetat*, $C_{21}H_{30}O_3$, F. 136—137° (Aceton/Hexan), Nadeln. — *19-Nor-6α-methyl-Δ⁴-androsten-3.17-dion*, $C_{19}H_{26}O_2$, F. 163—165° (Aceton), aus 19-Nor-6β-methylandrostan-5α-ol-3.17-dion u. 1n NaOH in CH_3OH, 24 Std. bei Zimmer-Temp. unter N_2; $[\alpha]_D$ +95°. — *19-Nor-6-methyl-3-äthoxy-$\Delta^{3.5}$-androstadien-17β-ol*, $C_{21}H_{32}O_2 \cdot CH_4O$, F. 79—83° ($CH_3OH$), aus vorst. Verb. u. Orthoameisensäuretriäthylester in Dioxan in Ggw. von p-Toluolsulfonsäure u. A., 1 Std. bei Zimmer-Temp., u. Behandlung des Prod. mit $NaBH_4$ in wss. CH_3OH; $[\alpha]_D$ —143°. — *19-Nor-6α-methyltestosteron*, $[\alpha]_D$ +160°, a) aus vorst. Verb. u. 0,24n HCl in CH_3OH, 42 Std. bei Zimmer-Temp. unter N_2, u. Al_2O_3-Chromatographie; b) aus vorvorst. Verb. u. $NaBH_4$ in CH_3OH, 1 Std. bei 0°, u. Al_2O_3-Chromatographie; c) aus vorvorst. Verb. u. $NaBH_4$ in wss. CH_3OH, 1 Std. unter Rückfluß, u. Rk. des Prod. mit N-Bromacetamid in Bzl./Pyridin, 22 Std. bei Zimmer-Temp. im Dunkeln, u. Al_2O_3-Chromatographie; d) aus 19-Nor-6β-methyltestosteronacetat u. HCl-Gas in Chlf., 45 Min. bei 0—5°; Öl. *Acetat*, $C_{21}H_{30}O_3$, F. 119—121° (CH_3OH). WALTER SIMON. 3750

Steroide. 125. Mitt. **Die Synthese von 6-Phenylhormonanaloga.** John A. Zderic und Dinorah Chavez Limon. (J. Amer. chem. Soc. **81.** 4570—72. 5/9. 1959.) (Engl.) — 124. vgl. C. **1961.** 16114; 123. vgl. vorst. Referat.

Bei der Rk. von 5α.6α-Oxidoprogesteron-3.20-bis-cycloäthylenketal mit C_6H_5MgBr entsteht in guter Ausbeute das entsprechende *6β.5α-Phenylhydrin*. Ketalhydrolyse des Spaltungs-Prod. u. Wasserabspaltung führen zu *6β-Phenylprogesteron*, welches epimerisiert werden kann zu *6α-Phenylprogesteron*. In analoger Weise wurde *6α-Phenyl-17α-hydroxyprogesteron* hergestellt. 5α.6α-Oxidocortison-bis-cycloäthylenketal liefert zwar auch in guten Ausbeuten ein *Phenylhydrin*; dieses läßt sich jedoch nicht gut in 6α-Phenylcortison überführen.

Versuche (opt. Drehungen in Chlf., UV-Spektren sind angegeben): *6β-Phenyl-5α-hydroxypregnan-3.20-dion-bis-cycloäthylenketal*, $C_{31}H_{44}O_5$, F. 188—190° (Essigester), aus 5α.6α-Oxidoprogesteron-3.20-bis-cycloäthylenketal u. C_6H_5MgBr in Tetrahydrofuran, 5 Std. unter Rückfluß u. N_2, u. Zers. mit NH_4Cl-Lsg.; $[\alpha]_D$ —31°. — *6β-Phenyl-5α-hydroxypregnan-3.20-dion*, $C_{27}H_{36}O_3 \cdot {}^1/_4\, C_3H_6O$, F. 263—265° (Aceton), a) aus vorst. Verb. u. HCl-haltiger Essigsäure, 1 Std. bei Zimmer-Temp.; b) aus vorst. Verb. u. $HClO_4$ in Tetrahydrofuran, 3 Std. bei Zimmer-Temp.; $[\alpha]_D$ +23°. — *6β-Phenylprogesteron*, $C_{27}H_{34}O_2$, F. 213—216° (Aceton), aus vorst. Verb. u. $SOCl_2$ in Pyridin, 8 Min. bei 0°; $[\alpha]_D$ ±0°. — *6α-Phenylprogesteron*, $C_{27}H_{34}O_2 \cdot H_2O$, F. 293—296° (Aceton), a) aus vorvorst. Verb. u. 1%ig. methanol. KOH, über Nacht bei Zimmer-Temp.; b) aus vorst. Verb. analog a); $[\alpha]_D$ +69°. — *6β-Phenyl-5α.17α-dihydroxypregnan-3.20-dion-bis-cycloäthylenketal*, $C_{31}H_{44}O_6$, F. 241—243° (Essigester), aus 5α.6α-Oxido-17α-hydroxyprogesteron-3.20-bis-cycloäthylenketal u. C_6H_5MgBr in Tetrahydrofuran, 5 Std. unter Rückfluß u. N_2, u. Zers. mit NH_4Cl-Lsg.; $[\alpha]_D$ —54°. — *6β-Phenyl-5α.17α-dihydroxypregnan-3.20-dion*, $C_{27}H_{36}O_4 \cdot {}^1/_4\, C_4H_8O_2$, F. 261—264° (Essigester/CH_3OH), aus vorst. Verb. u. 3n $HClO_4$, 3 Std. bei Zimmer-Temp.; $[\alpha]_D$ ±0° (Pyridin). — *6α-Phenyl-17α-hydroxyprogesteron*, $C_{27}H_{34}O_3 \cdot 2\, H_2O$, F. 259—261° (Aceton/Hexan), aus vorst. Verb. u. 1%ig. methanol. KOH, 16 Std. bei Zimmer-Temp.; $[\alpha]_D$ —16°. — *6β-Phenylpregnan-5α.17α.21-triol-3.11.20-trion-3.20-bis-cycloäthylenketal*, $C_{31}H_{42}O_8 \cdot C_4H_8O_2$, F. 225—227° (Essigester/CH_3OH), aus 5α.6α-Oxidocortison-bis-[cycloäthylenketal]-acetat u. C_6H_5MgBr wie oben; $[\alpha]_D$ ±0°. — *6β-Phenylpregnan-5α.17α.21-triol-3.11.20-trion-20-cycloäthylenketal*, $C_{29}H_{38}O_7$, F. 276—279° (CH_3OH), aus vorst. Verb. durch Hydrolyse mit $HClO_4$ in Tetrahydrofuran; $[\alpha]_D$ ±0°. — *6α-Phenyl-Δ⁴-pregnen-17α.21-diol-3.11.20-trion-20-cycloäthylenketal*, $C_{29}H_{36}O_6$, F. 261—263° (Aceton), aus vorst. Verb. u. 1n NaOH in CH_3OH, 18 Std. unter N_2; $[\alpha]_D$ +21°. — *6β-Phenylpregnan-5α.17α.21-triol-3.11.20-trion-21-acetat*, $C_{29}H_{36}O_7$, F. 250 bis 252° (CH_3OH), aus drittvorst. Verb. u. 8%ig. wss. H_2SO_4 in CH_3OH, 50 Min. unter Rückfluß, u. Acetylierung mit Essigsäureanhydrid/Pyridin. — Die Rotationsdispersionen für 6α- u. 6β-Phenylprogesteron sind angegeben. WALTER SIMON. 3750

Steroide. 126. Mitt. **Einige durch Bortrifluoridätherat eingeleitete Spaltungsreaktionen von Steroid-5.6-epoxiden.** A. Bowers, E. Denot, R. Urquiza und L. M. Sanchez-Hidalgo. (Tetrahedron [London] **8.** 116—25. Jan. 1960.) (Engl.) — 125. vgl. vorst. Referat.

5α.6α-Epoxide werden durch BF_3-Ätherat in Dimethylformamid (DMF) zu *5α-Hydroxy-6β-formiaten* gespalten. In Dimethylsulfoxid u. Aceton entstehen die entsprechenden *5α.6β-Diole*. Die Mechanismen dieser u. ähnlicher Rkk. werden diskutiert. — 5β.6β-Epoxide sind gegen BF_3-Ätherat in DMF wesentlich beständiger; falls eine Rk.

eintritt, so entstehen die entsprechenden *5α.6β-Diole.* Pregnenolonacetat-α-epoxid (I) gibt bei der Rk. mit BF_3-Ätherat in Alkoholen entsprechende *5α-Hydroxy-6β-alkyläther,* in verzweigten Alkoholen mit 3–5 C-Atomen jedoch das *5α.6β-Diol* (V). In Phenol entsteht *6β-Phenoxypregnan-3β.5α-diol-20-on-3-acetat;* dieses wurde in *6α-Phenoxyprogesteron* übergeführt.

Versuche (opt. Drehungen in Chlf.; UV- u. IR-Spektren sind angegeben): *Pregnan-3β.5α.6β-triol-20-on-3-acetat-6-formiat* (II), $C_{24}H_{36}O_6$, F. 215–217° (Aceton/Hexan), aus I u. BF_3-Ätherat in DMF, 4 Std. bei Zimmer-Temp.; $[\alpha]_D$ ±0°. — *Pregnan-5α-ol-3.6.20-trion* (III), $C_{21}H_{30}O_4$, F. 278–280° (wss. Pyridin), aus vorst. Verb. u. $LiAlH_4$ in Tetrahydrofuran/Ae., 16 Std. bei Zimmer-Temp., u. Rk. des Prod. mit 8n CrO_3 in Aceton, 2 Min. bei 0°; $[\alpha]_D$ +31° (Pyridin). — *6-Ketoprogesteron,* F. 191–193° (Aceton/Hexan), aus vorst. Verb. u. HCl in Eisessig, 5 Min. bei 15–20° u. 4 Std. bei 20°; $[\alpha]_D$ +30°. — *Pregnan-3β.5α.6β-triol-20-on-3-acetat* (V), $C_{23}H_{36}O_5$, F. 228–230° (Aceton/Hexan), aus I u. $HClO_4$ in Aceton, 16 Std. bei Zimmer-Temp.; $[\alpha]_D$ +36°; gibt durch Formylierung mit Ameisensäure (2 Std. bei 65°) II. *3β.6β-Diacetat,* $C_{25}H_{38}O_6$, F. 215 bis 217°, $[\alpha]_D$ ±0°. — *Pregnan-3β.5α.6β-triol-20-on,* $C_{21}H_{34}O_4$, F. 253–255° (Aceton/Hexan), a) aus V u. methanol. KOH, 2 Std. unter Rückfluß; b) analog aus vorst. 3.6-Diacetat; c) analog aus II; $[\alpha]_D$ +33° (Pyridin). Gibt bei der Oxydation mit 8n CrO_3 in Aceton, 2–3 Min. bei 0°, III. — *Androstan-3β.5α.6β.17β-tetrol-3.17-diacetat,* $C_{23}H_{36}O_6$, F. 184–185° (Aceton/Hexan), aus 5α.6α-Oxidoandrostan-3β.17β-dioldiacetat (IV) u. $HClO_4$ in Aceton, 16 Std. bei Zimmer-Temp.; $[\alpha]_D$ −44°. — *Androstan-3β.5α.6β.17β-tetrol,* F. 262–264° (Aceton/Hexan), aus vorst. Verb. u. KOH in CH_3OH, 2 Std. unter Rückfluß; $[\alpha]_D$ −14° (Pyridin). *3.17-Diacetat-6-formiat,* $C_{24}H_{36}O_7$, F. 174–177° (CH_3OH), a) aus IV u. BF_3-Ätherat in DMF, 2 Std. bei Zimmer-Temp.; b) aus dem 3.17-Diacetat u. Ameisensäure, 2 Std. bei 65°; $[\alpha]_D$ −60°. Gibt durch Hydrolyse mit methanol. KOH (2 Std. unter Rückfluß) das freie Tetrol. — *Pregnan-5α.6β-diol-3.20-dion-3-cycloäthylenketal-6-formiat,* $C_{24}H_{36}O_6$, F. 170–172° (Aceton), aus 5α.6α-Oxidopregnan-3.20-dion-bis-cycloäthylenketal u. BF_3-Ätherat in DMF, 3 Std. bei Zimmer-Temp., u. Al_2O_3-Chromatographie; $[\alpha]_D$ +14°. — *5β.6β-Oxidopregnan-3.20-dion-3-cycloäthylenketal,* $C_{23}H_{34}O_4$, F. 159–161° (Essigester/CH_3OH), aus 5β.6β-Oxidopregnan-3.20-dion-bis-cycloäthylenketal u. BF_3-Ätherat in DMF, 3 Std. bei Zimmer-Temp., u. Al_2O_3-Chromatographie; $[\alpha]_D$ +88°. — *5β.6β-Oxidopregnan-3β-ol-20-onacetat,* $C_{23}H_{34}O_4$, F. 137–139° (Aceton/Hexan), aus Pregnenolonacetat durch Oxydation mit Monoperphthalsäure, Kristallisation von I (F. 162°) aus CH_3OH, Eindampfen der Mutterlaugen, Aufnehmen des Rückstandes in Hexan/Bzl. u. Al_2O_3-Chromatographie; $[\alpha]_D$ +43°; gibt bei der Rk. mit BF_3-Ätherat in DMF (3 Std. bei Zimmer-Temp.) u. Al_2O_3-Chromatographie V. — *6β-Methoxypregnan-3β.5α-diol-20-on-3-acetat,* $C_{24}H_{38}O_5$, F. 213–215° (Aceton/Hexan), aus I u. BF_3-Ätherat in CH_3OH, 2 Std. bei Zimmer-Temp.; $[\alpha]_D$ +20°. — *6β-Äthoxypregnan-3β.5α-diol-20-on-3-acetat,* $C_{25}H_{40}O_5$, F. 177–179° (Aceton/Hexan), wie vorst. Verb. in Ä.; $[\alpha]_D$ +17°. — *6β-Äthoxypregnan-3β.5α-diol-20-on,* $C_{23}H_{38}O_4$, F. 218–220°, wie vorst. Verb., aber in 24 Std.; $[\alpha]_D$ +38°; gibt bei der Acetylierung in Essigsäureanhydrid/Pyridin (24 Std. bei Zimmer-Temp.) die vorst. Verbindung. Führt man die Rk. von I mit BF_3-Ätherat in Aceton, Dimethylsulfoxid, Isopropanol, tert.-Butanol oder tert.-Amylalkohol durch, so entsteht V. — *6β-Phenoxypregnan-3β.5α-diol-20-on-3-acetat,* $C_{29}H_{40}O_5$, F. 172–174° (CH_3OH), aus I u. BF_3-Ätherat in Phenol, 5 Min. bei 50°, u. Al_2O_3-Chromatographie; $[\alpha]_D$ −35°. — *6β-Phenoxypregnan-3β.5α-diol-20-on,* $C_{27}H_{38}O_4$, F. 182–183° (Aceton/Hexan), aus vorst. Verb. u. 1%ig. methanol. KOH, 30 Min. unter Rückfluß; $[\alpha]_D$ ±0°. — *6β-Phenoxypregnan-5α-ol-3.20-dion,* $C_{27}H_{36}O_4$, F. 232–234° (Aceton), aus vorst. Verb. u. 8n CrO_3 in Aceton, 2 Min. bei 0°; $[\alpha]_D$ ±0°. — *6α-Phenoxyprogesteron,* $C_{27}H_{34}O_3$, F. 108–110° (CH_3OH), aus vorst. Verb. u. methanol. KOH, 30 Min. unter Rückfluß u. N_2, u. Al_2O_3-Chromatographie; $[\alpha]_D$ +114°.

WALTER SIMON. 3750

Steroide. 127. Mitt. **Progestativ wirksame 6-Halogenderivate.** H. J. Ringold, E. Batres, A. Bowers, J. Edwards und J. Zderic. (J. Amer. chem. Soc. **81.** 3485 bis 3486. 5/7. 1959.) (Engl.) — 126. vgl. vorst. Referat.

17α-Acetoxyprogesteron-3-enoläthyläther [I; F. 160–163°, $[\alpha]_D$ −146° (Chlf.)] geht bei der Rk. mit N-Chlorsuccinimid über in *6β-Chlor-17α-acetoxyprogesteron* [F. 221–222°, $[\alpha]_D$ −10° (Chlf.)], welches mit HCl/Eisessig umgelagert werden kann zu *6α-Chlor-17α-acetoxyprogesteron* [II; F. 183–184 u. 215–216°, $[\alpha]_D$ +40° (Chlf.); *Enoläthyläther,* F. 180–181°, $[\alpha]_D$ −146°]. In analoger Weise werden Progesteron, 17α-Hydroxyprogesteroncaproat u. „S"-17.21-diacetat übergeführt in *6α-Chlorprogesteron* [F. 130–132°, $[\alpha]_D$ +133°], *6α-Chlor-17α-hydroxyprogesteroncaproat* (Öl, $[\alpha]_D$ +20°) u. *6α-Chlor-„S"-diacetat* (III; F. 197–198°, $[\alpha]_D$ +34°). — Die Oxydation von II mit SeO_2 führt zu *Δ^1-De-*

hydro-6α-chlor-17α-acetoxyprogesteron [F. 203—205°, $[\alpha]_D$ —77° (Chlf.)]. — Behandelt man I mit N-Bromsuccinimid in wss., gepufferter Aceton-Lsg., so entsteht *6β-Brom-17α-acetoxyprogesteron* (F. 178—180°, $[\alpha]_D$ ±0°), welches durch Säure umgelagert wird in *6α-Brom-17α-acetoxyprogesteron* [F. 163—166°, $[\alpha]_D$ +42° (Chlf.)]. — Die Bromierung von Δ^1-Dehydro-17α-acetoxyprogesteron mit N-Bromsuccinimid in CCl_4 liefert das *6β-Brom-Deriv.* (F. 170—172°, $[\alpha]_D$ +23°), welches durch Säure umgelagert wird in *Δ^1-Dehydro-6α-brom-17α-acetoxyprogesteron* [F. 172—175°, $[\alpha]_D$ —7° (Chlf.)]. — Durch Chloraniloxydation von II u. III werden erhalten: *Δ^6-Dehydro-6-chlor-17α-acetoxyprogesteron*, F. 212—214°, $[\alpha]_D$ +8° (Chlf.) bzw. *Δ^6-Dehydro-6-chlor-„S"-diacetat*, F. 248 bis 250°, $[\alpha]_D$ +37° (Chlf.). Diese Verbb. gehen bei der Oxydation mit SeO_2 über in *$\Delta^{1.6}$-Didehydro-6-chlor-17α-acetoxyprogesteron*, F. 168—170°, $[\alpha]_D$ —83° (Chlf.) bzw. *$\Delta^{1.6}$-Didehydro-6-chlor-„S"-diacetat*, F. 201—203°, $[\alpha]_D$ —36°. — Im CLAUBERG-Test wurden die progestativen Wrkg. der neuen Verbb. ermittelt. Ihre UV-Spektren sind angegeben. WALTER SIMON. 3750

Steroide. 128. Mitt. **Synthese halogenierter Steroidhormone: 6α-Fluor-17α-acetoxyprogesteron und einige ungesättigte Analoga. Eine neue Klasse hochaktiver peroraler Hormone.** A. Bowers, Laura Cuéllar Ibáñez und H. J. Ringold. (J. Amer. chem. Soc. **81.** 5991—93. 20/11. 1959.) (Engl.) — 127. vgl. vorst. Referat.

Eine Synth. von *6α-Fluor-17α-acetoxyprogesteron*, ausgehend von Δ^5-Pregnen-3β.17α-diol-20-on-3-formiat-17-acetat, wird beschrieben. Die Oxydation des Prod. durch eine modifizierte Chloranil-Meth. führt zum *Δ^6-Dehydroanalogon*. SeO_2-Oxydation der beiden Verbb. liefert die entsprechenden *Δ^1-Dehydroverbindungen*. — Die Prodd. zeigen sehr hohe biolog. Wirksamkeit bei peroraler Applikation.

Versuche (opt. Drehungen in Chlf.; IR- u. UV-Spektren sind angegeben): *Δ^5-Pregnen-3β.17α-diol-20-on-17-acetat*, F. 225—227° (Aceton/Hexan), aus dem 3-Formiat u. wss.-methanol. KOH, 1½ Std. bei Zimmer-Temp. unter N_2; $[\alpha]_D$ —62°. — *5α.6α-Oxidopregnan-3β.17β-diol-20-on-17-acetat*, $C_{23}H_{34}O_5$, F. 244—246° (Aceton), aus vorst. Verb. u. Monoperphthalsäure in Ae. u. Chlf., 18 Std. bei 0°; $[\alpha]_D$ —71°. — *6β-Fluorpregnan-3β.5α.17α-triol-20-on-17-acetat*, $C_{23}H_{35}FO_5 \cdot ½ H_2O$, F. 224—225° (Aceton/Hexan), aus vorst. Verb. u. BF_3·Ae. in Bzl./Ae., 12 Std. bei Zimmer-Temp., u. Al_2O_3-Chromatographie; $[\alpha]_D$ —29°. — *6β-Fluorpregnan-5α.17α-diol-3.20-dion-17-acetat*, $C_{23}H_{33}FO_5$, F. 259—261° (Aceton/Hexan), aus vorst. Verb. u. 8n CrO_3 in Aceton, 2 Min. bei 0°; $[\alpha]_D$ ±0°. — *6α-Fluor-17α-acetoxyprogesteron*, $C_{23}H_{31}FO_4$, F. 255—257° (Bzl./Hexan), aus vorst. Verb. u. HCl-Gas in Eisessig, 2 Std. bei 15—18° u. 3 Std. bei Zimmer-Temp.; $[\alpha]_D$ +54°. — *6α-Fluor-$\Delta^{1.4}$-pregnadien-17α-ol-3.20-dion-17-acetat*, $C_{23}H_{29}FO_4$, F. 258 bis 261° (Aceton/Hexan), aus vorst. Verb. u. SeO_2 in Pyridin u. tert.-Butanol, 18 Std. unter Rückfluß u. N_2; $[\alpha]_D$ +19°. — *$\Delta^{4.6}$-Androstadien-17β-ol-3-onacetat*, F. 141—143° (Aceton/Hexan), aus Testosteronacetat u. Chloranil in Essigester in Ggw. von Eisessig, 8 Std. unter Rückfluß u. N_2, u. Al_2O_3-Chromatographie. — *6-Fluor-$\Delta^{4.6}$-pregnadien-17β-ol-3.20-dion-17-acetat*, $C_{23}H_{29}FO_4$, F. 226—228° (Aceton/Hexan), aus drittvorst. Verb. u. Chloranil in n-Amylacetat in Ggw. von Eisessig, 9 Std. unter Rückfluß u. N_2, u. Al_2O_3-Chromatographie; $[\alpha]_D$ —53°. — *6-Fluor-$\Delta^{1.4.6}$-pregnatrien-17-ol-3.20-dionacetat*, $C_{23}H_{27}FO_4$, F. 204—206° (Aceton/Hexan), aus vorst. Verb. u. SeO_2 in tert.-Butanol in Ggw. von Pyridin, 36 Std. unter Rückfluß u. N_2, u. Al_2O_3-Chromatographie; $[\alpha]_D$ —123°. WALTER SIMON. 3750

Steroide. 129. Mitt. **Ein neuer allgemeiner Weg zu fluorierten Steroiden.** A. Bowers. (J. Amer. chem. Soc. **81.** 4107—08. 5/8. 1959.) (Engl.) — 128. vgl. vorst. Referat.

Durch Rk. von Steroiden mit 1,1 Mol N-Bromacetamid in einer Mischung aus CH_2Cl_2 u. Tetrahydrofuran, die einen starken Überschuß an wasserfreiem HF enthält, 1 Std. bei —80°, dann 2—16 Std. bei 0°, erhält man neue Fluorsteroide. Δ^5-Pregnen-3β.17α-diol-20-on-17-acetat kann so übergeführt werden in *5α-Brom-6β-fluorpregnan-3β.17α-diol-20-on-17-acetat*, F. 290—292°, $[\alpha]_D$ +5°. Seine Oxydation mit CrO_3 in Aceton führt zum entsprechenden *3-Keton*, F. 171—173°, $[\alpha]_D$ +17°. Sowohl dieses als auch das aus ihm mit Na-Acetat in CH_3OH erhältliche *6β-Fluor-17α-acetoxyprogesteron* (F. 207—208°, $[\alpha]_D$ —18°) liefern bei der Rk. mit HCl in Eisessig *6α-Fluor-17α-acetoxyprogesteron*. In analoger Weise lieferten Δ^5-Pregnen-3β-ol-20-on u. Δ^5-Pregnen-3β.17α.21-triol-20-on-17.21-diacetat die *6β-* u. dann die *6α-Fluoranaloga* von *Progesteron* u. *Substanz-„S"-diacetat*. — 16α.17α-Oxido-$\Delta^{5.9,11}$-pregnadien-3β-ol-20-on wurde in *5α-Brom-6β-fluor-16α.17α-oxido-$\Delta^{9,11}$-pregnen-3β-ol-20-on* (F. 195—197°, $[\alpha]_D$ +13°) u. weiter in *6β-Fluor-16α.17α-oxido-$\Delta^{4.9,11}$-pregnadien-3.20-dion* (F. 195—197°, $[\alpha]_D$ +54°) übergeführt. Letzteres lieferte bei weiteren Rkk. *6α.9α-Difluor-16α-hydroxyhydrocortison*. $\Delta^{4.6}$-Pregnadien-17α.21-diol-3.20-diondiacetat (F. 210—212°, $[\alpha]_D$ +20°) wurde übergeführt in *6β-Fluor-7α-brom-Δ⁴-pregnen-17α.21-diol-3.20-diondiacetat*, F. 120—122°, $[\alpha]_D$ +7°; Δ^{16}-Allopregnen-3β-ol-11.20-dionacetat in *16β-Fluor-17α-bromallopregnan-3β-ol-11.20-dionacetat*, F. 209—211°, $[\alpha]_D$ −4°, welches mit $CrCl_2$ wieder in das Ausgangs-Prod. zurückverwandelt wird. Ebenso geht $\Delta^{4.9.11}$-Pregnadien-17α.21-diol-3.20-dion-21-acetat über in *9α-Brom-11β-fluor-Δ⁴-pregnen-17α.21-diol-3.20-dion-21-acetat* (F. 210—212°, $[\alpha]_D$ +139°), welches ebenfalls durch $CrCl_2$ zurückverwandelt wird.

WALTER SIMON. 3750

Steroide. 130. Mitt. **Synthese von 12β-Hydroxyprednisolon-11β.12β-acetonid-21-acetat.** John A. Zderic, Humberto Carpio und C. Djerassi. (J. Amer. chem. Soc. **82.** 446—51. 20/1. 1960.) (Engl.) — 129. vgl. vorst. Referat.

Ausgehend vom Hecogenin wurde über zahlreiche Stufen *12β-Hydroxyprednisolon-11β.12β-acetonid-21-acetat* synthetisiert.

Versuche (opt. Drehungen in Chlf.; UV- u. IR-Spektren sind angegeben): *Δ^{16}-Allopregnen-3β.11β.12β-triol-20-ontriacetat*, $C_{27}H_{38}O_7$, F. 203—204° (Hexan), aus 11β.12β-Dihydroxytigogenin-3.12-diacetat u. Essigsäureanhydrid, 9 Std. bei 200° im Rohr, u. Al_2O_3-Chromatographie; $[\alpha]_D$ +39°. — *Δ^{16}-Allopregnen-3β.11β.12β-triol-20-on-11β.12β-diacetat*, $C_{25}H_{36}O_6$, F. 216—218° (Aceton/Ae.), neben vorst. Verb.; $[\alpha]_D$ +24°; gibt bei der Rk. mit Essigsäureanhydrid/Pyridin (über Nacht bei Zimmer-Temp.) die vorst. Verbindung. — *Δ^{16}-Allopregnen-3β.12β-diol-11.20-diondiacetat*, F. 223—225° (Ae./Pentan), aus „Hecogeninketoldiacetat" u. Essigsäureanhydrid, 50 Min. bei 200° im Rohr, Oxydation des Prod. mit CrO_3 in Eisessig/Dichloräthan/W., 1½ Std. bei 0° u. 2¼ Std. bei Zimmer-Temp., Rk. des Prod. mit KOH in wss. Aceton, ½ Std. auf dem Dampfbad, Acetylierung mit Essigsäureanhydrid/Pyridin, 21 Std. bei Zimmer-Temp., u. Al_2O_3-Chromatographie; $[\alpha]_D$ ±0°. — *Δ^{16}-Allopregnen-3β.11β.12β.20-tetrol*, $C_{21}H_{34}O_4$, F. 186 bis 187° (Ae./Hexan), aus vorst. Verb. u. $LiAlH_4$ in Tetrahydrofuran, über Nacht unter Rückfluß, u. Al_2O_3-Chromatographie; $[\alpha]_D$ +9°. — *16α.17α-Oxidoallopregnan-3β.12β-diol-11.20-diondiacetat*, $C_{25}H_{34}O_7$, F. 196—197° (Ae./Hexan), aus vorvorst. Verb. durch Epoxydation u. Acetylierung des Epoxids mit Essigsäureanhydrid/Pyridin, 20 Std. bei Zimmer-Temp.; $[\alpha]_D$ +51°. — *16β-Bromallopregnan-3β.12β.17α-triol-11.20-dion-3.12-diacetat*, $C_{25}H_{35}BrO_7$, F. 180—182° (Ae./Hexan), aus vorst. Verb. u. HBr in Eisessig, 75 Min. bei Zimmer-Temp.; $[\alpha]_D$ +64°. — *Allopregnan-3β.12β.17α-triol-11.20-dion-3.12-diacetat*, $C_{25}H_{36}O_7$, F. 162—163° (Ae./Hexan), aus vorst. Verb. durch 2std. Kochen mit RANEY-Ni in CH_3OH; $[\alpha]_D$ −23°. — *Allopregnan-3β.12β.17α-triol-11.20-dion-3.12-diacetat-20.20-cycloäthylenketal*, $C_{27}H_{40}O_8$, F. 245—246° (Aceton/Hexan), aus vorst. Verb. u. p-Toluolsulfonsäure in Äthylenglykol durch 1½std. Dest. bei 60 bis 75° unter vermindertem Druck; $[\alpha]_D$ +15°. — *Allopregnan-3β.12β.17α-triol-11.20-dion-12-acetat-20.20-cycloäthylenketal*, $C_{25}H_{38}O_7$, F. 233—234° (Aceton/Hexan), neben vorst. Verb.; $[\alpha]_D$ +19°. — *Allopregnan-3β.11β.12β.17α-tetrol-20-on-20.20-cycloäthylenketal*, $C_{23}H_{38}O_6$, F. 195—196° (Essigester/Hexan), aus vorvorst. Verb. u. $LiAlH_4$ in Tetrahydrofuran, 4 Std. unter Rückfluß; $[\alpha]_D$ ± 0°. — *Allopregnan-3β.11β.12β.17α-tetrol-20-on* (I), $C_{21}H_{34}O_5$, F. 284—286° (CH_3OH), a) aus vorst. Verb. u. 3n wss. $HClO_4$ in Tetrahydrofuran, 3 Std. bei Zimmer-Temp.; b) aus 16α.17α-Oxidoallopregnan-3β.11β.12β-triol-20-on-11β.12β-acetonid u. HBr in Eisessig, 15 Min. bei Zimmer-Temp., u. Rk. des Prod. mit RANEY-Ni in CH_3OH, 2 Std. unter Rückfluß; $[\alpha]_D$ ±0° (Dioxan). — *11β.12β-Dihydroxytigogenin-11β.12β-acetonid*, $C_{30}H_{48}O_5 \cdot {}^1/_2\,C_3H_6O$, F. 214—216° (Aceton), aus 11β.12β-Dihydroxytigogenin u. 70%ig. wss. $HClO_4$ in Aceton bei Zimmer-Temp.; $[\alpha]_D$ −73°. — *Δ^{16}-Allopregnen-3β.11β.12β-triol-20-on-3-acetat-11β.12β-acetonid*, $C_{26}H_{38}O_5$, F. 150—151° (Aceton/Hexan), aus vorst. Verb. u. Essigsäureanhydrid, 45 Min. bei 200° im Rohr, Oxydation des Prod. mit CrO_3 in Eisessig/Dichloräthan/W., 2 Std. bei 0°, Rk. mit wss.-aceton. KOH, 30 Min. bei Zimmer-Temp., Acetylierung mit Essigsäureanhydrid/Pyridin, 15 Std. bei Zimmer-Temp., u. Al_2O_3-Chromatographie; $[\alpha]_D$ ±0°. — *16α.17α-Oxidoallopregnan-3β.11β.12β-triol-20-on-11β.12β-acetonid*, $C_{24}H_{36}O_5$, F. 178 bis 179° (Aceton/Hexan), aus vorst. Verb. u. 30%ig. H_2O_2 in wss.-methanol. NaOH, 96 Std. bei 0°, u. Al_2O_3-Chromatographie; $[\alpha]_D$ +56°. — *Allopregnan-3β.11β.12β.17α-tetrol-20-on-11β.12β-acetonid*, $C_{24}H_{38}O_5$, F. 272—274° (Aceton), aus I u. Aceton in Ggw. von 70%ig. wss. $HClO_4$, 2 Std. bei Zimmer-Temp.; $[\alpha]_D$ −19°. — *21-Bromallopregnan-3β.11β.12β.17α-tetrol-20-on-11β.12β-acetonid*, $C_{24}H_{37}BrO_5$, F. 243—245° (Ae./Hexan), aus vorst. Verb. u. Br_2 in Chlf. in 1 Std.; $[\alpha]_D$ +38°. — *21-Jodallopregnan-3β.11β.12β.17α-tetrol-20-on-11β.12β-acetonid*, $C_{24}H_{37}JO_5$, F. 186—188° (Zers.; Aceton), aus vorst. Verb. u. NaJ in Aceton, 1½ Std. unter Rückfluß; $[\alpha]_D$ +41°. — *Allopregnan-3β.11β.12β.17α.21-pentol-20-on-11β.12β-acetonid-21-acetat*, $C_{26}H_{40}O_7$, F. 236—238 (Aceton/Hexan), aus vorst. Verb. u. K-Acetat in Aceton, 6 Tage unter Rückfluß; $[\alpha]_D$ +36°. — *Allopregnan-11β.12β.17α.21-tetrol-3.20-dion-11β.12β-acetonid-21-acetat* (II), $C_{26}H_{38}O_7$, F. 212—214°

(Aceton/Hexan), a) aus vorst. Verb. u. CrO_3 in Aceton, 8 Min. bei 0°; b) aus nachst. Verb. u. K-Acetat in Aceton, 72 Std. unter Rückfluß; $[\alpha]_D$ +86°. — *21-Jodallopregnan-11β.12β.17α-triol-3.20-dion-11β.12β-acetonid*, $C_{24}H_{35}JO_5$, F. 176—178° (Zers.; Aceton/Hexan), aus drittvorst. Verb. u. CrO_3 in Aceton bei 0°; $[\alpha]_D$ —70°. — *2α.4α-Dibromallopregnan-11β.12β.17α.21-tetrol-3.20-dion-11β.12β-acetonid-21-acetat*, $C_{26}H_{36}Br_2O_7$, F. 200 bis 202° (Aceton/Hexan), aus vorvorst. Verb. u. HBr in Eisessig u. Tetrahydrofuran in 10 Min.; $[\alpha]_D$ +67°. — *12β-Hydroxyprednisolon-11β.12β-acetonid-21-acetat*, $C_{26}H_{34}O_7$, F. 274—276° (Aceton/Ae.), a) aus vorst. Verb. u. Kollidin, 1½ Std. unter Rückfluß in N_2, u. Silicagelchromatographie; b) aus **II** u. SeO_2 in tert.-Butanol/Pyridin, 96 Std. unter Rückfluß, u. Silicagelchromatographie; $[\alpha]_D$ +131°. — *12β-Hydroxyprednisolon-21-acetat*, FF. 150—159 bis 170—177° (CH_2Cl_2/Ae.), aus vorst. Verb. u. 60%ig. wss. Ameisensäure, 20 Min. unter Rückfluß; $[\alpha]_D$ +78°. WALTER SIMON. 3750

Steroide. 131. Mitt. **Eine neue Reihe 6-substituierter Progesteronanaloga.** John A. Zderic und Dinorah Chavez Limon. (J. Amer. chem. Soc. **82.** 2304—08. 5/5. 1960.) (Engl.) — 130. vgl. vorst. Ref.; 132. vgl. C. **1962.** 1622.

Behandelt man 5α.6α-Oxidopregnan-3.20-dion-bis-äthylenketal mit Acetylendi-MgBr, so entsteht *6β-Äthinylpregnan-5α-ol-3.20-dion-bis-äthylenketal* (**I**), aus welchem durch Hydrolyse der Ketalfunktionen u. Wasserabspaltung an der 5α-Hydroxygruppe *6β-Äthinylprogesteron* entsteht. Diese Verb. ließ sich nicht in das 6α-Epimere umwandeln, wohl aber in *6α-[1-Chlorvinyl]-progesteron* u. *6ξ-Acetylprogesteron*. Durch kontrollierte Red. von **I** wurden entweder *6β-Vinyl-* oder *6β-Äthylpregnan-5α-ol-3.20-dion-bis-äthylenketal* erhalten; diese Verbb. wurden in *6α-Äthylprogesteron* u. *6β-Vinylprogesteron* übergeführt.

Versuche (opt. Drehungen in Chlf.; UV- u. IR-Spektren sind angegeben): *6β-Äthinylpregnan-5α-ol-3.20-dion-bis-äthylenketal* (**I**), $C_{27}H_{40}O_5$, F. 144—146° (Aceton), aus CH_3MgBr u. Acetylengas in Tetrahydrofuran (3 Std.), Rk. des Gemisches mit 5α.6α-Oxidoprogesteron-bis-äthylenketal (20 Std. unter Rückfluß), Zers. mit NH_4Cl-Lsg. u. Al_2O_3-Chromatographie; $[\alpha]_D$ —37°. — *6β-Äthinylpregnan-5α-ol-3.20-dion*, $C_{23}H_{32}O_3$, F. 282—285° (Zers.; CH_3OH), aus **I** u. $HClO_4$ in Tetrahydrofuran, 3 Std. bei Zimmer-Temp.; $[\alpha]_D$ +51°. — *6β-Äthinylprogesteron*, $C_{23}H_{30}O_2$, F. 180—184° (CH_3OH), aus vorst. Verb. u. $SOCl_2$ in Pyridin, 3 Min. bei 0°; $[\alpha]_D$ +46° (Dioxan). — *6α-[1-Chlorvinyl]-progesteron*, $C_{23}H_{31}ClO_2$, F. 158—161° (Ae.), aus vorst. Verb. u. konz. HCl in Eisessig, 1¾ Std. bei Zimmer-Temp.; $[\alpha]_D$ +94° (Dioxan). — *6ξ-Acetylprogesteron*, $C_{23}H_{32}O_3$, F. 190—191° (Aceton), aus vorvorst. Verb. u. konz. H_2SO_4 in Eisessig, 40 Min. bei Zimmer-Temp.; $[\alpha]_D$ —199°. — *6β-Äthylpregnan-5α-ol-3.20-dion-bis-äthylenketal*, $C_{27}H_{44}O_5$, F. 160—162° (Aceton), aus **I** durch katalyt. Hydrierung über 5%ig. Pd/Kohle in CH_3OH. — *6β-Äthylpregnan-5α-ol-3.20-dion*, $C_{23}H_{36}O_3$, F. 257—259° (CH_3OH), aus dem 6β-Äthinyl-Deriv. analog vorst. Verbindung. — *6α-Äthylprogesteron*, $C_{23}H_{34}O_2$, F. 166—167° (Aceton/Hexan), aus vorvorst. Verb. u. $HClO_4$ in Tetrahydrofuran, 3 Std. bei Zimmer-Temp., Rk. des Prod. mit $SOCl_2$ in Pyridin, 3 Min. bei 0°, u. Al_2O_3-Chromatographie; $[\alpha]_D$ +191° (Dioxan). — *6β-Vinylpregnan-5α-ol-3.20-dion-bis-äthylenketal*, $C_{27}H_{42}O_5$, F. 128—130° (Pentan), a) aus **I** u. Na in fl. NH_3 u. Tetrahydrofuran (2 Std.) u. Al_2O_3-Chromatographie; b) aus **I** durch katalyt. Hydrierung über 2%ig. Pd/Kohle in Pyridin, 26 Min. bei Zimmer-Temp.; $[\alpha]_D$ —38°. — *6β-Vinylpregnan-5α-ol-3.20-dion*, $C_{23}H_{34}O_3$, F. 260—263° (Essigester), aus vorst. Verb. u. $HClO_4$ in Tetrahydrofuran, 3 Std. bei Zimmer-Temp.; $[\alpha]_D$ —37°. — *6β-Vinylprogesteron*, $C_{23}H_{32}O_2$, F. 150—152° (Ae./Hexan), aus vorst. Verb. u. $SOCl_2$ in Pyridin, 3 Min. bei 0°; $[\alpha]_D$ +103°; gibt bei der Rk. mit konz. H_2SO_4 in Eisessig (20 Min. bei Zimmer-Temp.) eine *Verb.* $C_{23}H_{32}O_2$, F. 136—138° (Ae./Hexan), $[\alpha]_D$ +435°. WALTER SIMON. 3750

Untersuchungen auf dem Gebiet der Tetracycline. 6. Mitt. **Carboxamidierung von Dimedon mit Isocyanaten.** M. M. Schemjakin, Ju. A. Arbusow, M. N. Kolossow, G. A. Schatenstein, W. W. Onoprijenko und Ju. W. Konnowa. (Журнал Общей Химии [J. allg. Chem.] **30** (**92**). 542—45. Febr. 1960. Inst. für org. Chem. der Akad. der Wiss. der UdSSR.) (Russ.) — 5. vgl. C. **1961.** 5453; 4. vgl. C. **1962.** 9735.

Durch Rk. von Dimedon (**I**)–Na-Enolat mit Chlorkohlensäuremethylester (**II**) oder $COCl_2$ werden *O-Carbomethoxydimedon* bzw. *3-Chlor-5.5-dimethylcyclohexen-(2)-on-(1)* erhalten. Die Acylierung von **I**–Na-Enolat mit Phenyl- (**III**), Carbäthoxy- (**IV**) u. Acetylisocyanat (**V**) liefert entsprechend das *Anilid*, *Carbäthoxyamid* u. *Acetamid* der *4.4-Dimethylcyclohexandion-(2.6)-carbonsäure-(1)* (**VI**). Das Acetamid von **VI** liefert bei der Rk. mit NH_3 *4.4-Dimethylcyclohexandion-(2.6)-carbonsäure-(1)-amid*.

Versuche: *O-Carbomethoxydimedon*, $C_{10}H_{14}O_4$, Kp.$_{14}$ 120—122°, man gibt zur Suspension von 16,2 g **I**–Na-Enolat in 150 ml Ae. tropfenweise 10,4 g **II** u. kocht 7 Std.; $D._4^{20}$ 1,1187; n_D^{20} 1,4784; 76% (Ausbeute). Liefert mit methanol. NH_3 (100 Std. Stehen im Rohr) *Methylcarbaminat* (F. 53—54°) u. *Dimedon* (**I**; F. 145—146° aus A.). — *3-Chlor-5.5-dimethylcyclohexen-(2)-on-(1)*, Kp.$_7$ 78°, aus 15 g $COCl_2$ in 150 ml Ae. u. 12,3 g **I**–Na-Enolat bei 0°, dann 4 Std. stehenlassen; n_D^{22} 1,4953; 79%. — *4.4-Dimethylcyclohexandion-(2.6)-carbonsäure-(1)* (**VI**), *Anilid*, F. 92—93° (A.), man gibt zu 1,62 g **I**–Na-Enolat in 25 ml Dimethylformamid (**VII**) in 5 Min. 1,31 g **III** in 2 ml **VII** u. läßt 3 Std. stehen; Isolierung über das *Cu-Salz*; 75%. *Carbäthoxyamid*, $C_{12}H_{17}NO_5$, F. 65—66° (A.), man läßt 1,62 g **I**-Na-Enolat u. 1,26 g **IV** in 25 ml **VII** 24 Std. stehen; 57%; *Cu-Salz*, $C_{24}H_{32}CuN_2O_{10}$, Zers. bei 228° (Chlf.). *Acetamid*, $C_{11}H_{15}NO_4$, F. 124—125° (20%ig. A.), aus 3,24 g **I**-Na-Enolat u. 2,3 g **V** in 53 ml **VII** (1 Std. rühren); 60%. *Amid*, $C_9H_{13}NO_3$, F. 148—149° (A.), man läßt 0,9 g **VI**-Acetamid in 30 ml 20%ig. methanol. NH_3 24 Std. stehen, krist. aus 25%ig. A. um u. reinigt durch Sublimation bei 50°/0,05 mm; 97%.

HELMUT SCHÄFER. 3900□

Untersuchungen auf dem Gebiet der Tetracycline. 7. Mitt. Untersuchung der Synthese des Ringes A der Tetracycline. M. M. Schemjakin, M. N. Kolossow, Ju. A. Arbusow, W. W. Onoprijenko und Jui-juan Sse. (Журнал Общей Химии [J. allg. Chem.] **30** (**92**). 545—56. Febr. 1960. (Russ.) — 6. vgl. vorst. Referat.

Aus Cyclohexanon (**I**) wird über 1-Pyrrolidino-, 1-Piperidino- u. 1-Morpholinocyclohexen-(1) durch Rk. mit Äthylbromacetat (**II**) *Cyclohexanon-(2)-yl-(1)-essigsäureäthylester* (**III**) dargestellt u. durch Addition von Na-Acetylid in ein Gemisch von *cis-* u. *trans-2-Hydroxy-2-äthinylcyclohexyl-(1)-essigsäure* (**IV**)*-äthylester* übergeführt. **III** wird parallel aus Malonester (**V**) u. 2-Chlorcyclohexanon-(1) (**VI**) über *Cyclohexanon-(2)-yl-(1)-malonsäurediäthylester* (**VII**) erhalten. — Das cis–trans-**IV**–Äthylester-Gemisch wird in Ggw. von Hg-Acetat zu einem Gemisch von *cis-* u. *trans-2-Hydroxy-2-acetylcyclohexyl-(1)-essigsäure* (**VIII**)*-äthylester* hydratisiert. Die Trennung des Gemisches ist dadurch möglich, daß cis-**VIII** schwer, trans-**VIII** dagegen leicht lactonisiert werden kann. *cis-Dekalol-(9)-dion-(1.3)* (*cis*-**IX**) wird durch Cyclisierung von cis-**VIII**-Äthylester in Ggw. von Na-Äthylat, *trans*-**IX** aus trans-**VIII**-Lacton erhalten. Aus cis-**IX** werden mit Phenylisocyanat (**X**) u. Acetylisocyanat (**XI**) das *Anilid* bzw. *Acetamid* von *cis-Dekalol-(9)-dion-(1.3)-carbonsäure-(2)* (**XII**), aus trans-**IX** wird *trans*-**XII**-*Acetylamid* synthetisiert. Die Acetamide von cis- u. trans-**XII** werden mit methanol. NH_3 in *cis-* bzw. *trans*-**XII**-*Amid* übergeführt. Analog der Darst. von **XII** ist der Aufbau des Ringes A von Aminotetracyclinen unter Berücksichtigung der stereochem. Besonderheiten möglich.

Versuche: *Cyclohexanon-(2)-yl-(1)-malonsäurediäthylester* (**VII**), Kp.$_3$ 151—153°, man gibt zu Na-Malonester (44 g **V**, 4 g Na) in 200 ml Bzl. 19,8 g **VI** in 12 g **V** u. 12 ml Bzl. u. rührt 1 Std. bei 80—90°; n_D^{20} 1,4595; 70% (Ausbeute). — *Cyclohexanon-(2)-yl-(1)-essigsäureäthylester* (**III**), Kp.$_7$ 121—122°, Kp.$_9$ 130—132°, a) man verseift 5,1 g **VII** in 10 ml A. mit 20 ml alkohol. n-KOH (20 Std. bei 20°), dampft ein, löst in W., extrahiert unverändertes **VII** mit Ae., säuert die wss. Phase mit H_2SO_4 an, extrahiert mit Äthylacetat u. decarboxyliert bei 120—125° in Ggw. von 0,2 g Piperidin; 44%; beim Verseifen von **VII** mit 60 ml alkohol. n-NaOH erhält man *Cyclohexanon-(2)-yl-(1)-essigsäure*, Kp.$_4$ 155—157°, F. 73—74° (W.); 61%; b) man erhitzt 1 Mol **I** u. 1,1 Mol Pyrrolidin, Piperidin bzw. Morpholin in 200 ml Bzl., bis kein W. mehr entsteht, u. erhält durch Dest. *1-Pyrrolidinocyclohexen-(1)* (Kp.$_7$ 96—98°; n_D^{17} 1,5173; 85%), *1-Piperidinocyclohexen-(1)* (Kp.$_7$ 100—101°; n_D^{17} 1,5163; 62%) bzw. *1-Morpholinocyclohexen-(1)* (Kp.$_7$ 104 bis 105°; n_D^{17} 1,5147; 88%); die erhaltenen Verbb. werden mit 1,1 (2,0) Mol **II** in sd. Bzl. umgesetzt u. mit wss. Methanol hydrolysiert; 52 (57), 40 (43) bzw. 30 (35)%; n_D^{19} 1,4602; n_D^{18} 1,4592. *Semicarbazon*, F. 194—196° (Zers.; A.). — *2.4(6)-Bis-[carbäthoxymethyl]-cyclohexanon*, $C_{14}H_{22}O_5$, Kp.$_{0,03}$ 116°, neben **III** nach b); n_D^{22} 1,4617; 5—10%. — *cis-2-Hydroxy-2-äthinylcyclohexyl-(1)-essigsäure* (*cis*-**IV**), $C_{10}H_{14}O_3$, F. 101—102° (Bzl.), man verseift 21 g cis trans **IV**-Äthylestergemisch in 250 ml A. mit 250 ml 0,5n NaOH (16 Std. bei 20°), engt im Vakuum ein, säuert mit 10 ml 70%ig. H_2SO_4 an, extrahiert mit Äthylacetat, dampft ein u. verreibt mit Bzl.; 71% [*S-Benzylisothiuroniumsalz*, $C_{18}H_{24}N_2O_3S$, F. 147—148° (Zers.; 25%ig. A.)]; wird beim Erhitzen in 0,1n H_2SO_4 auf 100° in 1/4 Std. zu 8% in *cis*-**IV**-*Lacton* umgewandelt. — *trans*-**IV**, durch Verseifung von 0,75 g trans-**IV**-Lacton in 100 ml A. u. 100 ml 0,1n NaOH (16 Std. bei 20°); Fl.; 0,85 g; geht beim Stehen langsam, beim Erhitzen mit 0,1n H_2SO_4 in 15 Min. quant. in *trans*-**IV**-*Lacton* über; *S-Benzylisothiuroniumsalz*, $C_{18}H_{24}N_2O_3S$, F. 142—143° (Zers.; 25%ig. A.). *trans*-**IV**-*Lacton*, $C_{10}H_{12}O_2$, Kp.$_{0,04}$ 63—64°, aus der Mutterlauge von cis-**IV**; n_D^{21} 1,4926; 24%. — *Gemisch* von *cis-* u. *trans*-**IV**-*Äthylester*, $C_{12}H_{18}O_3$, Kp.$_{0,02}$ 83—84°, man gibt zu der mit Acetylen gesätt. Lsg. von 13,8 g Na in 500 ml fl. NH_3 bei —40° allmählich 92 g **III** in 100 ml Ae. u. rührt 1 Std.; D_4^{18} 1,065; n_D^{18} 1,4831; 85%. — *2-Hydroxy-2-äthylcyclohexyl-(1)-essigsäure*, *Äthylester* (*cis–trans*-Gemisch),

$C_{12}H_{22}O_3$, Kp.$_{0,03}$ 76—79°, durch Hydrierung von cis–trans-**IV**-Gemisch in A. an PtO_2; n_D^{13} 1,4748; 90%. *cis-Hydrazid*, $C_{10}H_{20}N_2O_2$, F. 181—182° (A.); 80%. — *cis-2-Acetyl-2-hydroxycyclohexyl-(1)-essigsäure* (*cis*-**VIII**), $C_{10}H_{16}O_4$, F. 115—116° (Bzl.), man läßt 22,8 g cis–trans-**VIII**-Äthylestergemisch in 500 ml A. u. 500 ml 0,4n NaOH 1 Std. lang bei 20° stehen; 72%. — *trans*-**VIII**, $C_{10}H_{16}O_4$, F. 98—100° (W.), aus 0,55 g trans-**VIII**-Lacton in 60 ml A. mit 60 ml 0,1n NaOH (2 Std. stehen); 96%. — *cis*-**VIII**-*Lacton*, $C_{10}H_{14}O_3$, Kp.$_{0,12}$ 70—71°, a) durch 6std. Erhitzen von cis-**VIII** auf 150°/15 mm; n_D^{22} 1,4828; 91%. — *trans*-**VIII**-*Lacton*, $C_{10}H_{14}O_3$, Kp.$_{0,03}$ 72—73°, F. 46—47° (Ae.–Hexan), a) durch 6std. Kochen der Mutterlaugen von cis-**VIII** in 40 ml 0,1n H_2SO_4; 24%; b) aus trans-**VIII** (1/2 Std. bei 130°/0,07 mm); 88%; c) durch 2std. Erhitzen von trans-**VIII** mit 0,1n H_2SO_4 auf 100°; 100%. *Semicarbazon*, $C_{11}H_{17}N_3O_3$, F. 199—200° (A.). — *cis*-**VIII**-*Äthylester*, Kp.$_{0,03}$ 91—92°, aus 14,4 g cis-**VIII**, 55 ml W., 36 ml 0,2n Soda-Lsg. u. 13,5 g $AgNO_3$ in 30 ml W. u. Verestern des erhaltenen *cis*-**VIII**-*Ag-Salzes* mit 115 ml Äthyljodid (4 Std. bei 20°); n_D^{19} 1,4737; 90%. *Semicarbazon*, $C_{13}H_{23}N_3O_4$, F. 198—199° (Zers.; A.). — *Gemisch* von *cis-* u. *trans*-**VIII**-*Äthylester*, $C_{12}H_{20}O_4$, Kp.$_{0,03}$ 90—92°, a) man schüttelt 10 g cis–trans-**IV**-Äthylestergemisch, 2 ml abs. A. u. 61 g Hg-Acetat 48 Std., wäscht die Hg-Verb. mit A., suspendiert in 1200 ml Äthylacetat, sättigt mit H_2S, filtriert, dampft im Vakuum ein, löst in Ae. u. dest.; n_D^{17} 1,4735; 66%; b) man kocht 2,7 g cis–trans-**IV**-Äthylestergemisch, 7,4 g p-Toluolsulfonamid-Hg-Salz u. 200 ml A. 80 Std. lang u. sättigt mit H_2S; 41%. — *cis-Dekalol-(9)-dion-(1.3)* (*cis*-**IX**), $C_{10}H_{14}O_3$, F. 181—182° (Zers.; Aceton), durch 15 Std. langes Stehen von 4,56 g cis-**VIII**-Äthylester in 44 ml 0,5n alkohol. Na-Äthylat-Lsg.; 95%. — *trans*-**IX**, $C_{10}H_{14}O_3$, F. 146—147° (Äthylacetat), aus 3,64 g trans-**VIII**-Lacton in 55 ml 0,4n alkohol. Na-Äthylat-Lsg. (50 Std. stehen); 60%. — *cis-Dekalol-(9)-dion-(1.3)-carbonsäure-(2)* (*cis*-**XII**), *Anilid*, $C_{17}H_{19}NO_4$, F. 152 bis 153° (A.), man gibt zu 2,04 g cis-**IX**-Na-Salz in 40 ml Dimethylformamid (**XIII**) bei 10—15° 1,49 g **X** u. erhitzt 5 Std. lang auf 60°; 46%. *N-Acetylamid*, $C_{13}H_{17}NO_5$, F. 116 bis 117° (CCl_4), man rührt 4,08 g cis-**IX**-Na-Salz u. 3,4 g **XI** in 3,5 ml **XIII** 1 Std. lang u. reinigt über das *cis-Cu-Salz* (Zers. bei 206—210°); 90%. *Amid*, $C_{11}H_{15}NO_4$, F. 153—154° (A.), man läßt 267 mg cis-**XII**-Acetamid in 10 ml 20%ig. methanol. NH_3 20 Std. stehen; 75% (*cis-Cu-Salz*, Zers. bei 277—279°; 96%). — *trans*-**XII**, *Acetylamid*, $C_{13}H_{17}NO_5$, F. 124—126° (CCl_4), aus 0,82 g trans-**IX**-Na-Salz u. 0,68 g **XI** in 35 ml **XIII**; 61% (*trans-Cu-Salz*, Zers. bei 233—235°; 95%). *Amid*, $C_{11}H_{15}NO_4$, F. 160—161° (A.), aus trans-**XII**-Acetylamid mit Methanol–NH_3; 65% (*trans-Cu-Salz*, Zers. bei 275—277°; 94%).

HELMUT SCHÄFER. 3900□

Feststellung der Struktur von Trifolirhizin. J. B-Son Bredenberg und Pentti K. Hietala. (Acta chem. scand. **15.** 936—37. 1961. Helsinki, Biochem. Inst., Labor. of the Found for Chem. Res.) (Engl.)

Die früher (C. **1962.** 2001) vorgeschlagene Konstit. für *Trifolirhizin* (**I**) wird durch Isolierung des **I**-Aglucons aus Wurzeln von *Trifolium pratense* L. nach enzymat. Spaltung u. Methylieren zu *Pterocarpin* (**II**) bewiesen. Die Lage der Methylendioxygruppe in **I** ist auf Grund noch unveröffentlichter Verss. über die Konstit. von **II** zu ändern; sie befindet sich in 5.6-Stellung des Cumaranringes. Die Unters. der Mol.-Rotation von **I** u. **I**-Aglucon beweist das Vorliegen eines β-Glucosids. UV- u. IR-Spektren vgl. Original.

Versuche (FF. korr.): *Trifolirhizinaglucon*, $C_{16}H_{12}O_5$, 179,5—180°, durch Homogenisieren von 550 g Kleewurzeln mit 300 ml W., 18std. Stehen bei Raum-Temp., Extrahieren des Homogenisats mit A., Lösen des Extraktrückstandes in 1n NH_4OH, Ausschütteln mit PAe. u. Gegenstromverteilung der wss. Lsg. in PAe./Butanol (3 : 1) u. 1n NH_4OH; aus verd. CH_3OH u. durch Sublimation bei 150°/0,1 mm Nadeln; $[\alpha]_D^{20}$ $-214°$ (c = 1; A.); 204 mg (Ausbeute). *Methyläther* (**II**, *Pterocarpin*), F. 162—163° (nach Hochvakuumsublimation), aus 20 mg **I**-Aglucon u. CH_2N_2 in Ae. bei 4° (3 Tage); $[\alpha]_D^{20}$ $-200°$ (c = 0,2; A.).

F. HELLER. 3950□

Über die sekundäre aromatische Mehrkernstruktur des Lignins. M. I. Tschudakow. (Доклады Академии Наук СССР [Ber. Akad. Wiss. UdSSR] **137.** 1389—92. 21/4. 1961.) (Russ.)

Natürliches u. techn. Lignin erfährt bei der Einw. kondensierender Agentien (Erhitzen mit Säure, Alkali) sek. Veränderungen, die zur Ausbldg. einer aromat. Mehrkernstruktur führen. Diese Veränderungen lassen sich quant. durch die Ausbeute an *Benzolpolycarbonsäuren* (**I**) bei der Oxydation von Lignin erfassen. Bei den im Lignin ablaufenden Kondens. werden die Methoxygruppen der aromat. Kerne nicht verändert; die Kondens. erfolgen über Propanseitenketten. — Mit Aceton extrahiertes Kiefernmehl wurde mit 0,5- u. 1%ig. H_2SO_4 bei 160, 180 u. 200° aufgeschlossen. Nach Abtrennen u. Reinigen des Lignins wurde es 22 Std. lang bei 80° mit alkal. $KMnO_4$ oxydiert u. die

Ausbeute an **I** bestimmt (nach Kristallisation konnten *Mellitsäure* (**II**) u. *Benzolpentacarbonsäure*, F. 241—242° (Zers.), isoliert werden). Beim Aufschluß mit 0,5%ig. H_2SO_4 stieg bei Temp.-Erhöhung von 160 auf 200° der Geh. an Methoxylgruppen im Lignin von 7,05 auf 10,02% an, bei der Oxydation erhöhte sich die Ausbeute an **I** von 1,41 auf 10,20%. — Techn. Fichtenlignin (**A**; 92,5% Lignin, 9,7% Methoxylgruppen, 0,84% Asche) wurde mit 5%ig. H_2SO_4 6 Std. auf 195—198° erhitzt. Das so behandelte Lignin (**B**; 98,4% Lignin, 11,8% Methoxygruppen, 0,52% Asche) wurde mit HNO_3 oxydiert u. die Ausbeute an Oxydations-Prodd. bestimmt: Isoliert wurden *Oxalsäure* (**III**), F. 189°, **II** u. *Mellitsäurehexamethylester*, F. 182,5° (Bzl.). Die Ausbeute an Oxydations-Prodd. betrug bei **A** bzw. **B**: **III** 16—18 bzw. 24—25%; **II** 0 bzw. 2,0—2,3%; **I** 15—17 bzw. 30—32%. Helmut Schäfer. 3950□

D. Makromolekulare Chemie

Doppelbrechung und Lichtstreuung von Hochpolymeren. R. K. Bullough. (J. Polymer Sci. **46.** 517—20. Okt. 1960. Wythenshawe, Manchester, England, Heald Green Labor., Britical Rayon Res. Assoc.) (Engl.)

Rein theoret. Arbeit, in der auf Basis eines Gaussschen Netzwerks die Beiträge einzelner Wechselwrkg.-Bereiche von gummiähnlichen Materialien zur Doppelbrechung u. Lichtstreuung abgeschätzt werden. W. Schmieder. 4000□

Molekularstatistik von Vinylpolymeren. Yasutaka Suzuki. (J. chem. Physics **34.** 79—83. Jan. 1961. Chiba, Japan, Chiba Univ., Coll. of Arts and Sci.) (Engl.)

Es wird eine Formel zur Beschreibung des Abstands der Kettenenden u. des Gesamtdipolmoments von Vinylpolymeren vom Typ $(CH_2CHX)_n$ vorgeschlagen, welche die Wechselwrkg. benachbarter X-Gruppen berücksichtigt. Die Formel bezieht sich in ihrer allg. Form auf das atakt. Polymere u. umfaßt das isotakt. u. das syndyotakt. Mol. als Sonderfälle. A. Blaschette. 4000□

Gleichgewicht zwischen kristallinen und amorphen Phasen in Polyäthylen. R. Chiang und P. J. Flory. (J. Amer. chem. Soc. **83.** 2857—62. 5/7. 1961. Pittsburgh, Pa., Mellon Inst.) (Engl.)

Der Kristallisations- u. Schmelzprozeß von fraktionierten, linearen Polyäthylenen (**I**; *Marlex 50* u. *Niederdruckpolyäthylen*) wurden dilatometr. verfolgt. — Die Kristallisation wurde bei der höchsten Temp. (131,3°) durchgeführt. Der Schmelzprozeß der kristallisierten Fraktionen ist sehr genau zu erkennen. Bei Erhöhung der Temp. von 136,5 auf **138,5°** nimmt der Kristallinitätsgrad eines **I** vom $\overline{M}_v$ 490000 von 50% auf 0 ab u. der eines **I** vom $\overline{M}_v$ 32000 von 70% auf 0 bei der Temp.-Erhöhung von 134 auf 136°. Der F. 138,5° der höhermol. Fraktion ist der höchste, der beobachtet wurde. Gemische aus fraktioniertem **I** u. α-Chlornaphthalin wurden hinsichtlich ihres Schmelzbereichs u. ihrer Kristallisation untersucht. Die Erreichung eines Phasengleichgewichts in polymeren Syst. ist nicht auf niedrige Kristallinitätsgrade beschränkt. E. Anton. 4010□

Die Kristallgitterparameter und die thermische Ausdehnung von linearen Paraffinkohlenwasserstoffen einschließlich Polyäthylen. E. A. Cole und D. R. Holmes. (J. Polymer Sci. **46.** 245—56. Sept. 1960. Welwyn Garden City, Herts., Imp. Chem. Ind. Ltd., Plastics Div., Res. Dep.) (Engl.)

Die Kristallgitterparameter von fünf *Polyäthylen*-Proben unterschiedlichen CH_3-Geh. sowie von *Hexatriakontan* ($C_{36}H_{74}$) wurden im Temp.-Bereich von —150 bis + 100° (bei einigen Proben bis + 120°) röntgenograph. gemessen. Die Ergebnisse sind in Diagrammen zusammengefaßt. Während die c-Achse mit steigender Temp. eine gleichmäßige schwache Kontraktion von $5{,}2 \cdot 10^{-5}$ Å/Grad aufweist, sind die Temp.-Koeff. der a- u. b-Achsen nicht konstant; daher ist auch der Temp.-Koeff. von $V_{spez.}$ für die kristalline Phase eine Funktion der Temperatur. Bis zu einem gewissen Grad werden Seitengruppen in das Gitter eingebaut, wobei sich bes. die a-Achse dehnt. Für die kristalline Phase von unverzweigtem *Polymethylen* (**I**) mit weniger als 0,3 CH_3/1000 C-Atomen beträgt $V_{spez.}$ (20°) 1,001, für die von *Marlex 50* mit 2 CH_3/1000 C 0,908, für die von verzweigtem **I** mit 17,5 CH_3/1000 C 1010, für die von *Alkathene 2* mit 23 CH_3/1000 C 1,009 u. für die von *Alkathene 200* mit 37 CH_3/1000 C 1,017. Die gemessenen Werte werden mit zahlreichen Literaturdaten verglichen. H. Leugering. 4010□

Substanzpolymerisation von Isopren. Kinetische Konstanten für die Theorie der Reaktion mit begrenztem Umsatz. R. H. Gobran, M. B. Berenbaum und A. V. Tobolsky. (J. Polymer Sci. **46.** 431—40. Okt. 1960. Trenton, N.J., Thiokol Chem. Corp.; Princeton, N.J., Princeton Univ.) (Engl.)

Die Theorie der Radikalpolymerisation mit begrenztem Umsatz von Tobolsky wird auf die Polymerisation von *Isopren* in Substanz mit α.α'-Azo-bis-isobutyronitril oder Dibenzoylperoxid im Temp.-Bereich 60—90° angewendet. Es gelingt, die Zers.-Geschw. der Starter u. daraus die relative Ausbeute für beide Starter bei der Polymerisation zu erhalten. Die Geschw.-Konst. der Abbruch-Rk. wird zu $1{,}34 \cdot 10^8$ Liter/Mol·s bestimmt u. ist zwischen 60 u. 90° von der Temp. unabhängig. Die Theorie gibt die Molgew.-Verteilung als Funktion des Umsatzes gut wieder. W. Schmieder. 4010□

Photochemische Herstellung von Halbleiter-Hochpolymeren. Gerald Oster, Gisela K. Oster und Marian Kryszewski. (Nature [London] **191.** 164—65. 8/7. 1961. Brooklyn, N.Y., Polytechn. Inst. of Brooklyn.) (Engl.)

Vff. zeigen, daß die UV-Lichtbestrahlung von chlorierten Hochpolymeren eine Umwandlung in Halbleiter hervorruft. Diese Behandlung zeigt Vorteile gegenüber der Pyrolysenmethode. Für experimentelle Unterss. wurden *Copolymere* aus *Vinylidenchlorid* (85%) u. *Vinylchlorid* (15%) eingesetzt. Nach Behandlung mit Aceton u. A. wurde durch IR-Analyse festgestellt, daß keine Carbonylgruppen vorhanden sind. Die UV-Meß-Meth. wird apparativ beschrieben. Das Maximum bei 285 mμ zeigt die Ggw. einer chlorierten Verb., die 3 konjugierte Doppelbindungen enthält. Erhitzt man die bestrahlten Proben für mehrere Std. auf 100°, so nehmen Absorption u. Vernetzung zu. Unbestrahlte Proben zeigen keine Vernetzung u. keine Änderung der Absorption. Das Absorptionsmaximum bei 285 mμ ist der Bestrahlungs-Temp. proportional. Durch die Weit-UV-Bestrahlung werden stabile freie Radikale gebildet. Dies wurde durch das Elektronenspin-Resonanz-Spektrum nachgewiesen. E. Anton. 4010□

Die Glastemperatur von semikristallinen Polymeren. S. Newman und W. P. Cox. (J. Polymer Sci. 46. 29—49. Sept. 1960. Springfield, Mass., Monsanto Chem. Comp.) (Engl.)

Durch dynam.-elast. Messungen sowie durch einen therm. Verformungstest wird der Einfl. der Stereospezifität, Kristallinität u. Orientierung auf die Glas-Temp. T_g von kristallisierbarem *Polystyrol* (I) untersucht. Auch an kristallisierbarem *Polypropylen* (II) werden einige Messungen durchgeführt. Bei abgeschrecktem, orientiertem I hängt der mit einem therm. Verformungstest unter Belastung gemessene Wert für T_g von der eingefrorenen Rückstellkraft sowie von der Belastung ab. Der Einfl. der Stereospezifität ist gering. Durch Kristallisation von I wird T_g von 5 auf 15° erhöht. Bei im gestreckten Zustand getempertem I steigt T_g um 15—25°. Der Einfl. der Kombination von Kristallisation u. Orientierung ist größer als die Summe der Einzeleffekte. Die Breite des Umwandlungsgebietes hängt von der Lage der Testrichtung zur Streckungsrichtung ab. H. J. Leugering. 4010□

Über die Synthese von Oligophenylenen mit einer o-Verknüpfung. 10. Mitt. Werner Kern, Walter Heitz und Hermann Otto Wirth. (Makromolekulare Chem. **42.** 177—88. 1960. Mainz, Univ., Organ. Chem. Inst.) (Dt.) — 9. vgl. C. **1961.** 18708.

Es werden zwei Wege zur Darst. von Oligophenylenen mit einer o-Winkelung beschrieben. Als Ausgangssubstanzen dienen der Monoenoläthyläther (I) des Cyclohexandions-(1.2) (II) bzw. Cyclohexenoxid (III). I wird durch Umsetzung von II mit Orthoameisensäuretriäthylester in Ggw. von HCl dargestellt. Die eine Meth. zur Darst. von *o-Terphenyl* (VII) besteht in der Umsetzung von I mit Phenyl-Li (IV), Behandeln mit verd. Säure u. erneuter Umsetzung des gebildeten *2-Phenylcyclohexen-(2)-ons* (V) mit IV. Dann wird mit Oxalsäure dehydratisiert u. mit Chloranil aromatisiert. Bei der 2. Meth. geht man von III aus, das mit IV zu *2-Phenylcyclohexanol-(1)* umgesetzt wird. Durch Oxydation nach Oppenauer mit Benzochinon als Wasserstoffacceptor wird *2-Phenylcyclohexanon-(1)* (VI) erhalten. Erneute Rk. mit IV führt zu *1.2-Diphenylcyclohexanol-(1)*, das ebenfalls mit Oxalsäure dehydratisiert u. anschließend mit Chloranil aromatisiert wird. Folgende o-Oligophenylene wurden synthetisiert: *o-Terphenyl* (VII), *$2o^2$-Quaterphenyl* (VIII), *$3^2.4^3$-Dimethyl-$2o^2$-quaterphenyl*, *$3o^2$-Quinquiphenyl*, *$1^2.2^3$-Dimethyl-$3o^2$-quinquiphenyl* u. *$1^2.2^3.4^2.5^3$-Tetramethyl-$3o^2$-quinquiphenyl*. Die Substanzen sind gut lösl. u. besitzen relativ niedrige Schmelzpunkte. Zum Vgl. wurde *$1^2.2^3$-Dimethylquaterphenyl* als analoge p-Verb. dargestellt.

Versuche: *Cyclohexandion-(1.2)* (II), durch Oxydation von Cyclohexanon mit SeO_2. — *Cyclohexandion-(1.2)-monoenoläthyläther* (I), $C_8H_{12}O_2$, Kp.$_{16}$ 104—106°, durch 6std. Stehen von 0,5 Mol II, 0,5 Mol Orthoameisensäuretriäthylester u. 100 ml abs., mit HCl gesätt. Bzl. u. Dest.; 70—73% (Ausbeute). — *2-Phenylcyclohexen-(2)-on* (V), $C_{12}H_{12}O$, F. 94—94,5° (Methanol u. PAe.), durch Zutropfen von I zu IV bei —30° unter Rühren, Steigerung der Temp. nach 24 Std. auf Zimmer-Temp., Zugabe von Acetanhydrid nach weiteren 24 Std. u. Abfiltrieren von Li-Acetat; 55%. *Semicarbazon*, $C_{13}H_{15}N_3O$, F. 205°. — *2-Phenylcyclohexanol*, F. 56—57°, durch Zugeben von III zu IV bei 0°, Erhitzen nach

24 Std. zum Sieden, Zers. mit Eis, Ausschütteln mit W. u. Dest. ($Kp._{12}$ 141–142°); 90%. — *2-Phenylcyclohexanon* (**VI**), F. 53°, aus 35 g vorst. Verb. u. Al-tert.-Butylat in abs. Bzl., Zugeben von p-Benzochinon, 3tägiges Rühren bei Raum-Temp., Zers. mit 2n HCl, Ausschütteln mit NaOH u. Natriumdithionit u. Vakuumdest.; 32 g. — *1.2-Diphenylcyclohexen-(1)*, $C_{18}H_{18}$, F. 48°, durch 24std. Rühren von **VI** mit **IV** in Bzl. bei 0°, 2std. Erhitzen zum Sieden, Zers. mit Eis, Ausschütteln mit W., Dest., 6std. Erhitzen des Rückstandes mit Oxalsäure in Dioxan, Lösen des Rückstandes in W. u. Bzl. u. Vakuum-Dest.; 70%. — *o-Terphenyl* (**VII**), $C_{18}H_{14}$, F. 54,5–55° (PAe.), a) durch Zugeben von **V** in Bzl. zu **IV** bei 0°, 24std. Rühren, 2std. Erhitzen, Zers. mit Eis u. Ausschütteln mit W., 6std. Erhitzen des Rückstandes mit Oxalsäure in Dioxan auf 100°, Lösen des Rückstandes in W. u. Bzl., Vakuum-Dest. der organ. Phase bei 0,03 mm, 24std. Erhitzen des erhaltenen *2.3-Diphenylcyclohexadiens-(1.3)* (55%) mit Chloranil in Xylol, Behandeln der Lsg. mit NaOH u. Natriumdithionit u. Dest.; 27%; b) durch 24std. Erhitzen vorst. Verb. (23,4 g) mit Chloranil in Xylol wie nach a); 21 g. — *2-[Biphenylyl-(4)]-cyclohexanol*, $C_{18}H_{20}O$, F. 127–127,5° (PAe.), $Kp._{5 \cdot 10^{-3}}$ 156–158°, durch Zugeben von Butyl-Li in PAe. zu 4-Joddiphenyl in Ae. bei 0°, 3std. Rühren, Zutropfen von **III** bei 0° u. 24std. Stehen, 2std. Erhitzen zum Sieden, Versetzen mit W. u. Hochvakuum-Dest. der organ. Phase; 50%. — *2-[Biphenylyl-(4)]-cyclohexanon* (**IX**), $C_{18}H_{18}O$, F. 118–119° (Methanol u. PAe.), durch 3tägiges Stehen vorst. Verb. u. Al-tert.-Butylat in Bzl. u. Benzochinon unter Rühren, Versetzen mit 2n HCl u. Behandeln der organ. Phase mit NaOH u. Natriumdithionit; 15%. *Semicarbazon*, $C_{19}H_{21}N_3O$, F. 207°. — *$2o^2$-Quaterphenyl* (**VIII**), $C_{24}H_{18}$, F. 118° (PAe.), a) durch Zugeben von 0,9 Mol Butyl-Li in PAe. zu 0,1 Mol 4-Jodbiphenyl in Ae. unter Rühren bei 0°, 3std. Stehen ohne Außenkühlung, Zugeben von 0,05 Mol **VI** in Bzl. bei 0° u. 24std. Stehen, 2std. Erhitzen, Zers. mit Eis, Dest., 6std. Erhitzen des Rückstandes mit Oxalsäure in Dioxan, Lösen des Rückstandes in W. u. Bzl., Vakuum-Dest. der organ. Phase beim $Kp._{0,05}$ 205–210°, Aromatisierung durch 24std. Erhitzen mit Chloranil in Xylol, Behandeln mit NaOH u. Natriumdithionit, Vakuum-Dest. ($Kp._{0,02}$ 195–205°) u. Chromatographie in Bzl. an saurem, bas. u. neutralem Al_2O_3; 8,5 g; b) durch 24std. Stehen von **IV** u. **IX** in Bzl., 2std. Erhitzen, Zers. mit Eis u. weiter wie nach a). — *$3^2.4^3$-Dimethyl-$2o^2$-quaterphenyl*, $C_{26}H_{22}$, F. 72° (PAe.), aus 4-Li-3.3'-Dimethylbiphenyl (**X**; aus 4-Jod-3.3'-bitolyl u. Butyl-Li in Ae.) u. **VI** in Bzl. bei 0° u. Verarbeitung wie **VII** nach a). — *1^2 2^3-Dimethylquaterphenyl*, $C_{26}H_{22}$, F. 116°, aus 4-Phenylcyclohexanol, Al-tert.-Butylat u. Chinon, wobei analog **VI** *4-Phenylcyclohexanon* entsteht, u. **X** in Bzl. bei 0° unter Rühren u. weiter wie **VIII** nach a). — *$3o^2$-Quinquiphenyl*, $C_{30}H_{22}$, F. 180°, aus 4-Li-Biphenyl, Butyl-Li u. **IX** in Bzl. u. weiter wie **VIII** nach a). — *1^2 2^3-Dimethyl-$3o^2$-quinquiphenyl*, $C_{32}H_{26}$, aus **X** u. **IX** in Bzl. bei 0° unter Rühren, sonst analog **VIII** nach a) u. Sublimation im Hochvakuum bei $280°/10^{-3}$ mm; krist. nicht. — *2-[3.3'-Dimethylbiphenylyl-(4)]-cyclohexanol*, $C_{20}H_{24}O$, F. 57° (PAe.), aus **X** u. **III** bei 0° u. 24std. Stehen, kurzes Erhitzen, Zers. mit Eis, Ausschütteln mit W. u. Destillation. — *2-[3.3'-Dimethylbiphenylyl-(4)]-cyclohexanon*, $C_{20}H_{22}O$, F. 106°, durch 3tägiges Stehen von vorst. Verb. u. Al-tert.-Butylat in Bzl. u. Chinon, Zers. mit 2n HCl, Schütteln der organ. Phase mit NaOH u. Na-Dithionit u. Einengen. *Semicarbazon*, $C_{21}H_{25}N_3O$, F. 174°. — *$1^2.2^3.4^2.5^3$-Tetramethyl-$3o^2$-quinquiphenyl*, $C_{34}H_{30}$, aus **X** u. vorst. Verb. in Bzl. bei 0° u. weiter analog **VIII** nach a); glasige Substanz, die nicht zur Kristallisation gebracht werden konnte.

F. ROCHLITZ. 4010□

Darstellung neuartiger Typen von linearen Polymeren durch Polyrekombinationsreaktion. W. W. Korschak, Ss. L. Ssossin und W. P. Alexejewa. (J. Polymer Sci. **52**. 213–21. Juli 1961. Moskau, Inst. für elementorgan. Verbind. der Akad. der Wiss. der UdSSR.) (Engl.)

Durch Polymerisation von Diphenylmethan (**I**) in Ggw. von Di-tert.-butylperoxid (**II**) im Mol-Verhältnis von **II**/**I** = 2,3 bei 200° wird ein lineares, stabiles Polymeres als gelbliches Pulver vom F. 205–220° u. dem Molgew. 900000 erhalten. Je nach dem **II**/**I**-Verhältnis werden Molgew. von 10000–900000 erreicht. Durch chem. Analyse u. IR-Spektrum ergibt sich die Struktur eines *Poly-1.1-diphenylmethylens*, das nach dem folgenden Schema gebildet wird: $(C_6H_5)_2CH_2 \xrightarrow{R\cdot} (C_6H_5)_2\dot{C}H$; $2\,(C_6H_5)_2\dot{C}H \rightarrow HC(C_6H_5)_2-C(C_6H_5)_2H \xrightarrow{R\cdot} HC(C_6H_5)_2-\dot{C}(C_6H_5)_2 \rightarrow HC(C_6H_5)_2-C(C_6H_5)_2-C(C_6H_5)_2\cdots C(C_6H_5)_2H$, wobei R · das aus **II** gebildete tert.-Butoxyradikal u. Methylradikale sind. Unter analogen Bedingungen liefern die folgenden Verbb. durch Polyrekombination die entsprechenden linearen Polymeren: *Poly-1-phenyl-1-carbomethoxymethylen*, aus Phenylessigsäuremethylester in Ggw. von **II**, 2,5 (**II**):1 (Mol-Verhältnis), F. 160–170°, Molgew. (M) 14000. — *Poly-1-phenyl-1-acetylmethylen*, aus Phenylaceton, 1,86:1, F. 210–220°, M 30000. — *Poly-1-phenyl-1-benzoyloxymethylen*, aus Benzoesäurebenzylester, 2,7:1,

F. 185—200°, M 430000. — *Poly-1-phenyl-1-benzylmethylen*, aus 1.2-Diphenyläthan, 3,0:1, F. 170—185°, M 5000. — *Copolymeres aus* **I** *u. p-Diisopropylbenzol* mit $-C\cdot(C_6H_5)_2-C(CH_3)_2-C_6H_4-C(CH_3)_2$-Struktureinheiten, aus je 0,1 Mol beider Komponenten, 2,5:1, F. 146—160°, M 23000. — *Poly-2.5-dichlor-p-xylylen*, aus 2.5-Dichlor-p-xylol, 2,0:1, F. 150—165°, M 10000. — *N.N'.N''-Triisopropyl-B.B'.B''-triphenylborazol* bildet in Ggw. von **II** im Mol-Verhältnis 1:2 ein *Trimeres* vom F. ca. 200°, das aus 3 Monomereinheiten durch Bindungen zwischen den sek. C-Atomen zweier Isopropylgruppen entsteht. Während die genannten Polymeren sämtlich in Bzl. lösl. sind, liefern die folgenden Verbb. neben lösl. auch unlösl. Rk.-Prodd., bei denen eine vernetzte Struktur anzunehmen ist (die lösl. Fraktionen haben jeweils die angegebenen F.- u. M-Werte): *Poly-p-diisopropylbenzol*, aus p-Diisopropylbenzol u. **II** im Mol-Verhältnis 1:2, F. 200—240°, M 10000; Zers.-Temp. (des unlösl. Anteils) 320°. — *Poly-p.p'-diisopropyldiphenyl*, 1:0,75, *Dimeres*, F. 230°; Zers.-Temp. 300°. — *Poly-p.p'-ditolylmethan*, 1:2, F. 150—180°, M 2500; Zers.-Temp. 240°. — *Poly-1-phenyl-1-acetoxymethylen*, 1:2,3, F. 170—195°, M 1700; Zers.-Temp. 190—260°. — *Polydurol*, 1:1,16, F. 98—107°, M 2000; Zers.-Temp. ca. 90°. — *Poly-2.4-diisopropylferrocen*, 1:2, F. 155—180°, M 8200; Zers.-Temp. >300°. — *Polyferrocen*, 1:1, F. >300°, M 7000; Zers.-Temp. >400°. Wenn in der monomeren Verb. Gruppen vorhanden sind, die im Polymeren als Verzweigungszentren dienen können, wie die Methylgruppen in Ditolylmethan, so werden gleichzeitig mit den linearen Polymeren auch dreidimensionale Prodd. gebildet.

J. VOIGT. 4010□

Viscositäts-Molekulargewichtsbeziehung für Polyvinylacetat. Masakazu Matsumoto und Yasuzi Ohyanagi. (J. Polymer Sci. **46.** 441—54. Okt. 1960. Kurashiki, Okayama, Japan, Kurashiki Rayon Co., Res. Labor.) (Engl.)

Die Beziehung zwischen $[\eta]$ (in ml/g) u. dem Gew.-Mittel des Molgew. $\overline{M}_w$ wird an *Polyvinylacetat*-Proben gemessen, die bei Polymerisationsumsätzen unter 10% erhalten wurden, so daß $\overline{M}_w/\overline{M}_n = 2$ ist. Es werden Lichtstreuungsmessungen, Endgruppen-Best. u. osmot. Messungen durchgeführt. Die Viscositätsmessungen werden im OSTWALD-Viscosimeter bei 30° in folgenden Lsgm. ausgeführt u. folgende Beziehungen erhalten: Aceton, $[\eta] = 1{,}02\cdot10^{-2}\cdot M_w^{0,72}$; Methyläthylketon, $[\eta] = 1{,}07\cdot10^{-2}\cdot M_w^{0,71}$; Methanol, $[\eta] = 3{,}14\cdot10^{0,6}$, Gemisch aus 72,7 Vol.-% Methylisopropylketon u. 27,3 n-Heptan als Θ-Lsgm., $[\eta] = 9{,}2\cdot10^{-2}\cdot M_w^{0,5}$. W. SCHMIEDER. 4010□

Linearität von Polyvinylacetat bei niedrigem Umsatz. Masakazu Matsumoto und Yasuzi Ohyanagi. (J. Polymer Sci. **46.** 520—23. Okt. 1960. Kurashiki, Japan, Kurashiki Rayon Co. Ltd., Res. Labor.) (Engl.)

Im Gegensatz zu den Ergebnissen von MELVILLE u. SEWELL (Makromolekulare Chem. **32.** [1959.] 139) wird gefunden, daß *Polyvinylacetat*, das durch Umsatz bis ca. 10% aus Vinylacetat bei —45 bis 70° in Ggw. von α.α'-Azo-bis-isobutyronitril erhalten wurde, keine hydrolysierbare Verzweigung aufweist. Zum Polymerisationsstart bei den Temp. unter 0° wird zusätzlich UV-Licht benutzt. Als Maß für den Abbau durch Hydrolyse wird die Viscosität $[\eta]$, gemessen in Aceton bei 30° mit einem OSTWALD-Viscosimeter, bei Schergefällen von 200—500 s^{-1} vor u. nach Hydrolyse u. Reacetylierung benutzt. Die Viscosität ist unabhängig vom Schergefälle. Außerdem wird bei einigen Proben das durch Lichtstreuung ermittelte Molgew. von ursprünglichem u. reacetyliertem Polymerisat u. von acetalisiertem Hydrolysat innerhalb der Fehlergrenze gleich gefunden. W. SCHMIEDER. 4010□

Ein Copolymeres aus Allylalkohol und Styrol. Darstellung und Eigenschaften. Fanny Boyer-Kawenoki. (Bull. Soc. chim. France **1961.** 1967—68. Okt. Bellevue, Seine-et-Oise, Labor. de Chim. Macromol. C.N.R.S.) (Franz.)

Ein *Copolymeres* (**I**) aus *Allylalkohol* u. *Styrol* erhält man durch Red. eines *Methylacrylat-Styrol-Copolymeren*, das aus den Komponenten in Ggw. von Dibenzoylperoxid bei 56° (48 Std.) in einer Ausbeute von 70% erhalten wurde, mit $LiAlH_4$ in Tetrahydrofuran (Ausbeute 93%). Die durch Extraktion mit verschiedenen Lsgm. erhaltenen Fraktionen von **I** weisen Allylalkohol/Styrol-Verhältnisse von 1,27 (F. 240°, $[\eta]$ 19,0 ml/g), 1,21 (F. 270°), 1,32 (F. 250°; $[\eta]$ 15,0) u. 1,60 (F. 290°) auf. Die voluminösen Styrolgruppen scheinen die charakterist. H-Brückenbindung der Polyallylalkohole nicht zu hindern. Das mittlere Molgew. der wichtigsten Fraktion liegt bei 10500.

H. GIEHRING. 4010□

Kristalline Polymere von 2.3-Epoxybutan — Anschauungen über Struktur und Mechanismus. E. J. Vandenberg. (J. Amer. chem. Soc. **83.** 3538—39. 20/8. 1961. Wilmington, Del., Hercules Powder Comp., Res. Center.) (Engl.)

Die Polymerisation von *trans-* u. *cis-2.3-Epoxybutan* zu kristallinen Hochpolymeren wird beschrieben. *D(+)-2.3-Epoxybutan* wurde in Ggw. eines Katalysators aus Triisobutyl-Al/0,5 W. in Heptan für 2 Std. bei —78° polymerisiert. Die Polymerisation verläuft sehr schnell u. ergibt zu 97% ein hochkristallines Polymeres, das in Heptan unlösl. u. opt.-inakt. ist. Vergleicht man das erhaltene Prod. mit dem hochmol. kristallinen Polymeren des rac. Monomeren, so tritt im wesentlichen das gleiche Röntgenbeugungsdiagramm u. IR-Spektrum im kristallinen u. amorphen Zustand oberhalb des F. auf. Auch die Löslichkeits-Eigg. sind sehr ähnlich. Die Unterss. zeigen, daß die kristallinen Polymeren der opt.-akt. Monomeren im wesentlichen die gleiche Struktur haben wie die der rac. Monomeren. Die opt. Inaktivität der Polymeren von akt. Monomeren zeigt, daß das kristalline *Poly-(trans-2.3-epoxybutan)* ein meso-diisotakt. Polymeres mit einer dl–dl-Sequenz der C-Atome ist. Auf Grund der Vers.-Ergebnisse wird angenommen, daß sich trans-2.3-Epoxybutan nach einem kation. Mechanismus polymerisiert. Kristallines *Poly-(cis-2.3-epoxybutan)* zeigt keine meso-diisotakt. Struktur. Es wird vermutlich nach einem koordinierten anion. Prozeß gebildet, wobei 3 Strukturen möglich sind. Die eine ist die rac. diisotakt., die durch Kopf–Schwanz-Wachstum mit Inversion gebildet wird. Die beiden anderen Strukturen sind meso-disyndyotakt. Strukturen mit den C-Atom-Sequenzen $meso_1$, dl–ld (Kopf–Kopf mit Retention) oder $meso_2$, dd–*ll* (Kopf–Kopf mit Inversion). E. Anton. 4010□

Xanthogenate von synthetischen Polyalkoholen. Bengt G. Ränby. (Makromolekulare Chem. **42.** 68—78. 1960. Marcus Hook, Pa., American Viscose Corp., Res. and Dev. Div.) (Engl.)

Es wurden die *Xanthogenate* von *Polyvinylalkohol* (**I**) u. *Polyallylalkohol* (**II**) hergestellt. Durch 6std. Xanthogenierung mit einem 4fachen CS_2-Überschuß in einer 5,3n NaOH-Emulsion bei 27° wurde ein Xanthogenierungsgrad von 0,5 für **I** u. 0,9 für **II** erreicht. Während das **I**-*Xanthogenat* fast völlig in 1,3n NaOH lösl. ist, scheiden sich vom **II**-Prod. ca. 50% als ein darin unlösl. Gel aus. Die Zers. der zwei Xanthogenate wurde bei 18° in 1,3n NaOH-Lsg. nach Entfernung der Verunreinigungen UV-spektroskop. gemessen. Nach einer anfänglich schnellen u. allmählich abfallenden Zers.-Geschw. ist die Zers.-Rk. nach 3—4 Tagen für die folgenden 2 Wochen eine Rk. 1. Ordnung. **I**-Xanthogenat zersetzt sich dabei mit einer Geschw. ($k_1 = 2{,}1_1 \cdot 10^{-6}\ s^{-1}$), die ungefähr 13mal größer ist als die der **II**-Verb. ($k_1 = 0{,}16_2 \cdot 10^{-6}\ s^{-1}$).
J. W. Zimmermann. 4010□

Polymerisationsanregung durch Elektrolyse. 2. Mitt. Anionische, kationische und radikalische Mechanismen. J. W. Breitenbach, Ch. Srna und O. F. Olaj. (Makromolekulare Chem. **42.** 171—72. 1960. Wien, Univ., Inst. für physikal. Chemie.) (Dt.) — 1. vgl. Mh. Chem. **91.** [1960.] 202.

Bei der Copolymerisation von *Acrylonitril* (**I**) u. *Methylmethacrylat* (**II**) mit Anregung durch kathod. Entladung von Tetraalkylammoniumionen kann auf Grund des **I**-Geh. im Polymeren bei gegebenem **I**-Geh. im Monomerengemisch auf anion. Polymerisation geschlossen werden. Durch anod. Entladung geeigneter Anionen, z. B. ClO_4^- u. BF_4^-, kann *Styrol, N-Vinylcarbazol* u. *Isobutylvinyläther* kation. polymerisiert werden. Durch anod. Entladung von Carbonsäureanionen kann das Syst. **I**–**II** in Essigsäureanhydrid als Lsgm. unter Zusatz von Essigsäure u. Li-Acetat zur radikal. Polymerisation angeregt werden. W. Schmieder. 4010□

Das Energiespektrum von Protonen, die von mit schnellen Neutronen bestrahltem, wasserstoffhaltigem Material ausgesandt werden. Stanley Kronenberg und Harry M. Murphy jun. (Radiat. Res. **12.** 728—35. Juni 1960. Fort Monmouth, N.J., US Army Signal Res. and Dev. Labor.)

Bei der Dosimetrie schneller Neutronen, die auf der Messung der von H-haltigen Strahlern ausgesandten Protonen beruht, ist es erforderlich, sowohl die Gesamtzahl als auch das Energiespektrum der Rückstoßprotonen, die an der Oberfläche der H-haltigen Materialien ausgesandt werden, zu berechnen. Vff. behandeln eine empir. Formel für das Energiespektrum solcher Protonen als Funktion von Material-Konst. u. des zugehörigen Neutronenspektrums. Das ermittelte Ergebnis ist allg. anwendbar u. enthält als Spezialfall die Formel von Moyer, die dann gültig ist, wenn alle Protonen die Oberfläche verlassen. Für *Plexiglas* wird eine Berechnung des Protonenspektrums als Ergebnis des Watt-Spektrums der Neutronenbestrahlung u. einer monoenerget. Neutronenbestrahlung angegeben. G. Pretzschner. 4010□

Die Verwendung von permselektiven Membranen zur Bestimmung der Aktivität des Gegenions in einigen Polyelektrolytlösungen. D. R. Hardisty und S. M. Neale. (J. Polymer Sci. **46.** 195—209. Sept. 1960. Manchester, England, Manchester Coll. of Sci. and Technol.) (Engl.)

Ionenakt. Austauschmembranen aus Permutit mit SO_3H-Gruppen u. mit quatern. Ammoniumgruppen sowie eine kationenakt. Membran aus oxydierter Nitrocellulose nach SOLLNER (C. **1951**. I. 1565) werden benutzt, um die Kationenaktivität von Lsgg. von SKY Blue FF (SO_3Na-Gruppen), von Polyelektrolyten auf Cellulosebasis (Na^+-Ionen) u. von *Na-Polymethacrylat* zu bestimmen. Der Farbstoff verhält sich wie ein normaler Elektrolyt, während die Polyelektrolyte eine ausgeprägte Kationenbindung zeigen. W. SCHMIEDER. 4010□

Über die Temperatur- und die Molekulargewichtsabhängigkeit des 2. osmotischen Virialkoeffizienten (A_2) von Polymethylmethacrylatlösungen. R. Kirste und G. V. Schulz. (Z. physik. Chem. [Frankfurt/M] [N. F.] **27**. 301—25. März 1961. Mainz, Univ., Inst. für physikal. Chem.) (Dt.)

Der durch die Reihen-Entw. $\pi/c = RT(1/M + A_2c + \cdots)$ des osmot. Druckes π nach der Konz. c definierte 2. Virialkoeff. A_2 (M = Molgew. des Polymeren) wird durch Lichtstreuungsmessungen an Lsgg. von *Polymethylmethacrylaten* in einem größeren Bereich von M (30000, 210000, $1{,}1 \cdot 10^6$ u. $4{,}6 \cdot 10^6$) u. Temp. (bis 60°) in verschiedenen Lsgm. [*Isoamylacetat, n-Butylchlorid, Heptanon-(4), Butylacetat, Methylisovalerat, Methylisobutylketon, Butanon, Isopropanol*] gemessen. Die Ergebnisse werden mit den heute vorliegenden statist. thermodynam. Theorien verglichen. Sowohl die Temp.- als auch die M-Abhängigkeit von A_2 wird durch die Theorie von KOYAMA u. ISIHARA (J. chem. Physics **25**. [1956.] 712) ausgezeichnet erfaßt. Die Theorien von OROFINO u. FLORY (C. **1958**. 1588) sowie CASASSA (C. **1960**. 5399) ergeben starke systemat. Abweichungen von den Experimenten. Die Theorie von KURATA u. YAMAKAWA (C. **1959**. 4496) hat in der zur Zeit vorliegenden Reihen-Entw. einen so engen Konvergenzbereich, daß ihre experimentelle Prüfung kaum durchgeführt werden kann. — Die statist. Behandlung des Mol.-Knäuels als einer „Segmentwolke" (unter Vernachlässigung des linearen Zusammenhalts der Einzelsegmente) scheint das thermodynam. Verh. von Polymer-Lsgg. in guter Näherung zu erfassen. A. BLASCHETTE. 4010□

Absorbierte Betastrahlendosen in Polymethacrylsäuremethylester und Polyvinylchlorid. G. Brunner und E. Schönberg. (Naturwissenschaften **48**. 566—67. 1. Sept.-H. 1961. Leipzig, Inst. für angewandte Radioaktivität der DAW.) (Dt.)

Die Messungen wurden mit einer Extrapolationskammer nach ROESCH u. DONALDSON durchgeführt. Das Elektroden-Syst. besteht aus oberflächlich graphitiertem *Polymethacrylsäuremethylester* u. graphitiertem *Polyvinylchlorid*. Die Tiefendosisverteilungen in diesen beiden Kunststoffen wurden für die β-Strahler $^{90}Sr + {}^{90}Y$ (Gleichgewicht), ^{32}P u. ^{204}Tl untersucht. Die Kammerströme wurden nach einem Influenzierungs-Verf. gemessen. E. ANTON. 4010□

Umsetzungen löslicher Polyacrylsäurechloride mit Aminen. Rolf C. Schulz, Paul Elzer und Werner Kern. (Makromolekulare Chem. **42**. 197—204. 1960. Mainz, Univ., Organ. chem. Inst.) (Dt.)

Ident. mit der C. **1962**. 3836 referierten Arbeit. F. ROCHLITZ. 4010□

Aus dem Gebiet der Polyamide mit ungleichartiger Kette. 23. Mitt. **Polykondensation von Bis-[p-chlorcarbonyl]-triphenylphosphinoxid mit Hexamethylendiamin an der Phasengrenze.** W. W. Korschak, T. M. Frunse und W. W. Kuraschew. (Высокомолекулярные Соединения [Hochmolekulare Verbind.] **2**. 633—35. Mai 1960. Inst. für metallorg. Verbb. der Akad. der Wiss. der UdSSR.) (Russ.; Auszug: Engl.) — 22. vgl. C. **1962**. **9366**.

Durch Rk. von p.p'-Dicarboxytriphenylphosphinoxid mit $SOCl_2$ wurde *p.p'-Bis-[chlorcarbonyl]-triphenylphosphinoxid* (I) dargestellt u. mit Hexamethylendiamin (II) zu *Polyamiden* umgesetzt. Die Viscosität der erhaltenen Polymeren wurde in Abhängigkeit von der Konz. der Rk.-Lsgg. untersucht. Es wird gezeigt, daß ein Polyamid mit der größten Viscosität bei Anwendung von Lsgg. erhalten wird, deren **I**- bzw. **II**-Konz. jeweils 0,01 Mol/Liter beträgt. — *p.p'-Bis-[chlorcarbonyl]-triphenylphosphinoxid* (I), $C_{20}H_{13}Cl_2O_3P$, F. 127—128° (Bzl. + PAe.), durch 4std. Erhitzen von 11 g p.p'-Dicarboxytriphenylphosphinoxid mit 10 ml $SOCl_2$ auf 60°; 76% (Ausbeute). — Polykondens.: Zu der wss. Lsg. von **II** gibt man die berechnete Menge KOH u. in ½—1 Min. die benzol. Lsg. von **I**, rührt noch 10 Min. u. filtriert; 71—92%. J. v. SCHROEDER. 4010□

Aus dem Gebiet der Polyamide mit ungleichartiger Kette. 24. Mitt. **Darstellung von gemischten Polyamiden an der Phasengrenze.** W. W. Korschak, T. M. Frunse, L. W. Koslow und A. Ju. Alybina. (Высокомолекулярные Соединения [Hochmolekulare Verbind.] **2**. 673—78. Mai 1960.) (Russ.; Auszug: Engl.) — 23. vgl. vorst. Referat.

Aus *Adipinsäure* (**I**), *Isophthalsäure* (**II**) u. *Terephthalsäure* (**III**) in verschiedenem Verhältnis mit *Hexamethylendiamin* (**IV**) in homogener oder heterogener Phase hergestellte *Polyamide* zeigten eine einheitliche Zus., hatten gleiche Fließ-Temp., Löslichkeiten in 85%ig. Ameisensäure u. gleiche IR-Spektren. Homopolymere wurden nicht gebildet. Die Unterschiede in der Rk.-Fähigkeit von **I**, **II** u. **III** wirken sich somit nicht auf die Zus. der Polyamide aus, die Rk.-Prodd. aus 4 Fraktionen wiesen keine Unterschiede in Zus., Fließ-Temp. u. Viscosität auf. Auch Verss. mit der halben **IV**-Menge ergaben dieselben Copolymeren wie mit der äquivalenten **IV**-Menge. Bin. Syst. aus den Chloriden von **I**, *Sebacin-* u. *Azelainsäure* mit **IV** gaben in homogenem oder heterogenem Syst. ebenfalls die gleichen Copolymeren. J. v. SCHROEDER. 4010□

Über einige Gesetzmäßigkeiten der Glasbildung von Kautschuk. G. M. Bartenew und Ju. A. Gorbatkina. (Высокомолекулярные Соединения [Hochmolekulare Verbind.] **1**. 769—75. Mai 1959. Moskau, Pädagog. Potemkin-Inst.) (Russ.; Auszug: Engl.)

An *Butadien-Styrol-Kautschuk SKS-30* (**I**) u. *Butadien-Nitril-Kautschuk SKN-18* (**II**) u. *SKN-40* (**III**) wird der nach $1/T_g = C_1 - C_2 \log W$ berechnete Glaspunkt T_g (° K) bei den Abkühlungs-Geschw. W = 0,3—30 (Grad/min) im Bereich von —180 bis +50° ermittelt (C_1 u. C_2 sind von den Polymeren abhängige Konst.). In allen Fällen nimmt T_g linear mit W zu. Für T_g, C_1 u. C_2 ergeben sich folgende Werte: **I** $T_g = 208$, $C_1 = 4{,}62 \cdot 10^{-3}$ (Grad^{-1}), $C_2 = 15 \cdot 10^{-5}$; **II** 218°, $4{,}41 \cdot 10^{-3}$, $13{,}2 \cdot 10^{-5}$; **III** 246°, $3{,}9 \cdot 10^{-3}$, $12 \cdot 10^{-5}$. Bei allen Proben ist $C_2/C_1 = 0{,}03$. Der lineare Ausdehnungs-Koeff. α außerhalb der Temp.-Bereiche von T_g u. der Temp.-Bereich des Glasgebiets sind von W prakt. unabhängig. Je höher W ist, desto größer ist α im Glasgebiet u. desto höher ist der Temp.-Bereich des Glasgebiets. R. K. MÜLLER. 4030□

Über die Struktur der Cellulose. Ss. M. Lipatow. (Высокомолекулярные Соединения [Hochmolekulare Verbind.] **3**. 1608—10. Okt. 1961.) (Russ.)

Kurzer Überblick über die Probleme der Phasen-Zus. der *Cellulose*. Vf. ist der Ansicht, daß nicht die amorphe Form als die stabile anzunehmen ist, sondern der Zustand einer hohen Ordnung in der Lage der Makromoleküle. M. ULMANN. 4050□

Über die Struktur der Cellulose. A. A. Konkin und A. T. Sserkow. (Высокомолекулярные Соединения [Hochmolekulare Verbind.] **3**. 1610—13. Okt. 1961. Forschungsinst. für künstl. Fasern.) (Russ.) — Vgl. auch vorst. Referat.

Nach Vff. ist es von größerer prakt. Bedeutung, von der strukturellen Ungleichmäßigkeit der *Cellulose* u. den übermol. Bauelementen auszugehen, statt die Fragen der Phasen-Zus. zu behandeln. M. ULMANN. 4050□

Neue Methoden zur Modifizierung der Eigenschaften von Cellulose. Z. A. Rogowin. (J. Polymer Sci. **48**. 443—56. Dez. 1960. Moscow, Moscow Textile Inst.) (Engl.)

Es werden die Hauptrichtungen aufgezeigt, die bei der Bearbeitung des Problems der Modifizierung von *Cellulose* im Labor. des Vf. verfolgt wurden; 1. Synth. neuer *Celluloseäther* u. *-ester*; 2. Einführung neuer funktioneller Gruppen in das Cellulose-Mol.; 3. Synth. von *Cellulose-Pfropfcopolymeren*. H. J. LEUGERING. 4050□

Über die Natur der Carboxymethylcelluloselösungen und -gele. I. K. Kossyrewa und Ss. A. Glikman. (Высокомолекулярные Соединения [Hochmolekulare Verbind.] **3**. 1584—90. Okt. 1961. Saratow, Tschernyschewski-Inst.) (Russ.; Auszug: Engl.)

Als Ausgangsmaterial diente eine *Carboxymethylcellulose* (**I**) von γ = 86, die Mg-, Ca-, Cu-, Fe- u. Al-Ionen enthielt. Mit Hilfe von HNO_3 wurde ein ionenfreies **I**-Präp. erhalten u. mit Fe-Citrat ein nur Fe^{3+} enthaltendes **I**-Präp. hergestellt. In 3%ig. NaCl ist die viscosimetr. Konst. $k' = [(\eta_{rd}/c) - [\eta]]/[\eta]^2 c$ bei der ionenfreien **I** am kleinsten (0,56), beim Fe-Präp. am größten (0,69). Die Unters. der elast.-zähen Eigg. von 10%ig. Gelen in Glycerin (D. 1,258) zeigte, daß sich die Ggw. von Ionen am deutlichsten in der Relaxationsviscosität ausdrückt. Präpp. von **I** lassen sich nach dem Polymerisationsgrad gut fraktionieren, wenn mit einem bestimmten Lsgm., z. B. einem 65%ig. A.-W.-Gemisch, bei Tempp. von 20° ab mit allmählich steigender Temp. extrahiert wird. M. ULMANN. 4050□

Über die Einwirkung ionisierender Strahlung auf natürliche Polymere, den Lignokohlenhydrat-Komplex und seine Komponenten. A. Ss. Freidin, Ju. M. Malinski und W. L. Karpow. (Высокомолекулярные Соединения [Hochmolekulare Verbind.] **1**. 784—90. Mai 1959. Zentr. Forsch.-Inst. für Baukonstr. der Bau- u. Architektur-Akad. der UdSSR; Physik.-chem. Karpow-Inst.) (Russ.; Auszug: Engl.)

Der ionisierenden Strahlung von ^{60}Co (0—500 Mrad) werden *Holzzellstoff* (**I**), *ligninfreie Hemicellulose* (**II**), *Dioxanlignin* (**III**), *Standard-Baumwollzellstoff* (**IV**) u. *Lignin* (**V**) bei Dosen von 0,7—0,9 Mrad/h ausgesetzt. Bei Zunahme der Gesamtstrahlungsmenge bis 500 Mrad nimmt der Abbau von **I** von 4,1 auf 36,2, bei **II** von 10,6 auf 78, bei **IV** von 0 auf 50,8% zu. Die stärkste Veränderung erleiden die Polysaccharide. Am leichtesten wird **II** zerstört. **V** (bei 0—220 Mrad) u. **III** (bei 0—500 Mrad) werden weniger angegriffen, vermutlich wegen ihrer aromat. Struktur. Luft-O_2 hat keinen Einfl. auf die Oxydation der Abbau-Prodd. während der Bestrahlung. Die Gas-Entw. bei der

Bestrahlung beträgt bei **IV** 2,42, bei **II** 1,2 u. bei **I** 0,99 Mol-%. Das in **I** enthaltene Lignin verzögert offenbar die Zerstörung der Cellulose durch die Bestrahlung.

R. K. MÜLLER. 4050□

Abbauuntersuchungen an λ-Carragheenin. K. Morgan und A. N. O'Neill. (Canad. J. Chem. **37.** 1201—09. Juli 1959. Halifax, Nova Scotia, Canada, Atlantic Reg. Labor., Nat. Res. Council.) (Engl.)

Durch saure Hydrolyse von *λ-Carragheenin* (**I**) wurde nur *D-Galaktose* (**II**) u. eine Spur *Xylose* erhalten. Die Acetolyse u. Chromatographie des desacetylierten Prod. an Holzkohle/Celite führte zur Isolierung von **II**, *3-O-[α-D-Galaktopyranosyl]-D-galaktose*(**III**) u. einem Trisaccharid, dem die Konstit. der *O-α-D-Galaktopyranosyl-⟨1 → 3⟩-O-α-D-galaktopyranosyl-⟨1 → 3⟩-D-galaktose* (**IV**) zugeschrieben wird. Es wird angenommen, daß die Xylose nur eine Verunreinigung ist, da kein Saccharid aus Xylose u. **II** isoliert werden konnte. **I** besteht so im wesentlichen aus α-1 → 3-verknüpften Galaktoseresten, die in 4-Stellung Schwefelsäuremonoestergruppierungen tragen. Die Oxydation mit Na-Perjodat zeigt jedoch, daß es mehr als eine Bindungsart im Polymeren gibt, über die aber keine genaue Aussage gemacht werden kann.

Versuche; 45 g **I** (getrocknet 24 Std. bei 60° im Vakuum) werden in 30 Min. bei 0—5° zu einem Gemisch aus 250 ml Acetanhydrid, 180 ml Eisessig u. 25 ml konz. H_2SO_4 gegeben u. 71 Std. bei 25° geschüttelt; dann Eingießen des Filtrats in eiskaltes W., Neutralisieren mit $NaHCO_3$, Desacetylierung des gefällten, sulfatfreien Prod. (39,5 g) in Methanol mit $NaOCH_3$ (20 Std. bei 5°), Zugabe von W., Neutralisieren mit Amberlite IR-120, Einengen zum Sirup, Fraktionierung an Holzkohle-Celite u. Eluieren mit W., 8%ig. A. (**A**), 15%ig. A. (**B**), 20%ig. A. (**C**) bzw. 50%ig. A. (**D**). — *D-Galaktose* (**II**), durch Einengen des wss. Eluats: Sirup mit einer Spur *Xylose*; 3,8 g (Ausbeute). *β-D-Galaktopyranosepentaacetat*, F. 142°, durch Acetylieren des Sirups mit Acetanhydrid u. Na-Acetat; $[\alpha]_D^{25}$ +23,7° (c = 0,6; Chlf.). — *3-O-[α-D-Galaktopyranosyl]-D-galaktose* (**III**), aus der Fraktion **A** als amorphes Pulver; $[\alpha]_D^{25}$ +155° (c = 0,3; W.); R_{Gal} 0,56 [Butanol-(1)/Pyridin/W., 6:4:3 (**E**)]; 3,75 g. **III** verbraucht bei der Oxydation 4,2 Mol $NaJO_4$ u. ergibt 2,2 Mol HCOOH. *β-Oktaacetat*, $C_{28}H_{38}O_{19}$, F. 157,5—158,5° (A.); $[\alpha]_D^{25}$ +110,2° (c = 0,5; Chlf.). *Phenylosazon*, F. 227—229° (Zers.; A.); $[\alpha]_D^{25}$ +114,6° (c = 0,2: Pyridin). *Okta-O-methyl-Deriv.* (**V**), $C_{20}H_{38}O_{11}$, F. 110—115° (n-Hexan), durch 3malige Methylierung von **III** mit Dimethylsulfat/NaOH unter N_2 u. 3malige Methylierung mit CH_3J/Ag_2O: $[\alpha]_D^{25}$ +95,5° (c = 0,7; Chlf.). — *2.3.4.6-Tetra-O methyl-D-galaktose*, durch Hydrolyse von **V** mit 0,25n H_2SO_4 (20 Std. bei 100°), Neutralisieren mit $BaCO_3$, Einengen zum Sirup u. Abtrennen nachst. Verb. an WHATMAN Nr. 3 MM (Bzl./A./W., 200:47:15). *N-Phenyl-2.3.4.6-tetra-O-methyl-D-galaktosylamin*, F. 198 bis 199° (A. u. Äthylacetat); $[\alpha]_D^{25}$ —79,6° → —36,4° (24 Std.; c = 0,5; Aceton). — *2.4.6-Tri-O-methyl-D-galaktose*, F. 103—105° (Äthylacetat/PAe.), neben vorst. Verb. aus dem Hydrolysat von **V**. *N-Phenyl-2.4.6-tri-O-methyl-D-galaktosylamin*, F. 173—174°, $[\alpha]_D^{25}$ —91° → 41° (24 Std.; c = 0,4; Aceton). — *O-α-D-Galaktopyranosyl-⟨1 → 3⟩-O-α-D-galaktopyranosyl-⟨1 → 3⟩-D-galaktose* (**IV**), $C_{18}H_{32}O_{16}$, F. 237—239° (Zers.; 95%ig. wss. Methanol), durch Kristallisation des aus **B** erhaltenen amorphen Prod.; $[\alpha]_D^{25}$ +146° (c = 0,5; W.); R_{Gal} 0,26 (**E**); 2,15 g; gibt durch partielle Hydrolyse mit 0,1n HCl **II** u. **III**, verbraucht 4,02 Mol $NaJO_4$ u. ergibt 1,93 Mol HCOOH. *β-Undekaacetat*, $C_{40}H_{54}O_{27}$, F. 275—277° (A.); $[\alpha]_D^{25}$ +106,0° (c = 0,05; Chlf.). — Fraktion **C** (2,15 g) u. **D** (6,0 g) ergaben durch partielle Hydrolyse mit 0,1n HCl neben **II III** u. **IV** bzw. **III, IV** u. ein *Tetrasaccharid.*

U. SCHÜSSLER. 4050□

Zweifache Symmetrie des β-Lactoglobulinmoleküls in Kristallen. D. W. Green und R. Achaffenburg. (J. molecular Biol. **1.** 54—64. April 1959. London, Royal Inst., Davy Faraday Res. Labor.; Reading, Univ., Nat. Inst. for Res. in Dairying, Chem. Dep.) (Engl.)

In vorliegender Arbeit werden die Bedingungen zur Gewinnung der Kristalle von *Cd-β-Lactoglobulin B* u. des *p-Chlormercuribenzoats* von *β-Lactoglobulin A* mitgeteilt. Eine vorläufige Analyse der Röntgenbeugungsdiagramme zeigt, daß in beiden Verbb. das Mol. mit einem Molgew. von 35000 aus zwei ähnlichen Untereinheiten aufgebaut ist. Eine Beschreibung des Kristallaufbaus wird unter Verw. eines vereinfachten Mol.-Modells gegeben, das aus zwei Kugeln mit einem Durchmesser von 36 Å besteht. Zwischen beiden besteht eine 2fache Symmetrieachse.

K. RUCKPAUL. 4070□

Die Konzentrationsabhängigkeit des Sedimentationskoeffizienten. Matatiahu Gehatia. (Naturwissenschaften **48.** 598. 2. Sept.-H. 1961. Frankfurt a. Main, Inst. für vegetative Physiologie.) (Dt.)

Für die Sedimentations-Koeff. s, die sich bei verschiedenen Konzz. ergeben, ist es üblich, den Nullwert der Koeff. festzustellen. Eine Substanz mit dem Molgew. M <

250000 wird im Konz.-Bereich $0,25 < c < 1,5$ zentrifugiert. Für die Extrapolation wendet man die lineare Formel $s = s_0(1-kc)$ (K = Konst.) an. Bei den langen Fäden der *Desoxyribonucleinsäure* mit dem Molgew. zwischen 250000 u. 1000000 wird die Extrapolation nach der empir. Formel von SCHACHMAN ausgeführt; $1/s = 1/s_0(1 + Kc)$ (K = Konst.). E. ANTON. 4090□

E. Biologische Chemie. Physiologie. Medizin

E_1. Allgemeine Biologie und Biochemie

Letale Wirkung sichtbaren Lichts auf höhlenbewohnende Ostracoden. Bassett Maguire jun. (Science [Washington] **132.** 226—27. 22/7. 1960. Austin, Tex., Univ. of Texas, Dep. of Zool.) (Engl.)

Lichtintensitäten von $^1/_{20}$ derjenigen normalen Sonnenlichts töteten höhlenbewohnende Ostracoden (*Caudona* sp.) ab. Der Verlust des physiolog. Schutzes gegen Licht beruht wahrscheinlich auf Mutationen, die eine Störung der Farbstoff-Bldg.-Rkk., Augen-Bldg. usw. hervorrufen. K. MAIER. 4102□

Biophysikalische Studien mit synthetischem Lecithin. R. Hirt und R. Berchtold. (Med. exp. [Basel] **2.** 269—73. 1960. Bern, Dr. A. Wander AG.) (Dt.)

An einem zweiphasigen, primitiven Zellmodell, bestehend aus einer Lsg. von *L-Dipalmityllecithin* (I) in CCl_4 u. einer Wasserphase wurde gezeigt, daß sich unter dem Einfl. der Kationen Na^+, K^+ u. H^+ in der wss. Phase das im reinem CCl_4 völlig unlösl. Anion des Farbstoffes *Tropäolin* (II) als I-Komplex in die lipoide Phase überführen läßt. Die Wrkg. von H^+ ist dabei etwa 10^4mal stärker als die von Na^+ oder K^+, wahrscheinlich dadurch bedingt, daß der Anlagerung des Farbstoffs an I eine Adsorption der Ionen an der Grenzfläche CCl_4/H_2O vorangeht. Bei Anwendung des kation. Farbstoffs *Trypaflavin* (III) wurde dagegen durch Alkaliionen eine kompetitive Hemmung der Adsorption erreicht. Wurde jedoch das in W. u. CCl_4 unlösl. Salz aus II u. III mit der I-CCl_4-Lsg. geschüttelt, so gingen beide Farbstoffe simultan völlig in die lipoide Phase über unter Entfärbung der wss. Schicht, was bedeutet, daß II u. III gegenseitig sehr stark ihre Anlagerung an I in der lipoiden Phase begünstigen. Aus den mit im physiolog. Bereich liegenden Ionen-Konzz. durchgeführten Verss. wird geschlossen, daß Lecithin die Funktion eines lipoiden Ionenaustauschers (Ionenpumpe) zwischen der inneren u. der äußeren Umgebung der Zelle besitzt; von außen als Lecithin-Addukt herangeführte Ionen werden gegen die im Innern durch den Stoffwechsel produzierten H^+ ausgetauscht, wobei die Konz.-Arbeit von außen nach innen durch die Verd.-Arbeit der H^+ von innen nach außen geliefert wird. E. ÜHLEIN. 4150□

Fraktionierung und Kennzeichnung des Lipoidfarbstoffs Sudanschwarz B. Edward W. Bermes jun. und Hugh J. McDonald. (Arch. Biochem. Biophysics **70.** 49—57. Juli 1957. Chicago, Ill., Loyala Univ., Graduate School and Stritch School of Med., Dep. of Biochem.) (Engl.)

Im Anschluß an Verss. zur Färbung von *Lipoproteinen* (Federat. Proc. **15.** [1956.] 220) wurden die verwendeten Sorten *Sudanschwarz B* (NZb 5 u. NZb 6 der HARTMANN-LEDDON Co. u. CZb 2 der MATHESON Co.) chromatograph. untersucht. Dabei wurden 10 verschiedene Fraktionen erhalten, die zwar sämtlich Affinität für Serumlipoproteine u. keine Affinität für Serumproteine haben, jedoch hinsichtlich Färbung u. wahrscheinlich auch hinsichtlich Molukularstruktur verschieden sind. A. HESSE. 4150□

Histochemische Untersuchungen über das enterochromaffine Zellsystem. 4. Mitt. **Über einen vermutlichen Lipidbestandteil in den typischen enterochromaffinen Zellen des Meerschweinchens.** Fulvio Ghiringhelli und Domenico Bottini. (Acta histochem. [Jena] **10.** 265—70. 30/12. 1960. Pavia, Univ., Ist. di Anat. Comparata e Centro di Studio per l'Istochim. del C.N.R.) (Ital.) — 3. vgl. BOTTINI, Riv. Istochim. norm. e pat. **4.** [1958.] 325.

Die enterochromaffinen Zellen des Meerschweinchenduodenums zeigen in verschiedenen *Lipid*-Rkk. negatives Ergebnis. Nur der BAHER-Test ist positiv (charakterist. Fixierbarkeit u. Chromaffinität des spezif. Sekretes.) K. ZINGRAF. 4150□

Hirnribosomen und Aminosäureneinbau. George Acs, Amos Neidle und Heinrich Waelsch. (Biochim. biophysica Acta [Amsterdam] **50.** 403—04. 24/6. 1961. New York, N.Y., Columbia Univ., Coll. of Physicians and Surg., Dep. of Biochem.; New York State Psychiatric Station.) (Engl.)

Hirnribosomen lassen sich folgendermaßen gewinnen: Hirn von fastenden Meerschweinchen in 6 Voll. 0,44 m *Saccharose* homogenisieren, 15 Min. bei 12000·*g* zentrifugieren, 10% *Desoxycholat* zum Überstand bis zur Endkonz. von 0,5% hinzufügen, nach

Klärung 90 Min. bei 100000·*g* zentrifugieren, worauf ein Ribosomensediment erhalten wird; Ribonucleinsäure/Protein-Quotient = 0,4—0,45. Der Einbau von ^{14}*C-L-Leucin* ist von der Ggw. von Guanosintriphosphat, lösl. Protein u. einem Adenosintriphosphat-bildenden Syst. abhängig. Die Hirnribosomen inkorporieren die markierte Aminosäure für die Dauer von 60 Min. in kaum vermindertem Tempo u. geben während der Inkubation keinerlei signifikante Mengen von markiertem Protein ab, wenn auch durch Behandlung der Ribosomen mit *Äthylendiaminotetraessigsäure* ca. 30% des markierten Proteins herausgelöst werden können. Die Geschw. der Inkorporierung dürfte gleich oder schneller als die von Leberribosomen sein. Durch *Hirnmikrosomen* werden signifikant geringere Mengen an Aminosäure inkorporiert, was auf die Heterogenität der Hirnmikrosomen zurückgeführt wird; Lebermikrosomen u. -ribosomen bauen dagegen markierte Aminosäure gleich schnell ein. Die bei dieser Unters. verwendeten Ribosomen stammen wahrscheinlich von den Hauptelementen des Hirns, den Neuronen u. der Glia.

U. TAUSENDFREUND. 4150□

Einige Wirkungen von Ladung und Struktur auf ionische Wechselwirkungen der Nucleinsäuren. Gary Felsenfeld und S. Lee Huang. (Biochim. biophysica Acta [Amsterdam] **51.** 19—32. 22/7. 1961. Pittsburgh, Pa., Univ. of Pittsburgh, Dep. of Biophysics.) (Engl.)

Durch konduktometr. Titrationen wurde die Wechselwrkg. hitzedenaturierter Kalbsthymus-*Desoxyribonucleinsäure* (DNS) mit Kationen mit kleinem Ionenradius bei verschiedenen pH-Werten u. verschiedener Ionenstärke untersucht. Protonierung einiger Basen hat großen Einfl. auf die Verb., mit zweiwertigen Kationen wie Ba^{2+} u. Mg^{2+}, aber *Spermin* reagiert auch dann weiter stöchiometr., indem es Protonen aus den Basen verdrängt. — Native DNS reagiert kräftig mit den zweiwertigen Kationen. Unterschiede in der Form der Kurven der konduktometr. Titration von nativem u. denaturiertem Material können demnach nicht auf Unterschiede im Zutritt zu den reagierenden Stellen zurückgeführt werden. Wenn man die prozentuale Veränderung der Konduktivität, die bei Denaturierung von DNS in 10^{-3} m NaCl beobachtet wird, gegen die Temp. aufträgt, erhält man eine typ. S-förmige Kurve. Auch eine aus *Escherichia coli* isolierte lösl. Ribonucleinsäure wurde durch konduktometr. Titration untersucht.

S. DITTMANN-MITZSCHERLICH. 4150□

Eine Helixpolynucleotidmatrizenhypothese der Kautschukbiosynthese. A. I. McMullen. (Biochem. J. **78.** 33P—34P. März 1961. Welwyn Garden City, Herts., Natural Rubber Producers' Res. Ass.) (Engl.) — Vgl. C. **1961.** 11001.

Bei Annahme einer prim. Wechselwrkg. „akt. Isoprens", *3-Methyl-Δ^3-butenyl-(1)-pyrophosphat*, mit einem einfachen Nucleotid unter Verlust des Pyrophosphats besteht die Möglichkeit der Assoziation einer großen Zahl von Isopentenylnucleotiden unter dem Einfl. hochmol. „Matrix"-Nucleinsäure. Beschreibung eines Modells, bei dem die Isopentenyleinheiten derart angeordnet sind, daß eine $C_{(1)}$—$C_{(4)}$-Wechselwrkg. unter *cis*-Polymerisation stark begünstigt ist. Nach vorl. Befunden besteht in frischem Latex eine enge Assoziation zwischen Kautschuk u. „unlösl." Nucleinsäure.

K. MAIER. 4150□

Weitere Untersuchungen von Ribonucleinsäuren aus Zellkern und Cytoplasma. Yasuo Hotta und Syoza Osawa. (Biochim. biophysica Acta [Amsterdam] **28.** 642 bis 643. Chikusa-ku, Nagoya, Nagoya Univ., Fac. of Sci., Biol. Inst.) (Engl.)

Aus den Ergebnissen von „in vivo"-Verss. an Kaninchen über die Aufnahme von anorgan. ^{32}P durch die *Ribonucleinsäure* (I) u. die *Desoxyribonucleinsäure* in Blinddarm, Thymusdrüse u. Leber ließ sich schließen, daß bei der Mitose die Mikrosomen-I nicht von dem mit neutralem Phosphatpuffer aus der Gesamt-I des Zellkerns extrahierbaren Anteil herrührt, sondern unabhängig davon im Cytoplasma entstehen kann, wenn auch die Möglichkeit nicht ausgeschlossen ist, daß die Rest-I die Vorstufe der Mikrosomen-I bildet u. einige Strukturänderungen erfährt. Im Falle des Kaninchenblinddarms fand man für Zellkernribonucleinsäure u. Mikrosomen-I prakt. die gleiche Nucleotid-Zus., während die der Rest-I abwich. In der Leber von Ratten war die Nucleotid-Zus. von Mikrosomen-I wesentlich verschieden von der von Zellkernribonucleinsäure, die wiederum der von Rest-I sehr ähnlich war. Es wird vermutet, daß die I des Zellkerns eine andere Funktion im Kernstoffwechsel besitzt als die, eine Vorstufe der I des Cytoplasmas zu bilden; in diesem Zusammenhang wird auch darauf hingewiesen, daß es bis heute keinen schlüssigen Beweis für einen Übergang der Kern-I in das Cytoplasma gibt.

E. ÜHLEIN. 4150□

Bestimmung von Desoxyribonucleinsäure in Rattenbrustdrüse. T. F. Slater. (Biochim. biophysica Acta [Amsterdam] **51.** 193—95. 22/7. 1961. London; Univ. Coll., Hosp. Med. School, Dep. of Chem. Pathol.) (Engl.)

Durch Kochen mit *Diphenylamin* (I)-Reagens u. Best. der Extinktion bei 600 mμ wurde der *Desoxyribonucleinsäure* (DNS)-Geh. bestimmt in: Rattenleberextrakt, Rattenbrustextrakt nach 20tägiger Trächtigkeit, nach 18tägiger Lactationszeit u. am 3. Tag nach Zurückgehen auf normale Brustgröße. Unterschiedlich zu einem vergleichsweise mituntersuchten Präp. reiner DNS hängt der gefundene DNS-Geh. von der Kochdauer mit I-Reagens ab. Der Trichloressigsäure-Extrakt aus den untersuchten Geweben scheint die Farbentw. zu hemmen. Außerdem verschieben sich die Absorptionsbanden der Extrakte beim Kochen. Mögliche Ursachen werden diskutiert, bisher veröffentlichte Angaben über DNS-Geh. in Geweben werden unter vorst. Gesichtspunkt krit. beurteilt u. prakt. Folgerungen für die Durchführung der DNS-Best. werden angegeben.

S. DITTMANN-MITZSCHERLICH. 4150□

Denaturierung von Desoxyribonucleinsäure durch Formamid. J. Marmur und P. O. P. Ts'o. (Biochim. biophysica Acta [Amsterdam] **51.** 32—36. 22/7. 1961. Cambridge, Mass., Harvard Univ., Dep. of Chem.) (Engl.)

Denaturierung von *Desoxyribonucleinsäure* (DNS) ist mit *Formamid* (I) möglich. Bei gegebener Ionenstärke u. Temp. tritt die Denaturierung bei einer krit. I-Konz. ein, die der durch opt. Drehung beobachteten ähnelt. Der Denaturierung folgt Verlust der Transformatorwirksamkeit der DNS von *Diplococcus pneumoniae* hinsichtlich *Streptomycin, Bryamycin* u. *Erythromycin.* Außerdem läßt sich Bldg. von $^{14}N.^{15}N$-DNS von hybrider *Escherichia coli* nachweisen. Durch Erhitzen I-denaturierter Transformations-DNS auf 65° kann die biolog. Wrkg. teilweise wiederhergestellt werden.

S. DITTMANN-MITZSCHERLICH. 4150□

Die Trennung von Nucleotiden an Ecteola-Cellulose. Roy Nilsson und Margot Sjunnesson. (Acta chem. scand. **15.** 1017—20. 1961. Lund, Univ., Dep. of Zoophysiol.; Aluarp, State Dairy Res. Station.) (Engl.)

Nucleotide wurden chromatograph. durch Ionenaustausch an Ecteola-Cellulose rasch getrennt. Die Elution erfolgte mit einem linearen Triäthylammoniumacetatgradienten (0 → 0,3 m), pH 6. Das Verf. eignet sich zur Analyse von Lsgg. oder Extrakten, die labile Verbb. enthalten. Das Lsgm. ist leicht durch Gefriertrocknung zu entfernen. Die Komponenten werden quant. erhalten. K. MAIER. 4150□

In vitro-Untersuchungen über Tumorträger-Verwandtschaft: Versuche mit zellfreien Systemen. Leopold R. Cerecedo, Sister Marian Jose Smith und Jesus Vicente. (Arch. Biochim. Biophysics **92.** 484—86. März 1961. New York, N.Y., Fordham Univ., Dep. of Biochem.; San Juan, Univ. of Puerto Rico, School of Med., Dep. of Biochem. and Nutrition.) (Engl.)

Lungen-, Leber-, Milz- u. Nieren-Homogenate normaler Ratten u. solcher mit WALKER-Carcinom 256 u. JENSEN Sarkom wurden hochtourig zentrifugiert u. die zellfreie überstehende Fl. mit *^3H-Thymidin* (I) oder *$^{14}C_{(2)}$-Thymidin* (II) 30 Min. lang bei 38° inkubiert. Anschließend wurde der I- u. II-Geh. in der *Desoxyribonucleinsäure* (III)-Fraktion der Extrakte bestimmt. Die Aufnahme der markierten Verbb. durch III erfolgte bei den Extrakten aus Leber u. Milz der Tumortiere in höherem Umfang als bei den der normalen Kontrollen. Auch bei Tumorextrakten wird I u. II in starkem Maße in III eingebaut. R. REISS. 4160□

Tumorinduktionsfaktor, während der Diapause bei Pieris brassicae durch Folsäure hervorgerufen. Colette L'Hélias. (Folia biol. [Praha] **6.** 310—18. 1960. Gif sur Yvette, Labor. of Evolutionary Genet.) (Engl.)

Unter bestimmten Bedingungen, nähmlich bei gleichzeitiger Ggw. von reichlich *Wachstumsfaktor, Diapausefaktor* (der die Absonderung des Metamorphosehormons hemmt) u. von *Folsäure* bei *Pieris brassicae*-Puppen kommt es zur Bldg. eines *Faktors,* der einen übertragbaren Tumor induziert; die Vermehrung von *Ribonucleinsäure* u. *Desoxyribonucleinsäure* stützt dabei die Hypothese einer artifiziellen Virus-Bildung.

U. TAUSENDFREUND. 4160□

Steroide und Sterine. 67. Mitt. **Einwirkung von Steroidhormonen auf Glykolyse und Atmung von Asciteszellen.** Wilhelm Dirscherl und Günter Schafhausen. (Z. Vitamin-, Hormon- u. Fermentforsch. [Wien] **12.** 52—58. 6/12. 1961. Bonn, Univ., Physiolog.-chem. Inst.) (Dt.) — 66. vgl. C. **1962.** 10892.

Die Unterss. werden mit größeren Konzz. verschiedener Steroide durchgeführt. Während *Desoxycorticosteron* u. sein *Acetat* [625—715 (μg/ml)], *Cortison* (715), *Testosteron* u. sein *Propionat* (62,5—715) u. auch *Diäthylstilböstrol* (12,5—715) die Atmung hemmten, waren die natürlichen Östrogene ohne Wirkung. Die aerobe Glykolyse wurde durch *Desoxycorticosteron* (I) schon in relativ kleiner Konz. (5—100) gehemmt, durch *Testosteronpropionat* (II; 33,3—100) teils gehemmt, teils aktiviert, teils nicht beeinflußt.

Die anaerobe Glykolyse wurde durch I u. II nivellierend beeinflußt: Bei höheren Glykolysequotienten wurde im allg. gehemmt, bei niedrigen dagegen aktiviert.

J. HAHN. 4160□

Enzym-Histochemie der Zellen bei Hodgkin'scher Krankheit und verwandter Krankheiten. R. F. Dorfman. (Nature [London] **190.** 925—26. 3/6. 1961. Johannesburg, South African Inst. for Med. Res.) (Engl.)

Bei HODGKINscher Erkrankung, lymphocytärem Lymphom, histocytärem Lymphom follikulärem Lamphom, lymphat. Leukämie, monocytärer Leukämie u. leukäm. Reticuloendotheliosis wurden verschiedene Blutzellen auf ihre Aktivität an *saurer Phosphatase* (I), *alkal. Phosphatase* (II) u. *nicht-spezif. Esterase* (III) histochem. untersucht. Beim HODGKINschen Granolum zeigen die mono-, bi- u. multinucleären REED-STERNBERG-Zellen keine I-, II- u. III-Aktivität. Auch die meisten patholog. Zellen der anderen erwähnten Krankheiten haben keine oder nur eine geringe Ferment-Aktivität.

G. KIMMERLE. 4160

Über die Hemmung des Zellwachstums mit Auftreten pathologischer Mitoseformen und Entstehung von zwei- und mehrkernigen Zellen unter der Einwirkung von 6-[β-Indolyläthyl]-aminopurin auf normale Zellen und Tumorzellen. Hideya Endo. (Gann, Japan. J. Cancer Res. **49.** 157—66. Sept. 1958. Heidelberg, Univ., Inst. für exp. Krebsforschung.) (Dt.; Auszug: Jap.)

6-[β-Indolyläthyl]-aminopurin hemmt das Wachstum von normalen u. Tumorzellen etwa gleich stark unter gleichzeitiger Bldg. patholog. Mitoseformen u. Anhäufung zwei- u. mehrkerniger Zellen.

P. GREGORZEWSKI. 4160□

Die Wirkungen schwefelhaltiger Hydantoin-Derivate auf den Stoffwechsel des Ehrlich-Ascites-Carcinoms. R. M. Johnstone und J. H. Quastel. (Cancer Res. **20.** Nr. 8. [Part I] 1245—51. Sept. 1960. Montreal, McGill-Montreal General Hosp. Res. Inst.) (Engl.)

Die Wrkg. von *L-5-Äthylsulfinylmethylhydantoin* (I), *S-Äthyl-N-carbamido-L-cystein* (II), *5-Äthylmercaptomethylhydantoin* (III), *L-5-Äthylsulfinylmethylhydantoinsäure* (IV), *L-5-Äthylsulfonylmethylhydantoin* (V) u. *5-Methyl-5-[β-methylsulfinyläthyl]-hydantoin* (VI) auf den Stoffwechsel von EHRLICH-Ascites-Carcinomzellen wurden untersucht: O_2-Aufnahme, CO_2-Abgabe, Aufnahme von ^{14}C aus $^{14}C_{(1)}$-*Glycin* (VII), Einbau von ^{14}C aus VII in die alkoholunlösl. Protein-Fraktion. I hemmt den Stoffwechsel der Zellen stark, V wirkt schwächer, die anderen geprüften Verbb. waren ohne Wirkung. *S-Äthylcystein* u. sein *Methylester* (der unter den Vers.-Bedingungen wahrscheinlich zur freien Säure hydrolysiert) hemmen die ^{14}C-Aufnahme aus VII stark, die Wirksamkeit geht jedoch bei Substitution der $-NH_2$ durch Acetyl- oder durch die Carbamidogruppe (Verb. II) verlogen. I hemmte auch den Stoffwechsel von Affenherzzellen in vitro stark, ist bei Hühnerembryonen jedoch schwächer wirksam. Der ^{14}C-Einbau in die Proteine der EHRLICH-Ascites-Carcinomzellen war die gegen I empfindlichste Seite des Stoffwechsels (durch $2 \cdot 10^{-4}$ m I aerob beträchtliche Hemmung). In Ggw. von Mäuseleberschnitten ist die hemmende Wrkg. von I auf den ^{14}C-Einbau in EHRLICH-Ascites-Zellen verringert, vermutlich infolge von Zers. des I in Ggw. von Leber. Ggw. von *red. Glutathion* (VIII) hebt die Hemmwrkg. von I auf den ^{14}C-Einbau in die Proteine von EHRLICH-Ascites-Zellen auf, was darauf hindeutet, daß I durch Inaktivierung der SH-Gruppen von Enzymen wirkt. Die Hemmwrkg. von *Phenylarsenoxyd* wird durch VIII nicht aufgehoben. Die Hemmwrkg. von I auf den Einbau in Proteine sind nicht auf Anwendung von VII beschränkt. Etwa die gleiche Hemmwrkg. wurden bei Anwendung von ^{35}S-*DL-Methionin* u. $^{14}C_{(1)}$-*DL-Leucin* erreicht.

S. DITTMANN-MITZSCHERLICH. 4160□

Chromatographische Analyse der Harnmelaninpigmente. E. Ghislandi. (Experientia [Basel] **15.** 261—62. 15/7. 1959. Milano, Univ. di Milano, Clin. del Lavoro.) (Engl.)

Mit Hilfe eindimensionaler Chromatogramme (absteigend; 0,05 ml Harn auf WHATMAN Nr. 1-Papier, 18 Std. bei 18° in wassergesätt. Phenol, 2% p-Dimethylaminobenzaldehyd-Reagens) konnten aus Harn von Patienten mit malignen Melanomen graugrüne Flecken mit den R_F-Werten 0,24, 0,33 u. 0,40 bzw. (in Butanol:Essigsäure:W. 4:1:5) graue Flecken mit den R_F-Werten 0,06, 0,24 u. 0,30 nachgewiesen werden, die sich bes. bei Verw. des spontanen Sedimentes (des braunen Farbstoffes) des Harnes ausbildeten, während die obere Schicht des abgestandenen Harns frei von Farbstoffen u. auch frei von den genannten Substanzen war. Es ist deshalb naheliegend, die chromatograph. Flecken dem Melanocytenpigment zuzuordnen.

U. TAUSENDFREUND. 4160□

E_2. Enzymologie. Gärung

Durch Phospholipase induziertes Freisetzen von Cytochrom c aus dem Elektronentransportteilchen. Kishore S. Ambe und Frederick L. Crane. (Science [Washington] **129.** 98—99. 9/1. 1959. Madison, Univ. of Wisconsin, Inst. f. Enzyme Res.) (Engl.)

Nach MACKLER u. GREEN (C. **1958.** 3054) findet sich *Cytochrom c* (I) in gebundener Form in den aus Herzmitochondrien erhaltenen *Elektronentransportpartikeln* (ETP) u. ist nur zu einem kleinen Teil mittels Salz-Lsgg. extrahierbar. Es wird gezeigt, daß die ETP bei Behandlung mit Phospholipase A ihr Oxydationsvermögen verlieren u. daß dies auf Spaltung eines Phospholipoid-I in den Mitochondrien beruht. A. HESSE. 4210□

Untersuchungen über die biologische Funktion von Vitamin E. 2. Mitt. **Die Natur des spezifischen aktivierenden Einflusses von Tocopherol auf gealterte Präparate von Cytochromreduktasen.** C. J. Pollard und J. G. Bieri. (J. biol. Chemistry **235.** 1178—82. April 1960. Bethesda, Md., Nat. Inst. of Health, Nat. Inst. of Arthritis and Metabol. Diseases, Labor. of Nutr. and Endocrinology.) (Engl.)

Der aktivierende Einfl. von *Tocopherol* (I) auf gealterte Präpp. von Hühnerherz-*Cytochrom-c-Reduktase* wurde untersucht. Bei gealterten Enzym-Präpp. konnte kein linear zunehmender Einfl. des I festgestellt werden; bei frischen Enzym-Lsgg. dagegen besteht ein linear zunehmender Einfl. des I. Das Verh. der gealterten Enzym-Präpp. wird auf die Ggw. eines Inhibitors zurückgeführt. Es wird gezeigt, daß der Einfl des I auf gealterte Enzym-Präpp. unspezif. ist. Der aktivierende Einfl. von *Santoquin* (*2.2.4-Trimethyl-6-äthoxy-1.2-dihydrochinolin*), eines Antioxydans, auf die Succinat-Cytochrom-c-Reduktase einiger gealterter Enzym-Präpp. wird beschrieben, ebenso der Einfl. von *Naphthotocopherol* (II) u. *5-Pentadecylresorcin.* II u. red. Vitamin K_1 haben in Bezug auf die Aktivierung von red. Diphosphopyridinnucleotid-Cytochrom-c-Reduktase eine Wrkg. gleicher Größenordnung wie I. Weiterhin wird die hemmende Wrkg. von Dibenzoylperoxyd auf Atmungsenzyme aus Muskel u. die Aufhebung dieser Hemmung durch I u. andere Antioxydantien gezeigt. K. F. MÜLLER. 4210□

Untersuchungen über Cytochrom a. 6. Mitt. **Einfluß von Aldehydreagentien auf Cytochrom a.** Shigeki Takemori, Ichiro Sekuzu und Kazuo Okunuki. (J. Biochemistry [Tokyo] **48.** 569—78. Okt. 1960. Osaka, Univ. of Osaka, Fac. of Sci., Dep. of Biol.) (Engl.) — 5. vgl. J. Biochemistry [Tokyo] **47.** [1960.] 382.

Die Wrkg. der *Cytochromoxydase* (I) wird durch Aldehydreagentien (II) [Hydrazin, Phenylhydrazin, Hydroxylamin (III) bzw. $NaHSO_3$ in 10^{-3} m Konz.] rasch u. stark gehemmt. Die Hemmung kann leicht durch Dialyse wieder aufgehoben werden. — Die Unterss. nach LINEWEAVER u. BURK unter Verw. von 2 Konzz. II u. 5 Konzz. *Cytochrom c* (IV) zeigte, daß neben unkompetitiver Hemmung auch kompetitive Hemmung erfolgt. — Das Absorptionsspektrum von reduziertem IV erfährt in Ggw. von III, nicht aber durch die anderen II, eine Verschiebung in Richtung der kürzeren Wellenlängen. — Hämin a u. Porphyrin a zeigen bei Zusatz von II eine Verschiebung der Absorptionsbanden in Richtung auf die kürzeren Wellenlängen; dies ist auf Bldg. eines Oxims oder Hydrazons mit der Formylgruppe zurückzuführen. A. HESSE. 4210□

Chlorogensäure als kompetitiver Inhibitor der Indolylessigsäureoxydase. Ruth S. Rabin und Richard M. Klein. (Arch. Biochem. Biophysics **70.** 11—15. Juli 1957. New York, Bronx Park, New York Botanical Garden.) (Engl.)

Aus Epicotylen von Erbsen konnte eine (optimal bei pH 5,5 wirkende) *Indolylessigsäureoxydase* (I) isoliert werden. I wird in vitro kompetitiv durch *Chlorogensäure* (II), nicht-kompetitiv durch *Kaffeesäure* u. überhaupt nicht durch Chinasäure gehemmt. A. HESSE. 4210□

Zum Tyrosinstoffwechsel der Insekten. 5. Mitt. **Reindarstellung, Kristallisation und Substratspezifität der o-Diphenoloxydase aus Calliphora erythrocephala.** Peter Karlson und Hartmut Liebau. (Hoppe-Seyler's Z. physiol. Chem. **326.** 135—43. 24/11. 1961. München, Univ., Physiolog. Chem. Inst.) (Dt.; Auszug: Engl.) — 4. vgl. C. **1962.** 6452

Die früher (l. c.) untersuchte *o-Diphenoloxydase* [I; systemat. Bezeichnung: *o-Diphenol:O_2-Oxydoreduktase* (1.10.3.1)], welche aus einer in frischen Homogenaten der Larven von *Calliphora ergthrocephala* vorhandenen Präphenoloxydase durch ein Aktivatorenzym zu ihrer akt. Form umgewandelt wird, wurde in einheitlicher Form krist. dargestellt. Die Bezeichnung I beruht auf der spezif. Wrkg. gegen Diphenole vor allem gegen *N-Acetyldopamin* (K_m 3.10^{-3} Mol/Liter), welche Substanz sich in den Larven vor der Puparium-Bldg. anhäuft u. welche die Vff. als das eigentliche sklerotisierende Agens ansehen; *Dopamin* (*3.4-Dihydroxy-β-phenyläthylamin*; K_m 2.10^{-4}) weist eine noch höhere Affinität zu I auf; die ebenfalls angegriffenen Verbb. *Adrenalin* (K_m 1.10^{-3}), *Noradrenalin* (K_m 1.10^{-3}), *Brenzcatechin* (Kn 9.10^{-3}) u. *Homobrenzcatechin* (K_m 8.10^{-3}) sind nicht als natürliche Substrate anzusehen. Saure Verbb., wie Adrenalon, 3.4-Dihydroxyphenylbrenztraubensäure, Protocatechusäure oder Kaffeesäure werden nicht angegriffen. — Monophenole werden von gereinigter I nicht oxydiert; Ansätze aus I + Tyrosin oder

Tyramin (ohne Ascorbinsäure) geben zwar nach mehreren Std. eine Rotfärbung u. Bldg. von Melamin, wobei aber die Rk. 100mal langsamer als die Rk. mit Diphenolen verläuft. — Gereinigte krist. I zeigt Sedimentations-Konst. 17 S u. Diffusions-Konst. D = 3,1 · 10^{-7} cm^2 sec^{-1}, woraus sich ein Molgew. von 530000 errechnet. — In einer einfachen App. ergab die Messung der MICHAELIS-MENTEN-Konst. für die verschiedenen Substrate, daß Substrate mit einer NH_2-Gruppe in der Seitenkette die kleinsten K_m-Werte zeigten, während eine COOH-Gruppe die Rk. behindert. — Vff. diskutieren die Ergebnisse mit Hinblick auf die Biochemie der *Sklerotisierung*. A. HESSE. 4210□

Die saure Laccase der höheren Pilze. Beziehung zwischen dem Vorhandensein dieses Enzyms und den Entwicklungsbedingungen bei Agaricus campestris. Gilberte Legrand und Georges Martin. (Qualitas Plantarum Mater. vegetabiles [Den Haag] **III/IV.** 521—28. 25/9. 1958.) (Franz., Auszüge: Engl., Dt.)

Eine *Guajakol* (**II**) oxydierende *Oxydase* (**I**) wurde in den Fruchtträgern der folgenden höheren Pilze nachgewiesen (Zahlen in Klammern: pH-Optimum): *Lactarius plumbeus* (3,5), *L. chrysorheus* (3,7), *L. decipiens* (3,7), *Russula xerampelina* (4,2), *L. pyrogalus* (4,2), *L. blennius* (4,2), *L. subdulcis* (4,2), *L. serifluus* (4,2), *L. hepticus* (4,2), *L. camphoratus* (5,2), *Russula sardonia* (5,2), *L. vellereus* (5,8), *L. quietus* (6,0), *Agaricus campestris* (7,0), *L. fuligonosus* (7,2), *L. zonarius* (7.2). Auch nach Reinigen der **I** (Fällen mit $(NH_4)_2SO_4$; Dialyse) bleiben die Werte für die pH-Optima unverändert. — Gereinigte **I** aus L. plumbeus oxydiert bei pH 3,5 außer **II** auch Brenzcatechin, Hydrochinon, Pyrogallol, p-Phenylendiamin u. Ascorbinsäure; **I** ist offenbar mit *Laccase* (**III**) verwandt. Daß je nach der Pilzart die pH-Optima zwischen pH 3,5 u. 7,3 liegen, könnte möglicherweise auf Ggw. von zwei sich nahestehenden u. bisher nicht durch Reinigung trennbaren Enzyme beruhen; eine „normale“ u. eine „saure“ **III**. — Bei *Agaricus campestris* ist **III** (Optimum: pH 6,5—7,0) des Fruchtträgers nur in der Basis des Stieles lokalisiert; der Hut ist frei von **III**. In industriell gewonnenem Mycel von A. campestris finden sich große Mengen **III** (mit demselben pH-Optimum). Läßt man das Mycel auf synthet. Nähr-Lsgg. (auch submers) wachsen, so zeigt **III** das pH-Optimum 5,6; bei einem festen Nährboden („Maltéa“) wird jedoch pH-Optimum 7,0 für **III** gefunden. In diesem Fall ist also die Bldg. einer „sauren“ **III** keine spezif. Eig. der Pilzart, sondern durch die Zus. der Nähr-Lsg. bestimmt. A. HESSE. 4210□

Reinigung und Eigenschaften des α-Glycerophosphat oxydierenden Enzyms von Streptococcus faecalis 10 C 1. N. J. Jacobs und P. J. Van Demark. (Arch. Biochem. Biophysics **88.** 250—55. Juni 1960. Ithaca, N.Y., Cornell Univ., Coll. of Agric., Labor. of Bacteriol.) — Vgl. C. **1961.** 4387.

In Glucose-haltigem Nährboden gewachsene *Streptococcus-10C1*-Zellen werden gewaschen u. mittels Ultraschall desintegriert. Der durch Zentrifugieren (25000·*g*) erhaltene Überstand wird in einem mehrstufigen Arbeitsgang gereinigt (fraktionierte $(NH_4)_2SO_4$-Fällung, Ca-Phosphat-Gel-Adsorption). Dieses gereinigte Enzym ist hochspezif. für *α-Glycerophosphat* (**I**) u. oxydiert **I** unter Bldg. von H_2O_2 u. Dihydroxyacetonphosphat. *Flavinadenindinucleotid* wurde als prosthet. Gruppe ermittelt. K_m für **I** lag bei $4 \cdot 10^{-3}$m, das pH-Optimum bei 5,8. Außer O_2 können Ferricyanid u. 2.6-Dichlorphenolindophenol als Elektronen-Acceptoren dienen, während Methylenblau u. Cytochrom c wesentlich langsamer red. werden. Das gereinigte Enzym wird durch metallbindende Substanzen sowie SH-Gruppen-Inhibitoren nicht merklich gehemmt, wohl aber durch Azide, Acriflavin u. Atebrin. Es wird angenommen, daß das Enzym vor) nehmlich die Übertragung von Elektronen auf O_2 als Acceptor katalysiert, weniger auf Acceptoren niedrigerer Redoxpotentiale. H. H. THIELE. 4210□

Änderungen in der Aktivität von Tryptophanperoxydase in sich entwickelnder Leber. Andrew M. Nemeth und Vivianne T. Nachmias. (Science [Washington] **128.** 1085—86. 31/10. 1958. Philadelphia, Univ. of Pennsylvania, Pa., Dep. of Anatomy.) (Engl.)

Manche Enzyme, u. a. *Glucose-6-phosphatase* (**I**), *Phenylalaninhydroxylase*, *Tyrosinoxydierende Enzyme* u. *Uridindiphosphoglucuronsäuretransferase*, finden sich nur in der Leber von erwachsenen Säugetieren, nicht aber oder nur in kleinen Mengen in den Lebern von Föten. Im Anschluß an KNOX (in COLOWICK, KAPLAN, Methods in Enzymol. **2.** [1955.] 242), der bei normalen wie bei adrenalektomierten erwachsenen Ratten bei Injektion von *L-Tryptophan* (**II**) eine vorübergehende Zunahme der Aktivität von *Tryptophanperoxydase* (**III**) der Leber fand u. dies durch eine von **II** induzierte Wrkg. erklärte, wurde der Einfl. von **II**-Injektionen auf **III** bei Meerschweinchen untersucht. Die **II**-Injektion in den Foetus oder in die Mutter kurz vor dem erwarteten Geburtstermin hatte keine Wrkg. auf Foetus-**III**; Zusatz von ACTH oder ACE bei den Injektionen änderte nichts an diesem Befund; Injektion in einen geburtsreifen Foetus im Uterus oder kurz nach der Geburt führten zu einer geringen Erhöhung der **III**; 24 Std. nach

der Geburt hatte die **III**-Menge den Wert von erwachsenen Tieren erreicht u. erfuhr dann auch die bei diesen beobachtete Steigerung der Wrkg. bei **II**-Injektion. — Ebenso wie bei **I** liegen also bei **III** während der Entw. zwei verschiedene Änderungen vor.
A. HESSE. 4210□

Histochemische Analyse von einigen Dehydrogenasesystemen in den Erythrocyten von niederen Wirbeltieren. A. Stolk. (Nature [London] **190.** 926—27. 3/6. 1961. Amsterdam, Free Univ., Histol. Labor.) (Engl.)

Die Aktivität von *Bernsteinsäuredehydrogenase* (**I**), *DPN-Diaphorase* (**II**), *TPN-Diaphorase* (**III**), *Milchsäuredehydrogenase* (**IV**), *Äpfelsäuredehydrogenase* (**V**), *Glutaminsäuredehydrogenase* (**VI**), *β-Hydroxybuttersäuredehydrogenase* (**VII**), *Äthanoldehydrogenase* (**VIII**) u. *Östradiol-17β-dehydrogenase* (**IX**) in den Erythrocyten von verschiedenen Fischen, Amphibien u. Reptilien wurde histochem. bestimmt. Eine niedrige Aktivität in den Erythrocyten zeigen **I, VI u. VIII,** eine hohe **II** u. **IV**; die von **V** u. **VII** ist etwas niedriger als die von **IV** u. die von **III** ist niedriger als die von **II**. Die **IX**-Aktivität entspricht derjenigen der Erythrocyten von Menschen, Kaninchen u. Meerschweinchen.
G. KIMMERLE. 4210

Der L-Arabinosestoffwechsel zellfreier Extrakte von Penicillium chrysogenum. Ching Chiang und S. G. Knight. (Biochim. biophysica Acta [Amsterdam] **46.** 271—78. 15/1. 1961. Madison, Wis., Univ. of Wisconsin, Dep. of Bacteriol.) (Engl.)

Die enzymat. Umwandlung von *L-Arabinose* über Arabit in *L-Ribulose* u. *L-Xylulose* konnte in zellfreien Extrakten von *Penicillium chrysogenum* gefunden werden. Für die erste Rk. wurde eine Triphosphopyridinnucleotid-gebundene *Reduktase* nachgewiesen, für die Weiteroxydation des Arabit zwei unabhängige Diphosphopyridinnucleotid-gebundene *Dehydrogenasen.* H.-G. TRÜPER. 4210□

Löslichmachen der Teilchenhydrogenase. Yoichi Kondo, Tadanori Kameyama und Nobuo Tamiya. (J. Biochemistry [Tokyo] **44.** 61—63. Jan. 1957. Tokyo, Univ. of Tokyo, Fac. of Sci., Dep. of Chem.) (Engl.)

Im Gegensatz zu dem strengen Anaerobier Clostridium ist bei *Desulfovibrio desulfuricans,* ebenfalls einem strengen Anaerobier, 90% der *Hydrogenase* (**I**) in der Teilchenfraktion, d. h. in dem bei Zentrifugieren mit 100000·*g* (2 Std.) erhaltenen Nd.lokalisiert. Vff. beschreiben ein Verf. zum Löslichmachen dieser **I**: feuchte Zellen werden mit dem 3—4fachen Vol. einer 3—4%ig. Natriumdesoxycholat-Lsg. durch 15 Min. langes Ultrabeschallen (560 kHz) zerrissen; Zentrifugieren bei 3000·*g* während 15 Min.; der Überstand wird mit 2—3 Vol. Phosphatpuffer (pH 7,0) verd., auf pH 8,0 eingestellt u. 1 Std. bei 37° mit Trypsin behandelt; das Hydrolysat wird bei pH 7,0 auf 0,3 Sättigung an $(NH_4)_2SO_4$ gebracht u. der entstehende Nd. verworfen; durch Einstellen auf 0,6 Sättigung an $(NH_4)_2SO_4$ wird **I** ausgefällt. Der in $^1/_{150}$m Phosphatpuffer (pH 7,0) gelöste Nd. gibt bei 100000·*g* in 2 Std. keinen Niederschlag. — Das Verf. kann auch auf *Escherichia coli* u. *Proteus vulgaris* angewendet werden. A. HESSE. 4210□

Untersuchungen über Codehydrogenase. 2. Mitt. **Eine verbesserte Methode für die Herstellung von Diphosphopyridinnucleotid aus Bäckerhefe unter Verwendung von Ionenaustauscherharzen.** Masateru Shin, Yukihiko Hamuro und Kazuo Okunuki. (J. Biochemistry [Tokyo] **48.** 579—83. Okt. 1960. Osaka, Univ., Fac. of Sci., Dep. of Biol.) (Engl.) — 1. vgl. C. **1958.** 14346.

Die früher (l. c.) unter Verw. des nicht im Handel erhältlichen Kaken-Kationenaustauscherharzes beschriebene Meth. zur Herst. von Diphosphopyridinnucleotid (DPN) aus Bäckerhefe wird jetzt unter Verw. von käuflichen Duolite C–10 u. Duolite C–25 durchgeführt. Vorbehandlung des Hefeextraktes mit dem Anionenaustauscherharz Duolite A–2 erleichtert die Reinigung. Mit dieser Meth. werden 500—600 mg DPN aus 2 kg frischer Bäckerhefe in 85—90%ig. Reinheit erhalten. — Duolite C–10 ist bes. für Adsorption von DPN aus ungereinigten Lsgg. geeignet, wogegen schon etwas gereinigtes DPN besser von Duolit C–25 adsorbiert wird. A. HESSE. 4210□

Darstellung von Pyridinnucleotidanalogen mittels der Carbonyladditionsreaktion. Robert Main Burton, Anthony San Pietro und Nathan O. Kaplan. (Arch. Biochem. Biophysics **70.** 87—106. Juli 1957. Baltimore, Md., Johns Hopkins Univ., McCollum-Pratt Inst.) (Engl.)

Die früher (C. **1956.** 3327) beschriebenen Additions-Verbb. von *Diphosphopyridinnucleotid* (*DPN*) mit den Carbonyl-Verbb., *Dihydroxyaceton* (**I**), *Glycerinaldehyd* (**II**) u. *Aceton* (**III**) wurden als Ba-Salze isoliert. Die UV-Absorptionsspektren der Verbb. sind einander ähnlich u. zeigen Maxima bei 260 mμ u. 340 mμ. Die Verbb. werden in saurer Lsg. unter Bldg. ähnlicher Verbb. zersetzt, welche an Stelle des Maximums bei 340 mμ Maxima bei 290—300 mμ haben. — Die Additions-Verbb. sind auf dem gleichen Oxydationsniveau wie DPNH u. können in gleicher Weise wie DPNH mittels milder Oxydationsmittel, z. B. $K_3Fe(CN)_6$, oxydiert werden. Dabei liefern die Verbb. DPN-**I** u.

DPN-**II** je zwei Oxydations-Prodd., die als DPN-I_{ox}(I) u. DPN-I_{ox}(II) bzw. DPN-II_{ox}(I) u. DPN-II_{ox}(II) bezeichnet werden. DPN-**III** liefert nur ein Oxydations-Prod.: DPN-III_{ox}(I) Die analogen Verbb. können mittels Dowex-1-Ionenaustauscherharz von den anderen Rk.-Prodd. getrennt werden. Ionophorese zeigt, daß DPN-I_{ox}(I), DPN-II_{ox}(I) u. DPN-III_{ox}(I) die gleiche Ladung (nämlich —1 bei pH 7) wie DPN, dagegen aber DPN-I_{ox}(II) u. DPN-II_{ox}(II) die doppelte Ladung (—2 bei pH 7,9) aufweisen. Durch $K_3Fe(CN)_6$ werden DPN-I_{ox}(I) bzw. DPN-II_{ox}(I) zu DPN-I_{ox}(II) bzw. DPN-II_{ox}(II) oxydiert, wobei wahrscheinlich die **I**- bzw. **II**-Seitenkette teilweise zur entsprechenden Carbonsäure oxydiert wird. A. HESSE. 4210□

Enzymatische Eigenschaften von chemisch dargestellten Diphosphopyridinnucleotidanalogen. Robert Main Burton und Nathan O. Kaplan. (Arch. Biochem. Biophysics **70.** 107—20. Juli 1957.) — Vgl. vorst. Referat.

Die nach l. c. mittels $K_3Fe(CN)_6$ erhaltenen oxydierten Analogen der Additions-Verbb. von DPN mit **I, II** u. **III** (Bezugszahlen wie l. c.) werden durch *Diphosphopyridinnucleasen* (**IV**) aus Schweinegehirn u. Rindermilz hydrolysiert. Durch **IV** aus *Neurospora crassa* wird nur DPN-III_{ox}(I) hydrolysiert, jedoch sehr langsam. Bei Hydrolyse von DPN-I_{ox}(I) bzw. DPN-I_{ox}(II) wurden Adenosinphosphatribose sowie substituierte Nicotinamidhälften (als α bzw. β bezeichnet) erhalten. — Die synthet. Analogen hemmen die Spaltung von DPN durch die verschiedenen **IV**, wobei **IV** aus Neurospora anscheinend kompetitiv gehemmt wird. — Die Additions-Verbb. werden durch DPNH-Oxydase aus *Clostridium kluyveri* mit geringer Geschw. oxydiert. — In den Syst. der Alkoholdehydrogenase (Hefe), Milchsäuredehydrogenase (Ochsenherz), 3-Phosphoglycerinaldehyddehydrogenase (Muskel) bzw. Glycerindehydrogenase (Azotobacter) wirken die Analogen weder als Coenzyme noch als Inhibitoren. Auch sind sie ohne fördernden oder hemmenden Einfl. auf das Wachstum des DPN-erforfernden *Hämophilus parainfluenza.*
A. HESSE. 4210□

Gehalt an Coenzym A in der amerikanischen Küchenschabe (Periplaneta americana L.) und in der Stubenfliege (Musca domestica L.). M. Boccacci und S. Bettini. (Experientia [Basel] **12.** 432—33. 15/11. 1956. Roma, Ist. Superiore di Sanità, Dep. of Parasitology.) (Engl.; Auszug: Ital.)

Inhaltlich ident. mit der C. **1961.** 14323 referierten Arbeit. A. HESSE. 4210□

Stoffwechselbeziehungen zwischen anorganischen Polyphosphaten und Adenosindi- und -triphosphaten. Jean-Pierre Ebel und Guy Dirheimer. (C. R. Séances Soc. Biol. Filiales **151.** 979—81. 21/12. 1957. Strasbourg, Fac. de Pharm., Labor. de Chim. Biol.) (Franz.)

Läßt man Pyrophosphat oder ein Polyphosphat mit langer Kette, das mit ^{32}P markiert ist, mit *Adenosintri-* oder *Adenosindiphosphat* (ATP oder ADP) in einem zellfreien Hefeextrakt reagieren, stellt man die Bldg. von markiertem ATP u. ADP fest. Diese Ergebnisse ermöglichen 2 Rk.-Typen: Eine Transphosphorylierung zwischen Polyphosphat u. ADP u. eine Austausch-Rk. zwischen Polyphosphat, ADP u. ATP.
S. GROITZSCH. 4210□

Transphosphorylase in den Leuchtorganen des Leuchtkäfers. William M. Balfour und Frederick E. Samson jun. (Arch. Biochem. Biophysics **84.** 140—42. Sept. 1959. Lawrence, Kans., Univ. of Kansas, School of Med., Dep. of Physiol.) (Engl.)

Außer den bereits bekannten Enzymen konnten in den Leuchtorganen von Leuchtkäfern *Transphosphorylasen* (**I**) nachgewiesen werden, welche die Rkk. *Uridin-(Cytidin-, Guanosin-, Inosin-) triphosphat* (**II**) → *Adenosindiphosphat* → *Adenosintriphosphat* (ATP) → *Uridin-*(Cytidin-, Guanosin-, Inosin-)diphosphat katalysieren. Diese **I** finden sich mehr in der „lösl. Fraktion" als in den Teilchenfraktionen (1475·*g*, 17300·*g*, 100000·*g*). — Der Zusatz von ATP oder **II** zu Rohextrakten fördert die Lichtausstrahlung. A. HESSE. 4210□

Stoffwechselprozesse in Cytoplasmapartikeln der Alligatorenbirne. 1. Mitt. **Präparative Verfahren, Cofaktor-Erfordernisse und oxydative Phosphorylierung.** Jacob B. Biale, Roy E. Young, Catherine S. Popper und Wynona E. Appleman. (Physiol. Plantarum [Copenhagen] **10.** 48—63. 1957. Los Angeles, Calif., Univ. of California.) (Engl.)

Änderungen im pH von 6,0—7,5 im Mischungsmedium haben keinen Einfl. auf die Oxydationsfähigkeit von *Bernsteinsäure* (**I**) u. *α-Ketoglutarsäure* (**II**), so daß auf ein wirksames Pufferungs-Syst. im Alligatorenhirnen-*Persea gratissima*-Gewebe geschlossen werden kann. Die Oxydations-Geschw. bleibt bei Temp. unter 20° für 2 Std. konst., bei 37° ist sie in der 2. Std. bei **I** ca. 15% u. bei **II** 0. Der O_2-Geh. der Luft ist für eine Oxydation der **I** ungenügend. Cytochrom c ist als Cofaktor nicht erforderlich. Die Ansprüche an Mg waren bei den einzelnen Säuren (**I, II,** *Äpfelsäure, Citronensäure*) verschieden. AMP, ADP u. ATP wurden im Gewebe nachgewiesen, waren erforderlich zur Oxydation von **II**, nicht aber zur Oxydation von **I**. W. HILLER. 4210□

Stoffwechselprozesse in Cytoplasmapartikeln der Alligatorenbirne. 2. Mitt. **Die Teilnahme von Cytochrom c in der Elektronentransportkette.** Cheng Tan Chow und Jacob B. Biale. (Physiol. Plantarum [Copenhagen] **10.** 64—75. 1957.) (Engl.) — 1. vgl. vorst. Referat.

Absorptionsspektren ergaben, daß sich immer gleiche Mengen an *Cytochrom c* (**I**) im red. Zustand im Rk.-Gemisch befinden, auch bei Zugabe von **I**. Endogenes **I** wird demnach in die Cytoplasmapartikel als eine ihrer Komponenten eingebaut. Die Partikel sind fähig, **I** zu reduzieren u. zu oxydieren, sie sind in der Lage red. Nicotinamidadenindinucleotid zu oxydieren. W. HILLER. 4210□

Adaptative Modifikationen der sauren Phosphomonoesterase der Erythrocyten während der phylogenetischen Entwicklung. L. M. Buruiana und El. Hadarag. (Naturwissenschaften **48.** 379. 1. Mai-H. 1961. Bucarest, Fac. Méd. Vétérinaire, Labor. de Biochim. Animale.) (Franz.)

Vff. haben früher (vgl. C. **1960.** 16135) gefunden, daß die nach ARRHENIUS bei *saurer Phosphomonoesterase* (**I**) der Erythrocyten mit *α*-Glycerophosphat (**II**) als Substrat für $\log K/(10^4/T)$ bei 0—40° erhaltenen Geraden einen Knickpunkt („Transitionspunkt" T_1) aufweisen, bei dem die Aktivierungsenergie (A) eine schroffe Abnahme erfährt. Hierbei erfolgt offenbar eine adaptative Änderung des Enzymproteins, u. die neue Anordnung im Mol. vergrößert die Affinität der **I** zu **II**. — Diese als „Meth. des therm.-enzymat. Gradienten" bezeichnete Arbeitsweise wird jetzt auf die Unters. der phylogenet. Entw. der **I** bei den Lebewesen (Hund, Mensch, Kuh, Huhn, Frosch) angewendet. Es ergab sich: Bei niederen Tieren tritt an Stelle des Transitionspunktes eine Transitionszone. Bei höheren Tieren liegt der Transitionspunkt stets innerhalb der Transitionszone (17—25°). Bei niederen Tieren, bes. beim Frosch, nimmt A offenbar oberhalb der Temp. des Transitionspunktes zu, während bei höheren Tieren das Umgekehrte eintritt. Das entspricht der Verminderung der enzymat. Qualität infolge der Denaturierung des Enzymproteins u. seiner dadurch verminderten Adaptabilität an die Temp.-Änderungen. Man kann dies auch an der während der Inkubation über 25° erfolgenden Trübung der **I**-Lsg. aus Froschblut erkennen. A. HESSE. 4210□

Nichtspezifische Esterase-Aktivität in Histiocyten. Syun Hosoda und Sadao Takase. (Nature [London] **190.** 927. 3/6. 1961. Sendai, Japan, Tohoku Univ., School of Med., Dep. of Pathol.) (Engl.)

Nach mehrmaliger i.v. Injektion von 10 ml einer 1%ig. Trypanblau (**I**)-Lsg. sind bei Kaninchen die Histiocyten mit **I**-Granula gefüllt. Diese Histiocyten haben dann in ihrem Cytoplasma eine starke *nicht-spezif.-Esterase* (**II**)-Aktivität. Die Aktivität ist dann um diese Granula lokalisiert. Normalerweise ist die **II**-Aktivität diffus in den Zellen verteilt. G. KIMMERLE. 4210

Untersuchungen über die Lipase aus P. chrysogenum während der Penicillinfermentation. P. S. Bokkar und D. Ghosh. (J. sci. ind. Res. [New Delhi], Sect. C **17.** 91—94. Juni 1958. Pimpri, Poona, Hindustan Antibiotics [Private] Ltd., Antibiotics Res. Centre, Biochem. Div.) (Engl.)

Bei der industriellen Herst. von *Penicillin* (**I**) mittels *Penicillium chrysogenum* wird fortlaufend *Lipase* (**II**) in die Kultur-Fl. abgegeben. Diese Tatsache könnte die bekannte günstige Wrkg. von Ölzusätzen gegen Ende der **I**-Herst. erklären. Die sezernierte **II** wirkt optimal bei pH 7, die in den Mycelien verbliebene **II** dagegen bei pH 8. Mycel-**II** wird durch *Cystein* (**III**) aktiviert, durch *Jodessigsäure* u. *p-Chlormercuribenzoesäure* (**IV**) gehemmt. Die **IV**-Hemmung kann durch **III** aufgehoben werden, was darauf deutet, daß **I** ein SH-Enzym ist. A. HESSE. 4210□

Pilzcellulasen. 8. Mitt. **Weitere Beobachtungen über die *β*-Glucosidase von Stachybotrys atra.** M. S. Jermyn. (Austral. J. biol. Sci. **2.** 114—26. Febr. 1958. Parkville, Vic., C.S.I.R.O., Wool Textile Res. Labor., Biochem. Unit.) (Engl.) — 6. vgl. C. **1959.** 2171.

Die früher (6. Mitt.) gegebene Erklärung der sog. „Typ 2"-Aktivierung bzw. -Hemmung der *β-Glucosidase* (**I**) von *Stachybotrys atra* erweist sich als zu begrenzt. Es zeigte sich, daß *Glycerin*, das als solcher Aktivator wirkt, ein Acceptor für einen von *p-Nitrophenyl-β-D-glucosid* (**II**) übertragenen Glucosylrest ist; *1-Glyceryl-β-D-glucosid*, $C_9H_{18}O_8$, $[\alpha]_D^{20}$ —26,5° (c = 5; W.) wurde isoliert. — Als weitere Substrate der **I** (pH 5,0; 28°) erwiesen sich: *p-Nitrophenyl-6-O-p-toluylsulfonyl-β-D-glucopyranosid*, *p-Nitrophenyl-6-O-methyl-β-D-glucopyranosid*, *p-Nitrophenyl-3-O-methyl-β-D-glucopyranosid*. Dagegen werden die entsprechenden 2- u. 4-Methyl-Derivv. nicht gespalten. — Nach früheren Befunden wird *Phenyl-β-thioglucosid* (**III**), das ein kompetitiver Inhibitor der **I**-Wrkg. gegen **II** ist, von **I** langsam hydrolysiert (pH 5,0; 28°). Bei pH 5—9 erfolgt auch eine spontane Hydrolyse von **III**. — Die Hydrolyse von **II** durch **I** wird von Mercaptoäthanol aktiviert. — Die Wrkg. von **I** gegen **II** wird durch D-Threose, D-Erythrose, 2-Desoxy-D-glucose, D-Rhamnose, D-Glucose, D-Galaktose, 4-O-Methyl-D-glucose, 6-O-Methyl-D-glucose gehemmt, durch Methyl-α-D-glucosid, Methyl-β-D-glucosid, 2-O-Methyl-D-glucose, 3-O-Methyl-D-glucose aktiviert. A. HESSE. 4210□

Die Bioveresterung von Glucose. Untersuchung über die Hemmung der Synthese von Anthranilsäureester der β-Glucose. Joseph Tabone. (C. R. hebd. Séances Acad. Sci. **247**. 2219—21. 10/12. 1958.) (Franz.)

Die von TABONE (C. **1957**. 4426) durch ein *Enzym* aus gekeimten Linsen katalysierte Rk.: *Uridindiphosphatglucose* + *Anthranilsäure* (**I**) → *Glucoseanthranilsäureester* + *Uridindiphosphat* wird durch *Glucose, Galaktose, Mannose* u. *Xylose* nichtkompetitiv (gegenüber **I**) gehemmt u. durch *Benzoesäure, o-Hydroxybenzoesäure, N-Acetylanthranilsäure, Indolpropionsäure, Phenol, o-Nitrophenol* u. *Dinitrophenol* kompetitiv gehemmt. *o-Hydroxybenzoesäure, m-Hydroxybenzoesäure* u. *α-Aminoindolpropionsäure* hemmen nicht. A. HESSE. 4210□

Histochemische Lokalisierung und biologische Bedeutung des Glucose-6-phosphat-dehydrogenase-Systems in der Nebennierenrinde. Richard B. Cohen. (Proc. Soc. exp. Biol. Med. **101**. 405—07. Juli 1959. Harvard Med. School, Dep. of Pathol.; Massachusetts Gen. Hosp., James Homer Wright Pathol. Labor.) (Engl.)

Schnitte der Nebennierenrinde wurden zur Unters. auf Ggw. von *Glucose-6-phosphat-dehydrogenase* (**I**) in folgender Lsg. inkubiert (20 Min.; 37°): 30 mg K-Salz von Glucose-6-phosphat, 5 mg Triphosphopyridinnucleotid (TPN) u. 5 mg eines mit p-Nitrophenyl substituierten Tetrazoliumsalzes in 10 ml 0,1 m Veronalpuffer bei pH 7,4; die Lsg. erhält einen einer 0,1 m Konz. entsprechenden Zusatz von KCN zwecks Hemmung des Cytochrom-Syst. des Gewebes. An den Stellen des Gewebes, an denen **I** lokalisiert ist, tritt ein in Fett u. W. verhältnismäßig unlösl., blaues, körniges Pigment auf. Positive Rk. ist abhängig von Gew. von **I** u. Ggw. von *TPNH-Diaphorase*. — **I** ist sehr akt. in den faszikulären u. retikulären Zonen, findet sich aber nur in geringer Menge in der Glomerulosa. A. HESSE. 4210□

Aldolasen bei den Lebewesen. Didier Bertrand und André de Wolf. (C. R. hebd. Séances Acad. Sci. **247**. 2213—15. 10/12. 1958. Paris, Inst. Pasteur, Labor. de Chim. biol.) (Franz.)

Eine Übersicht über Pflanzen u. Tiere zeigt, daß bei den Lebewesen mindestens fünf verschiedene Typen von *Aldolase* (**I**) vorkommen. Dabei ergeben sich Zusammenhänge mit der Klassifikation der Lebewesen. Aus dem Verh. der **I** von Bakterien gegen Äthylendiamintetraessigsäure ergeben sich Möglichkeiten zur Erklärung der antibiot. Wrkg. einiger Chelatbildner. — 9 Literaturangaben. A. HESSE. 4210□

Die Reinigung der Enolase der Hefe durch Zonenelektrophorese und Ionenaustauschchromatographie und das Vorkommen von mehreren aktiven Formen des Enzyms. Bo G. Malmström. (Arch. Biochem. Biophysics **70**. 58—69. Juli 1957. Uppsala, Univ. of Uppsala, Inst. of Biochem.) (Engl.)

Die Reinigung der *Enolase* (**I**) umfaßt folgende Stufen: Extraktion von Trockenhefe mit W. bei 38°, Zentrifugieren (2500·*g*), Fraktionieren mit Aceton u. dann mit A. (bei pH 4,8), Dialyse des in W. suspendierten Nd., Gefrierenlassen u. Lyophilisieren, Zonenelektrophorese an Cellulosesäulen, Adsorption von **I** an der Mg-Form des Kationenaustauschers Sulfomethylcellulose u. Elution mit 1 m KCl. Aus 3 kg Trockenhefe wurden 1,7 g reine **I** erhalten, die einen hohen Grad an Homogenität bei Elektrophorese u. in der Ultrazentrifuge hatten. Die spezif. Aktivität entsprach derjenigen der **I**-Präpp. von WARBURG u. CHRISTIAN (Biochem. Z. **310**. [1942.] 384), wobei aber die neue Reinigungs-Meth. große Vorteile ergab. — Krist. **I** enthält mehrere elektrophoret. Komponenten, deren spezif. Aktivität u. Sedimentations-Konst. übereinstimmen. A. HESSE. 4210□

Untersuchungen über Hefeinvertase. 6. Mitt. **Hemmung durch Ag^+ und die Komplexbildung von Ag^+ mit Hefenucleinsäure.** Karl Myrbäck und Ebba Willstaedt. (Ark. Kemi **13**. Nr. 36. 357—66. 1959. Stockholm, Univ., Inst. of Organ. Chem. and Biochem.) (Engl.) — 5. vgl. Ark. Kemi **13**. [1958.] 179; 7. vgl. C. **1961**. 10987.

Die früher beschriebene Bindung von Ag^+ durch rohe *Invertase* (**I**)-Lsgg. (Hefe) u. der auf dieser Bindung beruhende Schutz des rohen **I** gegen Ag^+ wird zum größten Teil den *Nucleinsäuren* (**II**) der Hefe verdankt. Abbau von **II** durch Ribonuclease hebt diese Schutz-Wrkg. auf. Die dialysierbaren u. die nichtdialysierbaren Abbau-Prodd. der **II** zeigen nur geringe Fähigkeit zur Bindung von Ag^+. A. HESSE. 4210□

Cysteindesulfhydraseaktivität in der Kükenleber. M. N. D. Goswami, A. R. Robblee und L. W. McElroy. (Arch. Biochem. Biophysics **70**. 80—86. Juli 1957. Edmonton, Alberta, Univ. of Alberta, Dep. of Animal Sci.) (Engl.)

Leber von frisch aus dem Ei geschlüpften Küken hat einen hohen Geh. an *Cysteindesulfhydrase* (I). Dieser nimmt bei einer gereinigten, *Pyridoxin* (II) enthaltenden Nahrung in den ersten 7 Tagen nach dem Schlüpfen rasch ab, bleibt dann aber ziemlich konstant. Bei Fehlen von II in der Nahrung sinkt der I-Geh. zwischen dem 7. u. dem 14. Tage auf ca. 50% des bei mit II gefütterten Küken gefundenen Wertes ab. — Entsprechend hohe Werte wurden in der Leber von frisch geschlüpften Küken auch dann gefunden, wenn Eier oder eine Eiern entsprechende Nahrung verabreicht wurde.
A. HESSE. 4210□

Colorimetrische Bestimmung von Harnstoff mit besonderer Berücksichtigung der Bestimmung von Arginase. Yukiaki Nadai. (Acta Scholae med. Univ. Kioto **36.** 1—5. 1959. Kyoto, Kyoto Univ., Fac. of Med., Dep. of Med. Chem.) (Engl.)
Inhaltlich ident. mit der C. **1962.** 7564 referierten Arbeit. A. HESSE. 4210□

Isolierung und Eigenschaften des proteolytischen Enzyms Kathepsin D aus Rindermilz. E. M. Press, R. R. Porter und J. Cebra. (Biochem. J. **74.** 501—14. März 1960. London, Mill Hill., Nat. Inst. for Med. Res.) (Engl.)
Durch $(NH_4)_2SO_4$-Fällung (90%), Kältezentrifugierung u. Dialyse-Meth. wurde aus Rindermilz ein proteolyt. Enzym isoliert, das $^2/_3$ der Aktivität zerkleinerter Rohmilz zeigte. Es lag in zehn durch ihre Ladung bei pH 8,4 oder 5,5 verschiedenen Formen vor, deren spezif. Aktivität die gleiche war. Die Reinheit wurde nachgewiesen durch Stärke–Gel-Elektrophorese bei pH 9,1 u. 5,5, durch Ultrazentrifugenanalyse u. Best. der N-terminalen Aminosäure, die Glycin war. *Kathepsin D* hatte für säuredenaturiertes Hämoglobin ein pH-Optimum von 3,0, für säuredenaturiertes Albumin von 4,2. Folgende Pepsinsubstrate wurden nicht hydrolysiert: N-Acetyl-DL-phenylalanyl-L-dijodtyrosin, L-Cysteinyl-L-tyrosin, L-Tyrosyl-L-cystein. Die Wrkg.-Spezifität auf die B-Kette des oxydierten Insulins ist der des Pepsins ähnlich, doch schwächer. Die proteolyt. Aktivität des Enzyms wurde nicht gehemmt durch Cystein, Jodacetamid, p-Chloromercuribenzoat, Äthylendiamintetraessigsäure oder Diisopropylfluorphosphat. Es war hitzelabil u. verlor seine Aktivität unterhalb pH 2,5 bei Zimmertemperatur. H. G. TRÜPER. 4210□

Über die Ergebnisse der Elastase- und Kollagenmucoproteinase-Forschung. J. Baló und I. Banga. (Z. Vitamin-, Hormon- u. Fermentforsch. [Wien] **12.** 59—73. 6/12. 1961. Budapest, Med. Univ., I. Inst. für patholog. Anatomie u. Exp. Krebsforsch.) (Dt.)
Übersicht u. eigene Unterss. über Kristallisierung u. Wert-Best. der *Elastase* (I), I u. I-Inhibitor, Unters. des Wrkg.-Mechanismus der I, Lokalisation der I-Bldg., I u. Ätherosklerose, pharmakolog. Wrkg. u. therapeut. Anwendung von I, Vork. u. Herst. der *Kollagenmucoproteinase* (II) u. Wert-Best., Wrkg.-Mechanismus u. biolog. Wrkg. von II. — Ca. 60 Literaturangaben. J. HAHN. 4210□

Immunologische Untersuchungen der Bakterien-Thiaminase. 1. Mitt. **Präcipitin-Produktion in Versuchstieren.** Yoshibumi Noshi. (Vitamins [Kyoto] **16.** 665—67. 1959. Osaka, Osaka Ned. Cross Hosp.) (Jap.; Auszug: Engl.)
Nach Injektion roher *Thiaminase I*- u. *Thiaminase II*-Suspensionen entwickeln Kaninchen Präcipitin im Serum; durch die Präcipitations-Rk. wird der spezif. Unterschied zwischen beiden Enzymen bewiesen. P. GREGORZEWSKI. 4210□

Immunologische Untersuchungen der Bakterien-Thiaminase. 2. Mitt. **Inhibitoreffekt der aus mit Bakterien-Thiaminase immunisierten Kaninchen gewonnenen Sera auf die Enzymaktivität.** Yoshibumi Noshi. (Vitamins [Kyoto] **16.** 668—70. 1959. (Jap.; Auszug: Engl.) — 1. vgl. vorst. Referat.
Das Antiserum hemmt die Aktivität roher *Thiaminase*-Suspensionen. Die Hemmung ist spezif. für Thiaminase I oder Thiaminase II. Die rohe Enzym-Lsg. verliert durch Entfernung des durch Präcipitation stets gebildeten Nd. ihre Thiaminaseaktivität.
P. GREGORZEWSKI. 4210□

Immunologische Untersuchungen der Bakterien-Thiaminase. 3. Mitt. **Serologie der Bakterien-Thiaminase in menschlichen Sera.** Yoshibumi Noshi. (Vitamins [Kyoto] **16.** 670—72. 1959.) (Jap.; Auszug: Engl.) — 2. vgl. vorst. Referat.
Von 528 menschlichen Seren reagierten 82 positiv auf *Thiaminase I*, 31 auf *Thiaminase II* u. 15 mit beiden Enzymen. Die positiven Sera hemmen die *Thiaminase*-Aktivität. P. GREGORZEWSKI. 4210□

Immunologische Untersuchungen der Bakterien-Thiaminase. 4. Mitt. **Präcipitin-Produktion in mit Thiamin-abbauenden Bakterien gefütterten Tieren. Isolierung Thiamin-abbauender Bakterien.** Yoshibumi Noshi. (Vitamins [Kyoto] **16.** 672—75. 1959.) (Jap.; Auszug: Engl.) — 3. vgl. vorst. Referat.
Hühner, die mit thiaminabbauenden Bakterien gefüttert werden, bilden im Serum spezif. Präcipitin gegen *Thiaminase I* bzw. *Thiaminase II*. Aus menschlichen Faeces

ließen sich nicht zu jeder Zeit die oben erwähnten Bakterien isolieren, sie erscheinen in Intervallen von mehreren Tagen in den Faeces. P. GREGORZEWSKI. 4210□

Die Biosynthese des Thiamins. 3. Mitt. Mechanismus der enzymatischen Bildung des Pyrophosphorsäureesters von 2-Methyl-4-amino-5-hydroxymethylpyrimidin. L. M. Lewin und Gene M. Brown. (J. biol. Chemistry **236.** 2768—71. Okt. 1961. Cambridge, Mass., Massachusetts Inst. of Technol., Dep. of Biol., Div. of Biochem.) (Engl.) — 2. vgl. J. biol. Chemistry **235.** [1960.] 2411.

Es ergaben sich Hinweise, daß in Backhefe *2-Methyl-4-amino-5-hydroxymethylpyrimidinpyrophosphat* (**I**), eine Zwischenstufe der *Thiamin*-Biosynth., wie folgt gebildet wird: *2-Methyl-4-amino-5-hydroxymethylpyrimidin* (**II**) + *Adenosintriphosphat* (ATP) → **II**-*Monophosphat* (**III**), **III** + ATP $\xrightarrow{Mg^{2+}}$ **I**. Die 1. Rk. katalysiert das Enzym „*Hydroxymethylpyrimidinkinase*" (**IV**), das 10 Min. bei 55° u. gegen p-Hydroxymercuribenzoat (**V**) beständig ist. **IV** verwertet Cytidintriphosphat, Guanosintriphosphat oder Uridintriphosphat an Stelle von ATP. „*Hydroxymethylpyrimidinphosphokinase*", die Rk. 2 katalysiert, ist gegen Erhitzen auf 55° u. gegen **V** nicht beständig u.verwertet prakt. nur ATP u. Mn^{2+} an Stelle von Mg^{2+}. K. MAIER. 4210□

Über die biologische Methylierung des Histamins. Kerstin M. Lindahl. (Ark. Kemi **13.** Nr. 15. 149—50. 1958. Uppsala, Sweden, Univ. of Uppsala, Inst. of Zoophysiol.) (Engl.) — Vgl. C. **1959.** 16397 u. C. **1960.** 16799.

Vf. beschreibt die Isolierung eines Enzym-Präp. aus Mäuseleberhomogenat, welches *Histamin* in *Methylhistamin* in vitro überführt. R. LAFFERENZ. 4210□

Zwei Wege der Entmethylierung von N-Methylanilin durch Mikrosomen aus Rattenlebern. Manfred Kiese und Hartmut Uehleke. (Naturwissenschaften **48.** 379—80. 1. Mai-H. 1961. Tübingen, Univ., Pharmakolog. Inst.) (Dt.)

Vff. haben festgestellt, daß die N-Oxydation von *Anilin* (**I**) u. *N-Alkylanilinen* (**Ia**) durch Lebermikrosomen bei Ggw. von *red. Triphosphopyridinnucleotid* (TPNH) u. O_2 erfolgt. Die höchsten Konzz. von *Nitrosobenzol* (**II**) wurden bei Oxydation von *N-Methylanilin* (**IV**) u. *N-Äthylanilin* durch gewaschene Mikrosomen erreicht. Da *Phenylhydroxylamin* (**III**) u. **II** im Organismus zu **I** red. werden, könnte das im Organismus aus **Ia** gebildete **II** über **III** (u. **II**) entstanden sein. Die Bldg. von **I** aus **Ia** durch Mikrosomen erfolgt jedoch noch auf einem anderen Wege. — Messungen der Geschw. der Red. von **III** zu **I** durch gewaschene Rattenlebermikrosomen u. TPNH ergaben bei 10 μg **III**/ml nur sehr langsame Bldg. von **I**. Die **I**-Bldg. ist vermutlich durch Verunreinigung der Mikrosomen mit einem *Enzym* (**V**) bedingt, das im Überstand des bei 78000·*g* zentrifugierten Zellhomogenates enthalten war. Durch die gleichen gewaschenen Mikrosomen u. TPNH wurde aber aus **IV** schneller **I** gebildet, während die Konz. von **III** u. **II** geringer war als 10 μg/ml. Die Bldg. von **I** aus **IV** durch Mikrosomen u. TPNH wurde durch *2.4-Dichlorphenol* (**VI**) gehemmt. Dabei wurde die Konz. an **III** u. **II** sogar erhöht. Da die Red. von **III** zu **I** durch TPNH, Mikrosomen u. **V** durch **VI** nicht gehemmt wurde, beeinflußte **VI** diejenige Rk. der Entmethylierung von **IV**, bei der **III** oder **II** nicht gebildet wurden. A. HESSE. 4210□

Hyaluronsäure und Hyaluronidase. P. C. M. Hoevenaars. (Pharmac. Weekbl. **96.** 917—34. 14/11. 1961. Utrecht, Ryksuniv., Farmaceut. Labor.) (Holl.)

Übersicht über Vork., Gewinnung, Eigg., Rkk., biolog. Bedeutung, Best. u. Anwendung von *Hyaluronsäure* u. *Hyaluronidase.* — 62 Literaturangaben. W. WESLY. 4210□

Hemmung der Chemoluminescenz von Luminol durch Oxime. K. Weber, J. Matković und D. Fleš. (Nature [London] **191.** 177—78. 8/7. 1961. Zagreb, Yugoslav Acad. of Sci. and Arts, Inst. for Med. Res.) (Engl.)

Es ist bekannt, daß *Oxime* (**II**) mit sehr unterschiedlicher chem. Struktur Reaktivatoren der durch Organophosphor-Verbb. gehemmten *Cholinesterase* sind. Quant. Unterss. der Chemoluminescenz von *Luminol* (**I**) zeigten, daß eine große Zahl von **II** die von Organophosphor-Verbb. oder Fe-Komplexen katalysierte **I**-Rk. (in Ggw. von Hämoglobin u. anderen Katalysatoren) hemmt. Die Hemmung ruft eine signifikanteAbnahme der Chemoluminescenz hervor. Maximale Intensität u. Lichtgesamtmenge nahmen mit wachsender Oxim-Konz. ab. Geprüfte **II**: *2-Hydroximinopropan, 4-Hydroximinomethyl-N-methylpyridiniumjodid, 2-Hydroximinobutanon-(3), 2-Hydroximinomethyl-N-methylpyridiniumjodid, N.N'-Tetramethylen-bis-[4-hydroximinomethylpyridiniumbromid]*. Diese Ergebnisse geben nicht nur die Möglichkeit, den Mechanismus der Cholinesterasereaktivierung mit **II** zu untersuchen, sondern ermöglichen auch eine einfache Best. des **II** als Reaktivatoren der Cholinesterase. K. MAIER. 4210□

Enzyme in Bakteriophagenfiltraten. Gouri Banerjee und Durlav K. Roy. (Sci. and Cult. [Calcutta] **25.** 313—14. Nov. 1959. Calcutta, Indian Inst. for Biochem. and Experim. Med.) (Engl.)

In Filtraten von frisch bereiteten Kulturen von *Shigella shigae* u. des entsprechenden Bakteriophagen konnten nachgewiesen werden: *alkal. Phosphatase, Desoxyribonuclease* u. *Ribonuclease*; im Phagus kommt auch noch eine *Protease* vor. A. HESSE. 4210□

Stoffwechsel von Pyrrolidin: lösliche γ-Aminobuttersäuretransaminase und Bernsteinsäurehalbaldehyddehydrogenase. Edward M. Scott und William B. Jakoby. (Science [Washington] **128.** 361—62. 15/8. 1958. Bethesda, Md., Nat. Inst. of Health, Nat. Inst. of Arthritis and Metabol. Diseases.) (Engl.)

Aus einem *Pseudomonas*-Stamm wurden nach Kultur auf Pyrrolidin als einziger C-Quelle (u. auch in Ggw. von γ-Aminobuttersäure) *γ-Aminobuttersäure/Glutaminsäuretransaminase* (**I**) u. *Bernsteinsäurehalbaldehyddehydrogenase* (**II**) isoliert, welche folgende Rkk. katalysieren: *γ-Aminobuttersäure* (**III**) + *α-Ketoglutarsäure* (**IV**) ⇌ *Bernsteinsäurehalbaldehyd* (**V**) + *Glutaminsäure* sowie: **III** + *Triphosphopyridinnucleotid* (TPN^+) → *Bernsteinsäure* + TPNH + H^+. **I** konnte von **II** abgetrennt u. teilweise (85fach) gereinigt werden durch Fällen mit $(NH_4)_2SO_4$ bzw. Aceton, Adsorption an $Ca_3(PO_4)_2$-Gel u. Elution. Die **I**-Rk. erscheint spezif., da **III** nicht durch β-Alanin, Δ-Aminovaleriansäure oder Ornithin u. **IV** nicht durch Brenztraubensäure, Oxalessigsäure oder α-Ketovaleriansäure ersetzt werden können. — **II** konnte 45fach gereinigt werden durch Fällen mit Protamin, Gelbehandlung, Fällen mit $(NH_4)_2SO_4$ u. Aceton. Die Rk. ist spezif. für **V**, das nicht durch Malonsäurehalbaldehyd, Glyoxalsäure, Glykolaldehyd u. andere aliphat. u. aromat. Aldehyde ersetzt werden kann. TPN ist 8mal wirksamer als Diphosphopyridinnucleotid. Die **II**-Wrkg. ist nicht umkehrbar. — Das Auftreten von **I** u. **II** hängt von der C-Quelle ab; in Ggw. von 2-Pyrrolidinon erfolgt kein Wachstum.

A. HESSE. 4210□

Oxydation von Bernsteinsäurehalbaldehyd durch eine lösliche Dehydrogenase des Gehirns. R. W. Albers und R. A. Salvador. (Science [Washington] **128.** 359—60. 15/8. 1958. Bethesda, Md., Nat. Inst. of Health, Nat. Inst. of Neurolog. Diseases and Blindness.) (Engl.)

Die aus Gehirngewebe des Affen isolierte *Bernsteinsäurealdehyddehydrogenase* (**I**) (SCOTT u. JAKOBY, C. **1962.** 10878) wurde 150fach gereinigt. Triphosphopyridinnucleotid wirkt nicht als H-Acceptor. Gealterte **I**-Präpp. erfordern zur maximalen Wrkg. eine Präinkubation mit Cystein oder Mercaptoäthanol. Außer *Bernsteinsäurehalbaldehyd* werden (bei pH 8,1 u. 20°) im Gegensatz zur streng spezif. **I** aus Pseudomonas (vgl. vorst. Ref.) *Glyoxylsäure* u. *Malonhalbaldehyd* oxydiert; 5-Hydroxypentanal wird sehr viel langsamer oxydiert, dagegen werden Formaldehyd, Acetaldehyd u. Glyoxal kaum angegriffen.

A. HESSE. 4210□

E₃. Mikrobiologie. Bakteriologie. Immunologie

Über die Wirkung einer Röntgenbestrahlung während der Wachstumsphase auf die Entwicklung von Eucoccidium dinophili. E. Stössel-Mügge. (Z. Naturforsch. **16a.** 598—604. Sept. 1961. Darmstadt, TH, Zoolog. Inst.) (Dt.)

Eucoccidium dinophili während der frühen Wachstumsphasen röntgenbestrahlt, in denen sich die Sporozoiten zu ausgewachsenen Gamonten entwickeln, haben eine erheblich höhere Strahlenempfindlichkeit als in späteren Wachstumsstadien bestrahlte. Der Unterschied der Strahlenempfindlichkeit am Anfang der Wachstumsphase ist bei einer Bestrahlung mit 400 r größer als bei höheren Dosen. Eine gesicherte Erklärung fehlt hierfür. Eine zusätzliche Schädigung des Plasmas, die Entw.-Störungen während der Sporogonie verursacht, wird diskutiert. Infektions-Verss. mit Sporen, die bei Lebendbeobachtung normal aussahen, aber aus strahlengeschädigten Oocyten stammten, zeigten Infektions- u. Entw.-Fähigkeit einiger Sporen. Erst während der Sporogonie traten Degenerationserscheinungen auf. Bei *Eucoccidium dinophili* kann also gelegentlich eine Spätmanifestation der Strahlenschäden erfolgen. N. SAUERBREY. 4300□

Wachstumsfördernde Eigenschaften von 6-Äthyl-7-methyl-9-[D-ribityl-(1′)]-isoalloxazin und 6-Methyl-7-äthyl-9-[D-ribityl-(1′)]-isoalloxazin. J. P. Lambooy. (J. of Nutrit. **75.** 116—26. Sept. 1961. Rochester, N.Y., Univ. of Rochester, School of Med. and Dent., Dep. of Physiol.) (Engl.)

In der Ernährung von *Lactobacillus casei* unterscheiden sich die beiden Flavine in ihrer Wrkg. nicht von *Riboflavin* (**I**), wenn sie als einziges Flavin zur Verfügung stehen. Sie sind auch imstande, den Flavinbedarf der Ratte bzgl. des Wachstums u. des Überlebens, nicht jedoch bzgl. der Fortpflanzung, zu decken. Dabei besitzt das 6-Äthyl-7-methylflavin 47% u. das 6-Methyl-7-äthylflavin 36% der Aktivität von **I**.

K. ZINGRAF. 4310□

Die Wirkung von S-Benzoylthiaminderivaten auf Mikroorganismen. 1. Mitt. Die Wachstumswirkung auf Lactobacillus fermenti 36. Chikataro Kawasaki,

Eiichi Hiraoka und Takamitsu Shimamoto. (Vitamins [Kyoto] **24.** 27—32. 1961. Toyonaka, Osaka, Univ., Fac. of Pharmacy, Dep. of Hygienic Chem.) (Jap.; Auszug: Engl.)

Es wurde durch Bioautographie bestätigt, daß S-Benzoylthiamin-Derivv. (*S-Benzoylthiamin-O-monophosphat* (**I**), *S-Benzoylthiamin* (**II**) u. *O.S-Dibenzoylthiamin* (**V**)] durch De-S-benzoylierung in *Thiaminmonophosphat, Thiamin* (**III**) u. *O-Benzoylthiamin* (**VI**) durch *L-Cystein* (**IV**) auf *Macias R's*-Nährboden, umgewandelt werden. **I** u. **II** haben auf diesem Nährboden die gleiche Wrkg. wie **III** auf *Lactobacillus fermenti 36.* Ist kein **IV** vorhanden, dann zeigen **I** u. **II** nur wenig **III**-Aktivität. **V** besitzt keine **III**-Wirkung. **I, II, V** u. **VI** zeigen nach Behandlung im Autoklaven **III**-Wrkg., auch wenn kein **IV** vorhanden ist. J. HAHN. 4310□

Die Wirkung von S-Benzoylthiaminderivaten auf Mikroorganismen. 2. Mitt. **Der Einfluß von verschiedenen reduzierenden Produkten auf die Thiaminaktivität von S-Benzoylthiamin-O-monophosphat.** Eiichi Hiraoka und Takamitsu Shimamoto. (Vitamins [Kyoto] **24.** 33—37. 1961.) (Jap.; Auszug: Engl.) — 1. vgl. vorst. Referat.

S-Benzoylthiamin-Derivv. (z. B. *S-Benzoylthiamin-O-monophosphat*) werden durch *L-Homocystein* oder *Na-Thioglykolat,* an Stelle von *L-Cystein,* in *Thiaminmonophosphat* debenzoyliert u. zeigen dann bei *Lactobacillus fermenti 36 Thiamin*-Aktivität. *Na-Thiosulfat, Na-Hydrosulfit* bzw. *Thioharnstoff* zeigen keine Wirkung. Die De-S-benzoylierung von S-Benzoylthiamin-Derivv. durch SH-Verbb. erfolgt nicht durch Red., sondern durch Übertragung der Benzoylgruppe in die SH-Verbindung. J. HAHN. 4310□

Ein Wachstumsfaktor im Extrakt von Escherichia coli, der Streptomycin bei streptomycinabhängigen E. coli ersetzt. Khushdarshan Singh Thind. (Indian J. med. Res. **46.** 627—37. Sept. 1958. Philadelphia, Univ. of Pennsylvania, Dep. of Mikrobiol.) (Engl.)

Das Wachstum des *Streptomycin* (**I**)-abhängigen *E. coli*-Stammes SD/12 bei Zugabe verschiedener anderer Substanzen wurde untersucht. Antibiotica wie *Streptamin, Streptidin, Streptobiosamin, Streptothricin, Aureomycin, Penicillin* u. a. konnten **I** nicht ersetzen. Dagegen konnte **I** durch *E. coli*-Extrakte ersetzt werden, die durch Schallbehandlung gewonnen worden waren. Der Extrakt förderte außerdem das Wachstum von *E. coli* Stamm B. P. WILDE. 4310□

Saccharopin, eine neue Aminosäure in Bäcker- und Bierhefe. 2. Mitt. **Struktur und Synthese.** Anders Kjaer und P. Olesen Larsen. (Acta chem. scand. **15.** 750—59. 1961. Copenhagen, Royal Veterinary and Agric. Coll., Organ. Chem. Labor.) (Engl.) — 1. vgl. Acta chem. scand. **15.** [1961.] 743.

Das aus dem Cu-Komplex von *L-Lysin* (**I**) mit Benzyloxycarbonylchlorid erhaltene *N^6-Carbobenzoxy-Deriv.* wird mit p-Tosylchlorid in *N^2-[p-Tosyl]-N^6-carbobenzoxy-L-lysin* übergeführt, das nach katalyt. Abspaltung der Cbo-Gruppe u. Kondens. des *N^2-[p-Tosyl]-L-lysins* (**Ia**) mit 2-Oxoglutarsäure u. KCN *N^2-[p-Tosyl]-N^6-[1.3-dicarboxy-1-cyanpropyl]-L-lysin* liefert. Dieses gibt nach Hydrolyse der Nitrilgruppe u. Decarboxylieren mit konz. HCl, Abspaltung des Tosylrestes mit Na/fl. NH_3 u. Trennung an Amberlite *N^6-[1.3-Dicarboxypropyl]-L-lysin* (**II**), **I** u. *N-[5-Amino-5-carboxypentyl]-pyroglutaminsäure* (**III**). **II** wird durch fraktionierte Kristallisation in die Diastereoisomeren getrennt, von denen die Form mit LL-Konfiguration der beiden Aminosäuregruppen mit natürlichem *L-Saccharopin* (*L*-**II**) ident. ist. Die Form mit DL-Konfiguration der beiden Gruppen wird *D-Allosaccharopin* (*D*-**II**) genannt. Beide Formen gehen mit W. bei 125° oder durch Erhitzen auf ca. 230° in **III** über. — Die Konstit. von **II** als N^2-Deriv. von **I** wird durch das Ausbleiben einer Kondens. von N^6-[p-Tosyl]-**I** mit 2-Oxoglutarsäurecyanhydrin gesichert. — IR-Spektren vgl. Original.

Versuche: *N^6-Benzyloxycarbonyl-L-lysin,* F. 240—244° (Zers.; W.), durch ½std. Kochen von Monohydrochlorid mit $CuCO_3$ in W., Zugeben von MgO zum Filtrat, Zutropfen von Benzyloxycarbonylchlorid in Toluol unter Eiskühlung, 2std. Rühren bei Raum-Temp., Kühlen mit Eis, Suspendieren des Nd. in 1n HCl, Sättigen mit H_2S, Kochen u. Einstellen auf pH 5 mit konz. NH_4OH; $[\alpha]_D^{23}$ + 13,5° (c = 1,4; 0,1n HCl); 80% (Ausbeute). — *N^2-[p-Tosyl]-N^6-benzyloxycarbonyl-L-lysin,* F. 121—123° (Bzl.), aus vorst. Verb. u. p-Tosylchlorid in Ae.; $[\alpha]_D^{23}$ + 13,5° (c = 2,2; CH_3OH); 89%. — *N^2-[p-Tosyl]-L-lysin* (**Ia**), F. 263—264° (Zers.; W.), aus vorst. Verb. u. H_2 an Pd-Schwarz in konz. HCl/Aceton bei 50°; $[\alpha]_D^{19}$ — 51,6° (c = 2,3; 0,5n NaOH); 91%. *Methylester, Hydrochlorid,* F. 143—144° (Methylacetat/Pentan), aus **Ia** u. HCl-Gas in abs. CH_3OH; $[\alpha]_D^{22}$ + 9,5° (c = 1,0; CH_3OH); 78%. — *Saccharopin* (**II**), $C_{11}H_{20}N_2O_6$, durch Zugeben von KCN zu 730 mg 2-Oxoglutarsäure in verd. NaOH, Einstellen auf pH 11,3 mit 4nHCl, Zugeben von 1,75 g **Ia** in W. u. verd. NaOH, Einstellen des pH auf 11,4 mit 4n HCl,

Erwärmen im geschlossenen Gefäß auf 50° (18 Std.), Kühlen, Ansäuern mit konz. HCl auf pH 1,9, Lösen des Nd. (1,5 g) in konz. HCl, 16std. Stehen bei Raum-Temp., Verdünnen mit W., 2std. Kochen, Eindampfen im Vakuum, Lösen in fl. NH_3, Zugeben von Na, ½std. Stehen, Zugeben von NH_4-Acetat, Eindampfen, Adsorption aus verd. HCl an Zerolit 225 (H-Form), Eluieren mit 1n NH_4OH, Lösen in W., Adsorption an Amberlite IR-4 B (Acetat-Form), Eluieren mit 2n HCl u. fraktionierte Fällung von 272 mg des Eluatrückstands (470 mg) aus W. mit A.; $[\alpha]_D^{25}$ +14° (c = 2,0; 0,5n HCl); 83 mg. — *L-Saccharopin* (*L*-**II**), F. 240—248° (Zers.), durch fraktionierte Kristallisation von 340 mg **II** aus W.; $[\alpha]_D^{22}$ +32,2° (c = 1,0; 0,5n HCl); 27 mg. — *D-Allosaccharopin* (*D*-**II**), F. 235—250° (Zers.), aus der Mutterlauge von L-**II**; $[\alpha]_D^{23}$ −0,8° (c = 0,4; 0,5n HCl); 17 mg. — *N-[5-Amino-6-carboxypentyl]-pyroglutaminsäure* (**III**), $C_{11}H_{18}N_2O_5$, F. 245 bis 248° (Zers.), aus den Mutterlaugen von **II**; $[\alpha]_D^{23}$ + 6,8° (c = 1,0; W.), + 18,2° (c = 0,9; 1n HCl); 230 mg. F. HELLER. 4315□

Herstellung von ^{14}C-Formiat mittels einer biosynthetischen Methode. P. K. Bhattacharyya und B. D. Kulkarni. (J. sci. ind. Res. [New Delhi] Sect. C **17.** 95 bis 100. Juni 1958. Poona, Nat. Chem. Labor., Div. of Biochem.) (Engl.)

In einer Atmosphäre von 5% $^{14}CO_2$ u. 95% H_2 erfolgt Bldg. von *^{14}C-Ameisensäure* (**I**) durch an **I** gewöhnte Kulturen von *Escherichia coli*. Es werden 15—22% **I** bezogen auf das CO_2 erhalten, was einer Ausbeute von 80—93% entspricht. — Eine hierzu geeignete App. wird beschrieben. A. HESSE. 4320□

l-Sorbose durch Streptomyces aus d-Sorbit. Eitarō Masuo und Eiji Kondō. (Annu. Rep. Shionogi Res. Lab. [Osaka] **6.** 115—17. 1956. Div. of Fermentation.) (Jap.; Auszug: Engl.)

Streptomyces albidoflavavus 91 u. *St. flaveolus 36* wandeln bis 40% des eingesetzten *d-Sorbits* in *l-Sorbose* um. P. GREGORZEWSKI. 4320□

Tryptophanstoffwechsel bei einer Vitamin B_6 verlangenden Mutante von Escherichia coli. Hisashi Masudomi. (Vitamins [Kyoto] **23.** 229—36. 1961. Ube, Yamaguchi Med. School, Dep. of Microbiol.) (Jap.; Auszug: Engl.)

Vff. berichten über einen *Escherichia coli*-Stamm der *Tryptophan, Serin* oder *Vitamin B_6* zum Wachstum benötigt. Dabei sammelt sich *Indol* (**I**) im Medium an. Die **I**-Menge war am größten, wenn der Organismus in Ggw. von Serin wuchs, am kleinsten in Ggw. von Serin u. Pyridoxal. Die Zellen können *Anthranilsäure* in *Indol,* Indol u. Serin in Tryptophan umwandeln u. Vitamin B_6 synthetisieren.

P. GREGORZEWSKI. 4320□

Die Verwendung von Acetat im Stoffwechsel von Penicillium lilacinum Thom. Besonders die Beziehung zur Fettsynthese. Kaiser Naguib. (Arch. Mikrobiol. **34.** 319—24. 1959. Cairo, Univ., Fac. of Science, Bot. Dep.) — Vgl. C. **1959.** 15396.

Zum Zeitpunkt der logarithm. Wachstumsphase hemmt *Na-Acetat* die Wachstums-Geschw. von *Penicillium lilacinum* sowie die Anhäufung von Kohlenhydraten, N-Verbb. u. Fetten im Mycel. Gegen Ende einer 14—17tägigen Bebrütung hatte sich der Hemmeffekt ausgeglichen. Vff. ziehen daraus den Schluß, daß es durch Anpassung der Organismen möglich sein müßte, Acetat für die Fett-Synth. zu nutzen.

S. TANNEBERGER. 4320□

Die Rolle der Malonsäure in der Biosynthese der Orsellinsäure. Klaus Mosbach. (Naturwissenschaften **48.** 525. 1. Aug.-H. 1961. Lund, Schweden, Univ., Biochem. Inst.) (Dt.) — Vgl. C. **1961.** 2673.

Nach Zugabe von *$^{14}C_{(2)}$-Malonsäure* zu einer Kultur von *Penicillium barnense* isolierte *^{14}C-Orsellinsäure* (**I**) wird nach KUHN u. ROTH sowie nach VAN SLYKE u. FOLCH abgebaut. Die Aktivität der erhaltenen Essigsäure macht die Synth. der **I** aus Acetat- u. Malonatresten wahrscheinlich, wobei $C_{(2)}$ u. CH_3-Gruppe aus 1 Mol Acetyl-CoA u. die restlichen C-Atome aus 3 Mol Malonyl-CoA stammen. F. HELLER. 4320□

Umwandlung von Progesteron in 11-Desoxycorticosteron durch Wojnowicia graminis (Mc.Alp.) Sacc. et Sacc. W. J. McAleer und E. L. Dulaney. (Arch. Biochem. Biophysics **62.** 109—10. Mai 1956. Rahway, N.J., Chem. Div., Merck & Co., Inc.) (Engl.)

Nach 48std. Inkubation unter Zusatz von Progesteron, konnte aus der Pilzkulturbrühe durch Extraktion u. Chromatographie *11-Desoxycorticosteron* isoliert werden.

P. GREGORZEWSKI. 4320□

Stoffwechsel von Thiamin und seinen verwandten Verbindungen. 6. Mitt. Bestimmung des Pyrimidinteiles von Thiamin durch Saccharomyces cerevisiae. Nobuko Iritani. (Vitamins [Kyoto] **24.** 37—41. 1961. Osaka, Tezukayama Gakuin Junior Coll.) (Jap.: Auszug; Engl.)

Sacharomyces cerevisiae HAUSEN *No. 0305* besitzt die Fähigkeit, aus *4-Methyl-5-[β-hydroxyäthyl]-thiazol* (**I**) u. *2-Methyl-4-amino-5-hydroxymethylpyrimidin* (**II**) oder

2-Methyl-4-amino-5-aminomethylpyrimidin (**III**) *Thiamin* (**IV**) zu synthetisieren. Diese Fähigkeit wird zur **II**- oder **III**-Best. in biolog. Material (z. B. Harn) verwendet. *S. cerevisiae* wird auf READERS-Nährboden vorinkubiert u. mit entsprechenden Komponenten von **I** u. der zu bestimmenden Verb. geimpft. Danach 40 Std. bei 37° inkubiert. Das synthetisierte **IV** wird nach Kochen u. Hydrolyse mittels Takaphosphatase durch die Thiochrom-Meth. bestimmt. Zur Vereinfachung u. Beschleunigung dieser Meth. kann wie folgt verfahren werden; S. cerevisiae wächst auf READERS-Nährboden mit **I** bei 25° über Nacht. Jeweils 4 ml davon werden in ein Bombenrohr gegeben u. mit der entsprechenden Menge der zu untersuchenden Substanz 3 Std. bei 37° inkubiert. Das gebildete **IV** wird nach Kochen ohne Takaphosphatasebehandlung bestimmt. Beide Bestimmungs-Meth. geben nahezu das gleiche Resultat. J. HAHN. 4320□

Die Zersetzung von Benzoat durch ein Photosynthese-Bacterium. M. H. Proctor und S. Scher. (Biochem. J. **76**. 33 P. Aug. 1960. Pacific Grove, Calif., Hopkins Marine Stat.: Univ. of Cambridge, Dep. of Biochem.; Richmond, Calif., Kaiser Found. Res. Inst.) (Engl.)

Manometr. Unterss. an Suspensionen ruhender Zellen u. an Zellextrakten von *Rhodopseudomonas sp.* ergaben, daß im Dunkeln sofort *Benzoesäure*, *Protocatechusäure* (**I**), *Brenzcatechin* (**II**) u. *α-Ketoglutarsäure* oxydiert werden. Monohydroxybenzoesäuren u. 2.3- oder 2.5-Dihydroxybenzoesäuren wurden nicht angegriffen. Auf Mineralsalz–Lactat-Substrat im Licht gezogene Zellen oxydierten diese Verbb. erst nach ca. 3 Std., auf Mineralsalz–Benzoat-Substrat im Licht bezogene Zellen konnten diese Verbb. weder im Dunkeln noch im Licht oxydieren, waren aber fähig, die anaerobe Decarboxylierung von **I** zu **II** im Dunkeln zu katalysieren. In Ggw. von O_2 oder Peroxid produzieren ganze Zellen eine β-Ketosäure. Den zellfreien Extrakten fehlten die lactonisierenden u. delactonisierenden Enzyme für γ-Carboxymethyl-Δ^{α}-butenolid. Sie reagierten nicht mit **I** u. **II** mit O_2 als Elektronenacceptor, mit Peroxid bildeten sie aus **II** eine α-Ketosäure. Es wird folgendes Abbauschema angenommen; Benzoat → **I** → **II** → α-Ketosäure.
H. G. TRÜPER. 4320□

Anreicherung von Indolverbindungen in Kulturen von Chromobacterium violaceum. William A. Corpe. (Nature [London] **190**. 190—91. 8/4. 1961.) (Engl.)

Obwohl *Chromobacterium violaceum* (C. v.) keine Tryptophanase besitzt, Tryptophan also nicht zu Indol zu reduzieren vermag, gaben dennoch schleimige Arten des C. v. in Peptonbrühe mit dem EHRLICH-Reagens (p-Dimethylaminobenzaldehyd) die für den Indoltest typ. Rosafärbung. Verschiedene Kulturen von schleimbildenden Chromobakterien wurden daher in verschiedenen Nährmedien 5 Tage bei 30° gezüchtet u. auf Indol getestet. Die größte Indolanreicherung ergab sich in Glucose enthaltender Bacto-Pepton-Brühe unter aeroben Bedingungen. Bacto-Tryptone, das mehr Tryptophan als Pepton enthält, führte zu keiner Indolanreicherung. Eine Dosis von 0,5% Tryptophan zur Peptonbrühe sowie auch Glucoseammonsalz mit oder ohne Hefeextrakt (0,02%) ergab kein Ansteigen von EHRLICH-positiven Verbindungen. Man folgerte hieraus, daß ausgiebige Zufuhr von Aminosäuren die Indolanreicherung fördert. Chromatograph. Prüfungen wiesen auf 2 unbekannte EHRLICH-positive Verbb., die aber weder Indol, noch Indolyl-(3)-aldehyd, Indolyl-(3)-essigsäure, 5-Hydroxyindolyl-(3)-essigsäure usw. waren. Es zeigte sich ferner, daß das EHRLICH-Reagens nicht ganz spezif. für den Indolkern ist u. daß die gesuchten Verbb. als Hydroxyindole aufzufassen sind, die nicht aus Tryptophan entstehen. Chromobacteriumarten erzeugen ein purpurnes Pigment *Violacein*, das vermutlich ein Hydroxyindol-Deriv. ist u. das aus Aminosäuren vermittels sich nicht mehr vermehrenden Zellen gebildet wird, wenn sich eine einzelne C-Verb. in der Rk.-Mischung befindet. Die Hydroxylierung des Tryptophans zu 5-Hydroxytryptophan ist eine Haupt-Rk. der Aminosäuren in C. v. u. ist vermutlich eine Vorstufe für die Bldg. von Violacein. In der vorliegenden Arbeit hat Tryptophan weder die Indolanreicherung noch die Pigment-Bldg. stimuliert. C. v. besitzt irgendeine Synthesemöglichkeit für die Hydroxyindol-Verb. u. für einen Pigmentvorläufer, die weiter erforscht werden. L. MACHER. 4320□

Zur antibakteriellen Wirkung einer Rhodan-Verbindung in vitro. W. Ritzerfeld. (Arzneimittel-Forsch. **10**. 48—49. Jan. 1960. Homburg/Saar, Univ. des Saarlandes, Inst. für Hygiene u. Mikrobiologie.) (Dt.)

Die antibakterielle Wirksamkeit von *2.4-Diaminoazobenzolmonorhodanid* in vitro auf *Bacterium coli*, *Staphylococcus aureus*, Enterokokken, Pseudomonas, *Bact. proteus*, hämolyt. Streptokokken, Achromobacter, Salivaris-Str., Prodigiosus u. Diphth.-Stäbchen wurde mittels Stanzlochtest, Röhrchenverdünnungstest u. WARBURG-Meth. geprüft. Die Wirksamkeit war unbedeutend bzw. prakt. gleich Null. W. F. EBEL. 4330□

Die Wirkung einiger Wachstumsregulatoren auf die Entwicklung von Sclerotium rolfsii (Sacc.) S. Lavee. (J. exp. Bot. [London] **10.** 359—66. Okt. 1959. Rehovoth, Israel, Agricultural Res. Station, Div. of Horticulture.) (Engl.)

Triäthanolamin, Cumarin u. *Maleinhydrazid* hemmen mit zunehmender Konz. die Keimung von *Sclerotium rolfsii* u. red. die Zahl der gebildeten Sclerotien. Bei 50 bis 100 ppm *Cumarin* werden allerdings größere Sclerotien ausgebildet. *α-Naphthylessigsäure* (I) hemmt zwar die Keimung, fördert aber die Entw. der Sclerotien. Bei Konzz. von 50—100 ppm I werden dichtere Myceldecken ausgebildet, gleichzeitig verringert sich die Wachstumsgeschwindigkeit. U. MOTHES. 4330 □

Darstellung verschiedener Amide des p-Methoxy-L-phenylalanins. Henry M. Kissman und B. R. Baker. (J. med. pharmac. Chem. **2.** 415—23. Aug. 1960. Pearl River, N.Y., American Cyanamid Co., Lederle Labor. Div.) (Engl.)

Vff. stellten verschiedene Amide des p-Methoxy-L-phenylalanins dar u. untersuchten ihre in vitro antibakterielle Wrkg. u. Antifunguswirkung. Es wurde keine signifikante Wirksamkeit festgestellt.

Versuche: *p-Methoxy-N-phthaloyl-L-phenylalanylchlorid*, aus p-Methoxy-N-phthaloyl-L-alanin (I) durch Rk. mit PCl_5 in Ae. *L-β-[p-Methoxyphenyl]-α-phthaliminopropionsäurecyclohexylamid*, $C_{24}H_{26}N_2O_4$, F. 150—152° (Methylenchlorid–Ae.), $[\alpha]_D^{24}$ —76; durch Behandeln von 6,5 g I in 80 ml Ae. im Eisbad mit 4,3 g PCl_5, Verdampfen des Lsgm., Lösen in 100 ml Chlf. u. Zugeben von 5,05 ml Cyclohexylamin, Extrahieren nach 1 Std. mit W., n HCl, gesätt. $NaHCO_3$-Lsg. u. W., Eindampfen der äther. Lsg., Behandeln mit Ae. auf dem Filter, Trocknen u. Umkristallisieren; 90%. Ebenso wurden dargestellt: L-β-[p-Methoxyphenyl]-α-pthaliminopropionsäureamide: *Unsubstituiert*, $C_{18}H_{16}N_2O_4$, F. 182—183° (Chlf.), $[\alpha]_D^{24}$ —128; 73%; *2-Hydroxyäthylamid* (II) $C_{20}H_{20}N_2O_5$, F. 90—93° (Methylenchlorid–Ae.), $[\alpha]_D^{24}$ —116; 84%; *Nonylamid*, $C_{27}H_{34}$·N_2O_4, F. 127—130° (Ae.), $[\alpha]_D^{24}$ —81,46%; *Benzylamid*, $C_{25}H_{22}N_2O_4$, F. 173—174° (Bzl.), $[\alpha]_D^{24}$ —120; 73%; *Phenylamid*, $C_{24}H_{20}N_2O_4$, F. 184—185° (Methylenchlorid–Ae.), $[\alpha]_D^{24}$ —107; 89%; *Diäthylamid*, $C_{22}H_{24}N_2O_4$, nicht krist. erhalten, $[\alpha]_D^{24}$ —135; 91%; *Piperidid*, $C_{23}H_{24}N_2O_4$, F. 122—123° (Methylenchlorid–Ae.), $[\alpha]_D^{24}$ —129; 86%; *Morpholid*, $C_{22}H_{22}N_2O_5$, F. 167—168° (Methylenchlorid–Hexan), $[\alpha]_D^{24}$ —152; 91%. — *L-β-[p-Methoxyphenyl]-α-aminopropionsäureamide*: Die Abspaltung der Phthaloylgruppe wird mit Hydrazinhydrat u. Essigsäure vorgenommen. Die Aufarbeitung erfolgt nach 2 verschiedenen Meth., wenn das Rk.-Prod. wasserlösl. ist nach Meth. A, wenn wasserunlösl. nach Meth. B. — *L-β-[p-Methoxyphenyl]-α-aminopropionsäure-2-hydroxyäthylamid*, $C_{12}H_{18}N_2O_3$, F. 73—74° (Methylenchlorid–Ae.), $[\alpha]_D^{24}$ —65,51%; Meth. A: Zu einer heißen II-Lsg. (1,58 g) in 3,4 ml Äthylenglykolmonomethyläther, 0,2 ml Hydrazinhydrat, 12 Min. lang erwärmen, 0,86 ml Eisessig in 2,5 ml vorst. Lsgm. addieren, erwärmen u. eindampfen, Rest mit Methanol behandeln, filtrieren, Nd. weiter mit wenig Methanol waschen, Filtrat u. Wasch-Lsg. zusammen eindampfen, Rest in 25 ml W. aufnehmen, filtrieren, Filtrat mit Amberlite IRA-400 Anionenaustascherharz so lange rühren, bis pH 9 erreicht; Austauscher abfiltrieren, mit dest. W. waschen, Filtrat u. Wasch-Lsg. zusammen bei 35—40° eindampfen, Rückstand über P_2O_5 im Vakuum trocknen, in Methylenchlorid lösen, beim Kp. Ae. zugeben, bis Kristallisation beginnt. Ebenso: L-β-[p-Methoxyphenyl]-α-aminopropionsäureamide: *Unsubstituiert*, $C_{10}H_{14}N_2O_2$, F. 102—103° (Methylenchlorid–Ae.), $[\alpha]_D^{24}$ —60; 66%; *Diäthylamid*, $C_{14}H_{22}N_2O_2$·½ H_2O, Kp.$_{0,5}$ 110—120°, $[\alpha]_D^{24}$+49; 53%. — *L-β-[p-Methoxyphenyl]-α-aminopropionsäurebenzylamid*, $C_{17}H_{20}N_2O_2$, F. 89—90° (Methylenchlorid–Ae.), $[\alpha]_D^{24}$ —54; 66%. Meth. B: Behandlung der entsprechenden Phthaloyl-Verb. wie vorst. Verb. mit Hydrazinhydrat u. Eisessig. Nach Verdampfen des Methanols mit 0,5 n HCl behandeln, filtrieren, mit Säure waschen, Filtrat u. Waschmittel zusammen mit $NaHCO_3$ sättigen, 5mal mit Chlf. extrahieren, eindampfen, umkristallisieren. — *L-β-[p-Methoxyphenyl]-α-aminopropionsäureamid*, $C_{10}H_{14}N_2O_2$, F. 102—103° (Methylenchlorid–Ae.), $[\alpha]_D^{24}$ —60, durch 5tägiges Stehen einer Lsg. von 53,4 g L-p-Methoxyphenylalaninesterhydrochlorid in 1000 ml bei 0° mit NH_3 gesätt. Methanol, Eindampfen, Mischen des Restes mit 300 ml W., Filtrieren, Sättigen des Filtrats mit $NaHCO_3$, nach Zugabe von Chlf. Kristallisation; 81%. — Ebenso: *L-β-[p-Methoxyphenyl]-α-aminopropionsäurenonylamid*, $C_{19}H_{32}$·N_2O_2, F. 67—68° (Hexan); 58%; *-cyclohexylamid*, $C_{16}H_{24}N_2O_2$, F. 75—76° (Hexan–Ae.); 64%; *-phenylamid*, $C_{16}H_{18}N_2O_2$, F. 119—120° (Hexan–Ae.); 78%; *-piperidid*, $C_{15}H_{22}$·N_2O_2·CH_3COOH, F. 92—95° (Ae.); 56%; *-morpholid*, $C_{14}H_{20}N_2O_3$·½ H_2O, Kp.$_{0,5}$ 160 bis 170°; 81% (*Pikrat*), $C_{14}H_{20}N_2O_3$·$C_6H_3N_3O_7$, F. 187—188° (Zers.); 63%. — *Methyl-3-desoxy-3-(L-β-[p-methoxyphenyl]-α-aminopropionylamino)-β-D-ribofuranosid*, $C_{16}H_{24}$·N_2O_6, F. 122—123° (Methylenchlorid–Ae.), $[\alpha]_D^{25}$ +26,7 (Chlf.); durch Zugeben von 0,88 ml Chlorkohlensäureäthylester zu gekühlter Lsg. von 3,29 g L-N-Carbobenzoxyp-methoxyphenylalanin in 15 ml Dimethylformamid u. 1,14 g Methyl-3-amino-3-desoxy-β-D-ribofuranosid in 15 ml Dimethylformamid u. 2 ml Triäthylamin. Die Mischung wird nach 12 std. Stehen bei 60—70° eingedampft, Rest mit Chlf. u. W. behandelt, die Phasen getrennt, der Rückstand aus der organ. Phase krist. beim Behandeln mit Ae., F. 157—158°. Dieses Prod. wird in 50 ml abs. A. mit 1 g Pd-Kohlekatalysator u. 10 ml Äthylenglykolmonomethyläther suspendiert, H_2 durchgeleitet, bis kein CO_2 mehr im austretenden Gas, filtriert u. eingedampft. P. GREGORZEWSKI. 4330□

Antibakterielle Wirkung einiger 1-substituierter Anthrachinon-2-carbonsäuren. L. Boross und L. Ferenczy. (Naturwissenschaften **48.** 432—33. 1. Juni-H. 1961. Budapest, Ungar. Akad. der Wiss., Inst. für Biochem.; Szeged, Univ. der Wiss., Inst. für Pflanzenphysiol.) (Engl.)

Vff. untersuchten mit Hilfe des Agardiffusionstests die antibiot. Wrkg. von *Anthrachinon-2-carbonsäure* (I), sowie folgender Verbb.: *1-Hydroxy*-I, *1-Amino*-I u. *1-Nitro*-I. Die *1-Nitro-Verb.* ist unwirksam, die anderen gegenüber einigen grampositiven bei Konz. von 10^{-3} bis 10^{-4} wirksam. P. GREGORZEWSKI. 4330□

Der Einfluß von Amphotericin B auf den Hefestoffwechsel. Glen R. Gale. (J. Pharmacol. exp. Therapeut. **129.** 257—61. Juli 1960. Durham, N.C., Duke Med. Center, Dep. of Physiol. and Pharmacol. and Veterans Admin. Hosp.) (Engl.)

Amphotericin (I), ein Antimycotikum aus einer Streptomycesart, das sich bei Coccidioidomycosis u. Moniliasis als therapeut. wirksam erwies, wurde auf seine Wirksamkeit gegenüber *Candida albicans* untersucht. Es zeigte sich, daß die endogene O_2-Aufnahme der Hefe in Ggw. u. Abwesenheit von Substrat gehemmt wird. Die Oxydation von Glucose u. Essigsäure wird gleichfalls gehemmt. Möglicherweise sind diese Effekte auf eine Änderung der Permeabilität der Zellmembran zurückzuführen. Die Glykolyse der intakten Zellen wird stark beeinträchtigt, nicht jedoch die eines zellfreien Extrakts der Hefe oder die von Säugetiererythrocyten. Es ließ sich jedoch noch nicht klären, ob die prim. Schädigung der Hefe über die gehemmte Glykolyse erfolgt, oder ob die Glykolysehemmung lediglich eine Folge des Zelltodes infolge anderer Mechanismen ist. HANS THIELE. 4340□

Immunologische Untersuchungen an Clostridium thiaminolyticum Kimura et Liao. 1. Mitt. **Über die Immunologie von Clostridium thiaminolyticum.** Yoshinori Maeda. (Vitamins [Kyoto] **16.** 652—57. 1959. Osaka, Osaka Red Cross Hosp.) (Jap.; Auszug: Engl.)

Mit Immunseren, die durch Immunisierung von Kaninchen mit 4 *Clostridium thiaminolyticum*-Stämmen gewonnen wurden, wurde die Agglutination u. Präzipitation gegen *Clostridium thiaminolyticum, Bacillus aneurinolyticus, Bacillus thiaminolyticus* u. *Clostridium histolyticum H-22* unternommen. Es wurde bewiesen, daß Immunseren das spezif. Agglutinin enthalten u. nicht mit anderen Stämmen reagieren. P. GREGORZEWSKI. 4370□

Immunologische Untersuchungen an Clostridium thiaminolyticum Kimura et Liao. 2. Mitt. **Immunologische Untersuchungen am Kulturmedium von Clostridium thiaminolyticum.** Yoshinori Maeda. (Vitamins [Kyoto] **16.** 657—60. 1959.) (Jap.; Auszug: Engl.) — 1. vgl. vorst. Referat.

Kaninchen wurden mit Kulturmedium von *Clostridium thiaminolyticum* immunisiert u. die Präzipitation zwischen Immunserum u. Kultur-Fl. untersucht. Der äußerste Präzipitationstiter zeigte 2048fache Verdünnung des Serums, wenn das homologe Antigen verwendet wurde. P. GREGORZEWSKI. 4370□

Immunologische Untersuchungen an Clostridium thiaminolyticum Kimura et Liao. 3. Mitt. **Die Thiaminase im Überstand des Präzipitationstests.** Yoshinori Maeda. (Vitamins [Kyoto] **16.** 661—63. 1959.) (Jap.; Auszug: Engl.) — 2. vgl. vorst. Referat.

Nach Mischung des *Clostridium thiaminolyticum*-Mediums mit seinem Immunserum im Präzipitationstest wurde das Verschwinden der *Thiaminase* im Ringtest beobachtet. 73—84% verschwinden innerhalb 2 Std., damit ist die Existenz einer *Antithiaminase* im Immunserum nachgewiesen. P. GREGORZEWSKI. 4370□

Immunologische Untersuchungen an Clostridium thiaminolyticum Kimura et Liao. 4. Mitt. **Hemmung der Thiaminase-Aktivität.** Yoshinori Maeda. (Vitamins [Kyoto] **16.** 663—64. 1959.) (Jap.; Auszug: Engl.) — 3. vgl. vorst. Referat.

Durch Zugabe von Immunseren gegen *Clostridiumthiaminolyticum*-Kulturmedium zu *Thiaminase* wird deren Aktivität um 25—67% vermindert. Das ist ein Beweis für die Existenz einer *Antithiaminase* im Immunserum. P. GREGORZEWSKI. 4370□

Die Reaktion einiger Stämme von Viren der Newcastleschen Krankheit und der Geflügelpest gegenüber zwei Chinonen. M. K. Tolba und Josephine K. Eskarous. (Arch. Mikrobiol. **34.** 325—32. 1959. Cairo, Univ. of Cairo, Fac. of Sci., Dep. of Botany.) (Engl.)

Thymochinon u. *Toluchinon* red. beträchtlich die Infektionskraft von Stämmen der Viren der Newcastleschen Krankheit u. der Geflügelpest. Der Einfl. auf das Hämagglutionationsvermögen ist dagegen gering. Toluchinon war bei den durchgeführten Verss. wirksamer. Das Verh. der verschiedenen Virusstämme ist nicht einheitlich. ST. TANNEBERGER. 4374□

Enzymatische Wirkung des Influenzavirus auf Stroma-Komponenten menschlicher Erythrocyten. Calderon Howe, Harry M. Rose und Louis Schneider. (Proc. Soc. exp. Biol. Med. **96.** 88—94. Okt. 1957. Columbia, Mo., Univ., Coll. of Physic. and Surg., Dep. of Microbiol.) (Engl.)

Die Ggw. eines Chromogens im Stroma menschlicher Erythrocyten, das auf Grund der direkten EHRLICH- u. BIAL-Rkk. Absorptionsspektren aufweist, die mit denen von *Sialsäure* (I) ident. sind, wurde zum ersten Male bestätigt. Aus 7—11% des Chromogens enthaltenden Erythrocytenstroma konnte durch partielle Dialyse ein akt. wasserlösl. Inhibitor isoliert werden. 30—40% des Chromogens aus dem rohen Stromakonzentrat u. mehr als 56% des gereinigten Inhibitors wurden mit dem Influenzavirus dialysierbar gemacht. Chromatograph. Analyse läßt die Folgerung zu, daß das dialysierbare Chromogen höchstwahrscheinlich I ist. L. MACHER. 4374□

Elektronischer Paramagnetismus in Bakteriophagen. A. Müller, G. Hotz und K. G. Zimmer. (Z. Naturforsch. **16b.** 658—62. Okt. 1961. Karlsruhe, Kernforschungszentrum, Inst. für Strahlenbiol.) (Dt.)

Hochgereinigte, getrocknete Coliphagen T1 u. T2 zeigten bei der Prüfung auf Elektronenspinresonanzabsorption im 3 cm-Band neben normaler Mikrowellenabsorption sehr breite Linien (ca. 1000 Gauß). Alle vorkommenden Spektren sind im wesentlichen als Kombination von 4 Linien (Maxmina bei ca. 1100, 1600, 2800, 3400 Gauß Feldstärke) anzusehen. Bei ca. 3400 Gauß war eine relativ schmale Linie überlagert, wie sie von freien Radikalen herrührt. Gereinigte Nucleinsäure aus T2 u. gereinigtes Hüllenprotein („ghosts") gaben ein den intakten Phagen ähnliches Signal. Diskussion des möglichen Ursprungs der beobachteten Linien. K. MAIER. 4374□

Die Struktur eines Reservepolysaccharids (Paramylon) aus Peranema trichophorum. W. L. Cunningham, D. J. Manners und J. F. Ryley. (Biochem. J. **82.** 12P. Jan. 1962. Alderley Park, Macclesfield, Cheshire, Imperial Chem. Ind. Ltd.; Edinburgh, Univ., Dep. of Chem.) (Engl.)

Reinkulturen des Flagellaten *Peranema trichophorum* wurden in einem Milch enthaltenden Erdextraktmedium kultiviert, die gewachsenen Zellen durch Zentrifugieren gesammelt, in Methanol aufbewahrt u. anschließend durch Ultraschall zerstört. Protein wurde durch trypt. Abbau entfernt u. die *Paramylon* (I)-Granula mit A. gefällt u. getrocknet. I ist unlösl. in W., lösl. in 5n NaOH. Stufenweise Hydrolyse mit 90%ig. Ameisensäure u. 2n H_2SO_4 gibt *D-Glucose* in einer Ausbeute von 97%. Eine teilweise Säurehydrolyse ergibt homologe Serien von Oligosacchariden mit R_G-Werten, ähnlich jenen aus Laminarin. Die Anwesenheit von β-glucosid. (β-1.3)-Bindungen konnte durch IR-Spektrum nachgewiesen werden. Das Polysaccharid (II) aus P. trichophorum wurde in seinen Eigg. mit II anderer Flagellaten verglichen. I scheint als Reservekohlenhydrat zu fungieren, da die Menge u. Größe seiner Granula vom physiolog. Zustand der Organismen abhängig sind. M. LORENZ. 4380□

E_4. Pflanzenchemie. Pflanzenphysiologie. Pflanzenpathologie

Entstehung des Ruhezustandes in Pflanzen. Umweltseinflüsse verursachen das Einsetzen des Ruhezustandes. A. Vegis. (Experientia [Basel] **12.** 94—99. 15/3. 1956. Uppsala, Univ., Inst. of Physiol. Bot.) (Engl.; Auszug: Dt.)

Ein Starre- bzw. Ruhezustand von Ruheknospen u. Samenembryonen kann unter natürlichen Verhältnissen durch die Einw. von Temp., die oberhalb des für das beginnende Streckenwachstum der Vegetationspunkte erforderlichen Temp.-Bereiches liegen, hervorgerufen werden. Der den Forderungen der aeroben Atmung entsprechende Sauerstoffzustrom wird bei Überschreitung der maximalen Wachstums-Temp. nicht mehr gesichert. Wachstumseinstellung u. Ruheeintritt entstehen durch die im Zusammenhang mit der Einschränkung der aeroben Atmung stehenden Stoffwechselveränderungen, wie Bldg. von Hemmstoffen u. Lipoidanhäufungen in den Grenzschichten des Plasmas. Es wird vermutet, daß die Aktivität der Enzyme der Atmungskette bei jungen meristemat. Zellen gering ist, u. daß die bei hohen Temp. entstehenden

Hemmstoffe die H-Übertragung erschweren. Völlig ausgeruhte Vegetationspunkte sind durch die Wrkg. hoher Temp. nicht mehr in Ruhe zu versetzen. H.-P. PIETSCH. 4404□

Unterschiede in der Mineralstoff-Zusammensetzung von Cox-Orange-Pippin-Äpfeln. B. G. Wilkinson und M. A. Perring. (J. Sci. Food Agric. **12.** 74—80. Jan. 1961. Larkfield, Maidstone, Kent, Ditton Labor.) (Engl.)

Übersicht über den Geh. von Cox-Orange-Pippin-Äpfeln verschiedener Provenienz an *N, P, K, Mg* u. *Ca.* E. LÜCK. 4410□

Die chemische Natur der „Luftphytoncide" von Blattpflanzen, insbesondere von Robinia pseudacacia. 2. Mitt. **Über Abwehrstoffe von Pflanzen.** H. Schildknecht und G. Rauch. (Z. Naturforsch. **16b.** 422—29. Juli 1961. Erlangen, Univ., Inst. für Organ. Chem.) (Dt.) — 1. vgl. C. **1962.** 8305.

Das „Luftphytoncid„ von *Robinia pseudoacacia* wird angereichert u. durch UV- u. IR-Spektren (vgl. Original), direkten Vgl. des *2.4-Dinitrophenylhydrazons* ($C_{12}H_{14}N_4O_4$, F. **144—145°**) mit einem synthet. dargestellten Präp. als *trans-Δ^2-Hexenal* (**I**) erkannt. **I** wird auch von den unverletzten Blättern ausgeschieden u. kommt in zahlreichen anderen Pflanzenarten vor. Von anderen untersuchten gesätt. u. ungesätt. Aldehyden zeigen im Ciliatentest die ungesätt. Aldehyde allg. protistocide Wrkg., wobei jedoch nur Acrolein etwa die gleiche Wrkg. wie **I** aufweist. Mit Rücksicht auf die Wuchsstoff-Wrkg. von **I** wird für diese Gruppe pflanzlicher Wirkstoffe die Bezeichnung „Phytone" vorgeschlagen. F. HELLER. 4420□

Über Harnstoffderivate im Siebröhrensaft. Hubert Ziegler und Margarete Schnabel. (Flora [Jena] **150.** 306—17. 29/4. 1961. Darmstadt, TH, Botan. Inst.) (Dt.)

Bei *Acer. platanoides, Ar. pseudoplatanus, Ar. macrophyllum* u. *A. velutinum* finden sich in dem durch Anschneiden des Phloems gewonnenen Siebröhrensaft größere Mengen von *Allantoinsäure,* daneben wenig *Allantoin.* Bei *A. rufinerve, A. saccharum, Platanus acerifolia* u. *Aesculus hippocastanum* ist der Gesamtallantoin-Geh. der Zapfsäfte so gering, daß er möglicherweise durch eine Verunreinigung durch die Rinde bedingt ist. *Glyoxylsäure* fehlt im Siebröhrensaft der genannten u. aller anderen untersuchten Arten. Bei einer panaschierten Form von *A. pseudoplatanus* war die Gesamtallantoin-Konz. im Siebröhrensaft stark erhöht. Im Herbst nimmt bei *A. palatanoides* der Gesamtallantoin-Geh. im Siebröhrensaft zu. Der Anteil des Gesamtallantoins an lösl. N_2 im Siebröhrensaft ist beträchtlich (im Durchschnitt ca. 10%), liegt aber wesentlich tiefer als bei den Blutungssäften. In den Siebröhrensäften von *Betula pubescens, Alnus koehnei, Carpinus betulus, Ostrya carpinifolia* u. *Juglans cordiformis var. ailanthifolia* tritt *Citrullin* in ansehnlichen Mengen auf. Der Siebröhrensaft von *Robinia pseudoacacia* enthält *Canavanin.* H. ZELLER. 4420□

Fettsäurenbestandteile des Samenfetts von Albizzi Lebbek. A. Sengupta und M. M. Chakrabarty. (Indian J. appl. Chem. **21.** 227—29. 1958. Calcutta, Calcutta Univ., Birla Coll., Pilani, Rajasthan, Dep. of Appl. Chem.) (Engl.)

Durch Extraktion der Samen mit PAe. wird ein Öl mit folgenden Kennzahlen erhalten: Verseifungsäquivalent 290,2; JZ. (WIJS) 114,3; Unverseifbares 1,6%; Brechungsindex bei 40° = 1,4683. Die Gesamtfettsäuren werden durch Tieftemp.-Kristallisation aus acetoniger bzw. äther. Lsg. in 3 Fraktionen zerlegt, deren jede spektrophotometr. bzw. durch fraktionierte Dest. der Methylester auf ihre Komponenten geprüft wird; danach setzt sich das Samenöl der in die Familie der Mimosodeae gehörigen *Albizzi Lebbek* aus folgenden Fettsäuren zusammen: *Myristin-* (2,03%), *Palmitin-* (19,07), *Stearin-* (11,52), *Öl-* (8,62), *Linol-* (57,54), *Linolensäure* (1,22). Vgl. der Ergebnisse mit bisher vorliegenden Angaben des Schrifttums. K. TÄUFEL. 4420□

Moos-Anthocyanine. Gerd Bendz und Olle Mårtensson. (Acta chem. scand. **15.** 1185. 1961. Uppsala, Univ. of Uppsala, Chem. Inst., Res. Labor.) (Engl.)

Aus *Bryum cryophilum* O. Mart. wurden 2 krist. Anthocyanine isoliert u. an Cellulosesäulen chromatograph. getrennt. Als Aglykon wurde *Luteolinidin* identifiziert. Wahrscheinlich handelt es sich um *Luteolinidin-5-diglucosid* u. um *Luteolinidin-5-monoglucosid.* D. GROSS. 4420□

Astragalin und Kaempferol-3.7-diglucosid — Die Flavonolglykoside weißer Paeonienblüten. Kurt Egger. (Z. Naturforsch. **16b.** 430—31. Juli 1961. Heidelberg, Univ., Botan. Inst.) (Dt.)

Durch Extrahieren von 250 g frischen Petalen von *Paeonia albiflora L.* var. *hortensis* mit sd. W. werden 50 mg *Astragalin* [*Kämpferol* (**I**)-*3-glucosid, Monohydrat,* F. 177°; R_F 0,62 (PARTRIDGE-Gemisch), 0,54 (Chlf./Eisessig, 2:3, mit W. gesätt.), 0,20 (W.)] u. 50 mg eines neuen Flavonolglykosids, *Paeonosid* [**II**; *Pentahydrat,* F. 233° (A.), R_F 0,30; 0,31; 0,52] isoliert. Die Konstit. von **II** als **I**-*3.7-Diglucosid* wird durch Hydrolyse zu 1 Mol *Glucose* u. *Populnin* (**I**-*7-Glucosid,* R_F 0,60; 0,52; 0,05) u. dessen Hydrolyse zu je 1 Mol **I** u. *Glucose* bewiesen. — IR-Spektren von **II** vgl. Original. F. HELLER. 4420□

Isolierung von Diosgenin und Gitogenin aus Solanum sodomeum L. Heinrich Sander. (Naturwissenschaften **48.** 303—04. 2. April-H. 1961. Marburg/Lahn, Univ., Botan. Inst.) (Dt.)

Es wird über die Isolierung von *Gitogenin* (**I**) neben Steroidalkaloiden aus *Solanum sodomeum L.* berichtet. Aus Blättern u. Triebspitzen wurde nach Ammoniakfällung, Butanolextraktion, Ätherfällung u. anschließender saurer Hydrolyse *Diosgenin* (**II**) isoliert, F. 205—208°, $[\alpha]_D^{22}$ —120° (Chlf., c = 0,39). Aus unreifen Früchten wurden *Solasodin*, F. 198—200°, $[\alpha]_D^{21}$ —98,8° (CH_3OH, c = 0,487) aus CH_3OH/Chlf. u. *Solasodien*, F. 171—173°, $[\alpha]_D^{21}$ —160° (Chlf., c = 0,463) aus Aceton, ebenso wie in sich zersetzenden Früchten erhalten. In gesunden Früchten treten daneben **II** u. **I**, F. 269 bis 272°, $[\alpha]_D^{24}$ —67,0° (Chlf., c = 0,267) u. vermutlich auch *Tigogenin* auf. Der **I**-Nachw. wurde dünnschichtchromatograph. geführt, **I**-*Acetyl-Deriv.*, F. 245—247°.

W. WINTER. 4420□

Lösliche Braunfärbungs-Pigmente des gealterten Burley-Tabaks. 1. Mitt. Nichtdialysierbare Fraktion. H. E. Wright jun., W. W. Burton und R. C. Berry jun. (Arch. Biochem. Biophysics **86.** 94—101. Jan. 1960. Richmond, Va., American Tobacco Co.) (Engl.)

Als Vers.-Material dienten gealterte Blätter des Burley-Tabaks, US-Type 31. Wss. Extrakte wurden dialysiert, der Rückstand wurde mit Aceton versetzt. Aus der wss. Lsg. des Acetonpräcipitats wurde mit Essigsäure ein braunes Pigment ausgefällt, das als *Fe-Protein-Chlorogensäure-Rutin*-Komplex (Geh. ca. 0,32% des Trocken-Gew. der Blätter) identifiziert wurde. Das Acetonpräzipitat enthält außerdem ein essigsäurelösl. braunes Pigment von qual. ähnlicher Zus. u. ein Polysaccharid. U. MOTHES. 4420□

Die Verteilung von Thiamin im Samen von verschiedenen Bohnenarten. Shinjiro Chikubu und Ritsuko Takamura. (Vitamins [Kyoto] **24.** 24—26. 1961. Tokyo, Ministry of Agric. and Forestry, Food Res. Inst.) (Jap.; Auszug: Engl.)

Der *Thiamin* (**I**)-Geh. wurde durch histochem. u. chem. Meth. festgestellt. In der Saubohne, *Azuki*-Bohne, „sasage bean" u. Bohne war der **I**-Geh. im Embryo höher als im Kotyledon. In Erdnüssen u. Sojabohnen war der **I**-Geh. im Kotyledon beträchtlich höher als im Embryo, u. in Erbsen im Embryo u. Kotyledon gleich. J. HAHN. 4425□

Der Einbau von radioaktivem Jod in organische Verbindungen bei verschiedenen Angiospermen. L. Fowden. (Physiol. Plantarum [Copenhagen] **12.** 657—64. 1959. London, Univ. Coll., Dep. of Botany.) (Engl.)

An junge Pflanzen von *Salicornia perennis* u. *Aster tripolium* als Vertreter der Salzpflanzen u. an *Phaseolus aureus* sowie *Hordeum vulgare* als Mesophyten wurde über die Wurzel ^{131}J verfüttert. Die Pflanzen wurden nach 3 bzw. 5 Tagen mit 70%ig. A. extrahiert u. der Rückstand alkal. hydrolysiert. Die Salzpflanzen bauten 1,36 bzw. 0,29% des ^{131}J in Protein ein. Aus dem Hydrolysat konnten radioakt. *3.5-Dijodtyrosin* (**I**), *3.5-Dijodthyronin* (**II**) u. *3.5.3'-Trijodthyronin* (**III**) papierchromatograph. identifiziert werden, außerdem treten noch unbekannte jodierte Aminosäuren auf. Die Mesophyten bauten nur 0,058 bzw. 0,0054% ^{131}J in das Protein ein. Als einzige radioakt. Aminosäure des Proteins wurde **I** gefunden. Bei Phaseolus treten noch **I**, **II** u. **III** als freie Aminosäuren auf. D. MUNSCHE. 4460□

Der Syntheseort der Lupinen-Alkaloide. T. Kazimierski und E. Nowacki. (Bull. Acad. polon. Sci., Sér. Sci. biol. **8.** 587—89. 1960. Poznań, Coll. of Agric., Dep. of Genetics and Plant Breeding.) (Engl.)

Durch Pfropf-Verss. zeigten Vff., daß die *Lupinenalkaloide* (**I**) in den grünen Teilen der Pflanze synthetisiert werden. Die in den alkaloidreichen Teilen des Pfropfbastards gebildeten **I** werden in den alkaloidarmen Teilen in Form der charakterist. oxydierten **I** akkumuliert. Dabei ist nicht ausgeschlossen, daß in dem alkaloidarmen Stamm die **I** aus Vorstufen aufgebaut werden können, die aus dem alkaloidreichen bitteren Reis stammen. H. W. LIEBISCH. 4460□

Hemmende Wirkung von Trispuffer auf die Hill-Reaktion in isolierten Chloroplasten. Günter Jacobi. (Naturwissenschaften **48.** 577. 1. Sept.-H. 1961. Hannover, Tierärztl. Hochschule, Botan. Inst.) (Dt.)

Es wurde der Einfl. von *Tris-* u. Phosphatpuffern auf die HILL-Rk. mit *Ferricyanid* bei isolierten Chloroplasten von Spinat untersucht. Ältere, zu alkal. oder zu hoch konz. Tris-Lsgg. hemmen im Gegensatz zu entsprechenden Phosphatpuffern die Reaktion. Als Ursache für die Hemmwrkg. muß in erster Linie eine chem. Zers. von *Trihydroxyaminomethan* in Betracht gezogen werden. Wahrscheinlich wird *Formaldehyd* freigesetzt, das sek. auf das Elektronentransport-Syst. der Chloroplasten wirkt. Die Zers. wäre um so größer, je alkal. das Milieu ist. U. MOTHES. 4460□

Verteilung von Plastocyanin in Pflanzen, unter besonderer Berücksichtigung seiner Lokalisierung in Chloroplasten. Sakae Katoh, Ikuko Suga, Irie Shiratori und Atusi Takamiya. (Arch. Biochem. Biophysics **94.** 136—41. Juli 1961. Tokyo, Univ. of Tokyo, Fac. of Sci., Dep. of Biophysics and Biochem.) (Engl.) — Vgl. C. **1962.** 521.

Plastocyanin (**I**) wurde in Spinat, Petersilie, Möhren Rüben, *Allium fistulosum* u. *Chrysanthemum coronarium* gefunden, allerdings nur in grünen Organen, nicht in etiolierten Blättern oder Wurzeln. Die Konz. in den Blättern beträgt 0,2—1,4 γ Cu (aus **I**)/kg Frischgewicht. Bei *Rhodopseudomonas palustris* kommt **I** nicht vor. Etwa die Hälfte des in den Chloroplasten vorhandenen Cu stammt aus **I**; 1 **I**-Cu-Atom kommt auf ca. 300 Mol. Chlorophyll (bei Spinatblättern). Chloroplastenfragmente enthalten **I** in ähnlicher Konzentration. Da man **I** aus intakten u. fragmentierten Chloroplasten nur unter bestimmten Bedingungen auswaschen kann, ist anzunehmen, daß **I** mit den Chlorophyll-tragenden Suprastrukturen der Chloroplasten assoziiert ist. U. MOTHES. 4460□

Die Wirkung einer Vorbelichtung auf die Bildung von Phycobilinpigmenten in der Blaugrünalge Tolypothrix tenuis. Akihiko Hattori und Yoshihiko Fujita. (J. Biochemistry [Tokyo] **46.** 1259—61. Sept. 1959. Tokyo, Univ. of Tokyo, Inst. of Appl. Microbiol.) (Engl.)

Tolypothrix tenuis wurde 24 Std. mit 20000 Lux belichtet u. dann im Dunkeln weiterkultiviert. Während der Periode der „Vorbelichtung" nahm *Phycobilin* ab, während der *Chlorophyll*- u. *Carotinoid*-Geh. auf gleicher Höhe blieb. Zellen, die mit ungefiltertem Licht bestrahlt wurden, bildeten schnell *Phycoerythrin* (**I**). Anwesenheit von NO_3^- während der Vorbelichtung scheint ungünstig für die Pigment-Bldg. zu sein. Unter anaeroben Bedingungen geschah keine Pigmentbildung. Rotes Licht in der „Vorbelichtung" verursachte Bldg. von *Phycocyanin,* dagegen nicht von **I**. NO_3^- ist hier für die Pigment-Bldg. unerläßlich. W. HILLER. 4460□

Über die Bildung von Protochlorophyll in normalen grünen Weizenblättern verschiedenen Alters. Hemming I. Virgin. (Physiol. Plantarum [Copenhagen] **14.** 384—92. 1961. Uppsala, Royal Agric. Coll., Inst. of Plant Physiol.) (Engl.)

Die Höhe des *Protochlorophylls* (**I**), das sich in im Dunkeln gehaltenen Weizenblättern bildet, ist abhängig vom Entw.-Stadium. Blätter zeigen vor der Elongationsperiode höhere **I**-Geh. als nach der Streckung. Haben die Blätter die Gesamtlänge erreicht, ist keine **I**-Bldg. in der Dunkelheit mehr zu beobachten. Das Maximum der **I**-Bldg. findet statt, wenn die Blätter 3—4 Tage alt sind, nach 10 Tagen ist keine **I**-Bldg. mehr festzustellen. W. HILLER. 4460□

Das abgefangene Primärprodukt der Photosynthese bei grünen Pflanzen. Alexander Müller und H. T. Witt. (Nature [London] **189.** 944—45. 18/3. 1961. Marburg/Lahn, Univ., Physik.-chem. Inst.) (Engl.)

Mittels einer Blitzlichtphotometrie-Meth. wurden während der Photosynth. in grünen Pflanzenzellen 5 Typen (0, 1, 2a, 2b, 3) von Absorptionsänderungen beobachtet. Typ 1: Wahrscheinlich Bldg. eines metastabilen Zustandes von *Chlorophyll* a_1 ($\tau \approx 5 \cdot 10^{-5}$ s), der eine Elektronenübertragung zwischen einem Elektronendonator (D) u. -acceptor (A) vermittelt. Typ 2: Negative Maxima bei ca. 420 u. 475 mμ, 1 positives bei 515 mμ. Nach PAe.-Extraktion sind die Änderungen bei 475 u. 515 mμ verschwunden (Typ 2b, Verschiebung des negativen Maximums nach ca. 425 mμ) u. eine geringfügige positive Absorptionsänderung bei ca 530 mμ zu beobachten (Typ 2a). Beim Belichten von Spinatchromophoren bei -150^0 tritt, im Gegensatz zu 2a, Typ 2b nicht auf. Nach Abschaltung des Lichtes sind die Änderungen bei ca. 425 u. ca. 530 mμ bei -150^0 nicht reversibel (Abfangung eines der beiden Primär-Prodd. D^+ oder A^- ?). Das abgefangene Prod. ist wahrscheinlich mit der oxydierten Form eines Cytochroms ($D^+ \equiv Cyt^+$) identisch. Die geringe positive Absorptionsänderung bei ca. 530 mμ tritt normalerweise nicht bei der Cytochromoxydation auf. K. MAIER. 4460□

Die Wanderung von Photosyntheseprodukten in Apfelbäumen: 1. Mitt. $^{14}CO_2$-**Assimilationstechnik.** D. L. Abbott und C. P. Lloyd-Jones. (Annu. Rep. agric. horticult. Res. Stat., Long Ashton, Bristol **1958.** 56—58.) (Engl.)

Es werden 2 Behälter aus *Perspex* zur Applikation von $^{14}CO_2$ an ein oder mehrere Apfelbaumblätter beschrieben, mit denen Assimilations-Unterss. an Gewächshaus- u. Freilandpflanzen durchgeführt werden können. W. SCHENK. 4460□

Untersuchungen über die Dynamik der Nahrungsstoff-Aufnahme bei Getreidepflanzen. 29. Mitt. **Über den Mechanismus der Aufnahme und Translokation von $H_3{}^{32}PO_4$ in den Wurzeln von Weizenkeimlingen.** Shingo Mitsui und Kozo Ishizuka. (Soil Plant Food [Tokyo] 6. 7—15. Sept. 1960. Tokyo, Univ., Dep. of Agric.) (Engl.) — 28. vgl. J. Sci. Soil Manure, Japan [Nippon Dojohiryogaku Zasshi] **31.** [1960.] 265.

7—10 Tage alte Weizenkeimlinge wurden mit den Wurzeln kurze Zeit in eine $H_3{}^{32}PO_4$-haltige Lsg. getaucht, die 1 ppm NaH_2PO_4 als Trägermaterial enthielt. In den Wurzeln wurden vor allem säurelösl. organ. Phosphate gefunden: Nucleotide, wie *Adenosintriphosphat*, Zuckerester, wie *Fructose-1.6-diphosphat* u. *Hexose-6-phosphate* (I), letztere besonders reichlich. Die Abwanderung von ^{32}P in den Sproß geht parallel mit einer Abnahme der organ. Phosphate in der Wurzel. Im Gegensatz zu *Malonat*, *trans-Aconitat* u. I wird die Translokation von ^{32}P durch *Glucose*, *Glucosamin*, *Pyruvat*, *Succinat*, *Citrat*, *Phlorrhizin*, *Monojodacetat*, *NaF* u. *o-Phenanthrolin* gehemmt oder verhindert. U. MOTHES. 4470 □

Eine Wirkung von pH und Bicarbonat auf die Salz-Akkumulation von Speichergewebe-Scheiben. R. G. Hurd. (J. exp. Botany **10.** 345—57. Okt. 1959. London, King's Coll., Dep. of Bot.) (Engl.)

Die Aufnahme von K^+ wird im allg. bei pH 8,5 (im Vgl. zu pH 6,5) stimuliert, vor allem in Anwesenheit von HCO_3^-. Speichergewebe, das keinen oder nur einen geringen pH-Effekt zeigt, akkumuliert nur wenig HCO_3^-. Bei Artischockengewebe wird im alkal. Medium auch die Cl^--Aufnahme gesteigert. Das Verhältnis aufgenommener Kationen/Anionen (inklusive HCO_3^-) ist ca. 1 : 1. Als Vers.-Pflanzen dienten Kartoffel, Zucker- u. Rote Rübe, Artischocke, Pastinake, Möhre u. Schwedenwurzel. U. MOTHES. 4470 □

Akkumulation von Kalium, Cäsium-134 und Rubidium-86. in Bohnenpflanzen, die in Nährlösungen gewachsen waren. J. F. Cline und F. P. Hungate. (Plant Physiol. **35.** 826—29. Nov. 1960. Richland, Wash., Gen. Electr. Co., Hanford Labor., Biol. Operat.) (Engl.)

Bei Bohnenpflanzen (*Phasaeolus vulgaris*) wurde die Aufnahme von ^{137}Cs u. ^{86}Rb in Abhängigkeit von der K-Konz. untersucht. Zugabe von K red. die Aufnahme von Cs u. Rb, gleichzeitig damit nimmt die Toxizität von Cs u. Rb für die Pflanze ab. Die Pflanzen wurden im Alter von 7 Tagen in die Test-Lsg. gestellt u. 16 Tage darin belassen. Die Test-Lsg. wurde aller 3 Tage erneuert. U. MOTHES. 4470 □

Einige Wirkungen von Ammoniak auf den pflanzlichen Stoffwechsel und ein möglicher Mechanismus für die Giftwirkung des Ammoniaks. H. M. Vines und R. T. Wedding. (Plant Physiol. **35.** 820—25. Nov. 1960. Riverside, Calif., Univ. of California, Citrus Exp. Stat., Dep. of Plant Biochem.) (Engl.)

Als Vers.-Material dienten isolierte Gerstenwurzeln, Blatt- u. Wurzelscheiben von Zuckerrübe, Roter Rübe u. Spinat u. Zellen von *Chlorella pyrenoidosa*. Im WARBURG-App. wurde die Atmung in Abhängigkeit vom NH_3-Geh. des Mediums gemessen. Durch 1,6—3,3·10^{-3}m gasförmiges NH_3 wird die Atmung der Gerstenwurzeln um 23—78% gehemmt. Bei Verw. von Ammoniumsalzen steigt die Atmungshemmung mit zunehmendem pH, wobei $(NH_4)_2SO_4$ u. NH_4Cl stärker tox. wirken als $(NH_4)CO_3$. In parallelen Verss. wurde festgestellt, daß gasförmiges NH_3 u. undissoziiertes Ammoniumsalz (Konz.-Best. durch pH der Puffer-Lsg.) bei gleicher Konz. etwa gleich starke Atmungshemmung hervorrufen. Damit scheint bewiesen zu sein, daß das undissoziierte Mol. für die Gift-Wrkg. verantwortlich ist. Die Wurzeln wurden mit Lsgg. von *Glucose*, *Citrat*, *Pyruvat*, *α-Ketoglutarat* oder *Malat* infiltriert u. danach mit 3·10^{-3}m undissoziiertem Ammoniumsalz behandelt. Die Atmungshemmung blieb gleich. Keine der zugeführten Verbb. schien nach der NH_3-Behandlung oxydiert zu werden. Ähnliche Ergebnisse zeigten sich mit Blatt- u. Wurzelscheiben von Zuckerrübe u. Spinat. Es wurde gefunden, daß durch NH_3 die Permeabilität der Zellen verändert wird (Verlust von *Anthocyanidin* aus Scheiben von Roten Rüben u. von ^{35}S-markierten Verbb. aus *Chlorella*-Zellen). Die Veratmung von Säuren des KREBS-Cyclus wurde auch bei Mitochondrien-Präpp. aus Roten Beeten untersucht. Durch NH_3-Behandlung wurde wie bei Gewebescheiben die Oxydation der Verbb. gehemmt, mit Ausnahme von *Succinat*, das kein *Diphosphopyridinnucleotid* (DNP) als Cofaktor benötigt. Ausführliche Diskussion der Beziehungen zwischen DNP Red. u. NH_3-Toxizität. U. MOTHES. 4470 □

Einflüsse der Stickstoffernährung auf die Nicotin-Synthese in der Tabakpflanze. Daisuke Yoshida und Tatsuo Takahashi. (Soil Plant Food [Tokyo] **6.** 1—6. Sept. 1960. Japan Monopoly Corp., Hatano Tobacco Exp. Stat.) (Engl.)

In Feld-Verss. wurde festgestellt, daß sich eine gesteigerte N-Düngung (als *Harnstoff*) günstig auf die *Nicotin*-Synth. u. dessen Akkumulation auswirkt, sofern sie nach dem Köpfen der Pflanzen erfolgt. Der Geh. an *Chlorogensäure* ist umgekehrt proportional dem *Nicotin*-Geh. u. sinkt mit steigender N-Aufnahme. U. MOTHES. 4470 □

Kennzeichnung von Mineralsalzmangelzuständen bei Grünalgen mit analytisch-chemischer Methodik. 1. Mitt. Kohlenhydratspiegel, organischer Stickstoff und Chlorophyll bei Kalimangel im Vergleich mit Magnesium- und Manganmangel. A. Pirson und Samir S. A. Badour. (Flora [Jena] **150.** 243—58. 29/4. 1961. Göttingen, Univ., Pflanzenphysiolog. Inst.) (Dt.)

Es werden K-, Mg- u. Mn-Mangelzellen von *Chlorella vulgaris* während der Anzucht u. im Erholungsverlauf durch Best. von Gesamtkohlenhydraten, Protein u. lösl. N_2 analyt. untersucht. Dabei wird festgestellt, daß K-Mangelzellen ein Stadium mit relativ hohem Kohlenhydrat durchlaufen, während der Eiweißumsatz erst in späten Mangelstadien unmittelbar in Mitleidenschaft gezogen wird. Der Chlorophyll-Geh. wird bei K-Mangel u. im Erholungsverlauf grundsätzlich unabhängig vom Protein verändert. Bei Mg-Mangel macht sich frühzeitig eine Störung des N_2-Stoffwechsels bemerkbar. Auch hier kommt es vorübergehend zu einer Anhäufung nicht verarbeiteter Kohlenhydrate. Bei Mn-Mangelzellen ist analyt. eine zunächst ganz selektive Erniedrigung des Kohlenhydratspiegels zu beobachten. Die untersuchten spezif. Mangelmerkmale werden mit den früher von Vff. untersuchten kurzfristigen Gaswechsel-Rkk. der Mangelzellen in kausalen Zusammenhang gebracht. H. ZELLER. 4470□

Über den Nucleinsäuregehalt gibberellsäurebehandelter Tomatenpflanzen. Hans Altmann und Oswald Kiermayer. (Naturwissenschaften **48.** 578—79. 1. Sept.-H. 1961. Seibersdorf, Inst. für Biol. u. Landwirtsch. des Reaktorzentrums; Linz, Biolog. Forschungsabt. der Österr. Stickstoffwerke A. G.) (Dt.)

Es wurde die Nucleinsäure in *Gibberellin* (I)-behandelten Tomatenpflanzen bestimmt. Die Synth. von *Desoxyribonucleinsäure* (DNS) wird scheinbar durch I gefördert. Damit wird das Verhältnis DNS/*Ribonucleinsäure* (RNS) gestört. Das Verhältnis RNS/Protein bleibt wahrscheinlich auch bei I-Behandlung konstant. U. MOTHES. 4485□

Die Wachstumssubstanzen von Theobroma cacao. 2. Mitt. R. Nichols. (Rep. Cacao Res. **1959.** **44**—47. Sept.) (Engl.)

Cacaoutin I ist in Früchten nur in geringen Konzz. vorhanden, es scheint der *β-Indolylessigsäure* (I) ähnlich zu sein. Der R_F-Wert stimmt mit der I überein, die Farbreaktionen mit $FeCl_3/HClO_4$ sind jedoch abweichend. Schlafende Knopsen zeigten keine Auxin-Geh. zwischen den einzelnen Austrieben. Vf. beschreibt Teste, die für den Nachw. geringer Auxinmengen geeignet sind u. bei denen nur in Agar übergegangene Stoffe nachgewiesen werden. W. HILLER. 4485□

Verstärkung der wachstumsfördernden Aktivität des Gibberellins durch Hydrangenol, das aus den Blättern von Hydrangea macrophylla isoliert wurde. S. Asen, H. M. Cathey und N. W. Stuart. (Plant Physiol. **35.** 816—19. Nov. 1960. Beltsville, Md., U. S. Dep. of Agric., Agric. Res. Serv., Crops Res. Div.) (Engl.)

Aus Hortensienblättern wurde *Hydrangenol* (*4'.8-Dihydroxy-3.4-dihydroisocumarin*) u. sein *Aglykon* (I) isoliert. Die physiolog. Wrkg. von I wurde bei Mais-, Erbsen- u. Bohnenkeimlingen getestet. I fördert die Wrkg. von *Gibberellsäure* (II), wenn diese in niedrigen Konzz. appliziert wird. Ohne II hat I keine oder nur eine geringe wachstumsfördernde Wirkung. Wird II in größeren Konzz. appliziert, verstärkt I die II-Wrkg. nicht, meist wird nach Zugabe von I sogar eine relative Wachstumshemmung beobachtet. U. MOTHES. 4485□

Die Aufnahme von Wuchsstoffen. 2. Mitt. **Die Resorption und Akkumulation von 2.3.5-Trijodbenzoesäure durch Wurzeln und Sprosse von Lemna minor.** G. E. Blackman und J. A. Sargent. (J. exp. Bot. [London] **10.** 480—503. Okt. 1959. Oxford, Univ., Dep. of Agric.) (Engl.) — 1. vgl. C. **1962.** 6088.

Die Aufnahme von $^{131}J_{(2)}$-*2.3.5-Trijodbenzoesäure* (I) wurde bei *Lemna minor* untersucht. Bis zur Konz. von 1 mg/Liter wird I gut aufgenommen u. akkumuliert, besonders heftig in der ersten halben Stunde. Bei steigender I-Konz. (5—10 mg/Liter) sinkt die Akkumulation nach anfänglich intensiver Aufnahme ab. Nach einigen Std. wird die Bilanz negativ, weil die Pflanzen mehr I in die Lsg. abgeben als aufnehmen. Werden die Pflanzen aus der I-Lsg. in normale Nährlsg. übergeführt, so diffundiert in kurzer Zeit fast alles I aus dem Gewebe (vor allem der Wurzeln) heraus. Die Aufnahme-Geschw. ist abhängig vom pH, wird aber von der Temp. zwischen 5 u. 15° nicht beeinflußt. Werden die Pflanzen in fl. Luft eingefroren u. danach bei 0 u. 25° untersucht, so akkumulieren die Sprosse der vorbehandelten Pflanzen wesentlich mehr I als die Kontrollen. Die I-Aufnahme der Wurzeln wird durch Gefrieren vermindert. Hohe Dosen *Indolyl-(3)-essigsäure* (II; 30—50 mg/Liter) fördern ebenfalls die Akkumulation in den Sprossen, während sich die I-Aufnahme durch die Wurzeln nicht ändert. Bei einer krit. II-Konz. wird I in eine andere Verb. umgewandelt, die dann im Gewebe gespeichert wird. Die Aufnahme von ^{144}Ce durch die Wurzeln wird durch zunehmende Konzz. von I gehemmt, wenn die Inkubationszeit mehr als 2 Std. beträgt. Die Akkumulation von ^{144}Ce im Sproß wird dagegen durch I nicht beeinflußt. U. MOTHES. 4485□

Die selektive Blockierung eines an der Blühinduktion beteiligten Ribosenucleinsäure-Eiweiß-Systems durch 2-Thiouracil (Untersuchungen an Streptocarpus wandlandii). Dieter Hess. (Planta **54.** 74—94. 1959. Freiburg/Br., Univ., Botan. Inst.) (Dt.) — Vgl. C. **1959.** 7841; C. **1960.** 3280.

Niedere Dosen von $^{14}C_{(2)}$-*Thiouracil* (I) hemmen bei Verabreichung am Beginn der Induktion bei *Streptocarpus wendlandii* die Blüten-Bldg., aber nicht das Wachstum des Blattes im Anschluß an die Induktionsphase. Hohe Dosen von **I**, die während der Induktionszeit gegeben werden, hemmen die Blüten-Bldg. u. das Wachstum des Blattes im Anschluß an die Induktion. Die **I**-Effekte können durch Uracil bei Anwendung niederer **I**-Konzz. völlig, bei Anwendung höherer **I**-Dosen teilweise aufgehoben werden. Die Ergebnisse werden durch selektive Blockierung eines Ribonucleinsäure (RNS)–Eiweiß-Syst. erklärt, das nur einen Bruchteil des gesamten RNS–Eiweiß-Syst. der Zelle ausmacht u. im Zusammenhang mit anderen Faktoren den Erfolg der Blühinduktion bestimmt. **I** stört den Aufbau dieses Syst. während der Induktionszeit. Die in den Zellen zum Zeitpunkt der Induktion bereits vorhandenen RNS–Eiweiß-Syst. werden von einer entsprechend abgestimmten **I**-Behandlung nicht betroffen. Infolgedessen kann das vegetative Wachstum im Anschluß an die Induktion ungehindert einsetzen u. ablaufen.
G. ZIEBARTH. 4485 □

Über die Hemmung einzelner Blattanlagen an Caryphyllaceen-Sämlingen durch Phenylborsäure. Barbara Haccius und Dietrich Massfeller. (Naturwissenschaften **48.** 577—78. 1. Sept.-H. 1961. Mainz, Univ., Botan. Inst.) (Dt.)

Die Wrkg. von *Phenylborsäure* (**I**, $2 \cdot 10^{-3}$m wss. Lsg.) wurde an Keimlingen von *Agrostemma githago* (A.g.) u. *Vaccaria pyramidata* (V.p.) untersucht. **I** hemmt die Entw. von Blattanlagen, ohne den Vegetationspunkt oder bereits angelegte Primordien zu schädigen. Die **I**-sensible Phase der Blatt-Entw. ist zeitlich sehr eng begrenzt. So konnte nachgewiesen werden, daß die streng gegenständigen *Caryophyllaceen*-Blätter nacheinander angelegt werden: Nach **I**-Behandlung im richtigen Zeitpunkt werden bei A.g. im 2., bei V.p. im 1. Laubblattwirtel einblättrige Knoten ausgebildet. Bei voll ausgereiften A.g.-Samen wurden 2 Maxima der **I**-Wirksamkeit (nach 9 u. 27—42 Std. Ankeimzeit) festgestellt. Es wird angenommen, daß jedes Maximum für die **I**-sensible Entw.-Phase eines der beiden Blätter des 2. Wirtels charakterist. ist. Während bei A.g. Gliedzahl u. Stellung der folgenden Wirtel im allg. nicht beeinflußt werden, wurden bei V.p. zuweilen Störungen der Sproßorganisation bis zu vorübergehend disticher Folge einer ganzen Reihe von Blattorganen beobachtet. U. MOTHES. 4495 □

E5. Tierchemie. Tierphysiologie. Tierpathologie

Gleichzeitige Bestimmung von gesamtem Körperwasser, extracellulärem Flüssigkeitsvolumen und gesamtem austauschbaren Natrium und Kalium im Menschen; vereinfachte Technik und einige klinische Ergebnisse. E. H. Belcher, T. R. Fraser, G. F. Joplin, J. D. H. Slater und R. G. S. Taylor. (Sonderbände zur Strahlentherapie **45** (**4**). 194—202. 1960. London, Postgraduate Med. School.) (Engl.)

Verf. beruht auf gleichzeitiger Applikation von $^{24}NaCl$, ^{42}KCl, $NH_4{}^{82}Br$ u. HTO u. Best. aller 4 radioakt. Isotope in einer Probe. H.-G. FLOSS. 4510 □

Signifikanz der Bestimmungen des gesamten austauschbaren Natriums und Kaliums. J. P. Nicholson und J. F. Zilva. (Sonderbände zur Strahlentherapie **45** (**4**). 203—10. 1960. London, Westminster Hosp. Med. School, Dep. of Phys. and Chem. Pathol.) (Engl.)

Vff. untersuchten Beziehungen zwischen der Menge des gesamten austauschbaren *Na* u. *K* u. der Fettleibigkeit von Patienten. H.-G. FLOSS. 4510 □

Abnutzung bei Schafzähnen. 6. Mitt. **Chemische Zusammensetzung der Zähne von grasenden Schafen.** C. R. Barnicoat. (New Zealand J. agric. Res. **2.** 1025—40. Okt. 1959. Palmerston North, New Zealand, Massey Agric. Coll.) (Engl.)

Die Unters. der chem. Zus. von Schmelz u. Dentin von 5jährigen ♀ Schafen aus verschiedenen Gegenden ließ erkennen, daß die bei manchen Tieren beobachtbaren stärkeren Abnutzungen der Schneidezähne nicht mit Unterschieden in der chem. Zus. der Zahnsubstanz, die übrigens derjenigen menschlicher Zähne sehr ähnlich ist, zusammenhängt. Es ist eher anzunehmen, daß die bereits früher geäußerte Vermutung zutrifft, es handle sich um eine Erweichung der Zähne durch enzymat. oder chelierenden Einfl. besonderer Grasarten (rasch wachsende, nährstoffreiche Gräser u. Kleesorten) zusammen mit der abradierenden Wrkg. der harten Grasfasern.
U. TAUSENDFREUND. 4510 □

Die Polysaccharide der Weinbergschnecke. 6. Mitt. **Isolierung des niedrigmolekularen Anteils im Galaktogen aus Eiern von Helix pomatia durch Ultrafiltration.** M. Geldmacher-Mallinckrodt und G. Träxler. (Hoppe-Seyler's Z. physiol. Chem. **325.** 116—21. 20/9. 1961. Erlangen, Univ., Physiolog.-chem. Inst.; München, Beckmann-Instrum. GmbH.) (Dt.) — 5. vgl. C. **1961.** 11388.

Vff. unterwerfen eine wss. Lsg. von *Galaktogen* (**I**) aus den Eiern von *Helix pomatia* einer mehrmaligen Ultrafiltration. Aus den einzelnen Filtraten u. der nach der letzten Filtration auf dem Filter verbliebenen Lsg. werden der filtrierbare (a) u. nicht filtrierbare Anteil (b) von **I** durch Fällung mit einem Gemisch aus A. u. 1 Tropfen konz. NaCl-Lsg. als wasserlösl. Pulver erhalten, wobei a 2,8% des Ausgangsmaterials entspricht. Bei der Elektrophorese verhält sich a inhomogen. Die Hauptmenge ist weniger stark negativ geladen als der Hauptanteil des Ausgangsmaterials, daneben wird eine schwach elektropositive, elektroneutrale u. stärker elektronegative Fraktion gefunden. Das mit 1n H_2SO_4 (4 Std.) hydrolysierte a u. Ausgangs-**I** besteht vorwiegend aus *Galaktose* (**II**), geringen Mengen *Galaktose-6-phosphat* (**III**) u. einem weiteren Zuckerbaustein; elektrophoret. erweist sich **II** als elektroneutraler, **III** als stark u. eine weitere, positive ELSON-MORGAN-Rk. liefernde u. daher als *Hexosamin* (**IV**) anzusehende Komponente als schwach elektronegativer Bestandteil. a enthält 0,046% N (= 0,59% **IV**), 0,51% P u. 4,6% Asche; besitzt $[\alpha]_D^{20}$ $-24,3^0$ [c = 0,66; W.]. (Hydrolysat: $[\alpha]_D^{20}$ $+70,0^0$; Hydrolysegrad: 84%). In b werden 0,40% P u. 2,42% Asche gefunden; $[\alpha]_D^{20}$ beträgt $-15,4^0$ [c = 1,43; W.) (Hydrolysat: $[\alpha]_D^{20}$ $+61,8^0$ [SOMOGYI]); die **IV**-Rk. ist negativ. Unterss. mit der Ultrazentrifuge zeigen, daß a vorwiegend aus niedrigmol. Anteilen mit dem Sedimentations-Koeff. (S_{20}) von $6,2 \cdot 10^{-13}$ Sek. u. Diffusions-Koeff. von $31,0 \cdot 10^{-7}$ besteht. b (u. das Ausgangs-**I**) läßt sich dagegen in 3 Komponenten mit den S_{20} ($\cdot 10^{-13}$) 6,0 (2%), 10,8 (26%) u. 30,0 (72%) zerlegen. Die Abnahme der Menge des Bestandteils mit dem kleinsten S_{20} von 5% vor Ultrafiltration auf 2% nach derselben zeigt, daß es gelingt, ca. 60% des niedrigmol. Anteils aus **I** abzutrennen. a unterscheidet sich zwar chem. u. in der Ultrazentrifuge vom Ausgangsmaterial, ist jedoch elektrophoret. uneinheitlich. Das Helix-**I** selbst stellt kein reines Gemisch von Gliedern einer polymer-homologen Reihe dar, sondern enthält chem. andersartig gebaute Polysaccharide beigemischt.

P. FAHRNLAENDER. 4520□

Aminosäurebestandteile von ausgewachsenen Teppichkäfern, Anthrenus vorax Waterhouse (Dermestidae : Coleoptera). Snehamoy Chatterji und Prakash Sarup. (Current Sci. **29.** 479—80. Dez. 1960. New Delhi, Ind. Agric. Res. Inst., Div. of Entomol.) (Engl.)

Die Käfer wurden mit wasserfreiem Na_2SO_4 u. 95%ig. A. homogenisiert. Das Überstehende wurde der Papierchromatographie unterworfen. Folgende freie Aminosäuren wurden gefunden: *Lysin, Serin, Glycin, Glutaminsäure, Alanin, Prolin, Tyrosin, Tryptophan, Valin, Methionin* u. *Isoleucin/Leucin*. Zwischen ♂ u. ♀ Käfern scheinen keine qual. u. quant. Unterschiede zu bestehen. W. HILLER. 4520□

Biuretpositives Material in Samen. R. G. Wales, T. W. Scott und I. G. White. (Austral. J. exp. Biol. med. Sci. **39.** 455—62. Okt. 1961. Sydney, Univ. of Sydney, Dep. of Vet. Physiol.) (Engl.)

Samen von Mensch, Schafbock, Bulle, Hund u. Geflügel unterscheiden sich im *Protein-*, *Proteose-* u. *Peptid-*Gehalt. Das biuretpositive Material variiert zwischen 1,80 g/100 ml beim Geflügelsamen u. 7,32 g/100 ml beim Bullensamen. Proteolyse tritt bei der Inkubation nur im menschlichen Samen auf. P. GREGORZEWSKI. 4520□

Osmotische und chemische Molekulargewichte einiger Mucoprotein-Derivate des Knorpels. S. M. Partridge, H. F. Davis und G. S. Adair. (Biochem. J. **73.** 32P. Okt. 1959. Cambridge, Low Temp. Res. Stat.) (Engl.)

Das Molgew. der Polysaccharidkette des *Mucoproteins* (bestimmt durch Messung des Red.-Vermögens der Endgruppen) wurde verglichen mit den osmot. bestimmten Molgew. des *nativen Mucoproteins* u. verschiedener Abbauprodukte. *Präp. A* (natives Mucoprotein) wurde hergestellt durch wss. Extraktion von Rindernasenknorpel bei 15—20°. Der Kollagen-Geh. wurde auf 1—2% red. durch Behandlung mit Ionenaustauscher (IRC-50). Es wurde ein Molgew. von 140000 ± 20000 (vorläufiger Wert) gefunden, das *Gew. der Polysaccharidketten* (Pk) betrug 18000. *Präp. B* wurde gewonnen durch Behandlung von Präp. A mit Papain in Ggw. von Cystein u. Versene u. danach durch Cellophan dialysiert. Molgew. 14000 ± 3000. *Präp. C* wurde erhalten nach Behandlung des Mucoproteins mit Alkali u. nachfolgender Proteinabtrennung mit IRC-50. Die Analyse für reines Chondroitinsulfat beträgt: Molgew. 16100; Pk = 16600. *Präp. D* wurde erhalten aus Präp. C durch partielle Hydrolyse mit Testikelhyaluronidase. Die Rk. wurde vorzeitig gestoppt u. die Oligosaccharide mit niedrigem Molgew. durch Dialyse (Cellophan) entfernt. Molgew. 3800; Pk = 2150. K. HEYNS. 4520□

Die Wirkung von Vitaminen und Hormonen auf das Epithel. Ursula Laschet. (Z. Vitamin-, Hormon- u. Fermentforsch. [Wien] **12.** 1—14. 6/12. 1961. Berlin, Humboldt-Univ., Inst. für exp. Endokrinol.) (Dt.)

An Hand eigener Unterss. an Ratten wird eine Übersicht über die Wrkg. von *Vitamin A* (I), *Östrogenen* (II), *Cortison* (III), *Testosteron* u. Kombinationen von I mit II oder III auf die Haut bei perkutaner Applikation gegeben. — 90 Literaturangaben. I. HAHN. 4558 □

Studien über die Steroid- und Gonadotropinausscheidung beim „Idiopathischen" Hirsutismus. D. Ahrens. (Z. Vitamin-, Hormon- u. Fermentforsch. [Wien] **12.** 15—49. 6/12. 1961. Hamburg-Eppendorf, Univ., II. Medizin. Klinik u. Poliklinik.) (Dt.)

Bei Frauen mit idiopath. Hirsutismus wurden die Ausscheidungen von *17-Hydroxycorticosteroiden* (I), *Östrogenen* (II) u. *Gonadotropinen* (III) bestimmt u. mit denen gesunder Frauen verglichen. Es zeigte sich, daß die *17-Ketosteroid* (IV)-Ausscheidung bei Frauen mit Hirsutismus im Durchschnitt signifikant erhöht ist. Die Menge der I im Harn war meistens normal. Die Ausscheidung von II u. III lag innerhalb der normalen Grenzen. Verabfolgung von *Corticosteroiden* bewirkte eine signifikante Abnahme der IV-Ausscheidung. Die übrigen Hormonwerte blieben unbeeinflußt. Die Verabfolgung von menschlichem Follikelreifungshormon (10 mg in 5 Tagen i.m.) beeinflußte nur die II-Ausscheidung in geringfügiger Weise. Der Ursprung des Überschusses an Androgenen bei Frauen mit iodiopath. Hirsutismus ist noch nicht völlig geklärt. I. HAHN. 4559 □

Untersuchungen über pyrogene Steroide. 1. Mitt. **Abtrennung, Identifizierung und Bestimmung von nichtkonjugiertem Dehydroepiandrosteron, Ätiocholanolon und Androsteron im menschlichen Plasma.** George L. Cohn, Philip K. Bondy und Carmela Castiglione. (J. clin. Invest. **40.** 400—07. Febr. 1961. New Haven, Conn., Yale Univ., School of Med., Dep. of Int. Med.) (Engl.)

Bei normalen Personen sowie bei Patienten mit Fieber [bekannter Ursache, familiärem Mittelmeerfieber (Maltafieber, Brucella melitensis) u. *Ätiocholanon* (I)-Fieber] wurden die nichtgebundenen 17-Ketosteroide des Plasmas untersucht. Ungebundenes Plasma-*Androsteron* (II), *Dehydroepiandrosteron* (III) u. I wurden nach Chlf.-Extraktion auf WHATMAN-Nr. 1-Papier im Heptan : 96% Methanol-Syst. abgetrennt, als 2.4-Dinitrophenylhydrazon-Derivv. identifiziert u. unter Zufügung von ^{3}H-I, ^{3}H-II u. ^{3}H-III zur Korrektur von Verlusten bestimmt. Normalwerte: I $<0{,}5-1{,}2\ \mu g/100$ ml, II $<0{,}5$ bis $0{,}8\ \mu g/100$ ml, III $<0{,}5-1{,}2\ \mu g/100$ ml; mittlere Wiedergewinnungsquote betrug $72 \pm 14\%$ bzw. $67 \pm 21\%$ (Isotopen- bzw. chem. Wiedergewinnung). Im Verlaufe von I-Fieberanfällen konnte bei 5 Fällen jeweils ein erhöhter Plasma-I- u. -III-Spiegel sowie in 3 Fällen ein erhöhter Plasma-II-Spiegel nachgewiesen werden; bei den fieberfreien Phasen ließ sich keine Erhöhung von I u. II feststellen. In 12 Fällen mit Fieber bekannter Ursache u. in 3 Fällen von Mittelmeerfieber war der I-Spiegel im Plasma $<0{,}5\ \mu g/100$ ml. — Bei akuten Anfällen von I-Fieber kommt es vermutlich zu einer intermittierenden Verminderung an 5α-Reduktasen in der Leber bei gleichzeitiger Vermehrung der 5β-Reduktasen, was zu einer Überschuß-Bldg. von I auf Kosten von II führen würde. U. TAUSENDFREUND. 4559 □

Steroide und Sterine. 66. Mitt. **Zur Frage der Aktivierbarkeit des Kathepsins und Papains durch β-Östradiol.** Wilhelm Dirscherl und Helmut Glasmacher. (Z. Vitamin-, Hormon- u. Fermentforsch. [Wien] **12.** 50—51. 6/12. 1961. Bonn, Univ., Physiolog.-chem. Inst.) (Dt.) — 67. vgl. C. **1962.** 10868.

Bei Nacharbeitung der Verss. von PURR (vgl. Biochem. Z. **320.** [1949/50.] 74) stellen Vff. fest, daß krist. *β-Östradiol*, sein *Benzoat* u. *Progynon Boleosum* keine Aktivierung von *Papain* (I) u. *Kathepsin* (II) bewirken. Lediglich der Zusatz von *Cystein* bewirkt eine Aktivierung von I u. II. I. HAHN. 4559 □

Reinigung des follikelstimulierenden Hormons der menschlichen Hypophyse. Choh Hao Li. (Proc. Soc. exp. Biol. Med. **98.** 839—41. Aug./Sept. 1958. Berkeley, Calif., Univ. of California, Hormone Res. Labor. and Dep. of Biochem.) (Engl.)

Folgender Vorgang wird für die Reinigung von *Follikelreifungshormon* (*follikulotropes Hormon*; *Prolan A*; I) vorgeschlagen: autopt. gewonnene menschliche Hypophysen (1.—3. Tag post mortem) werden gefroren, lyophilisiert u. pulverisiert; fortlaufende Best. der I-Aktivität in den einzelnen Reinigungsstadien erfolgt durch Ermittlung der Ovar-Gew.-Steigerung an intakten, noch nicht geschlechtsreifen Ratten unter gleichzeitiger intraperitonealer Injektion von humanem Choriongonadotropin (LEO PHARM. PROD., Copenhagen). Alle Reinigungsstufen außer der Säulenchromatographie werden bei 0—2° durchgeführt. 1. Extraktion von 10 g Pulver mit 400 u. 100 ml $Ca(OH)_2$-Lsg. pH 10,3, Überstand mit 1,9 u. 3 m $(NH_4)_2SO_4$, pH 7, fraktioniert fällen, die Ausbeute der sich daraus ergebenden *Fraktion SI* beträgt nach Dialyse u. Lyophilisierung 0,5 g; diese Fraktion SI in 50 ml W. mit 1,9- u. 2,7 m $(NH_4)_2SO_4$ refraktionieren, Ausbeute der *Fraktion SII* 0,25 g; diese Fraktion SII an der Amberlite IRC-50 (XE-97)-Säule nach vorheriger Lsg. in 50 ml pH-5,1-Puffer [aus 0,052 m NaH_2PO_4, 0,002 m Na_2HPO_4 u.

0,45m $(NH_4)_2SO_4$] u. unter Nachwaschung mit 120 ml Puffer reinigen, auf 3m $(NH_4)_2SO_4$ einstellen, Ausbeute der *Fraktion CU* 0,14 g; diese Fraktion CU wie Fraktion SI behandeln, Ausbeute dieser akt. Fraktion 0,1 g. Mit dieser Prozedur kommt eine 15fache Steigerung der biolog. Aktivität zustande bei einer Ausbeute von 100 mg I aus 10 g lyophilisierter Hypophyse. Die akt. Fraktion ist jedoch, wie sich aus der Wachstumsstimulierung an der ventralen Rattenprostata ergibt, noch mit *Prolan B* (*Luteinisierungshormon*) verunreinigt; sie ist jedoch prakt. frei von thyreotroper, lactogener, adrenocorticotroper u. wachstumsfördernder Aktivität; physikochem. Unters. zeigt, daß sie nicht homogen ist. U. TAUSENDFREUND. 4560□

Über die Beschleunigung des Erscheinens ulceröser postreserpinischer Manifestationen durch gonadotrope Hormone. C. Wirtheimer. (C. R. Séances Soc. Biol. Filiales **153.** 1284—85. 24/11. 1959. Bruxelles, Univ., Labor. de Pharmacodynamie et de Thérapeut.) (Franz.)

Die Verabfolgung einer Mischung von serum- u. choriongonadotropen Hormonen verursacht eine beachtliche Verstärkung der Empfindlichkeit der Magenschleimhaut gegenüber den geschwürerzeugenden Wrkg. des *Reserpins.* W. F. EBEL. 4560□

Untersuchungen über die intracelluläre Lokalisation der Hypophysenvorderlappenhormone mit Hilfe der Differentialzentrifugierung. J. H. U. Brown, Frank S. LaBella und Frode Ulvedal. (Endocrinology **66.** 1—12. Jan. 1960. Atlanta, Ga., Emory Univ., Dep. of Physiol.; Winnipeg, Canada, Univ. of Manitoba, Dep. of Pharmacol. and Therap.) (Engl.)

Basierend auf der von BROWN u. HESS (C. **1958.** 3079) durchgeführten zufriedenstellenden Trennung subcellulärer Partikel der Hypophyse wurde an der Schweinehypophyse folgende Verteilung von Hypophysenhormonen erzielt: Hauptaktivität von *Thyreotropin* in Mitochondrien, von *Luteinisierungshormon* u. *Wachstumshormon* in acidophilen Granula, von *Follikelreifungshormon* in verschiedenen Fraktionen, von *adrenocorticotropem Hormon* in Mikrosomen u. im Überstand; die Aktivitäten fanden sich außerdem in geringerem Maße auch in anderen Fraktionen verteilt.
U. TAUSENDFREUND. 4560□

Ausscheidung und Schicksal der blutdruckerhöhenden Fraktion von Vasopressin nach Injektion bei Ratten. S. E. Dicker und Joan Nunn. (J. Physiology **136.** 10 P—11 P. 3/4. 1957. London, Univ. Coll., Dep. of Pharmacol.) (Engl.)

Bei eviscerierten Ratten wird i.v. injiziertes *Vasopressin* (I) unverändert im Harn ausgeschieden; bei intakten Tieren dagegen wird es, vermutlich durch die Leber, in ein Prod. umgewandelt, welches rascher ausgeschieden wird als I. K. ZINGRAF. 4560□

Isolierung vasopressinenthaltender Granula aus der Neurohypophyse des Hundes. Howard Weinstein, Sasha Malamed und Howard Sachs. (Biochim. biophysica Acta [Amsterdam] **50.** 386—89. 24/6. 1961. Cleveland, Ohio, Western Res. Univ., School of Med., Dep. of Physiol.; New York, N.Y., Albert Einstein Coll. of Med., Dep. of Anatomy.) (Engl.)

Es wird die Isolierung u. Charakterisierung einer Partikelfraktion mit hohem *Vasopressin* (I)-Geh. beschrieben, die ident. mit den neurosekretor. Granula der Neurohypophysennervenfasern ist. Dazu werden Hundeneurohypophysen in 0,8m *Saccharose* (II) u. $2 \cdot 10^{-4}$m *Phosphatpuffer* homogenisiert, zur Entfernung der Kerne usw. 15 Min. lang bei $600 \cdot g$ zentrifugiert, der Überstand wird für 15 Min. bei $20000 \cdot g$ zentrifugiert, was ein Sediment mit 50% des Gesamt-I-Geh. ergibt; durch Differentialzentrifugierung in 1,4m II u. Reinigung durch Gradientenzentrifugierung bis 1,8m II sind nach 90 Min. bei $70000 \cdot g$ die neurosekretor. Granula in der 1,7m II-Schicht; diese Partikeln sind reich an I u. besitzen eine biolog. Potenz von 13,6—23,8 Millieinheiten/μg Protein; dazu enthalten sie noch geringste Mengen *Cytochromoxydase, Nucleinsäure* u. *β-Glucuronidase.* Es konnte gezeigt werden, daß die I-enthaltenden Partikel von einer Membran umgeben sind u. daß I in diesen Partikeln eingeschlossen ist (90% der I-Aktivität war nach 90 Min. langer Zentrifugierung bei $100000 \cdot g$ im Sediment zu finden; maximale biolog. Aktivität konnte nur durch heiße, verd. *Essigsäure* hervorgerufen werden; *Tripsin* zerstörte die biolog. Aktivität nur langsam, osmot. Zerreißung durch *Trotin X-100* fördert die Zerstörung; elektronenmkr. zeigen sich Bläschen, die ident. mit den neurosekretor. Bläschen sind). U. TAUSENDFREUND. 4560□

Die Reaktionsfähigkeit des Hypophysen-Nebennieren-Systems der fötalen Ratte in den letzten Tagen der Trächtigkeit. K. Milković und S. Milković. (Arch. int. Physiol. Biochim. **66.** 534—39. Nov. 1958. Zagreb, Univ. of Zagreb, Med. Fac., Dep. of Biol.; Fac. of Pharmacy, Dep. of Pharmacol.) (Engl.) — Vgl. C. **1962.** 6476.

Das Hypophysen-Nebennieren-Syst. der fötalen Ratte reagiert zwischen dem 19. u. 22. Tage auf eine, durch die Uteruswand hindurch erfolgte subkutane Injektion von

15 μg *Epinephrin* (I) mit einer deutlichen Verarmung der Nebennieren an *Ascorbinsäure*. Diese Verarmung ist als Rk. auf eine Stimulierung der fötalen u. nicht der mütterlichen Hypophyse anzusehen. Demnach reagiert das Syst. von wenigstens dem 19. Tage an auf ein mit der Geburt verbundenes Streßgeschehen. Die in der ersten Phase nach der Geburt gewöhnlich zu beobachtende Rk.-Unfähigkeit ist als Folge der starken Rk. des Syst. der Neugeborenen gegenüber den neuen Bedingungen des extrauterinen Lebens anzusehen; dann ist durch zusätzlichen Streß keine weitere Aktivierung möglich.

U. TAUSENDFREUND. 4560 □

Trennung der zentralen vasomotorischen und adrenalinausscheidenden Wirkungen des Adrenalins. J. Malméjac, G. Neverre, C. Malméjac und D. Bonnet. (C. R. Séances Soc. Biol. Filiales **153.** 2002—03. 1959, herausgeg. 22/4. 1960. Alger, Fac. de Méd., Labor. de Physiol.) (Franz.)

Adrenalin in i.v. Injektion verabreicht red. den zentralen vasomotor. wie den adrenalinausscheidenden Tonus. Der Tonus der adrenalinausscheidenden Zentren wird vorzeitig beeinflußt durch den im Kreislauf vorhandenen Adrenalingehalt. Nach Ausschluß der gefäßempfindlichen Aorta- u. Sinuszonen kann eine geringe Adrenalinmenge, die den zentralen gefäßbewegenden Tonus nicht verändert, fähig sein, in einer beachtlichen Weise den adrenalinausscheidenden Tonus zu reduzieren.

W. F. EBEL. 4561 □

Differenzierte Sedimentation von Adrenalin und Noradrenalin aus Suspensionen chromaffiner Granula. H. J. Schümann. (J. Physiology **136.** 8P. 3/4. 1957. Oxford, Univ., Dep. of Pharmacol.) (Engl.)

Suspensionen von chromaffinen Granula aus Nebennieren sind nicht homogen. Sie enthalten Granula mit geringer Dichte, in denen sich prakt. nur *Adrenalin* findet u. Granula von hoher Dichte, in denen im wesentlichen nur *Noradrenalin* vorkommt.

K. ZINGRAF. 4561 □

O-Methylierung und N-Demethylierung im Verlauf des Adrenalinabbaues bei der Ratte. O. Kraupp, H. Bernheimer, H. Ehringer und P. Heistracher. (Naunyn-Schmiedebergs Arch. exp. Pathol. Pharmakol. **238.** 38—39. 1960. Wien.) (Dt.)

Unters. der 24-Std.-Ausscheidung von *Adrenalin* (I), *Noradrenalin* (II), *3-O-Methyladrenalin* (III), *3-O-Methylnoradrenalin* (IV) u. *3-Methoxy-4-hydroxymandelsäure* (V) im Harn von Ratten: normale Ausscheidung beträgt 1,9 γ I/kg, 1,4 γ II/kg, 108 γ III/kg, 107 γ IV/kg, keine V. Nach 0,2—0,8 mg *l*(—)-I oder 0,4—8,0 mg *d*(+)-I, intraperitoneal, Ausscheidung von 0,5—1% unverändertem *l*(—)-I u. 0,2—0,4% als II bzw. von 2—3% unverändertem *d*(+)-I u. 0,05—0,2% als II (keine Dosisabhängigkeit); 20—30% des verabreichten *l*(—)-I u. 10—20% des *d*(+)-I wurde als III ausgeschieden (keine Dosisabhängigkeit); auch die IV-Ausscheidung stieg, allerdings unter prozentualem Absinken der IV-Ausscheidung mit steigender Dosierung der I-Substanzen; bei *l*(—)-I wurden 50—15% u. bei *d*(+)-I 16—2% in demethylierter Form ausgeschieden. V konnte nur nach Dosen über 1 mg I/kg in Spuren nachgewiesen werden. Vorbehandlung der Tiere mit 25 mg *Dibenamin*/kg intraperitoneal führte zu Abnahme der nach I-Verabreichung auftretenden Ausscheidung von IV.

U. TAUSENDFREUND. 4561 □

Brenzcatechinamine bei Patienten mit Phäochromocytom. Jesse L. Bollmann, Eunice V. Flock, Grace M. Roth und Walter F. Kvale. (J. Lab. clin. Med. **56.** 506—19. Okt. 1960. Rochester, Minn., Mayo Clinic and Mayo Found., Sect. of Biochem., Physiol. and Med.) (Engl.)

Zum qual. Nachw. von *Brenzcatechinaminen* im Harn während einer Brenzcatechinamin-Ausschüttungsphase des Phäochromocytoms wird die Adsorption an Al_2O_3, Elution u. Oxydierung mit Kaliumferricyanid (nach HINGERTY, Lancet **1.** [1957.] 766) als geeignet angesehen (24-Std.-Urin). Als quant. Test-Meth. wird spektrophotofluorometr. Best. nach SOBEL u. HENRY (Amer. J. clin. Pathol. **27.** [1957.] 240) in Anlehnung an EULER u. FLODING im hydrolysierten Harn empfohlen; dabei jedoch strikter Ausschluß der Einnahme von Salicylaten u. anderen auch zur Fluorescenz führenden Medikamenten. Zur quant. Best. im Plasma dient die fluorometr. Meth. nach WEIL-MALHERBE u. BONE (C. **1956.** 9271). Bei zu geringer Sekretion können Anfälle mit *Histamin* provoziert werden.

U. TAUSENDFREUND. 4561 □

Wirkung von Prednison auf die Gefäßreaktionsfähigkeit in den Fingern von normotensiven und hypertensiven Personen. Milton Mendlowitz, Nosrat Naftchi, Herbert L. Weinreb und Stanley E. Gitlow. (J. appl. Physiol. **16.** 89—94. Jan. 1961. New York, N.Y., Mount Sinai Hosp., Dep. of Med., Div. of Cardiol.) (Engl.)

Glucocorticoide üben bei normotensiven Personen eine (chem. bedingte) Beeinflussung der Gefäß-Rkk. auf *Norepinephrin* (I) aus (gemessen an den Fingergefäßen), die bei hypertensiven Personen nicht nachweisbar ist: Nach 1 wöchiger Behandlung mit 30 mg *Prednison*/Tag war die Rk.-Fähigkeit auf I bei einer Reihe von normotensiven Personen erhöht, nach 3wöchiger Behandlung mit der gleichen Dosis ist die Rk.-Fähigkeit auf I bei Normotensiven verdoppelt oder verdreifacht; nach einmal 100 mg *Prednisolon* i.v. ist die Rk.-Fähigkeit mäßig erhöht; bei essentieller Hypertension kam nie eine Änderung der Rk.-Fähigkeit auf I zustande. U. TAUSENDFREUND. 4561□

Die quantitative Bestimmung der Jodaminosäuren von Schilddrüsengewebe. T. H. Kennedy. (Austral. J. biol. Sci. **2.** 106—13. Febr. 1958. Dunedin, N.Z., Univ. of Otago, Med. School, Endocrinology Res. Dep.) (Engl.)

Es wurde die Fähigkeit von 3 verschiedenen *Pankreatin* (I)-Präpp. untersucht, *Jodaminosäuren* aus Schilddrüsengewebe in Freiheit zu setzen. Die beiden handelsüblichen Präpp. setzten wesentliche Mengen der *Jodtyrosine* in Freiheit, jedoch nur einen Teil des *Thyroxins* (II). Das 3. I-Präp., ein Gesamtextrakt aus Schweinepankreas, gab II-Werte, die in guter Übereinstimmung mit Werten sind, die durch eine modifizierte Alkalihydrolyse erhalten wurden. Bei der beschriebenen NaOH-Hydrolyse-Meth. ist die Zerstörung der organ. J-Verbb. geringer als bei der Verw. der erstgenannten I-Präparate. K. F. MÜLLER. 4562□

Das Verhalten von ^{131}J nach Inhalation als Dampf oder in Form von Partikeln. D. H. Willard und W. J. Bair. (Acta radiol. [Stockholm] **55.** 486—96. Juni 1961. Richland, Wash., Hanford Res. Labor., Biol. Labor.) (Engl.)

Mäuse u. Schafe wurden mit ^{131}*J*-Dampf bei einem Geh. der Atemluft von 1—2,3 · 10^{-3} μc/cm^3 oder mit *Ag*^{131}*J*-Aerosol (Geh. der Luft 3,0—7,8 · 10^{-3} μc/cm^3) beatmet, danach in Zeitabständen bis zu 90 Std. getötet u. der Geh. der Schilddrüse an ^{131}J bestimmt. Es ergab sich, daß bei den Mäusen die maximale Aufnahme in der Schilddrüse nach 20—30 Std. eintrat u. daß ca. 60% der Gesamtbestrahlung des Körpers von der Schilddrüse ausgingen. Ähnliche Werte wurden bei Schafen erhalten, jedoch gelangten nur 2—7% des inhalierten ^{131}J in die Schilddrüse, verglichen mit 40—60% bei üblichen Injektionen. W. REUSSE. 4562□

Biologische Bewertung der schilddrüsenhemmenden Mittel durch Bestimmung der Cytochromoxydaseaktivität im Homogenat. M. Timar und E. Repciuc. (Pharmazie **16.** 256—57. Mai 1961. Bukarest, Inst. für pharmazeut. Forschung u. Arzneimittelkontrolle (R.V.R.)) (Dt.)

Vff. untersuchten in Schilddrüsen u. Lebern von Ratten die Einschränkung der Gewebeatmung, die durch synth. Antithyroidea vom Typ des *Thiouracils* hervorgerufen wird. Die Cytochromoxydaseaktivität in Leber u. Schilddrüse hängt vom Alter der Tiere ab. Bei den Prüfungen der Leber zeigt sich ein halblogarithm. Verhältnis von Dosis zur Wirkung. Die schilddrüsenhemmenden Stoffe können durch die Messung der Cytochromoxydasehemmung in der Leber ebenfalls bestimmt werden. H. KALA. 4562□

Fäcale Clearance-Geschwindigkeit von endogenem Schilddrüsenhormon bei Ratten. N. B. Myant. (J. Physiology **136.** 198—202. 3/4. 1957. London, Hammersmith Hosp., Med. Res. Council, Experim. Radiopathol. Res. Unit.) (Engl.)

Bei Ratten wurde die Clearance-Geschw. von endogenem ^{131}*J*-markiertem *Schilddrüsenhormon* (I) in Faeces u. Galle bestimmt. Die fäcale Clearance-Geschw. betrug durchschnittlich 19,5 ml Plasma/Tag. 38—68% des vom zirkulierenden endogenen I stammenden ^{131}J in der Galle wurden vom Darm rückresorbiert. K. ZINGRAF. 4562□

Schilddrüsenhormonbindende Proteine im menschlichen Serum, charakterisiert durch Immunoelektrophorese und autoradiographische Untersuchung. J. Clausen und T. Munkner. (Proc. Soc. exp. Biol. Med. **104.** 40—42. Mai 1960. Copenhagen.) (Engl.)

Bei Immunoelektrophorese des normalen menschlichen Serums nach Inkubation mit Radio-*Thyroxin* u. Radio-*Trijodthyronin* (in Kombination mit Autoradiographie u. spezieller Lipoproteinfärbung unter Verw. von Oil red O) zeigte sich, daß *Albumin* (ident. mit *Lipalbumin*), α_1-*Lipoprotein* u. α_2-*Lipoprotein* zur Bindung der beiden genannten Schilddrüsenhormone fähig sind. U. TAUSENDFREUND. 4562□

Strukturelle Einflüsse bei der Umwandlung der Seitenkettenanaloga von 3.5-Dijodtyrosin zu Thyroxinanaloga. Teruo Matsuura und H. J. Cahnmann. (Biochim. biophysica Acta [Amsterdam] **29.** 216—17. Juli 1958. Bethesda, Md., Nat. Inst. of Health, Nat. Inst. of Arthritis and Metabol. Dis.) (Engl.) — Vgl. C. **1960.** 2587.

Es wurde geprüft, wieweit *Thyroxinanaloga* gebildet werden bei Verw. von *Dijodtyrosinanaloga* ohne Aminogruppe als Ausgangsmaterial (Inkubation 0,24—0,25m Lsgg. bei 37° u. pH 7,5 oder höher). Dabei erwies sich die Bldg. der Thyroxinanaloga als weitgehend abhängig von der Struktur der Seitenkette, wobei die Länge der Seitenkette ausschlaggebend ist. Die beste Ausbeute wurde mit der Kondens. des Propionsäureanalogen von Dijodtyrosin (*Dijoddesaminotyrosin*) erzielt; sie ist größer als mit dem Essigsäureanalogen, bei welchem sich auch Glykolsäure bildet; noch niedriger ist die

Ausbeute bei Verw. des Buttersäureanalogen u. minimal bei Verw. des Ameisensäureanalogen. Die Ausbeute wird geringer, wenn H aus der α-CH_3-Gruppe im Propionsäureanalogen durch eine OH- oder Methylgruppe ersetzt wird. Bei Verw. des α-Phenylpropionsäureanalogen konnte kein Thyroxin nachgewiesen werden. Eine Doppelbindung in der Konjugation zwischen aromat. Ring u. COOH scheint die Bldg. von Thyroxinanalogen zu verhindern. Es wurde bei den Verss. jeweils das teilweise, manchmal auch das völlig dejodierte Ausgangsmaterial nachgewiesen, 2mal auch Trijodtyrosinanaloga (Folge einer Kondens. der Dijod- u. Monojod-Verb., nicht Dejodierung von Thyroxinanaloga; Verw. von *Tetrajodthyrobuttersäure* führt nicht zur Bldg. von Trijodthyrobuttersäure).
U. TAUSENDFREUND. 4562□

Der zur Aktivierung der sauren Phosphatase in der Adenohypophyse und zur Thyreotropinfreisetzung in vitro führende hypothalamische Faktor: Weitere Reinigung durch Hochspannungselektrophorese. V. Schreiber, J. Kočí, A. Eckertová, Z. Franc und V. Kmentová. (Physiol. bohemosloven. **10.** 417–25. 1961. Prague, Charles Univ., Fac. of Gen. Med., 3. Med. Clinic, Labor. for Endocrinol. and Metabol.; Inst. of Hematol. and Blood Transfusion; Inst. of Pharmacy and Biochem.) (Engl.)

Unter Verw. von Hochspannungselektrophorese konnte an der nichtproteinhaltigen Fraktion des *Rinderhypothalamusextraktes* [welche bereits Aktivierungsfähigkeit in vitro auf die *saure Phosphatase* (**I**) der Adenohypophyse bewiesen hat u. in vivo aus Hypophysenvorderlappenimplantaten *Thyreotropin* (**II**) freisetzen kann] der für die **I**-Aktivierung verantwortliche Faktor in der dem Startpunkt am nächsten gelegenen Fraktion gefunden werden (WHATMAN No. 3-Papier, Pyridinacetatpuffer, pH 5,5, 0,005m, 35 bis 40 V/cm = 1400–1600 V auf 40 cm, 1½ Std.); durch Zufügung dieser Fraktion zum Inkubationsmedium der Rattenadenohypophyse in vitro im Kurzzeit-Vers. konnte eine Verdoppelung des **II**-Geh. im Medium erzielt werden, so daß angenommen wird, daß der zur **I**-Aktivitätssteigerung mit dem zur **II**-Freisetzung führenden Faktor ident. ist. In weiteren Verss. muß jedoch die Möglichkeit einer Wrkg. durch andere Faktoren in diesen Kurzzeit-Verss. (1std. Inkubation) ausgeschlossen werden.
U. TAUSENDFREUND. 4562□

Stimulierende Wirkungen von Cytochrom c und Chinonen auf die ^{131}J-Verwertung durch zellfreie Schilddrüsenpräparate von Schafen. Winton Tong und I. L. Chaikoff. (Biochim. biophysica Acta [Amsterdam] **46.** 259–70. 15/1. 1961. Berkeley, Calif., Univ., Dep. of Physiol.) (Engl.)

Die Wrkg. von *Cytochrom c* (**I**), *Flavinmononucleotid* (**II**), *2-Methylnaphthochinon-(1.4)* (*Menadion*; **III**), *Naphthochinon-(1.2)* (**IV**), *Naphthochinon-(1.4)* (**V**), *5-Hydroxynaphthochinon-(1.4)* (*Juglon*; **VI**), *2-Hydroxy-3-[3-Methylbutenyl-(2)-naphthochinon-(1.4)]* (*Lapachol*; **VII**), *2-Hydroxy-3-methylnaphthochinon-(1.4)* (*Phthiocol*; **VIII**), *2-Hydroxynaphthochinon-(1.4)* (*Lawsone*; **IX**), *p-Benzochinon* (**X**) sowie *Vitamin K_1* (**XI**) auf den Einbau von ^{131}J wurde untersucht. $5 \cdot 10^{-4}$m **I** aktivierten den ^{131}J-Verbrauch von Schilddrüsenhomogenisaten, nicht aber von isolierten Partikelfraktionen. **II** wirkte reziprok. **III–VI** u. **X** stimulierten den ^{131}J-Verbrauch in Homogenisaten u. Partikelfraktionen. **XI** war wirkungslos, **VII** u. **VIII** hemmten die Jodverwertung. Vgl.-Verss. mit **I–X** wurden an Kontroll-Syst. gemacht, die Tyrosin, gereinigtes Protein bzw. nicht-thyreoide Gewebe enthielten. Die bei verschiedenen Insekten, Mollusken u. Annelliden beschriebene *J-Protein*-Bldg. wird als Folge der ^{131}J-Oxydation durch Chinone als Teil eines „quinone tanning"-Mechanismus angesehen.
H.-G. TRÜPER. 4562□

Über ^{131}J-markiertes Insulin. 4. Mitt. **Immunologische Studien und Prednisolonwirkung.** A. d'Addabbo, E. Kallee und F. Lohss. (Sonderbände zur Strahlentherapie **45 (4).** 279–92. 1960. Tübingen, Univ., Med. Klinik.) (Dt.) — 3. vgl. C. **1950/54.** 5497 S.)

Bei in vitro-Verss. konnte zwischen *Rinderinsulin* u. *Rinderalbumin* keine immunolog. Verwandtschaft nachgewiesen werden, dagegen enthielten manche *Insulin*-Präpp. eine mit Rinderalbumin-Antiseren fällbare Substanz. Der Einfl. der Sensibilisierung gegen Rinderalbumin u. der Prednisolonbehandlung auf den Aktivitätsabfall nach Injektion von *^{131}J-Insulin* wird untersucht. Die Markierung von Insulin mit ^{131}J wird beschrieben.
H.-G. FLOSS. 4564□

Untersuchung der Insulinfixierung im peripheren Gewebe normaler und akromegalischer Personen mit Hilfe von ^{131}J-Insulin. J. H. Briggs, W. J. Butterfield, C. J. Garratt, J. D. Pearson und M. J. Wichelow. (Sonderbände zur Strahlentherapie **45 (4).** 258–64. 1960. London, Guy's Hosp., Med. School, Dep. of Endocrinol., Exp. Med. and Radioisotope Labor.) (Engl.)

Akt. Akromegalie bewirkt eine Unempfindlichkeit des peripheren Gewebes gegen *Insulin*, die darauf beruht, daß dieses nicht aus dem Kreislauf in den extracellulären Raum übertreten kann.
H.-G. FLOSS. 4564□

Die Wirkungen von Insulin auf den Blutzucker- und den Kaliumspiegel bei tiefer Hypothermie. Lj. Mihailović und Lj. Kržalić. (Arch. int. Physiol. Biochim. **66.** 526—33. Nov. 1958. Belgrade, Univ. of Belgrade, Med. School, Inst. of Pathol. Physiol.) (Engl.) — Vgl. C. **1959.** 11961.

Durch i.v. Injektion großer Dosen *Insulin* (**I**; 15 Einheiten/kg; 3 Einheiten/kg ohne Wrkg.) kann bei Kaninchen in einer tiefen, physikal. hervorgerufenen Hypothermie ein nach 90—120 Min. einsetzender, hypoglykäm. Effekt hervorgerufen werden, der von einer Verminderung des Serum-*K*-Spiegels begleitet ist. Demnach sind die der **I**-Wrkg. zugrunde liegenden Mechanismen auch bei derart niedrigen Körper-Temp., wie 20°, nicht völlig außer Kraft gesetzt; die Verminderung des Blutzuckers dürfte unter diesen Bedingungen vornehmlich der deponierenden Wrkg. von **I** zuzuschreiben sein u. kaum der fördernden Wrkg. auf die Glucoseverwertung; die Verminderung des K-Spiegels ist wahrscheinlich Folge eines Einbaus von K in den *Hexosephosphat*-Komplex u. seiner Ablagerung vorwiegend in der Skelettmuskulatur. U. TAUSENDFREUND. 4564□

Wirkungen des N-[4-Methylbenzolsulfonyl]-N'-butylharnstoffs (D 860) auf den Stoffwechsel des Äthanols. H. Büttner und F. Portwich. (Naunyn-Schmiedebergs Arch. exp. Pathol. Pharmakol. **238.** 45—46. 1960. Kiel.) (Dt.)

Es wurde zu klären versucht, wodurch die durch Verabreichung von *D 860* (*N-[4-Methylbenzolsulfonyl]-N'-butylharnstoff*) u. 0,5 g *A.*/kg bei Gesunden u. Diabetikern auslösbare Sulfonylharnstoff-A.-Rk. (ähnlich wie die Antabus-A.-Rk.) mit erhöhtem Acetaldehyd-Geh. in Blut u. Atmungsluft hervorgerufen wird. Es ist weder ein direkter Einfl. von D 860 auf die am *Acetaldehyd*-Abbau beteiligten Enzyme nachzuweisen, noch eine Erhöhung der Abbau-Geschw. von A. (enzymat. bestimmter Acetat-Geh. im Lebergewebe beim Vers. mit A. u. mit A. plus D 860 prakt. gleich). Es ließ sich jedoch ein Anstieg des Geh. an *red. Diphosphopyridinnucleotid* (DPNH) u. ein Abfall des Geh. an *DPN* feststellen; der Quotient DPN/DPNH verschiebt sich von >1 auf <1, der Gesamt-Geh. an Codehydrase I bleibt prakt. gleich. Dieser Befund wird im Sinne einer Verlangsamung der DPNH-Reoxydation gedeutet u. kann möglicherweise Ursache für den verminderten Acetaldehydabbau sein. Die Frage, warum eine derartige Störung der Reoxydation vorzugsweise die Acetaldehydoxydation betrifft u. weniger die ebenfalls DPN-abhängige A.-Oxydation, läßt sich noch nicht sicher beantworten.
U. TAUSENDFREUND. 4564□

Wirkung hypoglykämischer Sulfonamide auf das Wachstum der weißen Ratte und die Histologie des Pankreas. A. Loubatières, A. Sassine, C. Fruteau de Laclos und P. Bouyard. (C. R. Séances Soc. Biol. Filiales **151.** 957—59. 21/12. 1957. Fac. de Méd., Laboratoire de Physiologie appliquée.) (Franz.)

2254 RP (*2-[p-Aminobenzolsulfonamido]-isopropylthiadiazol*), *2256 RP* (*2-[p-Aminobenzolsulfonamido]-5-isobutyl-1.3.4-thiadiazol*), *2259 RP* (*p-Aminobenzolsulfonamido-tert.-butylthiadiazol*), *BZ 55* (*p-Aminobenzolsulfonamidobutylharnstoff*) u. *D 860* (*p-Tolylsulfonylbutylharnstoff*) 0,25 g/kg/Tag über 14 Wochen an Ratten verabreicht, verursachen keine deutliche Änderung der Gew.-Zunahme oder des Skelettwachstums. Die histolog. Unters. des Pankreas zeigt Veränderungen an den Zellen der vorgebildeten LANGERHANSschen Inseln, u. es erscheinen neoforme Gebilde von wahrscheinlich endokriner Natur. S. GROITZSCH. 4564□

Die Wirkung der Kost auf den 5-Hydroxytryptamingehalt des Dünndarms und anderer Organe bei Ratten und Mäusen. T. J. Sullivan. (Brit. J. Pharmacol. Chemotherapy **15.** 513—19. Dez. 1960. London, St. Thomas' Hosp., Med. School, Dep. of Pharmacol. and Therapeut.) (Engl.)

Durch Fleisch- oder Leberkost kommt es bei Ratten zu einem Anstieg des *5-Hydroxytryptamin* (**I**)-Geh. im Dünndarm bei Vermehrung des Darm-Gew. u. einem 10fachen Anstieg der Zahl anaerober Bakterien im Rectum; in Hirn, Milz u. Thrombocyten kommt es zu keiner **I**-Erhöhung. Durch eine 1% *Tryptophan* enthaltende Kost ist bei Ratten keine Beeinflussung des **I**-Geh. möglich, während bei Mäusen sowohl im Darm, als auch in der Milz u. den Thrombocyten der **I**-Geh. unter dieser Kostform ansteigt; der Geh. im Hirn bleibt auch bei Mäusen unbeeinflußt. Die argentaffinen Zellen des Jejunums reagieren nicht. U. TAUSENDFREUND. 4569□

Die Verteilung von 5-Hydroxytryptamin und Adenosintriphosphat in cytoplasmatischen Partikeln des Hundedünndarms. W. H. Prusoff. (Brit. J. Pharmacol. Chemotherapy **15.** 520—24. Dez. 1960. Oxford, Univ. of Oxford, Dep. of Pharmacol.) (Engl.)

Adenosintriphosphat (ATP) ist im Darmbereich für die Lagerung von *5-Hydroxytryptamin* (I) von Bedeutung, ähnlich wie es ATP auch für die Lagerung der Brenzcatechinamine im Nebennierenmark ist: Bei Verteilungsstudien am Saccharosehomogenat des Hundedünndarms konnte ATP in 2 verschiedenen Schichten, die durch Dichtegradientenzentrifugierung abgetrennt wurden, nachgewiesen werden; die obere Schicht enthielt ebenfalls *Succinodehydrogenase*, jedoch kein **I** (vermutlich Mitochondrienschicht); in der unteren Schicht wurde neben ATP auch der größte Teil des partikelgebundenen **I** gefunden, Mol-Verhältnis I/ATP = 2,6. U. TAUSENDFREUND. 4569□

Aufnahme und Verteilung von Vanadin bei der Tunicata Phallusia mamillata Cuvier. (Untersuchungen über Hämovanadin. 5. Mitt.) Hans-Joachim Bielig, Erich Jost, Karl Pfleger, Walter Rummel und Ernst Seifen. (Hoppe-Seyler's Z. physiol. Chem. **325.** 122—31. 20/9. 1961. Heidelberg, Max-Planck-Inst. für Med. Forsch., Inst. für Chem.; Homburg/Saar, Univ., Pharmakol. Inst.) (Dt.) — 4. vgl. Pubbl. Staz. Zool. Napoli **29.** [1957.] 109.

Vff. exponieren Seescheiden (*Phallusia mamillata*, Tunicata) unterschiedlicher Größe (0,2—162 g) in belüftetes, ^{48}*V-Na-Vanadat* (520 Impulse/Min./ml) enthaltendes Meerwasser u. bestimmen nach 24 Std. die ^{48}*V*-Menge im Gesamtblut, in den Blutzellen, im Bronchialsack u. in der Speicherniere. Es wird eine mit dem Gew. der Tiere ansteigende ^{48}V-Aufnahme von 1—15% der dargebotenen Menge festgestellt. Das Ausmaß der V-Resorption hängt jedoch vom Lebensalter der Tiere ab. Wird die Aktivität pro g Frisch-Gew. gegen das Tier-Gew. aufgetragen, so ergibt sich, daß jüngere Tiere ($<$20 g) in gleichen Zeiten bis zu 10mal größere V-Mengen aufnehmen als ältere. Der Bronchialsack enthält die höchste, den Geh. des Blutes mehrfach übersteigende ^{48}V-Menge; während sich die die Hauptkörpermasse bildende Tunica u. das Blut kaum in ihrer Aktivität voneinander unterscheiden. Für die Bewertung der stärkeren ^{48}V-Anreicherung durch kleine Tiere im Vgl. zu größeren ist die Konstanz der Beziehung Körper-Gew.: Organ-Gew. maßgebend. Von den aus Meerwasser durch ausgewachsene Tiere resorbierten 43% des zugeführten ^{48}V erscheinen nur 2,2% der gesamten aufgenommenen Menge im Blut, u. von dieser lassen sich $>$75% im Plasma nachweisen; der Rest findet sich in den Zellen, u. zwar als Hauptanteil im *Hämovanadin* (**I**) lokalisiert. In vitro-Verss. mit ^{48}V-haltigem Seescheidenblut zeigen, daß die Blutzellen ^{48}V aufnehmen, das vorwiegend ins I-Syst. eintritt. Dieser ^{48}V-Einbau verläuft bei 20° zunächst sehr schnell, indem innerhalb 1 Std. 25% der Gesamtaktivität resorbiert werden; danach folgt eine langsamere 2. Phase. Die Geschw. der V-Aufnahme ist stark temperaturabhängig. Die Ergebnisse zeigen, daß V während der Wachstumsperiode (bei jüngeren Tieren) u. gesteigerter Stoffwechselaktivität hauptsächlich im Bronchialsack angereichert wird.

P. FAHRNLAENDER. 4572□

Sulfataufnahme bei Phallusia mamillata Cuvier. Verteilung und Schicksal von Sulfat- und Aminosäure-Schwefel im Blut. (Untersuchungen über Hämovanadin. 6. Mitt.) Hans-Joachim Bielig, Erich Jost, Karl Pfleger und Walter Rummel. (Hoppe Seyler's Z. physiol. Chem. **325.** 132—45. 20/9. 1961. Heidelberg, Max-Planck-Inst. für Med. Forsch., Inst. für Chem.; Homburg/Saar, Univ., Pharmakol. Inst.) (Dt.) — 5. vgl. vorst. Referat.

Vff. exponieren Seescheiden (*Phallusia mamillata* C.) von durchschnittlich 130 g Körper-Gew. in durchlüftetes, mit $Na_2{}^{35}SO_4$ (0,18 mc) versetztes Meerwasser u. bestimmen nach 48 Std. die Aktivität im Gesamtblut, Plasma, in der *Hämovanadin* (**I**)-Fraktion (HENZE-Lsg.) u. in den gewaschenen Zellrückständen. Es zeigt sich, daß bei 16 bzw. 20° 41 bzw. 52% der angebotenen Aktivität in das Blutplasma u. nur 1,1 bzw. 1,4% in die gewaschene Zellfraktion übertreten, entsprechend einem Q_{10}-Wert von 1,8. Von der geringen, in der Blutzellfraktion gefundenen ^{35}*S*-Menge entfallen nach der Cytolyse ca. 75% auf die saure HENZE-Lsg.; die Zellrückstände enthalten den Rest. Auch nach intracardialer Injektion von $^{35}SO_4{}^{2-}$ nehmen die Blutzellen, verglichen mit ihrer hohen $SO_4{}^{2-}$-Akkumulation, nur wenig $^{35}SO_4{}^{2-}$ auf: ebenso werden nach 4std. Inkubation des isolierten Blutes mit $^{35}SO_4{}^{2-}$ im Hämolysat (I-Fraktion + Zellrückstände) keine höheren Werte als 2,3% der im Plasma enthaltenen Gesamtaktivität gefunden. In der enteiweißten u. von *V* befreiten HENZE-Lsg. aus den Blutzellen lassen sich papierchromatograph. an freien S-haltigen Amino-Verbb. nur *Methionin* (**II**) u. *Taurin* (**III**) nachweisen. Bei intracardialer Zufuhr von ^{35}*S-DL-Cystin* (**IV**: 275 μg, 500·10³ Impulse/Min.) werden nach 48 Std. 14% ^{35}S im Gesamtplasma u. nur 0,4% in den Blutzellen festgestellt: bei Applikation von ^{35}S-DL-**II** (200 μg, 300·10³) betragen die Werte nach derselben Zeit 6 bzw. 0,8%. Die Verteilungsverhältnisse entsprechen also nach Injektion von Aminosäure-S denen nach Zufuhr von $^{35}SO_4{}^{2-}$. Wird dagegen Blut in vitro mit einer 5fach höheren **IV**- oder **II**-Menge inkubiert, so werden bereits nach 4 Std. 1,4 bzw. 2,4% der angebotenen Aktivität in den Zellen gefunden. **II**, das zusammen mit **III** in den Geweben vorkommt, wird auch aus dem Plasma bevorzugt in diese aufgenommen. Von zugeführtem ^{35}S-**III** erscheint dagegen nichts in den Zellen. **IV**, das im Hämolysat nicht anzutreffen ist, wird vorwiegend in die Zellstruktur eingebaut. Die Hauptmenge der dem Blut zugegebenen ^{35}S-Menge verbleibt als im Plasma. ^{35}S-DL-**II** wird im Blut innerhalb von 4 Std. (24°) fast vollständig zu *Methioninsulfon* u. *-sulfoxid* oxydiert; **IV** dagegen nach 8 Std. zu 12% in $^{35}SO_4^{2-}$ übergeführt; 44% der gesamten Aktivität erscheinen als *Cysteinsulfonsäure* (**V**). Das zellfreie Plasma wandelt in 4 Std. nur 5% **IV** in **V** u. 3% in $^{35}SO_4^{2-}$ um. Bei 2 u. 4std. Inkubation von V- u. proteinfreiem, künstlichem Plasma mit **IV** treten nur 2‰ der Gesamtaktivität in die SO_4^{2-}-Fraktion über; ein 3—4mal höherer Wert wird in Ggw. von V-haltigem, natürlichem Plasma gefunden. Ein entsprechender Zusatz von *Na-Vanadat* zum künstlichen Plasma ist dagegen ohne Einfl. auf den **IV**-Abbau zu SO_4^{2-}. Die gleiche Vanadatzugabe zum natürlichen Plasma verursacht jedoch eine Verdoppelung der aus **IV** gebildeten $^{35}SO_4^{2-}$-Menge im Vgl. zu natürlichem Plasma ohne zusätzliches V. Diese Ergebnisse zeigen, daß die Proteinfraktion des Plasmas (0,03—0,04% des frischen Plasmas) einen Einfl. auf die durch V katalysierte **IV**-Oxydation besitzt. Auch die Vanadocyten sind am **IV**-Stoffwechsel, der pH-abhängig ist u. oberhalb des physiolog. Bereiches (6,6—6,7) auch in Abwesenheit von Zellen stark zunimmt, beteiligt. Der hohe SO_4^{2-}-Geh. in den Zellen stammt aus oxydativ umgewandeltem Amino-säure-S. P. FAHRNLAENDER. 4572□

Die Isolierung und Eigenschaften der spezifischen cytoplasmatischen Granula der polymorphkernigen Leukocyten des Kaninchens. Zanvil A. Cohn und James G. Hirsch. (J. exp. Medicine **112.** 983—1004. 1/12. 1960. New York, N.Y., Rockefeller Inst.) (Engl.)

Nach Lysis homogener Kaninchen-Leukocytensuspensionen in 0,34 m *Saccharose* (**I**; die zur Freisetzung der cytoplasmat. Inhaltsstoffe u. Auflösung einer großen Zahl der Kerne führt) wurde Differentialzentrifugierung durchgeführt, die eine Auftrennung in eine 400·*g* Kernfraktion, eine 8200·*g* Granulafraktion u. einen postgranulären Überstand bewirkte. Die 8200·*g*-Fraktion bestand mkr. aus intakten Granula mit gelegentlichen Mitochondrien, die 400·*g*-Fraktion u. die Überstandsfraktion erwiesen sich als uneinheitlich. Eine teilweise bis weitgehende Lyse der Granula, die sich an einer Abnahme der opt. Dichte der Fraktion erkennen ließ, kommt durch 0,063 m **I** (20% Verminderung der Dichte von 450 mμ bei 25°), durch 0,034 m **I** (26%), 0,1—0,001 n *HCl* (96%), 0,001 m *Citronensäure* oder *Milchsäure* (96%), 0,5% *Triton* (6%) bzw. 1,0—0,1% *Saponin* (74 bis 24%) zustande. Bei Verw. gepufferter Lsg. im Bereich von pH 2,0—9,0 beginnt die Lysis bei pH 5,5 u. ist vollendet bei pH 4,0. Die chem. Zus. zeigte in der Granulafraktion *Protein*, *Phospholipide* u. Spuren von *Nucleinsäuren*. Ca. 70—80% des gesamten cellulären antimikrobiell wirksamen *Phagocytins* fanden sich in der Granulafraktion, es wurde durch Ansäuern (unter pH 5,0) freigesetzt. An Enzymen fanden sich vorwiegend in der Granulafraktion *saure Phosphatase*, *alkal. Phosphatase*, *Nucleotidase*, *Ribonuclease*, *Desoxyribonuclease* u. *β-Glucuronidase*. Ebenfalls in der Granulafraktion befinden sich ca. 50% des gesamten cellulären *Lysozyms* u. *Kathepsins*. Durch Granulalysis werden das meiste Protein u. die meisten Enzyme in nichtsedimentierbarer Form freigesetzt. Die Eigg. u. die Zus. der Granula polymorphkerniger Kaninchenleukocyten scheint analog denen der Leberlysosomen zu sein. U. TAUSENDFREUND. 4573

Die säulenchromatographische Trennung der Plasmalipoide. 1. Mitt. **Methodik und Identifizierung der Fraktionen.** Nepomuk Zöllner und Katharina Kirsch. (Z. ges. exp. Med. **134.** 10—28. Dez. 1960. München, Univ., Med. Poliklinik.) (Dt.)

Beschreibung eines Verf. zur Auftrennung der *Plasmalipoide* in einem Arbeitsgang auf säulenchromatograph. Wege unter Verw. eines PAe.-Extraktes aus Plasma. Als stationäre Phase finden Kieselsäure, als mobile Gemische von PAe. u. Ae. sowie von $CHCl_3$ u. Methanol Anwendung. Es werden 6—8 nicht oder wenig polare (neutrale) u. 4—6 polare (*Phosphatid*)-Fraktionen erhalten. In jeder Fraktion wird der Geh. an *Cholesterin* (**I**), *veresterten Fettsäuren*, *Glycerin*, *freien Fettsäuren*, *Carotin*, *P*, *Acetalphosphatiden*, *Amino-Verbb.* u. *Cholin* ermittelt. Bei der Elution der neutralen Lipoide werden zunächst die *Paraffine* ausgewaschen; es folgen *Squalen*, **I**-*Ester*, *Triglyceride*, Fettsäuren, **I**, *Diglyceride* u. *Monoglyceride*. Bei den *Phosphorlipoiden* ist die Identifizierung der einzelnen Fraktionen noch nicht abgeschlossen; bisher wurden folgende Ergebnisse erhalten: *Lecithin*: 162,2 mg/100 ml Plasma; *Lysolecithin*: 18,6 mg/ml; *Kephaline*: 10,0; *Lysokephaline*: 4,7; *Sphingomyelin*: 40,8; nichtidentifiziert: 6,1 mg/ml. Die Carotinoide wurden bei der Chromatographie in 2 Fraktionen aufgespalten. R. REISS. 4574□

Vorkommen von multiplen Coeruloplasmin-Komponenten in menschlichem Serum. R. McAlister, G. M. Martin und E. P. Benditt. (Nature [London] **190.** 927—29. 3/6. 1961. Seattle, Wash., Univ. of Washington, School of Med.) (Engl.)

Im Serum von 43 schwangeren Frauen, 17 Patienten mit verschiedenen Krankheiten u. 5 normalen Personen wurde elektrophoret. eine Trennung der verschiedenen *Coerulo-*

plasmine durchgeführt. Dabei wurden 5 verschiedene Komponenten gefunden, die nicht bei allen untersuchten Krankheiten nachzuweisen waren. G. KIMMERLE. 4574

Lipidstoffwechsel bei Zellkulturen. 2. Mitt. **Cholesterinaufnahme aus dem Serum von normalen sowie von atherosklerotischen erwachsenen Menschen.** J. Martyn Bailey, George O. Gey und A. Meymandi-Nejad. (Proc. Soc. exp. Biol. Med. **107.** 594—97. Juli 1961. Washington, D.C., George Washington Univ., School of Med., Dep. of Biochem.; Baltimore, Md., Johns Hopkins Hosp., Dep. of Surgery, Finney-Howell Cancer Res. Labor.) (Engl.) — Vgl. C. **1960.** 8892.

Es werden Verss. mit Zellkulturen dahingehend durchgeführt, ob hinsichtlich der Aufnahme von *Cholesterin* (**I**) aus der Kultur-Fl. (Blutseren von erwachsenen Frauen u. Männern verschiedenen Alters, gesund bzw. atherosklerot.) irgendwelche Unterschiede in Abhängigkeit von der Art des Serums bestehen; Angaben über die Versuchsmethoden. An Hand einer Diskussion der tabellar. mitgeteilten Befunde wird gefolgert, daß die Zellen bei Kultur in atherosklerot. Seren höheren Geh. an **I** aufweisen als bei Wachstum in normalen Seren. Es liegt signifikante Korrelation zwischen Alter des **I**-Donators u. seinem **I**-Spiegel u. **I**-Geh. der Zelle vor; bei atherosklerot. Seren besteht eindeutiger Zusammenhang zwischen Geh. an **I** im Serum u. in den Zellen, unabhängig vom Alter des **I**-Donators. Es wird gefolgert, daß die **I**-Aufnahme der Zellen aus den atherosklerot. Seren von älteren Menschen nur von der Höhe des **I**-Spiegels im Blut abhängt.
K. TÄUFEL. 4574□

Thromboplastin. 1. Mitt. **Phospholipidteil von Thromboplastin.** Karl H. Slotta. (Proc. Soc. exp. Biol. Med. **103.** 53—56. Jan. 1960. Miami, Fla., Univ. of Miami, Med. School, Dep. of Biochem. and Med.) (Engl.)

Mit dem unveränderten *Thromboplastin*-Bldg.-Test von BIGGS, DOUGLAS u. McFARLANE wurden folgende *Phospholipid* (**I**)-Präpp. untersucht; 1. Chromatograph. gereinigtes *Lecithin* aus frischem Kalbshirn, in physiolog. NaCl-Lsg. oder in Imidazolpuffer-Lsg., pH 7,2, emulgiert, war inaktiv. 2. Nach FOLCH gewonnene Fraktionen von *Kephalin* aus frischem Kalbshirn: Fraktion 3 = *Phosphatidylserin* (**II**) mit Spuren *Phosphatidyläthanolamin* (**III**), Lyso-**III**, *Mono-* u. *Diphosphatidylinosit-* war wenig aktiver als Fraktion 4 = 80% **III** + 20% **II**. Fraktion 4 war aktiver als Fraktion 5 = fast reines **III** mit ca. 2% **II** (entsprechend 0,13% Serin). Der **II**-Geh. scheint die noch vorhandene Aktivität dieser Fraktion zu erklären. 3. Gesamt-**I** aus frischem Eigelb enthielt nach Dialyse u. papierchromatograph. Reinigung (Kieselsäure/Phenolwasser) 18,2% **III** + Lyso-**III** (kein **II**) u. war inaktiv. Es war schwierig, **III** auch nur von Spuren von **II** zu trennen. — 4. Von BAER synthet. dargestelltes *L-α-Dioleylphosphatidyläthanolamin*, emulgiert in physiolog. NaCl-Lsg. oder in 0,3% ig. „Pluronic F 68"-Säure (= polymeres Äthylensulfat), war inaktiv. — Gemische von 20% **II** in **III** wurden durch Zugabe von <1 mg *Na-Desoxycholat* (**IV**) durch Bldg. von Fettsäure-**IV**-Komplexen geklärt, aber hierdurch wurde die Thromboplastin-Bldg. (um 5—6 Min.) verzögert. Der Schwellenwert für die Hemmung der Aktivität von **I** lag zwischen 1—2 mg **IV** pro mg **I**, d. h. zur maximalen Hemmung war 1 Mol **IV** pro 1 Mol **I**-Fettsäureester erforderlich. **III** u. *Phosphatidylcholin* sind also im Thromboplastin-Bldg.-Test inakt. u. werden erst in Ggw. von ca. 10% **II** hochaktiv. **I** von frischem Eigelb sind inakt., weil sie kein **II** enthalten.
H. CARLS. 4574□

Freisetzen von Aminosäuren aus Proteinen durch enzymatisch oder „wärmekatalysierte" Hydrolyse. S. M. Hardy. (Nature [London] **191.** 1061—65. 9/9. 1961. London, Hosp. for Sick Children.) (Engl.)

Vf. untersuchte die Ausscheidung von Peptiden u. *Aminosäuren* (**I**) im Harn von Kindern mittels einer besonders konstruierten App. für Hochspannungselektrophorese, wobei eine Temp. von $0 \pm 0,5^0$ unter Messung der Temp. des in Abständen von 10 cm mit Spezialthermometern versehenen 120 cm langen Papierstreifens eingehalten wurde. Als Puffer von pH 1,9 diente ein Gemisch aus Essigsäure, Ameisensäure u. W. (3:1:16) mit einer Leitfähigkeit von $0,3 \cdot 10^4$ $\mu\Omega$; die angelegte Spannung betrug 200 V/cm der Papierlänge, so daß 1,0 mA/cm Papierbreite während 25 Min. erzeugt wurde. Dabei traten verschiedene, bisher nicht bekannte Abweichungen im Verh. der **I** bei hohen Feldstärken auf. Bes. ergab sich, daß zugesetzte käufliche **I** von hoher Reinheit zu Harnproben, in denen die Ggw. der betreffenden **I** chromatograph. nachgewiesen war, sich nicht etwa mit den Harn-**I** vereinigten u. die Intensität der anschließenden Farb-Rk. verstärkten, sondern vielmehr eigene zusätzliche Fraktionen bildeten. Dies wird für *Asparaginsäure, Prolin, Glutaminsäure, Threonin, Serin* u. *Glykokoll* gezeigt. Aus theoret. Überlegungen wird geschlossen, daß offenbar die elektr. Ladung der Harn-**I** u. der käuflichen **I** verschieden sind. Eine Bestätigung dafür sieht Vf. in Beobachtungen von HEILMEYER (C. **1955.** 7514.) Da dieses Verh. der **I** bei den hohen (ca. 100000 V/cm betragenden)

Membranpotentialen in vivo eine Rolle spielen kann, wird die Frage, ob durch enzymat. bzw. chem. Hydrolyse der Proteine, deren elektr. Ladung beeinflußt wird, ohne weitere experimentelle Unterss. diskutiert; dabei wird die durch Alkali bzw. Säure katalysierte Hydrolyse als „*wärmekatalysierte Hydrolyse*" angesehen. A. HESSE. 4577□

Isolierung eines fruchtbarkeitsfördernden Faktors aus Eiwasser von Psammechinus miliaris. S. Lybing und B. E. Hagström. (Exp. Cell Res. **13.** 60—68. Aug. 1957. Stockholm, Univ. of Stockholm, Wenner-Gren-Inst., Dep. of Physiol. Chem. and Cell Physiol.) (Engl.)

Aus dem (durch 2—3std. Aufbewahrung von 5—15 ml *Psammechinus miliaris*-Eiern in 100—200 ml Meerwasser) gewinnbaren Eiwasser läßt sich durch Extraktion mit PAe., Ae. oder Äthylacetat sowie anschließende Konzentrierung durch Vakuumevaporierung unter IR-Licht ein *fruchtbarkeitsfördernder Faktor* isolieren. Neben den bereits bekannten spermaaktivierenden u. agglutinierenden Eigg. des Eiwassers konnte damit ein 3. Faktor nachgewiesen werden; vermutlich handelt es sich dabei um *Vanillin* (I), welches zwar nicht isoliert, aber durch verschiedene Reagentien auf Filterpapier erkannt werden konnte; diese Wrkg. muß weitgehend spezif. sein (vermutlich über Kopplung mit positiven Aminogruppen auf der Spermatozoenoberfläche), da Iso- oder o-Vanillin bzw. Vanillinsäure unwirksam sind. Die fruchtbarkeitsfördernde Substanz hat außerdem einen spermaaktivierenden Effekt, der sich an gesteigerter Atmungs-Geschw. zeigt; dieser zusätzliche Effekt wird von I nicht ausgeübt. U. TAUSENDFREUND. 4583□

Cerebrale Enzymveränderungen und Toleranz gegenüber Anoxie während der Reifung des Kaninchens. S. Cassin und C. S. Herron jun. (Amer. J. Physiol. **201.** 440—42. Sept. 1961. Gainesville, Fla., Univ. of Florida, Coll. of Med., Dep. of Physiol.) (Engl.)

Bei der Unters. der Veränderungen der cerebralen Aktivität oxydativer Enzyme im postnatalen Leben des Kaninchens u. der Beziehung dieser Veränderungen zur Widerstandsfähigkeit gegenüber O_2-Mangel fand die Anschauung eine Stütze, nach der der Stoffwechsel des Säugetieres im Verlaufe des Reifungsprozesses von ursprünglich anaerob auf aerob umgestellt wird. So widerstehen neugeborene Kaninchen noch einer Anoxie von 30—35 Min. Dauer, während erwachsene Tiere nur noch eine Anoxie von 3—5 Min. Dauer aushalten können; die Verfolgung der Veränderungen der *Succinodehydrogenase*- u. der *Cytochromoxydase*-Aktivität im Gehirn Neugeborener bis zur vollendeten Reifung zeigt sehr niedrige Werte nach der Geburt, die allmählich bis zum 15. oder 18. Tag bis auf die dann erreichten Erwachsenenwerte ansteigen; gleichlaufend damit nimmt die Widerstandsfähigkeit gegenüber Anoxie ab u. erreicht am 15. bis 18. Tag ebenfalls die Erwachsenenwerte. U. TAUSENDFREUND. 4583□

Einige Gedanken zu modernen Nahrungsmitteln und ihrem Nährwert. F. H. Reuter. (Arzneimittel-Forsch. **10.** 395—99. Mai 1960. Kensington, N.S.W., Australien, Univ. of New South Wales, Dep. of Food Technol.) (Engl.) P. GREGORZEWSKI. 4585□

Vergleich des Verhaltens von Strontium-Calcium und Cäsium-Kalium beim Geflügel. R. A. Monroe, R. H. Wasserman und C. L. Comar. (Amer. J. Physiol. **200.** 535—38. März 1961. Ithaca, N.Y., Cornell Univ., Poultry Dep. u. Dep. of Phys. Biol.) (Engl.)

Unter normalen Fütterungsbedingungen, aber bei verschiedenen Ca-Konzz. im Futter wurde ^{45}Ca gegenüber ^{85}Sr bevorzugt verwertet; allerdings war im Plasma legender Hennen u. im Eiklar eine bevorzugte Retention von ^{85}Sr zu beobachten. Ein Vgl. der Retention von ^{137}Cs u. ^{42}K durch verschiedene Gewebe lieferte sehr uneinheitliche Werte. Ein hoher Cs/K-Quotient in der Niere war auf eine verringerte Speicherkapazität für K zurückzuführen. K. ZINGRAF. 4585□

Magnesiummangel beim Meerschweinchen. Mineralzusammensetzung der Gewebe und Verteilung von säurelöslichem Phosphor. E. R. Morris und B. L. O'Dell. (J. Nutrit. **75.** 77—85. Sept. 1961. Columbia, Mo., Univ. of Missouri, Dep. of Agric. Chem.) (Engl.)

Bei Verfütterung von 0,4 bzw. 1,7% *P* an Meerschweinchen mit Mg-Mangel wurde eine Zunahme der Aschenbestandteile sowie von *Ca* u. *P* u. eine geringe Abnahme von *Mg* in Niere, Muskel u. Herz festgestellt. Bei Verfütterung von 0,4% P konnte durch Zusatz von 0,06% Mg zum Futter eine fast normale Zus. der Gewebe aufrechterhalten werden; dazu waren bei der Verfütterung von 1,7% P auch 0,34% Mg nicht imstande. Mg-Mangel beeinflußte den Geh. der Knochen u. Zähne an Aschenbestandteilen, Ca oder P nicht wesentlich, verringerte aber den Mg-Gehalt. Die Zunahme des gesamten säurelösl. P in weichen Geweben bestand fast ausschließlich aus anorgan. P. Der Überschuß von anorgan. P u. Ca fand sich annähernd in der gleichen Proportion wie in $Ca_3(PO_4)_2$. K. ZINGRAF. 4585□

Untersuchungen über die Toxizität und den Antagonismus von Aminosäuren bei entwöhnten Ratten. H. E. Sauberlich. (J. Nutrit. **75.** 61—72. Sept. 1961. Auburn, Ala., Auburn Univ., Agric. Experim. Stat., Dep. of Animal Sci.) (Engl.)

Verfütterung überschüssiger *Aminosäure* (I)-Mengen (5% des Futters) an gerade entwöhnte Ratten bewirkte (außer *Alanin*) Wachstumshemmung, am stärksten wirkte *Methionin.* Die Wachstumshemmung war im allg. nach L-Isomeren größer als nach D-Isomeren; sie konnte durch Eiweißzusatz zum Futter meist ganz oder teilweise verhütet werden. Der Grad der Toxizität von I war von der verfütterten Eiweißmenge abhängig. Die durch Maiskörnerfutter mit Zusatz von *Leucin* bewirkte Wachstumshemmung konnte durch Zusatz von *Isoleucin* aufgehoben oder verringert werden. Es bestand keine Korrelation zwischen der Toxizität von I u. ihrer Konz. im Plasma.

K. Zingraf. 4585□

Pathologische Veränderungen durch β-Thienyl-(2)-alanin. Nathan Kaufman, Janis V. Klavins und Thomas D. Kinney. (J. Nutrit. **75.** 93—103. Sept. 1961. Durham, N.C., Duke Univ. Med. Center, Dep. of Pathol.) (Engl.)

Nach 4 Wochen langer Verfütterung von 1—2% *β-Thienyl-(2)-alanin,* einem Antagonisten von Alanin, trat bei Ratten Wachstumshemmung mit histolog. Veränderungen in Verdauungstrakt, Nieren, Geschlechtsorganen (Hemmung der Spermatogenese), Milz (Reifungsverzögerung der Lymphocyten), Thymus, Haut (Hyperkeratose, Atrophie der Haarfollikel), Epiphysenplatten, Herz, Hypophyse, Schilddrüse, Nebenniere u. Leber auf.

K. Zingraf. 4585□

Fettsäurekomponenten der Leberlipide der Ratte: Wirkung der Futterzusammensetzung und -einschränkung. Ruth Okey, Angela Shannon, Joan Tinoco, Rosemarie Ostwald und Peter Miljanich. (J. Nutrit. **75.** 51—60. Sept. 1961. Berkeley, Calif., Univ. of California, Dep. of Nutrit.) (Engl.)

Nach Verfütterung von 10% *Cocosöl* (C) war der *Linolensäure*-Geh. im *Cholesterin* (II)-Ester in der Leber von jungen Ratten höher als in C, selbst bei beschränktem Zugang zum Futter (2 Std. täglich) u. Verfütterung von II. Der Anteil von *Arachidonsäure* im II-Ester in der Leber war viel geringer als im II-Ester im Plasma; dagegen blieb er in der Mono- u. Diglyceridfraktion sowie in der Fraktion der freien Fettsäuren (I) in der Leber konst. auf 6—10%. Laurinsäure u. Myristinsäure, die 60% der I in C ausmachen, fanden sich in Leber u. Plasma nur in geringen Mengen. In Leber besteht eine größere Tendenz zur Erhaltung der physikal. Eigg. eines jeden Lipids innerhalb bestimmter Grenzen als zur Aufrechterhaltung eines relativ konst. Verhältnisses zwischen gesätt. u. ungesätt. I, wie man es im Plasma findet. Die Zus. der Phospholipide war von der Ernährung ziemlich unabhängig.

K. Zingraf. 4585□

Serumlipide nach intravenöser und intragastrischer Fettemulsion beim Menschen. J. M. Iacono, John F. Mueller und Lucille P. Wendel. (Amer. J. clin. Nutrit. **8.** 218—30. März/April 1960. Denver, Colo., U.S. Army Med. Res. and Nutrit. Labor.) (Engl.)

Der Gesamtneutralfettspiegel des Serums nach intragastr. Verabreichung von Fett bei demselben Individuum erzeugte kein so großes Anwachsen wie nach i.v. Verabreichung. Nach einer einzigen i.v. Fettinfusion erreichten Neutralfett in der unteren Serumschicht u. freies Cholesterin ein Maximum 8 Std. post infusionem.

W. F. Ebel. 4585□

Nutritive Wirksamkeit der aus Leinöl isolierten Mono-, Di- und Trimeren. Jeanine Raulin und Jean Petit. (Arch. Sci. physiol. **14.** 143—60. 1960. Bellevue, Seine-et-Oise, CNRS, Lab. de Biochim. de la Nutrition et Lab. de Chimie Macromoléculaire.) (Franz.)

Verfütterung von aus erhitztem Leinöl isolierten Monomeren (I) u. einem Gemisch von Di- u. Trimeren (II) an Albinoratten zeigte, daß die polymerisierte Fraktion vertragen wurde, während I tox. wirkte. Bei den mit I gefütterten Ratten trat starke Steatose (Neutralfette) ohne Verringerung der Phospholipoidmenge auf, während die Tiere mit II keine Steatose, jedoch eine Red. der Leberphospholipoide aufwiesen. Die fäkale Lipidausscheidung (größtenteils Neutralfett) war bei den mit II gefütterten Ratten 4 mal höher.

H.-D. Bock. 4585□

Die Rolle des Butterfettes für Ernährung und Atherosklerose: Ein Rückblick. F. A. Kummerow. (J. Dairy Sci. **40.** 1350—59. Okt. 1957. Urbana, Univ. of Illinois, Dep. of Food Technol.) (Engl.)

Vf. diskutiert die Rolle des *Butterfettes* in Beziehung zur Atherosklerose unter drei Faktoren. 1. Der Vgl. des Butterfettes mit anderen Fetten im Hinblick auf die Zusammensetzung. 2. Die wesentliche Rolle der Fette in der Ernährung. 3. Die noch unvollständigen Anzeichen über die Beziehung der Fette zur Atherosklerose. — 44 Literaturangaben.

A. Täufel. 4585□

Quantitative Bestimmung von Thiaminpyrophosphat unter Verwendung von Apocarboxylase und Alkoholdehydrogenase. Yoshito Kaziro. (J. Biochemistry [Tokyo] **44.** 827—38. Dez. 1957. Tokyo, Univ., Fac. of Med., Dep. of Biochem.) (Engl.)

Es wird eine neue spektrophotometr. Meth. zur Best. von *Thiaminpyrophosphat* (**I**) beschrieben, welche 5—60 mμg **I** bei 17° erfaßt u. die durch Glucose, Ribose-5-phosphat u. α-Ketoglutarat nicht gestört wird. In Citratpuffer (pH 6) werden zu *Apocarboxylase* (**II**), *Mg^{2+}, Na-Pyruvat, DPNH* u. *Alkoholdehydrogenase* (**III**) aus Hefe wechselnde Mengen **I** gegeben, so daß folgende Rkk. stattfinden: $CH_3COCOOH \xrightarrow{II} CH_3CHO + CO_2$; $CH_3CHO + DPNH + H^+ \xrightarrow{III} CH_3CH_2OH + DPN^+$. Die Geschw. der Abnahme der DPNH-Absorption wird bei 340 mμ gemessen. Die Herst. von **II** u. **III** mit der für die Best. erforderlichen Reinheit wird beschrieben. K. F. MÜLLER. 4587 □

Untersuchungen über Thiaminanhydrid und Cyanothiamin. 1. Mitt. **Thiaminanhydrid-Stoffwechselprodukt im Harn nach oralen Gaben.** Tadashi Motoyama. (Vitamins [Kyoto] **24.** 10—13. 1961. Tokyo, Inst. of Public Health, Public Health Pharm. Dep.) (Jap.; Auszug: Engl.)

Thiaminanhydrid wurde oral an Ratten gegeben, die Harnausscheidung mit Amberlite IR-50 (H^+-Form) behandelt u. daraus mit NaOH-Lsg. das Stoffwechsel-Prod. eluiert, das durch Papierchromatographie u. IR-Spektrum des Pikrats als *2-Methyl-4-amino-5-aminomethylpyrimidin* identifiziert wurde. I. HAHN. 4587 □

Untersuchungen über Thiaminanhydrid und Cyanothiamin. 2. Mitt. **Umwandlung von Cyanothiamin zu Thiamin durch Cystein.** Tadashi Motoyama. (Vitamins [Kyoto] **24.** 14—18. 1961.) (Jap.; Auszug: Engl.) — 1. vgl. vorst. Referat.

Wird *Cyanothiamin* (**I**) bei pH 4—6 eine Std. bei 37° mit *Cystein* behandelt, so werden 95% von **I** in *Thiamin* umgewandelt. Mit Takadiastase gelingt die Umwandlung nicht. Wohl aber mit grampositiven Sporen. Dieser Stamm red. Cystin zu Cystein. I. HAHN. 4587 □

Untersuchungen über Thiaminanhydrid und Cyanothiamin. 3. Mitt. **Umwandlung von Cyanothiamin zu Thiamin mit Rattenleber.** Tadashi Motoyama. (Vitamins [Kyoto] **24.** 18—20. 1961.) (Jap.; Auszug: Engl.) — 2. vgl. vorst. Referat.

Wird *Cyanothiamin* (**I**) mit Rattenleberschnitten inkubiert, so werden 90% in *Thiamin* (**II**) umgewandelt. Leberhomogenate geben dasselbe Resultat. Über 80% von **I** werden in **II** umgewandelt, wenn **I** mit erhitztem Rattenleberhomogenat behandelt wird. Dadurch wird gezeigt, daß die Umwandlung von **I** in **II** nicht vom Enzym in der Rattenleber, sondern von der Red. durch SH-Gruppen von *Cystein, Glutathion* usw. abhängt. I. HAHN. 4587 □

Wirkung der Verfütterung von röntgenbestrahltem Schweinefleisch auf die Thiamin-Versorgung von Ratten, ausgedrückt durch die Transketolase-Aktivität der Erythrocyten. Myron Brin, A. S. Ostashever, Mary Tai und Helen Kalinsky. (J. Nutrit. **75.** 29—34. Sept. 1961. Maspeth, N.Y., Food and Drug Res. Labor., Inc.) (Engl.)

35% nicht bestrahltes Schweinefleisch im Futter (Trockengew.) von Ratten enthalten genügend *Thiamin* (**I**) zur Aufrechterhaltung normalen Wachstums u. normaler *Transketolase* (**II**)-Aktivität in den Erythrocyten. Bei 4 Wochen langer Verfütterung der gleichen Menge von röntgenbestrahltem Schweinefleisch trat eine Wachstumsverzögerung von 53—63% u. eine Abnahme von **II** um 83—94% ein, welche durch Behandlung mit **I** rasch behoben werden konnte. Röntgenbestrahlung von 2,79 bzw. 5,58 Mrad zerstörte 92 bzw. 98% des **I**-Geh. in Schweinefleisch. K. ZINGRAF. 4587 □

Wirkung der Verfütterung von röntgenbestrahltem Schweinefleisch auf die Pyridoxin-Versorgung von Ratten, ausgedrückt durch die Plasma-Transaminasen-Aktivität. Myron Brin, A. S. Ostashever, Mary Tai und Helen Kalinsky. (J. Nutrit. **75.** 35—38. Sept. 1961. Maspeth, N.Y., Food and Drug Res. Labor., Inc.) (Engl.)

Röntgenbestrahlung von Schweinefleisch mit 2,79 Mrad zerstört nur wenig *Pyridoxin* (**I**), Bestrahlung mit 5,58 Mrad dagegen 60% des Gesamtgehalts. Bei Verfütterung von 35% bestrahltem Schweinefleisch im Futter an Ratten trat indessen keine Wachstumsverzögerung u. keine Veränderung der *Glutaminsäure–Asparaginsäure–Transaminase*-Aktivität im Plasma ein. Dagegen trat bereits bei Verfütterung von nicht bestrahltem Schweinefleisch ohne **I**-Zusatz eine Hemmung der *Glutaminsäure–Alanin-Transaminase* ein, die bei Verfütterung von bestrahltem Fleisch noch größer war. K. ZINGRAF. 4587 □

Synthese von Pyridoxamin durch elektrolytische Reduktion. Kengo Okumura. (Vitamins [Kyoto] **23.** 236—37. 1961. Tokyo, Dep. of Agriculture and Forestry, Food Res. Inst.) (Jap.; Auszug: Engl.)

0,1—0,2 g *Pyridoxaloxim* wurden in 1—2nHCl gelöst u. elektrolyt. bei 1,5—2,0 V an Bleielektroden zu *Pyridoxamin* reduziert. P. GREGORZEWSKI. 4587 □

Biosynthese und biologischer Abbau von L-Ascorbinsäure in tierischen Geweben. Norio Shimazono. (Vitamins [Kyoto] **24.** 1—9. 1961. Tokyo, Univ. of Tokyo, Fac. of Med., Dep. of Biochem.) (Jap.; Auszug: Engl.)

Übersicht. — 71 Literaturangaben. J. HAHN. 4587 □

Über das Vorkommen von Biotin in verschiedenen Fraktionen von städtischem Abwasser. Halina Y. Neujahr und Johan Hartwig. (Acta chem. scand. **15.** 954—55. 1961. Stockholm; Royal Inst. of Technol., Div. of Food Chem.) (Engl.)

Vff. hatten festgestellt, daß gewisse Fraktionen städt. Abwassers das Wachstum von *Propionibacterium shermanii*, eines *Biotin* (I) bedürfenden Organismus, fördern. Daher wurden Abwasserfraktionen auf ihren I-Geh. untersucht, u. zwar vor u. nach Säurehydrolyse, um gebundenes u. freies I zu erfassen. I wurde mit Hilfe von *Lactobacillus arabinosus 17-5* (turbidimetr. in DIFCO-I-Best.-Medium) oder papierchromatograph. bestimmt. Mit Ausnahme von Rohabwasser, mechan. geklärtem u. vollbiolog. gereinigtem Abwasser mit 0,2—0,3 γ I/Liter enthielten die untersuchten Proben (Frischschlamm, Schlamm nach einstufiger Faulung, ausgefaulter Schlamm, Schlammtrübwasser u. Belebtschlamm) 10—50 γ I/Liter. Während Frischschlamm ca. 75% des I in gebundener Form enthielt, lag dieses nach der Faulung weitgehend frei vor. Der hohe I-Geh. des Trübwassers (10 γ) gegenüber dem des abgesetzten Schlamms (0,5 γ), bezogen auf 1 g Trockensubstanz, spricht für das Freiwerden des I während der Faulung, das kaum durch Autolyse der Bakterien allein erklärt werden kann. Belebtschlamm als Prod. der aeroben Abbauprozesse enthielt I ausschließlich in gebundener Form (10 γ/Liter).

H. H. THIELE. 4587 □

Wirkung von Gallussäure und Pyrogallol in der Nahrung auf den Cholinbedarf von Ratten. A. N. Booth, D. J. Robbins und F. DeEds. (J. Nutrit. **75.** 104—06. Sept. 1961. Albany, Calif., Western Reg. Res. Labor.) (Engl.)

Bei Verfütterung von 1% *Gallussäure*, nicht jedoch von *Pyrogallol*, entwickelte sich bei *Methionin* (I)- u. *Cholin* (II)-arm ernährten Ratten eine Fettleber, die durch Zusatz von I oder II verhütet werden konnte. K. ZINGRAF. 4587 □

Folsäuremangel und Formiminoglutaminsäure-Ausscheidung mit dem Urin bei der Ratte. R. E. Davis. (Austral. J. exp. Biol. med. Sci. **39.** 397—401. Okt. 1961. Royal Perth Hosp.) (Engl.)

Folsäure-Mangelratten scheiden regelmäßig mit dem Urin *Formiminoglutaminsäure* aus. P. GREGORZEWSKI. 4587 □

Klinische und experimentelle Untersuchungen mit ^{3}H-Folsäure bei Megaloblastenanämie. E. H. Belcher, B. Anderson, I. Chanarin und D. L. Mollin. (Sonderbände zur Strahlentherapie **45** (**4**). 184—92. 1960. London, Postgraduate Med. School.) (Engl.)

Die Ausscheidung oral bzw. i.v. applizierter *^{3}H-Folsäure* u. ihrer Metaboliten in Urin u. Faeces von normalen Personen u. Patienten mit idiopath. Steatorrhoe wurde verfolgt. H.-G. FLOSS. 4587 □

Liposäure und Succindehydrogenase. Besonders ihre Beziehungen zur Schwangerschaft. Toshio Nishimura, Yoshinari Okamoto und Jun-itsu Saito. (Vitamins [Kyoto] **24.** 42—44. 1961. Kyoto, Kyoto Univ., Fac. of Med., Dep. of Obstretics and Gynecol.; Osaka, Fujisawa Pharmaceutical Co. Ltd.) (Jap.; Auszug: Engl.)

NISHIMURA stellte früher fest, daß die Aktivität des *Tricarbonsäure* (I)-Cyclus in extrahepat. Geweben während der Schwangerschaft beschleunigt ist, hauptsächlich während der späteren Periode. Die *Liposäure* (II), ein Coenzym der α-Ketosäureoxydation, besitzt eine Beziehung zur Aktivität des I-Cyclus. Die *Succindehydrogenase* (III)-Aktivität wird meistens auch als ein Merkmal der Aktivität des I-Cyclus angesehen. Vff. bestimmten den II-Geh. u. die III-Aktivität einiger Organe von trächtigen u. nichtträchtigen Ratten. Es zeigt sich, daß eine Wechselbeziehung zwischen II-Geh. u. III-Aktivität besteht. Wird II (5 mg/kg, intraabdominal) an trächtige u. nichtträchtige Ratten gegeben, so zeigt die III-Aktivität keine signifikante Veränderung in 3 oder 24 Stunden. Wird aber kontinuierlich über 1 Woche injiziert, so wird die III-Aktivität etwas größer. Daraus wird gefolgert, daß zwischen II u. der Beschleunigung des I-Cyclus in extrahepat. Geweben während der Schwangerschaft eine Relation besteht. I. HAHN. 4587 □

Zusammensetzung des Zigarettenrauches. 4. Mitt. **α-Tocopherol.** Alan Rodgman und Lawrence C. Cook. (Tobacco Sci. **4.** 7—8. 1960. Winston-Salem, R. J. Reynolds Tobacco Comp.) (Engl.) — 3. vgl. C. **1961.** 5809.

Aus dem Rauch von 23800 Filterzigaretten einer kommerziellen Tabakmischung (verrauchte Tabakmenge = 17,5 kg) wurden durch aufeinanderfolgende Chromatographie an Al_2O_3(2x), Florisil u. SiO_2 0,49 g *α-Tocopherol* (0,0033% der verrauchten Tabaktrockensubstanz) gewonnen, dessen Nachw. durch IR- u. UV-Spektroskopie, Molgew.-Best. u. Bldg. von *α-Tocopheryl-p-nitrophenylurethan* ($C_{36}H_{54}N_2O_5$, F. 135,5 bis 136°, IR-Spektrum) im Vgl. mit authent. Material geführt wurde. F. HOFMANN. 4587□

Vitamin A und Steroidhormone. René Grangaud, Thérèse Conquy und Marc Nicol. (Arch. Sci. physiol. **14.** 131—42. 1960. Alger, Fac. de Med. et de Pharmacie, Lab. de Chimie biol.) (Franz.)

Verss. zeigten, daß *Vitamin-A*-Mangel bei ♀ Albinoratten die Bldg. von *Progesteron* aus *Pregnenolon* inhibiert. Vitamin A muß demnach direkt oder indirekt zur Progesteron-Bldg. in vivo notwendig sein. H. D. BOCK. 4587□

Bestimmung der spontanen und histaminstimulierten Säuresekretion des Rattenmagens durch Dialyse. Steen Antonsen. (Acta pharmacol. toxicol. [Köbenhavn] **16.** 78—86. 1959. Copenhagen, Alfred Benzon Ltd.) (Engl.)

Bei urethannarkotisierten Ratten läßt sich die spontane Magensäuresekretion durch Einführung eines Dialysesackes („Visking") in den Magen bestimmen (über die Zeitdauer von 8—9 Std. ist z. B. alle 5 Min. eine Messung des pH-Wertes mit Glaselektrode oder Titrierung der Gesamtacidität möglich). Dabei erweist sich die Säuresekretion als weitgehend abhängig von der Körper-Temp.: beim Absinken der Temp. auf 26° steigt die Säuresekretion auf einen Höchstwert u. sinkt mit Erwärmung des Tieres wieder ab; gleichzeitig steigt der Blutdruck mit abfallender Temp. u. geht mit Temp.-Anstieg wieder zurück. Die durch *Histaminhydrochlorid*, (normal 50 μg) i.v., bes. deutlich bei niedriger Grundsekretion stimulierbare Säuresekretion verhält sich zur Dosis proportional.
U. TAUSENDFREUND. 4594□

Beobachtungen über Eiweißverdauung in vivo. 2. Mitt. **Diätfaktoren, welche die Geschwindigkeit des Verschwindens von Casein aus dem Magen-Darm-Trakt beeinflussen.** Carl Peraino, Quinton R. Rogers, Minoru Yoshida, Mou-Liang Chen und Alfred E. Harper. (Canad. J. Biochem. Physiol. **37.** 1475—91. Dez. 1959. Madison, Wis., Univ. of Wisconsin, Dep. of Biochem.) (Engl.) — 1. vgl. GUPTA, DAKROURY u. HARPER, J. Nutrit. **64.** [1958.] 447.

Bei Verfütterung von täglich 5 g Nahrung an Ratten, die an eine täglich nur einmal erfolgende Fütterung gewöhnt waren, verursachte die Ggw. von *Casein* (I) eine allg. Beschleunigung der Entleerung des Magens sowie eine Änderung der Form der Entleerungskurve. Ggw. von 50% I in der Nahrung führte nicht zur Anhäufung von N im Darm, die über derjenigen lag, die bei proteinfreier Ernährung beobachtet wird. In Ggw. von *Dextrin* als Kohlenhydratanteil wird der Mageninhalt als homogenes Gemisch weitergegeben, während in Ggw. von *Saccharose* I langsamer als die übrigen Nahrungsmittelbestandteile aus dem Magen entleert wurde. Wird der *Fett*-Geh. der Nahrung auf 50% erhöht, so erfolgt eine allg. Beschleunigung der Entleerung des Magens, u. es tritt die erwähnte Wrkg. der Kohlenhydrate nicht auf. Bei einer täglichen Futtermenge von 1,5 g erfährt die Magenentleerung keine Verzögerung durch I. — Mit der Erhöhung der Menge der aufgenommenen Nahrung wird die Gesamtmenge des vom Magen je Zeiteinheit abgegebenen N erhöht, obwohl ein größerer %-Satz der aufgenommenen Menge aus dem Magen entleert wird, wenn die aufgenommene Futtermenge niedrig ist. A. HESSE. 4594□

Einfluß der Unterbindung des gemeinsamen Gallenganges auf das Verhalten der Lipoproteinlipase bei Hunden. Saul P. Baker, Piero P. Foà, Liebert Turner und Alvin Dubin. (Proc. Soc. exp. Biol. Med. **101.** 464—66. Juli 1959. Chicago, Ill., Chicago Med. School, Dep. of Med., Physiol. and Pharmacol; Cook County Hosp., Hektoen Inst. for Med. Res.) (Engl.)

Ebenso wie beim Stauungsikterus des Menschen führt beim Hund eine völlige Unterbindung des gemeinsamen Gallenganges zur Verminderung des Geh. an *Lipoproteinlipase* (I). Eine nachfolgende Zunahme der I nach 4—10 Wochen dauernder chron. völliger Choletasis beruht vermutlich auf Gallencirrhose. Das Ansprechen der I ist im allg. umgekehrt proportional dem Geh. an Lipoiden, Cholesterin u. Phospholipoiden im Serum. — Mechanismen der Verminderung des I-Geh. werden diskutiert.
A. HESSE. 4594□

Quantitative und qualitative Unterschiede in der Hemmung des Meerschweinchendünndarms durch sympathicomimetische optische Isomere. A. B. Wilson. (J. Physiology **136.** 18P—19P. 3/4. 1957. London, King's Coll., Dep. of Pharmacol.) (Engl.)

Nach vorheriger Stimulierung des Tonus des Meerschweinchendünndarms mit *Histamin* oder *Methacholin* besitzt *L-Adrenalin* eine viel stärkere Hemmwrkg. als *D-Adrenalin* oder *Epinin*. Es bestehen auch qual. Wrkg.-Unterschiede.
K. ZINGRAF. 4594□

Resorption von Aminosäuren im Darm. 4. Mitt. **Beteiligung von Pyridoxalphosphat am aktiven Transfer von L-Aminosäuren durch die Darmwand.** Keishi Ueda, Hitoshi Akedo und Masami Suda. (J. Biochemistry [Tokyo] **48.** 584—92. Okt. 1960. Osaka, Osaka Univ., Inst. for Protein Res., Div. of Metabolism.) (Engl.) — 3. vgl. C. **1961.** 5869.

Unter Verw. von umgestülpten Rattendärmen wurde in vitro festgestellt, daß die Übertragung des *L-Histidins* von der Mucosa zur Serosa in vitro durch Diphosphopyridinnucleotid unterdrückt wird u. daß die ursprüngliche Geschw. allein durch *Pyridoxalphosphat* (**I**) wiederhergestellt wird. — Mit der Perfusions-Meth. konnte in vivo gezeigt werden, daß *L-Penicillamin* (**II**; nicht aber D-**II**) die Aufnahme von *L-Methionin* hindert. — *Tryptophanase* (**III**) u. *Transaminase* (**IV**), welche beide **I** benötigen, werden nur durch L-**II** stark gehemmt, obwohl D-**II** sich ebenso wie L-**II** mit **I** verbinden kann. Wurde aber zunächst durch Präinkubation Bldg. von Thiazolidin erzielt, so wurden **III** bzw. **IV** auch durch D-**II** gehemmt. — Demnach scheint es, daß beim Transfer der Aminosäuren ein Trägerprotein beteiligt ist, das mit **I** vergesellschaftet ist. A. HESSE. 4594□

Energiestoffwechsel bei Studentinnen. Sachchidananda Banerjee, Anita Barua und Arati Ghosh. (J. appl. Physiol. **16.** 164—66. Jan. 1961. Bikaner, Rajasthan, India, Bikaner Med., Coll., Dep. of Physiol.) (Engl.)

Bei 24 Studentinnen konnten als Durchschnittswerte ermittelt werden: Grundumsatz 28,75 ± 0,47, ruhiges Liegen 30,95 ± 0,60, ruhiges Sitzen 36,03 ± 0,66, Studium im Sitzen 34,59 ± 0,63, sitzende Hausarbeit 80,71 ± 3,50, Labortätigkeit im Stehen 48,71 ± 2,70, Spaziergang 110,27 ± 2,70, Treppensteigen 137,83 ± 4,60, Treppen abwärts 90,39 ± 3,25 kcal/m² Körperoberfläche/Std., bestimmt mit Hilfe des O_2-Verbrauchs; tägliche Energiebilanz (innerhalb 7 Tagen ermittelt): 1503 kcal Abgabe, 1507 kcal Einnahme; am Fahrrad-Ergometer waren die Energiekosten am niedrigsten, wenn die Arbeit im Grundumsatzzustand durchgeführt wurde, sie waren am höchsten, wenn sie 1 Std. nach einer schweren Mahlzeit u. durchschnittlich, wenn sie 4 Std. nach der Mahlzeit durchgeführt wurden, so daß mit leerem Magen am wirksamsten gearbeitet wurde. U. TAUSENDFREUND. 4595□

Mathematische Analyse der Tracer-Ergebnisse in Calcium- und Strontium-Untersuchungen. G. L. Brownell, E. Greenfield und P. Brentani. (Sonderbände zur Strahlentherapie **45**(**4**). 1—11. 1960. Boston, Mass., Mass. General Hosp., Physics Res. Labor.) (Engl.)

Erfahrungen bei der Verw. eines Analog-Rechners zur mathemat. Analyse der Ergebnisse von Stoffwechsel-Unterss. mit *Ca* u. *Sr*. H.-G. FLOSS. 4596□

In vivo-Messungen von radioaktivem Eisen bei der Untersuchung einiger hämolytischer Anämien. A. M. Baptista, M. A. Perez Fernandez, R. Valadas Preto und F. Branco. (Sonderbände zur Strahlentherapie **45**(**4**). 142—59. 1960. Lisboa, Portugal, Labor. de Isotopos Abilio Lopes de Rego-Inst. Portugues de Oncol.) (Engl.)

Abweichungen vom normalen Fe-Stoffwechsel lassen sich in bestimmten Fällen mit Hilfe von ^{59}*Fe* verfolgen. H.-G. FLOSS. 4596□

In vitro- und in vivo-Untersuchungen mit knochenaffinen Isotopen. G. Bluhm, J. MacGregor und B. E. C. Nordin. (Sonderbände zur Strahlentherapie **45**(**4**). 29—35. 1960. Glasgow, Scotland, Western Infirmary, Gardiner Inst., Dep. of Med.; Regional Physics Dep.) (Engl.)

Bei der Unters. des Knochenwachstums mit knochenaffinen Isotopen nimmt die spezif. Aktivität in den Gewebe-Fll. exponentiell ab, jedoch verlangsamt sich die Abnahme nach 10 Tagen plötzlich. Vff. machen wahrscheinlich, daß dies auf einer langsamen Diffusion in einen austauschbaren Mineral-Pool im Knochen beruht, die sich nach einiger Zeit umkehrt. H.-G. FLOSS. 4596□

Die Kontrolle des Stoffwechsels in Crustaceen durch Hormone. 9. Mitt. **Kohlenhydratstoffwechsel im Übergang vom Häutungsstadium zum Vorhäutungsstadium in Carcinides maenas.** Bradley T. Scheer. (Biol. Bull. **116.** 175—83. Febr. 1959. Eugene, Oreg., Univ., Dep. of Biol.) (Engl.) — 7. vgl. Pubbl. Staz. Zool. Napoli **25.** [1954.] 397.

An ♂ Strandkrabben wurden zu verschiedenen Zeitabständen während des Häutungscyclus für den *Kohlenhydrat*-Stoffwechsel interessierende Werte bestimmt. 1. Gesamt-Geh. an Kohlenhydraten, 2. Gesamt-Geh. an lösl. Polysacchariden, 3. Geh. an Kohlenhydraten im Blut, 4. Blutlipochrome, 5. Gesamtstickstoff-Geh. nichtproteinogenen Ursprungs. Die Exemplare wurden einzeln untersucht bei genauer Best. des Entw.-

Stadiums im Häutungscyclus. Einem Teil der Proben wurden die Stielaugen entfernt. Das Resultat der Unterss. ist, daß im Wandel vom Häutungsstadium zum Vorhäutungsstadium ein verhältnismäßig hoher Betrag an Lipochromen im Blut auftritt u. ein Anwachsen des Gesamtkohlenhydrat-Geh. im Körper zu beobachten ist. Die Entfernung der Stielaugen hatte nur eine Erhöhung des Kohlenhydrat-Geh. im Körper zur Folge. Ob die beobachteten Effekte durch Hormone gesteuert werden, kann nicht mit Sicherheit angegeben werden. K. HEYNS. 4596□

β-Aminoisobuttersäure-Ausscheidung nach Thymin- und Dihydrothymin-Gaben beim Menschen. B. L. Lillcoat. (Austral. J. exp. Biol. med. Sci. **39.** 423—27. Okt. 1961. Brisbane, Hosp.) (Engl.)

Leukämiker zeigen nach *Dihydrothymin* (I)-Gaben eine verringerte *β-Aminoisobuttersäure* (III)-Ausscheidung, nach *Thymin* (II) normale III-Ausscheidung; bei splenektomierten Patienten ist die III-Ausscheidung sowohl nach I als auch nach II erniedrigt. P. GREGORZEWSKI. 4596□

Der Stoffwechsel von p-Methylphenylalanin und p-Methoxyphenylalanin. 2. Mitt. **Der Stoffwechsel von p-Methylphenylbrenztraubensäure.** Kyosuke Umezawa, Yukiya Sakamoto und Katashi Ichihara. (J. Biochemistry [Tokyo] **46.** 941—44. Juli 1959. Osaka, Osaka Univ., Med. School, Biochem. Dep.) (Engl.) — 1. vgl. C. **1959.** 3556.

Wurde *p-Methylphenylbrenztraubensäure* subkutan Kaninchen verabreicht, so fand sie sich im Urin größtenteils unverändert wieder. Ein Teil wird als *p-Methylphenylalanin* (I) u. *p-Methylphenacetursäure* ausgeschieden. I wirkt als Phenylalaninantagonist bei der Ernährung der Ratte. W. HILLER. 4596□

Verhalten der Enzyme in der Leber gefasteter Ratten. C. Allard, G. de Lamirande und A. Cantero. (Exp. Cell Res. **13.** 69—77. Aug. 1957. Montreal, Quebec, Canada, Notre Dame Hosp., Montreal Cancer Inst., Res. Labor.) (Engl.)

Durch 7tägiges Fasten (W. ad libitum) kommt es bei Ratten zu einer Verminderung der Mitochondrien-Zahl, des *Ribonucleinsäure*-Geh., der *Adenosintriphosphatase-*, *Uricase-*, *Inosinphosphorylase-* u. *Kathepsin*-Aktivitäten im Leberzellplasma in Übereinstimmung mit einer Verringerung an Cytoplasma. Im Gegensatz dazu bleiben die Aktivitäten von *Glutaminsäuredehydrogenase* (vermutlich Zeichen unverminderter Gluconeogenese aus Protein), *saurer* u. *alkal. Ribonuclease, saurer Phosphatase* u. *Guanase* pro Leberzelle unverändert hoch. Von den geprüften purinmetabolisierenden Fermenten der Leber wies die *Xanthinoxydase*-Aktivität eine bes. Verringerung auf; vermutlich wird die Stoffwechsel-Geschw. so eingestellt, daß der Xanthin-Geh. des Organismus erhalten bleibt. u. nur noch geringe Mengen davon die Leber erreichen.

U. TAUSENDFREUND. 4597□

Hydrolyse und Oxydation von Pharmaca in verschiedenen Fraktionen der Lebermikrosomen. H. Remmer. (Naunyn-Schmiedebergs Arch. exp. Pathol. Pharmakol. **238.** 36—37. 1960. Berlin-Dahlem.) (Dt.)

Es wurde geprüft, ob die oxydierenden u. hydrolysierenden Ferment-Syst. gleichmäßig über die strukturell so verschiedenen Mikrosomen (Leber) verteilt sind. Durch Zentrifugierung mit wechselnden, beliebig gewählten g-Werten wurden 3 oder 4 Mikrosomenfraktionen isoliert, die in ihrer Dichte variierten; die spezif. leichtesten Mikrosomen besaßen einen etwas höheren Anteil an Nucleinsäure-P als die schwereren. Die *Esterasen* sind relativ gleichmäßig in den einzelnen Fraktionen vertreten, nur solche mit mittlerer Dichte scheinen eine etwas größere Aktivität, bezogen auf den Protein-N-Geh., zu besitzen. Dagegen sind die *oxydierenden Fermente* offensichtlich in den spezif. leichtesten Mikrosomen angereichert. Ob der hohe Cytochrom-b-5-Geh., den gerade diese Partikel aufweisen, mit der stärkeren Oxydationsaktivität in Zusammenhang steht, ist fraglich. Durch Behandlung mit einer 0,5%ig. *Desoxycholsäure*-Lsg. werden die Esterasen freigesetzt. Ihre Aktivität steigt um 53%, während sich die der oxydierenden Fermente erheblich verringert. U. TAUSENDFREUND. 4597□

Coronare Fettablagerung bei chronischer Anämie oder Höhenexposition. Louis C. Fillios, Stephen B. Andrus und Chikayuki Naito. (J. appl. Physiol. **16.** 103—06. Jan. 1961. Boston, Mass., Harvard School of Public Health, Dep. of Nutrition; Harvard Med. School, Dep. of Pathol.) (Engl.)

Coronare Fettablagerung scheint mit dem Vork. von Gewebeanoxie gesteigert zu werden, während Fettablagerung im Endocard nur vom *Cholesterin* im Kreislauf abhängig zu sein scheint: Bei hypercholesterinäm. Ratten konnte durch chron. Anämie eine verstärkte Lipoidablagerung in den Coronargefäßwänden hervorgerufen werden, die auch bei Polycythämie infolge längeren (simulierten) Höhenaufenthaltes zu beobachten war; bei einer derartigen Polycythämie kam es jedoch nicht wie bei den anäm. Tieren zu Fettablagerungen im Endocard; Polycythämie für sich (durch Co induziert, Tiere dabei in Meereshöhe) begünstigte die Fettablagerung weder in den Coronargefäßwänden noch im Endocard. U. TAUSENDFREUND. 4597 □

Gewebewasser und Elektrolyte in einem isoliert durchströmten Rattenherzpräparat. I. M. Taylor, W. D. Huffines und D. T. Young. (J. appl. Physiol. **16.** 95—102. Jan. 1961. Chapel Hill, N.C., Univ. of North Carolina, School of Med.) (Engl.)

In einem modifizierten LANGENDORF-Präp., in welchem ein Rattenherz über 12 Std. spontan schlägt, erwies sich *^{14}C-Inulincarbonsäure* als zufriedenstellende Markierungssubstanz bei Ermittlung des Extracellulärraumes; die Verteilung ist nach 1 Std. vollständig; als Werte für intracelluläre Elektrolyten u. W. ergaben sich dabei: W. 2,56 ± 0,14 g/g Trockengewebe, Na^+ 24,36 ± 14,12 mVal/kg Zellwasser oder 6,18 ± 3,53 mVal/100 g Trockengewebe, Cl^- 23,16 ± 6,70 mVal/kg Zellwasser oder 5,96 ± 1,93 mVal/100 g Trockengewebe, K^+ 144,69 ± 7,31 mVal/kg Zellwasser oder 36,99 ± 1,55 mVal/100 g Trockengewebe. — Bei Vgl. von *Cl* mit *^{14}C-Saccharose* als Markierungssubstanz zur Best. des Extracellulärraumes war die Verteilung von ^{14}C in den meisten Fällen weitläufiger als die von Cl, welches selbst nicht zur Ermittlung des Extracellulärraumes im isoliert durchströmten Rattenherzen geeignet ist. U. TAUSENDFREUND. 4597 □

Der Antagonismus zwischen Magnesium und Calcium an den neuromuskulären Verbindungsstellen des Rattenzwerchfells. D. H. Paul. (J. Physiology **136.** 9P. 3/4. 1957. London, King's Coll., Dep. of Physiol.) (Engl.)

Die durch *Mg^{2+}* am isolierten Rattenzwerchfell bewirkte Blockierung der neuromuskulären Erregungsleitung wurde durch Zusatz von *Ca^{2+}* aufgehoben. Alleiniger Zusatz von Ca^{2+} oder Zugabe von Ca^{2+} nach vollständiger Erholung des Präp. von der Mg-Wrkg. wirkten hemmend. K. ZINGRAF. 4598 □

Elektrische oder chemische Theorie der neuromuskulären Reizübertragung. Inderjit Singh und A. K. Acharya. (Proc. Indian Acad. Sci., Sect. B **48.** 41—58. Juli 1958. Gera, Med. Coll., Dep. of Physiol.) (Engl.)

Die beiden Rkk. von glattem Muskel (Streifen des Hundemagens mit Vagusnerv) auf elektr. Strom u. auf chem. Verbb. wie *K^+* oder *Acetylcholin* (I) werden durch bestimmte Reagentien unterschiedlich beeinflußt. Die Rk. auf elektr. Reizung wird durch ton. Kontraktion hervorrufende Verbb. wie *Bromid, Nitrat, Jodid, Thiocyanat* gehemmt, die Rk. auf chem Reizung verstärkt, die Rk. auf nervöse Reizung gehemmt. Demnach wird die durch nervöse Reizung hervorgerufene Rk. durch elektr. Strom bewirkt. Überschüssiges Ca^{2+} verstärkt die Rk. auf nervösen Reiz, K^+ u. **I**, hemmt aber die elektr. ausgelöste. Demnach dürfte die durch nervöse Reizung bedingte Rk. auch auf Freisetzung einer chem. Verb., vermutlich **I**, beruhen. Die neuromuskuläre Reizübertragung im glatten Muskel wird nach diesen Befunden sowohl durch das Aktionspotential des Nerven als auch durch Abspaltung einer chem. Verb. hervorgerufen. Ersteres bedingt die Anfangs-Rk., letztere unterstützt diese u. verleiht ihr ton. Charakter. K. MAIER. 4598 □

Vorkommen und Verteilung von Dopamin im Gehirn und in anderen Geweben. (Vorl. Mitt.) Å. Bertler und E. Rosengren. (Experientia [Basel] **15.** 10—11. 15/1. 1959. Lund, Univ. of Lund, Dep. of Pharmacol.) (Engl.)

Im Gehirn von Kuh, Schaf, Schwein, Hund, Katze, Kaninchen, Meerschweinchen u. Ratte konnte *Dopamin* (I) in Konzz. gefunden werden, die in der Größenordnung derjenigen für *Noradrenalin* (II) lagen (0,60 μg I/g Rattenhirn, 0,30 μg/g beim Schaf, 0,22 μg/g beim Schwein, 0,19 μg/g beim Hund, 0,24 μg/g bei der Katze, 0,31 μg/g beim Kaninchen u. 0,34 μg/g beim Meerschweinchen); die Lokalisation weicht jedoch entscheidend von der des **II** ab u. ist vorwiegend auf das *Corpus striatum* beschränkt, in dessen Nucleus caudatus beim Hund z. B. 80% des **I**-Geh. konz. sind; die Regionen mit dem höchsten **I**-Geh. enthalten am wenigsten **II**. Der **I**-Geh. peripherer Organe ist sehr gering (Herz, Lunge, Milz, Leber, Niere) außer in der Lunge von Schaf u. Kuh u. der Leberkapsel der Kuh, wo **4**, **11** u. 5 μg/g gefunden wurden. Das Vork. der neuerdings aufgefundenen chromaffinen Zellen unbekannten Typs scheint in engem Zusammenhang zum Vork. von **I** in den peripheren Geweben (nicht im Gehirn) zu stehen. In vorl. Verss. an Fröschen u. Kröten stellte sich heraus, daß **I** wenig zum Gesamt-Brenzcatechinamin-Geh. beiträgt u. daß als Haupt-Brenzcatechinamin in Gehirn u. peripheren Geweben *Adrenalin* anzusehen ist. Es ist anzunehmen, daß **I** mit der Funktion des Corpus striatum zu tun hat u. somit in die Kontrolle motor. Funktionen eingeschaltet ist; Medikamente, die den **I**-Geh. des Corpus striatum beeinflussen (Reserpin, DOPA) führen zu motor. Störungen. U. TAUSENDFREUND. 4598 □

Relative Süße der α- und β-Formen ausgewählter Zucker. Rose Marie Pangborn und Sandra C. Gee. (Nature [London] **191.** 810—11. 19/8. 1961. Davis, Univ. of California, Dep. of Food Science and Technology.) (Engl.)

Durch eine Reihe von Vers.-Personen ließen Vff. Angaben über die Süße einiger Zucker machen. Dabei ergab sich, daß die α-Formen der *Fructose, Glucose* u. *Galaktose* süßer als die β-Formen sind, während es bei der *Lactose* umgekehrt ist. Verschiedene Theorien über die Ursachen der unterschiedlichen Süße werden diskutiert.

P. GREGORZEWSKI. 4598□

E_6. Pharmakologie. Therapie. Toxikologie. Hygiene

Biochemische Grundlagen der Entgiftungsreaktionen. F. Leuthardt. (Naunyn-Schmiedebergs Arch. exp. Pathol. Pharmakol. **238.** 8—24. 1960. Zürich.) (Dt.)

Vortrag über die biochem. Grundlagen der Umwandlungsprozesse körperfremder Stoffe im tier. Organismus (der Ausdruck „Entgiftungs-Rkk." kann zum Teil irreführend sein, da durch das Hineingeraten der körperfremden Stoffe in die „Stoffwechselmühle" infolge der Ferment-Rkk. mit Notwendigkeit bestimmte Umwandlungs-Prodd. entstehen, gleichgültig, ob diese für den Organismus indifferent oder schädlich sind) u. Besprechung von Konjugations-Rkk. (Acetylierung, konjugierte Schwefelsäuren, Hippursäure, gepaarte Glucuronsäuren, Mercaptursäuren, Methylierung) u. oxydativen Reaktionen. — Diskussion, 63 Literaturangaben. U. TAUSENDFREUND. 4600□

Biochemische Faktoren für die Aktivierung und Inaktivierung von chemischen Substanzen. J. Axelrod. (Naunyn-Schmiedebergs Arch. exp. Pathol. Pharmakol. **238.** 24—35. 1960. Bethesda, Md.) (Engl.)

Vortrag über an der Umwandlung chem. Substanzen im Körper beteiligte Faktoren, wobei auf verschiedene Abbauwege hingewiesen wird, die zu pharmakolog. akt. oder inakt. Stoffwechsel-Prodd. führen, wobei in Abhängigkeit von der Struktur der Substanz die gleiche Rk. zur Bldg. einer akt. oder einer inakt. Form führen kann; Inhibitoren, Aktivatoren, Gewebelokalisationsfaktoren, Vitamine u. Hormone können die entsprechenden Fermentaktivitäten beeinflussen. — Diskusion, 54 Literaturangaben.

U. TAUSENDFREUND. 4600□

Die Bedeutung des Mediums für Bestrahlungswirkungen auf in vitro kultivierte Zellen. Ch. M. A. Kuyper und L. A. Smets. (Naturwissenschaften **49.** 21—22. 1. Jan.-H. 1962. Nijmegen, Niederlande, R. C. Univ., Labor. for Cytochem.) (Engl.)

Zellen aus embryonaler Kalbsleber wurden in vorher röntgenbestrahltes Nährmedium, bestehend aus anorgan. Salzen, Lactalbuminhydrolysat u. 5% Kalbsserum, eingesetzt. Die Bestrahlung erfolgte mit 500 r einer 250 kV Röntgenstrahlung. Vergleicht man den Mitoseindex dieser Zellen mit dem gleichartiger Zellen auf unbestrahlten Nährböden, dann zeigt sich eine eindeutige Abnahme. Auch die Aufnahme von *^{3}H-Thymidin* in die Zellen ist geringer, wenn man diese auf bestrahltem Nährmedium aussetzt. Bei diesen Verss. wurde dem Nährmedium eine ^{3}H-Thymidin-Lsg. mit einem Geh. von 0,25 μc/ml zugesetzt. Bei der Erörterung von Bestrahlungs-Wrkg. auf Zellmitose u. Desoxyribonucleinsäure-Bldg. in den Zellen muß daher der Einfl. des mit den Zellen gemeinsam bestrahlten Mediums von dem der bestrahlten Zellen getrennt untersucht werden, um echte unmittelbare Bestrahlungs-Wrkg. auf die Zelle erkennen zu können.

W. REUSSE. 4601□

Resorption und Einlagerung von ^{45}Ca bei Verabreichung von verschiedenen Knochenpräparaten und Calciumphosphat. S. Kuron, E. Peppler und H. D. Cremer. (Arzneimittel-Forsch., Beih. **11.** 913—15. Okt. 1961. Gießen, Justus-Liebig-Univ., Inst. für Ernährungswiss.) (Dt.)

Nur bei erwachsenen Ratten sind signifikante Unterschiede zwischen den untersuchten *Ca*-Präpp. bei der täglichen Resorption festzustellen. Diese nimmt in der Reihenfolge *Rattenknochenpulver, Handels-Präp.*, $^{45}Ca_3(PO_4)_2$ ab. Dagegen ist die in den Tierkörper eingelagerte ^{45}Ca-Menge innerhalb der Fehlerbreite bei allen erwachsenen Tieren gleich. I. HAHN. 4601□

Ganzkörper-Messung von ^{47}Ca. M. G. Rinsler, G. M. Dyche und N. G. Trott. (Sonderbände zur Strahlentherapie **45** (4). 19—27. 1960. London, Royal Cancer Hosp., Inst. of Cancer Res., Dep. of Radiotherapy and Physics.) (Engl.)

Eine Anordnung zur Ganzkörper-Radioaktivitätsmessung wird beschrieben. Best. der *^{47}Ca*-Retention mit dieser Anordnung werden mit Werten verglichen, die durch Verfolgung der ^{47}Ca-Ausscheidung erhalten werden. H.-G. FLOSS. 4601□

Toxische Wirkungen von stabilem Strontium bei jungen Schweinen. J. C. Bartley und E. F. Reber. (J. Nutrit. **75.** 21—28. Sept. 1961. Urbana, Ill., Univ. of Illinois, Dep. of Vet. Physiol. and Pharmacol., Univ. of Illinois Agric. Experim. Stat.) (Engl.)

Schweine, welchen *Sr* + 0,16% *Ca* verfüttert wurde, zeigten Knochendeformationen, schwerere Koordinationsstörungen u. Schwäche, gefolgt von Lähmung des Hintertraktes. Die Störungen waren nur gering, wenn neben Sr 0,89 oder 0,55% Ca verfüttert wurden; gleichzeitig war die Gew.-Zunahme, die Futterverwertung u. der Geh. der Knochen an Fest- u. Aschenbestandteilen u. an Ca u. Sr größer als bei Verfütterung von 0,16% Ca. Verfütterung von Sr verringerte den Ca- u. Fett-Geh. der Knochen.
K. ZINGRAF. 4601 □

Verteilung von ^{90}Sr im Gewebe und sein placentaler Übergang in trächtigen Meerschweinchen. J. Sternberg. (Sonderbände zur Strahlentherapie **45** (4). 73—91. 1960. Montreal, Univ.) (Engl.)

Die ^{90}*Sr*-Verteilung in trächtigen Meerschweinchen wurde mit der in normalen Tieren verglichen. Ferner wurde der Übergang von ^{90}Sr in den Foetus u. seine Verteilung in diesem untersucht.
H.-G. FLOSS. 4601 □

Verwendung kurzlebiger Isotope bei der Perfusionstherapie isolierter Organe. G. L. Brownell, W. H. Ellett, R. G. Ojemann und W. H. Sweet. (Sonderbände zur Strahlentherapie **45** (4). 126—39. 1960. Boston, Mass., Mass. General Hosp., Physics Res. Labor.; Neurosurgical Service.) (Engl.)

Vff. untersuchten die Strahlungs-Eigg. von ^{49}*Sc*, ^{69}*Zn* u. ^{165}*Dy* u. die Eignung dieser Isotope für die Strahlungstherapie an Mäusen u. Katzen. Es werden die Ionen- u. die Versenat-Formen von Sc u. Dy u. die Versenat-Form von Zn untersucht. Alle 3 Substanzen zeigen ausgezeichnete Wrkg. gegenüber Gehirntumoren u. normalem Gehirn in der Versenat-Form. Dy u. Sc eignen sich in der Ionenform etwas weniger gut.
H.-G. FLOSS. 4601 □

Die Strahlentherapie mit Hilfe der Implantation von Iridium-192. Werner Schlungbaum. (Sonderbände zur Strahlentherapie **45**(4). 120—25. 1960. Berlin, Freie Univ., Strahleninst. im Städt. Krankenhaus Westend.) (Dt.)

An einigen Beispielen wird die Eignung von ^{192}*Ir* für die Implantationstherapie gezeigt.
H.-G. FLOSS. 4601 □

Umschreibende Bestrahlung der Oberflächenstrukturen von zylindrischen tierischen oder pflanzlichen Zellen mit Polonium-210-α-Teilchen. R. M. Bergström, R. F. Blåfield und M. W. Brenner. (Nature [London] **191**. 1165—66. 16/9. 1961. Helsinki, Univ., Inst. of Physics and Inst. of Physiol.) (Engl.) — Vgl. C. **1962**. 8699.

Es wird eine Anordnung zur Unters. oberflächennaher Zerstörungen oder Stimulationen biolog. Zellen durch α-Strahlen beschrieben. Eine ^{210}*Po*-α-Strahlenquelle ist auf der Innenseite eines 3 mm breiten Ringes aus Ag (Radius 10 mm) niedergeschlagen. In der Achse des Ringes ist die zu bestrahlende Probe fixiert. Die Po-Schicht ist zum Schutz gegen Kontamination der Proben mit einer Folie aus Polythen von 1 mg/cm² bedeckt. Die α-Teilchen haben bei dem Eintritt in die Probe eine Restenergie von 3,6 MeV u. eine Restreichweite von ca. 20 μ im biolog. Objekt. Die definierte Geometrie erlaubt exakte Berechnung der an die Probe abgegebenen Strahlungsenergie. Es werden histolog. Ergebnisse einer Vers.-Bestrahlung der Alge *Nitella flexilis* mitgeteilt.
W. REUSSE. 4601 □

Schutz von Säugetieren vor der Vergiftung durch radioaktives Strontium. 4. Mitt. **Aluminiumcitrat.** Mitsuru Uchiyama und Tyunosin Ukita. (Chem. pharmac. Bull. [Tokyo] **8.** 384—88. Mai 1960. Tokyo, Univ. of Tokyo, Fac. of Pharmaceut. Sci.) (Engl.) — 3. vgl. J. pharmac. Soc. Japan [Yakugakuzasshi] **78.** [1958.] 251.

Im Anschluß an Verss., die eine Eliminierung von ^{90}*Sr* mittels *Dihydroxyaluminiumaminoacetat* (**I**) zeigten (Mechanismus: Freisetzung von *Al* im Darmkanal, dadurch Unlöslichmachung von *Phosphaten* zur Verringerung von deren Resorption, was, wie eine Kost mit niedrigem Phosphat-Geh., zu einer vermehrten Sr-Ausscheidung führt), wurde ein Vgl. zwischen der Wrkg. von *Aluminiumcitrat* (**II**), *Aluminiumtricarballylat* (**III**) u. *Aluminiumlactat* (**IV**) mit der von **I** angestellt. Während in vitro durch **III** u. **IV** eine stärkere Phosphat-Unlöslichmachung zustande kam u. von **II** keine Aktivität ausging, konnte in vivo (an Mäusen) gerade durch **II** eine bes. u. stärker als durch **I** ausgeprägte Hemmung der intestinalen Phosphatresorption erzielt werden. **II** hat auch den Vorteil, den Appetit der Vers.-Tiere nicht zu beeinflussen u. deshalb nicht, wie es die anderen Substanzen tun, das Wachstum zu hemmen. Durch 1 mm **II** können innerhalb 24 Std. 60% von 0,1 μc Sr u. in 6 Tagen 70% des Sr im Vgl. zu 35 u. 45% der unbehandelten Kontrollen ausgeschieden werden. Durch Zugabe von 0,1 g $CaCO_3$ konnte keine Verbesserung der **II**-Wrkg. erzielt werden.
U. TAUSENDFREUND. 4601 □

Beiträge zur Untersuchung unmittelbarer Frühreaktionen auf Röntgenbestrahlung unter Berücksichtigung des chemischen Strahlenschutzes. 2. Mitt. **Bestrahlung und chemischer Schutz von frischer Synovia als Modell für die Depolymeri-**

sierung von Mucopolysacchariden. R. Brinkman, H. B. Lamberts und J. Zuideveld. (Int. J. Radiat. Biol. **3.** 279—83. Mai 1961. Groningen, Niederlande, Univ., Physiol. Inst., Radiobiol. Dep.; Hamburg, Promonta A. G.) (Engl.)

Synovia-Proben von frisch geschlachtetem Vieh mit einer relativen Viscosität von 3,0 oder mehr wurden röntgenbestrahlt (0—500 r), wobei die Viscosität zunächst steil, bei höheren Dosen flach abfällt. Es kommt dabei zu einer Depolymerisierung der *Mucopolysaccharid*-Makromoleküle. In diese Lsg. eingebrachter O_2 bewirkt eine Minderung der Strahlen-Wrkg., ebenso *2-Aminoäthylisothiuroniumbromidhydrobromid*, *Serotonin* u. *Cystamin*. Andererseits bewirken reduzierende Stoffe wie Na-Dithionit ($Na_2S_2O_4$) vergleichbare depolymerisierende Wrkg. auf die Synovia-Moll. wie die Röntgenstrahlung. Vff. schließen daraus, daß bei der Strahlungsdepolymerisation der Mucopolysaccharide prim. reduzierende Radikale entstehen, die dann ihrerseits die eigentliche Depolymerisierung verursachen. W. REUSSE. 4601 □

Der Strahlenschutz bestrahlter Gewebekulturzellen durch chemische Verbindungen. A. J. Vergroesen, L. Budke und O. Vos. (Int. J. Radiat. Biol. **3.** 330. Mai 1961. Med. Biol. Labor. R. V. O.-T. N. O.) (Engl.)

Menschliche Nierengewebezellen wurden mit 200 kV Röntgenstrahlen bestrahlt. Bestrahlungsdaten: HWS 1,95 mm Cu, Filter 1,5 mm Cu, FOA 23 cm, Dosisleistung 220 r/Minute. Die Zellen befanden sich dabei fein verteilt auf Mylarplatten. Fügt man während der Bestrahlung *Cystamin*, *Cystin*, *Histamin*, *Noradrenalin*, *Adrenalin* oder *KCN* zu den Proben hinzu, dann erhält man keine Anzeichen für eine Strahlenschutzwirkung. Diäthyldithiocarbamat erwies sich darüber hinaus als toxisch. *Cystein*, *2-Aminoäthylisothiuroniumbromidhydrobromid* u. *Cysteamin* führten zu Dosisreduktionsfaktoren von 1,8, 1,4 bzw. 2,0. Diskussion des Wrkg.-Mechanismus der Strahlenschutz-Wrkg. führt zu dem Schluß, daß nicht der Sauerstoff-Geh. der Proben maßgebend ist. W. REUSSE. 4601 □

Atropin in Kombination mit Carbachol zur Förderung der Magenperistaltik. B. G. Dijken und D. De Wied. (Acta radiol. [Stockholm] **55.** 449—57. Juni 1961. Groningen, Univ., Roentgen Dep. u. Dep. of Pharmacol.) (Engl.)

Um die Magenperistaltik bei röntgenolog. Unterss. zu steigern, wird subkutan das Parasympathomimeticum *Carbachol* gegeben, das jedoch nachteilige Nebenwrkg. zeigt: Blutdrucksenkung, Wärmesensationen, Schweißausbruch, Speichelfluß. Diese Nachteile werden vermieden, wenn nacheinander 0,5 mg *Atropin* u. 0,4 mg Carbachol injiziert werden. W. REUSSE. 4601 □

Bariumbrei-2 und Bariumklistier. G. Simon. (Radiography **28.** 11—15. Jan. 1962. London, St. Bartholomew's Hosp. u. Brompton Hosp.) (Engl.)

Der Dünndarm kann auch mit Hilfe von *Ba*-Brei, der Dickdarm mit *Ba*-Brei oder *Ba*-Klistier untersucht werden. Gute Vorbereitung ist zur Erzielung guter Resultate äußerst wichtig. K. ZINGRAF. 4601 □

Toxizität des Methylglucaminsalzes von Tetrajodphthalsäuremorpholid. Experimentelle Untersuchung bei Ratten. Y. Edlund und L. Zettergren. (Acta radiol. [Stockholm] **55.** 413—16. Juni 1961. Gothenburg, Schweden, Univ., Dep. of Surgery I and Dep. of Pathol. II.) (Engl.)

Albino-Ratten erhielten intraperitoneale Injektionen mit dem Präp. *Ph 761/3* (*Methylglucaminsalz* von *Tetrajodphthalsäuremorpholid*, I), das sich als Kontrastmittel für die i.v. Cholegraphie bewährt hat. Nach 2 Std. bis 14 Tagen getöteten Tieren wurden Gewebeschnitte aus Leber u. Nieren entnommen u. histolog. auf Toxizität des Präp. untersucht. Bei Gaben von mehr als 15 mg/100 g Körper-Gew. wurden mkr. Nephrosen u. bei hohen Dosen nekrot. Tubuli festgestellt. Die Leber blieb in allen Fällen unbeeinflußt von der I-Injektion. W. REUSSE. 4601 □

Kalkablagerung im distalen Radio-Ulnar-Gelenk. Johannes Thoms. (Acta radiol. [Stockholm] **55.** 446—48. Juni 1961. Bornholm, Dänemark, Centr. Hospital, Roentgen Dep.) (Engl.)

Bericht über einen klin. Fall einer Kalk-Bldg. im linken Handgelenk eines Töpfers, der pneumoarthrograph. diagnostiziert u. erfolgreich mit 140 kV Röntgenstrahlen (2·100 r in 8 Tagen Abstand) therapeut. behandelt wurde. W. REUSSE. 4601 □

Toxizität kleiner Mengen von Cadmium und Chrom im Trinkwasser bei Verabreichung an Hunde im Verlaufe einer 4-Jahres-Periode. Richard U. Byerrum, Rashid A. Anwar und Carl A. Hoppert. (J. Amer. Water Works Assoc. **52.** 651—52. Mai 1960. East Lansing, Mich., Michigan State Univ.) (Engl.)

Geringe Konzz. von 0,5—5,0 ppm $CdCl_2$ im Trinkwasser, bei sonst Cd-freier Kost über eine Dauer von 4 Jahren, führen (bei Hunden) zu einer Akkumulierung von Cd in Leber u. Nieren, die sich proportional zur Cd-Konz. verhält; im Pankreas kommt es zu einer, von der Trinkwassermenge abhängigen, geringeren Cd-Akkumulierung; auch bei

Steigerung des Cd-Geh. im W. auf 10 ppm ist die Cd-Akkumulierung in den genannten Organen nicht größer. Im Harn (Eiweißausscheidung) u. im Blut (Hämoglobin, Blutzellzahlen) lassen sich keine Abweichungen von der Norm feststellen; auch keine Abweichung vom normalen Freß- u. Trink-Verh., Wachstum oder allg. Verhalten. Nach einer einzelnen i.v. Injektion von $^{115}Cd(NO_3)_2$ finden sich nach einigen Std. 65% der ^{115}Cd-Dosis in der Leber u. halten sich dort für 5 Wochen. Da Cd in Leber u. Niere in den Trinkwasser-Verss. nur eine lose Bindung zu den Leberproteinen aufweist, ist anzunehmen, daß die Cd-Bindung Teil eines Entgiftungsmechanismus ist; eine Inaktivierung bestimmter Cd-empfindlicher Enzyme scheint nicht vor sich zu gehen. Histolog. Unterss. sind noch im Gange. — In ähnlichen Verss. mit K_2CrO_4 im W. (geringfügige Cr-haltige Grundkost) ließen sich ebenfalls keine allg. Abweichungen von der Norm erkennen, auch keine hämatolog. Abweichungen; von 1,0—15 ppm Cr gleichförmige Akkumulierung von Cr in der Leber (stärker als in früheren Ratten-Verss.; vgl. MacKenzie, A. M. A. Arch. ind. Health **18.** [1958.] 232); mit 25 ppm Cr plötzlicher Anstieg der Cr-Konz. in der Leber; in der Milz geringere Akkumulierung als in der Leber; histolog. Unterss. auch hier erst geplant. U. Tausendfreund. 4606 □

Blutspiegel und Harnausscheidung von Calcium bei normalen und Milchfieberkühen nach intravenöser Injektion von Calciumborogluconat. J. L. Albright und T. H. Blosser. (J. Dairy Sci. **40.** 477—86. Mai 1957. Pullman, Wash., State Coll. of Washington, Dep. of Dairy Sci.) (Engl.)

Bei Injektions-Verss. (i.v.) mit 32,7 u. 25,5%ig. Lsg. von *Calciumborogluconat* (2,84 u. 2,22% *Ca* enthaltend) an kalbenden multi- u. primiparen, reifen u. jugendlichen Kühen sowie bei solchen mit Milchfieber konnte durch diese Injektionen weder eine verhütende noch eine kurative Wrkg. erzielt werden. Es konnte keine oder nur geringfügige Beziehung zwischen Harnausscheidung von Ca nach einer Injektion u. den nachfolgend verringerten Serum-Ca-Werten u. dem Auftreten des Milchfiebersyndroms beobachtet werden. U. Tausendfreund. 4607 □

Die Wirkung von Äthanol auf den Fettsäurestoffwechsel: Anregung der hepatischen Fettsäuresynthese in vitro. Charles S. Lieber und Rudi Schmid. (J. clin. Invest. **40.** 394—99. Febr. 1961. Boston, Mass., Thorndike Mem. Labor.; Boston City Hosp., 2nd and 4th (Harvard) Med. Serv.; Harvard Med. School, Dep. of Med.) (Engl.)

Es wird der Vers. zur Klärung der Beziehung zwischen *A.* u. Fettinfiltration der Leber an Hand der Beeinflussung des Fettsäurestoffwechsels der Rattenleber durch A. in vitro gemacht. Dabei ergab sich: der Gesamt-*Fettsäure*-Geh. von Leberschnitten ist nach Inkubation mit 10 mm A. höher als nach Inkubation mit 5 mm *Glucose* (**I**) oder 10 mm *Acetat* (**II**). Durch A. wird die Inkorporierung von ^{14}C-**II** in die Fettsäuren der Leberschnitte stärker als durch **I** oder **II** gesteigert. In Fettgewebe, in welchem nur geringe Mengen A. oxydiert werden, läßt sich keine Anregung der Fettsäure-Synth. erkennen. In mit A. inkubierten Leberschnitten ist die $^{14}CO_2$-Bldg. aus $^{14}C_1$-**II** u. aus $^{14}C_1$-Palmitat gleicherweise gehemmt. Die Oxydation von A. in der Leber hat eine Verminderung des Geh. der Leber an *Diphosphopyridinnucleotid* (*DPN*) zur Folge, so daß offenbar die Anregung der Fettsäure-Synth. durch A. als Ergebnis einer durch die A.-Oxydation im Übermaß gebildeten DPNH angesehen werden muß (vgl. ähnliche Wrkg. des ebenfalls DPNH-bildenden Syst. Sorbit-Fructose). U. Tausendfreund. 4607 □

Studien über Nebenwirkungen von Pflanzenschutzmitteln auf Fische und Fischnährtiere. Karl Bauer. (Mitt. biol. Bundesanst. Land- u. Forstwirtsch. Berlin-Dahlem **1961.** Nr. 105. 1—72. Nov. Hohenheim, Landwirtschaftl. Hochschule, Inst. für Pflanzenschutz.) (Dt.)

Übersicht, Einteilung der Pflanzenschutzmittel u. Herbicide in 4 Gefahrenklassen in Hinblick auf ihre Toxizität gegenüber Fischen. — 307 Literaturangaben.
P. Gregorzewski. 4607 □

Toxizität und Verwendbarkeit des Pindone-Na-Salzes, eines antikoagulierend wirkenden Nagetierbekämpfungsmittels, gegen die Hausmaus (Mus musculus L.). F. P. Rowe. (J. Hyg. **59.** 335—41. Sept. 1961. Tolworth, Surbiton, Surrey, Ministry of Agricult., Fisheries and Food, Infestation Control Labor.) (Engl.)

Eine 0,005%ig. *Na-Pindone*-Lsg. [*2-Pivalylindandion-*(*1.3*)] tötet Mäuse innerhalb 4—6 Tagen. P. Gregorzewski. 4607 □

Die Wirkung von Triton und Diphenylyläthylessigsäure auf die Cholesterin- und Fettsäurebiosynthese in isolierter perfundierter Leber. S. Garattini, P. Paoletti und R. Paoletti. (Experientia [Basel] **15.** 33—34. 15/1. 1959. Univ. of Milan, Inst. of Pharmacol.) (Engl.)

Diphenylylbuttersäure (**I**) u. *Triton* (**II**) wurden auf ihre Hemmwrkg. bei der *Cholesterin* (**III**)- u. *Fettsäure* (**IV**)-Synth. untersucht. **I** hemmt die **III**-Bldg. um 42% u. die

IV-Bldg. um 28%. I u. II gemeinsam angewandt hemmten in ähnlicher Stärke. II allein steigerte die III- u. IV-Bldg. auf das 1½fache. W. HILLER. 4607□

Analyse zweier Pfeilgifte. H. R. Sinia. (Arch. int. Pharmacodynam. Thérap. **133.** 26—28. Aug./Sept. 1961. Utrecht, Univ., Fac. of Med., Pharmacol. Labor.) (Engl.)

Pfeilgifte aus dem unteren Amazonasgebiet u. den Urugurubergen (Afrika) wurden untersucht; beide zeigen im Mäuse- u. Katzen-Vers. *Digetalis*-artige Wrkg., was für amerikan. Pfeilgifte zum ersten Mal berichtet wird. P. GREGORZEWSKI. 4608□

Untersuchungen über die Verteilung im Gewebe, Fluorescenzeigenschaften und Jodierung des Pflanzenalkaloids Berberin. Virginia B. Schatz, Barbara C. O'Brien, William M. Chadduck, Alvin M. Kanter, Alfred Burger und William R. Sandusky. (J. med. pharmac. Chem. **2.** 425—47. Aug. 1960. Charlottesville, Va., Univ. of Virginia, Dep. of Chem.; Univ. of Virginia, School of Med., Dep. of Surg.) (Engl.)

Vff. stellten fest, daß sich *Berberin* (I), subkutan oder i.v. an Ratten verabreicht, nicht bes. im Pankreas anhäuft, sondern sich in vielen Organen nachweisen läßt, andererseits aber nur das Pankreas nach I-Injektion im UV die typ. gelbe Fluorescenz zeigt. Die höchste I-Konz. konnte mit Hilfe von markiertem I in der Leber nachgewiesen werden. Andere aromat. quart. N-Verbb., wie *Benzo-[b]-chinoliziniumbromid*, *Sanguinarinsulfat* oder die Tetrahydroformen des I bzw. des Palmatins zeigen keine Fluorescenz im Pankreasgewebe. Jodierte Berberine wurden dargestellt.

Versuche: *9-Desmethyl-9-p-jodbenzylberberinbromid* (II), $C_{26}H_{21}BrJNO_4$, F. 215° (Zers., A.), durch Erhitzen von Berberrubin (2 g) u. p-Jodbenzylbromid (3,1 g) auf dem Wasserbad unter N_2. *9-Desmethyl-9-p-jodbenzylberberinchlorid*, $C_{26}H_{21}ClJNO_4 \cdot 2\,H_2O$, F. 190° (Zers.; A.); aus II durch Behandeln mit konz. HCl in Äthanol.

P. GREGORZEWSKI. 4608□.

Versuche über die Wirkungsweise von Aristolochia clematitis L. J. R. Möse und G. Lukas. (Arzneimittel-Forsch. **11.** 33—36. Jan. 1961. Graz, Univ., Inst. für organ. u. pharmazeut. Chemie, Hygien. Inst.) (Dt.)

Vff. geben Kaninchen (a) innerhalb von 14 Tagen (alle 48 Std.) eine Verdünnung D_3 (3 ml, i.v.) aus einer homöopath. Urtinktur von *Aristolochia clematitis* (A.c.) u. am 3. Vers.-Tag eine Injektion von durch Hitze abgetöteten Typhusvaccinen ($800 \cdot 10^6$ Keime/ml) u. bestimmen den Agglutinationstiter. Es zeigt sich, daß derselbe nach Immunisierung der Tiere nicht beeinflußt wird. Die Phagocytoseaktivität von a- u. Meerschweinchen-Leukocyten gegen *Staphylococcus albus* wird jedoch durch A.c.-Extrakte gesteigert, wobei Verdünnungen zwischen D_3 u. D_4 ein Wrkg.-Maximum aufweisen. Dagegen tritt bei einer Verdünnung von D_7 Wrkg.-Umkehr ein; solche von D_8 u. D_9 liegen außerhalb der Wirksamkeitsgrenze. Auch Extrakte aus den getrockneten Pflanzen, dem ober- oder unterird. Teil sowie Auszüge aus *Asarum europaeum* besitzen eine die Phagocytose steigernde Aktivität. Bei fraktionierter Extraktion sind nur die mit PAe. u. A. erhaltenen, nicht aber die wss. Extrakte wirksam. Die A.c.-Verdünnung D_4 beeinflußt bei a weder die Anzahl der Leukocyten, noch die Heterohämagglutination von a-Serum gegen Schaferythrocyten. Es wird angenommen, daß die günstige Wrkg. von A.c.-Tinkturen auf Wunden u. Geschwüre bei innerlicher Applikation durch den Einfl. dieser Extrakte auf die Phagocytoseaktivität der Leukocyten erklärbar ist. P. FAHRNLAENDER. 4608□

Durch Cobragift im Eidotter gebildete pharmakologisch wirksame Substanzen. W. Vogt. (J. Physiology **136.** 131—47. 3/4. 1957. Mill Hill, London, Nat. Inst. for Med. Res.) (Engl.)

Die pharmakolog. Wrkg. von Eidotter nach Inkubation mit Kobragift sind auf *Lysolecithin* (I) u. unbekannte *ungesätt. Fettsäuren* (II) zurückzuführen. I bewirkt Hämolyse u. Herabsetzung der *Histamin* (III)-Empfindlichkeit des Meerschweinchenileums. Die II-Fraktion bewirkt am isolierten Meerschweinchenileum eine langsame Kontraktion u. Steigerung der III-Empfindlichkeit; die gleiche Wrkg. erhält man mit den II von enzymat. oder chem. Hydrolysaten von gereinigtem Lecithin. K. ZINGRAF. 4609□

Untersuchungen über die Kreislaufwirkung des Kobragiftes. E. Westermann und W. Klapper. (Naunyn-Schmiedebergs Arch. exp. Pathol. Pharmakol. **239.** 68—80. 1960. Frankfurt/M., Univ., Pharmakol. Inst.) (Dt.)

Vff. weisen nach, daß an der Kreislauf-Wrkg. des *Kobragiftes* verschiedene Komponenten beteiligt sind. Die akute Primär-Wrkg. (Bradycardie, Abnahme von Schlag- u. Min.-Vol., Apnoe) kommt den nichtdialysierbaren Bestandteilen des Giftes zu; sie ließ sich durch *Atropin* abschwächen, durch beiderseitige Vagotomie verhindern. Die sich anschließende länger dauernde Sekundär-Wrkg. (Tachycardie, Zunahme des Schlag- u. Min.-Vol.) ist an die dialysierbaren Bestandteile des Giftes geknüpft. Ihr liegt eine

Histamin-Freisetzung aus dem Gewebe zugrunde. Die Wrkg. ließ sich durch Histamininfusion imitieren, durch Antihistaminica blockieren. Die tox., zum paralyt. Kollaps u. zum Tode führende Wrkg. kommt ebenfalls den dialysierbaren Bestandteilen zu.

P. GREGORZEWSKI. 4609□

Klinische Untersuchungen zur Pharmakodynamik von Sulfadimethyloxazol in der Schwangerschaft und im Wochenbett. H. Breinl. (Chemotherapia [Basel] **3.** 436—48. 1961. Düsseldorf, Med. Akad., Frauenklin.) (Dt.)

Die Resorption von *Sulfadimethyloxazol* (**I**, *Sulfuno*, NORDMARK-WERKE) ist unter den Stoffwechselbedingungen der hohen Gravidität bzw. des Geburtsstress u. des Puerperium gegenüber „normalen" physiolog. Verhältnissen nicht nachweislich verändert. Die Milchfähigkeit von **I** ist selbst bei hoher Dosierung (3—4 g) mit 2,7 mg% so gering, daß eine tox. Schädigung des Brustkindes nicht zu befürchten ist. — 34 Literaturangaben.

I. HAHN. 4610□

Ausscheidung im Harn, Konzentration im Blut und Toxizität des Natriumsalzes von N-[5-Nitrofurfuryliden-(2)]-1-aminohydantoin beim Menschen bei intramuskulärer und intravenöser Anwendung. A. Mazza und G. Hecht-Lucari. (Antibiotics and Chemotherapy **11.** 434—37. Juli 1961. Rome, Univ. di Roma, Ist. di Clin. Ostetr. e Ginecol.) (Engl.)

Na-N-[5-Nitrofurfuryliden-(2)]-1-aminohydantoin kann nach der colorimetr. Meth. von BUZARD, VRABLIC u. PAUL (C. **1961.** 11077) nicht im Blut nachgewiesen werden. Bei gesunden Frauen wurden nach i.m. Verabreichung 48,8% u. nach i.v. Verabreichung 60,0% der Gesamtdosis im Harn ausgeschieden. Nebenwrkg. traten nicht auf.

K. ZINGRAF. 4610□

Einfluß von Aureomycin auf Gewichtszunahme und Überlebensdauer Nebennieren-ektomierter Ratten. Odette Champigny, Geneviève Bourdel und Raymond Jacquot. (Arch. Sci. physiol. **14.** 97—103. 1960. Bellevue, Seine-et-Oise, CNRS, Labor. de Biochim. de la Nutrition.) (Franz.)

Zusatz von 100 mg *Aureomycin*/kg Futter bewirkte bei proteinarm gefütterten, Nebennierenektomierten WISTAR- oder SHERMAN-Ratten bessere Gew.-Zunahmen u. eine erhöhte Überlebensrate.

H. D. BOCK. 4611□

Weitere Untersuchungen über die Konzentration im Serum bei Anwendung eines spritzfertigen Hydroxytetracyclin-Präparats. Th. Dimmling. (Arzneimittel-Forsch. **11.** 42—45. Jan. 1961. Würzburg, Univ., Inst. für Hyg. u. Mikrobiol.) (Dt.)

Vf. gibt je 5 ♀ u. ♂ Vers.-Personen *Hydroxytetracyclin* (**I**, 2mal 250 mg i.m.) in *N-Hydroxyäthyllactamid* (**II**, 3 ml) als Lösungsvermittler unter Zusatz von 2% Anästhetica [*Lidocain* (**III**, *α-Diäthylamino-2.6-dimethylacetanilid*) bzw. *Pyrrolidinoessigsäure-[2-chlor-6-methylanilid]* (**IV**)] u. bestimmt die **I**-Konzz. im Serum. Es zeigt sich, daß die Verw. von **IV** an Stelle von **III** oder eine Verminderung der **II**-Menge auf 2 ml bei gleichbleibender Zus. des **I**–**IV**-Präp. keine meßbaren Veränderungen der Serum-**I**-Geh. nach sich ziehen. Auch eine Verschlechterung der Gewebeverträglichkeit wird in Ggw. geringerer **II**-Mengen nicht beobachtet. Der mittlere Serum-**I**-Spiegel beträgt nach der 2. **I**-Zufuhr (2mal 250 mg im 24-Std.-Abstand) 0,81—0,90 γ/ml u. sinkt innerhalb von 24—26 Std. nach der **I**-Applikation auf etwa die Hälfte der 24-Std.-**I**-Werte ab. Bei mittelschweren Infektionen mit empfindlichen Erregern lassen sich daher Abstände über 24 Std. zwischen 2 i.m. Gaben von 250 mg **I** anwenden. Nach 3 Zufuhren von je 250 mg **I** in 24-Std.-Intervallen sind abwechselnde Injektionen von 100 u. 250 mg bei gleichbleibendem Applikationsrhythmus ausreichend, um eine therapeut. wirksame **I**-Konz. im Serum über längere Zeiträume (9 Tage) aufrecht zu erhalten. Ein Resorptionsunterschied von **I** in Abhängigkeit vom Geschlecht der Vers.-Personen besteht nicht.

P. FAHRNLAENDER. 4611□

Neomycin-Wirkung auf den Cholesterinspiegel des menschlichen Serums. Paul Samuel und Alfred Steiner. (Proc. Soc. exp. Biol. Med. **100.** 193—95. Jan. 1959. New York, N.Y., Columbia Univ., Coll. of Phys. and Surg., Dep. of Hosp., Dep. of Med., Goldwater Memorial Hosp., First Div.) (Engl.)

Nach oraler Verabreichung von 1,5—2 g *Neomycin* pro Tag wurde bei 10 Patienten ein Abfall des Serum-*Cholesterin*-Spiegels um durchschnittlich 22% beobachtet.

P. GREGORZEWSKI. 4611□

Neuromuskuläre Blockade durch Streptomycin und Dihydrostreptomycin. M. N. Jindal und V. R. Deshpande. (Brit. J. Pharmacol. Chemotherapy **15.** 506—09. Dez. 1960. Nagpur, Med. Coll., Dep. of Pharmacol.) (Engl.)

An Rattenzwerchfell-, Hundegastrocnemius- u. Froschrectus-Präpp. konnten durch hohe Dosen von *Streptomycin* (**I**) u. *Dihydrostreptomycin* (**II**) neuromuskuläre Blockaden hervorgerufen werden. Als Anhaltspunkte seien genannt: 1 mg **I**/ml führte zu 94%ig. Kontraktionsverminderung am Zwerchfell, 1 mg **II**/ml bewirkte 71%ig. Verminderung;

40 mg I/kg am Gastrocnemius 100% ig. Verminderung, 40 mg II/kg 24% ig. Verminderung; 20 mg I/ml am Rectus 46% ig. Verminderung 20 mg II/ml 38% ig. Verminderung. Die Wrkg. von I trat rascher ein, war ausgeprägter u. hielt länger an als die von II. Partielle, durch I hervorgerufene Blockade am Gastrocnemius konnte durch 1,5 mg (0,15 mg/kg) *Neostigmin*, i.v., aufgehoben werden, während völlige Blockierung unbeeinflußt blieb. Durch Ca^{2+} (10% ig. $CaCl_2$, 0,5 ml/kg) wird die durch I bewirkte neuromuskuläre Blockierung antagonist. beeinflußt; die Wrkg. tritt rasch ein, ist jedoch unvollständig. U. TAUSENDFREUND. 4611□

Die Wirkung von Polymyxin E auf die neuromuskuläre Verbindungsstelle. G. Brownlee. (J. Physiology **136.** 19P–20P. 3/4. 1957. London, King's Coll., Dep. of Pharmacol.) (Engl.)

Polymyxin E (I) bewirkt am isolierten Zwerchfell eine neuromuskuläre Blockierung u. dadurch reversible Lähmung; sie kann durch KCl ganz u. durch Hexamethonium teilweise, nicht aber durch Eserin oder Neostigmin aufgehoben werden. Decamethonium u. Tubocurarin wirken synergist. (additiv). Wenn das Präp. durch I vollständig gelähmt ist, bleibt die Freisetzung von Acetylcholin bei Reizung des motor. Nervs normal.

K. ZINGRAF. 4611□

Mikrobiologische Untersuchungen einiger neuer Penicilline in vitro und in vivo. Gösta Tunevall und A. Rune Frisk. (Chemotherapia [Basel] **3.** 449–61. 1961. Stockholm City, Bacteriol. Labor.; Hosp. for Infectious Diseases; Ersta Hosp.) (Engl.)

Bei einer Reihe von Personen wurden 6 Penicillinvarietäten, 3 bekannte (*Benzyl-, Phenoxymethyl-* u. *Phenoxyäthylpenicillin*) u. 3 neue Typen (*p-Aminobenzyl-, p-Acetamidobenzyl-* u. *p-Aminophenoxymethylpenicillin*) bzgl. ihrer Aktivität gegenüber verschiedenen Organismen miteinander verglichen. Die beachtlichen Unterschiede werden in Beziehung zu den chem. Verschiedenheiten der Stoffe gesetzt. I. HAHN. 4611□

Experimentelle, degenerative Nervenschädigungen durch Verbindungen des Hydrazins und Hydroxylamins. G. W. Klinghardt. (Naturwissenschaften **48.** 381. 1. Mai-H. 1961. Frankfurt/M., Max-Planck-Inst. für Hirnforsch., Neuropathol. Abt., Univ., Neurolog. Inst.) (Dt.)

Ratten erhalten an 12 aufeinanderfolgenden Tagen täglich oral 350 mg *Isoniazid* (I)/kg bzw. in entsprechender molarer Menge *Picolinsäurehydrazid, Benzoesäurehydrazid, Methylhydrazinsulfat, Hydrazinsulfat, Hydrazindihydrochlorid* u. *Semicarbazidhydrochlorid* verabreicht. Alle diese Verbb. führten bereits nach einer, höchstens zwei Applikationen zu denselben schweren Schädigungen der peripheren Nerven wie I. Ähnliche Ergebnisse wurden auch bei längeren oralen Gaben von *Hydroxylaminhydrochlorid* bzw. *-sulfat* erhalten. G. KIMMERLE. 4620

Die Wirkungen von Iproniazid und anderen Aminoxydase-Hemmstoffen bei rheumatoider Arthritis. Arthur L. Scherbel und John W. Harrison. (Ann. New York Acad. Sci. **80.** 820–34. 17/9. 1959. Cleveland, Ohio, Cleveland Clin. Found.) (Engl.)

Durch kleine Dosen *Iproniazid* (*Marsilid*; I) werden die durch rheumatoide Arthritis hervorgerufenen Erscheinungen im Zentralnerven-Syst. gelindert, hohe Dosen verringern die Mesenchymreaktion. I bessert den psychomotor. Zustand klin., hemmt die Sympathicusaktivität, potenziert die Wrkg. von Narkosemitteln, Lokalanästheticis, Barbituraten, Corticosteroiden, Ganglienblockern, Morphin, Atropin-Derivv. u. 4-Aminochinolin-Verbb., erhöht den Geh. von *Serotonin* (II) u. *Norepinephrin* im Hirn u. hemmt die durch Reserpin bewirkte II-Freisetzung aus peripheren Geweben. Es zeigt einen späten Wrkg.-Eintritt u. Kumulation. Schädigungen der Leberzellen können vorkommen. *1-Methyl-2-phenyläthylhydrazin-Hydrochlorid* (*JB-516*) u. *1-Benzyl-2-[5-methyl-3-isoxazolcarbonyl]-hydrazin* (*RO 5-0831/1*) scheinen eine stärkere Wrkg. zu besitzen als I.

K. ZINGRAF. 4620□

Untersuchungen und Betrachtungen über die Beziehungen zwischen Umgebungstemperatur und Toxizität der Arzneimittel. M. Ferrari. (Arch. int. Pharmacodynam. Thérap. **133.** 254–64. 1/10. 1961. Padova, Univ., Ist. di Farmacol.) (Ital.)

Die Toxizität von *Reserpin, Chlorpromazin, Promethazin, Imipramin* u. *Chlordiazepoxid* bei der Maus ist bei einer Umgebungs-Temp. von 28° wesentlich geringer als bei 18 oder 37°, die von *Amphetamin, Morphin* u. *Pentobarbital* nimmt mit der Temp. zu u. die von *Picrotoxin, Strychnin Meprobamat* wird durch die Temp. prakt. nicht beeinflußt. *Iproniazid* zeigt bei 37° einen geringeren Wert als bei 18° oder 28°. K. ZINGRAF. 4620□

Der Einfluß von Chlorpromazin auf die bis zum Verschwinden des Cornealreflexes bei Stagnationsanoxie verstreichende Zeit. J. Th. F. Boeles und J. Blok. (Arch. int. Pharmacodynam. Thérap. **106.** 381–87. 1/6. 1956. Amsterdam, Univ. of Amsterdam, Dep. of Physiol.) (Engl.)

Der Cornealreflexweg, welcher normalerweise gegenüber Anoxie (hier Stagnationsanoxie, hervorgerufen durch vorübergehende Abklemmung der cerebralen Blutzufuhr bei Kaninchen) eine weitgehende Resistenz zeigt, wird durch *Chlorpromazin* (**I**; *Largactil, R.P.4560*) derart depressiv beeinflußt, daß er während der Anoxie seine Tätigkeit nicht wieder aufnehmen kann. Durch 2 mg **I**/kg wird die bis zum Verschwinden des Cornealreflexes verstreichende Zeit signifikant verringert; diese Verringerung ist nicht als Folge der Verminderung der Körper-Temp. anzusehen, da der Körper-Temp.-Abfall erst gleichzeitig mit der Resistenzverminderung der Nervenbahn gegenüber Anoxie erfolgt. Demnach wird nicht nur die Resistenz von Atemzentrum u. Mittelhirn gegenüber Anoxie durch **I** vermindert. U. Tausendfreund. 4620

Erfahrungen mit JB-516 und anderen psychoaktiven Mitteln. Julius Pomeranze. (Ann. New York Acad. Sci. **80.** 835—42. 17/9. 1959. New York, N.Y., New York Med. Coll., Metropolitan Med. Center.) (Engl.)

Im Blindvers. an Patienten mit Depressionen wurde ermittelt, daß eine Dosierung von 12,5 mg *JB-516* (**I**, *Catron*, [*1-Methyl-2-phenyl*]-*äthylhydrazin, Hydrochlorid*) täglich wirksam u. frei von Risiken ist. Von *Amphetamin* u. *Ephedrin* unterscheidet sich **I** durch das Fehlen sympathomimet. Nebenwrkg. u. eines Einfl. auf den Appetit. K. Zingraf. 4620□

Die Anwendung von JB-516 bei neuromuskulären Erkrankungen in der Pädiatrie. M. A. Perlstein. (Ann. New York Acad. Sci. **80.** 843—53. 17/9. 1959. Chicago, Ill., Cook County Hosp., Children's Neurol. Serv.; Northwestern Univ., Dep. of Pediatr.) (Engl.)

JB-516 (**I**: *Catron*, [*1-Methyl-2-phenyl*]-*äthylhydrazin, Hydrochlorid*) ist in erster Linie geeignet zur Behandlung von funktionellen Verh.-Störungen bei Kindern mit oder ohne organ. Hirnkrankheit (Besserung in 50% der Fälle): die Wrkg. ist geringer, wenn die organ. Krankheit im Vordergrund steht oder wenn Psychosen vorliegen. Der Wert von **I** bei Epilepsie ist zweifelhaft: als Muskelrelaxans bei cerebraler Kinderlähmung ist es wirkungslos. K. Zingraf. 4620□

Die Wirkung der selektiven Pseudocholinesterasehemmung auf die spontane und ausgelöste Aktivität der Hirnrinde der Katze. J. E. Desmedt und G. La Grutta. (J. Physiology **136.** 20—40. 3/4. 1957. Bruxelles, Univ. de Bruxelles, Labor. de Pathol. générale et de Morphol. animale.) (Engl.)

3-Hydroxyphenyltrimethylammoniumbromid-N-[*p-chlorphenyl*]*-N-methylcarbamat* (*Ro 2-1250*) u. *1.5-Bis-*[*4-allyldimethylammoniumphenyl*]*-pentanon-*(*3*)*-dibromid* (*BW 284C51*), welche die echte *Cholinesterase* (**I**) selektiv hemmen, potenzieren indirekte Zuckungen des Tibialismuskels der Katze in geringeren Dosen als [*2-Hydroxy-5-phenylbenzyl*]*-trimethylammoniumbromiddimethylcarbamat* (*Ro 2-0683*) oder *Diisopropylfluorphosphonat*, welche die Pseudo-**I** selektiv hemmen; ein umgekehrtes Verh. wurde bzgl. der Weck-Rk. am schlafenden isolierten Katzenhirn beobachtet. K. Zingraf. 4620□

In vitro-Aktivität von N.N'-Bis-[diäthylaminoäthyl]-oxamid-N.N'-bis-[2-chlorbenzylchlorid] (Mytelase) auf die Cholinesterase des elektrischen Organs von Electrophorus electricus L. Carmen Calmon Lemme, Lauro Sollero und Alberto B. Hargreaves. (Arch. int. Pharmacodynam. Thérap. **121.** 59—64. Aug. 1959. Rio de Janeiro, Univ. do Brazil, Inst. de Biofisica.) (Engl.)

Vff. untersuchten die Inhibitor-Wrkg. von *Mytelase* (*N.N'-Bis-*[*diäthylaminoäthyl*]*-oxamid-N.N'-bis-*[*2-chlorbenzylchlorid*] auf *Cholinesterase*-Präpp. aus dem elektr. Organ von *Electrophorus electricus L.* u. fanden, daß sie von gleicher nur etwas stärkerer Natur als die Hemmung von Prostigmin ist. P. Gregorzewski. 4620□

Die Rolle von Noradrenalin und 5-Hydroxytryptamin in der zentralen Wirkung von Rauwolfiaalkaloiden und Benzochinolizinderivaten. M. K. Paasonen. (Biochem. Pharmacol. **5.** 389—91. Febr. 1961. Helsinki, Finland, Univ. of Helsinki, Dep. of Pharmacol.) (Engl.)

Übersicht. — 23 Literaturangaben. K. Zingraf. 4620□

Die Anticholinesteraseaktivität einiger Antiadrenalinstoffe. Helen Boyd, V. Chang und M. J. Rand. (Brit. J. Pharmacol. Chemotherapy **15.** 525—31. Dez. 1960. Sydney, Australia, Univ. of Sydney, Dep. of Pharmacol.) (Engl.)

Die Kontraktionen des isolierten Vas deferens des Meerschweinchens auf Reizung des sympath. Nervus hypogastricus lassen sich durch niedrige Konzz. von *Tolazolin* (**I**: 0,1—100 μg/ml), *Yohimbin* (**II**: 0,2—1,0 μg/ml), *Ergotamin* (**III**: 3,0—30 μg/ml), *Phenoxybenzamin* (**IV**: 1,0—30 μg/ml) u. *Piperoxan* (**V**: 0,2—20 μg/ml) als Antiadrenalinstoffe steigern, während hohe Konzz. (500 μg **I**, 30 μg **II**, 70 μg **III**, 130 μg **IV** u. 100 μg **V**/ml) blockierend wirken. 4 μg *Eserin*/ml potenzieren die Rk. des Vas deferens. Die Antiadrenalinstoffe sind zu einer Verminderung der *Cholinesterase*-Aktivität eines Vas deferens-Extraktes fähig. Die potenzierende Wrkg. der Substanzen, die auch Anticholinesteraseaktivität besitzen, läßt sich auf der Basis cholinerg. sympath. Mechanismen erklären. U. Tausendfreund. 4620□

Über die Freisetzung von Brenzcatechinaminen durch Tyramin. H. J. Schümann. (Naunyn-Schmiedebergs Arch. exp. Pathol. Pharmakol. **238.** 41—43. 1960. Frankfurt/M.) (Dt.)

Beitrag zur Klärung des Mechanismus der *Tyramin* (I)-Wrkg.: Da I aus Suspensionen chromaffiner Granula die darin gespeicherten *Brenzcatechinamine* (temperaturabhängig) freisetzt, wird ein Angreifen von I an chromaffinen Granula angenommen; auch aus den granulären Elementen sympath. Nerven, die Noradrenalin speichern, setzt I das Brenzcatechinamin frei. Auch *Phenyläthylamin* (II) u. *Ephedrin* (III), die in vivo nach Reserpinvorbehandlung unwirksam sind, setzten aus Suspensionen chromaffiner Granula die gespeicherten Brenzcatechinamine frei, während *Dopamin, Serotonin* u. *Histamin* in dieser Vers.-Anordnung wirkungslos sind; ebenso ist *Acetylcholin* (IV), der physiolog. Überträgerstoff der Splanchnicus-Wrkg. am Nebennierenmark, unwirksam. Der Angriffspunkt der II-Wrkg. u. III-Wrkg. entspricht damit demjenigen von I; IV scheint nur an der intakten Zelle anzugreifen (Membran-Wrkg. ?). — In der Diskussion gibt FLECKENSTEIN (Freiburg/Br.) an, daß zu den indirekt wirksamen Neurosympathicomimetica außer I u. II auch *Benzedrin, Pervitin, Cyclohexylaminpropan, Veritol, 2-Phenyl-3-methylmorpholin* gehören, III nimmt eine Mittelstellung zwischen indirekt u. direkt angreifenden sympathomimet. Aminen ein. U. TAUSENDFREUND. 4620□

Pharmakologische Eigenschaften des 2-Äthylamino-3-phenylnorcamphans. R. Hotovy, H. J. Enenkel, J. Gillissen, A. Hoffmann, U. Jahn, H.-G. Kraft, H. Müller-Calgan, S. Sommer und R. Struller. (Arzneimittel-Forsch. **11.** 20—24. Jan. 1961. Darmstadt, Merck A. G.) (Dt.)

Vff. untersuchen die zentralen, lokalanästhet., sympathicomimet. Kreislauf-Wrkg. u. Toxizitäten von *2-Äthylamino-3-phenylnorcamphan* (I, *H 610*). Es zeigt sich, daß orale Gaben von I (3—10 mg/kg) bei Mäusen (a) u. Ratten (b) einen zentralerregenden Effekt besitzen, der sich in einer Steigerung der locomotor. Aktivität äußert. Die Dauer der Erregung klingt bei a (30 mg/kg) erst nach 20 Std. allmählich ab. Im tox. Dosenbereich (120—150) treten Kau- u. Springkrämpfe sowie Lähmungen der Skelettmuskulatur auf. Die Lernleistung von b wird durch 4wöchige Behandlung mit I (5, oral) gesteigert, auch die Pickleistung von Tauben nimmt nach Dosen von 1—2 mg/kg innerhalb von 6 Std. zu. Bei Katzen (c) führt eine einmalige I-Applikation (2, oral) zu einer Steigerung der Erregung mit Mydriasis, Lidspaltenerweiterung u. Zurückziehen der Nickhaut. I (30, intraperitoneal) beeinflußt bei a nicht den Ablauf der Veronalnarkose, während bei b ein Antagonismus zwischen I (10, oral) u. *Hexobarbital-Na* (20, i.v.) beobachtet wird, indem die Narkosedauer um 46% zurückgeht. Bei b wird die Metrazolkrampfdosis durch I (2 u. 5, oral) von 23 auf 24,2—24,6 mg erhöht. I verstärkt bei mit *Harminchlorhydrat* (10, subkutan) behandelten a das bestehende Zittern u. die Jactatio capitis. Nach der Meth. von LEMBECK wird bei b nach Zufuhr von 0,5 ml wss. 0,5%ig. I-Lsg. in die N. ischiadicus-Gegend eine mittlere Leitungsanästhesiedauer von 36 Min. (Procain·HCl: 25 Min.) ermittelt. Die Oberflächenanästhesie an der Cornea von Kaninchen (d) läßt sich durch Anwendung einer 2%ig. I-Lsg. auf 34,2 Min. Dauer erhöhen (2%ig. Procain-HCl: 8,1 Min.). Injektion von I (0,8—1,6 i.v.) verursacht bei decerebrierten c eine 20 Min. lang anhaltende Blutdrucksteigerung, die jedoch geringer ist, als die durch *Phenmetrazin*, DL-*Amphetamin*, *Phenylpyrrolidinpentan* u. DL-*Methamphetamin* ausgelöste. Die pressor. *Adrenalin* (II)-Wrkg. (1—2 μg/kg i.v.) am Blutdruck, an der Nickhaut u. an der Milz wird durch I verstärkt. Bei pharmakolog. Denervierung nach FLECKENSTEIN mittels *Cocain-HCl* (15 ml/kg i.v.) werden die I-Wrkg. auf den Blutdruck abgeschwächt, in Ggw. von II jedoch erheblich verstärkt. I ist daher als Neurosympathicomimeticum im Sinne FLECKENSTEINS anzusehen. e mit Carotisschlingen zeigen nach oralen I-Gaben von 2 mg/kg Blutdruckanstieg, Puls u. Atmungsbeschleunigung; ferner ergeben i.v.-Dosen von I (0,5—2,0) eine weniger stark von der Dosis, als vielmehr von der individuellen Rk.-Lage abhängige Tachycardie. Bei decapitierten e verursacht I [25 μg/kg i.v.) eine Bronchialerweiterung. Die Harnausscheidung wird bei b nach I-Zufuhr (20 mg/kg) mäßig erhöht. Am isolierten b-Dünndarm wirkt I tonussenkend. Zugeführtes I (5, oral) wird von e innerhalb von 5 Tagen zu 51% unverändert mit dem Harn ausgeschieden, nach 2 Tagen tritt ein I-Stoffwechsel-Prod. auf. Die DL_{50} betragen; a: 135 mg/kg (oral); 85,5 (subkutan); 15,7 (i.v.) — b: 113; 68,5; 23,5 — c: 34; —; — d: ca. 30; —; ca. 15. Subchron. I-Zufuhr (25, oral, 53 Tage) löst motor. Erregung u. z. T. Krampfanfälle aus. Aus den Ergebnissen geht hervor, daß der Angriffsort von I wahrscheinlich in der Substantia reticularis u. Cortex zu suchen ist. P. FAHRNLAENDER. 4620□

Experimental-psychologische Prüfung der Wirkung eines neuen Camphan-Derivates. D. v. Klebelsberg. (Arzneimittel-Forsch. **11.** 24—27. Jan. 1961. Wien, Verkehrspsychol. Inst. des Kurat. für Verkehrssicherheit.) (Dt.) — Vgl. auch vorst. Referat.

Vf. gibt ♂ Vers.-Personen im Alter von 18—30 Jahren *3-Äthylamino-3-phenylnorcamphanhydrochlorid* (I, *H 610*, 10—20 mg) u. prüft mit einer Latenzzeit von 2 Std. dessen spezif. Wirksamkeit nach dem Prinzip des doppelten Blind-Vers. in 3 experimentalpsycholog. Vers.-Reihen. Angewandt werden psychodiagnost. Unters.-Verff., z. B. Beurteilung des eigenen Leistungsgefühls, Rk. auf eine sich 4 mal wiederholende Folge von 45 opt. u. akust. Reizen; Verh. beim Durchstreichtest, im Autofahrstand, Konzentrationsleistungs-, Feldmarkierungs- u. PAULI-Rechentest. Es zeigt sich, daß I in Situationen durchschnittlicher Leistungsanforderungen keine spezif. Wrkg. ausübt. Bei erhöhter psych. Belastung, bes. des Konz.-Vermögens, wirkt I im Sinne einer Steigerung der Antriebskomponente der Leistungsfähigkeit, ohne daß es zu einer qual. Leistungsbeeinträchtigung kommt; ferner wird das subjektive Leistungsgefühl stabilisiert oder es erfährt eine kurzzeitige Hebung. Negative I-Wrkg. werden in keinem der psych. Funktionsbereiche nachgewiesen. Das Optimum der positiven I-Aktivität unter erhöhten Belastungsbedingungen tritt ca. 2½ Std. nach I-Applikation ein, nachdem das subjektive Leistungsgefühl abgeklungen u. nur noch die Erhöhung der objektiven Leistung feststellbar ist. P. FAHRNLAENDER. 4620□

Zur Differenzierung der zentralerregenden Wirkung von 2-Äthylamino-3-phenylnorcamphan. S. Sommer und R. Hotovy. (Arzneimittel-Forsch., Beih. **11.** 969—72. Okt. 1961. Darmstadt, E. Merck.) — Vgl. auch vorst. Referat.

Von HOTOVY u. Mitarbeitern (vgl. vorvorst. Ref.) wurde über die pharmakolog. Eigg. des *2-Äthylamino-3-phenylnorcamphan, Hydrochlorid* (*H 610*, I), das als einer der Wirkstoffe im *Reactivan* enthalten ist, berichtet. Vff. untersuchten die nach Behandlung mit I sowie nach Verabreichung einiger anderer zentraler Stimulantien bei Ratten auftretende motor. Erregung u. erfaßten sie quant. als „Gesamtaktivität" (Zitterkäfig) u. als „Laufaktivität" (Laufradkäfig); die Ergebnisse wurden miteinander verglichen: I [10 (mg/kg)] stimuliert die Laufaktivität in gleicher Stärke wie die Gesamtaktivität. *DL-Amphetamin* (II; 10) u. *L-(+)-Methylamphetamin* (10) erhöhten die Gesamtaktivität stärker, *Phenylpyrrolidinopentan* (10) schwächer als I; auf die Laufaktivität übten diese Substanzen (Ausnahme: II nach der jeweils ersten Behandlung einer Vers.-Woche) keinen sicheren Einfl. aus. Nach Gaben von *Phenmetrazin* (30) u. *Methylphenidat* (30) ließ sich eine erregende Wrkg. bei beiden Prüf-Meth. nicht sicher nachweisen. *Coffein* (100) steigert die Gesamtaktivität geringer als I, die Laufaktivität beeinflußte es nicht oder red. sie sogar gegenüber Kontrolltieren. Die Unterss. ergeben, daß die durch I bei Ratten hervorgerufene motor. Erregung sich vorwiegend in einer Stimulierung der Laufaktivität manifestiert. I. HAHN. 4622□

Stoffwechsel von Methyprylon. Lowell O. Randall, Venelin Iliev und Otto Brandmann. (Arch. int. Pharmacodynam. Thérap. **106.** 388—94. 1/6. 1956. Nutley, N.J., Hoffmann-La Roche, Dep. of Pharmacol.; Newark, N.J., St. Michael's Hosp.) (Engl.)

Nach peroraler Verabreichung von *Methyprylon* (*3.3-Diäthyl-2.4-dioxo-5-methylpyridin*; *Ro 1-6463*; *Noludar*, HOFFMANN-LA ROCHE; I; 100 mg/kg bei Hunden, 650 mg bei Menschen) sind im Plasma meßbare Spiegel von I u. gleichzeitig eines I-Metaboliten (*Ro 1-6462*; *2.4-Dioxo-3.3-diäthyl-5-methyl-1.2.3.4-tetrahydropyridin*, als Dehydro-Prod. von I) nachweisbar. Die Harnausscheidung beträgt ca. 3% des verabreichten I; eine etwa gleiche Menge des I-Metaboliten läßt sich nachweisen. Ratten scheiden nach peroraler Verabreichung von 200—300 mg/kg ca. 10% von I u. 10% I-Metabolit aus. U. TAUSENDFREUND. 4627□

Die Wirkung von p-Aminobenzoyldiäthylaminoäthanol auf das Leberhomogenat weißer Ratten. Anna Aslan, I. Irimescu, L. Campeanu, N. Chisiu und V. Mateescu. (Arzneimittel-Forsch. **11.** 36—37. Jan. 1961. Bukarest, Inst. für Geriatrie „Prof. Dr. C. I. Parhon".) (Dt.)

Vff. bestimmen den O_2-Verbrauch von Leberhomogenaten weißer Ratten (*Mus norvegicus albinus*) unter dem Einfl. von *p-Aminobenzoesäure-β-diäthylaminoäthylester* (I, *Novocain*, *Procain*) innerhalb von 10—120 Min. mit Hilfe des WARBURG-Respirometers. Es wird festgestellt, daß die O_2-Aufnahme durch Zusatz von 5, 10 u. 20 μMol I zu je 0,5 ml Homogenat um 16—24% gesteigert wird, wobei der maximale O_2-Verbrauch bei 10 μMol I erreicht wird. Größere I-Mengen (20) führen dagegen zu einer Herabsetzung der O_2-Werte. Aus diesen Ergebnissen wird auf eine 3-Phasen-Wrkg. von I entsprechend der angewendeten Konz. geschlossen. I nimmt wahrscheinlich am Stoffwechsel des freigesetzten Glykogens von Leberhomogenaten teil. P. FAHRNLAENDER. 4627□

Zur quantitativen Bestimmung und zum qualitativen Nachweis von N-Phthalylglutaminsäureimid (Thalidomid). R. Beckmann und H. H. Kampf. (Arzneimittel-Forsch. **11.** 45—47. Jan. 1961. Stolberg/Rhld., Chemie Grünenthal G. m. b. H., Biochem. u. Analyt. Abt.) (Dt.)

Zur Best. von *Thalidomid* (I) wird der getrocknete Chlf.-Extrakt von Nüchternblut mit 0,1n HCl aufgenommen u. die Extinktion der sauren Lsg. bei 220 mμ gegen 0,1n HCl gemessen (E_2). Nach Zugabe von 0,1n NaOH zur Prüf- u. Vgl.-Lsg. wird nach 10 Min. erneut der Extinktionswert bei 220 mμ bestimmt (E_1). Aus der Differenz (E_2—E_1) läßt sich nach Subtraktion eines entsprechend behandelten Blutblindwertes die I-Konz. mit Hilfe einer Eichkurve ermitteln. Diese wird durch Extinktionsmessungen einer Lsg. von 10 mg I in 10 ml Dioxan u. entsprechenden Verdünnungen mit 0,1n HCl erhalten. Bei 7 Vers.-Personen, die 100 mg I in Form von Tabletten bzw. von besser resorbierbaren Tropfen erhalten haben, werden nach 4 bzw. 2 Std. maximale I-Geh. von 0,9 bzw. 1,2—1,8 γ/ml im Blut gefunden. In nichtbiolog. Fll. kann I nach Überführung in das entsprechende Hydroxamsäure-Deriv. als Fe(III)-Komplex photometr. bestimmt werden. Zur Durchführung wird die Prüflsg. nach dem Eindampfen zur Trockne mit äthanol.-alkal. Hydroxylaminhydrochlorid-, verd. Fe-Perchlorat-Lsg. u. abs. A. versetzt u. nach 15 Min. die Extinktion bei 530 mμ gemessen. Die Färbung ist ca. 1 Std. beständig. Die Empfindlichkeit der Meth. ist jedoch 30mal geringer als die zur I-Best. im Blut beschriebene. Der qual. I-Nachw. läßt sich auf papierchromatograph. Wege (Syst.: Dimethylformamid/Methanol/W. 25 : 70 : 5, Anfärbung mit 2m alkal. Hydroxylamin- u. 0,37n HCl-saurer $FeCl_3$-Lsg.) oder mit Hilfe von Farbtesten (Hydroxamsäure-Rk., Resorcinschmelze u. Rk. nach ZWIKKER) durchführen u. ermöglicht die Unterscheidung des I von anderen Schlafmitteln. P. FAHRNLAENDER. 4627 □

Die Rolle der Brenzcatechinaminfreisetzung bei der Morphin-Hyperglykämie. Mario Vassalle. (Amer. J. Physiol. **200.** 530—34. März 1961. Augusta, Ga., Med. Coll. of Georgia, Dep. of Physiol. and Dep. of Pharmacol.) (Engl.)

Bei Hunden bewirkte *Morphin* einen Anstieg des Blutzuckers u. des Hämatokrits; dieser war nach Adrenalektomie viel geringer. Gegen die Hyperglykämie wirkten *Dihydroergotamin* u. *Dichlorisoproterenol*, nicht aber *Dibenamin*, *Atropin* oder *Artan* antagonistisch. Die Morphin-Wrkg. ist nicht durch einen Anticholinesterasemechanismus zu erklären; die Hyperglykämie wird durch die Freisetzung von Brenzcatechinaminen, hauptsächlich aus dem Nebennierenmark, vermittelt. K. ZINGRAF. 4627 □

Die Wirkung von Levallorphantartrat und von Adipheninhydrochlorid auf die antidiuretische Wirkung von Morphin und Nicotin. H. Schnieden. (Brit. J. Pharmacol. Chemotherapy **15.** 510—12. Dez. 1960. Ibadan, Nigeria, Univ. Coll., Dep. of Pharmacol.) (Engl.)

Levallorphantartrat (I) übte in Dosen von 1 mg/kg eine ebenso starke antagonist. Wrkg. gegenüber der durch 10 mg *Morphinsulfat*/kg bewirkten renalen Rk. auf Wasserbelastung bei Ratten aus wie 25 mg *Nalorphinhydrobromid*; eine antidiuret. Wrkg. konnte von keinem der beiden Mittel für sich hervorgerufen werden. Durch Dosiserhöhung wirkte I auch antagonist. gegenüber der analget. Wrkg. von Morphin. I u. *Adipheninhydrochlorid* (II; 21—31 mg/kg) konnten die antidiuret. Wrkg. von *Nicotin* nicht antagonist. beeinflussen; II selbst hatte keinen Einfl. auf die renale Rk. gegenüber Wasserbelastung; 21 mg II/kg steigerten die antidiuret. Wrkg. von Nicotin.
U. TAUSENDFREUND. 4627 □

Die Beeinflussung einer Staphylokokken-Infektion der Rattenniere durch Analgetica. Phyllis Hedwall und E. Heeg. (Arzneimittel-Forsch., Beih. **11.** 909—11. Okt. 1961. Mainz, Univ., Pharmakol. Inst.) (Dt.)

Auf Grund der in der Klinik beobachteten Zunahme eines besonderen Typs von Pyelonephritis, der als interstitielle Nephritis bezeichnet wird, u. einer parallelgehenden Zunahme des Verbrauchs von analget. Mischpräpp., wurde die Hypothese aufgestellt, daß ein kausaler Zusammenhang zwischen Phenacetineinnahme u. Nierenentzündung bestehen könnte. Vff. konnten mit der Meth. von STUDER [1958] unter Verw. eines anderen Staphylokokkenstammes bei Ratten keine intestitielle Nephritis erzeugen. Es kam nur zur Niereninfektion. Eine längere Vor- u. Nachbehandlung mit *Phenacetin*, *N-Acetyl-p-aminophenol* oder *Acetylsalicylsäure* ergab keine eindeutige Wirksamkeit auf den Verlauf der Niereninfektion. Vor- u. Nachbehandlung mit *Thyroxin* verstärkte dagegen die bakterielle Schädigung der Nieren. I. HAHN. 4627 □

Wirkungen verschiedener Analgetica auf das Verhalten von Mäusen unter Einwirkung eines thermischen Schmerzreizes. 2. Mitt. **Erlernte Notreaktion auf Schmerzreiz. Differenzierte Wirkungen von analgetischen und psychoaktiven Mitteln auf die Leck- und Sprungreaktion.** J. Jacob und M. Blozovski. (Arch. int. Pharmacodynam. Thérap. **133.** 296—309. 1/10. 1961. Paris, Inst. Pasteur, Labor. de Pharmacol., Serv. de Chim. Thérap.) (Franz.) — 1. vgl. C. **1961.** 6228.

Die erste Rk. von Mäusen auf einen Heizplattenschmerzreiz ist Lecken (L), bei Wiederholung ein Sprung (S) bis zum Rand des Behälters. Diese Rk.-Folge wiederholt sich am 2. Tag. *Morphin-*, L-*Methadon* u. *Dextromoramid* hemmten L u. S, *3570 CT* beeinflußte L stärker als S. *Eserin, Amphetamin, Na-Salicylat* u. *Reserpin* hemmten S, beeinflußten dagegen L nur wenig, *Coffein* beeinflußte überhaupt nicht. *A.* u. *Chlorpromazin* verzögerten L u. den gerichteten Sprung. *Tubocurarin* u. *Lysergsäureamid* waren wirkungslos. K. ZINGRAF. 4627□

Experimentelle Untersuchungen zur Pharmakologie des mit ^{3}H-markierten Tetrabenazins. W. Stumpf, E. H. Graul und H. Hundeshagen. (Arzneimittel-Forsch. **11.** 47—49. Jan. 1961. Marburg/Lahn, Philipps-Univ., Nervenklin. u. Abt. f. Strahlenbiol.) (Dt.)

Vff. geben 2 Patienten *^{3}H-Tetrabenazin* (I, Psychosedativum *Ro 1-9569, Nitoman*, Fa. HOFFMANN-LA ROCHE; 90 mg i.v.; spezif. Aktivität: 9,6 mc/mMol) u. führen Aktivitätsmessungen im Blut, Harn, Stuhl u. Liquor cerebrospinalis durch. Ferner werden von Mäusen, die intraperitoneal Injektionen von I erhalten haben, Autoradiographien von Gehirn-, Leber- u. Nierenschnitten angesetzt. Es wird festgestellt, daß bei den Patienten der Blut-I-Spiegel innerhalb von 10 Std. steil abfällt u. nach 3 Tagen kein I mehr nachweisbar ist. Mit dem Harn werden innerhalb von 48 Std. 54%, mit dem Stuhl am 1. Tag nur 2,5% der Gesamtaktivität ausgeschieden. Im Liquor cerebrospinalis wird dagegen kein ^{3}H gefunden. In Gehirnabschnitten von Mäusen gelingt es nicht, eine top. u. strukturelle Zuordnung der Aktivität aufzufinden. Die Leber zeigt keine autoradiograph. Schwärzung, während die Niere erhebliche Aktivitätsanteile enthält. Es wird angenommen, daß ^{3}H nicht die Blut–Liquor-Schranke passiert. P. FAHRNLAENDER. 4627□

Pflanzliche Heilmittel gegen Nerven- und Geisteskrankheiten. Ein Kapitel aus der Medizingeschichte. Hans Haas. (Arzneimittel-Forsch. **11.** 49—59. Jan. 1961. Ludwigshafen/Rh., Knoll A.G., Pharmakol. Labor.) (Dt.)

Vf. führt 75 Heilpflanzen an, die in der alten Medizin als Mittel gegen Nerven- u. Geisteskrankheiten verwendet wurden, in der modernen Therapie jedoch nur noch eine untergeordnete Bedeutung besitzen. Zur Behandlung der Epilepsie, des Wahnsinns u. verschiedener Hirn- u. Gemütsleiden dienten alkaloidhaltige (Papaver, Aconitum, Veratrum, Atropa, Hyoscyamus, Datura, Cinchona) u. glykosidhaltige (Digitalis, Convallaria, Helleborus u. a.) Drogen sowie solche mit N-freien, nichtglykosid. organ. Bestandteilen (Paeonia, Clematis), Gerbstoffen (Stachys, Potentilla, Alchemilla), äther. Ölen, Bitterstoffen, Fetten, Wachsen, organ. Säuren, Zuckern u. Schleimstoffen. Die entwässernden Mittel wurden hauptsächlich bei Epilepsie, die abführenden bes. bei Apoplexie u. Paralyse angewandt. Durch gleichzeitige Applikation mehrerer Drogen sollte neben einem purgierenden Effekt auch eine metasynkrit. Umstimmung des gesamten Körpers mit Erweiterung der Poren u. Beseitigung der verstopften Nerven u. Gefäße erreicht werden. P. FAHRNLAENDER. 4628□

Papaverin-Analoge. 7. Mitt. **Untersuchungen über den Eintritt der coronargefäßerweiternden Wirkung.** Calvin Hanna. (Arch. int. Pharmacodynam. Thérap. **69.** 162—67. 1/3. 1959. Berlington, Vt., Univ. of Vermont, Coll. of Med., Dep. of Pharmacol.) (Engl.) — 6. vgl. Naunyn-Schmiedebergs Arch. exp. Pathol. Pharmakol. **220.** [1953.] 43.

Eintritt u. Dauer der coronargefäßerweiternden Wrkg. von *Papaverin*-Analogen hängen von der Größe u. Art der Äthergruppen am Isochinolinring ab. *7-n-Butoxy-6-äthoxy-1-benzyl-3.4-dihydroisochinolin* ist doppelt so wirksam wie *Ethaverin*.

K. ZINGRAF. 4628□

Präsynaptische Wirkung von D-Tubocurarin. G. Lilleheil und K. Naess. (Experientia [Basel] **16.** 550—51. 15/12. 1960. Oslo, Univ., Dep. of Pharmacol.) (Engl.) — Vgl. C. **1962.** **6498.**

Auf Grund des Verh. der Endplattenpotentiale in Phrenicus–Zwerchfell-Präpp. in verschiedenen Curarisierungsstadien wird als Ursache der WEDENSKY-Hemmung von tetan. Kontraktionen eine präsynapt. Wrkg. von *Tubocurarin* angesehen.

K. ZINGRAF. 4628□

Pharmakologische Untersuchungen über ein neues Spasmolyticum aus der Reihe der Dialkylaminophenylacetamide mit Wirkung auf Kontraktionszustand und Motilität des Uterusmuskels. U. Göbelsmann und F. K. Beller. (Arzneimittel-Forsch., Beih. **11.** 929—32. Okt. 1961. Tübingen, Univ., Frauenklinik.) (Dt.)

Eine spezielle antispasmod. Wrkg. wurde mit *α-Dibutylamino-α-[p-methoxyphenyl]-acetamid* (*Dibutamid*, I) an dem durch *Oxytocin* (II) erregten isolierten wie intakten Rattenuterus nachgewiesen. Es zeigte sich eine von der Dosis abhängige Tonusabnahme bzw. Erschlaffung des auf Oxytocingabe kontrahierten Uterus. Erforderliche Dosen u. geeignete Applikationsarten wurden erprobt; eine kombinierte I–II-Infusion bewährte sich besonders. Die DL_{50} bei Ratten (i.v.) wurde mit 61 ± 5 mg/kg bestimmt; eine Abnahme der Atemfrequenz bis zum Atemstillstand wurde bei ca. 30% der Ausgangsfrequenz beobachtet. Das Ansteigen der Atemfrequenz auf durchschnittlich 95% des

Ausgangswertes innerhalb 1 Std. nach Beendigung der I-Infusion wurde als Zeichen schneller Elimination gewertet, deren Art bisher unbekannt ist. I. HAHN. 4628☐

Toxizität und Curarisierungsvermögen der von Polymethylen-bis-alkyltheophyllin und -theobromin abgeleiteten quartären Ammoniumsalze. Hélène Morin. (Thérapie **13.** 713—21. 1958. Paris, Fac. de Pharmacie, Inst. de Pharmacotechnie et de Pharmacodynamie.) — Vgl. C. **1957.** 9452 u. C. **1962.** 9068.

Die durch „Verdopplung" von *Dialkylammoniumäthyltheophyllin* u. *-theobromin* unter Einschaltung einer Polymethylenkette erhaltenen bisquart. Derivv. besitzen eine Toxizität u. Curare-Wrkg., die mit der Länge der Polymethylenkette, die die beiden quart. Ammoniumgruppen trennt, zunehmen, wobei das Dekamethylen-Deriv. maximale Aktivität bei relativ niedriger Toxizität, verglichen mit der Curare-Wrkg., aufweist. Geprüfte Verbb. (Dibromide): *N.N'-Trimethylen-bis-[diäthyl-(β-theophyllinyl-(7)-äthyl)-ammonium]-*, *Tetramethylen-*, *Pentamethylen-*, *Hexamethylen-*, *Nonamethylen-*, *Dekamethylen-*; *N.N'-Hexamethylen-bis-[dimethyl-(β-theophyllinyl-(7)-äthyl)-ammonium]-*, *Dekamethylen-*; *N.N'-Tetramethylen-bis-[diäthyl-(β-theobrominyl-(1)-äthyl)-ammonium]-*, *Hexamethylen-*, *Dekamethylen-*; *d-Tubocurarin*; *Gallaurin.* K. MAIER. 4628☐

Intestinale Resorption quartärer Derivate des Atropins und Scopolamins. Ruth Mitchell Levine. (Arch. int. Pharmacodynam. Thérap. **121.** 146—49. Aug. 1959. Boston, Mass., Tufts Univ., School of Med., Dep. of Pharmacol.) (Engl.)

Ratten wurde *Atropinmethobromid* (I), *Scopolaminmethobromid* (II) u. *Homatropinmethobromid* (III) in den Darm injiziert u. nach verschiedenen Zeiten der Geh. an I, II bzw. III nach Extraktion spektrophotometr. bestimmt. Die Resorption beträgt nach 3 Std. nur ungefähr 25%. P. GREGORZEWSKI. 4628☐

Die Wirkungen von γ-Aminobuttersäure und Pikrotoxin auf die Überleitungspotentiale und die Kontraktion des Krebsmuskels. W. G. Van der Kloot und J. Robbins. (Experientia [Basel] **15.** 35—36. 15/1. 1959. New York, N. Y., New York Univ., Coll. of Med., Dep. of Pharmacol.; Columbia Univ., Coll. of Phys. and Surg., Dep. of Pharmacol.) (Engl.)

Da durch so niedrige Konz. von *γ-Aminobuttersäure* (I) wie 0,38 μg/ml ($3{,}7 \cdot 10^{-6}$m) die Rk. des Zangenmuskels des Krebses auf Reizung des motor. Neurons gering u. durch 10^{-3}m I völlig ausgelöscht wird, wobei die Rk.-Fähigkeit des Muskels durch 10^{-4}m *Pikrotoxin* (II) wiederhergestellt werden kann (II blockiert die Wrkg. von I wie die der Überträgersubstanz), ist ersichtlich, daß I die Wrkg. der Überträgersubstanz bei Reizung des inhibitor. Neurons nachahmt. Durch I kann auch der Abbau des Überleitungspotentials beschleunigt u. die Potentialdifferenz verringert werden, eine Wrkg., die ebenfalls durch II aufhebbar ist. Damit ist jedoch noch nicht gesagt, daß es sich bei der Überträgersubstanz um I handeln muß, da auch andere Aminosäuren wie *β-Alanin* (10^{-2}m) gleiche Wrkg. entfalten können wie I u. diese Wrkg. ebenso durch II aufgehoben werden kann. U. TAUSENDFREUND. 4628☐

Hemmung des Peristaltikreflexes des isolierten Kanincheneileums. Die Wirkung von Antimuscarin-, ganglienblockierenden und spasmolytischen Substanzen einschließlich einiger quartärer Phenthiazinverbindungen. T. Edlund und R. Gorbatshev. (Acta pharmacol. toxicol. [Köbenhavn] **16.** 65—70. 1959. Uppsala, Univ. of Uppsala, Dep. of Pharmacol.) (Engl.)

Bei Prüfung der peristaltikblockierenden Wrkg. von *quart. Phenthiazinsalzen* (vgl. Tabelle), *Atropinsulfat*, *Scopolaminmethylbromid*, *Methanthelinbromid*, *Hexamthoniumbromid*, *d-Tubocurarinchlorid*, *Papaverinhydrochlorid* u. *Cinchocainhydrochlorid* auf das eserinbehandelte isolierte Kanincheneileum zeigte sich, daß die Verbb. mit hoher Antimuscarin-Wrkg. den Reflex durch Verminderung des Muskeltonus u. nicht durch ganglienblockierende Wrkg. blockieren, so daß diese Anordnung nur zum Testen von Verbb. mit reinen nervenblockierenden Eigg. geeignet ist. U. TAUSENDFREUND. 4628☐

Untersuchungen über die Hemmung atropinresistenter nicotininduzierter Kontraktionen des isolierten Kanincheneileums. Die Wirkung von Atropin, Scopolamin, ihrer quartären Analoga, von monoquartären Antispasmodicis und bis-quartären ganglienblockierenden Verbindungen. T. Edlund. (Acta pharmacol. toxicol. [Köbenhavn] **16.** 71—77. 1959. Uppsala, Univ. of Uppsala, Dep. of Pharmacol.) (Engl.) — Vgl. auch vorst. Referat.

Es wird gezeigt, daß die relativ *Atropin*-resistenten u. auch gegenüber *Acetylcholin* unempfindlichen, durch *Nicotin* hervorgerufenen Kontraktionen des isolierten Kanincheneileums zur Prüfung von ganglienblockierenden Eigg. quart. Verbb. geeignet sind, wobei die monoquart. Verbb. oft aktiver als die bisquart. sind. Die Anordnung kann auch zur Prüfung von Antimuscarin- u. Antinicotin-Eigg. verwendet werden.

U. TAUSENDFREUND. 4628☐

Beziehungen zwischen der Wirksamkeit von Herzglykosiden bei Katzen und ihrem Einfluß auf den Kaliumtransport in Erythrocyten. J. Machová. (Experientia [Basel] **16.** 553—54. 15/12. 1960. Bratislava, Czechoslovakia, Slovak Acad. of Sci., Chem. Inst., Pharmacol. Labor.) (Engl.) — Vgl. C. **1960.** 6919.

Bei *Lanatosid A, B* u. *C, Digoxin, Digitoxin, k-Strophanthin, Ouabain, Hellebrin* u. *Convallatoxin* bestand eine direkte Beziehung zwischen der tox. Herz-Wrkg. bei der Katze u. dem Ausmaß der Beeinflussung des akt. *K*-Transportes in Erythrocyten.
K. ZINGRAF. 4630□

Die Wirkung von Herzglykosiden auf die Natrium- und Kalium-Bewegung in menschlichen Erythrocyten. I. M. Glynn. (J. Physiology **136.** 148—73. 3/4. 1957. Cambridge, Univ., Physiol. Labor.) (Engl.)

Herzglykoside in sehr niedrigen Konzz. hemmen den Transport von *Na* u. *K* durch die Erythrocytenmembran hindurch (wahrscheinlich direkte Wrkg. auf den Transportmechanismus). Bei der Hemmung des Einströmens von K durch *Scillaren A* scheint es sich um eine adsorptive Verdrängungs-Rk. zu handeln u. es stehen für K je Erythrocyt nur ca. 1000 Receptorstellen zur Verfügung. *Aldosteron* u. *Desoxycorticosteron* scheinen den Ionentransport nicht zu beeinflussen. K. ZINGRAF. 4630□

Die Zerstörung von Divasid, einem Herzglykosidpräparat aus Yang-Chiao-Ou, im Körper sowie seine Bindung mit Serumprotein. Shi-Hsien Deng. (Acta pharmac. sinica **7.** 201—07. Sept. 1959. Hankow, Wuhan Med. Coll., Dep. of Pharmacol.) (Chin.; Auszug: Engl.)

Für *Divasid* (Glykosid aus *Strophanthus divaricatus*) ergab sich nach der Meth. von HATCHER u. BRODY in der Modifikation der Soviet Pharmacopoeia 1952 sowie nach der Meth. von KNAFFL-LENZ in der Modifikation der Chinese Pharmacopoeia 1953, unter Verw. der Charge Nr. 369 eine Katzeneinheit mit 0,333 ± 0,0163 mg/kg; 3003 Katzeneinheiten ergaben 1 g; die Meerschweincheneinheit betrug 2,564 ± 0,155 mg/kg; 385 Meerschweincheneinheiten ergaben 1 g. Bei Benutzung der Ileocoecalvene zur Infusion stieg die Meerschweincheneinheit auf 6,535 ± 0,1931 mg/kg u. erwies sich somit als 2,6fach erhöht gegenüber der anderen Best., was vermutlich auf die in der Leber vor sich gehende Zerstörung zurückzuführen ist. Die letale Minimaldosis ist beim Meerschweinchen 2,3067 mg/kg i.v. (0,9 Meerschweincheneinheiten) u. 30768 mg/kg peroral (höhere Peroraldosis durch Zerstörung im Magendarmtrakt bedingt). Am Froschherzen nach STRAUB zeigte sich, daß Divasid ebenso wie *k-Strophanthin* nicht an Rinderserum gebunden wird. U. TAUSENDFREUND. 4630□

Cardiotone Wirkung der Digitalispräparate in Anaerobiose. A. Loubatières und J. Mauche. (C. R. Séances Soc. Biol. Filiales **151.** 955—56. 21/12. 1957. Montpellier, Fac. de Méd., Labor. de Physiol. appl.) (Franz.)

Vff. untersuchten am isolierten Froschherzen in physiolog. O_2-freiem Medium die Wrkg. von *Tanghinin* (I; 1 : 10·10⁶) u. *Neriifolin* (II; 1 : 25·10⁶). Bei I stellt sich die tonosystol. Wrkg. am ermüdeten Papillarmuskel nach 32 Min., bei II nach 25 Min. ein. Um im O_2-haltigen Medium gleiche Wrkg. zu erreichen, wurden 2 Std. u. mehr benötigt. Durch *Ouabain* (1 : 5·10⁶) u. I (1 : 10·10⁶) wird die Kontraktionszeit des Papillarmuskels verlängert. S. GROITZSCH. 4630□

Konvulsive und paralytische Wirkungen von Digitalis-Glykosiden und Geninen bei intracerebraler und intravenöser Injektion an Mäusen. K. Greeff und H. Kasperat. (Arzneimittel-Forsch., Beih. **11.** 908—09. Okt. 1961. Düsseldorf, Med. Akad., Pharmakolog. Inst.) (Dt.)

Bei intraventriculärer Injektion an Mäusen verursachten alle Cardenolide Krampfanfälle. Dabei zeigten sich die Genine weniger wirksam als die Glykoside. Bei i.v. Injektion waren die neurotox. Symptome der einzelnen Cardenolide verschieden. Es zeigten sich hauptsächlich Lähmungswirkungen. Daneben traten beim *Digitoxigenin* (I) deutlich, beim *Monodigitoxosid* u. *k-Strophanthin* weniger ausgeprägt Krämpfe bzw. Erregungs-Wrkg. in Erscheinung. Die Verss. sprechen dafür, daß I leichter in das Gehirn eindringt als die Glykoside *Digitoxin* bzw. *Lanatosid A*, während umgekehrt das Aglykon *k-Strophanthidin* schwerer eindringt, als *k-Strophanthin* γ oder *k-Strophanthin* α.
I. HAHN. 4630□

Beziehung zwischen Histamin und Dichlorisoproterenol, Hexamethonium, Pempidine und Diphenhydramin bei normalen und Reserpin-behandelten Herzpräparaten. P. F. Mannaioni. (Brit. J. Pharmacol. Chemotherapy **15.** 500—05. Dez. 1960. Florence, Univ. of Florence, Dep. of Pharmacol.) (Engl.)

Histamin (I) wirkt offenbar direkt auf das Myocard (über spezif. Receptoren) stimulierend. Dieser Schluß wurde nach Verss. am isolierten Herzohr u. Herzen des Meerschweinchens mit folgenden Ergebnissen gezogen: I (2 μg/ml) wirkt stimulierend auf Herzohr- u. Herzpräparat. An durch *Reserpin* (II)-Behandlung (5 μg/ml) gehemmten Herzohren ist die Wrkg. von I bes. deutlich. Ganglienblockierende Substanzen, wie *Hexamethonium* (100 μg/ml) u. *Pempidine* (*1.2.2.6.6-Pentamethylpiperidin*, 0,1 μg/ml) löschen zwar am II-vorbehandelten Herzohr die biphas. Wrkg. von *Nicotin* aus, ändern jedoch die Rk. auf I nicht. *Dichlorisoproterenol* (1—10 μg/ml) ändert, ob mit oder ohne II-Vorbehandlung, die Rk. des Herzohrs sowie des Herz-Präp. auf I ebenfalls nicht, während die Rk. der Präpp. auf *Adrenalin-* u. *Noradrenalin*-Reize ausgelöscht bzw. vermindert wurde. *Diphenhydramin* (*Benadryl*, PARKE DAVIS & Co., 5 μg/ml) vermindert die I-Wrkg. an vorher mit II behandelten Herzohren bzw. blockiert sie sogar völlig; die Rk. auf Adrenalin wird nicht beeinflußt. U. TAUSENDFREUND. 4630□

Die Wirkung von Reserpin auf Sympathicusganglien. E. Muscholl und Marthe Vogt. (J. Physiology **136.** 7P. 3/4. 1957. Edinburgh, Univ., Dep. of Pharmacol.) (Engl.)

Bei Kaninchen bewirkte die intraperitoneale Verabreichung von 0,8—2,3 mg *Reserpin*/kg eine Verringerung des *Noradrenalin*-Geh. in Sympathicusganglien (Ganglion cervicale superius) um 80% u. mehr. K. ZINGRAF. 4630□

Reserpin: Veränderung seiner Tranquilizer-Wirkung und Analyse seiner zentralen Wirkungsweise. J. Knoll und Berta Knoll. (Arch. int. Pharmacodynam. Thérap. **133.** 310—26. 1/10. 1961. Budapest, Med. Univ., Inst. of Pharmacol.) (Engl.)

Die durch *Reserpin* (I) bei Ratten bewirkte Hemmung bedingter Reflexe oder der durch *Morphin* ausgelösten Hypermotilität wurde durch Kältestress prakt. nicht beeinflußt. Vorbehandlung mit Iproniazid, Cocain oder Phenmetrazin hob die Hemmung bedingter Reflexe durch I oder Tetrabenazin nicht auf, sondern verzögerte nur ihren Eintritt. K. ZINGRAF. 4630□

Ganglioplegica. 9. Mitt. **Polymethylcyclohexylamine — neue, hypotensiv wirksame Substanzen.** M. Protiva, M. Rajšner, V. Trčka, M. Vaněček und Z. J. Vejdělek. (Experientia [Basel] **15.** 54—55. 15/2. 1959. Prag, Forschungsinst. für Pharm. u. Biochem.) (Dt.) — 8. vgl. Českoslov. farm. **8.** [1959.] 200.

Aus den entsprechenden Cyclohexanonen werden durch a) Red. der Oxime mit Na/A., b) Rk. mit CH_3-MgJ, Dehydratisierung, RITTERsche Rk. (vgl. RITTER u. KALISH, J. Amer. chem. Soc. **70.** [1948.] 4048) mit HCN u. Hydrolyse, c) Red. der Formamido-Derivv. mit $LiAlH_4$ u. d) Methylierung der nach a) oder b) erhaltenen prim. Amine mit Formaldehyd u. Ameisensäure folgende Cyclohexylaminhydrochloride dargestellt: *N.1-Dimethyl-*, F. 145—146°. — *cis-N.2-Dimethyl-*, F. 150°. — *trans-N.2-Dimethyl-*, F. 147°. — *2.2-Dimethyl-*, F. 276°. — *N.N.1-Trimethyl-*, F. 183°. — *cis-N.N.2-Trimethyl-*, F. 180—181°. — *trans-N.N.2-Trimethyl-*, F. 153—154°. — *N.2.2-Trimethyl-*, F. 213°. — *1.2.2-Trimethyl-* (I), F. >330°. — *2.2.6-Trimethyl-*, F. 265°. — *N.N.2.2-Tetramethyl-*, F. 180—181°. — *N.1.2.2-Tetramethyl-* (II), F. 218—219°. — *2.2.6.6-Tetramethyl-*, F. >300°. — *N.N.1.2.2-Pentamethyl-* (III; „*Penhexamin*"), hygroskopisch. — *N.N.2.2.6-Pentamethyl-*, hygroskopisch. — Der Einfl. auf den Blutdruck wird an narkotisierten Katzen (Chloralose mit Phenobarbital) sowie die gangliopleg. Wrkg. wird durch Veränderung der Kontraktionen der präganglionär gereizten Katzennickhaut bewertet. Die hypotensive u. gangliopleg. Wirksamkeit ähnelt bei I, II u. bes. bei III der von Mecamylaminhydrochlorid u. Dimecaminhydrobromid. W. LIEBSCHER. 4630□

Isosterische Quecksilberdiuretica. William R. Jones, Donald B. Meyers und John W. Martin. (J. pharmac. Sci. **50.** 487—90. Juni 1961. Indianapolis, Ind., Butler Univ., Coll. of Pharmacy.) (Engl.)

Vff. berichten über die Darst. einiger *Monoallylester* u. *-amide* der *Bernstein-* u. *Phthalsäure* durch Rk. der entsprechenden *Säureanhydride* mit *Allylalkohol* oder *Allylamin*. Die erhaltenen reinen Mono-Derivv. wurden dann mit Hg-Acetat in Methanol mercuriert. IR-Spektren zeigen, daß die Hg-Verbb. Anhydrozwitterionenstruktur besitzen. Pharmakolog. Unterss. zeigten, daß alle Verbb. i.v. die gleiche Aktivität wie *N-[3-Carboxymethylmercaptomercuri-2-methoxypropyl]-α-camphoramat* (*Thiomerin*) besitzen. Mit Ausnahme des mercurierten Allylesters der Phthalsäure zeigten alle eine signifikante Na-Diurese bei Hunden nach oraler Verabreichung. Die Toxizität ist die gleiche wie bei anderen Hg-Diureticis oder geringer.

Versuche: *Mercuriertes Allylsuccinat* (*Bernsteinsäuremonoanhydro-3-hydroxymercuri-2-methoxypropylester*, inneres Salz), $C_8H_{12}HgO_5$, F. 187—188°; 0,2 Mol *Bernsteinsäureanhydrid* (I) u. 0,6 Mol *Allylalkohol* (II) 1 Std. kochen, Vakuum-Dest., Kp.$_5$ 140 bis 143°, Ausbeute 35%; 0,126 Mol Rk.-Prod. aus I u. II in 700 ml Methanol zu heißer Lsg. aus 0,125 Mol Hg-Acetat in 700 ml Methanol, Nd. mit W. auskochen. *Mercuriertes Allylphthalat* (*Phthalsäuremonoanhydro-3-hydroxymercuri-2-methoxypropylester*, inneres Salz), $C_{12}H_{12}HgO_5$, F. 230—235° (Zers.); 0,337 Mol *Phthalsäureanhydrid* mit 1,103 Mol II 15 Min. erhitzt; 0,097 Mol Ester in 50 ml Methanol gelöst u. 0,097 Mol Hg-Acetat in 60 ml Methanol hinzu, Niederschlag. *Succinamidsäure-[anhydro-3-hydroxymercuri-*

2-methoxypropyl]-ester (inneres Salz), $C_8H_{13}HgNO_4$, F. 193—196°; 1 Mol I in 400 ml Essigester langsam zu 75 ml *Allylamin* in gleicher Menge Essigester, auf $^1/_4$ eindampfen, Nd. zu heißer Lsg. aus 0,62 Mol Hg-Acetat in 350 ml Methanol u. 10 Tropfen HNO_3' Lsg. 30 Min. erhitzen. *Phthalamidsäure-[anhydro-3-hydroxymercuri-2-methoxypropyl]-' ester* (inneres Salz), $C_{12}H_{13}HgNO_4$, F. 152—154°; 0,135 Mol *Phthalsäureanhydrid* in 200 ml Essigester suspendiert zu Lsg. von 10 ml *Allylamin* in gleicher Menge Essigester, nach Stehen Nd., Umkristallisieren aus Chlf. F. 110—111°; zu Lsg. aus 0,048 Mol *Allylphthalamid* in 50 ml Methanol Lsg. aus 0,048 Mol Hg-Acetat in 300 ml Methanol u. 0,5 ml HNO_3, Nd., Umkristallisieren aus verd. Methanol.

P. GREGORZEWSKI. 4634 □

Die Wirkung von Ambutoniumbromid, einem neuen Anticholinergicum in der Ulcus-Therapie. I. Richard Schwartz, Ernest Lehman und Jack M. Seibel. (Amer. J. Gastroenterol. **33.** 704—17. Juni 1960. Brooklyn, N.Y., Kings County Hosp. Center.) (Engl.)

Einfl. einer quart. Ammoniumbase — *Ambutoniumbromid* — auf die Hypersekretion u. Hypermotilität bei Magen- u. Duodenalulcera wird untersucht. Gute Therapieerfolge werden schon nach 24 Std. bei einer durchschnittlichen Tagesdosis von 10 mg angegeben. *Aludrox SA* enthält 2,5 mg Ambutoniumbromid, 8 mg Butabarbital, $Al(OH)_3$ u. $Mg(OH)_2$.

H.-W. KREYSEL. 4640 □

Bronchoconstrictorsubstanzen und ihre Antagonisten beim intakten Meerschweinchen. H. Herxheimer. (Arch. int. Pharmacodynam. Thérap. **106.** 371—80. 1/6. 1956. London, Univ. Coll. Hosp., Med. School, Surg. Unit.) (Engl.)

Bei Prüfung der antagonist. Wrkg. verschiedener Substanzen gegenüber der constrictor. Wrkg. der Inhalationen von saurem *Histaminphosphat* (**I**; 0,5%), *5-Hydroxytryptaminkreatininsulfat* (**II**; 1%), *Acetylcholinbromid* (**III**; 3,125%), *Methacholinchlorid* (0,25%), *Nicotinsulfat* (**IV**; 4%), *Furmethide* (*5-Methylfurfuryltrimethylammoniumjodid*; 0,25%) in den angegebenen Aerosolprozentsätzen beim Meerschweinchen beeinflußten *Aminophyllin* (25—100 mg/kg, 20 Min. vorher intraperitoneal verabreicht), *Papaverinsulfat* (20—80 mg/kg, intraperitoneal) u. *Chlorpromazin* (3—20 mg/kg, intraperitoneal) alle Bronchoconstrictoren gleich gut antagonist.; auch *Atropinsulfat* (0,013—1,28 mg/kg, i.m. 10—60 Min. vorher), *Propantheline* (0,1—10,0 mg/kg, intraperitoneal; beide bes. gegen **III** wirksam) u. *Hexamethoniumbromid* (**V**; 0,1—20,0 mg/kg; bes. gegen **IV** wirksam) beeinflußten alle Bronchoconstrictoren antagonistisch. *Cocainhydrochlorid* (0,25 oder 0,5%ig. Aerosol mit Expositionszeiten von 1,5—25 Min. lang unmittelbar vorher) u. *Adrenalintartrat* (0,01—0,3 mg/kg; i.m.) wirkten bes. gegen **III**. *Mepyramin* (0,001 bis 6,0 mg/kg) u. *Lysergsäurediäthylamid* (**VI**; 0,005—0,4 mg/kg; i.m.) beeinflußten ausschließlich **I** oder **II** antagonistisch. Der von **V** auch gegenüber **I** ausgeübte Antagonismus zeigt, daß bei der **I**-Wrkg. eine Ganglienvermittlung beteiligt sein muß; seine Wrkg. gegen den anaphylakt. Schock zeigt, daß nervöse Elemente der Bronchialmembran bei den Symptomen der Anaphylaxie eine Rolle spielen. **VI** steigerte die Wrkg. aller Bronchoconstrictoren außer der von **II**. U. TAUSENDFREUND. 4650 □

Weitere Beobachtungen über die Wirkungen von Selen und Antioxydantien auf die exsudative Diathese bei Küken. E. Søndergaard, J. G. Bieri und H. Dam. (Experientia [Basel] **16.** 554—56. 15/12. 1960. Copenhagen, Polytechn. Inst., Dep. of Biochem. and Nutrit.) (Engl.)

Das Auftreten von exsudativer Diathese bei *Vitamin-E*-frei ernährten Küken wurde durch Zugabe von 0,1—1 ppm *Se* in der ersten Woche um 2—7 Tage verzögert. *Ethoxyquin* besitzt eine Schutz-Wrkg. gegen die exsudative Diathese.

K. ZINGRAF. 4661 □

Vergleichende Untersuchungen über die pharmakologischen Eigenschaften der verschiedenen Salze des Phenylbutazons und über die gleichzeitige Anwendung von l-Ascorbinsäure. G. Wilhelmi. (Farmaco [Pavia], Ediz. sci. **13.** 922—33. Dez. 1958. Basilea, Labor. Farmacol., J. R. Geigy A.G.) (Ital.)

Die Erythem-hemmende u. antipyret. Wrkg., die Toxizität u. die Ulcus-erzeugende Wrkg. im Rattenmagen bei Überdosierung sind beim *Na-*, *K-*, *Li-*, *Ca-*, *Mg-*, *Sr-Dimethylaminoäthanol* (**I**)- u. *Diäthylaminoäthanol*-Salz von *Phenylbutazon* (**II**) fast gleich. Beim Formalin (**III**)-Ödem u. der **III**-Peritonitis der Ratte besitzen das Na- u. das Ca-Salz, im Analgesietest an der Maus das Na- u. das **I**-Salz die stärkste Wirkung. Subkutane Anwendung hoher Dosen von Ascorbinsäure verringert die antiphlogist. u. analget. Wrkg. von **II** u. in geringerem Maß auch die Toxizität bei der Ratte, beeinflußt aber die Toxizität bei der Maus u. die ulcerogene Wrkg. nicht. K. ZINGRAF. 4670 □

Zur uricosurischen Wirkung eines Sulfoxidanalogen des Phenylbutazons. H. Jungbluth und H. Martin. (Chemotherapia [Basel] **3.** 487—94. 1961. Frankfurt/M., Univ., II. Med. Klinik.) (Dt.)

Die uricosur. Wrkg. von *Phenylbutazon* bei Gicht ist auf ein im Harn nachweisbares Stoffwechsel-Prod. (*1.2-Diphenyl-3.5-dioxo-4-[3-hydroxy-n-butyl]-pyrazolidin*) zurückzuführen. Wird dessen Hydroxy-n-butylseitenkette durch eine Phenylsulfinyläthylgruppe ersetzt, so entsteht eine sehr wirksame uricosur. Substanz. — 26 Literaturangaben. J. HAHN. 4670□

Untersuchung über Methylpyridinium-2-aldoxim-Salze. Albert A. Kondritzer, Robert I. Ellin und Lawrence J. Edberg. (J. pharmac. Sci. **50.** 109—12. Febr. 1961. Army Chemical Center, Md., Physiol. Chem. Branch, Directorship of Med. Res., U.S. Army Chem. Res. and Dev. Labor.) (Engl.)

Pyridinium-2-aldoximmethojodid (I), verwendet als Antidot gegen organ. Phosphor-Verbb., hat den Nachteil zu geringer Löslichkeit in W. (48 mg/ml). Deshalb werden das Chlorid [**II**; Löslichkeit 640 (mg/ml)], Nitrat 675, Hydrogensulfat 640, Dihydrogenphosphat (**IV**) 46, Fumarat 389, Tartrat 565, Lactat (**III**) 1000 u. Acetat aus dem entsprechenden Ag-Salz u. **I** in W. dargestellt. Die sauren Salze werden in Ggw. der entsprechenden Säuren dargestellt. **II** u. **III** können auch durch Anwendung von Ionenaustauschern erhalten werden. In der Reaktivierung gehemmter Cholinesterase zeigen alle Salze annähernd gleiche Wrkg.; sie sind ausreichend thermostabil. In der Toxizität (220 mg/kg Maus) besteht kein signifikanter Unterschied, nur **IV** ist 15% toxischer. **II** erscheint als günstigstes Salz zur Verw. an Stelle von **I**. W. HOLLAND. 4675□

Allergische und toxische Wirkungen mit besonderer Berücksichtigung von zur Herstellung von Produkten des täglichen Lebens verwendeten chemischen Verbindungen. Axel Perdrup. (Kem. Maandesbl. nord. Handelsbl. kem. Ind. **40.** 49—52. 1959.) (Dän.)

Zusammenfassender Vortrag über allerg. Rkk. u. tox. Schäden u. ihre Bedeutung im täglichen Leben. R. K. MÜLLER. 4681□

F. Pharmazeutische Chemie. Desinfektion

Eine Studie über Granulate als Zwischenprodukte bei der Tablettenfabrikation. Jarmila Šimaljaková. (Acta Fac. pharmac. Brunensis Bratislavensis **3.** 139—60. 1960. Bratislava, ČSSR, Pharmazeut. Fak., pharm. Betriebstech.) (Dt.)

Der Einfl. von einigen Bindemitteln auf die Qualität der Tabletten bei Arzneistoffen, die sich in Kristallstruktur u. Wasserlöslichkeit unterscheiden, wie Milchzucker (**I**), Amidopyrin (**II**), Acetylsalicylsäure (**III**) u. Phenacetin (**IV**) wurde untersucht. Für schwerlösl. **III** ist das beste Bindemittel 10%ig. Hydrogel aus Maisstärke, für **II** u. **IV** ist das Gemisch von 10%ig. Hydrogel aus Kartoffelstärke mit Gelatine (3:1) u. für **I** Hydrogel aus Kartoffelstärke am besten geeignet. — 20 Literaturangaben. V. DADÁK. 4766

Erfahrungen mit der Inzucht und Vermehrung der einheimischen Baldrianarten. Gabriella Szentpétery und Sándor Sárkány. (Acta pharmac. hung. **31.** 224—39. Sept. 1961. Budapest, L. Eötvös Univ., Inst. angew. Botanik.) (Ung.)

Es werden die Resultate der Verss. mit einheim. in der Inzucht entwickelten Baldrianarten: *Valeriana officinalis ssp. collina* (Wallr.) Nyman var. intermed. Soó (A); *V. off. L. ssp. exaltata* (Mikan) Soó (B); *V. sambucifolia* Mikan (C) sowie der in kleinen Parzellen (á 48 Individuen) durchgeführten Vermehrungs-Verss. mitgeteilt. A wies in der Inzucht schwache Adaptions- u. Widerstandsfähigkeit auf, im 3. Jahr kam es zu Degenerationserscheinungen. B u. C zeichneten sich durch große Adaptionsfähigkeit aus. Der Wurzelertrag war bei den 2 Jahre alten Pflanzen, die im Frühjahr versetzt wurden, am größten: A 506, B 615, C 899 g pro Parzelle mit 0,58, 0,42, 0,47% äther. Ölgehalt. Der Wurzelertrag der 1 Jahr alten, im Herbst mit Rhizomenteilung vermehrten Pflanzen steht zwar in den Verss. an 2. Stelle (422, 494, 693 g pro Parzelle mit 0,52, 0,38, 0,42% Öl), doch scheint diese Meth. für die Züchtung am geeignetsten zu sein. G. LIGETI. 4782

Die Viscosität und die Rolle der viscositätssteigernden Stoffe. László Kósa. (Gyógyszerészet [Pharmazie] **5.** 361—65. Okt. 1961. Tiszafüred, 15/56 Apotheke.) (Ung.)

Übersicht über die in der heim. pharmazeut. Praxis gebräuchlichen, die Viscosität beeinflussenden Hilfsstoffe. — 16 Literaturangaben. G. LIGETI. 4786

Angaben zur Verwendung des Tween 60 in der Rezeptur. Katalin Bognár-Labanc. (Gyógyszerészet [Pharmazie] **5.** 375—78. Okt. 1961. Budapest, 704. Apotheke.) (Ung.)

Vf. stellte fest, daß das zur Solubilisierung nötige Quantum Tween 60 (**I**) mit zunehmender Luminal (**II**)-Menge nicht proportional wächst, sondern stärker. Mehr **I** ist auch dann nötig, wenn außer **II** noch andere Wirkstoffe beigemengt sind. **I** ist außerdem pH-empfindlich. G. Ligeti. 4790

Stabilisierung der Eisengluconatlösungen. Géza Takácsi Nagy und Béla Lukáts. (Gyógyszerészet [Pharmazie] **5.** 383—87. Okt. 1961. Budapest, Richter A.G.) (Ung.)

Die optimale Stabilität der Eisengluconatinjektions-Lsgg. ist bei pH 3 mit 1% Ascorbinsäure erreichbar. Stabilisierend wirkt auch Zugabe größerer Mengen von Glucose bzw. Sorbit. G. Ligeti. 4790

Angaben zur peroralen Resorption des Sulfadimethylpyrimidins. István Éllö. (Gyógyszerészet [Pharmazie] **5.** 373—75. Okt. 1961. Budapest, Gesundh. Minist. Pharmaz. Techn. Abt.) (Ung.)

Vf. untersuchte die Resorptionsverhältnisse des Sulfadimethylpyrimidins (**I**) aus verschiedenen Suspensionen (10% **I** mit 0—3% Tween 60 bzw. 0,5% Tween u. 5—50% Ol. Helianth.). Er stellte fest, daß der Wirkstoff aus einem Suspensionsmedium rascher resorbiert wird als aus Tabletten, hingegen gleicht sich der große Blut-Konz.-Unterschied nach der 2. Std. stufenweise aus. Die Lipoidphase der Emulsion beeinflußt die Resorption ungünstig, dagegen wird letztere durch oberflächenakt. Komponenten wie Tween 60 erhöht. G. Ligeti. 4790

Untersuchungen über die Stabilität von Calciumacetylsalicylat. Jaroslav Král. (Acta Fac. pharmac. Brunensis Bratislavensis **3.** 125—34. 1960. Brno, ČSSR, Farmaceut. fak., Kat. galen. farm.) (Dt.)

Durch quant. Best. freier Salicylsäure wird der Einfl. verschiedener Faktoren der Aufbewahrung auf die Beständigkeit des *Calciumacetylsalicylats* (CAS) verfolgt. Während die Zugabe von NH_4Cl, Glucose u. Lactose ohne Einfl. bleibt, wird CAS durch die Zugabe von 1% $CaCl_2$ in dem Maße stabilisiert, daß es unter normalen Bedingungen länger als 24 Monate u. in sehr feuchtem Milieu länger als 12 Monate ohne jede Zers. aufbewahrt werden kann. — 25 Literaturangaben. L. Skurský. 4806

Über die Stabilität von Amylasen gegenüber Arzneistoffen. C. Rohmann und C. Führer. (Arch. Pharmaz. **294/66.** 28—36. Jan. 1961. Frankfurt/M., Pharmazeut. Inst.) (Dt.)

Die Amylase-Präpp. *Diastase, hochgereinigt* u. *Pankreaticum absolutum* (Merck, Darmstadt) zeigten sich unempfindlich gegenüber Äthylmorphin, Atropin, Codein, Dicodid, Dilaudid, Morphin, Yohimbin, Aminoäthyltheophyllin, Benzylaminoäthyltheobromin, Benzylaminoäthyl-, Diäthylaminoäthyl-, Dihydroxypropyl- u. Hydroxyäthyltheophyllin, Dihydroxypropyl- u. Hydroxyäthyltheobromin, Äthanol, Antipyrin, Avertin, Aceton, Chloralhydrat, Ephedrin, Harnstoff, Methanol, Nicotinsäureamid, Novalgin, Novocain, m-Hydroxybenzoesäuremethylester, p-Hydroxybenzoesäureäthylester, -isopropylester, -methylester u. -propylester, Pantocain, Isopropanol, n-Propanol, Pyramidon, Rivanol, Sympatol, Trypaflavin u. Urethan. Eine deutliche Hemmung zeigte sich nur bei Chinin, Eukodal, Strychnin, Pilocarpin, Coffein, Anilin u. Pervitin. S. Erbe. 4808□

Neuere Entwicklungen auf dem Penicillingebiet. K. Bauer, W. Kaufmann und H. A. Offe. (Planta med. [Stuttgart] **8.** 447—55. Dez. 1960. Wuppertal-Elberfeld, Bayer AG, Biochem. Labor.) (Dt.)

Übersicht über die wichtigsten Ergebnisse der chem. Penicillinforschung von der Aufstellung der Strukturformel über die Bldg. verschiedener Salze bis zur Gewinnung der 6-Aminopenicillansäure u. den daraus herstellbaren neuen Penicillinen. — 26 Literaturangaben. Karl-Werner Glombitza. 4810□

Stoffwechselprodukte und Antibiotica von Streptomyces IA 2814, einem Streptomyces-Netropsis-Stamm. H. Thrum. (Planta med. [Stuttgart] **8.** 376—82. Dez. 1960. Jena, Dtsch. Akad. der Wiss., Inst. für Mikrobiol.) (Dt.)

Aus dem *Streptomycesstamm IA 2814* werden 3 antibiot. wirksame Substanzen (**I, II, III**) u. eine unwirksame (**IV**) isoliert. *2814-A* (**I**) ist antibakteriell wirksam. Es wird an Wofatit E adsorbiert u. mit entionisiertem W. ausgewaschen; Hydrochlorid, F. 170—173°; Pikrat, F. 235°. Durch Substanz-Vgl. konnte die Identität des **I** mit dem von Finlay isolierten (C. **1952.** **6873**) u. von Waller (C. **1957.** 12476) aufgeklärten *Netropsin* bewiesen werden. *2814-H* (**II**) u. *2814-P* (**III**) wirken fungistat. (in vitro 1,5 bis 50 μg/ml). **II** ist ein S-freies Heptaen mit Mykosamin als Aminozucker, UV-Maxima bei **362, 384, 406** mμ in Methanol, $[\alpha]_D$ $+$**353°** in Pyridin, $+$**347°** in Dimethylformamid. **III** ist ein S-freies Pentaen mit dem gleichen Aminozucker, UV-Maxima bei **317, 333,** 351 mμ in Methanol, $[\alpha]_D$ $\pm 0°$ in Pyridin, $+ 32°$ in Dimethylformamid. Keine der beiden Substanzen war mit einem der folgenden Polyenantibiotica ident.: PA 153, Eurocidin, Amphotericin B, PA 150, Grubilin. Antibiot. unwirksam war *2818-K* (**IV**), F. 154

bis 156° aus wss. Dimethylformamid, $[\alpha]_D$ +44° in Chlf.; es ähnelt dem Aureothin von MAEDA (C. **1950/54.** 6207 S) u. spaltet wie dieses p-Nitrobenzoesäure beim oxydativen Abbau ab. KARL-WERNER GLOMBITZA. 4810 □

Über die analytische Anwendung von azeotropen Erscheinungen. Jaroslav Pokorný. (Acta Fac. pharmac. Brunensis Bratislavensis **3.** 89—123. 1960. Bratislava, ČSSR, Pharmaz. Fak., Kath.-pharm. Chem.) (Russ.)

Vf. untersucht das Problem der azeotropen Erscheinungen, die bei von einem organ. Stoff u. W. gebildeten Syst. bestehen. Dabei wurde das Ziel verfolgt, diese Erscheinungen für analyt. Zwecke, bes. für die Arzneimittelkontrolle, nutzbar zu machen. Das Problem wird mit Hilfe eines speziellen, automat. registrierenden Destillier-App. gelöst. Der App. ermöglicht eine simultane Messung vom Δ t-Wert der azeotropen Erniedrigung der Kondens.-Temp. von W. durch Einw. des untersuchten organ. Stoffes u. von dem R-Wert des Gew.-Verhältnisses, in dem der untersuchte Stoff mit W. destilliert. Durch diese Meth. lassen sich Stoffe mit Kp. von ca. 130—290° untersuchen. Aus der Unters. von 49 Stoffen verschiedenen chem. Charakters zeigt sich, daß die azeotrope Erscheinung sich zur Identifizierung von mit Wasserdampf flüchtigen organ. Stoffen verwerten läßt. Schema u. Beschreibung der Apparatur. B. BLANKA. 4880

Bestimmung der Viscosität von dicken Extrakten nach der Methode der tangentialen Plattenverschiebung. N. G. Koltaschew, M. F. Subkowa und G. W. Maratzutzewa. (Аптечное Дело [Apothekenwesen] **9.** Nr. 5. 20—22. Sept./Okt. 1960. Perm, Pharm. Inst.) (Russ.; Auszug: Engl.)

Die der 8. sowjet. Pharmakopoe entsprechenden Spissumextrakte aus Absinth, Belladonna, Baldrian u. Bilsenkraut wurden mit Hilfe der Vers.-Anordnung von WEILER-REHBINDER untersucht. Als Kontroll-Vers. wurde eine Best. mit dem Rotationsviscosimeter durchgeführt. Aus den erhaltenen Meßwerten kann mit der NEWTONschen Formel die Viscosität berechnet werden. G. SIEWERT. 4880 □

Analyse eines Procain und Sulfanilamid enthaltenden Gemisches. C. L. Lapière und B. Laurent-Rouby. (J. Pharmac. Belgique [N. S.] **15 (42).** 344—52. Sept./Okt. 1960. Liège, Univ., Labor. d'Analyse des Médicaments.) (Franz.)

Procain (I) u. *Sulfanilamid* (II) können durch Rk. mit p-Dimethylaminobenzaldehyd nur gemeinsam bestimmt werden. Die saubere Abtrennung von II durch Ausschütteln mit Ae. in alkal. Medium, durch Ausfällung als Reinecke-Salz u. anschließende Titration ist selbst nach Verbesserung der Meth. nur in klaren Modell-Lsgg., nicht aber in Emulsionen möglich. Es werden Ionenaustauscher benützt. I wird von Amberlit I.R.C. 50, das im Eluat befindliche II von Amberlit I.R. 120 zurückgehalten. Nach mehrfachem Waschen der Kolonnen mit A. steigender u. fallender Konz. wird I mit 0,1n HCl u. II mit 0,1n NaOH ausgewaschen. 5 ml der neutralisierten Lsgg. werden mit 5 ml einer 0,5%ig. Lsg. von p-Dimethylaminobenzaldehyd in 7%ig. H_2SO_4 versetzt, zu 15 ml mit dest. W. aufgefüllt u. nach 30 Min. bei 450 mμ colorimetriert. Da I leicht hydrolysiert u. dabei *p-Aminobenzoesäure* (III) entsteht, die mit II von Amberlit I.R.120 zurückgehalten u. colorimetr. miterfaßt wird, müssen II u. III im Gegenstrom-Verf. getrennt werden. Für II ist der Verteilungs-Koeff. zwischen W. u. Ae. $K_1 = 0{,}144$ u. für III $K_2 = 2{,}263$, so daß 7 Ae.-Extraktionen aus 4 Wasserphasen ausreichen. Eine vereinfachte Meth. mit nur einer Ae.-Extraktion u. rechner. Auswertung (Formeln im Original) der colorimetr. Meßergebnisse unter Hinzuziehung von K_1 u. K_2 ist weniger genau. E.-H. GOECKEL. 4880 □

Colorimetrische Bestimmung von Diphenhydramin und Dimenhydrinat. G. Leboutte. (J. Pharmac. Belgique [N. S.] **15 (42).** 353—56. Sept./Okt. 1960.) (Franz.)

Diphenhydramin (I) gibt einen blauen, in Chlf. lösl. Nd. mit Co-Rhodanid. Zur colorimetr. Best. wird nach Zusatz von 1 ml 30%ig. NaOH zu 10 ml der Lsg. die Base mit 25 ml Chlf. extrahiert. 10 ml der getrockneten organ. Phase werden mit 1 ml Kobaltreagens [4 g KSCN, 1 g $Co(NO_3)_2$ zu 20 ml dest. W.] u. 200 mg Weinsäure versetzt, 5 Min. geschüttelt u. die sorgfältig getrocknete organ. Phase gegen Chlf. bei 625 mμ (10 mm Schichtdicke) colorimetriert. Das LAMBERT-BEERsche Gesetz wird zwischen 1 u. 3,5 mg/10 ml erfüllt. *Dimenhydrinat,* ein 8-Chlortheophyllinat von I, kann genauso bestimmt werden. E.-H. GOECKEL. 4880 □

Spektrophotometrische Bestimmung des Neostigmin (Prostigmin)-bromids und -methylsulfats. György Milch und Gerzon Végh. (Gyógyszerészet [Pharmazie] **5.** 387—88. Okt. 1961. Budapest, Chinoin A.G.) (Ung.)

Die wss. Lsg. des Neostigminbromids u. -methylsulfats zeigt ein Absorptionsmaximum bei 260 mμ. Diese Tatsache wird zur Geh.-Best. von 0,05%ig. Injektions-Lsgg. verwertet. G. LIGETI. 4880

Potentiometrische Titration von Salzen der organischen Basen in nichtwässerigen Lösungsmitteln. Quantitative Bestimmung von Spasmolytin und Phenatin. Ja. M. Perelman und K. I. Jewstratowa. (Аптечное Дело [Apothekenwesen] **9.** Nr. 5. 16–19. Sept./Okt. 1960. Leningrad, Chem.-Pharm. Inst., Lehrstuhl für pharm. Chemie.) (Russ.; Auszug: Engl.)

Zur potentiometr. Best. von *Spasmolytin* (Diphenylessigsäure-β-diäthylaminoäthylester) u. *Phenatin* werden je 5 ml in Eisessig/Essigsäureanhydrid im Gemisch mit $HClO_4$ in Ggw. von Hg-Acetat titriert. Die Empfindlichkeit der Meth. gestattet eine Ausführung im Halbmikromaßstab. An Stelle der potentiometr. Endpunkt-Best. bei der Geh.-Best. von Spasmolytin kann eine visuelle mit Kristallviolett als Indicator angewendet werden. G. Siewert. 4880□

Gaschromatographie von Barbituraten und verwandten Verbindungen. E. Brochmann-Hanssen und A. Baerheim Svendsen. (J. pharmac. Sci. **50.** 804. Sept. 1961. San Francisco, Calif., Univ. of California, School of Pharm.) (Engl.)

Das gaschromatograph. Verh. von 21 *Barbituraten, Glutethimide* u. *Allylisopropylacetylharnstoff* wird untersucht. Auch schwierig zu trennende Verbb., wie Pentobarbital u. Amobarbital, können gaschromatograph. unter Verw. von Apiezon L als stationäre Phase einwandfrei nebeneinander identifiziert werden. P. Gregorzewski. 4880□

Hypericum perforatum. 2. Mitt. **Anwendung der Papierverteilungschromatographie zur Bestimmung von Hypericin und Rutin in Herba Hyperici.** M. Kučera. (Českoslov. Farmac. **7.** 436–38. Okt. 1958.) (Tschech.) — 1. vgl. Českoslov. Farmac. **7.** [1958.] 391.

Zur Best. von *Hypericin* (I) u. *Rutin* (II) wird *Hypericum perforatum* zerkleinert, u. 5 g Substanz werden 1 Std. im Soxhlet-App. mit Chlf. extrahiert, dann nach Trocknen der Droge mit einem Gemisch von Methanol u. 10% Pyridin 6–8 Std. extrahiert, bis im Filtrat im UV keine Fluorescenz mehr wahrzunehmen ist. Die Lsg. wird eingedampft, der Rückstand mit Methanol–Pyridin aufgenommen u. im 10-ml-Meßkolben bis zur Marke aufgefüllt. 0,05 ml werden auf Schleicher-Schüll-Papier 2043b aufgetragen, mit n-Butanol:Essigsäure:W. (4:1:5) 16 Std. chromatographiert, getrocknet u. im UV-Licht sichtbar gemacht. R_F I 0,9 orange Fluorescenz; R_F II 0,5, matter Fleck. Die erhaltenen Flecke werden 2–3 Std. mit Fließmittel extrahiert u. I direkt im Colorimeter mit Grünfilter bestimmt. II wird nach Extrahieren mit 0,1n HCl mit diazotierter Sulfanilsäure gekuppelt u. dann colorimetriert. E. Vevera. 4880

Radiometrische Bestimmung von organischen Basen. Jaroslav Majer und Juraj Tölgyessy. (Acta Fac. pharmac. Brunensis Bratislavensis **3.** 77–87. 1960. Bratislava, ČSSR, Pharmaz. Fak., Kath. für analyt. Chem.) (Dt.)

Vff. schlagen zur Bestimmung von einigen organ. Basen (Strychninnitrat, Äthylmorphinchlorid, Chininhydrochlorid) eine radiometr. Titration vor, wofür sie einige, zu diesem Zweck schon früher gebrauchte Reagentien, die mit radioakt. Elementen markiert sind, benutzten: K-Jodobismutat mit ^{131}J u. Phosphorwolframsäure mit ^{32}P. K-Jodomercurat mit ^{131}J hat sich hierfür nicht bewährt. Vff. beschreiben die Darst. der angeführten Verbb.; zur radiometr. Titration wurde eine einfache, sog. Zentrifugier-Meth. benutzt, die beschrieben wird. B. Blanka. 4880

Mikro-Fluorescenzanalyse von Codein und Codethylin. P. H. Balatre, M. Traisnel und J.-P. Delcambre. (Ann. pharmac. franç. **19.** 171–74. März 1961. Lille, Fac. de Méd. et de Pharm., Labor. de Pharm. galén.) (Franz.)

Codein (I) läßt sich in Konzz. von 0,25–1,5 μg/ml nach Kochen mit 1 ml H_2SO_4 während 3 Min., Verdünnen u. Zugabe von 20 ml konz. NH_3 auf Grund der Fluorescenz im UV-Licht bestimmen. Die Reagentien müssen sehr rein sein. Die Fluorescenz nimmt bei UV-Bestrahlung in 1 Min. um ca. 5% ab. *Codethylin* (II) läßt sich ebenso, aber in Konzz. von 0,5–2,5 μg/ml u. H_2SO_4-Behandlung während 30 Min. bei 50° bestimmen. Die Fluorescenzmaxima liegen für I bei 4780, für II bei 4990 Å. Anwendungen zur Analyse von I- bzw. II-Sirup werden beschrieben. W. Holland. 4880□

Spektrophotometrische Bestimmung der Mohnnebenalkaloide und des Morphingehalts von siliertem und im Schnellumlauftrockner getrocknetem Grünmohn. H. Römisch. (Pharmazie **16.** 373–77. Juli 1961. Dresden, VEB Arzneimittelwerk, Forschungsabt.) (Dt.)

Der kurzen Erntezeit wegen wird der Grünmohn entweder durch Silierung oder durch Trocknung in eine Dauerform überführt. Die Unters. der silierten Mohnproben zeigte, daß der Morphin- u. Nebenalkaloid-Geh. in jedem Falle erhalten geblieben ist. Für die Trocknung des in großen Mengen anfallenden Grünmohns wird eine Schnellumlauftrocknung empfohlen, bei der die Masse während weniger Sek. auf 500–600° erwärmt wird. Auch hierbei bleibt der Alkaloid-Geh. erhalten. Zur Best. des Morphins

u. der Nebenalkaloide Codein, Thebain, Narcotin u. Papaverin werden die Proben durch Ausschüttelungen vorgetrennt u. gereinigt, danach die Alkaloide chromatograph. aufgetrennt u. die eluierten Alkaloidmengen spektrophotometr. bestimmt.

M. LUCKNER. 4880□

Standardisierung von Hydroxocobalamin. E. Lester Smith, J. L. Martin, R. J. Gregory und W. H. C. Shaw. (Analyst **87.** 183—87. März 1962. Greenford, Middlesex, Glaxo Labor. Ltd.) (Engl.)

Hydroxocobalamin (Vitamin B_{12}) kann auf Grund seiner Absorption bei 351 mμ standardisiert werden. 1,00 ml einer Lsg. von 60 mg der Probe in 25 ml W. wird mit Acetatpuffer (pH 4,5) auf 100 ml aufgefüllt. Die Absorption dieser Lsg. wird bei 351 mμ gemessen. Für die reine, trockene Verb. wird $E^{1\%}_{1\,cm} = 190$ gesetzt. Aquocobalaminchlorid u. Cyanocobalamin, die als Verunreinigungen zugegen sein können, werden durch Chromatographie an Ionenaustauschercellulosen abgetrennt u. ebenfalls spektrometr. bestimmt. W. BETCKE. 4880□

Zum papierchromatographischen Nachweis von Penicillinpräparaten. R. Fischer und H. Lautner. (Arch. Pharmaz. **294/66.** 1—7. Jan. 1961. Graz, Univ., Inst. für Pharmakogn.) (Dt.)

Mit Hilfe der Test-Tube-Chromatographie gelingt auf SCHLEICHER & SCHÜLL-Papier 2043b mgl (phosphatgepuffert pH 4,5) bei Verw. der Fließmittel n-Butanol–Ae.–W.–Aceton (7:2:2,5:2), Formamid–Isopropanol–Ae. (2:6:4), Butylacetat–n-Butanol–Eisessig–W. (80:15:40:24) bzw. n-Butanol–sek.-Butanol–W.–Aceton (12:12:18:5) die Trennung von *Penicillin-G-Kalium, Penicillin* (I)-*V-Säure,* I-*V-saurem K,* I-*P-Kalium, K*-I-*PM, Procain*-I, *DBED*-I-*G, DBED*-I-*V, Pulmo 500, Allercur*-I. Als Sprühreagens zur Sichtbarmachung der Flecken dient eine 3,5% Na-Azid enthaltende n/10 J_2-Lösung. Auch mittels der Dünnschichtchromatographie lassen sich die genannten I an *Kieselgel „G"* (MERCK) mit Hilfe der Lsgm.-Gemische Aceton–Methanol (1:1) u. Isopropanol–Methanol (3:7) trennen. Das Jodazidreagens wird hier aufgesprüht. R_F- u. R_{st}-Werte im Original. — 15 Literaturangaben. S. ERBE. 4880□

Eine Berechnung des Autoanalysators zur Streptomycinbestimmung nach der Eisen(III)-Maltol-Methode. W. H. C. Shaw und Isobel Fortune. (Analyst **87.** 187—96. März 1962. Ulverston, Lancs.; Greenford, Middlesex, Glaxo Labor. Ltd.) (Engl.)

Es wird eine Anordnung zur automat. Best. von Streptomycin in fermentierter Fleischbrühe nach dem Fe(III)-Maltol-Verf. (alkal. Abbau zu Maltol, Reinigung durch Dialyse u. colorimetr. Best. des Fe(III)-Komplexes) beschrieben. Die Einfl. der Geschw. der Proben- u. Reagenszuführung sowie der Genauigkeit der einzelnen Arbeitsgänge auf die Genauigkeit des gesamten Verf. werden untersucht u. die günstigsten Bedingungen ausgearbeitet. Die erreichte Genauigkeit (mittlerer Fehler 3%) wird mit der bei mikrobiolog. Proben u. bei manuellen Einzel-Best. erzielbaren verglichen.

W. BETCKE. 4880□

Dielektrisches Verhalten von Ichthyolsalben. Karl-Helmut Lüdde. (Z. analyt. Chem. **186.** 247—51. 1962. Weimar, Löwen-Apotheke.) (Dt.) — Vgl. C. **1962.** 10561.

Die relative Reinheit pharmazeut. Prodd. läßt sich durch Messung ihrer Impedanz (= DK + Leitfähigkeit) bestimmen. Es bestehen aber keine einfach zu übersehenden Beziehungen zwischen der Zus. des Prod. u. der DK oder Impedanz, so daß sich quant. Geh.-Best. durch DK-Messung nicht durchführen lassen. Impedanzwerte von Ichthyolsalben mit 10—100% Ichthyol-Geh. sowie DK- u. Λ-Werte von 10—50%ig. Ichthyolsalben u. von verschiedenen Salbengrundlagen mit wechselndem Wasser-Geh. sind angeführt. W. BETCKE. 4880□

Merck & Co., Inc., Rahway (Erfinder: Frank J. Wolf, Westfield, Irving Putter, Metuchen, James Gillin, Westfield, und George V. Downing jun., Summit), N.J., V.St.A., **Gewinnung von ionisierten, organischen Verbindungen aus ihren wässerigen Lösungen** erfolgt durch *Adsorption an einen Ionenaustauscher.* Aus diesem werden dann die adsorbierten Verbb. mit einer Lsg. aus einem mit W. mischbaren organ. Lsgm. (Alkohole, Äther, Ketone, Ester, Amide), W. u. einem im Lsgm. lösl. Salz (Acetate, Propionate, Butyrate, Benzoate, Chloracetate, NH_4-Salze) ausgewaschen. Die Lsg. enthält ca. 1—10% Salz. — *Methylorange* wird an „Amberlite IRA-411" (NH_4-Gruppen enthaltenden, bas. Styrol–Divinylbenzol-Harz) adsorbiert u. dann mit einer Mischung aus 70% Methanol u. 30% W., das 5% NH_4 enthält, ausgewaschen. Ferner können aus ihren Lsgg. abgetrennt werden: *Morphin, K-Penicillin, Na-Novobiocin, Na-Dihydronovobiocin, Gibberellinsäure, Eulicin, Cytovirin, Desoxycholsäure, Zinkinsulin, Vitamin B_1, Folsäure, Palmitin-, Nicotin-, Ascorbinsäure, Aminosäuren,*

Heparin, Vitamin-K-Phosphat, Vitamin-B_2-Phosphat, Chinin, Yohimbin u. *Reserpin.* (**D. A. S. 1 085 878** Kl. 12o vom 10/5. 1958, ausg. 28/7. 1960. A. Prior. 21/5. 1957.) G. KRAUSS. 4791

Carter Products, Inc., New York, N.Y. (Erfinder: Frank Milan Berger, Princtown, und Bernard John Ludwig, North Brunswick, N.J.), V.St.A., **Propandiol-(1.3)-dicarbonate.** Zu E. PP. 802 978 u. 802 979; C. **1959.** 6891 ist nachzutragen: 2-Isobutylpropandiol-(1.3) u. Äthylurethan → *2-Isobutylpropandioldicarbamat-(1.3)*, F. 145—146,5° ($C_9H_{18}N_2O_4$). — 2-n-Butylpropandiol-(1.3) u. Äthylurethan → *2-n-Butylpropandiol-(1.3)-dicarbamat*, F. 137,5—138,5° ($C_9H_{18}N_2O_4$). — *Heilmittel.* (**Schwz. PP. 355 446** vom 11/1. 1957, ausg. 31/8. 1961 u. **355 774** vom 11/1. 1957, ausg. 15/9. 1961. Beide A. Prior. 13/1. 1956.) G. KÖNIG. 4807

Farbwerke Hoechst Akt.-Ges., vormals Meister Lucius & Brüning, Frankfurt/M. (Erfinder: Ingeborg Hennig, Kelkheim/Taunus, Ernst Lindner, Frankfurt/M., und Heinrich Ott, Eppstein/Taunus), **Analeptisch wirksame α-Acyloxycarbonsäurealkylamide** der allg. Formel $R-CH(OR_3)-CO-N(R_1)-R_2$ ($R =$ gerad- oder verzweigtkettiges Alkyl mit 2—4 C-Atomen; R_1 u. R_2 = gerad- oder verzweigtkettiges, gesätt. oder ungesätt. Alkyl mit höchstens 4 C-Atomen; R_1 = auch H; R_3 = aliphat. Acyl mit höchstens 4 C-Atomen) erhält man entweder durch Acylieren von α-Hydroxycarbonsäurealkylamiden oder durch Rk. von α-Acyloxycarbonsäuren oder deren reaktionsfähigen Derivv. mit den entsprechenden Aminen oder aus α-Halogencarbonsäurealkylamiden u. den entsprechenden niedermol. Alkansäuren oder deren Salzen in üblicher Weise. — Aus 20 g α-Hydroxybuttersäurediäthylamid u. 60 ml Essigsäureanhydrid in Ggw. von 3 Tropfen konz. H_2SO_4 auf dem Wasserbad, Neutralisieren mit festem Na_2CO_3, Entfernen des überschüssigen Anhydrids u. Extraktion mit Methylenchlorid → 18 g *α-Acetoxybuttersäurediäthylamid*, $Kp._{20}$ 137—140°; Giftigkeit 400 mg je kg Maus; auch erhältlich aus α-Brombuttersäurediäthylamid + Na-Acetat in wasserfreier Essigsäure unter Rückfluß. — Propionsäureanhydrid → *α-Propionoxybuttersäurediäthylamid*, $Kp._{0,2}$ 70—75°. — α-Acetoxybuttersäurechlorid + tert.-Butylamin in Ae. → *α-Acetoxybuttersäure-tert.-butylamid.* — Isobuttersäurechlorid → *α-Isobutyroxybuttersäurediäthylamid*, $Kp._7$ 115—120°. — α-Acetoxyisovaleriansäurechlorid + tert.-Butylamin → *α-Acetoxyisovaleriansäure-tert.-butylamid*, aus PAe. F. 71 bis 73°. — *α-Acetoxyisovaleriansäurediäthylamid*, $Kp._{0,1}$ 67°. — α-Hydroxyisovaleriansäure-tert.-butylamid + Propionylchlorid → *α-Propionoxyisovaleriansäure-tert.-butylamid*, aus Essigester F. 82°. — Weitere Ausgangsstoffe sind: α-Brombuttersäuredimethylamid, α-Chlorbuttersäuredimethylamid, α-Brombuttersäuredipropylamid, α-Bromvaleriansäuredimethylamid, α-Brombuttersäure-n-propylamid, -isopropylamid, -n-butylamid u. -sek.-butylamid. (**D. A. S. 1 110 151** Kl. 12o vom 9/8. 1958, ausg. 6/7. 1961.) G. KRAUSS. 4807

May & Baker Ltd., Dagenham, England, **Herstellung therapeutisch wirksamer p-Aminophenoxyphenylalkane und -alkene.** Man kocht ein Gemisch aus 20,7 (g) K-2-Methoxy-4-nitrophenolat u. 22,7 5-Phenylpentylbromid (I) in 100 ml 2-Äthoxyäthanol 20 Std. unter Rückfluß, kühlt, gießt auf Eis, filtriert u. krist. aus A. um. 1-[2-Methoxy-4-nitrophenoxy]-5-phenylpentan, F. 75—76°. 23 dieser Verb. werden in 300 ml A. gelöst u. mit H_2 bei 36° u. einem Druck von 70 lbs.sq.in. in Ggw. von 2% Pt-Oxid hydriert. *1-[2-Methoxy-4-amino-phenoxy]-5-phenylpentan*, F. 77—78°, dessen *Methansulfonat*, F. 138—140°. Analog; *1-[4-Amino-2-methoxyphenoxy]-4-phenylbutan-methansulfonat*, F. 123—124°, *1-[4-Amino-2-methoxyphenoxy]-8-phenyloctan*, F. 52—53°. Geht man von 5-Phenylpenten-(4)-ylbromid anstatt von I aus u. red. die Nitro-Verb. durch Kochen mit Na_2S in A., so erhält man *1-[4-Amino-2-methoxyphenoxy]-5-phenylpenten-(4)*, F. 90—92°. (**Ind. P. 62 831** vom 14/1. 1958, ausg. 3/5. 1960.) C. LÜTTGEN. 4807

Chas. Pfizer & Co., Inc. (Erfinder: William Merrill McLamore), **Herstellung von N-[p-Chlorbenzolsulfonyl]-N'-propylharnstoff** (I). Zu einer kalten Suspension von 81 g trockenem Chlorbenzolsulfamid in 200 (ml) wasserfreiem Triäthylamin gibt man langsam (1/2 Std.) 54 g Propylisocyanat in 6 wasserfreiem Dimethylformamid, läßt 5 Std. stehen u. gießt das Rk.-Gemisch im Verlauf von 1 Std. in 3000 20%ig. Essigsäure, filtriert die ausgeschiedenen Kristalle ab, die nach dem Reinigen u. Umkrist. I, F. 129,2—129,8°, in 59%ig. Ausbeute ergeben. — *Antidiabeticum.* (**Aust. P. 229 727** vom 6/3. 1958, ausg. 1/9. 1960. A. Prior. 20/5. 1957.) C. LÜTTGEN. 4807

Gebrüder Giulini G. m. b. H. (Erfinder: Werner Heinrich und Walter Heigel), Ludwigshafen/Rh., **Herstellung von blutdrucksteigerndem 2-Äthyl-3.3-diphenylpropen-(2)-yl-amin** [$(C_6H_5)_2C=C(C_2H_5)-CH_2-NH_2$], dad. gek., daß zunächst das 1-Äthyl-2-hydroxy-2.2-diphenylpropionitril hydriert u. darauf das entstandene 2-Äthyl-3.3-diphenyl-3-hydroxypropylamin, F. 132°, durch Wasserabspaltung in das 2-Äthyl-3.3-diphenylpropen-(2)-yl-amin übergeführt, als Hydrochlorid F. 232°. Die blutdrucksteigernde Wrkg. des Prod. ist wesentlich länger anhaltend als z. B. die des Ephedrins. (**D. A. S. 1 122 514** Kl. 12o vom 8/9. 1959, ausg. 25/1. 1962.) W. Gräger. 4807

Farbwerke Hoechst Akt.-Ges., vormals Meister Lucius & Brüning (Erfinder: Ingeborg Hennig, Heinz Schmidt-Ruppin und Heinrich Ott), **Lepraheilmittel** und die Aminocarbonsäureester der Formel I (R_1 = H, OH, NH_3, NO_2 oder Benzyloxy- oder Alkylmercaptogruppen, R_2 = Alkylrest u. R_3 = NO_2-, NH_2-, Acylamino- oder Carbalkoxyaminogruppe). Geeignet sind; *N-[p-Aminobenzolsulfonyl]-phenylserin-n-butylester* (F. 126—127°), der entsprechende *-p-aminophenylserin-n-butylester* (F. 138 bis 139°), der entsprechende *-β-[o-hydroxyphenyl]-serinbutylester* (F. 123°) u. *N-[p-Nitrobenzolsulfonyl]-p-methylmercaptophenylserin-n-butylester* (F. 138—140°). (**Aust. P. 224 229** vom 21/3. 1957, ausg. 29/10. 1959. D. Prior. 31/3. 1956.) H. Möllering. 4807

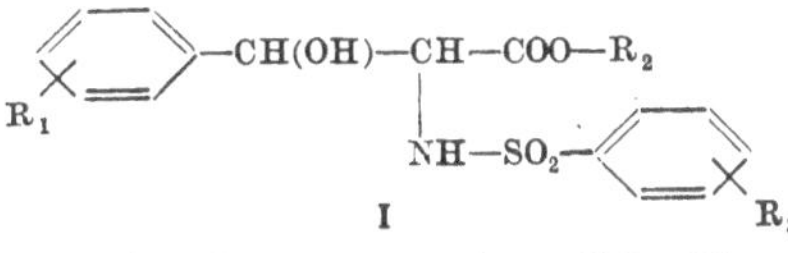

I

Mount Sinai Hospital Research Foundation, Inc., übert. von: Harry Sobotka, New York, und Jacob D. Chanley, Jackson Heights, N.Y., V.St.A., **Herstellung von o-Carboxysubstituenten aromatischen Phosphaten.** 1 Mol PCl_5 wird bei Normaltemp. mit 1 Mol Salicylsäure (I) oder alkylierter I oder einem o-carboxyoxysubstituierten Naphthalin-Deriv. unter Feuchtigkeitausschluß gemischt. Wenn sich aller verflüchtigt hat (nach etwa 1—1½ Std.) wird das Rk.-Prod. unter Eiskühlung in einem Gemisch aus einem aromat. KW-Stoff u. einem organ. Lsgm. gelöst, das O, aber keine OH-Gruppe enthält, z. B. Aceton oder Methyläthylketon u. Benzol. Dann wird zur Hydrolyse des gelösten Säure-Phosphorylchlorids allmählich W. zugegeben, u. zwar nur so lange, wie das Fl.-Gemisch homogen bleibt. Das Phosphat wird dann mittels Bzl. ausgefällt. Das Verf. wird hauptsächlich dazu benutzt, um das Phosphat von I (F. 162,5 bis 163°) zu bilden, ebenso I-Salze. Sie besitzen gegenüber den bisher therapeut. verwendeten I-Präparaten den Vorteil, daß sie im Magen nicht zu sauren Prodd. hydrolysieren, die gastr. Beschwerden verursachen. Alkali- u. Erdalkalisalze sowie solche von NH_4 u. organ. Basen (aliphat. u. aromat. Amine u. N-haltige heterocycl. Basen) werden durch Mischen von berechneten Mengen von wss. Lsgg. der Rk.-Komponenten u. Ausfällung der Salze mit A. gewonnen. F. des Tri-Na-Salzes von I-Phosphat; 170°. — *Heilmittel.* (**A. P. 2 810 741** vom 16/3. 1953, ausg. 22/10. 1957.) A. Kalix. 4807

United States Vitamin Corp., New York, übert. von: Louis Freedman, Mount Vernon, Seymour L. Shapiro, Hastings on Hudson, N.Y., und Karl Geiger, Passaic, N.J., V.St.A., **2-[4-Bromphenyl]-1.3-diketohydrinden,** $C_{12}H_9BrO_2$, F. 133—135° (aus CH_3OH), dunkelrote Kristalle, wird durch Kondens. von Phthalid mit 4-Brombenzaldehyd in Ggw. von $NaOC_2H_5$ hergestellt. — *Blut-Antikoagulans.* (**A. P. 2 847 474** vom 5/3. 1954, ausg. 12/8. 1958.) A. Debo. 4807

United States Vitamin Corp., New York, übert. von: Louis Freedman, Mount Vernon, Seymour L. Shapiro, Hastings on Hudson, N.Y., und Karl Geiger, Passaic, N.J., V.St.A., **2-Acylindandione-(1.3)** von Fettsäuren mit 8 bis 10 C-Atomen werden durch Kondens. von Phthalsäuredimethylester mit Methylalkylketonen in Ggw. von $NaOCH_3$ hergestellt, ggf. werden sie als Alkalianolate isoliert. — Zu 5,4 (g) $NaOCH_3$ in Bzl. gibt man 20 Phthalsäuredimethylester u. 14,4 Methylheptylketon, nach 24 Std. Rückfluß → 3 *2-Octanoylindandion-(1.3)*, *Na-Salz,* $C_{17}H_{19}NaO_3$, F. 266—267°, gelbe Kristalle. — Analog folgende 2-Acyl-Derivv. von *Indandion-(1.3)* (I); *2-Decanoyl-* I, *Na-Salz,* $C_{19}H_{23}O_3Na$, F. 172—175°: gelb. — *2-Lauryl*-I, *Na-Salz,* $C_{21}H_{27}$·O_3Na, F. 156—158° (aus W.), gelb. — *2-Palmityl*-I, *Na-Salz,* $C_{25}H_{35}NaO_3$, F. 191—192°: gelb. — *2-Stearyl*-I, $C_{27}H_{40}O_3$, F. 59—61° (aus CH_3OH). — Die *antikoagulierende Wrkg.* auf Blut ist 6—14mal stärker als die von 2-Phenyl-I. (**A. P. 2 842 596** vom 8/12. 1955, ausg. 8/7. 1958.) A. Debo. 4807

A. H. Robins Co., Inc., übert. von: Carl D. Lunsford, Richmond, Va., V.St.A., **Herstellung von N-substituierten Pyrrolidyl-(3)-p-aminobenzoaten,** dad. gek., daß man ein entsprechendes N-substituiertes Pyrrolidinol-(3)- mit einem p-Nitrobenzoesäurehalogenid, bes. p-Nitrobenzoylchlorid (I), umsetzt u. die NO_2-Gruppe des entstehenden N-substituierten 3-[p-Nitrobenzoyloxy]-pyrrolidins in bekannter Weise, z. B. mit Eisessig u. Zn-Staub oder Raney-Ni u. H_2, zur NH_2-Gruppe reduziert. — Aus 1-n-Butylpyrrolidinol-(3)- ($Kp._{22}$ 120—124°) u. I über das 1-n-Butyl-3-[p-nitrobenzoyloxy]-pyrrolidinhydrochlorid (F. 167—168°) → *1-n-Butyl-pyrrolidyl-(3)-p-aminobenzoat, Hydrochlorid,* F. 145—146°. — Analog werden folgende Pyrrolidyl-(3)-p-aminobenzoate hergestellt; *1-n-Hexyl-, Hydrochlorid,* F. 175—177°: *1-Isobutyl-*, $Kp._{0,008}$ 147°,

F. 68—70°: *1-tert.-Butyl-*, *Hydrochlorid*, F. 248—250°: *1-Cyclohexyl-*, *Hydrochlorid*, F. 218—219°: *1-Benzyl-*, *Hydrochlorid*, F. 138—143°: *1-Phenyl-*, F. 140—141,5°; *1-n-Octyl-*, *Hydrochlorid*, F. 98—100°: *1-Äthyl-*, F. 102—103°: *1-Methyl-*, *Hydrochlorid*, F. 208—210°: *1-n-Propyl-*, $Kp._{0,1}$ 157° u. *1-Allyl-*, $Kp._{0,5}$ 195—197°. — *Lokalanästhetica*. (**A. P. 2 838 521** vom 17/5. 1956, ausg. 10/6. 1958.) W. Heyer. 4807

Mead Johnson & Co., Evansville, Ind., V.St.A., **Herstellung von 1-substituierten Pyrrolidyl-(3)-methylbenzilaten** durch Rk. des entsprechenden Pyrrolidyl-(3)-methylalkohols mit Benzilsäure oder einem Benzilsäureester durch Umesterung. — Aus 1-Methylpyrrolidyl-(3)-methylalkohol u. Methylbenzilat in n-Heptan u. in Ggw. von metall. Na → *1-Methylpyrrolidyl-(3)-methylbenzilat*, F. 132—134°, *Hydrochlorid*, F. 145—147°. — Analog werden folgende Pyrrolidyl-(3)-methylbenzilate hergestellt: *1-Äthyl-*, F. 73—74°; *1-Propyl-*, F. 70—72°; *1-Isopropyl-*, F. 96—97°; *1-Butyl-*, F. 67—68°; *1-Allyl-*, F. 86—88° u. *1-Benzyl-*, F. 90—91,5°. — *Spasmolytica*. (**E. P. 799 032** vom 14/9. 1956, ausg. 30/7. 1958. A. Prior. 14/10. 1955.) W. Heyer. 4807

Ethicon, Inc., übert. von: Werner R. Boehme, Somerville, und Joseph Nichols, Princeton, N.J., V.St.A., **Herstellung von Pyrrolidylmethyl- und Piperidylmethyl-bicyclo-heptenen und -nortricyclenen** der allg. Formel **I** u. **II**, worin Y ein

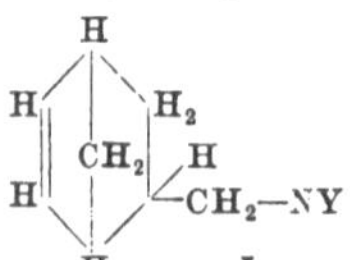
I

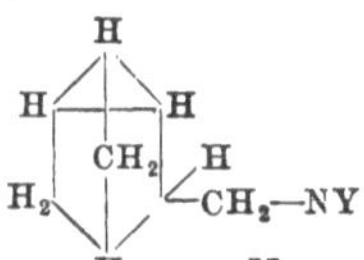
II

zweiwertiger Alkylenrest mit 4 oder 5 C-Atomen ist, dad. gek., daß man das Pyrrolidin oder Piperidin mit einem Halogenmethyl-bicyclo-hepten kondensiert, oder mit einem Bicyclo-heptencarbonsäurehalogenid umsetzt u. das gebildete Carboxyamid mit LiH red., bzw. mit dem Nortricyclen-3-carbonsäurehalogenid kondensiert. — Aus Bicyclo-[2.2.1]-hepten-(5)-2-endocarbonsäurechlorid in wasserfreiem Bzl. u. Pyrrolidin → N.N-Tetramethylen-bicyclo-[2.2.1]-hepten-(5)-2-endocarboxamid ($Kp._{0,03}$ 101—102°), F. 57—57,5°, u. daraus durch Red. mit LiH → *Endo-2-[pyrrolidyl-(1)-methyl]-bicyclo-[2.2.1]-hepten-(5)*, $Kp._{23}$ 125—126°, *Methojodid*, F. 214—214,5°, *Benzylchlorid*, F. 172 bis 173°, *Hydrochlorid*, F. 224—225°. — Aus Bicyclo-[2.2.1]-hepten-(5)-2-exocarbonsäure u. Thionylchlorid u. Rk. mit Pyrrolidin analog über das N.N-Tetramethylen-bicyclo-[2.2.1]-hepten-(5)-2-endocarboxamid → *Exo-2-[pyrrolidyl-(1)-methyl]-bicyclo-[2.2.1]-hepten-(5)*, $Kp._{21}$ 107—109°, *Methojodid*, F. 195—196°. — *Endo-2-[piperidyl-(1)-methyl]-bicyclo-[2.2.1]-hepten-(5)*, $Kp._{0,3}$ 63—66°, *Methojodid*, F. 238—241,5°, *Hydrochlorid*, F. 252—253°. — *Arzneimittel*. (**A. P. 2 846 436** vom 26/3. 1956, ausg. 5/8. 1958.) W. Heyer. 4807

G. D. Searle & Co., Chicago, Ill., V.St.A., übert. von: Walter Voegtli, Basel, Schweiz, **Herstellung von Amidinen der Indolreihe** mit der allg. Formel **I**, worin R u. R′ = H oder niedermol. Alkylgruppen mit bis zu 8 C-Atomen oder einen Alkylrest darstellen, dad. gek., daß man z. B.

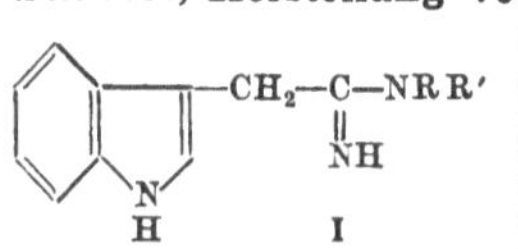
I

den Äthylester von 3-Indolacetimidinsäurehydrochlorid (**II**), F. 128° (Zers.), in einem niedermol. Alkohol mit einem Amin der Formel HNRR′, in der —NRR′ bevorzugt ein NH_2-, Dialkylamino-, Pyrrolidino-, Piperidino-, 4-Alkylpiperidino- oder Tetrahydroisochinolinorest ist, umsetzt. — Aus Indolyl-(3)-acetonitril in Ae. u. A. u. Behandeln mit HCl bei 0° zum Imidoesterhydrochlorid **II** u. Rk. in wasserfreiem A. mit NH_3 in A. → *1-Amino-2-[indolyl-(3)]-äthylidenimin*, *Maleat*, F. 177—178°. — Analog; *1-Diäthylamino-2-[indolyl-(3)]-äthylideniminhydrochlorid*, F. 260—261°: *1-Dibutylamino-2-[indolyl-(3)]-äthylidenimin*, F. 130—131°, *Hydrochlorid*, F. 155—157°: *2-[Indolyl-(3)]-1-pyrrolidino-äthylideniminhydrochlorid*, F. 270—271°: *2-[Indolyl-(3)]-1-[4-methylpiperidino]-äthylideniminhydrochlorid* u. *1-Tetrahydroisochinolino-2-[indolyl-(3)]-äthylideniminhydrochlorid*, F. 269—270°. — *Diuretica*. (**A. P. 2 855 398** vom 19/11. 1956, ausg. 7/10. 1958.) W. Heyer. 4807

E. Merck Akt.-Ges. (Erfinder: Wolfgang Fruhstorfer und Helmut Müller-Calgan), Darmstadt, **Herstellung von 2-[(2′-Methylbenzothienyl-3′)-methyl]-Δ^2-imidazolin.** Die Verbb. **I** kann man nach 5 verschiedenen bekannten Verff. herstellen:

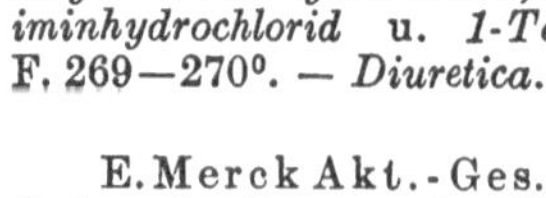
I

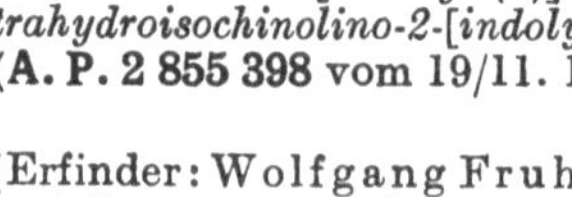
III

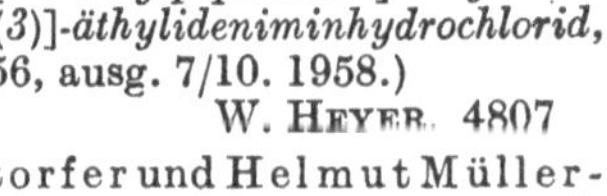
IV

a) 2-Methylbenzothienyl-(3)-essigsäure oder ein funktionelles Deriv. davon wird mit NH_3, einer NH_3-abgebenden Verb., mit Äthylendiamin (**II**) oder einem reaktionsfähigen N-Deriv. von **II** umgesetzt, wobei direkt oder über mehrere Zwischenprodd. **I** entsteht: b) eine Verb.

der allg. Formel III wird red. bzw. decarboxyliert. Hierbei ist Y ein Rest, der durch Red. bzw. Decarboxylierung in CH_2 übergeführt werden kann, z. B. CO oder CHOH; c) aus einer Verb. der allg. Formel IV wird HX abgespalten. Hierbei ist X ein Halogenatom oder = OR u. R ein H-Atom, ein Acyl- oder niedrigmol. KW-Stoffrest; d) Verbb.

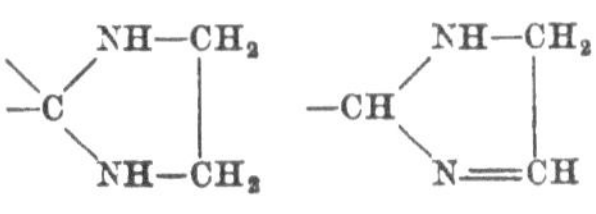

A B

gem. der allg. Formel IV, die an CH_2 die Reste **A** oder **B** gebunden enthalten, werden isomerisiert; e) aus I werden Säureadditions-Prodd. hergestellt. — Beispiel: Aus [2-Methylbenzothienyl-(3)]-acetonitril, F. 76—77°, u. II-Mono-p-toluolsulfonat erhält man durch einstündiges Erhitzen, Alkalisierung des Rk.-Gemisches u. Extraktion mit Chlf. I in 65%ig. Ausbeute, F. 156—157°; Hydrochlorid-F. 248°. Das als Ausgangs-Prod. verwendete Acetonitril erhält man durch Chlormethylierung von 2-Methylbenzothiophen u. Rk. des Chlormethyl-Deriv. mit NaCN. Verw. von I als *gefäßverengendes u. blutdrucksteigerndes Mittel.* (**D. A. S. 1 121 054** Kl. 12p vom 23/11. 1960, ausg. 4/1. 1962.)
A. KALIX. 4807

Asta-Werke Akt.-Ges., Chemische Fabrik, Brackwede, Westf. (Erfinder: Herbert Arnold, Bielefeld, Engelbert Kühas, Gadderbaum, und Norbert Brock, Uerentrop über Bielefeld), **Herstellung von Aminoalkyläthern.** 4-Chlor-α-methylbenzhydrol (I) wird mit Verbb. vom Typus Halogen-$CH(CH_3)$-CH_2R_1 in Ggw. von $NaNH_2$ in einem inerten Lsgm. umgesetzt. Hierbei ist das Halogen- bzw. ein Cl-Atom u. R_1 ein Dimethylamino-, Diäthylamino-, Piperidino- oder Morpholinorest. Beispiele: Aus I u. β-Dimethylaminoisopropylchlorid erhält man in 75%ig. Ausbeute β-Dimethylaminoisopropyl-[4-chlor-α-methylbenzhydryl]-äther, $Kp._{0,6}$ 154—160°, Citrat, F. 120 bis 124°. In analoger Weise sind darstellbar: β-Diäthylaminoisopropyl-(I)-äther, $Kp._{0,7}$ 160—165°, Citrat, F. 105—108°; β-Piperidinoisopropyl-(I)-äther, $Kp._{0,7}$ 187—197°, Citrat, F. 119—125°; β-Morpholinoisopropyl-(I)-äther, $Kp._{0,3}$ 195—202°, Citrat, F. 143 bis 150°. Verw.: Zur Herst. von Präpp. mit *histaminantagonist.* u. *anticholinerg.* Wirkung. (**D. A. S. 1 122 544** Kl. 12q vom 30/5. 1959, ausg. 25/1. 1962.) A. KALIX. 4807

F. Hoffmann - La Roche & Co. Akt.-Ges., Basel, Schweiz, **Herstellung von Pyridylmethyldibenzylaminen,** dad. gek., daß man entweder ein Pyridylcarbonylhalogenid mit Dibenzylamin umsetzt u. das entstehende Pyridincarbonsäuredibenzylamid, bes. mit $LiAlH_4$ red. oder ein Pyridylmethylbenzylamin mit Benzoylhalogenid zur Rk. bringt u. das entstehende N-Benzyl-N-[pyridylmethyl]-benzamid reduziert. — Pyridyl-(2)-aldehyd wird mit Benzylamin in A. mit H_2 katalyt. red., das entstehende Pyridyl-(2)-methylbenzylamin ($Kp._{3-4}$ 150—155°) mit Benzoylchlorid in Pyridin zu N-Benzyl-N-[pyridyl-(2)-methyl]-benzamid (F. 95—96°) umgesetzt u. dieses mit $LiAlH_4$ in Ae. zu *Pyridyl-(2)-methyldibenzylamin* red., F. 47—48°, $Kp._{3-5}$ 225—230°. — Aus Nicotinylchlorid u. Dibenzylamin in Pyridin über das N.N-Dibenzylnicotinamid, F. 83 bis 84° (Hydrochlorid, F. 175—176°) u. Red. mit $LiAlH_4$ → *Pyridyl-(3)-methyldibenzylamin,* F. 62—63°, $Kp._{1-2}$ 200—220°; *Monohydrochlorid,* F. 209—210°. — Analog: *Pyridyl-(4)-methyldibenzylamin,* F. 82—83°. — *Heilmittel* zur Behandlung von Magen–Darm-Geschwüren. (**E. P. 860 844** vom 25/11. 1959, ausg. 8/2. 1961. A. Prior. 3/12. 1958.) W. HEYER. 4807

Ciba Ltd., Basel, Schweiz, **Herstellung von 1-β-Hydroxyäthyl-2-diphenylmethylpiperidin,** F. 106—107°, $Kp._{0,1}$ 180—181°, dad. gek., daß man 2-Diphenylmethylpiperidin in A. bei 20° mit Äthylenoxid umsetzt u. das Lsgm. im Hochvakuum abdest.; *Hydrochlorid,* F. 166—167°. — Aus 2-[Phenyl-p-chlorphenylmethyl]-piperidin u. Äthylenoxid analog → *1-β-Hydroxyäthyl-2-[phenyl-p-chlorphenylmethyl]-piperidin,* $Kp._{0,08}$ 184—187°. — *Stimulans* u. Zwischenprodd. zur Herst. von Heilmitteln. (**E. P. 861 815** vom 21/3. 1958, ausg. 1/3. 1961. Schwz. Prior. 22/3. 1957.) W. HEYER. 4807

Soc. des Usines Chimiques Rhône-Poulenc, Paris, Frankreich, **Herstellung von pharmazeutisch wirksamen Estern von 2-Phenyl-2-[piperidyl-(2)]-äthanol** (I). Man erwärmt 2,5 g I-Hydrochlorid mit 7,5 (cm^3) Essigsäureanhydrid u. 7,5 Acetylchlorid 2 Std. auf 30°, konz. im Vakuum von 20 mm Hg auf lauwarmem Wasserbad, reibt den Rückstand mit 37,5 Aceton u. 210 Ae. u. trennt das krist. 1-Acetoxy-2-phenyl-2-[piperidyl-(2)]-äthanhydrochlorid (2,6 g), F. 142°, ab. — Analog der Propionsäureester. (**Ind. P. 62 633** vom 20/12. 1957, ausg. 5/11. 1959.) C. LÜTTGEN. 4807

Wm. S. Merrell Co. (Erfinder: Frederick Joseph McCarty und Marcus George van Campen jun.), **Herstellung von Dialkylphosphorylpiperidonmethanolen** der allg. Formel I, worin S bedeutet, daß der Ring gesätt. ist, n = 1—4, R = H oder

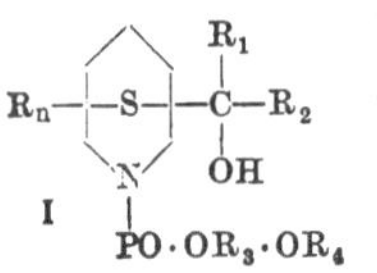

Methyl- oder Äthylrest, R_1 u. R_2 = H oder niedriger Alkyl-, Phenyl-, niedriger Alkylphenyl-, Halogenphenyl-, Tolyl-, Benzyl-, Phenetyl- oder Cycloalkylrest, R_3 u. R_4 = niedrige Alkylreste mit 1 bis 8 C-Atomen, durch Rk. eines Piperidinmethanols oder eines Hydrochlorids mit einem Dialkylchlorphosphat der Formel Cl·PO·OR_3·OR_4. Folgende Piperidinmethanole wurden z. B. hergestellt: *N-Diäthylphosphoryl-α.α-diphenyl-2-*, F. 162—165°; *N-Diäthylphosphoryl-α.α-diphenyl-4-*, F. 223—224°; *N-Diäthylphosphoryl-α-cyclohexyl-α-phenyl-4-*, F. 184—186°; *N-Diäthylphosphoryl-α-[p-Methoxyphenyl]-α-phenyl-4-*, F. 200—204°; *N-Diäthylphosphoryl-α-[o-tolyl]-α-phenyl-4-*, F. 229—231°; *N-Diäthylphosphoryl-α.α-bis-[o-tolyl]-4-*, F. 185—186°; *N-Dibutylphosphoryl-α.α-diphenyl-4-*, F. 162—163°; *N-Dioctylphosphoryl-α.α-diphenyl-4-*, F. 89—91°; *N-Diäthylphosphoryl-α-[p-chlorphenyl]-α-phenyl-4-*, F. 202—204°; *N-Diäthylphosphoryl-α-[p-phenetyl]-α-phenyl-4-*, F. 187—189°; *N-Diäthylphosphoryl-α-benzyl-α-phenyl-4-*, F. 188—189°. — *Therapeutica.* (**Aust. P. 223 508** vom 13/2. 1957, ausg. 17/9. 1959. A. Prior. 27/2. 1956.) K. Demmler. 4807

Chemische Fabrik Schweizerhall, Basel, Schweiz, **Herstellung von H_2O_2-Addukten von Pyridinderivaten,** bes. Picolinsäure (I) oder Picolinaldehyd, dad. gek., daß man das Ausgangs-Prod. bei ca. 20—100° in wss. Lsg. mit 30%ig. „Perhydrol" behandelt, das Rk.-Gemisch kühlt, worauf nach kurzer Zeit spontan Kristall-Bldg. eintritt. I-H_2O_2, F. 94—96°. — *Inhibitor* für das *Zellwachstum* u. *Mittel zur Behandlung von Tumoren.* (**E. P. 858 848** vom 9/2. 1959, ausg. 18/1. 1961. Schwz. Prior. 7/2. 1958.) W. Heyer. 4807

Imperial Chemical Industries Ltd., London, England, **Herstellung von Derivaten des 5-Äthyl-5-phenylhexahydropyrimidindion-(4.6) mit anticonvulsiver Wirkung.** Man kocht 75 (Teile) 5-Äthyl-5-phenylhexahydropyrimidindion-(4.6) (I) u. 200 Essigsäureanhydrid ½ Std. unter Rückfluß, kühlt u. filtriert. Der feste Rückstand besteht aus *1.3-Diacetyl-*I, F. 125—126°. — Analog: *1.3-Dipropionyl-*I, F. 95—96°, *1.3-Di-n-butyryl-*I, F. 83—84°, *1.3-Dicrotonyl-*I, F. 91—92°, *1-Benzoyl-*I, F. 191—192°, *1-Phenacetyl-*I, F. 133—134°, *1.3-Dicinnamoyl-*I, F. 172—173°, *1.3-Di-[chloracetyl]-*I, F. 149—150°, *1.3-Diacetyl-5-[m-chlorphenyl]-*I, F. 92—93°, u. *1-Acetyl-3-benzoyl-*I, F. 129—130°. (**Ind. P. 62 770** vom 7/1. 1958, ausg. 8/6. 1960. E. Prior. 30/1. 1957.) C. Lüttgen. 4807

American Cyanamid Co. (Erfinder: Guido Eros Bonvicino und Robert Allis Hardy), **Herstellung von Xanthyliden- u. Thioxanthylidenpropylpiperazinen** der allg. Formel I (X = O oder S; R_1 = H oder Halogen oder niedermol. Alkoxyrest u. R = niedermol. Alkylrest) durch H_2O-Abspaltung aus 1-substituierten 4-{3-[9-Hydroxyxanthyl-(9)]-propyl}-piperazin oder 1-substituiertem 4-{3-[10-Hydroxythiaxanthyl-(10)]-propyl}-piperazin der allg. Formel II (X, R_1 u. R = wie vorst.). Es werden folgende *Piperazine* hergestellt: *1-Methyl-4-{3-[xanthyliden-(10)]-propyl}-*, *Dihydrochlorid*, Zers. bei 252°; *1-Methyl-4-{3-[2-methoxyxanthyliden-(9)]-propyl}-*, *Dihydrochlorid*, Zers. bei 211—213°; *1-Methyl-4-{3-[2-chlorothiaxanthyliden-(10)]-propyl}-*, *Dihydrochlorid*, Zers. bei 247—249°; *1-Methyl-4-{3-[2-methoxythiaxanthyliden-(10)]-propyl}-*, *Dihydrochlorid*, Zers. bei 225—226°. — *Beruhigungsmittel.* (**Aust. P. 226 380** vom 27/5. 1958, ausg. 11/2. 1960. A. Prior. 18/7. 1957.) H. Nebelsiek. 4807

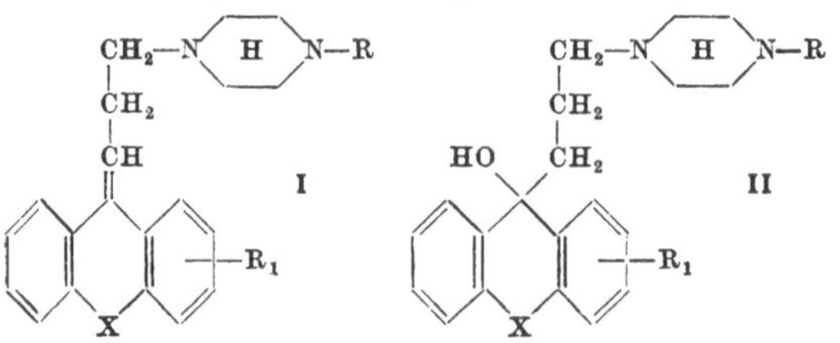

F. Hoffmann-La Roche & Co. Akt.-Ges. (Erfinder: Robert Duschinsky und Charles Heidelberger), **Herstellung von N-Ribosiden des 5-Fluoruracils.** Man stellt eine trockene Suspension von Hg-Di-5-fluoruracil (hergestellt aus 5-Fluoruracil in NaOH u. $HgCl_2$-Lsg.) in Xylol her, gibt eine Lsg. von 2.3.5-Tri-O-benzoyl-β-D-ribofuranosylchlorid (hergestellt durch Sättigen einer äther. Lsg. von 1-O-Acetyl-2.3.5-tri-O-benzoyl-β-D-ribose mit HCl) in Bzl. zu, kocht 1½ Std. unter Rückfluß, filtriert heiß u. läßt abkühlen, wobei *5-Fluor-2'.3'-5'-tri-O-benzoyluracilribofuranosid* (I) auskrist., F. nach dem Reinigen 207—209°. Man erhitzt eine Suspension von I in äthanol. NH_3 16 Std. in geschlossenem Rohr auf 100°, bringt zur Trockne u. reinigt den Rückstand, der aus einem Gemisch von N-Ribosiden des 5-Fluoruracils besteht. Es wird durch fraktionierte Kristallisation u. chromatograph. getrennt, wobei neben nicht identifizierten Verbb. *5-Fluoruridin* (= 1-β-D-Ribofuranosyl-5-fluoruracil), FF. 151—152° u. 180—182°,

λ_{max} 269 mμ, ε = 8120 bei pH 7,2 u. λ_{max} = 270 mμ, ε = 6500 bei pH 14, erhalten wird. — *Therapeutica.* (**Aust. P. 227 506** vom 13/3. 1958, ausg. 14/4. 1960. A. Prior. 21/3. 1957.) C. LÜTTGEN. 4807

E. Merck Akt.-Ges., Darmstadt, **Wärmebeständige 2.5.6-Tricarbalkoxy-*l*-ascorbinsäureester** der allg. Formel I (R = Alkyl mit 1—3 C-Atomen) erhält man durch Veresterung von *l*-Ascorbinsäure oder diese liefernden Derivv. mit Halogenameisensäureestern in Ggw. von bes. organ. Basen (Pyridin, Lutidin, Kollidin). — Aus 35 g *l*-Ascorbinsäure in 200 ml Pyridin u. 70 ml Chlorameisensäureäthylester in 800 ml Aceton bei 0—5°, dann Einleiten von HCl → *2.5.6-Tricarbäthoxy-l-ascorbinsäureester,* aus Bzl.-CCl_4 F. 96—97°; Ausbeute 86%; auch erhältlich aus 5.6-Isopropylidenascorbinsäure. — *2.5.6-Tricarbmethoxy-*, *2.5.6-Tricarbpropoxy-l-ascorbinsäureester.* — Verw. zum *Vitaminisieren* von *Nahrungsmitteln.* (**E. P. 869 458** vom 16/11. 1959, ausg. 31/5. 1961. D. Prior. 15/11. 1958.) G. KRAUSS. 4809

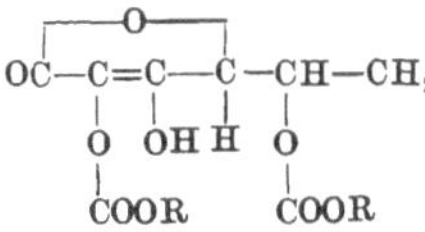

I

Upjohn Co., Kalamazoo, Mich., V.St.A., **3β.11β.17β-Trihydroxy-Δ^5-androsten,** F. 228—231°; $[\alpha]_D$ —46°, erhält man durch Rk. von 11β-Hydroxy-Δ^4-androsten-3.17-dion mit Acetanhydrid in Ggw. von p-Toluolsulfonsäure → *3.11β-Dihydroxy-$\Delta^{3.5}$-androstadien-17-on-3.17-diacetat,* F. 129—150° (Zers.), anschließende Red. mit $NaBH_4$ in A. → *3β.11β.17β-Trihydroxy-Δ^5-androsten-11-acetat,* F. 206—210°; $[\alpha]_D$ —28°, u. Verseifung der Estergruppe mit $LiAlH_4$ in Tetrahydrofuran. — *Heilmittel.* (**E. P. 868 374** vom 15/1. 1958, ausg. 17/5. 1961. A. Prior. 14/2. 1957.) U. SIEVERS. 4809

Upjohn Co., Kalamazoo, Mich., V.St.A., **7-Methylverbindungen der Androstanreihe** erhält man durch Rk. eines entsprechenden 3-Hydroxy-Ketons mit einem Methyl-GRIGNARD-Reagens u. anschließende OPPENAUER-Oxydation der erhaltenen 7-Methyl-7-hydroxyverbindung. — Man setzt z. B. 3β.17β-Dihydroxy-17α-methyl-Δ^5-androsten-7-on-3-acetat-17-trifluoracetat, F. 139—142°; $[\alpha]_D$ —108°, in Ae. mit Methyllithium um → *3β.7.17β-Trihydroxy-7.17α-dimethyl-Δ^5-androsten* (I); 3-Acetat, F. 164—173°; $[\alpha]_D$ —83°. — I läßt sich nach OPPENAUER oxydieren → *7.17α-Dimethyl-17β-hydroxy-$\Delta^{4.6}$-androstadien-3-on,* F. 91—102°; $[\alpha]_D$ 196°; daraus durch Red. mit Li/$NH_{3fl.}$ in Tetrahydrofuran → *7β.17α-Dimethyl-17β-hydroxy-Δ^4-androsten-3-on,* F. 127 bis 129°; $[\alpha]_D$ 57°. — *Heilmittel.* (**E. P. 863 662** vom 1/6. 1959, ausg. 22/3. 1961. A. Prior. 6/6. u. 22/12. 1958.) U. SIEVERS. 4809

Ciba Ltd. (Erfinder: Albert Wettstein und Charles Meystre), **Neue 18-oxygenierte 1.4-Bis-3.20-Dioxopregnanverbindungen.** Man schüttelt Aldosteron in Aceton mit einer Kultur von Calonectria decora 38 Std. bei 27°, filtriert, extrahiert das Filtrat mit Äthylacetat, trocknet u. dampft ein. Der Rückstand, chromatograph. getrennt, ergibt *1-Dehydroaldosteron.* Analog: *1-Dehydro-17-hydroxy-*, *1-Dehydro-9α-fluoraldosteron* u. *1-Dehydro-18-hydroxycortexon.* (**Aust. P. 229 658** vom 10/5. 1958, ausg. 25/8. 1960.) C. LÜTTGEN. 4809

Upjohn Co., Kalamazoo, Mich., V.St.A., **1-Dehydro-17α-progesteron-17-acetat,** F. 233—235°; $[\alpha]_D$ 17°, erhält man durch Dehydrierung von 17α-Hydroxyprogesteron-17-acetat mit SeO_2 in tert. Butanol u. Eisessig nach bekannten Verfahren. — *Heilmittel.* (**E. P. 848 749** vom 25/11. 1958, ausg. 21/9. 1960. A. Prior. 27/11. 1957.) U. SIEVERS. 4809

Aktiebolaget Leo, Hälsingborg, übert. von: Egon Richard Diczfalusy, Ronninge, Ove Birger Ferö, Hans Jakob Fex und Knut Bertil Högberg, Hälsingborg, Schweden, **Alkoxyphenylpropionylester des 17α-Hydroxyprogesterons** erhält man durch übliche Rk. von 17α-Hydroxyprogesteron (I) mit dem Anhydrid einer β-[p-Alkoxyphenyl]-propionsäure. — Man setzt z. B. I mit β-[p-Methoxyphenyl]-propionsäureanhydrid in Bzl. u. in Ggw. von p-Toluolsulfonsäure um → I-*17-β-[p-methoxyphenyl]-propionat,* F. 137—138°; $[\alpha]_D^{20}$ 43°. — Analog: I-*17-β-[p-butoxyphenyl]-propionat,* F. 108—109°; $[\alpha]_D^{20}$ 40°. — I-*17-β-[p-pentoxyphenyl]-propionat,* F. 91—93°; $[\alpha]_D^{20}$ 39°. — I-*17-β-[p-isopentoxyphenyl]-propionat,* F. 109—110°; $[\alpha]_D^{20}$ 40°. — I-*17-β-[p-hexoxyphenyl]-propionat,* F. 97—80°; $[\alpha]_D^{20}$ 39°. — I-*17-β-[p-heptoxyphenyl]-propionat,* $[\alpha]_D^{20}$ 38°. — I-*17-β-[p-octoxyphenyl]-propionat,* F. 42—45°; $[\alpha]_D^{20}$ 38°. — I-*17-β-[p-dodecyloxyphenyl]-propionat,* $[\alpha]_D^{20}$ 36°. — *Heilmittel.* (**A. P. 2 970 153** vom 27/7. 1959, ausg. 31/1. 1961.) U. SIEVERS. 4809

Ormonoterapia Richter, Mailand, Italien, **17α-Vinylverbindungen der Östranreihe** erhält man durch Red. von entsprechenden 17α-Äthinyl-Verbb., die im Ring A mehrfach ungesätt. sind, mit Li/$NH_{3fl.}$ in Ggw. eines großen Überschusses eines Alkaliamids. — Man setzt z. B. 3-Methoxy-13-methyl-17α-äthinyl-6.7.8.9.11.12.13.14.-16.17-dekahydro-15H-cyclopentano-[a]-phenanthren-17β-ol in Ae. mit Li/$NH_{3fl.}$ in Ggw.

von $LiNH_2$ um u. hydrolysiert anschließend mit Oxalsäure-Dihydrat → *13-Methyl-17α-vinyl-17β-ol-1.2.3.4.6.7.8.9.11.12.13.14.16.17-tetradekahydro-15H-cyclopentano-[a]-phenanthren-3-on*, F. 142—143°; $[\alpha]_D$ 161°. — Analog: *13-Methyl-17α-vinyl-17β-ol-1.2.3.6.7.8.9.10.11.12.13.14.16.17-tetradekahydro-15H-cyclopentano-[a]-phenathren-3-on*, F. 164—166°; $[\alpha]_D$ 27°. — *Heilmittel.* (**E. P. 863 400** vom 15/5. 1959, ausg. 22/3. 1961. A. Prior. 20/5. 1958.) U. Sievers. 4809

G. D. Searle & Co., Chicago, übert. von: Norman W. Atwater, Arlington Heights, Ill., V.St.A., **6-Alkyliden-$\Delta^{1.3.5,10}$-östratriene-3.17β-diole** erhält man durch Rk. der entsprechenden 6-Ketone mit einem Triphenylphosphinalkylen. — Man setzt z. B. 3.17β-Diacetoxy-$\Delta^{1.3.5,10}$-östratrien-6-on mit Dimethylsulfat um → *17β-Hydroxy-3-methoxy-$\Delta^{1.3.5,10}$-östratrien-6-on*, FF. 81° u. 132—135°, welches sich durch Rk. mit Triphenylphosphinmethylen in Tetrahydrofuran überführen läßt → *3-Methoxy-6-methylen-$\Delta^{1.3.5,10}$-östratrien-17β-ol*, F. 124,5—127°; daraus durch Oppenauer-Oxydation → *3-Methoxy-6-methylen-$\Delta^{1.3.5,10}$-östratrien-17-on*, F. 135—138,5°; letzteres läßt sich durch Rk. mit Na-Acetylid überführen → *17α-Äthinyl-3-methoxy-6-methylen-$\Delta^{1.3.5,10}$-östratrien-17β-ol*, F. 116,5—119°. — *Heilmittel.* (**A. P. 2 974 151** vom 31/3. 1960, ausg. 7/3. 1961.) U. Sievers. 4809

Ciba Akt.-Ges., Basel (Erfinder: Robert Schwyzer, Riehen, und Heini Kappeler, Basel), Schweiz, **Herstellung von Hexapeptiden** mit der *Wrkg. der natürlichen melanocytenstimulierenden Hypophysenhormone* (*MSH*-Wrkg.) u. der allg. Formel *l*-Glutamyl- (oder *l*-Glutaminyl)-*l*-histidyl-*l*-phenylanalyl-*l*-α-(aminoniederalkyl)-α-aminoacetyl-*l*-tryptophylglycin, in der der *l*-α-(Aminoniederalkyl)-α-aminoacetyl-Rest, bes. *l*-Arginyl, *l*-Ornithyl oder *l*-Lysyl, bedeutet, dad. gek., daß man a) *l*-Glutaminsäure oder *l*-Glutamin, dessen α-Amino- u. ggf. γ-COOH-Gruppe durch reduktiv abspaltbare Gruppen geschützt sind, mit einem an der α-NH_2-Gruppe eine durch Red. abspaltbare Schutzgruppe (**I**) enthaltenden *l*-Histidyl-*l*-phenylalanyl-*l*-α-(aminoniederalkyl)-α-aminoacetyl-*l*-tryptophylglycinester kondensiert, den man erhält, wenn man einen *l*-Phenylalanyl-*l*-α-(aminoniederalkyl)-α-aminoessigester mit einem *l*-Histidin, dessen freie α-NH_2- oder NH-Gruppe durch reduktiv abspaltbare Reste geschützt sind, in Ggw. eines Carbodiimids (**II**) kondensiert, den erhaltenen Tripeptidester durch Rk. mit Alkali in die freie Säure übergeführt, u. das Tripeptid in Ggw. von **II** mit einem *l*-Tryptophylglycinester kondensiert u. ggf. durch Red. die **I** des Glutamyl- oder Glutaminylrestes entfernt u. ggf. den Hexapeptidester zum freien Hexapeptid (**III**) verseift, oder b) ein Tetrapeptid der Formel *l*-Glutamyl- (oder *l*-Glutaminyl)-*l*-histidyl-*l*-phenylalanyl-*l*-α-(aminoniederalkyl)-α-aminoessigsäure, dessen α-NH_2- u. ggf. γ-SOOH-Gruppe durch **I** geschützt sind, u. das man erhält, wenn man *l*-Glutaminsäure oder *l*-Glutamin, dessen α-NH_2 u. ggf. γ-COOH-Gruppe durch **I** geschützt sind, mit einem *l*-Histidyl-*l*-phenylalanyl-*l*-α-(aminoniederalkyl)-α-aminoessigsäureester kondensiert, die Estergruppe verseift, in Ggw. eines **II** mit einem *l*-Tryptophylglycinester kondensiert, ggf. durch Red. die **I** des Glutamyl- oder Glutaminylrestes entfernt u. ggf. den **III**-Ester zum freien **III** verseift, oder c) ein Glutamyl- (oder *l*-Glutaminyl)-*l*-histidin, dessen α-NH_2 u. ggf. COOH-Gruppe durch **I** geschützt sind, in Ggw. eines **II** mit einem *l*-Phenylalanyl-*l*-α-(aminoniedrigalkyl)-α-aminoacetyl-*l*-tryptophylglycinester kondensiert, ggf. durch Red. die **I** des Glutamyl- oder Glutaminylrestes entfernt u. ggf. den **III**-Ester zum freien **III** verseift. Die Prodd. dienen an Stelle der natürlichen MSH als Heilmittel oder als Zwischenprodd. zur Herst. von solchen mit längerer Kette von Aminosäuren. (**D. A. S. 1 108 232** Kl. 12q vom 24/6. 1959, ausg. 8/6. 1961. Schwz. Prior. 3/7. 1958.) O. Müller-Meiningen. 4809

Zambon S. p. A. (Erfinder: Carlo Cancilio und Antonio Tezza), Vincenza, Italien, **Herstellung eines Chloramphenicolesters.** Die Verb. von der Formel **I** erhält man, indem man zunächst Chloramphenicol (**II**) in einem Lsgm., wie Dioxan oder Dimethylformamid, in Ggw. eines tert. Amins mit einem Halogenacetylhalogenid, bes. mit Monobrom- oder Monochloracetylchlorid umsetzt. Der dabei entstehende Halogenessigester wird in an sich bekannter Weise amidiert, bes. mit Hexamethylentetramin. Der entstehende Aminoessigester wird mit einer starken Mineralsäure, z. B. HCl oder H_2SO_4, in das entsprechende Säureadditionssalz übergeführt, u. zwar in einem organ. Lsgm., in dem diese Salze unlösl. sind. Durch Alkali-Einw. kann aus ihnen die freie Base gewonnen werden, F. 132 bis 133° (d-threo-Form des Aminoessigsäureesters von **II**), $[\alpha]_D^{20}$ + 30,8° (3%ig. in A.), Hydrochlorid, F. 180—181°, $[\alpha]_D^{20}$ + 20° (5%ig. in W.); F. des neutralen Sulfats 140 bis 141°, $[\alpha]_D^{20}$ + 18° (5%ig. in W.); Acetat, F. 75—77°; Citrat, F. 95—100°; Ascorbat, F. 81—85°; Phosphat, F. 119—125°; Lävulinat, F. 68—72°; Succinat, F. 65—75°;

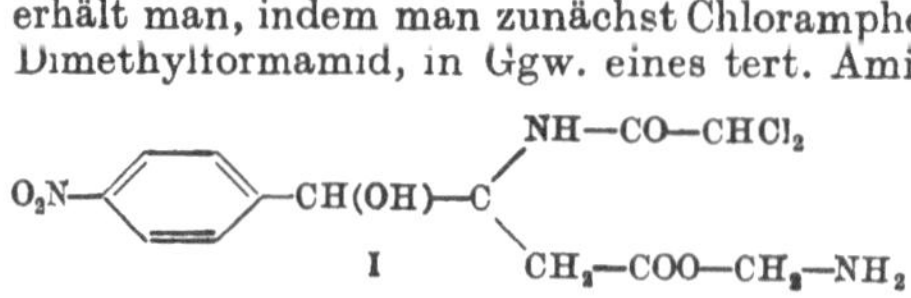

I

Salz der Traubensäure, F. 68—72°. Der neue Ester ist stärker wasserlösl. als die bekannten II-Ester u. wird in biolog. Medium rein chem. hydrolysiert ohne enzymat. Nebenreaktionen. (**D. A. S. 1 122 078** Kl. 12q vom 20/11. 1957, ausg. 18/1. 1962.)
A. KALIX. 4811

Gyógyszeripari Kutató Intézet (Erfinder: Johann Kollonitsch und Andreas Hajós), Budapest, Ungarn, **Herstellung von β-p-Nitrophenylserin oder deren N-Acylderivaten, gegebenenfalls deren Estern,** erfolgt durch Umwandlung der Ester von β-Phenylserin in die O-Acetyl-Derivv. mit anschließender Nitrierung zu Verbb. der allg. Formel **I**, woraus durch Behandlung mit Alkali durch Acylwanderung die N-Acyl-Derivv. entstehen, deren Estergruppe ggf. noch verseift werden kann. In **I** bedeutet Acyl irgendeine Acylgruppe u. R eine beliebige Alkylgruppe.

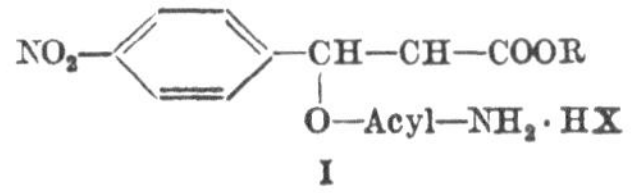

I

— threo-β-Phenylserinäthylesterhydrochlorid mit Essigsäure u. Acetylchlorid bei 50° behandelt, ergibt *threo-β-Phenylserinäthylester-O-acetathydrochlorid,* F. 168—170° (Zers.). Diese Verb. mit 98%ig. HNO_3 bei —15° gemischt u. anschließend auf $NaHCO_3$ enthaltendes Eis gegossen, ergibt *β-p-Nitrophenylserinäthylester-N-acetat,* aus A. F. 180—182°. (**Ung. P. 144 043** vom 20/4. 1955, ausg. 1/7. 1958.)
G. KÖNIG. 4811

Magyar Állam (Erfinder: Michael Bodánszky und Elisabeth Weisz), Budapest, Ungarn, **Reinigung von „Fungicidin"** aus wss. Lsgg. erfolgt durch Adsorption an Kunstharze, z. B. „Duolit S 30" oder „Amberlite IRC-50", ein kationenaustauschendes Harz auf Carboxylbasis, u. nachfolgende Eluierung des *Antibioticums* mittels Alkoholen mit 1—4 C-Atomen. Das mittels Streptomyces noursei erhaltene Antibioticum, auch „Nystatin" bezeichnet, wirkt gegen pathogene u. nichtpathogene Pilze. (**Ung. P. 144 046** vom 21/6. 1956, ausg. 1/7. 1958.)
G. KÖNIG. 4811

Imperial Chemical Industries Ltd. (Erfinder: William Glynne Moss Jones, Thomas Leigh und Juan Luis Madinaveitia), **Blutbildende Arzneimittel,** gek. durch einen Geh. an Ferrocen-Derivv., bes. 1.1'-Dineopentyl-, Monododecyl-, Tri-tert.-butyl-, Monophenyl-, Mono-m-chlorphenyl-, 1-Pivalyl-1'-neopentyl- u. Monobenzylferrocen. (**Aust. P. 229 675** vom 30/7. 1958, ausg. 25/8. 1960. E. Prior. 12/8. 1957.)
C. LÜTTGEN. 4815

Walker Laboratories, Inc., Mount Vernon, übert. von: Joseph P. Miale, New Rochelle, N.Y., V.St.A., **Arzneimittel** zur Senkung des Cholesterinblutspiegels, enthaltend als Wirkstoff *Al-Nicotinat,* hergestellt durch Rk. von Nicotinsäure in heißer wss. Lsg. mit Al-Hydroxyd. (**A. P. 2 970 082** vom 7/10. 1958, ausg. 31/1. 1961.)
W. HEYER. 4815

Thomas Ludvig Martin Vermehren, Dragør, Dänemark, **Kobalthaltiges Präparat zum Injizieren.** 30 (g) Dextran, 2,5 Kalciumcitrat u. 3,3 NaOH werden in 250 ml W. aufgelöst u. mit konz. H_2O_2 behandelt. Gleichzeitig wird eine Lsg. von 20 $CoCl_2$ in 150 ml W. zugesetzt, worauf sich eine Komplex-Verb. aus Co u. Dextran bildet. (**Dän. P. 84 923** vom 21/10. 1955, ausg. 27/5. 1958.) K. H. KÄHLER. 4815

R. J. Strasenburgh Co., Rochester, N.Y., V.St.A., **Herstellung einer stabilen wässerigen Suspension** von Dihydrocodeinon–Amberlite IR-120, Al-Hydroxyd u. Chloromycetin, dad. gek., daß man der wss. Suspension als thixotropes Suspensionshilfsmittel das K-Salz des Schwefelsäureesters eines Polysaccharids zusetzt, das durch eine Wasserextraktion von Seetang der Art *Furcellaria fastigiata* erhalten wird. — *Heilmittel.* (**E. P. 867 803** vom 24/8. 1959, ausg. 10/5. 1961. A. Prior. 26/8. 1958.)
W. HEYER. 4815

Union Carbide Australia Ltd. (Erfinder: Samuel Wright Preston und Bruce James Thomson), **Herstellung einer Zinkpentachlorphenolatpaste** durch Umsetzen von Alkalipentachlorphenolat mit einem anorgan. lösl. Zinksalz, bes. $ZnCl_2$, in Ggw. von 1—10% eines Ligninsulfonats, bes. ligninsulfonsaures Ca, als Dispergiermittel u. Verdicken des Rk.-Prod., z. B. mit Bentonit, Carboxymethylcellulose, Stärke. Die Paste ist leicht mit W. verdünnbar. — *Mittel gegen Leberschädlinge der Schafe.* (**Aust. P. 227 262** vom 24/12. 1957, ausg. 7/4. 1960. **Zusatz zu Aust. P. 206 499; C. 1959. 16145.**)
C. LÜTTGEN. 4815

Thibaud Gibbs & Cie., Paris, Frankreich, **Zahnpflegemittel,** bestehend aus 50 (Teilen) Dicalciumphosphat, 20 Glycerin, 1,5 Na-Carragenat, 0,1 Na-Saccharinat, 1 Riechstoff, 2 Na-N-Lauroyltyrosinat u. 25,4 Wasser. (**Norw. P. 92 963** vom 6/2. 1956, ausg. 1/12. 1958.) K. H. KÄHLER. 4823

Arthur Alfred Hellbaum, **Fluorhaltiger Zucker.** Um Entstehung von Zahncaries durch den Genuß von Zucker zu unterdrücken, mischt man diesem 1—0,0001‰ eines wasserlösl. Fluorids, Silicofluorids oder Phosphofluorids bei, wodurch das Wachstum von Lactobacillus acidophilus in der Mundhöhle unterbunden wird. (**Aust. P. 229 715** vom 6/3. 1956, ausg. 1/9. 1960.) C. Lüttgen. 4823

Council of Scientific & Industrial Research, Neu Delhi (Erfinder: Jogendra Lal Bose und Ramanlal Chhaganlal Shab, Poona), Indien, **Herstellung von substituierten Desoxybenzoinen** der allg. Formel (**I**) R·CO—CH_2—R' (R = ein durch Hydroxy-, Alkoxy- oder Aryloxygruppen substituierter Arylrest; R' = ggf. substituierter Arylrest). Man erhält **I** durch Rk. eines Phenols oder eines Phenoläthers mit einer substituierten oder nichtsubstituierten Arylessigsäure unter Verw. eines Gemisches aus $POCl_3$ u. wasserfreiem $ZnCl_2$ als Kondens.-Mittel u. Tetrachloräthan als inertes Verdünnungsmittel.— Man hält z. B. 88 Std. lang ein Gemisch aus 1,4 (Teilen) Phenylessigsäure, 1 Phenol, 1,5 $ZnCl_2$ u. 4 Vol.-Teilen $POCl_3$ bei 28° u. behandelt es anschließend mit Eis. Nach dem Umkristallisieren → *4-Hydroxydesoxybenzoin*, F. 145—147°. Auf analoge Weise erhält man folgende Desoxybenzoine: *4-Methoxy-*, F. 74—76°; *4-Phenoxy-*, F. 92—93°; *4.4'-Dihydroxy-*, F. 212—214°; *4-Hydroxy-4'-methoxy-*, F. 179—180°; *4.4'-Dimethoxy-*, F. 109—110°; *2.4-Dihydroxy-*, F. 114 bis 115°; *2.4-Dihydroxy-4'-methoxy-*, F. 161—162°. — Zwischenprodd. für die Herst. von *Antiseptica*. (**Ind. P. 60 826** vom 18/6. 1957, ausg. 22/6. 1959.)
H. Nebelsiek. 4833

Dow Chemical Co., übert. von: Henry Tolkmith und Maurice L. Zweigle, Midland, Mich., V.St.A., **Herstellung von Thiophosphorsäure-O-[chlorphenylester]-dichlorid.** Durch Rkk. zwischen S- u. O-[Chlorphenyl]-dichlorphosphit (**I**) in PCl_3-Lsg. bei 115—150° mit Aktivkohle als Katalysator erhält man Thiophosphorsäure-O-[chlorphenylester]-dichlorid der allg. Formel R—O—P(Cl_2)=S, in der R eine Chlorphenylgruppe darstellt. Zur Erzielung einer maximalen Ausbeute muß das Lsgm. in einer Menge von 0,1 (Mol) auf 1 **I** u. der Katalysator in einer Menge von 0,1—0,5 auf 1 **I** angewandt werden u. der letztere eine Oberfläche von 500 m^2/g besitzen. Nach beendeter Rk. (6—18 Std.) wird das Rk.-Gemisch filtriert u. fraktioniert. Auf diese Weise erhält man folgende Ester der Thiophosphorsäuredichloride (**II**) als viscose, gelbbraune Öle: O-[2-Chlorphenyl]-**II**, O-[3.4-Dichlorphenyl]-**II**, O-[2.4.5-Trichlorphenyl]-**II**, O-[4-Chlorphenyl]-**II**, O-[2.4-Dichlorphenyl]-**II**, O-[2.4.6-Trichlorphenyl]-**II**, O-[2.3.4.6-Tetrachlorphenyl]-**II**. Die als Ausgangs-Prodd. gebrauchten Phosphite erhält man durch Rkk. zwischen PCl_3 u. Chlorphenolen mit $MgCl_2$ als Katalysator. Die Rk.-Prodd. werden als Zwischenprodd. zur Herst. von O-Aryl-O-alkyl-**II** u. O-Aryl-O-alkylamido-**II** verwendet, die bekannte *Bakterieide* u. *Fungicide* sind. (**A. P. 2 799 696** vom 4/4. 1956, ausg. 16/7. 1957.) A. Kalix. 4833

Stauffer Chemical Co., Del., übert. von: Isaac Benghiat, Bronx, und John C. Howard, Norwich, N.Y., V.St.A., **5-Arylazorhodanine** der allg. Formel **I** oder **II** (R = H, ggf. substituierter Alkyl-, Cycloalkyl- oder Aralkylrest; Ar = ggf. substituierter aromat. Rest) werden erhalten durch Rk. eines ggf. substituierten Rhodanins mit einem Aryldiazoniumsalz in gepufferter Lösung. — Eine Lsg. von 0,1 (Mol) Anilin in 100 ml 6n HCl wird durch Zugabe von 0,11 $NaNO_2$ bei 0,5° diazotiert. Zu dieser Lsg. wird langsam eine Lsg. von 0,1 Rhodanin in 400 ml Eisessig bei 0—5° gegeben. Dieses Gemisch wird dann unter Rühren zu einer kalten Lsg. von 300 g NaOOC·CH_3 in 800 ml W. gegeben, wodurch das Rk.-Prod. ausfällt. Nach beendeter Zugabe wird der Kristallbrei noch 45 Min. bei 5° gerührt u. dann über Nacht stehengelassen. Danach wird die feste Substanz abgetrennt u. mit W. gewaschen → *5-(Phenylazo)-rhodanin*, aus CH_3COOH–Dimethylformamid, F. 242—244° (Zers.). — Analog werden folgende Rhodanine hergestellt: *3-Methyl-5-(p-nitrophenylazo)-*, aus CH_3COOH, F. 267—268° (Zers.). — *5-(p-Nitrophenylazo)-*. — *5-(p-Chlorphenylazo)-*. — *5-(p-Methoxyphenylazo)-*. — *5-(o-Tolylazo)-*. — *3-Allyl-5-(p-nitrophenylazo)-*. — *3-Isopropyl-5-(p-bromphenylazo)-*. — *3-(2'-Äthylhexyl)-5-(p-nitrophenylazo)-*. — *3-Methoxyäthyl-5-(x.x-xylylazo)-*. — *3-Methoxypropyl-5-(x.x-xylylazo)-*. — *3-Dimethylaminopropyl-5-(p-nitrophenylazo)-*. — *3-Cyclohexyl-5-(p-nitrophenylazo)-*. — *3-Carboxymethyl-5-(p-nitrophenylazo)*. — *3-Benzyl-5-(p-nitrophenylazo)-*. — *3-(p-Chlorbenzyl)-5-(p-nitrophenylazo)-*. — *3-Methyl-5-(2'.4'-dinitrophenylazo)-*. — *3-Methyl-5-(2'.4'-dichlorphenylazo)-*. — *3-Methyl-5-(p-biphenylylazo)-*. — *3-Methyl-5-(α-naphthylazo)-*. — *3-Methyl-5-(β-naphthylazo)-*. — *3-Methyl-5-(p-äthoxyphenylazo)-*. — *3-Methyl-5-(m-nitrophenylazo)-*. — *3-Methyl-5-(o-nitrophenylazo)-*. — *3-n-Butyl-5-(p-nitrophenylazo)-*. — *3-n-Dodecyl-5-(p-nitrophenylazo)-*. — *3-Methyl-5-(o-chlorphenylazo)-*. — *3-Methyl-5-(m-chlorphenylazo)-*. — *3-Methyl-5-(p-chlorphenylazo)-*. — *3-n-Octyl-5-(p-nitrophenylazo)-*. — *Baktericide*. (**A. P. 2 952 673** vom 28/2. 1958, ausg. 13/9. 1960.)

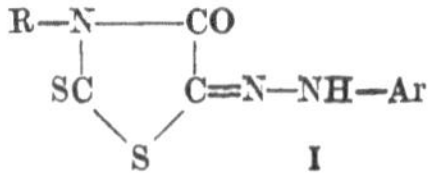
I

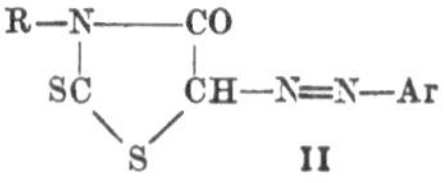
II

H. Bräucker. 4833

P.F.H.G.F. Guiochon, Mesnil-Le-Roi, Frankreich, *Züchten von niederen Organismen.* (**Belg. P. 535 715** vom 14/2. 1955, ausg. 19/12. 1958. F. Prior. 14/10. 1953. — C. **1961.** 8391 [E. P. 788 449].)

Hans Voigt, Berlin, *Stabilisieren einer wässerigen Lösung von Pflanzenextrakten.* (**Oe. P. 210 567** vom 1/7. 1957, ausg. 10/8. 1960. D. Prior. 29/1. u. 24/6. 1957. — C. **1960.** 13772 [E. P. 814 515].)

Aktiebolaget Bofors, Bofors (Erfinder: **Allan Richard Benjamin Furendal**, Karlskoga, **Bo1 af Ekenstam**, Bofors, und **Holger von Fieandt**, Karlskoga), Schweden, *Herstellung von Verbandmaterial für Stützverbände.* (**Schwz. P. 355 893** vom 22/12. 1955, ausg. 15/9. 1961. — C. **1958.** 6040 [Oe. P. 192 060].)

Chas. Pfizer & Co., Inc., übert. von: **Abraham Bavley**, Brooklyn, **William M. McLamore**, Flushing, und **Morton Harfenist**, Yonkers, N.Y., V.St.A., *Tertiäre Vinyläthinylcarbinole aus β-Halogenalkylketonen und Metallacetyliden.* (**A. P. 2 865 967** vom 16/11. 1953, ausg. 23/12. 1958. — C. **1957.** 10284 [D. B. P. 958 473].)

Knoll Akt.-Ges., Chemische Fabriken, Ludwigshafen/Rh., *Herstellung basischer Ester von Carbonsäuren.* (**Holl. P. 99 113** vom 14/6. 1957, ausg. 15/9. 1961. D. Prior. 16/6. 1956. — C. **1961.** 4810 [D.A. S. 1 044 809].)

VEB Farbenfabrik Wolfen, Wolfen, *Acylsulfanilylthiocarbamide.* (**Ung. P. 144 304** vom 5/10. 1956, ausg. 1/9. 1958. — C. **1960.** 2963 [E. P. 814 484].)

Cilag-Chemie Akt.-Ges., Schaffhausen, Schweiz, *Herstellung von Aniliden.* (**Holl. P. 99 108** vom 22/5. 1957, ausg. 15/9. 1961. — C. **1960.** 11748 [Oe. P. 201 584].)

N. V. Philips' Gloeilampenfabrieken, Eindhoven, Holland, *Herstellung von substituierten Aralkylphenylalkylaminen.* (**E. P. 789 033** vom 20/10. 1955, ausg. 15/1. 1958. Holl. Prior. 23/10. 1954 u. 3/3. 1955. — C. **1959.** 16094 [F. P. 1 163 814].)

N. V. Philips' Gloeilampenfabrieken, Eindhoven, Holland, *Substituierte Alkylamine.* (**E. P. 800 718** vom 28/10. 1955, ausg. 3/9. 1958. Holl. Prior. 28/5. 1955. — C. **1959.** 15772 [F. P. 1 165 845].)

May & Baker Ltd., Dagenham, England (Erfinder: **Julius Nicholson Ashley, Raymond Frederick Collins** und **Michael Davis**), *Herstellung von Diaminen.* (**E. P. 807 618** vom 18/1. 1956, ausg. 21/1. 1959. Zusatz zu E. P. 761 888; C. 1958. 5751. — C. **1961.** 12182 [F. P. 1 186 846].)

Chemopharma, Národní Podnik, Ústi nad Labem, Tschechoslowakei, *Therapeutisch wirksame Derivate von p-Toluolsulfonylaminoessigsäure.* (**Holl. P. 99 139** vom 18/4. 1958, ausg. 15/9. 1961. Tschech. Prior. 30/4. 1957. — C. **1961.** 937 [Oe. P. 203 482].)

A. Nattermann & Cie., Köln, *Gewinnung von natürlichen Cholinphosphorsäurediglyceridestern.* (**Oe. P. 210 997** vom 30/6. 1958, ausg. 10/9. 1960. D. Prior. 9/7. u. 10/7. 1957. — C. **1959.** 7565 [D. A. S. 1 047 597] u. C. **1960.** 227 [D. A. S. 1 053 299].)

May & Baker Ltd. (Erfinder: **Glyn Evan Lee** und **William Robert Wragg**), *Aminobicycloheptane.* (**Aust. P. 224 498** vom 16/5. 1957, ausg. 5/11. 1959. E. Prior. 22/5. 1956. — C. **1961.** 15122 [F. P. 1 187 718].)

May & Baker Ltd. (Erfinder: **Glyn Evan Lee** und **William Robert Wragg**), *Aminobicycloheptane.* (**Aust. P. 224 499** vom 16/5. 1957, ausg. 5/11. 1959. E. Prior. 22/5. 1956. — C. **1961.** 15122 [F. P. 1 187 719].)

J. R. Geigy Akt.-Ges., Basel, Schweiz, *In 4-Stellung substituierte 1.2-Diaryl-3.5-dioxopyrazolidine.* (**Ung. P. 144 165** vom 9/6. 1956, ausg. 1/8. 1958. Schwz. Prior. 10/6. 1955. — C. **1959.** 1217 [A. P. 2 808 411].)

Aktiebolaget Bofors (Erfinder: **Bo Thuresson af Ekenstam** und **Bror Gosta Pettersson**), *α-N-Alkylpiperidin- und α-N-Alkylpyrrolidincarbonsäureamide.* (**Aust. P. 225 110** vom 21/1. 1957, ausg. 23/2. 1961. — C. **1960.** 6590 [Oe. P. 196 409].)

Aktiebolaget Bofors (Erfinder: **Bo Thuresson af Ekenstam** und **Bror Gosta Pettersson**), *α-N-Alkylpiperidin- und α-N-Alkylpyrrolidincarbonsäureamide.* (**Aust. P. 225 111** vom 21/1. 1957, ausg. 23/2. 1961. — C. **1960.** 6591 [Oe. P. 196 410].)

Lannacher Heilmittel G.m.b.H., Lannach, Österreich, *Herstellung eines Nicotinsäureesters.* (**Holl. P. 99 186** vom 24/4. 1957, ausg. 15/9. 1961. — C. **1960.** 5907 [A. P. 2 878 251].)

Parke, Davis & Co., Detroit, Mich., V.St.A., *Herstellung von 9-Phenyldekahydrochinolinen und 8-Phenyloktahydroindolen.* (**Oe. P. 209 343** vom 28/2. 1959, ausg. 25/5. 1960. A. Prior. 7/3. 1958. — C. **1961.** 18418 [D. A. S. 1 108 691].)

American Cyanamid Co., New York, N.Y., übert. von: **Sidney R. Safir**, River Edge, N.J., und **Rocco J. Lopresti**, Brooklyn, N.Y., V.St.A., *Dihydrooxazindione.* (**Can. P. 553 719** vom 3/6. 1955, ausg. 4/3. 1958. A. Prior. 23/6. 1954 u. 13/5. 1955. — C. **1959.** 220 [E. P. 773 011].)

Magyar Állam (Erfinder: **Ludwig Toldy** und **Emmerich Fabricius**), Budapest, Ungarn, *Substituierte Phenthiazine.* (**Ung. P. 144 364** vom 25/2. 1956, ausg. 15/9. 1958. — C. **1961.** 16855 [Oe. P. 201 594].)

J. F. Macfarlan & Co. Ltd., Boreham Wood, England, *Kristallwasserhaltige Salze des β-N-Morpholinoäthylmorphins aus diesem und Dicarbonsäuren.* (**Belg. P. 535 642** vom 11/2. 1955, ausg. 19/12. 1958. E. Prior. 23/2. u. 13/4. 1954. — C. **1958.** 1929 [E. P. 752 114].)

Laboratoires Français de Chimiothérapie, Paris (Erfinder: **Léon Velluz**, Paris, und **Georges Muller**, Nogent-sur-Marne, Seine), Frankreich, *5a- und 5b-Methylreserpin.* (**D. A. S. 1 122 957** Kl. 12p vom 6/2. 1959, ausg. 1/2. 1962. F. Prior. 27/2. 1958. — C. **1961.** 10668 [F. P. 1 199 470].)

Badische Anilin- & Soda-Fabrik Akt.-Ges., Ludwigshafen/Rh. (Erfinder: **Horst Pommer**, Ludwigshafen/Rh., und **Georg Wittig**, Tübingen), *Herstellung von Aldehyden aus Phosphoniumyliden.* (**Schwz. P. 355 443** vom 23/7. 1956, ausg. 31/8. 1961. D. Prior. 13/8. 1955. — C. **1959.** 13577 [D. A. S. 1 047 763].)

N. V. Philips' Gloeilampenfabrieken, Eindhoven (Erfinder: **Engbert Harmen Reerink**, Weesp), Holland, *Herstellung von Verbindungen, die den Calciumgehalt des Blutes zu erhöhen vermögen.* (**Schwz. P. 351 961** vom 13/2. 1956, ausg. 30/3. 1961. Holl. Prior. 15/2. 1955. — C. **1959.** 4904 [E. P. 789 269].)

Tadeus Reichstein, Basel, Schweiz, *Herstellung von Polyhydrochrysenverbindungen.* (**E. P. 808 903** vom 16/2. 1955, ausg. 11/2. 1959. **Belg. P. 535 805** vom 17/2. 1955, ausg. 19/12. 1958. Beide Schwz. Prior. 18/2. u. 12/3. 1954. — C. **1959.** 17316 [F. P. 1 161 335].)

Monsanto Chemical Co. (Erfinder: **William Standish Knowles**), *Herstellung von Steroiden.* (**Aust. P. 226 911** vom 12/5. 1954, ausg. 17/3. 1960. A. Prior. 15/5. u. 1/7. 1953. — C. **1959.** 16100 [F. P. 1 164 186].)

Monsanto Chemical Co. (Erfinder: **Martin Wilbur Farrar, Harold Raffelson** und **William Standish Knowles**), *Steroidsynthese.* (**Aust. P. 226 912** vom 21/7. 1954, ausg. 17/3. 1960. A. Prior. 23/7. 1953. — C. **1958.** 9012 [A. PP. 2 759 928, 2 759 929, 2 786 836 u. 2 786 837].)

Laboratoires Français de Chimiothérapie, Paris, Frankreich, *Selektive Dehydrobromierung von Steroiden.* (**Holl. P. 99 188** vom 12/12. 1956, ausg. 15/9. 1961. F. Prior. 28/5. 1956. — C. **1959.** 14822 [D. A. S. 1 040 546].)

British Drug Houses Ltd. (Erfinder: **Vladimir Petrow** und **Isobel Ann Stuart-Webb**), *3-β-Hydroxy-6-methyl-Δ^5-steroide.* (**Aust. P. 226 881** vom 29/4. 1958, ausg. 10/3. 1960. E. Prior. 3/5. 1957. — C. **1960.** 5256 [D. A. S. 1 058 988].)

British Drug Houses Ltd. (Erfinder: **Bernard Ellis, Betty Eunice Hill, Vladimir Petrow** und **David Morton Williamson**), *6-Methyl-3-oxo-$\Delta^{4,6}$-diene der Androstan- und Pregnanreihe.* (**Aust. P. 227 534** vom 13/8. 1958, ausg. 28/4. 1960. E. Prior. 19/8. 1957. — C. **1961.** 13653 [D. A. S. 1 079 038].)

Olin Mathieson Chemical Corp., New York, N.Y., V.St.A., *Steroide der Androstanreihe.* (**Holl. P. 99 101** vom 2/4. 1957, ausg. 15/9. 1961. A. Prior. 5/4. 1956. — C. **1960.** 17545 [D. A. S. 1 076 126].)

Ciba Ltd. (Erfinder: **Albert Wettstein** und **Julius Schmidlin**), Schweiz, *Herstellung von Halogenandrostadienen.* (**Aust. P. 225 153** vom 16/5. 1957, ausg. 3/12. 1959. Schwz. Prior. 25/5. 1956. — C. **1962.** 5775 [Oe. P. 212 500].)

Aktiebolaget Leo, Hälsingborg, Schweden, *Herstellung von Estern von Testosteron und 19-Nortestosteron.* (**Holl. P. 99 165** vom 10/1. 1959, ausg. 15/9. 1961. Dän. Prior. 14/1. 1958. — C. **1961.** 232 [A. P. 2 904 562].)

Merck & Co., Inc., Rahway, übert. von: **Norman L. Wendler,** Summit, und **Harry L. Slates,** Roselle, N.J., V.St.A., *12-Oxo-22-isoallo-Δ^9-spirostene.* (**Can. P. 552 739** vom 19/11. 1953, ausg. 4/2. 1958. A. Prior. 8/1. 1952. — C. **1956.** 805 [A. P. 2 695 287].)

Upjohn Co., übert. von: **Peter D. Meister** und **Robert H. Levin,** Kalamazoo, Mich., V.St.A., *3.11-Diketo-bis-nor-Δ^4-cholensäure.* (**Can. P. 553 428** vom 10/7. 1953, ausg. 18/2. 1958. A. Prior. 11/8. 1952. — C. **1956.** 8436 [A. P. 2 720 534].)

Merck & Co., Inc., Rahway (Erfinder: **Lewis Hastings Sarett,** Princeton), N.J., V.St.A., *Herstellung von Retrocortinderivaten.* (**Schwz. P. 346 540** vom 7/1. 1956, ausg. 15/7. 1960. A. Prior. 14/1. 1955. — C. **1957.** 12554 [A. P. 2 736 734].)

Merck & Co., Inc., Rahway, übert. von: **John W. Richter,** Scotch Plains, **Donald E. Ayer,** Rahway, und **Norman G. Brink,** Plainfield, N.J., V.St.A., *Reinigung von adrenocorticotropen Hormonen.* (**Can. P. 552 738** vom 23/3. 1953, ausg. 4/2. 1958. A. Prior. 27/3. 1952. — C. **1957.** 5655 [D. B. P. 949 684].)

Gerhard Schäfer, Radebeul, *Hormone des Hypophysenvorderlappens.* (**Ung. P. 144 103** vom 26/3. 1956, ausg. 1/8. 1958. — C. **1957.** 9729 [D. P. [DDR] 12547].)

Baxter Laboratories, Inc., übert. von: **Paul Z. Anthony,** Morton Grove, **Daniel R. Borgen,** Mt. Prospect, und **Leonard G. Ginger,** Skokie, Ill., V.St.A., *Herstellung von N-Acylthyroxin aus N-Acyldijodtyrosin.* (**Can. P. 553 293** vom 17/5. 1954, ausg. 18/2. 1958. — C. **1958.** 11613 [A. P. 2 803 654].)

Armour & Co., übert. von: **Russell L. Kutz,** Chicago, Ill., V.St.A., *Reinigung von Insulin.* (**Can. P. 553 724** vom 23/3. 1954, ausg. 4/3. 1958. A. Prior. 30/3. 1953. — C. **1957.** 499 [F. P. 1 106 298].)

Solco Basel Akt.-Ges., Basel, Schweiz, *Gewinnung eines die Atmung fördernden Produktes.* (**Holl. P. 98 497** vom 12/12. 1956, ausg. 17/7. 1961. — C. **1959.** 12637 [Oe. P. 200 257].)

Merck & Co., Inc., Rahway, N.J., V.St.A., *Gewinnung von Antibiotica.* (**Holl. P. 99 143** vom 21/5. 1958, ausg. 15/9. 1961. A. Prior. 21/5. 1957. — C. **1960.** 16525 [F. P. 1 209 142].)

Farmaceutici Italia Soc. An., Mailand, Italien, *Umwandlung von optisch aktiven in racemische Aminodiole.* (**E. P. 796 897** vom 27/3. 1956, ausg. 18/6. 1958. It. Prior. 31/3. 1955. — C. **1961.** 7322 [Oe. P. 200 570].)

Chas. Pfizer & Co., Inc., Brooklyn, N.Y. (Erfinder: **Frederick John Pilgrim,** New London, und **Charles Robert Stephens jun.,** Waterford, Conn.), V.St.A., *Anhydrotetracycline aus Tetracyclinen.* (**Schwz. P. 333 005** vom 10/1. 1955, ausg. 15/11. 1958. A. Prior. 15/1. 1954. — C. **1961.** 8765 [D. A. S. 1 011 417, E. P. 785 047 u. Belg. P. 534 905].)

Eli Lilly & Co., übert. von: **Harold L. Market** und **Hubert W. Murphy**), Indianapolis, Ind., V.St.A., *Therapeuticum mit Erythromycin.* (**Can. P. 552 727** vom 7/3. 1955, ausg. 4/2. 1958. A. Prior. 3/9. 1954. — C. **1957.** 5363 [A. P. 2 750 325].)

Abbott Laboratories, North Chicago, übert. von: **Donalee L. Tabern,** Lake Bluff, Ill., V.St.A., *Inhaliermittel.* (**Can. P. 553 708** vom 16/12. 1954, ausg. 4/3. 1958. A. Prior. 31/12. 1953. — C. **1958.** 3114 [E. P. 763 168].)

Orman Blake Billings, *Imprägnieren von Gegenständen.* (**Aust. P. 225 404** vom 6/11. 1956, ausg. 10/12. 1959. — C. **1959.** 6575 [D. A. S. 1 029 535].)

Ruson Laboratories, Inc., Portland, Oreg., V.St.A., *Herstellung einer stark keimtötend wirkenden Substanz.* (**Oe. P. 208 516** vom 28/10. 1958, ausg. 11/4. 1960. — C. **1961.** 9135 [E. P. 840 879].)

Givaudan Corp., New York, N.Y., übert. von: **Edward Joseph Nikawitz,** Glen Rock, N.J., V.St.A., *Polyaminoätheralkohole (Desinfektionsmittel).* (**A. P. 2 952 707** vom 31/1. 1955, ausg. 13/9. 1960. — C. **1959.** 5577 [D. A. S. 1 034 330].)

Klaus Gerecke, Arzneimittel-Verzeichnis. Im Auftrage des Ministeriums für Gesundheitswesen der DDR. 5. Ausg. Berlin: Verl. Volk und Gesundheit. 1961. (368 S.) 8°. DM 5,40.

Ju. D. Goldowt, I. F. Urwanzew und **O. I. Tschikin,** Die Heilmittel. Moskau: Akad. der Wiss. der UdSSR. 1961. (444 S.) [Russ.]

F. I. Ibragimow und **W. Ss. Ibragimowa,** Die wichtigsten Arzneimittel der chinesischen Medizin. Moskau: Medgis. 1960. (412 S.) 1 Rbl. 62 Kop. [Russ.]

Eric W. Martin and **E. Fullerton Cook,** eds., Remington's Practice of Pharmacy. 12th edit. London: Interscience Publrs. 1961. (1878 S. m. Abb. u. Tab.) 155 s.

Ralph Milton Waters, ed., Chloroform. London: Holborn Publishing Co. 1961. (XV + 138 S. m. Abb., Taf. u. Diagr.) 18 s.

N. M. Turkewitsch, Chemie der neuen hypotensiven Mittel. Kiew: Gossmedisdat der UkrainSSR. 1961. (207 S.; 1 Bl. Abb.) 83 Kop. [Russ.]

—, Kleine Spezialitäten-Taxe. 28. Ausg. Stand: 1. Februar 1961. Bearb. vom Arzneibüro der ABDA. Frankfurt/Main: Govi-Verl. 1961. (355 S.) 4°. DM 11,50.

—, Pharmakopöe der UdSSR. 9. Aufl. Moskau: Medgis. 1961. (911 S.) 4 Rbl. 4 Kop. [Russ.]

—, NFN-navne. København: Nyt Nordisk Forlag. 1961. (92 S.) dkr 8,75.

—, Tetracloroiodito sodico. Roma: A. Tambone. 1960. (61 S. m. Abb.)

G. Analyse. Laboratorium

Die Regeneration von verbrauchtem Magnesiumperchlorat-Trocknungsmittel. G. Frederick Smith. (Talanta [London] **9.** 65—70. Jan. 1962. Urbana, Ill., Univ. of Illinois, Noyes Chem. Labor.) (Engl.)

Die Regenerierung von verbrauchtem $Mg(ClO_4)_2$ wird beschrieben. Anweisungen zur Reinigung des Perchlorats werden mitgeteilt. $Mg(ClO_4)_2$ wird als gesätt. wss. Lsg. auf einen Träger (Vermiculit) gebracht; nach Dehydratation erhält man ein granuliertes Endprodukt. Die Schüttdichte des Prod. beträgt 20,5 lbs./ft^3, 75% des Gutes entsprechen der Teilchengröße zwischen 10 u. 5 mesh. Die Wirksamkeit des auf dem Träger befindlichen Perchlorats wurde als zufriedenstellend befunden. J. PETERS. 5022□

Die Anwendung einer Elektrodialyse mit konstanter Leistung zur Lösung analytischer Probleme. E. Abrahamczik. (Z. analyt. Chem. **186.** 252—57. 1962. Ludwigshafen/Rh., BASF, Analyt. Labor.) (Dt.)

Es wird eine Anordnung beschrieben, die bei der Elektrodialyse die Konstanthaltung der Leistung (d. h. also eine automat. Spannungserhöhung während der Verarmung der zu dialysierenden Lsg. an Elektrolyten) ermöglicht. Die Anordnung gestattet eine Wahrung der Temp.-Konstanz während der Dialyse u. somit die Reproduzierbarkeit des Verlaufs. Zum Beispiel kann die Loslösung von an Koll.-Teilchen adsorbierten Ionen während der Elektrodialyse zeitlich verfolgt werden. So wurde die Bindungsfestigkeit zwischen Fe_2O_3, Al_2O_3 sowie anderen koll. Oxiden u. adsorbierten Ionen sowie zwischen Ionen u. Erdböden untersucht. Der App. kann auch zum Regenerieren von Ionenaustauschern benutzt werden. W. BETCKE. 5030□

Tieftemperatur-Kristallisationsapparat für quantitative Halbmikroverfahren. John P. Friedrich. (Analytic. Chem. **33.** 974—75. Juni 1961. Peoria, Ill., Northern Regional Res. Labor.) (Engl.)

Vf. beschreibt einen App. zur Ausführung von Tieftemp.-Kristallisationen u. seine Anwendung. K. OHLS. 5048□

Massenspektrographie. Otto Osberghaus. (Z. Instrumentenkunde **68.** 283—92. Dez. 1960. Freiburg/Br.) (Dt.)

Beschreibung der wichtigsten Typen der für die chem. Analyse verwendeten Massenspektrographen, bes. wird als neues Arbeitsgebiet die Spurenanalyse in Festkörpern mit dem doppeltfokussierenden Massenspektrographen nach MATTAUCH u. HERZOG hervorgehoben. E. KLEVER. 5052□

Zur Auswertung massenspektrometrischer Analysen bei Benutzung digitaler Rechenautomaten. Albert Herlan. (Z. analyt. Chem. **180.** 321—30. 1961. Karlsruhe, TH, Inst. für Gas-, Feuerungstechn. u. Wasserchem.) (Dt.)

Es wird ein Verf. mitgeteilt, das eine schnelle Aufstellung der zur massenspektrometr. Analyse benötigten Matrizen gestattet. Es wurden 28 Komponenten mit Massen bis zu 106, bes. KW-Stoffe, untersucht. Das Verf. ist nur in digitalen Rechenmaschinen anwendbar. E. FAULHABER. 5052□

Das Spiegelmikroskop und seine Anwendungen. H. Riesenberg. (Jenaer Jb. **1956.** 30—78; herausgeg. 1957.) (Dt.)

Zusammenfassender Überblick an Hand des Schrifttums. — 89 Literaturhinweise (bis 1956). C. GOTTFRIED. 5056

Ätzung eines Katharometers aus Platindraht durch Dämpfe flüchtiger organischer Säuren. Toshiaki Kuroiwa, Mineo Nagano und Keiji Kubo. (J. chem. Soc. Japan, pure Chem. Sect. [Nippon Kagaku Zassi] **81.** 347—49. Febr. 1960. Tôkyô-Musasino, Tekkôsya, Tyûô-Kenkyûzyo.) (Jap.; Auszug: Engl. S. A 24.)

Die Ätzung eines Pt-Drahtes wird durch Dämpfe niedermol. Carbonsäuren bei 140° durch Messung des elektr. Widerstands untersucht. Eine Änderung des Widerstands wird im Laufe von 5 Std. prakt. nicht beobachtet. Pt-Draht kann also als Detektor bei der Gaschromatographie flüchtiger Carbonsäuren verwendet werden.
E. MAEKAWA. 5062□

Dünnschichtchromatographie. Arne Jensen. (Tidsskr. Kjemi, Bergves. Metallurgi **11.** 14—16. 31/1. 1961 Trondheim, Norges tekn. høgskole, Inst. for Tang og Tareforskn.) (Norw.)

Vf. beschreibt die Meth. der Dünnschichtchromatographie, beginnend mit den Arbeiten von IZMAILOV u. SCHRAIBER, MEINRAD u. HALL, KIRCHNER u. Mitarbeiter, die letztlich zu der modernen Meth. nach STAHL führten, dessen Technik genau beschrieben ist. Die Vorteile der Dünnschichtchromatographie gegenüber der Kolonnen- u. Papierchromatographie sind die große Geschw. (20 Min. bis 1½ Std.) bei guter Trennung der einzelnen Komponenten u. die hervorragende Empfindlichkeit, die bei Aminosäuren mit 0,1 μg angegeben ist. F. MIKSCH. 5062 □

Überführen von Dünnschichtchromatogrammen in haltbare Kunststoff-Filme. Walter Lichtenberger. (Z. analyt. Chem. **185.** 111—12. 1962. Ludwigshafen/Rh., BASF, Anwendungstechn. Abt., Analysenstelle.) (Dt.)

Dünnschichtchromatogramme werden zur Haltbarmachung mit verd. wss. Kunststoffdispersionen besprüht. Bes. geeignet sind Dispersionen, die auf Polyacrylsäureester-, Polyvinylidenchlorid (I) u. Polyvinylpropionat (II)-Basis aufgebaut sind. Nach dem Trocknen ist die Schicht griffest. Klebt man anschließend eine Haftklebefolie auf das Chromatogramm, so kann man es mit der Folie zusammen von der Glasplatte abziehen. Die so erhaltenen Chromatogramme sind papierdünn, biegsam u. weitgehend unempfindlich gegen mechan. Beanspruchung. Sie lassen sich auf Karton geklebt bequem aufbewahren. Andererseits kann man nach dem Besprühen mit der Dispersion das Chromatogramm in W. tauchen u. danach von der Platte abziehen. Besprüht man eine Kieselgelschicht mit Dispersionen von **I** u. **II**, so kann man sie nach dem Trocknen mit dem Spatel von der Platte lösen. Die Festigkeit des Films erlaubt ein Aufkleben auf Karton. Besondere Festigkeit erreicht man mit Polyvinyliden-Mischpolymerisaten, leider tritt ein Gelbstich auf. Rein weiß bleiben die Chromatogramme mit **II**, sind aber empfindlicher. Es werden Dispersionen mit 10—15% Trockensubstanz verwendet. Das Trocknen erfolgt an der Luft oder bei 100°. R. KRÄMER. 5062 □

Konzentrierende Elution von Flecken auf Papierchromatogrammen. Frances Davis, Clyde A. Dubbs und William S. Adams. (Analytic. Chem. **34.** 175—76. Jan. 1962. Los Angeles, Calif., Veterans Admin. Center and Univ. of California, Med. School.) (Engl.)

Zur Elution von Flecken auf Papierchromatogrammen werden diese so ausgeschnitten, daß an einer Seite eine Spitze entsteht. Das Papier wird zwischen Glasplatten geklemmt, wobei die Spitze herausragen muß, u. senkrecht in eine Schale mit dem Elutionsmittel eingestellt. Über Nacht hat sich die Substanz in wenigen mm² an der Spitze angesammelt. Diese kann abgeschnitten u. aufbewahrt werden. Zur Best. kann mit wenigen Tropfen Lsgm. eluiert werden. R. KRÄMER. 5062 □

Frontindicatoren für die Papierchromatographie. Endre Somfalvy und Klara S. Ausch. (J. Chromatogr. [Amsterdam] **2.** 327—30. Mai 1959. Mezöhegyes, Ungarn, Plant. Res. Stat.) (Engl.)

Vff. untersuchen in 12 Laufmitteln 31 organ. Farbstoffe auf ihre Eignung, bei absteigender bzw. aufsteigender Papierchromatographie die Laufmittelfront zu markieren. Hierzu werden die Farbstoffe 1,0—1,5 cm über bzw. unter der späteren Front aufgetragen. Am geeignetsten erweisen sich: Kristallviolett, Rhodamin GGH, Rhodamin ZS, Malachitgrün, Sudan III u. alkohollösl. Nigrosin. Gelbfarbstoffe, wie Auramin O, Metanilgelb, Solarflavin 5 G u. Na-Fluorescein liefern unscharfe Markierung.
F. M. FRIEDRICH-ANDERSECK. 5062 □

Ein Gerät zur kontinuierlichen Messung des ^{32}P-Gehaltes von Effluaten aus chromatographischen Kolonnen. A. R. Krall und L. P. Zill. (Analytica chim. Acta [Amsterdam] **25.** 457—60. Nov. 1961. Baltimore, Md., Res. Inst. for Advanced Studies, Photosynthet. Group.) (Engl.)

Das Effluat der Kolonne wird durch eine flach gewickelte Spirale aus Plastikschlauch mit ca. 1 mm innerem Durchmesser geleitet. Direkt über diese Spirale wird ein Zählrohr mit einem dünnen Endfenster montiert. Da die Anlage in der Nähe der Kolonne steht, sind sowohl Zählrohr als auch Spirale durch ein Gehäuse nach außen abgeschirmt. Die Abschirmung des Endfensters wird durch ein übergestülptes Glasgefäß erreicht. Im vorliegenden Fall enthält die Spirale 0,8 ml Probelösung. Die Zählausbeute für ^{32}P beträgt 6,2%. In Ggw. von $5 \cdot 10^{-4}$ μc ^{32}P in der Spirale wird der Nulleffekt verdoppelt. Bei Verw. organ. Lsgm. zur Elution nimmt man besser Teflonschläuche, da Plastikschläuche angegriffen werden. R. KRÄMER. 5062 □

Eine dielektrische Aufzeichnungsmethode für die Säulenchromatographie. R. A. Grant. (J. appl. Chem. **8.** 136—40. Febr. 1958. London, London Hosp., Med. Coll., Dep. of Biochem.) (Engl.)

An Hand des Schnittbildes der Leitfähigkeitszelle u. von Schaltskizzen wird eine App. beschrieben, die kontinuierlich die DK der Elutions-Fl. (10—15 ml/h) mißt u.

aufträgt. Vf. trennt Gemische von Aminosäuren (Erfassungsgrenze ca. 2 mg) mit n-Propanol–H_2O über eine Säulenfüllung von Cellulosepulver.
F. M. Friedrich-Anderseck. 5062□

Interferenzspektroskopie. H. J. J. Braddick. (Contemporary Physics **2.** 268—76. April 1961.) (Engl.)
Zusammenfassende Darst. der Grundlagen der Interferenzspektroskopie. (Vgl. hierzu C. **1961.** 16946.) E. Klever. 5063□

Ein cyclisches Shearing-Interferometer. P. Hariharan und D. Sen. (J. sci. Instruments **37.** 374—76. Okt. 1960. New Delhi, Nat. Phys. Labor. of India.) (Engl.)
Es wird beschrieben, wie durch Benutzung eines einfachen, cycl. „shearing" Syst. ein „Shearing Interferometer" mit kontinuierlichem „shearing" (Scherung), das leicht zu justieren u. zu handhaben ist, zur Routineprüfung opt. Syst. nutzbar gemacht werden kann. H. Lindberg. 5063□

Ein modifiziertes Doppelspaltinterferometer zur Druckwellenuntersuchung. George H. Markstein. (Rev. sci. Instruments **31.** 1291—96. Dez. 1960. Buffalo, N.Y., Cornell Aeronaut. Labor., Inc.) (Engl.)
Es wird die Möglichkeit diskutiert, das gegenüber dem Mach-Zehnder-Interferometer einfachere, leichter zu handhabende u. billigere Rayleigh-Doppelspaltinterferometer zur Unters. von Druckwellen zu benutzen. Für diesen Zweck wurde die Anordnung mit einer Zylinderlinse versehen, um Interferenzstreifen u. das zu untersuchende Gebiet gleichzeitig auf die Bildebene der Kammer zu fokussieren. Da das von beiden Spalten ausgehende Licht das zu untersuchende Gebiet passieren sollte, mußten die Achsen der Zylinderlinse u. die spaltförmige Lichtquelle gekippt werden. Arbeitsbedingungen u. vorläufige Vers.-Ergebnisse werden angegeben. H. Lindberg. 5063□

Veränderung der Verteilung der Lichtenergie in Beugungsbildern durch Filter verschiedener Durchlässigkeit. G. G. Sljussarew und N. I. Kulikowskaja. (Оптика и Спектроскопия [Optik u. Spektroskopie] **4.** 486—93. April 1958. Leningrad, Opt. Wawilow-Inst.) (Russ.)
Zur Verbesserung des Auflösungsvermögens (gegeben durch die Breite des Hauptmaximums) oder des Kontrastes (gegeben durch die relative Intensität der Nebenmaxima) von Beugungsbildern, z. B. der monochromat. Spaltbilder in Spektrographen, kann die Eintrittspupille als Filter (F) mit örtlich verschiedener Transparenz (T) ausgeführt werden. Die in der Literatur beschriebene Berechnung solcher F ergibt für die T komplizierte, prakt. schwer zu verwirklichende Funktionen. Vff. schlagen die Verw. von F mit mehreren Bereichen (Streifen, Ringen) mit abgestufter, innerhalb eines Bereiches konst. T vor. Die Berechnung solcher F u. einige Ergebnisse ihrer prakt. Verw. werden angeführt. Für die Unterdrückung der ersten 2 Nebenmaxima ist ein F mit 10 Bereichen ausreichend. Es wird gezeigt, daß Auflösungsvermögen u. Kontrast prinzipiell nicht gleichzeitig verbessert werden können. R. Gerbatsch. 5063□

Eine elektronisch kontrollierte Zündvorrichtung für spektrographische Lichtquellen. T. Nakajima, H. Kawaguchi und S. Kinbara. (Spectrochim. Acta [London] **18.** 201—14. Febr. 1962. Tokai-mura, Ibaraki-ken, Japan, Japan Atomic Energy Res. Inst.) (Engl.)
Vff. berichten über eine elektron. kontrollierte Vorr. zum Zünden spektrograph. Lichtquellen. Der Zündfunke wird dabei durch die Entladung eines Kondensators, der durch ein Cockroft-Walton-Syst. auf eine hohe Spannung gebracht wird, erzeugt. Die Dauer der einzelnen intermittierenden Entladungen kann von 20 mSek. bis zu 2 Sek. variiert werden. G. M. Neumann. 5063□

Zur Theorie von Echelett. Ss. G. Rautian. (Оптика и Спектроскопия [Optik u. Spektroskopie] **7.** 564—66. Okt. 1959.) (Russ.)
Mathemat. Betrachtung der doppelten Reflexion von den einzelnen Strichen eines spektrograph. Gitters, wobei darauf hingewiesen wird, daß die beobachteten Reflexionen höherer Ordnung bei $m < O^4$ mit dieser doppelten Reflexion verbunden sind. Als Beispiel wird der Reflexions-Koeff. für $\lambda = 5791$ Å; $d = 1/300$ u. $\vartheta = 18^0$ angeführt, wo nach den früheren Theorien Ordnungen $m = 3$, 4 u. -10 erscheinen; nach den Berechnungen des Vf. erscheinen jedoch mehrere m bes. von negativem Wert.
J. Tůmová. 5063□

Doppelt fokussierender Linsen–Spiegel-Monochromator. Ju. W. Malzew. (Оптика и Спектроскопия [Optik u. Spektroskopie] **4.** 506—12. April 1958. Leningrad, Opt. Wawilow-Inst.) (Russ.)
Vf. beschreibt einen Doppel-Monochromator (M) mit einem koaxial zur opt. Achse angeordneten spiegelnden Zylinder zusammen mit einer Kreisblende an der Stelle des Zwischenspaltes. Als dispergierende Elemente fungieren die äußeren Bereiche paarweise

angeordneter plankonvexer Linsen, die von den Lichtstrahlen wie Prismen im Minimum der Ablenkung durchsetzt werden. Zur Fokussierung des Lichtes vor u. hinter dem M werden bes. lichtstarke Linsen–Spiegel-Kondensoren vorgeschlagen. Die Leistungsfähigkeit dieser aberrationsarmen M wird diskutiert. R. Gerbatsch. 5063□

Krümmung der Spektrallinien in Spiegelmonochromatoren. I. W. Peissachsson. (Оптика и Спектроскопия [Optik u. Spektroskopie] **4.** 481—85. April 1958. Leningrad, Opt. Wawilow-Inst.) (Russ.)

Im Gegensatz zu Spektrographen verschlechtert die Spektrallinienkrümmung (SLK) in Monochromatoren (M) deren Auslösungsvermögen, sie ist eine der wesentlichen Fehlerquellen spektrophotometr. Messungen. Vf. leitet Formeln zur Berechnung der SLK u. der durch sie hervorgerufenen Verzerrungen der App.-Funktion von Prismen- u. Gitter-M ab u. diskutiert Möglichkeiten zur Kompensation der SLK in M mit geraden u. gekrümmten Spalten. Eine Abschätzung der nichtkompensierbaren SLK im IR-Autokollimations-Prismenspektrophotometer IKS-11 wird gegeben. Es wird gezeigt, daß in M mit Plangittern in Autokollimationsaufstellung mit Parabolspiegel die SLK bei geraden Spalten prakt. vollständig korr. werden kann. R. Gerbatsch. 5063□

Über die optimale optische Dichte bei der Absorptionsanalyse von Gas- oder Flüssigkeitsgemischen. A. O. Ssall. (Оптика и Спектроскопия [Optik u. Spektroskopie] **5.** 316—21. Sept. 1958. Unions-Konstruktionsbüro für Analyse-Gerätebau.) (Russ.)

Aufstellung von mathemat. Formeln für die Beurteilung der Maximalfehler von Absorptionsanalysatoren. J. Tůmová. 5063□

Über den Einfluß optischer Größen auf die Nachweisgrenze der Emissionsspektroskopie. T. Schneider. (Spectrochim. Acta [London] **17.** 300—09. März 1961. Basel, N. Zivy and Cie. S. A.) (Dt.)

Aus statist. Photonenschwankungen in der Photoschicht wird theoret. abgeleitet, daß die Nachw.-Grenze bei der Emissionsspektroskopie mit photograph. Registrierung durch entsprechende Wahl der opt. Größen des Dispersions-Syst. entsprechend der natürlichen Linienbreite u. den opt. Aberrationen dieses Syst. erweitert werden kann. W. Betcke. 5063□

Ein Beitrag zum spektrochemischen Problem der Beeinflussung der Linienintensität durch Unterschiede in der chemischen Bindung. H. Nickel und A. Pflugmacher. (Z. analyt. Chem. **184.** 161—65. 1961. Aachen, TH, Inst. für Anorg. Chem. u. Elektrochem.) (Dt.)

Vff. untersuchen den Einfl. der chem. Bindung auf die Linienintensität bei mehreren reinen Fe-Verbb. [metall. Fe, Fe_2O_3, Fe_3O_4, $Fe(OH)_3$ u. FeS] u. konnten zeigen, daß trotz unterschiedlicher Fe-Absolutintensitäten, aber ähnlichem Verlauf der Fahrspektrogramme [$\Delta Y_{Fe/Be} = f(t)$] die ΔY_x-Daten nur geringfügig variierten, da gleichzeitig die Intensität des inneren Standards proportional angehoben wurde. Eine Ausnahme bildete sowohl das zeitliche Abbrand-Verh. als auch die Intensitätsdifferenz von FeS. Die Höhe der Absolutintensitätswerte läßt dabei eine eindeutige Beeinflussung durch die chem. Bindung erkennen. Vff. nehmen an, daß der verschiedene Materialabbau durch die „Bläser-Wrkg." der entstehenden Rk.-Gase verursacht wird. J. Kraetsch. 5063□

Automatischer Titrator. G. I. Bljach, Ju. W. Gorelkinski, I. G. Grinman A. Ja. Ssokolowa und B. N. Schuljar. (Заводская Лаборатория [Betriebs-Lab.] **26.** 1426—29. 1960. Inst. für Kernphys. der Akad. der Wiss. der KasachSSR.) (Russ.)

Konstruktionsbeschreibung u. Arbeitsweise eines automat. Titrators (opt. bzw. amperometr. Kontrolle des Titrationsprozesses). Die App. gestattet, Titrationen mit einer Genauigkeit von 1—2% durchzuführen. S. Baryschnikow. 5066

Konduktometrische Titrationen in Anwesenheit einer hohen Konzentration von Fremdelektrolyt. H. L. Kies und S. H. Tan. (Z. analyt. Chem. **186.** 201—06. 1962. Delft, TH, Inst. für analyt. Chem.) (Dt.)

Bei konduktometr. Titrationen mit Niederfrequenz in Ggw. einer hohen Konz. von Fremdelektrolyt ist nicht nur die genaue Messung der geringen Leitfähigkeitsänderung von großer Wichtigkeit, sondern auch die Ausschaltung der Polarisationserscheinungen. Zu diesem Zweck wird eine Titrationszelle mit großer Zell-Konst. (z. B. 2000 cm^{-1}), ausgestattet mit blanken Pt-Elektroden vorgeschlagen, in der verschiedene Titrationen in konz. Salz-Lsgg. erfolgreich ausgeführt wurden. Zur Messung der Leitfähigkeitsänderung wird ein Dehnungsmesser benutzt. J. Peters. 5066□

Einige Erläuterungen zu potentiometrischen Titrationen bei der Analyse von Legierungen. Duncan R. W. McLaren. (Metallurgia [Manchester] **59.** 257—61. Mai 1959. Sheffield, Bragg Labor.) (Engl.)

Die physikal. Grundlagen, die verwendeten Vorr. u. die Verff. zur potentiometr. Titration werden behandelt. F. VIER. 5066□

Phenylhydrazindithiocarbaminsäure als analytisches Reagens. A. Musil und W. Haas. (Mikrochim. Acta [Wien] **1958.** 756—65. Graz, Univ., Inst. für anorg. u. analyt. Chem.) (Dt.)

Das analyt. Verh. des NH_4-Salzes der Phenylhydrazindithiocarbaminsäure (**I**) wird beschrieben u. dessen Verwendbarkeit aufgezeigt. Das leicht herstellbare Reagens liefert mit vielen Metallen schwerlösl., gut filtrierbare Niederschläge. Die Ndd. von Ag^+ u. Cu^{2+} mit **I** sind nicht unzersetzt trockenbar u. daher für eine gravimetr. Best. nicht geeignet. Da aber die Ndd. ihre Farbe ändern, sobald das Verhältnis **I**:Ag $>$ 1:1 bzw. **I**:Cu $>$ 2:1 ist, ist eine Best. dadurch möglich, daß durch visuellen Vgl. mit einem Standard das Vol. festgestellt wird, in dem eine dem Reagens äquivalente Menge des Metalls enthalten ist. Die in neutraler oder schwach saurer Lsg. ausfallende Pb-Verb. hat die Zus. $(C_6H_5\cdot NH\cdot NH\cdot CSS)_2Pb$. Sie kann bei 120° getrocknet werden u. eignet sich zur gravimetr. Bestimmung. J. PETERS. 5072□

8-Sulfonamidochinoline, eine neue Klasse organischer Reagentien. John H. Billman und Robert Chernin. (Analytic. Chem. **34.** 408—10. März 1962. Bloomington, Ind., Indiana Univ., Chem. Labor.) (Engl.)

Das Verh. von *8-(p-Toluolsulfonamido)-chinolin* (aus 8-Aminochinolin u. p-Toluolsulfonylchlorid durch langsames Zusammenrühren in Pyridin, beim Eingießen in Eiswasser blaßrosa Nd., weiße Kristalle aus 95%ig. A.), *8-Methansulfonamidochinolin*, *8-(2.5-Dimethylbenzolsulfonamido)-chinolin* u. *3.3'-Bis-(chinolin-8-sulfamoyl)-biphenylsulfon* gegenüber einer Reihe von Metallionen der Oxydationsstufen +1 bis +5 in gepufferter schwach saurer, schwach alkal. u. stark alkal. Lsg. wird untersucht. Von allen geprüften Ionen geben nur Ag^+, Co^{2+}, Hg^{2+}, Cu^{2+}, Pb^{2+} u. Zn^{2+} mit den 4 Sulfonamidochinolinen farbige, unlösl. Komplexe. Bei den Ndd. handelt es sich um Chelate, in denen die Sulfonamidogruppe eine saure Funktion ausübt, während die koordinativen Bindungen durch bas. N-Atome vermittelt werden. Die Komplexstrukturen werden diskutiert. W. BETCKE. 5072□

Einige Bemerkungen über die Verwendung des Bombencalorimeters. H. J. Nijkamp. (Analytica chim. Acta [Amsterdam] **24.** 529—32. Juni 1961. Wageningen, Netherlands, Agric. Univ. Coll., Labor. of Animal Physiol.) (Engl.)

Bei den Best. der Verbrennungswärme von organ. Material im Bombencalorimeter macht sich der Einfl. des nicht bekannten Thermometerfehlers ungünstig bemerkbar. Um diesen Einfl. zu verringern, modifiziert Vf. das Best.-Verf. dahingehend, daß alle Best. im nahezu gleichen Temp.-Gebiet des Thermometers ablaufen. Zur Korrektur des beobachteten Temp.-Anstiegs wird eine vereinfachte Formel von REGNAULT-PFAUNDLER verwendet. K. OHLS. 5084□

Sauerstoff-Meßzelle. J. Weissbart und R. Ruka. (Rev. sci. Instruments **32.** 593—95. Mai 1961. Pittsburgh, Pa., Westinghouse Res. Labor.) (Engl.)

Eine galvan. Zelle vom Typ Pt, $O_2(P_1)$/festes Oxid/$O_2(P_2)$Pt wird beschrieben, mit der bei Temp. über 500° der O_2-Partialdruck gemessen werden kann. Quant. Messungen bei Drücken von $1-10^{-5}$ atm zeigen eine nahezu lineare Beziehung zwischen der EMK der Zelle u. dem log des O_2-Druckes bei Temp. von 600—750°. Die Meßzelle ist auch für Drücke $<10^{-5}$ atm zu verwenden. Sie mißt O_2-Drücke in Vakuum-Syst. u. in bewegten Gasgemischen. H. SCHIBILLA. 5086□

a) Elemente und anorganische Verbindungen

Ringofen-tüpfelcolorimetrischer Nachweis carbamatbildender Metallionen neben Aluminium und anderen Metallen. 1. Mitt. H. Malissa und L. J. Ottendorfer. (Analytica chim. Acta [Amsterdam] **25.** 461—62. Nov. 1961. Wien, TH, Inst. für analyt. Chem.) (Dt.)

Vff. geben ein qual. Trennungs-Verf. für Kationen an, die mit Natriumdiäthyldithiocarbamat (Na-DDTC) schwerlösl. Komplexe bilden. Werden diese Kationen in Ggw. beliebiger Mengen nicht mitfallender Kationen im Tüpfelfleck durch Na-DDTC gefällt, so können letztere durch Waschen entfernt werden. Der Me–DDTC-Komplex wird ohne vorherige Trocknung mit Pyridin nach der Ringofen-Meth. von WEISZ zum Ring gewaschen u. das Kation dort nachgewiesen. Die beschriebene Meth. wird am Beispiel der Trennung *Al–Cu* erläutert. K. OHLS. 5106□

Tüpfelprobe und spektralphotometrische Bestimmung von Nitriten und aromatischen Nitrosaminen mit Benzaldehyd-2-benzothiazolylhydrazon und p-Phenylazoanilin. E. Sawicki, T. W. Stanley und W. C. Elbert. (Mikrochim. Acta [Wien] **1961.**

891—98. Cincinnati, Ohio, U. S. Dep. of Health, Educat. and Welfare, Publ. Health Serv., Robert A. Taft Sanitary Engng. Center, Labor. of Engng; Phys. Sci., Div. of Air Pollut.) (Engl.)

HNO_2 diazotiert p-Phenylazoanilin (**I**). Das Diazoniumsalz gibt dann mit Benzaldehyd-2-benzothiazolylhydrazon (**II**) ein Formazan, das in alkal. Lsg. ein intensiv blau gefärbtes Anion liefert. Zum Nachw. des Nitrits gibt man 1 Tropfen der wss. Lsg. auf die Tüpfelplatte u. fügt je 1 Tropfen folgender Lsgg. hinzu: **I** [0,4% ig in 2-Methoxyäthanol (**III**)], **II** (0,5% ig in **III**), 20% ig. wss. NaOH-Lösung. Eine blaue Farbe zeigt mindestens 0,2 μg Nitrit an; kleinere Mengen ergeben eine Grünfärbung (Nachw.-Grenze 0,02 μg). Das reine Reagens ist gelb. Zur photometr. Best. gibt man zu 5 ml der Probe-Lsg. 2 ml **I**-Lsg., 2 ml **II**-Lsg. u. 1 ml 20% ig. wss. NaOH-Lösung. Das Absorptionsmaximum liegt bei 590 nm. Noch 0,08 ppm Nitrit in der End-Lsg. können bestimmt werden. Das Verf. kann auf die Best. von aromat. N-Nitrosaminen u. Alkylnitriten übertragen werden. J. PETERS. G 243□

Nachweis von Nitrat und Nitrit mit N-1-Naphthyläthylendiamin. A. Irudayasamy und A. R. Natarajan. (Analyst **87.** 236—37. März 1962. Madras, India, State Forensic Sci. Labor.) (Engl.)

In konz. H_2SO_4 bilden NO_3^- u. NO_2^- eine violette Farbe mit N-1-Naphthyläthylendiamin, die sich zum Nachw. des einen in Abwesenheit des anderen oder zum Nachw. von NO_3^- in Ggw. von NO_2^- nach dessen vollständiger Zerstörung mit Amidosulfonsäure verwenden läßt. Die Rk. wird auf der Tüpfelplatte oder im Mikroreagensglas ausgeführt, indem man 1 Tropfen der Probe-Lsg. mit 1 Tropfen einer 1% ig. Reagens-Lsg. (Hydrochlorid des Amins) u. 3—4 Tropfen konz. H_2SO_4 versetzt. Selbst in 50fachem Überschuß stören CH_3COO^-, AsO_4^{3-}, HCO_3^-, BiO_3^-, BO_3^{3-}, CO_3^{2-}, Cl^-, CN^-, F^-, MoO_4^{2-}, $(COO)_2^{2-}$, PO_4^{3-}, Pikrat, SO_4^{2-}, Tartrat, SCN^- u. WO_4^{2-} nicht. Dagegen bildet sich mit ClO_3^-, BrO_3^-, JO_3^-, CrO_4^{2-}, VO_3^-, MnO_4^-, $S_2O_8^{2-}$ u. Peroxiden ebenfalls eine violette Farbe; aus Jodiden wird J_2 in Freiheit gesetzt. Br^- stört in 10fachem Überschuß wie auch Fe^{3+} durch Farb-Bldg., während $S_2O_3^{2-}$ eine Farb-Bldg. verhindert. Einige der Oxydationsmittel können beim Nachw. von NO_3^- mit $NaHSO_3$ zerstört werden; überschüssiges Br^- u. J^- läßt sich durch Ag-Acetat entfernen. Doch wird die Empfindlichkeit des Nachw. dadurch erheblich beeinflußt. SO_3^{2-} stört beim Nachw. von NO_3^- nicht, wohl aber beim Nachw. von NO_2^-. Die Empfindlichkeit hängt von der Tropfengröße ab. Werden Tropfen von 0,05 ml verwendet, beträgt die Verdünnungsgrenze 1 : 50000 für NO_3^- u. 1 : 100000 für NO_2^-. Die entsprechenden Nachw.-Grenzen liegen bei 1 μg für NO_3^- u. 0,5 μg für NO_2^-. In Konzz. $>$0,02 m ergibt NO_2^- bei Zusatz des Aminhydrochlorids eine rote Farbe, die wahrscheinlich auf Diazotierung u. Kupplung zurückzuführen ist. GERHARD SCHULZE. G 243□

Bemerkungen zu bromatometrischen Messungen. 2. Mitt. **Hydrazinbestimmung mit Kaliumbromatmaßlösung.** L. Szekeres, E. Sugár und E. Pap. (Z. analyt. Chem. **161.** 38—40. 1958.) (Dt.) — 1. vgl. C. **1959.** 8659; 3. vgl. C. **1959.** 12012.

Inhaltlich ident. mit der C. **1958.** 10455 referierten Arbeit. J. PLANK. G 243

Quantitative fest-gaschromatographische Bestimmung von Carbonylsulfidspuren als Verunreinigung in Kohlendioxid. Harry L. Hall. (Analytic. Chem. **34.** 61—63. Jan. 1962. Atlanta, Ga., Coca-Cola Co.) (Engl.)

COS in Spuren (0,5—2700 ppm) in CO_2 wurde mit einem handelsüblichen Gaschromatographen u. β-Ionisationsdetektor in einer 4 ft. langen Silicagelsäule (aktiviert, 40—60 mesh) bei 25° quant. bestimmt. Als Trägergas diente Ar mit einer Durchfluß-Geschw. von 200 cm^3/min. Ein für den Säulenkopf passendes, evakuierbares Probennehmerventil wurde konstruiert. Die Retentionszeit betrug für COS 16 Minuten. W. wird auf der Säule zurückgehalten. Retentionszeiten für andere mögliche Verunreinigungen: O_2, N_2 1,5, SO_2 6,0, C_2H_2 23,6, H_2S 32,0, CS_2 46,0 Min. (50°).

HANSJOACHIM THIELE. G 260□

Bestimmung kleinster Mengen Kohlenstoff in Titanschwamm durch Hochfrequenzverbrennung. Kameji Shimazaki, Tsuyoshi Nakayama und Reiko Nakamura. (Nippon Kinzoku Gakkai-Si [J. Japan Inst. Metals] **25.** 269—73. 1961.) (Jap.; Auszug: Engl.)

Zur Aufnahme der Probe dient ein aus 10 (Teilen) Al_2O_3 u. 8 SiO_2 bestehender Tiegel. Man versetzt die Probe mit einigen Spänen des Tiegelwerkstoffes, erhitzt 40 bis 60 Sek., bevor O_2 im Hochfrequenzfeld durchgeleitet wird, friert das entstandene CO_2 mit fl. O_2 aus, verdampft u. mißt den Druck. Die Best.-Zeit beträgt ca. 16 Min., die Genauigkeit $\pm$0,00021, die Reproduzierbarkeit $\pm$0,00053%. Der Tiegel erleidet durch diese Arbeitsweise keine Schädigung. W. WESLY. G 260□

Spektralmethode zur Bestimmung von Beimengungen in Kohlen und Graphit hoher Reinheit. A. A. Demidow und L. B. Gorbunowa. (Заводская Лаборатория [Betriebs-Lab.] **25.** 956—57. 1959.) (Russ.)

Da die direkte spektrograph. Best. von Verunreinigungen (*Si*, *Fe*, *Mg*, *Al* u. a.) in Kohle u. hochreinem Graphit unbefriedigend bleibt, beschreiben Vff. eine Anreicherungs-Meth., bei der BeO als Kollektor für die Fremdelemente verwendet wird. 5 g der gepulverten Probe werden im Porzellantiegel mit 100 mg reinstem BeO vermischt u. der Graphit bei 800° vollständig verbrannt, was 12—15 Std. in Anspruch nimmt. Die Probe wird nach Abkühlen zerkleinert, Einwaagen von je 20 mg in die Höhlung einer spektralreinen, bei einer Stromstärke von 10—12 A 20 Sek. lang vorgeglühten Kohleanode eingefüllt u. im Gleichstrombogen (10—12 A) aufgenommen, wobei die Probe völlig ausgebrannt (3—3,5 Min.) u. ein konst. Elektrodenabstand von 3 mm durch Nachregulieren aufrechterhalten wird. Zur Auswertung dienen die Linien Al 3082,2, Al 3861,5 u. Al 3092,71, Mg 2852,1, Fe 3020,6, Si 2881,6 u. Ca 3968,4 Å. Die Herst. der Eichproben, bei denen dem BeO (mit Ausnahme von SiO_2) die Elemente als Nitrate zugesetzt werden u. die Resultate einiger nach diesem Verf. ausgeführter Analysen sind angegeben. Das untersuchte Material enthält Verunreinigungen in Mengen zwischen 10^{-3} u. 10^{-5}%. Der Fehler der Best. beträgt 25—30%. H.-J. OSTMANN. G 260□

Bestimmung von Kohlenstoff, Sauerstoff und Silicium in Festkörpern durch Aktivierungsanalyse mit 15-MeV-Deuteronen. John W. Winchester und Michael L. Bottino. (Analytic. Chem. **33.** 472—73. März 1961. Cambridge, Mass., MIT, Dep. of Geol. and Geophys.) (Engl.)

Mit 15 MeV-Deuteronen aus dem MIT-Cyclotron werden verschiedene Mischungen aus SiO_2 u. SiC beschossen u. mit β-Proportionaldetektoren bzw. Scintillationszählern das β/γ-Verhältnis der gebildeten Isotopen ^{31}Si u. ^{18}F bestimmt; aus dem Impulsverhältnis folgt das Verhältnis O/Si. Aus dem Impulsverhältnis für ^{13}N u. ^{18}F wird das Verhältnis C/O erhalten; C/O ist zwischen 0 u. $4 \cdot 10^{-2}$ linear vom Impulsverhältnis abhängig. HERBERT MÜLLER. G 261□

Röntgenfluorescenzspektroskopische Bestimmung von Arsenspuren nach einer modifizierten Gutzeit-Methode. E. Jackwerth und H. G. Kloppenburg. (Z. analyt. Chem. **186.** 428—36. 1962. Darmstadt, E. Merck-AG., Kontroll-Labor.) (Dt.)

Vff. besprechen die Fehlermöglichkeiten bei der Best. von As-Spuren nach der GUTZEIT-Meth., bei der As zu AsH_3 red., abdest., auf einem Reagenspapier zu einer farbigen Verb. umgesetzt u. durch meist visuellen Vgl. mit Standardfärbungen bestimmt wird. Durch Übergang zur Röntgenspektroskopie als Meß-Verf. sowie genaue Einhaltung einer optimalen Dest.-Dauer wird die Genauigkeit gegenüber visuellem Vgl. bzw. Remissionsmessung bedeutend erhöht. Entw.-App., Bereitung des Reagenspapiers sowie Unterss. über Höhe u. Schwankungen der Untergrundstrahlung werden beschrieben. Es wurde $HgBr_2$-Papier benutzt u. As durch Zn in $SnCl_2$-haltiger HCl in Ggw. von $CuSO_4$ red., wobei nach 1 Std. das gesamte As in das Reagenspapier übergegangen war. Verwendet wurde ein „Kristalloflex"-Röntgenspektrometer in Verbindung mit einem Strahlungsmeßgerät GS, Mo-Strahlung (Anregung mit 40 kV/40 mA), LiF-Analysator u. Scintillationszähler mit Diskriminierung (Impulshöhe 8 V, Kanalbreite 14 V); gemessen wurde die As-Kα-Linie bei 33,98°, durch deren ungestörte Lage das Verf. für As spezif. wird. Die Eichfunktion ist zwischen 0 u. 5 μg As linear. Die Vorbereitung von anorgan. u. organ. Proben wird erörtert. Die röntgenspektralanalyt. Erfassungsgrenze (0,2 μg As) entspricht etwa der Sichtbarkeitsgrenze der gefärbten Verbindung. H.-J. OSTMANN. G 265□

Eine neue titrimetrische Halbmikro-Schnellbestimmung von Quecksilber. Kshitish Chandra Seal. (Analytica chim. Acta [Amsterdam] **24.** 536—40. Juni 1961. Calcutta, Governm. Test House.) (Engl.)

Vf. beschreibt eine einfache Halbmikro-Schnellmeth. zur volumetr. Best. von Hg^{2+} mit KJ bei Ggw. von $NaHCO_3$. KJO_4 dient als Indicator. Der Endpunkt wird angezeigt, wenn das erste überschüssige J^- durch JO_4^- zum J_2 oxydiert u. im zugesetzten CCl_4 mit violetter Farbe gelöst worden ist. Zur Verhinderung einer Fällung von $Hg(JO_4)_2$ werden geringe Mengen KCl oder NaCl zugesetzt. 0,5—5 mg Hg lassen sich nach dieser Meth. mit einem Fehler, der innerhalb der für Halbmikro- u. Mikroanalysen erlaubten Grenzen liegt, bestimmen. Die Anionen Cl^-, S^{2-}, SO_4^{2-}, AsO_4^{3-}, $H_2PO_4^-$ u. NO_3^- zeigen keinen Einfl., während die Best. bei Ggw. von Br^- u. J^- unmöglich ist. Cu^{2+}, Zn^{2+} u. Fe^{3+} stören nicht, wenn genügend JO_4^- vorhanden ist. Bei Ggw. von Fe^{3+} ist die Zugabe von KF zweckmäßig; bei Ggw. von Pb^{2+} kann eine Störung durch Zusatz von KCl u. KH_2PO_4 ausgeschaltet werden. Ca^{2+}, Mg^{2+} u. Al^{3+} haben keinen Einfl. auf die Bestimmung. Organ. Hg-Verbb. können ebenfalls nach dieser Meth. analysiert werden. K. OHLS. G 290□

Die Trennung von Strontium-90 und Yttrium-90 mit Ionenaustauscherpapieren. Patricia C. Stein. (Analytic. Chem. **34.** 352—54. März 1962. Los Alamos, N. Mex., Univ. of California, Los Alamos Sci. Labor.) (Engl.)

^{90}Sr u. ^{90}Y lassen sich papierchromatograph. an mit Ionenaustauschern imprägniertem Papier voneinander trennen. Am besten eignet sich ein Amberlite-IR-120-Papier (Eluiermittel Citrat-Lsg. vom pH 3,8; Sr—R_f = 0; Y—R_f = 0,75), ein Amberlite-IR-4 B-Papier, OH-Form (Eluiermittel W., Sr—R_f = 0,57—0,87; Y—R_f = 0) u. ein Cellulosephosphatpapier (Eluiermittel 5n HCl, Sr—R_f = 0,89; Y—R_f = 0). Die Lage der Sr- bzw. Y-Flecken wird durch β-Zählung ermittelt. Die Halbwertszeit von ^{90}Y wurde aus einigen Messungen des Intensitätsabfalls zu 65,0 ± 0,3 Std. bestimmt.

W. BETCKE. G 300□

Extraktion von Zirkonium mit Tri-n-butylphosphat. R. F. Rolf. (Analytic. Chem. **33.** 149—50. Jan. 1961. Midland, Mich., Dow Chem. Co., Nucl. and Basic Res. Labor.) (Engl.)

Die beobachtete Extraktion von μg-Mengen von Zr durch Tri-n-butylphosphat (TBP) scheint von der Konz. an *Di-n-butylphosphat* (DHBP) abzuhängen. Bei der sauren Hydrolyse oder bei der Radiolyse von TBP entsteht nämlich DHBP u. die gebildete Menge von DHBP steigt, wenn die Acidität oder die Kontaktzeit steigen. DHBP wird TBP in HNO_3-Lsg. als Extraktionsmittel für Zr vorgezogen, da mit TBP auch Th u. U extrahiert werden, nicht jedoch mit DHBP. G. HELLER. G 322□

Empfindlichkeiten von Hafnium-Linien in Graphit-Matrix bei unterbrochener Wechselstrombogenanregung. C. G. Lele und V. Yatirajam. (J. sci. ind. Res. [New Delhi], Sect. B **20.** 596—98. Dez. 1961. Poona, Nat. Chem. Labor., Inorg. Chem. Div.) (Engl.)

Im Hinblick auf die Hf-Best. in Reaktormaterial (speziell Zr) wurde die Empfindlichkeit der intensiveren Hf-Linien im Spektralbereich 2500—3550 Å in einer Graphitmatrix unter Benutzung einer Wechselstrombogenanregung bestimmt. Die Verss. zeigen, daß die Hf-Linie Hf II 3134,718 Å die empfindlichste Linie im untersuchten Spektralbereich ist. Als die nächst-empfindlichste wurde die Hf II 3399,795 Å-Linie bestimmt.

M. GUERLIN. G 323

Radiometrische Bestimmung von Thoriumspuren in Gegenwart von vierwertigem Cer und Lanthan. K. R. Kar und B. C. Sawhney. (J. sci. ind. Res. [New Delhi], Sect. B **18.** 39—40. Jan. 1959. Delhi, Univ., Dep. of Chem.) (Engl.) — Vgl. C. **1961.** 599.

Th wird mit ca. 1 mg akt. Na-Pyrophosphat (ca. 20000 c/Mol) aus 0,5n HNO_3-saurer Lsg. gefällt. Das durch vorherigen Zusatz von ca. 50 mg $AgNO_3$ u. ca. 35 mg NH_4SCN gebildete AgSCN dient als Kollektor für das Th-Salz. Nach 15 Min. langem Rühren wird zentrifugiert, die Aktivität eines definierten Anteils der überstehenden Lsg. gemessen u. mit einer Blindprobe verglichen. Vff. bestimmen Th-Geh. von 90 bis 155 μg neben 95—550 μg Ce u. 90—300 μg La mit einer Genauigkeit von ca. ±1%.

F. M. FRIEDRICH-ANDERSECK. G 324□

Bestimmung von Calcium, Magnesium, Aluminium, Silicium und Zinn in affiniertem Platin und Palladium. Ss. A. Borowik, A. W. Babajewa, N. I. Uschakowa und R. I. Rudy. (Журнал Аналитической Химии [J. analyt. Chem.] **13.** 580—82. Sept./Okt. 1958. Moskau, Inst. für allg. u. anorg. Chem. der Akad. der Wiss. der UdSSR.) (Russ.)

Vff. beschreiben die spektralanalyt. Best. von Verunreinigungen durch Ca, Mg, Al, Si u. Sn in affiniertem Pt u. Pd. Die Aufstellung der Eichkurven u. die Herst. der dazu benötigten Lsgg. werden eingehend beschrieben. Die Metalle werden in Königswasser gelöst, HNO_3 u. Stickstoffoxyde durch Kochen mit konz. HCl u. weitgehendes Eindampfen entfernt u. die mit W. wieder auf bestimmte Vol. verd. Lsgg. 3 Min. lang zwischen zwei im Abstand von 3 mm angeordneten Kohleelektroden zerstäubt; die Anregung geschieht durch eine Bogenentladung. Pt bzw. Pd werden als innerer Standard verwendet; sofern ihre analyt. Linien weit entfernt bzw. von nicht mehr meßbarer Intensität sind, wird die Linie der Verunreinigung gegen die Untergrundschwärzung gemessen. Folgende Linienpaare werden benutzt: Ca II 3933,67—Pt I 3966,36 (—Pd I 3958,64 bzw. 3922,96); Mg II 2802,69—Pt I 2803,24; Mg I 2852,13—Pd II 2854,58; Al I 3961,52—Pt I 3966,36 (—Pd I 3958,64); Si I 2881,58—Pt I 2893,87 (—Pd Untergrund); Sn I 3034,12—Pt I 3036,43 (—Pd II 3032,08). Die Genauigkeit wird mit 6—7% angegeben; die erreichten Empfindlichkeiten betragen $1 \cdot 10^{-5}$% Ca, $3 \cdot 10^{-5}$% Mg, $1 \cdot 10^{-4}$% Al, $1 \cdot 10^{-4}$% Si u. $3 \cdot 10^{-4}$% Sn. H.-J. OSTMANN. G 327□

Komplexometrische Bleibestimmung unter Verwendung der Indicatoren Xylenolorange und Methylthymolblau. A. N. Karolew und M. K. Koitschew. (Заводская Лаборатория [Betriebs-Lab.] **25.** 546—47. 1959. Kyrdschali, Blei- u. Zinkfabrik.) (Russ.) — Vgl. C. **1958.** 13594.

0,2—0,5 g Substanz werden unter Erwärmen in 10 ml konz. HCl gelöst. Nach Zugabe von 5 ml konz. HNO_3 läßt man aufkochen. Dann werden 10 ml H_2SO_4 (1 : 1) zugefügt, das Gemisch wird bis zum Auftreten von SO_3-Dämpfen erwärmt. Nach Abkühlung, Zugabe von 60—70 ml W., Kochen (Auflösung der Sulfate) u. Abkühlung (Ausfällung des $PbSO_4$) wird filtriert, u. der Nd. ($PbSO_4$) mit 2%ig. H_2SO_4, dann mit W. Fe-frei gewaschen. Das in 2%ig. NH_4-Acetat-Lsg. bzw. im Acetat–Chlorid-Gemisch gelöste $PbSO_4$ wird mit 0,02m Trilon-Lsg. titriert. Bei Verw. von Xylenolorange wird der pH-Wert der NH_4-Acetat-Lsg. bzw. der des Acetat–Chlorid-Gemisches auf 6,5—7,0 eingestellt (Titration bis gelb); bei Verw. von Methylthymolblau beträgt der pH-Wert 7,0—7,5 (Titration bis gelblich grün). Beide Varianten der Analyse ermöglichen eine Pb-Best. in Pb-Konzentraten, Agglomeraten u. Steinen mit prakt. derselben Genauigkeit wie nach der Chromat-Methode. S. Baryschnikow. G 328

Amperometrische Bestimmung von Vanadin als Vanadylselenit. G. S. Deshmukh O. P. Asthana und V. S. N. Pillai. (Z. analyt. Chem. **185.** **429—34.** 1962. Varanasi, India, Banaras Hindu Univ., Div. of analyt. Chem.) (Engl.)

Vff. beschreiben eine Meth. zur amperometr. Titration von V, die auf der Fällung des V als Vanadylselenit beruht. Zu einer bekannten Menge einer wss. SeO_3^{2-}-Lsg. gibt man soviel NH_4-Acetat-Lsg. u. A., daß die Gesamt-Konz. von NH_4-Acetat bei 0,044m u. von A. bei 50—55% liegt. Durch die Zugabe von A. soll die Hydrolyse des $VOSeO_3$ herabgesetzt werden. Der pH-Wert soll zwischen 5,3 u. 5,5 liegen. Durch 10 Min. langes Durchleiten von gereinigtem N_2 wird die Lsg. von Luft befreit. Nach jeder Zugabe der VO^{2+}-Lsg. durchmischt man die Lsg. mit Hilfe eines N_2-Stromes, läßt den Nd. absitzen u. mißt den Diffusionsstrom bei einem Potential von — 1,10 V (gegen die gesätt. Kalomelelektrode). Man erhält eine V-förmige Titrationskurve. Das molare Verhältnis Se : V = 1 : 1 läßt auf die Bldg. eines normalen Selenits ($VOSeO_3$) schließen.

J. Peters. G 330□

Spektralanalyse von Chrom auf den Gehalt an Beimengungen. Je. W. Lifschitz und N. I. Bugajewa. (Заводская Лаборатория [Betriebs-Lab.] **25.** 952—54. 1959. Physiko-techn. Inst. der Akad. der Wiss. der UkrainSSR.) (Russ.)

Vff. untersuchen die spekralanalyt. Best. von Verunreinigungen in metall. Cr. Wegen der ungleichmäßigen Verteilung der Beimengungen im Metall wird zur Herst. der Eichproben Cr-Oxid [erhalten durch therm. Zers. von $(NH_4)_2CrO_4$ bei 800°] verwendet; die Analysenprobe wird durch Lösen in HCl, Fällung mit NH_3, Trocknung, Erhitzen des Nd. auf 200—300° (Entfernung von NH_4-Salzen) u. Glühen (1 Std.) bei 800° in Cr_2O_3 verwandelt. Cd, Bi, Pb, Sn u. Sb verdampfen im Gleichstrombogen während der ersten 5—20 Sek. erheblich schneller als Cr; Al, Fe, Si, Ni u. Mg dagegen mit gleicher Geschw. wie die Grundsubstanz. Für die Best. der schwerflüchtigen Verunreinigungen wird die als Oxid vorliegende Probe mit der gleichen Menge spektralreinen Graphits bzw. einem Gemisch aus 5 Teilen Graphit u. 1 Teil NiO (bei Anwendung von Ni als innerem Standard) vermischt; bei der Analyse der leichtflüchtigen Verunreinigungen unterbleibt diese Vermischung. Die Hauptbegleitelemente (Fe, Al, Si) werden unter Anwendung von Cr als innerem Standard bestimmt; die Anwendung von Ni als innerer Standard (für Al, Si, Fe, Mg, Mn u. Cu) ist ebenfalls möglich. Außerdem können alle Beimengungen (außer Fe, Al, Si) auch über die Absolutintensitäten ihrer Linien bestimmt werden. Zur Anregung dient ein Gleichstrombogen von 220 V u. 10 A, Elektrodenabstand 3 mm, Belichtungszeit 60 Sekunden. Zur Anreicherung der leichtverdampfbaren Verunreinigungen werden diese bei 1500° (Cr ist hier kaum flüchtig) aus einer mit Vertiefung (8 mm lang u. 3 mm ∅) versehenen Kohleelektrode verdampft u. auf einem 1—2 mm entfernten Kohlestab kondensiert. Vom Kondensat wird dann ein Funkenspektrum aufgenommen. Die Empfindlichkeit steigt hier auf $1 \cdot 10^{-4}$%, während sie bei der direkten Best. von Al, Fe, Si u. Co 0,005%, Mg, Mn u. Cu 0,001%, Be 0,0003% u. Ni 0,01% beträgt. Die verwendeten Linien bzw. -paare sind tabellar. aufgeführt. Der mittlere wahrscheinliche Fehler wird mit ca. 12% angegeben. H.-J. Ostmann. G 335□

Photometrische Bestimmung von Molybdän im fünfwertigen Zustand mit 8-Hydroxychinolin-5-sulfonsäure. A. I. Busev und Chang Fan. (Talanta [London] **9.** 107—11. Febr. 1962. Moscow, M.V. Lomonossow State Univ., Dep. of Chem.) (Engl.)

Vff. beschreiben eine photometr. Meth. zur Best. kleiner Mengen Mo (nach Red. zur 5wertigen Stufe) mit 8-Hydroxychinolin-5-sulfonsäure (I). Das Beersche Gesetz ist im Bereich zwischen 3 u. 13 µg/Liter Mo erfüllt. Große Mengen W sowie Mg, Ca, Ba, Ni, Cd, Al, Th, Mn(II), Cr(III) u. kleine Mengen Bi, Cu oder U stören nicht, während durch Vanadate, Fe(II), Co, Zn, Komplexon III u. Weinsäure das Verf. stark beeinträchtigt wird. — Arbeitsvorschrift: Man vermischt 10 ml einer schwach sauren Lsg. mit einem Mo-Geh. zwischen 0,15 u. 0,65 mg mit 5 ml einer neutralen 0,1m wss.

I-Lsg., 1,5 ml einer wss. neutralisierten, 0,2 g $[N_2H_6]Cl_2$/ml enthaltenden Lsg. u. 10 ml eines Acetatpuffers (pH 3,6), erhitzt die Lsg. 15—20 Min. lang auf dem sd. Wasserbad, kühlt ab u. mißt nach 2 Std. die Extinktion der auf 50 ml verd. Lsg. bei 540 mμ.

J. KRAETSCH. G 336□

Unithiol als Reagens auf Molybdän. A. I. Busev, Chang Fan und Z. P. Kuzyaeva. (Talanta [London] **9.** 113—17. Febr. 1962. Moscow, M.V. Lomonossow State Univ.) (Engl.)

Vff. untersuchten die Eignung von Unithiol (Na-2.3-Dimercaptopropansulfonat) (**I**) für den Nachw. von Mo. 2 Moll. Mo(V) reagieren mit 4 Moll. **I** in saurer Lsg. unter Bldg. gelb gefärbter Komplexe (Absorptionsmaximum 335 mμ, mol. Extinktions-Koeff. bei pH 2 7200). 2 Moll. Mo(VI) werden durch 1 Moll. **I** zu Mo(V) reduziert. Cr oder Hg(II) geben in salzsaurer Lsg. keine Färbung; mit Hg(I) wird ein graubrauner, mit Pb(II) ein gelber Nd. erhalten.

J. KRAETSCH. G 336□

Spektrophotometrische Bestimmung von Mikrogrammengen Uran mit Solochrom Fast Red. J. Korkisch und G. E. Janauer. (Analytica chim. Acta [Amsterdam] **25.** 463—69. Nov. 1961. Vienna, Univ. of Vienna, Analyt. Inst.) (Engl.)

Vff. beschreiben eine photometr. Meth. zur Best. von U(VI) in μg-Mengen mit Solochrom Fast Red (**I**). Bei Rk. von 100 μg UO_2^{2+} mit 1 ml einer 0,5%ig. **I**-Lsg. in Methanol in Ggw. von 1 ml 2,5m CH_3COONa-Lsg. bildet sich ein orangebraun gefärbter U-I-Komplex, dessen Absorptionsmaximum bei 490 nm liegt. Der Einfl. von Säurezusatz u. verschiedenen Lsgm. (Methanol, A., n-Propanol, Isopropanol, Äthylenglykol, Aceton u. Dioxan) auf die Extinktion wurde untersucht. Die Extinktion ändert sich im Temp.-Bereich von 10—30° u. über einen Zeitraum von 24 Std. nicht: das BEERsche Gesetz ist über einen Konz.-Bereich von 0—300 μg U erfüllt. Die Best.-Meth. wird von zahlreichen Fremdionen beeinflußt. Bis zu Mengen von 100 μg können Fe^{3+}, Cu^{2+} u. Th^{4+} mit EDTA maskiert werden, größere Mengen müssen mit Hilfe von Ionenaustausch-Meth. vom U abgetrennt werden. Der Einfl. von Mg^{2+}, Ca^{2+}, Sr^{2+}, Ba^{2+}, Al^{3+}, Sn^{2+}, Pb^{2+}, Bi^{3+}, Cu^{2+}, Zn^{2+}, Cd^{2+}, Hg^{2+}, Y^{3+}, La^{3+}, Ce^{3+}, Nd^{3+}, Pr^{3+}, Ti^{4+}, Zr^{4+}, Hf^{4+}, Th^{4+}, V^{5+}, Cr^{3+}, Mo^{6+}, W^{6+}, Mn^{2+}, Fe^{3+}, Co^{2+}, Ni^{2+}, Pd^{2+}, Pt^{4+} bis zum 10fachem Überschuß u. von Br^-, J^-, F^-, NO_3^-, SO_4^{2-}, $H_2PO_4^-$, CN^-, AsO_4^{3-}, SCN^-, Oxalat, Citrat u. Tartrat in 20fachem Überschuß gegenüber der U-Menge wurde ermittelt. Der Prozentuale Fehler der Best. von 10—300 μg U/10 ml Lsg. beträgt nach der beschriebenen Meth. im Mittel ± 3%. Unterhalb 10 μg U steigt der Fehler auf ± 5—10%.

K. OHLS. G 339□

Analyse von Reaktorbrennstoffen und -materialien in der Abteilung für analytische Chemie des Instituts für Kernforschung der Polnischen Akademie der Wissenschaften. Jerzy Minczewski. (Атомная Энергия [Atomenergie] **11.** 46—55. Juli 1961.) (Russ.)

Übersicht über die wichtigsten Arbeiten des Institutes über die Best. von *U* in Erzen u. Konzentraten, sowie über die Best. verschiedener Beimengungen bes. von *B* u. *Seltenen Erden* in reinen U-Präparaten. Vgl. der verschiedenen Methoden. — 66 Literaturangaben.

E. KLEVER. G 339□

Die Analyse von Oxideinschlüssen in Stahl im Mikrogrammbereich. 1. Mitt. **Die Bestimmung von Kieselsäure, Tonerde, Eisenoxid und Manganoxid.** S. Meyer und O. G. Koch. (Mikrochim. Acta [Wien] **1958.** 744—55. Neunkirchen/Saar, Neunkircher Eisenwerk A.G., Hauptlabor.) (Dt.) — Vgl. C. **1962.** 9137.

Es wird ein Analysengang zur Mikroanalyse von Oxideinschlüssen in Stahl beschrieben. Aus einer Einwaage von 200—400 μg werden der Reihe nach bestimmt; SiO_2 aus der Gew.-Differenz nach Abrauchen mit 1 Tropfen konz. $HClO_4$ u. 2 Tropfen konz. HF u. 15 Min. langem Glühen bei 850°; Fe nach dem Aufschluß (3 Teile Na_2CO_3 + 3 Teile K_2CO_3 + 4 Teile Borax) u. Lösen der Probe in 6n HCl durch Oxydation mit H_2O_2, Extraktion mit Ae. u. Reextrahieren mit dest. W. photometr. mit o-Phenanthrolin: Al durch Lösen des Eindampfrückstandes der wss. Phase mit 3—5 Tropfen konz. HCl u. dest. W. u. Puffern mit NH_4-Acetat u. 6n NH_4OH auf pH 5,0 nach der Extraktion mit Oxin-Lsg. (1%ig. in Chlf.) photometr. als Oxinat: Mn bei pH 5,4 aus der verbliebenen wss. Lsg. nach Zusatz von Na-Diäthyldithiocarbamat (5%ig. wss. Lsg.) durch Extraktion mit Chlf. photometr. als Carbamat. Die Analyse von 4 Einzelproben kann in 6—8 Std. durchgeführt werden. Der relative Fehler des Analysen-Verf. beträgt im Mittel ± 5 bis 10%.

J. PETERS. G 354

Über die triolonometriche Bestimmung von Eisen. A. A. Baschkirzewa und Je. M. Jakimetz. (Заводская Лаборатория [Betriebs-Lab.] **25.** 510—12. 1959. Uraler Polytechn. Kirow-Inst.) (Russ.)

Die trilonometr. Fe-Best. (mit 0,025—0,050m Trilon-Lsg.) erfolgt bei pH 1,0—1,4 u. 60—70°. Bei Fe-Geh. von 0,1—1,0 mg Fe/100 ml Lsg. wird als Indicator NH_4CNS, bei Fe-Konzz. von 1,0—100 mg/100 ml Lsg. Sulfosalicylsäure (I) angewandt. Größere Beimischungen von Zn^{2+}, Al^{3+}, Mn^{2+}, Alkali- u. Erdalkalimetallen, sowie von Cl^-, NO_3^- u. SO_4^{2-} stören nicht. Die Meth. ermöglicht eine Best. von Fe^{2+} in Ggw. von Fe^{3+}. Die maximale relative Fehlergrenze der Meth. beträgt —0,45 bis +0,20%.
S. BARYSCHNIKOW. G 354

Spektrographische Bestimmung von Fluor in Glimmer mit Hilfe eines Wechselstrombogens. S. Takagi und T. Nakamura. (Spectrochim. Acta [London] **18.** 389—95. März 1962. Hongo, Tokyo, Univ. of Tokyo, Fac. of Sci., Dep. of Chem.) (Engl.)

Vff. entwickeln eine spektrograph. Meth. zur F-Best. in Glimmer, in der das Bandenspektrum des CaF bei 5291,0 Å verwendet wird. Die Anregung erfolgt mit einem Wechselstrombogen von 4 A durch eine Wechselstromquelle von 2400 V. Die optimalen Arbeitsbedingungen werden mit Hilfe einer Reihe von Standardproben von Lepidolith, der mit reinem $CaCO_3$ verd. wurde, ermittelt. Eichkurven ließen sich für den Konz.-Bereich von 0,03—1% F mit einem experimentellen Fehler von 10% aufstellen. Die Meth. wurde auf verschiedene natürliche Glimmerproben von Biotit u. Lepidolith angewendet.
GERHARD SCHULZE. 5292□

b) Organische Verbindungen

Qualitative organische Analyse. William I. Stephen. (Chem. Weekbl. **57.** 273—78. 3/6. 1961. Birmingham, Univ., Dep. of Chem.) (Engl.)

Übersicht über die in den letzten Jahren eingeführten spezif. u. selektiven Prüfungen zum Nachw. von Elementen u. funktionellen Gruppen organ. Verbindungen. — 17 Schrifttumshinweise. W. WESLY. 5350□

Verbrennungsanalyse von papierchromatographischen Flecken. H. Soep. (Nature [London] **192.** 67—68. 7/10. 1961. Beerse, Belgium, Res. Labor. Dr. C. Janssen.) (Engl.)

Am Beispiel des *Haloperidols* (**I**: γ-[4-Hydroy-4-p-chlorphenylpiperidyl-(1)]-propyl-[p-fluorphenyl]-keton, R 1625), einer F-haltigen neurolept. Verb., wird die Möglichkeit der quant. papierchromatograph. Analyse von Halogen-, S-, P-, As-, B-, Cd-, Hg- u. Zn-haltigen Verbb. gezeigt. Der **I**-Fleck (Elution mit Methanol/Amylalkohol/Bzl./W.- 40 ; 20 ; 40 ; 5) wird nach seiner Fluorescenz im UV-Licht abgegrenzt u. in einer SCHÖNIGER-O_2-Flasche verbrannt. Die Verbrennungs-Prodd. werden in 3 ml W. aufgenommen u. ihr F-Geh. colorimetr. bestimmt. Bei einem **I**-Geh. der Flecken von 8—40 μg wurden 85—110% wiedergefunden. W. BETCKE. 5352□

Die Arbeitstechnik in der Elementaranalyse. 1. Mitt. **Halbmikro-Kohlenstoff- und -Wasserstoffbestimmung.** P. Kumpan. (Chem. Techn. **10.** 17—22.Okt. 25. Nov. 1958. Suhl, VVB Glas.) (Dt.)

Es wird eine App. zur Halbmikrobest. von C u. H beschrieben, die sowohl manuell als auch automat. Verbrennungen ermöglicht. Die Heizung erfolgt elektr. oder mit Gas. Die Einzelteile — O_2-Behälter, Reinigung des O_2, Verbrennungsrohr u. Ofen, Absorptionsgefäße u. Eudiometerrohr — werden mit vielen Abb. sehr ausführlich beschrieben, ebenso ihre Bedienung. H. PLUSKAL. 5352□

Zur katalytischen Wirkung von Siliciumdioxid auf die Pyrolyse von Chloroform. H. Ballczo und A. Kosak. (Mikrochim. Acta [Wien] **1962.** 367—75. Wien, Univ., Anorg.-chem. Inst.) (Dt.)

Die katalyt. Wrkg. von SiO_2 u. Silicaten auf die Zers. von Chlf. bei 250° wird untersucht. Dabei wird ein neuer Nachw. von elementarem Cl_2 neben HCl angewendet; Cl_2 wird durch Rk. mit dem in belichtetem Bromsilberpapier fein verteilten Ag u. Sichtbarmachen des gebildeten AgCl mit $K_2[Ni(CN)_4]$ u. Diacetyldioxim erfaßt. Nur SiO_2 erweist sich als wirksam. Seine katalyt. Aktivität kann durch Reiben verstärkt, durch Glühen zum Verschwinden gebracht, durch Befeuchten mit W. u. Trocknen bei 250° aber wieder hervorgerufen werden, was durch Beteiligung schwach saurer Hydroxylgruppen an der deformierten Oberfläche erklärt werden kann. Eine Korrelation zu anderen Oberflächen-Rkk., etwa zum Protonenaufnahmevermögen, konnte nicht festgestellt werden.
J. PETERS. 5352□

Das Verhalten von Molekularsieb 5 A bei der subtraktiven Gaschromatographie. E. R. Adlard und B. T. Whitham. (Nature [London] **192.** 966. 9/12. 1961. Chester, Shell Res. Ltd., Thornton Res. Center. (Engl.)

Vff. untersuchen die gaschromatograph. Trennmöglichkeiten von KW-Stoffgemischen aus *Dokosan* (**I**), *Tetrakosan* (**II**), *Hexakosan* (**III**), *Octakosan* (**IV**), *Dotriakontan* (**V**), *2-Methyldotriakontan* (**VI**), *22-Methyltritetrakontan* (**VII**), *2-Methyleikosan* (**VIII**), *2-Methyltrikosan* (**IX**) u. *13-Methylpentakosan* (**X**) an 86 cm langen Trennsäulen von

6 mm ∅, die mit 26% Siliconfett E 301 auf 52—60 mesh „Sil-O-Cel" Firebrick gefüllt u. denen eine 6 cm lange, mit 30—60 mesh Molekularsieb 5 A gefüllte Trennsäule vorgeschaltet war. Die Vorsäulen-Temp. betrug 320° u. die der anderen 296°. Von der Vorsäule werden **I—VII** sobiert, während **VIII—X** nicht zurückgehalten werden.
W. HEIN. G 510□

Reaktions-Gaschromatographie. 2. Mitt. **Reaktionsprodukte der thermischen Dehydratisierung von Alkoholen und der thermischen Spaltung von 2-Alkyloxy-2-mercaptothiazolidinen.** Friedrich Drawert und Karl-Heinz Reuther. (Chem. Ber. **93.** 3066—70. 2/12. 1960. Siebeldingen über Landau, Bundesforsch.-Anst. für Rebenzücht., Abt. Biochem. u. Physiol.) (Dt.) — 1. vgl. C. **1961.** 1665.

Zur Prüfung, ob bei der Rk.-Gaschromatographie von Alkoholen unter Bildung von *Olefinen* einheitliche Prodd. erhalten werden, wurden wss. Lsgg. bzw. fl. Proben von *Pentanol-(1)*, *A.*, *Propanol-(1)*, *Heptanol-(1)*, *Octanol-(1)* u. *Cyclohexanol* im H_2-Strom in ein auf 170—190° erhitztes Gemisch von Sterchamol (Schamottemehl)/P_2O_5 bzw. H_3PO_4 (2 : 1) gebracht u. die Rk.-Prodd. wurden an Dinonylphthalat auf Sterchamol-Säulen gaschromatographiert. In allen Fällen traten die erwarteten Olefine, daneben jedoch in einigen Fällen auch durch Hydrierung entstandene gesätt. KW-Stoffe (in geringerer Menge) auf. — Zur Anreicherung von Alkoholen aus verd. wss. Lsgg. wurden *2-Alkyloxy-2-mercaptothiazolidine* (Umsetzung der K-Xanthogenate mit 1 Mol Äthylenimin in W., das 1 Mol Eisessig enthält, unter Eiskühlung, Ausschütteln mit Ae.) gebildet. In dem Sterchamol–H_3PO_4-Reaktor erfolgt bei 300° quant. Spaltung dieser Verbb. unter Bldg. von *Olefinen* u. *2-Mercaptothiazolidin.*
E. DEHMLOW. G 550□

Bestimmung von Ameisensäure durch katalytische Oxydation mit Cer(IV). N. K. Mathur, S. P. Rao und D. R. Chowdhary. (Analytica chim. Acta [Amsterdam] **24.** 533—35. Juni 1961. Jodhpur, India, Jaswant Coll., Dep. of Chem.) (Engl.)

Vff. beschreiben eine Meth. zur Best. von Ameisensäure durch Oxydation mit Ce(IV) in Ggw. von KBr. Die Ameisensäure wird dabei stöchiometr. in CO_2 übergeführt, wobei das durch Ce^{4+} zu Br_2 oxydierte Br^- wieder entsteht. Der Verbrauch bzw. die Bldg. von Br^- wird jodometr. verfolgt. Die Meth. kann auch zur Best. von Äpfelsäure, Weinsäure u. Citronensäure verwendet werden.
K. OHLS. G 810□

Bestimmung von Formiaten durch Oxydation mit Quecksilber(II)-chlorid. Sameer Bose. (J. Indian chem. Soc. **35.** 320—22. Mai 1958. Jabalpur, Mahakoshal Mahabidyalaya, Dep. of Chem.) (Engl.)

Das bei der Oxydation von Formiaten mit $HgCl_2$ entstehende HCl wird gewöhnlich nach Zusatz von NaCl mit NaOH gegen Phenolphthalein titriert. Wird an Stelle von NaCl NaJ zur Komplexierung des überschüssigen $HgCl_2$ benutzt, kann der Fehler der Best. von 3—4% auf 0,5% herabgesetzt werden. Sind nur Mikromengen Formiat vorhanden, werden die entstehenden H^+-Ionen besser über einen Umweg bestimmt. Zu der Lsg. gibt man KJ u. $NaJO_3$ u. titriert das in Ggw. von H^+ entstehende J_2 mit Thiosulfat. Für eine gravimetr. Best. kann auch das bei der Oxydation des Formiats entstehende schwerlösl. Hg_2Cl_2 herangezogen werden.
J. PETERS. G 810

Papierchromatographische Trennung von cis- und trans-Äthylenisomeren. Anwendung auf die Isomeren des 2-Äthylcrotonylharnstoffs. E. Saias und A. Perrier. (Ann. pharmac. franç. **18.** 681—82. Sept. 1960. Paris, Labor. Sobio.) (Franz.)

Das *cis-* u. *trans*-Isomere des [*2-Äthylcrotonyl*]-*harnstoffs* konnten papierchromatograph. von WHATMAN Nr. 1-Papier mit 10%ig. NaCl-Lsg. getrennt werden: R_F *cis* 0,90; *trans* 0,80.
K. MAIER. G 880□

Die polarographische Bestimmung von sekundären Aminen. E. A. M. F. Dahmen, D. Vader und J. D. van der Laarse. (Z. analyt. Chem. **186.** 161—74. 1962. Amsterdam, Koninklijke/Shell-Labor.) (Dt.)

Vff. beschreiben die Möglichkeiten der reduktionspolarograph. Analyse von sek. Aminen mit Hilfe der Umsetzung in die Nitrosamine. Die Nitrosierung erfolgt in schwachsaurem Medium bei gewöhnlicher Temperatur. Nach Entfernung des Überschusses an HNO_2 mittels unter Eiskühlung hinzugefügter Sulfaminsäure, Zerstörung etwaiger entstandener Nitroverbb. mit Hilfe von Natriumdithionit bei 55—60° u. Beseitigung seines Überschusses durch Titration mit J_2-Lsg. wird Mineralsäure (bis pH 0,8) u. maximumunterdrückende Gelatine hinzugegeben. Die Red.-Polarographie erfolgt an der tropfenden Hg-Elektrode u. einer gesätt. Kalomelelektrode als Gegenelektrode. Folgende Amine wurden der Meth. unterworfen; *Dimethyl-*, *Diäthyl-*, *Di-n-propyl-*, *Diisopropyl-*, *Di-n-butyl-*, *Dicyclohexyl-*, *Diäthanol-*, *Diallyl-*, *Diphenylamin* u. *N-Methylanilin.* Eine längere KW-Stoffkette erleichtert die Red. des Nitrosamins, verringert dagegen gleichzeitig seine Diffusion. Eine noch leichtere Red. wird beobachtet, wenn die Nitrosamingruppe mit Aromatenringen konjugiert ist. OH-Gruppen u. Doppelbindungen in β-Stellung ändern die Halbstufenpotentiale offenbar nicht, haben aber einen deutlichen Einfl. auf die Diffusion. Die Reproduzierbarkeit der Best. ist auf 1—2% genau. Für ein einziges sek. Amin wirkt die Meth. einwandfrei. Die Halbstufenpotentiale u. Diffusionsströme zeigen jedoch derartige Unterschiede, daß Mischungen nicht ohne weiteres analysiert werden können. Die Best. von Diäthanolamin für die Erdölindustrie u. von Dicyclohexylammoniumnitrit in imprägniertem Papier wird bes. untersucht.

J. PETERS. G 910□

Analyse Stickstoff und Carboxyl enthaltender siliciumorganischer Verbindungen durch Titration in nichtwässerigen Medien. A. P. Kreschkow, W. A. Drosdow und Je. G. Wlassowa. (Заводская Лаборатория [Betriebs-Lab.] **26.** 1080—84. 1960. Moskau, Chem.-technol. Mendelejew-Inst.) (Russ.)

Es werden Meth. zur titrimetr. Best. von Stickstoff u. Carboxylgruppen enthaltenden siliciumorgan. Verbb. beschrieben. Die Best. werden potentiometr. oder mit Hilfe von Indicatoren durchgeführt, als Lsgm. werden Gemische von Acetonitril u. Bzl., Aceton u. Bzl. bzw. Methyläthylketon u. Bzl. im Verhältnis 1 : 1 verwendet. Essigsäure, Essigsäureanhydrid u. Glykol erwiesen sich als nicht brauchbar. Als Indicatoren sind *Kristallviolett*, *Bromkresolpurpur*, *Bromphenolblau*, *Kresolrot* u. *Dimethylaminoazobenzol* (0,5%ig. Lsg. in Acetonitril) sowie *Thymolblau*, *Methylrot* u. *Dimethylorange* (gesätt. Acetonitril-Lsg.) geeignet. Die N-haltigen Verbb. werden mit 0,1n $HClO_4$ in Eisessig, die carboxylhaltigen Substanzen mit einer Lsg. von Tetraäthylammoniumhydroxid titriert.

G. ENGELHARDT. G 980□

Nachweis von Phenylthiohydantoinen auf Papierchromatogrammen. K. R. Hanson und D. R. Whitaker. (Chem. and Ind. **1958.** 43. 11/1. Ottawa, Nat. Res. Labor., Div. of Appl. Biology.) (Engl.)

Zum Nachw. der bei der Endgruppen-Best. von Proteinen durch EDMANN-Abbau erhaltenen 5-substituierten *3-Phenyl-2-thiohydantoine* wird ein Verf. zum Anfärben der Chromatogramme beschrieben. Die Streifen werden 30 Sek. in eine Lsg. von 0,1n $KMnO_4$ u. 0,2n H_2SO_4 getaucht u. gewässert. Die MnO_2-Ausscheidung kann densitometr. gemessen werden: Nachw.-Empfindlichkeit ca. 0,05 µMol Substanz.

E. MOISAR. G 3122□

Komplexometrie in der organischen Analyse. 9. Mitt. **Bestimmung von Aldehyden, Hydroxylamin, Hydrazin und dessen Derivaten durch Oxydation mit Quecksilber(II)-komplexonat.** B. Buděšínský. (Collect. czechoslov. chem. Commun. **26.** 781—87. März 1961. Praha, Forsch.-Inst. für Pharmaz. u. Biochem.) (Dt.) — 8. vgl. C. **1961.** 3762.

Es wurde eine komplexometr. Meth. zur Best. von *Aldehyden* (**I**) [einschließlich *Aldozucker* (**II**)], *Hydroxylamin* (**III**), *Hydrazin* (**IV**) u. seinen Derivv. [*Phenylhydrazin* (**V**), *Isonicotinsäurehydrazid* (**VI**) u. *Semicarbazid*] auf Grund der Oxydation durch überschüssiges Hg(II)-Komplexonat (Na_2HgY: **VII**) in alkal. Lsg. u. Titration der hierbei freigesetzten Y^{4-}-Ionen gegen $Pb(NO_3)_2$ (**VIII**)-Lsg. mit Methylthymolblau (**IX**) als Indicator entwickelt. Die Oxydation von **I** durch **VII** verläuft nach der Summengleichung; $R \cdot CHO + HgY^{2-} + 3\,OH^- = R \cdot COO^- + Y^{4-} + Hg + 2\,H_2O$. Analog verläuft auch die Oxydation von **III** u. **IV** unter Bldg. von N_2O bzw. N_2. Die Oxydation von **IV**-Derivv. ($R \cdot NHNH_2$) führt zu $N_2 + R \cdot OH$. Alle Rkk. hängen von der OH^--Konz. ab. Für die meisten **II** eignet sich $7 \cdot 10^{-2}$m, für sonstige **I** sowie für **III**, **IV** u. seine Derivv. 2m KOH-Lsg.: höhere KOH-Konzz. sind wegen der störenden Wrkg. großer Salzmengen bei der Titration zu vermeiden. Bei **II** treten bei hohen OH^--Konzz. Nebenrkk. (Isomerisierung u. a.) ein. Die erforderliche Rk.-Dauer beträgt bei **III** u. **V** 15 u. bei **VI** 90 Minuten. Glucose, Galaktose, Maltose, Lactose u. a. reagieren mit **VII** quant. in 1 Std. bei Ribose, Mannose, Talose u. a. verläuft die Rk. sehr langsam u. nicht eindeutig, so daß sie analyt. kaum verwertbar ist. Ketosen stören meistens nicht. Von Vorteil ist bei der **I**-Best. die direkte Titration von Y^{4-}-Ionen, die der CHO-Gruppe äquivalent sind, bei der Best. von **III**, **IV** u. seinen Derivv. die Einfachheit u. Selektivität der Meth. (z. B. in Ggw. mehrwertiger Alkohole): hingegen wird die Meth. infolge der Nebenrkk. des **VII** durch die Ggw. von einigen **I** (z. B. Acetaldehyd) sowie von Mercaptanen, Thioverbb. u. a. beeinträchtigt. Gemische von **I** u. **IV**-Derivv. können derart analysiert werden, daß einerseits die Summe beider Komponenten auf Grund der Oxydation durch **VII**, andererseits **I** z. B. mit dem Oximierungs-Verf. bestimmt wird. — Arbeitsvorschrift; 0,2—0,4 mMol **I** (**II**) bzw. **III** (0,1—0,2 mMol **IV** oder **IV**-Derivv.) werden in 10 ml bidest. W. gelöst bzw. aufgeschlämmt u. mit 10 ml 0,1 m **VII**-Lsg. [aus Komplexon III u. $HgO + Hg(NO_3)_2$] sowie einer geeigneten Menge 10 m KOH-Lsg. (0,2—5,0 ml) versetzt: bei **II** wird 1 m KOH-Lsg. benutzt. Nach Durchschütteln wird das Rk.-Gemisch 15—90 Min. lang stehengelassen u. dann mit 50 ml W. verdünnt. Nach Zugabe von ca. 50 mg innigem Gemisch von **IX** mit KNO_3 (1 : 100) wird die Fl.

mit 10m (bei **II** mit 1m) HNO_3-Lsg. bis zum Auftreten der gelben Farbe von **IX** genau neutralisiert: selbst ein kleiner HNO_3-Überschuß stört. Alsdann wird ca. 1 g Urotropin zugesetzt u. die Lsg. gegen 0,05m **VIII**-Lsg. bis zum Umschlag nach Blau titriert. Die maßgebende Abweichung der Meth. beträgt $\leqq \pm 1\%$ relativ.

K. KÁMEN/Prag. G 3400

Polaroid Corp., Cambridge, übert. von: **Howard C. Haas**, Arlington, **Norman W. Schuler**, Billerica, und **Elkan R. Blout**, Belmont, Mass., V.St.A., *Herstellung eines Lichtpolarisators.* (**Can. P. 553 073** vom 17/1. 1956, ausg. 11/2. 1958. A. Prior. 11/3. 1955. — C. **1961**. 607 [F. P. 1 155 112].)

Polaroid Corp., Cambridge, übert. von: **Howard C. Haas**, Arlington, Mass., V.St.A., *Lichtpolarisator.* (**Can. P. 553 074** vom 1/8. 1956, ausg. 11/2. 1958. A. Prior. 9/9. 1955. — C. **1961**. 18523 [F. P. 1 159 769].)

H. Angewandte Chemie

I. Allgemeine chemische Technologie

Berechnungen über Brechen und Mahlen. 1. Mitt. Fred C. Bond. (Brit. chem. Engng. **6**. 378—85. Juni 1961. Milwaukee, Wis., Allis Chalmers Manuf. Co.) (Engl.)

Die Gesetzmäßigkeiten der Zerkleinerung von Stückgut zu Feinkorn, einschließlich der hierzu benötigten Kräfte werden in Theorie u. Modellsubstanzen erläutert. Für den Arbeitsaufwand werden aus der vom Vf. 1951 aufgestellten Theorie über die Proportionalität von Energieaufwand u. gesamter Bruchlänge der gewonnenen Teilchen neue Formeln entwickelt. R. KAISER. 5820□

Festbett-Adsorption. H. M. Barry. (Chem. Engng. **67**. Nr. 3. 105—20. 8/2. 1960. New York, N.Y., Linde Co., Div. of Union Carbide Corp.)

Vf. gibt einen umfassenden Überblick über wissenschaftliche u. techn. Grundlagen für die Anwendung der Adsorption im Festbett; Trocknung von Gasen mit Silicagel, Anwendung von Molekularsieben u. Aktivkohle. — 19 Literaturangaben.

F. ROSENDAHL. 5848□

Herstellung von flüssigem Wasserstoff in größerem Maßstab. Peter C. Vander Arend. (Chem. Engng. Progr. **57**. Nr. 10. 62—67. Okt. 1961. Air Products, Inc.) (Engl.)

Vf. behandelt die Herst. von H_2 durch partielle Oxydation von KW-Stoffen unter Einschluß der Reinigung u. Verflüssigung des gewonnenen H_2. F. ROSENDAHL. 5856□

Eine Tieftemperaturanlage zur Gewinnung von schwerem Wasser. Jost Hänny. (Kälte **13**. 541—46. Okt. 598—602. Nov. 1960. Winterthur.) (Dt.) — Vgl. C. **1961**. 9163.

Beschreibung der Anlage der Emser Werke A.G. in Domat/Ems zur Gewinnung von schwerem W. für Kernreaktoren. Arbeitsweise; elektrolyt. Vorkonzentrierung von natürlichem W. in drei Stufen — 7fache D_2-Anreicherung; Verflüssigung des H_2/HD-Gemisches u. Rektifikation bei 23° K in einer KUHN-Kolonne — 400fache Anreicherung; Verbrennen mit O_2 u. Aufkonzentrieren in einer zweiten KUHN-Kolonne zu 99,8% D_2O. Die Anlage arbeitet mit ölfreien Labyrinthkompressoren u. hochtourigen Expansionsturbinen, ohne N_2-Vorkühlung. Alle Wärmeaustauscher, Turbinen u. Reglerorgane werden ausschließlich durch Hochvakuumisolation geschützt. M. HAGEDORN. 5858□

Laminar fließende Grenzschichten mit rasch verlaufender chemischer Reaktion. A. Acrivos. (Chem. Engng. Sci. **13**. 57—62. Okt. 1960. Univ. of California, Dep. of Chem. Engng.) (Engl.)

Für einen Stoffübergang, der mit einer rasch verlaufenden chem. Rk. zwischen zwei Substanzen verbunden ist, wird eine theoret. Analyse aufgestellt. Durch Anwendung der Asymptotentechnik ist es möglich für laminar über beliebige Oberflächen fließende Grenzschicht in geschlossener Form geeignete Diffusions- u. Energiegleichungen zu lösen. Der Wert für die Massenübergangs-Geschw. einer der beiden Rk.-Partner von der Oberfläche beträgt; Nu = $Nu_0C(\alpha, \lambda)$. Nu = örtliche NUSSELT-Zahl unter Ausschluß der chem. Reaktion. $C(\alpha, \lambda)$ = Korrekturfaktor (unabhängig von der Gestalt der Oberfläche — berechenbar als Funktion der beiden Parameter des fließenden Mediums α u. λ.

H. STRAUCH. 5864□

Konsistenzmessung an pigmentierten Produkten. J. J. Ortega. (Rev. Plásticos **10**. 146—50. Mai/Juni 1959.) (Span.)

Beschreibung des Viscosimeters nach KREBS-STORMER in den Ausführungsformen mit Umdrehungszähler u. Stroboskop-Vorr., seine Anwendungsweise u. die Umrechnung von KREBS-Einheiten in Poise. Für die Umrechnung werden eine Tabelle u. ein Diagramm gegeben. R. K. MÜLLER. 5886□

Versuche mit dem wasserstabilisierten Lichtbogen an nichtmetallischen Werkstoffen. M. Dank, R. A. Nelson, W. R. Sheridan und W. H. Sutton. (J. electrochem. Soc. **106.** 317—21. April 1959. Philadelphia, Pa., General Electr. Co., Missiles and Space Vehicles Dep.) (Engl.)

Vff. verwenden einen kleinen, wasserstabilisierten Plasmalichtbogen zur Best. der Abtragungs-Geschw. von nichtmetall. Werkstoffen bei kurzzeitiger Beanspruchung durch extrem hohe Temp. (7000—12000°K). Untersucht werden Graphit, verschieden imprägnierter Graphit, keram. Werkstoffe, wie SiO_2-gebundenes SiC, geschmolzenes MgO u. SiO_2, SiC, Al_2O_3, Mullit, glasgebundener Glimmer u. ZrO_2, verschieden verstärkte keram. Materialien (gebunden mit H_3PO_4 oder Ca-Aluminat) sowie Kunststoff–Keramik-Kombinationen, wie glasfaserverstärkte Phenolharze. Das beschriebene Verf. ermöglicht die schnelle Unters. der Werkstoffe bei relativ niedrigen Kosten. P. FRENZEL. 5888□

Projekt eines Forschungsschiffes mit organisch moderiertem Reaktor (OMSR). I. Weisbrodt und W. Wiebe. (Atomwirtschaft **6.** 441—46. Sept. 1961. Bensberg bei Köln, Internat. Atomreaktorbau GmbH.: Geesthacht, Ges. für Kernenergieverwertung in Schiffbau u. Schiffahrt mbH.) (Dt.)

Beschreibung eines geplanten Forschungsschiffes mit moderiertem Reaktor. Das Kühlmittel bzw. der Moderator bestehen aus einem Gemisch von o-, m- u. p-Terphenyl mit 30% höhersd. KW-Stoffen. Für die Brennelemente dient die U-Leg. U3,5Mg, 0,1 Al, als Umhüllung die Al-Leg. AlMg3. W. WESLY. 5894□

Undichtigkeitsteste an Reaktoren vom Calder-Typ. J. K. Smith und J. Cheetham. (Proc. Instn. mechan. Engr. **174.** 831—38. 1960. Atomic Energy Authority.) (Engl.)

Beim Betrieb des 1. Calder-Hall-Reaktors traten bedeutende Verluste an dem Kühlmittel CO_2 auf. An weiteren Reaktoren wurden Verss. durchgeführt zur Feststellung des Ausmaßes der Verluste u. der Verluststellen u. zur Verminderung der Verluste an Kühlgas. Vff. befassen sich mit Verlusten an den Calder-Reaktoren 3 u. 4 u. an den Chapelcross-Reaktoren 1 u. 2. Die Unters.-Meth. werden beschrieben. Aus den Ergebnissen werden Schlußfolgerungen für weitere Reaktorneubauten ähnlicher Konstruktion gezogen. GERHARD GÜNTHER. 5894□

Ein Abrahmverfahren für die Entfernung von Oxiden aus der Oberfläche von Natrium-Kalium-Schmelzen. E. K. Inall. (Brit. chem. Engng. **6.** 386—87. Juni 1961. Canberra, Australien, Australian Univ., Res. School of Phys. Sci.) (Engl.)

Bei dem Reaktor der austral. National University, Canberra, ist die bei Raum-Temp. fl. NaK-Leg. als zirkulierendes Kühlmittel eingesetzt. Trotz vieler Maßnahmen bilden sich immer wieder Alkalioxide, welche in Form von Schaumklümpchen die Durchgänge versperren. Zu ihrer Aussonderung ist eine eigene Schaumzerteilungs- u. Filtereinrichtung mit einem 0,003 in. Drahtgazefilter geschaffen worden, deren Einzelheiten erläutert werden. R. KAISER. 5894□

Die Chlorierung von Ilmenit. I. B. Ketteridge. (Brit. chem. Engng. **6.** 405—07. Juni 1961.) (Engl.)

Zur Abtrennung des Fe aus einem Gemisch von Rutil u. Ilmenit durch fraktionierte Oxydation u. Chlorierung wird ein Mehrstufen-Reaktor in Vorschlag gebracht. Die Rkk. sollen sich zu mehr als 95% nach den beiden Rk.-Gleichungen vollziehen: $2\,FeOTiO_2 + {}^1/_2\,O_2 \xrightarrow[\text{Temp.}]{\text{hoh.}} Fe_2O_3 \cdot TiO_2 + TiO_2$ u. $Fe_2O_3 \cdot TiO_2 + TiO_2 + 3\,Cl_2 \rightarrow 2\,FeCl_3 + {}^3/_2\,O_2 + 2\,TiO_2$. Vorverss. im Kleinstmaßstabe hatten ergeben, daß für die 1. Rk. 1 Std., für die 2. 3 Std., bezogen auf ein Korngemisch $-72+150$ mesh nötig sind. Mathemat. Funktionsgleichungen zur Berechnung der Kammergrößen der verschiedenen Stufen werden abgeleitet. R. KAISER. 5896□

Statistische Bearbeitung von hydrodynamischen Vorgängen in Wirbelschichten. Igor Tesařík. (Chem. Techn. **14.** 79—83. Febr. 1962. Brno, CSSR, TH.) (Dt.)

Aus prakt. Verss. mit festen Körpern u. Flocken ergibt sich, daß der quadrat. Mittelwert der Schwankungen der Geschw. in einer homogenen Wirbelschicht der Größenordnung nach mit der wahren mittleren Geschw. übereinstimmt. Die Schwankungen folgen der GAUSSschen Verteilungskurve. In groben Suspensionen ist die Pulsation niedrigster Schwingungszahlen für Vermischung, Wärme- u. Stoffübergang von Wichtigkeit. F. ROSENDAHL. 5904□

Kritische Geschwindigkeit einer Wirbelschicht von Teilchenmischungen. Jaroslav Beránek. (Chem. Techn. **14.** 71—73. Febr. 1962. Pardubice-Rybitvi, CSSR, Forschungsinst. organ. Synthesen.) (Dt.)

Die krit. Geschw. der Teilchen zu bestimmen ist sehr schwierig. Die dynam. Eigg. von Teilchenmischungen lassen sich dagegen gut mit Hilfe des relativen Gew. der Teilchen in der Mischung u. mit der Fall-Geschw. in ähnlicher Weise ausdrücken, wie bei Siebanalysen Beziehungen zwischen Siebgröße u. durchgefallener Substanz aufgestellt werden. Mit Hilfe dieser „Charakteristik" kann die Lsg. techn. Probleme leicht durchgeführt werden, denn hier liegen andere Verhältnisse vor als im Vers., da der Rost einen stets kleineren Querschnitt als der Wirbelschacht hat, was bei der Berechnung der krit. Geschw. beachtet werden muß. F. Rosendahl. 5904□

Die Anwendung der Charakteristik von Teilchen zur Berechnung der kritischen Geschwindigkeit einer Wirbelschicht von Teilchenmischungen. Drahomir Sokol. (Chem. Techn. **14.** 73—74. Febr. 1962. Pardubice-Rybitvi, CSSR, Forsch.-Inst. organ. Synthesen.) (Dt.)

Wegen der grundlegenden Bedeutung der Fall-Geschw. bei der Aufstellung der Charakteristik der Teilchen wurde vom Vf. eine Meth. ausgearbeitet, um diese Charakteristik zu ermitteln. Der benutzte App. wird beschrieben u. ein Beispiel durchgerechnet. F. Rosendahl. 5904□

Die Durchführung von Trocknungsprozessen in der Wirbelschicht. T. Blickle, J. de Jonge und J. Nemeth. (Chem. Techn. **14.** 87—91. Febr. 1962. Veszprem, Ungarn, Techn.-Chem. Inst. der UAW u. Univ.) (Dt.)

Nach Erörterung der Wrkg. der Eigg. des Rohstoffs auf die Durchführung des Verf. u. nach der Darst. der verschiedenen Möglichkeiten von apparativer Seite aus, wird ein Nomogramm aufgestellt, mit dessen Hilfe es möglich ist, die optimalen Bedingungen zu bestimmen, die zur Durchführung eines ununterbrochenen Verf. nötig sind. An Hand von Beispielen wird dargelegt, daß die Geschw. des Prozesses mit der Intensivierung der Wirbelschicht bedeutend zunimmt, wobei die Bewegung der Körner eine Klumpen-Bldg. erschwert u. somit eines Erhöhung der Schichttemp. bei Materialien mit niederem F. möglich ist. Die Wärmeausnutzung ist sehr gut u. bei entsprechender Dosierung ist auch das Trocknen von Schlämmen u. Pasten durchführbar. F. Rosendahl. 5904□

Einige Probleme der Kondensation von Dämpfen sublimierender Stoffe in Wirbelschichten. Anusz Ciborowski und Stanisław Wroński. (Chem. Techn. **14.** 83—87. Febr. 1962. Warschau, TH, Lehrstuhl Chem. Ing.-Wesen u. Inst. allg. Chem.) (Dt.)

Zur Unters. der Kondens. in Kühlmembranenschichten wurde eine Kolonne von 50 mm Innendurchmesser verwendet, deren wesentliches Element ein in Form eines Kühlers mit Wassermantel gebautes Segment bildet. Die Gaszuführung ist unter dem Siebboden angebracht. Bei Verss. mit Naphthalin konnte festgestellt werden, daß der Hauptanteil des der Kolonne zugeführten Naphthalins in gekörnten Schichten auskristallisiert, wobei die verschiedenen Parameter, wie Ausgangsmaß der Schicht, Teilchendurchmesser, Temp. usw. berücksichtigt wurden. Es wurde eine Ausbeute von 70—90% u. eine relative von 100% erreicht. F. Rosendahl. 5904□

Untersuchungen an geschmolzenen, granulierten Eisenkatalysatoren. 3. Mitt. Der Diffusionseffekt bei der Kohlenwasserstoffsynthese in flüssiger Phase. Lin-yang Chang und Chin-shü Chin. (Acta focal. sinica **5.** 132—42. 1960. Academica Sinica, Inst. of Petroleum.) (Chin.; Auszug: Engl.) — 2. vgl. C. **1962.** 10592.

Frühere Unterss. ergaben, daß die Aktivität geschmolzener, granulierter Fe-Katalysatoren durch Porenversetzung mit hochsd. Prodd. bei längerer Rk.-Dauer stark abnimmt. Es wird nun versucht, das Wheelersche Diffusionsgesetz zur Festlegung von Aktivitätsdaten der Katalysatoren anzuwenden. Die Ergebnisse besagen, daß zu Beginn der Synth. die Geschw. chem. bestimmt wird, bei einem Wirksamkeits-Koeff. der Katalysatoroberfläche von 0,98 u. einer 90%ig. CO-Umwandlung. Bei verstopften Katalysatorporen wird die Rk.-Geschw. durch die Geschw. der inneren Diffusion bestimmt, wobei der Koeff. auf 0,082 absinkt. Der errechnete Diffusions-Koeff. von $2{,}4 \cdot 10^{-5}\,cm^2/s$ stimmt in der Größenordnung mit Flüssigphasen-Diffusion überein. Gefällte Fe-Katalysatoren mit hoher spezif. Oberfläche u. spezif. Aktivität scheinen in granulierter Form für Synth. mit hoher Kontaktbelastung geeignet zu sein. R. Mahrwald. 5904□

Wabag Wasserreinigungsbau Alfred Kretzschmar (Erfinder: Franz Marterer), Kulmbach, **Dosieren von Chemikalienlösungen in eine strömende Rohflüssigkeit.** Die Förderleistung der Fördereinrichtung (Pumpe, Niveaugefäß) wird gleichgehalten u. die zuzusetzende Chemikalienmenge durch Zuführen einer Verdünnungs-Fl. in die Saugleitung der Förderpumpe oder die Abflußleitung des Niveaugefäßes entsprechend dem Bedarf geregelt. (**D. B. P. 975 213** Kl. 12g vom 27/5. 1950, ausg. 5/10. 1961. Anmeldung bekanntgemacht 22/11. 1951.) P. Mayer. 5823

Permutit Akt.-Ges., Berlin (Erfinder: Ronald James Phillips, London, England), **Anionenaustauscherharze mit primären oder tertiären Aminoalkylgruppen** erhält man aus einem Additions-Prod. von Hexamethylentetramin an ein unlösl., vernetztes, Halogenalkylgruppen aufweisendes Polymerisat durch Zersetzen mit Säuren oder Alkali u. Überführung der Hexamethylentetramingruppe in prim. oder tert. Amingruppen, bes. durch alkal. oder saure Hydrolyse, bes. mit HCOOH. — Beispiel: Ein körniges, durch Suspensionspolymerisation eines Gemisches von 45 g Styrol u. 15 g Divinylbenzol mittels Benzoylperoxid hergestelltes Polymerisat wird durch Kochen am Rückflußkühlrt mit einer Lsg. von Hexamethylentetramin in Chlf. in ein Additionsharz übergefühert. Durch Kochen des abfiltrierten u. mit W. gewaschenen Harzes mit konz. HCl, Entfernen überschüssiger Säure u. Auswaschen mit W. erhält man ein Anionenaustauscherharz mit einer Kapazität von 3,4 mVal/g trockenes Harz. (**D. A. S. 1 099 741** Kl. 39c vom 5/8. 1959, ausg. 16/2. 1961. E. Prior. 8/8. 1958.) M. MAIERHAUSER. 5827

Humphreys & Glasgow Ltd. (Erfinder: Wilfred Hartley), **Reinigen von Schwefelwasserstoff enthaltendem Gas durch Waschen mit einer wässerigen alkalischen Suspension von Fe-Oxid, -Hydroxid oder basischem Carbonat.** Der Suspension wird noch 2—25, bes. 5—10 Gew.-% Alkaliphosphat, bes. Na_3PO_4, bezogen auf das als Fe_2O_3 berechnete, in der Suspension enthaltene Fe, zugesetzt. (**Aust. P. 228 197** vom 19/2. 1958, ausg. 9/6. 1960. E. Prior. 4/3. 1957.) K. DEMMLER. 5853

Hartwig Benzler, Oberhausen/Rhld., **Kernreaktor,** dessen Kern keinen oder nur so wenig Moderator enthält, daß seine spaltenden Neutronen prakt. viel energiereicher sind als therm. Neutronen. Zur Wärmeabfuhr dient eine Hochdruckgaskühlung. (**D. A. S. 1 117 786** Kl. 21g vom 10/2. 1959, ausg. 23/11. 1961.) H. KESSEL. 5895

Shell Internationale Research Mij. N. V., Den Haag, Holland, **Graphitmoderator für Kernreaktoren.** Zur Erzielung einer ausreichenden Reinheit, bes. Abwesenheit von B, wird als Bindemittel bei der Herst. von Formkörpern aus Kokspulver, die bei 2500—3000° graphitiert werden, eine Petroleumfraktion mit einem Ring- u. Kugel-Erweichungspunkt von $>80°$, als Verdichtungsmittel zum Porenfüllen nach dem Graphitisieren eine Petroleumfraktion verwendet, bei der der gleiche Punkt über 70° liegt. Beide Prodd. werden hergestellt aus bei 200—250° sd. Petroleumfraktionen, durch Erhitzen auf 150—400° in Ggw. von O_2 enthaltenden Gasen, z. B. Luft bei normalem oder erhöhtem Druck. (**E. P. 862 221** vom 31/8. 1959, ausg. 8/3. 1961. Holl. Prior. 1/9. 1958.) G. FRIKELL. 5895

United Kingdom Atomic Energy Authority, London, England (Erfinder: Christopher Tyzak und Alan Featonby Adamson), **Gegen Oxydation beständiger Graphit,** z. B. als Moderator im Atomreaktor. Die Graphitkörper werden entgast, mit einer bei hoher Temp. zersetzbaren Verb. von P, S oder Si, wie Oxiden, Chloriden des P u. organ. P-Verbb., bzw. $SiOCl_2$, $SiCl_4$, bzw. S_2Cl_2, SO_2Cl_2, imprägniert u. in Ggw. von Ar auf ca. 1000° ca. 30 Min. erhitzt. (**E. P. 861 376** vom 16/11. 1956, ausg. 22/2. 1961.) G. FRIKELL. 5895

General Electric Co. Ltd., London (Erfinder: Roy Jackson Smith, Erith), England, **Kernreaktorregelung** mit einem als geschlossene Schleife ausgebildeten Regelkreis, um den Neutronenfluß im Kern auf einem von einem 1. Bezugssignal bestimmten Wert zu halten, u. einem als geschlossene Schleife ausgebildeten Regelkreis, um den Kühlmitteldurchfluß auf einer von einem 2. Bezugssignal abhängigen Stärke zu halten. Mittels gemeinsamer Regel-Vorr. werden die Bezugssignale so entwickelt, daß sie eine vorherbestimmte Beziehung zueinander haben, derart, daß die Temp. im Kern u. bes. im Kühlmittelkreis über einen bestimmten Leistungsbereich des Reaktors prakt. konst. bleiben. (**D. A. S. 1 104 630** Kl. 21g vom 30/9. 1957, ausg. 13/4. 1961. **F. P. 1 183 664** vom 1/10. 1957, ausg. 10/7. 1959. Beide E. Prior. 1/10. 1956.) H. KESSEL. 5895

Commissariat à l'Énergie Atomique, Paris (Erfinder: Pierre Le Baud, Petit Clamart, Jean Lacour, Deuil La Barre, und Victor Raievski, Chatenay Malabrie), Frankreich, **Kernreaktorregelung** nach der Neutronendichte unter period. Änderung des Multiplikationsfaktors. Die Reaktivität wird mit einer Amplitude von ca. 0,2‰ u. einer Frequenz von ca. 0,5—2 Hz sinusförmig moduliert. Die Regelorgane werden ausschließlich u. unmittelbar in Abhängigkeit von der zwischen der Änderung der Neutronendichte u. der Änderung des Multiplikationsfaktors gemessenen Phasenverschiebung gesteuert. (**D. A. S. 1 114 597** Kl. 21g vom 16/5. 1958, ausg. 5/10. 1961. **Schwz. P. 349 349** vom 9/5. 1958, ausg. 30/11. 1960. **Belg. P. 567 499** vom 8/5. 1958, ausg. 12/8. 1960. **E. P. 839 940** vom 15/5. 1958, ausg. 29/6. 1960. Alle F. Prior. 16/5. 1957. **F. P. 1 175 232** vom 16/5. 1957, ausg. 23/3. 1959.) H. KESSEL. 5895

André Huet, Paris, Frankreich, **Kernreaktorregelung.** Zur Leistungserhöhung werden die in ein Kühl- oder Moderatormittel eintauchenden Brennelementstäbe durch period. Schwingungen des im Reaktor umlaufenden Kühl- oder Moderatormittels relativ zueinander zu Schwingungen erregt. (**D. A. S. 1 115 848** Kl. 21g vom 23/9. 1958, ausg.

26/10. 1961. **Schwz. P. 351 684** vom 15/7. 1958, ausg. 15/3. 1961. **Belg. P. 569 042** vom 1/7. 1958, ausg. 17/3. 1961. Alle F. Prior. 24/9. 1957.) H. KESSEL. 5895

Hawker Siddeley Nuclear Power Co. Ltd., Langley (Erfinder: Albert Colin Hughes, Gerrards Cross), England, **Kernreaktorsicherung** gegen unzulässige Temp.-Erhöhung. Ein Material von hohem Neutroneneinfangquerschnitt, das sich bei Gefahr im Reaktor ausbreitet (z. B. Hg), liegt unterhalb der krit. Temp. in fester Phase vor u. wird bei der krit. Temp. fl. oder gasförmig, oder es liegt fl. vor u. wird gasförmig (**D. A. S. 1 102 919** Kl. 21g vom 10/12. 1958, ausg. 23/3. 1961. E. Prior. 10/12. 1957 u. 19/8. 1958. **E. P. 866 305** vom 10/12. 1957, ausg. 26/4. 1961.) H. KESSEL. 5895

Wolfgang Schimmel, Berlin, **Abbrandmessung an Kernreaktoren** beruht auf der Intensitätsmessung der spezif. γ-Strahlung zweier bestimmter Spalt-Prodd. unter Ausnutzung der zahlenmäßigen Unterschiede in der Spalt-Prod.-Ausbeute bei der Spaltung von ^{235}U u. ^{239}Pu. (**D. P. [DDR] 20 009** Kl. 21g vom 2/10. 1958, ausg. 27/10. 1960 [Ausschließungspatent].) H. KESSEL. 5895

United States Atomic Energy Commission, übert. von: James J. Shyne, Arlington, N.J., V.St.A., **Imprägnieren von Graphit mit Uran zur Verwendung in Kernreaktoren.** Durch Entgasen des Porenraumes u. Füllen der Poren mit einer Lsg. einer U-Verb., z. B. $UO_2(NO_3)_2 \cdot 2\,H_2O$, in aus dem Gefrierzustand sublimierenden Lsgm., wie Alkoholen, z. B. $(CH_3)_3COH$, wird eine gleichmäßige Verteilung der U-Verb. erreicht. Nach Abkühlung unter dem F., hier unter 25°, wird das Lsgm. durch Sublimation u. ständige Entfernung der Dämpfe abgetrennt, ohne daß die gleichmäßige Verteilung des Salzes gestört wird. Das Verf. kann auch für die Imprägnierung mit Ni-, Cu- u. Fe(II)-Verbb. angewendet werden. (**A. P. 2 969 294** vom 18/3. 1954, ausg. 24/1. 1961.) G. FRIKELL. 5895

J. R. Geigy Akt.-Ges., Basel (Erfinder: Hermann Gysling und Jean-Jacques Peterli, Riehen), Schweiz, **Stabilisierung oxydationsempfindlicher organischer Verbindungen oder deren Mischungen** erfolgt durch Zusatz von bes. 0,001—1% arylsubstituierter Pyrazole der allg. Formeln **I** u. **II** (Ar = ggf. nichtionogen substituiertes Phenyl, Naphthyl, Acenaphthenyl, die Alkyl, Cycloalkyl, Aralkyl oder Aryl u. außerdem noch Halogen, Alkoxy enthalten können; R = H oder Alkyl). Die in 3 Stellung substituierten Verbb. sind wenig wirksam.

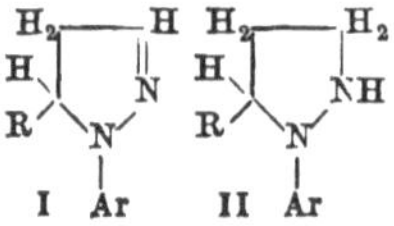

Es werden stabilisiert: Önanthol, Tetrahydronaphthalin, Tetrahydrofuran, Schmieröl, ungesätt. Polyester (Mischung aus Malein- oder Fumarsäureglykolester u. Styrol) u. Nonylaldehyd mit 1-Phenylpyrazolin, 1-Phenyl-3.5.5-trimethyl-, 1-Phenyl-3-isobutenyl-5.5-dimethyl-, 1-(o-Methoxyphenyl)-, 1-(m-Chlorphenyl)-, 1-p-tert.-Butylphenylpyrazolin, 1-p-Tolyl- u. 1-p-tert.-Butylphenyl-, 1-Phenyl-, 1-Phenyl-5-methylpyrazolidin, 1-Phenyl-3- u. -5-methylpyrazolin; Wrkg. vgl. Tabellen. Ferner können stabilisiert werden: KW-Stoffe, Mineralöle, Fette, fette Öle, Wachse, Äther, Aldehyde, ungesätt., organ. Verbb., bes. ungesätt. Fettsäuren, deren Deriv. u. Polymere, die ungesätt. Gruppen enthalten oder in denen solche leicht entstehen können. (**D. A. S. 1 076 689** Kl. 12o vom 13/6. 1958, ausg. 3/3. 1960. Schwz. Prior. 14/6. 1957 u. 29/5. 1958. **A. P. 2 936 290** vom 9/6. 1958, ausg. 10/5. 1960. Schwz. Prior. 14/6. 1957.) G. KRAUSS. 5907

Böhme Fettchemie G. m. b. H., Düsseldorf (Erfinder: **Rudi Heyden**, Düsseldorf), *Dispergiermittel für flüssige und feste Stoffe in wässerigen Medien.* (**D. A. S. 1 038 562** Kl. 12s vom 9/11. 1953, ausg. 11/9. 1958. — C. **1958.** 820 [F. P. 1 111 923].)

Rohm & Haas Co., Philadelphia, Pa., V.St.A., *Herstellung von quaternären Ammonium-Anionenaustauschern.* (**E. P. 867 477** vom 29/10. 1957, ausg. 10/5. 1961. A. Prior. 2/11. 1956. — C. **1960.** 4308 [D. A. S. 1 068 019].)

Spinnfaser Akt.-Ges., Kassel, übert. von: **Hans Georg Wendlandt**, Kassel, und **Lothar Henrich**, Wuppertal, *Wiederbelebung von Aktivkohle, die zur Entfernung von Schwefelkohlenstoff aus Abluft gedient hat.* (**A. P. 2 961 413** vom 28/10. 1957, ausg. 22/11. 1960. **E. P. 844 474** vom 25/10. 1957, ausg. 10/8. 1960. **Belg. P. 561 965** vom 28/10. 1957, ausg. 20/5. 1960. Alle D. Prior. 31/10. 1956. — C. **1959.** 15468 [D. A. S. 1 051 260].)

Klöckner-Bergbau Victor Ickern Akt.-Ges., Castrop-Rauxel, *Hydraulische Flüssigkeit auf der Basis einer Wasser-in-Öl-Emulsion.* (**Belg. P. 564 916** vom 18/2. 1958, ausg. 15/7. 1960. D. Prior. 7/3. 1957. — C. **1959.** 7586 [D. A. S. 1 035 300].)

United Kingdom Atomic Energy Authority, London, England (Erfinder: **Philip Alan Davenport**), *Einrichtung zur Erzeugung eines Hochtemperaturplasmas, bes. zur Herbeiführung von Kernfusionsreaktionen.* (**E. P. 843 614** vom 19/6. 1957, ausg. 4/8. 1960. — C. **1962.** 977 [D. A. S. 1 081 160].)

United States Atomic Energy Commission, Germantown, Md., V.St.A., *Einrichtung zur Erzeugung eines Hochtemperaturplasmas, bes. zur Herbeiführung von Kernfusionsreaktionen.* (**E. P. 869 344** vom 31/3. 1959, ausg. 31/5. 1961. A. Prior. 28/4. 1958. — C. **1962.** 977 [D. A. S. 1 090 346].)

Esso Research and Engineering Co., Elizabeth, N.J., V.St.A. (Erfinder: **George Hamilton Clark** und **Edwin Mathieson Dodds**), *Schmierfette für Kernreaktoren.* (**E. P. 834 362** vom 24/12. 1957, ausg. 4/5. 1960. — C. **1961.** 6982 [D. A. S. 1 091 686].)

II. Betriebsschutz. Feuerschutz

Kontrolle der Abgase von elektrischen Stahlschmelzöfen. R. T. Pring. (Air Condit., Heating Ventilating **58.** Nr. 1. 45—50. Jan. 121—25. Febr. 1961.) (Engl.)

Vf. untersucht die Anwendungsmöglichkeiten von Spezialhauben u. Gasreinigern, um die Luftverunreinigungen beim Abstich von Elektrostahlöfen sowohl innerhalb als auch außerhalb des Betriebes zu vermeiden. Dieser erste Teil der Veröffentlichungen befaßt sich mit den Möglichkeiten u. Arten der Contaminierung der Luft durch derartige Abgase, sowie mit den unterschiedlichen Haubenformen. H. FRIES. 5948□

Eine halbautomatische Handpumpe für die Probenahme von in der Luft enthaltenem Staub. J. G. Dawes und G. E. Winder. (Safety Mines Res. Establishment, Res. Rep. **1961.** 1—33. April.) (Engl.)

Es werden die Betrachtungen dargelegt, die zur Entw. einer Pumpe führten, die mit einem Zyklus von 6 Sek. u. mit einem Staubteilchenwähler arbeitet. Die Pumpe wird beschrieben; ferner werden die Vers.-Ergebnisse über die Beständigkeit des Pumpenzyklus u. über die Charakteristik der Partikelselektion mitgeteilt. B. FRANZ. 5948□

Auergesellschaft m. b. H. (Erfinder: Günter Koh und Walter Lemcke), Berlin, **Zum Schutz gegen Kohlenoxid dienendes, katalytisch wirkendes Atemfilter,** dessen Oxydationskatalysatorschicht durch zerfließliche Trockenmittelschichten geschützt ist, in oder vor denen eine mit dem Trockenmittel verbackende, als Widerstandswarner dienende, aufsaugende Schicht angeordnet ist. Diese Schicht besteht aus mit $CaCl_2$ beladenem Kieselgel oder Ätznatron. — Abbildung (**D. A. S. 1 092 310** Kl. 61b vom 6/12. 1958, ausg. 3/11. 1960.) E. MIESSGANG. 5937

Auergesellschaft m. b. H. (Erfinder: Günter Koh), Berlin, **Atemfilter zum Schutz gegen Kohlenoxid,** das mit Hopkalit als Oxydationskatalysator u. vorgeschalteten Trockenschichten steigender Wirksamkeit beschickt ist. Als Feintrockenmittel sind unmittelbar vor dem Katalysator synthet. Zeolithe angeordnet. (**D. A. S. 1 095 128** Kl. 61b vom 26/9. 1956, ausg. 15/12. 1960.) E. MIESSGANG. 5937

III. Elektrotechnik

Edelmetall-Elektrokontakte. C. S. Barker. (Engelhard Ind., Inc., techn. Bull. **1.** 59—66. Sept. 1960. Newark, N.J., Res. and Dev. Div. of Engelhard Ind., Inc.) (Engl.)

Es wird eine Übersicht über die Metalle u. Legg. gegeben, die als Material für elektr. Kontakte dienen. Die Vor- u. Nachteile folgender Gruppen werden diskutiert: Ag u. vornehmlich Ag enthaltende Legg., Pt-Metalle u. ihre Legg., Au u. Legg., sowie durch Sintern hergestellte Kontaktmaterialien aus Mo, W u. W_2C mit Zusätzen. Die Gesichtspunkte zur Auswahl der Kontakte werden herausgestellt. — 12 Literaturangaben. L. KERSTIN. 5952□

Platinel — ein Edelmetall-Thermoelement als Ersatz für Chromel-Alumel. Dante J. Accinno und Julius F. Schneider. (Engelhard Ind., Inc., techn. Bull. **1.** 53—55. Sept. 1960. Newark, N.J., Res. and Dev. Div. of Engelhard Ind., Inc.) (Engl.)

Vff. beschreiben ein neues Thermoelement „Platinel", welches aus einer Kombination der Legg. Au-Pd-Pt u. Au-Pd besteht. Die Thermospannung beträgt bei 1000° 40,8 mV, bei 1200° 48 mV u. ist bei diesen Temp. über mehrere hundert Std. konstant. L. KERSTIN. 5970□

Neu bestimmte Grundwerte für die Thermopaarkombination Pt 30% Rh-Pt 6% Rh. Walter Obrowski und Walter Prinz. (Arch. Eisenhüttenwes. **33.** 1—4. Jan. 1962. Hanau/Main.) (Dt.)

Die Thermospannungsgrundwerte zwischen 0° u. 1800° für das Thermopaar *PtRh 18* wurden durch Ausgleichsrechnung von über 2500 an Temp.-Fixpunkten gewonnenen Meßwerten neu festgelegt. M. GEHLEN-KELLER. 5970

Potentialmessungen an hochbelasteten Chloralkali-Zellen mit einer oscillographischen Methode. K. Schwabe und Cl.-D. Seiler. (Chemie-Ing.-Techn. **33.** 366—71. Mai 1961. Dresden, TH, Inst. für Elektrochem. u. physikal. Chem.) (Dt.)

Bei der Kochsalzelektrolyse ergaben oscillograph. Potentialmessungen an Graphit-Anoden u. Hg-Kathoden, daß vor allem an der Anode durch Gashäute ein erheblicher OHMscher Spannungsabfall verursacht wird. Der Spannungsabfall läßt sich vermeiden, wenn man durch hohe Strömungs-Geschw. des Elektrolyten die Gashäute beseitigt. Unterss. an einer halbtechn. Zelle bestätigen, daß die Zellenspannung sich durch hohe Strömungs-Geschw. des Elektrolyten beträchtlich reduzieren läßt. G. BAUER. 5992□

General Electric Co. Ltd., London, England (Erfinder: Bernard Curtenelle Jones, Leslie Noel Large, Peter Reginald Rowland und Kenneth Arthur Sims), **Herstellung von Halbleiteranordnungen** durch Aufheizen des Halbleiterkörpers, z. B. aus *Ge*, in 85% N_2, Rest H_2, Aufbringen einer bestimmten Menge geschmolzenen Fremdstoffes, z. B. *In*, u. nachfolgendes Kühlen. (Dabei bildet sich auf dem Ge-Körper eine p–n-leitende Diffusionsschicht u. darüber eine metall. In-Schicht aus). — Vorr. zum kontinuierlichen Herstellen. (**E. P. 831 085** vom 20/8. 1956, ausg. 23/3. 1960.) F. VIER. 5953

Bendix Corp., früher Bendix Aviation Corp., South Bend, Ind., V.St.A., **Keramische Halbleiter-Formkörper** mit guten elektr. Eigg. u. guter Erosionsbeständigkeit. Zur Herst. wird ein Gemisch aus 55—85 (Gew.-%) Al_2O_3, 1,5—6 CaO, 1,5—6 SiO_2, 10—35 Cu_2O u. 0,5—10 Fe_2O_3 naß vermahlen, getrocknet, granuliert, unter Druck geformt u. bei 2400—2500° F gebrannt. CaO u. SiO_2 können in Form von *Wollastonit* angewendet werden. (**E. P. 860 863** vom 16/4. 1959, ausg. 15/2. 1961. A. Prior. 16/4. 1958.) G. FRIKELL. 5953

Consolidated Electrodynamics Corp., Pasadena, übert. von: George T. Rayfield, Altadena, Calif., V.St.A., **Keramischer Überzug für vernickelten Kupferdraht,** der temperatur- u. korrosionsbeständig, biegsam, festhaftend u. von guten dielektr. Eigg. ist. Der Ni-Überzug wird zunächst durch Erhitzen auf 1800—1900° F in Luft oxydiert u. durch Eintauchen in einen keram. Schlicker aus 20—45 (Gew.-%) PbO, 20—45 TiO_2, 5—20 SiO_2, 5—25 MgO, 1—4 B_2O_3 u. 1—11 einem oder mehreren der Oxyde von Ni, Mn, Co u. Fe mit einem dünnen Überzug versehen. Durch Erhitzen auf 1600—1800° F findet ein festes Verschmelzen des Überzuges mit dem Draht statt. Der Schlicker besteht z. B. aus einer wss. Suspension von 38 (Gew.-%) PbO, 21 TiO_2, 19 SiO_2, 12 MgO, 3 B_2O_3, 3 NiO, 2 MnO_2, 1 CoO u. 1 Al_2O_3. (**A. P. 2 975 078** vom 21/10. 1957, ausg. 14/3. 1961.) G. FRIKELL. 5957

E. I. du Pont de Nemours & Co., Wilmington, Del., V.St.A. (Erfinder: Alfred Lester Oppegard, John Norris Ingraham und Thomas James Swoboda), **Ferromagnetisches Material** mit besonders hoher Koerzitivkraft für die Herst. von magnet. Speichersystemen. Die Herst. erfolgt durch Erhitzen von CrO_3 mit Zusätzen von Ru, Sn, Sb, Ti, V, Mn, Fe, Co, Ni u. F in Ggw. von W. auf Temp. zwischen 225—500° in geschlossenen Gefäßen. Die so entstandenen tetragonalen Kristalle enthalten z. B. 42,5—61,9 (%) Cr u. 0,008—25 der Zusatz-Elemente u. weisen eine Koerzitivkraft zwischen 100 u. 400 Oe auf. (**E. P. 859 937** vom 25/3. 1959, ausg. 25/1. 1961.) G. FRIKELL. 5959

Egyesült Izzolámpa es Villamossági R. T. (Erfinder: Elemér Nagy, Ladislaus Mende, Franz Kardos und Stefan Gazda), Budapest, Ungarn, **Homogenes, fluorescierendes Material,** dad. gek., daß es wenigstens ein Erdalkalimetall, P, As, O u. ein Halogen enthält, wobei die Menge des As im Vgl. zur P-Menge 8%, zweckmäßig aber 10% betragen soll u. in bekannter Weise mit Mn u./oder mit Sn, u./oder mit Ag, u./oder mit einem Seltenen Erdmetall aktiviert ist. Das Halogen kann z. T. durch OH- oder SH-Reste ersetzt sein. Die Kristallstruktur ist analog der des Apatits oder Wagnerits. Im Falle der Apatitstruktur kommt dem Material Formel $M_5(P, AsO_4)_3X$, im Falle der Wagneritstruktur Formel M_2P, AsO_4X zu, wobei M = Erdalkalimetall u. X = Halogen bedeutet. — Beispiel: Ein Gemisch von 196 (g) Ca-Phosphat + 5,7 wasserfreiem $CaCl_2$ + 22 CaF_2 + 19,1 As_2O_3 + 5,5-Mn-Phosphat wird in einem Quarzgefäß gemäß den im Hauptpatent gegebenen Weisungen behandelt. Alkalifreiheit ist auch hier vorteilhaft. (**Ung. P. 143 487** vom 8/4. 1954, ausg. 1/3. 1957. **Zusatz zu Ung. P. 141 824.**) L. MACHER. 5975

United Kingdom Atomic Energy Authority, London, England (Erfinder: Edward Percival Butt), **Herstellung von Cäsiumüberzügen.** Cs wird aus einer Mischung von *Ca* u. *CsBr* unter Erhitzen verdampft u. an heißem *Zr* adsorbiert. Dann wird der so gewonnene Körper wieder erhitzt u. das Cs auf die gewünschte Oberfläche aufgedampft. Alle Verf.-Schritte werden im Vakuum vorgenommen. Auf diese Weise können Schichtdicke u. Aufdampfungs-Geschw. besser kontrolliert werden. Das Verf. wird bei der Herst. von *Photokathoden* u. *photoelektr. Zellen* u. dgl. angewendet. (**E. P. 828 005** vom 26/3. 1957, ausg. 10/2. 1960.) F. VIER. 5977

General Electric Co., Schenectady, N.Y., V.St.A., *Erzeugung von Halbleitereinkristallen.* (**Holl. P. 98 843** vom 2/7. 1957, ausg. 15/8. 1961. A. Prior. 2/7. 1956. — C. **1961.** 3110 [A. P. 2 904 512].)

N. V. Philips' Gloeilampenfabrieken (Erfinder: **Petrus Cornelis van der Linden**), Eindhoven, Holland, *Elektrisch leitende Schichten.* (**D. A. S. 1 076 769** Kl. 21c vom 5/12. 1956, ausg. [illegible]. 1960. **F. P. 1 162 014** vom 6/12. 1956, ausg. 8/9. 1958. Beide Holl. Prior. 8/12. 1955. — C. **1960.** 603 [Oe. P. 194 984].)

Henri George, Paris, Frankreich, *Behandlung von Glimmer.* (**D. B. P. 975 416** Kl. 80b vom 10/5. 1951, ausg. 23/11. 1961. Anmeldung bekanntgemacht 4/9. 1952. F. Prior. 21/6. 1950. — C. **1950/54.** 4930 S [Schwz. PP. 274 605 u. 291 019].)

International Telephone & Telegraph Corp., New York, N.Y., V.St.A., *Herstellung eines gesinterten Magnetkernes.* (**Oe. P. 214 662** vom 3/5. 1956, ausg. 25/4. 1961. F. Prior. 3/5. 1955. — C. **1960.** 5934 [Aust. P. 210 820].)

Comp. Générale d'Électricité, Paris, Frankreich, *Separator für galvanische Elemente.* (**Schwz. P. 356 503** vom 26/9. 1957, ausg. 13/10. 1961. F. Prior. 20/5. 1957. — C. **1960.** 14146 [D. A. S. 1 078 648].)

Stephen Stein, London, England, *Radioaktive Bestrahlungsvorrichtung.* (**A. P. 2 951 162** vom 25/11. 1955, ausg. 30/8. 1960. E. Prior. 26/11. 1954. — C. **1959.** 5924 [F. P. 1 140 448].)

Willy Rüsch, Rommelshausen bei Stuttgart, *Radioaktive Bestrahlungseinrichtung.* (**E. P. 857 992** vom 25/7. 1959, ausg. 4/1. 1961. — C. **1960.** 2305 [D. A. S. 1 065 989].)

Philips Electrical Industries Ltd., London, England, *Leuchtschirm.* (**E. P. 835 688** vom 15/12. 1958, ausg. 25/5. 1960. Holl. Prior. 18/12. 1957. — C. **1961.** 967 [D. A. S. 1 072 328].)

N. V. Philips' Gloeilampenfabrieken (Erfinder: **Hendrik Lems** und **Charles Richard Andriesse**), Eindhoven, Holland, *Verbrennen von Material, das sich auf der inneren Oberfläche eines gläsernen hohlen Gegenstandes befindet.* (**Holl. P. 98 350** vom 10/4. 1953, ausg. 15/6. 1961. — C. **1961.** 11089 [Schwed. P. 155 898].)

N. V. Philips' Gloeilampenfabrieken, Eindhoven, Holland, *Transistor.* (**Holl. PP. 94 467** vom 27/2. 1954, ausg. 15/6. 1960, **98 710** [Zusatz-Pat.] vom 24/6. 1954, **98 717** [Zusatz-Pat.] vom 14/9. 1954, **98 718** [Zusatz-Pat.] vom 14/9. 1954 u. **98 719** [Zusatz-Pat.] vom 14/9. 1954, alle ausg. 15/8. 1961. — C. **1959.** 4931 [Oe. P. 190 549].)

IV. Wasser. Abwasser

Geruchs- und Geschmacksbeeinträchtigungen in der Trinkwasserversorgung. Wolfgang Christ. (Wasserwirtsch.-Wassertechn. **9.** 212—15. Mai 1959. Berlin.) (Dt.)

Die Ursachen von Geruchs- u. Geschmacksbelästigungen in Trinkwässern sowie die wichtigsten Aufbereitungs-Verff., bes. von Oberflächenwasser, wie Belüftung, Über- oder Hochchlorung, ClO_2-Verf., NH_2Cl-Verf., Aktivkohlebehandlung u. O_3-Verf. zur Beseitigung der genannten Mängel werden ausführlich beschrieben. — 31 Literaturhinweise. H. GUISCHARD. 6010□

Versuche zur Beseitigung von geringen Mengen wasserdampfflüchtiger Phenole aus Rohwässern für die Trinkwasserversorgung mittels Wofatit E. Wolfgang Christ und Christine Siegert. (Wasserwirtsch.-Wassertechn. **9.** 216—19. Mai 1959. Berlin u. Dresden.) (Dt.)

Vff. geben einen Überblick über die Verw. des Adsorptionsharzes Wofatit E in Labor.-u. halbtechn. Verss. zur Entphenolung von Rohwässern. Sie ergaben, daß Wofatit E großtechn. für die Zurückhaltung geringer Phenolmengen in Rohwässern (für die Trinkwasserversorgung) erfolgreich eingesetzt werden kann. H. GUISCHARD. 6020□

Algen als Sauerstoffquelle bei der Wasserbehandlung. A. F. Bartsch. (J. Water Pollut. Control Federat. **33.** 239—49. März 1961. Cincinnati, Ohio, Res. Branch., Div. of Water Supply and Pollution Contr., Robert A. Taft Sanitary Engng. Center.) (Engl.)

Vf. gibt eine Literatur-Übersicht über die Anwendungen von Algen als O_2-Quelle bei der Wasserbehandlung. — 24 Literaturangaben. H. SCHROEDER. 6044□

Biologische Oxydation verschiedener Vinylverbindungen. Herbert R. Pahren und Don E. Bloodgood. (J. Water Pollut. Control Federat. **33.** 233—38. März 1961. Lafayette, Ind., Purdue Univ.) (Engl.)

Vff. untersuchten die biolog. Oxydation von 5 Vinyl-Verbb.: Acrylsäure, Methacrylsäure, Vinylacetat, Methylmethacrylat u. Styrol u. außerdem von Dextrose. Die Vers.-Lsgg. wurden in einer ausführlich beschriebenen Oxydations-App. mit Standard-BSB-Lsg. versetzt, außerdem in einigen Fällen mit abgesetztem Schlamm aus häuslichen Abwässern. Die Verss. wurden bei 80° F im Dunkeln durchgeführt. Vff. gelangten zu folgenden Ergebnissen: 1. Bei der biolog. Oxydation werden die untersuchten Verbb. teilweise in Zellprotoplasma übergeführt u. teilweise zu CO_2 oxydiert. 2. Acrylsäure u. Methacrylsäure werden biolog. wie Dextrose oxydiert. 3. Zur Oxydation des Methylmethacrylates wird eine akklimatisierte Nähr-Lsg. benötigt. 4. Die Wirksamkeit der biolog. Oxydation ist vom Dampfdruck der Verbb. abhängig. Bei hohen Dampfdrucken ist nur eine unvollständige biolog. Oxydation möglich. 5. IR-Analysen der Vers.-Lsgg. nach mehreren Wochen zeigten keine Oxydationszwischenprodukte. Die Verbb. hatten sich entweder verflüchtigt, waren in Zellprotoplasma übergeführt oder zu CO_2 oxydiert worden. H. SCHROEDER. 6044□

Giftigkeit flüchtiger Säuren für den anaeroben Abbau. Perry L. McCarty und Ross E. McKinney. (J. Water Pollut. Control Federat. **33.** 223—32. März 1961. Cambridge, Mass., Mass. Inst. of Technol.) (Engl.)

Vff. untersuchten den Einfl. von Na-Salzen auf die CH_4-produzierenden Bakterien u. stellten fest, daß Na-Salze bedingt tox. auf CH_4-Bakterien wirken. Sie raten deshalb davon ab, NaOH zur Neutralisation überschüssiger flüchtiger Säuren zu verwenden.

H. Schroeder. 6044□

Die Giftwirkung von Salzen auf den Faulprozeß. Perry L. McCarty und Ross E. McKinney. (J. Water Pollut. Control Federat. **33.** 399–415. April 1961.) (Engl.)

Bei Reihen-Verss. in $^3/_4$ Liter-Faulbehältern wurde Faulschlamm durch Zugabe von 2000 mg Essigsäure/Tag·Liter eingearbeitet u. dann mit äquivalenten Mengen an Ca-, Mg-, Na-, K- u. NH_4-Salzen einmal als Chlorid, zum anderen als Acetat versetzt. Es wurde festgestellt, daß die Gift-Wrkg. von Salzen auf methanproduzierende Organismen im wesentlichen vom Kation des Salzes beeinflußt wird u. in der Reihenfolge Ca–Mg–Na–K–NH_4 ansteigt. Die Salze wirken weniger giftig, wenn sie über einen längeren Zeitraum zugesetzt werden, so daß Geh. bis 10000 mg/Liter an flüchtigen Säuren ohne hemmenden Einfl. auf die Methanproduktion neutralisiert werden können, wenn man Ca- oder Mg-Hydroxid, nicht aber NaOH, KOH oder wss. NH_3-Lsg. dazu benutzt. Kalk ist ein gutes Neutralisationsmittel. Die Gift-Wrkg. von Na-Salzen bis 3500 mg Na/Liter kann durch Zusatz von 500–1000 mg Ca oder Mg/Liter durch biolog. wirksamen Gegenioneffekt aufgehoben werden.

L. Schillbach. 6044□

BSB-Beseitigung und Schlammzuwachs beim Belebtschlamm-Prozeß. Brother Joseph McCabe und W. Wesly Eckenfelder jun. (J. Water Pollut. Control Federat. **33.** 258–71. März 1961. New York, N.Y., Civil Engng. Dep., Manhattan Coll.) (Engl.)

Vff. stellten Formeln u. Beispiele zusammen, an Hand derer eine einfache Berechnung der Entfernung organ. Substanzen u. des Schlammzuwachses in den verschiedenen Phasen des Aufarbeitungsprozesses möglich ist. — 19 Literaturzitate.

H. Schroeder. 6048□

Titriergefäß zur Bestimmung von gelöstem Sauerstoff. J. R. Malone. (J. Water Pollut. Control Federat. **33.** 272. März 1961. Durham, N.C., Dep. of Water Resources.) (Engl.)

Ein einfaches Gerät zur Best. von gelöstem O_2 wird an Hand einer Abb. beschrieben.

H. Schroeder. 6056□

Vergleich verschiedener Methoden zur Bestimmung des Chlorbedarfs gewerblicher Abwässer. M. C. Rand und Joseph V. Hunter. (J. Water Pollut. Control Federat. **33.** 393–98. April 1961.) (Engl.)

Abwässer aus Flachsrösten u. Spezialpapierfabriken mit einem BSB von 924 mg/Liter u. einem Geh. an ungelösten Feststoffen von 963 mg/Liter, bei $\pm$50% Abweichung vom Mittelwert in den einzelnen Proben, u. pH-Werten zwischen 8,0 u. 9,5, wurden in 2 Labor. unverd. bzw. 1:9 mit dest. W. verd. mit soviel Cl_2 versetzt, daß der Cl_2-Überschuß in jedem Fall nach der o-Tolidin-Meth. colorimetr. (nur verd.) u. amperometr. bestimmt, 0,1 mg Cl_2/Liter betrug. Während die Best. des „o-Tolidin-Cl_2-Bedarfs" u. des „bakteriolog. Cl_2-Bedarfs" ähnliche Werte liefern u. in beiden Labor. gut übereinstimmen, wurden für den „amperometr. Cl_2-Bedarf" niedrigere Werte gefunden. L. Schillbach. 6068□

Passavant-Werke, Deutschland, **Reinigen von Abwässern mit erheblichem Trübegehalt.** Dem Abwasser wird ein Metallsalz, wie $FeCl_3$ oder $AlCl_3$, als Leiter zugesetzt u. ein kurzer Stromstoß (Gleich- oder Wechselstrom) durchgeleitet, dann wird mit CaO oder Kalkmilch alkalisiert, ggf. belüftet u. in üblicher Weise durch Dekantieren u. Filtration aufbereitet. — Schemat. Zeichnung. (**F. P. 1 201 321** vom 14/8. 1958, ausg. 29/12. 1959. D. Prior. 16/8. 1957.) W. Wittholz. 6047

Richard Warnecke, Wolfsburg, *Neutralisieren saurer Abwässer bzw. Entgiften vergifteter Abwässer.* (**Belg. P. 568 109** vom 28/5. 1958, ausg. 12/8. 1960. — C. **1962.** 2501 [Schwz. P. 344 380].)

V. Anorganische Industrie

Entfluorierung von kieselsäurehaltigen Flußspaten bei erhöhter Temperatur. Arden D. Fugate und Lloyd H. Banning. (U. S. Dep. Interior, Bur. Mines, Rep. Invest. **1961.** Nr. 5809. 1–23. Washington, U. S. Dep. Interior, Bur. Mines.) (Engl.)

Im Hinblick auf den gesteigerten Bedarf an Flußspat wurde der Prozeß der Verarbeitung von geringwertigen Spatsorten durch Abtreiben von HF u. Gewinnung hochkonz. F-Zwischenprodd. untersucht. Behandelt wurden die Umsetzungen von synthet., konz. CaF_2 mit stöchiometr. Überschußmengen an SiO_2 in trockner u. feuchter Atmosphäre u. der Einfl. von Al_2O_3 u. Fe_2O_3 auf die Sinterung der Gemische u. auf den Rk.-Verlauf im Temp.-Gebiet 1000—1300°. Durch geringfügige Zusätze von Al_2O_3 u. Fe_2O_3 konnte der Entfluorierungsgrad von 81 auf 99% heraufgesetzt werden, während Durchblasen von Wasserdampf erst bei 25 Mol H_2O auf 1 CaF_2 zur F-Umsetzung von mehr als 90% führte. Die experimentellen Ergebnisse wurden durch thermodynam. Berechnungen der Änderung der freien Energien der Rkk. $2\,CaF_2 + 3\,SiO_2 \rightleftharpoons 2\,CaSiO_3 + SiF_4$, $2\,CaF_2 + 2\,SiO_2 + 2\,H_2O \rightleftharpoons 2\,CaSiO_3 + 4\,HF$, $4\,HF + SiO_2 \rightleftharpoons 2\,H_2O + SiF_4$ in Abhängigkeit von Temp. u. Partialdruck der reagierenden Gase erläutert. — Mit 3 amerikan. Spatmustern von 66—30% CaF_2-Geh. konnten gleiche Ergebnisse erhalten werden, sofern gleiche SiO_2/CaF_2-Verhältnisse u. $(Al_2, Fe_2)O_3$-Geh. wie bei den Testprüfungen vorlagen. — Bei der Übertragung der Prozesse auf halbtechn. Maßstab wurde der Einsatz der 3 Spatproben zum Schmelzen gebracht, wofür ein gasbeheizter Kippofen diente. Auch hierbei konnte das Ausbringen an abgetriebenem HF auf über 90% gebracht werden, allerdings bei Gieß-Temp. von > 1500°. R. KAISER. 6148□

Einschlüsse im Diamant. 2. Mitt. W. F. Eppler. (Dtsch. Goldschmiede-Ztg. **59.** 543—47. Sept. 1961.) (Dt.) — 1. vgl. Dt. Goldschmiede-Ztg. **59.** 462—65. Sept. 1961. Vf. beschreibt an Hand von Photomikrographien *Apatit-* u. *Gas*-Einschlüsse in Diamant. Es wird darauf hingewiesen, daß Heilungsrisse bis jetzt noch nicht sicher bestätigt werden konnten. C. GOTTFRIED. 6152

Norsk Hydro-Elektrisk Kvaelstofaktieselskab, Norwegen, **Herstellung von Wasserstoff oder Wasserstoffgasgemischen.** In 1. Stufe wird C-haltiges Material, z. B. fl. KW-Stoffe, mit Wasserdampf u. O_2 unter Druck zu CO u. H_2 umgesetzt, während in 2. Stufe W. durch Druckelektrolyse in O_2 u. H_2 zerlegt wird, wobei ein gegenüber der 1. Stufe etwas höherer Druck aufrechterhalten wird. Der in 2. Stufe erhaltene O_2 wird der 1. Stufe zugeführt. Der in beiden Stufen gewonnene H_2 wird nach Reinigung vereinigt u. ggf. in Mischung mit N_2 als *NH_3-Synthesegas* verwendet. — Schema der Anlage. (**F. P. 1 199 305** vom 24/1. 1958, ausg. 14/12. 1959. Norw. Prior. 24/1. 1957.) W. WITTHOLZ. H 238

Ruhrchemie Akt.-Ges., Oberhausen, und Steinkohlen-Elektrizität Akt.-Ges., Essen (Erfinder: Eduard Justi und August Winsel, Braunschweig, Gerhard Grüneberg, Herbert Spengler, Oberhausen, und Wolf Vielstich, Duisburg), **Elektrolysezelle zur Wasserzersetzung** des Unipolar- oder Bipolartyps, gek. durch RANEY-Ni als Kathode oder als akt. Belag der Kathode oder als Zusatz zum Kathodenmaterial u. durch RANEY-Ni, RANEY-Ag oder Ag als akt. Belag der Anode oder diese Metalle als Zusatz zum Anodenmaterial. (**D. A. S. 1 065 821** Kl. 12i vom 1/8. 1957, ausg. 24/9. 1959. **Belg. P. 569 838** vom 28/7. 1958, ausg. 30/6. 1961. D. Prior. 1/8. 1957.) K. DEMMLER. H 240

E. I. du Pont de Nemours & Co., Wilmington, Del., übert. von: Wilbie S. Hinegardner und Jerome W. Sprauer, Niagara Falls, N.Y., V.St.A., **Reinigung von Methylnaphthalinen,** die als Lsgm. bei der *Herst. von H_2O_2* durch wechselweise Hydrierung u. Oxydation von Alkylanthrachinonen dienen, durch Umsetzung mit 0,1—50% Perameisensäure bei 20—60° u. Abtrennung der Rk.-Prodd. u. Verunreinigungen durch Adsorption an einem Adsorptionsmittel. — Vgl. nachst. Referat. (**Can. P. 552 246** vom 31/12. 1955, ausg. 28/1. 1958.) EBERHARD RIEDEL. H 241

E. I. du Pont de Nemours & Co., Wilmington, Del., übert. von: Willard S. Gleason jun., Lewiston, und Jerome W. Sprauer, Niagara Falls, N.Y., V.St.A., **Herstellung von Wasserstoffperoxid** durch Hydrierung von Alkylanthrachinonen (I) in Ggw. von Katalysatoren, bes. Pd auf einem aktivierten Tonerdeträger, wobei der Wasser-Geh. in der Mischung bei 40—98% relativer Feuchtigkeit gehalten wird, bei 30—40° u. anschließende Oxydation des gebildeten Alkylanthrahydrochinons unter gleichzeitiger Bldg. von *H_2O_2*. Nach Abtrennung des H_2O_2 wird das regenerierte I dem Kreislauf wieder zugeführt. — Diagramm. (**Can. P. 552 247** vom 27/1. 1956, ausg. 28/1. 1958.) EBERHARD RIEDEL. H 241

Sherritt Gordon Mines Ltd., Toronto, übert. von: Frank A. Forward und Anna M. Armstrong, Vancouver, Canada, **Gewinnung von Elementarschwefel und Abtrennung der Nichteisenmetallsulfide aus pyrrhotitischen sulfidischen Erzen.** Das feinzerkleinerte Erz wird in einer wss. sauren Sulfat-Lsg. aufgeschlämmt u. diese Aufschlämmung bei 245—290° F unter einem Partialdruck von O_2 von 25—100 lbs./sq.in. behandelt, wobei ein freien O_2 enthaltendes Gas eingeführt, intensiv gerührt u. so die Oxydation des Sulfidschwefels zu S vorgenommen wird. Die Nichteisenmetall-Verbb. haften den Kügelchen des geschmolzenen S an. Die Aufschlämmung wird unter den F. des S abgekühlt u. die S-Pellets werden abgetrennt. Elementar-S u. die Nichteisenmetall-Verbb. werden isoliert. (**A. P. 2 898 196** vom 22/10. 1953, ausg. 4/8. 1959. **Belg. P. 541 355** vom 16/9. 1955, ausg. 14/8. 1959.) E. MIESSGANG. H 253

United States Borax & Chemical Corp., Los Angeles (Erfinder: Allen Lyle McCloskey, Orange, Robert John Brotherton und James Lightolder Boone, Fullerton), Calif., V.St.A., **Dibortetrachlorid aus Bortrichlorid** wird dadurch erhalten, daß man BO mit mindestens der stöchiometr. Menge BCl_3 bei nicht wesentlich unter 100°, bes. bei 200—300°, in feuchtigkeits- u. O_2-freier Atmosphäre, zweckmäßig durch Überleiten von BCl_3 über BO umsetzt u. B_2Cl_4 durch fraktionierte Dest. aus dem Gasgemisch abtrennt. Bes. wird BCl_3 im Überschuß über BO geleitet u. das aus dem anfallenden B_2Cl_4–BCl_3-Gemisch abgetrennte BCl_3 an den Verf.-Ausgang zurückgeführt. (**D. A. S. 1 117 094** Kl. 12i vom 8/9. 1960, ausg. 16/11. 1961. A. Prior. 9/11. 1959.) K. WOLK. H 258

Union Carbide Corp., V.St.A. (Erfinder: Lawrence Marvin Litl), **Herstellung von Bornitrid.** In eine Salzschmelze aus NaCl, KCl, $CaCl_2$, $PbCl_2$ oder Gemischen dieser Salze werden B-Verbb., z. B. Borsäureanhydrid, Boroxide, Borate, Perborate oder Fluoborate, suspendiert u. NH_3 bei 600—950°, bes. bei 850—950°, eingeleitet. Die abgekühlte Rk.-Masse wird mit W. u. verd. Säure gewaschen u. dann getrocknet. — Vorr.; Anlageschema. (**F. P. 1 200 534** vom 18/7. 1958, ausg. 22/12. 1959. A. Prior. 13/8. 1957.) H. WITTHOLZ. H 258

Zsigmond de Galoscy, Belgien, und Jean Prunet, Frankreich, **Herstellung von Ruß** aus KW-Stoffen in Gas- oder Dampfform im Gemisch mit CO_2 durch kurzzeitiges Erhitzen (bis zu Sek.) auf 900—1200°. (**F. P. 1 181 003** vom 9/8. 1957, ausg. 11/6. 1959.) M. F. MÜLLER. H 260

Minister of National Defence of Her Majesty's Canadian Government (Erfinder: Morris Katz), Ottawa, Ontario, Canada, **Oxydationsmittel** zur völligen *Oxydation von CO* bei normaler Temp. aus einer Mischung eines feinteiligen Oxids, wie ZnO, Fe_2O_3, MoO_3, Co_2O_3, TiO_2, MnO_2, CeO_2, Sb_2O_3, NiO, SnO_2, Pb_3O_4, SiO_2, ZrO_2, CdO, V_2O_5, Al_2O_3, Talkum, Kaolin oder Kieselgur, mit Ag-Permanganat, u. werden durch Niederschlagen des Ag-Permanganats auf dem Oxid aus einer Ag-Salz-Lsg. durch Zusatz von Alkalipermanganat hergestellt. (**Can. P. 552 028** vom 4/7. 1950, ausg. 21/1. 1958.) EBERHARD RIEDEL. H 260

Johns-Manville Corp., New York, N.Y. (Erfinder: Carl René Van der Linden, Bound Brook, und Laurence Robert Blair, Gilette, N.J.), V.St.A., **Herstellung von Calciumsilicat** der Formel $2\,CaO \cdot 3\,SiO_2 \cdot 1-2{,}5\,H_2O$ mit Röntgenstrahlenbeugungsbildern mit starken Linien d = 3,12 Å u. d = 4,12 Å, sowie einer mittleren Linie bei d = 8,34 Å, durch therm. Rk. zwischen CaO, SiO_2 u. W., dad. gek., daß eine wss. Suspension von CaO u. einem SiO_2-haltigen Material in einem Mol-Verhältnis $CaO:SiO_2 = 0{,}05-0{,}7:1$ in Ggw. von >4 Teilen W./1 CaO + SiO_2 innerhalb 10 Std. bei 155—232° umgesetzt werden. (**D. A. S. 1 116 202** Kl. 12i vom 18/10. 1958, ausg. 2/11. 1961.) A. GRADL. H 261

Comptoir des Phosphates de l'Afrique du Nord, Frankreich (Erfinder: de Saint-Chamant), **Anreichern von Naturphosphaten** durch Behandlung des Rohphosphates mit verd. H_3PO_4, Zers. der phosphorsauren Behandlungs-Fl. mit H_2SO_4, Abtrennen des Nd. u. Wiederverwendung der regenerierten H_3PO_4 für neue Chargen. (**F. P. 1 200 690** vom 29/7. 1958, ausg. 23/12. 1959. E. Prior. 13/8. 1957.) W. WITTHOLZ. H 264

International Minerals & Chemical Corp., V.St.A. (Erfinder: Donald J. Smalter), **Entfluorieren von Phosphorsäure** durch Behandlung einer 50—58%ig. Säure mit gespanntem Wasserdampf bei höherer Temp. als dem Kp. der Säure-Lsg., bes. zwischen 149—160°. Die Säurezugabe in der Kontaktzone erfolgt in solchen Mengen, daß ein Sieden der Säure nicht unterbrochen wird. (**F. P. 1 200 167** vom 27/1. 1958, ausg. 18/12. 1959. A. Prior. 18/2. 1957.) W. WITTHOLZ. H 264

Cramet, Inc., V.St.A. (Erfinder: James Alfred Curtis und Carl Cain jun.), **Reinigung von Titantetrachlorid** (I). Das mit organ. gebundenem C verunreinigte **I** wird ca. 15—60 Min. unter Rückfluß erhitzt, wobei gleichzeitig ein langsamer Cl_2-Strom unter UV-Bestrahlung eingeleitet wird. Die UV-Strahlenquelle kann in einem in die Fl. hineinragenden, einseitig geschlossenen Rohr oder außerhalb des Behandlungsgefäßes angeordnet sein. Reines **I** wird durch anschließende Dest. gewonnen. — Vorrichtung. (**F. P. 1 199 991** vom 23/7. 1958, ausg. 17/12. 1959. A. Prior. 6/12. 1957.) W. WITTHOLZ. H 321

Atomic Energy of Canada Ltd., Ottawa, Ontario, Canada, übert. von: Rudolph Nagy, Bloomfield, und John W. Marden, East Orange, N.J., V.St.A., **Herstellung von K_2UF_6.** Man erhitzt Uranoxid (I) mit KHF_2 unter Bldg. von K_2UF_6, das abgetrennt, mit HF zu KHF_2 umgesetzt u. mit **I** weiterverarbeitet wird. Das vom

KF befreite K_2UF_6 wird abgekühlt, zermahlen u. durch Extraktion mit W. gereinigt. (**Can. P. 551 292** vom 26/2. 1944, ausg. 7/1. 1958. A. Prior. 6/3. 1943.)
EBERHARD RIEDEL. H 339

Atomic Energy of Canada Ltd., Ottawa, Ontario, Canada, übert. von: Horace R. McCombie, Pittsburgh, und Edward L. Wagner, Long Beach, Calif., V.St.A., **Herstellung von UCl_4** durch kontinuierliche Rk. von UO_2 mit CCl_4 im Gegenstrom-Verf. in einem Rk.-Rohr mit einer in Richtung des UO_2-Transportes von 400 bis 475° ansteigenden Temperatur. — App.; Zeichnung. (**Can. P. 551 293** vom 15/2. 1945, ausg. 7/1. 1958. A. Prior. 23/2. 1944.) EBERHARD RIEDEL. H 339

Food Machinery & Chemical Corp. (Erfinder: Paul Henry Margulies, James Erwin Kressbach und Hugo James Wehrfritz), **Herstellung von Kupferlösungen.** Man gibt metall. Cu in 20—40%ig. wss. Lsgg. von lösl. Peroxodisulfaten, bes. Na-, NH_4- oder Li-Peroxodisulfat, u. erwärmt auf 120—175° F bis zur Lsg. des Cu. (**Aust. P. 229 779** vom 30/1. 1959, ausg. 1/9. 1960. A. Prior. 26/3. 1958.)
C. LÜTTGEN. H 358

Ruhrchemie Akt.-Ges., Oberhausen, und **Steinkohlen-Elektrizität Akt.-Ges.**, Essen, *Gewinnung von schwerem Wasser.* (**E. P. 865 411** vom 8/10. 1957, ausg. 19/4. 1961. D. Prior. 20/10. 1956. — C. **1961.** 12224 [D. A. S. 1 066 555].)

Solvay & Cie., Brüssel, Belgien (Erfinder: **Max Gonze** und **Emile Leblon**), *Herstellung von Wasserstoffperoxid.* (**Schwz. P. 356 441** vom 7/12. 1956, ausg. 13/10. 1961. Belg. Prior. 2/1. 1956. — C. **1958.** 14421 [D. A. S. 1 026 732].)

E. I. du Pont de Nemours & Co., V.St.A. (Erfinder: **Carl William Eller jun.** und **James Markel Snyder**), *Reinigen von Arbeitslösungen für die Herstellung von Wasserstoffperoxid.* (**F. P. 1 206 843** vom 19/5. 1958, ausg. 11/2. 1960. A. Prior. 24/5. 1957. — C. **1961.** 2063 [D. A. S. 1 081 432].)

Allied Chemical Corp., New York, N.Y., V.St.A., *Herstellung von Wasserstoffperoxid.* (**E. P. 867 679** vom 1/9. 1959, ausg. 10/5. 1961. A. Prior. 6/10. 1958. — C. **1961.** 15521 [D. A. S. 1 104 493].)

Stauffer Chemical Co., San Francisco, Calif. (Erfinder: **Jerome Newton Haimsohn**, Ardsley, N.Y.), V.St. A., *Stabilisierung der in Schwefelkohlenstoff unlöslichen Schwefelmodifikation.* (**D. A. S. 1 075 569** Kl. 12i vom 11/6. 1956, ausg. 18/2. 1960. — C. **1960.** 954 [E. P. 802 964].)

Badische Anilin- & Soda-Fabrik Akt.-Ges., Deutschland (Erfinder: **Walter Spormann** und **Friedrich Hettler**), *Herstellung von festem Alkalidisulfit.* (**F. P. 1 209 124** vom 12/5. 1958, ausg. 29/2. 1960. D. Prior. 18/5. 1957. — C. **1959.** 6258 [D. A. S. 1 036 226].)

Food Machinery & Chemical Corp., V.St.A. (Erfinder: **Donald O. Flach** und **Reed E. Garver**), *Herstellung von Peroxodisulfaten.* (**F. P. 1 207 218** vom 28/10. 1958, ausg. 15/2. 1960. A. Prior. 4/11. 1957. — C. **1960.** 15176 [A. P. 2 899 272].)

Metal Chlorides Corp., Carnegie, Pa., V.St.A., *Gewinnung von Bortrichlorid.* (**E. P. 867 523** vom 8/8. 1957, ausg. 10/5. 1961. A. Prior. 10/8. 1956. — C. **1960.** 5940 [D. A. S. 1 065 390].)

Diamond Alkali Co., Cleveland, Ohio, V.St.A. (Erfinder: **Clyde Burwell Myers**), *Vermindern des Zusammenbackens von Alkalicarbonaten.* (**E. P. 868 280** vom 30/7. 1957, ausg. 17/5. 1961. — C. **1959.** 4275 [D. A. S. 1 037 435].)

Columbian Carbon Co., New York, N.Y., übert. von: **John Martin**, Hamilton Square, N.J., V.St.A., *Herstellung von α-Eisen(III)-oxid.* (**A. P. 2 935 379** vom 13/6. 1957, ausg. 3/5. 1960. — C. **1961.** 8433. [E. P. 830 108].)

VI. Silicatchemie. Baustoffe

Beziehung zwischen den Oberflächeneigenschaften der Kieselsäure und ihr Verhalten in natürlicher Umgebung. M. C. Gastuche und J. Uytterhoeven. (Silicates ind. **26.** **341**—51. Juli/Aug. **1961.** Héverlé-Louvain, Belg., Inst. Agron., Labor. des colloides des sols tropicaux.) (Franz.)

Die Formen mineral. u. organ. SiO_2-Verbb., die Bedingungen ihrer Lsg. u. Polymerisation in W. u. in anderen Lsgg. in Abhängigkeit von pH, Korngröße, Druck u. Temp. werden besprochen. Die bes. in trop. Gegenden beobachtete Zers. von Silicaten, z. B. Dunit, auf SiO_2-armen Lateritböden, läßt vermuten, daß für den SiO_2-Transport nicht nur katalyt., sondern auch biolog. Prozesse die Mittlerrolle spielen. — **63** Literaturangaben. R. KAISER. 6160□

Reaktion des Elektrodenmaterials mit dem Glas während des Erhitzens eines Bades durch den Joule-Effekt. R. Lambert. (Verres et Réfractaires **14.** 204—08. Juli/Aug. **1961.**) (Franz.)

Da sich in der Literatur kaum Angaben über die möglichen Rkk. zwischen einem Metall u. einem geschmolzenen Silicat finden, hat Vf. bei 1450° Graphit, Mo, W, Sn, nichtrostende Stähle u. reines Fe mit geläutertem Glas zusammengebracht. Graphit, Sn u. Mo färbten das Glas ganz schwach gelb oder blaugrau, Fe gelb bzw. braun u. die nichtrostenden Stähle infolge ihres Cr-Geh. stark grün. Die Rkk., die in Ggw. von Graphit auftreten, sowie die entsprechenden Temp. sind in einer Tabelle zusammengefaßt. A. LEIBBRANDT. 6174□

Schlickergießen von geschmolzener Kieselsäure. J. D. Fleming. (Amer. ceram. Soc. Bull. **40.** 748—50. Dez. **1961.** Atlanta, Ga., USA.) (Engl.)

Durch das Schlickerguß-Verf. können verhältnismäßig komplizierte Formkörper aus geschmolzenem SiO_2 in wirtschaftlicher Weise hergestellt werden, z. B. Teile von Raketen. F. REINHART. 6204 □

Fließelastische Deformation plastischer Massen. C. Deplus. (VI. int. keram. Kongr., Wiesbaden **1958.** 261—67. Paris, Soc. Franç. de Céram., Serv. d'Études Techn.) (Franz.)

Bei konst. Belastung treten 2 Deformationsphasen auf: eine elast. u. plast. Verformung im Augenblick der Belastung, dann eine langsame plast. Deformation („positives Fließen"). Bei der Entspannung treten 2 Phasen im umgekehrten Sinne auf: augenblickliche Veränderung u. langsames Zurückfließen („rückwirkendes Fließen"). Aus der algebraischen Summe der Deformationen ergibt sich die bleibende Deformation. Die Unterss. geben Auskunft über die Verformbarkeit einer Masse u. der Bedingungen für das Verformen. H. VÖLZ. 6206 □

Neuere Untersuchungen über die Kohlenstoffausscheidung in keramischen Stoffen. György Duma. (Épitőanyag [Baumaterial] **13.** 442—53. Dez. 1961.) (Ung.)

Als Ergebnis der in CO-Atmosphäre ausgeführten Unterss. konnte festgestellt werden, daß die zerstörende Wrkg. in keram. Materialien keine Folge der C-Ausscheidung ist. Die Ursache der Zers. des CO u. der C-Ausscheidung ist Kontaktkatalyse. CO reagiert mit Fe sofort, es scheidet sich C aus, u. es entsteht Zementit. Innerhalb der für die C-Ausscheidung geeigneten Temp.-Grenzen kann nur Zementit als Katalysator verwendet werden. Bei der Umwandlung des Fe in Zementit erfolgt eine Vol.-Vergrößerung von 11%, u. diese wirkt im keram. Material berstend. Feinverteilte Fe-Verunreinigungen wirken, ebenso wie in den Poren der keram. Masse ausgeschiedenes C, nicht zerstörend. Der aus CO ausgeschiedene C ist stets von lockerer, faseriger Struktur. In Tonen u. Kaolinen, welche grobkörnige Fe-Verbb. enthalten, entstehen bei 1000—1250° Fe-reiche Silicatschmelzen, aus welchen sich für die Zementit-Bldg. u. so auch für die zerstörende Wrkg. sehr akt. Fe-Minerale (Magnetit, Hämatit) ausscheiden. Die Hohlräume sind mit nadelförmigen, strahlenartigen Kristallen, welche stellenweise asbestartige Aggregate bilden, ausgefüllt. Die Morphologie u. opt. Eigg. der Kristalle weisen auf Grünerit (Klino-Ferrosilit) hin. — 36 Literaturangaben. J. PLANK. 6206

Elektroporzellan. 2. Mitt. **Untersuchung des Brennbereichs zwischen 1000 und 1400°.** G. Lorphèvre. (Chim. et Techn. **8.** Nr. 1. 12—15. März 1961. Baudour, Soc. Cérabel.) (Franz.) — 1. vgl. C. **1961.** 10331.

Unterss. über Prozeß der Porzellan-Bldg. beim Brennen von Körpern aus Porzellanmassen. F. REINHART. 6214 □

Herstellung von basischen, feuerfesten Ziegeln hoher Dichte. János Sövegjártó. (Epitőanyag [Baumaterial] **13.** 463—66. Dez. 1961.) (Ung.)

Um die zerstörende Wrkg. der Schlacke infolge Eindringens in die Poren der feuerfesten Ziegel zu vermindern, untersuchte Vf. die Herst. von Ziegeln hoher Dichte aus Rohstoffen verschiedener Herkunft. Stark gebrannter Sintermagnesit wurde z. T. bis 60 μ Korngröße gemahlen u. bis zu 50% in Mischung gegeben, ferner oberflächenakt. Zuschläge der Preßmasse zugegeben. Der Preßdruck betrug bis 1500 kg/cm². Nach dem Trocknen bei 60° im Luftstrom wurden die Steine bei 1700° gebrannt. J. PLANK. 6218

Synthetischer Cordierit. M. E. Tyrrell, G. V. Gibbs und H. R. Shell. (U. S. Dep. Interior, Bur. Mines, Bull. **1961.** Nr. 594. 1—41.) (Engl.)

Cordierit (I), $(Mg_{1,93})$ $(Mg_{0,25}Ti_{0,03}Fe_{0,05}Al_{2,67})$ $(Al_{0,85}Si_{5,15})O_{17,87}$, wird während des Abkühlens aus Lsg. von 1400°, 1500° u. 1600° in einer Zus. von ungefähr 17% MgO, 30% Al_2O_3 u. 53% SiO_2 gebildet. I u. feste Lsgg. von I werden auch in einem weiten Temp.-Bereich gebildet, wenn Gläser durch Wiedererhitzen entglast werden. Glas von der Zus. des I wurde umfassend durch DTA, Dichte-Best. u. durch Röntgenanalyse untersucht. Die Entglasung von Glas zum Zwecke der Bldg. der kristallinen Phase ist abhängig von Zeit, Temp. u. Teilchengröße, ebenso wie von der chem. Zusammensetzung. Der synthet. I ist orthorhomb., biaxial negativ mit 2 V = 64°, Brechungsindizes sind $\alpha = 1{,}5208$, $\beta = 1{,}5258$ u. $\gamma = 1{,}5278$. Dichte oder glasige I-Körper werden als Dielektrika verwendet. Trocken gepreßte Formen wurden aus 90% synthet. I u. 10% Kugelton hergestellt. — Der Grad der Hitzebehandlung hat wenig Einfl. auf die therm. Eigg. von synthet. I-Keramiken. R. WALCKER. 6220 □

Heterogene Reaktionen im Zementdrehofen. 1. Mitt. **Untersuchungen über die Ascheaufnahme des Klinkers im Lepolofen.** Erich Vogel. (Silikattechnik **11.** 476—78. Okt. 1960. Nienburg, VEB Zementwerke.) (Dt.)

Es wird dargelegt, welche heterogenen Rkk. im Drehofen zur Bldg. flüchtiger Verbb. des Fe, Si u. Al führen u. so eine Sublimation der Oxide der genannten Elemente vortäuschen können. Weiter wird das Problem der Ascheaufnahme von Klinkern im Zementdrehofen behandelt, wobei bes. der Einfl. der Asche im Gebiet von 600—1100° auf die chem. Rkk. im Rohmaterial, sowie das Verh. von Asche u. Gemischen von Asche u. Rohmehl oberhalb von 1100° von Interesse war. — 18 Literaturangaben.

N. PETERS. 6222 □

Heterogene Reaktionen im Zementdrehofen. 2. Mitt. **Die Ascheaufnahme auf dem Lepolrost.** Erich Vogel. (Silikattechnik **11.** 512—14. Nov. 1960. Nienburg, VEB Zementwerke.) (Dt.) — 1. vgl. vorst. Referat.

Es wurde das Verh. von CaF_2, $CaSO_4$ u. der Alkalisulfate aus den Flugstäuben u. Ascheanteilen der Brenngase gegenüber dem Zementrohmehleinsatz durch Analysierung der Carbonat-Zers. an Hand von Leitfähigkeitsmessungen untersucht. Die Vers.-Anordnung wird beschrieben. Die Sulfate u. auch CaF_2 bildeten oberhalb 900° Schmelzen u. begünstigten somit bis zu gewissem Beimischungsgrad die Entwässerung u. Bindung des freien CaO. Bes. bewirkten dies AlF_3 u. FeF_3. Kiesabbrand übte einen geringeren Einfl. aus. Mit derselben App. konnte eine Abhängigkeit zwischen dem Schwingungsgrad der Zementpreßlinge u. dem Anwachsen ihrer Leitfähigkeit durch die obigen Zusätze nachgewiesen werden. R. KAISER. 6222 □

Wechselwirkung von Calciumoxid, Calciumhydroxid und Calciumcarbonat mit sauren Oxiden und Tonmineralien bei verschiedenen Temperaturen. Ju. M. Butt und V. V. Timasev. (Építőanyag [Baumaterial] **13.** 454—62. Dez. 1961.) (Ung.)

Es wurde die Rk.-Fähigkeit von aus $Ca(OH)_2$ bzw. aus $CaCO_3$ bei 800—1400° erzeugtem CaO auf SiO_2, Al_2O_3, Fe_2O_3 u. Tonmineralien untersucht, wobei das aus $Ca(OH)_2$ gewonnene CaO akt. ist. Ursachen hierfür sind verschiedene Korngrößen u. Zers.-Temp.; aus $Ca(OH)_2$ entstehen lockere 1—2 μ große Kristalle, aus $CaCO_3$ aber grobe von 40—70 μ. $Ca(OH)_2$ geht bei bedeutend niedrigeren Temp. in CaO über. Die Rk.-Fähigkeit der sauren Komponenten nimmt mit ihrem Dispersionsgrad zu, doch ist das Feinmahlen nur bis zu einer bestimmten Grenze vorteilhaft. So soll z. B. für die Klinkererzeugung im Drehofen, wo die Verdichtung der Masse gering ist, der feingemahlene ($<$1—10 μ) Anteil 25—30% nicht überschreiten. Von den Tonmineralien reagieren bei 1200—1300° Montmorillonit, Halloysit u. Biotit am leichtesten. Auch hier spielt der Dispersitätsgrad die Hauptrolle. J. PLANK. 6222

Untersuchungen über die Korrosion des Bewehrungsstahles bei Verwendung von Calciumchlorid im Mörtel und Beton. Siegfried Reinsdorf. (Silikattechnik **11.** 478—83. Okt. 1960. Weimar, Inst. für Baustoffe.) (Dt.)

$CaCl_2$-Zusätze bewirken eine Verkürzung der Abbindezeiten u. Beschleunigung der Erhärtung eines Zements, als Nachteile treten größeres Schwinden sowie Rosterscheinungen an den Bewehrungsstählen auf. Die Frage der Korrosionsgefährdung u. der maximal vertretbaren Zusatzmenge an $CaCl_2$ ist noch nicht geklärt; bei Zugabe von Passivatoren soll die Korrosionsgefahr eingedämmt werden können. — 24 Literaturangaben.

N. PETERS. 6224 □

Eine kritische Betrachtung über die Viscosität von CaO-MgO-Al_2O_3-SiO_2-Schmelzen. E. T. Turkdogan und Patricia M. Bills. (Amer. ceram. Soc. Bull. **39.** 682—87. Nov. 1960. London, Brit. Iron and Steel Assoc.) (Engl.)

Obgleich der Einfl. von Al_2O_3 u. SiO_2 auf die Viscosität (η) von Schlacken gleich ist, entspricht die Gesamtsäure-Konz. nicht der Summe der molaren Konz. von SiO_2 u. Al_2O_3. Aus den experimentell ermittelten Daten über $CaOSiO_2$- u. $CaO \cdot Al_2O_3$-SiO_2-Schmelzen wurde festgestellt, daß die Äquivalenz von SiO_2 mit Al_2O_3 mit dem Verhältnis Al_2O_3/CaO u. der Al_2O_3-Konz. variiert. Äquimolare Mengen von MgO u. CaO haben gleichen Einfl. auf η. Es kann daher bei gegebener Temp. die Beziehung zwischen η u. Zus. an einem Diagramm für die quatern. Schmelze CaO-MgO-Al_2O_3-SiO_2 dargestellt werden. Diese Beziehung gilt über einen weiten Temperaturbereich. Unteshalb 1350° ist das Verhältnis von log η u. dem reziproken Wert der abs. Temp. linear, es weicht jedoch bei höheren Temp. beträchtlich ab. Aus der Abnahme der Aktivität viscoser Schmelzen beim Ansteigen der Temp. kann auf eine Änderung der Struktur geschlossen werden. — 27 Literaturangaben. G. FRIKELL. 6224 □

Anwendung zementersetzender Stoffe bei der Mörtelbereitung. István Szilágyi. (Építőanyag [Baumaterial] **13.** 467—72. Dez. 1961.) (Ung.)

Bei der Mörtelbereitung können Traß, granulierter Hüttenbims, Flugasche, Kesselschlacke, Zementflugstaub, Rohperlit als Zementersatzstoffe verwendet werden. Wegen der großen spezif. Oberfläche u. Feinstruktur des Trasses ist zu einer stabilen Kalkpuzzolanbindung die Zugabe der gleichen Menge $Ca(OH)_2$ nötig u. daher nur dort wirtschaftlich, wo Traß als Abfallstoff zur Verfügung steht. Granulierte Hochofenschlacke ist bei genügender Mahlfeinheit ein guter Zementersatzstoff. Die Verwendbarkeit der

Flugaschen ist von ihrer Zus. abhängig. Die alkal. Flugaschen binden mit W. ohne Kalkzuschlag. Da sie aber meist von einer Vol.-Vergrößerung begleitet werden, sind sie nur in Verbindung mit anderen Kalkpuzzolanen verwendbar. Als Bindemittel ist Zumischen der gleichen Menge $Ca(OH)_2$ nötig, als Zuschlag genügt $^1/_3$ der Menge. Flugaschen stehen in großer Menge zur Verfügung, ihre Verwertung ist aussichtsreich u. erwünscht.
J. PLANK. 6226

Feststellung von Rissen und Spannungen in nicht transparenten Gläsern. E. W. Deeg und T. D. Riney. (Amer. ceram. Soc. Bull. **39.** 674—76. Nov. 1960. Allentown, Pa., Bell Telephone Labor., Inc.) (Engl.)

Vff. beschreiben die Möglichkeit, im nahen IR bis 1,2 μ mit Hilfe eines Polarisationsmikroskops u. einer IR-Bildwandlerröhre in nicht transparenten Gläsern Risse u. Spannungen nachzuweisen. G. FRIKELL. 6242 □

Oberflächenveränderungen von Kalkalkalisilicatgläsern unter Einwirkung von Feuchtigkeit. Tibor Kelen. (Épitőanyag [Baumaterial] **13.** 477—80. Dez. 1961.) (Ung.)

Es wurde die Feuchtigkeitsempfindlichkeit des bei der Glühlampenproduktion verwendeten Kalkalkalisilicatglases („Magnesiaglas“) mit Hilfe der hydrolyt. Meth. durch Messen der Alkalimenge, die an der Oberfläche von Glaskörpern bei verschieden langer Einw. von feuchter Luft im Thermostaten auftrat, untersucht. Die therm. Vorbehandlung ist von größeren Einfl. auf die Widerstandsfähigkeit des Glases als Unterschiede in der chem. Zusammensetzung. J. PLANK. 6242

Über das Fließverhalten keramischer Erzeugnisse. U. Ehrcke und H. E. Schwiete. (VI. int. Kongr., Wiesbaden **1958.** 107—29. Aachen, TH, Inst. für Gesteinshüttenkunde.) (Dt.)

Zur Best. eignet sich die Dauerstandfestigkeit, da gleichzeitig Plastizität der Glasphase u. Einfl. von Textur, Körnungsaufbau u. Porosität erfaßt werden. Es wurde eine App. entwickelt für Verss. bei Temp. bis zu 1300° bei Belastungen bis zu 8 kg/cm² u. für Vers.-Zeiten über 1000 Stunden. Vff. stellten fest, daß die Formänderung der feuerfesten Steine abhängig ist von der Brenn-Temp. (bei steigender Temp. geringere Kontraktion), der Menge u. Zus. der Glasphase (steigender Alkali- u. Eisenoxid-Geh. erniedrigt Viscosität), der Menge u. Art der Kristallphase, Textur, Korn-Zus. des Schamotte- bzw. Mullitanteils u. den allg. Herstellungsbedingungen. — Diskussion. H. VÖLZ. 6248 □

Bemerkungen zur Diffusionstheorie des Schlicker-Gieß-Prozesses unter besonderer Berücksichtigung der Berechnung der Wasserkonzentration in der Gipsform. E. Deeg. (VI. int. keram. Kongr., Wiesbaden **1958.** 243—59. Würzburg, Max-Planck-Inst. für Silikatforsch.) (Dt.)

Die experimentelle Überprüfung (vgl. DIETZEL u. MOSTETZKY, C. **1956.** 10319. 10577; C. **1957.** 3933) des raum-zeitlichen Verlaufs der Wasser-Konz. ergab, daß die Wasser-Konz. im Schlicker u. im angesaugten Scherben durch eine Diffusionsgleichung mit konst. Koeff. für Schlicker bzw. Scherben beschrieben werden kann; das trifft für den Verlauf der Wasser-Konz. in der Gipsform nicht zu. Dafür wird die ursprüngliche Gleichung modifiziert. Die erhaltene Differentialgleichung scheint allg. Bedeutung für die Berechnung des Wassertransportes in porösen Gütern zu haben. — 12 Literaturhinweise. Diskussion. H. VÖLZ. 6248 □

Messung der Gasdurchlässigkeit von keramischen Probekörpern. S. G. Whiteway. (Amer. ceram. Soc. Bull. **39.** 677—79. Nov. 1960. Canada, Halifax, N. S., National Res. Council.) (Engl.)

Aus einem vorgegebenen Gas-Vol. wird durch den Probekörper Gas abgepumpt. Aus der gemessenen Zeit für eine bestimmte Druckänderung kann die Gasdurchlässigkeit berechnet werden. G. FRIKELL. 6248 □

Bestimmung der Hydratationswärme von Portland-Zement. Ken Yong und Kung Jen-Hsia. (J. Amer. Concrete Inst., Proc. **58.** 450—70. Okt. 1961. Taiwan Cement Corp., Taiwan.) (Engl.)

Die Hydratationswärme steht im engen Verhältnis zu den chem. Haupt-Verbb. des Zements, ergibt aber für jede Rohstoff-Zus. andere Resultate. Geringe konst. Beimengungen rufen konst. Abweichungen hervor u. beeinflussen das Ergebnis stets in einer Richtung. Die Glas-, C_3S- u. C_2S-Geh. sind von wesentlich größerer Bedeutung. Mit Hilfe einer auf analyt. Angaben beruhenden statist. Analyse vergleichen Vff. 2 Best.-Meth. für die Hydratationswärmen nach 7 u. 28 Tagen in Portlandzement. In Meth. (1) werden die errechneten C_3S-, C_2S- C_3A- u. C_4AF-Mengen als unabhängige Veränderliche den Hydratationswärmen gegenübergestellt. Dagegen beziehen sich die Hydratationswärmen in der 2. Meth. gemäß der von DAHL abgeleiteten Gleichungen auf die unabhängigen Veränderlichen C_3S, C_2S u. den Glasgehalt. Die Werte beider Meth. stimmen annähernd überein. H. SCHUMANN. 6252 □

Pennsylvania Salt Mfg. Co., übert. von: William J. Knapp und Isadore Mockrin, Philadelphia, Pa., V.St.A., **Fluor-Kaliumgläser** bestehen aus 45 bis 55 (Gew.-%) K_2SiF_6 u. mindestens 2 der Komponenten Al_2O_3, SiO_2 u. B_2O_3, bes. 6—36 Al_2O_3, bis zu 47, bes. 0—28 SiO_2 u. bis zu 50, bes. 2—47 B_2O_3, wobei das Verhältnis SiO_2/B_2O_3 bes. = 1 beträgt. — Ferner werden Gläser der Zus. 12—26, bes. 17—23 K_2O, 0 bis 33, bes. 5—33 Al_2O_3, 7—66, bes. 11—38 SiO_2, 0—66, bes. 2—43 B_2O_3 u. 14—32, bes. 21—28 Fluor genannt, wobei das Gew.-Verhältnis Fluor/K_2O 1—1,4 beträgt. — Diagramme. (**Can. PP. 551 350** u. **551 351** vom 9/10. 1953, ausg. 7/1. 1958.) EBERHARD RIEDEL. 6201

National Lead Co., New York, N.Y., V.St.A. (Erfinder: Karl William Traub, William John Baldwin und Leon James Frost), **Gelbes Farbpigment für Keramikglasuren und Emails.** Ein Pigment vom ZrO_2-V_2O_5-Typ, das auch in Ggw. von SiO_2 u. Alkalien klar gelb bleibt u. keine porösen Glasuren ergibt, wird hergestellt durch Calcinieren eines Gemisches von ZrO_2 mit einem Geh. von 1,5—2,0 (%) V_2O_5 u. 0,5—3,0 B_2O_3 bei 2000—2500° F. (**E. P. 862 605** vom 25/9. 1959, ausg. 15/3. 1961.) G. FRIKELL. 6213

Champion Spark Plug Co., Toledo, Ohio, V.St.A. (Erfinder: Harry George Schurecht), **Thoriumdioxid enthaltendes keramisches Material für Zündkerzen,** das auch bei hohen Temp. gegen den Einfl. von $(C_2H_5)_4Pb$ beständig ist. Die Herst. erfolgt durch Sinterung eines Gemisches aus 48,3—96,5 (Teilen) ThO_2; 0,6—33,9 MgO; 0,8 CaO; 0,4 bis 38,6 Al_2O_3 u. mindestens 2,2 SiO_2, jedoch nicht mehr als 5% der Gesamtmenge. — Zum Beispiel werden gemischt: 86,8 ThO_2; 9,7 Al_2O_3; 0,6 MgO; 2,2 SiO_2 u. 0,8 CaO. Die Körper zeigen gute elektr. Isolier-Wrkg. u. gute Wärmeleitfähigkeit. (**E. P. 858 156** vom 29/10. 1958, ausg. 11/1. 1961.) G. FRIKELL. 6221

E. I. du Pont de Nemours & Co., Wilmington, übert. von: Edward P. Czerwin, Oakwood Hills, und Richard S. Seidel, Claymont, Del., V.St.A., **Verfahren zum dauerhaften Verbinden von alten Betonoberflächen mit neu aufgebrachten Schichten aus Zementgemischen.** Hierzu wird ein Film einer wss. Lsg. eines zu 96—100% hydrolysierten Polyvinylalkohols mittlerer Viscosität auf das Grundmaterial aufgebracht. Die Menge dieses Bindemittels beträgt ca. 5—100 oz. je 1000 sq.ft. Nach dem ca. 24std. Trocknen wird das frische Zementgemisch aufgebracht. (**A. P. 2 976 173** vom 26/9. 1958, ausg. 21/3. 1961.) G. FRIKELL. 6225

General Plywood Corp., Louisville, Ky., V.St.A., **Schleif- und Poliermittel.** Wegen verbesserter Wrkg. u. geringeren Preises werden Körnungen von expandierten Silicaten, wie Vermiculit oder Perlit, anstatt bekannter Prodd. verwendet. Das Material wird z. B. mittels tier. Leims auf Schleifbändern befestigt u. mit einer Deckschicht aus Leim überzogen. (**E. P. 860 920** vom 6/5. 1959, ausg. 15/2. 1961. A. Prior. 16/5. 1958.) G. FRIKELL. 6239

Abrasive & Metal Products Co., V.St.A., **Herstellung von Schleifmaterial,** bes. Schleifscheiben. Als Bindemittel für die Schleifkörner dient ein Phenolharz, das zusätzlich ein Kondens.-Prod. aus Äthylenoxid u. einer hydrophoben Base aus dem Prod. aus Propylenoxid u. Propylenglykol vom Molgew. 2000—7500 enthält. Man erhält das Kondens.-Prod., indem man 57 g Propylenglykol u. 7,5 g wasserfreies NaOH unter N_2 bis zur Lsg. auf 120° erhitzt, worauf man in dem Maße, wie Rk. erfolgt, Propylenoxid einleitet. Man kühlt dann ab, neutralisiert u. erhält wasserunlösl. Polyoxypropylenglykol (Molgew. 1620), das man mit 5 g wasserfreiem NaOH versetzt u. in das man bei 120° 105 g Äthylenoxid leitet. Das erhaltene Prod. wirkt auf das Phenolharz bei der Schleif-Temp. vermutlich weichmachend. — Eine *Schleifscheibenmischung* besteht z. B. aus 88,5 (Teilen) gekörntem Al_2O_3, 8,2 Kryolithpulver, 8,5 Phenol-CH_2O-Harz, 1,4 Furfurol, 0,78 des Äthylenoxid-Propylenglykol-Propylenoxid-Kondens-Prod. „Pluronic L-62" u. 0,9 Kalk. (**F. P. 1 201 084** vom 1/8. 1958, ausg. 28/12. 1959.) M. PANKOW. 6239

Gesellschaft für Teerverwertung m. b. H. (Erfinder: Hans Wille, Karl Jellinek und Helmut Stanke), Duisburg-Meiderich, **Wasserbeständige Schleifkörper.** Als Bindemittel dienen nicht- oder schwerflüchtige Rückstände der Teer-Dest., die eine hohe Aldehydreaktivität haben u. hochkondensierte Schlüsselatome enthaltende aromat. Ring-Syst. darstellen, zusammen mit fl. Kresolen oder Aldehyden. (**D. A. S. 1 116 392** Kl. 39b vom 7/12. 1957, ausg. 2/11. 1961.) F. KOCH. 6239

Lucent Products Ltd., William Flavell und Ernest George Langdon, Oaklands Chessington, England, **Herstellung stückförmiger Schleifmittel.** Man mischt das Schleifmaterial, z. B. Siliciumcarbid, mit einer Dispersion von Polyvinylchlorid oder dessen Mischpolymerisaten mit Vinylidenchlorid in einem oder mehreren Weichmachern, z. B. Tritolylphosphat u. Dibutylphthalat, in einem Stabilisator, z. B. Pb-Stearat, füllt die Paste in Formen u. erhitzt sie z. B. $1^1/_4$ Std. lang auf 160°. (**E. P. 813 282** vom 16/4. 1956, ausg. 13/5. 1959.) C. LÜTTGEN. 6239

Deutsche Norton G. m. b. H., Wesseling (Erfinder: Frank J. Polch, Princeton, Mass., V.St.A.), **Schleifkörper mit organischer Bindung** enthält als Schleifmittel kristalline, geschmolzene Zirkonerde u. als Bindemittel ein organ. Bindemittel oder ein Gemisch von mindestens zwei organ. polymeren Bindemitteln bzw. Kondens.-Kunstharzen, u. zwar hitzehärtbares Anilin-Formaldehydharz, hitzehärtbares Phenol-Formaldehydharz, vulkanisierten Naturkautschuk, der zu mindestens einem Drittel seines Gew. mit S vulkanisiert ist, ferner vulkanisiertes Butadien–Styrol- oder Butadien–Acrylnitril-Mischpolymerisat, die ebenfalls mit mindestens einem Gew.-Drittel S vulkanisiert sind. (**D. B. P. 975 627** Kl. 39b vom 14/7. 1951, ausg. 8/3. 1962. A. Prior. 15/7. 1950 u. 2/6. 1951. Anmeldung bekanntgemacht 11/12. 1952. F. MARKHOFF. 6239

General Electric Co. Ltd., London, England, *Herstellung von Glas.* (**Holl. P. 98 892** vom 20/2. 1958, ausg. 15/8. 1961. E. Prior. 21/2. 1957. — C. **1961.** 11101 [E. P. 824 872].)

Comp. de Saint-Gobain (früher: Soc. An. des Manufactures des Glaces et Produits Chimiques de Saint-Gobain, Chauny & Cirey), Neuilly-sur-Seine, Frankreich, *Alkali- und borfreies Glas.* (**E. P. 861 440** vom 29/5. 1957, ausg. 22/2. 1961. F. Prior. 29/5. 1956. — C. **1961.** 15886 [D. A. S. 1 088 675].)

Dynamit Akt.-Ges. vormals Alfred Nobel & Co., Troisdorf bei Köln, *Polyvinylbutyral-Folien.* (**E. P. 858 020** vom 30/10. 1957, ausg. 4/1. 1961. D. Prior. 28/2. 1957. — C. **1959.** 10700 [D. A. S. 1 042 890].)

Metallwerk Plansee G. m. b. H. (Erfinder: **Richard Kieffer** und **Friedrich Benesovky**), Reutte, Tirol, Österreich, *Zunderfester und bei hohen Temperaturen korrosionsbeständiger Werkstoff.* (**Schwz. P. 356 709** vom 12/9. 1955, ausg. 13/10. 1961. Oe. Prior. 20/10. 1954. — C. **1958.** 11054 [D. A. S. 1 011 346].)

Kábel-és Müanyaggyár, Budapest (Erfinder: **István Csordás, Béla Lányi, László Visy**, Budapest, und **Zoltán Veres**, Karcag-Berekfürdö, Ungarn), *Herstellung keramischer Körper.* (**Oe. P. 214 660** vom 16/7. 1957, ausg. 25/4. 1961. — C. **1960.** 15533 [D. A. S. 1 070 984].)

Monolith Portland Midwest Co., Los Angeles, Calif. (Erfinder: **Duncan Rea Williams**, Laramie, Wy.), V. St. A., *Herstellung wässeriger Schlämme zermahlener, anorganischer, hydrophiler Feststoffe, die in Wasser, und wässerigen Medien alkalisch reagieren.* (**D. A. S. 1 115 172** Kl. 80b vom 14/6. 1955, ausg. 12/10. 1961. A. Prior. 27/9. 1954. — C. **1958.** 12511 [A. P. 2 790 725].)

Montecatini Soc. Gen. per l'Industria Mineraria e Chimica (Erfinder: **Giuseppe Guzzetta** und **Ezio Ercoli**), Mailand, Italien, und **Karl Ziegler**, Mülheim/Ruhr, *Baumaterial.* (**Jap. A. S. 1835/1960** vom 15/7. 1957, ausg. 8/3. 1960. It. Prior. 19/7. 1956. — C. **1960.** 6288 [Oe. P. 203 730].)

VII. Agrikulturchemie. Schädlingsbekämpfung

Zur Ausarbeitung einer Methode der automatischen Kontrolle der Zusammensetzung der Brüde der Fabrikation von Ammonsalpeter. Ja. I. Turjan, W. W. Smekalowa und W. M. Charlamowa. (Химическая Промышленность [Chem. Ind.] **1960.** 679—81. Dez. Lissitschansk, Zweigstelle des Automatik-Inst. des Staatl. Planungsamtes der UkrainSSR.) (Russ.)

Unter der Annahme, daß in den Brüden der NH_4NO_3-Fabrikation NH_4NO_3 vollständig dissoziiert, NH_4OH nicht dissoziiert ist, werden Gleichungen für die Änderungen des pH u. der spezif. elektr. Leitfähigkeit λ_s abgeleitet u. in Tabellen die Dissoziations-Konst. von NH_4OH, im Mittel $K_0 \cdot f_{NH_4^+} \cdot 10^5 = 0{,}89$, u. für die Konzz. von NH_4NO_3 u. NH_4OH auf Grund von pH u. λ_s mitgeteilt. Es wird gezeigt, daß die Zus. der Brüden auf Grund der Messung von pH u. λ_s automat. gemessen u. gesteuert werden kann. R. K. MÜLLER. 6284 □

Mitteilung über einige Spurenelement- beziehungsweise Mikronährstoffgehalte in verschiedenen Kalidüngesalzen. A. G. Herrmann. (Ber. Dtsch. Akad. Wiss. Berlin **1.** 236—39. 1959.) (Dt.)

Vf. teilt die Geh. einiger Kalidüngesalze aus der DDR an *B, Cu, Mn, Zn, Fe, Pb* u. *Al* mit. M. WINIKER. 6286 □

Der Einfluß von Überzügen auf die Auflösung von Düngemitteln und die Aufnahme von Kalidünger durch Pflanzen. Kirk Lawton. (J. agric. Food Chem. **9.** 276—80. Juli/Aug. 1961. East Lansing, Mich., Michigan State Univ., Dep. of Soil Sci.) (Engl.)

Überzüge auf Kalidüngemitteln verhindern ein schnelles Auswaschen durch Wasser. Es wird die Wirksamkeit von Paraffin, Vinylacetat, einem Acrylharz u. Polyäthylen einzeln oder im Gemisch auf die Löslichkeit von K in einem K-Mischdünger, in $K_2CaP_2O_7$ bzw. im KPO_3 u. die Aufnahme von K durch die Pflanzen in Abhängigkeit vom verwendeten Überzug bestimmt. J. NEELS. 6286 □

Granulierte Mischdüngemittel. K. A. Thompson. (J. Ramsey Soc. chem. Engr. **8.** 50—55. 1961.) (Engl.)

Vf. beschreibt die Granulierung von NPK-Mischdüngemitteln in Tellergranulatoren u. Granuliertrommeln sowie die Variablen, die die Granulierung beeinflussen. W. KÖLLING. 6290 □

Klassifikation und Beschreibung von Bodenporen. W. M. Johnson, J. E. McClelland, S. B. McCaleb, Rudolph Ulrich, W. G. Harper und T. B. Hutchings. (Soil Sci. **89.** 319—21. Juni 1960.) (Engl.)

Es wird eine einfache Klassifizierung der Bodenporen zu ihrer genaueren Beschreibung in Profilaufnahmen auf Grund ihrer Form u. Größe vorgeschlagen.

G. JAGNOW. 6302☐

Gefrierpunktserniedrigungen in stabilisierten Bodenaggregaten, synthetischem Boden und Quarzsand. Glen H. Cannell und Walter H. Gardner. (Proc. Soil Sci. Soc. America **23.** 418—22. Nov./Dez. 1959. Pullman, Washington Agric. Exp. Stat.) (Engl.)

Dampfdruckmessungen der Bodenluft u. Gefrierpunktsmessungen des Syst. Boden-H_2O ergeben leicht voneinander abweichende Druck-Bodenfeuchtigkeits-Kurven. Es wurde deshalb der Einfl. verschiedener Faktoren auf die Gefrierpunktserniedrigung (GE) in Boden u. Sand mit Hilfe eines Thermistors als Anzeigeinstruments bestimmt. Die Faktoren waren: Krümelgröße, Partikelgröße u. Unterkühlungs-Temperatur. Ein Palouse-Schlufflehmboden wurde mit 0,125 g *IBMA*/100 g versetzt, zu Krümeln geformt u. in verschiedene Krümelgrößen gesiebt. Die GE nahm mit abnehmender Krümelgröße zu. Eine ebensolche Zunahme der GE war bei Sand mit abnehmender Körnchengröße zu beobachten. Mit aufeinanderfolgendem Frieren u. Tauen nahm die GE bei Schlufflehmboden ab, blieb aber bei den Sandfraktionen relativ unverändert. Ein synthet. Boden wurde aus gemahlenem Quarzsand u. Illitton hergestellt. Ein Teil dieses Bodens wurde mit verschiedenen Mengen IBMA behandelt u. zu Aggregaten geformt. Die GE nahm bei Aggregaten zwischen 1 u. 2 mm ∅ mit zunehmender Menge an IBMA zu. Verschiedene Unterkühlungs-Temp. hatten auf die GE in Schlufflehm u. Sand keinen Einfluß. Jedoch nahm sie im nichtaggregierten synth. sauren Boden mit zunehmender Unterkühlungs-Temp. zu.

G. JAGNOW. 6302☐

Bildung und Zerfall von mit ^{60}Co markierten wasserbeständigen Bodenaggregaten in einem Norton-Schlamm-Lehm-Boden. S. J. Toth und R. B. Alderfer. (Soil Sci. **90.** 232—38. Okt. 1960. New Jersey, Rutgers Univ.) (Engl.)

Die Veränderung der Krümelstruktur wird an Hand von Siebanalysen mittels durch ^{60}Co markierter wasserbeständiger Bodenproben bei 28° (Inkubator) u. im Gewächshaus untersucht. Die physikal. Zus. der wasserbeständigen Bodenaggregate ändert sich laufend. Während der Inkubation nimmt die Menge der aktivierten Bodenaggregate mehr ab als die Größe. Die Aggregate jedes Größengebietes enthalten Reste der eingesetzten markierten Aggregate. Unter Riedgras-Soden ist die Menge von ^{60}Co, die sich nach den Verss. in größeren Aggregaten findet, höher als bei der Inkubation.

J. NEELS. 6302☐

Wirkungen von Bodenbearbeitungsmaßnahmen auf die Infiltrationsgeschwindigkeiten. L. H. Stolzy, T. E. Szuszkiewicz, M. J. Garber und R. B. Harding. (Soil Sci. **89.** 338—41. Juni 1960. Riverside, Univ. of Calif., Citrus Experiment Stat.) (Engl.)

In Citrusgärten mit einer durch Kulturmaßnahmen verdichteten Bodenschicht verschlechterte Pflügen das Eindringen von W., während Sägemehl- u. Borkenmulch, Rigolen u. Bodenbegasung mit 70 Gallonen Dichlorpropan/acre keinen meßbaren Einfl. hatten.

G. JAGNOW. 6302☐

Änderung der Dampfspannung mit der Temperatur und dem Luftdruck. Theoretisches. A. J. Peck. (Soil Sci. **89.** 303—10. Juni 1960. Canberra, C.S.I.R.O., Div. of Plant Ind.) (Engl.)

Es wird eine theoret. Analyse der Wrkg. von im Bodenwasser eng eingeschlossenen Luftblasen auf die Dampfspannung in Abhängigkeit von der Temp. u. dem äußeren Luftdruck gegeben. Folgende Punkte wurden berücksichtigt: 1. Änderungen des Blasen-Vol. mit der Temp. u. dem Luftdruck, 2. Veränderungen des Fl.-Vol. des gebundenen W. mit der Temperatur, 3. Änderungen der Oberflächenspannung von W. mit der Temperatur.

G. JAGNOW. 6302☐

Bodenphysikalische und -dynamische Untersuchungen an der Lebermudde des Federseemoores. Ein Beitrag zur Kenntnis subhydrischer Böden. Kh. Göttlich und H. Birnbacher. (Z. Pflanzenernähr., Düng., Bodenkunde **87 (132).** 156—64. Nov. 1959. Sigmaringen, Wasserwirtschaftl. Planungsstelle, Bodenphysikal. Labor.) (Dt.)

Vff. berichten über den Chemismus u. die physikal. Eigg. eines vorwiegend aus Lebermudde (Plankton-Gyttja) bestehenden Bodens sowie seine Veränderungen als Folge von Entwässerungsmaßnahmen u. Durchlüftung.

M. WINIKER. 6304☐

Einfluß austauschbarer Kationen auf die Benetzungswärme von Böden. R. I. Razouk, S. K. Tobia und T. A. Elbassiouny. (Soil Sci. **90.** 169—72. Sept. 1960. Kairo, A'in Shams Univ.) (Engl.)

Bodenproben wurden mit Essigsäure von Carbonaten befreit, abfiltriert u. mit 1n Essigsäure-, NaCl-, KCl-, NH_4Cl-, $MgCl_2$-, $CaCl_2$- u. $BaCl_2$-Lsgg. bis zur Sättigung mit dem betreffenden Kation perkoliert u. 24 Std. bei 100—110° getrocknet. Die Wärme-Bldg. beim Benetzen wurde in einem früher beschriebenen Calorimeter (vgl. RAZOUK, J. physic. Chem. **45.** [1941.] 179) gemessen. Sie variierte stark mit den sorbierten Kationen u. nahm mit deren Hydratationswärme zu: Mg^{2+} = 12,2, Ca^{2+} = 12,0, H^+ = 11,3, Ba^{2+} = 10,0, NH_4^+ = 7,2, Na^+ = 7,0, K^+ = 6,6 cal/g. H^+-Boden hatte eine abnorm hohe Benetzungswärme, vermutlich wegen Anwesenheit von Al^{3+} in den Austauschorten. Die Benetzungswärme stieg mit dem Tongehalt. Die Schlufffraktion hatte nur geringen Einfluß. Die bei den Alkaliionen erhaltenen niedrigen Werte werden auf die negative Wärmetönung bei der Ionisierung der Hydroxide zurückgeführt. Die Wärme-Bldg. bei der Benetzung mit Bzl. war viel geringer als bei Wasserbenetzung (3,1—5,4 cal/g). Sie nahm mit zunehmendem Geh. an Ton, Schluff u. organ. Bodensubstanz ab.

G. JAGNOW. 6304□

Über die Abhängigkeit zwischen der Summe der Austauschkationen und dem Gehalt an Teilchen kleiner als 1 μ in Podsolböden. W. A. Tschernow. (Доклады Академии Наук СССР [Ber. Akad. Wiss. UdSSR] **119.** 1017—19. 11/4. 1958.)

Die Best. der Summe der austauschfähigen Ca- u. Mg-Kationen, der hydrolyt. Bodenacidität u. des Geh. an Teilchen $< 1\,\mu$ in den Proben aus verschiedenen genet. Horizonten von 7 Profilen der Podsolböden zeigte, daß zwischen diesen Werten eine direkte Abhängigkeit besteht, die durch die nachst. Gleichung ausgedrückt werden kann: $y = -0{,}40 + 0{,}675\,x$, in der y die Summe der Kationen u. der hydrolyt. Acidität u. x der Geh. an Teilchen $< 1\,\mu$ in der Bodenprobe ist. Beim Vgl. der nach dieser Formel berechneten Werte mit den in 22 Bodenproben experimentell ermittelten betrug die Differenz zwischen den Ergebnissen in 8 Fällen 5%, in 8 weiteren 5—10%, in 4 Fällen 10—15% u. in 2 Fällen über 15%. Die Übereinstimmung der errechneten u. der experimentellen Werte zeigt, daß in den untersuchten Bodenprofilen das Muttergestein gleicher Herkunft ist, die adsorptions- u. austauschfähigen Bodenteilchen gleich sind u. sich in den Bodenprofilen nach ihrer Dispersität in gleicher Weise verteilen.

M. GORDIENKO. 6304

Geschwindigkeit und Mechanismus der Auflösung einiger Ferriphosphate. E. O. Huffman, W. E. Cate und M. E. Deming. (Soil Sci. **90.** 8—15. Juli 1960. Wilson Dam, Alabama, Tennessee Valley Authority.) (Engl.)

Es wurden reaktionskinet. Eigg. dreier möglicher Bodenphosphate [*Ca-Ferriphosphat* (**I**), *Strengit* (**II**) u. koll. *Ferriphosphat* (**III**)] untersucht. Keine dieser Verbb. löste sich gut in W., H_3PO_4-Lsgg. von pH 3 u. 4 oder NH_4OH-Lösungen. **II** u. **III** lösen sich leicht in stabiler Tripelpunkt-Lsg. von $CaO–P_2O_5 \cdot H_2O$, der vermutlichen Umgebung eines $Ca(H_2PO_4)_2$-Körnchens im Boden. Die Reihenfolge der P-Löslichkeit im W. war **II** $\cong$ **III** $\gg$ **I**. Die Löslichkeit von **II** u. **III** ist geringer als die von Fluorapatit. Elektronenmikroskopie, kinet. Daten u. Pflanzenverfügbarkeit im Gewächshaus lassen eine große Ähnlichkeit zwischen **II** u. **III** vermuten.

G. JAGNOW. 6304□

Phosphat-Sorptionsreaktionen unter Beteiligung von austauschbarem Aluminium. N. T. Coleman, James T. Thorup und W. A. Jackson. (Soil Sci. **90.** 1—7. Juli 1960. North Carolina State Coll.) (Engl.)

Die von 60 Unterboden-Proben aus North Carolina Piedmont sorbierten *Phosphat* (**I**)-Mengen wurden mit deren Geh. an austauschbarem Al korreliert. Auswaschen des austauschbaren Al mit 1n KCl verminderte die **I**-Sorption von Al-reichen Böden erheblich. Böden mit wenig austauschbarem Al, aber großen Mengen von Al- u. Fe-Oxiden u. Hydroxiden, wurden durch Auswaschen nicht beeinflußt. Mit Na, K oder Ca gesätt. Montmorrillonit band nur wenig **I**. Die von Al-Montmorillonit gebundenen **I**-Mengen waren dem austauschbaren Al unter Bedingungen möglicher Al-Hydrolyse äquivalent. In salzfreien A.–Ton-Syst. hatte die **I**-Bindung bei pH 7 ihr Maximum, in Ggw. von NaCl, KCl oder $CaCl_2$ bei pH 4. Die Chloride verdrängten Al von den Austauschorten: Al–Ton + 1,5 $CaCl_2 \rightleftharpoons Ca_{1,5}$-Ton + $AlCl_3$ + sowie $AlCl_3 + NaH_2PO_4 + 2\,H_2O \rightleftharpoons Al(OH)_2H_2PO_4 + NaCl + 2\,HCl$. Es wird somit vermutet, daß die **I**-Bindungs-Rkk. mit Al zu einer Substanz von der Zus. des Variscits führen u. je Mol der gebildeten Verb. 2 Mol H^+ entstehen.

G. JAGNOW. 6304□

Chemische Charakteristiken von Böden in Beziehung zu Phosphorfixierung und Verfügbarkeit. W. T. Franklin und H. M. Reisenauer. (Soil Sci. **90.** 192—200. Sept. 1960. Washington Agricult. Exp. Stat.) (Engl.)

17 Böden aus den Klassen der Braunen Podsole, Braunen Latosole, Alluvialböden, Humusgleiböden, Syroseme u. Prärieböden (darunter 14 saure u. 3 kalkhaltige) wurden auf folgende Eigg. untersucht u. diese statist. ausgewertet: 1. *Ton-Geh.*, 2. *Tontyp*, 3. Geh. an *organ. Substanz*, 4. *pH*, 5. *Kationenaustauschkapazität* (KAK), 6. prozentuale *Basensättigung*, 7. Geh. an *austauschbarem Al*, 8. Geh. an *Gesamt-P*, 9. Geh. an *organ. P*, 10. Geh. an *anorgan. P*, 11. *Anionenaustauschkapazität* (AAK), 12. Geh. an *citronensäurelösl. Al*, 13. Geh. an *citronensäurelösl. Fe*, 14. *A-Wert* = P-Aufnahme von 60 Tage auf 2 kg Boden gewachsenen Rübenpflanzen (15 je Topf), bei 16,5 ± 1°, 15. Geh. an in $NaHCO_3$*-Lsg.* lösl. *P*, 16. Geh. an in *Na-Acetat-Lsg.* lösl. P, 17. Geh. an in NH_4FHCl *lösl. P.* Zwischen AAK, Geh. an citronensäurelösl. Al u. Geh. an austauschbarem Al bestanden signifikante Korrelationen. Zwischen AAK u. Geh. an citronensäurelösl. Fe bestand keine signifikante Korrelation. Diese Beziehungen galten für die 14 sauren Böden. Das austauschbare Al war eng mit pH u. KAK korreliert. Das citronensäurelösl. Fe leistet zur AAK nur einen geringen Beitrag. Als bestes Maß für die P-Verfügbarkeit erwies sich der Quotient von anorgan. P u. citronensäurelösl. Al. Die Rückstands-Wrkg. von Phosphatdüngern auf einigen der Böden war viel stärker als aus dem sich ergebenden P/Al-Verhältnis auf Grund der Regression vorrausgesagt werden konnte. Das heißt, daß gut verfügbare, nicht im Gleichgewicht befindliche P-Verbb. sich für mehrere Jahre in Böden mit hoher P-Sorption halten können.

G. JAGNOW. 6304□

Durch jährliche Anwendung von Knochenmehl bewirkte Phosphor-Anteile im Boden und ihr Einfluß auf die Reisernte. S. Digar und A. K. Mandal. (Soil Sci. **90.** 227—31. Okt. 1960. West Bengal, State Agricult. Res. Inst.) (Engl.)

In einem 10jährigen Vers. wurde bei jährlicher Düngung mit Knochenmehl die Aufnahme von Phosphaten durch die Reispflanze (Korn u. Halm) untersucht. Die Düngung mit Knochenmehl fand in 4 Konzz. (0, 20, 40 u. 60 pounds/acre) statt. Das in 0,5n Essigsäure lösl. Phosphat wurde entweder von der Pflanze aufgenommen oder in unlösl. Phosphat umgewandelt; das in 0,25n NaOH lösl. anorgan. Phosphat nahm die Pflanze z. T. auf; in 0,25n NaOH lösl. organ. Phosphat ist im Boden vorhanden, es ist nicht auf Grund der Anwendung von Knochenmehl entstanden bzw. wird sofort nach Bldg. von der Pflanze aufgenommen. Das nur noch in 2n H_2SO_4 lösl. Phosphat bleibt im Boden unverändert. J. NEELS. 6304□

Die Placierung von Dünger in Abhängigkeit von der Feuchtigkeitsversorgung des Bodens. Harold V. Eck und Carl Fanning. (Agronomy J. **53.** 335—38. Sept./Okt. 1961.) (Engl.)

Die Düngemittelaufnahme von hybridisiertem Sorghum wurde in Abhängigkeit von der Feuchtigkeitsversorgung des Bodens u. der Tiefe der Placierung im Boden untersucht. Die *P*-Aufnahme nahm mit sinkendem Feuchtigkeits-Geh. der Düngemittelzone ab. Die *N*-Aufnahme war weniger feuchtigkeitsempfindlich.

W. KÖLLING. 6304□

Wirkungen hoher Gaben von Phosphat und Kalkstein auf Nährstoffaufnahme, Wachstum, Frostschädigung und Wurzelverteilung von Grapefruit-Bäumen. W. F. Spencer. (Soil Sci. **89.** 311—19. Juni 1960. Lake Alfred, Fla., Citrus Exp. Stat.) (Engl.)

Starke Gaben von P_2O_5 [305, 1220, 4880 (lbs./acre) u. $CaCO_3$ (520, 2080, 8320) bei einer Grunddüngung von 6–0–6–6–1–$^1/_2$ (N–P_2O_5–K_2O–MgO–MnO–CuO) = 4200 lbs./acre wurden Grapefruitbäumen auf einem vorher unbestellten, feinsandigen Boden verabreicht. Der Einfl. auf Baumwachstum, Frostresistenz, Wurzelverteilung, Nährstoffaufnahme u. Boden-pH wurde untersucht. Mit P_2O_5 u. $P_2O_5 + CaCO_3$ gedüngte Bäume zeigten einen geringeren Wuchs als nur mit $CaCO_3$ gedüngte. Die mit P_2O_5 gedüngten Bäume zeigten im kalten Winter 1957/58 im Vgl. mit den nicht mit P_2O_5 gedüngten Bäumen eine verminderte Frostresistenz. Die Menge der Saugwurzeln wurde durch P_2O_5 u. $CaCO_3$ vermindert. Die pH-Erhöhung starker $CaCO_3$-Gaben wirkte sich bis zur Bodentiefe von 1,20 m aus (von pH 4,5 auf 5,3 in 90—120 cm Bodentiefe). In Kombination mit hohen P_2O_5-Gaben wurde der Boden-pH schwächer erhöht. Der Geh. der Blätter an P, Ca u. Mn wurde durch P-Düngung erhöht, der Geh. an K, Mg, Fe, Cu, B u. Al dagegen erniedrigt. Der Geh. an N u. Zn wurde durch P nicht beeinflußt. $CaCO_3$ vermehrte den Geh. der Blätter an Ca u. verminderte den Geh. an N, K, Mn, Cu, Zn u. Al. Ähnliche Feststellungen wurden bei den Saugwurzeln gemacht: N-, K- u. P-Geh. wurden nicht beeinflußt, P- u. Ca-Geh. (auch in Wechsel-Wrkg.) stark durch Düngung erhöht. Der Mn- u. Zn-Geh. der Wurzeln wurde über die Bodenacidität beeinflußt. Nicht mit $CaCO_3$ gedüngte Bäume zeigten nach 5 Jahren Ca-Mangelerscheinungen.

G. JAGNOW. 6304□

Die Einflüsse von Bewässerung und Stickstoffdüngung auf die Spurenelementkonzentrationen in Hass-Avocadoblättern. C. K. Labanauskas, T. W. Embleton, S. J. Richards und M. F. Handy. (Calif. Agric. **15.** Nr. 2. S. **11.** Febr. **1961.** Riverside, Univ. of Calif.) (Engl.)

Etwa gleichmäßig schwach feucht gehaltene Avocadobäume wiesen in ihren Blättern höhere Mn- u. B-Konzz. als selten stark oder wenig bewässerte Pflanzen auf. Die Zn-, Cu- u. Fe-Konzz. der Blätter blieben auch bei unterschiedlicher Bewässerung unverändert. Hohe N-Gaben in Form von $Ca(NO_3)_2$ hatten einen höheren Cu-Geh. der Blätter zur Folge als geringe oder keine N-Düngung. Die Zn-, Mn-, B- u. Fe-Konzz. der Blätter ließen sich durch unterschiedliche N-Behandlungen nicht signifikant beeinflussen.

W. KREIPE. 6304 □

Abgabe von gasförmigem Ammoniak bei oberflächlich angewandten Stickstoff-Düngern. Gaylord M. Volk. (J. agric. Food Chem. **9.** 280—83. Juli/Aug. 1961. Gainesville, Fla., Florida Agricult. Exp. Stat.) (Engl.)

Die NH_3-Abgabe von oberflächlich mit *Harnstoff* bestreutem Rasen saurer Boden-Rk. beträgt 29%, bei gekalktem Rasen 39%. Die entsprechenden Verluste bei $(NH_4)_2SO_4$-Düngung betragen 0,4% bzw. 19,7% und bei NH_4NO_3 0,3% bzw. 3,4%. Auf unbebautem Sandboden betragen die NH_3-Verluste bei Harnstoff 25% in 7 Tagen, beim NH_4NO_3 sind sie unbedeutend. Bei grobem Korn sind die Verluste größer als bei feinem. Ein Bestäuben mit $CuSO_4$ oder Gips verzögert die NH_3-Abgabe nicht. Es werden Angaben über die Anwendung von Harnstoff, $(NH_4)_2SO_4$, NH_4NO_3 u. Kalk für maximale Leistung unter verschiedenen Bedingungen gemacht.

J. NEELS. 6304 □

Das Wachstum von Vaccinium macrocarpon mit verschiedenen Stickstoffquellen. Walter J. Kender und Norman F. Childers. (Proc. Amer. Soc. horticult. Sci. **74.** 407—13. Dez. 1959. New Brunswick, New Jersey State Univ., Agric. Exp. Stat.) (Engl.)

In einem Gewächshaus-Vers. auf einem Moorboden wurde der Einfl. von *Harnstoff* (**I**), *Harnstoff-Formaldehyd* (**II**), *Calciumnitrat* (**III**) u. *Ammoniumsulfat* (**IV**) auf das Wachstum von Vaccinium macrocarpon vergleichend untersucht. Unter den Bedingungen des Vers. wurde durch **II** ein höheres Frisch- u. Trocken-Gew. sowie ein stärkeres Ausläuferwachstum als durch **I** u. **III** erzielt. **IV** wirkte am schlechtesten. Die Überlegenheit von **II** tritt mit zunehmender Vers.-Dauer deutlicher in Erscheinung. — In einem 2jährigen Feld-Vers. wurden dagegen keine gesicherten Ertragsunterschiede bei Preiselbeeren in Abhängigkeit von Höhe, Form u. zeitlicher Verteilung der N-Düngung erzielt. Auch die Lagerungsfähigkeit der Beeren wurde nicht gesichert beeinflußt.

WILFRIED WERNER. 6304 □

Die Keimung von Weizen bei verschiedener Bodenfeuchtigkeit und bei verschiedenen Gaben von Ammoniumnitrat und Kaliumchlorid. J. S. Chapin und F. W. Smith. (Soil Sci. **89.** 322—27. Juni 1960. Kansas Agricult. Exp. Stat.) (Engl.)

Weizensaat (Sorte Ponca) wurde in geschlossenen Keimkammern bei verschiedener Bodenfeuchtigkeit (10, 12, 17, 20, 25 u. 30%) in Kontakt mit verschiedenen Gaben von N oder K_2O (entsprechend 20, 40, 60, 80 u. 100 lbs./acre N bzw. K_2O in Form von NH_4NO_3 u. KCl) auf leichtem, schluffigem, tonigem Lehmboden zur Keimung gebracht u. die Keimprozente bestimmt. Saat u. Dünger befanden sich in einer gemeinsamen Furche in engem Kontakt. Veränderung der Bodenfeuchtigkeit vom Welkepunkt (10%) bis zur Feldkapazität (30%) in Abwesenheit von Mineraldünger beeinflußte die Keimungs-Geschw. kaum. In Boden mit Feldkapazität wurde durch die Düngergaben die Keimung lediglich zunehmend verzögert (bis zu 8 Tagen). Bei Bodenfeuchtigkeit nahe dem Welkepunkt wurde die Keimungs-Geschw. stark verringert oder bei starken Gaben (über 10 lbs.) sogar ganz unterdrückt. Gleiche Gaben von NH_4NO_3 bewirkten stärkere Keimungsverzögerung bzw. Keimungsunterdrückung als KCl.

G. JAGNOW. 6304 □

Wirkungen von KCl und dolomitischem Kalkstein auf Wachstum und Ionenaufnahme der Süßkartoffeln. William A. Jackson und Grant W. Thomas. (Soil Sci. **89.** 347—52. Juni 1960. North Caroline State Coll.) (Engl.)

Die Süßkartoffel, eine Frucht mit hohem K-Bedarf für das Wurzelwachstum, wird meist auf Sandböden angebaut. Die Varietät Porto Rico wurde auf lehmigem Sand in 4-reihigen Parzellen mit 1 ft. Pflanzenabstand gepflanzt. Düngergaben waren: 0,117, 234 u. 468 (lbs./acre) K in Verbindung mit 0, 1000 u. 2000 Kalkstein. K wurde aus dem Oberboden (0—30 cm) frühzeitig durch Auswaschung verloren, jedoch außer bei den höchsten Gaben in größerer Menge (verglichen mit der ausgewaschenen) von den Pflanzen aufgenommen. Das wird entweder einer tieferen Durchwurzelung oder einer Anhäufung u. aufwärts gerichteten Salzbewegung zugeschrieben. Die K-Aufnahme war mit dem Wurzelgewicht eng korreliert. Pflanzen ohne KCl-Düngung zeigten keine Knollenbildung.

Mg-Mangelparzellen (ohne dolomit. Kalkstein) zeigten bei hohen K-Gaben schwere Mg-Mangelerscheinungen. Der Wurzelertrag war jedoch nicht so stark unterdrückt, wie die oberird. Schäden vermuten ließen. G. JAGNOW. 6304□

Wirkungen von Besprühungen mit Harnstoff und Schädlingsbekämpfungsmitteln auf Bräunung und Rissebildung von Stayman-Äpfeln. Warren C. Stiles, Norman F. Childers, Matthew J. Prusik und Tony N. Kom. (Proc. Amer. Soc. horticult. Sci. **74.** 25—29. Dez. 1959. New Brunswick, New Jersey State Univ., Agric. Exp. Stat., Dep. of Horticulture.) (Engl.)

In 3jährigen Unterss. wurde der Einfl. einer dreimaligen *Harnstoff* (**I**)-Besprühung (insgesamt 0,8 lbs. N/Baum) allein oder in Kombination mit verschiedenen Fungiciden u. Insekticiden auf die Bräunung u. Risse-Bldg. der Fruchtschale bei Äpfeln geprüft. **I** war in allen Vers.-Jahren ohne Einfl. auf diese Symptome. Die Anwendung von *S* + *Ferbam* (**II**) förderte die Rotbräunung geringfügig in einem Jahr. In einem anderen Jahr erhöhte **II** das Auftreten von verkorkten Stellen an den Früchten. — Der N-Geh. der Blätter von mit **I** besprühten Bäumen unterschied sich nicht gesichert von dem N-Geh. bei Verabreichung einer äquivalenten N-Menge in Form von NH_4NO_3 über den Boden. WILFRIED WERNER. 6304□

Gefahren chemischer Unkrautbekämpfungsmittel. E. Holmes. (Chem. and Ind. **1958.** 716. 14/6.) (Engl.)

Es wird auf die Gefährdung der Kulturen durch Unkrautbekämpfungsmittel hingewiesen, hervorgerufen durch Überdosierung bei der Versprühung vom Flugzeug aus. Die Hormon-Unkrautbekämpfungsmittel *2.4-D* und *MCPA* bewirken z. B. Flecken auf Tomaten bzw. Mißbildungen am Salat. Vor der Anwendung von *Natriumarsenit* wird gewarnt, da es sich u. a. in Zwiebeln u. im Kartoffelkraut anreichert. J. NEELS. 6312□

Die chemische Bekämpfung der Nematoden. Jorge Pastor Soler. (Agricultura [Madrid] **28.** 569—70. Okt. 1959.) (Span.)

Überblick über die Mittel zur Nematodenbekämpfung in Böden: *DD* (Gemisch von *1.3-Dichlorpropylen* u. *1.2-Dichlorpropan*), *EDB* (*Äthylendibromid*), *Vapam* (*Na-Methyldithiocarbamat*), *Nemagon* (*1.2-Dibrom-3-chlorpropan*). R. K. MÜLLER. 6312□

Toxizität von Schädlingsbekämpfungsmitteln. José M^a^. del Rivero. (Agricultura [Madrid] **28.** 498—503. Sept. 566—68. Okt. 1959.) (Span.)

Übersicht über neuere Unterss. zur Frage der Giftigkeit von Schädlingsbekämpfungsmitteln für den Menschen, das Vieh u. die Wildfauna. — 19 Literaturangaben. R. K. MÜLLER. 6312□

Die Blattanalyse als Richtschnur für die Stickstoffdüngung von Orangen. W. W. Jones und T. W. Embleton. (Calif. Agric. **15.** Nr. 1. S. 14. Jan. 1961. Riverside, Univ. of Calif.) (Engl.)

Vff. geben auf Grund ihrer seit Jahren durchgeführten Verss. folgende Richtlinien: Ein Geh. unter 2,2% N in der Blatttrockensubstanz zeigt N-Mangel im Boden an; 2,2—2,4% deuten auf leichten Mangel, 2,4—2,6% auf genügenden Geh., 2,6—2,7% auf etwas zu hohen u. über 2,7% auf zu hohen N-Geh. im Boden hin. W. HILLER. 6320□

Schnellmethode zur Bestimmung des Kalkbedürfnisses saurer Böden in Kalifornien. P. F. Pratt und F. L. Bair. (Calif. Agric. **15.** Nr. 1. S. 13. Jan. 1961. Riverside, Univ. of Calif.) (Engl.)

Vff. verstehen unter Kalkbedarf die $CaCO_3$-Menge, die erforderlich ist, um den Boden auf pH 6,5 zu bringen. Zur Bestimmung des Bedarfes wird folgender Puffer verwendet: 1,8 g p-Nitrophenol, 2,5 ml Triäthanolamin, 3 g K-Chromat, 2 g Ca-Acetat u. 40 g $CaCl_2$ werden in 800 ml dest. W. gelöst. Der pH-Wert wird mit HCl bzw. NaOH auf 7 eingestellt. Sodann wird mit dest. W. auf 1 Liter aufgefüllt. Von diesem Puffer wurden 20 ml zu 10 g Boden gegeben u. geschüttelt. Die Senkung des pH-Wertes ist proportional dem Kalkbedarf. Bei organ. Böden wird der Kalkbedarf durch diese Meth. unterschätzt. W. HILLER. 6324□

Turbidimetrische Bestimmung von Sulfat-Schwefel in Bodenextrakten. F. David Bartlett und J. R. Neller. (Soil Sci. **90.** 201—04. Sept. 1960. Univ. of Florida, Agric. Exp. Stat.) (Engl.)

Aus den meisten Böden kann mit einer verd. Lsg. von Na-Acetat in Essigsäure nach MORGAN mehr SO_4-S extrahiert werden als mit W. oder NH_4F-HCl-Lsg. nach (BRAY). Turbidimetr. Messung des MORGAN-Extraktes ist möglich, wenn ein Überschuß von großen $BaCl_2$-Kristallen (für Bodenextrakte mit weniger als 20 ppm SO_4-S > 6 g je 50 ml) zugesetzt wird. Ausführliche Beschreibung der turbidimetr. Best.-Meth. u. ihrer Leistungsfähigkeit. G. JAGNOW. 6324□

Magyar Állam (Erfinder: Ludwig Kreybig und Josef Nizsaloszky), Budapest, Ungarn, **Düngemittel mit hohem Phosphorsäure-Gehalt** gewinnt man bei Vergärung von Stalldünger, indem man pro Tag u. Anzahl der Tiere 0,1—1 kg Superphosphat oder mineral. Phosphate oder rohes Knochenmehl oder sonstige H_3PO_4-haltige Kunstdünger mit dem Stalldünger vermischt. (**Ung. P. 144 056** vom 19/1.1949, ausg. 1/7. 1958.) G. KÖNIG. 6291

Ferro Corp., V.St.A., **Nährstoffspender für Pflanzen.** Inhaltlich ident. mit Aust. P. 165 183; C. **1959.** 932. (**F. P. 1 072 587** vom 29/12. 1952, ausg. 14/9. 1954.) H.-J. NITZSCHKE. 6297

Ferro Corp., V.St.A. (Erfinder: Charles A. Vana und Guido di Geronimo), **Pflanzennährstoff.** Man mischt 26—85 (%) SiO_2, 1—10 CaO, 1—15 K_2O, 1—5 MgO, 1—20 Na_2O u. 2—50 Spurenelemente, wie Fe, Mn, Cu, Zn, B, Co u. Mo, erhitzt auf 1050 bis 1600°, bis die Masse geschmolzen ist, kühlt ab u. zerkleinert. Man streut je ha 10 bis 200 kg. (**F. P. 67 627** vom 25/2. 1955, ausg. 14/3. 1958. A. Prior. 16/11. 1954. **Zusatz zu F. P. 1 072 587; s. vorst. Referat.**) W. WITTHOLZ. 6297

Amchem Products, Inc., Ambler, übert. von: John Russell Bishop, Hatfield, Pa., V.St.A., **Herbicid,** bestehend aus $\alpha.\beta.\beta'$-Trichlorisobuttersäure (I), deren Alkalisalze, NH_4-, Alkyl- oder Alkanolaminsalze, Alkylester, Monoäthylenglykolätherester, Diäthylenglykolätherester, Polyäthylenglykolester oder Tetrahydrofurfurylester in Verbindung mit einem üblichen Netzmittel u. einem Dispergiermittel. — I erhält man durch direkte Chlorierung von Isobuttersäure bei normaler Temp. bis zu 180° in Ggw. von PCl_3, $FeCl_3$ oder Br_2 als Katalysator. (**A. P. 2 951 754** vom 8/9. 1958, ausg. 6/9. 1960.) H. NEBELSIEK. 6313

Dow Chemical Co., übert. von: Raymond H. Rigterink, Midland, Mich., V.St.A., **2-Allyl- und 2-[2-Methylallyl]-3.4-dichlorphenol** erhält man durch Umlagern von 3.4-Dichlorphenylalkenyläthern (hergestellt durch Rk. von 3.4-Dichlorphenol mit Allyl- oder Methallylchlorid in A. in Ggw. von NaOH) bei 175—250°, ggf. in Ggw. eines Lösungsmittels. — Aus 0,5 Mol 3.4-Dichlorphenylallyläther in 150 cm³ o-Dichlorbenzol bei 179° nach 8 Std. → *2-Allyl-3.4-dichlorphenol,* $Kp._5$ 133—138°; $D._{25}^{25}$ 1,309; n_D^{25} 1,576. — 3.4-Dichlorphenylmethylallyläther → *2-(2-Methylallyl)-3.4-dichlorphenol,* $D._{25}^{33}$ 1,244; n_D^{29} 1,557. — *Herbicide,* bes. gegen *Raphanus sativus* u. *Phalaris canariensis*; *Schädlingsbekämpfungsmittel.* (**A. P. 2 901 515** vom 5/12. 1956, ausg. 25/8. 1959.) G. KRAUSS. 6313

Dow Chemical Co., übert. von: Herbert B. Rickert, Midland, Mich., V.St.A., **Herstellung von 2-Halogen-4.6-di-tert.-alkylphenylestern.** 2-Halogen-4.6-di-tert.-alkylphenole werden bei 125—180° mit äquimol. Mengen von Anhydriden der allg. Formel $O(OC—CH_2—R)_2$ umgesetzt. Hierbei ist Halogen Cl oder Br, Alkyl eine tert.-Butyl- oder -Amylgruppe u. R eine Methyl- oder Chlormethylgruppe, ein H- oder Cl-Atom. Als Katalysator werden ca. 3% (berechnet auf das Gesamt-Gew. der Rk.-Mischung) eines K- oder Na-Salzes derjenigen Säure zugegeben, deren Anhydrid verwendet wird. Nach Abkühlung auf normale Temp. wird das Gemisch mit verd. Alkali-Lsg. u. W. ausgewaschen u. das End-Prod. daraus durch Vakuum-Dest. isoliert. Beispiele: *2-Brom-4.6-di-tert.-amylphenylacetat,* viscoses Öl, $D._4^{25}$ 1,1626, n_D 1,5150; *2-Brom-4.6-di-tert.-butylphenylacetat,* viscoses Öl; *2-Chlor-4.6-di-tert.-butylphenylacetat,* $Kp._{0,1}$ 92—93°; *2-Chlor-4.6-di-tert.-butylphenylpropionat,* Kp. 110—110,5°; *2-Chlor-4.6-di-tert.-butylphenylchloracetat,* $Kp._4$ 166—167°, $D._4^{25}$ 1,1311, n_D^{25} 1,5159. — *Unkrautbekämpfungsmittel* (**A. P. 2 807 639** vom 11/5. 1955, ausg. 24/9. 1957.) A. KALIX. 6313

Dow Chemical Co., übert. von: Jacqueline G. Simo, Midland, und Clarence L. Moyle, Clare, Mich., V.St.A., **2-Nitro-3.4.6-trichlorphenylarylsulfonate** der

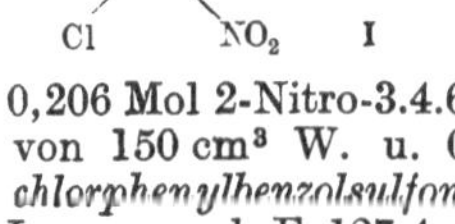

allg. Formel I (R = Aryl, das noch Cl, Br, NO_2, Cyclohexyl, Benzyl, Phenyl, Alkyl, Alkoxyl enthalten kann) entstehen durch Rk. eines Arylsulfonylhalogenids der allg. Formel $R—SO_2X$ (X = Cl, Br) mit einem Alkalisalz von 2-Nitro-3.4.6-trichlorphenol in Ggw. eines Lsgm., bes. eines Katalysators (H_2SO_4, $SnCl_4$) bei 0—100°. — Aus 0,412 Mol KOH in 100 cm³ W. u. 0,206 Mol 2-Nitro-3.4.6-trichlorphenol in 50 cm³ W. bei 24—43° → K-Salz, dann Zusatz von 150 cm³ W. u. 0,206 Mol Benzolsulfonylchlorid bei 24—48° → *2-Nitro-3.4.6-trichlorphenylbenzolsulfonat,* aus Isopropanol, F. 171—171,5°; *-2-methylbenzolsulfonat,* aus Isopropanol, F. 127,4—133,3°; *-4-methylbenzolsulfonat,* F. 152,3—152,6°; *-4-nitrobenzolsulfonat,* F. 119,5—120,3°; *-3.4-dichlorbenzolsulfonat,* F. 103,6—104,4°; *-2.5-dichlorbenzol-*

sulfonat, F. 97,8—98,6°; *-2-methyl-4-chlorbenzolsulfonat*; *-2-chlor-5-nitrobenzolsulfonat*; *-4-tert.-butylbenzolsulfonat*; *-3.5-dinitrobenzolsulfonat*; *-2-methoxybenzolsulfonat*; *-2.4.5-trichlorbenzolsulfonat*; *-pentachlorbenzolsulfonat*; *-2-methyl-4-nitrobenzolsulfonat*; *-2-isopropyl-5-nitrobenzolsulfonat*; *-2.3.5-trimethoxybenzolsulfonat*; *-2-brom-5-methoxybenzolsulfonat*; *-2-nitro-4-brombenzolsulfonat*; *-4-phenylbenzolsulfonat*; *-4-cyclohexylbenzolsulfonat*; *-3-benzylbenzolsulfonat*. — *Insekticide, Baktericide, Fungicide* u. *Unkrautbekämpfungsmittel*, bes. gegen *Rhizoctonia solani, Staphylococcus aureus, Erwinia carotovora* u. *Penicillium digitatum*. (**A. P. 2 949 482** vom 9/8. 1957, ausg. 16/8. 1960.) G. KRAUSS. 6313

Dow Chemical Co., Midland, Mich., übert. von: Albert E. Frost, Millis, Mass., V.St.A., **N.N'-Thio-bis-(äthylen)-bis-[2-(o-hydroxyphenyl)-glycin]** (I) u. dessen Dihydrohalogenid-Salze (**II**), verwendbar als *Parasiticide* u. *Herbicide* oder als *chelatbildende Mittel*, erhält man durch Rk. von 2 (Mol) Salicylaldehyd (**III**) mit 1 Bis-(β-aminoäthyl)-sulfid (**IV**) bei 15—80° in einem Lsgm., Umsetzung des entstandenen Bis-(β-salicylaldiminoäthyl)-sulfids (**V**) mit der 4—5fachen mol. Menge fl. HCN bei 0—25°, Abdampfen des nichtumgesetzten HCN u. Behandeln des als Zwischen-Prod. entstandenen N.N'-Thio-bis-(äthylen)-bis-[2-(o-hydroxyphenyl)-glycinnitrils] (**VI**) mit einer überschüssigen Halogenwasserstoffsäure bei 0—85°, um zu **II** zu gelangen, die ihrerseits durch Behandeln mit wss. Alkali bei pH 2 das freie **I** liefern. — So entsteht beim Abkühlen des auf Siede-Temp. erhitzten Gemisches aus 24 g **IV** u. einer Lsg. von 48,8 g **III** in 100 ml A. **V**, F. 78—79°, in Form weißer Kristalle in 81% Ausbeute. 2 g **V**, mit der 4—5fach mol. Menge fl. HCN bei 0—5° umgesetzt, führt zur Abscheidung eines gelben Öls, das **VI** darstellt. Behandelt man das nach Abdampfen des überschüssigen HCN hinterbleibende **VI** mit 10 ml konz. HCl bei 0—5°, bis Lsg. eingetreten ist, hält das Ganze dann 10 Min. auf Zimmer-Temp. u. erhitzt es weitere 10 Min. auf 75—85° u. kühlt dann im Eisbad, so fällt **I**-*Dihydrochlorid* aus. Aus dem sauren Rk.-Gemisch entsteht beim Behandeln mit wss. Alkali bei pH 2 **I**, F. 232—234° unter Zersetzung. (**A. P. 2 907 790** vom 19/9. 1958, ausg. 6/10. 1959.) A. MOHR. 6313

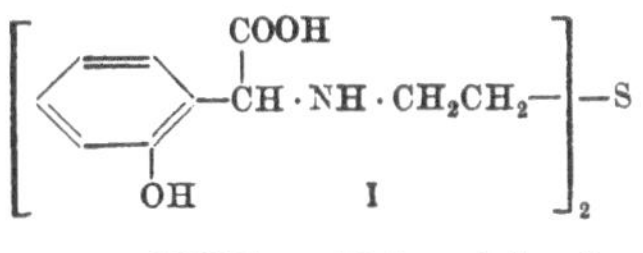

Dow Chemical Co., Midland, Mich., übert. von: Donald G. Kundiger, Manhattan, Kans., und Huey Pledger jun., Midland, Mich., V.St.A., **Herstellung von 3.3-Dichlor-2-methylallylaminen** der allg. Formel I, worin X eine Pyridinio-, Piperidino-, Morpholino-, oder eine Mono- oder Dialkylaminogruppe darstellt, dad. gek., daß man ein prim. oder sek. Amin oder Pyridin mit 1.1.3-Trichlor-2-methyl-1-propen (**II**) bzw. 3.3.3-Trichlor-2-methyl-1-propen (**III**) umsetzt. — Man erhitzt 46,5 (g) Anilin u. 79,9 **II** in 500 Aceton u. 82,9 fein zerteiltes K_2CO_3 auf 55—60° unter Rückfluß, kühlt ab, versetzt mit 2 Liter W., trennt die wss. Schicht ab, extrahiert diese mit Ae. u. vermischt den Ae.-Extrakt mit der organ. Phase. Durch fraktionierte Dest. → *N-(3.3-Dichlor-2-methylallyl)-anilin*, $Kp._{0,9}$ 111—116°. Analog werden hergestellt: *N.N-Di-n-butyl-N-(3.3-dichlor-2-methylallyl)-amin*, $Kp._{0,25}$ 71—73°, aus **III** u. Di-n-butylamin; *N-(1.'1'.3'.3'-Tetramethylbutyl)-N-(3.3-dichlor-2-methylallyl)-amin*, $Kp._{0,5-0,6}$ 78—80°; *N-(3.3-Dichlor-2-methylallyl)-N-methylanilin*, $Kp._{0,1-0,5}$ 95—105°; *N-(3.3-Dichlor-2-methylallyl)-morpholin*, $Kp._{0,7-1}$ 70—73°; *N-(3.3-Dichlor-2-methylallyl)-piperidin*, $Kp._{0,1}$ 53—56°; das entsprechende *-N-cyclohexylamin*, $Kp._{0,4-0,6}$ 72,5—83°; *N-n-Butyl-N-(3.3-dichlor-2-methylallyl)-amin*, $Kp._1$ 63,5—64°; *N-(3.3-Dichlor-2-methylallyl)-N.N-dicyclohexylamin*, $Kp._{0,9}$ 72—74°, u. *N-(3.3-Dichlor-2-methylallyl)-pyridiniumchlorid*, F. 136 bis 136,5°. — *Herbicide u. Insekticide*. (**A. P. 2 891 064** vom 28/5. 1956, ausg. 16/6. 1959.) W. HEYER. 6313

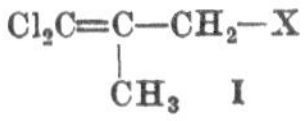

Jaroslav Vintika, Miloslav Rosa und **Jiri Bárta**, Prag, Tschechoslowakei, *Erzeugung einer konzentrierten Azotobacter-Kultur für Böden und Futtermittel durch submerse aerobe Gärung*. (**E. P. 854 918** vom 29/1. 1957, ausg. 23/11. 1960. Tschech. Prior. 6/2. 1956. — C. **1959**. 14540 [D. A. S. 1 056 082].)

Imperial Chemical Industries Ltd. (Erfinder: **Robert Coles Brian, George William Driver, Ronald Frederick Homer** und **Richard Lewis Jones**), London, England, *4.4'-Dipyridylverbindungen*. (**E. P. 813 532** vom 4/4. 1956, ausg. 21/5. 1959. — C. **1959**. 9023 [D. A. S. 1 048 070].)

Badische Anilin- & Soda-Fabrik Akt.-Ges., Deutschland (Erfinder: **Otto von Schickh** und **Horst Metzger**), *Additionsverbindungen von Nitrosylchlorid an Cycloolefine*. (**F. P. 1 220 684** vom 20/4. 1959, ausg. 27/5. 1960. D. Prior. 23/4. 1958. — C. **1960**. 15491 [D. A. S. 1 068 708].)

Rohm & Haas Co., Philadelphia, Pa., V.St.A. (Erfinder: **R. S. Cook** und **C. H. McKeever**), *Methacrylsäuredinitroalkylphenylester*. (**Belg. P. 557 970** vom 31/5. 1957, ausg. 11/3. 1960. A. Prior. 1/6. 1956. — C. **1959**. 12362 [D. A. S. 1 053 859] u. C. **1960**. 10732 [A. P. 2 862 022].)

American Cyanamid Co., New York, N.Y., übert. von: **Mario Scalera**, Somerville, und **John F. Hosler**, Bound Brook, N.J., V.St.A., *N.N'-Di-[carboxymethyl]-thiuramdisulfide*. (**Can. P. 553 286** vom 20/7. 1955, ausg. 18/2. 1958. A. Prior. 21/7. 1954. — C. **1957**. 12879 [A. P. 2 784 223].)

Rohm & Haas Co., V.St.A. (Erfinder: **Roderick Charles Cary**), *Penten-(4)-säuredinitrophenylester.* (**F. P. 1 176 404** vom 1/6. 1957, ausg. 10/4. 1959. **Oe. P. 205 024** vom 1/6. 1957, ausg. 25/8. 1959. Beide A. Prior. 1/6. 1956. — C. **1961.** 15534 [A. P. 2 861 915].)

United States Rubber Co. (Erfinder: **Charles William Gates** und **Harry Dale Glenn**), *Fungicide.* (**Aust. P. 228 169** vom 23/1. 1958, ausg. 9/6. 1960. A. Prior. 28/1. 1957. — C. **1960.** 13498 [E. P. 819 779].)

Farbenfabriken Bayer Akt.-Ges. (Erfinder: **Gerhard Schrader**), *Herstellung von Thiophosphorsäureestern.* (**Aust. P. 226 953** vom 24/7. 1957, ausg. 17/3. 1960. D. Prior. 28/7. 1956 u. 27/2. 1957. — C. **1960.** 14495 [Oe. P. 200 157].)

Farbenfabriken Bayer Akt.-Ges., Leverkusen (Erfinder: **Walter Lorenz**, Wuppertal, und **Gerhard Schrader**, Opladen), *Thiophosphorsäureester.* (**Schwz. P. 347 514** vom 4/5. 1956, ausg. 31/8. 1960. D. Prior. 13/5. 1955. — C. **1960.** 8656 [Belg. P. 547 771] u. C. **1960.** 16910 [A. P. 2 902 493].)

Ciba Soc. An., Schweiz, *Dialkyldichlorvinylphosphate.* (**F. P. 1 218 059** vom 29/12. 1958, ausg. 9/5. 1960. Schwz. Prior. 12/2. 1958. — C. **1961.** 6654 [D. A. S. 1 083 253].)

Farbenfabriken Bayer Akt.-Ges., Leverkusen (Erfinder: **Walter Lorenz**, Wuppertal, und **Gerhard Schrader**, Opladen), *O.O-Dimethyl-S-(isopropylcarbamoylmethyl)-dithiophosphate.* (**Schwz. P. 345 881** vom 9/7. 1956, ausg. 15/6. 1960. D. Prior. 29/7. 1955. — C. **1958.** 2856 [D. B. P. 954 960].)

Farbenfabriken Bayer Akt.-Ges., Leverkusen, übert. von: **Gerhard Schrader** und **Walter Lorenz**, Wuppertal, *Thionophosphorsäureester aus Dialkyldithiophosphorsäuredisulfiden durch Oxydation oder aus Dialkylaminosulfinsäurechloriden und Dialkylthiolphosphiten.* (**A. P. 2 929 832** vom 20/11. 1957, ausg. 22/3. 1960. D. Prior. 11/12. 1956. — C. **1959.** 10045 [D. A. S. 1 040 542].)

Farbenfabriken Bayer Akt.-Ges., Leverkusen, übert. von: **August Dörken** und **Gerhard Schrader**, Wuppertal, *Thiophosphorsäureester aus Dialkylthiol- oder Dialkylthionothiolphosphorsäureestern und α-Chlortrichloräthyläthern.* (**A. P. 2 927 123** vom 28/5. 1958, ausg. 1/3. 1960. D. Prior. 7/6. 1957. — C. **1960.** 6636 [D. A. S. 1 062 239].)

Farbenfabriken Bayer Akt.-Ges., Leverkusen (Erfinder: **Gerhard Schrader**, Opladen), *Thionothiolphosphorsäureester aus Dialkylthionothiolphosphorsäure und β-Halogenäthylthioäther.* (**Schwz. P. 348 963** vom 27/9. 1956, ausg. 15/11. 1960. D. Prior. 13/10. 1955. — C. **1958.** 3727 [D. A. S. 1 010 960].)

Farbenfabriken Bayer Akt.-Ges., Leverkusen, übert. von: **Gerhard Schrader**, Wuppertal, *Dialkylthionophosphorsäureester von Pinakolinalkohol.* (**A. P. 2 870 191** vom 27/11. 1957, ausg. 20/1. 1959. D. Prior. 21/12. 1956. — C. **1960.** 972 [D. A. S. 1 050 761].)

Fahlberg-List G. m. b. H., Wolfenbüttel, *Schädlingsbekämpfungsmittel.* (**Oe. P. 212 630** vom 29/7. 1957, ausg. 27/12. 1960. — C. **1960.** 17585 [Belg. P. 558 722].)

VIII. Metallurgie. Korrosion

Autogenes Mahlen in der Aufbereitung der Grube Vassbo. Per Hison Fahlström. (Tekn. Tidskr. **90.** 1237—45. 9/12. 1960. (Schwed.); Z. Erzbergbau Metallhüttenwes. **14.** 553—62. Nov. 1961. (Dt.) Boliden, Schweden.)

Die autogene Mahlung eines quarzit. Sandsteins mit einer Imprägnation von *Bleiglanz* mit kleineren Anteilen von *Zinkblende* u. *Pyrit* wird beschrieben.

F. VIER. 6360□

Betriebserfahrungen bei der Verarbeitung von Räumaschen im Drehrohrofen. P. Paschen. (Z. Erzbergbau Metallhüttenwes. **14.** 587—89. Nov. 1961. Stolberg, Stolberger Zink A.G.) (Dt.)

Es wird über die Wälzanlage der Stürzelberger Hütte u. über den Durchsatz der Räumaschen der Zinkhütten Münsterbusch u. Nievenheim berichtet. Die Zn-Verflüchtigung wurde von 100 kg je m³ Ofenraum u. Tag in der 1. Ofenreise auf 130—150 kg gesteigert, dabei stieg der Zn-Geh. im Ofenaustrag von 0,5 auf 0,8% an. Weiter wird über die Messung der Ofenmantel-Temp. berichtet. Als Ofenfutter wurden halbsaure Schamottesteine mit 16—20% Al_2O_3 u. 80—84% SiO_2 verwendet. *Zn* u. *Pb* gehen zu über 90% ins Oxid; *Fe, Cu* u. *Ag* zu 46—62% ins magnet. Konzentrat; *Sn, As, Ge, Cl* u. *S* stehen dazwischen u. sind im Wälzprozeß schlecht oder gar nicht beeinflußbar.

F. VIER. 6360□

Betrieb eines Bureau-of-Mines-Versuchshochofens mit Heizöleinspritzung. W. A. Knepper, P. L. Woolf und H. R. Sanders. (Blast Furnace Steel Plant **49.** 1189—96. Dez. 1961. Brucetown, U. S. Steel Corp., Bur. of Mines u. Esso Res. and Engng. Co.) (Engl.)

Die an einem Vers.-Hochofen vorgenommenen Heizöleinspritzungen zeigen, daß Öl in die Verbrennungszone des Ofens sicher u. ohne bes. Schwierigkeiten eingespritzt werden kann. Wenn der Ofen mit dem geringstmöglichen Ölbetrag (90 lb/THM), wie er bei Verw. der höchsten Wind-Temp. erforderlich ist, betrieben wird, dann nimmt der Kokssatz um 197 lb/THM ab. Unter diesen Bedingungen nimmt die Durchsatz-Geschw. des Ofens um ca. 19% zu. Es errechnet sich ein Koksersatz durch Öl von 0,5 lb. Öl je 1 lb. Koks. Bei einer Öleinspritzung von 381 lb/THM wird der Kokssatz um mehr als 370 lb/THM verringert. Hierdurch werden zwar Koksersparnisse erzielt, jedoch wird bei diesen hohen Öleinspritzmengen das Öl–Koks-Austauschverhältnis auf 1,0 lb. Öl zu

1 lb. Koks erhöht, ein Verf., das nur dort zu empfehlen ist, wo der Kokspreis den Ölpreis stark übersteigt. H. HOCHSTEIN. 6370□

Versuch über die Verwendung von Erdgas zur Erhitzung von Siemens-Martin-Öfen. L. Septier, P. Vénard und C. Rajon. (Rev. Métallurgie **58.** 807—21. Okt. **1961.** Irsid, Soc. Marrel Frères u. Comp. des Ateliers et Forges de la Loire.) (Franz.)

Die bes. Probleme bei der Anwendung von CH_4 als Brenngas zur Beheizung von SM-Öfen werden dargelegt u. Angaben über bes. Brenner-Entw. für dieses Brenngas gemacht. Die Vers.-Ergebnisse über die Verw. von Erdgas unter hohem u. mittlerem Druck sowie mit oder ohne Vorwärmung werden mitgeteilt u. Vergleiche mit anderen SM-Ofen-beheizungen angestellt. — 29 Literaturangaben. H. HOCHSTEIN. 6370□

Beheizung von Siemens-Martin-Öfen mit Erdgas. János Sziklavári. (Kohászati Lapok [Ung. Z. Hüttenwes.] **94.** 548—55. Dez. 1961. Diósgyör, Lenin-Hüttenwerke.) (Ung.)

Durch Karburieren — am besten mit Pakura oder Braunkohlenstaub — kann die Flammenstrahlungsfähigkeit der Erdgase erhöht werden. Erdgas kann auch durch Crackung karburiert werden. Karburiertes Erdgas ist zur Beheizung von SM-Öfen ein wertvolles Heizmaterial. L. ZOMBORY. 6370

Entwicklungen in der Lichtbogenofen-Elektrodensteuerung. H. L. Bassett. (Blast Furnace Steel Plant **49.** 1177—81. Dez. 1961. General Electric Co.) (Engl.)

Die Entw. der Elektrodensteuerung elektr. Lichtbogen-Schmelzöfen sowie der derzeitige Stand (elektrohydraul. Elektrodenmechanismus) werden beschrieben u. Angaben über die Wirkungsweise einer solchen Steuerung bei großen Schmelzöfen für *Cu* gemacht. H. HOCHSTEIN. 6370□

Zur Frage der Vorteile der Anwendung von kaltem Sinter im Hochofen. Ss. I. Eliassberg. (Сталь [Stahl] **20.** 484—87. Juni 1960.) (Russ.)

Der positive Einfl. des durch Zuschläge selbstgehend gemachten Sinters auf den Hochofenbetrieb wird nicht nur durch eine Verbesserung der Sinterreduzierbarkeit u. durch Verkleinerung des Flußmittelverbrauchs, sondern auch durch eine Verbesserung der aerodynam. Eigg. des Möllers infolge der Veränderung der Sinterstückigkeit erklärt. Ein Dauerbetrieb mit kaltem Sinter auf einer Hochofenanlage bestätigt, daß die Abkühlung des Sinters nicht nur nicht die Erzielung hoher techn. Kennwerte der Hochofenschmelze verhindern, sondern auch für einen wirkungsvolleren Ofenbetrieb notwendig ist. Nachgewiesen wird die Zweckmäßigkeit einer Luftkühlung des Sinters mit nachfolgender Absiebung des Rückgutes (0—5 mm). Bei der Luftkühlung des Sinters wird erreicht: Wesentliche Verringerung der Feingutmenge 0—5 mm im Sinter, Verbesserung der aerodynam. Eigg. des Hochofenmöllers infolge Erhöhung der Sintergleichmäßigkeit hinsichtlich der Stückigkeit, Verringerung des Staubaustrages aus dem Hochofen sowie Verringerung des Bunkerverschleißes. H. HOCHSTEIN. 6370□

Korrelation von Qualitätsparametern der Hüttenkokse. M. F. Kessler und V. Večeříková. (Hutnické Listy **15.** 503—06. Juli 1960. Praha, Horn. úst. ČSAV.) (Tschech.)

Die die gesamtmechan. Eigg. u. die Reaktivität des Kokses beeinflussenden Faktoren werden beschrieben u. Meth. zu ihrer Feststellung angegeben. Die Qualitätsparameter müssen direkt in Beziehung zu den Erzeugungs-Koeff. der Hochöfen ermittelt werden. GOTTFRIED LANGE. 6370□

Untersuchung über die Mischwirkung von Schlacke und Metall in Modellversuchen. C. E. A. Shanahan und F. Cooke. (J. appl. Chem. **7.** 645—53. Dez. 1957. Aylesbury, Bucks., Whitchurch, R. Thomas & Baldwins Ltd.) (Engl.) — Vgl. C. **1957.** 5689.

Zwei Möglichkeiten der Mischung von fl. Metall mit fl. Schlacke, a) durch Eingießen des Metalls in kleinen Anteilen in die Schlacke, b) durch Aufwirbeln beider Schichten mit einem Druckgasstrahl, wurden in Modell-Verss. geprüft. Gesetzmäßigkeiten ergaben sich nach dem Massenverhältnis u. der Einlauf- bzw. Druckhöhe, wobei sich herausstellte daß durch das Verf. a eine raschere Wrkg. als mit b erreicht wurde. Bei dem b-Verf., das allg. Anwendung findet, wurde als Kriterium die WEBER-Zahl benutzt. Die Verss. wurden in einfachster Form mit *Na-Hg* u. verd. H_2SO_4 als Modellsubstanzen ausgeführt. R. KAISER. 6380□

Untersuchung der Entgasung von chromhaltigen Legierungen auf Eisen- oder Nickel-Basis durch Vakuum-Induktionsschmelzen. Masao Kawahata und Tetsuya Watanabe. (Tetsu to Hagane [J. Iron Steel Inst. Japan] **47.** 715—20. Mai 1961.) (Jap.; Auszug: Engl.)

Bei Entgasungs-Verss. von Legg. auf *Fe*- oder *Ni*-Grundlage mit bis 20% *Cr* im Vakuum-Induktionsofen unter Durchführung der Feinung, der fl. Leg. mit H_2 oder C wird festgestellt, daß der in Ni-Legg. erreichbare O-Geh. geringer ist als in Fe-Legg.,

u. zwar bei jeder Red.-Praxis. Der O-Geh., wie er nach der Red.-Praxis erreicht werden kann, wird durch Cr-Zusatz erhöht. Die O- u. N-Gehh. handelsüblicher Legg., wie sie durch eine Behandlung mit *C* hergestellt werden können, liegen unter 0,0010 bzw. 0,0030%. Eine Desoxydation durch trockenen H_2 eignet sich für die Verringerung des O-Geh. in diesen Legg. trotz des Taupunktes von H_2, mit Ausnahme in Reinnickel, nicht. Die experimentell erhaltenen O- u. N-Werte waren wesentlich höher als die nach den Gleichgewichtswerten theoret. berechneten. H. HOCHSTEIN. 6380 □

Thermodynamische Untersuchungen über den Einfluß der Temperatur auf den Verlauf der Verarbeitung von Kupfer- und Bleistein im Konverterverfahren. Juraj Schmiedl und Július Holéczy. (Hutnické Listy **15.** 529—37. Juli 1960. Košice, Hutn. fak. VŠT.) (Tschech.)

Thermodynam. Unterss. der Rkk. bei der Verarbeitung von Cu- u. Pb-Stein nach dem Konverter-Verf. ergaben, daß *Magnetit* nur bis 1700° K gebildet wird. Er wird durch $FeSO_4$ vermutlich nicht zerstört. In der 1. Periode des Konverterprozesses läßt sich *FeS* auch theoret. nicht entfernen u. nimmt mit steigender Temp. zu. In der 2. Periode kann Cu_2S nicht vollständig entfernt werden, sinkt aber mit steigender Temp. ab. Die Oxydation des *PbS* verläuft nach der des FeS. PbS wird bei steigender Temp. als metall. *Pb*, sonst als $2PbO \cdot SiO_2$ abgeschieden. GOTTFRIED LANGE. 6380 □

Der Einfluß von Zusätzen auf den Chloraustausch zwischen Calciumchlorid und Metalloxiden. Norbert F. Neumann und A. W. Schlechten. (Trans. metallurg. Soc. AIME **212.** 445—50. 1958, herausgeg. 1959. Rolla, Mo., Univ. of Missouri.) (Engl.)

Metallchloride werden durch Rk. von $CaCl_2$ u. Metalloxiden gebildet; der Einfl. von Zusätzen auf Oxide, wie *NiO*, *CoO*, Mn_3O_4 u. Fe_2O_3, im Rk.-Gemisch wird untersucht u. dabei gefunden, daß durch die Verw. geeigneter Zusätze, z. B. von Al_2O_3, SiO_2 oder Be_2O_3, Metallchloride auch aus solchen Gemischen hergestellt werden können, die sich unter gewöhnlichen Verhältnissen nicht umsetzen. H. HOCHSTEIN. 6380 □

Die Anwendung von Kernbindemitteln. Zdzisław Wertz. (Przegląd Odlewnictwa **10.** 333—40. Dez. 1960.) (Pol.)

Übersicht über Eigg. von Kernformen in Abhängigkeit von der Sandkorngröße u. Form, vom Bindemittel, der zugesetzten Wassermenge u. vom Trocknen.

F. URBAN. 6382 □

Betriebserfahrungen mit der trockenen Formsandrückgewinnung. Miloslav Mašata und Miroslav Tvrdý. (Slévárenství **9.** 218—20. 16/6. 1961. Týnec n. Sáz., Metall. záv. n. p. ČSSR.) (Tschech.)

Es wird über betriebliche Prüfungen, den Betrieb der Regenerier-Einheit, den Einfl. der Sandrückgewinnung auf die Qualität der Modellmischung u. auf den Ausschuß sowie über wirtschaftliche Fragen berichtet. Das Verf. der trockenen Formsandregenerierung ermöglicht die Verw. von Einheitssand, so daß die Form-Herst. automatisiert werden kann. GOTTFRIED LANGE. 6382 □

Der Einfluß der Zusammensetzung und der Temperatur-Behandlung metallischer Schmelzen auf die Einspeisung der Gußstücke. K. N. Militzyn. (Литейное Производство [Giesserei-Betr.] **1960.** Nr. **3.** 19—24. März.) (Russ.)

Mittels einer bes. Prüfungs-Meth. wird an metall. *Al* u. *Si* sowie an *Al-Si*-Legg. mit 1,65, 7, 11,7 u. 17% Si der Einfl. der chem. Zus. u. der Überhitzungs-Temp. (0,1-, 10-, 20-, 30- u. 50%ig. Überhitzung über die Temp. des Kristallisationsbeginns) auf den Einfüllungsgrad auf die mechan. Eigg., den Gas-Geh., die Schrumpfung, Dichte, Porosität sowie auf das Mikro- u. Makrogefüge der Gußproben festgestellt. Radiograph. Unterss. zeigen, daß mit der Erhöhung der Überhitzung der Schmelze vor dem Guß die Tiefe des Eindringens des Einlaufmaterials in das Gußstück erhöht u. die Ungleichmäßigkeit seiner Verteilung verringert wird. Eine Wärmebehandlung der Schmelze vor dem Guß erhöht die mechan. Eigg. der Gußstücke um 7—39%. H. HOCHSTEIN. 6382 □

Die Verwendung von Bortrichlorid beim Guß von magnesiumhaltigen Legierungen. D. A. Kusnetzow und A. I. Malachow. (Литейное Производство [Giesserei-Betr.] **1959.** 32. Mai.) (Russ.)

Die Schutz-Wrkg. von BCl_3 beim Abguß von fl. Mg -oder Al-Legg. in eine Gießform wird durch seine Rk. mit Wasserdampf u. mit der Feuchtigkeit der Formoberflächenschichten nach der Gleichung $2\,BCl_3 + 3\,H_2O = H_3BO_3 + HBCl_4 + 2\,HCl$ erklärt. Bei unvollständiger Verdrängung des Luft–O_2 aus der Form durch BCl_3 wird das geschmolzene Mg unter Bldg. von MgO oxydiert, das mit HCl zu $MgO + 2\,HCl \rightarrow MgCl_2 + H_2O$ reagiert u. BCl_3 reagiert mit Mg nach $3\,Mg + 2\,BCl_3 \rightarrow 3\,MgCl_2 + 2\,B$. Die hierbei auf der Metalloberfläche entstehende feste Lsg. Mg–B oder Al–B sowie $MgCl_2$ verhindern die Rk. von Mg mit O_2, N_2 u. Wasserdampf. H. HOCHSTEIN. 6382

Abgießen von Aluminiumlegierungen unter niedrigem Druck. Josef Lát und Antonín Hýbler. (Slévárenství **9.** 223—26. 16/6. 1961. Průhonice u. Prahy, Metall. záv. n. p. ČSSR.) (Tschech.)
Es wird ein Verf. zum Füllen der Formen mit fl. Metall durch geringen Luftüberdruck u. seine Vorteile gegenüber üblichen Füllungs-Verf. besprochen.
GOTTFRIED LANGE. 6382□

Wärmeisolierte Aufgüsse beim Dauerformguß. Adolf Brandejs. (Slévárenství **9.** 214—16. 16/6. 1961. Týnec n. Sáz., Metall. záv. n. p. ČSSR.) (Tschech.)
Durch Anwendung wärmeisolierter Aufgüsse beim Kokillenguß kann fl. Metall besser nutzbar gemacht werden. Von den untersuchten Isolierstoffen hatte *Kieselgur* die besten Isoliereigenschaften. Auch dünne Anstrichfilme wirken isolierend.
GOTTFRIED LANGE. 6382□

Roheisenerzeugung und Stahlherstellung. Georg Bulle. (VDI-Z. **103.** 1639—44. 21/11. 1961. Mülheim/Ruhr). (Dt.)
Fortschrittsbericht für 1960. — 46 Schrifttumshinweise. W. WESLY. 6390□

Messen und Regeln im Eisenhüttenwesen. Hans Weineck. (VDI-Z. **103.** 1651—58. 21/11. 1961. Oberhausen.) (Dt.)
Fortschrittsbericht für 1960. — 107 Schrifttumshinweise. W. WESLY. 6390□

Weichmagnetische Legierungen mit hoher magnetischer Permeabilität. D. Brossard. (Métallurgie Construct. mécan. **93.** 977. 979. 981. Dez. 1961.) (Franz.)
Die Ausführungen werden auf die *Fe–Si*-Legg. mit bis zu 4% *Si* beschränkt. Die Grundlagen solcher weichmagnet. Werkstoffe werden erörtert. Damit werden die Maßnahmen bei der Herst. (Reinheitsgrad, Rekristallisationsglühungen usw.) verständlich. Erörterung der Kornorientierung (Goss- u. Würfeltextur). H. FAHLENBRACH. 6390□

Einfluß des Kohlenstoffs und Vanadins auf die Eigenschaften von austenitischen Legierungen auf Eisengrundlage. K. W. Gorew und L. I. Schwedow. (Доклады Академии Наук БССР [Ber. Akad. Wiss. BelorussSSR] **5.** 455—57. Okt. 1961. Physik.-Techn. Inst. der Akad. der Wiss. der BelorussSSR.) (Russ.)
Untersucht wird der Einfl. eines C-Geh. von 0,05—0,35 (%) auf eine austenit. Fe-Leg. mit 10 *Cr*, 12 *Ni*, 10 *Mn*, 4 *Al* sowie der Einfl. eines *V*-Geh. von 0—1,5 (%) in einer Fe-Leg. mit 0,35 C, 10 Cr, 12 Ni, 10 Mn, 4 Al auf die Härte dieser Legg. in dem von 1200° abgeschreckten u. im Verlauf von 20 Std. bei 750° ausgehärteten Zustand. Die Erhöhung des C-Geh. bewirkt eine Zunahme des Aushärtungseffektes. Mit zunehmendem C-Geh. steigt die Härte der Legg. sowohl im abgeschreckten als auch im ausgealterten Zustand merklich an. Bes. stark wird die Härte während der ersten Std. der Ausalterung erhöht. Die Verfestigung der Legg. bei der Aushärtung tritt infolge einer Ausscheidung von *Ni_3Al* sowie von *Cr-Carbiden* aus der festen Lsg. ein. Ein bedeutenderer Effekt der Erhöhung der Eigg. wird bei gleichzeitiger Einführung von C u. V in die Legg. erreicht. Ein hoher Grad der Ausscheidungsverfestigung wird in diesen Legg. infolge Ausscheidung von *V-Carbiden* zusammen mit Ni_3Al in feindispersem Zustand aus der festen Lsg. erzielt. Die größte Härte hat bei den angegebenen Ausalterungsbedingungen eine Leg. mit 0,35% C u. 1,5% V. Außerdem besitzen diese Legg. eine verhältnismäßig hohe Warmfestigkeit. Eine abgeschreckte Leg. mit 0,35 C u. steigendem V-Geh. weist in ihrem Gefüge Austenitkristalle mit sehr dünnen Korngrenzen sowie Zwillinge auf. Bei 1,5 V werden auch *VC*-Kristalle festgestellt. Nach der Alterung bei 750° wird eine Verdickung der Korngrenzen u. eine Erhöhung der Ätzbarkeit festgestellt. Es tritt ein ungleichmäßiger Kornaufbau in Erscheinung. H. HOCHSTEIN. 6390□

Beitrag zur Kinetik der Konverterverfahren. 1. Mitt. **Das Thomas-Verfahren.** Helmut Knüppel, Theo Kootz und Franz Oeters. (Stahl u. Eisen **81.** 1804—09. 21/12. 1961. Dortmund u. Duisburg-Hamborn.) (Dt.)
Solange im THOMAS-Konverter die Entphosphorung rasch abläuft u. solange die Schlacken Fe-arm sind, ist der P-Geh. im Fe überhöht. Der *O*-Geh. dagegen liegt dann für SiO_2-arme u. CaO-gesätt. Schlacken nur wenig über dem Gleichgew. mit der Schlacke. Wenn gegen Ende der Entphosphorung unter Fe-reichen Schlacken die *P*-Gehh. sich dem Gleichgew. nähern, wandern die O-Gehh. stärker nach oben über die Gleichgew.-Werte hinaus. Für Schlacken, die SiO_2-reich oder an CaO ungesätt. sind, weichen die Geh. an P u. O stärker vom Gleichgew. ab als unter SiO_2-armen oder CaO-gesätt. Schlakken. Da Schlacke u. Metall miteinander nicht im Gleichgew. stehen, führt die Anwendung fein zerkleinerten *Kalkes* zu besserer Entphosphorung. Daß *Mn* stärker verschlackt, als dem Gleichgew. mit Ca-Phosphatschlacken nach zu erwarten wäre, stützt die These, daß sich nach der Entkohlung im Blasenstrombereich *Oxydule* von *Fe* u. *Mn* bilden, fern der fertigen Phosphatschlacke, woraus geschlossen wird, daß im THOMAS-Konverter trotz sehr guter Bewegung des Fe-Bades die Durchmischung von Schlacke u. Metall

ungenügend ist. Die sich aus diesen Erkenntnissen ergebenden betrieblichen Folgerungen werden erörtert. — 17 Literaturangaben. H. HOCHSTEIN. 6390□

Beitrag zur Kinetik der Konverterverfahren. 2. Mitt. **Das Sauerstoff-Konverterverfahren.** Theo Kootz und Herbert Neuhaus. (Stahl u. Eisen **81.** 1810—15. 21/12. 1961. Duisburg-Hamborn u. Hagen-Haspe.) (Dt.) — 1. vgl. vorst. Referat.

Beim O_2-Aufblasen liegen anfangs die Fe-Geh. in der Schlacke sehr hoch. Beim Aufblasen mit Rührwind sind die ersten Schlacken Fe-ärmer, jedoch noch immer an *FeO* überhöht. Es erfolgt während des Frischens nach Einleitung der Entkohlung u. Entphosphorung zunächst eine Senkung der FeO-Geh. der Schlacke. Bei einem Geh. von 1—2% *C* werden die niedrigsten Werte für FeO erreicht. Dann folgt nach Schlackenwechsel u. bei weiterem Blasen wieder ein Anstieg. Während die *P*-Geh. des Fe im ersten Teil der Schmelze noch stärker überhöht sind als im THOMAS-Konverter, erreichen sie zum Schluß unter FeO-reicher Zweitschlacke bes. für das Aufblasen mit Zufuhr von Rührwind Gleichgew.-Werte tiefer als im THOMAS-Konverter. Die O-Geh. liegen, solange das Fe-Bad noch C enthält, unter den Gleichgew.-Werten mit der Schlacke. Beim Aufblasen mit Zufuhr von Rührwind ist trotz Fe-ärmerer Schlacke in O-ärmerem Fe-Bad die Entphosphorung anfangs besser als beim reinen Aufblasen. Die Mn-Verschlackung ist schwächer als im THOMAS-Konverter. Es wird gefolgert, daß auch bei den Aufblase-Verff. im Konverter getrennte Rk.-Bereiche vorhanden sind. Im THOMAS-Konverter wird beim Nachblasen Fe u. Mn verschlackt u. O vom Fe gelöst. Bei den Aufblase-Verff. wird im Blasstrahlbereich dagegen nur entkohlt u. das Fe-Bad desoxydiert. Im Schlackenbereich wird entphosphort; beim THOMAS-Verf. wird dabei das Fe red., bei den Aufblase-Verff. dagegen oxydiert. Die Phosphatschlacke kann sich beim THOMAS-Verf. mit dem Fe-Bad nicht ins Gleichgew. setzen. Bei den Aufblase-Verff. sind die von der Entkohlungs-Rk. abhängigen Konvektionsbedingungen im Fe-Bad bestimmend für die Reaktionskinetik. Es wird beim O_2-Aufblasen eine Badströmung angenommen, die im gleichen Sinne verläuft wie im bodenblasenden Konverter. H. HOCHSTEIN. 6390□

Physikalische Eigenschaften von Hochofenschlacken und Einfluß von Magnesiumoxid, Schwefel, Manganoxid und Eisenoxid auf dieselben. G. I. Shmoidin und I. Ss. Kulikow. (Известия Академии Наук СССР, Отделение Технических Наук, Металлургия и Топливо [Nachr. Akad. Wiss. UdSSR, Abt. techn. Wiss., Metallurgie Brennstoffe] **1960.** Nr. 5. 25—32. Sept./Okt.) (Russ.)

Die natürlichen Hochofenschlacken des Werkes „Saporoshtal" besitzen bei 1400° eine Viscosität von 5—9 Poise u. bei 1500° eine solche von 2,5—3,5 Poise. Die Temp. der Knickpunkte der Zähigkeitskurven liegen für sie in den Grenzen von 1300—1380°. Die Viscosität der aus den vier Komponenten $CaO–MgO–SiO_2–Al_2O_3$ bestehenden Schlacken beträgt 3,5—9 Poise; die Knickpunkte der Viscositätskurven liegen im Bereich von 1315 bis 1470°. Auf die physikal. Eigg. der Schlacken üben die stets vorhandenen Beimengungen an *Fe, Mn* u. *S* einen wesentlichen Einfl. aus (am stärksten S). Der *MgO*-Einfl. ist klein, jedoch wird in Ggw. von *S* der Einfl. auch von geringen Mn- u. Fe-Zusätzen verstärkt. Ein wesentlicher Anteil des Mn u. Fe in den Schlacken liegt in Form von Sulfiden vor. Hierbei wird der MnO-Einfl. mit Erniedrigung der Schlackenbasizität verstärkt, der *CaS*-Einfl. dagegen mit Erhöhung der Schlackenbasizität. Für CaS-Zusätze wird ein experimenteller Einfl. auf die Viscosität u. auf die Knick-Temp. der Viscositätskurve bei 2,5—5,0% CaS festgestellt. Die Aktivierungsenergie der Viscosität bei geringen CaS-Zusätzen wird erniedrigt oder nimmt langsam zu u. steigt bei einer weiteren Erhöhung der CaS-Konz. stark an. Durch MgO-Zusatz kann man Schlacken mit hoher Entschwefelungsfähigkeit erhalten, deren Knick-Temp. der Viscositätskurven nicht höher als die der Knick-Temp. für die natürlichen Hochofenschlacken liegt. Zur Erschmelzung von Roheisen mit geringem Mn- u. S-Geh. ohne Temp.-Erhöhung der Schlacken wird eine Schlacken-Zus. mit 7—10% MgO bei einem CaO/SiO_2-Verhältnis von 1,1—1,3 empfohlen. Bei Vorhandensein einer MgO-haltigen Gangart der zu verhüttenden Erze ist eine Erhöhung des MgO-Geh. der Schlacken auf 15% nicht schädlich. H. HOCHSTEIN. 6390□

Entwicklungstendenzen auf dem Gebiet des Gußeisen-Schmelzens. Bertil Thyberg. (Gjuteriet **49.** 293—94. 297—98. 301—02. 305. 1959.) (Schwed.)

Übersicht mit bes. Berücksichtigung des Niederfrequenztiegelofens, neuer Vorschläge für den Kupolofen, der Bedeutung des Zusatzes von Gußeisenspänen u. von CaC_2. — 13 Literaturhinweise. R. K. MÜLLER. 6402□

Über die Zugfestigkeit von Eisen–Kohlenstoff-Gußlegierungen. A. Königer. (Giessereipraxis **1960.** 2—5. 10/1.) (Dt.)

Übersicht über die Abhängigkeit der Zugfestigkeit von Fe–C-Guß-Legg. von deren chem. Zus. u. die auftretenden Streubereiche, deren Ursachen noch nicht genügend bekannt sind, um das Streufeld beherrschen zu können. — 13 Schrifttumshinweise. W. WESLY. 6402□

Einfluß der Modifizierung auf die Viscosität von Gußeisen. B. M. Turowski und A. P. Ljubimow. (Известия Высших Учебных Заведений (Москва), Черная Металлургия [Hochschulnachr. (Moskau), Eisenmetallurgie] **1960.** 5—7. Moskau, Stahl-Inst.) (Russ.)

Eine der strukturempfindlichen Eigg. der Schmelze ist die Viscosität. Eine neuentwickelte Vorr. zur Messung der Viscosität nach Zusatz des Modifikators wird beschrieben. Synthet. Gußeisen u. ein Modifikator wurden im Vakuum erschmolzen, wobei eine Desoxydation des Gußeisens durch *Ferrosilicium* nicht festgestellt wurde. Der Modifikatorzusatz bewirkt eine Zähigkeitszunahme der Schmelze in den ersten 4 Min.; darauf nimmt die Viscosität ab u. erreicht innerhalb 10—11 Min. den Ausgangswert. Offenbar wird die Viscosität der Schmelze im Zusammenhang mit ihrer Graphitisierung bei der Modifizierung vergrößert. Bei der Vers.-Temp. von 1375° befindet sich die chem. Verb. *FeSi*, aus der in der Hauptsache der benutzte Modifikator besteht, noch im festen Zustand. Infolgedessen wird die Viscosität infolge Einführung von Teilchen einer festen Phase in die Schmelze vergrößert. Es kann auch angenommen werden, daß bei der Modifikatoreinführung die Viscosität infolge einer „Verfestigung" der freien Oberfläche der Schmelze erhöht wird. FeSi ist sehr stabil; die Nahordnung in ihr wird auch bei starken Überhitzungen oberhalb des F. nicht zerstört. Offenbar führen Diffusionsvorgänge im Gußeisen zur Zerstörung der Bindungen in FeSi, jedoch werden sie nach einer bestimmten Zeit beendet, was sich in der Kinetik der Viscositätsveränderung wiederspiegelt. Zwischen FeSi u. dem *Graphit* besteht eine Ähnlichkeit in Struktur u. Orientierung. Es wird die Annahme bestätigt, daß die FeSi-Teilchen Kristallisationskeime für den Graphit im Gußeisen sein können. H. Hochstein. 6404□

Einfluß des Siliciums auf die Diffuson von Magnesium im Gußeisen. K. I. Waschtschenko und N. A. Golowan. (Литейное Производство [Giesserei-Betr.] **1960.** Nr. 2. 27—28. Febr.) (Russ.)

Proben aus weißem, in eine Kokille vergossenem Gußeisen mit 2,63—3,42 (%) *C*, 0,48—4,67 *Si*, 0,05—0,41 *Mn* wurden mit Mg-Pulver umgeben u. 1, 2 u. 4 Std. lang bei 1050—1130° gehalten, worauf die Veränderung der chem. Zus. der Proben in der Oberflächenschicht spektralanalyt. untersucht wurde. Die Tiefe der Mg-Diffusion betrug bei einem Gußeisen mit 0,48 Si bei einer Haltezeit von 4 Std. 0,05—0,1 mm. Die Veränderung der Diffusionstiefe des Mg bei Gußeisen mit 0,98 Si bei 4std. Haltezeit im gleichen Temp.-Bereich betrug 0,23 mm u. die Mg-Konz. in der Probenoberfläche 0,3%. Mit zunehmendem Si-Geh. auf 2—3% werden Diffusions-Geschw. des Mg u. Diffusionsschichtdicke noch mehr erhöht, die Mg-Konz. betrug 0,25%, die Schichtdicke 1 mm. Eine weitere Erhöhung des Si-Geh. im Gußeisen führt zu einer Abnahme der Schichtdicke. In das Gußeisen mit 4,67 Si dringt Mg nur 0,2 mm tief ein, wenn auch seine Konz. in der Oberflächenschicht 0,32% beträgt. Bei einem Vers. mit *Ferrosilicium*-Proben (15,5 Si) sowie mit geglühten u. ungeglühten Proben aus Gußeisen mit 0,98 Si beobachtete man nach 4std. Halten bei 1100° in der Oberflächenschicht von Ferrosilicium eine Erniedrigung der Si-Konz. auf eine Tiefe von 0,5—0,7 mm u. eine Erhöhung der Si-Konz. in der Oberfläche des weißen Gußeisens bis 0,17 Si bei einer Schichtstärke von 0,05 mm u. in den geglühten Gußeisenproben bis 7,24 Si bei einer Schichtdicke von 0,25 mm. Hieraus wird gefolgert, daß sich das Mg akt. mit Si verbindet u. als sein Träger von Orten höherer Konz. zu Orten geringerer Konz. wirkt. Einen wesentlichen Einfl. auf die Diffusions-Geschw. des Mg in Gußeisen zeigt auch das Gußeisengefüge. Bei Gußeisen mit Graphiteinschlüssen ist die Mg-Eindringtiefe im Grundmetall wesentlich größer als in einem weißen Gußeisen. H. Hochstein. 6404□

Ein Versuch zur Modifizierung von Gußeisen mit Cerlegierungen. E. M. Schkolnikow, L. G. Bondarenko, W. A. Sacharow und N. P. Tschitschagowa. (Литейное Производство [Giesserei-Betr.] **1960.** Nr. 2. 36—37. Febr.) (Russ.)

Zur Herst. von Gußeisen mit Kugelgraphit erweist sich ein Zusatz von *Ferrocer* mit einem Geh. von 5—7% *Mg* (*FZM-6*) als bes. günstig, weil dieser Modifikator im Vgl. zu metall. Mg einen Pyroeffekt verhindert, unempfindlich gegen eine Temp.-Erhöhung des Gußeisens vor der Modifizierung ist u. prakt. keine Erniedrigung der Temp. der Gußeisenschmelze bei der Modifizierung ergibt. Auch kann durch *FZM-6* die Überhitzungs-Temp. des Gußeisens im Elektroofen vor dem Abstich um 120—150° erniedrigt werden, was zu einer 12—15%ig. Erhöhung der Ofenleistung führt. Zu den Nachteilen der Einw. von *FZM-6* im Vgl. zu reinem Mg gehört die größere Neigung zur weißen Erstarrung des Gußeisens. Es werden Angaben über die Höhe des *FMZ-6*-Zusatzes in Abhängigkeit vom *S*-Geh. des Gußeisens gemacht. H. Hochstein. 6404□

Die Bildung von kugelförmigem Graphit im Gußeisen. Ss. Ja. Kolodny. (Литейное Производство [Giesserei-Betr.] **1959.** 34—36. Mai.) (Russ.)

Die Anwendung des Begriffes der Elektroverwandtschaft auf diejenigen Beimengungen, die im Gußeisen auftreten u. die Oberflächenspannung des Fe erhöhen, gestattet es, ihren Einfl. auf die Bldg. des Kugelgraphits in Übereinstimmung mit verschiedenen Schrifttumsangaben festzustellen. Da der Geh. dieser Elemente, wie *P*, *S*, *N*, *H* u. *O*, in stärkerem Grade vom metallurg. Schmelzprozeß des Gußeisens abhängt, ist es für die Erzeugung von Kugelgraphit erforderlich, die Schmelze so zu führen, daß bis zum Zusatz des Modifikators ein Gußeisen mit geringstem Geh. an die Bldg. des Kugelgraphits negativ beeinflussenden Beimengungen erhalten wird, z. B. in bas. Kupolöfen unter Verw. von im Hochofen ohne befeuchteten Wind erschmolzenem Gießereieisen. Beim Schmelzen des Gußeisens muß die Feuchtigkeit des Windes u. Kokses berücksichtigt u. ein Durchblasen des Eisens mit CO_2 oder neutralen Gasen im Vorherd zwecks Beseitigung des im Gußeisen gelösten H_2 oder N_2 durchgeführt werden. Zweckmäßig erfolgt der Abstich des Gußeisens in eine Pfanne, die zur Entfernung der Feuchtigkeit aus der Auskleidung auf hohe Temp. erwärmt ist. Das als sek. Modifikator verwendete *Ferrosilicium* u. andere Zusätze sollen zwecks Entfernung von H ebenfalls auf 800—900° erhitzt werden. H. Hochstein. 6404

Die Temperaturmessung von flüssigem Stahl. F. Giacomazzi. (Iron and Steel **35.** 29—30. Jan. 1962.) (Engl.)

Die Vor- u. Nachteile der Verw. mit Druckluft arbeitender Eintauchpyrometer sowie des Zweifarbenpyrometers bei der Messung der Temp. von Stahlschmelzen werden erörtert, u. bei einem Vgl. der beiden Meß-Verff. wird dem Eintauchpyrometer bei der Temp.-Messung von Bädern wegen der praktischeren Handhabe der Vorzug gegeben. Bei der Temp.-Messung während des Absticches oder des Abgießens hat das Zweifarbenpyrometer größere Vorzüge. H. Hochstein. 6408□

Die Bedeutung des Sinterherdes bei Oxydationsprozessen bei der Stahlerzeugung. W. I. Koslow und W. I. Jawoisski. (Известия Высших Учебных Заведений (Москва), Черная Металлургия [Hochschulnachr. (Moskau), Eisenmetallurgie] **1960.** 35—42. Moskau, Stahl-Inst.) (Russ.)

Untersucht wird eine Veränderung des Geh. an *Fe-Oxiden* im Sinterherd eines bas. Siemens-Martin-Ofens auf den Verlauf der Stahlschmelze. Hierbei wird festgestellt, daß die Fe-Oxide des Sinterherds akt. Anteil an den Oxydationsprozessen bei der Stahlerzeugung nehmen. In der Schmelzperiode wird ein Teil des *Si* u. *Mn* des Roheisens durch diese Oxide oxydiert. Bestätigt wird auch die Ansicht mehrerer Forscher über eine allmähliche Verstärkung der Herd-Rk. bei der C-Oxydation während des Fertigmachens der Schmelze. Bei der C-Oxydation nehmen in gewissem Umfang auch die im Sinterherd enthaltenen Fe-Oxide teil. H. Hochstein. 6408□

Entschwefelung von flüssigem Metall durch Schlacken bei einer Vakuumbehandlung. W. A. Tschernjakow und A. M. Ssamarin. (Известия Высших Учебных Заведений (Москва), Черная Металлургия [Hochschulnachr. (Moskau), Eisenmetallurgie] **1960.** Nr. 11. 32—35. Moskau, Stahl-Inst.) (Russ.)

Die Vakuumbehandlung eines schmelzfl. *Stahls* von 10 Min. langer Dauer, bei der der Stahl mit einem aus *CaO* u. *Flußspat* bestehenden Schlackengemisch behandelt wird, gewährleistet eine 80%ig. S-Entfernung aus dem Stahl. Unter sonst gleichen Voraussetzungen führt die Behandlung mit einer aus *CaO* u. *Tonerde* bestehenden Schlacke zu einer Erniedrigung des S-Geh. im Stahl bis zu 45% des Ausgangsgehaltes. H. Hochstein. 6408□

Seltene Erdmetalle und andere Desoxydationsmittel im Stahlguß. Die Einflüsse auf die Niedertemperatur-Schlageigenschaften. W. J. Jackson und E. J. Ridal. (Iron and Steel **35.** 64—70. Febr. 1962. British Steel Castings Res. Assoc.) (Engl.)

In Kombination mit *Al* geben Zusätze von *Ca*-Legg. + *Mischmetall* zu Stählen mit mittlerem C-Geh. nur geringe Verbesserungen in der Nieder-Temp.-Schlagzähigkeit sowie bei den Zugfestigkeits-Eigg. der normalisierten Stähle. Im Falle vergüteter, niedriglegierter Stähle sind die Verbesserungen bezgl. der Nieder-Temp.-Schlagzähigkeit durch den Mischmetallzusatz größer als bei den normalisierten unlegierten Stählen. Die Desoxydationsbehandlung zur Erzielung der tiefsten 15 ft-lb. Übergangs-Temp. in beiden Stahlsorten ist ein Al + Mischmetall + CaSiMn-Zusatz, obwohl für einen Stahl mit 3,25% Ni die Ergebnisse nicht reproduzierbar sind. Die Verw. von Mischmetall erhöht den Höchstwert der Schlagenergie-Übergangskurven für beide Stahlsorten. Mischmetall verändert die Raum-Temp.–Zugfestigkeits-Eigg. nicht u. ruft auch bei einem Stahl mit 1,5% Mn keine Steigerung der Härtbarkeit hervor. Die Makro- u. Mikrostrukturen der Stähle wurden durch die unterschiedlichen Desoxydationszusätze nicht wesentlich geändert, mit Ausnahme der Tatsache, daß die mit den Seltenen Erdmetallen behandelten Stähle etwas reiner mit kleineren Einschlüssen erscheinen. H. Hochstein. 6408□

Untersuchung des mit Titan legierten Automatenstahls. I. M. Pawlow, I. K. Ssuworow und Ju. Je. Fomenko. (Известия Высших Учебных Заведений (Москва), Черная Металлургия [Hochschulnachr. (Moskau), Eisenmetallurgie] **1960.** Nr. 11. 61—65. Moskau, Stahl-Inst.) (Russ.)

Verss. über das Verh. der mit Ti legierten Automatenstähle mit 0, 0,08, 0,19, 0,30 u. 0,35% Ti ergaben, daß der S-haltige Automatenstahl *A 12* mit 0,2% Ti eine hohe spanabhebende Bearbeitbarkeit besitzt u. durch einen hohen Reibungs-Koeff. beim Walzen gek. ist. Die Unters. der Festigkeits-Eigg. von *A 12* mit u. ohne Ti bei hohen Temp. ergibt einen positiven Einfl. des Ti-Zusatzes auf die Bildsamkeit des Automatenstahls. H. HOCHSTEIN. 6408□

Die Seigerung von Beimengungen beim Erstarren von 18 t-Gußstücken aus unberuhigtem Stahl. L. B. Kossterew und G. N. Oikss. (Известия Высших Учебных Заведений (Москва), Черная Металлургия [Hochschulnachr. (Moskau), Eisenmetallurgie] **1960.** Nr. 11. 50—60. Moskau, Stahl-Inst.) (Russ.)

Auf Grund des Zustandsdiagramms Fe—O—C werden Beobachtungen über die Veränderung der C- u. O-Konzz. u. der Größe des Prod. [% C] [% O] während der Kochperiode der Stähle *08 kp* u. *3 kp* in offenen Kokillen angestellt, u. es wird der Einfl. des atmosphär. O_2 auf die Entw. einer *C*- u. *O*-Seigerung während der Kristallisationszeit des unberuhigten Stahls in der Kokille ermittelt. Die Größe des Prod. [% C] [% O] wird bestimmt u. der Mechanismus des Kochens u. der Bldg. von Randblasen erörtert. H. HOCHSTEIN. 6408□

Untersuchungen über den Aluminiumgehalt von Schiffbaustahl. Helmut Löscher und Stefan Kronmarck. (Neue Hütte **6.** 696—701. Nov. 1961. Hennigsdorf bei Berlin, Eisen-Forschungsinst.) (Dt.)

An unlegierten Schiffbaustählen wird der Einfl. des Al-Geh. u. Al-Abbrands auf den *AlN*-Geh. u. die Korngröße der Stähle bestimmt. Hierbei zeigt sich, daß die angestrebte Trennbruchsicherheit u. die Mindestkorngröße von solchen Schmelzen gewährleistet ist, die mindestens 0,02% Al enthalten. Die mit niedrigem Al-Geh. anfallenden Stähle erreichen fast die gleichen Werkstoff-Eigg., sofern die Al-Zugabe mindestens 0,6 kg/t beträgt. Die Feinkörnigkeit wird hauptsächlich durch AlN-Ausscheidungen bewirkt. Durch Korngrößen-Nachw. können auch diese Schmelzen für die Erzeugung trennbruchsicherer Stähle verwendet werden, wenn die Primärkorngröße nicht unter 6 (nach GOST 5639-51) liegt. Niedriglegierte Schiffbaustähle des Typs *St 52* zeichnen sich neben der höheren Streckgrenze durch gute Kerbschlagzähigkeitswerte aus. H. HOCHSTEIN. 6408□

Graphitisierung von porösem Stahl. O. O. Baranow und M. I. Pritomanowa. (Доповиди Академії Наук Української РСР [Ber. Akad. Wiss. UkrainSSR] **1961.** 1299—1302.) (Ukrain.; Auszug: Engl.)

Untersucht wurde die Graphitisierung von Elektrostahl mit 1,25 (%) *C*, 1,24 *Si*, 0,33 *Mn*, 0,035 *S*, 0,032 *P*, 0,08 *Cr* verschiedener Porosität u. nach Zahl u. Form verschiedenen Graphiteinschlüssen. Danach erfolgt die Graphitausscheidung zu Beginn des graphitisierenden Glühens vorwiegend in den Poren. Vff. nehmen an, daß die Diffusionsporen an der Grenze Graphit–Matrize entstehen, so daß die Kontaktfläche der beiden Phasen während der Graphitauflösung ständig abnimmt. O. LEBTAG. 6408□

Verbesserung der Oberflächenqualität eines unberuhigten Stahlblockes. A. G. Nikolajew, S. I. Rjabow, P. G. Tschernogrud und D. K. Pugatschew. (Сталь [Stahl] **19.** 123—24. Febr. 1959. Magnitogorsk, Metallurg. Kombinat.) (Russ.)

Manschetten aus Blech mit einer Stärke nicht über 1 mm werden im fl. unberuhigten Stahl vollständig aufgelöst u. bilden im Stahlblock keine Einschlüsse. Die Verw. solcher Manschetten vermindert die Poren-Bldg. an der Blockoberfläche durch eine Gußhaut u. bietet die Möglichkeit, die Leistung der Zurichtanlage des Blechwalzwerkes um 30% zu erhöhen. H. HOCHSTEIN. 6408

Tiefziehblech aus stabilisiertem, nicht alterndem Stahl. Dagmar Tlustá und Jiří Skála. (Hutnické Listy **15.** 602—09. Aug. 1960. Praha, Výzk. úst. železa.) (Tschech.)

Vff. untersucht die Möglichkeit, das Altern von Tiefziehblech durch Bindung der C- u. N-Atome an stabile Verbb. einzuschränken oder aufzuheben. C kann als Zementit abgeschieden werden. Zur Bindung von N, der mit α-Fe eine die Alterung aktivierende feste Lsg. bildet, wird *V* u. *B* empfohlen, wobei ein nichtalternder unberuhigter Stahl erhalten wird. Der Zusatz von B ist technolog. noch schwierig durchzuführen. Ein Zusatz von 0,05% V liefert Ingots mit ausreichend starker Reinmetallschicht. Durch Begünstigung der Kristallisation findet im oberen Teil der Ingots nur im höchsten Bereich Segregat-Bldg. statt, so daß die Ausbeute an erstklassigem Blech größer wird. GOTTFRIED LANGE. 6408□

Einfluß von metallurgischen Faktoren auf die Sprödigkeit des im Lichtbogenofen geschmolzenen Stahlgusses mit 13% Cr. Jaroslav Koutský und František Kinský. (Hutnické Listy **15.** 524—28. Juli 1960. Plzeň, Záv. V. I. Lenin.) (Tschech.)

Die Zähigkeit von im Lichtbogenofen geschmolzenen, 13% Cr enthaltenden Gußstahl kann durch *Ni*, als austenitbildendes Element, das die Bldg. übermäßiger Mengen ϑ-Ferrit unterdrückt, verbessert werden. Am besten wirkt *Ferrochrom*, das vor der Red. zugesetzt wird. Die endgültige Desoxydation wird mit *CaSi* in Pfannen durchgeführt. Eine evtl. Vorbehandlung mit *Al* muß, um eine Vergröberung des austenit. Korns zu vermeiden, im Ofen erfolgen. GOTTFRIED LANGE. 6410□

Möglichkeiten der Herstellung und Verwendung stickstofflegierter Stähle. Volkmar Nicolas. (Neue Hütte **6.** 689—95. Nov. 1961. Freiberg/Sa., Eisenhütten-Inst.) (Dt.)

Nach Angabe der Löslichkeitsverhältnisse in reinem Fe, Ferrolegg. u. Stahl konnte unter Erörterung metallurg. Fragen der Herst. stickstofflegierter Stähle an Hand der Zustandsschaubilder die Möglichkeit der Ni-Einsparung u. der Austenitstabilisierung durch N_2 nachgewiesen werden. Für *Cr–Mn–N*-Austenite werden die bekannten Bedingungsgleichungen zur Erreichung stabilen Austenits u. die Gleichung zur Best. der M_S-Temp. angegeben. Der Einfl. von N als Leg.-Element wird bes. in austenit. Stählen sowie in N-legierten W-armen Schnellarbeitsstählen auf Grund von Literaturangaben beschrieben. — 45 Schrifttumsstellen. H. HOCHSTEIN. 6410□

Isothermer Austenitzerfall in ARC 3-Stahl. B. Rotenstein und N. Drăgan. (Rev. roum. Métallurgie **5.** Nr. 1. 25—39. 8 Tafeln. 1960.) (Russ.)

Bei der Unters. des isotherm. Austenitzerfalls in einem Stahl mit 0,65 (%) *C*, 1,50 *Mn*, 1,58 *Si*, 0,032 *P*, 0,020 *S*, 0,04 *Cr*, 0,04 *Ni* u. 0,10 *Cu* wird festgestellt, daß im Perlitbereich die Umwandlungskinetik nur die üblichen Besonderheiten einer isotherm. Rk. bei diesen Temp. aufweist. Im Zwischenstufenbereich treten zwei verschiedene Umwandlungsgebiete auf: 1. oberes Gebiet, in dem die Umwandlung zur Bldg. von oberem Bainit u. Perlit führt; die kinet. Kurven für die Temp. zwischen 450 u. 350° haben hierbei zwei Äste, entsprechend der Bldg. dieser Bestandteile; in diesem Gebiet bewirkt die Perlit-Bldg. ein fast vollständiges Verschwinden des unterkühlten Austenits; 2. unteres Gebiet, wo der Austenitzerfall zur Bldg. von unterem Bainit führt. Auf der Kurve des Umwandlungsbeginns wird ein krit. Punkt nachgewiesen, der sich bei ca. 340° befindet u. in diesem Temp.-Bereich eine erhöhte Beständigkeit gegenüber der Umwandlung des unterkühlten Austenits besitzt. Entsprechend diesem Punkt ist ein Temp.-Bereich zwischen 325 u. 350° vorhanden, in dem die Umwandlung nach langer Haltezeit zu einem Zerfall nicht über 60% des ursprünglichen Austenits führt. Auf Grund der Unters.-Ergebnisse wird ein Diagramm des isotherm. Austenitzerfalls für den Stahl *ARC 3* bei den Temp. zwischen A_r u. M_S aufgestellt. H. HOCHSTEIN. 6410□

Die Temperaturabhängigkeit des Fließens und der Bruch in überzogenen Zink-Einkristallen. L. C. Weiner. (Trans. metallurg. Soc. AIME **212.** 253—56. 1958, herausgeg. 1959.) (Engl.)

Für Zn-Einkristalle mit $\chi_0 = 3^0$ erhöht ein Oberflächenüberzug sowohl die Spaltung als auch die Streckfestigkeit über einen weiten Temp.-Bereich. Die „Sprödtemp.", die mit einem Gleiten nach der Vervollständigung der Zwillings-Bldg. verbunden ist, trifft nicht mit dem Schnittpunkt des Fließens u. den Spaltkurven, die mit der Zwillings-Bldg. verknüpft sind, zusammen. Ein Oberflächenfilm hat keinen Einfl. auf die Sprödtemp., während er die Schnittpunkts-Temp. ca. 20° erniedrigt. Für Kristalle mit $\chi_0 = 83^0$ verringert ein Überzug die Spaltfestigkeit u. macht sie temparturunabhängig. Diese Beobachtungen werden auf der Grundlage einer Versetzungsaufstauung an einem Sperremodell für Sprödbruch beschrieben; in Kristallen, $\chi_0 = 3^0$, spielen Anzahl u. Verteilung von Zwillingen eine wesentliche Rolle. H. HOCHSTEIN. 6426□

Bruch von Zinkkristallen beim Biegen. John J. Gilman. (Trans. metallurg. Soc. AIME **212.** 293—94. 1958, herausgeg. 1959. Schenectady, N.Y., General Electric Res. Labor.) (Engl.)

Bei der Unters. des Verlaufes der Brüche von Zn-Kristallen beim Biegen wird festgestellt, daß dieser Bruch längs der kurvenförmigen Gleitoberflächen eintritt. Es wird angenommen, daß die Gleitfläche einer Versetzungskante in einem Zn-Kristall ein bes. schwacher Bereich ist. H. HOCHSTEIN. 6426□

Einflüsse von gasförmigen und flüssigen Umgebungen auf den Sprödbruch von Zink-Einkristallen. L. C. Weiner. (Trans. metallurg. Soc. AIME **212.** 342—43. 1958, herausgeg. 1959. New York, Columbia Univ.) (Engl.)

Durch Verss. über den Einfl. von gasförmigen oder fl. Umgebungen auf den Sprödbruch von Zn-Einkristallen wird festgestellt, daß diese Umgebungen die Spaltfestigkeit von anfangs sauberen Zn-Einkristallen, $\chi_0 = 3^0$, $\lambda_0 = 28^0$, nur dann erhöhen, wenn die

Umgebung unter Bldg. eines anhaftenden Oberflächenfilmes von über 200—300 Å Dicke reagiert. H. HOCHSTEIN. 6426□

Autoradiographischer und metallographischer Nachweis für eine metallische Sekundärphase in sehr reinem Zink. I. S. Servi, M. Stern und W. W. Webb. (Trans. metallurg. Soc. AIME **212.** 361—66. 1958, herausgeg. 1959. Niagara Falls, N.Y., Union Carbide Corp.) (Engl.)

Ein metallograph. u. autoradiograph. Beweis zeigt, daß handelsüblich hergestelltes hochreines Zn eine *Pb*-reiche Sekundärphase enthält. Die höchste Löslichkeit von Pb im Zn ist geringer als 0,5 ppm. Die tatsächliche maximale Löslichkeit kann noch wesentlich niedriger sein. Die Verteilung von Pb im Zn ist sehr unregelmäßig. Es werden Unterss. über die Beeinflussung der Zn-Eigg. durch die feinverteilte Sekundärphase angestellt. H. HOCHSTEIN. 6426□

Metallographische Beobachtungen von Kleinwinkel-Grenzen im Zink. I. S. Servi und N. F. Graves. (Trans. metallurg. Soc. AIME **212.** 315—16. 1958, herausgeg. 1959. Niagara Falls, N.Y., Union Carbide Corp.) (Engl.)

Durch die Ätzgrübchentechnik u. durch Vgl. des Feinstkorngefüges in gespaltenen u. in geätzten Flächen mit einem gemeinsamen Rand wird bei der Unters. der Kleinwinkelgrenzen von reinen Zn-Kristallen (99,999% Reinheit) festgestellt, daß die Ätzgrübchen an den Versetzungsstellen als Keime wirken, obwohl eine einfache Beziehung nicht ermittelt werden kann. H. HOCHSTEIN. 6426□

Zinnrückgewinnung aus „hardhead" durch selektive Eisenoxydation. D. A. Wilson und P. M. Sullivan. (U. S. Dep. Interior, Bur. Mines, Rep. Invest. **1961.** Nr. 5756. 1—17. College Park, Md., Metallurgy Res. Center.) (Engl.)

Untersucht wird die selektive Fe-Oxydation zwecks Sn-Rückgewinnung aus Härtlingen, die aus 16 (%) *Fe,* 80 *Sn,* 0,2 *As* u. *Sb* sowie aus Spuren von *Zn, Cu, W* u. *Pb* bestehen, durch oxydierende Gase u. Gasgemische. Hierbei zeigt sich, daß diese selektive Fe-Oxydation in Dampf, H_2- u. in CO_2–CO-Gemischen möglich ist u. diese Gasgemische theoret. selektiver sind als Dampf oder H_2. Die nicht vollständige Fe-Oxydation mit Dampf- oder CO_2-Gemischen wird auf Betriebsschwierigkeiten zurückgeführt, die jedoch behebbar erscheinen. Auch kann die selektive Fe-Oxydation durch Luft unter Verw. eines SiO_2-haltigen Flußmittels zur Entfernung der Oxydations-Prodd. bewirkt werden. Hierbei liegt die günstigste Arbeits-Temp. bei 1080°. Das SiO_2-Flußmittel muß soviel SiO_2 enthalten, daß ein SiO_2/Fe-Verhältnis erhalten wird, welches größer ist, als der folgenden Gleichung entspricht: $FeSn_2 + {}^1/_2\, O_2$ (Luft) + SiO_2 (Flußmittel) → $FeSiO_3$ (Schlacke) + 2 Sn. Die Menge an überschüssiger Luft u. die Geschw. der Luftzuführung müssen genau geregelt werden. H. HOCHSTEIN. 6428□

Verfestigung in den latenten Gleitrichtungen von α-Messing während der Stufe des leichten Gleitens. W. L. Phillips jun. und W. D. Robertson. (Trans. metallurg. Soc. AIME **212.** 406—12. 1958, herausgeg. 1959. New Haven, Conn., Yale Univ.) (Engl.)

Spannung–Dehnung-Kurven wurden für Einkristalle von α-Messing bei Zug- u. in direkter Schubbeanspruchung erhalten. Die Proben wurden in einer gegebenen Gleitrichtung um verschiedene Beträge gestreckt, entlastet u. unmittelbar darauf in einer zweiten Gleitrichtung, die von der ersten um 60°, 120° u. 180° abwich, gestreckt. Die Kristalle, die unter Zug u. direktem Schub gestreckt waren, hatten vergleichbare krit. Schubspannungen u. Spannung–Dehnung-Kurven. Die Dichte der Gleitlinien bei direktem Schub u. beim Zug war im wesentlichen die gleiche. Die beim Schub erhaltenen Spannung–Dehnung-Kurven waren von der Anfangsorientierung, der Wahl der {1 1 1}-Gleitfläche, der Wahl von ⟨1 1 0⟩-Gleitrichtung der Vorglühtemp. u. der Abkühlungs-Geschw. nach dem Glühen unabhängig. Eine Erholung nach einer 4std. Glühung trat bei Raum-Temp. oder bei 200° nicht ein; eine Erholung wurde nach 4 Std. bei 400° beobachtet. Die Kristalle zeigten keinen Asterismus u. die mechan. Eigg. waren vollständig zurückzugewinnen bis zu 20% Dehnung. Es wurde gefunden, daß eine Gleithemmung in allen latenten dichtestgepackten Richtungen besteht, u. daß die Größe dieser Sperren proportional der früheren Streckung u. unabhängig von der Wahl der latenten Richtung in der {1 1 1}-Fläche ist. Die Bldg. von COTTRELL-LOMER-Sperren werden als eine mögliche Erklärung für die Härtung der latenten Syst. erörtert. — 29 Literaturangaben. H. HOCHSTEIN. 6432□

Netzförmige Ausscheidung in binären Chrom–Nickel-Legierungen. F. G. Haynes und R. F. Smart. (J. Inst. Metals **90.** 189. Jan. 1962. Birmingham, International Nickel Co. (Mond) Ltd.) (Engl.)

Unters. der Gefüge von Cr–Ni-Legg. mit 60% Cr ergab unter 500° keine Ausscheidung der γ-Phase. Zwischen 500 u. 800° trat die α-Phase vorwiegend lamellar aus, die Ausscheidung ist bei 800° nach 1 Std. vollständig. Über 800° wurde eine WIDMANN-STÄTTEN-Struktur beobachtet. F. VIER. 6434 □

Die Anomalie in den Wärmedehnungskurven von Chrom. W. J. James, M. E. Straumanis und P. B. Rao. (J. Inst. Metals **90.** 176—77. Jan. 1962. Rolla, Mo., Univ. of Missouri.) (Engl.)

Unterss. von reinem Cr ergaben, daß für die in den Wärmedehnungskurven von Cr auftretende Anomalie ein Geh. an *N* verantwortlich ist. Mit steigendem N-Geh. verschiebt sich der Knick in der Kurve zu höheren Temp. (von 30—40° auf 50—60°). *O*-Geh. innerhalb 0,002—0,2% zeigen keinen Einfluß. — 14 Literaturangaben. F. VIER. 6440 □

Ein Raumtemperaturalterungseffekt, beobachtet in handelsüblich reinem Beryllium J. Butcher und A. J. Martin. (J. Inst. Metals **90.** 191—92. Jan. 1962. Aldermaston, Berks., Atomic Weapons Res. Establ.) (Engl.)

An pulvermetallurg. hergestellten Teilen aus handelsüblichem Be konnte nach Wärmebehandlung bei 600° u. 900°, Abschrecken u. Lagernlassen bei Raum-Temp. ein Alterungseffekt beobachtet werden. Je höher die Abschreck-Temp. war, um so niedriger war der Spitzenwert der Dehnung. Sämtliche Proben waren 20—30 Tage ausgelagert. F. VIER. 6442 □

Reinheitsgrad und Korrosionsbeständigkeit der Aluminiumlegierung mit 1,2% Mangan. M. Leoni und G. Luft. (Ist. Sperim. Metalli leggeri, Mem. Rapp. [11] Nr. **265.** 3—10; Alluminio **30.** 185—92. April 1961. Novara, I.S.M.L., Div. Ric.) (Ital.)

Die aus *Reinst-Al* + 1,2% *Elektrolyt-Mn* hergestellten Legg. zeigen im Vgl. zu den aus techn. Al gewonnenen gegenüber verschiedenen Angriffsmitteln eine wesentlich höhere Beständigkeit neben guter mechan. Festigkeit, welche sie für Glanzanodisierung geeignet machen u. daher bes. für dekorative Werkteile empfohlen werden. Ausführung u. Prüfung der Verss. werden näher beschrieben. A. SANDER. 6446 □

Die Bildung großer Körner von α-Titan durch Zonenschmelzen. F. J. Darnell. (Trans. metallurg. Soc. AIME **212.** 356—57. 1958, herausgeg. 1959. Wilmington, Del., E. I. du Pont de Nemours & Co.) (Engl.)

Bei der Anwendung der Vertikal-Zonenschmelz-Technik zur Reinigung von Ti gelang die Herst. großer Körner von der α-Phase nach einmaligem Durchlaufen der Schmelzzone. Die Durchführung dieses Verf. wird beschrieben. Die behandelte zylindr. Probe von 1 cm ∅ u. 15 cm Länge änderte sich nicht merklich im Durchmesser u. enthielt 2 oder 3 große Körner im Querschnitt. Eine Vorzugsorientierung in bezug auf die Probenlängsachse trat nicht auf. Verwendet wird ein nach dem Jodid-Verf. hergestelltes Ti; handelsübliches Ti mit 0,1% C brachte keinen Erfolg. Es werden Angaben über elektr. Widerstandsmessungen an den durch das Zonenschmelz-Verf. hergestellten großen Körnern aus α-Ti gemacht. H. HOCHSTEIN. 6448 □

Der Einfluß von Oberflächenfilmen auf das Kriechen von Cadmiumkristallen. M. Metzger und T. A. Read. (Trans. metallurg. Soc. AIME **212.** 236—43. 1958, herausgeg. 1959.) (Engl.)

Die Verfestigungsauswirkungen von Hydroxid u. synthet. plast. Filmen beim Kriechen von Cd-Kristallen werden untersucht. Die Ergebnisse lassen sich durch ein einfaches mechan. Modell darstellen. Die Versetzungs-Film-Rkk. u. die Bedeutung der makroskop. Spannungen, die mit bestimmten Filmen auftreten, werden erörtert. — 29 Literaturangaben. H. HOCHSTEIN. 6448 □

Herstellung von hochreinem Gallium. Péter Huszák, Oszkár Borlai und Frigyes Henszelmann. (Veszprémi Vegyipari Egyetem Közleményei [Mitt. Univ. Chem. Ind., Veszprém] **4.** 61—71. 1961. Veszprém, Lehrstuhl chem. Technol.) (Ung.)

Die metall. Verunreinigungen des aus Aluminatlaugen hergestellten *Rohgalliums* sind teils fein verteilt, teils gelöst vorhanden. Die schwebenden Verunreinigungen können von der Oberfläche des fl. Metalls abgeschöpft werden oder bleiben beim Filtrieren auf der Glasnutsche zurück. *Zn* ist im Ga gelöst u. wird aus diesem durch kräftiges Rühren mit HCl 1 : 1 entfernt. Das so behandelte Ga erreicht 99,99%ig. Reinheit. *Hochreines Ga* von 99,999% Geh. wird aus diesem durch Elektrolyse (anod. Raffination) aus 15%ig. NaOH-Lsg. bei 60—80° hergestellt. J. PLANK. 6448

Probleme der Metallurgie des Urans und der Konstruktionsmetalle. G. A. Mejerson. (Атомная Энергия [Atomenergie] **6.** 129—34. Febr. 1959.) (Russ.)

Übersicht. M. WIEDEMANN. 6448 □

Rückgewinnung von Zink aus Rückständen und Zinn aus Härtlingen durch Amalgam-Elektrolyse. P. M. Sullivan und D. H. Chambers. (U. S. Dep. Interior, Bur. Mines, Rep. Invest. **1961.** Nr. 5827. 1—18. College Park, Bur. of Mines.) (Engl.)

Die Zn-Rückstände stammten aus dem am Boden von galvanotechn. Bädern sich absetzenden Schlamm u. enthielten neben 95—96% Zn hauptsächlich *Fe* u. *Pb*. Bei Behandlung mit Hg lösen sich Zn u. Pb darin; Fe bleibt zurück. Bei der anschließenden Elektrolyse — mit $ZnCl_2$ u. NH_4Cl als Elektrolyt — geht Zn in Lsg. u. wird kathod. abgeschieden; Pb bleibt im Amalgam. Reinheit des Zn über 99,9% bei 98% Material- u. fast 100% Stromausbeute. Die Härtlinge enthielten ca. 81 (%) Sn u. 16 Fe. Sie wurden zu grobem Pulver zerkleinert u. nach Anfeuchten mit Säure mit Hg behandelt. Unter Verw. einer sich drehenden Anodenscheibe wurde das Sn im Elektrolyt — $SnSO_4$ + H_2SO_4 + Kresolsulfonsäure — gelöst u. kathod. abgeschieden. Seine Reinheit betrug ebenfalls über 99,9% bei 81% Material- u. fast 100% Stromausbeute.

F. HOCHSTETTER. 6456□

Goldlegierungen als federnde Werkstoffe. Ewald Wagner. (Dtsch. Goldschmiede-Ztg. **60.** 25—28. Jan. 1962. Pforzheim, DEGUSSA.) (Dt.)

Überblick über die an federnde Werkstoffe zu stellenden Anforderungen u. Vgl. der mechan. Eigg. von 18-, 14- u. 8karätigen Au-Legg. mit Federstahl, Federbronze, Be-Bronze u. Spezial-Legg. für Uhrfedern. F. VIER. 6460□

Die Oxydationsbeständigkeit und die Herstellbarkeit von Molybdän-Nickel-Dispersionslegierungen. E. S. Bartlett, D. N. Williams und R. I. Jaffee. (Trans. metallurg. Soc. AIME **212.** 458—63. 1958, herausgeg. 1959. Columbus, Ohio, Battelle Mem. Inst.) (Engl.)

Die Entw. von Mo–Ni-Legg., die zur Herst. von Überzügen mit guter Oxydationsbeständigkeit bei hoher Temp. unter Beibehaltung einer ausreichenden Zähigkeit dienen, ist sehr schwierig. Die Oxydationsbeständigkeit u. Herstellbarkeit metallkeram. Mo-Legg. mit bis zu 20% Ni in Form einer feinen Verteilung werden untersucht. Die Einfl. der Dispersionsverteilung sowie des Betrages u. der Art (reines Ni oder Ni-Verbb.) des Zusatzes werden behandelt. Auch ist die Warmwalzbarkeit der Leg. begrenzt.

H. HOCHSTEIN. 6474□

Über den gegenwärtigen internationalen Stand der technischen Härteprüfung. K. Meyer. (Schweiz. Arch. angew. Wiss. Techn. **28.** 7—38. Jan. 1962. Dortmund, Staatl. Materialprüfungsamt Nordrhein-Westfalen.) (Dt.)

Überblick. — 15 Literaturangaben. M. GEHLEN-KELLER. 6480□

Der Einfluß der Prüftemperatur auf die Dauerfestigkeits-Eigenschaften der Legierung Pe 50. L. Mori. (Alluminio **29.** 65—69. Febr.; Ist. Sperim. Metalli leggeri, Mem. Rapp. [10] Nr. **237.** 3—7. 1960. Novara, Ist. Sper. Metalli Legg., Div. Ric.) (Ital.)

Unterss. über die Einw. der Temp. auf Dauerfestigkeit u. Umlaufbiegedauerfestigkeit der Al-Leg. *Pe 50* mit 5% *Mg* zeigen, daß bei verschiedenen Temp. (20, 100, 130, 160°) eine Ermüdungsgrenze fehlt oder vorhanden ist, wofür mehrere Hypothesen aufgestellt werden. W. WESLY. 6480□

Eine Untersuchung der Ausscheidungshärtung durch magnetische Messungen. J. D. Livingston und J. J. Becker. (Trans. metallurg. Soc. AIME **212.** 316—20. 1958, herausgeg. 1959. Schenectady, N.Y., General Electric Res. Labor.) (Engl.)

Die Ausscheidungsteilchengröße, so wie sie durch magnet. Messungen bestimmbar ist, u. verschiedene mech. Eigg. einer *Cu*-Leg. mit 2% *Co* wurden in den frühen Stufen der Ausscheidungshärtung gemessen. In diesem Teilchengrößenbereich nehmen die Härte u Zugfestigkeit mit wachsendem Zwischenteilchenabstand zu. Die Einfl. einer Verformung auf die magnet. Eigg. werden ebenfalls untersucht u. als ein Resultat der Änderung in der Form der ferromagnet. Ausscheidungsteilchen während der Verformung gehalten. H. HOCHSTEIN. 6480□

Der Einfluß der Spannung auf den Ausdehnungskoeffizienten von Stahl. P. G. Morgan. (Iron and Steel **35.** 61. Febr. 1962. Manchester, Univ.) (Engl.)

Durch theoret. Überlegungen u. prakt. Verss. wird für Stahl nachgewiesen, daß der Ausdehnungs-Koeff. unter einer Zugbeanspruchung linear mit der Spannung bis zur Erreichung der Elastizitätsgrenze zunimmt; oberhalb dieser Grenze ist die Zunahme diskontinuierlich. Der Ausdehnungs-Koeff. ohne Belastung bleibt bei seinem ursprünglichen Wert, bis die Elastizitätsgrenze überschritten ist; nach dem Beginn des plast. Fließens nimmt dann der Ausdehnungs-Koeff. zu u. durchläuft einen Höchstwert, wenn die Belastung weiterhin zunimmt. Ein ähnliches Verh. wie beim Stahl wird auch für die *Invar*-Leg. nachgewiesen. H. HOCHSTEIN. 6480□

Vergleichende Untersuchungen und Beurteilung der Methoden zur Ermittlung der Austenitkorngröße. Jiří Škarek und Karel Cíha. (Wiss. Z. Techn. Hochschule Dresden **8.** 390—400. 1958/59. Brünn.) (Dt.)

Überblick über die Klassifikation sowie die Arbeitsgänge der Prüfungen zur Ermittlung der Austenitkorngröße legierter Stähle u. eine vergleichende Beurteilung der einzelnen Meth., von denen die klass. Oxydations-Meth. nach Herasymenko wegen ihrer großen Anwendungsmöglichkeit u. einfachen Durchführung am vorteilhaftesten zu sein scheint. Es wird für notwendig gehalten, bei den Prüfungen diejenigen Austenitisierungsbedingungen einzuhalten, die der betriebsmäßigen Wärmebehandlung der betreffenden Stähle entsprechen. — 49 Literaturangaben. H. Hochstein. 6480□

Der Einfluß von Ultraschall auf die Kristallisationsart und Eigenschaften von Metallen und deren Legierungen. Paweł Murza-Mucha. (Przegląd Odlewnictwa **10.** 345—53. Dez. 1960.) (Pol.)

Zn u. *Al*-Legg. (*LA 63* mit *Si* u. *Cu*, *LA 1* mit Si, Cu, *Mg* u. *Ni*) wurden während des Erstarrens mit Ultraschall (21 kHz, 10—16 W/cm^2) behandelt. Die mittlere Erhöhung der Zugfestigkeit unter der Wrkg. von Ultraschall beim Erstarren betrug bei Zn 19,5, bei *LA 1* 20 u. *LA 63* 19%, die Erhöhung der Härte bei allen ca. 5%. Das Gefüge der Legg. wird durch die Behandlung feinkörnig. Eine Entgasung durch Ultraschall konnte nur in wenigen Fällen beobachtet werden, da die Erstarrungszeiten zu kurz waren. — 16 Literaturangaben. F. Urban. 6480□

Halbautomatische Ultraschall-Kontrolle von stranggepreßten Leichtlegierungsstücken. M. Robba und C. Fatigati. (Alluminio **28.** 5—17. 1959. Novara, Ist. Sperim. Metalli leggeri, Div. Ric.) (Ital.)

Nach Übersicht über verschiedene Ultraschall-Meßmeth. für stranggepreßte Leichtlegierungsstücke wird eine halbautomat. App. beschrieben. Diese Eintauchtechnik ermöglicht schnellere Messungen sowie automat. Registrierung der Fehler u. schützt die Quarzumformer vor größerem Verschleiß. Zur Best. der zulässigen Fehlergrenze der zu untersuchenden Probestücke werden Standardbezugsblöcke wie bei der Alcoa benutzt. G. Platzer. 6480□

Einige mikroskopische Beobachtungen an der Rißoxydation von Magnesium. J. H. Buddery und M. E. Haynes. (J. Inst. Metals **90.** 178—79. Jan. 1962. Berkeley, Glos., Berkeley Nuclear Labor.) (Engl.)

Mkr. Unterss. zeigten, daß die Oxydation der 2. Stufe, die der 1. nach einem parabol. Gesetz verlaufenden, einen Schutzfilm bildenden Stufe folgt u. linear verlaufend zur Zerstörung des Mg führt, nicht gleichmäßig einsetzt, sondern unter Keim-Bldg. vor sich geht. F. Vier. 6482□

Elektrolytisches Polieren von Eisenwerkstoffen für metallographische Zwecke mit dem „Elypovist". F. Rämmele und K. Veit. (Neue Hütte **6.** 724—28. Nov. 1961. Jena, VEB Carl Zeiß.) (Dt.)

Nach Angaben über die Zus. von Elektrolyt-Lsgg. zum Polieren von Fe-Werkstoffen mit dem „Elypovist" werden Vorbehandlung sowie das elektrolyt. Polieren u. Ätzen beschrieben u. erhaltene Gefügezustände an verschiedenen Fe-Werkstoffen (Weicheisen, Vergütungsstahl, legierter Silberstahl, Schnellarbeitsstahl, nichtrostender Stahl sowie Ferrochrom) im Lichtbild dargestellt. Bei dem Verf. werden oxid. u. sulfid. Einschlüsse entweder bevorzugt herausgelöst u. hinterlassen dann Korrosionsgrübchen oder sie bleiben stehen, bis das umgebende Grundmaterial abgetragen ist. Unterss. der Randzone erfordern eine Einbettung, da die Polierzelle durch die Probe abgedichtet werden muß. Hierzu werden selbsthärtende Kitte auf Epoxidharzbasis empfohlen.
H. Hochstein. 6482□

Fließpressen von Nichteisenmetallen. R. Chadwick. (Metal Ind. [London] **100.** 202—05. 16/3. Nr. 12. 226—29. 232. 23/3. 1962.) (Engl.)

Theoret. Grundlagen u. prakt. Erfahrungen. — 13 Literaturangaben.
M. Gehlen-Keller. 6490□

Beobachtungen über Eigenschaften und Leistung von stranggegossenen, niedriggekohlten Stahlerzeugnissen. M. Tenenbaum, R. N. Edmondson und Logan Mair. (Trans. metallurg. Soc. AIME **212.** 431—45. 1958, herausgeg. 1959. East Chicago, Ind., Inland Steel Co.) (Engl.)

Es zeigte sich, daß die arteigenen Warmverarbeitungs-Eigg. der stranggegossenen Stähle sehr gut sind, vorausgesetzt, daß im Gußquerschnitt eine angemessene feste Gußhautdicke vorhanden ist, die zur Vermeidung von Warmriß-Bldg. notwendig ist. Mit *Al* vollständig desoxydierte Stähle besaßen zahlreiche Oxideinschlüsse, so daß das Enderzeugnis rissig u. schuppig war. Mit *Si* desoxydierte Stähle hatten eine verhältnismäßig fehlerfreie Oberfläche. Die Innenstruktur der warm- u. kaltgewalzten Bleche aus unberuhigtem Stahl besaß zahlreiche Nester aus nichtmetall. Einschlüssen. Die mechan. Prüfung der gewalzten Bleche ergab für alle untersuchten Stähle höhere Zugfestigkeits-

werte, eine höhere Härte u. eine geringere Duktilität als ähnliches, im üblichen Gußblock-Verf. hergestelltes Material. Trotz dieser gemessenen erniedrigten Duktilität konnten die aus stranggegossenen Stählen hergestellten Bleche einwandfrei kaltgezogen, gepreßt oder gedrückt werden. Nur bei den Erzeugnissen aus unberuhigt vergossenem Stahl mit den beschriebenen Einschlußnestern treten Oberflächenfehler u. innere Dopplungen auf, die zu Ausschuß führten. Auch bei verzinkten Blechen treten bei starken Einschlüssen sowie bei Ggw. geringer restlicher Si-Geh. bei den mit Si desoxydierten Stählen Ausschuß-fehler auf. Ein niedriggekohlter stranggegossener Stahl mit 1,75% Si ergab nach einer guten Kaltwalzverformung eine einwandfreie Oberflächenbeschaffenheit, hatte aber im Vgl. zu normalem Material höhere Kernverluste. Niedriggekohlter, stranggegossener Stahl mit 0,3% S ließ sich ohne Schwierigkeit warm- u. kaltverarbeiten.
H. HOCHSTEIN. 6490□

Oberflächenfehler von warmgewalzten Stäben. Takashi Ikeno. (Light Metals [Tokyo] **10.** Nr. 6 (45). 18—25. Nov. 1960.) (Jap.; Auszug: Engl.)
Unterss. über die Faktoren, die eine einwandfreie Oberfläche gewährleisten.
M. GEHLEN-KELLER. 6490□

Über die Oberflächenfehler von warmgewalzten Stäben (Ergänzung). Takashi Ikeno. (Light Metals [Tokyo] **11.** Nr. 3 (48). 17—22. Mai 1961. Hokuriku Light Metal Ind. Co., Techn. Div.) (Jap.; Auszug: Engl.) — Vgl. vorst. Referat.
Die Bestandteile der Oberflächenfehler warmgewalzter Stäbe sind *Ca, Mg, Si, C* u. *H*; die Art ihrer Einfl. konnte nicht festgestellt werden. W. WESLY. 6490□

Die wärmetechnische Kontrolle der Ingoterwärmung in Tieföfen. Longin Tomis. (Hutnické Listy **15.** 506—10. Juli 1960. Ostrava, Vys. šk. bauská.) (Tschech.)
Zur Kontrolle des Temp.-Gefälles in Ingots während des Erhitzens wird entweder die Messung der Ingot-Oberflächen-Temp. u. die Integration ihrer zeitlichen Änderung oder die direkte Messung des Wärmeflusses im Material in Abhängigkeit von Zeit u. Konst. genannt. Wegen der schwierigen Durchführbarkeit wird auf eine empir. Meth. verwiesen, die auf der Kontrolle anderer Parameter in Abhängigkeit vom Wärmeverbrauch der Ingots beruht. Die Wärmeleistung als Funktion der Wärmeaufnahme durch die Ingots bzw. die Veränderung des Wärmeflusses im Arbeitsbereich u. am Ofenausgang werden schemat. behandelt. GOTTFRIED LANGE. 6492□

Beitrag zur Badnitrierung legierter Baustähle. Herbert Tauscher und Gerda Höhne. (Neue Hütte **6.** 701—07. Nov. 1961. Dresden u. Pirna/Elbe.) (Dt.)
Als Verff. der Stahlnitrierung werden die Bad- u. Gasnitrierung besprochen, u. es werden Angaben über die allg. Verbesserung der Eigg. durch die Badnitrierung gemacht; bes. findet eine Erhöhung des Verschleißwiderstandes u. der Dauerschwingfestigkeit statt. Der Einfl. des Badnitrierens auf die Erhöhung der Dauerschwingfestigkeit glatter u. gekerbter Proben sowie auf die Gestaltfestigkeit von Bauteilen wird ermittelt, wobei auch der Einfl. des Gefüges badnitrierter Stähle bestimmt wird. Die Ausgangsfestigkeit des Werkstoffes u. sein Gefügezustand haben einen Einfl. auf die Höhe der erzielbaren Verbesserung der Biegewechselfestigkeit. — 28 Schrifttumsstellen. H. HOCHSTEIN. 6492□

Zum Mechanismus des Werkstoffüberganges beim Lichtbogenschweißen. William M. Conn. (Schweisstechnik [Berlin] **11.** 398—403. Sept. 1961.) (Dt.)
Übersicht über den Werkstoffübergang beim Lichtbogenschweißen (Bldg. der im Lichtbogen übergehenden Tropfen u. Überführung der Tropfen zum Schweißbad am Werkstück. — 20 Schrifttumshinweise. W. WESLY. 6506□

Fragen des Schweißens von Titan und anderer chemisch aktiver Metalle. S. M. Gurewitsch. (Schweisstechnik [Berlin] **11.** 394—98. Sept. 1961. Kiew, Akad. der Wissensch. der UkrainSSR, Inst. für Elektroschweißung E. O. Paton.) (Dt.)
Merkmale u. Ausführung des Schweißens von Ti-Legg. u. des Elektronenstrahl-schweißens. W. WESLY. 6506□

Das Schweißen von dicken Platten aus Mn-Mo-V-Stahl. E. Pouillard. (Rev. Métallurgie **58.** 765—78. Sept. 1961. Comp. des Forges de Chatillon-Commentry et Neuves-Maisons.) (Franz.)
Die Durchführung von Schweißungen nach dem *Unionmelt*-Verf. u. nach dem Senkrecht-Verf. unter einer Schlackendecke an bis 120 mm dicken Platten aus dem Stahl *403* mit 0,15 (%) C, 1,18 Mn, 0,06 Si, 0,022 P, 0,01 S, 0,49 Mo, 0,04 V wird beschrieben u. bei einem Vgl. der beiden Schweißverff. das erstgenannte auf Grund günstiger Ergebnisse bes. empfohlen. H. HOCHSTEIN. 6506□

Das Elektropolieren des Aluminiums. F. Sacchi und G. Paolini. (Alluminio **30.** 83—96. Febr. 1961. (Novara, I.S.M.L.) (Ital.)
Technolog. wirtschaftliche Übersicht über die zusammen mit der anod. Oxydation angewendeten elektrolyt. Polier-Verff. mit ausführlicher Beschreibung der Arbeitsweise

nach den H_3PO_4/H_2SO_4-Verff. im Vgl. zu rein chem. Polierverfahren. — 25 Literaturhinweise. A. SANDER. 6514□

Überzüge für Schraubenbolzen aus Chromlegierungen gegen das Festfressen bei erhöhten Temperaturen. W. B. Stephenson jun. (Metal Finishing **58.** Nr. 9. 63—64. Sept. 1961. Cincinnati, Ohio, General Electric Co.) (Engl.)

Untersucht wurde die Wrkg. einiger auf einen Schraubenbolzen aus einer *Fe*-Leg. mit 55 (%) *Fe*, 0,05 *C*, 15 *Cr*, 26 *Ni*, 1 *Mo*, 2 *Ti* u. 0,2 *Al* elektrolyt. aufgebrachter Überzüge gegen das Festfressen bei 1000° F. Die besten Ergebnisse wurden erzielt, wenn Ag-Flächen miteinander in Kontakt waren. F. VIER. 6516□

Verschleppungsverluste galvanischer Bäder. A. v. Krusenstjern und G. Schmidt. (Metalloberfläche **15.** 309—13. Okt. 1961. Schwäbisch Gmünd, Forsch.-Inst. für Edelmetalle u. Metallchem.) (Dt.) — Vgl. C. **1961.** 648.

Die Verschleppungsverluste galvan. Bäder sind nicht nur von der Art der behandelten Gegenstände, der Austausch- u. Abtropfzeit abhängig, sondern auch von den physikal. Eigg. des Elektrolyten. Es wird eine verhältnismäßig einfache App. beschrieben, mit der sich brauchbare Vgl.-Ergebnisse für das Verh. der einzelnen Elektrolyten ermitteln lassen. F. VIER. 6516□

Saure Glanzkupferbäder beim Vernickeln von Stahl. M. Kaptein. (Tijdschr. Oppervlakte Techn. Metalen **5.** 204—10. Dez. 1961. Leiden, N. V. Mavom.) (Holl.)

Die Eigg., Vor- u. Nachteile der beim Vernickeln u. Verchromen von Stahl verwendeten sauren Glanz-Cu-Bäder, bes. ihr Korrosionsschutz, u. ihre Anwendung werden beschrieben. W. WESLY. 6516□

Eine Untersuchung mit Radioisotopen über die Einebnung in Glanznickelbädern. Seward E. Beacom und Bernard J. Riley. (J. electrochem. Soc. **106.** 309—14. April 1959. Detroit, Mich., General Motors Corp., Res. Labor.) (Engl.)

Vff. untersuchen mit Hilfe von Autoradiographie u. Zähl-Meth. die Einebnung in bewegten Glanznickelbädern vom WATTS-Typ mit Na-Äthylsulfonat (^{35}S) (**I**) als Einebnungsmittel (Zusatz von 1,5—2 g/Liter, zusammen mit nichtmarkiertem Sulfonat; 5 ml/Liter Netzmittel u. ggf. 2—6 mg/Liter N-Allylchinaldiniumbromid; pH 2,6—3,5; 56—58°; Stromdichte 10—55,5 A/ft.^{2}; Expositionszeit 20—100 Min.). Die Autoradiographie wird zur Best. der Verteilung der Radioaktivität auf den von den Kathoden abgehobenen Ni-Folien angewendet. Vff. können zeigen, daß **I**, bzw. dessen Red.-Prod. (**II**), bevorzugt an den Spitzen der Oberfläche adsorbiert oder mit abgeschieden wird, während in den Tiefen der Kathodenoberfläche stärkere Metallabscheidung erfolgt. Die beobachtete lamellare Schichtenstruktur erklären Vff. ebenfalls mit der bevorzugten Adsorption von **I** bzw. **II**. In einem period. Vorgang werden abwechselnd Schichten aus dem Metall u. aus **I** bzw. **II** abgeschieden. P. FRENZEL. 6520□

Organische Konversionsüberzüge für verbesserten Anstrich und Haftung auf Aluminiumoberflächen. R. J. Lipinski. (Metal Finishing **58.** Nr. 9. 44—51. Sept. 1961. Erie, Pa., Hughson Chem. Co.) (Engl.)

Es wird gezeigt, daß sich durch chem. Umsetzung von organ. Verbb., die eine polare Gruppe, wie OH, NH_2, eine Alkyl- oder Arylgruppe u. eine funktionelle saure Gruppe, wie COOH, SO_3H, enthalten, mit dem Al auf den Oberflächen von Al-Teilen eine bessere Haftgrundlage für nachfolgendes Anstreichen erhalten läßt als mit Chromatieren u. Phosphatieren. F. VIER. 6528□

Die Wirkung kleiner Gehalte an Stickstoff auf die lineare Oxydation von Niob. C. H. McLintock und J. Stringer. (J. Inst. Metals **90.** 190—91. Jan. 1962. Liverpool, Univ.) (Engl.)

Die Unterss. zeigten, daß bei 620 u. 810° die Oxydations-Geschw. herabgesetzt wird, wenn Nb *N* enthält. Mit steigendem N-Geh. nimmt die Verzögerung zu. Daraus wird gefolgert, daß die Oxydation von Nb nicht durch Diffusion gesteuert wird. Denn bei N-haltigem Nb ist infolge der O-Leerstellen eine höhere Diffusions-Geschw. des O anzunehmen. F. VIER. 6530□

Einfluß von gelöstem Sauerstoff auf die Oxydation von Niob. V. Raghavan und J. M. West. (J. Inst. Metals **90.** 190. Jan. 1962. Sheffield, Univ.) (Engl.)

In Nb gelöster O_2 verändert die Form der Kurven für die Oxydations-Geschw. nicht. Die Oxydations-Geschw. wird geringfügig herabgesetzt. F. VIER. 6530□

Die Korrosion von Maschinenbau-Metallen. Verluste und ihre Verhütung. K. S. Rastogi. (J. Proc. Instn. Chemists (India) **33.** 74—76. März 1961. Agra, Engng. Coll.) (Engl.)

Übersicht. W. WESLY. 6538□

Untersuchung der Hüttenkokereikorrosion in ihrem chemischen Teile. Janós Konšal und Josef Teindl. (Hutnické Listy **15.** 511—17. Juli 1960. Ostrava, ČSAV u. VŠB.) (Tschech.)

Vff. schlagen für die in den Kokereibetrieben starker Korrosion unterliegenden chem. App.-Teilen geeignete korrosionsbeständige Materialien bzw. Schutzanstriche vor. Im Labor erhaltene Unters.-Ergebnisse über die Korrosion akt. $(NH_4)_2SO_4$-Anteile an Stahlmustern 11370 werden gegenüber betriebsmäßigen Ermittlungen durch Temp.-Einfl. verfälscht. Die Qualität der Schutzanstriche wird durch die Beschaffenheit der darunter befindlichen Oberfläche beeinflußt. GOTTFRIED LANGE. 6538□

Zur Frage der interkristallinen Korrosion der austenitischen Chromnickelstähle mit 24% Cr und 19% Ni. Vladimír Číhal, Pavel Gröbner, Jaroslav Ježek und Rudolf Pospíšil. (Hutnické Listy **15.** 518—24. Juli 1960. (Tschech.) Metal Treatment Drop Forging **28.** 5—13. Jan. 1961. Praha, SVUMT u. SVOUM; Kladno, SONP.) (Engl.)

Im Stahl *1 Cr 24 Ni 19* sinkt infolge Ausscheidung von *Cr-Carbid* an den Korngrenzen der *Cr*-Geh. der Oberflächenschicht unter die Passivitätsgrenze u. der Stahl kann interkristallin korrodieren. Vff. verweisen diesbzgl. auf künstliche Segregate an den Korngrenzen von *1 Cr 18 Ni 9 Ti(Nb)*, die $Cr_{23}C_6$ waren. Durch röntgenspektralanalyt. Unterss. mittels elektron. Sonde können quant. Analysen u. örtlich Identifizierungen der Gitterstruktur durchgeführt werden. Vff. verwendeten die Meth. zur Ermittlung der Cr-Geh.-Verminderung im Austenit durch Cr-Carbidausscheidung in Antikorrosionsstahl. GOTTFRIED LANGE. 6538□

Untersuchung des Korrosions- und elektrochemischen Verhaltens rostfreier Stähle bei Kathodenpolarisation in Salpetersäurelösungen. 2. Mitt. **Kathodenprozesse an nichtrostenden Stählen in Salpetersäurelösungen.** Je. N. Miroljubow, M. M. Kurtepow und N. D. Tomaschow. (Известия Академии Наук СССР, Отделение Химических Наук [Nachr. Akad. Wiss. UdSSR, Abt. chem. Wiss.] **1960.** 1178—84. Juli. Inst. für Physikal. Chem. der Akad. der Wiss. der UdSSR.) (Russ.) — 1. vgl. C. **1961.** 13339.

Auf nichtrostenden Stählen verläuft in HNO_3-Lsgg. der kathod. Red.-Prozeß der HNO_3 bis zur *HNO_2*, wobei HNO_2 einer Selbstkatalysierung unterworfen ist. HNO_2 bildet sich in den vollständig dissoziierten Lsgg. bei einer Ionen-Rk. des Nitrats u. des H mit den Korrosions-Prodd. (Fe^{2+}, Cr^{2+}) in Lsgg., die homöopolare Moll. der HNO_2 enthalten, sowie auch infolge ihrer Reduktion. Der Prozeß der kathod. H-Ausscheidung an akt. Stählen wird im Bereich von stärker negativen Potentialen festgestellt. H. HOCHSTEIN. 6538□

Untersuchung des Korrosions- und elektrochemischen Verhaltens rostfreier Stähle bei der Kathodenpolarisation in Salpetersäurelösungen. 3. Mitt. **Einfluß der Stahlzusammensetzung.** Je. N. Miroljubow, M. M. Kurtepow und N. D. Tomaschow. (Известия Академии Наук СССР, Отделение Химических Наук [Nachr. Akad. Wiss. UdSSR, Abt. chem. Wiss.] **1960.** 1185—90. Juli.) (Russ.) — 2. vgl. vorst. Referat.

Untersucht wird der Einfl. des Geh. an *Cr* u. *Ni* in nichtrostenden Stählen auf ihr Korrosions- u. elektrochem. Verh. unter den Bedingungen der Störung des passiven Zustandes in der HNO_3-Lösung. Die Verringerung der Selbstauflösung der *Fe–Cr*-Legg. bei Zunahme der Cr-Geh. in ihnen ist durch den gesamten Einfl. des Cr sowohl auf die Bremsung der Auflösung aus dem akt. Zustand u. auf die Erleichterung des Passivierungsprozesses der Leg. als auch auf die Zunahme der Überspannung des kathod. Red.-Prozesses der HNO_3 bedingt. Der Zusatz von Ni zu nichtrostenden Stählen zeigt auf deren Korrosions- u. elektrochem. Verh. in der HNO_3-Lsg. einen der Cr-Wrkg. entgegengesetzten Einfluß. H. HOCHSTEIN. 6538□

Über das Verhalten aufgenieteter Bewitterungsproben aus Aluminium und Leichtlegierungen in Stadt-, Industrie- und Seeluft. G. Luft. (Alluminio **30.** 401—24. Sept. 1961. Ist. Sperim. Metalli leggeri, Mem. Rapp. [11] Nr. **274.** 3—26. 1961. Novara, Ist. Sperim. Metalli Legg., Div. Ric.) (Ital.)

Bei 44tägiger Bewitterung in Stadt-, Industrie- u. Seeluft ergaben mit Leichtmetallnieten auf Rahmen befestigte Probetafeln aus 99,5%ig *Al* sowie aus 5 verschiedenen, nach UNI genormten Leichtlegg. nur geringfügige Veränderungen der mechan. u. Oberflächeneigenschaften. Seeluft lieferte hierbei am tiefsten eindringende Angriffe, während Stadtluft am meisten das Aussehen der Oberflächen veränderte. Industrieluft griff im allg. am wenigsten an. Eloxierte Proben waren bes. gut beständig. Die Ergebnisse der Unterss. werden ausführlich in zahlreichen Bildtafeln u. Tabellen wiedergegeben. — 21 Literaturhinweise. A. SANDER. 6540□

Zusammenhang zwischen Verschleißgeschwindigkeit und der Verschleißstaubzusammensetzung beim Verschleiß von Schweißeisen und Flußstahl. B. J. Nield und O. G. Griffin. (Wear [Amsterdam] **4.** 111—22. März/April 1961. Sheffield, Safety in Mines Res. Establ.) (Engl.)

Die Verschleiß-Geschw. von Schweißstahl u. zwei Sorten von niedriggekohlten Flußstählen werden unter genau bestimmten, ungeschmierten Bedingungen verglichen u. die Einw. der relativen Feuchtigkeit sowie die Zus. des Verschleißstaubes wird dabei bestimmt. Hieraus zeigt sich u. a., daß für alle untersuchten Werkstoffe die Zus. des Verschleißstaubes wertvolle Hinweise auf die Art des Verschleißmechanismus u. auf die Entstehungsbedingungen des Verschleißstaubes liefert. — 12 Literaturangaben.
H. HOCHSTEIN. 6546□

Umgebungseinflüsse auf die Wasserstoffdurchlässigkeit durch Stahl während de Abnutzung. D. E. Swets, R. C. Frank und D. L. Fry. (Trans. metallurg. Soc. AIME **212.** 219—20. 1958, herausgeg. 1959. Detroit, Mich., General Motors Corp.) (Engl.)
Bei der Unters. der H_2-Durchlässigkeit von Stahl während des Abschleifens u. der dabei auftretenden chem. Rk.: $Fe + H_2O \rightarrow FeO + H_2$ wird festgestellt, daß die Geschw. der H_2-Durchlässigkeit durch den Stahl beträchtlich größer als diejenige ist, die während einer normalen atmosphär. Korrosion eintritt. H. HOCHSTEIN. 6546□

United States Steel Corp., Pittsburgh, Pa., V.St.A., **Behandlung von feinkörnigen Stoffen in der Wirbelschicht,** welche fortlaufend feste Stoffe zugeführt u. über eine senkrechte, in Schwebe gehaltene Säule der Feststoffe, welche unter dem Einfl. des flüssigkeitsstat. Druckes in der Wirbelschicht angehoben wird, fortlaufend abgezogen werden, dad. gek., daß über der oberen Fläche der Abgabefläche ein Gasdruck aufrechterhalten wird, der niedriger ist als jener in der Wirbelschicht, um die Höhe der Abgabesäule über dasjenige Niveau zu heben, welches sie unter dem Einfl. des flüssigkeitsstat. Druckes allein einnimmt. Durch das genannte Verf. läßt sich die Höhe der Wirbelschichtanlage wesentlich verringern. Beispiel: Red. von *Fe-Erzen* mittels H_2-Gas. (**E. P. 856 888** vom 3/6. 1958, ausg. 21/12. 1960. A. Prior. 4/6. 1957.)
M. NECKERMANN. 6379

Canadian Nickel Products Ltd., Toronto, Ontario, Canada, übert. von: John T. Eash, Westfield, N.J., V.St.A., **Brikettiertes Zusatzmittel zur Einführung von Mg in Gußeisen** aus 20—40 (%) *Mg*, Korngröße 60—200 mesh, 50—75 *C*, < 200 mesh, 30 gepulvertes *Silicon* u. 5—15 eines in W. dispergierbaren *organ. Bindemittels.* (**Can. P. 552 965** vom 25/3. 1953, ausg. 11/2. 1958. A. Prior. 11/2. 1953.)
L. GROSSNER. 6419

Knapsack-Griesheim Akt.-Ges., Knapsack b. Köln (Erfinder: Rolf Frühling, Balkhausen, Bez. Köln), **Herstellung von Calciumcarbid und Ferrosilicium** erfolgt in elektrotherm. Schachtöfen, bei denen die für den getrennten Abstich von CaC_2 u. Ferrosilicium erforderlichen Abstichrinnen senkrecht übereinander angeordnet sind u. das ofenseitige Ende der Ferrosilicium-Abstichrinne unterhalb der Oberfläche des Kohlebodens des Ofens liegt. — Vorrichtung. 2 Zeichnungen. (**D. A. S. 1 118 171** Kl. 12i vom 27/7. 1960, ausg. 30/11. 1961.) K. WOLK. 6419

Pechiney Comp. de Produits Chimiques et Électrométallurgiques, Paris, Frankreich, **Herstellung eines legierungsartigen Gemisches aus Aluminium und Aluminiumcarbid** durch Red. von Al_2O_3 mit *C* im Lichtbogenofen, dad. gek., daß man die Red. unter Atmosphärendruck bei mindestens 2400° durchführt. — Zeichnung. (**Oe. P. 206 187** vom 29/6. 1957, ausg. 10/11. 1959. F. Prior. 29/6. 1956 u. 15/4. 1957.)
G. APEL. 6447

Chromalloy Corp., White Plains, N.Y., V.St.A., **Härten der Oberfläche von Zündrädchen** für Feuerzeuge aus Fe-Metall durch Aufkohlen u. nachfolgendes Chromieren, so daß an der Oberfläche im wesentlichen Cr_4C über einer Schicht einer Mischung von Cr_7C_3 u. $(CrFe)_7C_3$ vorliegt. Der Kern des Rädchen soll einen C-Geh. unter 0,7% haben. Das Chromieren wird in einem Gemisch von *Ferrochrom* u. Al_2O_3 unter Zusatz von *NHJ* bei 1700—1900° F vorgenommen. (**E. P. 853 276** vom 5/5. 1958, ausg. 2/11. 1960. A. Prior. 8/5. 1957.) F. VIER. 6493

Elektrophysikalische Anstalt Bernhard Berghaus, Vaduz, Liechtenstein, **Vermindern der gleitenden Reibung** zwischen 2 unter hohem Druck stehenden Metallteilen. Die Oberflächen der Metallteile werden mit Hilfe von Glimmentladungen mit Gas angereichert, z. B. mit N_2. Bei dem hohen Druck tritt das Gas aus u. dient als Schmiermittel. Das Verf. findet bes. bei *Feuerwaffen* Anwendung. (**E. P. 850 587** vom 22/11. 1956, ausg. 5/10. 1960. Schwz. Prior. 26/11. 1955.) F. VIER. 6493

Office National d'Études et de Recherches Aéronautiques, O. N. E. R. A., Chatillon-sous-Bagneux, Frankreich, **Herstellung von chromhaltigen Oberflächendiffusionsschichten.** Das in die metall. Oberfläche zu diffundierende Cr wird durch therm. Zers. von *Cr-Fluoriden* auf die Oberfläche gebracht. Die Cr-Fluoride werden in dem Rk.-Raum selbst aus getrennt angeordnetem Cr u. H_2F_2 oder NH_4F gebildet. (**E. P. 827 132** vom 14/2. 1956, ausg. 3/2. 1960. F. Prior. 16/2. 1955.) F. VIER. 6493

Tiltman Langley Ltd., Redhill, England (Erfinder: Roger Hargreaves), **Verlöten von Aluminium oder Al-Legierungen** mit demselben oder verschiedenen Metallen durch Verw. eines *Sn-Lotes*, das 3—10 (%) *Cd*, 1—4 *Cu*, 5—8 *Sb* enthält. (**E. P. 848 664** vom 1/9. 1955, ausg. 21/9. 1960.) W. HAUSWALD. 6505

General Electric Co. Ltd., London, England (Erfinder: Hugh Wilson David Son und John Walter Ryde), **Abdichten von Graphit** durch Aufbringen von Ni-Schichten durch therm. Zers. von *$Ni(CO)_4$*. Nach dem Aufbringen der Ni-Schicht bei 200—500° wird der Graphitkörper in einer $Ni(CO)_4$-freien Atmosphäre auf 1200 bis 1400° erhitzt, so daß die Ni-Schicht schmilzt u. einen zusammenhängenden Überzug auf der Graphitoberfläche bildet. (**E. P. 830 662** vom 23/1. 1958, ausg. 16/3. 1960.) F. VIER. 6521

United Kingdom Atomic Energy Authority, London, England (Erfinder: Leslie William Owen), **Herstellung von Nickelüberzügen** durch Behandeln der Gegenstände bei erhöhten Temp., z. B. 300—600°, mit einer *$Ni(CO)_4$*-Gas enthaltenden Atmosphäre bei einem Druck unter 10 mm Hg, bes. 1—3 mm Hg. Die Atmosphäre kann außer $Ni(CO)_4$ ein neutrales Gas enthalten. — Vorrichtung. (**E. P. 843 531** vom 14/4. 1956, ausg. 4/8. 1960.) F. VIER. 6521

Columbia-Southern Chemical Corp., Pittsburgh, Pa., V.St.A., **Bad zum stromlosen Vernickeln** enthielt ein Ni-Salz, ein Hypophosphit, einen Puffer, ein Alkalitetraborat u. ggf. ein Co-Salz. Beispiel; 15,0 (g/Liter) *$NiCl_2 \cdot 6\ H_2O$*, 10,0 *$NaH_2PO_2 \cdot H_2O$*, 19,0 *Na-Citrat*, 0,5 *$CoCl_2$* u. 3,0 *$Na_2B_4O_7 \cdot 10\ H_2O$*. Das Bad wird beim Vernickeln auf 80—100° gehalten. (**E. P. 845 720** vom 18/6. 1957, ausg. 24/8. 1960. A. Prior. 21/6. 1956.) F. VIER. 6521

Johnson, Matthey & Co. Ltd., London, England (Erfinder: Frank Mercer Lever und Eric George Towndrow), **Galvanische Erzeugung von glänzenden Rhodiumüberzügen.** Als Elektrolyt wird eine Lsg. von *$Rh(ClO_4)_3$* (1—30 g/Liter) von 48° verwendet. Stromdichte 3,6 A/sq.ft. (**E. P. 856 867** vom 20/9. 1956, ausg. 21/12. 1960.) F. MARKHOFF. 6527

Metallgesellschaft Akt.-Ges., Frankfurt/M., **Herstellung von Überzügen aus Titanborid** auf Metallen mit einem F. über 780° u. die zur Bldg. von Boriden, Carbiden, Nitriden an ihrer Oberfläche geeignet sind durch Erhitzen der Gegenstände auf 600—1200° in einer Atmosphäre, die *H_2* u. ein B-Halogenid, z. B. *BCl_3*, enthält, wodurch sich eine B-Diffusionszone an der Metalloberfläche bildet. Dann wird in Ggw. von B- u. Ti-Halogenid, z. B. *$TiCl_4$* u. *H_2* auf 780—1000° erhitzt, bis sich ein festhaftender TiB_2-Überzug von 2 μ Dicke gebildet hat. (**E. P. 851 208** vom 15/1. 1959, ausg. 12/10. 1960. D. Prior. 17/1., 5/7. u. 29/11. 1958.) F. VIER. 6529

Reilly Tar & Chemical Corp., übert. von: Francis E. Cislak, Indianapolis, Ind., V.St.A., **Herstellung von N-Pyridylthiopicolinamiden und N-Pyridylthioisonicotinamiden,** der allg. Formel **I** bzw. **II** worin R u. R′ = H oder eine niedermol. Alkylgruppe darstellt, dad. gek., daß man ein Amino-2-picolin oder Amino-4-picolin, ggf. in einem Lsgm., wie 3-Picolin, mit S auf eine Temp. >100° erhitzt, das Rk.-Gemisch durch Vakuum-Dest. von dem gebildeten H_2S u. dem nicht umgesetzten Ausgangsmaterial befreit, den Rückstand in verd. wss. HCl löst, den

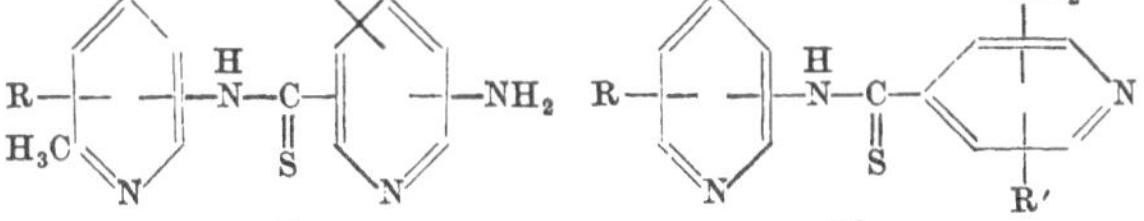

I II

nicht umgesetzten S abtrennt u. die Lsg. neutralisiert. — Aus 2-Amino-6-methylpyridin bei 140° → *N-2′-(6′-Methylpyridyl)-6-aminothiopicolinamid.* — Analog aus 2-Amino-3-äthyl-6-methylpyridin → *N-2′-(3′-Äthyl-6-methylpyridyl)-5-äthyl-6-aminothiopicolinamid*, u. die folgenden *Aminothiopicolinamide*; *N-3′-(6′-Methyl)-5-*, *N-4′-(2′-Methylpyridyl)-4,*) *N-2′-(4′.6′-Dimethylpyridyl)-4-methyl-6-* u. *N-2′-(4′-Methylpyridyl)-2-aminothioisonicotinsäureamid* aus 2-Amino-4-methylpyridin. — *Korrosionverhütende Mittel.* (**A. P. 2 891 958** vom 29/5. 1958, ausg. 23/6. 1959.) W. HEYER. 6539

Donald R. Alexander, Henry T. Chamberlain, John F. Mannion, Walter A. Wade, Edgar R. Bourke, Ernest W. Schneider, Charles F. Vrtis und **Lee J. Gary,** übert. von: **Chester W. Fitko, John S. Horn, Norman Murphy,** Chicago, und **John Albanese,** Maywood, Ill., V.St.A., *Herstellung von Formguß-Material.* (**Can. P. 553 229** vom 31/3. 1954, ausg. 11/2. 1958. — C. **1957**. 14121 [E. P. 753 163].)

Donald B. Alexander, Henry T. Chamberlain, John F. Mannion, Walter A. Wade, Edgar R. Bourke, Ernest W. Schneider, Charles F. Vrtis und **Lee J. Gary,** übert. von: **Chester W. Fitko,** Chicago, und **John Albanese,** Maywood, Ill., V.St.A., *Herstellung von kunstharzüberzogenem Sand.* **(Can. P. 553 230** vom 31/3. 1954, ausg. 11/2. 1958. — C. **1957.** 14121 [E. P. 753 164].)

Koppers Co., Inc., übert. von: **Joseph Becker,** Pittsburgh, Pa., V.St.A., *Verwendung von feinem Eisenerz enthaltendem Material.* **(Can. P. 553 035** vom 19/3. 1954, ausg. 11/2. 1958. A. Prior. 4/6. 1953. — C. **1959.** 1263 [A. P. 2 801 913].)

Molybdenum Corp. of America, New York, N.Y., übert. von: **Norman F. Tisdale** und **Norman F. Tisdale jun.,** Pittsburgh, Pa., V.St.A., *Oxide Seltener Erden zur Herstellung von Eisen und Stahl.* **(Can. P. 553 046** vom 14/4. 1954, ausg. 11/2. 1958. A. Prior. 16/7. 1953. — C. **1957.** 10330 [E. P. 751 551].)

Paul H. Waller, Watford, Hertfordshire, England, *Cu-Legierungen.* **(Can. P. 553 142** vom 26/5. 1952, ausg. 11/2. 1958. E. Prior. 28/5. 1951. — C. **1960.** 4345 [A. P. 2 849 310].)

Union Carbide & Carbon Corp., New York, übert. von: **William O. Binder,** Lewiston, und **Claude R. Bishop,** Niagara Falls, N.Y., V.St.A., *Nickellegierungen.* **(Can. P. 552 450** vom 23/4. 1954, ausg. 28/1. 1958. A. Prior. 8/9. 1953. — C. **1959.** 11061 [A. P. 2 794 734].)

Walter M. Weil, übert. von: **Hugh S. Cooper,** Shaker Heights, Ohio, V.St.A., *Herstellung von Metallen durch Schmelzflußelektrolyse.* **(Can. P. 553 227** vom 1/2. 1951, ausg. 11/2. 1958. A. Prior. 16/2. u. 16/12. 1950. — C. **1954.** 6817 [Schwz. P. 292 145].)

Elektrokemisk A/S, übert. von: **Fredrik C. Collin,** Oslo, Norwegen, *Reinigung von Gasen aus Schmelzelektrolyseöfen.* **(Can. P. 553 331** vom 11/7. 1955, ausg. 18/2. 1958. Norw. Prior. 4/8. 1954. — C. **1961.** 14088 [A. P. 2 854 311].)

Sierra Metals Corp. (Erfinder: **Rudolf Harold Thielemann),** *Korrosionsbeständige, bei Temperaturen zwischen 1500—2000° F hochwarmfeste Tantal-Niob-Legierung.* **(Aust. P. 225 656** vom 16/9. 1958, ausg. 24/12. 1959. A. Prior. 11/10. 1957. — C. **1960.** 4993 [A. P. 2 860 970].)

International Nickel Co. of Canada Ltd., Copper Cliff, Ontario, Canada, übert. von: **George R. Pease,** Westfield, und **Theodore E. Kihlgren,** Berkeley Heights, N.J., V.St.A., *Ni-Schweißelektrode.* **(Can. P. 553 027** vom 18/3. 1952, ausg. 11/2. 1958. E. Prior. 11/9. 1951. — C. **1961.** 7024 [A. P. 2 744 036].)

American Chemical Paint Co., Ambler, übert. von: **Nelson J. Newhard jun.,** Oreland, Pa., V.St.A., *Erzeugung korrosionsfester Überzüge auf Al.* **(Can. P. 553 285** vom 11/7. 1956, ausg. 18/2. 1958. A. Prior. 23/5. 1956. — C. **1959.** 16474 [F. P. 1 157 610].)

Dow Chemical Co., übert. von: **Herbert K. DeLong,** Midland, Mich., V.St.A., *Bad zur Erzeugung eines korrosionsfesten Überzugs auf Leichtmetallen.* **(Can. P. 552 987** vom 27/11. 1953, ausg. 11/2. 1958. A. Prior. 21/1. 1953. — C. **1956.** 6806 [F. P. 1 095 066].)

J. R. Geigy Akt.-Ges., Basel, Schweiz, *Korrosionsschutzmittel.* **(E. P. 834 571** vom 20/6. 1956, ausg. 11/5. 1960. — C. **1961.** 8110 [Belg. P. 544 208].)

IX. Organische Industrie

Rohstoffversorgung und Vorprodukte der organischen Chemie. K. Winnacker. (Chemie-Ing.-Techn. **33.** 585—92. Sept. 1961. Farbwerke Hoechst AG, vormals Meister Lucius & Brüning, Frankfurt a. M.-Höchst.) (Dt.)

Erläuterung der Entw. u. Darst. von KW-Stoffen in der Bundesrepublik Deutschland u. den USA. Vgl. der Verff. zur C_2H_2- u. C_2H_4-Herstellung. Gewinnung von Aromaten aus Erdöl u. Trennung der Spaltprodukte. Diskussion der Verw.-Möglichkeiten u. Wirtschaftlichkeit der verschiedenen Verfahren. Vor- u. Nachteile von C_2H_4 als Rohstoffbasis an Stelle von C_2H_2. Umsetzung von Propylen zu Acrylonitril. Die Verw von C_4-KW-Stoffen als Ausgangs-Prod. wird beschrieben. — 27 Literaturhinweise.

W. Hegenberg. 6550□

Erdölverbindungen als Rohstoff für die Synthese von aliphatischen Säuren und Alkoholen mit langer Kette. Maurice Moulin. (Bull. Assoc. franç. Techniciens Pétrole **1961.** 665—78. 30/9. Lyon, Univ. u. Esso Standard, Saf.) (Franz.)

Nach kurzem Überblick über die bisherigen Möglichkeiten der Gewinnung von langkettigen Säuren u. Alkoholen werden geschildert; Das Verf. von Koch (Einw. von CO + W. auf ungesätt. KW-Stoffe), das Oxo-Verf. (Einw. von CO + H_2 auf ungesätt. KW-Stoffe), das Verf. von Ziegler-Natta [Rk. von $(C_2H_5)_3Al$ mit C_2H_4] u. die Gewinnung von Alkoholen durch Telemerisation (Rk. von freien Radikalen mit Alkoholen u. Polymeren). Die theoret. Grundlagen der Verff. werden diskutiert.

F. Rosendahl. H 490□

Die Olefine in der Petrolchemie. Erich Boye. (Chemiker-Ztg. — Chem. Apparatur **85.** 302—06. 5/5. 1961. Darmstadt.) (Dt.)

Über Olefine als Ausgangsstoffe zahlreicher wertvoller Zwischen- u. Fertigprodd. wird berichtet. Bes. werden die wichtigsten Verff. behandelt, die von C_2H_4, Propylen u. Butylen ausgehen. Als wichtigste Rohstoffquelle ist hierbei das Erdöl anzusehen.

I. Bramer. H 520□

Siliciumborwolframkatalysator für die Hydratation von Äthylen. G. K. Boresskow, W. A. Dsissko, Je. M. Pisskunowa und T. M. Jurjewa. (Химическая Промышленность [Chem. Ind.] **1961.** 97—101. Febr.) (Russ.)

Bei der Hydratation von C_2H_4 zu A. u. Ae. wird Si-B-Wolframsäure (keine näheren Angaben) auf grobporigem Silicagelträger als Katalysator verwendet. Die Unters.

der die Rk. beeinflussenden Faktoren bei verschiedenen Raum-Geschw. (RG = Liter/Liter pro Std.) ergibt als optimale Bedingungen: 230°, 20—25 atü, RG 5000—6000. Der Katalysator liefert unter diesen Bedingungen bei einem C_2H_4-Umsatz von 4,2% je Liter Katalysator u. Std. 540 g A., daneben (bei Beachtung der vollständigen Gewinnung in Kältefallen) Ae. in etwa gleicher oder sogar etwas größerer Menge. Mit steigendem Druck (5 → 25 atü) nimmt der Anteil an Ae. etwas zu. Eine A.-Ausbeute von ca. 500 g kann fast 900 Std.gehalten werden, während die Lebensdauer des üblichen H_3PO_4-Katalysators nur ca. 600 Std. beträgt. R. K. MÜLLER. H 520□

Neuer Beschleuniger für eine Butadien-Anlage. T. H. Arnold jun. (Chem. Engng. **68.** Nr. 22. 90—92. 30/10. 1961.) (Engl.)

Ein neues Verf. zur Gewinnung von Butadien aus Butylen wird beschrieben, u. an Hand eines Fließbildes erläutert. Als Bescheuniger kommt der Komplex Co—Ni—P zur Anwendung. Es kommt ein 90%ig. Butylen zum Einsatz, von dem 40% bei einer Selektivität von 85% umgewandelt werden. F. ROSENDAHL. H 520□

Isopren aus C_4-Fraktionen. A. Y. Giraud. (Chem. Engng. Progr. **57.** Nr. 9. 66—72 Sept. 1961. French Inst. of Petroleum.) (Engl.)

Nach dem von I.F.P. entwickelten Isopren (**I**)-Verf. läßt sich aus der beim Cracken von Erdölen anfallenden Isobutylen enthaltenden C_4-Fraktion durch Rk. unter bestimmten Bedingungen mit CH_2O 4.4-Dimethyl-m-dioxan gewinnen, das in einem Kreislauf-Verf. in **I** u. CH_2O gespalten wird. — App., Arbeitsweise u. Einzelheiten des Verf. werden an einer Pilotanlage des I.F.P. ausführlich beschrieben, ebenso Zus. der C_4-Fraktion, Eigg. von erhaltenem **I** sowie der verschiedenen Zwischen- u. Nebenprodd. des Verfahrens. Letztere OH-Gruppen enthaltende Verbb. bilden ca. $^1/_4$ der Menge von gewonnenem **I**. Eine ausführliche Kalkulation des Gestehungspreises für **I** erhellt den wirtschaftlichen Vorteil des neuen Verfahrens. — 6 Abb. u. Diagramme.

A. SANDER. H 520□

Herstellung von Acetylen. Bemerkungen zu einem Aufsatz von Fritz Rosendahl. Anonym. (Chim. et Ind. **85.** 764—65. Mai 1961.) (Franz.) — Vgl. C. **1961.** 18869.

Es werden ergänzende Bemerkungen zu dem Verf. der SBA gemacht.

F. ROSENDAHL. H 530□

Untersuchungen über die Darstellung von Harnstoff. 3. Mitt. **Einfluß des Verhältnisses Gewicht der gepackten Substanzen zu Volumen des Autoklaven.** Eiji Otsuka und Kohei Tanimoto. (J. chem. Soc. Japan, ind. Chem. Sect. [Kōgyō Kagaku Zassi] **63.** 490—94. März 1960. Yokohama-Totuka, Tôyô-Kôatu-Kôgyô.) (Jap.; Auszug: Engl. S. A 25.) — 2. vgl. C. **1961.** 14093.

Die Umsetzung des Gemisches von CO_2 u. NH_3 zu Harnstoff nimmt mit fallendem Verhältnis Gewicht des eingesetzten Gemisches/inneres Vol. des Autoklaven ab. Die Abnahme der Ausbeute beruht auf der Abnahme des NH_3-Überschusses in der fl. Phase u. dem Übergang von CO_2 in die Gasphase. Techn. gesehen spielt das Verhältnis Gewicht/Vol. nur dann eine gewisse Rolle, wenn CO_2 andere inerte Gase enthält.

E. MAEKAWA. H 880□

Untersuchungen über die Darstellung von Harnstoff. 4. Mitt. **Wärmegleichgewicht im Autoklaven zur Harnstoffdarstellung.** Eiji Otsuka. (J. chem. Soc. Japan, ind. Chem. Sect. [Kyōgō Kagaku Zassi] **63.** 494—502. März 1960.) (Jap.; Auszug: Engl. S. A 25) — 3. vgl. vorst. Referat.

Die Wärmebilanz bei der Darst. von Harnstoff aus CO_2 u. überschüssigem NH_3 wird thermodynam. berechnet. Die Schmelzwärme des als Zwischenprod. entstehenden Carbaminats wird zu 4,85 kcal/Mol u. die spezif. Wärme der reagierenden Lsg. zu ca. 2 cal/Grad berechnet. E. MAEKAWA. H 880□

Naphthalin aus Erdöl. Eine neue Methode der Herstellung, um dem steigenden Bedarf zu begegnen. Peter W. Sherwood. (Petroleum [London] **24.** 474—77. Dez. 1961.) (Engl.)

Verschiedene Verff. werden angegeben, um **I**, das im Erdöl nur in geringer Menge vorkommt, aus darin enthaltenen Methyl-**I** oder hydrierten **I** zu erzeugen. Das kann durch Disproportionierung mit $AlCl_3$, Al_2O_3/SiO_2 oder durch Hydrodesalkylierung (Hydrocracken) bei 850—1100 °F unter Druck geschehen. Für letztgenanntes Verf. wird die Kinetik angegeben. Das Hydrocracken kann auch katalyt. mit Metalloxiden durchgeführt werden. Die **I**-Qualität ist ausreichend für die Phthalsäureanhydridsynthese.

W. HOLLAND. H 2700□

Houdry Process Corp., Philadelphia (Erfinder: Numer Martin Kapp, Grove City), Pa., V.St.A., **Gewinnung von Olefinen und Diolefinen** aus diese enthaltenden Dämpfen, die aus KW-Stoffen mit 3—5 C-Atomen durch Dehydrierung z. B. in

Ggw. eines Cr–Al-Oxidkatalysators entstanden sind (vgl. z. B. E. P. 794 089; C. **1960.** 8006). Die Dämpfe werden zuerst mit Kühlöl (aromatenreiches Heizöl, z. B. mit Kp. 176 bis 316° u. das < 35% Paraffin u. Naphthene enthält) unmittelbar schnell vorgekühlt u. die dampfförmigen u. fl. vorgekühlten Prodd. dann unter Aufwärtsströmen im Gegenstrom mit einer weiteren Menge vorgekühlten, fl. Kühlöl in einem 2. Raum abgekühlt. Die gekühlten Dämpfe werden abgezogen, das 1. u. das 2. Kühlöl wird in einem Behälter im Unterteil des 2. Kühlraumes aufgefangen. Ein Teil dieses Öls wird in den Vorkühlraum zurückgeführt, der andere Teil abgezogen, abgekühlt u. in den 2. Kühlraum als Kühl-Fl. zurückgeführt. Von dieser Menge wird ein Teil abgezweigt u. wenigstens ca. $^1/_2$ Vol. davon, bes. durch Schnellverdampfung im Vakuum, verdampft. Die erhaltene hochsd. fl. Fraktion wird aus der Kühlvorr. entfernt, während die Dampffraktion in den 2. Kühlraum, bes. in dessen mittlere Höhe eingeführt wird; dadurch wird ein Teil, der sich im Öl ansammelnden Polymeren u. Nebenprodd. entfernt. Die abgezogene, hochsd., fl. Fraktion wird durch die gleiche Menge frisches Kühlöl ersetzt, dessen Kp. niedriger als der des abgezogenen Öls ist. — n-Butan, auch im Gemisch mit Butylen → *Butylen* u./oder *Butadien.* — Pentan → *Isopren.* — Propan → *Propylen.* — Vorr., Zeichnung. (**D. A. S. 1 114 473** Kl. 12o vom 21/11. 1959, ausg. 5/10. 1961.) G. KRAUSS. H 520

Knapsack-Griesheim Akt.-Ges. (Erfinder: Kurt Sennewald, Wilhelm Vogt, Knapsack b. Köln, und Hans Weiden, Köln), **Isolierung und Reinigung von 2-Chlorbutadien-(1.3),** dad. gek., daß das bei der Rk. von Monovinylacetylen u. HCl erhaltene, durch Wasserwäsche entsäuerte u. ggf. getrocknete Roh-Chlorbutadien, das bis zu 40 (Gew.-%) Monovinylacetylen u. bis zu 15 höhersd. Verunreinigungen (Dichlorbutan, Dimerchlorbutadien, Methylvinylketon) enthält, in einer 1. Dest.-Stufe von Monovinylacetylen (über Kopf) befreit wird, während aus dem Sumpf-Prod. in einer 2. Dest.-Stufe das Rein-Chlorbutadien über Kopf abgezogen wird, worauf aus dem hierbei erhaltenen Sumpf-Prod. in einer 3. Verdampferstufe bes. unter Verw. eines Inertgaskreislaufs (N_2) das restliche Chlorbutadien ausgetrieben u. in die 2. Stufe zurückgeführt wird, wobei mindestens in den beiden ersten Stufen unter normalem Druck gearbeitet wird. Die Dest.-Stufen werden zur Verhinderung der α-Polymerisation bes. in Ggw. von Phenthiazin u. der ω-Polymerisation bes. in Ggw. von N-Nitrosodiphenylamin durchgeführt, wobei letzteres zweckmäßig in Mengen von 0,1—10, bes. 0,3 bis 0,7 Gewichtsteilen auf 1000 Chlorbutadien verwendet wird. — Vorrichtung. (**D. A. S. 1 114 806** Kl. 12o vom 28/7. 1960, ausg. 12/10. 1961.) W. GRÄGER. H 520

Farbenfabriken Bayer Akt.-Ges., Leverkusen (Erfinder: Karl Nützel, Heinz Gröne, Leverkusen, und Josef Nogradi, Köln), **Reinigung von konjugierten Olefinen** erfolgt durch Behandlung bes. mit 0,1—5% einer metallorgan. Verb. der allg. Formel MeR_x (I) (Me = Metall der 2. oder 3. Gruppe des Period. Syst., bes. Be, Mg, Ca, Sr, Ba, Zn, Cd, B, Al, Ga, In; R = Alkyl, Aryl, Aralkyl, Cycloalkyl mit 1—15 C-Atomen, H, Halogen, Hydroxyalkyl, Hydroxyaryl, mindestens ein R soll ein KW-Stoffrest sein; x = 2 oder 3) oder deren Komplex-Verbb. mit alkalimetallorgan. Verbb. u./oder Äthern, Aminen u. Phosphinen bei normaler oder erhöhter Temp., bes. bei 20—80°. Es kann das Diolefin mit I gekocht u. dann abdest. oder durch eine Lsg. von I in einem KW-Stoff, wie Paraffinöl, hydriertes Dieselöl, bes. im Gegenstrom, geleitet werden. — 138 Teile 98%ig. Isopren werden mit 1 cm³ $(C_2H_5)_3Al$ 20 Min. lang gekocht, Isopren abdest. u. durch Zusatz von Butyl-Li in Cyclohexan bei 40° zu einer festen, zähen Masse polymerisiert. Zur Reinigung sind noch verwendbar: Be- oder $Zn(C_2H_5)_2$, $B(C_3H_7)_3$, $Al(C_2H_5)_2H$, $Al(C_2H_5)_2Br$ oder $Al(C_2H_5)_2 \cdot OCH_3$, $Al(C_2H_5)_3 \cdot O(C_2H_5)_2$, $Li[Al(CH_3)_4]$, $Na[Al(CH_3)_4]$, $Al(C_4H_9)_3$, $In(C_2H_5)_3$, $Mg(C_2H_5)_2$, Komplex-Verb. aus $Al(C_6H_5)_3$ u. tert.-Butylamin. (**D. A. S. 1 116 648** Kl. 12o vom 21/10. 1958, ausg. 9/11. 1961.) G. KRAUSS. H 520

Badische Anilin- & Soda-Fabrik Akt.-Ges., Ludwigshafen/Rh. (Erfinder: Nikolaus von Kutepow, Karlsruhe, Hubert Kindler, Karl Eisfeld, Karl Dettke, Ludwigshafen/Rh., Helmut Jenne, Schriesheim/Bergstraße, und Hans Detzer, Ludwigshafen/Rh.), **Herstellung von Alkoholen** aus Olefinen, CO u. W. in Ggw. eines komplexen Katalysators, der aus einem Eisencarbonyl, einem Amin, bes. einem tert. Amin, u. W. entsteht, dad. gek., daß außer dem erwähnten Amin noch ggf. substituierte Äther, Thioäther u./oder Sulfoxide, Nitrile, Lactame, Carbonsäureamide u./oder Lactone zugesetzt werden. Durch diese Zusätze wird der Anteil an Isoalkoholen im Rk.-Prod. vermindert. Die Zusatzstoffe werden in Mengen von 1—20 Gew.-% des Rk.-Gemisches zugesetzt. Rk.-Temp. 60—130°, Rk.-Druck 2—150 at. Ein aus 25% Propylen u. 75% Co bestehendes Gemisch wird in einem Gemisch von 250 g N-Butylpyrrolidin, 146 g $Fe(CO)_5$, 150 g W. u. 15 g $\beta.\beta'$-Dicyandiäthylsulfid bis zu einem Druck von 30 at eingeleitet u. auf 100° erwärmt.

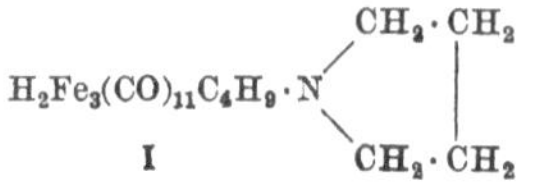

I

Es werden 86% *n-Butanol* u. 14% *Isobutanol* erhalten. Als bester Katalysator ist eine Komplex-Verb. der Formel **I** aufgeführt. Eine Arbeitsweise mit möglichst hohem CO-Partialdruck gibt hohe Raum-Zeit-Ausbeuten. (**D. A. SS. 1 114 796** Kl. 12o vom 15/3. 1960 u. **1 114 797** Kl. 12o vom 18/3. 1960, beide ausg. 12/10. 1961.) G. KÖNIG. H 560

Continental Oil Co., Ponca City, Okla. (Erfinder: Donald M. Coyne, Prairie Village, Kans., Paul A. Lobo und Billy J. Williams, Ponca City, Okla.), V.St.A., **Herstellung von primären Alkoholen** durch Oxydation von aluminiumorgan. Verbb. der allg. Formel $Al(R)(R_1)(R_2)$ in der R, R_1 u. R_2 einen Alkyl oder ggf. alkylsubstituierten alicycl. Rest bedeuten, u. Hydrolyse der gebildeten Alkoholate, dad. gek., daß aluminiumorgan. Verbb. α-Olefine zugesetzt werden, die in die entsprechenden Alkoholate umgewandelt werden. Vorteilhafte Rk.-Temp. 50—100°. — Trioctyl-Al wird in 50% seines Gew. an Dodecen-(1) gelöst u. bei 25—30° getrocknete Luft durchgeleitet. Das Rk.-Prod. wird mit 25%ig. HCl hydrolysiert u. die organ. Schicht über wasserfreiem $CaSO_4$ getrocknet u. destilliert. Auf eingesetztes Al als Trioctyl-Al wird erhalten: 26% *Dodecanol-(1)*, 43% *Octanol-(1)*, 24% *n-Octan* u. 39% *Octen-(1)*, Rest Al-Alkyle, $Al(OH)_3$ u. C_{18}-Dimere. Die mit Triphenyl-Al ausgeführten Verss. waren nicht erfolgreich. (**D. A. S. 1 119 839** Kl. 12o vom 7/12. 1959, ausg. 21/12. 1961. A. Prior. 8/12. 1958. **E. P. 874 585** vom 22/4. 1960, ausg. 10/8. 1961. A. Prior. 13/5. 1959.)
G. KÖNIG. H 560

Socony Mobil Oil Co., Inc., New York, N.Y., übert. von: Sigmund J. Lukasiewicz und William I. Denton, Woodbury, N.J., V.St.A., **Herstellung von Alkoholen** aus Olefinen, bes. Propylen (**I**), durch Umsetzung mit W. in Ggw. eines SiO_2–ZrO_2-Katalysators, der zuvor unter den Rk.-Bedingungen in Abwesenheit von **I** mit W. behandelt wurde. — Verf.-Schema. (**Can. P. 552 078** vom 31/7. 1950, ausg. 21/1. 1958. A. Prior. 14/11. 1949.) EBERHARD RIEDEL. H 560

British Petroleum Co. Ltd., London, Stanley Francis Birch und Patrick Gould, Sunbury-on-Thames, England, **Glykole** der Formel $HO(CH_2CH_2O)_xCH_2C\cdot(R_6)(R_7)CH_2(OCH_2CH_2)_yOH$ (**I**) werden bei der Rk. von Äthylenoxid mit einem Diol der Formel $HOCH_2C(R_6)(R_7)CH_2OH$ (**II**) im mol. Verhältnis Oxid zu Glykol nicht höher als 5 : 1, vorteilhaft 1—2 : 1 erhalten. In **I** u. **II** stehen R_6 u. R_7 für Alkylgruppen, x für 0 oder eine ganze Zahl, Y für eine ganze Zahl; $x + y \leqq 5$. — 4 (Mol) Neopentylglykol werden in Ggw. von $ZnCl_2$ auf 160° erhitzt u. 7 Äthylenoxid eingeleitet. Man dest. u. erhält $C_7\cdot H_{16}O_3$, Kp.$_{9,5}$ 132,7°, n_D^{20} 1,4482. In **I** stehen R_6 u. R_7 Methyl, x für 0 u. y für 1. — *Schmiermittel* u. *Weichmacher*. (**E. P. 861 961** vom 16/8. 1957, ausg. 1/3. 1961.) G. KÖNIG. H 570

Feldmühle Papier- und Zellstoffwerke Akt.-Ges., Düsseldorf (Erfinder: Karl Hass, Hans Epler und Gerhard Hauck, Lülsdorf über Troisdorf), **Herstellung von Metallsäureestern der Titanreihe** der allg. Formel $Me(OR)_n$, in der Me ein Metall der IV. Nebengruppe des Period. Syst., n eine der jeweiligen Wertigkeit des betreffenden Metalls entsprechende ganze Zahl u. R ein Alkyl-, Cycloalkyl-, Aralkyl- oder ein Arylrest mit mehr als einem C-Atom ist, durch Rk. von Metallhalogeniden mit Alkoholen, dad. gek., daß das entsprechende Metallhalogenid mit dem entsprechenden Alkohol umgesetzt u. anschließend das Alkalialkoholat eines Alkohols zugesetzt wird, dessen C-Atomzahl unter der des Esteralkohols liegt. Bei Esteralkoholen mit > 5 C-Atomen wird ein lösungsvermittelnder Alkohol mit 2—4 C-Atomen zugesetzt. — 27 (Gew.-Teile) $TiCl_4$ werden 20 Butanol zugesetzt u. ca. 3 HCl entweichen gelassen. Zu der Lsg. werden 29 $NaOCH_3$ in 100 Butanol vorsichtig zugesetzt. Ausfallendes NaCl wird abfiltriert, das Destillat gibt *Butyltitanat*, Kp.$_{11}$ 185—188°. — Mit 2-Äthylhexanol wird *2-Äthylhexyltitanat*, Kp.$_{11}$ 225°, erhalten. — $ZrCl_4$ u. Butanol → *Zirkonbutylat*, Kp.$_{11}$ 260 bis 265°. (**D. A. S. 1 114 176** Kl. 12o vom 22/4. 1960, ausg. 28/9. 1961.) G. KÖNIG. H 590

Monsanto Chemical Co., St. Louis, Mo., übert. von: George A. Saul, Nitro, und Kenneth L. Godfrey, St. Albans, W.Va., V.St.A., **Herstellung von Phosphorsäureamiden** durch Umsetzung von 1 Mol $PXCl_3$ (X = O oder S) mit 1—3 Mol eines Di-[C_{1-5}-alkyl]-amins in Ggw. von 1—3 Mol einer anorgan. Base eines Metalls oberhalb Y in der Spannungsreihe. — *Bis-[dimethylamido]-chlorphosphat*, aus $POCl_3$ u. $(CH_3)_2NH$ im Verhältnis 1: 2 durch Rk. in $Cl_2C{:}CClH$ bei —15 bis 50° u. Zugabe von 11% (bezogen auf das chem. Äquivalent von $POCl_3$) $Ca(OH)_2$ u. wss. konz. NaOH im Verhältnis 1 : 2 bei —10° bis 30° unter Rühren. (**Can. P. 552 362** vom 23/2. 1953, ausg. 28/1. 1958. A. Prior. 11/4. 1952.) EBERHARD RIEDEL. H 590

Imperial Chemical Industries Ltd., London, England, **Herstellung von basischen Estern der Phosphorthiolsäure beziehungsweise Thiophosphorsäure.** O.O'-Diäthylphosphorthioat wird mit β-Diäthylaminoäthylchlorid umgesetzt: *O.O'-Diäthyl-S-(β-diäthylamino)-äthylphosphorthiolat*. (**Dän. PP. 84 224** u. **84 225** vom 19/11. 1953, ausg. 13/1. 1958.) K. H. KÄHLER. H 590

Pure Oil Co., Chicago, übert. von: Hillis O. Folkins, Adolph Kempf, Crystal Lake, und Elmer L. Miller, Cary, Ill., V.St.A., **Herstellung organischer Thiole.** H_2S wird mit C_{1-16}-Alkoholen bei 300—930°F im Verhältnis 1—10/1 über einen aktivierten Tonerdekatalysator geleitet. Als Promoter enthält der Katalysator nach Can. P. 552 791 0,5—15% eines Alkalioxids, bes. Na_2O oder Cs_2O, nach Can. P. 552 792 0,5—15% Alkaliphosphat, -carbonat, -sulfat, -halogenid oder -sulfid, nach Can. P. 552 793 0,5—15% eines Metallsalzes mit Alkali-, Erdalkali,- Cu-, Al-, Fe-, Ni- oder Co-Kation u. einem W-, Mo-, Cr-, V-, U- oder Mn-haltigen Anion. — *Methylmercaptan,* durch Überleiten von 2 Mol H_2S mit 1 Mol 0,33 Mol.-% W. enthaltendem CH_3OH bei 750° über einem 3% K_2CO_3 enthaltenden Tonerdekatalysator. (**Can. PP. 552 791** vom 24/7. 1954, ausg. 4/2. 1958. A. Prior. 27/7. 1953, **552 792** vom 30/7. 1954, ausg. 4/2. 1958. A. Prior. 31/8. 1953 u. **552 793** vom 12/8. 1954, ausg. 4/2. 1958. A. Prior. 2/11. 1953.) EBERHARD RIEDEL. H 600

Stepan Chemical Co., übert. von: Tor H. Smedslund, Chicago, Ill., V.St.A., **Herstellung von Thioäthern** der allg. Formel *R—S—R* (R = Alkylgruppe mit 1—4 C-Atomen durch Rk. von 0,5—2 (Mol) R—OH u. 1 R—SH oder 0,5—2 ROR u. 1 H_2S bei 320—450° in Ggw. eines Al_2O_3- oder ThO_2-Katalysators. (**Can. PP. 553 411** u. **553 412** vom 15/4. 1955, ausg. 18/2. 1958. Beide A. Prior. 26/4. 1954.) L. GROSSNER. H 600

Stepan Chemical Co., übert. von: Tor H. Smedslund, Chicago, Ill., V.St.A., **Herstellung von Dialkylsulfiden** mit C_1—C_4-Alkylresten durch Rk. von 1,5—3 (Mol) Alkohol mit 1 H_2S bei 390—450° in Ggw. eines Al_2O_3-Katalysators. — *Dimethylsulfid* wird durch Überleiten eines Gemisches von 2,2—2,8 CH_3OH u. 1 H_2S bei 400—420° über den Katalysator, Waschen des Rk.-Prod. mit Alkali-Lsg. u. Isolieren durch Extraktion, erhalten. (**Can. P. 553 413** vom 15/4. 1955, ausg. 18/2. 1958. A. Prior. 26/4. 1954.) L. GROSSNER. H 600

Columbia-Southern Chemical Corp., Pittsburgh, Pa. (Erfinder: Paul Herbert Baker, Baberton, Ohio), V.St.A., **Wiedergewinnung von wolframsauren Katalysatoren,** welche zur Oxydation olefin. ungesätt. Verbb. Verw. finden, aus wss. Lsgg., dad. gek., daß die wss. Lsg. in an sich bekannter Weise durch ein Ionenaustauscherharz geleitet, das Ionenaustauscherharz mit einer wss. Lsg. eines Alkalimetallchlorids gewaschen u. der wolframsaure Katalysator aus der wss. Alkalimetallchlorid-Lsg. ausgefällt wird. Vorteilhaft sind stark bas. u. schwachbas. Austauscherharze, die sich in der Hydroxyl- oder bas. Form befinden, wie stark bas. quatern. Polystyrolaminharze, sulfonierte Phenolformaldehydharze sowie modifizierte Phenolformaldehydharze. (**D. A. S. 1 114 468** Kl. 12o vom 29/9. 1958, ausg. 5/10. 1961. A. Prior. 3/10. 1957.) G. KÖNIG. H 650

Union Carbide Corp., übert. von: Lawrence G. Hess, Charleston, und Norman R. Cox, St. Albans, W.Va., V.St.A., **Aldehyde und Alkohole** werden durch Rk. von bes. acycl. Dienen mit konjugierten Doppelbindungen u. 4—12 C-Atomen mit CO u. H_2 im Verhältnis 1 : 0,5—8 in Ggw. eines Co-Katalysators bei 185—220° u. 4000—6000 p.s.i.g. erhalten, wobei 0,2—10 Teile des heißen Rk.-Gemisches je Teil Olefin in das Rk.-Gefäß zurückgeführt werden. — Aus einem Gemisch aus 55,3 (Mol.-%) Isopren u. Piperylen, 16,5 Pentenen, 3,9 cycl. Diolefinen mit 5 C-Atomen u. als Rest KW-Stoffe u. Äther entsteht in Ggw. von Co-Oxid bei 200° u. 6000 psi mit einem Gemisch aus CO u. H_2 im Mol-Verhältnis 1 : 1 ein Gemisch aus *C_6-Aldehyden* u. *Alkoholen,* 73% (Ausbeute). Die Rk. kann auch in Ggw. eines Lsgm. (aliphat. u. aromat. KW-Stoffe, Alkanole, Dialkyläther), bes. von Monoolefinen durchgeführt werden. — Vorr., Zeichnung. (**A. P. 2 912 464** vom 4/10. 1957, ausg. 10/11. 1959.) G. KRAUSS. H 670

Farbwerke Hoechst Akt.-Ges., vormals Meister Lucius & Brüning, Frankfurt/M., **Herstellung von Butyraldehyd** durch katalyt. Hydrierung von Crotonaldehyd bei 160—250°. Eine hohe Ausbeute u. kein Butanol als Nebenprod. wird erhalten, wenn Katalysatoren verwendet werden, die durch Niederschlagen von Ni-Oxiden (I) mit einem Geh. von 0,5—5% an $CuSO_4$ (bezogen auf I u. Trägermaterial zusammen) auf ein Trägermaterial gewonnen wurden. Diese Katalysatoren besitzen eine lange Lebensdauer. (**Holl. P. 97 709** vom 7/8. 1957, ausg. 17/4. 1961.) F. BÖHM. H 670

Chemische Fabrik Düren G. m. b. H., Düren/Rhld., **Herstellung von Esteramiden.** Äquimol. Mengen von Mono- oder Dialkanolaminen werden mit äquimol. Mengen von niedrigmol. Mono- oder Dicarbonsäuren (I) umgesetzt u. anschließend die alkohol. OH-Gruppen mit entsprechenden Mengen von Fettsäuren mit 10—24 C-Atomen verestert. — Beispiele für I: Ameisen-, Essig-, Propion-, Oxal-, Malon-, Malein- u. Adipinsäure. Die beiden Rkk. werden in einem einzigen Arbeitsgang durchgeführt, u. zwar die erste bei Temp. bis 150°, die zweite bei 150—180°, wobei gleichzeitig das Rk.-Wasser abdest. wird. — Beispiele: Monoäthanolamin wird zunächst mit 80%ig. H_2CO_2 in β-Hydroxyäthylformamid umgesetzt u. dieses mit Stearinsäure verestert. Verw. der Rk.-Prodd. als

Gelierungs- u. *Plastifizierungsmittel* für Kunststoffe, ferner als *Zusätze zu Reinigungsmitteln, Paraffin-* u. *Wachskompositionen.* (**D. A. S. 1 114 508** Kl. 12q vom 6/4. 1957, ausg. 5/10. 1961.) A. KALIX. H 800

Harshaw Chemical Co., Cleveland, Ohio, übert. von: John T. Pinkston jun., Swarthmore, Pa., V.St.A., **Herstellung von Chloressigsäure** (I) mit einem Geh. von < 2% Dichloressigsäure u. > 97% I durch Einleiten von Cl_2 in 10—30% CH_3COCl (II) oder $(CH_3CO)_2O$ enthaltendem Eisessig in Ggw. von Sulfaten, Phosphaten, Acetaten, Nitraten oder Chloriden von Mn, Cr, Ca, Co, Ni, Na, Zn, Ba, K, Li, Cs, Mg, V, Cu, Ag oder Cd, bes. von Cr- oder Na-Acetat. Durch den Cl_2-Strom mitausgetriebenes II wird dem Rk.-Gemisch wieder zugeführt. Nach Abschluß der Rk. wird II durch einen HCl-Strom bei 80—120° vertrieben, das Rk.-Prod. dest. u. der zurückbleibende Katalysator dem Rk.-Cyclus wieder zugeführt. — Schema der Anlage. (**Can. P. 551 300** vom 23/10. 1952, ausg. 7/1. 1958.) EBERHARD RIEDEL. H 810

B. F. Goodrich Co., New York, N.Y., übert. von: David C. Spaulding, Cuyahoga Falls, und Fred J. Wherley, Cleveland, Ohio, V.St.A., **Acrylsäurenitril** wird durch Rk. von bes. überschüssigem C_2H_2 mit HCN bei 500—640, bes. 580—620° in Ggw. eines Fließbettkatalysators, der aus 30—80 (%) eines C-haltigen Stoffes (Hartholz-, Cocosnußkohle, Koks, Graphit, Ruß) mit einer Teilchengröße von 0,1—0,003″ ⌀ (8—200 Maschen), der 1—20 Alkalihydroxid (Cyanid, Carbonat) enthält u. 70—20 mit Alkali behandelten Sand, α-Al_2O_3, keram. Stoffe oder Na-Metasilicat mit einer Teilchengröße von 0,03—0,0025″ ⌀ (25—230 Maschen) besteht, erhalten. Die Oberfläche der Kohle beträgt 1—20 m^2 je g u. die Dichte 0,5—0,2 g je cm^3. Zu Beginn der Rk. wird die Fließfähigkeit durch Einblasen von N_2, CH_4, H_2, Bzl. oder Xylol erzeugt. — 35 Ahornkohle, Teilchengröße 0,014—0,008″ ⌀, die 8 NaOH enthält, wird mit 65 gewaschenem Seesand, der 10 Min. lang mit 2 NaOH erhitzt u. bei 125° getrocknet u. 0,19 NaOH enthält, gemischt u. das Gemisch auf 350—400° unter Einleiten von N_2 erhitzt. Nach Zusatz von C_2H_2 u. HCN bei 550° entsteht das Nitril in 97,2%ig. Ausbeute. (**A. P. 2 854 473** vom 26/3. 1957, ausg. 30/9. 1958.) G. KRAUSS. H 810

Farbwerke Hoechst Akt.-Ges., vormals Meister Lucius & Brüning, Frankfurt/M. (Erfinder: Walter Ried, Frankfurt/M., Artur Meyer, Offenbach/M., und Bernhard Schleimer, Frankfurt/M.), **N-Cyanacetylderivate von schwach basischen Aminen, Hydrazinen und Hydraziden,** verwendbar als *Zwischenprodd.* für organ. Synth., werden durch Behandeln von Cyanessigsäurehydrazid (I) mit 1.3-Diketonen, bes. Acetylaceton (II), in saurem Medium u. Spaltung der erhaltenen 1-Cyanacetylpyrazole mit schwach bas. Aminen, Hydrazinen oder Hydraziden erhalten. — Zu einer Lsg. von 4 g I in 10 cm^3 W. u. 20 cm^3 verd. HCl wird in der Kälte eine Lsg. von 4 g II in 5 cm^3 A. gegeben, der nach kurzer Zeit abgeschiedene Kristallbrei abgesaugt, über konz. H_2SO_4, anschließend über KOH getrocknet u. aus CCl_4 umkristallisiert. Es wird *1-Cyanacetyl-3.5-dimethylpyrazol* (III), F. 118—121°, derbe Kristalle, in 76%ig. Ausbeute erhalten. Werden 1,6 g III mit 2 g 1-Phenyl-2.3-dimethyl-4-aminopyrazolon-(5) u. 10 ml abs. Bzl. 20 Min. lang gekocht, so fällt aus der Lsg. beim Abkühlen hellgelbes krist. *1-Phenyl-2.3-dimethyl-4-cyanacetylaminopyrazolon-(5)*, F. 225—226° (aus A.); Ausbeute 1 g, aus. Analog wird erhalten: aus III u. 2-Aminopyridin *2-Cyanacetylaminopyridin,* F. 159,5°; aus III u. Cyanacethydrazid *Bis-[cyanacet]-hydrazid,* F. 195—196,5°; aus III u. Bis-[cyanäthyl]-amin *N-Cyanacetyl-bis-[cyanäthyl]-amin,* F. 122—123°, glänzende Kristallschuppen; aus III u. Phenylhydrazin *β-Cyanacetylphenylhydrazin,* F. 104—105°, Nadeln; aus III u. Anilin *Cyanacetanilid,* F. 198°. (**D. A. S. 1 114 803** Kl. 12o vom 14/1. 1958, ausg. 12/10. 1961.) A. MOHR. H 820

Eastman Kodak Co., Rochester, N.Y., übert. von: James C. Martin und James P. Hawk, Kingsport, Tenn., V.St.A., **Herstellung von Glutarsäure (I) und alkylsubstituierten Glutarsäuren.** Ein 2-Alkoxy-3.4-dihydro-2H-pyran der allg. Formel II (R = H oder Alkyl C_1—C_4, R′ = Alkyl C_1—C_4) wird in einer gesätt. Fettsäure C_2—C_4 gelöst, eine Mineralsäure oder ein saures Ionenaustauscherharz zugesetzt u. bei 40—160° O_2 oder Luft durchgeleitet, wobei langsam 1,4—2,2 Mol W. je Mol II zugeführt wird. — Zum Beispiel wird ein Gemisch aus 124 (g) 2-Methoxy-4-methylderiv. von 3.4-Dihydro-2H-pyran (III), 400 cm^3 Eisessig u. 20 „Amberlite IRA-120" in einer Kolonne erwärmt, Luft an deren unterem Ende eingeleitet, während innerhalb 3 Std. 30 cm^3 W. am oberen Ende eingeführt wird. Nach Filtrieren des Rk.-Gemisches wird durch Dest. über eine 6-in. VIGREAUX-Kolonne 98,3 (70%) *3-Methylglutarsäure* erhalten. —

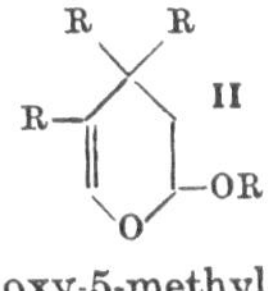

II

Weitere Beispiele: 2-Äthoxy-III → 73% *Glutarsäure,* F. 97° (Bzl.). — 2-Methoxy-5-methyl-III → 62% *2-Methylglutarsäure,* F. 75—77° (Chlf./Hexan). (**A. P. 2 972 629** vom 6/8. 1957, ausg. 21/2. 1961.) O. MÜLLER-MEININGEN. H 820

Visco Products Co., Houston, übert. von: Willard H. Kirkpatrick, Sugar Land, und Virgil L. Seale, Houston, Tex., V.St.A., **Herstellung von Hydroxyalkylderivaten von Diaminen.** Verbb. der allg. Formel $(HO\text{-}C_2H_4)_x(R_2)_m\text{—}NR\text{—}N(R_1)_n(C_2H_4OH)_y$ werden durch Rkk. zwischen Alkylenoxiden(I) mit hydroxyäthylierten Alkylendiaminen (II) erhalten. Hierbei ist R eine Alkylenkette mit 2—10 C-Atomen, R_1 u. R_2 sind gleiche oder verschiedene gesätt. oder ungesätt. Hydroxylalkylreste; x, y, m u. n sind 0, 1 oder 2, wobei x oder y = 1 sein müssen u. x + y + m + n = 4. Die Rkk. werden bei erhöhter Temp. in einem Rührautoklav ausgeführt, indem die berechnete Menge I unter Druck eingeleitet u. solange erhitzt wird, bis kein freies I mehr nachweisbar ist. Hierbei lassen sich auch stufenweise nacheinander 2 verschiedene I einführen, z. B. erst Äthylenoxid, dann Propylenoxid-(1.2). — Beispiele: Monohydroxyäthyltrihydroxypropyläthylendiamin, $Kp._{0,5}$ 192°, n_D^{26} 1,4842, D. 1,057 bei 60°; Trihydroxyäthylmonohydroxypropyläthylendiamin, $(HO\cdot CH_2\cdot CH_2)(HO\text{—}CH\text{—}CH_2\text{—}CH_3)N\text{—}CH_2\cdot CH_2\cdot N(CH_2\cdot CH_2\cdot OH)_2$, ferner Gemische, die erhalten werden, wenn als Ausgangs-Prodd. techn. Gemische von II verwendet werden. Verw. als *Zwischenprodd. für die Synth. von Reinigungsmitteln* u. *Kunststoffen*, sowie *zum Brechen von W.-Mineralöl-Emulsionen.* (**A. P. 2 884 459** vom 15/12. 1955, ausg. 28/4. 1959.) A. KALIX. H 920

International Minerals & Chemical Corp., Chicago, Ill., übert. von: Forest A. Hoglan, Toledo, Ohio, V.St.A., **Herstellung von Glutaminsäure** (I) durch Hydrolyse von Weizengluten mit H_2SO_4, Alkalisieren des Hydrolysats mit Erdalkalioxiden, hydroxiden oder -carbonaten auf pH 8, Filtrieren, Vertreiben von NH_3 aus der Lsg. unter Erhitzen, Ansäuern mit Säuren oder Säureanhydriden, die unlösl. Erdalkalisalze bilden, auf pH 5, Abtrennung der ausgefallenen Erdalkalisalze, Ausfällen von I aus der Lsg. durch Ansäuern mit H_2SO_4 auf pH 2,5—3,5, wobei ggf. noch Erdalkalisulfate mit ausfallen, Herauslösen der I aus den Ndd. mittels verd. H_2SO_4 u. Ausfällen aus dieser Lsg. durch Versetzen mit NH_4OH bis pH 2,5—3,5. (**Can. P. 551 644** vom 7/12. 1949, ausg. 14/1. 1958. A. Prior. 17/2. 1949.) EBERHARD RIEDEL. H 950

May & Baker Ltd., England (Erfinder: Arthur Adams und Ronald Slack), **β-Iminothioamide** der Formel $R\text{—}C(=NH)\text{—}CH(R_1)\text{—}C(=S)\text{—}NH_2$ (R = Alkyl-, Aryl- oder Aralkylrest; R_1 = H, Alkyl-, Aryl- oder Aralkylrest) werden aus β-Iminonitrilen $R\text{—}C(=NH)\text{—}CH(R_1)\text{—}CN$ durch mehrstd. Behandlung mit H_2S in einem inerten organ. Lsgm., z. B. Pyridin (I), NH_3-gesätt. A. oder Ae./I-Gemisch in der Kälte gewonnen. — Aus 17,1 g β-Imino-n-butyronitril 4,5 g *β-Iminothio-n-butyramid*, F. 140 bis 141° (Bzl.), gelbe Nadeln. (**F. P. 1 185 078** vom 23/10. 1957, ausg. 29/7. 1959. E. Prior. 26/10. 1956.) EBERHARD RIEDEL. H 950

Comp. Française Thomson-Houston, Frankreich (Erfinder: Maurice Prober), **Umwandlung siliciumorganischer Verbindungen,** dad. gek., daß β-Cyanäthyltrichlorsilan in Ggw. von Pyridin mit CH_3MgBr umgesetzt wird. Es entsteht *Methyl-β-cyanäthyldichlorsilan*, $Kp._{8-10}$ 84—86°, *Dimethyl-β-cyanäthylchlorsilan* u. *Trimethyl-β-cyanäthylsilan*, $Kp._{30}$ 77—82°, von denen die ersteren in *Methyl-β-cyanäthyldiäthoxy-*, $Kp._{90}$ 123—125,5° u. *Dimethyl-β-cyanäthyläthoxysilan*, $Kp._{130}$ 106—108° übergeführt werden können. (**F. P. 1 209 144** vom 20/5. 1958, ausg. 29/2. 1960. A. Prior. 20/5. 1957.) S. BÖTTCHER. H 980

Zirconal Ltd., County of London, England, übert. von: Clement J. Guillissen, Uccle bei Brüssel, und Abram Gancberg, Woluwe-St. Pierre bei Brüssel, Belgien, **Herstellung von Organo-Si-Verbindungen** durch Umsetzung von solchen mit einem an Si gebundenen Halogenatom, bes. Methyl-, Methylphenyl- u. Äthylphenylchlorsilan, mit Verbb., die eine an Si gebundene Alkoxy- oder Aryloxygruppe besitzen, unter nichthydrolysierbaren Bedingungen u. Entfernen des gebildeten Alkyl- oder Arylhalogenids durch Destillation. (**Can. P. 553 434** vom 20/9. 1948, ausg. 18/2. 1958. Belg. Prior. 20/9. u. 13/12. 1947.) L. GROSSNER. H 980

California Research Corp., V.St.A. (Erfinder: James L. Talbot und Raymond V. Luthy), **Gewinnung von Xylol** aus KW-Stoffgemischen, dad. gek., daß diese bei solchen Temp. mit CCl_4 behandelt werden, daß sich eine feste Phase aus p-Xylol u. CCl_4 u. eine fl. Phase bilden, in der das mol. Verhältnis m- zu p-Xylol höher ist als das Eutektikum des bin. Gemisches im Ausgangsstoff. Die Phasen werden getrennt, die feste Phase geschmolzen, fraktioniert u. p-Xylol durch fraktionierte Kristallisation getrennt, während aus der fl. Phase auf die gleiche Weise m-Xylol gewonnen wird. — Schema der Anlage. (**F. P. 1 221 405** vom 25/3. 1959, ausg. 1/6. 1960. A. Prior. 1/4. 1958.) S. BÖTTCHER. H 1010

Badische Anilin- & Soda-Fabrik Akt.-Ges., Deutschland (Erfinder: Rudolf Keller, Ernst Kissel und Gotthilf Wenner), **Herstellung von Alkylbenzolen,** bes. *p-Diisopropylbenzol* u. *Äthylbenzol*, dad. gek., daß Bzl. in Ggw. von

0,3—1% eines FRIEDEL-CRAFTS-Katalysators mit Olefinen umgesetzt wird, wobei die Verweilzeit des Katalysators in der Rk.-Zone 2—5 Std. beträgt u. der Katalysator mit dem Rk.-Gemisch entfernt wird. (**F. P. 1 220 528** vom 13/4. 1959, ausg. 25/5. 1960.)
S. BÖTTCHER. H 1010

Koppers Co., Inc., Pittsburgh, Pa. (Erfinder: William Edward St. Clair, Pittsburgh, und Barrymore Townleigh Larkin, Slickville, Pa.), V.St.A., **Glycidyläther von mehrwertigen Phenolen.** Das bekannte Verf. zur Herst. von Glycidyläthern (**I**) von mehrwertigen Phenolen durch Rk. eines mehrwertigen Phenols (**II**) mit überschüssigem Epichlorhydrin (**III**) u. einer mindestens 15-Gew.-%ig. wss. Alkalihydroxid-Lsg. (**IV**), Abdest. des W. u. restlichen **III** aus dem Rk.-Gemisch u. Rückführung des verflüssigten u. abgetrennten **III** in das Rk.-Gemisch wird in bezug auf die **I**-Ausbeute u. die Abtrennbarkeit der Alkalichlorid-Kristalle dadurch verbessert, daß zunächst nur die Hälfte der zur Rk. notwendigen äquivalenten **IV**-Menge in konz. Form zu **II** in überschüssigem **III** gegeben, das Gemisch gekocht, die andere Hälfte der **IV**-Menge in konz. Form zugegeben u. gleichzeitig W. u. **III** aus dem Gemisch abdest. u. **III** nach Trennung von W. in das Rk.-Gemisch zurückgeführt wird. — So kann z. B. zu einem auf 107° erhitzten u. sd. Gemisch aus 244 g **III** u. 48 g Resorcin (**V**) 25,2 g NaOH als 74%ig. wss. Lsg. mit einer Geschw. von 17 g/Min. je 100 g **V** zugegeben (Gesamtdauer 21 Min.) werden, innerhalb der gleichen Zeit dann die restliche NaOH-Lsg. zugesetzt, weitere 49 Min. lang zwecks Abtreibung von **III** u. W. erhitzt, filtriert u. das Filtrat zur Entfernung von restlichem **III** dest. werden. Als Rückstand wird 97,9%ig. *Resorcin-diglycidyläther*, Epoxid-O 12,2%, Viscosität/25° 320 Centipoisen, erhalten. (**D. A. S. 1 112 528** Kl. 12q vom 10/1. 1959, ausg. 10/8. 1961. A. Prior. 13/1. 1958.)
A. MOHR. H 1060

Pittsburgh Consolidation Coal Co., übert. von: Martin B. Neuworth, Pittsburgh, Pa., V.St.A., **Trennung von Thiophenolen und Teersäuren** vom Kp. 160 bis 300° durch gleichzeitige Extraktion des Gemisches mit 55—75%ig. wss. CH_3OH u. einem Paraffin-KW-Stoff vom Kp. 60—130° u. D. < 0,8, bes. Hexan, wobei das zu trennende Gemisch in der Mitte, CH_3OH am Kopf u. der KW-Stoff am Fuß einer vertikalen Kolonne eingespeist wird. — Schemat. Zeichnung. (**Can. P. 553 066** vom 29/7. 1954, ausg. 11/2. 1958. A. Prior. 7/8. 1953.) L. GROSSNER. H 1060

Pittsburgh Consolidation Coal Co., übert. von: Martin B. Neuworth, Pittsburgh, und Benjamin W. Jones, Bridgeville, Pa., V.St.A., **Reinigung von Teersäuren,** bes. solchen aus der Tieftemp.-Verkokung bituminöser Kohle mit Kp. 160 bis 240°, durch fraktionierte Dest., wobei die Fraktion vom Kp. 180—200° das gesamte Phenol u etwas Kresol u. die folgende Fraktion etwas Kresol u. kein Phenol enthält. In einem Doppelextraktions-Syst. (vgl. vorst. Ref.) wird die 1. Fraktion mit einem Paraffin-KW-Stoff, D. < 0,8, u. 40—55%ig. wss. CH_3OH u. die 2. Fraktion mit demselben KW-Stoff u. 55—75%ig. wss. CH_3OH extrahiert, worauf aus den vereinigten methanol. Extraken die *Teersäuren* frei von neutralen Ölen erhalten werden. — Schemat. Zeichnungen; Diagramme. (**Can. P. 553 067** vom 15/11. 1954, ausg. 11/2. 1958. A. Prior. 27/11. 1953.) L. GROSSNER. H 1060

Consolidation Coal Co., übert. von: Donald C. Jones und Robert J. Laufer, Pittsburgh, Pa., V.St.A., **Reinigung von Thiophenolen** (**I**), z. B. im Thiokresol oder Thioxylenol von den entsprechenden S-freien Phenolen („Teersäuren") (**II**) erfolgt durch Erhitzen mit mindestens 1 g-Atom feinverteiltem mindestens 99%ig. Al je Mol **II** auf 100—220°, bes. 135—165°, bis zur Beendigung der H_2-Entw. u. anschließende Dest. der reinen **I**. (**A. P. 2 957 029** vom 23/11. 1959, ausg. 18/10. 1960.)
O. MÜLLER-MEININGEN. H 1090

Dow Chemical Co., Midland, Mich., übert. von: Howard Johnston, Concord, Calif., V.St.A., **Pentachlorbenzolsulfenylchlorid** bzw. *-bromid*, F. 102—103° bzw. 50°, wird durch Rk. von Pentachlorthiophenol mit Cl_2 oder Br_2 in CCl_4 oder Hexan bei 10—40, bes. 25° erhalten. Durch Rk. mit Acrolein u. Bromieren entsteht *Pentachlorphenylmercapto-2.3-dibrompropionaldehyd,* der als *Fungicid,* bes. gegen *Rhizoctonia solani* dient. Mit Aminen entstehen *Sulfenamide,* mit Ketonen → substituierte *Ketone.* — *Zwischenprodukte.* (**A. P. 2 944 080** vom 23/11. 1956, ausg. 5/7. 1960.) G. KRAUSS. H 1090

Zdeněk Arnold, Josef Ratuský, Jiři Gut und Jiři Novák, Tschechoslowakei, **Herstellung von p-Tolylsäure,** F. 169—178°, dad. gek., daß Toluol in Ggw. eines sauren Katalysators (H_2SO_4, H_3PO_4 auf Bimsstein oder Kieselgur) mit HCHO zu p,p'-Ditolylmethan kondensiert, dieses in Ggw. von Co-, Pb- oder Mn-Salzen organ. Säuren oder organ. Peroxiden mit O_2 zu Dimethylbenzophenon oxydiert u. dieses durch Erhitzen mit KOH zersetzt wird. (**F. P. 1 217 537** vom 26/2. 1959, ausg. 4/5. 1960.)
S. BÖTTCHER. H 1210

Badische Anilin- & Soda-Fabrik Akt.-Ges., Ludwigshafen/Rh. (Erfinder: Friedrich Becke, Heidelberg, und Otto Paul Swoboda, Mannheim), **Carbonsäurenitrile** werden durch Erhitzen von N-formylierten prim. aliphat., cycloaliphat., araliphat., heterocycl. u. ein- oder mehrkernigen, aromat. Aminen im Dampfzustand auf 460—560° bei 0,5—10, bes. 1,5—3 Sek. Verweilzeit, normalem, erhöhtem oder vermindertem Druck in Ggw. fester Kieselsäuregele oder Silicate als Katalysator, die ggf. noch 0,1—10% eines Oxids eines Metalls der 3.—6. Gruppe des Period. Syst. enthalten u. zum überwiegenden Teil, bes. zu > 75% Poren vom Radius 10—200, bes. 12—100 Å, einen mittleren Porenradius von 20—100, bes. 20—60 Å u. eine spezif. Oberfläche von höchstens 550, bes. höchstens 500 m^2 je g besitzen, u. ggf. eines inerten Gases (N_2, NH_3, CO_2 oder deren Gemische) erhalten. Die Herst. der N-Formyl-Verb. aus Amin u. HCOOH oder deren niedermol. Estern kann in einem vor dem Katalysatorraum liegenden Raum bei erhöhter Temp. erfolgen. Der Katalysator kann bei 400—750° in Ggw. von O_2 oder diesen enthaltenden Temp. Gasen wiederbelebt u. zusätzlich noch bei normaler oder schwach erhöhter Temp. mit einer verd. Mineralsäure vorbehandelt werden. Der Katalysator wird nach D. R. PP. 444 914, 523 585, 527 370, 530 730u. 536 546 erhalten. — Zu 200 g Kieselsäuregel (90% Poren haben Radius von 10—200 Å, mittlerer Porenradius 48,9 Å, spezif. Oberfläche 314 m^2 je g) werden 5 g $TiCl_4$ in 100 g abs. A. gegeben u. 40 g W. zugesetzt; die Masse wird 10 Std. lang unter NH_3 auf 300° erhitzt. In Ggw. dieses Katalysators wird aus Formanilid bei 510—540° unter N_2 *Benzonitril*, $Kp._{20}$ 84°; (Ausbeute) 99,76%, bezogen auf umgesetztes Anilid erhalten. — N-Formyl-p-toluidin → *o-Tolunitril*, 99%. — 2.6-Dichlorformanilid → *2.6-Dichlorbenzonitril*, 77%. — N-Formyl-α-naphthylamin → *α-Naphthonitril*, F. 37°, $Kp._{20}$ 170—171°; 98,1%. — N-Formylcyclohexylamin → *Hexahydrobenzonitril*, $Kp._{20}$ 79—80°; 95,1%. — N-Formylbenzylamin → *Benzylcyanid*, 92%. — N-Methylformamid → *Acetonitril*; 97,5%. — ω-Formaminoönanthonitril → *Korksäuredinitril*, $Kp._5$ 160°; 89%. — Weitere Ausgangsstoffe sind die N-Formyl-Verbb. von: Äthyl-, β-Methoxyäthyl-, Butyl-, Isobutyl-, ε-Chlor-n-hexyl-, Lauryl-, Stearyl-, Cyclooctyl-, 2-Methylcyclohexyl-, Hexahydrobenzylamin, Anisidin, o-, m- u. p-Chloranilin, p-Aminobenzonitril u. β-Naphthylamin. — *Zwischenprodd.*, bes. zur Herst. von *Kunststoffen, Weichmachern* u. *Schädlingsbekämpfungsmitteln.* (**D. A. S. 1 117 121** Kl. 12o vom 8/1. 1960, ausg. 16/11. 1961.) G. KRAUSS. H 1210

Sancier Aries, Genf, Schweiz, **Herstellung von Phthalsäureanhydrid,** dad. gek., daß Alkylnaphthaline, die geringe Anteile an Naphthalin enthalten können, mit O_2 in Ggw. von Schwermetallkatalysatoren bei erhöhter Temp. in fl. Phase zu Naphthoesäuren oxydiert u. diese unmittelbar oder nach destillativer Abtrennung des nicht Umgesetzten in der Gasphase mit Luft an V_2O_3-Katalysatoren weiteroxydiert werden. (**D. A. S. 1 117 098** Kl. 12o vom 16/9. 1958, ausg. 16/11. 1961. A. Prior. 16/9. 1957.) L. STADELMANN. H 1220

Deutsche Gold- und Silber-Scheideanstalt vormals Roessler, Frankfurt/M. (Erfinder: George Valkanas, Zürich, Schweiz), **Herstellung von Difluorbenzoldicarbonsäuren,** dad. gek., daß Fluorxylole bei 125—250°, bes. 190—200°, unter erhöhtem Druck mit wss., etwa 15%ig. HNO_3 oxydiert werden. Zweckmäßig wird ein Überschuß von 10% an HNO_3 verwendet. — *3.6-Difluorbenzol-1.2-dicarbonsäureanhydrid*, F. 206—207°; *2.5-Difluorbenzol-1.3-dicarbonsäure*, F. 282—283°. *2.5-Difluorbenzol-1.4-dicarbonsäure*, F. 325—330°. — *Zwischenprodukte.* (**D. A. S. 1 116 208** Kl. 12o vom 22/9. 1959, ausg. 2/11. 1961.) F. OBERMEIER. H 1220

Magyar Állam (Erfinder: Zoltan Jánossy), Budapest, Ungarn, **3.4-Dimethoxybenzylcyanid** (**I**) wird bei der Rk. von in einem apolaren Lsgm. gelöstem 3.4-Dimethoxybenzylchlorid mit einer wss., vorteilhaft konz. Lsg. eines Alkali- oder Erdalkalicyanids, ggf. in Ggw. eines Emulgierungsmittels (Fettalkoholsulfonat) erhalten. F. von **I** 67—68°. (**Ung. P. 144 212** vom 25/5. 1956, ausg. 1/9. 1958.) G. KÖNIG. H 1250

Eastman Kodak Co., Rochester, N.Y., übert. von: Milton L. Clemens jun., Kingsport, Tenn., V.St.A., **Reinigung von roher Gentisinsäure.** Zur Entfernung von 2.5-Dihydroxyterephthalsäure aus roher Gentisinsäure (**I**) wird diese in wss. NaOH gelöst, der Lsg. etwas Zn-Staub zugesetzt u. mit $(CH_3CO)_2O$ bei 10—12° verrührt, wobei sich das Na-Salz von **I**-Monoacetat bildet. Die Lsg. wird mit Kohle entfärbt, filtriert u. mit einer Mineralsäure bei Temp. < 20° versetzt, wobei **I**-Monoacetat (F. 128—130°) ausfällt. Es wird abfiltriert u. mit HCl in Ggw. von Kohle gekocht. Nach dem Abfiltrieren wird auf Temp. < 10° abgekühlt, wobei reine **I** in einer Ausbeute von 76,5% ausfällt, F. 202—202,7°. Zur weiteren Reinigung kann **I** aus Bzl. umkristallisiert werden, F. 203,3 bis 204,3°. (**A. P. 2 870 199** vom 1/10. 1956, ausg. 20/1. 1959.) A. KALIX. H 1250

Mathieson Chemical Corp., Baltimore, Md., übert. von: Jonas Kamlet, Easton, Conn., V.St.A., **Herstellung symmetrischer Diarylhydrazine** durch Rk. von

2 (Mol) Nitrobenzol, o- oder m-Nitrotoluol, o- oder m-Nitroanisol oder o- oder m-Nitrophenetol mit einem Gemisch von NaOH u. 1,5—3 CH_3ONa u. Red. der erhaltenen Azoxy-Verbb. mit Na oder Na-Amalgam in Ggw. von CH_3OH, wobei das als Nebenprod. erhaltene $NaOH/CH_3ONa$-Gemisch im 1. Rk.-Schritt eingesetzt wird. (**Can. P. 553 887** vom 9/2. 1952, ausg. 4/3. 1958.) L. GROSSNER. H 1310

Badische Anilin- & Soda-Fabrik Akt.-Ges. (Erfinder: Horst Pommer und Walter Stilz), Ludwigshafen/Rh., **1.3-Divinylbenzole** werden durch Rk. einer Oxoverb. mit einem Bis-phosphinsäureester der allg. Formel **I** (R_1 u. R_2 = gleiches oder verschiedenes Alkyl, Cycloalkyl, Aralkyl, Aryl, die beide mit dem P auch einen heterocycl. Ring bilden können; R_3 bis R_8 = H, gleiches oder verschiedenes Alkyl, Cycloalkyl, Aralkyl, Aryl, ggf. verestertes Carboxyl, Carbonsäureamid oder CN; R_4 u. R_6 können auch Glieder eines ankondensierten Cycloalkyls oder Aryls sein; R_3, R_4, R_5 u. R_6 = auch Halogen, NH_2, NO_2, freies oder verestertes SO_3H, OH, das veräthert oder verestert sein kann, Mercapto) in Ggw. von Alkali- oder Erdalkalihydroxiden, -alkoholaten, -amiden u. eines polaren Lsgm. ($HCONH_2$, CH_3CN, $HCON(CH_3)_2$, N-Methylpyrrolidon, Dimethylsulfoxid oder deren Gemische) erhalten. — Aus 17 (Teilen) m-Xylylendichlorid u. 40 Phenyldiäthoxyphosphin bei 140—150° unter Abdest. des entstehenden C_2H_5Cl, dann 8 Std. bei 180 —190° → 42 m-Xylylen-bis-[phenylphosphinsäureäthylester], zähes Öl; aus 22 davon u. 17 Piperonal in 80 $HCON(CH_3)_2$, Zusatz von 20 30%ig. methanol. CH_3ONa, nach 1 Std. Zusatz von 50 CH_3OH u. Eisessig bis pH 7 → 15 *1.3-Bis-[3'.4'-methylendioxystyryl]-benzol*, F. 190—191° (Toluol). — Naphthaldehyd-(1) → *1.3-Bis-naphthostyrylbenzol*, F. 125—126°, aus Xylol hellgelbe Kristalle. **I** werden aus den entsprechenden Phosphonigsäureestern mit den entsprechenden Halogen-Verbb. erhalten. — *Zwischenprodukte.* (**D. A. S. 1 117 580** Kl. 12o vom 18/3. 1960, ausg. 23/11. 1961. **Zusatz zu D. A. S. 1 108 220; C. 1962. 5478.**) G. KRAUSS. H 1410

I

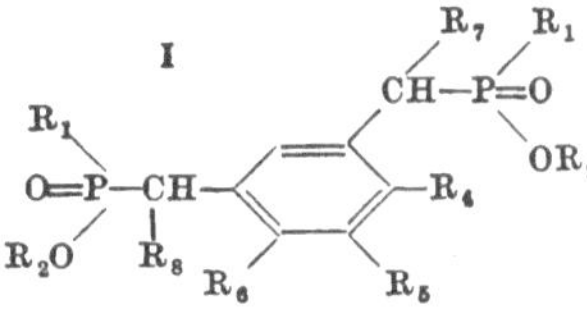

National Distillers & Chemical Corp., New York, N.Y., übert. von: Irving L. Mador, Cincinnati, Ohio, V.St.A., **Diarylverbindungen** von konjugierten Diendimeren werden durch Rk. eines Arylrestes mit einem Dien, bes. mit 4—8 C-Atomen in Ggw. eines Lsgm. (Alkohole, Dioxan, $CH_3OCH_2CH_2OH$, CH_3COOH) erhalten. Der Arylrest wird durch Zers. eines Aryldiazoniumsalzes durch Elektrolyse, Bestrahlen, therm. Zers. oder in Ggw. eines Red.-Mittels z. B. nach dem Rk.-Schema: $C_6H_5N_2Cl + TiCl_3 \rightarrow (C_6H_5N_2)- + TiCl_4 \rightarrow C_6H_5- + 2\ C_4H_6 \rightarrow 2\ (C_6H_5)C_4H_6- \rightarrow C_6H_5(C_4H_6)_2C_6H_5$ erhalten. — Aus Anilin u. $NaNO_2$ in Ggw. von HCl → Diazolsg., diese wird gleichzeitig mit Butadien u. $TiCl_3$ in 2 n-wss. HCl zu Isopropanol unter Kühlung auf 0° gegeben, daraus durch Extraktion mit Ae. → *Diphenyloctadien*, $C_{20}H_{22}$, Kp.$_{0,1}$ 142—145°; Ausbeute 61%. Ferner können umgesetzt werden: Benzoldiazoniumhydroxid, -perchlorat, -acetat, p-Cyan- u. p-Nitrodiazoniumchlorid mit Isopren, Dimethylbutadien, Methylpentadien-(1.3) u. Cyclopentadien. Durch Nitrieren der Diene u. Red. werden die entsprechenden Amine erhalten. — Zwischenprodd., bes. zur Herst. von Polyamiden, -estern u. -urethanen. (**A. P. 2 908 727** vom 12/4. 1957, ausg. 13/10. 1959.) G. KRAUSS. H 2210

Imperial Chemical Industries Ltd., London, England, **Herstellung von Benzoldisulfonsäure-(1.4) und Naphthalindisulfonsäure-(2.6).** Ein Alkalimetallsalz von Benzoldisulfonsäure-(1.3) (**I**) oder Naphthalindisulfonsäure-(2.7) wird in Ggw. eines schwermetallhaltigen Katalysators auf 250—600° erhitzt. — Zum Beispiel werden 282 (Teile) **I** (Na-Salz) mit 43 $HgCl_2$ unter CO_2 bei 4 at 6 Std. lang auf 425° erhitzt. Als Katalysator ist auch $KCr(SO_4)_2$ geeignet. (**Holl. P. 97 027** vom 18/7. 1957, ausg. 15/2. 1961. E. Prior. 23/7., 5/11. 1956 u. 15/7. 1957.) F. BÖHM. H 2700

Deutsche Akademie der Wissenschaften zu Berlin (Erfinder: Alfred Rieche und Helmut Seeboth), Berlin, **Herstellung von Naphthol-(1)-sulfonatsäuren-(3)** bzw. ihren Salzen, dad. gek., daß Bisulfit-Anlagerungs-Prodd. von 1-Hydroxy- oder 1-Aminonaphthalin oder deren 4-, 5-, 6- oder 7-Sulfonsäuren in Ggw. eines Lsgm., z. B. W. oder CH_3COOH, chloriert oder bromiert u. die erhaltenen Salze der 2-Chlor- oder 2-Bromtetralonsulfonsäure bei Siedetemp. in Lsg. mit N_2H_4, Phenylhydrazin, Semicarbazid (**I**), Thio-**I** oder NH_2OH umgesetzt werden, wobei katalyt. Mengen dieser Verbb. genügen, falls noch Halogenwasserstoff bindende Stoffe zugegen sind. — Beispiele: Herst. folgender 1-Hydroxynaphthalin (**II**)-sulfonsäuren: **II**-*Sulfonsäure-(3)*; **II**-*3.4-, 3.5-, 3.6-* u. *3.7-disulfonsäure.* — *Zwischenprodukte.* (**D. A. S. 1 117 599** Kl. 12q vom 3/5. 1958, ausg. 23/11. 1961.) O. MÜLLER-MEININGEN. H 2700

Mead Johnson & Co., Evansville, Ind., V.St.A., **Herstellung von 1.3-disubstituierten Pyrrolidinverbindungen** durch Rk. eines Esters der Itaconsäure (I) mit einem organ. Amin u. Red. des Rk.-Produktes. — Zu 158 (Teilen) I-Dimethylester in 10 wasserfreiem CH_3OH (II) werden 54 $C_2H_5NH_2$ in 70 II unter Einhalten einer Temp. von 5 ± 2° gegeben, unter Rühren bei normaler Temp. über Nacht stehen gelassen, II abdest. u. der Rückstand fraktioniert. Ausbeute: 156 *1-Äthyl-3-carbomethoxypyrrolidon-(5)*, $Kp._{0.13}$ 104—106°, das, in Ae. gelöst, mit $LiAlH_4$ red. wird → *1-Äthylpyrrolidyl-(3)-methylalkohol*, $Kp._{20}$ 110—111°. Der Alkohol wird in Chlf. gelöst, die Lsg. mit HCl gesätt. u. $SOCl_2$ in Chlf. gegeben. Nach Abdest. von Chlf. in $SOCl_2$ wird nach Aufarbeiten des Rückstandes *1-Äthylpyrrolidyl-(3)-methylchlorid*, $Kp._{36}$ 86—88°, erhalten. — Zwischenprodd. zur Herst. von Arzneimitteln. (**Ind. P. 61 285** vom 30/7. 1957, ausg. 16/12. 1959.)
C. LÜTTGEN. H 3081

Chas. Pfizer & Co., Inc., New York, übert. von: Abraham Bavley, Brooklyn, Charles J. Knuth, Flushing, und Bryce E. Tate, Kew Gardens, N.Y., V.St.A., **Herstellung von 1-(2.3'-Dichlorpropyl)-4-carbalkoxypyrrolidon-(2)** mit 1—4 C-Atomen in der Alkylgruppe, durch direktes Chlorieren von entsprechendem N-Allylpyrrolidon. — Aus durch Rk. von Monoallylamin mit Itaconsäuredimethylester erhaltenem 1-Allyl-4-carbomethoxypyrrolidon-(2) ($Kp._{0,8}$ 120°), gelöst in CCl_4 wird durch Einleiten von Cl_2 bei 15—25° → *1-[2'.3'-Dichlorpropyl]-4-carbomethoxypyrrolidon-(2)* erhalten. Analog *1-[2'.3'-Dichlorpropyl]-4-carbobutoxypyrrolidon-(2)*. — *Weichmacher für Vinylharze* sowie *Wurmmittel für Tiere*. (**A. P. 2 936 309** vom 29/4. 1958, ausg. 10/5. 1960.)
W. HEYER. H 3081

Sterling Drug, Inc., New York (Erfinder: Benjamin Franklin Tullar, East Greenbush), N.Y., V.St.A., **Herstellung von 4.4'-Bis-[benzimidazolyl-(2)]-stilben.** 2 Mol o-Phenylendiamin werden bei 125—225°, bes. bei 140—200° mit 1 Mol 4.4'-Stilbendicarbonsäure oder niedrigmol. Alkylestern, Alkali- oder NH_4-Salzen davon in Ggw. eines großen Überschusses von handelsüblicher Polyphosphorsäure nach der Gleichung I

I

umgesetzt. Hierbei ist R ein H- oder Alkalimetall-Atom oder ein Alkylrest mit 1—4 C-Atomen, oder ein NH_4-Rest. Die Rk. werden bei normalem Druck durchgeführt; mit Estern sind die Rkk. in 1 Std. beendet, mit der freien Säure in 3—5 Std. u. in 8—20 Std. mit Salzen. Das Endprod. wird aus dem Rk.-Prod. durch Zugabe einer großen Menge W. ausgefällt. (**D. A. S. 1 113 938** Kl. 12p vom 16/1. 1959, ausg. 21/9. 1961. A. Prior. 16/1. 1958.)
A. KALIX. H 3122

Union Carbide Corp., übert. von: Amelio E. Montagna und Everett R. Lashley jun., South Charleston, W.Va., V.St.A., **Dehydracetsäure** wird durch Dimerisieren von Diketen in Ggw. eines Katalysators (CH_3ONa, Na-Phenolat) u. eines Carbonsäureesters als Lsgm., wie Essigester, Acetessigester, Isopropylbenzoat, Gemischen aus Estern oder Ketonen oder Dioxan, u. Carbonsäureanhydriden (Essig-, Benzoe-, Bernsteinsäureanhydrid) erhalten, wodurch die Rk. sofort anspringt; beste genannte Ausbeute 59,9%. — Diagramm. (**A. P. 2 912 441** vom 30/7. 1954, ausg. 10/11. 1959.)
G. KRAUSS. H 3211

Dr. F. Raschig G. m. b. H., Ludwigshafen/Rh., **Herstellung von substituierten Pyridylglykolen** durch Rk. einer Pyridylglykolsäure der allg. Formel I, worin R = H oder CH_3 ist, oder der allg. Formel II, in der R die obige Bedeutung hat u. R_1 = H oder einen aliphat.-, aromat.- oder heterocycl. Rest darstellt, mit einem Aldehyd unter Erhitzen. — Aus [Pyridyl-(2)]-glykolsäure u. Pyridinaldehyd-(2) → *Bis-[pyridyl-(2)]-glykol*, F. 156°; aus [Pyridyl-(2)]-glykolsäure u. CH_2O→ *Mono-[pyridyl-(2)]-glykol*, F. 98°. — Analog: *[Pyridyl-(2)]-trichlormethylglykol*, F. 120°; *α-Pyridylphenylglykol*, F. 143°; aus [Pyridyl-(2)]-hydroxypropionsäure u. Chinolinaldehyd-(2) → *1-[Pyridyl-(5)]-1-methyl-2-[chinolyl-(2'')]-äthylenglykol-(1.2)*, F. 209 bis 210° (Zers.); *1-[Pyridyl-(2')]-1-methyl-2-[chinolyl-(4'')]-äthylenglykol-(1.2)*, F. 186 bis 187°; *1-[Pyridyl-(2)]-1-methyl-2-phenyläthylenglykol-(1.2)*, F. 119—121°; *1-[Pyridyl-(4)']-1-methyl-2-[trichlormethyl]-äthylenglykol-(1.2)*, F. 189—190,5°. *Hydrochlorid*, F. 206 bis 207°; *1-[Pyridyl-(2')]-1-methyl-2-[pyridyl-(4')]-äthylenglykol-(1.2)*, F. 93—95° u.

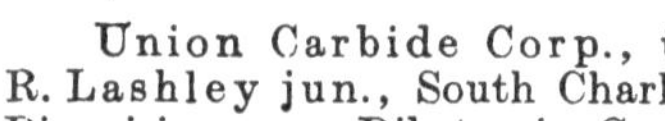

I II

1-[Pyridyl-(4')]-1-methyl-2-[pyridyl-(3')]-äthylenglykol-(1.2), F. 188,5°. — *Zwischenprodukte*. (**E. P. 824 554** vom 22/5. 1958, ausg. 2/12. 1959. D. Prior. 31/5. 1957 u. 7/5. 1958.) W. HEYER. H 3231

Union Carbide Corp. (Erfinder: Harry Adams Stansbury jun. und Herman Franz Lykins), New York, N.Y., V.St.A., **Herstellung von Chinolinen** der allg. Formel I, worin R, R^1, R^2 u. R^3 = H, OH, eine Alkyl-, Alkoxy-, Phenyl- oder NO_2-Gruppe bzw. ein Halogen u. R^4 u. R^5 = H oder eine Alkylgruppe sind, dad. gek., daß ein entsprechend substituiertes Anilin der allg. Formel II mit einer $\alpha.\beta$-dihalogenierten gesätt. aliphat. Verb. der allg. Formel III, worin R^6 der Formyl-, Dialkoxymethyl- oder Diacyloxymethylrest ist, bei 60—180° in Ggw. einer Mineralsäure umgesetzt wird. — Aus 2.3-Dibrompropionaldehyd u. Anilin bei 113—115° in Ggw. von H_2SO_4 → *Chinolin*, Kp.$_3$ 80—83°; *2-Methylchinolin*, Kp.$_3$ 93 bis 98°; *3-Methylchinolin*, Kp.$_3$ 97—99°; aus 2.3-Dichlorpropylidendiacetat, o-Aminophenol in Ggw. von H_3PO_4 → *Chinolinol-(8)*; aus 2.3-Dichlorpropionaldehyd u. 2-Amino-4-chlorphenol → *5-Chlorchinolinol-(8)*, F. 127—130°; *5-Chlorchinolinol-(3)*, F. 115 bis 117°. — *Zwischenprodukte*. (**E. P. 822 457** vom 16/10. 1957, ausg. 28/10. 1959. A. Prior. 16/10. 1956.) W. HEYER. H 3231

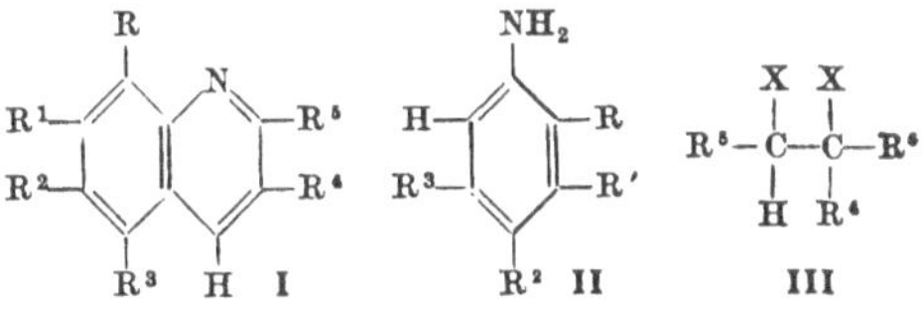

American Cyanamid Co., New York, übert. von: Bernard R. Baker, Nanuet, N.Y., und Joseph P. Joseph, Cliffside Park, N.J., V.St.A., **Herstellung substituierter Mercaptopurine,** bes. *2-Benzylmercaptopiperidinopurine*, u. deren *Säureadditionssalze* durch Behandeln von 2-[substituierten Mercapto]-4-amino-5-formamido-6-[disubstituierten amino]-pyrimidinen mit einer wss. Base. (**Can. P. 552 946** vom 14/8. 1953, ausg. 11/2. 1958. A. Prior. 29/10. 1952.) L. GROSSNER. H 3272

American Cyanamid Co., New York, übert. von: Bernard R. Baker, Nanuet, N.Y., und Joseph P. Joseph, Cliffside Park, N.J., V.St.A., **Herstellung substituierter Purine,** bes. *6-Dimethylamino-, 6-Diäthylamino- u. 6-Methylanilinopurin*, durch Erhitzen der entsprechenden 4-Amino-5-formamido-6-[disubstituierten amino]-pyrimidine auf 275° in Abwesenheit eines Lösungsmittels. (**Can. P. 552 947** vom 14/8. 1953, ausg. 11/2. 1958. A. Prior. 29/10. 1952.) L. GROSSNER. H 3272

Dr. Karl Thomae G. m. b. H. (Erfinder: Josef Roch), Biberach a. d. Riss, **Pyrimido-[5.4:d]-pyrimidin** der allg. Formel I (von R_1—R_4 sind 2, 3 oder alle gleich oder verschieden, NH_2-Gruppen oder monosubstituierte NH_2-Gruppen oder bilden mit einem N-Atom des Pyrimidopyrimidins einen N-haltigen heterocycl. Ring, während die übrigen Reste [0—2], gleich oder verschieden, substituierte Hydroxyl-, Mercapto-, KW-Stoffreste oder H sind) werden hergestellt, indem Verbb. der allg. Formel II (eine, mehrere oder jede der Gruppen Z_1—Z_4, gleich oder verschieden, sind freie oder substituierte OH-, SH- oder NH_2-Gruppen oder bilden mit einem N-Atom des Pyrimidopyrimidins einen heterocycl. Ring, während 0—2 der Z_1—Z_4-Gruppen H oder KW-Stoffreste bedeuten) mit einem Überschuß von NH_3, prim. oder sek., auch heterocycl. Amin bei erhöhter Temp., bes. bei 80—250°, ggf. in einem Lsgm. u. in Ggw. einer die Rk. beschleunigenden Substanz, umgesetzt werden. Das Rk.-Gemisch wird ggf. mit Säure in das entsprechende *Salz* umgewandelt. Falls das Ausgangs-Prod. mehrere austauschbare Gruppen enthält, kann die Rk. mit verschiedenen Aminen in mehreren Stufen erfolgen. (**Ung. P. 149 356** vom 28/4. 1960, ausg. 20/8. 1961. D. Prior. 30/4. 1959.) F. LANDSBERGER. H 3272

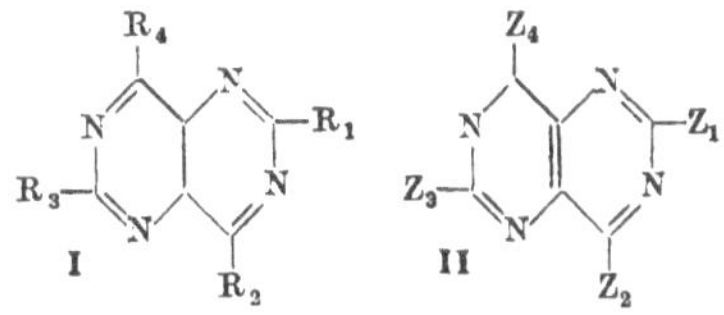

Magyar Állam (Erfinder: Emmerich Fabricius, Ludwig Toldy und Josef Becker), Budapest, Ungarn, **3-Chlorphenthiazin,** F. 194—197°, wird bei der Rk. von m-Chlordiphenylamin, mit S in Ggw. eines Katalysators, bes. Y, bei <150° u. eines halogenierten KW-Stoffes als Lsgm., vorteilhaft von Monochlorbenzol, erhalten. (**Ung. P. 144 300** vom 3/7. 1956, ausg. 1/9. 1958.) G. KÖNIG. H 3292

American Cyanamid Co., New York, N.Y., übert. von: Leslie G. Boatright, Stamford, Conn., V.St.A., **Herstellung substituierter Melamine,** bes. *sym.-Trimethylmelamin*, aus Harnstoff, einem Amin $(R_2)NH$ (R = Alkyl oder H, mindestens ein R = Alkyl) u. einem porösen, anorgan., inerten, wärmestabilen Absorptionsgel, bes. Silicagel, bei 275—300°. (**Can. P. 552 928** vom 20/4. 1954, ausg. 11/2. 1958. A. Prior. 18/9. 1953.) L. GROSSNER. H 3313

American Cyanamid Co., New York, N.Y., übert. von: Leslie G. Boatright und William F. Marzluff, Stamford, Conn., V.St.A., **Partielle Oxydation von HCN** mit O_2 in Ggw. eines inerten, anorgan., wärmestabilen Absorptionsmittels hoher innerer Oberfläche, bes. Silicagel, wobei bei mindestens 450° *Cyanamid* u. bei 350—450° *Melamin* erhalten wird. (**Can. P. 552 929** vom 30/4. 1954, ausg. 11/2. 1958. A. Prior. 18/9. 1953.) L. GROSSNER. H 3313

American Cyanamid Co., New York, N.Y., übert. von: William F. Marzluff und Leslie G. Boatright, Stamford, Conn., V.St.A., **Herstellung von Ammelin** aus Harnstoff durch Erhitzen mit einem inerten, anorgan., wärmestabilen Absorptionsmittel hoher innerer Oberfläche, bes. Silicagel, auf 190—220°, bes. 218°, Behandlung der Rk.-Masse mit NH_3 u. Auslaugen des *Ammelins* mit wss. NH_4OH. (**Can. P. 552 930** vom 3/5. 1954, ausg. 11/2. 1958. A. Prior. 18/9. 1953.) L. GROSSNER. H 3313

American Cyanamid Co., New York, N.Y., übert. von: Leslie G. Boatright, Stamford, Conn., V.St.A., **Herstellung von Melamin** durch Erhitzen von Harnstoff auf $>270°$, bes. 425°, unter erhrhtem Druck, bes. 2000 lbs./sq.in., u. Erhitzen der ererhaltenen Masse mit einem inerten, anorgan., wärmestabilen Absorptionsmittel hoher innerer Oberfläche, bes. Silicagel, auf 220—475°, bes. 350°, unter Atmospärendruck. (**Can. P. 552 932** vom 4/11. 1954, ausg. 11/2. 1958. A. Prior. 12/1. 1954.) L. GROSSNER. H 3313

American Cyanamid Co., New York, N.Y., übert. von: Leslie G. Boatright, Stamford, Conn., V.St.A., **Herstellung von Melamin** aus Ammelin, Ammelid oder Cyanursäure durch Erhitzen mit einem inerten, anorgan., wärmestabilen Absorptionsgel, bes. Silicagel, auf mindestens 220°, Behandlung der Rk.-Masse mit ggf. gasförmigem NH_3 u. Abtrennung des *Melamins*. (**Can. P. 552 949** vom 20/4. 1954, ausg. 11/2. 1958. A. Prior. 18/9. 1953.) L. GROSSNER. H 3313

American Cyanamid Co., New York, N.Y., übert. von: Leslie G. Boatright, Stamford, Conn., V.St.A., **Herstellung von Melamin** aus Melam, Melem, Melon oder Dicyandiamid durch Erhitzen mit einem inerten, anorgan., wärmestabilen Absorptionsgel, bes. Silicagel, bei mindestens 250°, Behandlung der Rk.-Masse mit NH_3 bei 300—400° u. Abtrennung des *Melamins*. (**Can. P. 552 950** vom 20/4. 1954, ausg. 11/2. 1958. A. Prior. 18/9. 1953.) L. GROSSNER. H 3313

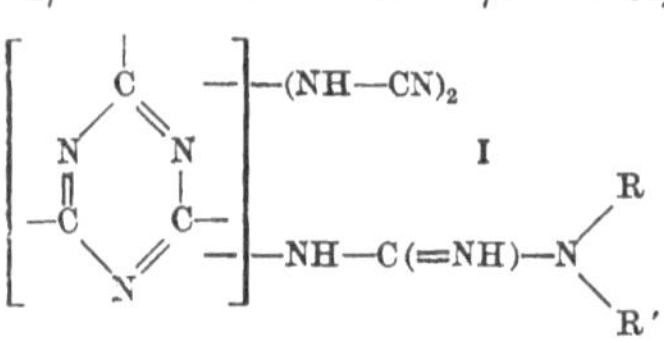
I

American Cyanamid Co., New York, N.Y., übert. von: Daniel E. Nagy, Stamford, Conn., V.St.A., **Monoguanylmelamine** der Formel **I** (R = ggf. halogensulfonyl- oder hydroxysubstituierter Phenyl- oder Naphthylrest; R′ = H, Alkyl-, Phenyl-, Phenäthyl- oder Cyclohexylrest) werden durch Rk. von Tricyanmelamin mit einem entsprechenden sek. Amin in einem inerten Lsgm. bei erhöhter Temp. gewonnen. (**Can. P. 552 568** vom 12/1. 1955, ausg. 4/2. 1958. A. Prior. 29/4. 1954.) EBERHARD RIEDEL. H 3313

Esso Research and Engineering Co., Elizabeth (Erfinder: Arthur B. Hill, Bound Brook, Daniel S. Maisel, Union, und Donald W. Wood, Westfield), N.J., V.St.A., **Norbornylen** mit einem Geh. von $<0,1\%$ Cyclopentadien (**I**) wird in z. B. 90%ig. Ausbeute durch Rk. von Dicyclopentadien mit C_2H_4 bei 150—250° u. 35—700 at in Ggw. von **I**, das in einer solchen Menge dem Rk.-Gemisch zugeführt wird, daß eine gleichbleibende Temp.-Rk. gewährleistet ist, u. Aufarbeitung des Rk.-Gemisches durch fraktionierte Dest., zweckmäßig in 2 Fraktioniertürmen (Boden-Temp. 70—180° bzw. 63°; Kopf-Temp. 50°), wobei die Kopf-Prodd. aus der 2. Fraktionierkolonne vorteilhaft in die 1. Fraktionierkolonne zurückgeleitet werden, erhalten. — Das Verf. ist deshalb so vorteilhaft, weil es ohne Kühlung u. Erwärmung von außen u. kontinuierlich durchgeführt werden kann. (**D. A. S. 1 114 485** Kl. 12o vom 13/8. 1959, ausg. 5/10. 1961. **E. P. 855 003** vom 2/6. 1959, ausg. 23/11. 1960. Beide A. Prior. 9/9. 1958.) R. HAUSS. H 3600

Union Bag-Camp Paper Corp., New York, N.Y., übert. von: Thomas S. Burns, Savannah, Ga., und Olin K. McDaniel, Circleville, Ohio, V.St.A., **Gewinnung von Phytosterinen.** Die Unverseifbares u. Phytosterine enthaltenden Rückstände der Papierfabrikation werden in Petroleum-Lsg. mit konz. H_2SO_4 behandelt, mittels Diatomeenerde filtriert, der Filterkuchen in Isopropanol gelöst, mit gelöschtem Kalk behandelt, filtriert u. der Filterkuchen mit Isopropanol gewaschen. Durch Zusatz von W. zum Filtrat, das sodann 75% Isopropanol u. 25% W. enthält, u. Abkühlung auf 80° werden die Phytosterine, F. 138,5—139°, erhalten. (**A. P. 2 957 891** vom 27/2. 1957, ausg. 25/10. 1960.) U. SIEVERS. H 3700

Upjohn Co., übert. von: Fay L. Cunningham, Kenneth W. Riebe und John Ward Greiner, Kalamazoo, Mich., V.St.A., **Reinigung von Sterinen.** Zum Beispiel wird die aus Sojasterinen gewonnene, hauptsächlich Sitosterin (I) enthaltende Fraktion mit einem Gemisch aus 37% Heptan u. 63% $ClCH_2CH_2Cl$ behandelt, das Gelöste abgetrennt, eingeengt, auf 60° abgekühlt, mit W. verd., über Nacht bei 20° unter Rühren stehengelassen u. die krist. I-Fraktion abgetrennt. Durch Suspendieren in Heptan, 2std. Rühren bei 20° u. Filtrieren wird *β-Sitosterin*, F. 141—143°; $[\alpha]_D$ —34°, erhalten. (**A. P. 2 963 494** vom 16/12. 1957, ausg. 6/12. 1960.) U. SIEVERS. H 3700

E. I. du Pont de Nemours & Co. (Erfinder: Michael Andrew Kubico, Robert Neal MacDonald, Robert Le Roy Stearns, Frederick Alexander Wolff und Milton John Roedel), **Formaldehydpolymere** mit hohem Molgew., mindestens 15000, großer Haltbarkeit u. Zähigkeit werden erhalten, wenn man dem Polymerisations-Prod. (I), bezogen auf I, nicht mehr als 10 Gew.-%, vorteilhaft 0,1—5%, eines Stabilisierungsmittels innig einverleibt, das aus den folgenden Verbb. bestehen kann: Hydrazine (II), substituierte II oder Hydrazide, sek. oder tert. monomere aromat. Amine, Phenole (III) oder substituierte III oder Harnstoffe, Thioharnstoffe oder ihre Substitutionsprodukte. (**Aust. P. 222 522** vom 30/4. 1957, ausg. 30/7. 1959.) O. ROICK. H 4010

Hudson Foam Plastics Corp. (Erfinder: Christopher L. Wilson), **Herstellung von Polyformalen** durch Rk. einer Polyhydroxy-Verb., in der zwei OH-Gruppen durch >4 Atome getrennt sind, z. B. Pentandiol-(1.5) (I) mit CH_2O in Ggw. eines sauren Katalysators unter Abtrennen des entstehenden W. bei <130°. Ein Gemisch aus 2 (Mol) I, 2,2 CH_2O in 37%ig. wss. Lsg. u. 1 H_2SO_4 wird auf 95° u. 3 Std. unter Vakuum auf 100° erhitzt. Das Rk.-Prod. ist *wachsartig* mit einem F. von 25—45°, einer OH-Zahl von 69,5 u. einem Molgew. von 69,5. — Weitere 9 Beispiele. (**Aust. P. 220 211** vom 22/3. 1957, ausg. 12/3. 1959. A. Prior. 23/3. 1956.) C. LÜTTGEN. H 4010

Honorary Advisory Council for Scientific & Industrial Research, Ottawa, Ontario, Canada, übert. von: Edwin J. Cohn, Cambridge, Mass., V.St.A., **Fraktionierung von Proteinen,** bes. aus Blutplasma, durch Diffusion von Alkohol durch eine semipermeable Wand in das auf eine Ionenstärke von 0,01—0,2 gebrachte Plasma unter gleichzeitiger progressiver Temp.-Erniedrigung. (**Can. P. 553 222** vom 26/9. 1945, ausg. 11/2. 1958.) L. GROSSNER. H 4070

Esso Research and Engineering Co., Elizabeth, N.J., V.St.A. (Erfinder: **Robert Byron Long, John Ploeger Longwell** und **Henry Jacob Hibshman**), *Radiochemische Umwandlung von Kohlenwasserstoffen.* (**E. P. 866 752** vom 1/8. 1958, ausg. 26/4. 1961. — C. **1960.** 6319 [D. A. S. 1 066 689].)

Cellulose-Polymères et Dérives „Cepede" Soc. An., Brüssel, Belgien, und **RED-G. m. b. H.,** Hamburg, *Herstellung von 1.4-Dibrombuten und 1.4-Dibrombutan.* (**E. P. 869 121** vom 26/8. 1957, ausg. 31/5. 1961. F. Prior. 4/3. 1957. — C. **1959.** 15188 [F. P. 1 168 789].)

E. I. du Pont de Nemours & Co., übert. von: **Mark W. Farlow,** Wilmington, Del., V.St.A., *Herstellung von Tetrafluoräthylen.* (**Can. P. 552 994** vom 27/9. 1954, ausg. 11/2. 1958. A. Prior. 6/11. 1953. — C. **1956.** 13844 [F. P. 1 115 968].)

Farbwerke Hoechst Akt.-Ges., vormals Meister Lucius & Brüning (Erfinder: **Günther Reiken** und **Günther Brodauf**), *Herstellung von Acetylen.* (**Aust. P. 224 352** vom 30/7. 1957, ausg. 29/10. 1959. D. Prior. 4/8. 1956. — C. **1960.** 11113 [Oe. P. 200 567].)

Esso Research and Engineering Co. (Erfinder: **Thomas Herman Hakala** und **Isidor Kirshenbaum**), *Herstellung von Äthern.* (**Aust. P. 225 615** vom 28/11. 1957, ausg. 24/12. 1959. — C. **1960.** 8344 [D. A. S. 1 064 492].)

Deutsche Solvay-Werke G. m. b. H., Solingen-Ohligs, übert. von: **Gerhard Faerber,** Moers, *Abtrennung von mehrwertigen Alkoholen von deren Monovinyläthern.* (**Can. P. 552 980** vom 15/11. 1954, ausg. 11/2. 1958. D. Prior. 25/11. 1953. — C. **1956.** 13255 [F. P. 1 109 361].)

VEB Leuna-Werke „Walter Ulbricht", Leuna, übert. von: **Friedrich Asinger, Max Thiel,** Leuna, und **Edith Pallas,** Halle, *α-Mercaptoketone aus $\Delta^{3,4}$-Thiazolinen.* (**A. P. 2 888 487** vom 11/10. 1956, ausg. 26/5. 1959. D. Prior. 14/4. 1956. — C. **1961.** 14827 [D. A. S. 1 064 505].)

Celanese Corp. of America, New York, N.Y., übert. von: **Robert L. Mitchell** und **James W. Walker,** Clarkwood, Tex., V.St.A., *Reinigung von Essigsäuremethylester.* (**Can. P. 552 605** vom 9/10. 1952, ausg. 4/2. 1958. A. Prior. 13/11. 1951. — C. **1955.** 7551 [A. P. 2 671 052].)

Deutsche Gold- und Silber-Scheideanstalt vormals Roessler, Deutschland, *Glykolonitril.* (**F. P. 1 227 019** vom 11/6. 1959, ausg. 18/8. 1960. D. Prior. 11/6. 1958. — C. **1961.** 5613 [D. A. S. 1 088 942].)

Imperial Chemical Industries Ltd., England, *Freifließendes Harnstoffpulver.* (**F. P. 1 214 738** vom 31/1. 1959, ausg. 11/4. 1960. E. Prior. 31/1., 26/11. 1958 u. 12/1. 1959. — C. **1961.** 9977 [E. P. 837 163].)

Farbenfabriken Bayer Akt.-Ges., Leverkusen, *N-Carbonylsulfamidsäurefluorid.* (**E. P. 840 214** vom 22/9. 1958, ausg. 6/7. 1960. D. Prior. 8/10. 1957. — C. **1959.** 11730 [D. A. S. 1 043 293].)

Courtaulds Ltd. (Erfinder: **Albert S. Carpenter** und **Frank Reeder**), London, England, *Herstellung von ω-Aminononansäure.* (**Can. P. 552 623** vom 21/1. 1954, ausg. 4/2. 1958. E. Prior. 23/2. 1953. — C. **1956.** 7364 [E. P. 741 739].)

American Potash & Chemical Corp., Los Angeles (Erfinder: **David Rusell Stern,** Fullerton, und **Lahmer Lynds,** North Hollywood), Calif., V.St.A., *Herstellung von Organodihalogenborinen.* (**D. A. S. 1 114 191** Kl. 12o vom 2/3. 1959, ausg. 28/9. 1961. — C. **1962.** 1410 [E. P. 853 379].)

British Petroleum Co. Ltd. (Erfinder: **Stanley Francis Birch** und **Peter Desmond Holmes**), England, *Katalytische Umwandlung von heterocyclischen Verbindungen.* (**F. P. 1 200 302** vom 28/3. 1958, ausg. 21/12. 1959. E. Prior. 5/4. 1957. — C. **1961.** 15926 [A. P. 2 943 094].)

E. I. du Pont de Nemours & Co., übert. von: **Harris W. Bradley**, Wilmington, Del., V.St.A., *Herstellung von Pentachlorthiophenol.* (**Can. P. 553 522** vom 15/9. 1955, ausg. 25/2. 1958. A. Prior. 1/12. 1954. — C. **1957.** 13813 [A. P. 2 737 529].)

Imperial Chemical Industries Ltd., London, übert. von: **James E. McIntyre** und **William A. O'Neill**, Manchester, Lancashire, England, *Herstellung von Terephthalsäure aus p-Diacetylbenzol.* (**Can. P. 553 586** vom 4/6. 1955, ausg. 25/2. 1958. E. Prior. 18/6. 1954. — C. **1958.** 12823 [F. P. 1 124 276].)

Farbenfabriken Bayer Akt.-Ges., übert. von: **Helmut Dierichs** und **Hermann Holzrichter**, Leverkusen, *Herstellung von Toluylendiamin.* (**Can. P. 553 548** vom 10/11. 1954, ausg. 25/2. 1958. D. Prior. 13/11. 1953 u. 5/3. 1954. — C. **1958.** 5806 [F. P. 1 112 653].)

International Minerals & Chemical Corp., übert. von: **Bruno Vassel**, Chicago, Ill., V.St.A., *Abtrennung von Tyrosin.* (**Can. P. 553 878** vom 2/1. 1953, ausg. 4/3. 1958. A. Prior. 17/1. 1952. — C. **1956.** 9578 [E. P. 724 766].)

Badische Anilin- & Soda-Fabrik Akt.-Ges. Ludwigshafen/Rh. (Erfinder: **Walter Reppe, Franz Reicheneder, Karl Dury**, Ludwigshafen/Rh., und **Albert Zieger**, Heidelberg), *Herstellung von Cyclooctatetraen.* (**Schwz. P. 351 580** vom 9/2. 1957, ausg. 15/3. 1961. D. Prior. 18/2. 1956. — C. **1959.** 16164 [F. P. 1 166 341].)

Rohm & Haas Co., Philadelphia, übert. von: **Newman M. Bortnick**, Oreland, Pa., V.St.A., *Dimethylhalo-formylcyclopentanone.* (**Can. P. 553 087** vom 23/1. 1956, ausg. 11/2. 1958. A. Prior. 28/3. 1955. — C. **1959.** 6295 [F. P. 1 152 901].)

Maggioni & Co. S. p. A., übert. von: **Guido Cavallini** und **Elena Massarani**, Mailand, Italien, *4-Hydroxystilbene aus Phenylessigsäuren und p-Hydroxybenzaldehyd.* (**A. P. 2 878 291** vom 17/5. 1955, ausg. 17/3. 1959. — C. **1959.** 3976 [F. P. 1 148 218].)

N. V. Philips' Gloeilampenfabrieken (Erfinder: **Cornelis Johannes Schoot**, Eindhoven, und **Cornelis Marinus Eduard Baans**, Santpoort), Holland, *Herstellung von Halogendiphenylsulfonen.* (**Holl. P. 98 365** vom 17/5. 1958, ausg. 15/6. 1961. — C. **1961.** 9598 [D. A. S. 1 092 465].)

American Cyanamid Co., New York, N.Y., V.St.A., *Herstellung von Bis-[carboxyphenyl]-alkanen.* (**Holl. P. 98 788** vom 18/7. 1956, ausg. 15/8. 1961. A. Prior. 20/7. 1955. — C. **1959.** 4308 [F. P 1 154 752].)

Dow Chemical Co., übert. von: **Luther F. Berhenke**, Midland, Mich., V.St.A., *Halogenierte Phenylsalicylsäuren.* (**Can. P. 553 166** vom 12/8. 1953, ausg. 11/2. 1958. A. Prior. 22/12. 1952. — C. **1961.** 9597 [A. P. 2 779 785].)

National Cash Register Co., Dayton, übert. von: **Clyde S. Adams**, Yellow Springs, **Marjorie J. Lyon** geb. **Cormack**, Dayton, Ohio, und **Mary L. Anderson** geb. **Frazier**, Huntington, W.Va., V.St.A., *N-Halophenylderivate des Leukoauramins.* (**Can. P. 553 609** vom 7/6. 1956, ausg. 25/2. 1958. A. Prior. 1/11. 1955. — C. **1959.** 3978 [F. P. 1 154 278].)

Esso Research and Engineering Co., Elizabeth, N.J., übert. von: **James A. Adamson jun.** und **Edward J. Hoffmann**, Baytown, Tex., V.St.A., *Herstellung von Naphthalin.* (**Can. P. 553 545** vom 13/9. 1954, ausg. 25/2. 1958. A. Prior. 26/10. 1953. — C. **1957.** 5116 [A. P. 2 729 688].)

N. V. de Bataafsche Petroleum Mij., Den Haag (Erfinder: **Nicolaas Huppes** und **Robert Willem Frederik Kreps**, Amsterdam), Holland, *Gewinnung von Dicyclopentadien von hoher Reinheit.* (**D. A. S. 1 060 389** Kl. 12o vom 26/2. 1957, ausg. 2/7. 1959. **E. P. 803 308** vom 26/2. 1957, ausg. 22/10. 1958. Beide Holl. Prior. 28/2. 1956. — C. **1960.** 4674 [F. P. 1 167 203].)

Farbenfabriken Bayer Akt.-Ges., Leverkusen (Erfinder: **Willi Hahn**, Köln, **Hans Haberland** und **Rudolf Stroh**, Leverkusen), *Herstellung von C-alkylierten Heterocyclen.* (**Schwz. P. 356 455** vom 23/4. 1957, ausg. 13/10. 1961. D. Prior. 4/5. 1956. — C. **1960.** 11112 [Oe. P. 198 759].)

Shell Development Co., New York, N.Y., übert. von: **Curtis W. Smith** und **George B. Payne**, Berkeley, Calif., V.St.A., *Herstellung von Oxiranverbindungen.* (**Can. P. 552 808** vom 13/3. 1954, ausg. 4/2. 1958. A. Prior. 8/6. 1953. — C. **1961.** 1708 [A. P. 2 786 854].)

Farbwerke Hoechst Akt.-Ges., vormals Meister Lucius & Brüning, Deutschland, *β-Lactame.* (**F. P. 1 229 876** vom 23/3. 1959, ausg. 12/9. 1960. D. Prior. 22/3. 1958. — C. **1961.** 6684 [D. A. S. 1 086 234].)

Farbenfabriken Bayer Akt.-Ges., Leverkusen (Erfinder: **Georg Rösch, Walter Wolf**, Leverkusen, und **Helmut Klappert**, Köln-Stammheim), *Herstellung von 2-Amino-5-iminopyrroleninen.* (**Can. P. 552 659** vom 4/1. 1955, ausg. 4/2. 1958. D. Prior. 7/1. 1954. — C. **1958.** 6680 [Oe. P. 190 055].)

Union Carbide & Carbon Corp., New York, N.Y., übert. von: **John R. Anderson**, Pittsburgh, Pa., und **Werner C. von Dohlen**, South Charleston, W.Va., V.St.A., *Raffination cyclischer organischer Carbonate.* (**Can. P. 553 107** vom 10/8. 1955, ausg. 11/2. 1958. A. Prior. 18/10. 1954. — C. **1961.** 8475 [A. P. 2 894 957].)

Ciba Ltd., übert. von: **Adolf E. Siegrist**, Basel, und **Franz Ackermann**, Binningen, Schweiz, *Herstellung von Diimidazolderivaten.* (**Can. P. 553 320** vom 25/8. 1955, ausg. 18/2. 1958. Schwz. Prior. 27/8. 1954, 22/2. u. 29/6. 1955. — C. **1959.** 2620 [F. P. 1 140 365].)

Aktiebolaget Leo, Hälsingborg, Schweden, *Diphosphoimidazole.* (**E. P. 869 625** vom 14/6. 1957, ausg. 31/5. 1961. Dän. Prior. 16/6. 1956. — C. **1960.** 12949 [A. P. 2 917 517].)

VEB Leuna-Werke „Walter Ulbricht", Leuna, *Thiazole.* (**E. P. 867 857** vom 17/9. 1957, ausg. 10/5. 1961. D. Prior. 29/12. 1956. — C. **1959.** 4309 [D. A. S. 1 029 826].)

Union Carbide & Carbon Corp., New York, N.Y., übert. von: **Howard R. Guest**, Charleston, und **Ben W. Kiff**, Ona, W.Va., V.St.A., *Aldolkondensation mit Acroleindimeren.* (**Can. P. 552 451** vom 17/3. 1955, ausg. 28/1. 1958. A. Prior. 14/6. 1954. — C. **1957.** 5707 [D. B. P. 953 525].)

Lakeside Laboratories, Inc., übert. von: **John H. Biel**, Milwaukee, Wis., V.St.A., *Reduktion von 3-Hydroxypyridin und dessen Derivaten.* (**Can. P. 553 596** vom 2/12. 1954, ausg. 25/2. 1958. A. Prior. 24/5. 1954. — C. **1961.** 16284 [E. P. 834 248].)

Olin Mathieson Chemical Corp., Baltimore, Md., übert. von: **Melvin J. Astle**, Shaker Heights, und **William C. Gergel**, Cleveland Heights, Ohio, V.St.A., *Herstellung von 2-Chlordioxen.* (**Can. P. 552 772** vom 26/10. 1955, ausg. 4/2. 1958. A. Prior. 26/10. 1954. — C. **1957.** 10340 [D. B. P. 958 843].)

American Cyanamid Co., New York, übert. von: **Bernard R. Baker**, Nanuet, N.Y., und **Robert E. Schaub**, Paramus, N.J., V.St.A., *Purinverbindungen.* (**Can. P. 552 945** vom 12/8. 1953, ausg. 11/2. 1958. A. Prior. 29/10. 1952. — C. **1959.** 959 [A. P. 2 705 715].)

Soc. des Usines Chimiques Rhône-Poulenc (Erfinder: **Paul Jean Clement Buisson**), *Herstellung von Azaphenthiazinen.* (**Aust. P. 225 644** vom 3/7. 1958, ausg. 24/12. 1959. — C. **1959.** 4633 [D. P. [DDR] 14 269].)

VEB Leuna-Werke „Walter Ulbricht", Leuna, *Herstellung von 1-Alkyl-4-ketohexahydro-1.3.5-trizainen.* (**Oe. P. 212 320** vom 6/6. 1959, ausg. 12/12. 1960. — C. **1961.** 1377 [D. A. S. 1 089 765].)

VEB Leuna-Werke „Walter Ulbricht", Leuna, *Herstellung von 1-Alkyl-4-ketohexahydro-1.3.5-triazinen.* (**Oe. P. 212 321** vom 12/6. 1959, ausg. 12/12. 1960. — C. **1961.** 1379 [D. A. S. 1 089 766].)

British Celanese Ltd., London, übert. von: **James G. N. Drewitt**, Spondon/Derby, England, *Herstellung von Caprolactam und Estern der Aminocapronsäure.* (**Can. P. 552 954** vom 11/6. 1953, ausg. 11/2. 1958. E. Prior. 29/7. 1952. — C. **1956.** 10337 [E. P. 743 246].)

Ciba Akt.-Ges., Basel, Schweiz, *Herstellung von reinem Deserpidin und seinen Salzen.* (**Oe. P. 210 566** vom 2/9. 1955, ausg. 10/8. 1960. A. Prior. 7/9. u. 10/11. 1954, 11/2. 1955. — C. **1960.** 4676 [Aust. P. 211 270].)

Commonwealth Engineering Co., Dayton, Ohio, V.St.A., *Isolieren von reinem Dextran aus rohen Gärprodukten.* (**Belg. P. 554 923** vom 12/2. 1957, ausg. 12/2. 1960. A. Prior. 21/5. 1954. — C. **1958.** 14453 [A. P. 2 798 065].)

Ciba Akt.-Ges., Basel, Schweiz, *Verfahren zum vorübergehenden Schutz von OH-, SH- oder NH_2-Gruppen in organischen Verbindungen.* (**Oe. P. 208 885** vom 29/8. 1958, ausg. 10/5. 1960. Schwz. Prior. 30/8. 1957. — C. **1961.** 7035 [D. A. S. 1 087 128].)

X. Färberei. Organische Farbstoffe

Einfluß der Benzoesäure als Carrier beim Färben von Polyesterfasern mit einigen Dispersionsfarbstoffen. Jiri Rais und Milena Jagrova. (Teintex **26.** 795—802. 15/11. 1961.) (Franz.)

Die Beobachtungen von SCHULER u. REMINGTON über die Wrkg. von Benzoesäure (I) auf die Verteilung des Farbstoffs zwischen Faser u. Flotte im Gleichgewichtszustand werden zur mathemat. Analyse des färber. Gleichgewichts zwischen Polyesterfasern u. Dispersionsfarbstoffen, rein angewandt in Ggw. von I, verwertet. Es wird eine erste empir. Gleichung aufgestellt hinsichtlich der Verminderung des Verteilungs-Koeff. auf Grund zunehmender Konz. an I, sowie 2 weitere hinsichtlich der Löslichkeit des Farbstoffs in W. in Abhängigkeit von der Konz. an I. Aus diesen Gleichungen können die Sättigungs-Konzz. der Farbstoffe in der Faser im Gleichgewichtszustand berechnet werden. Es wird eine Hypothese aufgestellt, um die Wrkg. von I während der Färbung zu erklären. L. JENTGEN. 7002□

Neue Farbstoffe und Hilfsmittel. Anonym. (Textil-Rdsch. [St. Gallen] **17.** 44—46. Jan. 1962.) (Dt.)

CIBA AG., Basel: *Cibaningelb F 2 G* ist ein Leukofarbstoff für Färbung u. Druck für native u. regenerierte Cellulosefaserstoffe. Die Lichtechtheit ist ausgezeichnet, die Wasch-, Chlor-, Sodakoch-, Peroxid-, Säure- u. Reibechtheiten sind sehr gut. — *Cibalanoliv 3 BL konz.* für Färbung, Direkt- u. Vigoureuxdruck auf Wolle, Naturseide u. Polyamidfaserstoffe. — FARBENFABRIKEN BAYER, Leverkusen: *Supranolechtblau G*, ein einheitlicher Wollfarbstoff, besitzt sehr gute Licht-, Wasser-, Wasch-, Säurewalk-, Meerwasser-, Reib-, Bügel-, Dekatur- u. Schwefelechtheit. Die Heißwasser- u. Carbonisierechtheit sowie die Löslichkeit sind gut. — *Resolingelb GRL* u. *Resolinrot BBL* sind Dispersionsfarbstoffe für das Färben u. Bedrucken von Polyesterfasern. Die Färbungen u. Drucke beider Farbstoffe besitzen sehr gute Licht- u. Naßechtheiten. — IMPERIAL CHEMICAL INDUSTRIES LTD., Manchester: *Die Herst. von Marine- u. Schwarztönen auf Polyesterfasern unter Verw. von Azokombinationen im Einbadverfahren.* Informationsschrift Dyehouse Nr. 596. — *Procionmarineblau H 3 R* ist ein homogener Reaktivfarbstoff für den Textildruck auf Cellulosefasern u. echte Seide. — *Vereinfachung der diskontinuierlichen Färberrezepturen für Procionfarbstoffe.* Techn. Informationsblatt Dyehouse Nr. 586. — *Prociongrün 2 B* ist ein einheitlicher Farbstoff mit guter Licht- u. Waschechtheit. Er eignet sich für die Anwendung nach den für die kaltfärbenden Procionfarbstoffe empfohlenen Verff., einschließlich des Klotz-Kaltlagerverfahrens. — *Der neue Schwefeldispergator für die Viscoseherstellung. Lubrol CB* ist ein neuer Viscosespinnbadzusatz. Dieses Hilfsmittel besitzt für Cellulose nur eine sehr geringe Affinität. Es ist ein substituiertes Polyamin/Äthylenoxid-Kondensat. Lubrol CB ergibt in W., Spinnbad-Fl., 6%ig. NaOH oder in Viscose klare Lösungen. Hilfsmittelpublikation Nr. 136. P. ECKERT. 7018□

Der Einfluß von Schwefelfarbstoffen auf die Festigkeit von Baumwollgeweben. I. L. Chmelnitzkaja und S. I. Ssergejewa. (Текстильная Промышленность [Textil-Ind.] **21.** Nr. 2. 52—54. Jan. 1961.) (Russ.)

Von drei untersuchten Schwefelfarbstoffen (Schwefelschwarz K, Immedialdunkelbraun A u. Schwefelbrillantgrün G) ruft nur der erste eine beschleunigte Festigkeitsabnahme der gefärbten Baumwollgewebe hervor. T. LUKANOFF. 7020□

Über die Reaktion der Reaktivfarbstoffe mit Cellulose. M. A. Tschekalin. (Текстильная Промышленность [Textil-Ind.] **21.** Nr. 1. 40—43. Jan. 1961.) (Russ.)

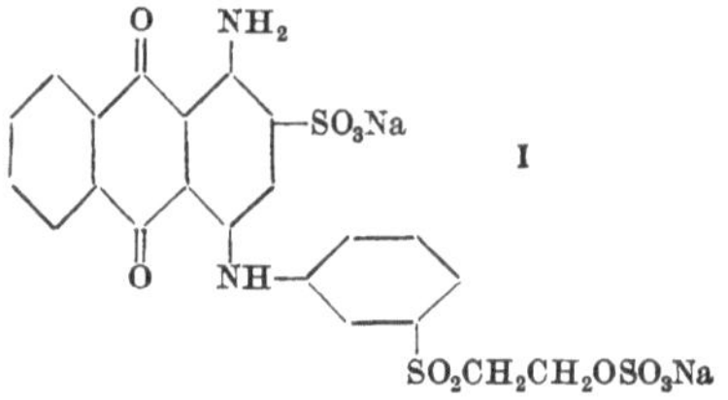
I

Viscoseseide, die mit dem blauen Reaktivfarbstoff I gefärbt war, wurde durch eine stufenweise Hydrolyse mit 58%ig. H_2SO_4 bei Zimmer-Temp. zu einem Gemisch von Farbstoffen umgesetzt. Diese Farbstoffe wurden durch aufsteigende Papierchromatographie aus 50%ig. wss. Pyridin-Lsg. getrennt u. ihre Identität mit den Umsetzungs-Prodd. von Glucose u. Cellobiose mit I nachgewiesen. Eine weitere Hydrolyse dieser Umsetzungs-Prodd. führt zur Abspaltung von 1 oder 2 Glucoseresten. T. Lukanoff. 7020□

Die Verwendung von Sulfitablauge beim Färben mit Küpenfarbstoffen. W. W. Paschkewitschjuss und I. I. Putnaite. (Текстильная Промышленность [Textil-Ind.] **21.** Nr. 2. 72—73. Jan. 1961.) (Russ.)

Als Schutz-Koll. bei der Einbadfärbung mit Indigosolen wurde Sulfitablauge verwendet, wobei eine Verbesserung der Gleichmäßigkeit u. Echtheit der Färbung im Vgl. zu dem Zweibad-Verf. festgestellt wurde. T. Lukanoff. 7020□

Das Färben von Geweben mit Pigmentfarben. G. G. Petrshik, Je. Ja. Dawydowa und L. W. Lesnewa. (Текстильная Промышленность [Textil-Ind.] **21.** Nr. 3. 44—45. März 1961.) (Russ.)

Als Filmbildner beim Färben von Geweben aus Chemiefasern u. ihren Mischungen mit Baumwolle mit Pigmentfarben wird Polyvinylidenchlorid-Latex SWCh vorgeschlagen. Dabei wird eine hohe Naß-, Reibungs- u. Lichtechtheit der Färbung erzielt; die zusätzliche Ausrüstung fällt weg. T. Lukanoff. 7020□

Von den Rapidogenen zu den Neutrogenen. Beziehungen zwischen der Konstitution der Verbindungen vom Triazontyp und ihren Einsatzmöglichkeiten beimDruck von Cellulosefasern. Pierre Peticolas und Gérard Thirot. (Teintex **26.** 693—702. 15/10. 1961.) (Franz.)

Ein Überblick über die Entw. des Drucks mit Azofarbstoffen u. eine Darst. des Chemismus der Rapidogene. Die bei ihrer Anwendung erforderliche Spaltung der Triazone durch organ. Säuredämpfe bildete ein Problem, das erst kürzlich durch die Neutrogene, die neutral entwickelt werden, gelöst werden konnte. Es werden stabilisierend Amine zugegeben, die in Dämpfzeiten von wenigen Min. ein fast gleiches färber. Rendement geben. L. Jentgen. 7022□

Moderne Farbstoffe und Färbeverfahren. 2. Mitt. A. J. Hall. (Textile Recorder **79.** Nr. 944. 83—86. Nov. 1961.) (Engl.)

Nach kurzem Überblick über die Bemühungen in den letzten 50 Jahren, den Farbstoff mit der Faser zu verbinden, werden die heute verfügbaren Reaktivfarbstoffe beschrieben. Während die Reaktivität der meisten auf der Anwesenheit der chlorierten 2.4.6-Triazinylgruppe beruht, machen die Remazolfarbstoffe mit der ungesätt. Vinylsulfongruppe eine Ausnahme. Die chem. Rk. beider Arten mit Cellulose wird beschrieben. In naher Zukunft herauskommende Typen, deren Reaktivität auf anderen Gruppen beruht u. die in Deutschland u. England entdeckt wurden, werden angeführt.

L. Jentgen. 7048□

Ciba Soc. An., Schweiz, **Färben von polyhydroxylierten Stoffen,** wie Cellulose, regenerierte Cellulose, Viscose oder Polyvinylalkohol durch Behandlung mit Azofarbstoffe bildenden Komponenten, welche in W. lösl. sind u. neben wenigstens einer zur Azofarbstoff-Bldg. geeigneten Gruppe noch eine aliphat. Kette enthalten, welche frei von wasserlösl. machenden Gruppen ist u. befähigt ist, mit den polyhydroxylierten Verbb. eine chem. Bindung einzugehen. Das Rk.-Gemisch wird in Ggw. eines anorgan. säurebildenden Mittels erwärmt. Die auf den Polyhydroxyl-Verbb. fixierten Verbb. werden mit den Diazi-Verbb., oder umgekehrt werden fixierte diazotierbare Verbb. nach der Diazotierung mit den Kupplungs-Verbb. gekuppelt. Als wasserlösl. Kupplungs-Verbb., welche eine reaktionsfähige aliphat. Kette entvalten, dienen z. B. Verbb. mit einer aliphat. Acylaminogruppe, deren Acylrest in β-Stellung halogeniert oder in $\alpha.\beta$-Stellung ungesätt. ist, z. B. die N-[β-Chloräthyl]-amide der 2-Hydroxynaphthoesäure oder der Pyrazolon-(5)-carbonsäure-(3) oder der 1-Phenyl-3-methylpyrazolon-(5)-sulfonsäure-(3′) oder (4′), das 4′-[β-Chloräthansulfonyl]-anilid der 2-Hydroxynaphthoesäure, 1-Hydroxynaphthyl-(4)- oder -(5)-vinylsulfon, 1-[β-Chloräthansulfonylamino]-7-hydroxynaphthalin, 1-[β-Chlorpropionylamino]-7-hydroxynaphthalin, 3-[β-Chlorpropionylamino]-1-aminobenzol,

3-[Acryloylamino]-1-aminobenzol, 1-Acetoacetylamino-4-[β-chlorpropionylamino]-benzol, 1-Acetoacetylamino-4-acryloylaminobenzol. Als diazotierbare Komponenten sind z. B. genannt; 4- oder 5-Acroylamino-2-aminobenzol-1-sulfonsäure, 4- oder 5-[β-Chloräthansulfonylamino]-2-aminobenzol-1-sulfonsäure, sowie die entsprechende 4- oder 5-[β-Chlorpropionylamino]-Verb., 1-Aminophenyl-(2)-, -(3)- oder -(4)-vinylsulfon, das N-[β-Chloräthyl]-amid der 2-Amino-1-hydroxybenzol-4- oder -5-sulfonsäure, β-Chloräthylamid der 1-Aminobenzol-2-, -3- oder -4-sulfonsäure, das β-[p-Toluolsulfonyloxy]-äthylamid der 1-Aminobenzol-2-, -3- oder -4-sulfonsäure oder das N-[β-Chlorpropionyl]-amid dieser Säure, sowie das entsprechende N-Acryloyl- u. N-[β-chloräthansulfonyl]-amid. — 2 (Teile der Verb. I werden mit 2 Na_2CO_3 u. 4 Harnstoff in 100 W. gelöst; damit wird ein Baumwollgewebe imprägniert, um danach mit einer Lsg. behandelt zu werden, welche im Liter 1 (g) des Diazotierungs-Prod. von o-Chloranilin, 1 Na-Acetat u. 0,5 Na_2CO_3 enthält. Das gewaschene u. getrocknete Gewebe ist orange gefärbt. Bei Verw. von diazotiertem 4-Nitro-2-methoxyanilin wird eine hellrote Färbung erhalten, mit diazotiertem 4-Benzoylamino-2-methoxy-5-methylanilin eine rubinrote u. mit diazotiertem 5-Amino-2-benzoylamino-1.4-diäthoxybenzol eine violette Färbung. — In weiteren Beispielen werden an Stelle von I die Verbb. II u. III verwendet. (**F. P. 1 205 895** vom 28/3. 1958, ausg. 5/2. 1960. Schwz. Prior. 28/3. 1957.)

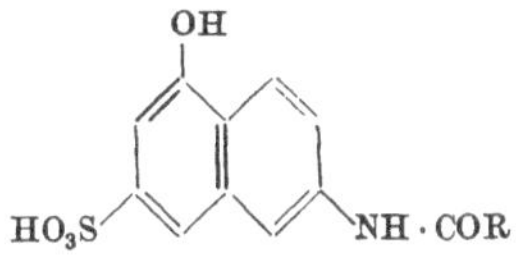

I R = CH_2CH_2Cl

II R = $CH{=}CH_2$

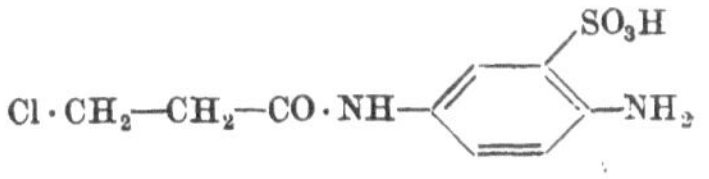

III

M. F. MÜLLER. 7021

Ciba Soc. An., Schweiz, **Färben von cellulosehaltigem Textilmaterial** nach dem Druck- oder Foulardierverfahren. Zu D. A. S. 1 083 779: C. **1961.** 7759 ist nachzutragen,

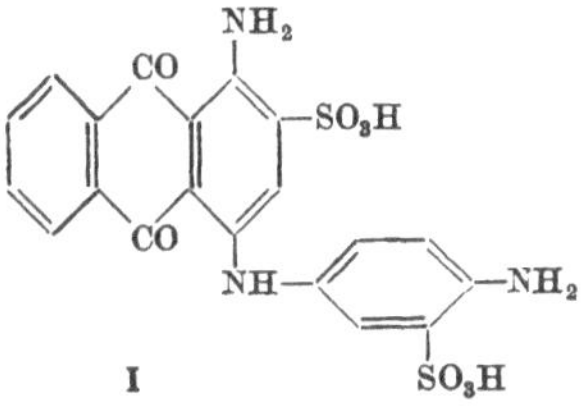

I

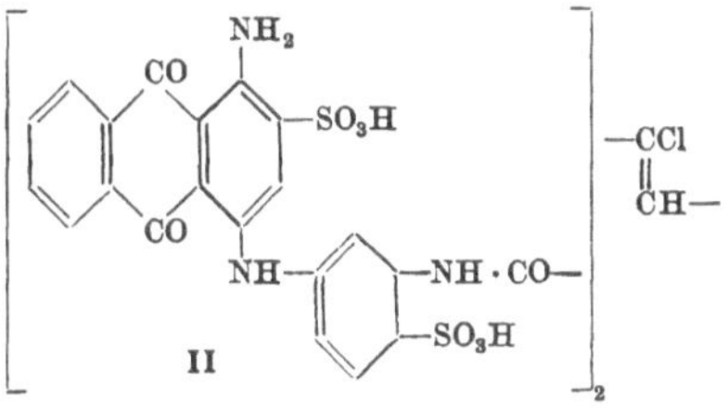

daß auch Anthrachinonfarbstoffe, z. B. **I** u. **II** verwendet werden können. (**F. P. 1 212 254** vom 24/9. 1958, ausg. 23/3. 1960. Schwz. Prior. 27/9. 1957.)

M. F. MÜLLER. 7021

Badische Anilin- & Soda-Fabrik Akt.-Ges., Deutschland, **Färben und Bedrucken von Fasern, Fäden, Garnen oder Geweben** aus nativer oder regenerierter Cellulose mit sauren oder substantiven Farbstoffen der Azo- oder Azomethinreihe oder mit sauren Farbstoffen der Anthrachinonreihe, welche wenigstens einmal, die Gruppe

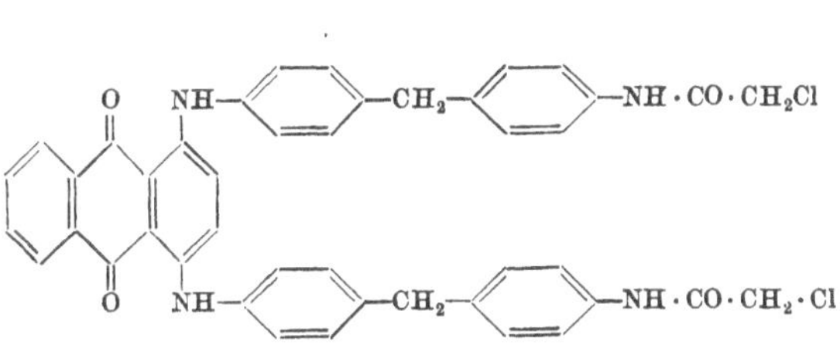

II

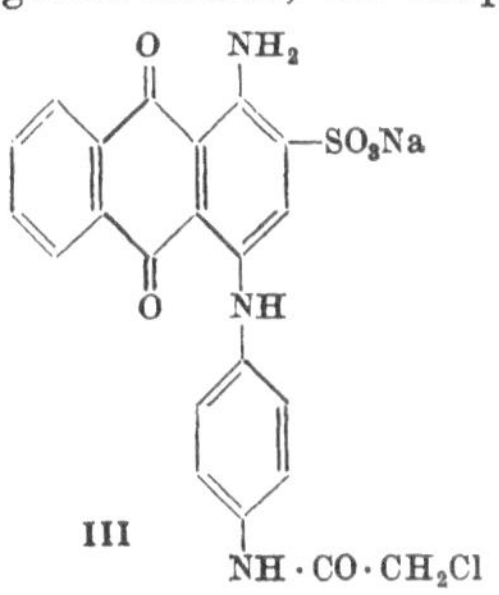

—CO—Y—C(R)(R')·X enthalten (Y = direkte Bindung, Alkylen- oder Phenylenrest; R u. R' = H, Alkyl-, Aryl-, Cycloalkyl- oder Phenylrest: X = Halogen: z. B. $—CO·CH_2Cl$ oder $—CO·CH_2·CH_2Cl$), bes. die Gruppierung —NH—CO—Y—C(R)(R')—X mit Y =

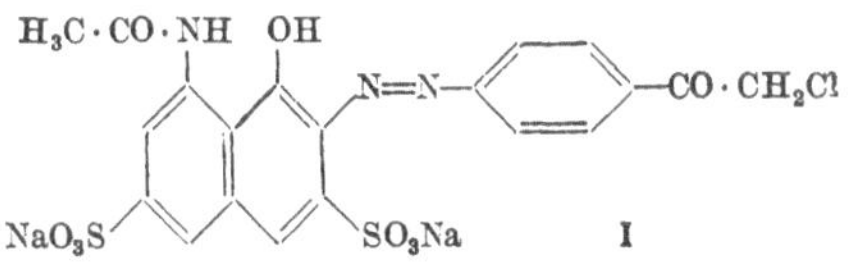

niedermol. Alkylenrest, z. B. $-CH_2-$, $-CH_2\cdot CH_2-$ oder $-CH(CH_3)-$. Ein Baumwollgewebe wird bei 30° mit einer Lsg. am Foulard behandelt, welche 15 g des Sulfonierungs-Prod. des Farbstoffes **II**, 20 ml NaOH (38° Bé) u. 50 g NaCl enthält. Danach wird das Gewebe auf 100% Feuchtigkeits-Geh. abgepreßt u. 2 Min. lang auf 105° erhitzt. Es ist grün gefärbt, reibfest u. lichtecht. — Der Farbstoff **III** färbt blau u. **I** rosa. Weitere Beispiele. (**F. P. 1 203 580** vom 17/3. 1958, ausg. 20/1. 1960. D. Prior. 23/3. 1957.)
M. F. Müller. 7023

Farbwerke Hoechst Akt.-Ges., vormals Meister Lucius & Brüning, Deutschland, **Färben und Bedrucken von Polyesterprodukten,** bes. von Form-Prodd. aus aromat. Polyestern, wie Polymere von Äthylenterephthalat, bei 100—130° mit wss. Dispersionen von Chinophthalonfarbstoffen, welche erhältlich sind durch Kondens.von Anhydriden aromat. o- oder peri-Dicarbonsäuren (**I**) mit Verbb., welche akt. Methyl-oder Methylengruppen enthalten (Chinaldin, 3-Hydroxy- oder 6-Chlorchinaldin, ferner Pyridin-Derivv., wie α-Picolin, 2-Methyl-5-äthylpyridin u. a.). Verbb. **I** sind z. B. die Anhydride von Phthalsäuren, von 3-Chlor-, 3.6-Dichlor-, 3.4.5.6-Tetrachlor-, 4-Fluor-, 3-Nitrophthasäure, ferner von Pyridin-2.3-dicarbonsäure, Benzol-1.2.4.5-tetracarbonsäure. (**F. P. 1 202 744** vom 25/9. 1958, ausg. 12/1. 1960. D. Prior. 25/9. 1957.) M. F. Müller. 7023

Farbwerke Hoechst Akt.-Ges., vormals Meister Lucius & Brüning, Frankfurt/M., **Fixieren von Pigmenten auf Fasermaterial** unter Verw. einer *Druckpaste*, die als Bindemittel ein harzartiges alkalilösl. Kondens.-Prod. einer mehrwertigen organ. Säure mit mehrwertigen aliphat. Alkoholen in einer alkal. Lsg., eine Verb. mit mindestens 2 reaktionsfähigen Äthyleniminresten u. ein wasserlösl. Vorkondensat von Phenol, Harnstoff oder Melamin (**II**) mit Aldehyden enthält. — Man mischt 50 (Teile) 25% ig. NH_4-Caseinat-Lsg. mit 50 einer wss. NH_4OH-Lsg. eines Kondens.-Prod. (**I**) von 1 Mol Hexantriol-(1.3.5) u. 1,2 Mol Phthalsäureanhydrid, 3 Alkylarylpolyglykoläther, 10 einer wss. 50% ig. Lsg. von NH_4CNS u. emulgiert damit 750 Mineralöl, Kp. 180—235°, unter Zugabe von 137 Wasser. 735 dieser Emulsion werden mit 150 wss. NH_4OH-Lsg. von **I**, 20 Cu-Phthalocyanin, das mit 30 W. angerieben ist, 25 einer 80% ig. Bzl.-Lsg. des Rk.-Prod. von $POCl_3$ mit 3 Mol Äthylenimin u. 40 einer 65% ig. wss. Lsg. eines Vorkondensates von **II**, Äthylenglykol u. CH_2O gemischt. (**Ind. P. 61 493** vom 20/8. 1957, ausg. 3/10. 1958. **Zusatz zu Ind. P. 60228; C. 1962. 1806.**) C. Lüttgen. 7023

Heberlein & Co. Akt.-Ges., Wattwil, Schweiz, **Herstellung von Musterungen auf textilen Flächengebilden, die elastische Kräuselgarne aus vollsynthetischem Material enthalten.** Das Flächengebilde wird vor oder nach dem Ausspannen mustergemäß mit einer härtbaren, einen lackartigen Überzug bildenden Masse (**I**) behandelt u. im ausgespannten Zustande auf über 100° erhitzt. **I** ist z. B. eine ggf. verdickte Lsg. eines wasserlösl. Kunstharzvorkondensats, bes. eines Harnstoff- bzw. Melamin–Formaldehyd-Kondensats oder eines in organ. Lsgm. gelösten, verätherten Aminoplasten, bes. Harnstoff- bzw. Melamin–Formaldehydäther-Harze bzw. Mischharze davon. Ggf. wird das textile Flächengebilde vor dem Ausspannen mit einem wasserlösl. Appreturmittel, z. B. Polyvinylalkohol oder Stärke, imprägniert, getrocknet u. ggf. örtlich mit einem das Appreturmittel unlösl. machenden Mittels behandelt. Man verwendet z. B. eine wss. Lsg. von CH_2O u. eines sauren Katalyten unter Erhitzen auf $> 100°$, wobei das Appreturmittel, soweit es nicht unlösl. gemacht wurde, am Schluß der Behandlung wieder ausgewaschen wird. Die örtliche Fixierung des textilen Flächengebildes erfolgt im ausgespannten Zustand durch Heißpressen, worauf es in entspanntem Zustand ausgewaschen, gedampft u. getrocknet wird. Man erhält dabei neuartige Musterungen u. mod. Effekte. — Ein glatter Trikot aus hochelast. Kräuselzwirn aus Polyhexamethylenadipamid wird in ausgespanntem Zustand mit folgender Masse bedruckt; 900 (g) Melaminformaldehyd–Butylätherharz (60% ig. in Methanol), 60 Butylacetat, 30 Butanol u. 10 Nitrocellulose mittlerer Viscosität. — Ein Trikotstoff aus hochelast. Polyglykolterephthalatkräuselzwirn wird mit 2% ig. Polyvinylalkohol Lsg. vorappretiert u. nach dem Trocknen mit einer Masse aus 40 wasserlösl. Methylcellulose, 180 Dimethyloläthylenharnstoff, 10 NH_4Cl u. 770 W. bedruckt. Nach dem Trocknen wird 2 Min. lang bei 150° erhitzt, in einem Seifenbad bei 40° gewaschen, gespult u. getrocknet. (**Oe. P. 201 556** vom 18/4. 1957, ausg. 10/1. 1959.) M. F. Müller. 7023

Heberlein & Co. Akt.-Ges., Wattwil, Schweiz, **Erzeugung von glänzenden Metallmusterungen auf Flächengebilden,** bes. Textilgeweben, durch Befestigung des Metallbelages mittels eines Klebemittels auf Kunstharzbasis, durch Aufkaschieren einer im Hochvakuum mit Metall bedampften Zwischenträgerbahn u. Wiederabziehen derselben, wobei das Metall an den mit dem Klebemittel versehenen Partien des Flächengebildes haften bleibt. Das Flächengebilde wird mustergemäß oberflächlich mit dem Klebemittel versehen. Die Zwischenträgerbahn wird vor der Bedampfung im Hochvakuum mit einer die Haftfestigkeit des Metalls vermindernden schwach dampfflüchtigen Substanz, z. B. mit einem Siliconöl, bestrichen, die ggf. gleichzeitig als Oberflächenschutz für das auf die Gewebebahn aufgebrachte Metall dient. (**Oe. P. 205 957** vom 14/5. 1957, ausg. 26/10. 1959.) M. F. Müller. 7023

Ciba Akt.-Ges., Basel (Erfinder: Karl Seitz, Neuallschwil, und Henri Riat, Arlesheim), Schweiz, **Herstellung organischer Farbstoffe.** In wasserlösl. Farbstoffe aus der Klasse der Stilben-, Dioxazin-, Thioxanthon-, sauren Phthalocyanin-, sauren Anthrachinon- u. Azofarbstoffe wird eine über eine ihrer —CO-Gruppen gebundene, halogenierte, aliphat., ungesätt. niedrigmol. Dicarbonsäure eingeführt. Die erhaltenen Farbstoffe eignen sich zum Färben u. Bedrucken von Wolle, Seide u. Polyamidfasern, bes. aber polyhydroxylierten Materialien faseriger Struktur wie cellulosehaltigen Stoffen. — 10,44 (Teile) des Farbstoffes *1.4-Diaminobenzol-2-sulfonsäure → 3-Methyl-1-[2'.5'-dichlor-4'-sulfophenyl]-pyrazolon-(5)*, in 300 W. gelöst u. mit Na_2CO_3 neutralisiert, werden mit 6,56 Na-Acetat versetzt. Bei 0—5° wird eine Lsg. von 5,3 Chlormaleinsäureanhydrid in 25 Aceton zugegeben. Nach Beendigung der Acylierung wird wie üblich isoliert. Der erhaltene Farbstoff färbt Baumwolle goldgelb u. sehr gut wasch- u. lichtecht. (**F. P. 1 211 017** vom 26/9. 1958, ausg. 11/3. 1960. **E. P. 848 742** vom 26/9. 1958, ausg. 21/9. 1960. **D. A. S. 1 089 097** Kl. 22a vom 10/9. 1958, ausg. 15/9. 1960. Alle Schwz. Prior. 27/9. 1957.) F. Rath. 7049

Sandoz Akt.-Ges., Basel (Erfinder: Ernest Merian, Bottmingen), Schweiz, **Herstellung von in Wasser schwer löslichen Azofarbstoffen.** Ein diazotiertes Amin der allg. Formel I (X = N, CH, CCH_3, CCF_3, CC_6H_5, C-(Methylphenyl), C-(Äthylphenyl), C-(Dimethylphenyl) oder C-(Halogenphenyl) u. R_3 = ein niedrigmol. Alkyl- oder Alkylenrest mit 1—4 C u. ggf. durch Halogen, OH oder CN substituiert) wird mit einer Azokomponente der allg. Formel II (R_1 = Alkylenrest mit 1 bis 4 C: R_2 = Hydroxyalkyl,

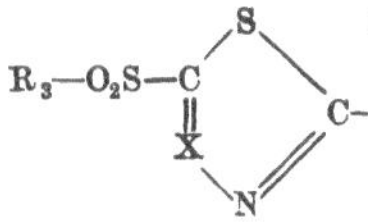
I

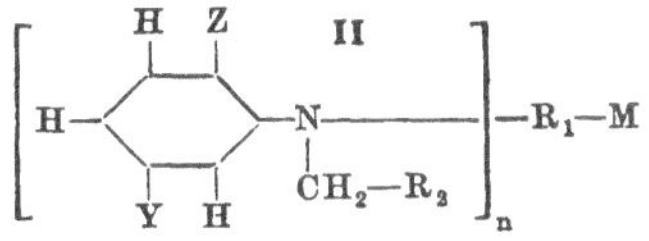
II

Dihydroxyalkyl, Alkoxyalkyl, ggf. substituiertes Acetoxyalkyl, Cyanalkyl, CHF_2, CF_3, fluoriertes Cyanalkyl, Carbalkoxyalkyl oder Carbaminsäurealkylester: M = H, OH, Alkoxy, ggf. substituiertes Acetoxy oder Carbaminsäurealkylester, wenn n = 1 jedoch = CN, wenn n = 2; Y = H, Halogen, niedrigmol. Alkyl oder Alkoxy, CF_3, $COCF_3$ oder Alkanoylamino mit höchstens 18 C: n = 1 oder 2 u. Z = H, CH_3 oder OCH_3 oder zusammen mit $—N—CH_2—R_2$ u. dem angrenzenden Benzolkern = Tetrahydrochinolin) gekuppelt. Die in W. schwer lösl. Azofarbstoffe ziehen z. T. in Suspension auf Polyamid-, Celluloseester-, Polyvinyl- u. Terephthalsäureesterfasern in brillanten roten u. violetten Tönen auf. Zum Teil sind die Farbstoffe geeignet zum Färben von Lacken, Ölen, Kunstharzen u. künstlichen Fasern in der Masse. — 8,9 (Teile) 2-Amino-5-methansulfonylthiazol in 200 H_3PO_4 (85% ig.) gelöst werden mit 3,6 $NaNO_2$ bei 0—5° diazotiert u. mit einer Lsg. von 11 1-[Bis-(hydroxyäthyl)-amino-3]-methylbenzol in 20 Eiswasser gekuppelt. Durch Zugabe von 1000 W. wird der Farbstoff gefällt. Nach Kristallisation aus A., F. 211°, C (gefunden) = 47,03%, C (berechnet) = 46,95%: H = 5,54%, H = 5,51%: O = 16,70%, O = 16,66%: S = 16,54%, S = 16,66%. — Der Farbstoff färbt in Dispersion bei erhöhter Temp. Acetat-, Triacetat- u. synthet. Polyamidfasern weinrot bis violett mit sehr guten Allgemeinechtheiten. Er reserviert Baumwolle, Viscose u. Wolle. (**F. P. 1 207 000** vom 28/5. 1958, ausg. 12/2. 1960. **E. P. 851 909** vom 29/5. 1958, ausg. 19/10. 1960. **D. A. S. 1 087 730** Kl. 22a vom 28/5. 1958, ausg. 25/8. 1960. Alle Schwz. Prior. 29/5. 1957 u. 13/3. 1958.) F. Rath. 7053

Sandoz Akt.-Ges. (Erfinder: Ernest Merian, Bottmingen, und Bruno J. R. Nicolaus), Basel, Schweiz, **Herstellung in Wasser schwerlöslicher Azofarbstoffe** der allg. Formel I (R = H, niedrigmol. Alkyl, Alkyl-OH oder Alkyl—O—Alkyl; R_4 = H, niedrigmol. Alkyl, Alkyl—OH, Alkyl—O—Alkyl, Aryl, Cycloalkyl oder Aralkyl: R_5 = H, niedrigmol. Alkyl oder zusammen mit R_6 = —CH=CH—CH=CH—; R_6 = H, niedrigmol. Alkyl oder O—Alkyl: Y = H, Halogen, niedrigmol. Alkyl, O—Alkyl, CF_3, $COCF_3$ oder NHCO—Alkyl; R_1 = zweiwertiger aliphat. Rest mit 1—4 C; R_2 = Alkyl—OH, Alkyl—$(OH)_2$, Alkyl—O—Alkyl, Alkyl—$OCOCH_3$, Alkyl—CN, CHF_2, CF_3, CHFCN, Alkyl—COO—Alkyl oder NHCOO—Alkyl; M = H, OH, O—Alkyl,

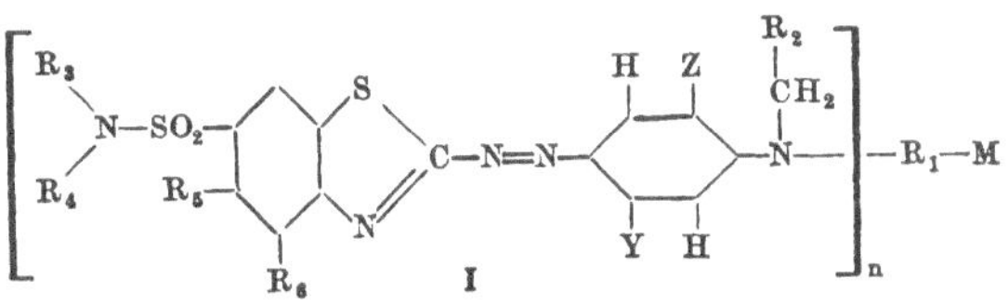
I

$COOCH_3$ oder NHCOO—Alkyl: Z = H, CH_3 oder OCH_3 u. n = 1 oder 2). Die Farbstoffe färben Polyamid-, Celluloseester-, Polyvinyl- u. Terephthalsäureesterfasern in brillanten roten u. violetten Tönen mit vorzüglicher Echtheit u. sind z. T. zum Färben von Lacken, Ölen u. Kunstharzen geeignet. *2-Aminobenzothiazol-6-sulfonsäuremethylamid* (II) → *N-Hydroxyäthyl-N-cyanäthylaminobenzol* (III) (F. 156°). Die Diazokomponente erhält man wie folgt; 186 (Teile) 1-Aminobenzol-4-sulfonsäuremethylamid (F. 111°) (Acetyl-Verb. F. 181—182°) werden in 1000 Essigsäure (95%) gelöst u. mit 202 NaSCN (87,5%) versetzt, dann Zugabe von 200 Br_2 u. 300 Essigsäure (95%) bei 7—10°. Nach 2 Std. in 2 Liter W. eintragen u. neutralisieren, den Nd. in 1000 NaOH (5%) heiß lösen u. von Verunreinigungen filtrieren. Die Verb. krist. aus Eisessig in farblosen Würfelchen F. 225°. C gefunden 39,91%, berechnet 39,42%: H gefunden 3,78%, berechnet 3,84%: O gefunden 13,43%, berechnet 13,17%: N gefunden 16,63%, berechnet 17,26%: S gefunden 26,06%, berechnet 26,30%. *2-Aminobenzothiazol-6-sulfonsäuredimethylamid* (F. 230°) → III (F. 170°). *2-Aminobenzothiazol-6-sulfonsäurephenylamid* (F. 197°) → III (F. 140°). *2-Aminobenzothiazol-6-sulfonsäure-3'-methoxypropylamid* (F. 126°) → III (F. 103°). *2-Aminobenzothiazol-6-sulfonsäureisopropylamid* (F. 212°) → II (F. 114°). II → *N-Acetoxyäthyl-N-cyanäthylaminobenzol* (F. 149°). *2-Aminobenzothiazol-6-sulfonsäuredimethylamid* → *N-Acetoxyäthyl-N-cyanäthylaminobenzol* (F. 180°). II → *N-Äthyl-N-cyanäthylaminobenzol* (F. 145°). II → *N.N-Bis-[acetoxyäthyl]-aminobenzol* (F. 156°). II → *1-[N.N-Bis-(acetoxyäthyl)-amino]-3-chlorbenzol* (F. 155°). *2-Aminobenzolthiazol-6-sulfonsäuredimethylamid* → *1-[N.N-Bis-(acetoxyäthyl)-amino]-3-chlorbenzol* (F. 158°). *2-Aminobenzothiazol-6-sulfonsäuredibutylamid* → *1-{N.N-Bis-[β-(anilinocarbonyloxy)-äthyl]-amino}-3-chlorbenzol* (F. 75°). Die hier verwendete Diazo-Verb. wird aus 1-Aminobenzol-4-sulfonsäuredibutylamid analog zu 2-Aminobenzothiazol-6-sulfonsäuremethylamid (wie oben) hergestellt (F. 168—169°). — Weitere Beispiele in Tabellen. (**D. A. S. 1 092 583** Kl. 22d vom 11/6. 1958, ausg. 10/11. 1960. **Zusatz zu D. A. S. 1 087 730; s. vorst. Referat. E. P. 851 910** vom 10/6. 1958, ausg. 19/10. 1960. **Zusatz zu E. P. 851 909; s. vorst. Referat.** Beide Schwz. Prior. 13/6. 1957.) F. Rath. 7053

J. R. Geigy Akt.-Ges., Basel, Schweiz (Erfinder: Paul Dussy, St. Louis, Frankreich, Jürg Ammann, Basel, und Werner Bossard, Riehen, Schweiz), **Herstellung von reaktiven Azofarbstoffen.** Sulfonierte, ggf. Cu-haltige Mono- oder Diazofarbstoffe mit mindestens einer acylierbaren Aminogruppe werden mit 5-Alkyl-2.4.6-trichlorpyrimidin in 2-Stellung kondensiert. 2-Amino-8-hydroxynaphthalin-6-sulfonsäure wird mit 3-Methyl-2.4.6-trichlorpyrimidin bei pH 6—6,5 kondensiert u. dann mit der Diazo-Verb. aus 1-Aminobenzol-2.5-disulfonsäure gekuppelt. Der isolierte Farbstoff färbt Baumwolle (I) scharlachrot. *1-[2'-(5'-Methyl-4'.6'-dichlorpyrimidylamino)]-4-aminobenzol-3-sulfonsäure* → *1-Phenyl-3-methylpyrazolon-(5)-sulfonsäure-(3')*, Farbton, auf I gelb. (**D. A. S. 1 112 229** Kl. 22a vom 22/5. 1959, ausg. 3/8. 1961. **F. P. 1 225 282** vom 22/5. 1959, ausg. 30/6. 1960. Beide Schwz. Prior. 23/5. 1958.) F. Rath. 7055

Badische Anilin- & Soda-Fabrik Akt.-Ges., Ludwigshafen/Rh. (Erfinder: Willy Braun, Heidelberg, und Hermann Weissauer, Ludwigshafen/Rh.), **Wasserlösliche Farbstoffe der Anthrachinonreihe** der allg. Zus. I, worin A einen aliphat. Rest mit gerader oder verzweigter KW-Stoffkette bedeutet, der neben C noch andere Atombrücken enthalten kann u. der mindestens eine OH-Gruppe trägt, die mit H_2SO_4 oder einer im Arylrest mindestens eine SO_3H Gruppe enthaltenden Arylcarbonsäure verestert ist u. D einen heterocycl. Rest, der mindestens einmal die Gruppierung —C·(Halogen)=N— aufweist, oder den Acylrest einer aliphat. β-

I

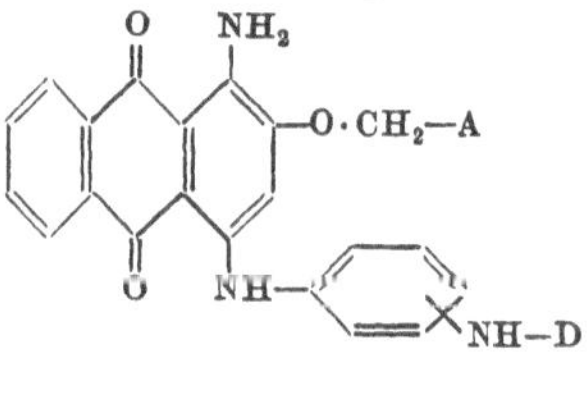

V

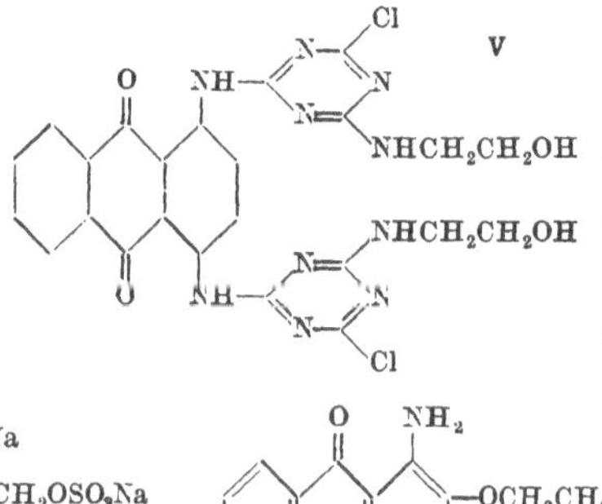

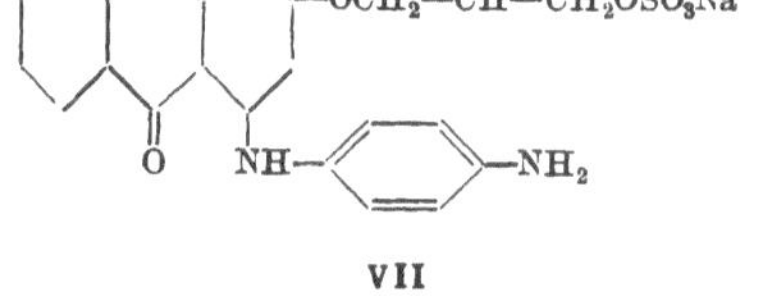

VII

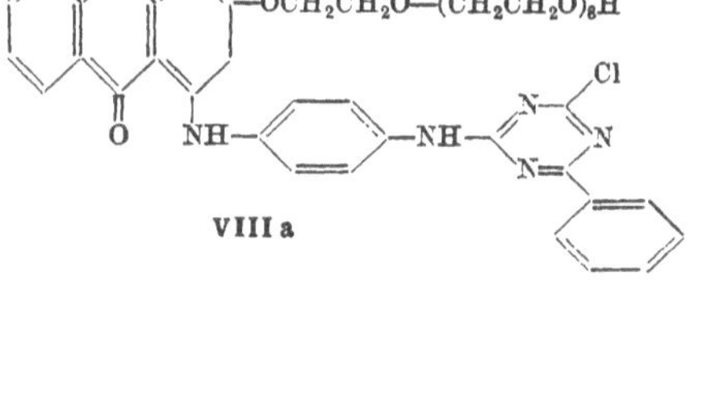

VIII a

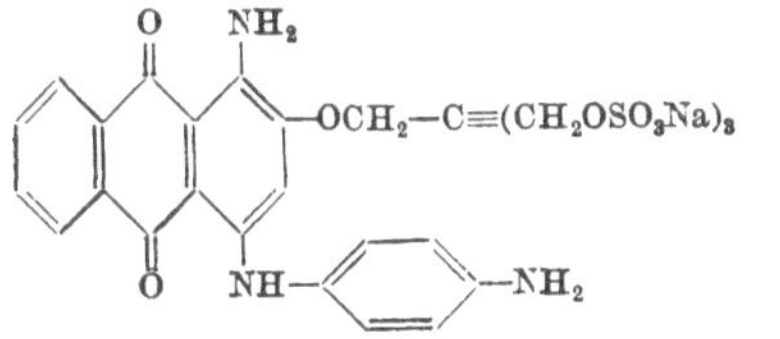

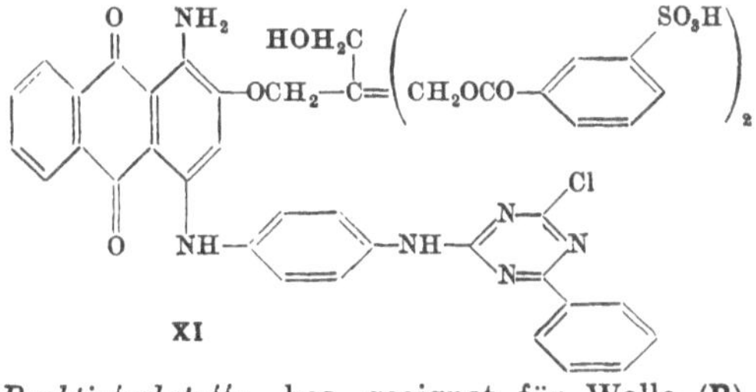

IX XI

oder α-Halogencarbonsäure darstellt. *Reaktivfarbstoffe,* bes. geeignet für Wolle (**B**), Naturseide, lineare Polyamide, Leder u. Papier, erhält man in an sich bekannter Weise entweder durch Verestern der freien Hydroxylalkylgruppen aufweisenden Ausgangsfarbstoffe mit H_2SO_4 oder Arylcarbonsäuren oder durch Acylierung der Ausgangsfarbstoffe, die mindestens eine prim. oder sek. Aminogruppe enthalten u. deren Hydroxyalkylgruppen bereits verestert sind, mit β- oder α-Halogencarbonsäuren oder heterocycl. Verbb., wie Cyanurchlorid (**II**) oder Dichlorchinazolin. — So erhält man durch Verrühren des Rk.-Prod. aus dem p'-Dihydroxyläthylaminophenylamid der 1.4-Diaminoanthrachinon-2-carbonsäure (**III**) u. **II** mit H_2SO_4-Monohydrat bis zur Wasserlöslichkeit einen Farbstoff, der lineare Polyamide (**IV**) aus wss. Lsg. blauviolett färbt. Durch Verestern der Verb. der Zus. **V**, die durch Rk. von 1 (Mol) 1.4-Diaminoanthrachinon (**VI**) zuerst mit 2 **II** u. dann mit 2 Hydroxyäthylamin hergestellt werden kann, mit Oleum wird ein in W. rot lösl. Farbstoff erhalten, der **IV** lebhaft rosa färbt. Durch Verestern mit Oleum gibt die aus 1 1-Aminoanthrachinon, 1 **II** u. 1 γ-Hydroxypropylamin erhältliche Verb. einen in heißer verd. wss. Alkali-Lsg. orange lösl. Farbstoff, der **B** aus schwach saurem Bade klar gelb färbt. Weitere Farbstoffe erhält man durch Verestern mit Oleum der Verbb. aus 1 **VI**, 2 **II** u. 2 1-Aminobenzol-4-sulfonsäure, färbt **IV** rosa: 1,9 (Gew.-Teilen) **II** u. 6 der Verb. der Zus. **VII** färbt **B** u. **IV** kräftig blau. Durch Veresterung der Verb. der Zus. **VIIIa**, durch $^1/_4$std. Verrühren mit 2%ig. Oleum bei 10° erhält man einen in W. blau lösl. Farbstoff, der **IV** blaugrün färbt. Wird in ein Gemisch von **VII** in W.–Aceton bei 0—5° β-Chlorpropionsäurechlorid (**VIII**) eingetragen u. etwa bei normaler Temp. mehrere Std. in Ggw. von $NaHCO_3$ verrührt, erhält man einen in W. blauviolett lösl. Farbstoff, der **IV** kräftig marineblau färbt. In ähnlicher Weise erhält man aus **VIII** u. der Verb. der Zus. **IX** (erhältlich durch Verestern der Verb. **X**, die man durch 2std. Erhitzen von 1-Amino-4-bromanthrachinon-2-sulfonsäure mit 1.4-Diaminobenzol u. Pentaerythrit in N-Methylpyrrolidon in Ggw. von K_2SO_3 herstellen kann, einen Farbstoff, der **IV** blau färbt). Durch Rk. von **X** mit 2-Phenyl-4.6-dichlortriazin u. Verestern der erhaltenen Verb. mit Benzol-1-carbonsäurechlorid-3-sulfonsäurechlorid erhält man den Farbstoff der Zus. **XI**, färbt **IV** blaugrau. (**F. P. 1 212 162** vom 29/8. 1958, ausg. 22/3. 1960. **E. P. 859 283** vom 20/8. 1958, ausg. 18/1. 1961. Beide D. Prior. 31/8. 1957.)

O. ROICK. 7059

Cassella Farbwerke Mainkur Akt.-Ges. (Erfinder: Richard Fleischhauer), Frankfurt/M., **Herstellung von Azofarbstoffen der Phthalocyaninreihe** der der allg. Formel I (Phth = Rest eines ggf. metallhaltigen Phthalocyanins; X = H, Alkyl, Aralkyl, Cycloalkyl oder Aryl; R_1 = Rest einer Aminoaryl- oder Aminohydroxyaryl-Verb. oder einer Ketomethylen-Verb. ggf. durch SO_3H oder COOH substituiert; R_2 = Arylenrest u. Y = Rest einer Halogenfett-säure oder eines Mono- bzw. Dihalogentriazins; n = 1, 2, 3 oder 4; Phth kann durch COOH, SO_3H, Cl, CH_3, OCH_3, C_6H_5 substituiert sein).

$$\text{Phth}-\Big[-SO_2-\underset{X}{N}-R_1-N{=}N-R_2-\underset{Y}{N}-Y\Big]_n \quad \text{I}$$

Die Farbstoffe eignen sich zum Färben tier. Fasern u. Polyamidfasern, bes. aber von Baumwolle u. Kunstseide. — *1-[β-Chlorpropionylamino]-3-aminobenzol-4-sulfonsäure* → *1-[3'-Amino-2'-methyl-5'-sulfophenyl]-3-methylpyrazolon-(5)*. Der Farbstoff wird mit Kupferphthalocyaninsulfochlorid in Pyridin umgesetzt u. isoliert. Er liefert beim Drucken auf Baumwolle in Ggw. von Na_2CO_3 nach Dämpfen u. Seifen gelbstichiggrüne Färbungen von sehr guter Licht- u. Naßechtheit. (**F. P. 1 242 908** vom 6/8. 1959, ausg. 11/1. 1961. **E. P. 874 355** vom 27/7. 1959, ausg. 2/8. 1961. Beide D. Prior. 7/8. 1958 u. 5/2. 1959. **D. A. S. 1 095 429** Kl. 22a vom 7/8. 1958, ausg. 22/12. 1960.)

F. RATH. 7073

American Cyanamid Co., New York, N.Y., übert. von: **Alfred F. Schmutzler**, Stamford, Conn., V.St.A., *Kunstharze.* (**Can. P. 551 511** vom 28/10. 1954, ausg. 14/1. 1958. A. Prior. 1/2. 1954. — C. **1959.** 10401 [A. P. 2 816 874].)

Ciba Ltd. (Erfinder: **Jacques Wegmann** und **Karl Menzl**), Basel, Schweiz, *Kontinuierliche Färbung von Cellulosematerial.* (**Can. P. 551 231** vom 14/10. 1955, ausg. 7/1. 1958. Schwz. Prior. 22/10. 1954. — C. **1961.** 1021 [Belg. P. 542 226].)

Imperial Chemical Industries Ltd. (Erfinder: **Walter Francis Beech, Donald Arthur Garrett** und **Harry Rose Hadfield**), *Färben und Bedrucken von cellulosehaltigen Textilien.* (**Aust. P. 229 319** vom 14/10. 1958, ausg. 4/8. 1960. E. Prior. 23/10. 1957. — C. **1960.** 3047 [D. A. S. 1 058 016].)

Farbwerke Hoechst Akt.-Ges., vormals Meister Lucius & Brüning, Frankfurt/M., *Herstellung von Azofarbstoffen.* (**Ind. P. 62 784** vom 8/1. 1958, ausg. 17/12. 1959. E. Prior. 28/10. 1957. Zusatz zu Ind. P. 62 215; C. 1962. 5487. — C. **1961.** 2797 [D. A. S. 1 072 674].)

J. R. Geigy Akt.-Ges., Basel, übert. von: **Emil Stocker**, Riehen, Schweiz, *Metallacke von Azofarbstoffen.* (**A. P. 2 955 050** vom 15/7. 1957, ausg. 4/10. 1960. Schwz. Prior. 17/7. 1956. — C. **1960.** 1002 [D. A. S. 1 040 156].)

Comp. Française des Matières Colorantes, Paris (Erfinder: **Marcel Jirou**, Sotteville-les-Rouen, und **Vasili Urne**, Rouen), Frankreich, *Herstellung von kupferhaltigen Trisazofarbstoffen.* (**E. P. 866 443** vom 14/11. 1958, ausg. 26/4. 1961. F. Prior. 16/11. 1957. — C. **1961.** 8844 [F. P. 1 187 990].)

J. R. Geigy Akt.-Ges., Basel, Schweiz, *Anthrachinonfarbstoffe.* (**E. P. 866 065** vom 24/12. 1957, ausg. 26/4. 1961. Schwz. Prior. 28/12. 1956. — C. **1960.** 5983 [A. P. 2 870 173].)

Durand & Huguenin Akt.-Ges., übert. von: **Eduard Peyer**, Basel, Schweiz, *Herstellung wasserlöslicher Anthrachinonfarbstoffsalze.* (**Can. P. 551 258** vom 27/5. 1953, ausg. 7/1. 1958. Schwz. Prior. 30/5. 1952 u. 27/2. 1953. — C. **1961.** 4173 [D. B. P. 952 121].)

Farbenfabriken Bayer Akt.-Ges. (Erfinder: **Berthold Bienert†**, Leverkusen, **Kurt Breig** und **Manfred Groll**, Köln), *Farbstoffe der Phthalocyaninreihe.* (**D. A. S. 1 115 385** Kl. 22e vom 11/10. 1955, ausg. 19/10. 1961. — C. **1960.** 7006 [A. P. 2 873 280].)

Durand & Huguenin Akt.-Ges., Basel, Schweiz, *3'-Hydroxy-4'-carboxyphenylester von Kupferphthalocyanintetrasulfonsäuren.* (**E. P. 868 682** vom 26/3. 1958, ausg. 25/5. 1961. Schwz. Prior. 27/3. 1957. Zusatz zu E. P. 768 444; C. 1957. 3670. — C. **1961.** 4174 [D. A. S. 1 083 460].)

XIa. Farben. Anstriche. Lacke. Naturharze

Wasserverdünnbare Industrielacke. Wolfram A. Riese. (Farbe u. Lack **67.** 501—05. Aug. 1961. Wallisellen-Zürich.) (Dt.)

Vf. behandelt die wasserverdünnbaren Industrielacke (I) sowie die bei ihrer Formulierung auftretenden Probleme, ihre Vor- u. Nachteile. Wasserverdünnbare Bindemittel für Einbrennlacke werden in 2 Gruppen eingeteilt: 1. in W. dispergierbare, 2. in W. lösliche. Ein Beispiel für 1. ist Styrol–Butadien-Latex; vorteilhaft sind thermoakt., d. h. beim Einbrennen vernetzende Dispersionen. Emulgierbedingungen für andere emulgierbare Harze werden erörtert. Für 2. kommen in Betracht: Trocknende Öle u. Alkydharze, Amino- u. Phenolharze, Acrylharze. Die Probleme der Formulierung, bes. von wasserlösl. Syst., werden eingehend besprochen. K. WEKUA. 7106□

Die Dauerwärmebeständigkeit von Isolierlacken als reaktionskinetisches Problem. F. Lebok. (Dtsch. Farben-Z. **15.** 378—85. Sept. 1961. Hamburg.) (Dt.)

Vf. zitiert die von MONTSINGER, BÜSSING, IGLISCH aufgestellten Gesetzmäßigkeiten zur Interpretierung der Alterungsvorgänge bei therm. Beanspruchung u. erörtert die theoret., bes. reaktionskinet. Probleme. Nach Vf. erfolgt der therm. Abbau von Lackfilmen in heterogener Phase; die Rk.-Kinetik derartiger Abbauprozesse wird eingehend behandelt, ebenso das Problem verschiedener Zerfallsmechanismen bei einem Abbau-Prozeß. Die Ergebnisse von Messungen an Isolierlacken werden wiedergegeben u. im Zusammenhang mit den theoret. Betrachtungen diskutiert. K. WEKUA. 7106□

Über die Erhöhung der Deckkraft von Weißlacken durch Abtönfarben. Frederik K. Daniel. (Farbe u. Lack **67.** 505—07. Aug. 1961. Jersey City, N.J., Daniel Prod. Comp.) (Dt.)

Vf. ist es gelungen, 2 Pigmentpaare zu finden. bei deren Zugabe zu weißpigmentierten Bindemitteln eine größtmögliche Erhöhung der Deckkraft bei einem Minimum an Glanzverlust erreicht wird. Die Pigmentpaare sind Manganviolett (**I**) in Verbindung mit dem rotstichigen UMB (Ultramarinblau) (**II**) u. Quinacridonviolett (**III**) in Verbindung mit Indanthrenblau. Bei den vielen Vorteilen ist **I** aber außerordentlich hart u. besitzt wenig Farbstärke, eine genügend feine Vermahlung ohne Verfärbung läßt sich nur in Spezialmaschinen durchführen. **I**/**II**-Kombinationen werden hauptsächlich bei lufttrocknenden Lacken eingesetzt, wo eine große chem. Festigkeit nicht unbedingt erforderlich ist, dagegen ein Ausschwimmen des Violetts störend wirken könnte. Der Vorteil des zweiten Paares liegt in seiner Hitzebeständigkeit sowie Säure- u. Alkalifestigkeit. Diese Kombination wird bei Einbrennlacken eingesetzt, oder bei Lacken, die chem. Dämpfen u. Fll. ausgesetzt sind. Beide Abtönpaare verfügen über gute Lichtechtheit. Vf. gibt Vorschriften an für „minimale" u. „maximale" Abtönungen. K. WEKUA. 7106□

Untersuchungen über die Lichtechtheit organischer Pigmente. R. Haug. (Dtsch. Farben-Z. **15**, 373—78. Sept. 1961. Stuttgart, Forsch.-Inst. für Pigmente u. Lacke.) (Dt.)

Vf. untersuchte die Lichtechtheit von CI-Pigment gelb 13, Flavanthrongelb, CI-Pigment rot 2 u. Disazopigmentrot in Mischungen mit TiO_2 Kronos RN 56. Die Konz. der Buntpigmente nahm in geometr. Reihenfolge ab. Als Bindemittel diente eine Kombination aus Alkyd- u. Melaminharz (Alkydal TTM Spezial u. Maprenal NP im Verhält-

nis 2,7 : 1). Das Bindemittel-Pigment-Gew.-Verhältnis betrug 5 : 2. Als Lichtquellen wurden natürliche u. künstliche verwendet. Die Lackfarben wurden auf Stahlplatten gleichmäßig gespritzt, bei 130° eingebrannt, an der Sonne im Freien u. in einem Belichtungskasten belichtet u. Kurzbewitterung ausgesetzt. Die Abnahme der Buntpigment-Konz. wurde in Abhängigkeit von der Lichtsumme der einwirkenden Strahlung durch Farbmessung bestimmt. Es ergab sich bei gut lichtechten Anstrich-Syst., daß die Lichtechtheit unabhängig von der Buntpigment-Konz. u. eine Konst. ist, die durch den tg eines Winkels dargestellt werden kann, der durch die Konz.-Lichtsummenkurven gegen die Ordinate gebildet wird. Wegen andersartiger Zus. des bei künstlichen Lichtquellen ausgestrahlen Lichtes war es nicht möglich, ihre Lichtsummen in Kiloluxstunden anzugeben, statt dessen wurde versucht, die äquivalente Lichtsumme Sonnenlicht an Hand der Veränderung der Anstriche festzustellen u. durch Berücksichtigung der Lichtechtheit einen Proportionalitätsfaktor zwischen Sonnen- u. Kunstlicht zu ermitteln.
K. WEKUA. 7152□

Zur Hydroxilzahl-Bestimmung an ungesättigten Polyesterharzen. Bernd Dreher. (Farbe u. Lack **67.** 703—04. Nov. 1961. Überlingen/Bodensee.) (Dt.)

Beim Einsatz von ungesätt. Polyestern als Oberflächenbeschichtungsmaterial treten oftmals unterschiedliche Eig.-Werte auf, die auf die Endgruppen der Polykondensate (OH- u. COOH-) zurückzuführen sind. Zur Best. der OH-Zahl (OHZ) benutzte Vf. die von SPIEGELBERGER ausgearbeitete Meth., die er in eine Schnellmethod. abwandelte: 1 g ungesätt. Polyesterharz wird in 10 ml Chlorbenzol-Aceton-Gemisch (1 : 1) gelöst u. mit einer mittels eines Diisobutylamins eingestellten 0,5n Phenolisocyanat (**II**)-Lsg. in Chlorbenzol (**I**) im Überschuß versetzt. **II** wird dabei durch Urethan- u. Säureamid-Bldg. verbraucht. Hydroxyl- u. Carboxylgruppen reagierten in ähnlicher Weise. Die Rk.-Zeit der Umsetzung beträgt bei 20° 5 Minuten. Das überschüssige **II** wird mit einer mit HCl eingestellten 0,5n Diisobutylamin-Lsg. in **I** gegen Bromphenolblau als Indicator zurücktitriert. Der Indicator ist ebenfalls in **I** gelöst. **II** wird bei seiner Umsetzung mit dem sek. Amin in ein Harnstoff-Deriv. übergeführt. Unter Berücksichtigung der verbrauchten 0,5n **II**-Lsg. u. der Substanzeinwaage, wird die OHZ nach der Formel: $OHZ = a \cdot 59 \cdot 56 \cdot 0{,}4710/E$ berechnet, wobei a verbrauchte ml 0,5n **II**-Lsg. u. E Einwaage in g bedeuten. Der Vorteil dieser Meth. gegenüber der DGF-Einheits-Meth. liegt darin, daß in nichtwss. Medium gearbeitet wird, sowie u. a. in der kurzen Dauer. K. WEKUA. 7154□

Beitrag zur Analyse getrockneter Anstriche. H. Feuerberg. (Farbe u. Lack **67.** 693—98. Nov. 1961. Berlin, Bundesanstalt für Materialprüfung.) (Dt.)

Die papierchromatograph. Identifizierung der in den Anstrichen enthaltenen Fettsäuren gestattet eine Aussage über die Art eines im Anstrich enthaltenen Ölbindemittels, auch bei sehr kleinen Probenmengen. Völlig unlösl. u. nicht verseifbare Anstriche können pyrolysiert u. die Pyrolysate teilweise papierchromatograph. oder mit Hilfe eines IR-Spektralphotometers untersucht werden. — 12 Literaturangaben.
K. WEKUA. 7158□

Quantitative Bestimmung von Verkochungen des Holzöls mit Alkylphenolharzen. K. H. Hauck und W. Marquardt. (Farbe u. Lack **67.** 699—702. Nov. 1961. Köln.) (Dt.)

Vff. beschreiben ein Verf. zur Analyse von Verkochungs-Prodd. aus Holzöl u. Alkylphenolharzen bei beliebigem Verhältnis der Komponenten. Nach Verseifung mit alkohol. KOH wird der Glycerin-Geh. nach der $NaJO_4$-Meth. bestimmt. Der Holzölanteil in % ist dann angenähert gleich dem 10fachen der gefundenen Glycerinmenge.
K. WEKUA. 7158□

David Nitabah, Frankreich, **Anstrich- und Rostschutzmittel,** welche hochmol. Polyadditions-Prodd. von Di- oder Triisocyanaten an Polyvinylbutyral oder -acetochlorid mit 7—8% freien OH-Gruppen enthalten, ferner Pigmente u. Phosphatierungsmittel. — Beispiel: 1 (kg) Butyral „Rovinal Blo" wird in einem Gemisch von 3 Methylisobutylketon u. 3 Chlorbenzol gelöst, worauf nach Zusatz von 0,5 Triisocyanat „Desmodur TH" (**I**) 1 Std. auf 60° erwärmt wird. Nach dem Abkühlen wird das Gemisch in einer Porzellanmühle mit 0,8 bas. Zn-Chromat u. 0,2 Talk gemahlen u. danach mit 1,5 A. verdünnt. Im Zeitpunkt der Anwendung der Farbe werden noch 25 Gew.-% eines Phosphatierungsmittels zugesetzt, das 15 (Gew.-%) 85%ig. H_3PO_4, 10 W. u. 75 A. enthält. **I** wird hergestellt durch Rk. von 3 Mol Toluylendiisocyanat mit 1 Mol Trimethylolpropan (1 Std. bei 60°). (**F. P. 1 159 513** vom 3/11. 1956, ausg. 27/6. 1958.)
M. F. MÜLLER. 7097

Dow Chemical Co., Midland, Mich., übert. von: Durward A. Baggett, Galveston, und Holmes H. McClure, Lake Jackson, Tex., V.St.A., **Lösungsmittel für Polymerisate aus Vinylidenchlorid** (**I**) u. Mischpolymerisate aus $\geqq 75\%$ **I** u.

Vinylchlorid oder -acetat, bestehend aus N-Methyl-2-pyrrolidon oder 1.5-Dimethyl-2-pyrrolidon. Die Lsgg. können als *Lack* u. *Anstrichmittel* verwendet werden. (**A. P. 2 886 547** vom 5/3. 1956, ausg. 12/5. 1959.) C. LÜTTGEN. 7107

E. I. du Pont de Nemours & Co., V.St.A. (Erfinder: Richard E. Benson), **Herstellung und Polymerisation ungesättigter cyclischer Verbindungen.** Man erhitzt Allen mit Verbb. der Formel $[(RO_m)_3P]_2Ni(CO)_2$ (m = 1 oder 0; R = nichtaliphat. ungesätt. KW-Stoff-Rest) auf 70—130° u. erhält *Trimethylencyclohexane* u. *Tetramethylencyclooctan.* Das dabei anfallende *1.2.4-Trimethylencyclohexan* (I) kann man bei —80 bis +100° mit ion. Katalysatoren [$TiCl_4$, $AlCl_3$, H_2SO_4, BF_3, $SnCl_4$, $Al(Alkyl)_3$] zu viscosen Fll. bis zu Harzen von niedrigem F. mit den Gruppen **II**, auch zusammen mit anderen polymerisierbaren Verbb. polymerisieren, die rasch an der Luft trocknen. Von der Herst. in I vorhandenes *1.3.5-Trimethylencyclohexan* (**III**) polymerisiert nicht u. stört bei der I-Polymerisation nicht. — Man gibt unter N_2 zu 250 cm³ abs. Tetrahydrofuran 10 g CaC_2 (als Trocknungsmittel) u. 5 g $[(C_6H_5O)_3P]_2Ni(CO)_2$, dest. im Vakuum 100 g Allen ein, hält 2 Std. bei 80° u. steigert die Temp. bis Polymerisationsbeginn, hält 5½ Std. bei 108—109°, wobei der Druck absinkt, dekantiert vom CaC_2, wäscht mit W., trocknet die Lsg., dest. u. erhält eine Fl. mit Kp.$_{60}$ 67,5—69°, die gaschromatograph. getrennt wird; die Mischung (**IV**) aus 75% I u. 25% **III** hat Kp.$_{28}$ 72°. *1.3.5.7-Tetramethylencyclooctan*, $C_{12}H_{16}$, Kp.$_{2.5}$ 60°, trocknet an der Luft zu unlösl., für *Überzüge* geeigneten Polymeren. — 1,5 g **III** in 10 cm³ abs. Cyclohexan erwärmen sich mit 0,01 cm³ $TiCl_4$ u. 0,4 cm³ Al (Isobutyl)$_3$. Man läßt 1,5 Std. bei Raum-Temp. stehen, gießt in CH_3OH u. erhält ein Polymeres vom F. >270°, das aus Xylol-Lsgg. zu *Filmen* gegossen werden kann, die in 15—20 Std. mit Co-Sikkativ in Xylol unlösl. werden. — **I** kann mit ungesätt. Verbb. in DIELS-ALDER-Rk. treten. Ferner können die Trimethylencyclohexane als Ausgangs-Prodd. für Trimethylbenzole dienen (F. P. 1 196 864). — Bei der DIELS-ALDER-Rk. von **I** mit dienophilen, α,β-ungesätt. Verbb. entstehen *6-Methylen-1.2.3.4.5.6.7.8-oktahydronaphthaline* der Formel **V** (wenigstens 1 X = ungesätt. Gruppe, sonst X = KW-Stoff-Reste). Statt von **I** kann man auch von Allen ausgehen. **V** sind Fll. der krist. Stoffe, die zur Polymerisation neigen u. an der Luft trocknen. — 185 cm³ stabilisiertes Methylmethacrylat, 5 g $[(C_6H_5O)_3P]_2NiCO_2$, 0,5 g Phenothiazin u. 40 g Allen erhitzt man 6 Std. auf 100—105° (Druckabfall von 8,4 auf 0,2 kg/cm²), entfernt Ausgangsmaterial u. erhält ein Öl mit Kp.$_1$ 90°: *2(3)-Methyl-3(2)-carbomethoxy-6-methylen-1.2.3.4.5.6.7.8-oktahydronaphthalin* (**VI**). — Entsprechend *2(3)-Carbomethoxy-6-methylenoktahydronaphthalin*, Kp.$_{0,07}$ 77,5°. — *2(3)-Cyan-6-methylenoktahydronaphthalin*, Kp.$_{0,3}$ 90°. — *2(3)-Vinyl-6-methylenoktahydronaphthalin*, Kp.$_{23}$ 123—123,5°. — *6-Methylenoktahydronaphthalin-2.3-dicarbonsäureanhydrid*, F. 82—83°. — *2.2.3.3-Tetracyan-6-methylenoktahydronaphthalin*, F. 97,5 bis 98°. **VI** gibt mit einem Sikkativ an der Luft trocknende nichtklebende *Filme*, die Verbb. mit Estergruppen können mit mehrwertigen Alkoholen umgesetzt werden u. geben viscose Polyester für *Überzüge* auf Metallen. (**F. PP. 1 196 864** vom 9/10. 1957, ausg. 26/11. 1959. A. Prior. 10/10. 1956 u. **1 196 003** vom 9/10. 1957, ausg. 20/11. 1959. A. Prior. 10/10. u. 22/10. 1956.) M. PANKOW. 7107

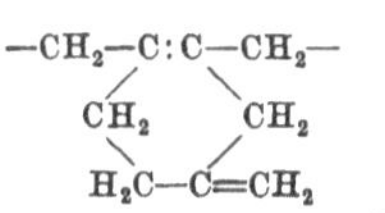

II

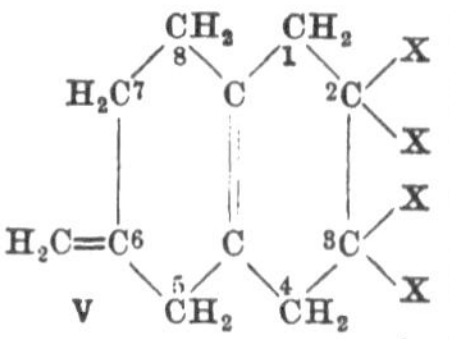

V

E. I. du Pont de Nemours & Co., V.St.A. (Erfinder: William S. Struve und Charles W. Manger), **Herstellung von Chinacridonpigmenten** in γ-krist. Form. Das Pigment wird so fein gemahlen, daß die spezif. Oberfläche <60 m²/g, z. B. bei 25 bis 30 m²/g liegt. Man erhält ein leuchtendrotes Pigment, welches zur Herst. von *Autolacken* Verw. findet. (**F. P. 1 197 479** vom 30/6. 1958, ausg. 1/12. 1959. A. Prior. 22/11. 1957.) M. F. MÜLLER. 7107

E. I. du Pont de Nemours & Co., V.St.A. (Erfinder: Warren John Brehm), **Mischpolymerisation von Aryldiolefinen.** Man polymerisiert 2-Arylbutadien-(1.3) mit wenigstens einem endständig ungesätt. KW-Stoff $CH_2{=}CHR$ (R = H oder Alkyl) in Abwesenheit von O_2 u. Feuchtigkeit mit einem Halogenid eines Metalles der Gruppen IVb, Vb u. VIb u. einer Verb. mit wenigstens einer Metall–KW-Stoff-Bindung. Die thermoplast. Polymeren können geformt u. stranggepreßt werden u. durch Erhitzen u. Vernetzungsmittel gehärtet werden. — Man mischt unter N_2 500 cm³ Cyclohexan, 10 cm³ 2-Phenylbutadien-(1.3) (**I**), 0,01 Mol Li–Al-Tetraheptyl u. 0,007 Mol $TiCl_4$ u. leitet Äthylen mit 300 cm³/Min. durch die Mischung bei 25—32°, gießt nach 1 Std. in CH_3OH u. erhält ein *Polyäthylen* mit ca. 1% **I**, das bei 200° unter Druck zu einem elast. *Film* gepreßt werden kann; beim Erhitzen auf 300° kann das Polymere nicht geformt werden. — Die Polymeren können >100° um 500—800% gestreckt werden u. behalten beim

Abkühlen unter Spannung ihre Form. Beim erneuten Erwärmen schrumpfen sie wieder. — Verw. für *Verpackungsmaterial.* (**F. P. 1 181 622** vom 24/8. 1957, ausg. 17/6. 1959. A. Prior. 4/9. 1956.) M. PANKOW. 7107

American Viscose Corp., V.St.A. (Erfinder: Edward J. Dunn), **Stabile wässerige Dispersionen zur Behandlung von Regeneratcellulosefilmen.** Man leitet Lagen aus mehreren Filmen durch eine wss. Dispersion mit bis zu 3, bes. 0,2—0,5 Gew.-% SiO_2 u. bis 6, bes. 0,5—1 Gew.-% eines Aminoplast-Vorkondens.-Prod. u. einen sauren Katalysator u. einem Weichmacher für dieses Plast. Die Dispersion wird durch gesondertes Dispergieren der Einzelkomponenten hergestellt, u. die dabei erhaltenen Dispersionen werden bei Gebrauch gemischt. — So verteilt man 1 (Teil) 30%ig. SiO_2-Dispersion „Ludox„ in 49 W. u. gibt ferner zu 43,7 W. 0,5 Milchsäure, 5 Glycerin u. 0,8 Melamin-CH_2O-Harz „Accobond„ u. mischt beide Fll., so daß die Disperion 0,3% SiO_2, 5% Glycerin u. 0,8% Melamin-CH_2O-Harz enthält. Aufeinanderliegende Regeneratcellulosefilme werden in das Bad geführt, hier kurze Zeit voneinander getrennt u. gemeinsam wieder herausgeführt, worauf sie nach dem Trocknen leicht getrennt werden können. (**F. P. 1 186 793** vom 28/11. 1957, ausg. 1/9. 1959. A. Prior. 30/11. 1956.) M. PANKOW. 7107

Dainihon Cellophane Kabushiki Kaisha, Japan, **wasser- und feuchtigkeitsfeste, heißklebbare Cellulosefolien aus Regeneratcellulose.** Man überzieht die Cellophanfolien mit einer Lsg. des Mischpolymerisats aus Vinylchlorid. -acetat u. Maleinsäureanhydrid in einem Lsgm. wie Methyläthylketon oder Äthylacetat, u. trocknet den Überzug. (**F. P. 1 196 051** vom 18/12. 1957, ausg. 20/11. 1959.) M. PANKOW. 7107

Buckman Laboratories, Inc., Memphis, Tenn., V.St.A., *Anstrichfarbe.* (**Oe. P. 210 040** vom 5/11. 1957, ausg. 11/7. 1960. A. Prior. 4/3. 1957. — C. **1959.** 5963 [A. P. 2 818 344].)

Chemische Werke Albert, Deutschland, *An der Luft klebfrei trocknende Lacklösungen und Anstrichmittel* (**F. P. 1 210 599** vom 15/12. 1958, ausg. 9/3. 1960. D. Prior. 19/12. 1957. — C. **1960.** 2016 [D. A. S 1 060 531].)

Canadian Industries Ltd., Canada (Erfinder: **James David Murdock** und **Gordon Hart Segall**), *Einzubrennende Anstrichmittel für Metalle.* (**F. P. 1 206 006** vom 30/4. 1958, ausg. 5/2. 1960. Can. Prior. 1/5. 1957. — C. **1960.** 5013 [D. A. S. 1 066 685].)

Farbenfabriken Bayer Akt.-Ges., Deutschland (Erfinder: **Erich Klauke, Otto Bayer, Wilhelm Bunge** und **Friedrich Blomeyer**), *Firnis- und Leimüberzüge.* (**F. P. 1 223 163** vom 4/5. 1959, ausg. 15/6. 1960. D. Prior. 10/5. 1958. — C. **1961.** 312 [D. A. S. 1 074 179].)

E. I. du Pont de Nemours & Co., Wilmington (Erfinder: **Theodore Lesueur Cairns**, Greenville, **Edward Terry Cline** und **Peter Joseph Graham**, Wilmington), Del., V.St.A., *Fluoraldehydmodifizierte Polymerisate.* (**Jap. A.S. 1 395/1960** vom 21/5. 1957, ausg. 29/2. 1960. — C. **1959.** 17502 [A. P. 2 828 287].)

Comp. Française Thomson-Houston, Seine, Frankreich (Erfinder: **Charles Austin Burkhard**), *Neue Polyesterharze.* (**F. P. 71 470** vom 12/4. 1957, ausg. 5/1. 1960. A. Prior. 13/4. 1956. Zusatz zu F. P. 1 186 953; C. 1962. 3998. — C. **1961.** 4177 [A. P. 2 894 934].)

XIb. Plaste (Kunstharze. Plastische Massen)

Stabilisierung der transparenten Mischungen auf der Grundlage von Polyvinylchlorid (PVC). Giancarlo Suar. (Rassegna Chim. **12.** Nr. 6. 39—42. Nov./Dez. 1960. Mailand, Dott. Massimilano Massa S. p. A.) (Ital.)

Bericht über Prüfung von Stabilisierungsmitteln (Ba–Cd-Komplex-Verbb., organ. Sn-Verbb.) auf Verträglichkeit, Transparenz, Wärme- u. Lichtstabilisierung in PVC-Kompositionen (PVC 100, Diäthylhexylphthalat 10, epoxydiertes Sojaöl 5, Glycerinmonostearat 0,5 Gew.-Teile) bei einem Zusatz von 3% Stabilisierungsmittel. B. SCHEIFELE. 7172□

Verbesserung von Polyäthylenfilmen durch Zumischung eines niedermolekularen Polyäthylens. André Destable. (Ind. Plast. mod. **12.** Nr. 10. 55. Dez. 1960. OFACI.) (Franz.)

Die Zumischung von ca. 2% niedermol. Polyäthylen, wie Polyäthylen AC 6 (I) (Molgew. ca. 2000), zu klass. Polyäthylen führt zu deutlichen Verbesserungen der Film-Eigg., wie Verminderung der Wasserdampfdurchlässigkeit, besserer Glanz u. Klarheit, niedrigere Verarbeitungstemperatur. **I** wirkt offensichtlich als Gleitmittel. R. SCHÄFF. 7172□

Physikalisch-chemische und mechanische Probleme beim Schneckenstrangpressen von Polytetrafluoräthylen. W. Wrobel. (Ind. Plast. mod. **12.** Nr. 10. 49—52. Dez. 1960. 25—30. Jan./Febr. 1961. Tréfileries et Laminoirs du Havre.) (Franz.)

Die Probleme beim Schneckenstrangpressen von Polytetrafluoräthylen (**I**) mit Gleitmittel u. das Verf. werden erörtert. Auch in reiner Form kann **I** jetzt auf diese Weise speziell bei großen Querschnitten verarbeitet werden. Hierfür werden 3 Verff. besprochen. R. SCHÄFF. 7172□

Neue Techniken für das Verformen von linearem Polyäthylen. D. A. Jones. (Rev. Plásticos **10.** 307—12. Sept./Okt. 1959.) (Span.) — Vgl. C. **1959.** 315.

R. K. MÜLLER. 7172□

Isophthalsäure als Ausgangsstoff für die Herstellung von Alkydharzen. P. Bruin, H. A. Oosterhof und J. R. de Jong. (Farbe u. Lack **67.** 489—94. Aug. 1961. Amsterdam, Koninklijke/Shell-Labor.) (Dt.)

Vff. stellten Alkylharze aus Phthalsäureanhydrid u. Isophthalsäure mit verschiedenem Öl-Geh. her u. vergleichen die Prodd. bzgl. ihrer techn. Eigg. miteinander. Im Vgl. zu Harzen aus Phthalsäureanhydrid zeigen die Isophthalsäurealkydharze mit hohem u. sehr hohem Öl-Geh. folgende Vorteile: geringerer Verlust durch Sublimation bei der Schmelzverkochung, etwas höhere Rk.-Geschw., größere Viscositätszunahme beim Kochen u. Nachdicken u. geringe Verfärbung, Bldg. von Lacken mit hervorragenden Trocknungs-Eigg. mit größerer Härte. Bei mittlerem u. niedrigerem Öl-Geh. ergeben sich folgende Vorteile: kürzere Kochdauer auf Grund höherer Rk.-Geschw., geringere Dunkelfärbung beim Kochen u. geringerer Verlust bei Schmelzverkochung, Bldg. von Einbrennlacken mit größerer Härte u. günstigerem Zusammenhang zwischen Härte u. Schlagfestigkeit, Bldg. von Einbrennlacken mit besserer Beständigkeit gegen einige wss. Lsgg. u. KW-Stofflösungsmittel. K. WEKUA. 7176□

Herstellung ungesättigter Copolyester Phthalsäure–Itaconsäure–Glykol. Lichtstabilisierung der Copolymeren. Bestimmung der mechanischen Eigenschaften. A. Tabernero San Román. (Rev. Plásticos **10.** 362—71. Nov./Dez. 1959.) (Span.)

Gemische von Phthalsäure u. Itaconsäure (0,5—3 : 1) werden bei 165—167° 60 bis 65 Min. mit Äthylenglykol (I) behandelt, dann 2 Std. bei 200—205° u. unter zunehmendem Vakuum bis zur Beendigung der Veresterung gehalten. Wird **I** ganz oder teilweise durch Diäthylenglykol (**II**) ersetzt, muß die Temp. nach 50—55 Min. für 3,5 Std. auf 195—200° gehalten werden. Die Prodd. haben SZ. 14—31, sie sind in Chlf. u. Bzl. + A. (1 : 1) lösl., in Aceton wenig lösl., in CCl_4, CS_2 u. PAe. unlösl., in allen Verhältnissen mit Methylmethacrylat mischbar u. nehmen 25—35% Styrol (**III**) auf. Wenn **III** einpolymerisiert wird, sind die Prodd. unlösl. u. unschmelzbar, ihr spezif. Gew. nimmt mit steigendem **III**-Geh. von 1,034 auf 1,136 zu. Bei Zusatz von 1% Acetylsalicylsäure als Lichtstabilisator ändert sich die Farbe in 2 Monaten nicht. Die Biegefestigkeit schwankt zwischen 1,5 (kg/cm^2) u. unmeßbaren Werten, die Zugfestigkeit zwischen 510 u. 39, die Pendelschlagfestigkeit zwischen 15,6 u. 1,0 kg/cm. Die höheren Werte gelten für die mit **I**, die niedrigeren für die mit **II** erhaltenen Produkte. Bei Verw. von **I** + **II** sind die Eigg. sehr gut, bes. die Schlagfestigkeit. R. K. MÜLLER. 7176□

Die Eigenschaften von diphensäurebasischen Polyester-Kontaktharzen, mit besonderer Berücksichtigung der Wärmebeständigkeit. Ibolya Vancsó-Szmercsányi und Eszter Réthy. (Magyar Kémikusok Lapja [Z. Ver. ung. Chemiker] **16.** 555—59. Dez. 1961. Budapest, Kunststoff-Forsch.-Inst.) (Ung.)

Maleinsäureanhydrid (**I**), Äthylenglykol u. Diphensäure (**II**; zur Erhöhung der Wärmebeständtigkeit (WB)) wurden unter verschiedenen Bedingungen bei 180—210°, in Schmelze u. im CO_2-Strom ohne Katalysator zu Polyestern kondensiert. In Ggw. von **II** nehmen die VICAT-Werte (stark) u. BRINELL-Härte (weniger) mit dem **I**-Geh. zu. Copolymere mit Styrol, Methylmetacrylat, Diallylphthalat u. Triallylcyanurat weisen eine höhere WB auf. Die WB wird auch durch die bei der Poly-Kondens. zu Fumarat isomerisierte **I**-Menge, ferner durch höheres Molgew. des Polyesters erhöht. Die Viscosität u. Gelierungszeit vermindern sich mit höherem Monomer/Polyester-Verhältnis. Die Abrieb- u. Druckfestigkeit ist je nach den Copolymeren verschieden. P. TOLNAY. 7176

Einfluß der Kristallinität auf die mechanischen Eigenschaften und die Umwandlungsverfahren von Polyamiden (Nylon). Jesús Calvo Gómez. (Rev. Plásticos **10.** 161—74. Mai/Juni 1959.) (Span.) — Vgl. C. **1959.** 6647.

Polyamide können neben den Kristallen auch durch Doppelbrechung gekennzeichnete Sphärolithe enthalten. Ihre Entstehung wird durch therm. Bedingungen u. durch mechan. Effekte beeinflußt. In Diagrammen wird die Zunahme der mechan. Eigg. (Starrheit, Fließgrenze, Härte, Stoßfestigkeit) mit dem Kristallinitätsgrad gezeigt. Zur Erzielung gleichmäßigen Fließens u. gleichmäßigen Erhitzens während des Spritzgießens wird eine Vorr. mit getrennter Ölheizung der Förderschnecke u. des Preßrohrs empfohlen, deren Vorteile erläutert werden. Bei Gießtemp. von 30—120° werden mit normalen Polycaproamid VICKERS-Härten der Oberfläche von 4,60—4,50, bei Ultramid BMK solche von 4,50—5,20 erzielt. R. K. MÜLLER. 7180□

Anwendung von Ligninharzen und Lignin unter besonderer Berücksichtigung des Aktivlignins aus dem Udic-Rheinau-Verfahren. M. Krahl. (Adhäsion **5.** 169—72. April 1961.) (Dt.)

Aktivlignin, das bei der Holzhydrolyse mit hochkonz. HCl bei niedriger Temp. nach dem Udic-Rheinau-Verf. anfällt, stellt ein mit Phenol–Resol vergleichbares Harz dar. Ligninharz findet, auch mit anderen Kunstharzen kombiniert, Anwendung zur Herst. von Preßmassen. Ligninharze vom Novolacktyp sind Bindemittel für das Maskenguß-Verf. nach Croning, für Schleifscheiben u. für Schicht- u. Strukturpreßstoffe. Aus Lignin u. Rohphenolatlauge hergestellte Prodd. liefern nach Kondens. mit Formaldehyd ein gutes Fällmittel für Hartfaserplatten. Geringe Zusätze von Lignin verhindern das Zusammenballen des Pb-Schwammes bei Pb-Akkumulatoren u. vergrößern seine Porosität; dadurch wird die Säurediffusion verbessert, die Kapazität u. die Lebensdauer werden erhöht. Lignin beeinflußt die $PbSO_4$-Kristallisation günstig, erhöht den Ionenaustausch u. erleichtert die Red. des $PbSO_4$ beim Ladevorgang. Lignin verhindert das Ablagern von $PbSO_4$ in dichter Schicht auf der Oberfläche des metall. Pb-Schwammes. Anionen- u. Kationenaustauscher auf Ligninbasis sind entwickelt worden u. finden Anwendung. H. Sandner. 7204□

Niedrigmolekulare Polyäthylene für Papier und Pappenüberzüge. Roberto Rosenbaum. (Adhäsion **5.** 29–34. Jan. 1961.) (Dt.)

Niedrigmol. Polyäthylen eignet sich als Mischkomponente mit Paraffin zur Herst. von gewachsten Papieren u. Pappen, da es sich gut in Paraffin löst u. mit üblichen Maschinen aufgetragen werden kann. Polyäthylen verbessert Glanz, Glanzbeständigkeit, Härte, Abriebfestigkeit, chem. Widerstandsfähigkeit u. Zugfestigkeit solcher Wachsüberzüge. Zerreißfestigkeit u. Biegsamkeit des Paraffins werden auch bei tiefen Temp. durch Polyäthylenzusätze erhöht, so daß sich die Überzüge für Kartons für Tiefkühlkost eignen. Die Überzüge haften bei Hinzufügen klebriger Wachse u. Harze besser. Das Eindringen des Paraffins in die Pappe wird durch Zusatz von Polyäthylen vermindert, so daß der Paraffinverbrauch verringert wird. Polyäthylen–Paraffin-Mischungen werden als Überzüge für Milchkartons, Wellpappe, Butter- u. Eiskremkartons verwendet.
H. Sandner. 7204□

Graphische Auswertung der Fließeigenschaften von plastischen Massen. Jan Moravec. (Chem. Průmysl **11** (36). 265–70. Mai 1961. Gottwaldov, Výzkumný ústav gumárenské a plast. technol.) (Tschech.)

Es wurden die Möglichkeiten der graph. Auswertung der Fließ-Eigg. von plast. Massen untersucht. Beste Resultate wurden mit dem Plastometer („Kegel–Platte"-Syst.) erzielt, weil bei dieser App. der Gradient der Schub-Geschw. im ganzen Vol. der geprüften Masse erreicht wird. Die Verss. wurden am Höppler-Mikroplastometer ($\gamma = 1$ oder 8^0) durchgeführt. 6 Nomogramme der Fließ-Eigg. von plast. Massen (Alcathen WNF, Alcathen WNF 15, Isolen 73, Copolymere von Isolen 73 [$\gamma = 1$ oder 8^0] u. Lustrex 77) bei 103–178° werden angegeben. J. Schneider. 7210□

Kurzzeituntersuchung der Spannungsrelaxation bei geringen Anfangs-Dehnungs-Geschwindigkeiten. G. C. Karas. (Brit. Plastics **34.** 485–90. Sept. 1961. Barry, Glam., Brit. Resin Prod., Phys. Test.) (Engl.)

Zur Ermittlung des Einfl. der Spannungsvorgeschichte auf das anschließende Spannungsrelaxations-Verh. wurden mit einer Instron-Zugspannungsprüfmaschine an verschiedenen Kunststoffen Verss. durchgeführt. Es wird gezeigt, daß bei Dehnzeiten von 0,5–50 Sek. die Spannungsrelaxation von Polyäthylen, Polystyrol u. Polyvinylchlorid deutlich von dieser Vorgeschichte, wie Menge angewandter Spannung, Dehngeschw. u. gesamte Länge der Dehnphase, abhängt, was bei exakten Unterss. berücksichtigt werden sollte. R. Schäff. 7210□

Schmelzindexprüfung von Polypropylen. R. V. Charley. (Brit. Plastics **34.** 476 bis 481. Sept. 1961. Welwyn Garden City, Herts., Imp. Chem. Ind., Plast. Div., Res. Dep.) (Engl.)

Die bei der Schmelzindexmessung zur Charakterisierung der Verarbeitbarkeit von Polypropylen beobachteten Anomalien (zunehmende Werte während des Vers.) wurden untersucht, um ihren Ursprung aufzuklären (dynam. Druckgradient im Extruderrohr). Eine automat. Meth. zur Best. reproduzierbarer, verläßlicher u. auswertbarer Schmelzindexwerte u. ihre Definition (Gew. des in 10 Min. ausgepreßten Materials bei standardisierter Düse u. Rohr bei 10 kg Last u. 190°, Geschw.-Messung am Ende des Vers.) werden vorgeschlagen. R. Schäff. 7210□

Studien zur Alterung der Plaste. 6. Mitt. **Wetterfestigkeit von PVC-Folien im Urteil einer Kraft–Dehnungs-Analyse.** J. Schreiber. (Plaste u. Kautschuk **8.** 454–58. Sept. 1961. Leipzig, Inst. für chem. Technol. der Plaste.) (Dt.) — 5. vgl. C. **1961.** 4178.

An handelsüblichen gefärbten u. ungefärbten Proben aus Hartpolyvinylchlorid wurden Bewitterungs-Verss. durchgeführt u. die Änderungen der Zugfestigkeitsdiagramme ermittelt. Der Vorgang der Festigkeitsveränderung wird als eine Art langsamer

Versprödung des Materials aufgefaßt. Das mit der Bewitterungsdauer einsetzende Verschwinden des Nachgebepunktes (yield-point) dient als zeitliches Maß der Bewitterungsfestigkeit in dem Sinne, daß ein solches Verschwinden als beginnende Versprödung der bewitterten Probe gedeutet wird. Gefärbte Prodd. sind im allg. bewitterungsfester als ungefärbte. R. SCHÄFF. 7210□

Schlagzähigkeitsuntersuchungen an Glasfaserlaminaten. G. Niederstadt. (Gummi-Asbest-Kunststoffe **14.** 451—53. Mai 1961. Braunschweig, Dt. Forschungsanst. für Luftfahrt e. V.) (Dt.)

Schlagzähigkeitsmessungen an glasfaserverstärkten Kunststoffen haben ergeben, daß die Schlagarbeiten bei Belastung senkrecht u. parallel zur Lagenebene im Gegensatz zur Bruchlast im wesentlichen gleich sind. Ein Gerät zur Messung der Schlagzähigkeit wird beschrieben. H. DRECHSEL. 7210□

Esso Research and Engineering Co., Elizabeth, N.J., V.St.A., **Herstellung von Carbonsäureamiden.** p-Aminophenole oder -thiophenole werden in Ggw. eines mit W. azeotrop destillierenden Lsgm., wie Bzl., Toluol oder Xylol, in an sich bekannter Weise mit Monocarbonsäuren mit 2—21 C-Atomen u. in Ggw. eines Katalysators (I) kondensiert. Als I wird erfindungsgemäß H_3BO_3 verwendet, u. zwar in Mengen bis zu 5%, bes. 1—2%, bezogen auf das Gew. des Rk.-Gemisches (einschließlich Lsgm.). Man erhält dadurch völlig farblose Rk.-Prodd., die als *Antioxydationsmittelzusätze zu glasklaren Kunststoffen* verwendbar sind. (**D. A. S. 1 114 509** Kl. 12q vom 3/6. 1955, ausg. 5/10. 1961.) A. KALIX. 7171

Petrochemicals Ltd., England, **Herstellung von Polystyrolmischungen.** Isotakt. aromat. Polyvinyl-Verbb., die wegen ihrer Sprödigkeit schlecht verarbeitbar sind, werden mit einem Elastomeren (Kautschuk) oder Polyolefin (Polyäthylen) gemischt. — Man mischt ein mit $TiCl_3$ u. Triisobutyl-Al hergestelltes Polystyrolpulver mit 40%ig. GR-S-Latex, so daß das Prod. nach dem Trocknen 15% GR-S enthält, läßt zur Homogenisierung durch eine Spritzgußmaschine laufen, zerkleinert u. formt in der Presse. (**F. P. 1 179 415** vom 12/6. 1957, ausg. 25/5. 1959. E. Prior. 14/6. 1956.) M. PANKOW. 7173

Farbwerke Hoechst Akt.-Ges., vormals Meister Lucius & Brüning, Frankfurt/M. (Erfinder: Werner Starck, Hofheim/Taunus, Karl-Heinz Kahrs, Alfred Kühlkamp und Werner Ehmann, Frankfurt/M.), **Herstellung von reinem Polyvinylalkohol** durch Verseifen seiner Carbonsäureester, bes. Essigsäureester, unter Gewinnung der entstehenden (Essig-) Säure, dad. gek., daß man Polyvinylester (I) in einem Lsgm. (II), das unter Rk.-Bedingungen mit dem Säurerest des I keine Ester bildet, ein II für den I, aber kein II für Polyvinylalkohol (III) ist u. W. wenigstens in geringen Mengen löst oder in jedem Verhältnis mit W. mischbar ist, in Ggw. von sauren Katalysatoren u. W. verseift u. den festen III aus dem Rk.-Gemisch isoliert. Gearbeitet wird bei 10—95° mit Butanol oder Aceton als II in Ggw. von 1—2,5%ig. H_2SO_4 u. 5—15% Wasser. — Mengenbeispiele, die zu einem III führen, der $<1\%$ Acetyl-Geh. aufweist. (**D. A. S. 1 084 477** Kl. 39c vom 18/12. 1958, ausg. 30/6. 1960.) H. SCHINDLER. 7173

Farbwerke Hoechst Akt.-Ges., vormals Meister Lucius & Brüning, Frankfurt/M. (Erfinder: Karl-Heinz Kahrs, Frankfurt/M., Fritz Winkler, Kelkheim/Taunus, und Wolfgang Zimmermann, Frankfurt/M.), **Herstellung modifizierter Polyvinylacetale beziehungsweise -ketale,** dad. gek., daß man Polyvinylester bzw. vinylesterhaltige Mischpolymerisate, die in Ggw. von Polyalkylenoxyden (I) bzw. deren Derivv. hergestellt wurden, bzw. die daraus hergestellten modifizierten Polyvinylalkohole unter bekannten Bedingungen mit Aldehyden u./oder Ketonen in Ggw. von Katalysatoren, bes. starken Säuren, umsetzt. Man kann auch Pfropfpolymerisate von Vinylacetat (II) oder von Mischungen von II mit mischpolymerisationsfähigen ungesätt. organ. Verbb. mit I verwenden. Als I werden bevorzugt solche der Formeln $R^1O[A]R^2$ oder $HA(HA)-N-R^3-N(HA)HA$ oder $HA-N(R^4)AH$ verwendet, in denen A eine Alkylenoxydkette, die entweder aus nur einem oder verschiedenen Alkylenoxyden aufgebaut ist, deren End-OH-Gruppen ggf. ganz oder zur Hälfte mit Carbonsäure- oder Sulfonsäureamiden umgesetzt sein können, R^1 u. R^2 H, aliphat. oder aromat. KW-Stoff- oder Carbonsäurereste, R^3 einen aliphat., aromat. oder araliphat. KW-Stoffrest u. R^4 einen Carbonsäure- oder Sulfonsäurerest bedeuten. Als besonders vorteilhaft zur Herst. neuer modifizierter Polyvinylacetale haben sich Prodd. erwiesen, die durch Polymerisation von II in Ggw. von bes. wasserunlösl. Polypropylenoxyd (III) mit Molgew. 1000 bis 2000 u. darüber, erhalten wurden. Ferner Pfropfpolymerisate von II auf oxäthyliertem III, das beiderseits so stark oxäthyliert ist, daß 40—90% des Blockpolymeren aus Äthylenoxyd bestehen, u. schließlich Pfropfpolymerisate von II auf Polyäthylenoxyd mit Molgew. 400 bis zu mehreren Millionen. Mengenbeispiele. Je nach Art u. Menge der eingesetzten II-Gruppen kann man die Modifizierung in Richtung Dispergier- u. Fällbarkeit, Wasseraufnahmevermögen, Wasserdampfdurchlässigkeit, Biegsamkeit, Reißfestigkeit, Wärme- u. Lichtstabilität sowie elektr. Eigg. variieren. Die End-Prodd. eignen sich *zur Herst. von Kleb- u. Kaschiermitteln, Leder-, Textil- u. Färbereihilfsmitteln, von Lacken, Schaumstoffen u. kosmet. Artikeln.* (**D. A. S. 1 086 435** Kl. 39c vom 24/1. 1959, ausg. 4/8. 1960.) H. SCHINDLER. 7173

Farbwerke Hoechst Akt.-Ges., vormals Meister Lucius & Brüning, Frankfurt/M. (Erfinder: Karl-Heinz Kahrs, Frankfurt/M., Werner Starck, Hofheim/Taunus, Fritz Winkler, Kelkheim/Taunus, und Wolfgang Zimmermann, Frankfurt/M.), **Herstellung von Perlpolymerisaten** aus polymerisierbaren organ. Verbb., dad. gek., daß man die Polymerisation unter Suspendierung des Monomeren (**I**) in W. in Ggw. geringer Mengen wasserlösl. Polyalkylenoxyde (**II**) durchführt. Die **II** können ganz oder teilweise verätherte oder ganz oder teilweise durch mono- oder polyfunktionelle Amine bzw. Säureamide substituierte End-OH-Gruppen enthalten. Es können auch solche stickstoffhaltigen **II** verwendet werden, deren H-Atome ganz oder teilweise mit **II**, die voneinander verschieden sein können, substituiert sind. Nach den Beispielen dienen Vinylacetat sowie Vinylpropionat u. Maleinsäurediäthylester als **I** bzw. **I**-Gemisch. Als **II** wird bevorzugt ein wasserlösl. oxyäthyliertes Polypropylenoxyd verwendet. Die **II** werden zweckmäßig in den **I** gelöst. Gute Raum–Zeit-Ausbeuten. — Vgl. vorst. Referat. (**D. A. S. 1 088 716** Kl. 39c vom 24/12. 1958, ausg. 8/9. 1960.) H. SCHINDLER. 7173

Farbwerke Hoechst Akt.-Ges., vormals Meister Lucius & Brüning, Frankfurt/M. (Erfinder: Karl-Heinz Kahrs, Frankfurt/M., Fritz Winkler, Kelkheim/Taunus, und Wolfgang Zimmermann, Frankfurt/M.), **Herstellung modifizierter Polyvinylalkohole,** dad. gek., daß man in wss. Flotte in Perlform hergestellte Pfropfpolymerisate von Vinylestern (**I**) mit in W. schwer bzw. unlösl. Polyalkylenglykolen (**II**) in bekannter Weise sauer oder alkal., vollständig oder teilweise verseift bzw. umestert. Zur Herst. der Pfropfpolymerisate in Perlform können außer **I** noch andere mischpolymerisierbare Monomere verwendet werden. Die endständigen OH-Gruppen der eingebauten **II** können ganz oder teilweise verestert oder veräthert oder teilweise durch mono- oder polyfunktionelle Amine bzw. Säureamide substituiert sein, wobei die verschiedenen H-Atome jeweils auch durch verschiedene **II**-Ketten substituiert sein können. Als Ausgangsstoffe werden in den Beispielen Pfropfpolymerisate aus Vinylacetat (u. Maleinsäurediäthylester) u. Polypropylenglykol oder oxpropyliertem Tributylphenol, das 20% Propylenoxyd eingebaut enthält, genannt. Die End-Prodd. weisen gute Schutz-Koll.-Wrkg. u. geringe Schaum-Bldg.-Tendenz auf. — Vgl. vorst. Referate. (**D. A. S. 1 088 717** Kl. 39c vom 24/12. 1958, ausg. 8/9. 1960.) H. SCHINDLER. 7173

Farbwerke Hoechst Akt.-Ges., vormals Meister Lucius & Brüning, (Erfinder: Karl-Heinz Kahrs und J. Wolfgang Zimmermann), Frankfurt/M., **Herstellung modifizierter Polyvinylalkohole** aus einem Pfropfpolymerisat (**I**) von einem oder mehreren Vinylestern u. ggf. anderen, mit diesen mischpolymerisierbaren Verbb. auf Polyalkylenglykolen (**II**) nach D. A. S. 1 081 229; C. **1961.** 8134, dad. gek., daß das **I** in bekannter Weise so weit verseift bzw. umgeestert wird, daß der entstandene modifizierte Polyvinylalkohol (**III**) bereits kalt wasserlösl. ist, jedoch weniger als 50 Gew.-% von **III**-Einheiten enthält. Die **I** werden alkal. teilweise verseift. Als **II** sind Polyäthylenglykole oder wasserlösl. oxäthylierte Polypropylenglykole bzw. deren höhere Homologe genannt. Ferner können **I** auf beiderseits oder einfach an den End-OH-Gruppen verätherten oder veresterten wasserlösl. **II** bzw. auf deren Derivv., bei denen eine oder beide OH-Gruppen durch mono- oder polyfunktionelle Amine oder Amide substituiert sind, bzw. auf wasserlösl. Rk.-Prodd. von **II** mit Mono- oder Polyisocyanaten verseift bzw. umgeestert werden. Das Verseifungs-Prod. eines **I** aus Vinylacetat u. einem Polyäthylenglykol mit Molgew. 25000 hat nach einem Beispiel im Makromol. 25 (Gew.-%) Polyvinylacetat-, 43 Polyvinylalkohol- u. 32 Polyäthylenglykoleinheiten. Diese können entsprechend den variierenden Mengen der Ausgangsstoffe in weiten Grenzen schwanken, z. B. 0,9 Acetat-, 35,7 Alkohol- u. 63,4 Glykoleinheiten. — *Schutz-Koll., Schaumstoffe, Folien, Textilhilfsmittel.* — Vgl. vorst. Referate. (**D. A. S. 1 094 457** Kl. 39c vom 27/6. 1959, ausg. 8/12. 1960.) H. SCHINDLER. 7173

Farbwerke Hoechst Akt.-Ges., vormals Meister Lucius & Brüning, (Erfinder: Erich Feld und Kurt Ruths), Frankfurt/M., **Isolierung von halogenierten und/oder sulfohalogenierten (Misch-) Polymerisaten von Olefinen** aus Lsgg. oder Suspensionen, die ggf. noch andere staubförmige Kunststoffe gelöst oder suspendiert enthalten, in fester, feinteiliger Form in einem Sprühtrockner, dad. gek., daß man in die Zone der Tropfen-Bldg. unmittelbar am Sprühdüsenmund das gleiche Lsgm., das abgetrieben werden soll, im Sattdampfzustand zuführt u. erst dann die gebildeten Tröpfchen in die eigentliche Trockenzone gelangen läßt. Hierdurch beginnt die Trocknung erst, wenn die Tröpfchen weit genug voneinander getrennt sind, so daß pulverförmige End-Prodd. anfallen. (**D. A. S. 1 094 456** Kl. 39c vom 9/1. 1957, ausg. 8/12. 1960.) H. SCHINDLER. 7173

Farbwerke Hoechst Akt.-Ges., vormals Meister Lucius & Brüning (Erfinder: Edgar Fischer und Gerhard Bier), Frankfurt/M., **Kontinuierliche (Misch-) Polymerisation von Fluorolefinen** in fl. homogener Phase unter guter Durchmischung in Ggw. eines Katalysators u. unter Einhaltung einer monomeren Konz. im Rk.-Gefäß von <10 Gew.-% des Rk.-Gemisches, dad. gek., daß das Rk.-Prod. durch einen mit dem Rk.-Gefäß verbundenen Raum abgeführt wird, dessen Temp. wesentlich höher als die des Rk.-Raumes ist. Gearbeitet wird in Ggw. eines Verdünnungsmittels, bes. Perchloräthylen. Als Monomere werden Trifluorchlor- oder Tetrafluoräthylen oder deren Gemische mit fluorhaltigen Olefinen, z. B. Vinyl- oder Vinylidenfluorid, verwendet. Beispiel mit Beschreibung u. Zeichnung der Apparatur. Erhöhung der Rk.-Geschw. auch bei Monomeren-Konzz. bis zu 80% u. darüber. (**D. A. S. 1 086 433** Kl. 39c vom 24/11. 1956, ausg. 4/8. 1960.) H. SCHINDLER. 7173

Farbwerke Hoechst Akt.-Ges., vormals Meister Lucius & Brüning, Frankfurt/M. (Erfinder: Siegfried Sommer, Frankfurt/M., und Erich Heitzer, Hofheim/Taunus), **Reinigen von Olefin-(misch-)polymerisaten,** die durch Polymerisation mit metallorgan. Verbb. u. Schwermetallsalzen in einem inerten Dispergiermittel (**I**) erhalten wurden, durch Behandlung der anfallenden Suspension mit einem Alkohol mit mindestens 3 C-Atomen in Mengen von ca. 0,5—5%, bezogen auf **I**, dad. gek., daß man die Alkoholbehandlung in Ggw. von ca. 0,2—6, bes. 1—4 Vol.-% W., bezogen auf die Alkoholmenge, bei 20—100° durchführt u. dann, ggf. nach Wasserextraktion, das Prod. von **I** trennt u. aufarbeitet. Beispiele mit Polyäthylen u. n-Butanol u. Polypropylen mit Isopropanol. Die End-Prodd. haben $<0{,}01\%$ Aschegehalt. (**D. A. S. 1 091 333** Kl. 39c vom 27/12. 1957, ausg. 20/10. 1960.) H. SCHINDLER. 7173

Farbwerke Hoechst Akt.-Ges., vormals Meister Lucius & Brüning, Frankfurt/M. (Erfinder: Ditmar Bachmann, Eugen Schäfer und Wolfgang Schubert, Hofheim/Taunus), **Entfernen von Lösungsmitteln aus Olefinpolymerisaten** mittels Dampf u. heißem W., bes. aus Polyäthylen u. Polypropylen, die mit bekannten Katalysatorgemischen aus Schwermetall-Verbb. u. metallorgan. Verbb. gewonnen wurden, dad. gek., daß in einem U-förmig gestalteten Doppelturm auf gemeinsamem Bad aus verd. Säure oder Lauge eine absinkende u. eine aufsteigende Schwimmschicht aus Polymerisat aufrechterhalten werden, wo denen die absinkende laufend von Dampf, sd. W. u./oder sd. Bad-Fl. u. die andere, zum Austrag aufsteigende Schicht laufend von 70—90° heißem W. durchströmt wird. Hierbei kann der einen Schicht laufend lösungsmittelfreies Polymerisat zudosiert werden, das einen Teil dieser Schicht in die andere aufsteigende Schicht verdrängt. Die einzelnen Schwimmschichten werden unabhängig voneinander gerührt. Beschreibung u. Zeichnung der Apparatur. Das Verf. vermeidet die Verw. kostspieliger Wasch-Fll. oder besondere Zusätze. (**D. A. S. 1 089 547** Kl. 39c vom 11/12. 1957, ausg. 22/9. 1960.) H. SCHINDLER. 7173

Plax Corp. (Erfinder: Alvin Raynham Nielsen), Hartford, Conn., V.St.A., **Verbesserung der Gleitfähigkeit von Formkörpern aus Hochdruckpolyäthylen,** dad. gek., daß man dem Polyäthylen (**II**) vor dem Verpressen 0,1—2% eines ungesätt. Fettsäureamids (**I**) oder dessen Gemisch mit gesätt. **I** in bekannter Weise einarbeitet oder nach dem Verpressen mit 0,1—2 der genannten **I** überzieht. — 2 g Ölsäureamid (**III**) werden in 75 g Aceton gelöst, worauf man mit der Lsg. beide Flächen mehrerer **II**-Folien bestreicht. Nach Verdunsten des Lsgm. haften die Folien auch bei Lagerung unter Druck nicht aneinander. Die gleiche Wrkg. wird erreicht, wenn man z. B. in 100 g **II** 2 g eines Gemisches aus 6 Stearinsäureamid, 91 **III** u. 3 Linolsäureamid einarbeitet. (**D. A. S. 1 086 884** Kl. 39b vom 26/10. 1955, ausg. 11/8. 1960. **Belg. P. 542 100** vom 15/10. 1955, ausg. 18/8. 1959.) C. LÜTTGEN. 7173

Chemische Werke Hüls Akt.-Ges. (Erfinder: Helmut Wiescholl ek, Franz Stürzenhofecker, Franz Broich und Walter Franke), Marl, **Herstellung von (Misch-) Polymerisaten** aus ungesätt. polymerisierbaren Verbb., dad. gek., daß man als Initiator-Syst. monomere Epoxyde (**I**) in Kombination mit organ. Säuren verwendet. In den Beispielen wird Styroloxyd zusammen mit (Phenyl-) Essigsäure zur Polymerisation von Styrol, Methyl- oder Butylmethacrylat oder Acrylnitril eingesetzt. Arbeitstemp. 60—160°, bes. 70—120°, ggf. unter Druck u. Ausschluß von O_2.

Durch Variation des Mengenverhältnisses im Initiator-Syst. kann das Molgew. des End-Prod. genau eingestellt werden. Ausbeuteerhöhung bei Zeitverkürzung. — Tabellen. (**D. A. S. 1 088 230** Kl. 39c vom 4/9. 1959, ausg. 1/9. 1960.) H. SCHINDLER. 7173

Esso Research and Engineering Co., Elizabeth, N.J., V.St.A., **Die Geschwindigkeit der Isopren-Polymerisation** in Ggw. von lithiumorgan. Verbb. wird durch zusätzliche Ggw. von ster. gehinderten tert. Aminen, bes. N.N-Diäthylanilin oder Triisoamylamin, wesentlich erhöht, ohne daß die cis-1.4-Addition vermindert würde. (**E. P. 868 531** vom 11/3. 1960, ausg. 17/5. 1961. A. Prior. 18/3. 1959.) L. STADELMANN. 7173

Phillips Petroleum Co., Bartlesville, Okla., V.St.A., **cis-1.4-Polybutadien** erhält man durch Polymerisation von Butadien in Ggw. eines Katalysator-Syst., das aus Al-Trialkyl, $TiCl_4$ u. TiJ_4 besteht u. worin das Mol-Verhältnis von Al-organ. Verb. zu $TiCl_4$ zwischen 2 : 1 u. 100 : 1 u. das Mol-Verhältnis von $TiCl_4$ zu TiJ_4 zwischen 0,5 : 1 u. 5 : 1 liegt, bei -100 bis $+175^0$ F. In den Beispielen wird Triisobutyl-Al verwendet u. bis zu 89,5% eine cis-1.4-Struktur erzielt. (**E. P. 865 337** vom 20/7. 1959, ausg. 12/4. 1961. A. Prior. 11/8. 1958.) L. STADELMANN. 7173

Shell Internationale Research Mij. N.V., Den Haag, Holland, **Aufarbeiten von Lösungen synthetischer Elastomerer,** z. B. von cis-1.4-Polyisopren, cis-1.4-Polybutadien oder Äthylen/Propylen-Mischpolymerisat. Man bringt die KW-Stoff-Lsg. des Polymeren, die vorzugsweise eine organ. Fettsäure enthält, mit heißem W. oder Wasserdampf unter starker Turbulenz zusammen, so daß das organ. Lsgm. verdampft. Hierzu werden 3 Vorr. (Abb.) vorgeschlagen. Man erhält die Polymeren in krümeliger Form. (**E. P. 866 490** vom 2/2. 1960, ausg. 26/4. 1961. A. Prior. 4/2., 24/2., 26/3. u. 19/11. 1959.) L. STADELMANN. 7173

Esso Research and Engineering Co., Elizabeth, N.J. (Erfinder: Glen P. Hamner, Joseph A. McDaniel jun. und Mack C. Fuqua, Baton Rouge, La.), V.St.A., **Herstellung von Erdölharzen,** dad. gek., daß eine dampfgecrackte Destillatfraktion (I), die zwischen 120 u. 240° siedet u. die im wesentlichen keine cycl. Diolefine mit 5 oder 6 C-Atomen oder deren Dimere enthält, in fl. Phase in Ggw. von BF_3 bei -51 bis $+38^0$ polymerisiert wird. Vorzugsweise wird eine **I** verwendet, die zwischen 160 u. 199° siedet u. folgende Zus. in Vol.-% hat: Diolefine u. ungesätt. aromat. KW-Stoffe 40—50, aromat. KW-Stoffe 15—20, Olefine 10—20 u. Paraffine u. Naphthene 5—10. Vorteilhaftester Temp.-Bereich -1 bis $+24^0$. — Beispiele u. Gegenbeispiele, Tabellen. Hochwertige feste Harze bei guter Ausbeute. (**D. A. S. 1 112 633** Kl. 39c vom 4/11. 1959, ausg. 10/8. 1961. **E. P. 863 407** vom 23/10. 1959, ausg. 22/3. 1961.) H. SCHINDLER. 7173

American Viscose Corp., Philadelphia, Pa., V.St.A. (Erfinder: Marion L. Lytton und Edward A. Wielicki), **Herstellung von Polyestern aus Dibenzoesäureestern** p-$ROOCC_6H_4$–C_6H_4–COOR (R = Alkoholrest) u. wenigstens 2 aliphat. Glykolen, von denen eines die Formel $HOCH_2[C(CH_3)_2CH_2]_nOH$ (n = 1—3) hat, z. B. Neopentylglykol [2.2-Dimethylpropandiol-(1.3); **I**]. Letztere bilden im Polyester Seitenketten u. verhindern dadurch deren zu starke Kristallisation. — Man erhitzt 1 (Mol) 4.4'-Dimethylbibenzoat, 0,88 Äthylenglykol u. 0,22 **I** unter Durchleiten von N_2, 2 Std. bei 650 mm u. 200° unter CH_3OH-Entfernung, steigert in ½ Std. die Temp. auf 275—280°, senkt den Druck bis 0,1—0,2 mm, läßt das Glykol abdestillieren u. kühlt unter N_2 ab. Erweichungspunkt des Polymeren 220°, F. 258—264°, kann zu *Röhren, Platten, Fäden* geformt werden, die verstreckbar sind. (**F. P. 1 181 102** vom 12/8. 1957, ausg. 11/6. 1959. A. Prior. 17/8. 1956.) M. PANKOW. 7177

Allied Chemical Corp., New York, N.Y., V.St.A., **Polymerisation von Caprolactam.** ε-Caprolactam wird in ein Polymerisat mit einer relativen Viscosität $\geqq 25$ dadurch übergeführt, daß man seine wss. Lsg. auf den pH-Wert 5,7 einstellt, diese unter Rühren bei Luftabschluß auf 180—230° erhitzt, hierbei den Wasser-Geh. auf 0,1—2% verringert u. weiter auf 240—290° erhitzt, bis ein Polymerisat der genannten Viscosität erhalten ist. Dann wird bei um $\pm 2^0$ gleichbleibender Temp. $\geqq 2$ Std. lang weitererhitzt, wobei der Wasserdampfdruck wieder etwas höher, bei 1—50 psi (= 0,7—3,5 kg/cm²) gehalten wird. Das entstandene Polymerisat wird dann bei der gleichen konst. Temp. unter dem Druck eines Inertgases stranggepreßt, das einen Wasser-Geh. von einem Taupunkt von 90—95° hat. (**E. P. 864 204** vom 27/11. 1958, ausg. 29/3. 1961. A. Prior. 28/1. 1958.) W. OVERBECK. 7181

Chemische Werke Hüls Akt.-Ges., Marl (Erfinder: Paul Bernemann, Haltern, Herbert Kahanek und Erwin Heinrich, Marl), **Herstellung stabiler Dispersionen von (Misch-) Polymerisaten des Acrylnitrils** (**I**) durch Emulsionspolymerisation, dad. gek., daß an in Ggw. von 10—100 Gew.-%, bezogen auf die Monomeren, eines unter den Rk.-Bedingungen im I lösl., nichtpolymerisierenden KW-Stoffes arbeitet. Als letzterer sind in den Mengenbeispielen Bzl., Hexylbenzol, Cyclohexan u./oder eine Bzn.-Fraktion mit Kp. 80—90° u. Naphthalin genannt. Als Komponenten zu I dienen z. B. Octyl- u. Methylmethacrylat. Stabile koagulatfreie Dispersionen auch nach Abdestillieren des Lsgm. bei Arbeitszeitverkürzung. (**D. A. S. 1 091 752** Kl. 39c vom 18/4. 1958, ausg. 27/10. 1960.) H. SCHINDLER. 7181

Dow Chemical Co., übert. von: Albert B. Savage, Midland, Mich., V.St.A., **Weiße Äthylcelluloseplaste** enthalten aus Pigmentweiß TiO_2 u. zur Farbstabilisierung bis zu 10, bes. 0,01—0,5, Gew.-% 4.4'-Bis-[3.4-methylendioxybenzamido]-stilben-2.2'-disulfonsäure. (**Can. P. 551 580** vom 11/10. 1955, ausg. 14/1. 1958.)
EBERHARD RIEDEL. 7199

Phillips Petroleum Co., Bartlesville, Okla. (Erfinder: **Jimmie Sturgis Payne**, Tex.), V.St.A., *Polymerisation von Olefinen.* (**Jap. A.S. 1 242/1960** vom 12/11. 1956, ausg. 26/2. 1960. A. Prior. 14/11. 1955. — C. **1961.** 17404 [F. P. 1 162 777].)

Phillips Petroleum Co. (Erfinder: **Robert Artemas Findlay, Robert Ralph Goins** und **William Bruce Henderson**), Bartlesville, Okla., V.St.A., *Gewinnung fester Olefinpolymerer.* (**Jap. A.S. 1 545/1960** vom 18/6. 1957, ausg. 1/3. 1960. A. Prior. 18/6., 16/7. u. 30/7. 1956. — C. **1960.** 8027 [F. P. 1 177 862].)

Unilever N.V. (Erfinder: **Johannes Donatus von Mikusch-Buchberg** und **Maurice Robert Mills**), *Herstellung von Mischpolymeren auf Basis von ungesättigten Fettsäuren und olefinischen Verbindungen.* (**F. P. 1 222 803** vom 24/1. 1959, ausg. 13/6. 1960. E. Prior. 24/1. 1958. — C. **1961.** 8853 [D. A. S. 1 089 551].)

N. V. de Bataafsche Petroleum Mij., Den Haag (Erfinder: **Arnold Noorduyn** und **Adriaan Doorman**, Rotterdam), Holland, *Herstellung von Polyvinylchlorid.* (**Jap. A.S. 2 289/1960** vom 14/1. 1957, ausg. 15/3. 1960. Holl. Prior. 17/1. 1956. — C. **1960.** 5333 [D. A. S. 1 068 017].)

Farbwerke Hoechst Akt.-Ges., vormals Meister Lucius & Brüning, Deutschland, *Polyvinylesterdispersionen mit hoher Latexviscosität.* (**F. P. 1 212 114** vom 26/7. 1958, ausg. 22/3. 1960. D. Prior. 27/7. 1957. — C. **1960.** 4041 [D. A. S. 1 043 634].)

American Sealents Co. (Erfinder: **Vernon K. Krieble**), Hartford, Conn., V.St.A., *Polymerisation von Acrylsäureestern.* (**Jap. A.S. 2 393/1960** vom 8/5. 1957, ausg. 17/3. 1960. — C. **1961.** 10771 [A. P. 2 895 950].)

Imperial Chemical Industries Ltd., London, England, *Polymerisation von Estern der Acryl- und Methacrylsäure.* (**Belg. P. 556 214** vom 28/3. 1957, ausg. 26/2. 1960. E. Prior. 29/3. 1956 u. 20/3. 1957. — (C. **1961.** 3502 [E. P. 809 745].)

Styrene Products Ltd., London, England, *Herstellung von beim Erwärmen sich aufblähenden thermoplastischen Polymeren.* (**Jap. A.S. 2 282/1960** vom 1/12. 1956, ausg. 15/3. 1960. E. Prior. 2/12. 1955. — C. **1961.** 7771 [F. P. 1 168 334].)

American Cyanamid Co., V.St.A. (Erfinder: **James Anthony Melchore**), *Herstellung thermoplastischer Harze.* (**F. P. 71 414** vom 8/3. 1957, ausg. 4/1. 1960. A. Prior. 30/3. 1956. Zusatz zu F. P. 1 090 265; C. 1957. 14214. — C. **1961.** 1029 [D. A. S. 1 074 264].)

Montecatini Soc. Gen. per l'Industria Mineraria e Chimica (Erfinder: **Giulio Natta, Enrico Beati** und **Febo Severini**), Mailand, Italien, *Herstellung von Pfropfpolymerisaten.* (**Jap. A.S. 1 840/1960** vom 9/3. 1957, ausg. 8/3. 1960. It. Prior. 14/3. 1956. — C. **1960.** 8027 [F. P. 1 172 920].)

Food Machinery & Chemical Corp., N.Y. (Erfinder: **Charles Adam Heiberger**, N.J.), V.St.A., *Polymerisationsverfahren.* (**F. P. 1 173 460** vom 30/3. 1957, ausg. 25/2. 1959. **Jap. A.S. 943/1960** vom 2/4. 1957, ausg. 18/2. 1960. Beide A. Prior. 2/4. 1956. — C. **1961.** 17026 [Belg. P. 556 317].)

Ciba Soc. An., Schweiz, *Gefärbte Kunststoffe auf der Grundlage von ungesättigten Polyesterharzen.* (**F. P. 1 220 879** vom 24/12. 1958, ausg. 30/5. 1960. Schwz. Prior. 6/2. 1958. — C. **1961.** 676 [D. A. S. 1 083 047].)

N. V. de Bataafsche Petroleum Mij., Den Haag, Holland (Erfinder: **George Bernson Payne** und **Curtis William Smith**, Berkeley, Calif., V.St.A.), *Epoxidester.* (**Schwz. P. 356 115** vom 27/6. 1955, ausg. 29/9. 1961. A. Prior. 28/6. 1954. — C. **1960.** 10778 [Holl. P. 92 390].)

Ciba Soc. An., Schweiz, *Epoxidharzmassen.* (**F. P. 1 205 393** vom 10/4. 1958, ausg. 2/2. 1960. Schwz. Prior. 12/4. 1957. — C. **1961.** 18151 [Belg. P. 566 687].)

Union Carbide Corp., New York, N.Y., V.St.A., *Wärmehärtbare Massen aus Polyepoxiden und Polycarbonsäureanhydriden.* (**E. P. 845 121** vom 31/5. 1957, ausg. 17/8. 1960. A. Prior. 1/6. 1956. — C. **1960.** 7359 [Oe. P. 204 781].)

Farbenfabriken Bayer Akt.-Ges., Leverkusen (Erfinder: **Hermann Schnell** und **Heinrich Krimm**, Krefeld), *Herstellung neuer linearer härtbarer Polycarbonate.* (**Oe. P. 212 022** vom 20/10. 1959, ausg. 25/11. 1960. D. Prior. 13/12. 1958. — C. **1961.** 18521 [D. A. S. 1 108 433].)

Petrochemicals Ltd., London, England (Erfinder: **David Gordon Stewart** und **Edward Teggin Borrows**), *Herstellung von Alkylenoxidmischpolymerisaten.* (**Jap. A.S. 1 841/1960** vom 20/8. 1956, ausg. 8/3. 1960. E. Prior. 22/8. 1955. **F. P. 70 742** vom 20/8. 1956, ausg. 10/7. 1959. E. Prior. 22/8. 1955 u. 10/7. 1956. Zusatz zu F. P. 1 146 098; C. 1959. 16866. — C. **1959.** 7978 [E. P. 793 065].)

Union Carbide Corp., New York, N.Y., V.St.A. (Erfinder: **K. L. Smith**), *Stabilisiertes Äthylenoxidpolymeres.* (**Jap. A.S. 1 834/1960** vom 19/6. 1957, ausg. 8/3. 1960. A. Prior. 20/6. 1956. — C. **1959.** 7309 [Oe. P. 199 878].)

Union Carbide Corp., übert. von: **Keith L. Smith**, Charleston, W.Va., V.St.A., *Stabilisieren von Äthylenoxidpolymeren gegen Molekulargewichtsverringerung und Viscositätsverlust.* (**A. P. 2 921 047** vom 20/6. 1956, ausg. 12/1. 1960. — C. **1959.** 7309 [Oe. P. 199 878].)

Union Carbide Corp., New York, N.Y., V.St.A., *Modifizierte Acrolein-Pentaerythrit-Harze.* (**E. P. 827 032** vom 9/7. 1957, ausg. 3/2. 1960. A. Prior. 10/7. 1956. — C. **1961.** 10772 [A. P. 2 913 435].)

N. V. de Bataafsche Petroleum Mij., Den Haag, Holland, *Glycidylpolyäther enthaltende Mischung.* (**Holl. P. 98 389** vom 3/7. 1953, ausg. 17/7. 1961. A. Prior. 5/7. 1952. — C. **1959.** 2626 [E. P. 736 641].)

N. V. Onderzoekingsinstituut Research, Arnhem, Holland, *Kontinuierliche Herstellung von linearen Polykondensationsprodukten.* (**E. P. 856 915** vom 20/9. 1957, ausg. 21/12. 1960. Holl. Prior. 5/10. 1956. — C. **1960.** 1015 [Holl. P. 90 495].)

Chemstrand Corp. (Erfinder: **Lloyd Theodore Jenkins** und **Richard R. Holmes**), *Stabilisieren von Polyacrylnitrilen.* (**Jap. A.S. 2 287/1960** vom 28/7. 1958, ausg. 15/3. 1960. A. Prior. 23/5. 1956. — C. **1961.** 8135 [F. P. 1 179 200].)

Chemstrand Corp., übert. von: **Hobson D. De Witt** und **Patrick H. Hobson**, Decatur, Ala., V.St.A., *Stabilisieren von Acrylnitrilpolymeren und -mischpolymeren.* (**A. P. 2 946 760** vom 23/5. 1956, ausg. 26/7. 1960. — C. **1961.** 8135 [F. P. 1 179 200].)

E. I. du Pont de Nemours & Co. (Erfinder: **Earl Joseph Goldberg**), Wilmington, Del., V.St.A., *Herstellung härtbarer Polyurethanpolymerer.* (**Jap. A.S. 1 399/1960** vom 3/8. 1956, ausg. 29/2. 1960. A. Prior. 4/8. 1955 u. 5/3. 1956. — C. **1961.** 12289 [F. P. 1 165 886].)

Farbenfabriken Bayer Akt.-Ges., Leverkusen, *Herstellung von elastomeren Polyurethanen.* (**E. P. 866 392** vom 11/8. 1959, ausg. 26/4. 1961. D. Prior. 14/8. 1958. — C. **1960.** 8367 [D. A. S. 1 070 371].)

Sumitomo Kagaku Kogyo Kabushiki Kaisha, Osaka, Japan (Erfinder: **John Arthur Price**, Swarthmore, Pa., und **Walter Harry Schuller**, Fla., V.St.A.), *Herstellung von linearen Polymeren.* (**Jap. A.S. 1 396/1960** vom 26/7. 1957, ausg. 29/2. 1960. A. Prior. 10/10. 1956. — C. **1961.** 17410 [A. P. 2 923 700].)

Dow Corning Silicones Ltd., Toronto, Ontario, Canada, übert. von: **William T. Rossiter** und **Chester C. Currie**, Midland, Mich., V.St.A., *Polymere siliciumorganische Verbindungen.* (**Can. P. 551 252** vom 24/6. 1952, ausg. 7/1. 1958. A. Prior. 2/8. 1951. — C. **1955.** 9923 [E. P. 713 233].)

N. V. de Bataafsche Petroleum Mij., Den Haag, Holland, *Herstellung von Reaktionsprodukten von Polyepoxiden.* (**Holl. P. 98 428** vom 29/4. 1955, ausg. 17/7. 1961. A. Prior. 30/4. 1954. — C. **1961.** 7055 [D. A. S. 1 050 065].)

General Electric Co. (Erfinder: **Glenn D. Cooper** und **Maurice Prober**), Schenectady, N.Y., V.St.A., *Herstellung von Organopolysiloxanen.* (**Jap. A.S. 795/1960** vom 22/8. 1956, ausg. 9/2. 1960. A. Prior. 22/8. 1955. — C. **1961.** 7421 [F. P. 1 158 808].)

Imperial Chemical Industries Ltd. (Erfinder: **Ronald Dyer**), *Herstellung von Schichtstoffen.* (**Aust. P. 225 595** vom 20/6. 1957, ausg. 24/12. 1959. E. Prior. 22/6. 1956. — C. **1960.** 10779 [Oe. P. 204 286].)

Imperial Chemical Industries Ltd., London, England, *Ultraviolett lichtfeste Schichtstoffe.* (**Jap. A.S. 936/1960** vom 22/6. 1957, ausg. 18/2. 1960. E. Prior. 22/6. 1956 u. 27/5. 1957. — C. **1960.** 10779 [Oe. P. 204 286].)

Essener Steinkohlenbergwerke Akt.-Ges., Essen, *Herstellung von Polyäthylenmassen.* (**E. P. 850 473** vom 15/7. 1957, ausg. 5/10. 1960. D. Prior. 7/8. 1956, 19/2. u. 13/7. 1957. — C. **1960.** 12859 [Oe. P. 207 113].)

Badische Anilin- & Soda-Fabrik Akt.-Ges., Ludwigshafen/Rh. (Erfinder: **Fritz Stastny**, Ludwigshafen/Rh., **Ferdinand Meyer**, Ziegelhausen, und **Julius Thewalt**, Waldkatzenbach), *Herstellung von Formkörpern hoher mechanischer Festigkeit aus porösen Styrolpolymerisaten.* (**D. A. S. 1 087 804** Kl. 39b vom 12/11. 1954, ausg. 25/8. 1960. — C. **1958.** 9075 [F. P. 1 134 674].)

Röhm & Haas G.m.b.H., Darmstadt, *Herstellung von Polyesterharzen.* (**Holl. P. 98 427** vom 12/4. 1955, ausg. 17/7. 1961. D. Prior. 13/4. 1954 u. 9/2. 1955. — C. **1957.** 11165 [F. P. 1 122 541].)

Mendip (Chemical Engineering) Ltd., Ashford, England, *Herstellung von verstärktem Material aus synthetischen Harzen, enthaltend Epoxid- und Polyesterharze.* (**Oe. P. 213 066** vom 11/7. 1958, ausg. 25/1. 1961. — C. **1960.** 16278 [D. A. S. 1 077 426].)

Shell Development Co., New York, N.Y., übert. von: **George B. Payne** und **Curtis W. Smith**, Berkeley, Calif., V.St.A., *Herstellung von N-Epoxidalkylsäureamiden.* (**Can. P. 552 067** vom 19/1. 1954, ausg. 21/1. 1958. A. Prior. 3/3. 1953. — C. **1960.** 16276 [A. P. 2 730 531].)

VEB Leuna-Werke „Walter Ulbricht", Leuna, *Herstellung von Klebstoffen und Laminaten aus Epoxidharzen.* (**Oe. P. 214 552** vom 17/3. 1959, ausg. 10/4. 1961. — C. **1961.** 3836 [D. A. S. 1 084 025].)

Atlas Powder Co., Wilmington, Del., übert. von: **Henry M. Richardson**, Hazardville, Conn., V.St.A., *Herstellung von Glasfaserprodukten.* (**Can. P. 552 196** vom 1/5. 1952, ausg. 28/1. 1958. A. Prior. 11/7. 1951. — C. **1957.** 3141 [E. P. 722 292].)

Union Carbide & Carbon Corp., New York, N.Y., übert. von: **Frazier Groff**, Plainfield, und **Carlo F. Martino**, Somerville, N.J., V.St.A., *Glasfaserschichtkörper.* (**Can. P. 551 389** vom 25/6. 1954, ausg. 7/1. 1958. A. Prior. 3/9. 1953. — C. **1958.** 6406 [E. P. 775 373].)

E. Escoute, Toulouse-Haute-Garonne, Frankreich, *Herstellung und Verwendung von Kunststroh.* (**Belg. P. 542 395** vom 28/10. 1955, ausg. 28/8. 1959. F. Prior. 23/12. 1954. — C. **1958.** 4045 [F. P. 1 124 432].)

Western Electric Co., Inc. (Erfinder: **Henry Peters**), *Heißverkleben gesättigter aliphatischer Kohlenwasserstoffpolymerisate mit Kautschuk oder Metallen.* (**Aust. P. 225 175** vom 21/10. 1957, ausg. 3/12. 1959. A. Prior. 31/12. 1956. — C. **1959.** 10413 [D. A. S. 1 036 430].)

XII. Kautschuk

Viscosität und Plastizität von konzentrierten Kautschuklösungen. G. M. Bristow. (Trans. Proc. Instn. Rubber Ind., Trans. **36.** T268—T271. Dez. 1960. Welwyn Garden City, Herts., Nat. Rubber Prod. Res. Assoc.) (Engl.)

Vf. untersuchte, ob das Verh. von konz. (2 u. 4%) Kautschuk-Lsgg. auch wie bei sehr verd. Lsgg. in einfacher Weise mit den Grundregeln der Theorie für polymere Lsgg. interpretiert werden kann. Bei Lsgm. bestimmter Viscosität (z. B. Fließzeiten von 140 bis 150 Sek., OSTWALD-Viscosimeter bei 25°) besteht eine Beziehung zwischen den Fließzeiten der viscosen Lsgg. der Löseкraft, wie es die „intrinsic"-Viscosität zeigt. Bei Lsgm., die Lsgg. mit nahezu gleicher „intrinsic"-Viscosität ergeben (Cyclohexan, Toluol, 1.1.1-Trichloräthan), wurde Parallelität zwischen Fließzeiten der viscosen Lsgg.

u. denen der Lsgm. gefunden. In diesem Konz.-Bereich wird die Lsg.-Viscosität in 1. Linie durch die gleichen thermodynam. Faktoren bestimmt, welche die „intrinsic"-Viscosität bestimmen. Ferner wurde eine fast lineare Abhängigkeit der Plastizität (Wallace-Rapidplastimeter mit 14 mm-Platten bei 20°) von der Konz. (Vol.-Bruch des Kautschuks) gefunden bei nur geringem spezif. Lsgm.-Effekt. Dagegen besteht zwischen der Plastizität u. der Lösekraft oder der Lsgm.-Viscosität keine Beziehung, d. h. die Plastizität ist bei höheren Konzz. nicht stark abhängig von den thermodynam. Wechselwrkg. zwischen Lsgm. u. Kautschuk, die in verd. Lsgg. vorherrschen; sie muß aber auf der Grundlage der rheolog. Eigg. des Syst. betrachtet werden. R. Schäff. 7220 □

Wirkung von Diphenylnitrosamin auf Naturkautschuk in Benzollösung. G. H. Foxley. (Trans. Proc. Instn. Rubber Ind., Trans. **36.** T123—T128. Juni 1960.) (Engl.)

Zur Unters. des Mechanismus der Rk. zwischen Diphenylnitrosamin (I) u. Naturkautschuk in Bzl.-Lsg. wurde die Rk. durch Viscositätsmessung verfolgt. Bzgl. der I-Konz. ist sie eine Rk. 1. Ordnung. Bei den gewählten Vers.-Bedingungen tritt keine radikal. Dissoziation von I auf (vgl. dagegen Ouchi, Osaka Kogyo Git. Shik. Hokoku **1957.** Nr. 309. 133). Wahrscheinlich verläuft die Rk. entweder über H-Entzug vom Kautschuk durch I mit anschließender Spaltung des so gebildeten Kautschukradikals oder über die Bldg. eines Komplexes zwischen Kautschuk u. I. R. Schäff. 7222 □

Kautschuk aus Parthenium argentatum (Guayule). 2. Mitt. **Entharztes Produkt. Einfluß von Beschleunigern und Ruß auf die mechanischen Eigenschaften der Vulkanisate.** Eloy Dorado Bernal. (Rev. Plásticos **10.** 49—56. Jan./Febr. 1959.) (Span.) — 1. vgl. C. **1960.** 5019.

Der Rohkautschuk aus Guayule wird zur Befreiung von Harzen mehrmals mit Aceton extrahiert, der so erhaltene „Reinkautschuk" (I) enthält ca. 85—87% Kautschuk-KW-Stoff u. 6% Acetonextrakt. I mit 4% Stearinsäure (II) u. 5% ZnO eignet sich am besten für Gemische, die als Beschleuniger Diphenylguanidin (III), Mercaptobenzthiazol (IV) oder III–IV-Gemische enthalten. Mit 5% II u. 6% ZnO werden zweckmäßig SMBT, Thiurame u. Dithiocarbamate als Beschleuniger angewandt. Im Vgl. mit Heveakautschuk zeigen die Vulkanisate aus I um ca. 10% geringere Zugfestigkeit, aber bessere Dehnung, sind bei Beschleunigung mit III u. IV etwas unterlegen, lassen sich ebensogut mit Ruß verfestigen u. bei richtiger Wahl der Bedingungen gleichwertig verarbeiten. R. K. Müller. 7222 □

Latex von künstlichen Kautschuken. A. García Vargas. (Rev. Plásticos **10.** 190—98. Mai/Juni 1959.) (Span.)

Als Beispiel für verschiedene copolymere Kautschukarten wird die Herst. von Butadien–Styrol-Latex beschrieben. Die physikal. Eigg. der Latexschäume werden erörtert u. ihre Abhängigkeit von der Zus. des Monomerengemisches u. den Herst.-Bedingungen besprochen. Zum Vgl. werden neben Heveakautschuk Copolymere von Butadien mit Acrylonitril oder Vinylpyridin u. Neopren herangezogen. R. K. Müller. 7224 □

Mechano-chemische Reaktionen, die zur Verstärkung von Kautschuken führen. 1. Mitt. **Wechselwirkung mit Aluminium-Alkoxiden.** R. J. Ceresa. (Trans. Proc. Instn. Rubber Ind., Trans. **36.** T45—T57. April 1960. London, Nat. College Rubber Technol.) (Engl.)

Vf. gibt einen Überblick über mechano-chem. Rkk. in Kautschuken u. Kunststoffen, die zur Wechselwrkg. mit Füllstoffen, Monomeren u. anderen Polymeren führen. Verss. über die mechano-chem. Wechselwrkg. von multifunktionellen polaren Verbb. (bes. Al-Isopropoxid) mit Naturkautschuk (Gel-Bldg.) bei mechan. Scherbedingungen werden beschrieben. Die Verteilung des Gelierungsmittels zwischen Sol- u. Gel-Fraktionen wurde ermittelt, um den Verlauf der Rk. zu verfolgen. Aus der Inaktivität von Radikalacceptoren bei diesen Rkk. wird auf polare Mechanismen geschlossen. Die prakt. Anwendung des Verf. zur Kautschukverstärkung wird erörtert. R. Schäff. 7226 □

Über die Verteilung des Schwefels im Ruß. R. S. Magaril. (Каучук и Резина [Kautschuk u. Gummi] **20.** Nr. 4. 43—47. April 1961. Omsk, Forsch.-Inst. für Konstr. u. Technol. in der Industrie.) (Russ.)

Es wird der Prozeß der Entfernung von S aus dem Ruß durch Erhitzen im H_2-Strom beschrieben. Die Geschw. der S-Entfernung wird durch Messung der Diffusions-Geschw. des aus S entstandenen H_2S bestimmt. Die kinet. Messungen u. die aus ihnen resultierenden Ergebnisse werden vom Vf. mathemat. u. graph. dargestellt. Sie bestätigen die Richtigkeit eines angenommenen Schemas über den Prozeß der S-Entfernung (durch Erhitzen im H_2-Strom) u. die Anschauung von der Regelmäßigkeit der S-Verteilung im Vol. der Rußteilchen. C. Kozák. 7226 □

Die Disproportionierung von Kolophonium an stationären Katalysatoren zwecks Gewinnung von Emulgatoren für die Herstellung von Butadien-Styrol-Kautschuken. M. Ss. Nemzow und M. I. Rysskin. (Каучук и Резина [Kautschuk u. Gummi] **20.** Nr. 4. 7—15. April 1961. Allunions-Forsch.-Inst. für erdölchem. Prozesse.) (Russ.)

Vff. untersuchten die Möglichkeit einer kontinuierlichen Disproportionierung von Kolophonium (I) an einem stationären Katalysator, bei welcher keine Katalysatorsuspension im erhaltenen I zurückbleiben soll. Es wurden zu diesem Zwecke sowohl Ni- als auch Pd-Katalysatoren überprüft. Die mit Pd-Katalysatoren durchgeführten kontinuierlichen Verss. (500—700 Std. lang bei 225—230°) über den Einfl. der Menge des Pd im Katalysator, die vorübergehende Fraktionierung des I, die Korngröße des Trägers u. die Vorkontaktierung ergaben, daß das am Pd-Katalysator disproportionierte I nach einer Fraktionierung als Emulgator bei der Herst. von Butadien-Styrol-Kautschuk so gut wie das amerikan. *Drezinat-214* ist, da es eine gute Polymerisations-Geschw. gewährleistet. C. Kozák. 7226□

Wechselwirkung von Kohlenwasserstoffen und Pulvern. W. C. Wake. (Trans. Proc. Instn. Rubber Ind., Trans. **36.** T58—T64. April 1960. Shawbury, Shrewsbury, Shrops., Res. Assoc. Brit. Rubber Mfg.) (Engl.)

Die Kautschukverstärkung u. die Unterschiede von Pulvern hinsichtlich ihres Verstärkungseffekts werden erörtert. Als Modell-Verbb. für Kautschuk verwendete Vf. niedermol. KW-Stoffe u. untersuchte die Adsorptionsenergie gegenüber Pulvern, wie Ruß, SiO_2, Baryt u. Kreide. Es wird gezeigt, daß pro Oberflächeneinheit die Adsorptionsenergie einer Fl. mit einer polarisierbaren Doppelbindung viel höher gegenüber einem ion. Kristall, wie Baryt, als gegenüber Ruß ist, u. gefolgert, daß dann, wenn hohe Adhäsion der Fl. an das Pulver ein bedeutender Faktor bei der Verstärkung ist, ion. Pulver zweckmäßig sind. Mittels des Langmuir-Modells der Adsorption sind Entropieberechnungen für an Ruß adsorbierte KW-Stoffe möglich. Die berechnete Entropieänderung stimmt mit der durch die Theorie vorausgesagten gut überein. Die Befunde lassen folgern, daß die Überlegenheit des Rußes nicht nur mit der Fähigkeit, Radikale zu binden, zusammenhängt, sondern auch mit der relativ niedrigen Adsorptionsenergie, die dem adsorbierten Mol. Beweglichkeit auf der Oberfläche erlaubt. R. Schäff. 7226□

Einige Gesichtspunkte für die Hochtemperaturvulkanisation. G. Bielstein. (Trans. Proc. Instn. Rubber Ind., Trans. **36.** T29—T44. April 1960. London, Brit. Insulated Callender's Cables Ltd.) (Engl.)

Die Hochtemp.-Vulkanisation von Kautschuken wird erörtert. An verschiedenen Beispielen wird gezeigt, daß sehr schnelle Vulkanisation von Kautschukmischungen im allg. bei Temp. nahe 200° durchgeführt werden kann. Eine Ausnahme ist Polychloropren, da bei hohen Vulkanisations-Temp. eine fundamentale Änderung des Vulkanisationsmechanismus stattfindet, was auf die Wrkg. des Vulkanisationsbeschleunigers zurückgeführt werden konnte. Bei den meisten Kautschukmischungen wird das Vulkanisations-Verh. bei hohen Temp. durch Reversion beträchtlich verwickelt. Ein relativ einfaches graph. Verf. erlaubt im allg. die Unterscheidung der Vulkanisationseffekte u. Reversionseinflüsse. 2 Rk.-Schemen wurden aufgestellt, um die bei S-vernetzten Naturkautschukmischungen beobachteten Hauptmerkmale zu deuten.
R. Schäff. 7228□

Einfluß der Beziehungen zwischen der Oberfläche und dem Volumen des Objektes bei der Bewertung der technologischen Eigenschaften von Gummigemischen. A. I. Lukomskaja, P. N. Orlowski, Ss. B. Mereshanny und A. F. Stukalowa. (Каучук и Резина [Kautschuk u. Gummi] **20.** Nr. 4. 36—42. April 1961. Forsch.-Inst. der Reifenind.) (Russ.)

Auf Grund von Messungen der Viscosität u. der Elastizität, die mit Hilfe verschiedener Plastometertypen durchgeführt wurden, konnten Vff. eine ausführliche Charakteristik verschiedener, mehrere Komponenten enthaltender Gummimischungen (auf der Basis von SKS-30- u. NK-Typ ohne u. mit verschiedenen Rußsorten, wie auch Regenerattyp SKS-30A) geben. Außerdem wurde die Abhängigkeit der technolog. Eigg. (Deformationsfähigkeit, Adhäsion, Friktion) von den Oberflächen-Eigg. u. dem Vol. festgestellt u. graph. dargestellt. — 13 Literaturangaben. C. Kozák. 7230□

Untersuchung von ermüdeten Viscose-Rayon-Reifencords. G. B. Redmond. (Trans. Proc. Instn. Rubber Ind., Trans. **36.** T71—T90. Juni 1960. Birmingham, Fort Dunlop, Dunlop Rubber Co. Ltd.) (Engl.)

Mkr. Unterss. an Reifencordproben aus ermüdeten Reifen u. Prüfkörpern zeigten, daß der bei Cordermüdung beobachtete Faserbruch in den Cordbereichen vorherrscht, die Druckspannungen unterworfen wurden. Der Faserbruch tritt in 2 Formen auf; Mit glatt gebrochenen Enden (wie beim Zerreißbruch) bzw. mit gezackten u. spitz zulaufenden

Enden, die auf einen anderen (nicht Zugbruch-) Mechanismus schließen lassen. Diese Bruchform ist fast immer in den druckbeanspruchten Cordbereichen anzutreffen, so daß sie als direkte oder indirekte Folge der „Ermüdung" anzusehen ist. Die Unterss. zeigen ferner die große Vielfalt von Faserschädigungen, die hinsichtlich der verschiedenen Hypothesen über die Cordermüdung erörtert werden. — Diskussionsbemerkungen.

R. SCHÄFF. 7230□

Oxydationsfreie Regenerierung. A. Maurin. (Rev. Plásticos **10.** 411—14. Nov./Dez. 1959.) (Span.) — C. **1960.** 9746. R. K. MÜLLER. 7232□

Modifikation von Kolophonium zwecks Gewinnung von Emulgatoren für die Herstellung von Butadien–Styrol-Kautschuken. M. Ss. Nemzow und F. Ss. Schenderowitsch. (Каучук и Резина [Kautschuk u. Gummi] **20.** Nr. 2. 4—11. Febr. 1961. Allunions Lebedew-Forschungsinst. für synthet. Kautschuk.) (Russ.)

Die Herst. von modifiziertem Kolophonium (I) aus natürlichem **I** (67% Abietinsäure [II]: SZ. 170 mg KOH/g) sowie die Anwendung der gewonnenen Prodd. als Emulgatoren für die Polymerisation von Butadien–Styrol-Kautschuk (**III**) werden beschrieben. Die Modifizierung kann durch Hydrieren der in **I** vorliegenden ungesätt. Säuren bzw. durch Disproportionieren unter Bldg. eines hydrierten u. eines Benzolkerns erfolgen. Die Hydrierung geht bei 215—230° mit H_2 unter 12—82 at Druck u. Verw. von Ni–Cu, Ni auf granulierter Anthrazitkohle (10%), Ni auf akt. Birkenkohle (30%: **IV**), Ni auf Kieselgur (50%: **V**) als Katalysatoren (Dosierung bis zu 8% des **I** an akt. Metall) vor sich. Die besten Ergebnisse wurden mit **V** erzielt. Bei dieser Rk. bilden sich bes. Dihydrosäuren. Die Hydriergeschw. nimmt mit steigendem Druck zu. Als störende Rk. erfolgt eine Decarboxylierung, die mit steigendem Druck abnimmt. Bei 12 at erfolgt parallel mit der Hydrierung eine Disproportionierung. Mit steigender Katalysatordosierung nimmt die Rk.-Geschw. unproportional zu. Das wird dadurch erklärt, daß im **I** enthaltene Katalysatorgifte bis zu 1% des eingesetzten Katalysators in seiner Wrkg. inhibieren. So tritt bei 1% Ni-Cu-Zusatz in der ersten Phase eine Zunahme von **II** auf, was auf eine Isomerisation bei den Rk.-Bedingungen ohne Einw. des Katalysators zurückgeführt wird. Die Disproportionierung erfolgt bei 200—250° unter CO_2 bei 1—4 at Druck u. Verw. von **IV, V** (Dosierung 2—2,4% akt. Metall), Pd auf Birkenkohle u. Pd auf Rekuperationskohle (0,018—0,036) als Katalysatoren. Die besten Ergebnisse wurden mit den Pd-Katalysatoren erzielt, die bei geringerem Katalysatoreinsatz (0,036%), niedrigeren Temp. (220°: Entgegenwrkg. der Decarboxylierung) u. niedrigeren Drücken (1 at CO_2) in kurzen Zeiträumen (2—3 Std.) für die Emulsionspolymerisation von **III** nach der Trilon–Rongalit-Rezeptur brauchbare Emulgatoren liefern (**II**-Geh. $\leqq 5\%$: SZ. $\geqq 150$ mg KOH/g). Auch bei der Disproportionierung wird die Wrkg. von Katalysatorgiften beobachtet. Berücksichtigt man die Rückgewinnung, so ist die Aktivität eines Gew.-Teils Pd um 450 mal größer als der von Ni. Da die Hydrierung unter hohen Drücken u. exotherm verläuft u. außerdem H_2 benötigt, wird vom techn.-wirtschaftlichen Standpunkt der Disproportionierung der Vorzug gegeben. O. KRAMM. 7240□

Quantitative Bestimmung von Kautschukbeschleunigern vom Thiazoltyp durch amperometrische Titration. Pronoy K. Chatterjee, D. Banerjee und Anil K. Sircar. (Trans. Proc. Instn. Rubber Ind., Trans. **36.** T65—T69. April 1960. Calcutta, Ind. Assoc. Cult. Sci.) (Engl.)

Eine quant. Best.-Meth. (amperometr. Titration) für Mercaptobenzothiazol, Zn-Benzothiazolylmercaptid u. Dibenzothiazolyldisulfid wird beschrieben.

R. SCHÄFF. 7248□

Mikrohärteprüfung, ihre Möglichkeiten und Grenzen. J. R. Scott und A. L. Soden. (Trans. Proc. Instn. Rubber Ind., Trans. **36.** T1—T16. Febr. Rubber Chem. Technol. **33.** 876—89. 1960. Shawbury, Shrewsbury, Brit. Rubber Mfg. Res. Assoc.) (Engl.)

Die Probleme der Härteprüfung durch einen Mikrotest (WALLACE- bzw. NASH-THOMPSON-Mikrohärteprüfer) u. ihre Lösung werden besprochen. Die experimentellen Unterss. an Natur-, Butyl- u. Nitrilkautschuk zeigen die Übereinstimmung zwischen den Befunden beim Mikro- u. Normal- (Makro-) Test sowie die gute Reproduzierbarkeit des Mikrotests u. den Einfl. der Prüfkörperabmessungen. Verläßliche Härteprüfungen mit dem Mikrotest können den theoret. Erwartungen entsprechend an viel dünneren u. kleineren Proben als beim Standardtest vorgenommen werden, unterhalb bestimmter kleinster Abmessungen aber läßt auch der Mikrotest keine brauchbaren Messungen mehr zu. R. SCHÄFF. 7248□

Nicht-Linearität in dynamischen Prüfungen. 1. Mitt. **Schwingungsprüfmethoden.** V. E. Gough. (Trans. Proc. Instn. Rubber Ind., Trans. **36.** T91—T122. Juni 1960, Rubber Chem. Technol. **33.** 527—54. April/Juni 1961. Erdington, Birmingham, Dunlop Rubber Co. Ltd.) (Engl.)

Zur Ableitung der Zug–Dehnungs-Beziehungen wird eine „phase-plane"-Meth. beschrieben, die eingehend erörtert wird, u. an Beispielen die Unzulänglichkeit der üblichen linearen Analyse bei kautschukähnlichen Materialien aufgezeigt. Wenn bei dynam. Prüfmaschinen die Kraft u. die Bewegung nicht unabhängig voneinander bleiben, werden die Ergebnisse meistens durch eine zusätzliche mathemat. Beziehung beeinflußt u. verfälscht. Als wichtige Folgerung ergibt sich, daß nur dann, wenn die Natur der Nichtlinearität bzw. der Charakter der Funktionen, die das wirkliche Verh. eines schwingenden Syst. genau beschreiben, durch gründliche Analyse der Prüfmeth. bestätigt wurde, das Phänomen den physikal. Eigg. des Materials zugeschrieben werden sollte. R. SCHÄFF. 7248□

United States Rubber Co., New York, N.Y., V.St.A., **Synthetischen Kautschuklatex mit erhöhter Teilchengröße** erhält man, wenn man dem Latex 0,05 bis 1 (Teil) Äthylhydroxyäthylcellulose pro 100 der Gesamtmonomeren bei 0—15° zusetzt, bevor oder nachdem die Polymerisation bis zur 60%ig. Monomerenumwandlung geführt wurde, jedoch in Ggw. von mindestens 5% nicht umgesetzten Monomeren, u. dann die restlichen Monomeren aus dem Latex entfernt. Man erhält z. B. eine Teilchengrößenerhöhung von 870 auf 1760 Å. (**E. P. 869 500** vom 26/2. 1960, ausg. 31/5. 1961. A. Prior. 4/5. 1959.) L. STADELMANN. 7225

Esso Research and Engineering Co., übert. von: Lewis W. Bowman, Westfield, Robert F. Leary, Cranford, und William J. G. McCulloch, Plainfield, N.J., V.St.A., **Vulkanisieren von Polypropylen,** das durch Polymerisation mit einem Alkyl–Al–Ti-Halogenid-Katalysator hergestellt wurde, dad. gek., daß man es entweder mit einem Gemisch von 1—3 (Teilen) S, 0,5—5 eines S-haltigen Beschleunigers, z. B. Te-Diäthyldithiodicarbamat, 1 bis 20 ZnO u. 0,5—5 Stearinsäure (**I**) oder einem Gemisch von 1—6 Benzthiazolyldisulfid, 1—8 p-Chinondioxim, 1—20 ZnO u. 0,5—5 **I** auf 15—120, bes. 45 Min. auf 250—400, bes. 307° F erhitzt. Das vulkanisierte Prod. hat eine Intrinsic-Viscosität von 0,2—6. (**A. P. 2 890 187** vom 11/7. 1956, ausg. 9/6. 1959.) C. LÜTTGEN. 7225

Firestone Tire & Rubber Co., übert. von: Harry E. Albert, Akron, Ohio, V.St.A., **Als Antioxydantien** für Kautschuke (**A**), bes. Polyisopren, Isopren/Styrol-, Butadien/Acrylnitril-, Butadien/Styrol–Copolymere oder vulkanisiertem Naturkautschuk, dienen Zusätze von 0,2—10 (%, bezogen auf **A**) einer Mischung aus 0,1—5 Thiodiarylamin, bes. Thiodiphenylamin, u. 0,1—9,9 Phenolsulfid. (**Can. P. 551 949** vom 19/6. 1946, ausg. 21/1. 1958. A. Prior. 21/8. 1945.) EBERHARD RIEDEL. 7227

Styrene Products Ltd., London, England (Erfinder: Ernest Seijo Wolfgang Gerson Barb und Alec Norman Roper), **Nitrilkautschukmischung.** Zur besseren Haftung von Druckfarben auf dem Nitrilkautschuk mischt man ihm vorher mit einem Mischpolymerisat aus Styrol, Acrylnitril u. wenigstens einem weiteren mischpolymerisierbaren Monomeren, das z. B. bei Verw. bas. Farben eine Säure, wie Acrylsäure, oder für saure Farben eine Base, wie Vinylpyridin, ist. — Zu 650 (Gew.-Teilen) des Styrol–Acrylnitril–Methylmethacrylat (65:25:10)-Mischpolymerisats gibt man auf der Walze 350 Butadien–Acrylnitrilkautschuk „Hycar 1411" u. 7 eines Alterungsschutzmittels. Die Mischung kann im Spritzguß verarbeitet werden u. zeigt eine bessere Oberfläche als ein Prod., das unter Anwendung des Styrol–Acrylnitril-Mischpolymerisats hergestellt wurde. (**F. P. 1 174 223** vom 15/4. 1957, ausg. 9/3. 1959. E. Prior. 16/4. 1956 u. 19/3. 1957. **E. P. 804 956** vom 16/4. 1956, ausg. 26/11. 1958.) M. PANKOW. 7231

American Viscose Corp., V.St.A. (Erfinder: Worth Wade), **Verbinden von hydrophilen und hydrophoben plastischen Massen,** z. B. von Cordfäden aus Regeneratcellulose oder Polyamid mit Kautschuk mittels Polyurethan, das man auf dem hydrophilen Material entstehen läßt. — Aus Viscose oder Polyamid hergestellte trockene Fäden führt man durch eine Pentaerythritadipatpolyesterdisperion, dann durch m-Toluoldiisocyanat u. trocknet. Der Faden kann ohne weitere Behandlung in Kautschuk gearbeitet werden. (**F. P. 1 198 642** vom 30/1. 1958, ausg. 8/12. 1959. A. Prior. 31/1. u. 4/2. 1957.) M. PANKOW. 7231

Imperial Chemical Industries Ltd., London, England (Erfinder: **Kenneth Barry Jarrett**), *Überzüge aus unlöslichen Harzen auf der Oberfläche von Polymerisatpulver.* (**Jap. A. S. 1 393/1960** vom 19/12. 1957, ausg. 29/2. 1960. E. Prior. 20/12. 1956 u. 4/12. 1957. — C. **1961.** 8860 [F. P. 1 192 429].)

Monsanto Chemical Co., St. Louis, Mo., V.St.A., *Modifizieren von Kautschukmischpolymerisaten.* (**E. P. 841 530** vom 29/10. 1956, ausg. 20/7. 1960. A. Prior. 27/10. u. 28/10. 1955. — C. **1960.** 15245 [Jap. A. S. 6 096/1958].)

Esso Research and Engineering Co., Elizabeth, N.J., V.St.A., *Herstellung von stabilem Butylkautschuklatex.* (**Jap. A. S. 2 195/1960** vom 14/8. 1957, ausg. 12/3. 1960. A. Prior. 14/8. 1956. — C. **1961.** 3173 [E. P. 831 833].)

Esso Research and Engineering Co., übert. von: **Raymond G. Newberg**, Roselle Park, N.J., und **David W. Young**, Homewood, Ill., V.St.A., *Kautschukartige Mischung.* (**A. P. 2 917 485** vom 5/10. 1955, ausg. 15/12. 1959. — C. **1961.** 15224 [E. P. 796 842].)

Phillips Petroleum Co., Bartlesville, Okla., V.St.A., *Vulkanisierbare Kautschukmischungen.* (**E. P. 802 460** vom 24/10. 1956, ausg. 8/10. 1958. **Belg. P. 552 116** vom 26/10. 1956, ausg. 31/12. 1959. Beide A. Prior. 27/10. 1955 u. 2/7. 1956. — C. **1960.** 8706 [F. P. 1 167 991].)

Union Carbide Corp., New York (Erfinder: **Donald Mackey Young**, New York, N.Y., und **Fritz Hostettler**, Charleston, W.Va.), V.St.A., *Herstellung von Kunstharzen.* (**Jap. A.S. 1 398/1960** vom 12/4. 1957, ausg. 29/2. 1960. A. Prior. 13/4. 1956. — C. **1960.** 12185 [F. P. 1 174 203].)

XIII. Ätherische Öle. Parfümerie. Kosmetik

Experimentelle Untersuchungen über die Entstehung ätherischer Öle und ihrer Komponenten in aromatischen Pflanzen. 4. Mitt. **Citronellöl (Typ Ceylon).** D. Sadgopal. (France Parfums **4.** Nr. 21. 179—81. April 1961.) (Franz.) — 3. vgl. C. **1962.** 1819.

Von Ceylon importierte Stecklinge von *Cymbopogon nardus* wurden in Indien angepflanzt, u. während eines Jahres wurden in 1monatigem Abstand Blattscheiden u. Blätter geerntet u. getrennt zur Gewinnung. des äther. Öles destilliert. An Hand von Tabellen werden die so geklärten Beziehungen zwischen Alter der Pflanze (Best. der optimalen Erntezeit) u. Art des Pflanzenteils einerseits u. Ausbeute an äther. Öl u. dessen physikal. chem. Kennzahlen andererseits dargelegt. H. SONTAG 7262

Ätherisches Öl von Lippia geminata. J. K. Choudhury und R. B. Bose. (Sci. and Cult. [Calcutta] **27.** 101. Febr. 1961. Calcutta, Presidence Coll., Dep. of Botany.) (Engl.)

Das aus den getrockneten Zweigen dieses im trop. Amerika heim. u. heute in Indien verbreiteten Verbenaceengewächses gewonnene Öl ist durch folgende Daten gekennzeichnet: olivgelbe bzw. olivbraune (je nach Erntezeit) Färbung, $D.^{30}$ 0,938, Brechungsindex (30°) 1,4949, opt. Drehung: 1,7°, EZ.: 39,60, SZ. 9,40; unlösl. in 90%ig., 80%ig. u. 70%ig. A., lösl. in Chlf. u. Petroläther. H. SONTAG. 7262 □

Untersuchungen des Citronenkatzenminzöls (Nepeta Cataria L. Varietas Citriodora Beck). Janusz Kulesza, Zofia Roth und Tadeusz Jaworski. (Zeszyty naukowe Politechn. Łódzkiej, Chem. Spożywcza Nr. **5.** 49—61. 1961. Łódź, Politechn., Zakł. Technol. Ziół i Aromat.) (Pol.)

Aus dem frischen Kraut der Citronenkatzenminze werden mit Hilfe der Wasserdampf-Dest. 0,1 (%), aus getrocknetem Kraut 0,17, aus dem Stroh nach dem Ausdreschen des Samens 0,04 u. aus den Samenspelzen 1—1,1 äther. Öl erhalten. Die beiden letzten Öle haben den besten Geruch. Von einem Anbaugebiet von 1 ha werden 15—24 kg Öl gewonnen. Die physikal. Konst. des Öles sind: $D._4^{20}$ 0,8830, n_D^{20} 1,4770, $[\alpha]_D^{20}$ — 1,94°, SZ. 4,38, EZ. 8,82. Das Öl enthält 37 (%) Geraniol, 16,5 Citronellol, 13,6 Nerol, 9,1 Citral u. 3,9 Citronellal. Komponenten, die keinen O enthalten, wurden nicht bestimmt. Die Abtrennung der wichtigsten Komponenten erfolgt durch fraktionierte Vakuumdestillation. Geraniol wird als $CaCl_2$-Addukt isoliert. Die Veredelung des Öles kann durch Beseitigung der Terpene mit 70%ig. Essigsäure, durch Acetylieren der Alkohole u. der in der Enolform vorhandenen Aldehyde wie Citral u. Citronellal mit Acetanhydrid u. Na-Acetat erfolgen. Die Terpene können auch durch Erhitzen mit 10%ig. alkohol. KOH-Lsg. polymerisiert werden. Schließlich läßt sich durch fraktionierte Dest. „Geraniumm" ($Kp._5$ 80,3—94°) gewinnen. F. URBAN. 7262 □

Die afrikanische Zibetkatze und die anderen Viverriden. Pierre A. Dubois und Denise Gautier. (France Parfums **2.** Nr. 8. 3—13. Febr. 1959.) (Franz.)

Nach kurzer Erläuterung der Herkunft der Substanz mit Moschusgeruch geben Vff. einen allg. Überblick über die Familie der *Viverriden*, wobei einzelne Mitglieder der Familie aufgezählt u. näher beschrieben werden. Die afrikan. Zibetkatze (Genus *Civettictis Civetta*) scheint der Ursprung der nach Europa gelangenden Prodd. zu sein; ihre Lebensgewohnheiten, Fang u. Zucht sowie Entstehung u. Gewinnung der Duftdroge werden im einzelnen beschrieben. Ferner wird der Versand nach den Handelszentren besprochen u. einige Besonderheiten der Handels-Meth. in Äthiopien u. Frankreich mitgeteilt. — 49 Literaturangaben. H. SPOHN. 7268 □

Die Tonkabohne. Günther Lindemann. (Riechstoffe u. Aromen **10.** 109—10. April 1960.) (Dt.)

Kurze Angaben über Herkunft, Gewinnung u. Verw. der Tonkabohne (Familie *Caesalpiniaceae*) in der Parfümerie u. Mitt. eines Rezeptes für eine Tonkabohnen-Tinktur. Der Cumarin-Geh. der Droge beträgt 1—3%. — 10 Literaturangaben. H. SPOHN. 7276 □

Riechstoffe, für die Seifenparfümierung neu entdeckt. Horst Schmidt. (Seifen-Öle-Fette-Wachse. **86.** 297—99. 11/5. 160.) (Dt.)

α-Methylbenzylidenaceton — *Malvon, Malvozon* u. auch *Lavandozon* genannt — ist ein Seifenriechstoff von hoher Beständigkeit, Reizlosigkeit u. großer Intensität mit vielen Einsatzmöglichkeiten. Angabe mehrerer Rezepturen. G. LOSSNER. 7276☐

Die Isobutyrate und ihre Verwendung in der Riechstoff-, Aromen- und Parfümerie- sowie Seifenindustrie. W. L. Hoffmann. (Riechstoffe u. Aromen **10.** 1—2. 4. Jan. 38—40. Febr. 1960.) (Dt.)

Vf. gibt eine Übersicht über die auf den genannten Gebieten eingesetzten Isobutyrate, die durch Angabe ihrer chem. Zus. u. physikal. Kennzahlen sowie durch Charakterisierung ihres Geruchs, Geschmacks u. Aromas u. der sich daraus ergebenden spezif. Einsatzgebiete gek. werden. H. SONTAG .7276☐

Vital-Ökonomie und -Ökologie der Geschmacks- und Geruchsstoffe. 2. Mitt. Hans Leideritz. (Parfümerie u. Kosmet. **39.** 138—40. März. 193—96. April 1958.) (Dt.) — 1. vgl. C. **1958.** 5234.

Nach kurzer Charakterisierung der physikal. Eigg. des Keimprotoplasmas („schaumiger Zustand") geht Vf. auf die Frage ein, inwiefern es möglich ist, daß das ontogenet. Protoplasma seine Spezifität bei den Wachstums- u. Anpassungsvorgängen während der Ontogenese trotz fortwährender Berührung mit anderen spezif. Protoplasmastoffen u. -Prodd. bewahrt. Es wird dargelegt, daß als Träger bzw. Erzeuger der hierbei wirksamen Geschmacks- u. Geruchsstoffe die Albuminate wirken, die von allen membranbildenden Verbb. die größten Moll. aufweisen. Bei der Nahrungsaufnahme tritt fremdes Albuminat nicht als solches in das Protoplasma des Nahrungsnehmers ein, kann sich also nicht damit mischen, sondern es wird zuvor durch Peptonisierung entspezifiziert. Auf der Basis dieser Überlegungen erklärt sich der Nahrungsinstinkt als Wechselwrkg. zwischen bestimmten chem. verschiedenen Albuminaten (Freiwerden von „Lüsternheits"- bzw. „Ekel"-Stoffen), während bei Aufeinandertreffen chem. gleicher Albuminate („Indifferenzstoffe") dieser Instinkt nicht auftreten kann. In ähnlicher Weise wird unter Anführung von Beispielen von Mensch u. Tier der Fortpflanzungstrieb als Wrkg. des durch den Geruchssinn vermittelten Instinkts für die chem. Verwandtschaft des spezif. Duftstoffes erklärt. H. SONTAG. 7276☐

Der Hautmantel. Gavern T. Walker. (Drug Cosmet. Ind. **87.** 618—19. 694. Nov. 1960.) (Engl.)

Überblick über den heutigen Stand der Kenntnisse über die chem. Zus. des Hautmantels, bes. seinen Geh. an Säuren, Alkoholen, KW-Stoffen u. Vitaminen. — 14 Literaturangaben. H. SONTAG. 7284☐

Wasserstoffperoxid — Chemie und Anwendung in der Kosmetik. Gavern T. Walker. (Seifen-Öle-Fette-Wachse **87.** 865—67. 20/12. 1961.) (Dt.)

Vf. verweist auf eine neue Darst.-Meth. bei der man aus einer organ. Substanz durch abwechselnde Oxydation u. Red. Wasserstoffperoxid (I) erhält u. gibt eine Übersicht über die Verw. des I bei der organ. Synth. zur Ringspaltung u. Oxydation sowie in der Kosmetik als Haarbleich- u. Färbehilfsmittel. Die Einw. des I auf Wolle oder Haar führt zur Rk. mit dem Cystindisulfid. Der Vorgang ist in Abhängigkeit von pH-Wert u. Temp. graph. dargestellt. WOLFGANG PETT. 7284☐

Sorbinsäure als Konservierungsmittel. Erich Lück. (Riechstoffe u. Aromen **9.** 148—53. Mai 1959.) (Dt.) — Vgl. C. **1961.** 15603.

An Hand von Literaturangaben wird die physiolog. Unbedenklichkeit von *Sorbinsäure* (I) u. ihre Eignung, vom Körper als Nahrungsfettsäure verwertet zu werden, dargelegt. Das Optimum der antimikrobiellen Wirksamkeit von I liegt im pH-Bereich 3—4, während bei einem pH-Wert über 7 keine derartige Wrkg. mehr erkennbar ist. Vf. erörtert im einzelnen unter Angabe anwendungstechn. Hinweise den Einsatz von I bzw. seinem K-Salz als Konservierungsmittel für Kosmetika u. Arzneimittel neben der Verw. für Lebensmittel. — 39 Literaturangaben. H. SONTAG. 7284☐

Prüfung von Citronenöl durch Gas-Verteilungschromatographie. Richard A. Bernhard. (Food Res. **23.** 213—16. März/April 1958. Pasadena, Calif., U.S. Dep. of Agric., Agric. Res. Serv., Fruit and Vegetable Chem. Labor.) (Engl.) — Vgl. C. **1962.** **4753.**

Vf. beschreibt eine Meth. zur Unters. u. Prüfung grober Unterschiede in der Zus. von Citronenöl. Das Öl wird gaschromatograph. in 5 Fraktionen getrennt, die dann mit Hilfe der IR-Spektroskopie identifiziert werden. wobei die Höhe der Spitzen (peaks) im Chromatogramm ein Maß für die Menge der enstprechenden Fraktion ist. 37 verschiedene Citronenöle wurden auf diese Weise untersucht. H. FRIES. 7286☐

Über die Zusammensetzung des ätherischen Öles aus Bourbon Geranium (Pelargonium Roseum Willd.). Andrée Gaiffe und Robert Pallaud. (C. R. hebd. Séances Acad. Sci. **249.** 2079—80. 16/11. 1959.) (Franz.)

Vff. untersuchten den bei der Vakuum-Dest. bei über 100° übergehenden Nachlauf von Bourbon Geraniumöl, der in einer mit einer Schaum-Bldg. verhütenden Vorrichtung versehenen App. in 3 Fraktionen der $Kpp._4$ 100°, 102—45° u. 146—47° zerlegt wurde. Die 3., indigoblaue Fraktion enthielt *S-Guajazulen* (I), das auf Grund der kryoskop. Molgew. Best., der IR-Unterss. u. durch chem. Umsetzungen zu bekannten Derivv. (I-Pikrat u. I-Aldehyd) identifiziert wurde. H. SONTAG. 7286 □

Lingner-Werke G.m.b.H. (Erfinder: Werner Kaufmann), Düsseldorf, **Ätherische Öle enthaltende kosmetische Präparate,** die in Behältern aus Kunststoff, z. B. Sprühdosen, verpackt werden. Um zu verhindern, daß die äther. Öle (I) den Kunststoff des Behälters angreifen, wenn das Lsgm. verdampft, werden solche Stoffe zugesetzt, die I lösen oder sich mit ihnen vermischen u. die wenigstens den gleichen Kp. wie I haben, bes. nicht unter 150°. — Geeignete Stoffe dieser Art sind: Siliconöle (II), 2- u. mehrwertige aliphat. Alkohole wie Äthylen- u. Propylenglykol, Glycerin, Mannit; Fettalkohole, Polydiole wie Di- u. Triäthylenglykol; Fettsäureester wie Palmitinsäureäthylester; Polyäthylenoxidalkyläther; Fettsäureamide, Phosphorsäurefettalkoholester; höhere gesätt. aliphat. KW-Stoffe, z. B. Paraffinöl. — Beispiel: (Mundspraylösung) 89,00 (%) A; 8,00 II; 1,50 Pfefferminzöl; 0,70 Menthol; 0,30 Sternanisöl; 0,02 Antiseptica; 0,08 Süßstoff; 0,40 Wasser. (**D. A. S. 1 114 613** Kl. 30h vom 11/4. 1959, ausg. 5/10. 1961.) E. PETERSEN. 7263

Henri Gamard, Seine-et-Oise, Frankreich, **Herstellung von festen Parfüms.** Man verleibt einem natürlichen oder synthet. Harz ein fl. synthet. oder fl. natürliches Parfüm, welches durch Fixierung eines natürlichen Geruchstoffes an einen fl. Träger hergestellt wurde, ein. (**F. P. 1 176 992** vom 27/5. 1957, ausg. 17/4. 1959.) T. OPPERMANN. 7277

Uhu-Werk, H. u. M. Fischer (Erfinder: Manfred Fischer), Bühl, **Herstellen eines Badezusatzes.** Fettfreien, fettlösl. Vitamine enthaltenden Badepräpp. wird wenigstens ein Alkylarylsulfonat zugesetzt. (**D. A. S. 1 079 281** Kl. 30h vom 22/3. 1956, ausg. 7/4. 1960.) E. PETERSEN. 7285

Soc. Monsavon-l'Oréal, Paris, Frankreich, **Haarfärbemittel** enthält als färbenden Bestandteil ein o- oder p-Phenylendiamin-Deriv. mit einer NO_2-Gruppe am Kern, in welchem die NH_2-Gruppe, die am weitesten von der NO_2-Gruppe entfernt ist, durch eine Gruppe der Formel $-NR-(CH_2)_n-A$ ersetzt worden ist [$A = CH_2-N(R')\cdot(R'')$, CON(R')(R'') oder COOH; R, R', R'' = H oder Alkyl; n = 1—4], z. B. 1-[3'-Nitro-4'-aminophenylamino]-2-aminoäthansulfat. Die Färbungen werden ohne Zuhilfenahme eines weiteren Oxydationsmittels durch den Luft-O_2 entwickelt. (**Holl. P. 98 216** vom 23/11. 1956, ausg. 15/6. 1961. F. Prior. 29/11. 1955.) F. BÖHM. 7285

L. Givaudan & Cie. Soc. An., Genf, Schweiz, *In p-Stellung substituierter α-Methyldihydrozimtaldehyd.* (**Holl. P. 99 111** vom 5/6. 1957, ausg. 15/9. 1961. A. Prior. 11/6. 1956. — C. **1961.** 14856 [F. P. 1 177 132].)

Edouard Jean-François Charret, Caluire, Frankreich, *Haarwaschmittel.* (**E. P. 867 874** vom 24/9. 1957, ausg. 10/5. 1961. F. Prior. 26/9. u. 19/12. 1956. — C. **1961.** 7426 [Oe. P. 204 185].)

Elizabeth Arden Soc. An., Zürich, Schweiz, *Haarfärbemittel.* (**Belg. P. 566 969** vom 19/4. 1958, ausg. 12/8. 1960. Schwz. Prior. 8/7. 1957. — C. **1960.** 14207 [F. P. 1 197 973].)

Soc. Monsavon-l'Oréal, Paris, Frankreich, *Färben von Haaren.* (**Schwz. P. 356 562** vom 31/10. 1958, ausg. 13/10. 1961. F. Prior. 8/1. 1958. — C. **1960.** 11497 [F. P. 1 189 619].)

XV. Gärungsindustrie

Farb- und Spezialmalze. Nigel B. Baird. (Brewers' Guild J. **46.** 280—86. Mai 1960.) (Engl.)

Techn. Einrichtungen u. technolog. Verff. der Malzbereitung werden beschrieben. F. SEEMANN. 7540 □

Der Einfluß der ätherischen Öle des Hopfens auf den Geschmack des Bieres. J. De Clerck. (Petit J. Brasseur **69.** 133—35. 24/2. 1961. Louvain, Univ.) (Franz.)

Über den Einfl. der äther. Öle des Hopfens auf das Bier ist noch wenig bekannt. In einigen Brauereien hat man festgestellt, daß Bitterkeit u. Aroma des Bieres verbessert werden, wenn man den Hopfen dem WEINER-Verf. unterwirft, wodurch die flüchtigsten äther. Öle eliminiert werden. W. WESLY. 7540 □

Das Wasser in der Brauerei. André Hubert. (Petit J. Brasseur **69.** Nr. 2837. 208—09. 24/3. Nr. 2838. 221—25. 31/3. 1961. Bruxelles, Interind. S.C.) (Franz.) — Vgl. C. **1961.** 4188.

Übersicht über die Eignung von natürlichen Wässern zum Bierbrauen auf Grund ihrer Zus. u. die Verff. zu ihrer Aufbereitung durch Fällungs- u. Ionenaustauschreaktionen. W. WESLY. 7540□

Ungelöste Probleme in der Brauwissenschaft. I. A. Preece. (Brewers' Guild J. **46.** 269—79. Mai 1960.) (Engl.)

Noch ungelöste Probleme sind die Vorgänge bei der Lsg. des Malzes, die Bedeutung der uncharakterisierten Hopfenharze u. die Bedingungen für eine Begünstigung der biolog. Stabilität des Bieres. F. SEEMANN. 7544□

Untersuchung des kontinuierlichen Maischprozesses. Josef Dyr und Josef Moštek. (Kvasný Průmysl **7.** 220—25. Okt. 1961.) (Tschech.)

In einem Labor.-Gerät für kontinuierliches Maischen ausgeführte Unterss. zeigen, daß zwischen den im Labor. u. den nach dem Dekoktions-Verf. im Betrieb hergestellten Würzen keine wesentlichen Unterschiede bestehen. Der im Labor. erzielte, wirkliche Vergärungsgrad war sogar um 4% höher als im Betrieb. Die N-Geh. u. die pH-Werte liegen innerhalb der in Betriebsdekoktionsmaischen ermittelten Grenzwerte. — 21 Literaturangaben. W. WESLY. 7544□

Pediococcus Cerevisiae, eine der häufigsten Infektionsursachen in der Bierbrauindustrie. Barbara Łachecka-Zalicka. (Zeszyty naukowe Politechn. Łódzkiej, Chem. Spożywcza Nr. **5.** 81—97. 1961. Łódź, Politechn., Kat. Mikrobiol. techn.) (Pol.)

Übersicht über biolog. u. biochem. Eigg. von *Pediococcus cerevisiae*. — 37 Literaturangaben. F. URBAN. 7550□

Übersicht über die heutigen Kellereiarbeiten amerikanischer Brauereien. Clement Prechtl. (Wallerstein Lab. Commun. **24.** 169—73. Aug. 1961.) (Engl.)

Übersicht über Zweck u. Ausführung der Arbeiten, wie sie in amerikan. Bierbrauereien zwischen der Gärung u. der Flaschenabfüllung ausgeführt werden. W. WESLY. 7550□

Pasteurisierung des Bieres. René Scriban. (Petit J. Brasseur **68.** 829—37. 23/12. 1960. Europ. Brewery Convention, Groupe des Troubles.) (Franz.)

Übersicht über die Verff. zur Pasteurisierung des Bieres u. ihre Überwachung. — 11 Literaturangaben. W. WESLY. 7550□

Der Dithionit-Ascorbat-Komplex als oxydationshemmendes Mittel für Bier. Irwin Stone. (Wallerstein Lab. Commun. **24.** 252—61. Aug. 1961. Staten Island, N.Y., Wallersteins Labor.) (Engl.)

Wss. Lsgg. von $Na_2S_2O_4$ (I) reagieren so rasch mit O_2, daß sie stabilisiert werden müssen, um einen Verlust des Red.-Vermögens u. die Ausfällung von koll. S zu verhüten. Dazu eignet sich Ascorbinsäure, ein Gemisch von 10 (mg/Liter) I u. 30 Na-Isoascorbat (II) ist ein oxydationshemmendes Mittel für Bier, weil der gelöste O_2 völlig entfernt wird, wobei I in Sulfit übergeht. Bei Temp. $>0^0$ findet man im abgefüllten Bier kein I wegen seiner Instabilität; nach seinem Verschwinden steht aber noch II als oxydationshemmender Stoff zur Verfügung. Die Ergebnisse in Vers.-Anlagen u. Großbetrieben werden erörtert. I hat einen starken Einfl. auf die Aufhellung der Bierfarbe u. reagiert mit Diacetyl unter Bldg. von geruch- u. geschmacklosen Verbindungen. W. WESLY. 7550□

Vom Geschmack und Duft des Bieres. André Devreux. (Petit J. Brasseur **69.** 219—20. 31/3. 1961. I.S.F.G. u. Ceria.) (Franz.)

Übersicht über die Einfl. der Rohstoffe u. Herst.-Verff. auf Geschmack u. Duft des Bieres. W. WESLY. 7550□

Holunderzusatz zu Traubenmost. Walter Saller und Christine de Stefani. (Weinberg u. Keller **7.** 45—49. Febr. 1960. Klosterneuburg, Höhere Bundeslehr- u. Versuchsanst. für Wein- u. Obstbau.) (Dt.)

Durch Zusatz von gemaischten Holunderbeeren (*Sambucus niger*) zu weißem Traubenmost wurde die Gär-Geschw. nicht verlangsamt, sondern etwas beschleunigt. Die chem. Werte wurden so verändert, daß sie für Rotweine charakterist. waren. M. WINIKER. 7552□

Über den Einfluß der schwefligen Säure und L-Ascorbinsäure bei der Weinbereitung. 3. Mitt. **Antioxydative Wirkung der schwefligen Säure und der L-Ascorbinsäure.** W. Diemair, J. Koch und D. Hess. (Z. Lebensmittel-Unters. u. -Forsch. **114.** 26—38. 20/1. 1961. Frankfurt/M., Univ., Inst. für Lebensmittelchem.: Geisenheim/Rh., Inst. für Obst- u. Gemüseverwertung.) (Dt.) — 2. vgl. C. **1962.** 9187.

In Modell-Lsgg. wird in Schüttel-Verss. SO_2 leicht oxydiert, wenn Fe^{2+} anwesend ist. Cu^{2+} beeinflußt dagegen die Oxydation nicht. Umgekehrt wird *Ascorbinsäure* (I) in Ggw. von Cu^{2+} rasch oxydiert, Fe^{2+} ist unwirksam. In Ggw. von SO_2 u. I wirkt nur Cu^{2+} oxydationsbeschleunigend, Fe^{2+} wird wahrscheinlich infolge Komplex-Bldg. mit I inaktiviert. Im Wein sind die Verhältnisse ähnlich, jedoch infolge der Ggw. von Polyphenolen u. anderen Verbb. unübersichtlicher. Die Ggw. von I verursacht auch im Wein einen höheren Verlust an SO_2, bes. in Ggw. von Cu^{2+}, das bei Verw. von I vorher aus dem Wein entfernt werden muß. Das Red.-Vermögen eines Weines (gemessen am ITT-Wert) wird durch I stark, durch SO_2 weniger beeinflußt. Kurzzeiterhitzung u. in geringerem Maße SO_2-Zusatz bewirken Inaktivierung der Polyphenoloxydasen (II). So behandelter Most ist reduktiver als unbehandelter Most. I schützt SO_2 vor Oxydation, kann diese aber nicht vollständig ersetzen. SO_2 ist zur Inaktivierung der II in Most u. zum Abbinden von überschüssigem Acetaldehyd nach der Gärung erforderlich.

F. RADLER. 7554□

Untersuchungen über Gärungsbelüftung. 1. Mitt. **Der Sauerstoffübertragungskoeffizient.** R. E. Carpani und J. M. Roxburgh. (Canad. J. chem. Engng. **36.** 73—77. April 1958. Saskatchewan, Saskatoon, Canada, Prairie Region. Labor.) (Engl.)

Die Best. der Übertragungs-Koeff. von O_2 aus Luft in W. u. verd. Salz-Lsgg. u. aus Luft in Na_2SO_3-Lsgg. (in Ggw. von Cu^{2+}) in einem Rührgefäß ohne Prallwände zeigt, daß bis zum Durchbruch der Wirbel an die Oberfläche keine einfache Beziehung zwischen diesen Koeff. besteht. Die scheinbare Aktivierungsenergie für den Übergang von O_2 in W. beträgt 1,2, in 0,5m Na_2SO_3-Lsg. 10,6 kcal/g Mol. — 28 Literaturangaben.

W. WESLY. 7578□

Die Bestimmung von Äthylacetat in Wein durch Gasphasenchromatographie. P. Ribéreau-Gayon. (Chim. analytique [4] **43.** 161—64. April 1961. Bordeaux, Fac. des Sci., Labor. d'Oenol. et Chim. agric.) (Franz.)

Das bei der Dest. von Wein in den beiden ersten Zehnteln Destillat enthaltene Äthylacetat wird (mit Hilfe einer aus synthet. Lsgg. erhaltenen Eichkurve) gaschromatograph. nach FOUASSIN [1959] bestimmt. Die gefundenen Werte stimmen mit den auf chem. Wege ermittelten Ergebnissen gut überein. W. WESLY. 7606□

Weinhefenöl. E. Dehaux und H. Belien. (Riechstoffe u. Aromen **9.** 97—98. April. 171. Juni 1959.) (Dt.)

Von der von der Klärung des Weißweines Vin Grand Ducale stammenden Weinhefen-Lsg., einer graugelblichen Fl., D. 1,075, A.-Geh. 6,9° Gay-Lussac, Trocken-Gew. 17,1%, wurde die Weinhefe abgetrennt. Diese lieferte nach Wasserdampf-Dest. u. Reinigung 1,19% Weinhefeöl, eine klare, gelbe Fl., $D._{20}^{15}$ 0,874, n_D^{20} 1,4289, $[\alpha]_D$ 0°, Löslichkeit in 80%ig. A. 1:2,2, EZ. 44,2, SZ. 236, VZ. 253. Die freien Fettsäuren (13%) bestehen wahrscheinlich aus Pelargon- u. Caprinsäure. Als Ester wurden nachgewiesen 8 (%) Äthylcaprylat, 14 -pelargonat, 40 -caprinat, 15 -laurat u. 4 eines Esters, bei dem es sich wahrscheinlich um Äthylmyristat handelt. H. P. FIEDLER. 7606□

Alfred Rieche, Günter Hilgetag, Anna Elisabeth Martini, Martin Lorenz und Helmut Seeboth, Berlin, **Biologische Eiweißsynthese aus Abwässern** nach D. P. [DDR] 19 384, dad. gek., daß die Abwässer durch alkal. Oxydations- oder durch Adsorptions-Verff. von Restphenolen befreit u. anschließend unter Zusatz der erforderlichen Mengen von K, P u. Mg Wuchshefen gezüchtet werden, die die in dem Abwasser enthaltenen Fettsäuren u. NH_3 als alleinige C- u. N-Quelle benutzen. (**D. P. [DDR] 21 155** Kl. 6b vom 12/1. 1959, ausg. 24/4. 1961 [Wirtschaftspatent]. **Zusatz zu D. P. [DDR] 19 384; C. 1961. 6712.**) T. OPPERMANN. 7579

Associated British Maltsters Ltd., Newark-on-Trent, England, *Mälzen von Getreide.* (**Ung. P. 144 620** vom 26/9. 1955, ausg. 15/11. 1959. — C. **1958.** 5979 [E. P. 792 272].)

Imperial Chemical Industries Ltd. (Erfinder: **Anthony Borrow, Edward Gastrang Jefferys** und **Jan Steward Nixon**), *Gewinnung von Gibberellinsäure.* (**Aust. P. 226 942** vom 31/1. 1958, ausg. 17/3. 1960. E. Prior. 6/2. 1957. — C. **1961.** 691 [A. PP. 2 906 671 u. 2 906 673].)

XVI. Nahrungs-, Genuß- und Futtermittel

Methoden zur Haltbarmachung von Lebensmitteln, abgesehen von Formontierung, Gefrieren oder Konservieren. F. C. Webb. (Res. appl. in Ind. **13.** 378—82. Okt. 1960. London, Univ. Coll.) (Engl.)

Allg. Ausführungen. E. WIEHR. 7634□

Verbesserung der plastischen Eigenschaften von Weichweizen in Abhängigkeit von der Dauer seiner Konservierung. P. Zoubovsky. (Bull. anciens Élèves École franç. Meunerie **1961.** 205—13. Juli/Aug.) (Franz.)

Die bäcker. Eigg. von alger. Weichweizen, festgestellt durch Angabe des Alveographen, haben sich bei geeigneter Einlagerung nach der Ernte im August von Monat zu Monat verbessert u. im Dezember ihren höchsten Stand erreicht. Eine weitere Erhöhung bei noch längerer Einlagerung konnte nicht festgestellt werden.

G. HOFER. 7670□

Der Gehalt einiger sowjetischer Lebensmittel an Thiamin und die Auswirkung einer küchenmäßigen Zubereitung auf die Beständigkeit desselben. W. G. Parteschko. (Вопросы Питания [Fragen d. Ernähr.] **20.** Nr. 6. 73—74. Nov./Dez. 1961. Leningrad, Inst. für Ärztefortbildung, Lehrstuhl für allg. u. Lebensmittelhygiene.) (Russ.)

Der Geh. an *Thiamin* (I) in *Haferflocken, Hirse, Buchweizen, Weizen-* u. *Gerstengraupen, Reis, Mannagrütze* u. *Nudeln* u. Gerichten aus ihnen (nach einem Kochen von 20—60 Min.) werden angegeben. Es wird festgestellt, daß die Zerstörung von **I** durch Kochen (3,5% bei Nudeln, bis 100% bei Reis) nicht von der Kochdauer, vermutlich aber von der verschiedenen Zus. der Salze (Elektrolyte) abhängig ist.

S. BARYSCHNIKOW. 7672

Gegenwärtige und zukünftige Bedeutung von Enzymen in der Backwarenindustrie. O. Silberstein. (Baker's Digest **35.** 44—48. 86. Dez. 1961. Staten Island, N.Y., Wallerstein Co., Food Technol. Labor.) (Engl.)

Überblick über die für die Backwarenindustrie bedeutsamen Enzyme u. ihre Wrkg.: Getreide-, Bakterien- u. Pilzamylasen, Proteasen, Oxydationsfermente.

M. W. ROTHE. 7674□

Der gegenwärtige Stand unserer Kenntnisse über die Wirkung der Amylase bei der Brot-, Zwieback- und Biskuitbäckerei. R. Drapron. (Ind. aliment. agric. **78.** 273—83. März 1961. Paris, I. N. R. A., Labor. de Biochemie et Physicochimie des Céréales.) (Franz.)

Übersicht. — 29 Literaturangaben. J. LEHMBERG. 7674□

Calcium-O-Stearoyllactylat, eine neuartige, vielseitig verwendbare Backzutat. L. F. Marnett und R. J. Tenney. (Bakers Digest **35.** 52—56. 58. 60. 62. Dez. 1961. Kansas City, Mo., C. J. Patterson Co.) (Engl.)

Eigg., Einfl. auf Farinogramm- u. Extensogramm-Kurven, Beeinflussung der Backfähigkeit, Wrkg.-Mechanismus, Nährwertbeeinflussung von Brot. — 18 Literaturangaben.

M. W. ROTHE. 7674□

Trennmittel für Brot. Harry Lipman. (Bakers Digest **35.** 67—69. Dez. 1961. Carnegie, Pa., Mallet and Co.) (Engl.)

Eigg. u. Zus. moderner Trennfette aus nichttrocknenden Ölen, Lecithin u. Antioxydantien, Beschreibung verschiedener Typen von automat. Fettungsvorrichtungen.

M. W. ROTHE. 7674□

Durch Siliconanwendung bedingte Gefahren. John Williams. (Food Manufact. **36.** 436—37. Okt. 1961. Cambridge, Spiller's Ltd., Central Labor.) (Engl.)

Die Berührung von Mehl mit siliconbeschichtetem Material (Papier, Teile der Vermahlungsanlage) kann zur Herauslösung von Siliconspuren führen, welche das Back-Verh. spezieller Gebäckarten nachteilig beeinflussen können. Durch Extraktion der Beschichtung mit organ. Lsgm. gewonnene Extrakte vergröbern die Porenstruktur von Biskuitmassen bereits bei Zusatzhöhen von 0,001 mg%, ein Zusammenfallen der Gebäcke tritt ab 0,01 mg% in Erscheinung. Bei der Herst. von Brot oder Fett- u. zuckerreichen Mürbegebäcken wird der nachteilige Effekt erst bei einer Verunreinigung des Mehles mit 5—10 mg% Silicon deutlich. M. W. ROTHE. 7674□

Untersuchungen über die Vorverpackung von frischen Bohnen (Phaseolus vulgaris). B. Anandaswamy und N. V. R. Iyengar. (Food Sci. [India] **10.** 279—83. Sept. 1961. Mysore; Centr. Food Technol. Res. Inst.) (Engl.)

Während Verpackung frischer Bohnen in Polyäthylenbeuteln (bes. bei stärkeren Qualitäten) zwar eine Verminderung des physiolog. Gew.-Verlustes zur Folge hat, wird die Haltbarkeit bei 38° u. 85—90% relativer Feuchtigkeit dadurch wesentlich herabgesetzt, auch wenn die Beutel gelocht sind. Bei 24—27° u. 50—75% relativer Feuchtigkeit wird die Haltbarkeit der Bohnen in Beuteln mit 24 Löchern (1,17% der Fläche) von 3 auf 6—7, bei 8—10° u. 80—85% relativer Feuchtigkeit von 8 auf 15—16 Tage erhöht, sofern die Beutel nicht überfüllt sind. Waschen der Bohnen vor dem Verpacken hat keinen günstigen Einfluß. HANS THIELE .7684□

Untersuchungen über die Lagerung von mit γ-Strahlen behandelten Kastanien. 2. Mitt. Takashi Iwata und Kuniyasu Ogata. (Bull. Inst. chem. Res., Kyoto Univ. **39.** 112—19. März 1961. Osaka, Univ., Coll. of Agriculture, Labor. of Processing and Physiology of Horticultural Products.) (Engl.) — 1. vgl. Bull. Univ. Osaka Pref., Ser. B **9.** [1959] 59.

Mit sehr hohen γ-Strahlen-Dosen behandelte Kastanien (bis zu $6 \cdot 10^4$ r) keimten bei der Lagerung nicht mehr aus. Der Geh. an *Vitamin C* u. reduzierenden Zuckern wurde durch die Bestrahlung nicht, der Geh. an nichtreduzierenden Zuckern nur geringfügig verändert. Die Bestrahlung verursachte einen erheblichen Rückgang der Atmungstätigkeit der Früchte. Bei sehr langen Aufbewahrungszeiten neigten die bestrahlten Kastanien etwas mehr zum Faulen als Kontrollproben. E. LÜCK. 7688□

Fungicide Behandlung von Mandarinen (Citrus reticulata, Blanco) nach der Ernte zur Bekämpfung von Lagerungskrankheiten. V. B. Dalal, H. Subrahmanyam und S. D'Souza. (Food Sci. [Mysore, India] **10.** 283—86. Sept. 1961. Mysore, Centr. Food Technol. Res. Inst.) (Engl.)

Künstlich mit Schimmelpilzen infizierte Mandarinen wurden 20 Sek. bei **30, 40** u. 50° mit wss. Lsgg. von 0,5, 0,75 u. 1,0% *Natrium-o-phenylphenat* (**I**) behandelt (Tauch-Verf.) u. danach bei Zimmer-Temp. (22—29°) u. einer relativen Feuchtigkeit von **45** bis 65% gelagert. Regelmäßig wurden Verluste durch Krankheiten, physiolog. Gew.-Verlust u. die allg. Beschaffenheit der Früchte registriert. Es wurde festgestellt, daß die Behandlung die Qualität während der Lagerung nicht beeinträchtigt. Von den mit 1%ig. **I**-Lsg. behandelten Früchten waren nach 20 Tagen bei 30° 9% verdorben, von den unbehandelten Früchten dagegen 20%. Der physiolog. Gew.-Verlust wurde durch die Behandlung nicht beeinflußt. Lagerungsschäden waren meist auf Penicillium-Fäule zurückzuführen. HANS THIELE. 7688

Der Einfluß der Temperatur auf den Umfang des Säurerückganges bei McIntosh-Äpfeln. P. A. Poapst und W. R. Philips. (Canad. J. Plant Sci. **40.** 736—44. Okt. 1960. Ottawa, Ontario, Canada, Dep. of Agriculture.) (Engl.)

Bei Lager-Temp. zwischen 30 u. 55° F tritt bei McIntosh-Äpfeln ein Rückgang des Geh. an titrierbarer Säure ein. Dieser ist exponentiell von der Lager-Temp. abhängig u. kann durch die Gleichung $\mathbf{a} = D \cdot e^{E \cdot T}$ ausgedrückt werden, in der D u. E Konst. darstellen. Ähnliche Befunde wurden auch mit anderen Apfelsorten erhalten. E. LÜCK. 7688□

„Chemisches Schälen" von Früchten. 1. Mitt. **Sandoricum Koetjape Burm. F. Merr.** F. A. Soliven, P. H. Quinitio und L. T. Gonzalez. (Philippine J. Sci. **90.** 1—8. März 1961. Manila, Nat. Sci. Dep. Board; Nat. Inst. of Sci. and Technol.) (Engl.)

Es wurde der Einfl. der „Laugenschälung" auf Sandoricum Koetjape untersucht. NaOH unter 5% führte nicht zu einer Ablösung der Schale, NaOH über 8% war ungünstig für die Früchte. Die besten Ergebnisse wurden durch wenigstens 2 Min. langes Eintauchen der Früchte in heißes W. u. anschließende 3—5 Min. lange Behandlung mit 5%ig. NaOH bei 200° F erzielt. E. LÜCK. 7688

Untersuchungen über das relative Feuchtigkeitsgleichgewicht für Zwiebelpulver. J. S. Pruthi und Girdhari Lal. (Current Sci. **29.** 19—20. Jan. 1960. Central Food Technolog. Res. Inst.) (Engl.)

Zwiebelpulver (**a**) wird verschiedener relativer Luftfeuchtigkeit (5—90%) bei 25—26° ausgesetzt u. die Gew.-Zunahme bzw. -abnahme nach **1, 2, 4,** 8 u. 24 Std. u. weiter aller 24 Std. bis zur Einstellung des Feuchtigkeitsgleichgewichtes zwischen Prod. u. Luft bestimmt. **a** ist stark hygroskopisch. Lagerung bei einer relativen Luftfeuchtigkeit von 90% führt zu Schimmelbefall. Der optimale Feuchtigkeits-Geh. liegt bei 4%, der krit. Punkt bei **8,39**%. Feuchtigkeits-Geh. über 15% führen zur Bräunung u. geschmacklichen Beeinflussung von **a**. H.-P. PIETSCH. 7690□

Diffusion der Glucose während der Gemüsetrocknung. R. B. Duckworth und G. M. Smith. (J. Sci. Food Agric. **12.** 490—92. Juni 1961. Glasgow, Royal Coll. of Sci. and Technol., Dep. of Food Sci.) (Engl.)

Streifen von Kartoffeln u. Karotten werden in einer ^{14}C-Glucose-Lsg. bis zur gleichmäßigen Durchdringung eingeweicht. Sie werden dann roh oder gekocht getrocknet u. die Änderung der Glucoseverteilung autoradiograph. untersucht. Bei den gekochten Streifen ist eine Bewegung nach innen u. Anhäufung in der Mitte festzustellen. Daraus könnte sich die größere Empfindlichkeit dieser Region für eine nichtenzymat. Bräunung erklären. In rohen Streifen von Kartoffeln tritt eine periphere Anhäufung auf. PH. FRESENIUS. 7690□

Über die chemische Zusammensetzung des Naturhonigs. T. P. Tschaika. (Вопросы Питания [Fragen d. Ernähr.] **20.** Nr. 6. 75—76. Nov./Dez. 1961. Jalta, Städt. Station für Sanitätswesen u. Epidemiologie.) (Russ.)

Die chem. Zus. von 368 Proben Naturhonig (Krim, Kaukasus, Ukraine u. China) wird angegeben. Die untersuchten Proben enthielten: W. 17,5—23,7 (%; Mittelwert 19,1), Trockensubstanz 76,3—82,5 (80,9), Acidität (bzw. als Ameisensäure) 0,04—0,14 (0,10), Invertzucker 67,7—79,8 (74,7), Saccharose 0,58—6,40 (2,70), Vitamin C 0,7—10 mg%, Proteine u. Asche: nicht angegeben, Diastasezahl (ml 1%ig. Stärke-Lsg., die in 1 Std. durch die, in 1 g Substanz enthaltene Diastase zersetzt wird): 10,0—38,4 (20,9). Die Färbung, die organolept. Eigg. u. die honigtragenden Pflanzenarten werden für einzelne Honigsorten kurz angegeben. S. BARYSCHNIKOW. 7700

Der Traubensaft, seine Technologie und seine Möglichkeiten. Justo F. Casas-Lucas. (Agricultura [Madrid] **28.** 692—98. Dez. 1959. **29.** 9—16. Jan. 1960.) (Span.)

Übersicht über die Herst. u. die Verw.-Möglichkeiten von Traubensaft: Wahl des Ausgangsmaterials, Waschprozeß, Verarbeitungstechnik, Anwendungen.
R. K. MÜLLER. 7706□

Beiträge zur Kenntnis nichtflüchtiger Kaffee-Extraktivstoffe. 1. Mitt. W. Mosimann und O. Högl. (Mitt. Gebiete Lebensmittelunters. Hyg. [Bern] **51.** 266—92. 1960. Bern, Univ., Inst. für Lebensmittelchemie u. Eidg. Gesundheitsamt.) (Dt.)

Zunächst wird ein Überblick über die bisherigen Kenntnisse von den nichtflüchtigen Extraktivstoffen von Röstkaffee gegeben. Sodann werden die in der Asche von Röstkaffee erfaßbaren Mineralstoffe behandelt, wobei bes. dem Na-Geh. u. dem Verhältnis Na:K im Kaffeeaufguß Beachtung geschenkt wird. — 58 Literaturangaben.
M. WINIKER. 7720□

Chemische bromatologische Analyse von eßbaren Ascidien. G. A. Maraglino und C. Sebastio. (Chimica [Milano] **35.** 199—200. März 1959. Taranto, Ist. sperim. talassografico.) (Ital.)

Die Ausbeute des eßbaren Anteils der bei 17° untersuchten Ascidien von der Art Microcosmus sulcatus polymorphus (Hell.) beträgt 6,75% mit einem pH-Wert von 5,4 bis 5,7 u. enthält 76,95 (%) W., 23,05 Trockensubstanz bei 100°, 10,20 Asche (12,71 Na, 6,22 K, 1,77 Ca, 0,90 Al, 0,44 Mg, 0,053 Fe, 2,80 SiO_2, 5,49 Cl, 3,46 SO_4, 1,26 H_2S, 0,63 PO_4 u. Spuren von J u. Br), 12,32 Gesamt-N, 77,00 Eiweiß-N, 8,50 Fette, 1,55 Rohcellulose als Tunicin u. 67,43 N-freie Extrakte. G. PLATZER. 7752□

Einfluß der dem Eis zugesetzten Antibiotica auf die Verdaulichkeit der Fische. A. Pujol und G. Varela. (An. Bromatol. [Madrid] **11.** 245—59. 1959. Madrid, Univ., Esc. de Bromatol., Labor. de Nutricion.) (Span.)

In Verss. an Katzen wird festgestellt, daß der zu Konservierungszwecken erfolgte Zusatz von *Penicillin*, *Streptomycin*, *Aureomycin*, *Chloromycetin* u. *Biostat* zu dem Eis, in dem Fische aufbewahrt werden, den Nährwert u. die Verdaulichkeit der Proteine nicht beeinträchtigt. R. K. MÜLLER. 7752□

Versuche über das Marinieren von Fisch mit Essig und Malabar-Tamarinde. A. G. Vasavan und K. G. Varma. (Current Sci. **28.** 153—54. April 1959. Kozhikode, Fisheries Technol. Stat.) (Engl.)

Bei Verss. zum Marinieren von Ölsardinen erwies sich *Essig* der *Malabar-Tamarinde* als überlegen. P. GREGORZEWSKI. 7752□

Rückblick über den Fortschritt in der Milchwissenschaft Abschnitt C. Milchchemie. R. Aschaffenburg und E. R. Ling. (J. Dairy Res. **25.** 125—45. Febr. 1958.) (Engl.) — Vgl. C. **1957.** 563.

Behandelt werden vor allem: Chem. u. physikal. Eigg. der Milch u. der Milch-Prodd., der Nachw. von Milchverfälschungen u. die Käsereifung. — 244 Literaturangaben.
E. LÜCK. 7756□

Einfluß der Behandlung der Kuhmilch mit Kationit KU-1 auf einige ihrer hygienischen Merkmale. A. W. Bogoljubowa. (Вопросы Питания [Fragen d. Ernähr.] **20.** Nr. 6. 67—70. Nov./Dez. 1961. Leningrad, Pädiatr.-Med. Inst.; Lehrstuhl für Hygiene.) (Russ.; Auszug: Engl.)

Die Behandlung der Kuhmilch mit Kationit KU-1 verändert ihre organolept. Eigg. nicht. Das Milchkoagulum (Koagulieren mit 0,1n HCl) ist lockerer als das des unbehandelten Produktes. Das Verf. erniedrigt die Gesamtacidität der Milch um 1,1° THÖRNER u. erhöht ihren pH-Wert um 0,07. Das spezif. Gew. des behandelten Prod. verringert sich, ebenso sein Geh. an Trockensubstanz (um 0,31%) u. an Protein (um 0,10%). Der Geh. an Fett, Lactose u. Vitamin C bleibt unverändert.
S. BARYSCHNIKOW. 7756

Sedimentation bei wiederaufgelösten Milchkonzentraten. H. K. Wilson und E. O. Herreid. (J. Dairy Sci. **43.** 1751—57. Dez. 1960. Urbana, Ill., Univ. of Illinois, Dep. of Food Technol.) (Engl.)

Milcherhitzung über Sterilisier-Temp. führt zu erhöhter Sedimentierung beim Ultrazentrifugieren. Die Sedimentationskurven von wieder aufgelösten Milchkonzentraten bestimmter Art sind denen der gleichen Milch vor der Konz. ähnlich. Mkr. Prüfung mit dem Phasenmikroskop zeigt, daß die größeren Sedimentteilchen in sterilen Milch-Konzentraten aus Fettkügelchen oder unregelmäßigen Kernen bestehen, die mit Proteinsubstanz umgeben sind. In manchen wieder aufgelösten Milchproben sedimentiert alles Fett mit dem Protein. PH. FRESENIUS. 7756□

Serologische Eigenschaften der Milch und ihre Bedeutung für die Hemmung bestimmter Stämme von Streptococcus cremoris. Ailsa J. Gillies. (Queensland J. agric. Sci. **18.** 139—51. März 1961. Queensland, Dep. of Agriculture and Stock.) (Engl.)

Es wurde das natürliche Vork. von Antikörpern in Milch untersucht. Agglutinintests ergaben, daß sowohl der Geh. an Antikörpern als auch die Empfindlichkeit von Streptococcus cremoris-Stämmen sehr unterschiedlich war. E. LÜCK. 7756□

Biologische Eigenschaften der Milch und ihre Verwendbarkeit für die Käsebereitung zu verschiedenen Jahreszeiten. T. Tichomirowa. (Молочная Промышленность [Milch-Ind.] **22.** Nr. 8. 20—22. Aug. 1961. Zentr. Forsch.-Inst. für Molkereiwesen.) (Russ.)

Es wird der Einfl. der Jahreszeit auf die Geschw. des Anstieges der Milchacidität, die Aktivität der anaeroben Dehydrasen u. den Verbrauch freier Aminosäuren durch die Mikroflora der Milch erörtert. Die biolog. Unters. erfaßt nur unvollständig die jahreszeitlichen Veränderungen der Milcheigenschaften. So entwickelten im Winter u. im Herbst die aromabildenden Bakterien, trotz intensiv verlaufender Redoxprozesse u. Säure-Bldg. in der Winterperiode, kein Gas. S. BARYSCHNIKOW. 7756

Hitzeresistenz von drei Stämmen psychrophiler Organismen, die zur Cottagekäseherstellung zu Magermilch zugesetzt werden. R. A. Chaudhary, S. L. Tuckey und L. D. Witter. (J. Dairy Sci. **43.** **1774**—82. Dez. 1960. Urbana, Ill., Univ. of Illinois, Dep. of Food Technol.) (Engl.)

Die Hitzeresistenz von Pseudomonas viscosa, Ps. fluorescens u. Ps. fragi wird in steriler Magermilch bei 110, 115 u. 120° F bestimmt. Ps. fragi war widerstandsfähiger als die beiden anderen. Es zeigt sich, daß die Organismen die normale Pasteurisierung von Milch oder Magermilch nicht überstehen. Außerdem wird das Verh. der Keime in den einzelnen Stadien der Cottagekäse-Herst. untersucht. PH. FRESENIUS. 7760□

Stimulation von Milchsäure-Starter-Kulturen durch Filtrate von Milchkulturen von Pseudomonas fluorescens. T. J. Claydon und J. A. Koburger. (Appl. Microbiol. **9.** 117—21. März 1961. Manhattan, Kans., Kans. State Univ., Dep. of Dairy Husbandry.) (Engl.)

Bakterienfreie Filtrate von Milchkulturen eines Stammes von Pseudomonas fluorescens stimulierten die Säure-Bldg. von Milchsäure-Starter-Kulturen. Die titrierbare Acidität bei Verw. von 1% zugefügtem Filtrat wuchs um durchschnittlich 23% bei 14std. Inkubation bei 21°. Filtrate 10tägiger Kulturen von Pseudomonas fluorescens waren wirksamer als Filtrate 4tägiger Kulturen. Zugabe von Filtraten zur Milch 6 oder 12 Std. vor der Inokulation mit Milchsäurekulturen ließen die Stimulation nicht zunehmen. Autoklavieren des Filtrats red. die Stimulation stark, Kochen dagegen verursachte nur eine geringe Red. der Stimulation. Das Filtrat hob teilweise die hemmende Wrkg. kleiner Mengen von Penicillin oder Chlortetracyclin auf die Säureproduktion von Milchsäurekulturen auf. D. PÖHLAND. 7760□

Schmelzkäse im Wandel der Jahrzehnte. Franz Kieferle. (Dtsch. Molkerei-Ztg. **82.** 1644—48. 16/11. 1961. Freising.) (Dt.) J. LEHMBERG. 7760□

Die Entwicklung der Schmelzkäseproduktion in den nordischen Ländern. Albert Meyer. (Dtsch. Molkerei-Ztg. **82.** 1668—70. 16/11. 1961. Ludwigshafen/Rh.) (Dt.) J. LEHMBERG. 7760□

Vor- und Nachbehandlungsmethoden bei der Schmelzkäseherstellung zur Erzielung einer größeren Qualitätskonstanz. Albert Meyer. (Dtsch. Molkerei-Ztg. **82.** 1649—55. 16/11. 1961. Ludwigshafen/Rh.) (Dt.)

Verbesserung der Kontinuität u. Struktur von Schmelzkäse durch Verschneiden verschiedener Käsesorten u. Verw. von Homogenisiermaschinen. J. LEHMBERG. 7760□

Schmelzkäse besonderer Geschmacksrichtung. R. von der Heide. (Dtsch. Molkerei-Ztg. **82.** 1666—67. 16/11. 1961.) (Dt.) J. LEHMBERG. 7760□

Aminosäuregehalt einiger in Rio de Janeiro im Handel befindlicher Käse. Maria Luiza Bethlem. (Rev. brasil. Quim. **48.** **44.** 46. 48. 50. Juli 1959. Univ. do Brasil, Fac. Nac. de Farm.) (Port.)

Die vor u. nach Hydrolyse der untersuchten Käse nach der Meth. der eindimensionalen aufsteigenden Papierchromatographie ermittelten einzelnen Aminosäuren werden tabellar. mitgeteilt u. erörtert. — 50 Literaturhinweise. R. K. MÜLLER. 7760□

Riesenkäse. G. M. Trout. (J. Dairy Sci. **43.** 1871—77. Dez. 1960. East Lansing, Mich., Michigan State Univ.) (Engl.)

Histor. Überblick über die Herst. von Riesenkäsen in Nordamerika. — 20 Literaturangaben. PH. FRESENIUS. 7760□

Schnellmethode zur Bestimmung des Fettsäuregrades von Getreide. M. Rothe und Johanna Stöckel. (Getreidemühle **5.** 265—66. Okt. 1961. Potsdam-Rehbrücke, Inst. für Ernährung.) (Dt.)

Zur Best. des Geh. von Getreideproben an freien Fettsäuren (Fettsäuregrad) wird eine Verfahrensweise vorgeschlagen, welche bei geringem apparativem u. Materialaufwand nur 10 Min. beansprucht. Als Extraktionsmittel wird Ae. verwendet, Extraktion u. Filtration über Glasfritte erfolgen in einer einfachen Glasapparatur. Eignung für Serien-Best., Anwendungsbereich. M. W. ROTHE. 7796□

H. S. Whiteside & Co. Ltd., London, England (Erfinder: John Christian Ferree), **Herstellung eines eßbaren Puffprodukts.** Stärke, z. B. Tapiokastärke, wird mit W., Milch oder einer anderen wss. Fl. zu einer viscosen Paste gemischt, die Masse wird durch Erhitzen gelatiniert, mit Stärke oder einer Mischung von Stärke u. Mehl bis zur Bldg. eines steifen Teiges versetzt u. erneut gelatiniert. Die Masse wird getrocknet u. zu dünnen Scheiben oder Flocken aufgeteilt. Die Teilchen werden unter starker Vol.-Vergrößerung in Öl bei $< 395^0$ F erhitzt. (**E. P. 847 677** vom 5/11. 1957, ausg. 14/9. 1960.) W. KRANZ. 7673

Rohm & Haas Co., Philadelphia, Pa. (Erfinder: Carl Vincent Smythe, Moorestown, N.J., und Dudley Watson Thomas, Morrisville, Pa.), V.St.A., **Entbittern naringinhaltiger Säfte.** Der Saft, z. B. Grapefruitsaft, wird bei pH 2,5—9, bes. 3—5, u. 5—60^0 solange mit einem Naringinase (**I**) enthaltenden Enzym-Präp. behandelt, bis mindestens 15% des Naringins in Prunin umgewandelt sind. Die Rk. wird durch Erhitzen oder Einfrieren des Saftes oder durch Zusatz von überschüssiger Glucose spätestens unterbrochen, wenn der Prunin-Geh. noch mindestens 15% der ursprünglich vorhandenen Menge Naringin entspricht. — Angaben über die Gewinnung der **I**, z. B. durch Fermentation eines aus Weizenkleie, Sojamehl, STEFFENS-Abfall, $(NH_4)_3PO_4$ u. Naringin bestehenden Nährsubstrates mit Aspergillus niger. (**D. A. S. 1 115 115** Kl. 53k vom 21/5. 1959, ausg. 12/10. 1961. A. Prior. 26/5. 1958.) W. KRANZ. 7707

General Foods Corp., White Plains, N.Y., V.St.A. (Erfinder: Irving Isadore Rusoff), **Herstellung eines künstlichen Schokoladenaromastoffs.** Ein zu 8 bis 70% hydrolysiertes Protein, z. B. Sojaprotein oder Casein, wird mit einem reduzierenden Zuckerstoff, z. B. Arabinose, Xylose, Rhamnose, Sorbose, Glucose, Galaktose, Mannose, Lävulose, oder einem Vorprod. zu solchen reduzierenden Zuckern, z. B. Dextrin oder Raffinose sowie unter weiterem Zusatz von z. B. Tannin u. Coffein bei 90—170^0 zur Rk. gebracht. Das Prod. ist eine dunkelbraune in W. lösl. Masse. (**E. P. 852 559** vom 12/5. 1958, ausg. 26/10. 1960.) W. KRANZ. 7715

General Foods Corp., White Plains, N.Y., übert. von: William A. Mitchell, Lincoln Park, N.J., und William C. Seidel, Monsey, N.Y., V.St.A., **Trockenpräparat zur Herstellung von Schokoladenchiffon,** bestehend aus einer Mischung von Kakaopulver, Zucker, partiell hydrolysiertem Sojaprotein, phosphatierter Gelatine (**I**) u. trockener vorgelatinierter Stärke. Zur Herst. von **I** wird eine wss., mit H_2SO_4, HCl oder HNO_3 auf pH 2,7 eingestellte Lsg. von Gelatine mit HPO_3 oder einem Polymetaphosphat, z. B. Hexametaphosphat, zur Rk. gebracht u. sprühgetrocknet. (**A. P. 2 968 565** vom 18/11. 1958, ausg. 17/1. 1961.) W. KRANZ. 7727

Esso Research and Engineering Co., Elizabeth (Erfinder: John R. Briggs, Westfield, Raymond G. Newberg und Robert E. Clayton, Roselle Park), N.J., V.St.A., **Schrumpfbare Plastikhülle aus Polyäthylen** für *Fleisch* u. andere *Lebensmittel* aus 70 (%) Polyäthylen, 27 Polyisobutylen vom Molgew. 200000 u. 3 eines Copolymerisates aus Isobutylen u. Styrol. Die Herst. des Gemisches der Polymerisate erfolgt durch genau festgelegtes, stufenweises Verkneten u. Homogenisieren, so daß das Endprod. beim Erhitzen auf 93—100^0 die Eig. erlangt, stark zu schrumpfen. — Die zu konservierenden Nahrungsmittel, z. B. Fleischwaren, werden bei gewöhnlicher Temp. in das Prod. eingehüllt u. kurze Zeit in sd. W. getaucht. Infolge des starken Schrumpfvermögens bildet die Hülle eine ganz dicht anliegende, luft- u. feuchtigkeitsundurchlässige Haut. Danach wird das Nahrungsmittel durch Gefrieren konserviert. (**F. P. 1 161 148** vom 28/9. 1956, ausg. 21/8. 1958. **E. P. 809 484** vom 17/9. 1956, ausg. 25/2. 1959. Beide A. Prior. 20/10. 1955. **A. P. 2 854 435** vom 20/10. 1955, ausg. 30/9. 1958.) W. HEYNE. 7751

F. Hoffmann-La Roche & Co. Akt.-Ges., Basel (Erfinder: **Otto Isler, Marc Montavon** und **Rudolf Rüegg**, Basel, und **Paul Zeller,** Neuallschwil), Schweiz, *Herstellung von Polyenaldehyden.* (**D. B. P. 961 165** Kl. 12o vom 17/7. 1955, ausg. 4/4. 1957. Anmeldung bekanntgemacht 11/10. 1956. **E. P. 790 612** vom 16/8. 1955, ausg. 12/2. 1958. Beide Schwz. Prior. 16/8. 1954. **Schwz. P. 326 162** vom 16/8. 1954, ausg. 31/1. 1958. — C. **1960.** 3730 [Holl. P. 91 006].)

Sunkist Growers, Inc., V.St.A. (Erfinder: **Horton E. Swisher**), *Herstellung von Kompositionen mit ätherischen Ölen.* (**F. P. 1 170 141** vom 5/7. 1956, ausg. 9/1. 1959. A. Prior. 5/7. 1955. — C. **1959.** 1975 [A. P. 2 809 895].)

Charles Greenfield, *Entwässern von Flüssigkeiten.* (Aust. P. 225 683 vom 4/10. 1957, ausg. 24/12. 1959. A. Prior. 24/10. 1956. — C. 1960. 10794 [F. P. 1 184 415].)

James McGinnis, Pullman, **Leo Stanley Jensen**, Pullman, Wash., **Ramon Eugene Fry**, Decatur, Ala., und **John Byron Allred**, Davis, Calif., V.St.A., *Tierfuttermittel.* (E. P. 869 615 vom 1/4. 1958, ausg. 31/5. 1961. A. Prior. 12/4. 1957. — C. 1961. 13394 [Belg. P. 566 508].)

XVII. Fette. Seifen. Wasch- u. Reinigungsmittel. Wachse. Bohnermassen usw.

Die Bildung von Azelainaldehydsäuremethylester durch Autoxydation von Fetten. E. N Frankel, Janina Nowakowska und C. D. Evans. (J. Amer. Oil Chemists' Soc. **38**. 161—62. März 1961. Peoria, Ill., North. Reg. Res. Labor.) (Engl.)

Die bei der Gaschromatographie der Sojabohnenölmethylester bei verschiedenen Autoxydationsstufen auftretende neue Spitze wird als *Azelainaldehydsäuremethylester* gekennzeichnet, der durch Zerfall der Methylesterperoxide (Peroxidgruppe in 9-Stellung) entstehen soll. N. TRZEBOWSKI. 7878□

Einwirkungen auf α-Tocopherol durch γ-Bestrahlung und Linolatperoxydation. F. W. Knapp und A. L. Tappel. (J. Amer. Oil Chemists' Soc. **38**. 151—56. März 1961. Davis, Calif., Univ. of Calif., Dep. of Food Sci. and Techn.) (Engl.)

Zur Aufklärung der Rk.-Möglichkeiten von *α-Tocopherol* (**I**) als Hauptoxydans in Fetten mit den bei der Peroxydation entstehenden freien Radikalen wird **I** einer γ-Bestrahlung (1 MeV, 2—6·10^6 rad/h, 21°) in verschiedenen Lsgm., Isooctan (**II**), Tributyrin (**III**) u. Schweineschmalz (F. 40°: **IV**), ausgesetzt bzw. in Linolsäure mit O_2 behandelt. Die Rk.-Prodd. (RP) wurden papierchromatograph. getrennt u. durch ihre UV- u. IR-Spektren charakterisiert. In **II** konnte nach der Bestrahlung 5-Methylentocopheron-(6) spektroskop. nachgewiesen werden. Während in **III I** hauptsächlich verestert wurde, konnte in **IV** keine Veränderung festgestellt werden. Durch peroxydierte Linolsäure wurde **I** zu α-Tocopherylchinon oxydiert. — 17 Literaturangaben.

N. TRZEBOWSKI. 7878□

Neue Kenntnisse über die Morphologie von Gossypol-Pigmentdrüsen des Baumwollsamens. Anna T. Moore und Mary L. Rollins. (J. Amer. Oil Chemists' Soc. **38**. 156—60. März 1961. New Orleans, La., South. Reg. Res. Labor.) (Engl.)

Zur besseren Erkennung des durch seine Toxizität bei der Verarbeitung von Baumwollsamen störenden Gossypol werden elektronenmkr. Unterss. über die Feinstruktur der Gossypol enthaltenden Samenteile mitgeteilt. N. TRZEBOWSKI. 7894□

Eine neue industrielle Verarbeitungsmethode für Baumwollsamen. C. Vaccarino. (J. Amer. Oil Chemists' Soc. **38**. 143—47. März 1961. Messina, Italien, G. & S. Vaccarino, Venetico Marina.) (Engl.)

Zur Eliminierung der Toxizität von Baumwollsamenmehl u. zur Verbesserung des Reinheitsgrades des durch Auspressen gewonnenen Rohöles wird freies u. gebundenes *Gossypol* durch Lsgm. entfernt. N. TRZEBOWSKI. 7894□

Verfahren zur Herstellung eines wasserhellen Qualitäts-Cocosnußöles. Lolita F. Andaya, Milagros P. Santos und Antonia L. Gonzales. (Philippine J. Sci. **90**. 17—24. März 1961. Manila, Nat. Inst. of Sci. and Technol.) (Engl.)

Es wird ein auch unter ländlichen Verhältnissen, d. h. ohne apparativen Aufwand, durchführbares Verf. zur Gewinnung eines wasserhellen Cocosnußöles beschrieben. Das anfallende Öl hatte folgende Kennzahlen; Ep. 15,2°, F. 27,4°, $D.^{30}$ 0,9205, n_D^{40} 1,4508, freie Fettsäuren (berechnet als Ölsäure) 0,034%, VZ. 253,37, JZ. 7,8, HEHNER-Zahl 81,26, REICHERT-MEISSL-Zahl 7,34, POLENSKE-Zahl 20,95, Farbwerte 0,5 Rot u. 2,00 Gelb. Während einer mehrmonatigen Lagerung wurde kaum eine Zunahme des Geh. an freien Fettsäuren oder eine Verschlechterung des Geruches oder Geschmackes festgestellt. Nach längerer Lagerung bildet sich ein geringfügiger, bräunlich verfärbter Bodensatz. Nach dem Abfiltrieren des Bodensatzes bleibt das Öl während der weiteren Lagerung klar.

H. P. FIEDLER. 7894□

Das Vorkommen und die Vererbung von Linolen- und Linolsäure in Sojabohnensamen. H. B. White jun., F. W. Quackenbush und A. H. Probst. (J. Amer. Oil Chemists' Soc. **38**. 113—17. März 1961. Lafayette, Ind., Purdue Univ., Dep. of Biochem. and Dep. of Agron.; Urbana, Ill., U.S. Reg. Soybean Labor.) (Engl.)

Die Feststellung des Geh. an polyungesätt. Fettsäuren (F) (z. B. Linolensäure, die neben anderen Verbb. den störenden Geschmack in Pflanzenölen verursacht) im Samenöl verschieden ausgereifter Sojabohnenproben ergibt, daß 1. der Geh. an F bei verschiedenen Wachstumsbedingungen u. bei zahlreichen Kreuzungen in weiten Grenzen schwankt; Linolensäure 3,85—11%, Linolsäure 22,6—62,1%, u. daß 2. Umwelt u. Art beträchtlichen Einfl. auf die Bldg., nicht jedoch auf das Zus.-Verhältnis der F haben. Durch Umweltkontrolle im Gewächshaus wird der F-Bereich eingeengt. N. TRZEBOWSKI. 7894□

Fischleberöle. Jean Ploquin. (France-Pharmacie **10.** 271—85. Mai; 345—53. Juni 1957. Nantes, Univ., Fac. de Méd. et de Pharmacie.) (Franz.)

Übersicht über Fischleberöle bzw. Lebertrane, deren Geh. an gesätt. u. ungesätt. Fettsäuren, Vitamin A, D, E sowie über Meth. zur Gewinnung, Stabilisierung u. Anreicherung der physiolog. wertvollen Stoffe zu pharmazeut. Präparaten. — 111 Literaturangaben. R. LAFFERENZ. 7898□

Der Einfluß der Baumwolleigenschaften auf die Adsorption oberflächenaktiver Substanzen. M. E. Ginn, F. B. Kinney und J. C. Harris. (J. Amer. Oil Chemists' Soc. **38.** 138—43. März 1961. Dayton, Ohio, Monsanto Chem. Co., Res. and Engng. Div, Res. Dep.) (Engl.)

Die bisher aufgetretenen Unterschiede bei der Adsorption oberflächenakt. Substanzen durch die Baumwollfasern sind nach Unterss. der Vff. nicht durch unterschiedliche Vers.-Anordnungen bedingt, sondern die Menge an Naturwachsen auf der Faseroberfläche bestimmt die Höhe des Adsorptionswertes (A). Bei der krit. Micell-Konz. (kMK) verhalten sich die A (adsorbierte Substanz in mMol/g Baumwolle) für kationen-, nichtionen- u. anionakt. Substanzen bei wachsiger Baumwolle wie 66 : 17 : 34, bei entwachster Baumwolle wie 40 : 10 : 0. Bei Konzz. oberhalb der kMK u. genügend hohen Temp. können anionakt. Substanzen das Baumwollwachs lösen, so daß der A vermindert wird. Na-Tripolyphosphat wird unabhängig vom Wachs-Geh. nicht adsorbiert. — 29 Literaturangaben. N. TRZEBOWSKI. 7912□

Bleichmittel — Art und Anwendung. W. Hennen. (Wäscherei-Techn. u. -Chem. **14.** 846—48. Nov. 1961. Hohenstein b. Stuttgart, Forschungsinst.) (Dt.)

Übersicht über Eigg., Anwendungsbereiche u. Verarbeitungsbedingungen von Chlor- (Chlorkalk, Na-Hypochlorit, Na-Chlorit) u. Sauerstoffbleichmitteln (Na_2O_2, Na-Percarbonat, H_2O_2). G. MEINHARDT. 7912□

Wertbestimmung von vier Reinigungs- und Desinfiziermitteln für Krankenhäuser. L. J. Vinson, P. Dineen und W. Schneider. (Soap chem. Specialties **37.** Nr. 10. 45—48. 117—21. Okt. 1961. Edgewater, N.J., Leber Brothers Co., Res. Center.) (Engl.)

Übersicht über zu fordernde Eigg. der Reinigungsmittel, wie lang anhaltende bactericide Aktivität, Verträglichkeit mit den üblichen Zusätzen in Waschmitteln, Aufrechterhaltung der bactericiden Aktivität bei Kontakt mit org. Verunreinigungen u. Blut, Verträglichkeit mit der Haut auch in konz. Form. Danach folgt Beschreibung von 4 geeigneten Reinigungsmitteln sowie ihrer Wertbestimmung. — 17 Literaturangaben. G. MEINHARDT. 7916□

Entfettung von Glas durch oberflächenaktive Substanzen und oberflächenaktiv wirkende Gemische. J. C. Harris, R. M. Anderson und J. Satanek. (J. Amer. Oil Chemists' Soc. **38.** 123—27. März 1961. Dayton, Ohio, Monsanto Chem. Co., Res. and Engng. Div., Res. Dep.) (Engl.)

Mit einer bereits beschriebenen Meth. (vgl. ANDERSON, C. **1961.** 7074) wird die Glasentfettung (GE) in wss. Syst. durch oberflächenakt. Substanzen (OS) oder Mischungen (OM) geprüft. Bei den OS erweisen sich die nichtion. (10 Mole Äthylenoxid an 1 Mol einer hydrophoben Verb. addiert) am wirksamsten. Gesteigert wird dieser Effekt durch Anwendung von Bad-Temp. in der Nähe der Trübungspunkte. Anionakt. Substanzen (Alkylbenzolsulfonate) zeigen geringere GE, wobei GE proportional der Alkylkettenlänge ist. OM [Na-Tripolyphosphat (I) u. OS] entfetten allg. besser als I allein. N. TRZEBOWSKI. 7916□

Reinigungsmittel im Flugwesen. Marvin C. Weast und Stanley W. Coryell. (Soap chem. Specialties **37.** Nr. 10. 52—55. 126—28. Okt. 1961. Camden, N.Y., R. M. Hollingshead Corp.) (Engl.)

Angaben verschiedener Rezepturen von Reinigungsmitteln für Flugzeugoberflächen, Motoren u. Turbinen, zur Entfernung von Kohlerückständen u. radioakt. Verunreinigungen. Für Raketen benötigt man weit weniger Reinigungsmittel, da im Gegensatz zu Flugzeugen diese meistens nicht wieder zu gebrauchen sind u. Reinigungsprobleme auf diese Weise nicht auftreten. G. MEINHARDT. 7916□

Rückschau auf neuere Analysen- und Gebrauchswertbestimmungsmethoden. H. Manneck. (Seifen-Öle-Fette-Wachse **87.** 369—71. 7/6. 1961.) (Dt.)

Übersicht über neuere Unters.-Meth. in der Seifen- u. Waschmittelindustrie. J. Böss. 7930□

Die Bestimmung von DDT in fetthaltigen Materialien. H. Maier-Bode. (Arch. Toxikol. **17.** 387—92. 1959. Bonn, Rheinische Friedrich-Wilhelm-Univ., Pharmakol. Inst.) (Dt.) — Vgl. C. **1959.** 9653 u. C. **1962.** 2069.

Vf. beschreibt eine Mikrometh. zur Best. von DDT u. DDE in Fetten. Die Abtrennung von den Fetten erfolgt in einer Kolonne, die Al_2O_3 u. mit H_2SO_4 getränkte Kieselgur enthält. Das Fett wird in der Kolonne festgehalten, DDT mit CCl_4 ausgewaschen u.

colorimetr. nach SCHLECHTER u. HALLER bestimmt. Aus Nahrungsmitteln tier. u. pflanzlicher Herkunft extrahierte Fette enthielten maximal 0,4 mg DDT + DDE pro kg. Die Identität des ermittelten DDT wurde durch biolog. Kontrolle bestätigt.

P. GREGORZEWSKI. 7932□

Studien auf dem Fettgebiet. 232. Mitt. **Die Papier-Chromatographie auf dem Fettgebiet.** 37. Mitt. **Zur Kenntnis der Fettaldehyde.** 6. Mitt. **Isolierung von Fettaldehyden aus Gehirnphosphatiden und ihre chromatographische Identifizierung.** H. P. Kaufmann und H. Kirschnek. (Fette, Seifen, Anstrichmittel **61.** 1119–24. Nov. 1959. Münster, Westf., Dtsch. Inst. für Fettforsch.) (Dt.) — 231. vgl. C. **1961.** 18287; 36. vgl. C. **1962.** 10685; 5. vgl. C. **1962.** 10684.

Ein Verf. zur Isolierung höherer Fettaldehyde aus biolog. Material u. ihre weitere chromatograph. Auftrennung wird beschrieben. L. KEMPF. 7936

Corn Products Co., übert. von: Daniel Melnick, Teaneck, N.J., V.St.A., **Geschlagene Margarine,** enthaltend 15–40 Vol.-% in der Margarine gleichmäßig u. feinverteiltes inertes Gas, wie CO_2. Der gesamte Ölanteil der Margarine besitzt einen F. von 90–105° F u. einen Ep. von 71–82° F. (**A. P. 2 970 917** vom 9/5. 1957, ausg. 7/2. 1961.) H. MAASS. 7901

Corn Products Co., übert. von: Daniel Melnick, Teaneck, und Frederick H. Luckmann, Westfield, N.J., V.St.A., **Margarine mit einem hohen Gehalt an essentiellen Fettsäuren,** bestehend aus einem genießbaren pflanzlichen Öl mit F. 93 bis 100° F, 15–45% Linolsäure u. 12–27% gesätt. Fettsäuren. Das Verhältnis Linolsäure: gesätt. Fettsäuren beträgt > 1. Die S.C.F.-Werte betragen 14 bei 28–50, 9 bei 18–70, 6 bei 13–80 u. 2 bei 5,5–92° F. Das pflanzliche Öl enthält die Fettsäurereste in nicht zufälliger Verteilung. (**A. P. 2 955 039** vom 20/2. 1959, ausg. 4/10. 1960.) H. MAASS. 7901

Wilhelm E. Müller, Berlin-Weißensee, **Herstellung von Handwaschpaste** aus anoxydiertem Paraffin (Prod. der FISCHER-TROPSCH-Synth.; SZ. 50), dad. gek., daß dem anoxydierten Paraffin $(CH_3CO)_2O$ in Mengen von 1–3 Gew.-% zugesetzt wird. (**D. P. [DDR] 19 575** Kl. 23e vom 11/2. 1958, ausg. 10/8. 1960 [Wirtschaftspatent].) T. OPPERMANN. 7911

Chemische Fabrik Düren G.m.b.H. (Erfinder: Heinz Praetorius und Alwin Hiller), Düren/Rhld., **Herstellung von Schwefel- und Phosphorsäureestern** bzw. deren Salzen, dad. gek., daß Alkanolharnstoffe, deren Hydroxylgruppen teilweise mit aliphat. Mono- oder Dicarbonsäuren verestert sind, mit sulfatierenden oder phosphatierenden Verbb. zur Rk. gebracht werden. Bevorzugte Ausgangsstoffe sind z. B. der Laurinsäureester des symm.-Dihydroxyäthylharnstoffes oder der Monomyristinsäureester des Tetrahydroxyäthylharnstoffes. Die Salze der Schwefel- oder Phosphorsäureester sind *Waschmittelrohstoffe.* (**D. A. S. 1 122 938** Kl. 12o vom 8/4. 1957, ausg. 1/2. 1962.) G. KÖNIG. 7913

Dr. Th. Böhme K.G., Chem. Fabrik, Gartenberg (Erfinder: Fritz Dambacher, Icking, und Konrad Hörig, Gartenberg), **Wasserlösliche, oberflächenaktive Stoffe (I) aus Harnstoff und/oder Harnstoffderivaten** erhält man durch Rk. mit Carbonsäuren (aliphat. Monocarbonsäuren mit mehr als 7 C-Atomen) in Abwesenheit von Lsgm. nach lang dauernder Erhitzung (6 Std.) auf 100–200°. Die I werden durch Extraktion mit polaren oder unpolaren Lsgm. von anfallenden Carbonsäureamiden befreit, die einer neuerlichen Umsetzung mit Harnstoff u./oder Harnstoff-Derivv. unterzogen werden. (**D. A. S. 1 123 106** Kl. 39c vom 10/8. 1959, ausg. 1/2. 1962.) E. DÖRFEL. 7913

VEB Chemische Fabrik Grünau, Deutschland, **Herstellung von Fettsäure-Albumin-Kondensaten** mit *ampholyt. Eigg.* durch Kondens. von Polypeptiden mit höhermol. Halogenfettsäurehalogeniden u. anschließende Rk. mit tert. Basen bei höherer Temperatur. — 2000 (g) 50%ig. Lsg. von Polypeptiden werden mit 440 α-Chlorstearoylbromid bei 40–45° unter Aufrechterhaltung von alkal. Medium zur Rk. gebracht, danach wird das Prod. 20 Std. mit 3000 Pyridin auf dem Wasserbad erhitzt. — 300 Albumin-Bromstearinsäure werden 15 Std. mit Triäthanolamin erwärmt; es entsteht ein Prod. der Zus. $[(HOCH_2CH_2)_3N]^+[CH(C_{16}H_{33}) \cdot CONHR(CONHR_1)_xCOO]^-$. — *Textilreinigungsmittel.* (**F. P. 1 173 150** vom 28/3. 1956, ausg. 20/2. 1959.) H.-J. NITZSCHKE. 7913

Food Machinery & Chemical Corp., New York, übert. von: Harlow G. Hyatt, Williamsville, N.Y., V.St.A., **Herstellung von stabilen, aktiven Sauerstoff enthaltenden, gepulverten Natriumperborsilicatverbindungen** durch Sprühtrocknen einer homogenen wss. Lsg., die ca. 4–8 (Gew.-Teile) NaOH, ca. 40–50 Na_2SiO_3 (42° Bé;

$Na_2O : SiO_2$ = ca. 1 : 2,5), ca. 30 $Na_2B_4O_7$ u. wenigstens 4 H_2O_2 enthält, u. in der das Verhältnis von $Na_2O:SiO_2$ ca. 1 : 1 bis 1 : 2 beträgt. (**A. P. 2 955 086** vom 18/6. 1959, ausg. 4/10. 1960.) K. DEMMLER. 7917

General Aniline & Film Corp., New York, N.Y., V.St.A., *Schwach schäumende Reinigungsmittel.* (**E. P. 838 975** vom 20/5. 1957, ausg. 22/6. 1960. A. Prior. 6/6. 1957. — C. **1961.** 4200 [D. A. S. 1 088 175].)

N. V. de Bataafsche Petroleum Mij., Den Haag, Holland, *Flüssige Reinigungsmittel.* (**E. P. 842 813** vom 17/5. 1958, ausg. 27/7. 1960. D. Prior. 16/7. 1957. — C. **1960.** 12877 [D. A. S. 1 077 819].)

General Aniline & Film Corp., New York, N.Y., übert. von: **Charles F. Jelinek**, Easton, Pa., und **Raymond L. Mayhew**, Phillipsburg, N.J., V.St.A., *Schäumende Grobwaschmittel.* (**A. P. 2 941 951** vom 27/5. 1955, ausg. 21/6. 1960. — C. **1960.** 8048 [D. A. S. 1 061 470].)

Elisabeth Berta, Fulda, *Kerze.* (**E. P. 851 609** vom 14/1. 1957, ausg. 19/10. 1960. D. Prior. 16/1. 1956. — C. **1958.** 7629 [D. A. S. 1 016 395].)

XVIIIa. Holz. Cellulose. Zellstoff. Papier. Papierdruck. Celluloid. Linoleum

Zur Quellung nativer Cellulosen. Heinz Ruck. (Papier **14.** 495—509. Okt. 1960. Wuppertal-Oberbarmen, Labor. der J. P. Bemberg AG.) (Dt.)

Eine in den letzten Jahren entwickelte, experimentell bes. einfache Röntgenabsorptions-Meth. gestattet Einblicke in die Feinstruktur mikrofibrillärer Faserstoffe, die über die Informationsmöglichkeiten des Elektronenmikroskops noch hinauszugehen scheinen. Der Einsatz des Verf. zur Unters. von Quellungsmechanismen erlaubt folgende Schlüsse: 1. Linters wie Holzzellstoffe bestehen aus Mikrofibrillen, die u. a. durch Quellung in Elementarfibrillen zerfallen können. 2. Die Quellung kann bei Zellstoffen entweder zu einer Herabsetzung oder zu einer Vergrößerung der spezif. Oberfläche führen, je nachdem der Aufschluß die Primärwände intakt läßt oder zerstört. 3. Die Wrkg. aller Quellungen, auch die der Mercerisierung, kann als vorzugsweise „interelementarfilär“ angesprochen werden. Ein Vgl. dieser Ergebnisse mit Sorptions- u. Dichtemessungen erweitert das Verständnis des Rk.-Verh. nativer Cellulosen. P. ECKERT. 7954 □

Verbesserung der Technologie der Herstellung von Cellulose für Kondensatorpapier. B. G. Milow und Ss. Ch. Kitajewa. (Бумажная Промышленность [Papier-Ind.] 36. Nr. 1. 9—12. Jan. 1961.) (Russ.)

Die Herst.-Bedingungen werden untersucht, u. es wird gefunden, daß durch weitgehende Entaschung des Materials die dielektr. Verluste verringert werden können. Kondensatorpapiere mit verbesserten Eigg. können auch erhalten werden, wenn die Hackschnitzel unter Vakuum getränkt werden u. der Aufschluß mit Weißlauge vorgenommen wird. R. WITTWER. 7954 □

Zur Topochemie des Holzaufschlusses. Hans Bucher. (Papier **14.** 542—49. Okt. 1960. Labor. der Cellulosefabrik Attisholz AG.) (Dt.)

Beim Holzaufschluß können verschiedene topochem. Veränderungen der Faserwand eintreten: Auflösen der Mittelschicht, lokaler Angriff auf die Außenschicht der Sekundärwand, Quellen der Sekundärwand, Abbau der Tertiärwand. Die Erscheinungen hängen im besonderen von der Kinetik zweier nebeneinanderlaufender Rkk. ab: Delignierung u. Spaltung von Kohlenhydratbildungen. Zur Erforschung der Topochemie der Kohlenhydratspaltung werden Färbungen mit Reaktivfarbstoffen eingeführt. Erfolgt bei der Umsetzung von Holz, das mit Cibacronbrillantorange gefärbt wurde, ein hydrolyt. Abbau von Cellulose oder Hexosanen, so zeigt das Hydrolysat eine typ. spektrale Durchlässigkeitskurve, die sich von derjenigen des Farbstoffes unterscheidet. Mit Hilfe der Reaktivfärbung konnte bei Fichtenholz eine kontrollierte Partialhydrolyse der Tertiärwand vorgenommen werden. Das Hydrolysat enthielt in abnehmender Menge (Mol-%) Xylose (45%), Mannose (24%), Arabinose (16%) Galaktose (13%) Glucose (2%). Uronsäuren fanden sich nicht vor, obgleich ihre Beteiligung am Abbau der Tertiärwand durch die Färbung mit Viktoriablau erwiesen ist. Die Uronsäuren liegen wahrscheinlich in einer schwer hydrolysierbaren Kombination vor, die in Form von Körnchen dispergiert wird. — 28 Literaturnachweise. P. ECKERT. 7956 □

Über einige Möglichkeiten zur Verminderung der Chemiezellstoff- und Celluloseverluste beim Zellstoffaufschluß sowie bei der Bleiche und Veredlung von Zellstoffen. Paul Schorning. (Faserforsch. u. Textiltechn. **12.** 375—81. Aug. 1961. Teltow-Seehof, Faser-Forsch.-Inst., Dt. Akad. der Wiss.) (Dt.)

Besprechung von Maßnahmen zur Herabsetzung der chem. Ausbeuteverluste. Beim Vorhydrolyse-Sulfataufschluß sind Zugabe von Inhibitoren, wie H_2CO, oder von Netzmitteln sowie Abänderungen der Vorhydrolysier-Fl. wirksam. Beim alkal. Aufschluß wirkt Zusatz von Hemicellulosen günstig, beim alkal. Aufschluß ohne Vorhydrolyse ein solcher von alkalilösl. u. alkaliresistenten Netzmitteln sowie von BH_3. Substanzverluste beim Sulfit-Verf. werden ebenfalls durch Netzmittel, aber auch durch Verf.-Änderungen, gemindert. Für die Bleiche u. Veredlung von Zellstoff sind Oxydationsinhibitoren, vorheriges Ausscheiden der Kurzfasern, chem. Stabilisatoren für die Cellulose u. Verf.-Änderungen empfehlenswert. M. HAGEDORN. 7956 ☐

Zum Problem der Kurzfaser und Reaktivität des vorhydrolysierten Buchensulfatzellstoffes. Ján Gajdoš. (Papír a Celulosa **16.** 193—95. Sept. 1961. Bratislava, Výsk. úst. papieru a celulózy.) (Slowak.)

Die Eigg. von Kurzfasern des vorhydrolysierten Buchensulfatzellstoffes werden bestimmt. Die Kurzfasern besitzen gegenüber den Langfasern eine höhere Löslichkeit in Laugen, einen höheren relativen β-Cellulose-Geh., einen niedrigeren α-Cellulose-Geh. einen höheren Asche-Geh. u. eine etwas niedrigere Viscosität; die Rk.-Fähigkeit bei der Emulsionsxanthogenierung ist bedeutend größer. Die geringe Rk.-Fähigkeit des Buchenzellstoffes beim Viscose-Verf. wird auf die langen Libriformfasern zurückgeführt, so daß die Steigerung der Rk.-Fähigkeit der Buchenzellstoffe in erster Linie auf die Reaktivierung der Langfaser hinauskommt. Dies kann durch Zugabe eines oberflächenakt. Stoffes zu gebleichten Zellstoff erreicht werden. H. DEMUS. 7960 ☐

Über die Beurteilung von Viscosezellstoffen. 3. Mitt. **Schilfzellstoffe verschiedener Bisulfit- sowie Vorhydrolyse-Sulfat-Verfahren und ihre Eignung zur Viscoseherstellung.** Yehia Fahmy, Amin Abu-State und Edmone Roffael. (Papier **15.** 666—71. 5/11. 1961. Karro, Celluloseabt. des Nat. Res. Centre.) (Dt.) — 2. vgl. C. **1962.** 8469.

Alkohol. Natronlaugeveredlung vor einer dreistufigen Bleiche von Ca-Bisulfitzellstoffen erniedrigt den Geh. an Kieselsäure ausreichend, aber nur bei intensiven Bedingungen. Wss. Lauge ist von stärkerem Einfl. auch auf die Pentosanerniedrigung. Veredlung als zweite Stufe der Bleiche ist gleichwertig u. wirtschaftlicher. Die Veredlung vor der Bleiche rentiert sich jedoch bei Halbzellstoffen die durch Aufschluß mit weitgehend red. Gesamt-SO_2-Menge gewonnen wurden; es ergaben sich Zellstoffe mit guter Viscosefiltrierbarkeit. Durch Verkürzung der Dauer des Ca-Bisulfitaufschlusses, gefolgt von einer normalen milden Bleiche, konnten auch geeignete Viscosezellstoffe gewonnen werden. Der Ersatz von Ca- durch Na-, Mg- u. NH_4-Kationen führte zu Zellstoffen, die bessere Viscosefiltrierbarkeiten besaßen. Vorhydrolyse-Sulfataufschluß ergab Zellstoffe mit niedrigem Asche- bzw. Kieselsäure-Geh., aber mit etwas höherem Viscose-Kw. Auf Grund des Asche- bzw. Kieselsäure-Geh., des Wasserrückhaltvermögens u. der Reaktivität konnten diese verschiedenen Zellstoffe auf ihre Viscosefiltrierbarkeit vergleichsweise annähernd beurteilt werden, bes. diejenigen, die nach dem gleichen Aufschluß-Verf. gewonnen wurden. — 10 Literaturnachweise. P. ECKERT. 7962 ☐

Licht- und Röntgenstreuung an gelösten Cellulosederivaten. Josef Schurz. (Papier **14.** 518—25. Okt. 1960. Graz, Univ., Inst. für Physikal. Chem.) (Dt.)

Zunächst werden die allg. Prinzipien der Streuung des Lichtes u. der Röntgenstrahlen an Materie diskutiert u. ihre Abhängigkeit von der Teilchengröße herausgearbeitet. Nach einer Besprechung des Knäuel-Mol. u. seiner Best.-Stücke wird die Anwendung von Lichtstreuung u. der Röntgenkleinwinkelstreuung auf Knäuel-Moll. besprochen u. die hier relevanten Theorien erläutert. Als Beispiele werden Messungen an Cellulosenitrat, Carboxylmethylcellulose u. an Organoxanthogenaten mitgeteilt u. die Ergebnisse besprochen. Bes. werden die erhaltenen Werte für das Molgew. u. die Mol.-Dimensionen eingehend diskutiert. P. ECKERT. 7970 ☐

Die Entfernung schädlicher Harze während der Stoffmahlung. G. A. Kalisstratow und S. Ja. Skworzowa. (Бумажная Промышленность [Papier-Ind.] **36.** Nr. 5. 9—10. Mai 1961.) (Russ.)

Bei kontinuierlicher Mahlung der Papiermasse lagerte sich beim Stofftransport auf den schrägen, metall. Rinnen zwischen den 5 Holländern infolge Abkühlung des Stoffes viel Harz ab: im Winter bes. bei hoher Temp. u. hohem Mahlgrad, im Sommer bereits bei niedrigeren Mahlgraden. Auf der letzten Rinne schied sich im Winter das meiste Harz ab. Deshalb wurde hinter dem der Rinne folgenden Hydrofiner eine Kolonne aufgestellt. An zwei gegenüberliegenden Wänden wurden abwechselnd nichtrostende Bleche (Höhenabstand 200 mm, Neigung 20° nach unten) eingebaut.

H. DEMUS. 7976 ☐

Untersuchungen über einige Methoden zur Charakterisierung des Mahlungszustandes des Stoffes. Lars Nordman und Pertti Aaltonen. (Papier **14.** 565—74. Okt. 1960.) (Dt.)

Die Mahlung der Stoffe besteht in einer mechan. Feinverteilung der Fasern, wobei die Faseroberfläche vergrößert wird u. gleichzeitig einige Veränderungen in den Eigg. derselben entstehen. Wenn nun die Eigg. des Stoffes beachtet werden, wirkt die Mahlung auf drei Gruppen von Eigg. ein, nämlich auf die Permeabilität von Faserschichten

von konstanter oder veränderlicher Dicke, auf die Entwässerungs-Eigg. von Stoff oder Faserschichten u. auf die Struktur-Eigg. von Faser–W.-Syst. von unbegrenzt veränderlicher Konzentration. Meth., die die genannten Eig.-Gruppen repräsentieren, werden zur Unters. einiger typ., im VALLEY-Holländer gemahlenen Stoffen angewandt, um zu untersuchen, teils welche Meth. die gleichen fundamentalen Eigg. der Stoffe beschreiben, teils die Empfindlichkeit, mit welcher die Meth. in verschiedenen Abschnitten des Mahlungsgebietes Veränderungen im Mahlungszustande der Stoffe herausfinden.
P. ECKERT. 7976□

Die Retention verschiedener Stärke-, CMC- und Alginattypen auf dem Papiermaschinensieb. Georg Jayme und Werner Demmig. (Papier **14.** 625—30. Okt. 1960. Wasser- u. Abwasserforsch.-Stelle der Treuhandstelle der Zellstoff- u. Papierindustrie Bonn im Inst. für Cellulosechemie der TH Darmstadt [WAFTC].) (Dt.) — Vgl. C. **1961.** 6723.

Es wurde eine Modell-App. entwickelt, um die Retention auf dem Sieb u. das Rückhaltevermögen des Stoffängers zu bestimmen. Es wurde gezeigt, daß die Retention des Alginats auf dem Papiermaschinensieb unter den gewählten Bedingungen in jedem Fall über 90% betrug u. daß Kettenlänge u. zusätzlich anwesende Hilfsstoffe keinen bedeutenden Einfl. auf die Retention ausüben. Das gleiche gilt auch für die Carboxymethylcellulose, deren Retention mit über 75% noch als relativ gut bezeichnet werden kann. Die Retention der Stärke betrug dagegen im Höchstfalle nur 48% u. war sehr stark von der Art des verwendeten Stärketyps abhängig. Füllstoffe u. Harzleim führten in jedem Fall zu Retentionsverschlechterung. Der retentionsverschlechternde Einfl. von Stärke u. TiO_2 auf Harzsäuren hat sich erneut bestätigt. Auf Füllstoffe wirkten Stärken retentionsverschlechternd u. Alginat u. Carboxymethylcellulose retentionsfördernd. Neben der Retention auf dem Sieb ist bes. das Rückhaltevermögen des Stoffängers von ausschlaggebender Bedeutung für das Abwasser. Retention auf dem Sieb u. Rückhaltevermögen des Stoffängers brauchen nicht unbedingt gleichsinnig zu verlaufen. So sind bei Verw. von nativer Maisstärke trotz geringerer Retention auf dem Sieb die Verluste mit dem Stoffänger u. die Stärke- u. Schwebestoff-Konz. im Abwasser geringer als bei Verw. von nativer Kartoffelstärke. In diesem Falle wird die niedrigere Retention auf dem Sieb bei weitem durch das höhere Rückhaltevermögen aufgewogen.
P. ECKERT. 7980□

Chemische Oberflächenuntersuchungen an Pech. 2. Mitt. **Der Mechanismus des Verlustes an Adsorptionsfähigkeit und der Eigenausbildung wasserabstoßender Eigenschaften in Papieren aus Holzzellstoffen.** John W. Swanson und Shirley Cordingly. Tappi **42.** 812—19. Okt. 1959. Appleton, Wis., Inst. of Paper Chem.) (Engl.) — 1. vgl. C. **1957.** 6926.

Gebrauchsgegenstände aus Zellstoff verlieren nach verschieden langen Zeiten an Wasseraufsaugefähigkeit bis zur völligen Wasserabweisung. Einige bereits entwickelte Vorstellungen zur Erklärung dieser vermutlich rein oberflächenchem., mit dem Harz-Geh. zusammenhängenden Vorgänge werden besprochen. In Verss. über die Rolle der Cellulose, der Zellstoff-Inhaltsstoffe u. der Umweltsbedingungen wird u. a. gezeigt, daß der Dampf des eigenen Harzes (Bzl./A.-Extrakt) u. Stearinsäuredampf in darin aufgehängten Papieren wasserabstoßende Oberflächen erzeugen. Dabei wird der Einfl. der Temp., des Dampfdrucks u. der Weglänge Harz/Celluloseoberfläche, auch unter Verw. markierter Stearinsäure, verfolgt. Eine Theorie über die Wanderung der Harzbestandteile zur Oberfläche u. ihre Verankerung darin wird entwickelt. M. HAGEDORN. 7984□

Untersuchungen über die Spanherstellung und die Bedeutung der Teilcheneigenschaften bei der Spanplattenherstellung. 3. Mitt. Osmo Liiri. (Paperi ja Puu **42.** 197—212. April 1960.) (Finn.) — 2. vgl. Papori ja Puu **42.** [1960.] 105.

Bericht über Betriebs-Verss. über den Einfl. mechan. Faktoren, wie Bauweise der Zerspanungsmaschinen, Messerschärfung, Teilchengröße u. -dicke der Späne u. deren Trockengeh., Zusatzmenge von Harz, Verwendbarkeit dünnen Holzes u. von im Walde gehackten Schnitzeln, auf die mechan. Eigg. u. das Verh. der Spanplatten betreffend Quellbarkeit in W. u. feuchter Luft. — 15 Abb., 15 Literaturhinweise.
E. BORCHERS. 8016□

Rostilav Slez, **Konservieren von Holz und anderen cellulosehaltigen Materialien.** Man imprägniert mit einem Gemisch von 80—95 (%) $(NH_4)_2HPO_4$, 1—20 $Na_2B_4O_7 \cdot 10\,H_2O$ u. 0,5—10 $Na_3PO_4 \cdot 12\,H_2O$, das außerdem H_3BO_3, Na-Silicat u. DDT enthalten kann. Das behandelte Material ist feuerfest u. wird von Termiten, Holzwurm u. Trockenfäule nicht angegriffen. (**Aust. P. 220 108** vom 15/1. 1958, ausg. 4/8. 1960.)
C. LÜTTGEN. 7953

Marley Co., V.St.A., **Konservieren und Imprägnieren des Gebälks von Kühltürmen.** Das durch den Gebrauch der Türme mit W. vollständig gesätt. Gebälk wird zunächst mit einer hochkonz. $CuSO_4$- oder $ZnSO_4$-Lsg. getränkt. Danach wird mit einer zweiten Lsg. behandelt, welche Chromate, Arsenate, Fluoride, Phosphate, Borate oder Pentachlorphenolate enthält. — Vgl. A. P. 2 919 971; C. **1961.** 1412. (**F. P. 1 222 096** vom 6/4. 1959, ausg. 8/6. 1960.) M. F. MÜLLER. 7953

Jacques Lessiau, Frankreich, **Hydrolyse von Cellulose,** dad. gek., daß man sie in einem Mischer mit kalter konz. HCl aufschließt, filtriert u. mit bei ca. -5^0 mit einem Öl vorbehandelter trockener Luft bei 60—75° behandelt. — Schema der Anlage. (**F. P. 1 209 032** vom 22/3. 1956, ausg. 26/2. 1960.) S. BÖTTCHER. 7969

Dow Chemical Co. (Erfinder: John Alexander Easley und Charles Webster Hopkins), Midland, Mich., V.St.A., **Ätzen von Metalldruckplatten** aus Mg, Mg-Legg. mit mindestens 90% Mg, aus Zn oder Zn-Legg. mit mindestens 90% Zn. Das Ätzmittel enthält eine wss. HNO_3-Lsg. (5—20 Gew.-%), eine mit W. nicht mischbare organ., mit der HNO_3-Lsg. prakt. nicht reagierende Fl., z. B. Diäthylbenzol (1 bis 14 Gew.-% auf das Gew. der HNO_3-Lsg. berechnet), u. 0,1—2,0 Gew.-% eines Alkylarylsulfonats aus der Gruppe der Alkylbenzolsulfonate mit 8—18 C-Atomen im Alkyl u. der Alkylnaphthalinsulfonate mit 3—18 C-Atomen im Alkyl, z. B. Dodecylbenzolsulfonat, Diamylnaphthalinnatriumsulfonat. (**D. A. S. 1 116 686** Kl. 15b vom 29/7. 1957, ausg. 9/11. 1961. A. Prior. 27/8. 1956.) C. KITTLER. 7989

Hickson's Timber Impregnation Co. (G.B.) Ltd. (Erfinder: **Charles Donald Cook**), Castleford, England, *Holzkonservierungsmittel.* (**D. A. S. 1 116 888** Kl. 38h vom 1/8. 1955, ausg. 9/11. 1961. E. Prior. 3/2. u. 16/6. 1955. — C. **1958.** 888 [F. PP. 1 137 501 u. 1 137 502].)

Mathieson Chemical Corp., Baltimore, Md., übert. von: **William A. Stone**, New Orleans, La., V.St.A., *Mehrstufenbleiche für Zellstoff.* (**Can. P. 552 006** vom 13/3. 1953, ausg. 21/1. 1958. A. Prior. 26/3. 1952. — C. **1957.** 1069 [A. P. 2 741 536].)

Mathieson Chemical Corp., Baltimore, Md., übert. von: **William A. Stone**, New Orleans, La., und **John G. Matarese**, Evanstone, Ill., V.St.A., *Bleichen von Sulfatzellstoff.* (**Can. P. 552 007** vom 25/3. 1953, ausg. 21/1. 1958. A. Prior. 26/3. 1952. — C. **1957.** 823 [A. P. 2 741 537].)

Joh. A. Benckiser G.m.b.H., Chemische Fabrik, Ludwigshafen/Rh., *Bekämpfung von Stauungen und Verstopfungen in Leitungssystemen und Apparaten.* (**E. P. 861 867** vom 27/8. 1957, ausg. 1/3. 1961. D. Prior. 26/10. 1956 u. 11/1. 1957. — C. **1959.** 10433 [D. A. S. 1 048 472] u. C. **1960.** 1368 [D. A. S. 1 064 801].)

South African Council for Scientific & Industrial Research (Erfinder: **Brian Alfred Cooke, Thomas David Morgan** und **Hildegard Emilie Luise Gertrud Schweigart**), *Herstellung von selektiv permeablen Membranen aus Pergamentpapier.* (**Aust. P. 225 433** vom 5/11. 1957, ausg. 10/12. 1959. Süd-Afrikan. Prior. 9/11. 1956. — C. **1960.** 16632 [D. A. S. 1 055 941].)

Quaker Chemical Products Corp., Conshohocken, übert. von: **Bernard H. Kress**, Lafayette Hill, Pa., V.St.A., *Behandlung von Papier.* (**Can. P. 551 711** vom 4/12. 1956, ausg. 14/1. 1958. — C. **1958.** 4356 [A. P. 2 785 995].)

XVIIIb. Textilfasern

Anorganische antiseptische Produkte. Guido Maisano und Enzo Steffanoni. (Teintex **26.** 705—19. 15/10. 1961.) (Franz.)

Verbb. von Alkalimetallen, von alkal. Erden, von Al, anderen seltenen Elementen, von Cr, von Fe, von Cu, von Cu(I) u. Cu(II), von Kupferammoniak, von Zn, von Ag, von Cd, von Hg, von Pb, Sn u. Sb werden auf ihre Eignung für die verschiedenen antisept. Ausrüstungen von Cellulosetextilien untersucht. Tabellar. sind die Wrkg. von Cr_2O_3, Fe_2O_3, CuO u. ihrer Gemische auf Reißfestigkeit u. Löslichkeit in Kupferoxidammoniak nach verschiedenen Zeiten zusammengefaßt. — 71 Literaturhinweise. L. JENTGEN. 8032□

Ein Fortschrittsbericht. Textilien für ultrahohe Temperaturen. Myron J. Coplan und Dennis E. Johnson. (Materials Design Engng. **54.** Nr. 6. 117—23. Nov. 1961. Fabrics Res. Labor., Inc., u. Arthur D. Little, Inc.) (Engl.)

Übersicht über den derzeitigen Stand der Technologie der Textilfasern, deren Temp.-Beständigkeit heute bei ca. 500°F liegt, die aber (bes. für Fallschirme) für Temp. von 1800—2000°F benötigt werden. W. WESLY. 8040□

Untersuchungen über die Faseracetylierung von Baumwolle. 4. Mitt. **Einfluß des Katalysators auf die Eigenschaften der acetylierten Baumwollware.** Waichiro Tsuji, Ryozo Kitamaru und Masazo Imai. (J. Soc. Textile Cellulose Ind., Japan [Sen-i Gakkaishi] **17.** 778—83. 1961. Takatsuki City, Osaka-fu, Japan; Kyoto Univ., Inst. for Chem. Res.) (Jap.; Auszug: Engl.) — 3. vgl. C. **1962.** 8840.

Unterss. über den Einfl. verschiedener Katalysatoren ($HClO_4$, H_2SO_4, $ZnCl_2$) auf die Eigg. der acetylierten Baumwollgewebe haben nur geringe Unterschiede ergeben. So weisen die mit $ZnCl_2$ als Katalysator acetylierten Gewebe eine geringere Löslichkeit in Chlf. bei guter Säurebeständigkeit auf, während die mit $HClO_4$ als Katalysator acetylierten Gewebe eine höhere Wasser- u. Feuchtigkeitsaufnahme besitzen, als die unter Zusatz von $ZnCl_2$ u. H_2SO_4 acetylierten Gewebe. — 4 Tabellen, 3 Figuren.

H. G. FRÖHLICH. 8044□

Die Selbsterhitzung nasser Wolle. I. K. Walker und W. J. Harrison. (New Zealand J. agric. Res. **3.** 861—95. Dez. 1960. Wellington, New Zealand, Dominion Labor., Dep. of Sci. and Ind. Res.) (Engl.)

Das Selbsterhitzen von 100% feuchter New-Zealand-Wolle (gewaschene u. Schweißwolle) in Ballenform wird untersucht, u. es wird gefunden, daß hierfür aerobe Bakterien verantwortlich sind, die Temp. bis zu 79° erzeugen können (gewaschene Wolle benötigt wesentlich länger, um sich zu erhitzen). Bleiben Temp. von 78—79° längere Zeit erhalten, so kann die Temp. durch chem. Rkk. weiter auf 102° gesteigert werden. Feuchte Wolle kann sich auch durch Schimmel-Bldg., vor allem in mit Feuchtigkeit gesätt. Atmosphäre, erhitzen. Die erreichten Temp. liegen hierbei zwischen 45—55°. Die Zusammenhänge zwischen dem Erhitzen nasser Wolle u. der spontanen Selbstentzündung werden diskutiert. — 11 Figuren, 5 Tabellen, 41 Literaturangaben.

H. G. FRÖHLICH. 8060□

Eine Untersuchung über die Chemie der Beizvorgänge. 1. Mitt. **Der Einfluß von Salpetersäure auf Kaninhaar.** 2. Mitt. **Der Einfluß von Salpetersäure und Wasserstoffperoxid auf Kaninhaar.** 3. Mitt. **Der Einfluß von Quecksilbernitrat und Salpetersäure auf Kaninhaar.** E. A. Robinson und Janice Robinson. (J. Soc. Dyers Colourists **77.** 351—56. 356—61. 361—67. Aug. 1961. Croydon, Surrey, Arthur R. Davis & Co. Ltd. Res. Dep.) (Engl.)

Ausführliche Unterss. über die Wechselwrkg. zwischen Kaninhaar u. HNO_3 allein oder in Verbindung mit H_2O_2 bzw. $Hg(NO_3)$ werden beschrieben. Mit Ae. extrahiertes Kaninhaar wird bei Temp. von 20—40° mit HNO_3-Lsgg. bis 1,5n, mit HNO_3/H_2O_2-Lsgg. sowie $Hg(NO_3)_2/HNO_3$-Lsgg. bis zu 20 Std. behandelt, säurefrei gewaschen u. über H_2SO_4 im Vakuum getrocknet. Die Auswertung der Unterss. zeigt, daß unter den Vers.-Bedingungen Tryptophan völlig zerstört wird. Gleichzeitig werden Cystin u. Tyrosin (im Falle einer Behandlung mit HNO_3 nur Tyrosin) angegriffen, wobei Cysteinsäure u. 3-Nitrotyrosin entstehen sowie Peptidbindungen aufspalten. Bei der Rk. des Kaninhaares mit Lsgg. auf Basis $Hg(NO_3)_2/HNO_3$ kommen noch die Rkk. des Hg-Ions mit Tyrosin (Bldg. von Millonrot) u. Cystin [Anlagerung von $Hg(NO_3)_2$] hinzu. Zusammenfassend wird darauf hingewiesen, daß es sich beim Beizen um den Ablauf verschiedener Rkk. handelt, die sich wesentlich komplizieren, wenn techn. gebeizte Kaninhaare untersucht werden. — 14 Figuren, 13 Tabellen, 53 Literaturhinweise.

H. G. FRÖHLICH. 8066□

Über einige spezielle Probleme des Bildungsmechanismus hochfester Celluloseregeneratfasern. Hermann Klare und Anneliese Gröbe. (Papier **14.** 526—31. Okt. 1961. Teltow-Seehof, Dtsch. Akad. der Wiss. zu Berlin, Inst. für Faserstoff-Forsch.) (Dt.) — Vgl. C. **1960.** 16633.

Zwei entscheidende Fragen, die sich aus den bisher geäußerten Hypothesen über die Bldg. von hochfesten Celluloseregeneratfasern (Supercord) ergeben, werden einer experimentellen Prüfung unterzogen. Dabei wird festgestellt; 1. daß sich auf einem aus modifizierter Viscose gesponnener Faden eine Membran von besonderer Struktur bildet, die sich von dem entstehenden Faden durch eine geeignete Manipulation isolieren läßt; 2. daß das hinter dieser Membran befindliche Na-Cellulosexanthogenat — entgegen der allg. vertretenen Hypothese — prakt. kaum in Zn-Cellulosexanthogenat umgewandelt wird. Daraus ergibt sich, daß diese für den Diffusionsablauf entscheidende Membran nicht, wie allg. angenommen wurde, selektiv durchlässig für Zn-Ionen ist. Die bisher für den Bldg.-Mechanismus von Supercordfaden aus modifizierten Viscosen geäußerten Vorstellungen sind also entsprechend zu korrigieren. — 22 Literaturnachweise.

P. ECKERT. 8074□

Beurteilung der chemischen Fasern durch optische Methoden. P. I. Nowodereshkin. (Текстильная Промышленность [Textil-Ind.] **21.** Nr. 1. 43—47. Jan. 1961.) (Russ.)

Zur Erkennung von Chemiefasern können Unterss. im polarisierten Licht oder die Ermittlung der Luminescenz im UV-Licht angewandt werden. Ein Schema für die qual. Analyse von Chemiefasern mit Hilfe opt. Meth. wird vorgeschlagen. Folgende Chemiefasern wurden untersucht; *Polyacrylnitril, Polyester, PVC, Polyamid–Polycaprolactam* (*Kapron*), *Polyhexamethylenadipinamid* (*Anid*), *Polyaminoönanthsäure* (*Önanth*), *Viscose-* u. *Acetatseide.*

T. LUKANOFF. 8116□

Böhme Fettchemie G.m.b.H., Düsseldorf, *Wenig schäumendes Netzmittel.* (**Schwz. P. 356 109** vom 16/5. 1957, ausg. 29/9. 1961. D. Prior. 13/8. 1956. — C. **1959.** 14291 [D. A. S. 1 051 243].)

Tootal Broadhurst Lee Co. Ltd., England, *Behandlung von Textilien.* (**F. P. 1 163 125** vom 31/10. 1956, ausg. 23/9. 1958. E. Prior. 1/11. 1955. — C. **1961.** 1416 [E. P. 827 647].)

Tootal Broadhurst Lee Co. Ltd., Manchester, England, *Knitterechte Cellulosetextilien.* (**Belg. P. 568 695** vom 18/6. 1958, ausg. 18/11. 1960. E. Prior. 19/6. 1957. — C. **1961.** 14146 [E. P. 831 297].)

Farbenfabriken Bayer Akt.-Ges., Deutschland (Erfinder: **Arnold Doser**), *Hydrophobierungsmittel.* (**F. P. 1 172 816** vom 5/3. 1957, ausg. 16/2. 1959. D. Prior. 7/3. 1956. — C. **1959.** 12732 [D. A. S. 1 049 351].)

Borax Consolidated Ltd., London, England (Erfinder: **Harold Pratt Knight**, Pasadena, Calif., V.St.A.), *Herstellung von feuerfestem Papier oder Karton.* (**Schwz. P. 354 321** vom 12/4. 1957, ausg. 30/6. 1961. A. Prior. 13/4. 1956. — C. **1960.** 16985 [F. P. 1 169 338].)

Associated Lead Manufacturers Ltd., London, England, *Flammfestausrüsten von Fasermaterial.* (**Schwz. P. 356 437** vom 8/5. 1956, ausg. 13/10. 1961. E. Prior. 9/5. 1955 u. 29/3. 1956. — C. **1959.** 7673 [E. P. 791 803].)

Monsanto Chemicals Ltd., England, *Behandlung von Textilfasern.* (**F. P. 1 173 957** vom 12/2. 1957, ausg. 4/3. 1959. E. Prior. 16/2. 1956 u. 23/1. 1957. — C. **1961.** 11944 [E. P. 840 372].)

Algemeene Kunstzijde Unie N. V., Arnheim, Holland, *Herstellung von Fäden aus Viscose.* (**E. P. 861 831** vom 8/12. 1958, ausg. 1/3. 1961. A. Prior. 26/12. 1957. — C. **1960.** 13888 [D. A. S. 1 071 277].)

Gevaert Photo-Producten N. V., Mortsel (Erfinder: **Ferdinand Leonard Schonteden**, Wilrijk), Belgien, *Verbesserung der Färbbarkeit von Polyacrylnitril.* (**Schwz. P. 344 844** vom 26/3. 1956, ausg. 14/4. 1960. E. Prior. 30/3. 1955. — C. **1961.** 2837 [Belg. P. 546 321].)

Chemstrand Corp., Decatur, Ala. (Erfinder: **Costas Harris Basdekis**, Longmeadow, Mass.), V.St.A., *Herstellung von Acrylnitrilmischpolymerisaten mit einer basischen Aminogruppe.* (**D. A. S. 1 113 819** Kl. 39c vom 11/5. 1954, ausg. 14/9. 1961. A. Prior. 13/5. 1953. — C. **1958.** 3485 [F. P. 1 119 166].)

XIX. Brennstoffe. Erdöl. Mineralöle

Untersuchungen über die Oxydation der Kohle in flüssiger Phase. 14. Mitt. **Mechanismus der Bildung aromatischer Kohlenwasserstoffe aus Kohle durch Sauerstoffoxydation in alkalischen Medien.** Yoshio Kamiya. (J. chem. Soc. Japan, ind. Chem. Sect. [Kōgyō Kagaku Zasshi] **63.** 752—55. Mai 1960. Tôkyô-Daigaku, Kôgakubu.) (Jap.; Auszug: Engl.) — 13. vgl. C. **1961.** 10742.

Bei optimalen Bedingungen zur Darst. von aromat. Carbonsäuren aus Kohle durch Luftoxydation in alkal. Medien bei erhöhter Temp. werden die Seitenketten von o-, m- u. p-Methylbenzoesäure unter Bldg. der entsprechenden Carbonsäuren prakt. vollkommen (>95%) oxydiert; Zimtsäure bzw. Hydrozimtsäure wird unter diesen Bedingungen zu Benzoesäure oxydiert. α- (**I**) bzw. β-Naphthoesäure (**II**) gibt neben *Phthalsäure* (**III**) *Benzoltricarbonsäure-*(*1.2.3*) bzw. -(*1.2.4*); die Ausbeute an **III** bezogen auf **II** ist im Vgl. zu den parallelen Verss. von **I** viel geringer. Phthalsäuren sind in NaOH-Lsg. stabiler als in Na_2CO_3-Lsg., während Benzoltri- u. -tetracarbonsäuren auch in Na_2CO_3-Lsg. genügend stabil sind. Die Luftoxydation von Kohle verläuft mit steigendem Verkohlungsgrad zunehmend langsamer. Braunkohle ergibt unter optimalen Bedingungen *Benzoltricarbonsäure-*(*1.3.5*) als wasserlösl. Hauptprodukt. Es wird angenommen, daß aromat. kondensierte Ring-Syst. in Braunkohle kaum vorhanden sind.

E. MAEKAWA. 8124□

Elementarmechanismus des Graphitierungsprozesses einer Kohle. Michel Oberlin und Jacques Mering. (C. R. hebd. Séances Acad. Sci. **253.** 2720—22. 4/12. 1961. Paris, Inst. Nat. de Rech. Chim. Appl.) (Franz.)

Die Kinetik der Oxydation von teilweise graphitierter Kohle auf nassem Wege läßt 3 in ihrer Struktur unterschiedliche Bestandteile erkennen, deren prozentuale Anteile eine jeweilige Übereinstimmung mit den magnet. Eigg. der Kohle u. mit den Ergebnissen der kristallograph. Unterss. zeigen. Die 3 Komponenten bilden sich durch fortschreitende Umwandlung der Elementarschichten der Kohle bei Behandlung mit steigender Temp. von einem Zustand C_1 zu C_2 u. weiter zu C_3, was einer fortschreitenden Graphitisierung entspricht. Mit wachsender Behandlungs-Temp. sinkt der prozentuale Anteil A_1 von C_1 schnell u. erreicht bei 2000° den Wert Null; entsprechend wächst der Anteil an C_2u. C_3, u. die diamagnet. Eigg. streben einem Maximum zu, das dem des Graphits (C_3) entspricht. Die magnet. Eigg. der Kohle setzen sich additiv aus denen ihrer Zustandsformen zusammen. C_2 einer Elementarschicht unterscheidet sich von C_3, der des Graphits, durch das Vorhandensein von Verunreinigungen in ihr.

H. FRIES. 8126□

Untersuchung über eine vereinfachte Theorie der Schwerekonzentration bei Kohletrennungen. R. P. Charbonnier. (Trans. Canad. Inst. Mining Metallurgy Mining Soc. Nova Scotia **62.** 201—04. 1959. Montreal.) (Engl.)

Bei Annahme einer vereinfachten Theorie der Teilchenbewegung in einer Fl. kann die Größe u. Dauer der beschleunigten Anfangs-Geschw. eines fallenden Teilchens berechnet werden.

E. BOYE. 8134□

Oxydation leicht blähender bituminöser Kohlen durch verdünnte Salpetersäure. Hideiti Horikawa und Takeshi Satô. (J. chem. Soc. Japan, ind. Chem. Sect.

[Kogyo Kagaku Zasshi] **63.** 760—65. Mai 1960. Akita-Daigaku, Kôzangakubu.) (Jap.; Auszug: Engl. S. A 40.) — Vgl. C. **1959.** 1652.

Bituminöse Kohle (aus Hokkaidô u. Kyûsyû, Japan) wird in 2—5%ig. HNO_3 1 Std. lang bei 60—90° umgerührt oder 1—24 Std. lang gekocht. Das Verseifungsäquivalent nimmt dabei mit höherer Temp., höherer HNO_3-Konz. u. längerer Rk.-Dauer stark ab: die Abnahme steht mit der Abnahme des Blähens beim Erhitzen des Prod. in einer direkten Beziehung. Beim Behandeln der Kohle mit sd. 5%ig. HNO_3 nimmt die Zahl der COOH-Gruppen stark zu, während die der phenol. OH-Gruppen prakt. konst. bleibt. Die Änderung der Fähigkeit zur Adsorption von J_2 bzw. Methylenblau steht in keiner Beziehung zum Blähen beim Erhitzen. Die Ausbeute an Koks wird bei der Trocken-Dest. der Kohle durch diese Vorbehandlung nur wenig gesteigert, während die an Teer stark abnimmt; zwischen der Teermenge u. dem Blähen wird eine lineare Beziehung festgestellt. Durch die Oxydation nimmt der Geh. an CO_2 u. CO im Gasanteil bei der Trocken-Dest. zu. Es wird gefolgert, daß die säurelösl. anorgan. Bestandteile bei der Behandlung mit HNO_3 in die Lsg. übergehen, während die organ. Teile leicht oxydiert werden u. die Fähigkeit des Blähens dadurch verlorengeht.

E. MAEKAWA. 8126□

Über die Reaktivität vorgraphitisierter Kohlen. Die Carboxy-Reaktivität von Pechkoks. Eric Barrillon und Henri Guérin. (C. R. hebd. Séances Acad. Sci. **253.** 2696—98. 4/12. 1961. Paris, Fac. des Sci., Labor. de Chim., MPC.) (Franz.)

Die Vergasung einer Anzahl Proben von Pechkoks, der bei Temp. von 950—1300° aus Pech gewonnen wurde, wird unter CO_2 auf der Thermowaage verfolgt. Die Vergasungs-Geschw. wird als Funktion des Gew.-Verlustes der Probe gemessen; die Oberflächenveränderungen der Proben im Laufe der Vergasung werden nach der BET-Meth. untersucht. Es wird festgestellt, daß sich zwar die Vergasungs-Geschw. mit dem Gew.-Verlust ändert, jedoch bei den Proben mit steigender Verkokungs-Temp. insgesamt verringert. So zeigen die bei $>1200°$ gewonnenen Pechkoksarten bei der Vergasung nach 10—20% Gew.-Verlust fast keine Änderung der Rk.-Geschw. mehr. Mit steigender Temp. bei der Verkokung sinkt allg. die Reaktivität; die Berechnung der Aktivierungsenergie einiger Pechkoksproben zeigt ein langsames Absinken der Energie mit dem Verbrauch der Probe, was auf eine Anhäufung von Verunreinigungen auf der Oberfläche der Probe zurückgeführt wird. Die mittleren Aktivierungsenergien liegen bei 40—70 kcal/Mol. Mit wachsender Verkokungs-Temp. nimmt die spezif. Oberfläche des Kokses ab. Die Vergasungs-Geschw. von Pechkoks liegt zwischen der von metallurg. Koks u. Zuckerkoks, wie auch dessen spezif. Oberfläche zwischen der beider letztgenannter Koksarten liegt. H. FRIES. 8144□

Kennzeichnung von Harzen aus Anlagen der Gaserzeugung und -anwendung, die aus der Gas- und Flüssigphase stammen. P. M. Owens. (J. appl. Chem. **11.** 86—90. März 1961. Birmingham, West-Midland Gas Board.) (Engl.)

Quant. Meth. zur Best. von Harzen mit Hilfe der Papierchromatographie werden entwickelt. Harze aus der fl. u. der Gasphase können bei Berücksichtigung der Farb-Rk. unter UV-Licht gut voneinander unterschieden werden. Für das Gasphaseharz wird ein zusätzlicher Test durch Bldg. einer rosa Farbe beim Besprühen des Chromatogramms mit GRIESS-Reagens erhalten. Konstitutionelle Angaben konnten nicht gemacht werden.

F. ROSENDAHL. 8148□

Kohlenwasserstoffgase als zukünftige Einsatzstoffe für die öffentliche Gaswirtschaft. Georg Düwel. (Gas- u. Wasserfach, Ausg. Gas **102.** 1109—15. 20/10. 1961. Hamburg.) (Dt.)

Die verschiedenen direkten Einsatzmöglichkeiten von Erdgas u. Propan bei der Versorgung der Bevölkerung mit Brenngas wird besprochen. F. ROSENDAHL. 8156□

Gewinnung eines technologischen Gases durch Hochtemperaturkonversion von Kohlenwasserstoffgasen. Ja. Ss. Kasarnowski, B. G. Owtscharenko, W. P. Ssemenow und I. G. Derewjanko. (Газовая Промышленность [Gas-Ind.] **7.** Nr. **1.** 43—50. 1962.) (Russ.) — Vgl. C. **1961.** 3959.

In einer Labor.-App. wurde die Hochtemp.-Konversion eines Kokereigases mit 60,0 (%) CH_4, 4,5 C_2H_4, 0,2 CO_2, 0,5 O_2, 12,0 CO, 11,0 H_2 u. 11,8 N_2 bei einer Ausgangs-Temp. von 20—300°, einer Leistung von 150—300 Nm^3/h u. einer mittleren linearen Geschw. des konvertierten Gases von 7—18 m/s durchgeführt. Im konvertierten Gas betrug der Geh. an Red.-Mitteln 90%; die Rest-Konz. an CH_4 war nicht höher als 0,5%. Der mittlere Geh. an freiem C betrug 6 mg/m^3. Der Wärmeverlust des Reaktors erreichte ca. 7%. Auf Grund von Berechnungen wird festgestellt, daß die Hochtemp.-Konversion von Naturgas eine aussichtsreiche Meth. zur Gewinnung von technolog. Gas für die Synth. von NH_3, CH_3OH u. höheren Alkoholen ist. O. LEBTAG. 8156□

Hochdruckvergasungsanlagen für Kohle in Schottland und im Ausland. T. S. Ricketts. (J. Inst. Fuel **34.** 177—88. Mai 1961. Glasgow, Scott. Gas Board.) (Engl.)

Die Entw. der Lurgi-Hochdruckkohlevergasung in der ganzen Welt im Hinblick auf ein billiges Verf. zur Gewinnung von Synth.- u. Stadtgas aus Braunkohle u. O_2 wird diskutiert. Bes. wird Aufbau u. Wirkungsweise der neuen Lurgi-Anlage in Westfield, Fife, Schottland, beschrieben, die gestattet, das Gas mit einem Maximaldruck von 250 lbs./sq.in. gegenüber 25 bis höchstens 100 lbs./sq.in. bisher zu verteilen. E. IGNEY. 8156

Die katalytische Entschwefelung von Stadt- und Industriegasen mit Hilfe von „Skelett"-Kontaktmassen, die aus einem Gemisch nichtmetallischer Kristalle mit ähnlicher Struktur wie bei der Raney-Phase bestehen. A. Simon und M. Lang. (Chim. et Ind. **83.** 67—75. Jan. 1961. Dresden, Ecole Techn. Supérieure, Inst. de Chim. minér. et de Chim. minér. appl.) (Franz.)

Die Entschwefelung von Gasen mit Hilfe von Skelettkontakten wird vom Standpunkt der Katalyse u. der rein chem. Rk. behandelt. In guten Skelettmassen müssen neben Gitterschrumpfungen auch noch Gitteraufrauhungen u. sehr kleine Primärpartikelchen vorliegen. Um die strukturellen Eigg. voll zur Wrkg. zu bringen, ist neben einer genügenden Menge an W. ein gewisser Alkali-Geh. erwünscht. Bes. günstig wirkt sich neben diesen Größen natürlich auch eine große Oberfläche aus, da sie die auftretenden Transportphänomene günstig beeinflußt. Die chem. Best. werden durch Röntgen-Unterss. bestätigt. F. ROSENDAHL. 8156 □

Kennzeichnung von Rohteeren. D. McNeil. (J. appl. Chem. **11.** 90—99. März 1961. Leeds, Coal Tar Res. Assoc.) (Engl.)

61 verschiedene Rohteere werden a) auf Eigg. nach der Entwässerung, b) auf den Geh. an Ölen u. Pech untersucht. Die Ergebnisse werden tabellarisiert. Ein Index für Teere auf Grund von 3 Eigg.: spezif. Gew. von H_2O-freiem Teer, Phenol-Geh. von bis 250° übergehendem Öl u. Geh. an benzolunlösl. Anteil in H_2O-freiem Teer wird aufgestellt. F. ROSENDAHL. 8176 □

Die Eigenschaften von Gemischen aus Teeren und Polymeren. L. J. Wood. (J. appl. Chem. **11.** 144—50. April 1961. Leeds, Coal Tar Res. Assoc.) (Engl.)

Gemische von Teeren aus ununterbrochen betriebenen Vertikalretorten u. langkettigen Polymeren zeigen eine starke Verminderung des Fließvermögens, ohne daß dadurch das Viscositäts/Temp.-Verh. u. die Brüchigkeit beeinflußt werden. Eine neue Meth. zur Best. der viscoelast. Eigg. wird angegeben. Die Auswrkg. der gewonnenen Erkenntnisse auf die Praxis wird diskutiert. F. ROSENDAHL. 8176 □

Raffination von Vaselineöl. Tomasz Wachal und Jan Palczewski. (Nafta [Katowice] **16.** 249—53. Sept. 1960. Trzebinia, Rafin. Nafty.) (Pol.)

Übersicht über bekannte Verfahren. In eigenen Verss. wird der Verlauf der Raffination mit rauchender H_2SO_4 untersucht. Bestimmt werden die Dichte, die kinemat. Viscosität, die Refraktion, der Anilinpunkt u. die Farbe (in ° Stammer). Die Proben werden mit insgesamt 63% H_2SO_4 in 16 gleichen Portionen versetzt. Nach Zugabe der 9.—13. Portion verschwinden die aromat. Bestandteile des Vaselinöls vollständig. Von diesem Zeitpunkt an werden gefärbte Komponenten beschleunigt zerstört. Entsprechend den Eigg. des Öls handelt es sich bei den farbigen Substanzen mit großer Wahrscheinlichkeit um Naphthene mit kondensierten Ringen. F. URBAN. 8194 □

Thermische und katalytische Zersetzung von Kohlenwasserstoffen. A. J. de Rosset und C. V. Berger. (Ind. Engng. Chem., ind. Edit. **52.** 711—16. Aug. 1960. Des Plaines, Ill., Universal Oil Prod. Co.) (Engl.)

Überblick über den heutigen Stand von Forschung u. Technik der therm. u. katalyt. Crack-Verff., über katalyt. Reformieren u. Dehydrieren von KW-Stoffen. Auf die größere künftige Bedeutung der Hydrocrack-Verff. wird hingewiesen. — 100 Literaturhinweise. A. SANDER. 8190 □

Katalyse. Vladimir Haensel. (Chem. Engng. **68.** Nr. 24. 105—10. 27/11. 1961. Universal Oil Prod. Co.) (Engl.)

Ausführlicher Überblick über die Anwendung der Katalyse bei der Reformierung von KW-Stoffen u. der dabei sich abspielenden Reaktionen. — 18 Zitate. F. ROSENDAHL. 8200 □

Oberflächenaktive Verbindungen in Schmierölen. A. J. Groszek und D. J. Palmer. (J. Inst. Petroleum **47.** 295—306. Sept. 1961. Sunbury-on-Thames, Middlesex, Brit. Petroleum Co. Ltd., BP Res. Centre.) (Engl.)

Oberflächenakt. Verbb. (OV) in Schmierölen bewirken 1. Verringerung des Verschleißes, 2. Dispergierung von schlamm- u. lackbildenden Prodd., u. 3. Verhinderung der Lackbildung. Es werden 2 verschiedene SAE 50-Öle u. 2 gereinigte BRIGHTSTOCK-Öle

in offenen Bechern in Ggw. von Luft 60 Std. lang bei 120 u. 200° oxydiert u. gebildete OV so wie bereits vor der Oxydation im Öl vorhandene OV untersucht. OV werden an MgO chromatographiert u. mit n-Heptan, Bzl. u. Aceton eluiert; durch Auflösen von Mg in HCl u. Extrahieren mit PAe. (Kp. 40—60°) wird eine weitere Fraktion gewonnen. Die erhaltenen Fraktionen werden weiter an Silicagel chromatographiert u. mit n-Heptan u. Chlf./A. oder Isopropylalkohol/A. eluiert. Die Best des Aromaten-Geh. erfolgt IR-spektroskopisch. Dabei treten Banden von Carbonsäuren, deren Metallsalzen, OH-Gruppen, Sulfoxiden u. langkettigen Paraffinen auf. Der O_2-Geh. beträgt 6—7%, was 4 Atomen O/OV-Mol. entspricht. Mit einer Filmwaage wird die monomol. Fläche/mg OV gemessen, mit Cetylalkohol verglichen u. die Ergebnisse als Druck/Flächen-Isothermen angegeben. Die OV-Filme zeigen dabei höhere Kompressibilität, die Mol.-Fläche beträgt 64—160 Å. Durch Rußsedimentationsproben wird die Oberflächenaktivität von OV u. mittels eines Vierkugel-App. der Verschleiß in Ggw. der Lsgg. von 2% OV in Weißöl bestimmt. Nach Neutralisieren von OV mit $Ba(OH)_2$ verschwindet die verschleißmindernde Wirkung. Die Bldg. von OV nimmt mit steigender Temp. u. stärkerem aromat. Charakter des Schmieröls zu. OV sind fl., bei > 200° gebildete OV sind fest (asphaltartig; Resine) u. zeigen saure Eigenschaften. — 25 Diskussionsbeiträge.
O. HENNING. 8220

Das Schmieren von Kernreaktoren. P. E. B. Vaile. (Bull. Assoc. franç. Techniciens Pétrole **1961.** 867—88. Nov. London, Inst. of Mechn. Engng.; London Mobil Oil Comp., Serv. de Rech.) (Franz.)

Um eine geeignete Schmierung der beweglichen Teile an Kernreaktoren zu ermöglichen, werden Schmierstoffe entwickelt, die gegen die Einw. von Strahlen sehr widerstandsfähig sind. Es werden verschiedene Vers.-Maschinen beschrieben, die zur Erprobung der Schmierstoffe herangezogen werden. Schmieröle mit einem S-Geh. von 1,8% konnten ohne jede Störung verwendet werden. F. ROSENDAHL. 8220□

Hydriertes Ricinusöl und seine Derivate in der Industrie der Schmierfette. P. Droste. (Rev. franç. Corps gras **8.** 205—14. April 1961. Soc. Hyfran [Hydrogénation franç.]) (Franz.)

Über allg. Eigg. der Schmierfette, ihre Zus., den Einfl. der einzelnen Komponenten, Herst. der Schmierfette, Schmierfette auf Grundlage von Derivv. des hydrierten Ricinusöls, hydriertes Ricinusöl sowie über *12-Hydroxystearinsäure* u. deren *Methylester* wird berichtet. E. BOYE. 8222□

Viscositäts-Temperatur-Gleichungen für Schmiermittel. R. F. Crouch und A. Cameron. (J. Inst. Petroleum **47.** 307—13. Sept. 1961. Imp. Coll. of Sci. and Technol.) (Engl.)

Nach Messung der Viscosität von Polyalkylenoxid u. Flurolube zwischen —10 u. 95° werden die Gleichungen von REYNOLDS, SLOTTE, VOGEL, RANAIYE, WALTHER-ASTM, UMSTÄTTER u. eine neue von Vff. vorgeschlagene Gleichung zur Wiedergabe der Meßergebnisse verglichen. O. HENNING. 8222□

Chemische Konstitution von Straßenteer und Steinkohlenteerpech. L. J. Wood. (J. appl. Chem. **11.** 130—36. April 1961. Leeds, Coal Tar Res. Assoc.) (Engl.)

Die durch Dest. von prim. u. raffinierten Teeren u. Lsgm.-Behandlung von Steinkohlenteerpechen erhaltenen Öle werden mit Hilfe der Gas-Flüssig-Chromatographie untersucht. Außerdem werden die Lsgm.-Auszüge aus Pechen mit der IR-Spektroskopie u. elementaranalyt. untersucht. Aus Teerölen werden einige bekannte Verbb., wie z. B. *Naphthalin, Thionaphthen, Chinolin, Dimethylnaphthalin, Acenaphthen* usw., u. auch Verbb. unbekannter Konstit. isoliert. Im Straßenteer werden *Naphthalin, Phenanthren, Chrysen, Picen, Acenaphthen, Fluoranthen, Benzfluoranthen, Pyren, Benzpyren, Perylen, Benzperylen, Fluoren, Benzfluoren* u. verschiedene Methyl-Derivv. dieser Stoffe nachgewiesen. Aus Pech können mit den verschiedenen Lsgm. (Dioxan, Heptan, CH_3OH, Bzl., Pyridin) keine definierbaren Verbb. erhalten werden. 9,5% des Pechs waren unlöslich. F. ROSENDAHL. 8228□

Messungen des Wärmeeffektes bei der Naßschwelung von Torf im Temperaturbereich zwischen 20 und 220° C. Stig Sunner und Igemar Wadsö. (Acta polytechn. [Stockholm], Chem. includ. Metallurgy Ser. Nr. **14.** 1—40. 1961. Lund, Univ., Thermochem. Labor.) (Engl.)

Zur Best. der Wärmeeffekte bei der Naßschwelung von Torf im Temp.-Bereich zwischen 20 u. 220° wird ein quasiadiabat. Zwillingscalorimeter entwickelt, das einige typ. Merkmale besitzt: Die Erhitzungs-Geschw. ist sehr hoch, u. zwar ca. 7°/min u. der Arbeitsdruck ca. 30 at. Die Reproduzierbarkeit der Meßwerte ist befriedigend — die mittlere Abweichung bei 22 Messungen beträgt ±0,02%, bezogen auf den Gesamtbetrag der eingesetzten Energie. Die calorimetr. Messungen zeigen, daß die für die Erwärmung einer 4% ig. Torfsuspension mit 1 kg trockenem Torf von 20 auf 220° erforderliche elektr. Energie um 125—175 kcal geringer ist als die für die Erwärmung einer gleichen Menge Wasser. Der negative Wert der Enthalpieänderung (= exothermer Prozeß) bei der unter den genannten Bedingungen vorgenommenen Naßschwelung ist ziemlich niedrig u. beträgt < 50 kcal/kg trockenem Torf. H. SCHÖBEL. 8244□

Über die Probenahme und die Bestimmung von Äthylenoxid in Gasgemischen. Byouk Blouri und Mostafa Rafi. (Bull. Soc. chim. France **1961.** 1170—71. Juni. Bellevue, CNRS, Centre d'étude et de Rech. de Chim. Org. Appl. Labor.) (Franz.)

Wegen der Löslichkeit von *Äthylenoxid* (I) in W. u. organ. Lsgm. sowie in Natur- u. Neoprenkautschuk u. in Kunststoffen bereitet die Probenahme u. die Best. von I in Gasgemischen (Erdölcrackgase) Schwierigkeiten. Eine dafür geeignete Glas-App., in der die Gasmenge abgemessen wird u. I mit n-HCl (gesätt. mit $MgCl_2$ in Ggw. eines nichtion. oberflächenakt. Stoffes) umgesetzt wird, wird beschrieben. Anschließend erfolgt in wss. Aceton-Lsg. (gesätt. mit $MgCl_2$) die Rücktitration mit n NaOH. Die Fehlergrenze beträgt ca. 0,24%. B. GNAUCK. 8250□

Nachweis, Bestimmung und Identifizierung von Furfurol in Kohlenwasserstoffölen. R. B. Harrison, J. F. Palframan und B. A. Rose. (Analyst **86.** 561—65. Sept. 1961. London, Labor. of the Gov. Chem., Dep. of Sci. and Ind. Res.) (Engl.)

Zur schnellen Prüfung auf Furfurol (I), das Dieselöl zugesetzt wird, wird der Kraftstoff mit einer Lsg. (II) aus Anilin in Eisessig geschüttelt. Nach Trennung der Phasen zeigt eine hellrote Färbung der unteren Schicht I an. In dunklen Ölen können 1 ppm u. in hellen 0,2 ppm I erkannt werden. Zur quant. Best. von I wird das Dieselöl mit Toluol u. II versetzt. Nach Schütteln wird in einem Spektrophotometer bei 520 mμ gegen eine Vgl.-Lsg. des gleichen Dieselöls in Toluol die Änderung der opt. Dichte graph. verfolgt. Im Bereich von 1—10 ppm I beträgt die Reproduzierbarkeit 1 ppm. Die Best.-Meth. ist für I spezifisch. Zur Identifizierung von I wird I angereichert. Das Destillat wird 5 Min. lang mit 10% ig. $NaHSO_3$-Lsg. extrahiert, die untere, wss. Schicht mit einer 10% ig. NaOH-Lsg. versetzt u. mit peroxidfreien Ae. geschüttelt. In Ggw. von Toluol muß der Ae.-Extrakt nochmals mit $NaHSO_3$-Lsg. extrahiert werden. Die über Na_2SO_4 getrocknete äther. Lsg. wird dann gaschromatograph. untersucht. Es können so noch ca. 1 ppm I erfaßt werden. W. HEIN. 8254□

Methoden zum Nachweis, zur Bestimmung und Identifizierung von Chinizarin in Kohlenwasserstoffölen. R. B. Harrison und L. T. Heaysman. (Analyst **86.** 566—69. Sept. 1961. London, Labor. of the Gov. Chem., Dep. of Sci. and Ind. Res.) (Engl.) — Vgl. vorst. Referat.

Zur schnellen Prüfung auf Chinizarin (I) wird der zu untersuchende Kraftstoff 15 Sek. lang mit einer 1% ig. NaOH-Lsg. geschüttelt. Nach Trennung der Phasen zeigt eine blauviolette Farbe der unteren Schicht I an. Die Erkennungsgrenze beträgt 2 ppm. Zur quant. Best. von I wird das Dieselöl mit n-Butylalkohol u. mehrmals mit einer 5% ig. NaOH-Lsg. extrahiert. Die wss. Schicht des letzten Extraktionsschrittes muß farblos sein. Die vereinigten wss. Extrakte werden mit konz. HCl angesäuert. Nach 30 Sek. langem Schütteln der abgekühlten Lsg. mit spektralreinem Cyclohexan wird von der organ. Schicht in einem automat. registrierenden Spektrophotometer gegen reines Cyclohexan das Absorptionsspektrum von 420—540 mμ aufgenommen. Zur Auswertung wird das Maximum bei 521 mμ herangezogen. Die Reproduzierbarkeit der Ergebnisse beträgt 1%. Die Meth. ist im Konz.-Bereich von 0,2—2,0 ppm I anwendbar. Zur Identifizierung von I werden die 5 Absorptionsmaxima bei 463, 476, 487, 508 u. 521 mμ benutzt. Es können so noch ca. 0,2 ppm I erfaßt werden. W. HEIN. 8254□

Elektronenmikroskopie von Schmierfetten. G. V. Vinogradov und V. V. Sinitsyn. (J. Inst. Petroleum **47.** 357—64. Nov. 1961. Moscow, Acad. of Sci. of the USSR, Inst. of Petrochem. Synth.) (Engl.)

Zusammenfassender Überblick über die Meth. u. Ergebnisse der Elektronenmikroskopie von Schmierfetten unter Berücksichtigung der von 1941—1960 erschienenen Veröffentlichungen. — 95 Literaturhinweise u. 4 Tafeln. O. HENNING. 8258□

Geschlossener Zentrifugaltester zur Prüfung von Schmierölen, insbesondere von Motorenölen, unter betriebsnahen Bedingungen. Erich Bratke. (Mineraloel-Techn. **6.** Nr. 17. 1—14. Sept. 1961. Hannover, Inst. für Erdölforsch.) (Dt.)

Nach Diskussion verschiedener Streifentestgeräte wird eine neue App. beschrieben, bei der das Öl auf eine 250° heiße rotierende Prüfscheibe aus Stahlblech VII St 23 getropft wird, wo es in dünner homogener Schicht verteilt u. radial abgeschleudert wird. Es werden jeweils 0,5 Liter Öl bei 266 U/min 9 Std. lang eingesetzt, wobei ein radiales Anwachsen der Ablagerungen beobachtet wird. Die Prüfatmosphäre kann variiert werden. Als Beispiel wird ein Regular-Motorenöl SAE 30 mit Additivs nach MIL-L-

2104 A u. nach dem Supplement-1-Niveau verwendet. Die Gew.-Zunahme geht parallel mit der Punktbewertung von 50-Std.-Läufen im MWM KD 12 E-Prüfmotor. Daneben werden Farbe u. Art der Ablagerungen visuell bewertet. O. HENNING. 8258□

Über vergleichende FZG-Ölteste unter Einschluß von oberflächenbehandelten Rädern. Harald Benz. (Mineraloel-Techn. **6**. Nr. 18/19. 1—29. Okt. 1961. Hamburg.) (Dt.)
Mit dem Zahnradprüfstand nach NIEMANN, dessen Zahnradprüfsätze im gebonderten (= Mn-phosphatierten) u. nichtgebonderten Zustand eingesetzt werden, werden Unterss. an hoch-, mittel- u. schwachlegiertem Hypoid-Getriebeöl durchgeführt. Die Ergebnisse werden verglichen mit dem Verh. der Öle im TANNERT-Gleitindicator u. in der ALMEN-WIELAND-Maschine. Durch Bonderung geht die Aussage über die Gew.-Verluste der Zahnräder verloren. Die abgeriebenen Bonderschichten (Mikrohärte 130 kg/mm^2) führen zu Kratzern auf den Zahnflankenoberflächen. O. HENNING. 8258□

Gulf Research & Development Co., übert. von: John K. Rogers und Joseph Tracht, Pittsburgh, Pa., V.St.A., **Entfernung korrodierender Flüssigkeiten aus Gasquellen** durch Behandlung des Gemisches von fl. u. gasförmigen KW-Stoffen, sauren Verbb. u. Wasserdampf mit einer Lsg. eines wasserlösl. aliphat. Amins u. eines 2wertigen Alkohols mit 2—7 C-Atomen u. Trennung des Behandlungs-Prod. in gasförmige Bestandteile, KW-Stoffe u. Wasch-Lsg.; letztere wird nach Austreiben der sauren Verbb. u. von W. durch Erhitzen in den Prozeß zurückgegeben. — Schemat. Zeichnung. (**Can. P. 553 857** vom 31/5. 1954, ausg. 4/3. 1958.) L. GROSSNER. 8187

Esso Research and Engineering Co., Elizabeth, übert. von: John G. Dunlap, Fanwood, Carl L. Palmer, Cranford, und Ralph Seferian, Roselle, N.J., V.St.A., **Raffinationsverfahren.** Crack-Petroleum (I) vom Motorenbenzinsiedebereich, bes. gecracktes Schwerbenzin, Kp. 275—430° F, u. ein solches der Heizölfraktion (II), Kp. 400—650° F, werden getrennt einer mäßigen Hydroraffination unterworfen, I an Co-Molybdat/Al_2O_3, II an Mo-Oxid/Al_2O_3, fl. u. gasförmige Rk.-Prodd. werden getrennt gesammelt, die gasförmigen Rk.-Prodd. vereinigt, von H_2S gereinigt u. in die Raffinierzone zurückgegeben. — Verf.-Schema. (**Can. P. 553 334** vom 15/7. 1954, ausg. 18/2. 1958. A. Prior. 19/8. 1953.) L. GROSSNER. 8195

Standard Oil Co., Chicago, Ill., übert. von: Willard S. Higley, Wilford J. Zimmerschied, Whiting, und Arthur P. Lien, Hammond, Ind., V.St.A., **Entfernung von Inhibitoren der Harnstoffaddukt-Bildung.** Aromat. u. heteropolycycl. S-Verbb. in Gasölfraktionen werden durch Behandlung mit einem festen Adsorptionsmittel u. einer starken Mineralsäure mit einer stärkeren Acidität als 90%ig. wss. H_2SO_4 entfernt. — Verf.-Schema. (**Can. P. 553 100** vom 20/7. 1950, ausg. 11/2. 1958. A. Prior. 30/9. 1949.) L. GROSSNER. 8195

Socony Mobil Co., Inc., übert. von: Lowell R. Buckner jun., Wenonah, N.J., V.St.A., **Umwandlung von hochsiedenden Kohlenwasserstoffen in niedrigersiedende Kohlenwasserstoffe** in Ggw. eines Fließbettes. Die Kontaktteilchen (I) u. die KW-Stoffe werden dem Kontaktbett zugeführt, u. zwar I dem oberen Teil des Fließbettes. Die Feststoffe fließen als Ring nach unten, wobei der Außenradius etwas kleiner als der Radius des Fließbettes ist, während der Innenradius des Ringes größer als 0,7 (R-W), aber kleiner als 0,9 (R-W) ist, worin R der Radius des Feststoffbettes u. W des ringförmigen Feststoffstroms bedeuten. — Vorr., Zeichnungen. (**A. P. 2 956 010** vom 5/6. 1958, ausg. 11/10. 1960.) E. KAHLES. 8197

Shell Development Co., New York, N.Y., übert. von: John H. Raley, Walnut Creek, und Richard D. Mullineaux, Oakland, Calif., V.St.A., **Konversion von Kohlenwasserstoffen** mit einer Kettenlänge von mindestens 4 C-Atomen, wobei die Zahl der C-Atome in der Kette u. die der quart. C-Atome in der Kette zusammen mindestens 6 ist u. die längste Kette nicht mehr als 5 benachbarte nicht-quart. C-Atome aufweist, bes. 2.2.4-Trimethylpentan u. 2.2.4-Trimethylpenten-(1), durch relativ kurzzeitiges Erhitzen von 1 (Mol) KW-Stoff mit 0,1 J_2 auf mindestens 300°. (**Can. P. 553 094** vom 29/11. 1955, ausg. 11/2. 1958. A. Prior. 18/2. 1955.) L. GROSSNER. 8201

Imperial Chemical Industries Ltd., London (Erfinder: Thomas James Perret Pearce, Norton-on-Tees, Durham), England, **Dampf-Reformierungs-Verfahren für Kohlenwasserstoffe,** dad. gek., daß in dem reagierenden KW-Stoff oder KW-Stoff-Gemisch eine S-haltige Verunreinigung oder Verunreinigungen in einer Gesamt-Konz. von 0,0001—0,001 (Gew.-%), bes. 0,0001—0,0005 S vorhanden sind. (**D. A. S. 1 123 074** Kl. 26a vom 24/8. 1960, ausg. 1/2. 1962. E. Prior. 27/8. 1959 u. 21/7. 1960.) E. KAHLES. 8201

Shell Development Co., Emeryville, übert. von: Oliver Johnson, Berkeley, und Kenzie Nozaki, El Cerrito, Calif., V.St.A., **Herstellung von Katalysatoren** für die Umwandlung von Methylcyclopentan in *Bzl.* mit einem Geh. von 0,2—1% Pt u. <0,1% Cl durch Imprägnieren von chloridfreiem Al_2O_3-Trägermaterial mit einer halogenfreien Tetramminplatin-Lsg., Trocknung u. Reduktion. (**Can. P. 552 807** vom 14/7. 1952, ausg. 4/2. 1958. A. Prior. 20/8. 1951.) EBERHARD RIEDEL. 8203

Esso Research and Engineering Co., Elizabeth, übert. von: Maurice W. Mayer, Summit, N.J., V.St.A., **Verkokung hochsiedender Rohöle** durch Trennung in eine KW-Stoff-Fraktion, eine Benzinfraktion (**A**) u. ein Rückstandsöl (**B**), katalyt. Cracken der **A** unter Bldg. einer KW-Stoff-Fraktion u. einer hochsd. Ölfraktion, die im Verhältnis 0,5—1,5 mit 1 Teil **B** gemischt wird. Dieses Gemisch wird einer Pyrolyse bei 900—950° F unterworfen unter Bldg. eines KW-Stoff-Gemisches u. einer höhersd. Fraktion, die **A** beigemischt wird. — Schemat. Zeichnungen. (**Can. P. 552 658** vom 22/11. 1954, ausg. 4/2. 1958. A. Prior. 1/2. 1954.) EBERHARD RIEDEL. 8217

Esso Research and Engineering Co., Elizabeth, N.J., V.St.A. (Erfinder: Victor C. E. Burnop, Church Croft, West Challow, Berkshire, England), **Schmieröl**, gek. durch einen geringen Geh. an chlorierten Dithiophosphaten der allg. Formel I, in der R^1 einen Alkylrest mit 2—24 C-Atomen u. R^2 einen Alkylrest mit 2—24 C-Atomen darstellt, bei dem ein oder mehrere der H-Atome durch Cl-Atome ersetzt sind u. M Zn oder Cd ist, oder deren Komplex-Verbb. mit prim., sek. oder tert. aliphat. Aminen. — Beispiele für I: Zn-Chloräthyloctyl-, -Chloräthylketostearyldithiophosphat. (**D. A. S. 1 119 441** Kl. 23c vom 26/11. 1959, ausg. 14/12. 1961. E. Prior. 22/1. 1959.) E. DREWS. 8221

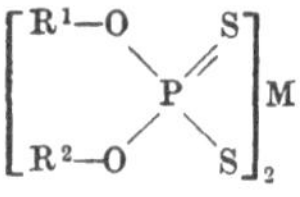
I

Texaco Development Corp., New York, N.Y., V.St.A., **Schmieröl** auf Polyesterbasis mit Zusätzen von Fettstoffen, die mindestens 70% Dimere von C_{12-22}-Fettsäuren enthalten. Weiterer Zusatz von Antioxydantien, z. B. Phenothiazin (I), Disalicyliden-1.2-diaminopropan (II). — Beispiel: 79,4 (Gew.-%) Sebacinsäure-bis-[2-äthylhexylester] (**III**), 18 Mischpolymerisat aus Methacrylsäure-, -lauryl- u. -stearylester (1:1) als 50%ig. Konzentrat in **III**, 2 Bis-[o-chlorphenyl]-phenylphosphat, 0,5 **I**, 0,1 **II**, 0,1 „Empol 1022" (dimere Säure C_{36}, SZ. 185, VZ. 190). (**E. P. 828 956** vom 25/6. 1957, ausg. 24/2. 1960. A. Prior. 25/6. 1956.) E. DREWS. 8221

Sun Oil Co., Philadelphia, Pa., übert. von: Earl M. Honeycutt, Claymont, Del., und Curtiss C. Wallin, Springfield, Pa., V.St.A., **Abtrennung von Naphthensäuren** aus schweren Schmierölen durch Behandeln im Kreislauf im Gegenstrom bei vermindertem Druck mit Alkalihydroxid bei 600—700 °F in einem Rk.-Turm, aus dessen unterer Kontaktzone ein Gemisch aus 60—95 (Teilen) Mineralöl, 3—30 Alkalinaphthenaten u. 0,2—10 Alkalihydroxid abgezogen wird, wovon ein Teil zusammen mit frischem Alkalihydroxid in die obere Rk.-Zone des Turms eingeführt wird. — Schemat. Zeichung. (**Can. P. 552 431** vom 15/10. 1953, ausg. 28/1. 1958. A. Prior. 17/10. 1952 u. 17/9. 1953.) EBERHARD RIEDEL. 8221

Esso Research and Engineering Co., Elizabeth, N.J., übert. von: Robert H. Jones, Irvington-on-Hudson, N.Y., und Max W. Hill, Somerville, N.J., V.St.A., **Oberflächenaktiver Mineralöl-Zusatz** wird erhalten durch Rk. eines P-Sulfids, bes. P_2S_5, mit einem KW-Stoff, bes. einem Schmieröl, Neutralisieren des Rk.-Prod. mit einem Überschuß der wss. Lsg. eines Salzes von Basen der allg. Formel $R'_2N \cdot C(:NR) \cdot NR''_2$ (R, R' u. R'' = H oder KW-Stoff-Reste mit 1—20 C-Atomen), bes. Guanidincarbonat, u. Erhitzen des Rk.-Gemisches während 0,5—3,5 Std. auf 100—400°, wobei mindestens 0,5% W. in dem erhaltenen Prod. verbleiben. (**Can. P. 553 168** vom 22/10. 1951, ausg. 11/2. 1958. A. Prior. 17/4. 1951.) L. GROSSNER. 8221

Esso Research and Engineering Co., Elizabeth, N.J., V.St.A., **Zusätze zu Schmier- und Brennstofffölen** sind Mischpolymerisate aus Maleinsäureanhydrid, Dialkylestern von α.β-ungesätt. Dicarbonsäuren (Alkylreste C_{8-20}) u. Vinylestern von C_{1-3}-Monocarbonsäuren. — Beispiel: Polymerisat aus 75,2 (Gew.-%) Laurylfumarat, 18,8 Vinylacetat, 4 Maleinsäureanhydrid, hergestellt in Ggw. von 2 Laurylalkohol. (**Holl. P. 97 763** vom 30/7. 1958, ausg. 17/4. 1961.) E. DREWS. 8221

Ethyl Corp., New York, N.Y., übert. von: Glenn E. Irish, Detroit, Mich., V.St.A., **Schmieröl** auf KW-Stoff-Basis, gek. durch einen Zusatz von 0,0001—1% B als fl. Bisalkylenpyroborat der allg. Formel I, in der R ein C_{2-6}-Alkylrest ist u. I insgesamt 2—20 C-Atome enthält. — Beispiel für I: Bis-[2-methylpentylen-(2.4)]-pyroborat. (**A. P. 2 931 774** vom 3/5. 1956, ausg. 5/4. 1960.) E. DREWS. 8221

I

„Shell" Research Ltd., London, England (Erfinder: Robert James Morris, Charles Norman Thompson und Arthur Donald Shellard), **Mineralschmieröle** enthalten zur Vermeidung von Abscheidungen auf Maschinenteilen öllösl. polycycl. Sulfoxide oder Sulfone vom Molgew. > 2000, die von Thiophenen abgeleitet sind. — Beispiel: Tetrahydrodibenzthiophen-5-monoxid, $C_{12}H_{12}SO$, Molgew. 204. Zusatzmenge 1—3 Gewichtsprozent. (**E. P. 837 725** vom 15/7. 1958, ausg. 15/6. 1960.)
E. DREWS. 8221

Socony Mobil Oil Co., Inc., New York, N.Y., V.St.A., **Schmier- und Heizöle** enthalten zur Verhinderung von Schlamm- u. Lackabscheidungen Ba-Komplexsalze (I) von Sulfonsäuren. Die Herst. von I erfolgt durch Einleiten von CO_2 in eine Lsg. eines bas. Ba-Sulfonates der allg. Formel **II** (R = C_{8-24}-Alkyl, A = Benzol- oder Naphthalinring, n = 1—5) bei 150° u. Rk. mit $BaOH(OCH_3)$ bei 65°. Zusatzmenge 0,5—30 (Gew.-%) für Schmieröle, 0,003—0,06 für Heizöle. (**E. P. 844 335** vom 1/4. 1958, ausg. 10/8. 1960. A. Prior. 10/6. 1957.) E. DREWS. 8221

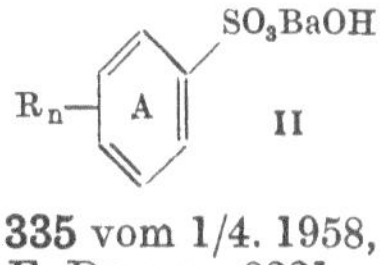

II

Texaco, Inc., Del., übert. von: Raymond B. Tierney, Wappingers Falls, N.Y., V.St.A., **Schmieröle.** Zur Stabilisierung gegen Zers. bei hohen Temp. werden zu Schmierölen auf der Basis von Diestern (I) von aliphat. C_{4-12}-Dicarbonsäuren mit prim. aliphat. C_{4-30}-Alkoholen Diester (II) von aliphat. C_{1-10}-Alkoholen mit dimeren äthylen. C_{12-22}-Monocarbonsäuren zugegeben. Weiterer Zusatz von Polymethacrylaten (III) (Molgew. 5000—20000) u. Antioxydantien, z. B. Phenothiazin (IV). — Die Öle bestehen z. B. aus 60 (Gew.-%) I, 1—40 II, 1—20 III, 0,5 IV. (**A. P. 2 922 763** vom 28/9. 1956, ausg. 26/1. 1960. **E. P. 847 399** vom 20/9. 1957, ausg. 7/9. 1960. A. Prior. 28/9. 1956.) E. DREWS. 8221

Texaco, Inc., Del., übert. von: Herbert J. Pitman, Groves, Tex., V.St.A., **Metallbearbeitungsmittel** auf der Basis von Emulsionen aus 1 (Teil) lösl. Ölen in 5—100 W. enthalten zur Verhinderung des Bakterienwachstums 100—1000 ppm 3.5-Dialkyltetrahydro-1.3.5-2H-thiadiazinthion-(2) (C_{1-4}-Alkyl). (**A. P. 2 954 343** vom 6/12. 1957, ausg. 27/9. 1960.) E. DREWS. 8221

Esso Research and Engineering Co., Del., übert. von: Rosemary O'Halloran, Union, N.J., V.St.A., **Faserige Schmierfette,** die gegen sd. W. beständig sind, bestehen aus Schmierölbasen, die mit 5—40 Gew.-% Li-Ca-Seifengemischen verdickt sind. Die Säuren der Li-Seifen (C_{12-30}-Fettsäuren) haben eine JZ. < 40, die der Ca-Seifen (C_{12-30}-Fettsäuren) eine JZ. 75—150. Das Mol-Verhältnis Li-/Ca-Seifen ist 2 : 1—8 : 1, die JZ. der Gesamtsäuren 30—50. (**A. P. 2 929 780** vom 1/9. 1955, ausg. 22/3. 1960.) E. DREWS. 8223

Texaco, Inc., Del., übert. von: Joseph F. Lyons, Poughkeepsie, und Norman R. Odell, Fishkill, N.Y., V.St.A., **Schmierfette** auf Mineralölbasis enthalten als Verdicker eine feinverteilte Alizarin-Dispersion, die durch Kochen einer wss. Lsg. aus Alizarin (I) u. $Al(OH)_3$ im Mol-Verhältnis 1 : 2—1 : 12 unter Zusatz von 0,5 Mol wasserlösl. Ca-Salz pro Mol I zu erhalten ist. (**A. P. 2 936 285** vom 25/11. 1957, ausg. 10/5. 1960.) E. DREWS. 8223

Texaco Development Corp., Wilmington, Del., übert. von: Terence B. Jordan, John P. Dilworth, Fishkill, und James R. Roach, Beacon, N.Y., V.St.A., **Schmierfette** von hohem Tropfpunkt enthalten ein fl. Schmieröl, ein Li-Salz einer aliphat. Hydroxyfettsäure mit 12—24 C-Atomen, bes. 12-Hydroxystearinsäure, oder Li-Myristat, LiOH in molaren Überschuß von 0,15—5% (bezogen auf die Fettsäure) u. 0,5—5% eines Tri-C_1–C_{15}-Alkylphosphats, bes. Triamylphosphat. (**Can. P. 553 217** vom 12/7. 1955, ausg. 11/2. 1958. A. Prior. 15/10. 1954.) L. GROSSNER. 8223

California Research Corp., San Francisco, übert. von: Richard L. Ferm, El Cerrito, Calif., V.St.A., **Schmiermittel** auf der Basis einer W.-in-Öl-Emulsion, bestehend aus 40—98 (Gew.-%) Mineralschmieröl, 2—60 W., 4—8 wasserlösl. Ca-Salz einer C_{1-4} Fettsäure, 1,5—2,5 öllösl. Ca-Petroleumsulfonat (I) u. 1,5—2,5 öllösl. sulfuriertem Ca-Alkylphenolat (II), dessen Alkylreste von Polypropylenen bis zu 12 C-Atomen stammen. Das Mol-Verhältnis I : II beträgt 0,75—1,25. (**A. P. 2 975 132** vom 18/6. 1956, ausg. 14/3. 1961.) E. DREWS. 8223

Esso Research and Engineering Co., Del., übert. von: Arnold J. Morway, Clark, N.J., und Earl W. Ball, New Rochelle, N.Y., V.St.A., **Viscose Hochdruck-Getriebeschmiermittel** bestehen aus 65—82 (Gew.-%) viscosem, nichtasphalten. Mineralschmieröl (Viscosität 12000—15000 S.U.S/210°), 10—30 leichtem Mineralschmieröl (Viscosität 40—90 S.U.S/210°) u. 5—20 wasserfreiem Seife–Salz-Komplex von hoch- u. niedrigmol. Na-Seifen. (**A. P. 2 937 144** vom 20/2. 1956, ausg. 17/5. 1960.)
E. DREWS. 8223

Sinclair Refining Co., New York, N.Y., übert. von: Amos Dorinson, Homewood, Ill., V.St.A., **Hochdruckschmiermittel** enthalten in einem Mineralschmieröl ca. 5—35% eines öllösl. sulfochlorierten Esters (I) oder eines sulfurierten Esters (II) der Chlorendensäure. Die Herst. von I erfolgt aus 0,5—2 (Mol) Sulfochlorid auf 1 Ester, die Herst. von II aus 0,5—4 (Grammatom) S auf 1 Mol Ester, wobei die Esterreste ungesätt. C_{3-20}-Alkylreste sind. (**A. PP. 2 938 870** vom 3/8. 1956, ausg. 31/5. 1960 u. **2 969 326** vom 3/8. 1956, ausg. 24/1. 1961.) E. DREWS. 8223

British Petroleum Co. Ltd., London (Erfinder: Samuel Richard Pethrick und Thomas Ronald Welch, Sunbury-on-Thames, Middlesex), England, **Bewegliches Schmiermittel zur Zylinderschmierung von Verbrennungskraftmaschinen, die mit einem hohen Anteil an sauren Verbrennungsprodukten bildenden Treibstoff betrieben werden.** Sie enthalten bis 40 (Gew.-%) einer polymeren Polyoxyaluminiumacylat-Verb. der allg. Formel $(OAlOOCR)_n$ (I) (n = > 1, R = gesätt. oder ungesätt. C_{6-30}-Alkyl- oder Arylrest) u. geringe Mengen Cetylalkohol (II). — Beispiel: 85 Mineralschmieröl, 2 II, 13 I, hergestellt aus 1 (Mol-Teil) Al-Isopropylat u. 2 Ölsäure bei 300°, in welcher R der Ölsäurerest ist. (**D. A. S. 1 120 050** Kl. 23c vom 6/10. 1960, ausg. 21/12. 1961. E. Prior. 14/10. 1959.) E. DREWS. 8223

Magus Akt.-Ges., Zürich (Erfinder: Ernst Gfeller, Glattbrugg), Schweiz, **Trockenschmiermittel,** dad. gek., daß es 15—25 (Gew.-Teile) Kunstharz u. 75—85 eines festen Schmierstoffes (I) im Gemisch enthält. — Beispiele für I: Metallsulfid, z. B. Molybdändisulfid, Graphit. Weiterer Zusatz von Metallpulver als Wärme- u. Elektrizitätsleiter. (**Schwz. P. 352 440** vom 1/4. 1957, ausg. 14/4. 1961.) E. DREWS. 8223

California Research Corp., San Francisco, Calif., V.St.A., **Schmierfettverdicker** für Fette auf Mineral-, Synthese- oder Siliconölbasis sind Terephthaldiamide der allg. Formel I, in der R_1 u. R_2 KW-Stoff-Reste sind, welche mit dem N-Atom, an das sie gebunden sind, eine N–C-Bindung bilden u. worin der Bzl.-Ring durch Alkylreste (C_{1-8}) substituiert sein kann. — Beispiel für I: N-Tetradecyl-N'-phenylterephthaldiamid. (**E. P. 859 218** vom 29/8. 1957, ausg. 18/1. 1961. A. Prior. 30/8. 1956.) E. DREWS. 8223

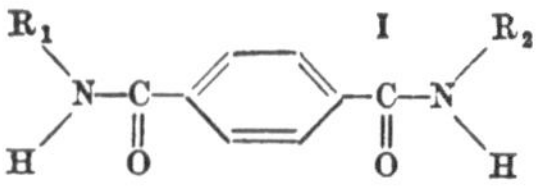

Sun Oil Co., Philadelphia, übert. von: **Charles C. Kline**, Wallingford, und **Hugh L. Myers**, Springfield, Pa., V.St.A., *Raffinierung von Kohlenwasserstoffen.* (**Can. P. 552 432** vom 8/7. 1955, ausg. 28/1. 1958. A. Prior. 8/12. 1954. — C. **1957.** 14180 [A. P. 2 773 806].)

Sun Oil Co., Philadelphia, übert. von: **James L. Jezl**, Swarthmore, Pa., V.St.A., *Aufarbeitung von Alkalilösungen aus der Erdölraffinierung.* (**Can. P. 552 433** vom 19/11. 1955, ausg. 28/1. 1958. A. Prior. 9/5. 1955. — C. **1959.** 2663 [A. P. 2 794 769].)

Socony Mobil Oil Co., Inc., V.St.A. (Erfinder: **Eric Victor Bergstrom** und **Edward Rudolph Sorf**), *Regenerieren von Kontaktmaterial.* (**F. P. 1 167 528** vom 21/9. 1955, ausg. 26/11. 1958. A. Prior. 24/9. 1954. — C. **1959.** 13043 [E. P. 784 894].)

Esso Research and Engineering Co., V.St.A. (Erfinder: **Walter A. Rex**), *Hydroformieren von Kohlenwasserstoffen.* (**F. P. 1 169 566** vom 21/8. 1956, ausg. 31/12. 1958. A. Prior. 26/8. 1955. — C. **1959.** 351 [D. A. S. 1 026 726].)

Ernst Drouven, Torri del Benaco, Verona, Italien, *Erhöhung des Nutzeffektes von Brennstoffen.* (**Can. P. 552 499** vom 6/7. 1954, ausg. 4/2. 1958. D. Prior. 10/7. 1953 u. 1/6. 1954. — C. **1958.** 1744 [F. P. 1 103 895].)

Esso Research and Engineering Co., Elizabeth, übert. von: **Daniel S. Borey**, Cranford, N.J., V.St.A., *Verkokung von Kohlenwasserstoffen.* (**Can. P. 552 655** vom 8/7. 1954, ausg. 4/2. 1958. A. Prior. 21/9. 1953. — C. **1957.** 6635 [E. P. 756 265].)

Esso Research and Engineering Co., Elizabeth, N.J., übert. von: **Jesse W. Davis**, Zachary, **Robert W. Krebs** und **Roger W. Richardson**, Baton Rouge, La., V.St.A., *Verkokung von Kohlenwasserstoffen.* (**Can. P. 552 656** vom 15/9. 1954, ausg. 4/2. 1958. A. Prior. 25/11. 1953. — C. **1957.** 4863 [E. P. 754 690].)

Esso Research and Engineering Co., Elizabeth, N.J., übert. von: **John F. Moser jun.**, Baton Rouge, La., V.St.A., *Verkoken von Rückstandsölen.* (**Can. P. 552 657** vom 15/9. 1954, ausg. 4/2. 1958. A. Prior. 25/11. 1953. — C. **1957.** 3701 [E. P. 746 813].)

Farbwerke Hoechst Akt.-Ges., vormals Meister Lucius & Brüning, übert. von: **Hans-Helmut Frey** und **Karl-Heinz Kahrs**, Frankfurt/M., *Herstellung von Chlorfluorkohlenwasserstoffe enthaltenden Ölen oder Wachsen.* (**A. P. 2 969 403** vom 7/9. 1955, ausg. 24/1. 1961. D. Prior. 28/12. 1953. — C. **1957.** 13526 [D. A. S. 1 008 280].)

C. C. Wakefield & Co. Ltd., übert. von: **John S. Elliott** und **Eric D. Edwards**, London, England, *Schmieröle.* (**Can. P. 553 430** vom 12/5. 1955, ausg. 18/2. 1958. E. Prior. 17/5. 1954. — C. **1960.** 1047 [Aust. P. 205 862].)

Continental Oil Co., übert. von: **Edwin R. Baker** und **Marion L. Sharrah**, Ponca City, Okla., V.St.A., *Schmieröl-Modifikator.* (**Can. P. 552 976** vom 2/6. 1955, ausg. 11/2. 1958. — C. **1959.** 11451 [A. P. 2 773 915].)

Esso Research and Engineering Co., Elizabeth, übert. von: **Alfred H. Matuszak**, Westfield, und **William E. McTurk**, Elizabeth, N.J., V.St.A., *Synthetische Schmiermittel.* (**Can. P. 553 809** vom 2/9. 1952, ausg. 4/3. 1958. A. Prior. 19/12. 1951. — C. **1957.** 835 [E. P. 736 977].)

Esso Research and Engineering Co., V.St.A. (Erfinder: **John O. Smith jun.** und **John F. Kunc jun.**), *Zusatzmittel für Schmiermittel.* (**F. P. 1 158 893** vom 27/9. 1956, ausg. 20/6. 1958. A. Prior. 28/9. 1955. — C. **1961.** 9656 [A. P. 2 929 828].)

XX. Schieß- und Sprengstoffe. Zündmittel

Ein integriertes Rechenprogramm zur Leistungsanalyse eines Raketentreibstoffes. Stanley F. Sarner und John F. Dollries. (ARS Journal **31.** 257—58. Febr. 1961. Cincinnati, Ohio, General Electric Co., Flight Propulsion Labor.) (Engl.)

Mit nur wenigen Angaben über die elementare Zus. der Treibsätze u. deren Enthalpien, Dichten u. Gew.-Verhältnisse in Verbindung mit den Arbeitsdrucken u. einigen Annahmen über den Expansionsvorgang erlaubt das Programm die Berechnung der Gleichgewichts-Zus. der Verbrennungs-Prodd. u. der thermodanym. Eigg. in der Brennkammer u. der Düse, sowie der verschiedensten Raketenparameter wie spezif. Impuls, Dichteimpuls, Abschuß-Geschw., Schub-Koeff. usw. Das Programm wird für die Digitalrechenmaschinen IBM 704 u. IBM 7090 aufgestellt. H. PFÖRTNER. 8290□

Expansion der Flüssigsauerstoff/RP 1-Verbrennungsprodukte in einer Raketendüse. Frederick S. Simmons. (ARS Journal **30.** 193—94. Febr. 1960. Canoga Park, Calif., North Amer. Aviation, Inc.; Rocketdyne Div.) (Engl.)

Mit Hilfe der Zweiweg-Meth. werden für verschiedene fl. O_2/RP 1-Brennstoff-Gemische die Gas-Temp. am Düsenausgang eines Raketenmotors gemessen u. mit den theoret. Werten verglichen. Für die theoret. Berechnungen werden die üblichen vereinfachenden Annahmen zugrunde gelegt: Am Düseneingang müssen die Stoffe vollständig durchreagiert haben. Die Expansion soll eindimensional isentrop. verlaufen mit einer chem. Zus., die auf den Brennkammergleichgewichtswert „eingefroren“ ist, oder mit einer Gleichgewichts-Zus. entsprechend den Temp.- u. Druckverhältnissen in der Düse, was gleichbedeutend mit den Grenzwerten der Rekombinations-Geschw. dissoziierter Stoffe ist. Die Ergebnisse zeigen, daß die beobachteten Werte recht gut mit dem „eingefrorenen Zustand“ übereinstimmen. H. PFÖRTNER. 8292□

Thermodynamische Berechnungen von Wasserstoff-Sauerstoff-Detonationsparametern für verschiedene Anfangsdrucke. Loren E. Bollinger und Rudolph Edse. (ARS Journal **31.** 251—56. Febr. 1961. Columbus, Ohio, Ohio State Univ.) (Engl.)

Nach einer von EDSE entwickelten Meth. werden Zus., Temp., Druck u. Dichte hinter einer stabilen Detonationswelle u. deren Fortpflanzungs-Geschw. für 7 verschiedene H_2/O_2-Gemische bei 1,5, 25 u. 100 at Anfangsdruck u. einer Anfangs-Temp. von 40° mit der Annahme vollständigen thermodynam. u. chem. Gleichgewichts berechnet. Bes. Effekte wie Viscosität, Wärmeübergang durch Leitung u. Strahlung u. kinet. Phänomene werden vernachläßigt. Für stöchiometr. Zus. werden die Berechnungen auch für eine Ausgangs-Temp. von 200° durchgeführt. Es ergibt sich, daß die Detonations-Geschw. mit steigendem Anfangsdruck größer wird, dagegen jedoch abfällt, wenn die Ausgangs-Temp. von 40° auf 200° ansteigt. Die Berechnungen stimmen zufriedenstellend mit den experimentell bestimmten Werten überein. H. PFÖRTNER. 8294□

Aerojet-General Corp., Azusa, übert. von: Milton B. Frankel, Pasadena, Calif., V.St.A., **Herstellung von Polynitroestern** der allg. Formel ROOC—X—COOR' (R u. R' = niedermol. Nitroalkylreste; X = Polynitroalkylen- oder Nitrazaalkylenrest) erfolgt durch Rk. niedermol. Nitroalkanole mit entsprechenden Dicarbonsäuren in Ggw. von 100%ig. H_2SO_4 oder Oleum oder ihrer Dihalogenide in Ggw. von $AlCl_3$ (I). — Zum Beispiel wird zur Lsg. von 3,62 (g) 2.2.2-Trinitroäthanol (II) in 50 cm³ abs. Äthylendichlorid, 0,27 wasserfreies I u. 3,31 4.7-Dinitraza-1.10-decandioylchlorid gegeben, bis zu Beendigung der HCl-Entw., gekocht, das erhaltene feste Prod. mit kalter verd. HCl u. W. gewaschen u. 5,3 (85,5%) *Bis-[2.2.2-trinitroäthyl]-4.7-dinitraza-1.10-decandioat,* $C_{12}H_{16}N_{10}O_{20}$, F. 126—128° (CH_2Cl_2) erhalten. — Weitere II-*Ester* von: *4.4.6.6.8.8-Hexanitroundecan-1.11-disäure,* $C_{15}H_{16}N_{12}O_{28}$, F. 117—118° (Chlf.). — *3.6-Dinitrazaoctan-1.8-disäure,* $C_{10}H_{12}N_{10}O_{20}$, F. 195—197° (Methyläthylketon/Chlf.). — *4.4-Dinitroheptan-1.7-disäure,* $C_{11}H_{12}N_8O_{20}$, F. 170—171° (Äthylendichlorid). — *4-Nitrazaheptan-1.7-disäure,* $C_{10}H_{12}N_8O_{18}$, F. 110—111° (Chlf.). — *3-Nitrazapentan-1.5-disäure,* $C_8H_8N_8O_{18}$, F. 160—160,5° (Äthylendichlorid). — *4-Nitroheptan-1.7-disäure.* — Ferner *4.4-Dinitroheptan-1.7-disäure-* u. *4-Nitrazaheptan-1.7-disäure-bis-(2'.2'-dinitropropylester].* — *Explosivstoffe.* (**A. P. 2 978 494** vom 20/6. 1955, ausg. 4/4. 1961.)

O. MÜLLER-MEININGEN. 8305

General Tire & Rubber Co., Akron, Ohio, V.St.A. (Erfinder: Gilbert Holm Swart), **Feststoff-Raketentreibsatz** auf der Basis von anorgan. O_2-Trägern u. härtbaren, fl., organ. Bindemittel, dad. gek., daß das Bindemittel aus einem unvulkanisiertem fl. Polysulfidgummi, einer Lsg. oder Dispersion einer polymeren diolefin. Verb. mit $<$ 8 C-Atomen in einem fl. KW-Stoff mit keinem unter 100° verdampfenden Bestandteilen u. einer Lsg. oder Dispersion einer polymeren diolephin. Verb. mit $<$ 8 C-Atomen

in einem Ester eines Alkohols mit einer zweibasigen organ. Säure besteht. — Beispiel: 300 (Teile) Neopren (Polychloropren), 6 Phenyl-β-naphthylamin, 15 ZnO, 12 MgO, 0,6 Tetraäthylthiuramdisulfid, 6 Piperidinpentamethylendithiocarbamat, 450 Arosol (leichtes, aromat. Grundöl) u. 800 $KClO_4$. (**E. P. 864 749** vom 26/7. 1955, ausg. 6/4. 1961.)
A. GRADL. 8311

XXI. Leder. Gerbstoffe

Chemische Veränderungen der Haut bei langdauerndem Äscher. H. Hörmann, A. Riedel, Th. Altenschöpfer und M. Klenk. (Leder **12.** 175—80. Juli 1961. München, Univ.) (Dt.)

Die auf der Spaltung von Peptidketten u. esterartigen Quervernetzungen beruhende Umwandlung von Kollagen in Gelatine beim Äschern mit Kalk wird zeitlich bis zur Sudreife verfolgt durch Best. der Aminoendgruppen mit Fluordinitrobenzol von deren, beim Äscherprozeß ansteigenden Menge das Ketten-Gewicht abhängt (65000 bei 75% Gelatineausbeute nach 3 Monaten). Die beim Äschern abnehmenden Ester-Verbb. der Quervernetzungen werden nach Zugabe von Hydroxylamin durch Colorimetrieren der Fe-Hydroxamsäure-Verbb. bestimmt. — 36 Literaturangaben. A. BEUTHER. 8334□

Kollagenforschung unter dem Gesichtswinkel der Praxis. W. Grassmann. (Leder **12.** 165—75. Juli 1961. München, Max Planck-Inst. für Eiweiß- u. Lederforschung.) (Dt.)

In einem Überblick über den strukturellen Aufbau der Kollagenfaser werden die 3 Typen des vernetzenden Gerbmechanismus durch Hauptvalenz-, Salz- u. Komplexbindung ferner der örtliche Ablagerungsbereich des Gerbstoffes diskutiert. Zum Schluß wird über neuartige Verss. zur Herst. von Kunstleder aus Prokollagen-Lsgg. durch Wiederabscheiden von vernetzten Fibrillen berichtet. — 46 Literaturangaben.
A. BEUTHER. 8336□

Die Aufnahme pflanzlicher Gerbstoffe durch chromierte Hautsubstanz. K. H. Gustavson. (J. Amer. Leather Chemists Assoc. **56.** 465—55. Nov. 1961. Stockholm, Garverinäringens Forskningsinst.) (Engl.)

Im Zusammenhang mit einer Veröffentlichung von KANAGY (J. R. Yalca, **56.** [1961.] 252) über die Aufnahme pflanzlicher Gerbstoffe durch chromiertes Hautpulver weist Vf. darauf hin, daß die Menge der irreversibel gebundenen pflanzlichen Gerbstoffe durch Chromierung der Hautsubstanz zunimmt, während die Aufnahme der wasserlösl. nicht gerbenden Substanzen beträchtlich abnimmt. Die Verw. des KUBELKA-Faktors zur Umrechnung der Cr_2O_3-Menge in dem Cr-Gerbstoffkomplex zwecks Berechnung der fixierten pflanzlichen Gerbstoffe führt zu fehlerhaften Ergebnissen, da der gebildete Cr-Gerbstoffkomplex nach der pflanzlichen Gerbung durch die Art des Gerbstoffes, die Gerbdauer, den pH-Wert usw. deutlich beeinflußt wird. — 24 Literaturangaben. H. G. FRÖHILCH. 8336□

Die Ligninsulfonsäure und ihre Verwendung als synthetischer Gerbstoff. Béla Tóth. (Kolorisztikai Értesitő [Kolorist. Rdsch.] **3.** 238—55. Okt. 1961. Budapest, Gerbstoff-Fabrik.) (Ung.)

Die geringe Gerb-Wrkg. von *Ligninsulfonsäure* kann durch chem. Vorbehandlung (Kombination mit pflanzlichen Gerbstoffen, Cr-Kombination, Phenol-Kondens., Kunststoff-Kondens.) erhöht werden. Ungar. Handels-Prodd sind Syntanol Extra LF, Syntanol Extra OP, Syntanol Extra NS-20. — 26 Literaturhinweise. P. TOLNAY. 8336

Mitteilungen über ein neues Gerbereihilfsmittel. R. Allegrini. (Cuoio-Pelli-Mater. concianti **35.** 497—503. Dez. 1959. Milano, S.p.A. Ledoga, Labor. Ric.) (Ital.)

Als Gerbereihilfsmittel werden Monoester von organ. Polycarbonsäuren, bes. Dicarbonsäuren, empfohlen, deren freie COOH-Gruppe auch mit einem Alkalimetall oder einer organ. Base gebunden sein kann. Ein solches Prod. kommt unter der Bezeichnung „Clarplen 35“ (**I**) in den Handel. **I** ist eine durchsichtige, farblose, cremeartige, fadenziehende Paste mit 70—75% akt. Substanz. Die wss. **I**-Lsgg. haben pH 6,6—6,8 (gegen Glaselektrode), sie werden beim Ansäuern auf pH 5,8 milchig. **I** eignet sich vor allem zum Weichmachen von Ledern jeder Gerbungsart. Die Anwendungsarten werden beschrieben. R. K. MÜLLER. 8338□

Die Einwirkung von Hitze und Feuchtigkeit auf Leder. 1. Mitt. **Die Lagerung verschiedener handelsüblicher Leder bei 40° und 100% relativer Luftfeuchtigkeit.** J. H. Bowes und A. S. Raistrick. (J. Amer. Leather Chemists Assoc. **56.** 606—15. Nov. 1961. Egham, Surrey, England, Brit. Leather Manufact. Res. Assoc.) (Engl.)

30 handelsüblich gegerbte Leder (Cr-, pflanzlich-, Cr/pflanzlich- u. pflanzlich/Cr-gegerbt) wurden bei 40° bis zu 6 Monate über W. gelagert. Hierbei zeigten die Cr-Leder die geringsten Veränderungen. Die pflanzlich gegerbten Leder dunkelten merklich nach u. wurden brüchig, ohne daß jedoch die Festigkeit stärker abnahm. Die kombiniert gegerbten Leder zeigten jedoch einen Festigkeitsverlust bis zu 80%. Außerdem fiel die Schrumpfungs-Temp. um mehr als 10° ab. Orientierende Lager-Verss. bei 20° über W. bzw. bei 40° in bewegter Luft ergaben nur geringfügige Veränderungen, woraus geschlossen wird, daß die Feuchtigkeit in Verbb. mit der Wärme die Schädigung des Leders bewirkt. Ausführliche Diskussion. — 19 Literaturangaben.

H. G. FRÖHLICH. 8340□

Die Einwirkung von Hitze und Feuchtigkeit auf Leder. 2. Mitt. **Die Lagerung von pflanzlich, Cr/pflanzlich-, pflanzlich/Cr- und Chromleder bei 40 und 60° bei 100% relativer Luftfeuchtigkeit und verschiedener Lagerdauer.** A. S. Raistrick. (J. Amer. Leather Chemists Assoc. **56.** 616—31. Nov. 1961.) (Engl.) — 1. vgl. vorst. Referat.

Cr-Leder, Cr/pflanzlich-, pflanzlich/Cr- u. pflanzlich gegerbte Leder wurden in geschlossenen Kolben über W. bei 40° bis zu 72 Wochen u. bei 60° bis zu 15 Wochen gelagert. Danach wurden die Festigkeit, die Schrumpfungs-Temp., die Proteinlöslichkeit sowie der pH-Wert des wss. Auszuges bestimmt. Hierbei zeigten die bei 60° gelagerten Leder nach 5 Wochen bereits einen Festigkeitsabfall von 50%, wobei die pflanzlichen Gerbstoff enthaltenden Leder stark nachdunkelten u. nach 10—15 Wochen ihre Faserstruktur verloren. Die Cr-Leder zeigen dagegen prakt. keine Änderung des Aussehens. Die bei 40° durchgeführten Verss. ergaben für die Cr- u. pflanzlich gegerbten Leder nur geringe Veränderungen, während die kombiniert gegerbten Leder innerhalb 72 Wochen einen Festigkeitsabfall $>$ 80% aufwiesen. Der starke Festigkeitsabfall der kombiniert gegerbten Leder wird auf eine Hydrolyse der Peptidbindungen sowie eine Deaminierung von Aminosäuren während der Lagerung zurückgeführt. Der Verlust der Mol.-Struktur der Leder bei der Lagerung bei 60° scheint auf einem teilweisen Übergang des Kollagens in Gelatine zu beruhen. Ausführliche Diskussion. — 14 Literat angaben.

H. G. FRÖHL CH. 8340□

Die Einwirkung von Hitze und Feuchtigkeit auf Leder. 3. Mitt. **Der Einfluß des pH-Wertes auf die Zerstörung von vegetabilischem, chrom-, chromnachgegerbtem und chromvorgegerbtem Leder.** J. H. Bowes und A. S. Raistrick. (J. Amer. Leather Chemists Assoc. **56.** 632—44. Nov. 1961.) (Engl.) — 2. vgl. vorst. Referat.

Cr- u. vegetabil. Leder, sowie Cr/vegetabil. u. vegetabil./Cr-gegerbte Leder wurden auf 12 verschiedene pH-Werte zwischen 2 u. 9 eingestellt u. während 15 Wochen über W. bei 40° gelagert. Die erhaltenen Ergebnisse zeigen für alle pflanzlichen Gerbstoffe enthaltenden Leder mit zunehmendem pH-Wert zunehmende Nachdunklung sowie Brüchigwerden. Cr-Leder wurde dagegen prakt. nicht im Aussehen beeinflußt. Die Festigkeit der gelagerten Leder zeigte eine deutliche pH-Abhängigkeit. So fällt die Festigkeit des pflanzlich nachgegerbten Cr-Leders von pH 8 beginnend zunächst langsam ab, um bei pH-Werten $<$ 4 stark abzufallen. Beim Cr-Leder beginnt der Festigkeitsabfall ebenfalls bei pH $<$ 4, während er bei dem vegetabil. Leder wie auch dem Cr-nachgegerbten vegetabil. Leder bei pH $<$ 3 deutlich in Erscheinung tritt. — 8 Literaturangaben.

H. G. FRÖHLICH. 8340□

Tragfähigkeit und Abriebeigenschaften von Sohlleder. R. G. Mitton, M. Millar und F. R. Morgan. (J. Amer. Leather Chemists Assoc. **56.** 486—501. Sept. 1961. Egham, Surrey/England, Brit. Leather Manufact. Res. Assoc.) (Engl.) — Vgl. C. **1962.** 1092.

Vergleichende Unterss. über die Tragfähigkeit u. den im Labor. bestimmten Naß- u. Trockenabrieb rein vegetabil. u. teilweise imprägnierter Croupon wurden statist. ausgewertet. Hierbei wurde gefunden, daß 93% der Crouponfläche ungefähr die gleiche Haltbarkeit mit nur 10% Abweichung von der mittleren Haltbarkeit der ganzen Crouponfläche aufweist. Der Korrelations-Koeff. zwischen den Trag-Verss. u. dem Naßabrieb lag bei ca. 0,83 u. kann als sehr gut bezeichnet werden. H. G. FRÖHLICH. 8340□

Die Bestimmung von Chrom im Leder. Franz Specht und Paul von Fragstein. (Leder **12.** 181—83. Juli 1961. Leverkusen, Farbenfabriken Bayer A.-G., anorgan.-analyt. Labor.) (Dt.)

Best. von Chrom im Leder durch Na_2O_2-Schmelze der Lederasche, Nachoxydieren der wss., verkochten Schmelz-Lsg. mit $(NH_4)_2S_2O_8$ u. H_2SO_4 u. Titrieren des Cr^{6+} mit $FeSO_4$-Lsg.; dieses Best.-Art wird der Perchlorsäure-Meth. vorgezogen.

A. BEUTHER. 8368□

American Cyanamid Co., New York, N.Y., übert. von: Daniel E. Nagy, Stamford, Conn., V.St.A., **Gerben von Leder.** Man tränkt die Haut mit einem Mineralgerbmittel im sauren Bereich u. neutralisiert mit einem Alkalicyanat. — Zum Beispiel gerbt man „Tanolin R" (Cr-Sulfathydrat) u. gibt K-Cyanat bis zur Einstellung von pH 3,95 zu. (**A. P. 2 970 031** vom 31/8. 1955, ausg. 31/1. 1961.) E. DREWS. 8337

Koppers Co., Inc., übert. von: Douglas K. Severn, Norwich, Conn., V.St.A., **Nachgerben von mineralisch gegerbtem Leder** zur Erhöhung der Schrumpf-Temp. des Leders. Zum Beispiel wird chromgegerbtes Spaltleder nach dem Einweichen in W. in der Trommel bei 130—140° mit ca. 2—5% (bezogen auf Leder) Resorcin behandelt, worauf 1,5—3,0 Mol CH_2O auf 1 Mol Resorcin zugefügt werden u. der pH-Wert auf 6,0—7,5, bes. 6,5—7,5, mittels Alkalien (Na_2CO_3, K_2CO_3, $NaHCO_3$, MgO) eingestellt wird. Die Trommelbehandlung wird bis zum Verbrauch des verwendeten Resorcins u. CH_2O durchgeführt. (**A. P. 2 840 445** vom 9/6. 1954, ausg. 24/6. 1958.) W. GRÄGER. 8337

United Shoe Machinery Corp., Flemington, N.J., übert. von: Raymond P. Hofferbert, Beverly, John P. Szumski, Salem, und William L. D. McKay, Marblehead, Mass., V.St.A., **Schutzüberzug für Leder,** bes. auf chromnachgegerbtem Spaltleder für Schuhzeug. Man erhält ggf. nach Aufbringen einer Lsg. von Polyäthylen (**I**) in einem flüchtigen organ. Lsgm. u. Verdampfen des Lsgm. eine dünne Folie aus **I** mit Molgew. von 18000 bis 30000, erwärmt diese bis 5—15° $<$ des F. des **I** u. erwärmt darauf in einer Druckpresse auf ca. 50° $>$ der F. des **I**, jedoch nicht länger als **4** Min., wodurch der **I**-Film mit dem Leder innig verbunden wird. Nach dem Abkühlen wird das Leder angefeuchtet, in die gewünschte Form gebracht u. getrocknet. — Vorrichtung. (**A. P. 2 823 157** vom 21/1. 1953, ausg. 11/2. 1958.) W. GRÄGER. 8339

General Electric Co. (Erfinder: Edgar Dan Brown jun.), Schenectady, N.Y., V.St.A., **Lederimprägnierung** unter Verbesserung bes. der wasserabweisenden Eigenschaften. Man behandelt das Leder mit einer wss. Emulsion. Diese enthält ein polykondensierbares fl. Prod., welches durch Hydrolyse u. Kondens. eines Gemisches von Methylchlorsilanen erhalten wird, das 50—75 (Gew.-%) Dimethyldichlorsilan, 1—10 Trimethylchlorsilan, 10—35 Methyltrichlorsilan u. $\leqq$ 10 mindestens eines Methylchlordisilans enthält, wobei die Menge dieses Prod. 0,2—20 der wss. Emulsion ausmacht u. ein Härtungsmittel für vorst. Prod., welches aus einem Metallsalz besteht, dessen Metallion in einer Menge von $\geqq$ 2, bes. 2—14, berechnet auf das Gewicht vorst. Prod., zugegen ist. Vorzugsweise enthält die Emulsion 80—98,94 W., 1—20 des 1. Kondens.-Prod. u. 0,06—6 des Härtungsmittels. Als Methylchlordisilane kommen bes. in Betracht Tetrachlordi-, Pentachlormono- u. Trichlortrimethyldisilan. Das Metallsalz besteht bes. aus Zr-Acetat oder -Nitrat. Man kann der Emulsion 0,01—1 eines Emulgiermittels zusetzen. (**Schwz. P. 344 172** vom 8/2. 1955, ausg. 15/3. 1960. A. Prior. 8/2. 1954.) E. LINDEMANN. 8341

United Shoe Machinery Corp., Flemington, N.J., übert. von: Vincent G. O'Gorman und John G. Hollick, Beverly, Mass., V.St.A., **Bestimmung der Schichtdicke von Appreturen auf Leder.** Man bringt mit z. B. 2 Appreturschichten je einen radioakt. Bestandteil verschiedener radioakt. Strahlung ein, dessen Aktivität in einem bekannten Verhältnis zur Vol.-Einheit des Appreturmittels steht. Durch Messen der radioakt. Strahlung u. Umrechnen auf die Vol.-Einheit Appretur wird deren Schichtdicke beim Aufbringen kontrolliert. — Zeichnungen. (**A. P. 2 952 563** vom 1/3. 1954, ausg. 13/9. 1960.) E. DREWS. 8369

B. Glozic, Karlovac, Jugoslavien, *Gerbmittel und Gerbverfahren für Leder.* (**Belg. P. 560 393** vom 29/8. 1957, ausg. 22/4. 1960. Jug. Prior. 30/8. 1956. — C. **1961.** 1074 [F. P. 1 181 642].)

Röhm & Haas G. m. b. H., Darmstadt (Erfinder: **Otto Grimm**), *Verfahren zum Beizen tierischer Hautblößen.* (**D. A. S. 1 120 066** Kl. 28a vom 23/3. 1955, ausg. 21/12. 1961. — C. **1958.** 10249 [F. P. 1 138 107].)

Farbenfabriken Bayer Akt.-Ges., Leverkusen, *Herstellung von Leder.* (**Belg. P. 562 749** vom 28/11. 1957, ausg. 3/6. 1960. D. Prior. 11/12. 1956. — C. **1961.** 1787 [Oe. P. 201 223].)

General Electric Co., Schenectady, N.Y., V.St.A., *Hydrophobieren von Leder.* (**Belg. P. 561 167** vom 27/9. 1957, ausg. 20/5. 1960. A. Prior. 28/9. 1956. — C. **1961.** 1074 [F. P. 1 183 162].)

Chemische Fabrik Stockhausen & Cie., Krefeld, *Hydrophobieren von Leder und Pelzen.* (**Belg. P. 565 217** vom 27/2. 1958, ausg. 15/7. 1960. D. Prior. 27/2. 1957. — C. **1961.** 7465 [F. P. 1 191 910].)

H. Wauquiez Soc. An., Mouvaux, Frankreich, *Behandeln von gegerbtem Leder.* (**Belg. P. 554 919** vom 11/2. 1957, ausg. 12/2. 1960. F. Prior. 23/3. 1956. — C. **1960.** 2402 [F. P. 1 148 931].)

Kautschuk G. m. b. H., Frankfurt/M., und **Presto-Schuhfabrik Karl Sontag**, Pirmasens, *Herstellung von elastischen versteiften Schuhoberteilzuschnitten.* (**Oe. P. 213 741** vom 3/10. 1957, ausg. 27/2. 1961. D. Prior. 5/1. u. 4/5. 1957. — C. **1960.** 15969 [F. P. 1 179 860].)

XXIV. Photographie

Über das Bromaufnahmevermögen der Gelatine. Kinji Ohkubo. (Photogr. Sci. Engng. **5.** 30—34. Jan./Febr. 1961. Minamiashigara, Kanagawa, Japan, Fuji Photo Film Comp.) (Engl.)

Vf. stellte Verss. über das Bromaufnahmevermögen von photograph. *Gelatinen* an. In einem Modell-Vers. wurde aus KBr durch Elektrolyse gewonnenes Br_2 dazu verwandt, die bei der Belichtung von photograph. Emulsionen entstehenden Defektelektronen vorzutäuschen. Der Verbrauch dieses Br_2 durch verschiedene Gelatinen wurde mit Hilfe der coulometr. Titration nach MYERS u. SWIFT gemessen. Schemaskizze der Titrationszelle vgl. Original. Das pH der Gelatine-Lsg. wurde zu diesem Zwecke mit KH_2PO_4 u. Na_2HPO_4 auf 5,0 gepuffert. — Das Bromaufnahmevermögen der Gelatine schwankt in Abhängigkeit von der Sorte zwischen 0,3—0,4 Milligramm-Atomen Br_2 pro Gramm entwässerter Gelatine. Inerte Gelatinen nehmen weniger Br_2 auf als sensibilisierte Gelatinen. Es wurde ferner versucht, die Br_2-Aufnahme der verschiedenen Gelatinen mit der Empfindlichkeit reiner AgBr-Emulsionen in Beziehung zu setzen. Es wurde ein Zusammenhang zwischen dem Br_2-Aufnahmevermögen der Gelatine u. der Auskopierdichte von trockenen Schichten festgestellt. — Zur Beantwortung der Frage, welche funktionellen Gruppen der Gelatine für die Br_2-Aufnahme verantwortlich sind, wurden 17 Aminosäure, die in Gelatinen vorkommen, untersucht: *Alanin, Glycin, Valin, Leucin, Isoleucin, Prolin, Phenylalanin, Tyrosin, Serin, Threonin, Methionin, Arginin, Histidin, Lysin, Asparaginsäure, Glutaminsäure* u. *Hydroxyprolin.* Es zeigte sich, daß nur 3 Aminosäuren mit Br_2 reagieren: Tyrosin verbraucht 8 Grammatome Br_2/Mol Aminosäure, Methionin 2 u. Histidin 4 Grammatome. *Glycylglycin* reagiert nicht mit Br_2. Es wird daraus geschlossen, daß die Polypeptidbindung —CONH— nicht mit Br_2 reagiert. Polypeptide mit Tyrosin, Histidin u. Methionin als Baustein nehmen jedoch Br_2 auf, in gleichen mol. Mengen wie die einfachen Aminosäuren. Aus den Vers.-Ergebnissen wird geschlossen, daß Gelatinen soviel Br_2 aufnehmen können, wie ihrem Geh. an Tyrosin, Methionin u. Histidin entspricht, entsprechend den Mol.-Verhältnissen 8 : 2 : 4. — 8 Literaturhinweise. W. GÜNTHER. 8594□

Die Wirkung der Belichtungstemperatur auf die photographische Empfindlichkeit und die Entwicklungsgeschwindigkeit. T. H. James, W. Vanselow und R. F. Quirk. (Photogr. Sci. Engng. **5.** 219—25. Juli/Aug. 1961. Rochester, N.Y., Eastman Kodak Comp.) (Engl.)

Vf. untersuchten die Entw.-Geschw. photograph. Filme, z. B. Eastman Fine Grain Release Positiv Film, Type 5302, auf ihre Abhängigkeit von der Intensität der Belichtung u. von der Temp., bei der diese Belichtung vorgenommen wird. Die Belichtungszeit wurde zwischen 0,0005 Sek. u. 1 Min. u. die Temp. zwischen +23 u. —196° variiert. Der untersuchte Filmtyp war eine Bromjodsilberemulsion. — Es wurden folgende Beobachtungen gemacht. Die Entw.-Geschw. steigt bei Langzeitbelichtung (1 Min.) im Bereich der Tieftemp.-Belichtung (von —196 bis —178°) mit der Temp. an. Bei Kurzzeitbelichtung (0,0005 Sek.) ist sie nahezu temperaturunabhängig. Die Entw.-Geschw. ist bei Flächen die bei tiefen Temp. belichtet wurden, viel geringer als bei Flächen, die bei Zimmer-Temp. belichtet wurden. Auf Grund dieser Beobachtungen wird angenommen, daß das bei —196° gebildete latente Bild anscheinend sehr dispers ist u. aus sehr kleinen Zentren besteht. Die Tatsache, daß die Entw.-Geschw. des latenten Bildes der Langzeitbelichtung mit steigender Temp. im Bereich von —196 bis —178° zunimmt, läßt den Schluß zu, daß durch Belichtungen bei höherer Temp. größere Zentren entstehen. Bei Langzeitbelichtung entsteht jedenfalls ein latentes Bild bereits wenige Grade über —196°. — 12 Literaturhinweise. W. GÜNTHER. 8594□

Die Beschreibung der Schwärzungskurve durch spezielle Wahl der Parameter. B. E. Bayer, J. L. Simonds und F. C. Williams. (Photogr. Sci. Engng. **5.** 35—40. Jan./Febr. 1961. Rochester, N.Y., Eastman Kodak Comp.) (Engl.)

Bei Anwendung elektron. Rechenmaschinen auf sensitometr. Unterss. bieten sie den Vorteil einer freien Wahl der Parameter für die Beschreibung sensitometr. Effekte. Viele Eigg., die auf graph. Weg nicht ohne Mühe gemessen werden können, lassen sich durch die Digitalanalyse bestimmen auch bei gleichzeitiger Änderung der Voraussetzungen. Es wird eine Meth. aufgezeigt, die Schwärzungskurve als Funktion der Parameterempfindlichkeit, Gradation u. Schleier mathemat. anzugeben. W. GÜNTHER. 8594□

Die Steigerung des Auskopiereffektes durch Badbehandlung. Yoshitada Tomoda. (Photogr. Sci. Engng. **5.** 226—29. Juli/Aug. 1961. Tokyo, Hiratsuka-shi, Kanagawa Pref., Gov. Ind. Res. Inst.) (Engl.)

Der Auskopiereffekt von Halogensilberemulsionen hängt von verschiedenen Faktoren ab, speziell von der Zus. der Emulsion. Es wurden Verss. durchgeführt zur Erhöhung des Auskopiereffektes. Das gelingt damit, daß man die Emulsion vor dem Belichten mit Metallsalz-Lsgg. behandelt, z. B. $AgNO_3$, $TlNO_3$, Ag_2WO_4, Na_2SO_3, $NaNO_2$, KSCN oder organ. Stoffen wie Thioharnstoff, Natriumazid, Pyridin, Hydroxylamin, Triäthanolamin, Metol, Hydrochinon Resorcin, Brenzcatechin. Bes. eignen sich Na_2SO_3 u. $NaNO_2$. Tabelle mit Konz.-Angaben vgl. Original. — Durch das beschriebene Verf. kann man einen hochempfindlichen Auskopierfilm erhalten, der für die Dosimetrie hochenerget. Strahlen geeignet ist. Man kann mit solchen vorbehandelten Filmen eine Gammadosis von 10^5-10^7 r/Std. bestimmen. W. GÜNTHER. 8600□

Einige Eigenschaften von Jodsilberemulsionen. T. H. James, W. Vanselow und R. F. Quirk. (Photogr. Sci. Engng. **5**. 216—18. Juli/Aug. 1961. Rochester, N.Y., Eastman Kodak Comp.) (Engl.)

Die photograph. Empfindlichkeit von reinen *Jodsilberemulsionen* kann durch die Ggw. wirksamer *Jodacceptoren* beträchtlich gesteigert werden. Als solche können angewandt werden: W., NaOH, $NaNO_2$, Glycin in Mischungen mit NaOH oder Na_2SO_3, Na_2SO_3 allein, Hydrochinon, $AgNO_3$ u. Pyrogallol. Die *Jodacceptoren* werden zweckmäßigerweise in optimaler Konz. als Vorbad (5 Min.) vor dem Belichten des Filmes angewandt. Vor der Belichtung muß der Film wieder getrocknet werden. Die Behandlung mit Pyrogallol u. Glycin ist am wirksamsten. *Jodsilberemulsionen* zeigen in Abwesenheit von Acceptoren bei Belichtung mit Licht niedriger Intensität einen großen Reziprozitätsfehler, der durch Zugabe eines *Jodacceptors* beseitigt wird. Eine *Jodsilberemulsion* ist ferner in Abwesenheit eines Jodacceptors bei -190^0 empfindlicher als bei 20^0, während sie in Ggw. eines Acceptors bei 20^0 empfindlicher ist als bei -190^0. Die Beobachtungen lassen sich durch die Rehalogenisierungstheorie erklären. — 7 Literaturhinweise. W. GÜNTHER. 8604□

Die Wirkung der chemischen Sensibilisierung auf die Spektralempfindlichkeit. B. H. Carroll, E. A. Mac William und R. B. Henrickson. (Photogr. Sci. Engng. **5**. 230—34. Juli/Aug. 1961. Rochester, N.Y., Eastman Kodak Comp.) (Engl.)

Vff. stellten Unterss. darüber an, ob die relative Spektralempfindlichkeit von photograph. Emulsionen sich unterscheidet, wenn diese auf verschiedene Weise chem. sensibilisiert werden. Hierzu wurden zwei verschiedene Emulsionstypen verwendet, eine Bromjodsilberemulsion mit 4 Mol-% AgJ u. eine reine Bromsilberemulsion mit einem feinen u. gleichmäßigen Korn. Zu ihrer Herst. wurde eine Inertgelatine verwendet. Beide Emulsionen wurden auf verschiedene Weise nachgereift: ohne Sensibilisator, ohne Sensibilisator unter Zugabe eines Halogenacceptors, mit einer S-Verb. u. mit einem kombinierten Au/S-Sensibilisator. Als opt. Sensibilisatoren dienten: *3.3'-Diäthyl-9-methylthiacarbocyaninbromid*, *1.1'-Diäthyl-2.2'-cyaninjodid*, *4-[3-Äthylbenzthiazolinyliden-(2)-isopropyliden]-3-methyl-1-[p-sulfophenyl]-pyrazolon-(5)* u. *3-Carboxymethyl-5-[3-äthylbenzthiazolinyliden-(2)-äthyliden]-rhodanin*. — Es zeigte sich, daß die Spektralempfindlichkeit trotz verschiedener chem. Sensibilisierung gleich ist. Die Ergebnisse geben keinen Hinweis für die Annahme, daß intermediäre Energiezustände, die durch die chem. Sensibilisierung gebildet werden, einen Einfl. auf die Empfindlichkeit ausüben. wenn Licht durch einen typ. Sensibilisierungsfarbstoff oder durch Halogensilber adsorbiert wird. — 16 Literaturhinweise. W. GÜNTHER. 8604□

Studium der chemischen Goldsensibilisierung von Kernemulsionen. Jaroslav Beneš. (Photogr. Korresp. **97**. 182—89. Dez. 1961. Prag, Tschechoslowak. Akad. der Wissenschaften, Inst. für Kernforschung, Dosimetr. Abt.) (Dt.)

Nach einem histor. Überblick über die Unterss. der Empfindlichkeitssteigerung photograph. Emulsionen durch *Gold*-Verbb. berichtet Vf. über eigene systemat. Verss. zur Sensibilisierung von Kernemulsionen mit Hilfe von Goldsalzen. Zur Unters. der chem. Sensibilisierung wurde eine Bromjodsilberemulsion mit 1 Mol-% AgJ verwendet. Der AgJ-Zusatz erniedrigt das Fading des latenten Bildes sowohl in unsensibilisierten als auch in sensibilisierten Kernemulsionen beträchtlich. Die Herst. der Vers.-Emulsion erfolgte so, daß man gleichzeitig Lsgg. von $AgNO_3$ u. KBr/KJ zusammenlaufen läßt. Die Sensibilisierung wird durch die Gelatine wesentlich beeinflußt. Gereift wurde mit komplexem *Auronatriumrhodanid*, das kurz vorher aus m/1 *NaCNS*- u. m/100 $AuCl_3$-Vorrats-Lsgg. bereitet wurde. Zur Best. der sensitometr. Eigg. wurden die Emulsionsschichten im Kontakt mit einem Schwärzungskeil mit ^{14}C, ^{210}Po, ^{90}Sr u. Th-Präpp. bestrahlt. — Es wurden folgende Beobachtungen gemacht. Die Sensibilisierungs-Wrkg. des komplexen Auronatriumrhodanids hängt vom Verhältnis der NaCNS- u. der $AuCl_3$-Konzz. in der Sensibilisator-Lsg. ab. Mit steigenden Konzz. wird eine Empfindlichkeitszunahme beobachtet, nach dem Durchgang durch ein Maximum nimmt die Empfindlichkeit jedoch wieder ab. Bei einem hohen Konz.-Verhältnis $NaCNS/AuCl_3$ tritt während der chem. Reifung in der Emulsion eine Rekristallisation von Halogensilber ein, die durch erhöhte Löslichkeit von Halogensilber in NaCNS hervorgerufen wird. Die Wrkg. von Thiosulfat auf goldsensibilisierte Emulsionen wird von der angewendeten Gelatine beeinflußt. Die Sensibilisierungs-Wrkg. der Goldsalze kann durch Zugabe organ. Sensibilisatoren erhöht werden; geeignet hierfür ist z. B. *1-Phenyl-2-methyl-3.5-bis-[dimethylaminostyryl]-pyrazoliumjodid* (I). Die Erhöhung der Sensibilisierungs-Wrkg. des Goldsalzes durch I hängt davon ab, in welchem Stadium der Reifung dessen Zugabe erfolgt. Für die kombinierte Sensibilisierung von Kernemulsionen durch Goldsalze u. organ. Verbb. erweist sich das *2-[p-Dimethylaminostyryl]-benzthiazol* als nicht brauchbar, da es intensiv schleiernd wirkt. — Abschließend werden die Vers.-Ergebnisse im Rahmen der heutigen Anschauungen über die Goldsensibilisierung von photograph. Emulsionen diskutiert. — 11 Literaturhinweise. W. GÜNTHER. 8604□

Der photographische Empfindlichkeitspegel in Halogensilberschichten und seine theoretischen Grenzen. K.V. Vendrovsky, V.A. Bekounov und V. I. Sheberstov. (J. photogr. Sci. **9.** 316—18. Sept./Okt. 1961. Moskau, Kino-Photo-Untersuchungsinstitut.) (Engl.)

Vff. stellten Berechnungen an über die Grenzen der photograph. Empfindlichkeit in Abhängigkeit von der mittleren Korngröße u. der krit. Quantenzahl. Hierbei werden die realen Bedingungen der Lichtabsorption in photograph. Schichten berücksichtigt. Die Abhängigkeit läßt sich durch folgende Formel ausdrücken: $S = K \cdot \bar{a}^{3/2}/P$, wobei S die photograph. Empfindlichkeit, $\bar{a}$ die Projektionsfläche des Kornes, P das photometr. Äquivalent u. K ein Proportionalitätsfaktor bedeuten. In einer Tabelle finden sich die Werte für die Grenzempfindlichkeit bei krit. Quantenzahlen 1, 2, 3 u. 4 u. für mittlere Korngrößen von 0,1—1,0 μ. — 10 Literaturhinweise. W. GÜNTHER. 8604□

Über die Rolle des Schwefelsensibilisators der Gelatine in der Sensibilisierung mit Goldsalzen. P. Faelens, B. Tavernier und F. Claes. (Photogr. Korresp. **98.** 3—7. Jan. 1962. Mortsel (Antwerpen, Belgien), Gevaert Photo-Producten N. V., Forschungslab.) (Dt.)

Natriumthiosulfat wirkt in Anwesenheit von Goldrhodanid während der Reifung nicht wie ein schwefelhaltiger Sensibilisator. Es setzt Gold aus dem Goldgelatinatkomplex in Freiheit, der durch Rk. zwischen Goldrhodanid u. Gelatine gebildet wird, u. setzt sich mit diesem zu einem undissoziierten, nicht an Gelatine gebundenen Goldthiosulfatkomplex um; d. h. der natürliche Sensibilisator der Gelatine spielt während der chem. Reifung bei Anwesenheit von Goldrhodanid eine ganz andere Rolle als in Abwesenheit von Goldrhodanid. Die Zweckmäßigkeit einer Gelatine für die Sensibilisierung ist also weitgehend von einer angemessenen Natriumthiosulfatmenge in der Gelatine abhängig. Der Reifungsschleier, den man durch die Reifung mit Goldrhodanid in gelatinehaltigen Emulsionen erhält, wird nicht durch das Goldrhodanid verursacht, sondern ist durch die Anwesenheit der Gelatine bedingt. H. CZECH. 8604□

Die Struktur des entwickelten Bildes. R. K. Blake und B. Meerkamper. (J. photogr. Sci. **9.** 14—25. Jan./Febr. 1961. Parlin, N. J., E. I. du Pont de Nemours & Comp.) (Engl.)

Die Deckkraft eines trocknen, entwickelten Filmes hängt von den Eigg. u. der Vorgeschichte des Bindemittels Gelatine ab. Physikal. oder chem. Bearbeitungs-Verff. des Filmes vor, während oder nach der Entw. verändern die Gelatine, indem durch Erhöhung der Quellfähigkeit in W. die Deckkraft im allg. erhöht wird. Umgekehrt wird diese durch Härten der Gelatine vermindert. Durch solche Maßnahmen kann sich die Deckkraft um mehr als 50% ändern. Beim Trocknen der Silber–Gelatine-Schicht lassen sich 2 Stufen unterscheiden. Während der ersten Periode nimmt die Deckkraft zu, dieser Vorgang ist reversibel. Die zweite Periode ist dadurch charakterisiert, daß die Deckkraft abnimmt u. daß dieser Vorgang irreversibel ist. Setzt man eine Gelatineschicht bei Raum-Temp. einer hohen Feuchtigkeit aus, so wird die Deckkraft verringert. Behandelt man sie vor dem Entwickeln mit heißem W., so wird die Deckkraft erhöht. Diese Änderung der Deckkraft wird durch strukturelle Umlagerungen der Wasserstoffbindungen im Gelatine-Mol., durch Übergang der α- in die β-Form erklärt. — 11 Literaturhinweise. W. GÜNTHER. 8618□

Kinetische Untersuchungen über die Entwicklung von Jodsilberemulsionen. T. H. James und W. Vanselow. (Photogr. Sci. Engng. **5.** 21—29. Jan./Febr. 1961. Rochester, N.Y., Eastman Kodak Comp.) (Engl.)

Jodsilber-Emulsionen sind bekanntlich sehr unempfindlich. Die Empfindlichkeit kann erhöht werden durch Baden der Emulsion in saurer $AgNO_3$-Lsg. oder durch Baden in Lsgg., die mit Jod reagieren, z. B. Pyrogallol, Natriumbisulfit, Hydrochinon u. $NaNO_2$.

Vff. stellten sich die Aufgabe, einen hochakt. Entwickler zu finden, der sich für Jodsilberemulsionen eignet, seine Temp.-Abhängigkeit unter verschiedenen Bedingungen zu untersuchen u. die Faktoren festzulegen, die die Lsg.-Geschw. u. die physikal. Entw. des AgJ beeinflussen. Die AgJ-Emulsionen wurden in der üblichen Weise hergestellt; die eine Vers.-Emulsion enthielt reines AgJ, eine andere zusätzlich 1,3 Mol-% AgBr. — Zunächst wurde die Temp.-Abhängigkeit der Schleier-Bldg. bei Entw. mit Pyrogallol, Brenzcatechin u. dem Äthylendiamintetraessigsäure–Titan-Komplex bestimmt u. deren Aktivierungsenergie berechnet. Bei den meisten Entwicklern mit Ausnahme vom Brenzcatechin ist die Aktivierungsenergie der Bild-Entw. geringer als die der Schleierbildung. Die niedrigere Aktivierungsenergie der Schleier-Bldg. beim Brenzcatechin ist auf den Unterschied des Mechanismus zwischen Schleier- u. Bild-Entw. zurückzuführen. Schleier bilden sich hauptsächlich durch die physikal. Entw. beim Lsg.-Vorgang als geschwindigkeitsbestimmendem Faktor. Die Entw. durch Pyrogallol wird durch Quartärsalze, z. B. durch *α-Picolinium-β-phenyläthylbromid*, beschleunigt. — Ferner wurde die Änderung der Farbe u. der Deckkraft des Bild- u. Schleiersilbers in Abhängigkeit von den Entw.-Bedingungen untersucht. Die Ergebnisse können mit dem relativen Einfl. der direkten u. der physikal. Entw. über die Lsg.-Phase erklärt werden. Es wurde der Einfl. der Temp. u. der verschiedenen Lsgm. auf die Lsg.-Geschw. des AgJ bestimmt. Teste zur Auffindung des besten Entwicklers für AgJ-Emulsionen führten zu Ergebnissen, die mit den an Bromjodsilberemulsionen gewonnenen nicht in Beziehung zu setzen sind. Die besten Resultate wurden mit einem Pyrogallol–Sulfit-Entwickler vom pH 10 folgender Zus. erzielt: 5 g Natriumbisulfit, 10 g Pyrogallol, 25 g Natriumsulfit, 50 g Natriumcarbonatmonohydrat, 0,1 g KJ, 2,5 ml Formaldehyd, W. auf 1000 ml. Entwickler-Temp. 48 bzw. 64°. — 18 Literaturhinweise. W. GÜNTHER. 8618□

Mikroskopische Beobachtung von Anlauf- oder Umfällungs-Reaktionen. 5. Mitt. **Kinetik der photographischen Entwicklung von Silberchlorid.** Georg-Maria Schwab, Theodor Skulikidis und Elsa Agathonikou. (Z. physik. Chem. [Frankfurt/M.] [N.F.] **28.** 145—50. Mai 1961. München, Univ., Physikal.-Chem. Inst. u. Athen, TH, Labor. für Physikal. Chem. u. angew. Elektrochem.) (Dt.) — 4. vgl. C. **1962.** 3738.

Vff. nehmen Bezug auf Unterss. von SCHWAB u. SKULIKIDIS (vgl. C. **1959.** 10780), bei denen die Wachstums-Geschw. einer Schicht von porösem Ag bei der Einw. von Entwickler-Lsg. auf vorbelichtetes AgBr mkr. gemessen worden war u. berichten über analoge Verss. an vorbelichtetem AgCl. Die erhaltenen Ergebnisse sind im allg. den beim AgBr (vgl. l. c.) erhaltenen sehr ähnlich. Obwohl bei dem AgCl der Temp.-Koeff. etwas höher gefunden wurde, kann man immer noch die Diffusion eines wirksamen Entwicklerbestandteils durch die poröse Ag-Schicht hindurch zur Chloridfläche als den geschwindigkeitsbestimmenden Schritt ansehen. Hingegen sind quant. Unterschiede beim Wechsel des Anions vorhanden, die sich durch Berücksichtigung der verschiedenen Porosität des in den beiden Fällen entstehenden Ag verstehen lassen. Das anfallende Schwammsilber ist bei dem AgCl poröser u. zeigt daher ein stärkeres Dickenwachstum u. ermöglicht eine raschere Diffusion der wirksamen Entwicklerkomponente. C. GOTTFRIED. 8618

Über den Einfluß einiger Zusatzstoffe auf die Farbe des entwickelten Silbers von flüssigen photographischen Emulsionen. Kiyoshi Futaki, Yasushi Ohyama und Toh-Ichi Iwasaki. (Photogr. Sci. Engng. **4.** 97—100. März/April 1960. Kyoto, Japan, Mitsubishi Paper Mills Co.) (Engl.)

Vff. untersuchten den Einfl. einer Reihe von Alkylhomologen folgender Emulsionszusatzstoffe: *6-Alkyl-7-hydroxy-5-methyl-1.3.4-triazaindolizin*, *2-Alkyl-1.3.4-oxadiazolinthion-(5)* u. *2-Alkyl-5-amino-1.3.4-oxadiazol*. Die Zusatzstoffe werden zu einer *AgCl*-Emulsion in fl. Zustand zugegeben, die Emulsion wird darauf in fl. Zustand entwickelt u. fixiert. Nach 30 Min. wird die kolloidale Ag-Suspension in einem BECKMANN-Spektrophotometer ausgemessen. — Es zeigt sich bei den untersuchten Verbb. ein deutlicher Zusammenhang zwischen der Farbe des entwickelten Ag u. der Kettenlänge der Alkylgruppe. In der Triazaindolizinreihe nimmt die Farbe des entwickelten Ag mit Verlängerung der Alkylkette nach Blauschwarz zu, während sie bei Oxadiazolinthion-(5)-Verbb. abnimmt. Bei 2-Alkyl-5-amino-1.3.4-oxadiazol-Verbb. ist kein so deutlicher Zusammenhang zwischen Blauschwarzton u. Kettenlänge festzustellen wie in den beiden anderen homologen Reihen. Bei 2-Alkyl-5-amino-1.3.4-oxadiazol-Verbb. zeigt die Nonyl-Verb. den tiefsten Blauschwarzton. — 6 Literaturhinweise. W. GÜNTHER. 8618□

Die Überwachung des Entwicklungsvorganges durch Infrarotdensitometrie. Richard E. Burkhart und Conrad A. Strub. (J. SMPTE [Soc. Motion Picture Televis. Engr.] **69.** 871—73. Dez. 1960.) (Engl.)

Vff. berichten über Unterss., die das Ziel verfolgen sollten, mit Hilfe der Infrarotdensitometrie Aussagen über den Entw.-Vorgang zu machen. So wird z. B. die Infrarotdensitometrie in der graph. Industrie zur automat. Gammakontrolle angewandt. Da sich unentwickeltes Halogensilber gegenüber Infrarotstrahlung anders verhält als metall. Ag, lassen sich aus dem Verhältnis Halogensilber/metall. Ag Rückschlüsse auf den Entw.-Vorgang ziehen. Für diesen Zweck wurde eine App. entwickelt, die gleichzeitig Infrarotstrahlung erzeugt u. nachweist. Es wird eine Formel abgeleitet, die die Infrarotdichte zu der bei weißem Licht gemessenen Dichte in Beziehung setzt. Es ist eine Gleichung 5. Grades, woraus die komplexe Natur des gestellten Problems hervorgeht. Die Vers.-Ergebnisse sind mit den theoret. Überlegungen in guten Einklang zu bringen. — 10 Literaturhinweise. W. GÜNTHER. 8618□

Entwickler für hochempfindliche Materialien mit niederem Gamma. S. G. Bogdanov. (J. photogr. Sci. **9.** 286—89. Sept./Okt. 1961. Leningrad, Kommission für Wissenschaftliche Photographie.) (Engl.)

Vf. beschreibt einen Metol–Hydrochinon-Entwickler, der im Vgl. zu dem D-76-Entwickler einen erheblichen Empfindlichkeitsgewinn bringt. Er hat folgende Zus. 0,25 g Metol, 0,25 g Hydrochinon, 25 g Sulfit (wasserfrei), 0,66 g NaOH, 6 g KBr, W. auf 1000 ml; pH 12, Entw.-Temp. 20°. Der beschriebene Entwickler ergibt höhere Empfindlichkeit als ein pufferhaltiger Entwickler vom pH 9,6, bes. bei Materialien, die intensiv u. kurz belichtet wurden. Zur Erzielung hoher Empfindlichkeiten bei niederem Gamma ist neben der Entw.-Zeit das Red.-Potential von bes. Bedeutung.
W. GÜNTHER. 8618□

Photographische Entwicklung durch Hydrochinonverbindungen mit positiv geladenen Gruppen. J. F. Willems. (Photogr. Sci. Engng. **4.** 101—09. März/April 1960. Mortsel, Belgien, Gevaert Photo-Producten N. V.) (Engl.)

Es werden *Hydrochinon*-Verbb. nebenst. Formel synthetisiert, in der A u. B positiv geladene Substituenten darstellen, u. auf ihre Entw.-Eigg. untersucht. Belichtete Positivfilmteststreifen werden in ihnen entwickelt u. die Schwärzungskurven ausgemessen. Auf polarograph. Wege werden die Halbwellenpotentiale dieser Entw.-Substanzen bestimmt u. Adsorptionsteste durchgeführt, indem man den Farbstoff 1-[4-Sulfophenyl]-3-methyl-4-[1'.3'.3'-trimethylindolyliden-(2')-β-äthyliden]-pyrazolon-(5) an negativ geladenes *AgBr*-Sol adsorbiert u. die Eluierungs-Wrkg. der substituierten Hydrochinone spektrophotometr. bestimmt. — Es zeigt sich, daß die Einführung von positiv geladenen Substituenten in das Hydrochinon-Mol. die Induktionsperiode bei der photograph. Entw. beträchtlich herabsetzt. Diese Herabsetzung der Induktionsperiode wird durch das verringerte elektrostat. Abstoßvermögen der substituierten Hydrochinon-Derivv. vom negativ geladenen Halogensilber erklärt, eine Feststellung, die mit den Ergebnissen der chromatograph. Elution des oben erwähnten, an AgBr-Sol adsorbierten Farbstoffes in Einklang zu bringen ist. Tabelle mit 11 Hydrochinon-Derivv. u. Angaben über Halbwellenpotentiale u. Adsorptionswerten vgl. Original.

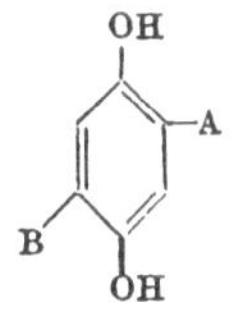

Versuche: Mono- u. Bis-alkylaminomethylhydrochinone (Darst. aus 1 Mol Hydrochinon u. 1 bzw. 2 Mol Amin unter Zufügen von 1 bzw. 2 Mol Formaldehyd): *2-[N.N-Di-β-hydroxyäthylaminomethyl]-hydrochinon*, F. 149—150° (Aceton). — *2.5-Bis-[N.N-diäthylaminomethyl]-hydrochinon*, F. 107° (Aceton). — *2.5-Bis-[N.N-dimethylaminomethyl]-hydrochinon*, F. 190° (Aceton). — *2.5-Bis-[N.N-di-β-hydroxyäthylaminomethyl]-hydrochinonoxalat*, F. 222°. — *2-[N.N-Diäthylaminomethyl]-hydrochinon, freie Base*, F. 113°. *Hydrochlorid*, F. 132°, *Hydrobromid*, F. 130°. — Mono- u. Bis-trialkylammoniummethylhydrochinone (Darst. durch Alkylierung der entsprechenden Amine mit Dialkylsulfaten in Aceton): *2-[Triäthylammoniummethyl]-hydrochinonäthylsulfat*, viscoses Öl. — *2-[Di-β-hydroxyäthyläthylammoniummethyl]-hydrochinonäthylsulfat*, viscoses Öl. — *2.5-Bis-[trimethylammoniummethyl]-hydrochinon-bismethylsulfat*, F. 216°. — *2.5-Bis-[di-β-hydroxyäthyläthylammoniummethyl]-hydrochinon-bisäthylsulfat*, viscoses Öl. — *2.5-Bis-[4-sulfobenzyldiäthylammoniummethyl]-hydrochinondichlorid*. — *2.5-Bis-[4-sulfobutyldiäthylammoniummethyl]-hydrochinon-bisäthylsulfat*. — 8 Literaturhinweise.
W. GÜNTHER. 8618□

Der Entwicklungsmechanismus in Fixierentwicklern, die Thiosulfation enthalten. J. C. Barnes. (Photogr. Sci. Engng. **5.** 204—10. Juli/Aug. 1961. Rochester, N.Y., Eastman Kodak Co.) (Engl.)

In der Literatur werden widersprechende Angaben über den Mechanismus der Fixierentw. gemacht. Verss. mit thiosulfathaltigen Fixierentwicklern an Kinopositiv- u. hochempfindlichen Negativfilmen zeigen, daß diese Entwickler beträchtlich mehr Ag in der zu entwickelnden Sicht erzeugen als normale Entwickler mit getrenntem Entw.- u. Fixiervorgang, wenn man die erzielten Schwärzungen vergleicht. An Aufnahmen mit dem Elektronenmikroskop kann gezeigt werden, daß das aus Fixierentwicklern abgeschiedene Ag eine kompakte Struktur besitzt. Die Ag-Fäden sind dichter gepackt.

Ein typ. Fixierentwickler hat folgende Zus.: 2 g *4.4-Dimethyl-1-phenyl-3-pyrazolidon*, 60 g Hydrochinon, 65 g Na_2SO_3 wasserfrei, 50 g KOH, 16 g KBr, 0,8 g KJ, 108 g Natriumthiosulfat, W. auf 1000 ml, pH einstellen auf 12. — Die Beobachtung der besseren Ag-Ausbeute wird erklärt als Folgeerscheinung der physikal. Entw.; man nimmt an, daß Ag von unbelichteten oder nur teilweise entwickelten Körnern mit zum Aufbau des Bildes beiträgt. Es wird auf die Folgerungen hingewiesen, die sich aus den Verss. mit Fixierentwicklern für die Umkehr-Entw. ergeben. — 18 Literaturhinweise. W. GÜNTHER. 8618□

Die Stabilität konzentrierter Ammoniumthiosulfatlösungen bei hoher Temperatur. G. I. P. Levenson. (Photogr. Sci. Engng. **4.** 110—12. März/April 1960. Harrow, England, Kodak Ltd. Res. Labor.) (Engl.)

Konz.-Fixiersalz-Lsgg. zersetzen sich bei erhöhten Temp., z. B. unter Tropenbedingungen, sehr rasch unter S-Abscheidung. Vf. stellt deswegen Unterss. bei 60° an, um festzustellen, welche Faktoren die Zers. von Na- u. Ammoniumthiosulfat-Lsgg. beeinflussen. — Es zeigt sich, daß zwischen Na- u. Ammoniumthiosulfat keine Unterschiede bestehen. Die Stabilität von Thiosulfat-Lsgg. sinkt mit Erhöhung des pH. Die Zers. von Thiosulfat-Lsgg. ist um so größer, je geringer ihr Sulfit-Geh. ist, da Sulfit mit Thiosulfat reagiert. Ist das Sulfit verbraucht, beginnt die Zers. des Thiosulfats. Fixiersalz-Lsgg. sind um so beständiger, je geringer ihre Thiosulfat-Konz. ist.
W. GÜNTHER. 8620□

Die Technik der Herstellung von Farbduplikaten. Robert O. Gale und Walter I. Kisner. (J. SMPTE [Soc. Motion Picture Televis. Engr.] **69.** 874—81. Dez. 1960. Rochester, N.Y., Eastman Kodak Co.) (Engl.)

Es werden Hinweise gegeben, unter welchen Bedingungen Originalpositive u. Farbdupnegative optimaler Qualität erhalten werden können. Zur prakt. Anleitung werden Arbeitsvorschriften für die entsprechenden Kodak-Filme gegeben (Typ 5250 Colornegative, Typ 5253 Color Intermediate, Typ 5235 Red, Green, Blue Separation, Typ 7255 Ektachromo Commercial, Typ 7270 Color Internegative). W. GÜNTHER. 8624□

Ein Photopolymerisationsverfahren zur Herstellung dreidimensionaler Geländemodelle. Carl J. Claus, Ivar T. Krohn und Paul C. Swanton. (Photogr. Sci. Engng. **5.** 211—15. Juli/Aug. 1961. Rochester, N.Y., Xerox Corp.) (Engl.)

Es wird ein photomechan. Verf. zur Herst. dreidimensionaler Geländemodelle beschrieben. Das Verf. beruht im Prinzip auf der Photopolymerisierung eines Monomeren in Ggw. eines Red.-Mittels u. eines Sensibilisierungsfarbstoffes. Man projiziert das Diapositiv einer Konturenkarte, in dem die größere Höhe durch geringere Schwärzungen wiedergegeben wird, auf die lichtempfindliche wss. Lsg. des Monomeren. Durch Licht tritt Polymerisierung ein, das Polymere ist in W. unlöslich. Die Höhe des Reliefs kann durch Änderung der Belichtungszeit oder der Lichtintensität eingestellt werden. Die polymeren Reliefbilder werden zur Herst. von Kautschukformen verwendet, die mit Gips oder Kunstharz ausgegossen werden. Es lassen sich auf diese Weise dreidimensionale Geländemodelle bis zu 0,75 in. herstellen. W. GÜNTHER. 8642□

Eine Untersuchung über Auskopierpapier. John H. Jacobs. (Photogr. Sci. Engng. **5.** 1—4. Jan./Febr. 1961. Pasadena, Calif., Bell & Howell Res. Center.) (Engl.)

Die Aufnahme von Oscillogrammen auf photograph. Wege u. die Forderung ihrer raschen Auswertung ist ein Problem, das für verschiedene Zwecke von Interesse ist. Die früher hierfür verwendeten Auskopierpapiere haben den Nachteil, daß sie Belichtungszeiten von ca. einer Min. benötigen. Erhöhung der Lichtintensität führt nicht zum Ziel, da die Aufzeichnungen verschleiert werden. Es zeigt sich, daß man für die „Latensifizierung" das gesamte Spektralgebiet von 2500—6000 Å verwenden kann, wenn man den Strahlenanteil von 3500—5000 Å ausschließt, denn nur diese Strahlung im Gebiet der Eigenempfindlichkeit des Halogensilbers ruft Schleier hervor. Durch Verw. einer Speziallampe, die sich der Spektrallinien des Zn bedient, läßt sich der Schleier unterdrücken u. die Belichtungszeit auf wenige Sek. herabsetzen. Durch Erwärmen des Papiers läßt sich eine weitere Empfindlichkeitssteigerung erzielen, so daß man zu Belichtungszeiten unter einer Sek. kommt. — Beschreibung der Geräte zur Durchführung des neuen Verfahren. Diskussion der theoret. Grundlagen der Latensifikation. — 5 Literaturhinweise. W. GÜNTHER. 8646□

Elektronenmikroskopische Ladungsbilder auf nichtlichtempfindlichen Folien. Walther Jaenicke und Ludwig Albert. (Z. wiss. Photogr., Photophysik Photochem. **55.** 154—65. Okt. 1961. Karlsruhe, TH, Inst. für Physikal. Chem. u. Labor für Elektronenmikroskopie.) (Dt.)

Abbildende Elektronen erzeugen im Elektronenmikroskop latente Ladungsbilder im Innern rückseitig metallisierter, isolierter Kunststoff-Folien. Die bestrahlten Schichten werden nach dem Vorbild der Elektrophotographie im Trockenverf. zu Konturen- (Feld-

linien-) oder Halbton- (Ladungs-) bildern des Objekts entwickelt. Je nach Folienmaterial u. Entwickler entstehen Positive oder Negative. Die Empfindlichkeit ist mit der von photograph. Schichten vergleichbar, die Bildqualität, abgesehen von dem noch zu groben Korn, gut. Der Ort des latenten Bildes wird bestimmt u. der Mechanismus der Entw. angegeben. Für ein spezielles Beispiel wird die Abhängigkeit der Schwärzungskurve von Entw.-Dauer u. Entwickler-Konz. bestimmt. — 5 Literaturhinweise.
W. GÜNTHER. 8646□

Die Farbe von kolloiden Silbersolen in Gelatine. E. Klein und H. J. Metz. (Photogr. Sci. Engng. **5.** 5—11. Jan./Febr. **1961.** Leverkusen, Agfa AG.) (Engl.)

Nahezu kugelförmige Silberteilchen von einheitlicher Größe kann man erhalten, wenn man Halogensilberemulsionen, denen wechselnde Mengen einer Silberkeimemulsion zugefügt wurden, physikal. entwickelt. Der Durchmesser dieser Silberpartikelchen hängt allein vom Verhältnis des Halogensilbers zum Keimsilber ab; er ist unabhängig von der Teilchengröße u. der Art des Halogensilbers. Es wurden die Absorptionskurven von Silberteilchen mit einem Durchmesser von 20—180 mμ in fester Gelatine ($n = 1,5$) u. in W. ($n = 1,33$) gemessen (Kurven u. Tabellen vgl. Original). — Unter Verw. der von SCHULZ für reines Ag bestimmten opt. Konst. u. unter Verw. der von MIE aufgestellten Grundgleichung wurden die theoret. Absorptionswerte u. die Streuung kugelförmiger Silberpartikelchen in einem Medium vom Brechungsindex $n = 1,5$ (feste Gelatine) berechnet. Ein Vgl. der versuchsmäßig bestimmten Absorptionskurven mit den theoret. berechneten gibt eine gute qual. Übereinstimmung. Es zeigt sich jedoch, daß physikal. entwickeltes Ag etwas andere, von den Entw.-Bedingungen abhängige, opt. Konst. besitzt. — 12 Literaturhinweise. W. GÜNTHER. 8656□

Größe und Form des entwickelten Silberkornes und seine Beziehungen zu bildwichtigen Eigenschaften. E. Weyde. (Photogr. Korresp. **98.** 7—12. Jan. 1962. Agfa AG.) (Dt.)

Übersicht. — 66 Literaturangaben. H. CZECH. 8658□

Die Bestimmung der Bindungskräfte im Silberbromidkristall und ihre Bedeutung für den photographischen Prozeß. W. Waidelich. (Photogr. Korresp. **98.** 46. März 1962. München, TH, Physikal. Inst.) (Dt.) H. CZECH. 8660□

Neuere elektrische Versuche an Halogensilberkristallen zum Mechanismus photographischer Vorgänge. R. Matejec. (Photogr. Korresp. **98.** 46. März 1962.) (Dt.)
H. CZECH. 8660□

Klassische Untersuchungsmethoden für Objektive und photographische Emulsionen, die für die Luftbildphotographie bestimmt sind. Lise Heymann. (Sci. Ind. photogr. [2] **32.** 209—17. Juli 1961. Paris, École Sup. d'Optique.) (Franz.)

Es werden Meth. zur Prüfung von Filmen u. Aufnahmeobjektiven beschrieben, die für Luftbildaufnahmen Verw. finden. — Die Filmqualität wird nach spektraler Empfindlichkeit, sensitometr. Eigg. u. Auflösungsvermögen beurteilt. Die spektrale Empfindlichkeit wird mit einem Gitterspektrographen nach JOBIN u. YVON bestimmt, der mit einer Aufnahme das Gebiet von 0,4—0,95 μ umfaßt. Zur Aufnahme der Schwärzungskurve dient ein Sensitometer nach ROULLEAU-LAFOUASSE, ihre Auswertung erfolgt mit einem abgeänderten BALDWIN-Densitometer. Als weiteres Kriterium wird die „Luftempfindlichkeit" nach dem von ROULLEAU vorgeschlagenen SOF-Syst. bestimmt. Die Messung des Auflösungsvermögens der Emulsion erfolgt mit einem Resolumeter mit ellipsenförmigem Spiegel u. mit Strichmiren. — Zur Objektivprüfung unter verschiedenen Temp.- u. Druckbedingungen wird ein großer Kollimator verwendet u. Miren von hohem u. niedrigem Kontrast. Außerdem werden Brennweite, relative Blendenöffnung u. Lichtdurchlässigkeits-Koeff. bestimmt. W. GÜNTHER. 8660□

Auswertungsverfahren bei der Bestimmung der Lichtempfindlichkeit von Schwarz-Weiß-Negativmaterial für bildmäßige Aufnahmen (DIN 4512, Blatt 1). W. Meidinger und G. Vieth. (Z. wiss. Photogr., Photophysik Photochem. **55.** 171—80. Okt. 1961. Braunschweig, Physikal.-Techn. Bundesanst.) (Dt.)

Das neue Normblatt empfiehlt, mehrere Probestreifen verschieden lang zu entwickeln, etwa im Abstand von 1 Minute. Von diesen Streifen wird der herausgesucht, der den Normbedingungen entspricht. Es muß festgestellt werden, ob man für die Belichtungsdifferenz $\Delta \log H = 1,3$ die vorgeschriebene Schwärzungsdifferenz von $\Delta S = 0,80 \pm 0,05$ erreicht hat. Mit der Belichtung H_m des ausgesuchten Streifens ergibt sich die Empfindlichkeitszahl: DIN-Zahl $= 10 \cdot \log (1,0/H_m)$. Da die Schwärzung des DIN-Graukeiles von Stufe zu Stufe um 0,10 ansteigt, müssen also zwischen den aufkopierten Graukeilstufen mit den Schwärzungen 0,10 über Schleier u. 0,90 über Schleier 13 Stufen liegen, wenn der Probestreifen normgerecht entwickelt worden ist. Zur Auswertung der DIN-Streifen wurde ein Photometer entwickelt, das 2 LUMMER-BRODHUN-Prismen u. 2 Okularlupen enthält (Schemaskizze vgl. Original), die um 180° gegeneinander versetzt sind. Damit läßt sich sofort feststellen, ob die Schwärzung des betrachteten Feldes der Probe innerhalb der zulässigen ΔS-Grenzwerte, nämlich $\Delta S = 0{,}85$ u. $\Delta S = 0{,}75$ liegt. Der maximale Fehler der mit dem neuen Photometer durchgeführten DIN-Auswerte-Meth. beträgt $\pm 0{,}4$ DIN. — 10 Literaturhinweise. W. GÜNTHER. 8660□

Ein Glasrasterhalbtonsensitometer. Raymond Alfaya. (Photogr. Sci. Engng. **4.** 74—77. März/April 1960. Parlin, N.Y., E. I. du Pont de Nemours.) (Engl.)

Da die Verw. einer Reproduktionskamera zur Prüfung von Filmen des „Lithtypes" umständlich ist, wird eine einfache Vorrichtung für sensitometr. Unterss. von Halbtonmaterialien beschrieben. Sie besteht aus Wolframlampe, Konversionsfilter, Opalglasscheibe, Linse mit Apertur f/32, Verlaufkeil (Dichte 0—2,0), Kreuzlinienraster mit 120 Linien/in. u. Vakuumkassette zur Aufnahme des Filmes. Die mit dem beschriebenen Sensitometer erhältlichen Prüfergebnisse stimmen gut mit den unter entsprechenden opt. Bedingungen mit Hilfe einer Reproduktionskamera gewonnenen Resultaten überein. W. GÜNTHER. 8660□

Ein automatisches Gammastrahlensensitometer, das ^{60}Co-Folien als Strahlenquelle verwendet. V. G. McIninch und H. M. Cleare. (Photogr. Sci. Engng. **4.** 78—85. März/April 1960. Rochester, N.Y., Eastman Kodak Comp.) (Engl.)

Vf. beschreibt ein Sensitometer zur Belichtung von Filmen zwischen Bleiverstärkerfolien in 4 Stufen unter Verw. von Folien mit ^{60}Co als γ-Strahlenquelle. Bei einer Aktivität von 7 mc liegt die Belichtungszeit von Röntgenfilm für Material-Unterss.-Zwecke zwischen 10 u. 200 Sekunden. Um zweckmäßig arbeiten zu können, ist es notwendig, eine Reihe von Forderungen einzuhalten. Abb. der App. u. Schaltskizze vgl. Original. Abschließend werden Überlegungen angestellt, um die Feldverteilung einer Strahlung auf einer Kreisfläche u. längs der Achse eines Zylinders mathemat. zu erfassen. W. GÜNTHER. 8660□

Ein Aufnahmesystem für photographische Aufgaben im tropischen Tageslicht. P. F. Swift. (Photogr. Sci. Engng. **5.** 41—45. Jan./Febr. 1961. Panama, Kodak Trop. Res. Labor.) (Engl.)

Kodak unterhält in Panama eine Station zur Unterss. photograph. Probleme in Tropengebieten. Hierbei erwies es sich als notwendig, qual. u. quant. Aussagen über das trop. Tageslicht zu registrieren. Zu diesem Zweck wurden mehrere App. zu einer Einheit zusammengefaßt, die kontinuierliche Aufzeichnungen ermöglicht. Das Syst. besteht aus 5 Einzelgeräten: einem Lichtdichteaufnahmegerät (Volumendichte der Strahlungsenergie), einer App. zur Best. der Farbe des Tageslichtes (Verhältnis Rot zu Blau), einer Zeitrafferluftbildkamera, einem Gerät zur Aufzeichnung der Sonnenscheindauer u. einem zur Registrierung von Regenfällen. Die einzelnen Geräte werden beschrieben (Schaltskizzen). W. GÜNTHER. 8660□

Wolfgang Grau, Wörterbuch der Photo-, Film- und Kinotechnik mit Randgebieten. I. Bd.: Englisch-Deutsch-Französisch. Berlin: Helios-Verl. 1962. (663 S.) DM 39,50.

REDAKTIONSSCHLUSS: 11. Mai 1962

Herausgeber: Prof. Dr. Heinrich Bertsch, Berlin, u. Prof. Dr. Dr. h. c. Wilhelm Klemm, Münster. Chefredakteure und verantwortlich für den Inhalt: Dr. Eugen Klever, Berlin W 30, Geisbergstraße 39, Fernsprecher: 249541 u. Dr. Willi Barz, Berlin N 4, Schiffbauerdamm 19, Fernsprecher: 425571.

Verlag: Akademie-Verlag GmbH, Berlin W 8, Leipziger Str. 3—4 (Fernsprecher: 220441, Telex-Nr. 011773, Postscheckkonto Berlin 35021), und Verlag Chemie, GmbH, Weinheim/Bergstr. (Fernsprecher: Weinheim 3635 [Sammelnummer]; Fernschreiber: 0465516 chemieverlwnh; Postscheckkonten: Frankfurt/M. 145314 u. Berlin [West] 7430). Bestellnummer: 1007/133. Das Chemische Zentralblatt erscheint wöchentlich. Preis des Jahrganges einschl. Autoren-, Patent-, Sach- u. Formelregister: DM 1200,—; einseitig bedruckte Ausgabe: DM 1350,—. Abgabe der Zeitschrift nur mit sämtlichen Registern. Abbestellungen nur bis spätestens 6 Wochen vor Ablauf des Kalenderjahres.

Satz u. Druck: VEB Leipziger Druckhaus, Leipzig, III/18/203. VII. 62.
Veröffentlicht unter der Lizenznummer ZLN 5002 des Ministeriums für Kultur, Hauptverwaltung Verlagswesen.
Printed in Germany.

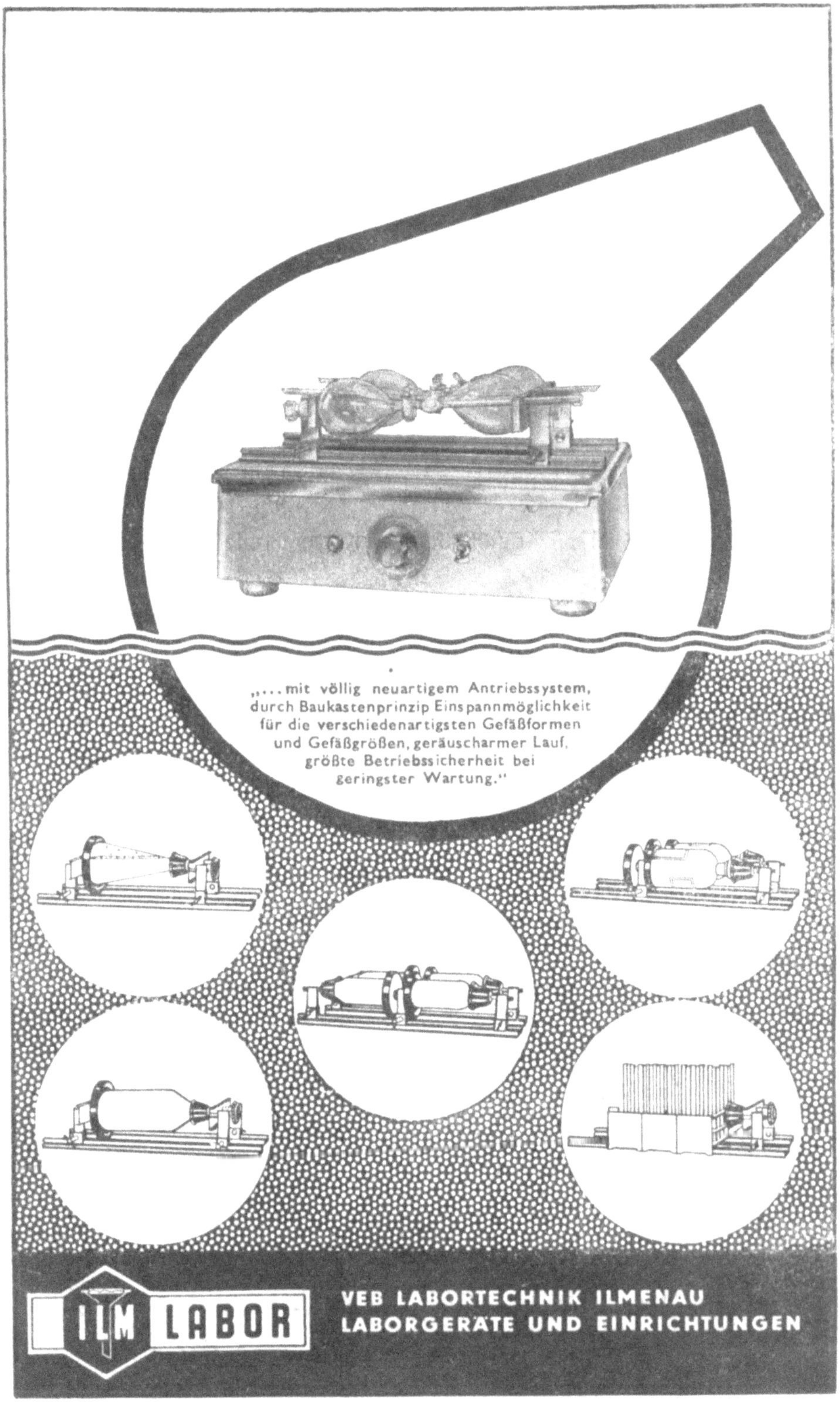
„... mit völlig neuartigem Antriebssystem, durch Baukastenprinzip Einspannmöglichkeit für die verschiedenartigsten Gefäßformen und Gefäßgrößen, geräuscharmer Lauf, größte Betriebssicherheit bei geringster Wartung."
ILM LABOR
VEB LABORTECHNIK ILMENAU
LABORGERÄTE UND EINRICHTUNGEN

Kolibri 360 GmbH
Ferdinand-Jühlke-Straße 7
99095 Erfurt, Deutschland
produktsicherheit@kolibri360.de